Relatório sobre o desenvolvimento mundial 2010

Desenvolvimento e mudança climática

FUNDAÇÃO EDITORA DA UNESP

Presidente do Conselho Curador
Herman Jacobus Cornelis Voorwald

Diretor-Presidente
José Castilho Marques Neto

Editor-Executivo
Jézio Hernani Bomfim Gutierre

Assessor Editorial
Antonio Celso Ferreira

Conselho Editorial Acadêmico
Alberto Tsuyoshi Ikeda
Célia Aparecida Ferreira Tolentino
Eda Maria Góes
Elisabeth Criscuolo Urbinati
Ildeberto Muniz de Almeida
Luiz Gonzaga Marchezan
Nilson Ghirardello
Paulo César Corrêa Borges
Sérgio Vicente Motta
Vicente Pleitez

Editores-Assistentes
Anderson Nobara
Arlete Zebber
Ligia Cosmo Cantarelli

Relatório sobre o desenvolvimento mundial 2010

Desenvolvimento e mudança climática

Tradução
Ana Luiza Iaria

World Development Report 2010: Development and Climate Change
© 2010 Banco Internacional de Reconstrução e Desenvolvimento/Banco Mundial
© 2010 by International Bank for Reconstruction and Development/The World Bank
1818 H. Street, N.W., Washington, D.C 20433, U.S.A

This work was originally published by the World Bank in English as *World Development Report 2010: Development and Climate Change* in 2009. This Brazilian Portuguese translation was arranged by Editora UNESP. Editora UNESP is responsible for the accuracy of the translation. In case of any discrepancies, the original language will govern.

Publicado originalmente em inglês como: *World Development Report 2010: Development and Climate Change* pelo Banco Mundial em 2010. Esta tradução foi realizada pela Editora UNESP, que é responsável pela qualidade da versão em português. Em caso de divergência, a versão original, em inglês, prevalece.

Fundação Editora da UNESP (FEU)
Praça da Sé, 108 – 01001-900 – São Paulo – SP
Tel.: (0xx11) 3242-7171 Fax: (0xx11) 3242-7172
www.editoraunesp.com.br
www.livrariaunesp.com.br
feu@editora.unesp.br

Este documento foi produzido pela equipe do Banco Internacional de Reconstrução e Desenvolvimento/Banco Mundial. As apurações, interpretações e conclusões expressas neste relatório não refletem necessariamente a opinião dos Diretores Executivos do Banco Mundial nem dos governos dos países que representam.

O Banco Mundial não garante a exatidão dos dados apresentados neste trabalho. As fronteiras, denominações e outras informações apresentadas em qualquer mapa deste trabalho não são indicadoras de julgamento do Banco Mundial sobre a situação jurídica de qualquer território, nem o endosso ou a aceitação de tais fronteiras.

CIP-Brasil. Catalogação na fonte
Sindicato Nacional dos Editores de Livros, RJ

B161r

Banco Mundial
    Relatório sobre o desenvolvimento mundial de 2010: desenvolvimento e mudança climática / Banco Mundial. – São Paulo: Editora UNESP, 2010.
    440p. : il.
    ISBN 978-85-393-0025-9
    1. Política ambiental – Aspectos econômicos. 2. Mudanças climáticas. 3. Economia ambiental. 4. Desenvolvimento sustentável. 5. Desenvolvimento econômico – Aspectos ambientais. I. Título

10-1644.   CDD: 338.927
                                                                                                              CDU: 338.1

Editora afiliada:

Sumário

Prefácio   xiii
Agradecimentos   xv
Lista de siglas e nota sobre os dados   xvii
Mensagens mais importantes   xx

Visão geral: A mudança do clima para o desenvolvimento   1

O caso para a ação   6

Um mundo inteligente em termos climáticos estará ao nosso alcance se agirmos agora, juntos e de modo diferente   12

Fazendo acontecer: novas pressões, novos instrumentos e novos recursos   23

1 As relações entre mudança climática e desenvolvimento   37

A mudança climática não mitigada é incompatível com o desenvolvimento sustentável   39

Avaliação de compensações   49

Os custos de retardar o esforço de mitigação   58

Aproveitar o momento: estímulo imediato e transformações de longo prazo   60

Foco A: A ciência da mudança climática   70

Parte 1

2 Redução da vulnerabilidade humana: como ajudar a população a se ajudar   87

Gestão adaptativa: a vida com mudança   89

Gestão de riscos físicos: evitar o que pode ser evitado   91

Gestão de riscos financeiros: instrumentos flexíveis para contingências   103

Gestão de riscos sociais: capacitar as comunidades para que se protejam   108

Antecipar 2050: a que mundo estamos nos referindo?   114

Foco B: Biodiversidade e serviços de ecossistema em um clima em mudança   124

3 Gestão de recursos terrestres e hídricos para alimentar nove bilhões de pessoas e proteger os sistemas naturais   133

Execução dos fundamentos da gestão de recursos naturais   135

Produzir mais da água e protegê-la melhor   139

Aumento de produção agrícola em conjunto com proteção do meio ambiente   147

Produzir mais e proteger melhor na pesca e na aquicultura   162

Construindo acordos internacionais flexíveis   164

Informações confiáveis são essenciais para a boa gestão dos recursos naturais   169

Cobrança por carbono, alimentos e energia pode ser mola de impulso   174

4 Gerando energia para o desenvolvimento sem comprometer o clima   189

Equilíbrio de objetivos concorrentes   191

Para onde o mundo precisa ir: transformação rumo a um futuro de energia sustentável   198

Economia com uso eficaz da energia   213

Aumento das tecnologias existentes de baixo carbono   223

Acelerar inovação e tecnologias avançadas   225

As políticas devem ser integradas   226

Parte 2

5 A integração do desenvolvimento no regime climático global   233

A construção do regime climático: transcendendo as tensões entre o clima e o desenvolvimento   234

Opções para ações de integração do país em desenvolvimento na arquitetura global   241

Apoio para esforços de mitigação nos países em desenvolvimento   246

Promoção dos esforços internacionais para integrar a adaptação ao desenvolvimento inteligente em termos climáticos   248

Foco C: Comércio e mudança climática   251

6 Geração dos fundos necessários para mitigação e adaptação   257

A lacuna de financiamento   259

Ineficiências nos instrumentos de finanças climáticas existentes   264

Aumento da escala de financiamento à mudança climática   270

Garantia do uso transparente, eficiente e equitativo dos fundos   280
　　Correspondência entre necessidades de financiamento e fontes de fundos   282

7   Aceleração da inovação e da difusão tecnológica   287

　　Ferramentas, tecnologias e instituições corretas podem colocar ao nosso alcance um mundo inteligente com relação ao clima   289

　　Colaboração internacional e divisão de custos podem alavancar os esforços locais para promover a inovação   297

　　Programas, políticas e instituições públicas acionam a inovação e aceleram sua difusão   307

8   Superação da inércia institucional e comportamental   321

　　O domínio da mudança de comportamento individual   322

　　A volta do Estado   331

　　Pensando politicamente sobre a política climática   339

　　O desenvolvimento de atitudes inteligentes em termos climáticos começa em casa   343

Nota bibliográfica   349

Glossário   353

Indicadores selecionados   361

　　Tabela A1　Emissões relativas a energia e intensidade de carbono   362
　　Tabela A2　Emissões baseadas no solo   363
　　Tabela A3　Fornecimento total primário de energia   364
　　Tabela A4　Desastres naturais   366
　　Tabela A5　Solo, água e agricultura   367
　　Tabela A6　Riqueza das nações   368
　　Tabela A7　Inovação, pesquisa e desenvolvimento   369
　　Definições e notas   370
　　Símbolos e agregados   374

Indicadores selecionados de desenvolvimento mundial para 2010   375

　　Origens de dados e metodologia   375
　　Classificação das economias e das medições resumidas   375
　　Terminologia e cobertura do país   376
　　Notas técnicas   376
　　Símbolos   376
　　Classificação de economias por região e por renda, 2010   377
　　Tabela 1　Indicadores-chave de desenvolvimento   378
　　Tabela 2　Pobreza   380

Tabela 3	Objetivos de Desenvolvimento do Milênio: erradicação da pobreza e melhora das condições de vida 382
Tabela 4	Atividade econômica 384
Tabela 5	Comércio, assistência e investimento 386
Tabela 6	Indicadores-chave para outras economias 388

Notas técnicas   390

Métodos estatísticos   396

Método Atlas do Banco Mundial   397

Índice remissivo   399

Quadros

1 Todas as regiões em desenvolvimento são vulneráveis aos impactos da mudança climática – por diferentes razões   6

2 Crescimento econômico: necessário, mas não suficiente   7

3 O custo do "seguro climático"   8

4 Redes de segurança: do apoio aos rendimentos até a redução da vulnerabilidade à mudança climática   13

5 Abordagens promissoras que são boas para os agricultores e para o meio ambiente   17

6 Criatividade necessária: a adaptação exige novas ferramentas e novo conhecimento   19

7 As cidades reduzem suas pegadas de carbono   21

8 O papel do uso do solo, da agricultura e silvicultura na gestão da mudança climática   25

1.1 A capacitação das mulheres melhora os resultados de adaptação e mitigação   43

1.2 Os fundamentos do desconto dos custos e benefícios da mitigação e de mudança climática   49

1.3 *Feedbacks* positivos, pontos de virada, limiares e não linearidades em sistemas naturais e socioeconômicos   50

1.4 Ética e mudança climática   53

FA.1. O ciclo de carbono   71

FA.2 Saúde do oceano: recifes de coral e acidificação do oceano   78

2.1 Características da gestão adaptativa   90

2.2 Planejamento de cidades mais verdes e mais seguras: o exemplo de Curitiba   93

2.3 Adaptação à mudança climática: Alexandria, Casablanca e Túnis   93

2.4 Promovendo sinergias entre a mitigação e a adaptação   95

2.5 Preparação para ondas de calor   96

2.6 Ir contra a corrente e estar à frente dos impactos: o controle de riscos de eventos extremos antes que se transformem em desastres   99

2.7 Além de econômicos, os dados de satélite e geoinformação são fundamentais para o controle de risco   100

2.8 Criação de trabalhos capazes de reduzir o risco da inundação   101

2.9 Parcerias público-privadas para compartilhar riscos climáticos: seguro de rebanhos na Mongólia   102

2.10 Mecanismo de Seguro de Risco contra Desastres do Caribe: seguro contra a interrupção do serviço após desastres   105

2.11 *Workfare* na Índia conforme o Indian National Rural Employment Guarantee Act   109

2.12 Migração hoje   110

FB.1 O que é biodiversidade? O que são serviços de ecossistema?   124

FB.2 Pagamento de serviços de ecossistema e mitigação   128

FB.3 Excertos da Declaração de Povos Indígenas sobre Mudança Climática   128

3.1 Tomada firme de decisões: mudando a forma como os gestores da água fazem negócios   140

3.2 Os perigos do estabelecimento do mercado de direitos sobre o uso da água antes que estruturas institucionais estejam posicionadas   142

3.3 Gestão de recursos hídricos dentro da margem de erro: Tunísia   143

3.4 Óleo de palmeira, redução das emissões e desmatamento evitado   148

3.5 Diversificação de produto e mercado: uma alternativa econômica e ecológica para pequenos agricultores nos trópicos   152

3.6 Culturas biotecnológicas poderão ajudar os agricultores a se adaptarem à mudança climática   155

3.7 Biocarvão poderá sequestrar carbono e aumentar a produtividade em grande escala   156

3.8 Os decisores políticos do Marrocos enfrentam conflitos de escolha na importação de cereais   160

3.9 Projetos-piloto para finanças de carbono provenientes da agricultura no Quênia   172

4.1. A crise financeira oferece uma oportunidade para a energia eficiente e limpa 190
4.2. A energia eficiente e limpa pode ser boa para o desenvolvimento 192
4.3 Um mundo de 450 ppm de CO_2e (2°C mais quente) exige uma mudança fundamental no sistema global de energia 200
4.4 Mix de energia regional para 450 ppm de CO_2e (para limitar o aquecimento a 2°C) 202
4.5 As tecnologias de energia renováveis têm enorme potencial, mas enfrentam restrições 205
4.6 Tecnologias avançadas 209
4.7 O papel da política urbana em conseguir cobenefícios de mitigação e desenvolvimento 210
4.8 A eficiência energética enfrenta muitas barreiras e falhas de mercado e não mercado 212
4.9 Apenas o preço do carbono não é suficiente 213
4.10 Programas de eficiência energética e energia renovável da Califórnia 215
4.11 Experiência do Grupo Banco Mundial com financiamento de eficiência energética 216
4.12 Dificuldades na comparação de custos da tecnologia energética: uma questão de suposições 217
4.13 A Dinamarca apoia o crescimento econômico ao cortar emissões 218
4.14 Leis sobre *feed-in*, incentivos fiscais e padrões de carteira de renováveis na Alemanha, China e nos Estados Unidos 219
4.15 Energia solar concentrada no Oriente Médio e norte da África 221
5.1 O regime climático hoje 234
5.2 Algumas propostas para a partilha do ônus 238
5.3 As abordagens multifuncionais têm bom resultado em termos de eficácia e lucro 242
FC.1 A tributação do carbono virtual 252
6.1 Avaliação dos custos de adaptação à mudança climática em países em desenvolvimento 261
6.2 Avaliação dos benefícios secundários do MDL 266
6.3 Impostos sobre carbono e limite e comércio 268
6.4 Envolvimento do Ministério da Fazenda da Indonésia com as questões da mudança climática 269
6.5 Conservação do carbono no solo cultivado 274
6.6 Alocação de financiamento para desenvolvimento de concessões 277
6.7 Vulnerabilidade climática *versus* capacidade social 279
6.8 Vulnerabilidade climática *versus* capacidade de adaptação 280
7.1 Geoengenharia do mundo a partir da mudança climática 290
7.2 A inovação é um processo confuso e pode ser promovida apenas por políticas que abordam várias partes de um sistema complexo 295
7.3 Monitoramento inovador: criação de um serviço climático global e de um "sistema de sistemas" 296
7.4 Iter: um início prolongado para a divisão de custos de P&D 298
7.5 Tecnologias relacionadas ao aumento da escala de captura e armazenamento de carbono exigem esforços internacionais 299
7.6 O refrigerador supereficiente: um programa pioneiro e avançado de compromisso de mercado? 300
7.7 Uma promessa de inovação para adaptação da costa 302
7.8 Universidades precisam ser inovadoras: o caso da África 305
7.9 Cgiar: um modelo para mudança climática? 306
7.10 Projetos melhores de fogões de biomassa podem reduzir a fuligem, trazendo importantes benefícios para a saúde humana e para a mitigação 312
8.1 Comunicação falha sobre a necessidade de ação 323
8.2 Incompreensão sobre as dinâmicas da mudança climática estimula a complacência 325
8.3 Como a percepção de riscos pode afundar as políticas: gestão de risco de inundações 325
8.4 Engajamento de ponta a ponta da comunidade pela redução do risco de deslizamentos de terra no Caribe 327
8.5 A comunicação da mudança climática 328
8.6 Introduzindo educação ambiental no currículo escolar 329
8.7 O caminho da China e da Índia em direção à reforma institucional para ação climática 333
8.8 Planos de Ação Nacionais para Adaptação 334
8.9 Aumento da responsabilidade governamental pela mudança climática no Reino Unido 335
8.10 O federalismo ecológico e as políticas de mudança climática 336
8.11 Apoio para o limite e comércio de carbono 339
8.12 O setor privado está modificando práticas mesmo sem legislação nacional 341

Figuras

1 Pegadas desiguais: emissões *per capita* em países de renda baixa, média e alta, 2005 2
2 Lei de reequilíbrio: mudar de utilitários esportivos para carros de passageiro econômicos nos EUA praticamente compensaria as emissões geradas no fornecimento de eletricidade para mais 1,6 bilhão de pessoas 3
3 Os países de renda alta têm contribuído historicamente para uma parcela desproporcional de emissões globais e continuam contribuindo 3
4 Fora dos gráficos com CO_2 4
5 Como é o caminho a seguir? Duas opções entre muitas: condução habitual dos negócios ou mitigação agressiva 10

6 Impactos climáticos são duradouros: elevação de temperaturas e do nível do mar associada às altas concentrações de CO_2 11

7 Emissões globais de CO_2e por setor, energia, agricultura e silvicultura são as principais fontes   14

8 Será necessária uma carteira completa de medidas existentes e tecnologias avançadas, e não uma fórmula mágica, para ajustar o aquecimento mundial à trajetória de 2°C   15

9 A demanda alta esperada gerou reduções de custo em fotovoltaicos solares, permitindo produção em maior escala   16

10 A lacuna é grande: custos climáticos incrementais anuais estimados, necessários para uma trajetória de 2°C em comparação com os recursos atuais   23

1.1 Emissões individuais em países de alta renda superam as dos países em desenvolvimento   39

1.2 Biocombustíveis à base de milho nos Estados Unidos aumentam as emissões de CO_2 e custos com saúde em relação à gasolina   47

1.3 Avaliação de perdas de peso morto na participação parcial em um acordo climático   57

1.4 O gasto global com estímulo verde está em alta   59

FA.1 Aumento das emissões globais de gases de efeito estufa   72

FA.2 Principais fatores que afetam o clima desde a Revolução Industrial   73

FA.3 A temperatura média anual global e a concentração de CO_2 continuam a subir, 1880-2007   73

FA.4 Derretimento da manta de gelo da Groenlândia   74

FA.5 Barras ardentes mais quentes: avaliação de riscos aumentou de 2001 a 2007   76

FA.6 Impactos projetados da mudança climática por região   77

FA.7 Maneiras de limitar o aquecimento a 2°C acima dos níveis pré-industriais   81

2.1 O número de pessoas afetadas por desastres relacionados ao clima está aumentando   98

2.2 As inundações estão aumentando, mesmo na África sujeita a seca   100

2.3 O seguro é limitado no mundo em desenvolvimento   103

2.4 Reversão do deserto com conhecimento indígena, ação de agricultores e aprendizado social   106

3.1 Mudança climática em uma bacia hidrográfica típica será sentida em todo o ciclo hidrológico   136

3.2 A água doce fluvial representa uma porção mínima da água disponível no planeta, e a agricultura domina o uso de água   139

3.3 A carne exige uma quantidade de água muito maior do que outros alimentos principais   149

3.4 A produção intensiva de carne bovina é uma grande emissora de gases de efeito estufa   149

3.5 A produtividade agrícola precisará crescer de forma ainda mais rápida por causa da mudança climática   150

3.6 Ecossistemas já extensamente convertidos em agricultura   151

3.7 Simulação computadorizada de uso integrado do solo na Colômbia   153

3.8 A demanda sobre a aquicultura se elevará, principalmente na Ásia e na África   158

3.9 Técnicas de sensoriamento remoto são empregadas nos vinhedos de Worcester (Cabo Oeste, África do Sul) para medir a produtividade da água   164

3.10 Em Andhra Pradesh, na Índia, os agricultores geram seus próprios dados hidrológicos, utilizando aparelhos e aplicativos simples para controlar as extrações dos aquíferos   165

3.11 O cenário agrícola inteligente do futuro possibilitaria que os agricultores utilizassem novas técnicas e tecnologias para otimizar a produção e permitiria que os gestores da terra protegessem os sistemas naturais, com os hábitats naturais integrados aos produtivos campos agrícolas   166

3.12 O cenário agrícola inteligente do futuro utilizaria tecnologias flexíveis para a proteção contra choques climáticos, por meio de infraestruturas naturais e construídas e de mecanismos de mercado   167

3.13 Estima-se que os preços mundiais dos cereais aumentem em 50% a 100% até 2050   168

3.14 O emprego de uma taxa de carbono sobre as emissões da agricultura e da mudança de uso do solo estimularia a proteção dos recursos naturais   170

4.1 A história por trás da duplicação de emissões: as melhorias em energia e intensidade do carbono não foram o bastante para deslocar a demanda de energia com o aumento impulsionado pela elevação de renda   193

4.2 Combinação de energia primária (1850-2006). O consumo de energia de 1850 a 1950 cresceu 1,5% ao ano, conduzido principalmente pelo carvão. De 1950 a 2006, cresceu 2,7% ao ano, conduzido pelo óleo e o gás natural   193

4.3 Apesar do baixo consumo e das emissões de energia *per capita*, os países em desenvolvimento dominarão o crescimento futuro no consumo de energia total e nas emissões de CO_2 194

4.4 Emissões de gases de efeito estufa por setor: mundo e países de renda alta, média e baixa   195

4.5 Aumento da propriedade de carro com renda, mas preço, transporte público, planejamento urbano e densidade urbana podem conter o uso de carros   196

4.6 Para onde o mundo precisa ir: emissões de CO_2 relativas à energia *per capita*   197

4.7 Somente em metade dos modelos da energia é possível alcançar as reduções de emissão necessárias para permanecer próximo de 450 ppm de CO_2e (2°C)   197

4.8 Estimativas de custos da mitigação e de preços globais do carbono para 450 e 500 ppm de CO_2e (2°C e 3°C) em 2030 com base em cinco modelos   199

4.9 Ações globais são essenciais para limitar o aquecimento a 2°C (450 ppm) ou a 3°C (550 ppm). Os países desenvolvidos sozinhos não poderiam colocar o mundo em uma trajetória 2°C ou 3°C, mesmo se reduzissem suas emissões a zero em 2050   204

4.10 A lacuna em emissões entre para onde se dirige o mundo e para onde precisa ir é enorme, mas um leque de tecnologias de energia limpa pode ajudar o mundo a permanecer em 450 ppm de CO_2e (2°C)   206

4.11 O objetivo é empurrar tecnologias de baixo carbono de conceito não comprovado para uso amplo e reduções de emissão mais elevada   207

4.12 A energia solar fotovoltaica está se tornando barata graças a P&D e maior demanda esperada da produção em larga escala   220

FC.1 Razão importação-exportação de produtos com alta dependência em energia em países de alta renda e naqueles de renda baixa e média   253

6.1 O custo anual de mitigação aumenta com o rigor e a certeza da meta de temperatura   259

6.2 A lacuna é grande: financiamento anual estimado para o clima para uma trajetória de 2°C em comparação com os recursos atuais   263

7.1 A capacidade eólica global acumulada instalada decolou na última década   287

7.2 Orçamentos governamentais para RD&D em energia estão próximos ao mínimo, com dominância da nuclear   292

7.3 O gasto anual com P&D em energia e mudança climática é mínimo se comparado aos subsídios   293

7.4 O ritmo de invenção é irregular entre as tecnologias de baixo carbono   293

7.5 A política afeta todos os elos da cadeia de inovação   295

7.6 O "vale da morte" entre a pesquisa e o mercado   300

7.7 Matrículas em engenharia continuam baixas em muitos países em desenvolvimento   304

7.8 As e-bikes estão hoje entre as opções de viagem mais baratas e mais limpas da China   307

7.9 Países de renda média estão atraindo investimentos das cinco principais empresas de equipamentos eólicos, mas os fracos direitos de propriedade intelectual restringem as transferências de tecnologia e a capacidade de P&D   309

8.1 As ações diretas de consumidores nos EUA produzem até um terço das emissões totais de CO_2 do país   322

8.2 Pequenos ajustes locais para grandes benefícios globais: a mudança de utilitários esportivos para veículos econômicos somente nos Estados Unidos praticamente compensariam as emissões da geração de energia para 1,6 bilhão a mais de pessoas   323

8.3 A disposição individual em responder à mudança climática varia entre os países e nem sempre se traduz em ações concretas   324

8.4 A mudança climática ainda não é prioridade   326

8.5 A preocupação com a mudança climática diminui à medida que a riqueza aumenta   327

8.6 A governança eficaz caminha lado a lado com o bom desempenho ambiental   332

8.7 As democracias se saem melhor na produção de políticas climáticas do que nos seus resultados   338

Mapas

1 A mudança climática reduzirá as produções agrícolas na maioria dos países em 2050, dadas as atuais práticas agrícolas e variedades de colheitas   5

1.1 Mais de um bilhão de pessoas dependem da água das geleiras do Himalaia   38

1.2 Os países ricos também são afetados por clima anômalo: em 2003, uma onda de calor matou mais de 70 mil pessoas na Europa   41

1.3 Provavelmente, a mudança climática aumentará a pobreza em boa parte do Brasil, principalmente em suas regiões menos desenvolvidas   42

1.4 Em janeiro de 2008 na China, uma tempestade causou problemas na mobilidade, um pilar de seu crescimento econômico   45

1.5 A África tem enorme potencial de energia hídrica não dominado, comparado com o potencial menor mas de maior exploração de recursos hídricos nos Estados Unidos   46

FA.1 Variação regional em tendências climáticas globais nos últimos 30 anos   75

FA.2 Elementos potenciais de virada no sistema climático: distribuição global   80

2.1 Em risco: populações e megacidades concentram-se em zonas costeiras de baixa elevação ameaçadas pela elevação do nível do mar e tempestades costeiras   91

2.2 Um desafio complexo: gestão de crescimento urbano e controle de enchentes em um clima em mudança na Ásia e no sudeste asiático   94

2.3 As cidades setentrionais precisam se preparar para o clima mediterrâneo – agora   96

2.4 A mudança climática acelera o retorno da dengue nas Américas   97

2.5 Os países pequenos e pobres são financeiramente vulneráveis aos eventos climáticos extremos   104

2.6 Migrantes senegaleses se estabelecem em áreas propensas às inundações, em torno da zona urbana de Dacar   111

FB.1 Enquanto muitas das modificações de ecossistema projetadas estão em áreas boreais e desérticas que não são áreas de pontos de biodiversidade, há áreas ainda de sobreposição e preocupação substanciais   126

FB.2 As áreas desprotegidas sob alto risco do desmatamento e com altos estoques de carbono devem ser áreas de prioridade para usufruir benefício de um mecanismo REDD   129

3.1 Projeções mostram que a disponibilidade de água deverá sofrer mudanças drásticas até meados do século XXI em diversas partes do mundo   137

3.2 O planeta passará por períodos de estiagem mais longos e eventos pluviométricos mais intensos   138

3.3 A mudança climática pressionará as colheitas agrícolas na maioria dos países até 2050, dadas as práticas agrícolas e variedades de cultivares atuais   145

3.4 Agricultura intensiva no mundo desenvolvido contribuiu para a proliferação de zonas mortas   150

3.5 O comércio mundial de grãos depende da exportação de alguns poucos países   161

3.6 Países desenvolvidos possuem mais pontos de coleta de dados e séries temporais mais longas de dados de monitoramento de água   163

7.1 Avanços no mapeamento eólico abrem novas oportunidades   288

Tabelas

1 Custos adicionais da mitigação e requisitos financeiros correlatos para uma trajetória de 2°C: o que será necessário nos países em desenvolvimento até 2030?   9

2 No longo prazo, quanto custará? Valor atual dos custos da mitigação para 2100   9

FA.1 Elementos potenciais de virada no sistema climático: gatilhos, prazo e impactos   80

FB.1 Avaliação da tendência atual no estado global dos principais serviços fornecidos por ecossistemas   125

4.1 O que seria necessário para alcançar concentração de 450 ppm de CO_2e para manter o aquecimento próximo a 2°C – exemplo de cenário   198

4.2 O investimento precisa limitar o aquecimento a 2°C (450 ppm de CO_2e) em 2030   199

4.3 Circunstâncias diferentes do país exigem abordagem sob medida   204

4.4 Instrumentos da política sob medida para a maturidade das tecnologias   207

4.5 Intervenções da política para eficiência energética, energia renovável e transporte   214

6.1 Instrumentos existentes para financiamento climático   258

6.2 Financiamento climático anual estimado necessário em países em desenvolvimento   260

6.3 Fornecimento potencial regional do MDL e receitas de carbono (até 2012)   262

6.4 Novos fundos bilaterais e multilaterais para o clima   263

6.5 A incidência tributária de um tributo de adaptação sobre o Mecanismo de Desenvolvimento Limpo (2020)   267

6.6 Possíveis fontes de financiamento para mitigação e adaptação   271

6.7 Iniciativas nacionais e multilaterais para reduzir o desmatamento e a degradação   273

7.1 Acordos tecnológicos internacionais específicos para a mudança climática   294

7.2 Prioridades em política nacional para inovação   303

Prefácio

A mudança climática é um dos desafios mais complexos de nosso século jovem. Nenhum país está imune. Nenhum país sozinho é capaz de enfrentar os desafios interligados impostos pela mudança climática, que compreendem decisões políticas controversas, mudanças tecnológicas assustadoras e consequências globais de longo alcance.

À medida que o planeta aquece, os padrões pluviais mudam e eventos climáticos extremos como secas, inundações e incêndios florestais se tornam mais frequentes. Milhões de pessoas em áreas costeiras populosas e em nações insulares perderão suas casas com a elevação do nível do mar. A população pobre da África e da Ásia, e em outros lugares, enfrentam perspectivas de trágicas falhas de colheitas, produtividade agrícola reduzida, e aumento da fome, desnutrição e doenças.

Como instituição multilateral cuja missão é o desenvolvimento inclusivo e sustentável, o Grupo Banco Mundial tem a responsabilidade de tentar explicar algumas dessas interconexões entre as disciplinas – economia do desenvolvimento, ciência, energia, ecologia, tecnologia, finanças e regimes internacionais efetivos e governança. Com 186 membros, o Grupo Banco Mundial enfrenta o desafio, todos os dias, de fortalecer a cooperação entre estados amplamente diferentes, o setor privado, e a sociedade civil para obter produtos comuns. O 32º *Relatório sobre o Desenvolvimento Mundial* busca aplicar essa experiência, combinada com pesquisa, para avançar o conhecimento sobre *Desenvolvimento e Mudança Climática*.

Os países em desenvolvimento arcarão com o peso dos efeitos da mudança climática, mesmo que lutem para superar a pobreza e impulsionem o crescimento econômico. Para estes países, a mudança climática ameaça aprofundar as vulnerabilidades, minar os ganhos conquistados com dificuldade e prejudicar seriamente as perspectivas de desenvolvimento. Torna-se ainda mais difícil alcançar as Metas de Desenvolvimento do Milênio – e garantir um futuro seguro e sustentável após 2015. Ao mesmo tempo, muitos países em desenvolvimento temem restrições na promoção vital do desenvolvimento energético ou novas regras que possam reprimir suas várias necessidades – da infraestrutura ao empreendedorismo.

Enfrentar o imenso e multidimensional desafio da mudança climática exige habilidade e cooperação extraordinárias. Um mundo "inteligente com relação ao clima" é possível em nosso tempo – ainda assim, como argumenta este Relatório, para efetuar esse tipo de transformação precisamos agir agora, agir juntos e agir de modo diferente.

Devemos agir agora, porque o que fazemos hoje determina o clima de amanhã e as escolhas que definem nosso futuro. Hoje, estamos emitindo gases do efeito estufa que armazenam calor na atmosfera por décadas ou mesmo séculos. Estamos construindo usinas de energia elétrica, reservatórios, casas e sistemas de transporte e cidades que devem durar 50 anos ou mais. As tecnologias inovadoras e as variedades de colheitas que criamos hoje podem definir as fontes de energia e alimentos para atender as necessidades de mais 3 bilhões de pessoas até 2050.

Devemos agir juntos porque a mudança climática é uma crise que atinge o patrimônio global. Essa crise não pode ser resolvida sem a cooperação dos países em uma escala global para melhorar as eficiências energéticas, desenvolver e implantar tecnologias limpas, e expandir sumidouros naturais para cultivar o verde, absorvendo gases. Precisamos proteger a vida humana e os recursos ecológicos. Os países desenvolvidos têm produzido a maior parte das emissões do passado e têm as emissões *per capita* mais altas. Esses países devem tomar a dianteira reduzindo significativamente suas pegadas de carbono e estimulando a pesquisa sobre alternativas verdes. Mesmo assim, a maior parte das emissões futuras será gerada no mundo em desenvolvimento. Esses países precisarão da transferência adequada de fundos e tecnologia para poder buscar reduzir a emissão de carbono sem prejudicar suas perspectivas de desenvolvimento.

Devemos agir de modo diferente porque não podemos planejar o futuro alicerçado no clima do passado. As necessidades climáticas de amanhã exigem o desenvolvimento de uma infraestrutura capaz de resistir às novas condições e suportar o o aumento da população; o uso dos recursos limitados de solo e água para fornecer alimentos suficientes e biomassa para combustível enquanto os ecossistemas são preservados e o mundo reconfigura seus sistemas de energia. Isso exigirá medidas de adaptação que tenham por base novas informações sobre padrões de mudança de temperatura, precipitação e espécies. Mudanças dessa magnitude exigirão um financiamento adicional de porte para adaptação e mitigação e para que uma pesquisa estrategicamente intensificada amplie abordagens promissoras e ideias inovadoras.

A esta altura, os diversos países do mundo não restringiram suficientemente as emissões ou financiaram os países em desenvolvimento. Precisamos de um novo impulso. A atual crise econômica global não deve nos impedir de avançar – pelo contrário, ela apresenta uma oportunidade de repensar a situação. Os fundos de incentivo "verde" em muitos países podem dinamizar a inovação necessária para resolver os problemas gerados pela mudança climática.

O Grupo Banco Mundial elaborou várias iniciativas de financiamento para ajudar os países a lidar com a mudança climática, descrito em nossa Estrutura Estratégica de Desenvolvimento e Mudança Climática. Essas iniciativas englobam nossos mecanismos e fundos de carbono, que continuam a crescer à medida que a eficiência energética e uma nova energia renovável aumentam substancialmente. Estamos tentando desenvolver uma experiência prática sobre como os países em desenvolvimento podem apoiar um regime de mudança climática e obter benefícios com ele – de mecanismos viáveis para desmatamento evitado por meio de sistemas comerciais de carbono, até modelos de menor emissão de carbono e iniciativas que combinem adaptação e mitigação. Dessa forma, podemos apoiar o processo da UNFCCC e os países que preparam novos incentivos e desincentivos internacionais.

É necessário muito mais. Com relação ao futuro, o Grupo Banco Mundial está reformulando nossas estratégias energéticas e ambientais para o futuro, e ajudando os países a intensificar suas práticas de gestão de riscos e expandir suas redes de segurança para lidar com os riscos que não podem ser totalmente mitigados.

O *Relatório sobre o desenvolvimento mundial de 2010* exige ação com relação aos problemas climáticos antes que seja tarde. Se agirmos agora, agirmos juntos e agirmos de modo diferente, haverá oportunidades reais de reformular nosso futuro climático para uma globalização inclusiva e sustentável.

Robert B. Zoellick
Presidente
Grupo Banco Mundial

Agradecimentos

Este Relatório foi preparado por uma equipe central liderada por Rosina Bierbaum e Marianne Fay e composta por Julia Bucknall, Samuel Fankhauser, Ricardo Fuentes-Nieva, Kirk Hamilton, Andreas Kopp, Andrea Liverani, Alexander Lotsch, Ian Noble, Jean-Louis Racine, Mark Rosegrant, Xiaodong Wang, Xueman Wang e Michael Ian Westphal. As principais contribuições foram feitas por Arun Agrawal, Philippe Ambrosi, Elliot Diringer, Calestous Juma, Jean-Charles Hourcade, Kseniya Lvovsky, Muthukumara Mani, Alan Miller e Michael Toman. Conselhos e dados úteis foram dados por Leon Clarke, Jens Dinkel Jae Edmonds, Per-Anders Enkuist, Brigitte Knaff e Volker Krey. A equipe foi auxiliada por Rachel Block, Doina Cebotari, Nicola Cenacchi, Sandy Chang, Nate Engle, Hilary Gopnik e Hrishikesh Patel. Contribuições adicionais foram feitas por Lidvard Gronnevet e Jon Strand.

Bruce Ross-Larson foi o editor-chefe. Os mapas foram criados pela Unidade de Projetos de Mapas do Banco Mundial sob a direção de Jeff Lecksell. O Escritório de Editoria do Banco Mundial prestou serviços editoriais, de projeto, composição e impressão sob a supervisão de Mary Fisk, Andres Meneses e Stephen McGroarty foi editor de aquisições.

O *Relatório sobre o Desenvolvimento Mundial de 2010* foi copatrocinado pelo Development Economics (DEC) e o Sustainable Development Network (SDN). O trabalho foi realizado sob a orientação geral de Justin Yifu Lin na DEC and Katherine Sierra na SDN. Warren Evans e Alan H. Gelb também forneceram uma valiosa orientação. Um Conselho foi composto por Neil Adger, Zhou Dadi, Rashid Hassan, Geoffrey Heal, John Holdren (até dezembro de 2008), Jean-Charles Hourcade, Saleemul Huq, Calestous Juma, Nebojša Nakióenóvić, Carlos Nobre, John Schellnhuber, Robert Watson e John Weyant prestou assessoria extensa e excelente em todos os estágios do Relatório.

Robert B. Zoellick, Presidente do Grupo Banco Mundial, teceu comentários e orientação.

Muitas outras pessoas de dentro e de fora do Banco Mundial colaboraram com comentários e sugestões. O Development Data Group (Grupo de Dados sobre o Desenvolvimento) contribuiu para os dados anexos e foi responsável pelos Indicadores Selecionados de Desenvolvimento Mundial.

A equipe foi amplamente beneficiada por uma grande variedade de consultas. Reuniões e workshops regionais foram realizados localmente ou por meio de videoconferência (usando a Rede Global de Aprendizagem do Desenvolvimento do Banco Mundial) em: África do Sul, Alemanha, Argentina, Bangladesh, Bélgica, Benin, Botsuana, Burkina Faso, China, Costa do Marfim, Costa Rica, Dinamarca, Emirados Árabes Unidos, Etiópia, Filipinas, Finlândia, França, Gana, Holanda, Índia, Indonésia, Kuwait, México, Moçambique, Nicarágua, Noruega, Peru, Polônia, Quênia, Reino Unido, República Dominicana, Senegal, Suécia, Tailândia, Tanzânia, Togo, Tunísia e Uganda. A equipe deseja agradecer aos participantes destes workshops, videoconferências e debates que contaram com acadêmicos, pesquisadores, autoridades governamentais e funcionários de organizações não governamentais e do setor privado.

Finalmente, a equipe estende seus agradecimentos ao apoio generoso do Governo da Noruega, Departamento de Desenvolvimento Internacional do Reino Unido, Governo da Dinamarca, Governo da Alemanha por meio do Deutsche Gesellschaft für technische Zusammenarbeit, Governo Sueco por meio do Programa de Biodiversidade/Centro de Biodiversidade Sueco (SwedBio), Fundo Fiduciário para o Desenvolvimento Ambiental e Socialmente Sustentável

(TFESSD), fundo de *trust* programático de vários doadores e Programa Conhecimento para a Mudança (KCP).

Rebecca Sugui atuou como executiva-sênior do grupo – 17 anos com o *WDR*; Sonia Joseph e Jason Victor como assistentes de programa e Bertha Medina como assistente de equipe. Evangeline Santo Domingo exerceu a função de assistente de gestão de recursos.

Lista de siglas e nota sobre os dados

Lista de siglas

AAU	unidades de quantidade atribuída
ADPIC	Acordo sobre Aspectos dos Direitos de Propriedade Intelectual relacionados ao Comércio
AMA	acordo multilateral ambiental
ARPP	Relatório Anual sobre Desempenho de Carteira
BRIICS	Brasil, Federação Russa, Índia, Indonésia, China e África do Sul
Bt	*Bacillus thuringiensis*
CAC	captura e armazenagem de carbono
CGIAR	Consultative Group on International Agricultural Research
CH_4	metano
CIPAV	Centro para Investigación en Sistemas Sostenibles de Producción Agropecuaria [Centro para Investigação em Sistemas Sustentáveis de Produção Agropecuária]
CO_2	dióxido de carbono
CO_2e	dióxido de carbono equivalente
CPIA	Country Policy and Institutional Assessment
CTF	Fundo de Tecnologia Limpa
DPI	direitos de propriedade intelectual
EE	eficiência energética
EIT	economias em transição
ENSO	El Niño–Oscilação Sul
ESCO	empresa de serviços de energia
ETF–IW	Environmental Transformation Fund-International Window
FCPF	Parceria para o Carbono Florestal
FDI	investimento estrangeiro direto
FPMD	Fundo para Países Menos Desenvolvidos
GCCA	Campanha Global para Ação Climática
GEE	gás de efeito estufa
GEEREF	Global Energy Efficiency and Renewable Energy Fund
GEF	Global Environment Facility
GEO	Group on Earth Observation
GEOSS	Sistema Global de Sistemas de Observação da Terra
GFDRR	Fundo Global para Redução de Desastres e de Recuperação
GLP	gás liquefeito de petróleo
GM	transgênico
Gt	gigatonelada
GWP	potencial de aquecimento global
IAASTD	International Assessment of Agricultural Science and Technology for Development [Avaliação Internacional de Ciência e Tecnologia Agrícolas para o Desenvolvimento]
IATAL	international air travel adaptation levy [imposto sobre as viagens aéreas internacionais para a adaptação]

IC	Implementação Conjunta
IDA	International Development Association [Associação Internacional para o Desenvolvimento]
IEA	International Energy Agency [Agência Internacional de Energia]
IFC	International Finance Corporation
IFCI	Iniciativa Internacional de Carbono Florestal
IIASA	International Institute for Applied Systems Analysis
IMERS	International Maritime Emission Reduction Scheme
IPCC	Painel Intergovernamental sobre Mudança Climática
kWh	quilowatt/hora
MDL	Mecanismo de Desenvolvimento Limpo
MRGRA	Acordo Regional sobre Redução de GEE do Meio-Oeste
MRV	mensurável, reportável e verificável
N_2O	óxido nitroso
NAPA	National Adaptation Program of Action [Programas Nacionais de Adaptação à Ação]
O&M	operação e manutenção
O_3	ozônio
OEDE	Organização para a Cooperação e Desenvolvimento Econômico
OMM	Organização Meteorológica Mundial
ONG	organização não governamental
P&D	pesquisa e desenvolvimento
PaCIS	Sistema de Informação Climática do Pacífico
PIB	Produto Interno Bruto
PNF	Programa de Investimento em Florestas
ppb	partes por bilhão
PPC	paridade do poder de compra
PPCR	Programa-piloto para Resistência Climática
ppm	partes por milhão
RCE	redução certificada de emissão
RD&D	pesquisa, desenvolvimento e implantação
RDD&D	pesquisa, desenvolvimento, demonstração e implantação
REDD	Redução das emissões causadas pelo Desmatamento e pela Degradação Florestal
RGGI	Iniciativa Regional para Gases de Efeito Estufa
SCCF	Fundo Estratégico para Mudança Climática
SCG	empresa de serviços climáticos globais
SD-PAMs	políticas e medidas de desenvolvimento sustentável
SDII	índice simples de intensidade diária
SO_2	dióxido de enxofre
SUV	utilitário esportivo
toe	toneladas de óleo equivalente
Tt	trilhões de toneladas
UE	União Europeia
UN	Nações Unidas
UN-REDD	Programa da ONU para a Redução de Emissões Causadas pelo Desmatamento e pela Degradação Florestal
UNFCCC	Convenção-Quadro das Nações Unidas sobre Mudança Climática
WCI	Iniciativa Climática Ocidental
WGI	Indicador Mundial de Governança
WTO	Organização Internacional do Comércio
ZCBA	zonas costeiras de baixa altitude

Nota sobre os dados

Os países incluídos nos grupos regionais e por renda neste Relatório encontram-se relacionados na tabela Classificação de Economias ao final dos Indicadores Selecionados de Desenvolvimento Mundial. As classificações de renda têm por base o produto interno bruto (PIB) *per capita*; os limiares para as classificações de renda nesta edição encontram-se na Introdução aos Indicadores Selecionados de Desenvolvimento Mundial. As figuras, mapas e tabelas (inclusive indicadores selecionados) que mostram os grupos de renda têm por base a classificação de renda do Banco Mundial em 2009. Os dados mostrados nos Indicadores Selecionados de Desenvolvimento Mundial têm por base a classificação em 2010. As médias de grupos apresentadas nas figuras e tabelas são médias não ponderadas dos países no grupo, salvo se observado o contrário.

O uso do termo *países* com referência a economias não enseja julgamento por parte do Banco Mundial quanto à posição jurídica ou outra de um território. O termo *países em desenvolvimento* compreende as economias de renda baixa e média e, por conseguinte, pode abranger as economias em transição a partir de um planejamento central. Os termos *países industrializados* ou *países desenvolvidos* podem ser usados por uma questão de conveniência de modo a denotar países de alta renda.

Os números em dólar correspondem a dólares norte-americanos, exceto se especificado de outra maneira. *Bilhão* significa mil milhões e *trilhão*, mil bilhões.

Mensagens mais importantes do Relatório sobre o Desenvolvimento Mundial 2010

A redução da pobreza e o desenvolvimento sustentável continuam a ser prioridades globais. Um quarto da população dos países em desenvolvimento ainda vive com menos de US$ 1,25 por dia. Um bilhão de pessoas carece de água potável, 1,6 bilhão de eletricidade, e 3 bilhões de saneamento adequado. Um quarto de todas as crianças dos países em desenvolvimento sofre de desnutrição. Abordar essas necessidades deve continuar a ser prioridade tanto dos países em desenvolvimento como da ajuda para o desenvolvimento – reconhecendo que o desenvolvimento se tornará mais difícil, e não mais fácil, com a mudança climática.

No entanto, a mudança climática precisa ser urgentemente abordada. As alterações no clima ameaçam todos os países e os países em desenvolvimento são os mais vulneráveis. Segundo as estimativas, recai sobre eles de 75% a 80% dos custos de prejuízos causados pela mudança climática. Até mesmo um aquecimento de 2°C acima das temperaturas pré--industriais – o mínimo que provavelmente o mundo experimentará – poderia resultar em reduções permanentes do PIB de 4% a 5% para a África e o sudeste asiático. A maioria dos países em desenvolvimento carece de capacidade financeira e técnica suficientes para gerenciar um risco climático cada vez maior. Eles também dependem mais diretamente de recursos naturais sensíveis ao clima para a geração de renda e bem-estar. E a maioria está em regiões tropicais e subtropicais já sujeitas a um clima altamente variável.

É improvável que o crescimento por si só seja rápido ou igualitário o bastante para combater as ameaças da mudança climática, especialmente se o crescimento global continuar a fazer uso intensivo do carbono e acelerar o aquecimento global. Assim, a política climática não pode ser concebida como a escolha entre o crescimento e a mudança climática. De fato, as políticas climáticas inteligentes são aquelas que melhoram o desenvolvimento, reduzem a vulnerabilidade e financiam a transição para uma trajetória de crescimento com baixo carbono.

Um mundo com uma atitude climática inteligente está ao nosso alcance se agirmos agora e se atuarmos de forma diferente do passado:

- *Agir agora*, caso contrário, as opções desaparecem e os custos aumentam à medida que o mundo se compromete com uma série de ações de elevado uso de carbono e trajetórias irreversíveis que levam ao aquecimento. A mudança climática já está comprometendo esforços para melhorar padrões de vida e alcançar os Objetivos de Desenvolvimento do Milênio. Manter-se próximo dos 2°C acima dos níveis pré-industriais, provavelmente o melhor que podemos fazer, requer uma verdadeira revolução de energia, com a implantação imediata de eficiência energética e de tecnologias de baixo carbono disponíveis, juntamente com investimentos maciços na próxima geração de tecnologias sem as quais o crescimento com baixo carbono não poderá ser alcançado. São necessárias ações imediatas para enfrentar a mudança climática e minimizar os custos para pessoas, infraestrutura e ecossistemas hoje, bem como nos preparar para maiores desafios que nos aguardam.

- *Agir em conjunto* é a chave para manter os custos baixos e enfrentar efetivamente tanto a adaptação como a mitigação. É preciso começar com os países de alta renda adotando uma ação agressiva para reduzir as próprias emissões. Isso liberaria certo "espaço para poluição" por parte dos países em desenvolvimento, porém, mais importante ainda, incentivaria a inovação e a procura por novas tecnologias, de forma que possam ser rapidamente ampliadas. Também ajudaria a criar um mercado de carbono grande e estável o bastante. Ambos os efeitos são primordiais para capacitar os países a passar para uma trajetória de carbono mais baixo, ganhando ao mesmo tempo rápido acesso aos serviços de energia necessários para o desenvolvimento, embora devam ser complementados com o apoio financeiro. Mas atuar em conjunto é também fundamental para avançar o desenvolvimento em um ambiente mais hostil – o aumento dos riscos climáticos ultrapassará a capacidade de adaptação das comunidades. O apoio tanto nacional como internacional será essencial para proteger os mais vulneráveis por meio de programas de assistência social, desenvolver acordos internacionais de compartilhamento de riscos e promover o intercâmbio de conhecimento, tecnologia e informação.

- *Agir de modo diferente* é necessário para permitir um futuro sustentável em um mundo em evolução. Nas próximas décadas, os sistemas energéticos do mundo deverão ser transformados para que as emissões globais caiam entre 50% a 80%. Deve-se reforçar a infraestrutura para suportar novos eventos climáticos extremos. Para alimentar mais 3 bilhões de pessoas sem ameaçar ainda mais ecossistemas já estressados, será preciso aumentar a produtividade agrícola e a eficiência do uso dos recursos hídricos. Somente uma gestão integrada e um planejamento flexível de longo prazo e larga escala poderão atender às crescentes demandas sobre os recursos naturais de alimentos, bioenergia, energia hidrelétrica e serviços do ecossistema, conservando ao mesmo tempo a biodiversidade e mantendo estoques de carbono no solo e florestas. Estratégias econômicas e sociais robustas serão aquelas que levarem em conta a crescente incerteza e melhorarem a adaptação a uma diversidade de futuros climáticos, não apenas lidar "da melhor forma possível" com o clima do passado. Uma política eficaz enseja uma avaliação conjunta das ações para o desenvolvimento, a adaptação e a mitigação, uma vez que todas elas se valem dos mesmos recursos finitos (humanos, financeiros e naturais).

É preciso um acordo climático global equitativo e eficaz. Esse acordo reconheceria as diversas necessidades e limitações dos países em desenvolvimento, os ajudaria em matéria de financiamento e tecnologia para enfrentar os desafios crescentes ao desenvolvimento. Além disso, asseguraria que eles não estejam presos a uma parcela permanente baixa do patrimônio global e estabeleceria mecanismos que separariam onde ocorre a mitigação daqueles que pagam por ela. A maior parte do aumento das emissões ocorrerá nos países em desenvolvimento, cuja atual pegada de carbono é extremamente pequena e cujas economias precisam crescer rapidamente para reduzir a pobreza. Os países de alta renda devem prestar aos países em desenvolvimento assistência financeira e técnica tanto para a adaptação como para o crescimento de baixo carbono. O financiamento atual para adaptação e mitigação é inferior a 5% em relação ao que poderia ser necessário anualmente até 2030, mas as desvantagens podem ser compensadas por meio de mecanismos de financiamento inovadores.

O sucesso depende da alteração do comportamento e da mudança da opinião pública. Os indivíduos, como cidadãos e consumidores, determinarão o futuro do planeta. Embora um número maior de pessoas conheça o tema da mudança climática e acredite que uma ação seja necessária, um número muito pequeno faz dessa questão uma prioridade e muitos não tomam atitude alguma quando têm oportunidade de fazê-lo. Assim, o maior desafio está em mudar os comportamentos e instituições, especialmente em países de alta renda. Mudanças na política pública – local, regional, nacional e internacional – são necessárias para tornar tanto a ação cívica como a privada mais fácil e mais atraente.

Visão geral
A mudança do clima para o desenvolvimento

Há trinta anos, metade do mundo em desenvolvimento vivia em extrema pobreza – hoje essa proporção é de um quarto.[1] Agora, uma parcela muito menor de crianças está subnutrida e vive em situação de risco de morte prematura. E o acesso à infraestrutura moderna é muito mais disseminado. Essencial para o progresso: rápido crescimento econômico impulsionado pela inovação tecnológica e reforma institucional especialmente nos atuais países de renda média, onde os rendimentos *per capita* dobraram. Ainda assim, as necessidades continuam imensas, com o número de pessoas que sofrem de fome tendo passado a marca do bilhão em 2009 pela primeira vez na história (Food and Agriculture Organization, 2009b). Com tantas pessoas ainda vivendo na pobreza e com fome, o crescimento e a redução da pobreza continuam a ser a prioridade dos países em desenvolvimento.

A mudança climática torna o desafio mais complicado. Em primeiro lugar, os impactos da mudança climática já estão sendo sentidos, com mais secas, mais inundações, um número maior de tempestades fortes e de ondas de calor – sobrecarregando pessoas, empresas e governos, afastando os recursos do desenvolvimento. Em segundo lugar, a continuação da mudança climática, às taxas atuais, significará desafios cada vez maiores ao desenvolvimento. Até o final do século, a mudança climática poderá provocar temperaturas no mínimo 5°C mais elevadas do que as da era pré-industrial e criar um mundo extremamente diferente do atual, com mais eventos climáticos extremos, a maioria dos sistemas estressados e em fase de mudança, muitas espécies condenadas à extinção e nações insulares inteiras ameaçadas pela inundação. Mesmo com nossas melhores iniciativas, é pouco provável estabilizar as temperaturas em menos de 2°C acima da temperatura pré-industrial, aquecimento que exigirá uma adaptação substancial.

Os países de renda alta podem e devem reduzir suas pegadas de carbono. Eles não podem continuar a ocupar uma parcela injusta e insustentável do patrimônio atmosférico. Mas os países em desenvolvimento – cujas emissões médias *per capita* correspondem a um terço das emissões dos países de alta renda (Figura 1) – precisam de expansões muito expressivas em energia, transporte, sistemas urbanos e produção agrícola. Se forem buscadas por meio de tecnologias tradicionais e intensidades de carbono, essas tão necessárias expansões produzirão mais gases do efeito estufa e, portanto, mais mudanças climáticas. A questão, portanto, não é apenas como tornar o desenvolvimento mais resiliente à mudança climática, mas também como buscar o crescimento e a prosperidade sem gerar uma "perigosa" mudança climática.[2]

A política de mudança climática não é um dilema simples entre um mundo com elevado

---

1 Pobreza extrema é definida como viver com US$ 1,25 por dia ou menos (Chen; Ravallion, 2008).

2 O artigo 2º da Convenção-Quadro das Nações Unidas sobre Mudança Climática propõe a estabilização das concentrações dos gases do efeito estufa na atmosfera em um nível que "evitaria uma arriscada interferência antropogênica [causada pelo homem] com o sistema climático". Disponível em: <http://unfccc.int/resource/docs/convkp/conveng.pdf>. Acesso em: 1 ago. 2009.

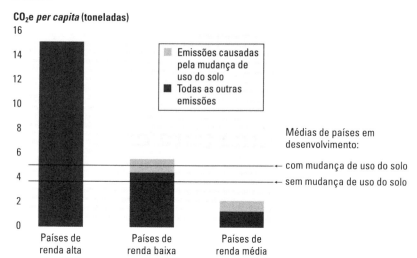

Figura 1 Pegadas desiguais: emissões *per capita* em países de renda baixa, média e alta, 2005

Fonte: World Bank (2008c). O World Resources Institute (2008) aumentou com as emissões na mudança do uso do solo de Houghton (2009).

Nota: Emissões de gases do efeito estufa incluem dióxido de carbono (CO_2), metano (CH_4), óxido nitroso (N_2O) e gases potenciais do alto aquecimento global (gases F). Todos eles são expressos em termos de CO_2 equivalente (CO_2e) – a quantidade de CO_2 que causaria a mesma quantidade de aquecimento. Em 2005, as emissões causadas pela mudança no uso do solo nos países de renda alta foram insignificantes.

crescimento e alto carbono e um mundo com baixo crescimento e baixo carbono – uma dúvida simples entre crescer ou preservar o planeta. Muitas ineficiências são responsáveis pela atual intensidade elevada de carbono.[3] As tecnologias existentes e melhores práticas, por exemplo, podem reduzir em 20%-30% o consumo de energia nos setores industrial e energético, ajudando, assim, a reduzir a pegada de carbono desses setores sem prejudicar o crescimento.[4] Muitas ações voltadas para a mitigação, que significam mudanças destinadas a reduzir as emissões de gases do efeito estufa, têm enormes benefícios correlatos em saúde pública, segurança energética, economias financeiras etc. Na África, por exemplo, as oportunidades de mitigação estão vinculadas a uma gestão mais sustentável do solo e das florestas, a uma energia mais limpa (como a geotérmica ou hidrelétrica) e à criação de sistemas de transporte urbano sustentáveis.

Portanto, a agenda de mitigação na África é provavelmente compatível com o aumento do desenvolvimento (World Bank, 2009b). Esse também é o caso da América Latina (de la Torre; Fajnzylber; Nash, 2008).

Nem a maior riqueza nem a prosperidade produzem inerentemente mais gases do efeito estufa, mesmo que tenham atuado em conjunto no passado. Determinados padrões de consumo e produção o fazem. Mesmo excluindo os países produtores de petróleo, as emissões *per capita* em países de renda elevada variam em um fator de quatro, das sete toneladas de dióxido de carbono equivalente (CO_2e)[5] *per capita* na Suíça, para 27 na Austrália e em Luxemburgo.[6]

A dependência de combustível fóssil não pode ser considerada inevitável em razão da insuficiência de iniciativas para encontrar alternativas. Embora os subsídios globais para produtos petrolíferos somem cerca de US$ 150 bilhões anualmente, os gastos públicos em pesquisa, desenvolvimento e implantação (*research, development and deployment* – RD&D) de energia giraram em torno de US$ 10 bilhões durante décadas, exceto por um breve pico após a crise do petróleo (ver Capítulo 7). Isso representa 4% do RD&D público global. Os gastos privados em RD&D de energia, cerca de US$ 40 bilhões a US$ 60 bilhões por ano, equivalem a 0,5% das receitas privadas – uma pequena parcela do que as indústrias inovadoras, como a de telecomunicações (8%) ou farmacêutica (15%), investem em RD&D (International Energy Agency, 2008c).

Uma mudança para um mundo com baixo carbono por meio de inovação tecnológica e reformas institucionais complementares precisa começar por uma ação drástica e imediata

---

3 Definido como carbono emitido por dólar do PIB.
4 Em uma escala global, isso reduziria as emissões de CO_2 em 4-6 gigatoneladas por ano, tendo em vista a atual matriz do setor energético e da indústria (International Energy Agency, 2008e). Reduções semelhantes seriam possíveis no setor de construção dos países de renda elevada. Ver, por exemplo, Mills (2009).
5 Os gases do efeito estufa têm diferentes potenciais de retenção de calor. A concentração de de dióxido de carbono equivalente (CO_2e) pode ser usada para descrever o efeito do aquecimento global composto desses gases em termos da quantidade de CO_2, que teria o mesmo potencial de retenção de calor sobre um determinado período.
6 Cálculos dos autores, baseados em dados da Ferramenta de Indicadores de Análise Climática (World Resources Institute, 2008). A faixa é muito maior se Estados insulares pequenos como Barbados (4,6 toneladas de CO_2e *per capita*) e produtores de petróleo como Catar (55 toneladas de CO_2e *per capita*) ou os Emirados Árabes Unidos (39 toneladas de CO_2e *per capita*) forem incluídos.

por parte dos países de renda elevada, no sentido de reduzir suas pegadas de carbono insustentáveis, o que liberaria algum espaço no patrimônio atmosférico comum (Figura 2). Mais importante ainda, um compromisso confiável por parte dos países de renda alta de reduzir drasticamente suas emissões estimularia o necessário RD&D de novas tecnologias e processos em energia, transporte, indústria e agricultura. E uma grande e previsível demanda de tecnologias alternativas reduziria seu preço ao mesmo tempo que ajudaria a aumentar sua competitividade ante os combustíveis fósseis. Somente com novas tecnologias a preços competitivos, a mudança climática pode ser reduzida sem prejuízo para o crescimento.

Os países em desenvolvimento têm margem de manobra para adotar trajetórias de baixo carbono sem comprometer o desenvolvimento, mas ela varia de um país para outro e dependerá da assistência financeira e técnica dos países de alta renda. Essa assistência seria igualitária [e em conformidade com a Convenção-Quadro das Nações Unidas sobre Mudança Climática (UNFCCC) de 1992]: os países de renda elevada, com um sexto da população mundial, são responsáveis por quase dois terços dos gases do efeito estufa existentes na atmosfera (Figura 3). Ela também seria eficiente: as economias geradas pela ajuda ao financiamento da mitigação antecipada nos países em desenvolvimento mediante, por exemplo, a construção de infraestrutura e moradia nas próximas décadas são tão grandes que produzem benefícios econômicos claros para todos (Edmonds et al., 2008; Hamilton (2009).[7] Mas criar, sem falar em implementar, um acordo internacional que implique transferências de recursos substanciais estáveis e previsíveis não é uma questão trivial.

Os países em desenvolvimento, especialmente os mais pobres e mais expostos, também precisarão de ajuda para se adaptarem à mudança climática. Eles já são os que mais sofrem com os eventos climáticos extremos (ver Capítulo 2). E até mesmo um

[7] Blanford, Richels e Rutherford (2008) também mostram uma economia substancial dos países que anunciam antecipadamente a data em que vão se engajar na mitigação, porque isso permite que aqueles que investem em ativos de longa duração levem em conta a provável mudança nos futuros regimes normativos e preços de carbono e, portanto, minimizem o número de ativos ociosos.

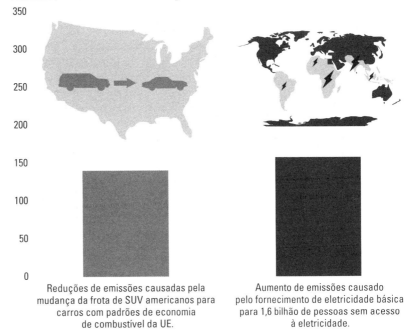

Figura 2   Lei de reequilíbrio: mudar de utilitários esportivos para carros de passageiro econômicos nos Estados Unidos praticamente compensaria apenas as emissões geradas no fornecimento de eletricidade para mais 1,6 bilhão de pessoas

Emissões (milhões de toneladas de CO_2)

Reduções de emissões causadas pela mudança da frota de SUV americanos para carros com padrões de economia de combustível da UE.

Aumento de emissões causado pelo fornecimento de eletricidade básica para 1,6 bilhão de pessoas sem acesso à eletricidade.

Fonte: Cálculos da equipe do WDR baseados em Bureau of Transportation Statistics (2008).

Nota: As estimativas são baseadas nos 40 milhões de SUV (*sports utility vehicles* – veículos utilitários esportivos) que viajam um total de 480 bilhões de milhas por ano nos Estados Unidos (supondo 12 mil milhas por carro). Com eficiência de combustível média de 18 milhas por galão, a frota de SUV consome 27 bilhões de galões de gasolina anualmente com emissões de 2.421 gramas de carbono por galão. Mudar para carros econômicos com a eficiência de combustível média dos novos carros de passageiros vendidos na União Europeia (45 milhas por galão; ver International Council on Clean Transportation, 2007) resulta em uma redução de 142 milhões de toneladas de CO_2 (39 milhões de toneladas de carbono) anualmente. O consumo de eletricidade dos domicílios pobres nos países em desenvolvimento está estimado em 170 quilowatts-hora por pessoa ao ano, e supõe-se que a eletricidade seja fornecida na intensidade do carbono médio mundial atual de 160 gramas de carbono um quilowatt-hora, equivalente a 160 milhões de toneladas de CO_2 (44 milhões de toneladas de carbono). O tamanho do símbolo da eletricidade no mapa global corresponde ao número de pessoas sem acesso à eletricidade.

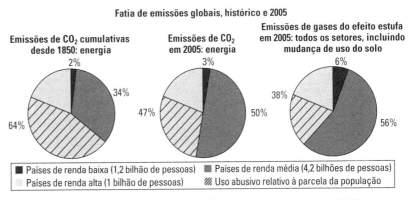

Figura 3   Os países de renda alta têm contribuído historicamente para uma parcela desproporcional de emissões globais e continuam contribuindo

Fatia de emissões globais, histórico e 2005

Emissões de CO_2 cumulativas desde 1850: energia

Emissões de CO_2 em 2005: energia

Emissões de gases do efeito estufa em 2005: todos os setores, incluindo mudança de uso do solo

■ Países de renda baixa (1,2 bilhão de pessoas) ■ Países de renda média (4,2 bilhões de pessoas)
Países de renda alta (1 bilhão de pessoas) ▨ Uso abusivo relativo à parcela da população

Fontes: U. S. Department of Energy (2009) e Worl Bank (2008c). O World Resources Institute (2008) aumentou com as emissões na mudança do uso do solo de Houghton (2009).

Nota: Os dados abrangem mais de 200 países dos anos mais recentes. Não há dados disponíveis de todos os países no século XIX, mas foram incluídos todos os principais emissores da era. Emissões de dióxido de carbono (CO_2) causadas pela produção de energia incluem toda a produção de cimento, queima de combustíveis fósseis e queima de gás. Emissões de gases do efeito estufa incluem CO_2, metano (CH_4), óxido nitroso (N_2O) e gases potenciais do alto aquecimento global (gases F). Os setores incluem os processos industriais e de energia, agricultura e mudança de uso do solo (Houghton, 2009) e resíduos. O uso abusivo do patrimônio atmosférico relativo à parcela da população tem por base os desvios de emissões *per capita* iguais; em 2005, os países de renda alta equivalem a 16% da população global; desde 1850, em média, os países de renda alta de hoje equivalem a quase 20% da população global.

aquecimento adicional relativamente modesto exigirá grandes ajustes na forma como a política de desenvolvimento é planejada e implementada, na forma como as pessoas vivem e se sustentam, e nos perigos e nas oportunidades que enfrentam.

A atual crise financeira não pode ser uma desculpa para relegar o clima a segundo plano. Uma crise financeira tem, em média, duração de menos de dois anos, resulta em uma perda de 3% do PIB e é mais tarde compensada por um crescimento de mais de 20% ao longo de oito anos de recuperação e prosperidade.[8]

---
8 As crises financeiras que são altamente sincronizadas em todos os países estão associadas a durações similares e são seguidas de recuperações similares embora as perdas tendam a ser mais severas (5% do PIB em média) (International Monetary Fund, 2009, tabela 3.1). Até mesmo a Grande Depressão nos Estados Unidos durou somente três anos e meio, de agosto de 1929 a março de 1933 (banco de dados do National Bureau of Economic Research Business Cycle Expansion and Con-

Assim, em que pese todo o mal que elas causam, as crises financeiras vêm e vão. O mesmo não acontece com a crescente ameaça imposta por um clima em transformação. Por quê?

Porque o tempo não é nosso aliado. Os impactos dos gases do efeito estufa liberados na atmosfera serão sentidos por décadas, até mesmo milênios (Matthews; Caldeira, 2008), tornando muito difícil o retorno para um nível "seguro". Essa inércia do sistema climático restringe seriamente a possibilidade de compensar os modestos esforços de hoje com uma mitigação acelerada no futuro (Schaeffer et al., 2008). Os atrasos também aumentam os custos porque os impactos se agravam e as opções de baixo custo para a mitigação desaparecem pelo fato de as economias ficarem amarradas a infraestruturas e estilos de vida de alta emissão de carbono – mais inércia.

É necessária uma ação imediata para manter o aquecimento o mais próximo possível de 2°C. Esse aquecimento não é o desejável, mas é provavelmente o melhor que podemos fazer. Não há um consenso entre os economistas de que isso seja o ideal para a economia. Há, no entanto, um consenso crescente nos círculos políticos e científicos de que visar a um aquecimento de 2°C é a medida responsável a tomar.[9] Este relatório endossa tal posição.

---
traction. Disponível em: <http://www.nber.org/cycles.html>. Acesso em: 1 ago. 2009).

9 Embora a questão sobre o que constitui uma mudança climática perigosa exija julgamentos de valor, resumos de uma pesquisa recente realizada pelo Painel Intergovernamental sobre Mudança Climática (IPCC) sugerem que um aquecimento superior a 2°C acima dos níveis pré-industriais aumenta drasticamente os riscos, de modo que esses "significativos benefícios são obtidos restringindo-se as temperaturas a não mais de 1,6°C-2,6°C" (Fisher et al. 2007; Intergovernmental Panel on Climate Change, 2007b, 2007c; Parry et al. 2007). Publicações científicas recentes também sustentam a noção de que o aquecimento deve ser limitado de modo a permanecer o mais próximo possível de 2°C acima das temperaturas pré-industriais (cf. Foco A sobre Ciência; Mann, 2009; Smith et al., 2009). Os organizadores do Congresso Científico Internacional sobre Mudança Climática de 2009 concluíram que "há um crescente consenso de que seria muito difícil para as sociedades contemporâneas e ecossistemas lidarem com um aquecimento superior a 2°C". Disponível em: <http://climatecongress.ku.dk>. Acesso em: 1 ago. 2009. Outras chamadas para não permitir que o aquecimento

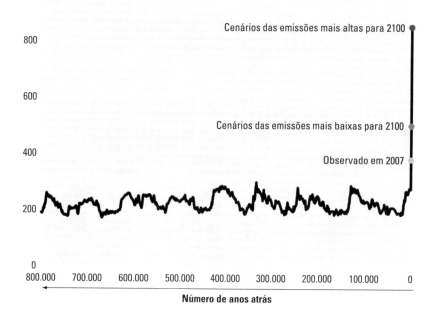

Figura 4 Fora dos gráficos com CO_2

Concentração de dióxido de carbono (ppm)

Número de anos atrás

Fonte: Lüthi et al. (2008).

Nota: Análise de bolhas de ar presas em um núcleo de gelo de 800 mil anos documenta a mudança de concentração de CO_2 da Terra. Nesse longo período, os fatores naturais levaram a concentração de CO_2 na atmosfera a variar numa faixa de cerca de 170 a 300 partes por milhão (ppm). Os dados relacionados à temperatura deixam claro que essas variações tiveram um papel central na determinação do clima global. Como resultado das atividades humanas, a atual concentração de CO_2, de cerca de 387 ppm, ficou aproximadamente 30% acima de seu nível mais alto durante pelo menos os últimos 800 mil anos. Na ausência de medidas de controle sólidas, as emissões projetadas para este século resultariam em uma concentração de CO_2 quase duas a três vezes o nível mais alto experimentado nos últimos 800 mil ou mais anos, conforme demonstrado nos dois cenários das emissões projetadas para 2100.

Da perspectiva do desenvolvimento, um aquecimento muito acima de 2°C é simplesmente inaceitável. Mas a estabilização em 2°C exigirá grandes mudanças no estilo de vida, uma verdadeira revolução energética e uma transformação no modo como lidamos com o solo e com as florestas. E ainda seria necessária uma adaptação substancial. Para lidar com a mudança climática, a raça humana terá que empregar toda a inovação e a criatividade que lhe são inerentes.

Inércia, equidade e criatividade são três temas que permeiam este relatório. A inércia é a característica que define o desafio climático, motivo pelo qual uma ação se faz necessária com tanta urgência. A equidade é a chave para um acordo global eficaz, para a confiança necessária para encontrar uma solução eficiente para essa tragédia do patrimônio global – o motivo pelo qual precisamos agir de modo diferente de como agimos no passado. E criatividade é a única resposta possível para um problema que é política e cientificamente complexo – a qualidade que nos poderia permitir agir de modo diferente de como agimos no passado. Agir agora, agir juntos, agir de modo diferente – são essas as etapas que

> ultrapasse os 2°C incluem European Commission (2007), Scientific Expert Group Climate Change (2007) e International Scientific Steering Committee (2005). Os líderes da África do Sul, Alemanha, Austrália, Brasil, Canadá, China, Estados Unidos, Federação Russa, França, Índia, Indonésia, Itália, Japão, México, Reino Unido, República da Coreia e União Europeia – reunidos no Principal Fórum de Economia sobre Energia e Clima em julho de 2009 – reconheceram "a opinião científica de que o aumento da temperatura média global acima dos níveis pré-industriais não deveria exceder 2°C" (disponível em: <http://usclimatenetwork.org/resource-database/MEF_Declarationl0.pdf>. Acesso em: 1º ago. 2009).

Mapa 1 A mudança climática reduzirá as produções agrícolas na maioria dos países em 2050, dadas as atuais práticas agrícolas e variedades de colheitas

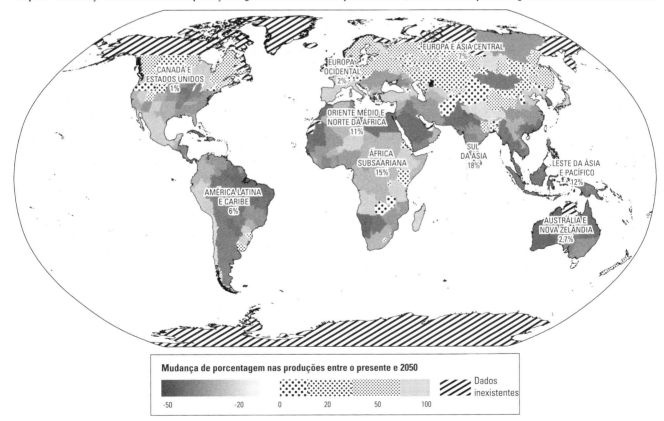

Fontes: Müller et al. (2009) e World Bank (2008c).

Nota: A figura mostra a mudança de porcentagem projetada nas produções das 11 principais colheitas (trigo, arroz, milho, painço, ervilha de campo, beterraba, batata-doce, soja, amendoim, girassol e canola) de 2046 a 2055, em comparação a 1996-2005. Os valores que produzem variação são o meio dos três cenários de emissões em todos os cinco modelos climáticos, presumindo que não haja fertilização de CO_2 (um possível impulso – de magnitude incerta – para o cultivo de plantas e eficiência do uso da água das concentrações mais altas de CO_2 no ambiente). Os números indicam a parcela do PIB proveniente da agricultura em cada região. (A parcela para a África subsaariana será de 23% se excluirmos a África do Sul.) São previstos grandes impactos negativos na produção em muitas áreas que são altamente dependentes de agricultura.

QUADRO 1 *Todas as regiões em desenvolvimento são vulneráveis aos impactos da mudança climática – por diferentes razões*

Os problemas comuns aos países em desenvolvimento – recursos humanos e financeiros limitados, instituições frágeis – impulsionam sua vulnerabilidade. Mas outros fatores, atribuíveis à sua geografia e história, também são significativos.

A **África subsaariana** sofre de fragilidade natural (dois terços de sua área de superfície são desertos ou possuem solo seco) e alta exposição a secas e enchentes, que devem aumentar com as futuras mudanças climáticas. As economias da região são altamente dependentes de recursos naturais. A biomassa fornece 80% do suprimento de energia básica interna. A agricultura dependente da água da chuva contribui com cerca de 23% do PIB (excluindo a África do Sul) e emprega aproximadamente 70% da população. A infraestrutura inadequada pode dificultar os esforços de adaptação, com armazenamento limitado de água, apesar dos recursos abundantes. A malária, que já é a principal causa de morte na região, está se disseminando para altitudes mais elevadas, que antes eram seguras.

No **leste asiático** e **Pacífico**, um importante impulsor de vulnerabilidade é o grande número de pessoas que vivem ao longo da costa e nas ilhas de baixas altitudes – mais de 130 milhões de pessoas na China e aproximadamente 40 milhões ou mais da metade de toda a população no Vietnã. Um segundo impulsor é a contínua dependência da agricultura, especialmente entre os países mais pobres em matéria de renda e emprego. À medida que aumentam as pressões sobre os recursos do solo, da água e das florestas, como resultado do crescimento da população, da urbanização e da degradação ambiental causados pela rápida industrialização, uma maior variabilidade e eventos climáticos extremos complicarão sua gestão. Na bacia hidrográfica do Mekong, a estação chuvosa verá uma precipitação mais intensa, enquanto a estação seca se prolongará em até dois meses. Um terceiro impulsor está relacionado às economias da região que são altamente dependentes dos recursos marinhos. Somente no sudeste da Ásia, o valor de recifes de corais bem-gerenciados é de US$ 13 bilhões, mas eles já foram prejudicados por poluição industrial, desenvolvimento costeiro, pesca predatória e escoamento de pesticidas e nutrientes agrícolas.

A vulnerabilidade à mudança climática na **Europa Oriental** e **Ásia Central** é impulsionada por um legado soviético que ainda persiste de má administração ambiental e estado precário de boa parte da infraestrutura da região. Um exemplo: temperaturas elevadas e a precipitação reduzida na Ásia Central exacerbarão a catástrofe ambiental do sul do Mar de Arai que está desaparecendo (causada pelo desvio da água para o cultivo de algodão em um clima desértico), enquanto a areia e o sal do fundo do mar ressecado estão atingindo as geleiras da Ásia Central, acelerando o derretimento causado pelas temperaturas mais altas. Infraestruturas e moradias envelhecidas, mal-construídas e precariamente mantidas – um legado da era soviética e dos anos de transição – não são apropriadas para suportar tempestades, ondas de calor ou enchentes.

Os ecossistemas mais importantes da **América Latina** e do **Caribe** estão ameaçados. Em primeiro lugar, as geleiras tropicais dos Andes devem desaparecer, reduzindo o tempo e a intensidade da água disponível para vários países, resultando em escassez de água para pelo menos 77 milhões de pessoas até 2020 e ameaçando a energia hidrelétrica, fonte de mais da metade da eletricidade em muitos países da América do Sul. Em segundo lugar, o aquecimento e a acidificação dos oceanos resultarão em um branqueamento frequente e possíveis mortes descendentes dos recifes de corais do Caribe, que abrigam viveiros de quase 65% de todas as espécies de peixes da bacia, fornecem uma proteção natural contra surto de tempestades e são um importante ativo do turismo. Em terceiro lugar, o dano causado aos pantanais do Golfo do México tornarão a costa mais vulnerável a furacões mais intensos e frequentes. Em quarto lugar, o impacto mais desastroso pode ser a dramática morte da floresta amazônica e uma conversão de grandes áreas em savanas, com graves consequências para o clima da região – e possivelmente do mundo.

A água é a principal vulnerabilidade do **Oriente Médio** e da **África do Norte**, a região mais seca do mundo, onde a disponibilidade de água *per capita* deve ser reduzida pela metade até 2050, mesmo sem os efeitos da mudança climática. A região tem poucas opções atraentes para aumentar o armazenamento de água, uma vez que quase 90% de seus recursos de água doce são armazenados em reservatórios. A maior escassez de água combinada a uma maior variabilidade ameaçará a agricultura, que responde por cerca de 85% do uso hídrico da região. A vulnerabilidade é composta por uma pesada concentração de população e atividade econômica em zonas costeiras propensas a enchentes e por tensões sociais e políticas que a escassez de recursos pode elevar.

O **sul da Ásia** sofre com uma base de recursos naturais já escassa e amplamente degradada, resultante de uma geografia acoplada a altos níveis de pobreza e densidade populacional. Os recursos hídricos devem ser afetados pela mudança climática, pelo seu efeito sobre a monção, que fornece 70% da precipitação anual em um período de quatro meses, e sobre o derretimento das geleiras do Himalaia. Os elevados níveis do mar são uma terrível preocupação na região, que possui litorais longos e densamente povoados, planícies agrícolas ameaçadas pela invasão de água salgada e muitas ilhas de baixas altitudes. Nos cenários com mudança climática mais intensa, a elevação dos níveis do mar afundaria boa parte das Maldivas e inundaria 18% do solo de Bangladesh.

Fontes: de la Torre, Fajnzylber e Nash (2008), Fay, Block e Ebinger (2010), World Bank (2007a, 2007c, 2008b, 2009b).

---

podem colocar ao nosso alcance um mundo inteligente em termos climáticos. Mas primeiro é preciso acreditar que há motivo para agir.

O caso para a ação

A temperatura média do planeta já se elevou quase 1°C desde o início do período industrial. Segundo o Quarto Relatório de Avaliação do Painel Intergovernamental sobre a Mudança Climática (IPCC), um documento de consenso produzido por mais de dois mil cientistas representando todos os países membros das Nações Unidas: "o aquecimento do sistema climático é evidente" (Intergovernmental Panel on Climate Change, 2007c). As concentrações atmosféricas globais de CO_2, o mais importante gás do efeito estufa, ficaram na faixa de 200 a 300 partes por milhão (ppm) durante 800 mil anos, mas saltaram para cerca de 387 ppm nos últimos 150 anos (Figura 4), principalmente por causa da queima de combustíveis fósseis e, em menor escala, da agricultura e alteração no uso do solo. Uma década após o Protocolo de Kyoto definir os limites para as emissões internacionais de carbono, início do primeiro período de rigorosa contabilidade das emissões pelos países desenvolvidos, os gases causadores do efeito estufa na atmosfera ainda estão aumentando. E o que é pior – estão aumentando a uma taxa acelerada (Raupach et al., 2007).

Os efeitos já são visíveis no aumento das temperaturas médias do ar e do oceano, no derretimento generalizado da neve e do gelo, e na elevação dos níveis do mar. Dias frios, noites frias e geadas estão se tornando menos frequentes, enquanto as ondas de calor são mais comuns. Em termos globais, a precipitação aumentou apesar de a Ásia Central, Austrália, bacia do Mediterrâneo, Sahel, oeste dos Estados Unidos e muitas outras regiões estarem enfrentando secas mais intensas e mais frequentes. Chuvas torrenciais e inundações estão se tornando mais comuns, e os danos causados por tempestades e ciclones tropicais aumentaram e, provavelmente, também sua intensidade.

A mudança climática ameaça todos os países, mas sobretudo os países em desenvolvimento

O aquecimento de 5°C a mais de aquecimento que uma mudança climática não mitigada poderia causar neste século (Lawrence et al., 2008; Matthews; Keith, 2007; Parry et al., 2008; Scheffer; Brovkin; Cox, 2006; Torn; Harte, 2006; Walter et al., 2006) equivale à diferença entre o clima de hoje e a última era glacial, quando as geleiras atingiram a Europa Central e a região norte dos Estados Unidos. Aquela mudança ocorreu no decorrer de milênios; a mudança climática provocada pelos seres humanos está ocorrendo na escala de um século, dando pouco tempo para as sociedades e os ecossistemas se adaptarem ao ritmo rápido. Uma mudança de temperatura tão drástica causaria grandes deslocamentos em ecossistemas fundamentais para as sociedades e economias humanas – como a possível morte descendente da floresta amazônica, perda completa de geleiras dos Andes e do Himalaia, e rápida acidificação do oceano, gerando a ruptura dos ecossistemas marinhos

QUADRO 2 *Crescimento econômico: necessário, mas não suficiente*

Os países de renda alta têm mais recursos para enfrentar os impactos do clima, e as populações mais bem-educadas e mais saudáveis são inerentemente mais resilientes. Mas o processo de crescimento pode exacerbar a vulnerabilidade à mudança climática, como na sempre crescente extração de água para a agricultura, indústria e consumo nas províncias propensas à seca em torno de Pequim e como na Indonésia, em Madagáscar, na Tailândia e Costa do Golfo dos Estados Unidos, onde mangues de proteção foram eliminados para o turismo e as fazendas de camarão.

O crescimento provavelmente não é rápido o bastante para que os países de baixa renda possam custear o tipo de proteção que os ricos têm condições de pagar. Bangladesh e a Holanda estão entre os países mais expostos à elevação dos níveis do mar. Bangladesh já está envidando vários esforços para reduzir a vulnerabilidade da sua população com um sistema de alerta antecipado muito eficaz e baseado na comunidade para ciclones e um programa de previsão de inundações e resposta que utiliza perícia local e internacional. Mas a abrangência da possível adaptação é limitada pelos recursos – sua renda *per capita* é de US$ 450 por ano. Ao mesmo tempo, o governo da Holanda está planejando investimentos no valor de US$ 100 por ano para todos os seus cidadãos durante o próximo século. Até mesmo a Holanda, com renda *per capita* 100 vezes superior à de Bangladesh, iniciou um programa de retirada seletiva das áreas de baixa altitude, já que proteção contínua em todos os lugares é inviável.

Fontes: Barbier e Sathirathai (2004), Deltacommissie (2008), Food and Agriculture Organization (2007), Government of Bangladesh (2008), Guam e Hubacek (2008), Karim e Mimura (2008), Shalizi (2006) e Xia et al. (2007).

e a morte dos recifes de corais. A velocidade e a magnitude da mudança poderiam condenar à extinção mais de 50% das espécies. Os níveis do mar podem subir até um metro este século (Horton et al., 2008), ameaçando mais de 60 milhões de pessoas e mais de US$ 200 bilhões em ativos apenas nos países em desenvolvimento.[10] A produtividade agrícola provavelmente declinaria em todo o mundo especialmente nos trópicos, até mesmo com mudanças dramáticas nas práticas agrícolas. E o número de pessoas que poderiam morrer de desnutrição a cada ano aumentaria em 3 milhões (Stern, 2007).

Até mesmo um aquecimento de 2°C acima das temperaturas pré-industriais resultaria em novos padrões climáticos com consequências globais. Aumento da variabilidade do clima, eventos extremos mais frequentes e mais intensos, e maior exposição a surtos de tempestades costeiras resultariam em um risco muito maior de impactos catastróficos

---

10 Essa estimativa não leva em conta o aumento dos danos causados pelos surtos de tempestades e utiliza a população e as atividades econômicas atuais. Portanto, na falta de uma adaptação de larga escala, é provável que o cálculo esteja consideravelmente subestimado (cf. Dasgupta et al., 2009).

e irreversíveis. De 100 milhões a 400 milhões de pessoas a mais poderiam correr risco de passar fome (Easterling et al., 2007, Tabela 5.6, p.299). Ainda, de 1 bilhão a 2 bilhões de pessoas a mais possivelmente não teriam mais água suficiente para atender às suas necessidades (Parry et al., 2007, tabela TS.3, p.66).

Os países em desenvolvimento são mais expostos e menos resilientes aos perigos climáticos. Essas consequências atingirão desproporcionadamente os países em desenvolvimento. Um aquecimento de 2°C pode resultar em uma redução permanente de 4% a 5% na renda anual *per capita* na África e sul da Ásia (Nordhaus; Boyer, 2000),[11] em oposição a perdas mínimas nos países de renda elevada e uma perda média no PIB global de cerca de 1% (Nordhaus, 2008; Stern, 2007; Yohe et al., 2007, Figura 20.3). Essas perdas seriam impulsionadas pelos impactos na agricultura, um setor importante para as economias da África e do sul da Ásia (Mapa 1).

Estima-se que os países em desenvolvimento arcarão com a maior parte dos custos

---

11 Segundo Stern (2007), as perdas associadas à mudança climática seriam muito maiores na Índia e no sudeste asiático do que a média mundial.

QUADRO 3 *O custo do "seguro climático"*

Hof, den Elzen e van Vuuren examinam a sensibilidade da meta climática ideal em relação a premissas sobre o horizonte temporal, sensibilidade climática (o nível de aquecimento associado a uma duplicação de concentrações de dióxido de carbono em níveis pré-industriais), custos de mitigação, danos prováveis e taxas de desconto. Para isso, executaram seu modelo de avaliação integrada (Fair), variando os cenários do modelo ao longo das premissas encontradas nas publicações, notadamente as associadas a dois economistas bem-conhecidos: Nicholas Stern, que defende uma ação preliminar e ambiciosa, e William Nordhaus, que apoia uma abordagem gradual para a mitigação climática.

Não é de surpreender que esse modelo produza metas ideais completamente diferentes, dependendo das premissas utilizadas. (Essa meta ideal é definida como a concentração que resultaria na redução mais baixa do valor atual de consumo global.) As "premissas de Stern" (que incluem sensibilidade ao clima e danos climáticos relativamente elevados e um longo horizonte temporal combinado com taxas de desconto e custos de mitigação baixos) produzem uma concentração de pico de CO_2e ideal de 540 partes por milhão (ppm). As "premissas de Nordhaus" (que presumem sensibilidade e danos climáticos mais baixos, um horizonte temporal mais curto e uma taxa de desconto mais elevada) produzem uma concentração ideal de 750 ppm. Em ambos os casos, os custos de adaptação estão implicitamente incluídos na função de dano climático.

A figura apresenta o menor custo de estabilização das concentrações atmosféricas na faixa de 500 a 800 ppm para as premissas de Stern e Nordhaus (descritas como a diferença entre o valor atual do modelo de consumo e o valor atual de consumo do qual o mundo desfrutaria se não houvesse mudança climática). Um ponto fundamental evidente na figura é o achatamento relativo das curvas de perda de consumo sobre amplas faixas de pico de concentrações de CO_2e. Consequentemente, passar de 750 ppm para 550 ppm resulta em uma perda relativamente pequena em consumo (0,3%) para as premissas de Nordhaus. Os resultados sugerem, portanto, que o custo da mitigação preventiva para 550 ppm é pequeno. Das premissas de Stern, uma meta de 550 ppm resulta em um ganho no valor de consumo presente de cerca de 0,5% com relação à meta de 750 ppm.

Uma forte motivação para escolher uma meta de concentração de pico mais baixa é reduzir o risco de resultados catastróficos associados ao aquecimento global. Dessa perspectiva, o custo de mudar de uma meta alta de concentrações de pico de CO_2e para uma meta baixa pode ser visto como o custo do seguro climático – a quantidade de bem-estar que o mundo sacrificaria para reduzir o risco de uma catástrofe. A análise de Hof, den Elzen e van Vuuren sugere que o custo do seguro climático é modesto de acordo com uma faixa muito ampla de premissas sobre o sistema climático e o custo de mitigar a mudança climática.

Fonte: Hof, den Elzen e van Vuuren (2008).

Examinando compensações: a perda no consumo relativa a um mundo sem aquecimento para diferentes picos de concentrações de CO_2

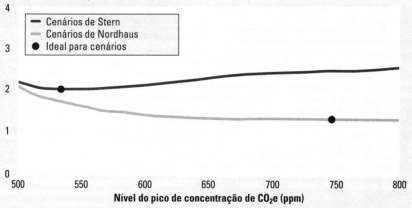

Fontes: Adaptada de Hof, den Elzen e van Vuuren (2008, Figura 10).

Nota: As curvas mostram a perda de porcentagem no valor atual de consumo, relativo ao que seria com um clima constante, como uma função da meta para concentrações de pico de CO_2e. As "premissas" de Stern e Nordhaus referem-se a opções sobre o valor de parâmetros-chave do modelo conforme explicado no texto. O ponto mostra o ideal para cada cenário, onde o ideal é definido como a concentração de gases do efeito estufa que minimizaria a perda de consumo global resultante da soma de custos de mitigação e danos de impacto.

pelos danos – cerca de 75%-80%.[12] São várias as razões que explicam isso (Quadro 1). Os países em desenvolvimento são particularmente dependentes dos serviços de ecossistema e de capital natural para a produção nos setores sensíveis ao clima. Grande parte de suas populações vive em locais fisicamente expostos, e sua condição é precária do ponto de vista econômico. Sua capacidade financeira e institucional de adaptar-se é limitada. Os formuladores de políticas de alguns países em desenvolvimento já percebem que uma parcela maior do seu orçamento para o desenvolvimento está sendo desviada para enfrentar as emergências relacionadas ao clima.[13]

Os países de renda elevada também serão afetados até mesmo pelo aquecimento moderado. De fato, os danos *per capita* devem ser mais altos nos países mais ricos, uma vez que respondem por 16% da população mundial e arcariam com 20%-25% dos custos do impacto global. Mas sua riqueza muito mais elevada permite que eles superem mais facilmente esses impactos. A mudança climática causará destruição no mundo inteiro e aumentará o abismo entre os países desenvolvidos e aqueles em desenvolvimento.

Crescimento é necessário para aumentar a resiliência, mas não é suficiente. O crescimento econômico é necessário para reduzir a pobreza e fundamental no aumento da resiliência à mudança climática nos países pobres. Mas o crescimento por si só não é a resposta para uma mudança climática. O crescimento provavelmente não é suficientemente rápido para ajudar os países mais pobres e pode aumentar a vulnerabilidade aos perigos do clima (Quadro 2). Nem o crescimento é em geral igualitário o bastante para garantir a proteção para os mais pobres e mais vulneráveis. Ele não garante que as principais instituições funcionarão bem. E se fizer uso intensivo de carbono, causará mais aquecimento.

Não há, entretanto, razão para pensar que uma trajetória com baixo carbono reduzirá necessariamente o crescimento econômico: muitas regulamentações ambientais foram precedidas por alertas de perdas de emprego brutais e colapso da indústria, poucos dos quais se concretizaram (Barbera; McConnell, 1990; Barrett, 2003; Burtraw et al., 2005; Jaffe et al., 1995; Meyer, 1995). Contudo, claramente existem elevados custos de transição, notadamente no desenvolvimento de

---

12 O modelo Page, usado para a Revisão Stern da Mudança Climática, calcula que 80% dos custos dos danos seriam arcados pelos países em desenvolvimento; ver Hope (2009), com outras análises de dados comunicadas pelo autor. O modelo Rice (Nordhaus; Boyer, 2000), ampliado para incluir a adaptação de Bruin, Dellink e Agrawala (2009), sugere que os países em desenvolvimento arcariam com cerca de 75% dos danos. Ver também Smith et al. (2009) e Tol (2008). Observe que essa estimativa pode ser baixa, uma vez que não leva em conta o valor da perda de serviços de ecossistemas. Ver Capítulo 1 para conhecer o debate sobre a limitação da capacidade dos modelos de avaliar os custos dos impactos.

13 Percebido durante as consultas com os países da África Oriental e da América Latina.

Tabela 1 Custos adicionais da mitigação e requisitos financeiros correlatos para uma trajetória de 2°C: o que será necessário nos países em desenvolvimento até 2030?
Dólares constantes de 2005

Modelo	Custo da mitigação	Requisito do financiamento
IEA ETP		565
McKinsey	175	563
Message		264
MiniCAM	139	
Remind		384

Fontes: IEA ETP: International Energy Agency (2008c); Remind: McKinsey & Company (2009) e dados adicionais fornecidos por McKinsey (J. Dinkel) para 2030, usando a taxa de câmbio dólar-euro de US$ 1,25 para € 1; Message: International Institute for Applied Systems Analysis (2009) e dados adicionais fornecidos por V. Krey; MiniCAM: Edmonds et al. (2008) e dados adicionais fornecidos por J. Edmonds e L Clarke; Remind: Knopf et al. (no prelo) e dados adicionais fornecidos por B. Knopf.

Nota: Tanto os custos da mitigação como os requisitos de financiamento correlatos são incrementais com relação à linha de base habitual. As estimativas são para a estabilização dos gases do efeito estufa a 450 ppm de CO_2e, que forneceria uma chance de 40%-50% de manter o aquecimento abaixo de 2°C até 2100 (Schaeffer et al., 2008; Hare; Meinshausen, 2006). O IEA ETP é o modelo desenvolvido pela Agência Internacional de Energia Atômica, e McKinsey é a metodologia patenteada desenvolvida pela McKinsey & Company; Message, MiniCAM e Remind são modelos revistos por pares do Instituto Internacional de Análise de Sistemas Aplicados, Pacific Northwest Laboratory e Instituto Potsdam de Pesquisas sobre o Impacto Climático, respectivamente. McKinsey inclui todos os setores; outros modelos incluem somente iniciativas de mitigação no setor energético. Os relatórios MiniCAM reportam US$ 168 bilhões em custos de mitigação até 2035 em dólares constantes de 2000; essa cifra foi interpolada a 2030 e convertida em dólares de 2005.

Tabela 2 No longo prazo, quanto custará? Valor atual dos custos da mitigação para 2100

Modelos	Valor atual dos custos da mitigação para 2100 para 450 ppm CO2e (% do PIB)	
	Âmbito mundial	Países em desenvolvimento
Dice	0,7	
Fair	0,6	
Message	0,3	0,5
MiniCAM	0,7	1,2
Page	0,4	0,9
Remind	0,4	

Fontes: Dice: Nordhaus (2008) (estimado na Tabela 5.3 e Figura 5.3); Fair: Hof, den Elzen e van Vuuren (2008); Dice: International Institute for Applied Systems Analysis (2009); MiniCAM: Edmonds et al. (2008) e comunicação pessoal; Page: Hope et al. (2009) e comunicação pessoal; Remind: Knopf et al. (no prelo).

Nota: Dice, Fair, Message, MiniCAM, Page e Remind são modelos revistos por colegas. As estimativas são para a estabilização dos gases do efeito estufa a 450 ppm de CO_2e, que forneceria uma chance de 40%-50% de manter o aquecimento abaixo de 2°C até 2100 (Schaeffer et al., 2008; Hare; Meinshausen, 2006). O resultado do modelo Fair reporta redução de custos por meio de configurações mais baixas (ver Tabela 3 em Hof, den Elzen; van Vuuren, 2008).

tecnologias e infraestrutura de baixo carbono para energia, transportes, habitação, planejamento urbano e desenvolvimento rural. Dois argumentos frequentemente apresentados são que esses custos de transição são inaceitáveis em razão da urgente necessidade de outros investimentos mais imediatos nos países pobres e que é preciso ter cuidado para não sacrificar o bem-estar das pessoas pobres em nome de gerações futuras, possivelmente mais ricas. Essas preocupações têm fundamento. Subsiste ainda o ponto de que um argumento econômico forte pode ser levantado para uma medida ambiciosa sobre a mudança climática.

A economia da mudança climática: a redução dos riscos climáticos é economicamente viável

A mudança climática é dispendiosa, seja qual for a política escolhida. Gastar menos com mitigação significará gastar mais com adaptação e aceitar danos maiores: o custo da ação deve ser comparado ao custo da inação. Mas, conforme discutido no Capítulo 1, a comparação é complexa por causa da considerável incerteza a respeito das tecnologias disponíveis no futuro (e seu custo), da capacidade de adaptação das sociedades e dos ecossistemas (e a que preço), da extensão dos danos que as concentrações mais altas de gases do efeito estufa causarão e das temperaturas que podem constituir limiares ou pontos importantes além dos quais ocorrem impactos catastróficos (ver foco sobre Ciência). A comparação também é complicada por causa das questões de distribuição ao longo do tempo (mitigação incorrida por uma geração produz benefícios para muitas gerações futuras) e espaço (algumas áreas são mais vulneráveis do que outras, portanto mais aptas a suportar os efeitos agressivos da mitigação global). E torna-se ainda mais complicada pela questão sobre como valorizar a perda da vida, de subsistência e serviços fora do mercado como a biodiversidade e os serviços de ecossistemas.

Normalmente, os economistas tentam identificar a melhor política climática usando uma análise de custo-benefício. Contudo, como mostra o Quadro 3, os resultados são sensíveis a determinadas premissas sobre as incertezas restantes e às escolhas normativas relacionadas às questões de distribuição e avaliação. (Uma tecnologia otimista. Quem espera que o impacto da mudança climática seja relativamente modesto e que ocorra gradualmente ao longo do tempo e quem desconta pesadamente o que acontece no futuro favorecerá uma ação modesta agora. E vice-versa para os pessimistas em relação à tecnologia.) Assim, os economistas continuam a discordar sobre a trajetória de carbono ideal do ponto de vista econômico ou social. Mas há alguns acordos emergentes. Nos principais modelos, os benefícios da estabilização excedem os custos com aquecimento de 2,5°C (embora não necessariamente a 2°C) (Hope, 2009; Nordhaus, 2008). E todos concluem que a rotina usual dos negócios (o que significa nenhum esforço de mitigação) poderia ser um desastre.

Os defensores de uma redução mais gradual das emissões do que a meta ideal – aquela que produzirá o menor custo total (o que significa a soma dos custos de impacto e mitigação) – poderia ficar muito acima de 3°C (Nordhaus, 2008). Mas eles indicam que o custo adicional de se manter o aquecimento em torno de 2°C seria modesto, menos de 0,5% do PIB (ver Quadro 3). Em outras palavras, o custo total da opção 2°C não é muito maior do que os custos totais de um nível ótimo econômico

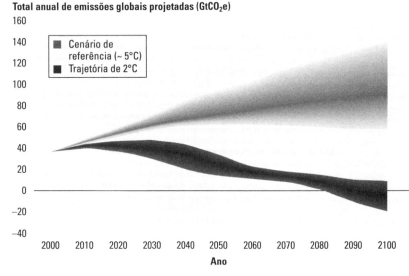

Figura 5 Como é o caminho a seguir? Duas opções entre muitas: condução habitual dos negócios ou mitigação agressiva

Fonte: Clarke et al. (no prelo).

Nota: A faixa superior exibe a série de estimativas entre os modelos (Gtem, IMAGE, Message, MiniCAM) para emissões abaixo do cenário de rotina usual dos negócios. A faixa inferior exibe uma trajetória que pode produzir uma concentração de 450 ppm de CO_2e (com uma chance de 50% de limitar o aquecimento em menos de 2°C). As emissões dos gases do efeito estufa incluem CO_2, CH_4 e N_2O. As emissões negativas (no futuro na trajetória de 2°C) sugerem que a taxa anual de emissões é inferior à taxa de adesão e armazenamento de carbono por meio de processos naturais (por exemplo, cultivo de plantas) e processos de engenharia (por exemplo, cultivar biocombustíveis e, ao queimá-los, sequestrar o CO_2 subterrâneo). Os modelos Gtem, Image, Message e MiniCAM são de avaliação integrada do Departamento Australiano de Economia Agrícola e de Recursos, da Agência de Avaliação Ambiental da Holanda, do Instituto Internacional de Análise de Sistemas Aplicados e do Laboratório Nacional do Noroeste do Pacífico.

menos ambicioso. Por quê? Em parte porque as economias obtidas com menos mitigação são amplamente compensadas pelos custos adicionais de impactos mais severos ou gastos mais altos com adaptação.[14] E em parte porque a real diferença entre a ação climática ambiciosa e modesta reside nos custos que ocorrem no futuro, o que os gradualistas descontam pesadamente.

As grandes incertezas sobre as perdas potenciais associadas à mudança climática e à possibilidade de riscos catastróficos podem justificar uma ação preliminar e mais agressiva do que recomendaria uma simples análise custo-benefício. Essa quantia adicional poderia ser considerada como um prêmio de seguro para manter a mudança climática dentro do que os cientistas consideram uma faixa mais segura (Nordhaus, 2008, Figura 5.3, p.86).[15] Gastar menos de 0,5% do PIB como "seguro climático" parece ser uma proposta socialmente aceitável: o mundo gasta atualmente 3% do PIB global em seguro.[16]

Mas além da questão do "seguro climático" está a questão de quanto seriam os custos resultantes da mitigação – e as necessidades de financiamento correlatas. No médio prazo, as estimativas dos custos da mitigação nos países em desenvolvimento variarão de US$ 140 bilhões a US$ 175 bilhões anualmente até 2030. Isso representa os custos incrementais relativos ao cenário habitual (Tabela 1).

As necessidades financeiras, no entanto, seriam maiores, uma vez que as poupanças provenientes de custos operacionais mais baixos, associadas à energia renovável e aos ganhos de eficiência energética, somente se materializam com o correr do tempo. McKinsey, por exemplo, estima que, embora o custo incremental em 2030 seria de US$ 175 bilhões, os investimentos diretos requeridos se elevariam a US$ 563 bilhões, muito acima das necessidades habituais dos investimentos. McKinsey indica que isso corresponde a um aumento de praticamente 3% em

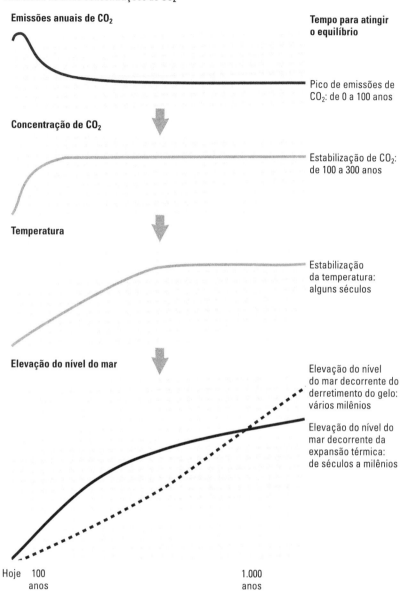

Figura 6 Impactos climáticos são duradouros: elevação de temperaturas e do nível do mar associada às altas concentrações de CO_2

Fonte: Equipe do WDR, baseada no Intergovernmental Panel on Climate Change (2001).
Nota: Números estilizados; as magnitudes em cada painel têm apenas fins ilustrativos.

investimentos globais habituais e, como tal, estará provavelmente dentro da capacidade dos mercados financeiros globais (Mckinsey & Company, 2009). No entanto, historicamente, o financiamento tem sido uma limitação nos países em desenvolvimento, resultando em subinvestimento na infraestrutura, bem como em uma tendência no tocante às escolhas de energia com custos de capital diretos mais baixos, mesmo quando tais escolhas venham a resultar em custos globais mais

---

14 Alguns modelos incorporam custos de adaptação (cf. Bruin; Dellink; Agrawala, 2009).
15 Segundo Nordhaus (2008), o custo adicional para estabilizar o aquecimento em 2°C em vez de sua meta ideal de 3,5°C é de 0,3% do PIB anual. O custo adicional de 2,5°C em vez de 3,5°C é inferior a 0,1% do PIB anual.
16 A média dos países em desenvolvimento é de 1,5% do PIB. Inclui seguro-saúde e exclui seguro de vida (Swiss Re, 2007).

altos. Portanto, a busca de mecanismos financeiros adequados deve ser uma prioridade.

E quanto ao longo prazo? Os custos da mitigação aumentarão com o tempo para lidar com o aumento da população e as necessidades de energia, mas a renda também aumentará. Como resultado, o valor atual dos custos da mitigação global para 2100 deverá permanecer bem abaixo de 1% do PIB global, com estimativas oscilando de 0,3% a 0,7% (ver Tabela 2). No entanto, os custos da mitigação dos países em desenvolvimento representariam uma parcela maior de seu próprio PIB, variando de 0,5% a 1,2%.

Há um número muito menor de estimativas de investimentos necessários à adaptação, e as que existem não são prontamente comparáveis. Algumas levam em conta somente o custo dos projetos de ajuda externa à prova de clima. Outras incluem somente determinados setores. Pouquíssimas tentam examinar as necessidades gerais dos países (ver Capítulo 6). Um estudo recente do Banco Mundial que procura enfrentar essas questões sugere que os investimentos necessários poderiam oscilar de US$ 75 bilhões a US$ 100 bilhões por ano, somente nos países em desenvolvimento.[17]

Um mundo inteligente em termos climáticos estará ao nosso alcance se agirmos agora, juntos e de modo diferente

Mesmo que o custo adicional de redução dos riscos climáticos seja modesto e as necessidades de investimento estejam longe de ser proibitivas, a estabilização do aquecimento em torno de 2°C acima das temperaturas pré-industriais é extremamente ambiciosa. Até 2050, as emissões precisariam estar 50% abaixo dos níveis de 1990 e ser de zero ou negativas até 2100 (Figura 5). Isso exigiria esforços hercúleos e imediatos: nos próximos 20 anos, o volume da redução das emissões globais – comparação com uma rotina usual – teria que ser igual ao volume total que os países de renda alta emitem hoje. Além disso, mesmo um aquecimento de 2°C também exigiria uma adaptação dispendiosa – a alteração dos tipos de riscos para os quais as pessoas se preparam; os locais onde elas moram; o que comem e a forma como planejam, desenvolvem e administram os sistemas agroecológicos e urbanos (Adger et al., 2009).

Portanto, tanto a mitigação quanto a adaptação representam desafios consideráveis. Mas a hipótese deste relatório é de que eles podem ser superados por meio de políticas inteligentes em termos climáticos que implicam agir agora, juntos (ou globalmente) e de modo diferente. Agir agora por causa da imensa inércia, tanto dos sistemas climáticos quanto dos socioeconômicos. Agir juntos para manter os custos baixos e proteger os mais vulneráveis. E agir de modo diferente porque um mundo inteligente em termos climáticos requer a transformação de nossos sistemas de energia, produção de alimentos e gestão de riscos.

Agir agora: a inércia significa que as ações de hoje determinarão as opções de amanhã

O sistema climático exibe inércia substancial (Figura 6). As concentrações retardam as reduções de emissões: o CO_2 permanece na atmosfera durante décadas e séculos; portanto, uma queda nas emissões leva tempo para afetar as concentrações. Temperaturas retardam as concentrações: as temperaturas continuarão a aumentar por alguns séculos depois que as concentrações estiverem estabilizadas, e o nível do mar ficará atrás das reduções de temperaturas: a expansão térmica do oceano resultante de um aumento na temperatura durará mil anos ou mais, ao passo que a elevação do nível do mar causada pelo derretimento do gelo pode durar vários milênios (Intergovernmental Panel on Climate Change, 2001).

A dinâmica do sistema climático, portanto, limita o quanto a mitigação futura pode ser substituída pelos esforços de hoje. Por exemplo, para estabilizar o clima em cerca de 2°C (cerca de 450 ppm de CO_2e), seria necessário que as emissões globais começassem a declinar imediatamente em cerca de 1,5% ao ano. Um atraso de cinco anos teria de ser compensado com declínios de emissões mais rápidos. E atrasos ainda mais longos simplesmente não poderiam ser compensados: um atraso de 10 anos em mitigação tornaria impossível impedir que o aquecimento ultrapassasse 2°C (Mignone et al., 2008).[18]

---

17 Em dólares constantes de 2005 (World Bank, 2009c).

18 Isso é verdadeiro na ausência de uma tecnologia de geoengenharia efetiva e aceitável (ver Capítulo 7).

A inércia também está presente no ambiente construído, limitando a flexibilidade na redução dos gases do efeito estufa ou na elaboração de respostas à adaptação. Os investimentos em infraestrutura são volumosos, concentrados no tempo em vez de serem distribuídos de modo uniforme.[19] Eles também têm vida longa: 15-40 anos para fábricas e usinas de energia elétrica, e 40-75 para estradas, ferrovias e redes de distribuição de energia. As decisões sobre o uso do solo e a forma urbana – a estrutura e a densidade das cidades – causam impactos por mais de um século. Uma infraestrutura de longa data aciona investimentos em capital associado (carros para cidades de baixa densidade; aquecimento para gás e capacidade de geração de energia em resposta aos gasodutos), amarrando as economias a padrões de estilos de vida e de consumo de energia.

A inércia no capital físico está muito longe da apatia nos sistemas climáticos e está mais sujeita a afetar o custo do que a viabilidade de cumprir uma determinada meta – ela é substancial. As oportunidades de mudar de capital social de alto carbono para capital social de baixo carbono não estão distribuídas uniformemente no tempo (Shalizi; Lecocq, 2009). A China deve dobrar seu capital social entre 2000 e 2015. As usinas de energia elétrica alimentadas a carvão propostas no mundo inteiro nos próximos 25 anos são tão numerosas que as emissões de CO_2 de sua vida útil equivaleriam às de todas as atividades de combustão de carvão desde o início da era industrial (Folger, 2006; Levin et al., 2007). Somente as instalações situadas muito próximas aos locais de armazenamento poderiam ser readaptadas para captura e armazenamento de carbono (quando essa tecnologia se tornar comercialmente disponível: ver capítulos 4 e 7). Aposentá-las antes do final de sua vida útil – se as mudanças no clima forçarem essa medida tardia – seria extremamente dispendioso.

A inércia também é um fator em pesquisa e desenvolvimento (P&D) e na implantação de novas tecnologias. Novas fontes de energia

---

19 Isso pode ser resultado das economias de escala no fornecimento de tecnologia (como foi o caso do programa nuclear francês e parece ser uma questão para a energia solar concentrada), efeitos da rede (para um programa de construção de rodovias e ferrovias) ou choques demográficos ou econômicos. Essa informação e o restante do parágrafo são baseados em Shalizi e Lecocq (2009).

QUADRO 4 *Redes de segurança: do apoio aos rendimentos até a redução da vulnerabilidade à mudança climática*

Bangladesh tem tido uma longa história de ciclones e inundações, que provavelmente se tornarão mais frequentes. O governo possui redes de segurança que podem ser ajustadas com bastante facilidade aos efeitos da mudança climática. Os melhores exemplos são os programas de alimentação dos grupos vulneráveis, de alimentação para o trabalho e de garantia do novo emprego.

O programa de alimentação dos grupos vulneráveis é contínuo e geralmente abrange mais de 2 milhões de domicílios. Mas foi desenvolvido para ser intensificado em resposta a uma crise: após o ciclone em 2008, o programa foi expandido para cerca de 10 milhões de domicílios. O direcionamento, realizado pelo nível mais baixo do governo local e monitorado pelo nível administrativo mais baixo, é considerado muito bom.

O programa de alimento por trabalho, normalmente em execução durante o período de entressafra da agricultura, é intensificado durante as emergências. Também é realizado em colaboração com os governos locais, mas a gestão do programa tem sido subcontratada para organizações não governamentais em muitas partes do país. Os trabalhadores que aparecem no local de trabalho geralmente encontram trabalho, mas normalmente não existe muito o que fazer, e, assim, o trabalho é racionado por meio de rodízio.

O programa de garantia do novo emprego ajuda as pessoas sem nenhuma outra fonte de renda (incluindo o acesso a outras redes de segurança) com emprego por até 100 dias, com salários vinculados ao salário praticado na entressafra. O elemento garantia assegura que as pessoas que precisam de ajuda a recebam. Se não houver oferta de trabalho, o trabalhador tem direito a receber 40 dias de salários no valor total e 60 dias a metade do valor.

Os programas de Bangladesh e outros na Índia e em outros lugares sugerem algumas lições. Uma resposta rápida requer acesso rápido a financiamento, regras de direcionamento para identificar pessoas necessitadas, pobres crônicos ou pessoas que provisoriamente passam por necessidades e procedimentos acordados bem antes da ocorrência de um choque. Uma carteira de projetos "prontos" pode ser pré-identificada como particularmente relevante em relação ao aumento da resiliência (armazenamento de água, sistemas de irrigação, reflorestamento e barragens que podem duplicar como as estradas em áreas de baixa altitude). A experiência na Índia e em Bangladesh sugere a necessidade de recursos para fins de orientação profissional (engenheiros) na seleção elaboração e implementação de serviços públicos e em termos de equipamentos e suprimentos.

Fonte: Contribuição de Qaiser Khan.

---

levaram historicamente cerca de 50 anos para atingir metade de seu potencial (Häfele et al., 1981; Ha-Duong; Grubb; Hourcade 1997). Investimentos substanciais em pesquisa e desenvolvimento são necessários agora para garantir que novas tecnologias estejam disponíveis e penetrem rapidamente no mercado no futuro próximo. Isso exigiria de US$ 100 bilhões a US$ 700 bilhões adicionais anualmente (Davis; Owens, 2003; International Energy Agency, 2008b; Nemet; Kammen, 2007; Scientific Expert Group on Climate Change, 2007; Stern, 2007). Também é necessária uma inovação no transporte, na construção, na gestão da água, no *design* urbano e em muitos outros setores que afetam a mudança climática e são, por sua vez, afetados pela mudança climática – portanto, a inovação também é uma questão crítica para a adaptação.

A inércia também faz parte do comportamento das pessoas e das organizações. Apesar da maior preocupação por parte do público, os comportamentos não mudaram muito. Tecnologias eficientes e eficazes disponíveis que se pagariam não são adotadas. É insuficiente o financiamento de P&D em energias renováveis. Os agricultores deparam com incentivos para irrigar excessivamente suas culturas, o que, por sua vez, afeta o uso da energia, porque a energia é um importante insumo no fornecimento e tratamento da água. As construções continuam em áreas propensas a riscos e a infraestrutura continua a ser projetada para o clima do passado (Repetto, 2008). Mudar comportamentos, metas e padrões organizacionais é difícil e geralmente lento, mas já foi feito antes (ver Capítulo 8).

Agir juntos: para equidade e eficiência

É necessário que haja uma ação coletiva para combater efetivamente a mudança climática e reduzir os custos de mitigação (Stern, 2007, parte VI). Também é essencial facilitar a adaptação, notadamente por meio de uma melhor gestão de riscos e redes de segurança para proteger os mais vulneráveis.

Manter os custos baixos e distribuídos de modo justo. A viabilidade financeira depende de que a mitigação seja feita de modo econômico. Ao avaliarem os custos de mitigação discutidos anteriormente, os modeladores presumem que as reduções das emissões de gases do efeito estufa ocorrem quando e onde quer que sejam mais baratas. *Em qualquer lugar* significa buscar maior eficiência energética e outras opções de baixo custo para mitigar em qualquer que seja o país ou setor em que surgir a oportunidade. *A qualquer hora* implica usar investimentos em novos equipamentos, infraestrutura ou projetos agrícolas e de silvicultura para minimizar custos e evitar que as economias fiquem amarradas a condições de alta emissão de carbono que seriam dispendiosas para mudar depois. Afrouxar a regra do a qualquer hora e em qualquer lugar – como necessariamente aconteceria no mundo real especialmente na ausência de um preço global para o carbono – aumenta significativamente o custo da mitigação.

A implicação é que há enormes ganhos para os esforços globais – nesse ponto, os analistas são unânimes. Se um país ou grupo de países não mitigar, outros devem fazer opções mais caras de mitigação para atingir uma determinada meta global. Por exemplo, segundo uma estimativa, a não participação dos Estados Unidos, que produzem 20% de emissões mundiais, no Protocolo de Kyoto aumenta o custo do alcance da meta original em cerca de 60%.[20]

A equidade e a eficiência defendem o desenvolvimento de instrumentos financeiros que separam quem financia a mitigação de onde isso acontece. Do contrário, a mitigação substancial potencial nos países em desenvolvimento (65%-70% das reduções de emissões, aumentando para 45%-70% dos investimentos de mitigação global em 2030),[21]

Figura 7 Emissões globais de CO_2e por setor: energia, agricultura e silvicultura são as principais fontes

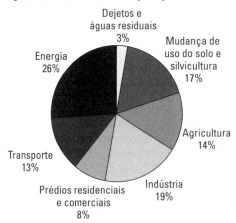

Fonte: Intergovernmental Panel on Climate Change (2007a, Figura 2.1).
Nota: Parcela de emissões de gases do efeito estufa antropogênicos (causados por humanos) em 2004, em CO_2e (ver Figura 1 para obter a definição de CO_2e). As emissões associadas ao uso do solo e à mudança de uso do solo, como fertilizantes agrícolas, pecuária, desmatamento e queimadas, respondem por cerca de 30% do total de emissões dos gases do efeito estufa. E a absorção de carbono em florestas e outras vegetações e solos constituem um importante reservatório de carbono, portanto a melhoria da gestão do uso do solo é essencial em iniciativas para reduzir os gases do efeito estufa na atmosfera.

---

20 Com base na fórmula usada em Nordhaus (2008).
21 Esses são valores arredondados baseados nos seguintes dados. O IPCC estima que com o preço do carbono a US$ 50 por tonelada de CO_2e, cerca de 65% da redução das emissões ocorreria nos países em desenvolvimento em 2030 (Barker et al., 2007a, Tabela 11.3). McKinsey & Company (2009b) estima essa parcela em 68% para um cenário de 450 ppm se feito usando uma alocação de menor custo. Como para a parcela de menor custo de investimentos globais em mitigação em 2030 ocorrendo nos países em desenvolvimento, estima-se em 44%-67% para uma concentração de 450 ppm de CO_2e (ver Tabela 4.2:

não será totalmente explorada, aumentando substancialmente o custo para atingir uma determinada meta. Levando isso ao extremo, uma falta de financiamento que resulte no adiamento total da mitigação nos países em desenvolvimento até 2020 mais do que dobraria o custo para estabilizar o clima em cerca de 2°C (Edmonds et al., 2008). Com os custos da mitigação estimados para aumentar de US$ 4 trilhões para US$ 25 trilhões[22] no próximo século, as perdas implicadas por esses atrasos são tão grandes que ficam claros os benefícios econômicos para os países de renda alta comprometidos em limitar a mudança climática perigosa para financiar uma ação preliminar nos países em desenvolvimento (Hamilton, 2009). De modo geral, o custo total da mitigação pode ser bastante reduzido por meio de mecanismos de financiamento de carbono de bom desempenho, transferências financeiras e sinalizações de preços que ajudem a aproximar o resultado produzido da premissa de a qualquer hora e em qualquer lugar.

Gerenciar melhor o risco e proteger os mais pobres. Em muitos lugares, os riscos anteriormente incomuns estão se tornando mais

---

44% Message; 56%, McKinsey; 67%, IEA ETP), embora uma estimativa remota seja oferecida por Remind (91%). No decorrer do século (usando o valor atual de todos os investimentos até 2100), a parcela estimada de países em desenvolvimento é um pouco mais alta, com faixas entre 66% (Edmonds et al., 2008) e 71% (Hope, 2009).

22 Para um cenário de estabilização de 425-450 ppm de CO_2e, ou 2°C, o International Institute for Applied Systems Analysis (2009) estima o custo de US$ 4 trilhões; Knopf et al. (no prelo), de US$ 6 trilhões; Edmonds et al. (2008), de US$ 9 trilhões; Nordhaus 2008, de US$ 11 trilhões; e Hope (2009), de US$ 25 trilhões. Esses são os valores atuais e as grandes diferenças entre eles são amplamente impulsionadas pelas diferentes taxas de desconto usadas. Todos seguem um cenário ideal onde a mitigação ocorre em qualquer lugar e independentemente do custo-efetivo.

Figura 8 Será necessária uma carteira completa de medidas existentes e tecnologias avançadas, e não uma fórmula mágica, para ajustar o aquecimento mundial à trajetória de 2°C

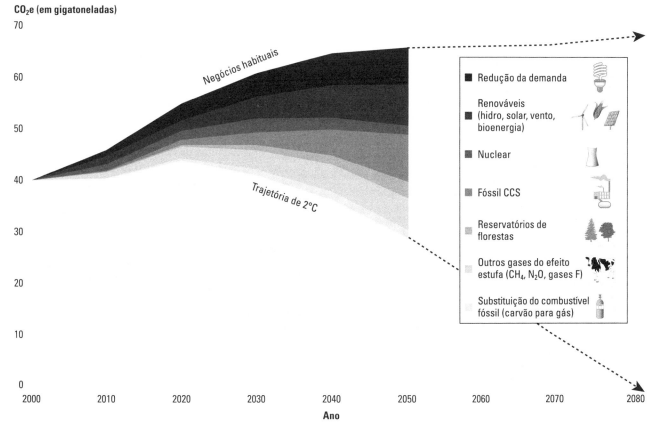

Fonte: Equipe do WDR com dados do International Institute for Applied Systems Analysis (2009).

disseminados. Levemos em conta a crise de alimentos, que já foi rara, mas hoje é cada vez mais comum na África e o primeiro furacão já registrado no Atlântico Sul, que atingiu o Brasil em 2004.[23] A redução de riscos de desastres, por meio dos sistemas de alerta rápido baseados em comunidades, monitoramento do clima, infraestrutura mais segura, além do fortalecimento e cumprimento de regulamentações de zoneamento e códigos de construção, junto com outras medidas, torna-se mais importante em um clima em transformação. Inovações financeiras e institucionais também podem limitar os riscos para a saúde e subsistência. Isso requer ação interna – mas uma ação interna será muito maior se for apoiada pelo financiamento internacional e compartilhamento de melhores práticas.

Entretanto, conforme abordado no Capítulo 2, reduzir ativamente o risco nunca será suficiente porque sempre haverá um risco residual que também deve ser gerenciado por meio de melhores mecanismos de resposta e preparação. A implicação é que o desenvolvimento possa precisar ser feito de modo diferente, com muito mais ênfase no risco climático. A cooperação internacional pode ajudar, por exemplo, por meio de esforços conjuntos para melhorar a produção de informações sobre o clima e sua ampla disponibilidade (ver Capítulo 7), bem como compartilhando melhores práticas para lidar com um clima mais variável (Rogers, 2009; Westermeyer, 2009).

O seguro é outro instrumento criado para gerenciar o risco residual, mas ele tem suas limitações. O risco climático está aumentando e tende a afetar regiões inteiras, ou grandes grupos de pessoas ao mesmo tempo, o que dificulta o fornecimento de seguro. Mesmo com seguro, os prejuízos associados a catástrofes (tais como inundações de áreas extensas ou secas graves) não podem ser totalmente absorvidos por indivíduos, comunidades e pelo setor privado. Em um clima mais volátil, os governos se tornarão, cada vez mais, os seguradores em último caso e terão a responsabilidade implícita de apoiar a recuperação e a reconstrução de desastres. Isso exige que os governos protejam sua própria liquidez em tempos de crise, particularmente os países mais pobres e menores que são vulneráveis do ponto de vista financeiro aos impactos da mudança climática: o furacão Ivã causou danos equivalentes a 200% do PIB de Granada (Organization of Eastern Caribbean States, 2004). Ter fundos imediatos disponíveis para acelerar a reabilitação ou o processo de recuperação reduz o efeito de descarrilamento dos desastres sobre o desenvolvimento.

Os mecanismos multinacionais e de resseguro podem ajudar. O Mecanismo de Seguro contra Riscos de Catástrofes no Caribe divide o risco entre 16 países caribenhos, por meio do controle do mercado de resseguros de modo a fornecer liquidez aos governos logo após furacões e terremotos destruidores (World Bank, 2008a). Esses mecanismos podem necessitar da ajuda da comunidade internacional. Em linhas mais gerais, os países de renda elevada desempenham um papel crítico em garantir que os países em desenvolvimento tenham acesso oportuno aos recursos necessários quando os choques ocorrerem, seja apoiando esses mecanismos, seja por meio do fornecimento direto de recursos de emergência.

O seguro e os recursos de emergência, no entanto, são apenas uma parte de uma estrutura mais ampla de gestão de risco. As políticas sociais se tornarão mais importantes para ajudar as pessoas a lidar com ameaças mais frequentes e persistentes à própria subsistência. As políticas sociais reduzem a vulnerabilidade social e econômica e aumentam a resiliência à mudança climática. Assim, uma população saudável e bem-educada e com acesso à proteção social poderá enfrentar melhor os choques

---

23 The Nameless Hurricane – Disponível em: <http://science.nasa.gov/headlines/y2004/02apr_hurricane.htm>. Acesso em: 12 mar. 2009.

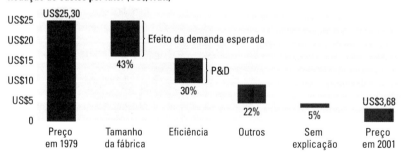

Figura 9 **A demanda alta esperada gerou reduções de custo em fotovoltaicos solares, permitindo produção em maior escala**

Redução de custos por fator (US$/watt)

Fonte: Adaptada de Nemet (2006).
Nota: As barras mostram a parte da redução no custo de energia solar fotovoltaica, de 1979 a 2001, conforme diferentes fatores como tamanho da fábrica (que é determinado pela demanda esperada) e melhoria da eficiência (que é impulsionada pela inovação de P&D). A "outra" categoria inclui reduções no preço do principal silício de entrada (12%) e vários de fatores bem menores (incluindo quantidades reduzidas de silício necessárias para uma determinada saída de energia e taxas mais baixas de produtos descartados por erro de fabricação).

climáticos e a mudança climática. As políticas de proteção social precisarão ser fortalecidas onde existem, desenvolvidas onde estão em falta e elaboradas de modo a poderem ser rapidamente ampliadas após um choque (Kanbur, 2009). A criação de redes de segurança social em países onde inexistem é fundamental, e Bangladesh mostra como isso pode ser feito, mesmo nos países muito pobres (Quadro 4). As entidades de desenvolvimento podem ajudar a difundir modelos bem-sucedidos de redes de segurança social e adaptá-los às necessidades criadas pela mudança climática.

Assegurar alimento e água adequados para todos os países. A ação internacional é essencial para gerenciar os desafios da segurança alimentar e hídrica impostos pela combinação da mudança climática e das pressões da população – mesmo com a produtividade agrícola e a eficiência do uso hídrico melhoradas. Um quinto dos recursos renováveis de água doce do mundo é compartilhado entre países (Food and Agriculture Organization, 2009a), que compreendem 261 bacias hidrográficas transfronteiriças, abrigam 40% da população mundial e são regidos por 150 tratados internacionais que nem sempre contemplam todos os Estados ribeirinhos.[24] Para gerenciar esses recursos com mais intensidade, os países terão de ampliar a cooperação relacionada às vias hídricas internacionais mediante novos tratados internacionais ou a revisão dos já existentes. O sistema de alocação de água precisará ser retrabalhado por causa da crescente variabilidade, e a cooperação só pode ser efetiva quando todos os países ribeirinhos estiverem envolvidos e forem responsáveis pela gestão do curso de água.

Da mesma forma, tornar ainda mais áridas as condições dos países que já importam uma grande parcela de seu alimento, juntamente com eventos climáticos extremos mais frequentes e crescimento da renda e da população, aumentará a necessidade de importar alimentos (Easterling et al., 2007; Fisher et al.,

---

24 Worldwatch Institute, State of the World 2005 Trends and Facts: Water Conflict and Security Cooperation – Disponível em: <http://www.worldwatch.org/node/69>. Acesso em: 1 jul. 2009. Cf. Wolf et al. (1999).

QUADRO 5 *Abordagens promissoras que são boas para os agricultores e para o meio ambiente*

Práticas promissoras

As práticas de cultivo como plantio direto (que envolve a injeção de sementes diretamente no solo, em vez de semeá-las em campos lavrados), associadas ao manejo de resíduos e uso adequado de fertilizante, podem ajudar a preservar a umidade do solo, maximizar a infiltração de água, aumentar o armazenamento de carbono, minimizar o escoamento de nutrientes e melhorar as safras. Utilizada atualmente em cerca de 2% das terras aráveis de todo o mundo, essa prática deverá expandir-se. O plantio direto foi principalmente adotado nos países de alta renda, mas está se expandindo rapidamente para países como a Índia. Em 2005, os agricultores adotaram o plantio direto no sistema de agricultura de arroz e trigo em 1,6 milhão de hectares da planície indo-gangética; em 2008, entre 20% e 25% do trigo de dois Estados indianos (Haryana e Punjab) eram cultivados com o mínimo de manejo. E no Brasil, cerca de 45% das terras férteis são cultivadas com essas práticas.

Tecnologias promissoras

Técnicas agrícolas de precisão para a aplicação direcionada e perfeitamente cronometrada do mínimo necessário de fertilizante e água poderiam ajudar as propriedades agrícolas intensivas e de alta produção dos países de renda elevada, a Ásia e a América Latina a reduzir as emissões e o escoamento de nutrientes e aumentar a eficiência do uso da água. Novas tecnologias que restringem as emissões de nitrogênio gasoso incluem a liberação controlada de nitrogênio mediante a colocação profunda de supergrânulos de fertilizantes ou a adição de inibidores biológicos aos fertilizantes. Tecnologias de sensoriamento remoto para a comunicação de informações exatas acerca da umidade do solo e de necessidades de irrigação podem eliminar o emprego desnecessário de água. Algumas dessas tecnologias podem continuar a ser excessivamente caras para a maioria dos agricultores dos países em desenvolvimento (e podem exigir esquemas de pagamento para a conservação de carbono do solo ou mudanças na determinação do preço da água). Mas outras, como os inibidores biológicos, não exigem mão de obra adicional e aumentam a produtividade.

Uma lição do passado

Outra abordagem baseada em uma tecnologia utilizada por povos indígenas da floresta amazônica pode sequestrar o carbono em grande escala enquanto aumenta a produtividade do solo. A queima de resíduos úmidos de plantas e adubo (biomassa) a temperaturas baixas na quase completa ausência de oxigênio para produzir biocarvão, um sólido parecido com carvão com um conteúdo muito elevado de carvão. O biocarvão é muito estável no solo, retendo o carbono que, de outra forma, seria liberado pela simples queima da biomassa ou por sua decomposição. Em ambientes industriais, esse processo transforma metade do carbono em biocombustível, e a outra metade, em biocarvão. Uma análise recente sugere que o biocarvão pode ser capaz de armazenar o carbono durante séculos, talvez milênios, e existem outros estudos em andamento para verificar essa propriedade.

Fontes: de la Torre, Fajnzylber e Nash (2008), Derpsch e Friedrich (2009), Erenstein (2009), Erenstein e Laxmi (2008), Lehmann (2007) e Wardle, Nilsson e Zackrisson (2008).

2007). Mas os mercados globais de alimentos são restritos e há relativamente poucos países que exportam culturas de alimentos (Food and Agriculture Organization, 2008). Portanto, pequenas mudanças tanto no fornecimento quanto na demanda podem ter graves efeitos sobre os preços. E pequenos países com pouco poder de mercado podem achar difícil garantir importações confiáveis de alimentos.

Para garantir água e nutrição adequadas para todos, o mundo terá que depender de um sistema comercial aprimorado, menos vulnerável a grandes mudanças de preços. Facilitar o acesso dos países em desenvolvimento aos mercados mediante a redução de barreiras comerciais, a oferta de transporte resistente às intempéries (por exemplo, aumentando o acesso a estradas que operam o ano inteiro), a melhoria dos métodos de aquisição e o fornecimento melhores informações sobre o clima e os índices de mercado podem tornar o comércio de alimentos mais eficiente e evitar grandes mudanças de preços. É possível também evitar os picos de preços por meio de investimento em reservas nacionais dos principais cereais e alimentos, bem como em instrumentos que compensam os riscos (von Braun et al., 2008; World Bank, 2009a).

Agir de modo diferente: para transformar os sistemas de energia, produção de alimentos e tomada de decisões

Para conseguir a redução necessária de emissões, é preciso transformar nosso sistema energético e a forma como gerenciamos a agricultura, o uso do solo e as florestas (Figura 7). Essas transformações também devem incorporar as adaptações necessárias à mudança climática. Quer envolvam a decisão sobre qual colheita plantar quer quanto de energia hidrelétrica desenvolver, as decisões terão de ser robustas para a variedade de resultados climáticos que podemos enfrentar no futuro, em vez de se adaptarem de uma forma ideal ao clima do passado.

Acender uma verdadeira revolução energética.
Supondo que o financiamento esteja disponível, as emissões podem ser profunda e rapidamente cortadas sem sacrificar o crescimento? A maior parte dos modelos sugere que é possível embora ninguém considere isso fácil (ver Capítulo 4). Eficiência energética muito maior, gestão mais sólida da demanda, implantação em grande escala das fontes de eletricidade existentes que emitem pouco CO_2 poderiam produzir cerca de metade das reduções de emissões necessárias para colocar o mundo na direção da marca de 2ºC (Figura 8). Muitas têm cobenefícios substanciais, mas são prejudicadas pelas restrições institucionais e financeiras que demonstraram ser difíceis de superar.

Assim, tecnologias e práticas conhecidas podem representar uma economia de tempo – se puderem ser ampliadas. Para que isso aconteça, é essencial a determinação apropriada dos preços de energia. O corte de subsídios e o aumento dos impostos de combustíveis são politicamente difíceis, mas o recente sobe--e-desce nos preços do petróleo e da gasolina torna o momento oportuno para isso. Na verdade, os países da Europa usaram o período da crise do petróleo pós-1974 para adotar altas taxas de combustível. Como resultado, a demanda de combustível é cerca da metade do que provavelmente seria se os preços estivessem próximos daqueles praticados nos Estados Unidos (Sterner, 2007).[25] Do mesmo modo, os preços da eletricidade são duas vezes mais elevados na Europa do que nos Estados Unidos, e o consumo de eletricidade *per capita* é a metade.[26] Os preços ajudam a explicar por que as emissões europeias *per capita* (10 toneladas de CO_2e) equivalem a menos da metade das emissões nos Estados Unidos (23 toneladas).[27] Os subsídios globais à energia nos países em desenvolvimento foram calculados em cerca de US$ 310 bilhões em 2007 (International Energy Agency, 2008d; United Nations

---

25 O preço médio do combustível na área do euro em 2007 era mais do que duas vezes o preço nos Estados Unidos (US$ 1,54 o litro em oposição a US$ 0,63 o litro). As variações em emissões não impulsionadas por renda podem ser obtidas pelos resíduos de uma regressão de emissões *per capita* em renda. Quando esses resíduos retornam ao preço da gasolina, a elasticidade é estimada em -0,5, o que significa que qualquer duplicação dos preços dos combustíveis reduziria pela metade a intensidade das emissões, mantendo a renda *per capita* constante.

26 Baseado no preço médio da eletricidade para domicílios em 2006-2007 da Agência de Informações sobre Energia dos Estados Unidos. Disponível em: <http://www.eia.doe.gov/emeu/international/elecprih.html>. Acesso em: 1 ago. 2009.

27 Os dados sobre emissões são do World Resources Institute (2008).

> **QUADRO 6** *Criatividade necessária: a adaptação exige novas ferramentas e novo conhecimento*
>
> Independentemente dos esforços de mitigação, a humanidade precisará adaptar-se a mudanças substanciais no clima – em todos os lugares e em muitos campos diferentes.
>
> **Capital natural**
> Será necessária uma diversidade de ativos naturais para enfrentar a mudança climática e garantir agricultura produtiva, silvicultura e pesca. Por exemplo, são necessárias variedades de colheitas que tenham bom desempenho em situações de seca, calor e aumento de CO_2. Mas o setor privado, e o processo conduzido por agricultores de escolher os cultivos, favorece a homogeneidade adaptada às condições passadas ou atuais, não variedades capazes de produzir sistematicamente safras elevadas em condições de maior calor, mais umidade ou mais secas. São necessários programas de reprodução acelerada para conservar um conjunto mais amplo de recursos genéticos das colheitas existentes, tipos e seus parentes selvagens. Ecossistemas relativamente intatos, tais como microbacias florestadas, mangues e pantanais, são capazes de amortecer os impactos da mudança climática. Sob um clima em transformação, esses ecossistemas estão eles próprios em risco, e as abordagens de gestão precisarão ser mais proativas e adaptativas. Poderão ser necessárias ligações entre áreas naturais, tais como corredores de migração, para tornar mais fácil que as movimentações das espécies mantenham o mesmo ritmo da mudança do clima.
>
> **Capital físico**
> A mudança climática provavelmente afetará a infraestrutura de maneiras que não são fáceis de prever e que variam muito com a geografia. Por exemplo, a infraestrutura de áreas de pouca altitude é ameaçada pelas inundações dos rios e pela elevação do mar, quer seja na Baía de Tânger, na cidade de Nova York ou em Xangai. As ondas de calor amolecem o asfalto e podem exigir o fechamento de estradas; elas afetam a capacidade das linhas de transmissão de eletricidade e aquecem a água necessária para resfriar as usinas térmicas e nucleares, da mesma forma que aumentam a demanda de eletricidade. As incertezas podem influenciar não apenas as decisões sobre investimento, mas o planejamento da infraestrutura que precisará ser robusta para o clima futuro. Uma incerteza semelhante acerca da confiabilidade do abastecimento de água está produzindo estratégias de gestão integradas e tecnologias aprimoradas relacionadas à água como proteções contra a mudança climática. Serão necessários mais conhecimento técnico e recursos de engenharia para planejar a infraestrutura futura por causa da mudança climática.
>
> **Saúde humana**
> Muitas adaptações dos sistemas de saúde à mudança climática envolverão inicialmente opções de ordem prática que tomarão por base o conhecimento existente. Mas outras exigirão novas aptidões. Os avanços em genômica estão tornando possível projetar novas ferramentas diagnosticas capazes de detectar novas doenças infecciosas. Essas ferramentas, associadas aos avanços em tecnologias das comunicações, são capazes de detectar as tendências emergentes em saúde e oferecer aos profissionais de saúde oportunidades de intervenção antecipada. As inovações em uma série de tecnologias estão transformando a medicina. Por exemplo: o surgimento de dispositivos portáteis de diagnóstico e as consultas mediadas por vídeo estão ampliando as perspectivas da telemedicina e tornando mais fácil que comunidades isoladas conectem-se à infraestrutura mundial de saúde.
>
> *Fontes:* Burke, Lobell e Guarino (2009), Ebi e Burton (2008), Falloon e Betts (no prelo), Guthrie, Juma e Sillem (2008), Keim (2008), Koetse e Rietveld (2009), National Academy of Engineering (2008) e Snoussi et al. (2009).

Environment Programme, 2008),[28] beneficiando desproporcionadamente as populações com renda mais elevada. Racionalizar subsídios de energia para destinar aos pobres e encorajar a energia e o transporte sustentáveis pode reduzir as emissões globais de CO_2 e fornecer um conjunto de outros benefícios.

A determinação de preço, entretanto, é apenas uma parte da agenda de eficiência energética, que sofre com as falhas do mercado, os altos custos das transações e as restrições de financiamento. Normas, reforma regulamentar e incentivos financeiros também são necessários – e são econômicos. Os padrões de eficiência e os programas de etiquetagem custam cerca de 1,5 centavo de dólar dos Estados Unidos por quilowatt-hora, muito menos do que qualquer opção de fornecimento de eletricidade,[29] enquanto as metas de desempenho energético industrial impulsionam a inovação e aumentam a competitividade (Price; Worrell, 2006). Como os serviços de utilidade pública são canais potencialmente eficazes de fornecimento para tornar as casas, os prédios comerciais e a indústria mais eficientes em termos de energia, é preciso criar incentivos para que os serviços de utilidade pública poupem energia. Isso pode ser feito desatrelando os lucros dos serviços de utilidade pública de sua venda bruta, com o lucro aumentando com sucessos da conservação energética. Essa abordagem está por trás do notável programa de conservação de energia da Califórnia; sua adoção tornou-se uma condição para qualquer Estado americano receber concessões federais de eficiência energética do incentivo fiscal de 2009.

Em termos de energia renovável, acordos de compra de energia em longo prazo, em

---

28 Um relatório de 2004 elaborado pela European Environment Agency (2004) avaliou subsídios europeus para energia em € 30 bilhões em 2001, dois terços para combustíveis fósseis, o restante para fontes nucleares e renováveis.

29 Disponível em: <http://www.eia.doe.gov/emeu/international/elecprih.html>. Acesso em: jul. 2009.

uma estrutura normativa com garantia de um acesso justo à rede aberta por parte dos produtores independentes de energia, atrairão investidores. Isso pode ser feito por meio de compras obrigatórias de energia renovável a um preço fixo (conhecido como tarifa de suprimento), como na Alemanha e na Espanha, ou por meio de padrões de portfólios renováveis que exigem uma parcela mínima de energia proveniente de fontes renováveis de energia, como em muitos Estados americanos (Energy Sector Management Assistance Program, 2006). O importante é que a demanda previsivelmente mais alta deverá reduzir os custos das fontes renováveis, com benefícios para todos os países. De fato, a experiência mostra que a demanda esperada pode ter um impacto ainda maior do que a inovação tecnológica na redução dos preços (Figura 9).

As novas tecnologias, porém, serão indispensáveis: todos os modelos de energia analisados neste relatório concluem que é impossível seguir a trajetória de 2°C apenas com eficiência energética e disseminação das tecnologias existentes. Tecnologias novas ou emergentes, tais como captura e armazenamento de carbono, biocombustíveis de segunda geração e energia solar fotovoltaica, são extremamente necessárias.

Poucas das novas tecnologias necessárias estão disponíveis no mercado. Os projetos em andamento de captura e armazenamento de carbono armazenam atualmente somente cerca de 4 milhões de toneladas de CO_2 anualmente.[30] Para provar totalmente a viabilidade dessa tecnologia em diferentes regiões e cenários, serão necessárias cerca de 30 plantas em tamanho natural a um custo total de US$ 75 bilhões a US$ 100 bilhões (Calvin et al., no prelo; International Energy Agency, 2008a). É necessário que até 2020 a capacidade de armazenamento seja de 1 bilhão de toneladas de CO_2 ao ano para ficarmos dentro da faixa de aquecimento de 2°C.

Também são necessários investimentos em pesquisas de biocombustíveis. Uma produção expandida por meio da geração atual de biocombustíveis deslocaria grandes áreas de florestas e pastagens naturais e competiria com a produção de alimentos (Gurgel; Reilly; Paltsev, 2007; International Energy Agency, 2006; Wise et al., 2009). Biocombustíveis de segunda geração que dependem de colheitas não alimentares podem reduzir a concorrência com a agricultura usando mais terras marginais. Mas eles ainda podem causar a perda da terra de pastos para o gado e ecossistemas de pradarias e competir por recursos hídricos (National Research Council, 2007; Tilman; Hill; Lehman, 2006; German Advisory Council on Global Change, 2009).

Avanços revolucionários em tecnologias inteligentes em termos de clima exigirão despesas muito maiores com pesquisa, desenvolvimento, demonstração e implantação. Como foi mencionado anteriormente, os gastos públicos e privados com RD&D de energia são modestos, tanto no que diz respeito às necessidades estimadas, quanto em comparação com o que as indústrias inovadoras investem. Gastos modestos significam progresso lento, com a energia renovável representando ainda apenas 0,4% de todas as patentes (Organisation for Economic Co-operation and Development, 2008). Além disso, os países em desenvolvimento precisam ter acesso a essas tecnologias, o que requer o aumento da capacidade interna de identificar e adaptar novas tecnologias e também fortalecer mecanismos internacionais de transferência tecnológica (ver Capítulo 7).

Transformar a gestão da terra e da água e gerenciar demandas concorrentes. Até 2050, o mundo precisará alimentar mais 3 bilhões de pessoas e lidar com as mudanças de demandas alimentares de uma população mais rica (as pessoas mais ricas comem mais carne, uma maneira de obter proteínas que requer muitos recursos). Isso deve ocorrer em um clima severo com mais tempestades, secas e inundações, incorporando ao mesmo tempo a agricultura na agenda de mitigação – porque a agricultura impulsiona cerca da metade do desmatamento todos os anos e contribui diretamente com 14% das emissões globais. E os ecossistemas, já enfraquecidos pela poluição, pela pressão da população e por uso abusivo, são mais ameaçados pela mudança climática. Produzir mais e proteger melhor em um clima mais severo e, ao mesmo tempo, reduzir as emissões de gases do efeito estufa é uma missão difícil. Exigirá a gestão de demandas concorrentes para solo e água da agricultura, florestas e outros ecossistemas, cidades e energia.

Assim, a agricultura precisará tornar-se mais produtiva, produzindo mais safra por

---

30 Disponível em: <http://co2captureandstorage.info/index.htm>. Acesso em: 1 ago. 2009.

QUADRO 7 *As cidades reduzem suas pegadas de carbono*

O movimento em direção às cidades com selo de carbono neutro mostra como os governos estão agindo mesmo na ausência de compromissos internacionais ou de políticas nacionais rigorosas. Nos Estados Unidos, país que não ratificou o Protocolo de Kyoto, quase um milhão de cidades concordaram em cumprir a meta do protocolo nos termos do acordo de Proteção Climática dos Prefeitos. Em Rizhao, uma cidade de 3 milhões de habitantes no norte da China, o governo municipal combinou incentivos e ferramentas legislativas para incentivar o uso eficiente e em larga escala de energia renovável. Os arranha-céus são construídos para utilizar energia solar, e 99% dos domicílios de Rizhao usam aquecedores com energia solar. Quase todos os sinais de trânsito e postes de iluminação de ruas e parques são movidos por células solares fotovoltaicas. No total, a cidade tem mais de 500 mil metros quadrados de painéis de aquecimento de água com energia solar, o equivalente a cerca de 0,5 megawatt de aquecedores de água elétricos. Como resultado desses esforços, o uso de energia foi reduzido em quase um terço e as emissões de CO_2 foram cortadas pela metade.

Exemplos de cidades com selo de carbono neutro estão se propagando rapidamente além da China. Em 2008, Sydney tornou-se a primeira cidade da Austrália a receber o selo de carbono neutro, por meio de eficiência de energia renovável e compensações das emissões de carbono. Copenhague tem como meta reduzir suas emissões de carbono para zero até 2025. O plano abrange investimentos em energia eólica e o incentivo para carros movidos a energia elétrica e hidrogênio com estacionamento e recarga gratuitos.

Mais de 700 cidades e governos municipais em todo o mundo estão participando de uma "Campanha das Cidades em Prol da Proteção do Clima" para adotar políticas e implementar medidas quantificáveis para reduzir as emissões locais de gases do efeito estufa (http://www.iclei.org). Junto com outras associações de governos locais, tais como o C40 Cities Climate Leadership Group e o Conselho Mundial de Prefeitos para Mudanças Climáticas, essas cidades iniciaram um processo que busca a capacitação e a inclusão de cidades e governos locais na Convenção-Quadro das Nações Unidas sobre Mudança Climática.

Fontes: Bai (2006), World Bank (2009d) e C40 Cities Climate Leadership Group. Disponível em: <http://www.c40cities.org>. Acesso em: 1 ago. 2009.

---

gota d'água (*crop per drop*) e por hectare – mas sem o aumento dos custos ambientais atualmente associados à agricultura intensiva. E as sociedades terão que se empenhar muito mais para proteger os ecossistemas. Para evitar destinar mais terras para o cultivo e invadir solo e florestas "sem manejo", a produtividade agrícola terá que aumentar, talvez em 1,8% ao ano em comparação com 1% se não houvesse mudança climática (Lotze-Campen et al., 2009; Wise et al., 2009).[31] A maior parte desse aumento terá que ocorrer nos países em desenvolvimento porque a agricultura nos países de renda elevada já está próxima das produções máximas viáveis. Felizmente, novas tecnologias e práticas estão surgindo (Quadro 5). Algumas melhoram a produtividade e resiliência ao mesmo tempo que sequestram o carbono do solo e reduzem o escoamento dos nutrientes que prejudica os ecossistemas aquáticos. Mas é necessário pesquisar mais para compreender como aumentá-las.

O aumento dos esforços de conservação das espécies e dos ecossistemas precisará ser mais compatível com a produção de alimentos (na agricultura ou na pesca). As áreas preservadas – que já representam 12% das terras do planeta, mas apenas uma minúscula parcela do oceano e do sistema de água doce – não podem ser a única solução para a manutenção da biodiversidade porque o âmbito das espécies provavelmente ultrapassa os limites dessas áreas. Em vez disso, as paisagens ecoagrícolas, onde os agricultores criam mosaicos de habitats cultivados e naturais, podem facilitar a migração das espécies. Ao mesmo tempo que beneficiam a biodiversidade, as práticas de ecoagricultura também aumentam a resiliência da agricultura à mudança climática junto com a produtividade das lavouras e as receitas. Na América Central, as propriedades agrícolas que utilizam essas práticas sofreram a metade, ou menos, do prejuízo infligido a outras pessoas pelo furacão Mitch (World Bank, 2007b).

Uma melhor gestão da água é crucial para que a agricultura se adapte à mudança climática. As bacias hidrográficas perderão armazenamento natural de água em gelo e neve, e em recarga reduzida dos aquíferos, na mesma medida em que as temperaturas mais elevadas aumentam a evaporação. A água pode ser usada de maneira mais eficiente com a combinação de uma nova tecnologia com aquela existente, melhores informações e uso mais sensato. Isso pode ser feito até mesmo nos países pobres e entre os pequenos agricultores: em Andhra Pradesh, na Índia, um esquema simples, no qual os agricultores monitoram a chuva e os lençóis subterrâneos e aprendem novas técnicas agrícolas e de irrigação, permitiu que um milhão de agricultores reduzissem voluntariamente o consumo de águas subterrâneas, alcançando níveis sustentáveis (World Bank, 2007b).

---

31 Sobre essa discussão, ver Capítulo 3.

Os esforços para aumentar os recursos hídricos incluem represas, mas estas só podem ser uma parte da solução e precisarão ser projetadas de forma flexível para lidar com uma maior variabilidade em termos de precipitação pluviométrica. Outras abordagens incluem o uso de água reciclada e dessalinização, as quais, embora dispendiosas, podem valer a pena para o uso de alto valor em áreas costeiras especialmente se abastecidas por energia renovável (ver Capítulo 3).

A mudança de práticas e tecnologias, entretanto, pode constituir um desafio especialmente em ambientes pobres, rurais e isolados, onde a introdução de novas maneiras de fazer as coisas exige trabalhar com um grande número de atores avessos ao risco localizado fora dos caminhos mais conhecidos e que enfrentam restrições e incentivos diferentes. As entidades de extensão geralmente têm recursos limitados para apoiar os agricultores e normalmente são formadas por engenheiros e agrônomos e não por comunicadores treinados. Para aproveitar as tecnologias emergentes, será necessário também levar educação técnica superior às comunidades rurais.

Transformar os processos de tomada de decisão: formulação de políticas adaptativas para enfrentar um ambiente mais arriscado e mais complexo. A elaboração e o planejamento da infraestrutura, a determinação de preços de seguros e inúmeras decisões privadas – de datas de plantio e de colheita ao assentamento de fábricas e planejamento de edifícios – baseiam-se desde longa data na estacionaridade, ou seja, a ideia de que os sistemas naturais flutuam dentro de um invólucro imutável de variabilidade. Com a mudança climática, desaparece a estacionaridade (Milly et al., 2008). Os responsáveis pela tomada de decisões precisam agora lidar com a mudança climática que aumenta as incertezas que já estão enfrentando. Agora, será necessário tomar mais decisões em um contexto de alteração de tendências e maior variabilidade, para não falar das possíveis restrições do carbono.

As abordagens que estão sendo desenvolvidas e empregadas por órgãos públicos e privados, cidades e países de todo o mundo, da Austrália ao Reino Unido estão demonstrando que é possível aumentar a resiliência mesmo sem uma modelagem dispendiosa e sofisticada do clima futuro (Fay; Block; Ebinger, 2010; Ligeti; Penney; Wieditz, 2007; Heinz Center, 2007). Obviamente, projeções melhores e menos incerteza ajudam, mas essas novas abordagens tendem a concentrar-se em estratégias que são "robustas" para uma série de possíveis resultados futuros e não apenas ótimos para um determinado conjunto de expectativas (Quadro 6) (Lempert; Schlesinger, 2000). Estratégias robustas podem ser tão simples quanto escolher tipos de sementes que tenham bom desempenho em vários climas.

Estratégias robustas geralmente promovem flexibilidade, diversificação e redundância em capacidades de resposta (ver Capítulo 2). Elas favorecem ações "sem pesar" que proporcionam benefícios (tais como eficiência de água e energia) mesmo sem a mudança climática. Elas também favorecem opções reversíveis e flexíveis para manter o custo de decisões erradas o mais baixo possível (planejamento urbano restritivo para áreas costeiras pode ser mais facilmente flexibilizado, enquanto retiradas forçadas ou aumento de proteção podem ser difíceis e dispendiosos). Incluem margens de segurança para aumentar a resiliência (pagando os custos marginais da construção de uma ponte mais alta ou uma ponte que pode ser inundada ou ampliando as redes de segurança a grupos marginais). E dependem de planejamento de longo prazo baseado na análise de cenário, além de uma avaliação das estratégias sob uma ampla variedade de futuros possíveis (Keller; Yohe; Schlesinger, 2008). O projeto participativo e a implementação são fundamentais, pois permitem o uso do conhecimento local sobre a vulnerabilidade existente e promovem a propriedade da estratégia pelos beneficiários.

A formulação de política para adaptação também precisa ser, ela própria, adaptativa, com análises periódicas baseadas na coleta e no monitoramento de informações, um recurso cada vez mais viável a baixo custo graças a melhores tecnologias. Por exemplo, um problema essencial na gestão da água é a falta de conhecimento sobre as águas subterrâneas ou sobre quem consome o quê. Uma nova tecnologia de sensoriamento remoto possibilita inferir o consumo dos lençóis freáticos, identificar que agricultores têm baixa produtividade da água e especificar quando aumentar ou diminuir as aplicações de água de modo a maximizar a produtividade sem afetar as produções das culturas em geral (ver Capítulo 3).

Fazendo acontecer: novas pressões, novos instrumentos e novos recursos

As páginas anteriores descrevem as várias etapas necessárias para administrar o desafio da mudança climática. Muitas delas se parecem com a prática padrão de um manual sobre desenvolvimento ou ciência ambiental: melhorar a gestão dos recursos hídricos, aumentar a eficiência energética, promover as práticas agrícolas sustentáveis e remover os subsídios perversos. Mas esses ensinamentos demonstraram ser difíceis de conseguir, levantando a questão sobre o que tornaria possíveis as necessárias reformas e mudanças de comportamento. A resposta está em uma combinação de novas pressões, novos instrumentos e novos recursos.

As novas pressões vêm de uma crescente conscientização da mudança climática e de seus custos, atuais e futuros. Mas a conscientização nem sempre leva à ação: para obterem êxito, as políticas de desenvolvimento inteligentes em termos de clima também têm que combater a inércia no comportamento das pessoas e das organizações. A percepção de mudança climática no âmbito nacional também determinará o êxito de um acordo global – sua adoção mas também sua implementação. Embora muitas das respostas ao problema do clima e do desenvolvimento sejam nacionais ou mesmo locais, é necessário um acordo global para gerar novos instrumentos e novos recursos para a ação (ver Capítulo 5). Assim, ao mesmo tempo que novas pressões devem começar em casa com a mudança de comportamento e da opinião pública, a ação deve ser viabilizada por um acordo internacional eficiente e eficaz, que leve em conta as realidades do desenvolvimento.

Novas pressões: o sucesso depende da mudança de comportamento e da evolução da opinião pública

Os regimes internacionais influenciam as políticas nacionais, mas são eles próprios um produto de fatores nacionais. Normas políticas estruturas de governança e interesses adquiridos orientam a transformação da legislação internacional em política interna e, ao mesmo tempo, formam o regime internacional (Cass, 2005; Davenport, 2008; Dolsak, 2001; Kunkel; Jacob; Busch, 2006). Na falta de um mecanismo de execução global, os incentivos para

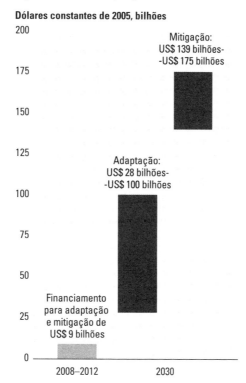

Figura 10 A lacuna é grande: custos climáticos incrementais anuais estimados, necessários para uma trajetória de 2°C em comparação com os recursos atuais

Fonte: Ver Tabela 1 e a discussão no Capítulo 6.
Nota: Custos da mitigação e adaptação somente para os países em desenvolvimento. As barras representam a faixa das estimativas referentes aos custos incrementais das iniciativas de adaptação e mitigação associados a uma trajetória de 2°C. As necessidades de financiamento da mitigação, associadas aos custos incrementais aqui indicados, são muito mais altas, indo de US$ 265 bilhões a US$ 565 bilhões anualmente em 2030.

o cumprimento dos compromissos globais são nacionais.

Para ter sucesso, uma política de desenvolvimento inteligente em termos climáticos deve considerar esses determinantes locais. As políticas de mitigação a serem seguidas pelo país dependem de fatores internos, tais como a matriz energética, as fontes de energia atuais e potenciais, e a preferência por políticas orientadas pelo Estado ou pelo mercado. A busca de benefícios subsidiários locais – como ar mais puro, transferências tecnológicas e segurança energética – é fundamental para gerar apoio suficiente.

As políticas climáticas inteligentes também têm que combater a inércia no comportamento das pessoas e das organizações. Para separar as novas economias dos combustíveis fósseis e aumentar a resiliência à mudança climática, serão necessárias mudanças de atitudes por parte dos consumidores, líderes empresariais e formuladores de decisões. Os desafios para a mudança de comportamentos enraizados exigem uma ênfase especial nas políticas e intervenções independentes do mercado.

Em todo o mundo, os programas de gestão de riscos de desastres estão focados em mudar as percepções da comunidade sobre os riscos. Londres transformou programas educacionais e de comunicação específicos nos elementos centrais do seu Plano de Ação London Warming (Aquecimento de Londres). E os serviços de utilidade pública dos Estados Unidos começaram a utilizar as normas sociais e a pressão da comunidade para incentivar uma demanda por energia mais baixa: simplesmente demonstrando para os domicílios como eles estão se saindo em relação aos outros e indicando que a aprovação de consumo abaixo da média é suficiente para incentivar um consumo de energia menor (ver Capítulo 8).

A abordagem do desafio climático também requer mudanças na forma como os governos atuam. A política climática atinge o mandato de muitos órgãos governamentais, mas não pertence a nenhum deles. Em termos de mitigação e adaptação, muitas das ações necessárias exigem uma perspectiva de longo prazo que vai muito além da duração de qualquer administração eleita. Muitos países, incluindo Brasil, China, Índia, México e Reino Unido, criaram órgãos responsáveis pela mudança climática, definiram organismos de coordenação de alto nível e aumentaram o uso de informações científicas na formulação de políticas (ver Capítulo 8).

As cidades, os Estados e as regiões fornecem o espaço político e administrativo mais próximo das fontes de emissões e dos impactos da mudança climática. Além de implementar e articular as políticas e regulamentações nacionais eles executam a formulação de políticas, funções de regulamentação e planejamento em setores essenciais para a mitigação (transporte, construção, serviços públicos, defesa de direitos locais) e adaptação (proteção social, redução do risco de desastres, gestão dos recursos naturais). Como estão mais próximos dos cidadãos, esses governos conseguem promover a conscientização pública e mobilizar os atores privados (Albert; Kern, 2008). E na interseção do governo e do público, eles representam o espaço onde a responsabilidade do governo por respostas apropriadas se esgota. É por isso que muitos governos locais antecedem os governos nacionais em relação às ações climáticas (Quadro 7).

Novos instrumentos e novos recursos: o papel de um acordo global

A ação imediata e abrangente não é viável sem cooperação global, o que requer um acordo considerado equitativo por todas as partes, ou seja, países de renda elevada, que precisam envidar os esforços mais imediatos e rigorosos; países de renda média, onde precisarão ocorrer mitigação e adaptação substanciais; e países de baixa renda, cuja prioridade é a assistência técnica e financeira para superar a vulnerabilidade às condições atuais, sem falar no esclarecimento das mudanças climáticas. O acordo deve também ser eficaz no alcance das metas climáticas, incorporando lições de outros acordos internacionais e de êxitos e fracassos anteriores com grandes transferências internacionais de recursos. Finalmente, esse acordo tem que ser eficiente, o que exige recursos financeiros apropriados e instrumentos financeiros capazes de separar o local onde a mitigação ocorre de quem a financia – alcançando, assim, a mitigação pelo menor custo.

Um acordo equitativo. A cooperação global na escala necessária para lidar com a mudança climática somente poderá ocorrer se for baseada em um acordo global que aborde as necessidades e restrições dos países em desenvolvimento; somente se puder separar onde a mitigação ocorre de quem suporta o ônus desse esforço; e somente se criar instrumentos financeiros para incentivar e facilitar a mitigação, mesmo em países que sejam ricos em carvão e pobres em renda ou que tenham contribuído pouco ou nada historicamente para a mudança climática. A questão de se esses países irão aproveitar a oportunidade para empreender uma via de desenvolvimento mais sustentável será fortemente influenciada pelo apoio técnico e financeiro que os países de renda elevada puderem reunir. De outro modo, os custos de transição podem ser proibitivos.

Uma cooperação global, entretanto, exigirá mais do que contribuições financeiras. A economia comportamental e a psicologia social mostram que as pessoas tendem a rejeitar acordos que considerem injustos com elas, mesmo que eles sejam benéficos (Guth; Schmittberger; Schwarze, 1982; Camerer; Thaler, 1995; Irwin, 2008; Ruffe, 1998). Assim, o fato de ser interesse de todos colaborar não

QUADRO 8 *O papel do uso do solo, da agricultura e silvicultura na gestão da mudança climática*

O uso do solo, a agricultura e a silvicultura têm um grande potencial de mitigação, mas causaram controvérsia nas negociações climáticas. Poderiam as emissões e as absorções ser medidas com precisão suficiente? O que fazer a respeito das flutuações naturais no crescimento e perdas resultantes de incêndios associados à mudança climática? Os países devem receber créditos por ações tomadas décadas ou séculos antes das negociações climáticas? Os créditos obtidos das atividades baseadas na terra afundariam o mercado de carbono e fariam cair o preço do carbono, reduzindo os incentivos ao aumento da mitigação? Tem-se conseguido progresso em muitas dessas questões, e o Painel Intergovernamental sobre Mudança Climática desenvolveu diretrizes para a medição de gases do efeito estufa relacionados à terra.

A média do desmatamento líquido global foi de 7,3 milhões de hectares por ano no período de 2000 a 2005, contribuindo com cerca de 5,0 gigatoneladas de CO_2 por ano em emissões, ou cerca de um quarto da redução de emissões necessária. Uma redução adicional de 0,9 gigatonelada pode ser atribuída ao reflorestamento e à melhoria da gestão das florestas nos países em desenvolvimento. Mas a melhoria da gestão das florestas e a redução do desmatamento nos países em desenvolvimento atualmente não fazem parte do Mecanismo de Desenvolvimento Limpo da UNFCCC.

Há também interesse na criação de um mecanismo para pagamentos por uma melhor gestão do carbono do solo e outros gases do efeito estufa produzidos pela agricultura. Tecnicamente, cerca de 6,0 gigatoneladas de CO_2e em emissões podem ser reduzidas com a redução da lavoura de solos, melhor gestão de pantanais e arrozais, e melhor gestão da pecuária e adubo. É possível alcançar cerca de 1,5 gigatonelada de reduções de emissões ao ano por um preço de carbono de US$ 20 a tonelada de CO_2e (figura).

A silvicultura e a mitigação agrícola produziriam muitos cobenefícios. A manutenção das florestas abre uma maior diversidade de opções de subsistências, protege a biodiversidade e funciona como amortecedor contra eventos extremos como enchentes e deslizamentos de terra. A redução de culturas e melhor gestão de fertilizantes podem melhorar a produtividade. E os recursos gerados podem ser substanciais, pelo menos para os países com grandes florestas: se os mercados de carbono das florestas alcançarem todo o seu potencial, a Indonésia poderá ganhar entre US$ 400 milhões e US$ 2 bilhões por ano. Quanto ao carbono do solo, mesmo na África, onde terras relativamente pobres em carbono cobrem quase a metade do continente, o potencial de sequestro de carbono do solo é de 100 milhões a 400 milhões de toneladas de CO_2e por ano. A US$ 10 por tonelada, isso seria igual à atual assistência oficial oferecida ao desenvolvimento da África.

Por causa, em grande parte, dos esforços de um grupo de países em desenvolvimento que formaram a Coalizão para as Florestas Tropicais, o uso do solo, a mudança no uso do solo e a silvicultura foram reintroduzidos na agenda da Convenção-Quadro das Nações Unidas sobre Mudança Climática (UNFCCC). Esses países buscam oportunidades para contribuir com a redução de emissões de acordo com sua responsabilidade comum mas diferenciada e levantar financiamento de carbono para melhor gerenciar seus sistemas. As negociações acerca do que se tornou conhecido como Redução das Emissões Causadas pelo Desmatamento e pela Degradação de Florestas (Redd) continuam, mas a maioria espera que alguns elementos do processo de Redd façam parte de um acordo em Copenhague.

As iniciativas relacionadas ao carbono do solo não estão muito avançadas. Apesar de o sequestro de carbono na agricultura ser uma resposta bem barata e tecnicamente simples e eficiente para a mudança climática, o desenvolvimento de um mercado para tal não é tarefa simples. Um projeto-piloto no Quênia (ver Capítulo 3) e compensações das emissões de carbono do solo na Bolsa do Clima de Chicago indicam oportunidades. Três passos podem ajudar a promover o sequestro do carbono do solo.

Em primeiro lugar, o monitoramento do carbono deve seguir uma abordagem "baseada em atividade", onde as reduções de emissões são calculadas de acordo com as atividades desempenhadas pelo agricultor e não pelas análises do solo, muito mais dispendiosas. Fatores específicos e conservadores de redução de emissões podem ser aplicados a diferentes zonas agroecológicas e climáticas. Isso é mais simples, mais barato e mais previsível para o agricultor, que sabe antecipadamente quais são os pagamentos e as possíveis penalidades para qualquer atividade em questão.

Em segundo lugar, os custos de transação podem ser reduzidos por "agregadores" que combinam as atividades de muitas propriedades agrícolas de pequeno porte, como no projeto-piloto do Quênia. Trabalhando com muitas propriedades agrícolas, os agregadores podem criar um mecanismo de amortecimento permanente e calcular a média de reversões do sequestro A canalização de um portfólio de projetos com cálculos conservadores de permanência pode tornar o sequestro de carbono do solo totalmente equivalente à redução de CO_2 em outros setores.

Em terceiro lugar, uma ajuda logística, principalmente para agricultores pobres que precisam de ajuda para financiar custos antecipados, deve incluir serviços de extensão fortalecidos. Eles são fundamentais para a disseminação do conhecimento sobre as práticas de sequestro e oportunidades de financiamento.

Fontes: Canadelle et al. (2007), Eliasch (2008), Food and Agriculture Organization (2005), Smith et al. (2008), Smith et al. (2009), Tschakert (2004), United Nations Environment Programme (1990), Voluntary Carbon Standard (2007) e Word Bank (2008c).

Não se trata somente de energia: quando se fala dos elevados preços do carbono, o potencial combinado de atenuação de agricultura e floresta é maior do que o potencial de outros setores individuais da economia

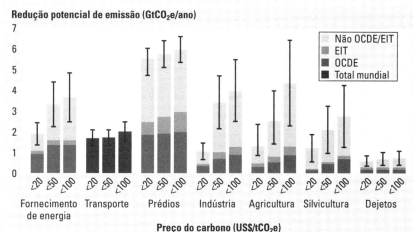

Fonte: Barker et al. (2007b, Figura TS.27).

Nota: EIT = economias em transição. As faixas de potenciais econômicos globais, conforme avaliadas em cada setor, são exibidas pelas linhas verticais pretas.

é garantia de sucesso. Existem preocupações verdadeiras entre os países em desenvolvimento de que um esforço para integrar clima e desenvolvimento poderia transferir mais responsabilidade para a mitigação no mundo em desenvolvimento.

A valorização do princípio da equidade em um acordo global ajudaria bastante na eliminação de tais preocupações e geraria confiança (ver Capítulo 5). Uma meta de longo prazo de emissões *per capita* convergindo para uma faixa poderia garantir que nenhum país ficasse preso em uma parcela desigual do patrimônio atmosférico. A Índia declarou recentemente que nunca excederia a média *per capita* de emissões dos países de alta renda.[32] Portanto, uma ação drástica por parte dos países de renda elevada no sentido de reduzir seus próprios níveis de pegada de carbono é fundamental. Isso mostraria liderança, impulsionaria a inovação e tornaria possível que todos adotassem o caminho do crescimento com baixos níveis de emissões de carbono.

Outra grande preocupação dos países em desenvolvimento é o acesso à tecnologia. A inovação das tecnologias associadas ao clima permanece concentrada nos países de renda elevada embora os países em desenvolvimento estejam aumentando sua presença (a China ocupa a sétima posição em patentes globais de energia renovável (Dechezleprêtre et al., 2008), e uma empresa indiana é agora a líder em carros elétricos em circulação (Miani, 2005; Nagrath, 2007). Além disso, os países em desenvolvimento, pelo menos os menores ou os mais pobres, podem precisar de assistência para produzir uma nova tecnologia ou adaptá-la às suas circunstâncias. Isso é particularmente problemático em termos de adaptação, onde as tecnologias podem ser bastante específicas para o local.

As transferências internacionais de tecnologias limpas têm sido modestas até agora. Elas ocorrem, na melhor das hipóteses, em um terço dos projetos financiados por meio do Mecanismo de Desenvolvimento Limpo (MDL), o principal canal de financiamento de investimentos em tecnologias de baixo carbono nos países em desenvolvimento (Haites et al., 2006). O Mecanismo Global para o Meio Ambiente, que historicamente aloca cerca de US$ 160 milhões por ano para os programas de mitigação,[33] está apoiando as avaliações de necessidades de tecnologia em 130 países. Cerca de US$ 5 bilhões foram recentemente prometidos sob o novo Fundo de Tecnologia Limpa para ajudar os países em desenvolvimento, mediante o apoio a grandes e arriscados investimentos que envolvem tecnologias limpas, mas existem controvérsias sobre o que constitui tecnologia limpa.

A criação de acordos tecnológicos em um acordo global sobre o clima pode impulsionar a inovação tecnológica e garantir o acesso dos países em desenvolvimento. A colaboração internacional é fundamental para a produção e o compartilhamento das tecnologias inteligentes sobre o clima. Com relação à produção, os acordos de participação nos custos são necessários para tecnologias de larga escala e alto risco como a captura e armazenamento de carbono (ver Capítulo 7). Os acordos internacionais sobre padrões criam mercados em termos de inovação. E o apoio internacional à transferência de tecnologia pode tomar a forma de produção conjunta e compartilhamento

---

32 *Times of India*. Disponível em: <http://timesofindia.indiatimes.com/NEWS/India/Even-in-2031-Indias-per-capita-emission-will-be-l/7th-of-US/articleshow/4717472.cms>. Acesso em: ago. 2009.

33 Disponível em: <http://www.gefweb.org/uploadedFiles/Publications/ClimateChange-FS-June2009.pdf>. Acesso em: 6 jul. 2009.

Muitas pessoas estão tomando medidas para proteger nosso ambiente. A meu ver, eliminaremos a diferença se trabalharmos em equipe. Até mesmo as crianças podem participar para ajudar, pois somos a geração futura e devemos valorizar nosso próprio meio ambiente natural.

– Adrian Lau Tsun Yin, 8 anos, China

Anoushka Bhari, 8 anos, Quênia

de tecnologia, ou de apoio financeiro para o custo incremental da adoção de uma tecnologia nova e mais limpa (como foi feito por meio do Fundo Multilateral para a Implementação do Protocolo de Montreal sobre Substâncias que Destroem a Camada de Ozônio).

Um acordo global também terá que ser aceitável para os países de renda alta. Estes se preocupam com as demandas financeiras que poderiam recair sobre eles e querem certificar-se de que as transferências financeiras produzam os resultados desejados em termos de adaptação e mitigação. Estão preocupados também com o fato de que uma abordagem escalonada, que permite aos países em desenvolvimento atrasar as ações, possa afetar sua competitividade com relação aos principais países de renda média.

Um acordo eficaz: lições obtidas da eficácia da ajuda e acordos internacionais. Um acordo eficaz sobre o clima alcançará os objetivos acordados para a mitigação e adaptação. Seu planejamento pode basear-se nas lições obtidas com a eficácia da ajuda e com os acordos internacionais. Financiamento do clima não significa financiamento da ajuda, mas a experiência da ajuda proporciona lições importantes. Em especial, tornou-se claro que os compromissos raramente são respeitados, exceto quando correspondem aos objetivos de um país; ou seja, o debate condicionalidade *versus* propriedade. Sendo assim, o financiamento em termos de adaptação e mitigação deve organizar-se em torno de um processo que incentive o desenvolvimento e a propriedade por parte do país beneficiário de uma agenda de desenvolvimento de baixa emissão de carbono. A experiência da ajuda também demonstra que uma multiplicidade de fontes de financiamento impõe custos imensos de transação aos países beneficiários e reduz a efetividade. E enquanto as fontes de financiamento podem ser separadas, o gasto dos recursos de adaptação e mitigação deve ser totalmente integrado aos esforços de desenvolvimento.

Os acordos internacionais demonstram também que as abordagens escalonadas podem ser uma maneira apropriada de unir parceiros muito diferentes em um único acordo. Basta observarmos a Organização Mundial do Comércio: um tratamento especial e diferenciado para os países em desenvolvimento tem sido uma característica que define o sistema de comércio multilateral durante a maior parte do período pós-guerra. Nas negociações sobre o clima, estão surgindo propostas acerca da estrutura com múltiplos caminhos lançada no Plano de Ação de Bali da UNFCCC.[34] Essas propostas significam que os países desenvolvidos se comprometem com metas de produtos, onde os "produtos" são as emissões de gases do efeito estufa, e os países em desenvolvimento se comprometem com as mudanças de políticas, em vez de metas de emissão.

Essa abordagem é atraente por três motivos. Primeiro, pode fazer avançar as oportunidades de mitigação que envolvem os cobenefícios do desenvolvimento. Segundo, é bem-adequada aos países em desenvolvimento, onde o rápido crescimento populacional e econômico está comandando a rápida expansão do capital social (com oportunidades para um bom ou mau bloqueio) e aumenta a urgência de caminhar no sentido de sistemas de energia, sistemas urbanos e de transporte com menos emissão de carbono. Um caminho cuja base é política também pode oferecer uma boa estrutura aos países com uma alta parcela de emissões difíceis de medir derivadas do uso do solo, da mudança no uso do solo e da silvicultura. Terceiro, a abordagem tem menos probabilidade de requerer monitoramento de fluxos complexos, o que é um desafio para muitos países. Contudo, é essencial que exista um certo monitoramento geral e avaliação dessas abordagens, ao menos para compreender sua eficácia.[35]

---

34 Disponível em: <http://unfccc.int/meetings/cop_13/items/4049.php>. Acesso em: 1 ago. 2009.

35 O desenvolvimento e a ajuda à comunidade têm-se deslocado na direção da avaliação do impacto e da ajuda baseada em resultados, sugerindo um certo grau de frustração com os programas baseados em contribuições (onde se monitoraram a quantidade de recursos financeiros desembolsados e o número de escolas construídas, em oposição ao número de crianças que se graduam nas escolas ou às melhorias em seu desempenho). Entretanto, existe uma certa diferença na maneira como as abordagens "baseadas em contribuições" são definidas nesse caso, uma vez que as "contribuições" são mudanças nas políticas e não contribuições financeiras definidas de forma restrita – a adoção e execução de um padrão de eficiência para os combustíveis, em vez de gastos públicos em um programa de eficiência. Todavia, o monitoramento e a avaliação ainda seriam importantes para saber o que funciona.

Um acordo eficiente: o papel do financiamento do clima

O financiamento do clima pode conciliar igualdade e eficiência mediante a separação do local onde ocorre a ação climática de quem paga por ele. O fluxo suficiente de financiamento para os países em desenvolvimento, associado à formulação de capacidade e acesso à tecnologia, pode apoiar o crescimento e o desenvolvimento com a baixa emissão de carbono. Se o financiamento da mitigação for direcionado para onde os custos da mitigação são menores, a eficiência aumentará. Se o financiamento da adaptação for direcionado para onde as necessidades são maiores, será possível evitar a perda e o sofrimento indevidos. O financiamento do clima oferece os meios para conciliar igualdade eficiência e eficácia no tratamento da mudança climática.

Os níveis atuais de financiamento climático, no entanto, estão aquém das necessidades previsíveis. As estimativas constantes na Tabela 1 sugerem que os custos da mitigação nos países em desenvolvimento poderiam atingir US$ de 140 bilhões a US$ 175 bilhões por ano, além das consequentes necessidades de financiamento de US$ 265 bilhões a US$ 565 bilhões. Os atuais fluxos de mitigação do financiamento, que atingirão em média US$ 8 bilhões ao ano até 2012, perdem sua importância. E os US$ 30 bilhões a US$ 100 bilhões estimados que poderiam ser necessários por ano para a adaptação nos países em desenvolvimento tornam insignificantes os recursos inferiores a US$ 1 bilhão disponíveis atualmente (Figura 10).

As deficiências do financiamento do clima são formadas por ineficiências significativas na forma como os recursos são gerados e implantados. Os principais problemas incluem fontes de financiamento fragmentadas, custos elevados de implementação de mecanismos de mercado, tais como o Mecanismo de Desenvolvimento Limpo (MDL) e instrumentos para a obtenção de financiamento para a adaptação que são insuficientes e causam distorções.

O Capítulo 6 identifica quase 20 fundos bilaterais e multilaterais diferentes para a mudança climática atualmente propostos ou em operação. Essa fragmentação tem um custo que foi identificado na Declaração de Paris sobre Eficácia da Ajuda: cada fundo tem sua própria governança, o que eleva os custos das transações para os países em desenvolvimento; o alinhamento com os objetivos de desenvolvimento dos países poderá ser prejudicado se as fontes de financiamento forem escassas. Outros dogmas da Declaração de Paris, que incluem participação, harmonização de doadores e responsabilização mútua, também são prejudicados quando o financiamento é muito fragmentado. Justifica-se claramente uma consolidação final dos fundos em um número mais limitado.

Com relação ao futuro, a definição do preço do carbono (seja por meio de imposto, seja por um esquema de *cap and trade*, limite e comércio) é a melhor forma de gerar recursos para o financiamento do carbono e direcionar tais recursos para oportunidades eficientes. No futuro próximo, contudo, o MDL e outros mecanismos baseados no desempenho para compensações das emissões de carbono deverão continuar a ser os principais instrumentos baseados no mercado para o financiamento da mitigação nos países em desenvolvimento e justificada, portanto, críticos na complementação de transferências diretas dos países de renda alta.

O MDL ultrapassou as expectativas em muitos aspectos, crescendo rapidamente, incentivando o aprendizado, aumentando a conscientização sobre as opções de mitigação e formulando a capacidade. Mas ele também tem muitas limitações, incluindo poucos benefícios colaterais do desenvolvimento, adicionalidade questionável (porque o MDL gera créditos de carbono para reduções de emissões relativas a uma linha de base, e a escolha dessa linha de base sempre pode ser questionada), governança frágil, operação ineficiente, abrangência limitada (setores essenciais como transporte não são cobertos) e preocupações sobre a continuidade do mercado após 2012 (Olsen, 2007; Sutter; Parreno, 2007; Olsen; Fenhann, 2008; Nussbaumer, 2009; Michaelowa; Pallav, 2007; Schneider, 2007). Para a eficácia das ações climáticas, também é importante compreender que as transações do MDL não reduzem as emissões globais de carbono além dos compromissos acordados, elas apenas mudam o local onde ocorrem (nos países em desenvolvimento e não nos países desenvolvidos) e reduzem o custo da mitigação (aumentando dessa forma a eficiência).

O Fundo de Adaptação do Protocolo de Kyoto emprega um novo instrumento de financiamento na forma de um imposto de 2% sobre as reduções certificadas de emissões (unidades de compensação das emissões de carbono geradas pelo MDL). Isso claramente gera financiamento adicional a outras fontes, mas, como indicado no Capítulo 6, essa abordagem possui diversas características indesejáveis. O instrumento é tributar algo bom (financiamento da mitigação) e não ruim (emissões de carbono), e, como ocorre com qualquer imposto, existem ineficiências inevitáveis (perdas de excedente). A análise do mercado de MDL sugere que a maior parte dos ganhos perdidos com o comércio em resultado do imposto recairia sobre os fornecedores de créditos de carbono dos países em desenvolvimento (Fankhauser; Martin; Prichard, no prelo). O financiamento da adaptação também exigirá um mecanismo de alocação que idealmente compreenderia os princípios de transparência eficiência e equidade – abordagens eficientes direcionariam o financiamento para os países mais vulneráveis e aqueles com a maior capacidade para administrar a adaptação, enquanto a equidade exigiria que fosse dado um peso específico para os países mais pobres.

O fortalecimento e a expansão do regime de financiamento do clima exigirão a reforma dos instrumentos existentes e o desenvolvimento de novas fontes de financiamento do clima (ver Capítulo 6). A reforma do MDL é particularmente importante, tendo em vista seu papel na geração de financiamento do carbono para projetos nos países em desenvolvimento. Um conjunto de propostas tem o objetivo de reduzir os custos mediante a agilização da aprovação de projetos, inclusive atualizando as funções de análise e administrativas. Um segundo conjunto de propostas, muito importante, concentra-se em permitir que o MDL apoie mudanças de políticas e programas, em vez de limitá-los a projetos. As "metas sem perdas do setor" são um exemplo de um esquema baseado no desempenho, no qual as reduções comprováveis de emissões de carbono do setor em comparação com uma linha de base acordada poderiam ser compensadas pela venda de créditos do carbono sem penalidade, caso as reduções não sejam alcançadas.

A silvicultura é outra área na qual o financiamento do clima pode reduzir as emissões (Quadro 8). Outros mecanismos para a definição do preço do carbono das florestas deverão surgir das atuais negociações sobre o clima. Várias iniciativas, que incluem o Mecanismo de Parceria do Carbono Florestal do Banco Mundial, já estão explorando o modo pelo qual incentivos financeiros podem reduzir o desmatamento nos países em desenvolvimento e, dessa forma, reduzir as emissões de carbono. Os maiores desafios incluem o desenvolvimento de uma estratégia nacional e estrutura da implementação para a redução de emissões causadas pelo desmatamento e pela degradação; um cenário de referência para emissões e um sistema para monitoramento, criação de relatórios e verificação.

Esforços para reduzir as emissões de carbono do solo (mediante incentivos para mudar práticas de cultivo, por exemplo) também podem ser o objetivo dos incentivos financeiros – e são fundamentais para garantir que as áreas naturais não sejam convertidas na produção de alimentos e biocombustíveis. Mas a metodologia está menos desenvolvida do que para o carbono das florestas, e importantes questões de monitoramento precisariam ser resolvidas (ver Quadro 8). Mas programas-piloto devem ser desenvolvidos rapidamente para incentivar uma agricultura mais flexível e sustentável e para levar mais recursos e inovação a um setor que tem sentido a falta de ambos nas últimas décadas (World Bank, 2007d).

Nos países, o papel do setor público será fundamental na criação de incentivos para a ação climática (mediante subsídios, impostos, tetos ou regulamentações), fornecendo informações e educação, e eliminando as falhas do mercado que inibem a ação. Mas grande parte do financiamento virá do setor privado especialmente para a adaptação. Para os prestadores privados de serviços de infraestrutura, a flexibilidade do regime será fundamental no fornecimento dos incentivos corretos para os investimentos e as operações à prova de clima. Ao mesmo tempo que será possível alavancar o financiamento privado para investimentos específicos para adaptação (tais como proteção contra enchentes), a experiência até o momento com as parcerias público-privadas para infraestrutura nos países em desenvolvimento sugere que o escopo será modesto.

A geração de financiamento adicional para a adaptação é uma prioridade fundamental, e esquemas inovadores, tais como o leilão de unidades de quantidade atribuída (AAU, os tetos vinculantes que os países aceitam nos termos da UNFCCC), a taxação das emissões do transporte internacional e um imposto global sobre o carbono têm o potencial para angariar dezenas de bilhões de dólares em novos financiamentos a cada ano. Para a mitigação, é claro que ter um preço eficiente para o carbono, mediante imposto ou "limite e troca", será transformacional. Quando isso for alcançado, o setor privado fornecerá grande parte do financiamento necessário à medida que investidores e consumidores contabilizarem o preço do carbono. Mas os impostos nacionais sobre o carbono ou mercados de carbono não fornecerão obrigatoriamente os fluxos de financiamento necessários para os países em desenvolvimento. Se a solução para o problema do clima é ser equitativo, um MDL reformado e outros esquemas baseados no desempenho, a vinculação dos mercados nacionais de carbono, a alocação e venda de AAU e as transferências fiscais, todas proporcionarão financiamento para os países em desenvolvimento.

Em dezembro de 2009, os países participarão de negociações sobre um acordo global acerca do clima sob os auspícios da UNFCCC. Muitos desses mesmos países também estão em meio a uma das crises financeiras mais graves de décadas recentes. As dificuldades fiscais e as necessidades urgentes podem tornar mais difícil convencer os representantes do Poder Legislativo a concordar em gastar recursos no que é, de forma equivocada, considerado unicamente como uma ameaça de período mais longo.

Vários países, entretanto, adotaram pacotes de recuperação fiscal para tornar a economia mais verde e restaurar o crescimento, para um total global de mais de US$ 400 bilhões durante os próximos anos, na esperança de incentivar a economia e gerar empregos.[36] Os investimentos em eficiência energética podem produzir um triplo dividendo de mais economia de energia, menos emissões e mais empregos.

As atuais negociações sobre o clima, que se encerrarão em Copenhague em dezembro de 2009, têm feito pouco progresso – inércia na esfera política. Por todos os motivos destacados neste relatório – inércia do sistema climático, inércia na infraestrutura, inércia em sistemas socioeconômicos –, um acordo sobre o clima se faz necessário com urgência. Mas é preciso que seja um acordo inteligente, que crie os incentivos para soluções eficientes, para fluxos de financiamento e o desenvolvimento de novas tecnologias. Precisa ainda ser um acordo equitativo, que atenda às necessidades e aspirações dos países em desenvolvimento. Somente assim será possível criar o clima correto para o desenvolvimento.

Referências bibliográficas

ADGER, W. N. et al. Are There Social Limits to Adaptation to Climate Change? *Climatic Change*, v.93, n.3-4, p.335-54, 2009.

AGRAWALA, S.; FANKHAUSER, S. *Economic Aspects of Adaptation to Climate Change*: Costs, Benefits and Policy Instruments. Paris: Organisation for Economic Cooperation and Development, 2008.

ALBER, G.; KERN, K. Governing Climate Change in Cities: Modes of Urban Climate Governance in Multi-Level Systems. Paper presented at the OECD Conference on Competitive Cities and Climate Change, Milan, 9-10 oct. 2008.

BAI, X. Rizhao. China: Solar-Powered City. In: WORLDWATCH INSTITUTE (Ed.) *State of the World 2007*: Our Urban Future. New York: W.W. Norton & Company Inc, 2006.

BARBERA, A. J.; MCCONNELL, V. D. The Impacts of Environmental Regulations on Industry Productivity: Direct and Indirect Effects. *Journal of Environmental Economics and Management*, v.18, n.1, p.50-65, 1990.

BARBIER, E. B.; SATHIRATHAI, S. (Ed.) *Shrimp Farming and Mangrove Loss in Thailand*. Cheltenham, UK: Edward Elgar Publishing, 2004.

BARKER, T. et al. Mitigation From a Cross-Sectoral Perspective. In: METZ, B. et al. (Ed.) *Climate change 2007*: Mitigation. Contribution of Working Group III to the Fourth Assessment Report of the Intergovernmental Panel on Climate Change. Cambridge, UK: Cambridge University Press, 2007a.

BARKER, T. et al. Technical Summary. In: METZ, B. et al. (Ed.) *Climate Change 2007: Mitigation*. Contribution of Working Group III to the Fourth Assessment Report of the Intergovernmental Panel on Climate Change. Cambridge, UK: Cambridge University Press, 2007b.

BARRETT, S. *Environment and Statecraft*: the Strategy of Environmental Treaty-Making. Oxford: Oxford University Press, 2003.

BLANFORD, G. J.; RICHELS, R. G.; RUTHERFORD, T. F. Revised Emissions Growth Projections for China: Why Post-Kyoto Climate Policy Must Look East. Harvard Project on International Climate Agreements, Harvard Kennedy School Discussion Paper 08-06, Cambridge, MA, 2008.

---

36 Os pacotes de incentivo em todo o mundo deverão injetar cerca de US$ 430 bilhões em áreas essenciais de mudança climática nos próximos anos: US$ 215 bilhões serão gastos em eficiência energética, US$ 38 bilhões em fontes de energia renováveis com baixa emissão de carbono, US$ 20 bilhões em captura e armazenamento de carbono e US$ 92 bilhões em redes inteligentes (Robins; Clover; Singh, 2009). Ver Capítulo 1 para discussão da expectativa de criação de empregos.

BRAUN, J. von et al. High Food Prices: the What, Who, and How of Proposed Policy Actions. Washington, DC: International Food Policy Research Institute, Washington, DC, 2008. (Policy brief).

BRUIN, K. de; DELLINK, R.; AGRAWALA, S. Economic Aspects of Adaptation to Climate Change: Integrated Assessment Modeling of Adaptation Costs and Benefits. Paris: Organisation for Economic Co-operation and Development, 2009. (Environment working paper 6).

BUREAU OF TRANSPORTATION STATISTICS (BTS). *Key Transportation Indicators November 2008*. Washington, DC: U.S. Department of Transportation, 2008.

BURKE, M.; LOBELL, D. B.; GUARINO, L. Shifts in African Crop Climates by 2050 and the Implications for Crop Improvement and Genetic Resources Conservation. *Global Environmental Change*, v.19, n.3, p.317-25, 2009.

BURTRAW, D. et al. Economics of Pollution Trading for SO_2 and NO_x. Washington, DC: Resources for the Future, 2005. (Discussion paper 05-05).

CALVIN, K. et al. Limiting Climate Change to 450 ppm CO_2 equivalent in the 21st century. *Energy Economics*. (No prelo).

CAMERER, C.; THALER, R. H. Anomalies: Ultimatums Dictators and Manners. *Journal of Economic Perspectives*, v.9, n.2, p.109-220, 1995.

CANADELL, J. G. et al. Contributions to Accelerating Atmospheric CO_2 Growth from Economic Activity, Carbon Intensity, and Efficiency of Natural Sinks. *Proceedings of the National Academy of Sciences*, v.104, n.47, p.18866-70, 2007.

CASS, L. Measuring the Domestic Salience of International Environmental Norms: Climate Change Norms in German, British, and American Climate Policy Debates. Paper presented at the International Studies Association, Honolulu, 15 March 2005.

CHEN, S.; RAVALLION, M. The Developing World is Poorer than We Thought, But No Less Successful in the Fight Against Poverty. Washington, DC: World Bank, 2008. (Policy research working paper 4703).

CLARKE, L. et al. International Climate Policy Architectures: Overview of the EMF 22 International Scenarios. *Energy Economics*. (No prelo).

DASGUPTA, S. et al. The Impact of Sea Level Rise on Developing Countries: a Comparative Analysis. *Climatic Change*, v.93, n.3-4, p.379-88, 2009.

DAVENPORT, D. The International Dimension of Climate Policy. In: COMPSTON, H.; BAILEY, I. (Ed.) *Turning Down the Heat*: the Politics of Climate Policy in Affluent Democracies. Basingstoke, UK: Palgrave Macmillan, 2008.

DAVIS, G.; OWENS, B. Optimizing the Level of Renewable Electric R&D Expenditures Using Real Options Analysis. *Energy Policy*, v.31, n.15, p.1589-1608, 2003.

DECHEZLEPRÊTRE, A. et al. *Invention and Transfer of Climate Change Mitigation TECHNOLOGIEs on a Global Scale*: a Study Drawing on Patent Data. Paris: Cerna, 2008.

DELTACOMMISSIE. *Working Together with Water*: a Living Land Builds for its Future. Netherlands: Deltacommissie, 2008.

DERPSCH, R.; FRIEDRICH, T. Global Overview of Conservation Agriculture Adoption. In: WORLD CONGRESS ON CONSERVATION AGRICULTURE, 4., February 4–7, 2009, New Delhi, India. New Delhi: World Congress on Conservation Agriculture, 2009.

DOLSAK, N. Mitigating Global Climate Change: Why Are Some Countries More Committed than Others? *Policy Studies Journal*, v.29, n.3, p.414-36, 2001.

EASTERLING, W. et al. Food, Fibre and Forest Products. In: PARRY, M. et al. (Ed.) *Climate Change 2007*: Impacts, Adaptation and Vulnerability. Contribution of Working Group II to the Fourth Assessment Report of the Intergovernmental Panel on Climate Change. Cambridge, UK: Cambridge University Press, 2007.

EBI, K. L.; BURTON, I. Identifying Practical Adaptation Options: an Approach to Address Climate Change-Related Health Risks. *Environmental Science and Policy*, v.11, n.4, p.359-69, 2008.

EDMONDS, J. et al. Stabilizing CO_2 Concentrations with Incomplete International Cooperation. *Climate Policy*, v.8, n.4, p.355-76, 2008.

ELIASCH, J. *Climate Change: Financing Global Forests*: the Eliasch Review. London: Earthscan, 2008.

ENERGY SECTOR MANAGEMENT ASSISTANCE PROGRAM (ESMAP). *Proceedings of the International Grid-Connected Renewable Energy Policy Forum*. Washington, DC: World Bank, 2006.

ERENSTEIN, O. Adoption and Impact of Conservation Agriculture Based Resource Conserving Technologies in South Asia. In: WORLD CONGRESS ON CONSERVATION AGRICULTURE, 4., February 4-7, 2009, New Delhi, India. New Delhi: World Congress on Conservation Agriculture, 2009.

ERENSTEIN, O.; LAXMI, V. Zero Tillage Impacts in India's Rice-Wheat Systems: a Review. *Soil and Tillage Research*, v.100, n.1-2, p.1-14, 2008.

EUROPEAN COMMISSION. Limiting Global Climate Change to 2 Degrees Celsius – the Way Ahead for 2020 and Beyond: Impact Assessment Summary. Brussels: Commission Staff Working Document, 2007.

EUROPEAN ENVIRONMENT AGENCY (EEA). Energy Subsidies in the European Union: a Brief Overview. Copenhagen: EEA, 2004. (Technical report 1/2004).

FALLOON, P.; BETTS, R. Climate Impacts on European Agriculture and Water Management in the Context of Adaptation and Mitigation: the Importance of an Integrated Approach. *Science of the Total Environment*. (No prelo)

FANKHAUSER, S.; MARTIN, N.; PRICHARD, S. The Economics of the CDM Levy: Revenue Potential, Tax Incidence and Distortionary Effects. London School of Economics. (No prelo).

FAY, M.; BLOCK, R. I.; EBINGER, J. *Adapting to Climate Change in Europe and Central Asia*. Washington, DC: World Bank, 2010.

FISHER, B. S. et al. Issues Related to Mitigation in the Long-Term Context. In: METZ, B. et al. (Ed.) *Climate Change 2007: Mitigation.* Contribution of Working Group III to the Fourth Assessment Report of the Intergovernmental Panel on Climate Change. Cambridge, UK: Cambridge University Press, 2007.

FOLGER, T. Can Coal Come Clean? How to Survive the Return of the World's Dirtiest Fossil Fuel. December. *Discover Magazine*, Dec. 2006.

FOOD AND AGRICULTURE ORGANIZATION (FAO). Global Forest Resources Assessment 2005: Progress Towards Sustainable Forest Management. Rome: FAO, 2005. (Forestry paper 147).

_____. The World's Mangroves 1980-2005. Rome: FAO, 2007. (Forestry paper 153).

_____. *Food Outlook*: Global Market Analysis. Rome: FAO, 2008.

_____. Aquastat. Rome: FAO, 2009a.

_____. More People than Ever are Victims of Hunger. Rome: FAO, 2009b. (Press release).

GERMAN ADVISORY COUNCIL ON GLOBAL CHANGE (WBGU). *Future Bioenergy and Sustainable Land Use.* London: Earthscan, 2009.

GOVERNMENT OF BANGLADESH. *Cyclone Sidr in Bangladesh*: Damage, Loss and Needs Assessment for Disaster Recovery and Reconstruction. Dhaka: Government of Bangladesh, World Bank, European Commission, 2008.

GUAN, D.; HUBACEK, K. A New and Integrated Hydro-Economic Accounting and Analytical Framework For Water Resources: a Case Study for North China. *Journal of Environmental Management*, v.88, n.4, p.1300-13, 2008.

GURGEL, A. C.; REILLY, J. M.; PALTSEV, S. Potential Land Use Implications of a Global Biofuels Industry. *Journal of Agricultural and Food Industrial Organization*, v. 5, n.2, p.1-34, 2007.

GÜTH, W.; SCHMITTBERGER, R.; SCHWARZE, B. An Experimental Analysis of Ultimatum Bargaining. *Journal of Economic Behavior and Organization*, v.3, n.4, p.367-88, 1982.

GUTHRIE, P.; JUMA, C.; SILLEM, H. (Ed.) *Engineering Change*: Towards a Sustainable Future in the Developing World. London: Royal Academy of Engineering, 2008.

HA-DUONG, M.; GRUBB, M.; HOURCADE, J.-C. Influence of Socioeconomic Inertia and Uncertainty on Optimal CO_2-Emission Abatement. *Nature*, v.390, p.270-3, 1997.

HÄFELE, W. et al. *Energy in a Finite World*: Paths to a Sustainable Future. Cambridge, MA: Ballinger, 1981.

HAITES, E.; MAOSHENG, D.; SERES, S. Technology Transfer by CDM projects. *Climate Policy*, v.6, p.327-44, 2006.

HAMILTON, K. Delayed Participation in a Global Climate Agreement. Background Note for the WDR 2010, 2009.

HARE, B.; MEINSHAUSEN, M. How Much Warming Are We Committed to and How Much Can Be Avoided? *Climatic Change*, v.75, n.1-2, p.111-49, 2006.

HEINZ CENTER. *A Survey of Climate Change Adaptation Planning*. Washington, DC: John Heinz III Center for Science, Economics and the Environment, 2007.

HOF, A. F.; ELZEN, M. G. J. den; VAN VUUREN, D. P.. Analyzing the Costs and Benefits of Climate Policy: Value Judgments and Scientific Uncertainties. *Global Environmental Change*, v.18, n.3, p.412-24, 2008.

HOPE, C. How Deep Should the Deep Cuts Be? Optimal CO_2 Emissions Over Time Under Uncertainty. *Climate Policy*, v.9, n.1, p.3-8, 2009.

HORTON, R. et al. Sea Level Rise Projections for Current Generation CGCMs Based on the Semi-Empirical Method. *Geophysical Research Letters*, v.35, p.L02715– doi:10.1029/2007GL032486, 2008.

HOUGHTON, R. A. Emissions of Carbon from Land Management. Background Note for the WDR 2010, 2009.

INTERGOVERNMENTAL PANEL ON CLIMATE CHANGE (IPCC). *Climate Change 2001: Synthesis Report*. Contribution of Working Groups I, II and III to the Third Assessment Report of the Intergovernmental Panel on Climate Change. Geneva: IPCC, 2001.

_____. *Climate Change 2007: Synthesis Report.* Contribution of Working Groups I, II and II to the Fourth Assessment Report of the Intergovernmental Panel on Climate Change. Geneva: IPCC, 2007a.

_____.Summary for Policymakers. In: PAARY, M. L. et al. (Ed.) *Climate Change 2007: impacts, Adaptation and Vulnerability.* Contribution of working group II to the Fourth Assessment Report of the Intergovernmental Panel on Climate Change. Cambridge, UK: Cambridge University Press, 2007b.

_____. Summary for Policymakers. In: SOLOMON, S. et al. (Ed.) *Climate change 2007: the Physical Science Basis.* Contribution of Working Group I to the Fourth Assessment Report of the Intergovernmental Panel on Climate Change. Cambridge, UK: Cambridge University Press, 2007c.

INTERNATIONAL COUNCIL ON CLEAN TRANSPORTATION (ICCT). *Passenger Vehicle Greenhouse Gas And Fuel Economy Standard*: a global update. Washington, DC: ICCT, 2007.

INTERNATIONAL ENERGY AGENCY (IEA). *World Energy Outlook 2006*. Paris: International Energy Agency, 2006.

_____. *CO₂ Capture And Storage* – a Key Abatement Option. Paris: International Energy Agency, 2008a.

_____. *Energy Efficiency Policy Recommendations*: in Support of the G8 Plan of Action. Paris: International Energy Agency, 2008b.

_____. *Energy Technology Perspective 2008*: Scenarios and Strategies to 2050. Paris: International Energy Agency, 2008c.

_____. *World Energy Outlook* 2008. Paris: International Energy Agency, 2008d.

_____.*Worldwide Trends in Energy Use and Efficiency*: Key Insights from IEA Indicator Analysis. Paris: International Energy Agency, 2008e.

INTERNATIONAL INSTITUTE FOR APPLIED SYSTEMS ANALYSIS (IIASA). GGI Scenario Database. Laxenburg, Austria, 2009.

INTERNATIONAL MONETARY FUND (IMF). *World Economic Outlook*: Crisis and Recovery. Washington, DC: IMF, 2009.

INTERNATIONAL SCIENTIFIC STEERING COMMITTEE. *Avoiding Dangerous Climate Change:* International Symposium on the Stabilization of Greenhouse Gas Concentrations. Report of the International Scientific Steering Committee. Exeter, UK: Hadley Centre Met Office, 2005.

IRWIN, T. Implications for Climate Change Policy of Research on Cooperation in Social Dilemma. Washington, DC: World Bank, 2009. (Policy research working paper 5006).

JAFFE, A. et al. Environmental Regulation and the Competitiveness of U.S. Manufacturing: What Does the Evidence Tell US? *Journal of Economic Literature*, v.33, n.1, p.132-63, 1995.

KANBUR, R. Macro Crises and Targeting Transfers to the Poor. Cornell Food and Ithaca, NY: Nutrition Policy Program, 2009. (Working paper 236).

KARIM, M. F.; MIMURA, N. Impacts of Climate Change and Sea-Level Rise on Cyclonic Storm Surge Floods in Bangladesh. *Global Environmental Change*, v.18, n.3, p.490-500, 2008.

KEIM, M. E. Building Human Resilience: the Role of Public Health Preparedness and Response as an Adaptation to Climate Change. *American Journal of Preventive Medicine*, v.35, n.5, p.508-16, 2008.

KELLER, K.; YOHE, G.; SCHLESINGER, M. Managing the Risks of Climate Thresholds: Uncertainties And Information Needs. *Climatic Change*, v.91, p.5-10, 2008.

KNOPF, B. et al. The Economics of Low Stabilisation: Implications for Technological Change and Policy. In: HULME, M.; NEUFELDT, H. (Ed.) *Making Climate Change Work for Us*. Cambridge, UK: Cambridge University Press. (No prelo).

KOETSE, M.; RIETVELD, P. The Impact of Climate Change and Weather on Transport: an Overview of Empirical Findings. *Transportation Research Part D: Transport and Environment*, v.14, n.3, p.205-21, 2009.

KUNKEL, N.; JACOB, K.; BUSCH, P.-O. Climate Policies: (the Feasibility of) a Statistical Analysis of their Determinants. Paper presented at the Human Dimensions of Global Environmental Change, Berlin, 2006.

LAWRENCE, D. M. et al. Accelerated Arctic Land Warming and Permafrost Degradation During Rapid Sea Ice Loss. *Geophysical Research Letters*, v.35, p.L11506- doi:10.1029/2008GL033985, 2008.

LEHMANN, J. A Handful of Carbon. *Nature*, v.447, p.143-4, 2007.

LEMPERT, R. J.; SCHLESINGER, M. E. Robust Strategies for Abating Climate Change. *Climatic Change*, v.45, n.3-4, p.387-401, 2000.

LEVIN, K. et al. Playing it Forward: Path Dependency, Progressive Incrementalism, and the "Super Wicked" Problem of Global Climate Change. Paper presented at the International Studies Association 48th Annual Convention, Chicago, 2007.

LIGETI, E.; PENNEY, J.; WIEDITZ, I. *Cities Preparing for Climate Change*: a Study of Six Urban Regions. Toronto: Clean Air Partnership, 2007.

LOTZE-CAMPEN, H. et al. Competition for Land between Food, Bioenergy and Conservation. Background note for the WDR 2010, 2009.

LÜTHI, D. et al. High-resolution carbon dioxide concentration record 650,000–800,000 years before present. *Nature*, v.453, n.7193, p.379-82, 2008.

MAINI, C. Development of a Globally Competitive Electric Vehicle in India. *Journal of the Indian Insitute of Science*, v.85, p.83-95, 2005.

MANN, M. Defining Dangerous Anthropogenic Interference. *Proceedings of the National Academy of Sciences*, v.106, n.11, p.4065-6, 2009.

MATTHEWS, H. D.; CALDEIRA, K. Stabilizing Climate Requires Near-Zero Emissions. *Geophysical Research Letters*, v.35, p.L04705- doi:10.1029/2007GL032388, 2008.

MATTHEWS, H. D.; KEITH, D. W. Carbon-Cycle Feedbacks Increase the Likelihood of a Warmer Future. *Geophysical Research Letters*, v.34, p.L09702- doi:10.1029/2006GL028685, 2007.

MCKINSEY & COMPANY. *Pathways to a Low-Carbon Economy*. Version 2 of the Global Greenhouse Gas Abatement Cost Curve. McKinsey & Company, 2009.

MCNEELY, J. A.; SCHERR, S. J. *Ecoagriculture*: Strategies to Feed the World and Save Biodiversity. Washington, DC: Island Press 2003.

MEYER, S. M. The Economic Impact of Environmental Regulation. *Journal of Environmental Law and Practice*, v.3, n.2, p.4-15, 1995.

MICHAELOWA, A.; PALLAV, P. *Additionality Determination of Indian CDM Projects*: Can Indian CDM Project Developers Outwit the CDM Executive Board? Zurich: University of Zurich, 2007.

MIGNONE, B. K. et al. Atmospheric Stabilization and the Timing of Carbon Mitigation. *Climatic Change*, v.88, n.3-4, p.251-65, 2008.

MILLS, E. *Building Commissioning*: a Golden Opportunity for Reducing Energy Costs and

Greenhouse Gas Emissions. Berkeley, CA: Lawrence Berkeley National Laboratory, 2009.

MILLY, P. C. D. et al. Stationarity is Dead: Whither Water Management? *Science*, v. 319, n.5863, p.573-4, 2008.

MÜLLER, C. et al. Climate Change Impacts on Agricultural Yields. Background Note for the WDR 2010, 2009.

NAGRATH, S. Gee Whiz, it's a Reva! The Diminutive Indian Electric Car is a hit on the Streets of London. *Businessworld*, v.27, n.2, 16 Oct. 2007.

NATIONAL ACADEMY OF ENGINEERING. *Grand Challenges for Engineering.* Washington, DC: National Academy of Sciences, 2008.

NATIONAL RESEARCH COUNCIL (NRC). *Water Implications of Biofuels Production in the United States.* Washington, DC: National Academies Press, 2007.

NEMET, G. Beyond the Learning Curve: Factors Influencing Cost Reductions in Photovoltaics. *Energy Policy*, v.34, n.17, ´p.3218-32, 2006.

NEMET, G.; KAMMEN, D. M. U.S. Energy Research And Development: Declining Investment, Increasing Need, and the Feasibility of Expansion. *Energy Policy*, v.35, n.1, p.746-55, 2007.

NORDHAUS, W. *A Question of Balance*: Weighing the Options on Global Warming Policies. New Haven, CT: Yale University Press, 2008.

NORDHAUS, W.; BOYER, J. *Warming the World*: Economic Models of Climate Change. Cambridge, MA: MIT Press, 2000.

NUSSBAUMER, P. On the Contribution of Labeled Certified Emission Reductions to Sustainable Development: a Multi-Criteria Evaluation of CDM projects. *Energy Policy*, v.37, n.1, p.91-101, 2009.

OLSEN, K. H. The Clean Development Mechanism's Contribution to Sustainable Development: a Review of the Literature. *Climatic Change*, v.84, n.1, p.59-73, 2007.

OLSEN, K. H.; FENHANN, J. Sustainable Development Benefits of Clean Development Mechanism Projects. a New Methodology For Sustainability Assessment Based on Text Analysis of the Project Design Documents Submitted for Validation. *Energy Policy*, v. 36, n.8, p.2819-30, 2008.

ORGANISATION FOR ECONOMIC CO-OPERATION AND DEVELOPMENT (OECD). *Compendium of Patent Statistics 2008.* Paris: OECD, 2008.

ORGANIZATION OF EASTERN CARIBBEAN STATES (OECS). *Grenada: Macro-Socio-Economic Assessment of the Damages Caused by Hurricane Ivan.* St. Lucia: Oecs, 2004

PARRY, M. et al. Technical summary. In: _____. (Ed.) *Climate Change 2007: Impacts, Adaptation And Vulnerability.* Contribution of Working Group II to the Fourth Assessment Report of the Intergovernmental Panel on Climate Change. Cambridge, UK: Cambridge University Press, 2007.

PARRY, M. et al. Squaring up to Reality. *Nature*, v.2, p.68-71, 2008.

PRICE, L.; WORRELL, E. Global Energy Use, CO_2 Emissions, and the Potential for Reduction in the Cement Industry. Paper presented at the International Energy Agency Workshop on Cement Energy Efficiency, Paris, 2006.

PROJECT CATALYST. *Adaptation to Climate Change*: Potential Costs and Choices for a Global Agreement. London: ClimateWorks and European Climate Foundation, 2009.

RAUPACH, M. R. et al. Global and Regional Drivers of Accelerating CO_2 Emissions. *Proceedings of the National Academy of Sciences*, v.104, n.24, p.10288-93, 2007.

REPETTO, R. The Climate Crisis and the Adaptation Myth. New Haven, CT: Yale University, 2008. (School of Forestry and Environmental Studies working paper 13).

ROBINS, N.; CLOVER, R.; SINGH, C. *A Climate for Recovery*: the Colour of Stimulus Goes Green. London, UK: HSBC, 2009.

ROGERS, D. Environmental Information Services and Development. Background note for the WDR 2010, 2009.

RUFFLE, B. J. More is Better, But Fair Is Fair: Tipping in Dictator and Ultimatum Games. *Games and Economic Behavior*, v.23, n.2, p.247-65, 1998.

SCHAEFFER, M. et al. Near Linear Cost Increase to Reduce Climate Change Risk. *Proceedings of the National Academy of Sciences*, v.105, n.52, p.20621-6, 2008.

SCHEFFER, M.; BROVKIN, V.; COX, P. Positive Feedback Between Global Warming and Atmospheric CO_2 Concentration Inferred from Past Climate Change. *Geophysical Research Letters*, v.33, p.L10702-doi:10.1029/2005GL025044, 2006.

SCHERR, S. J.; MCNEELY, J. A. Biodiversity Conservation and Agricultural Sustainability: Towards a New Paradigm of Ecoagriculture Landscapes. *Philosophical Transactions of the Royal Society*, v.363, p.477-94, 2008.

SCHNEIDER, L. *Is the CDM Fulfilling its Environmental and Sustainable Development Objective?* An Evaluation of the CDM and Options for Improvement. Berlin: Institute for Applied Ecology, 2007.

SCIENTIFIC EXPERT GROUP ON CLIMATE CHANGE (SEG). *Confronting Climate Change*: Avoiding the Unmanageable and Managing the Unavoidable. Washington, DC: Sigma Xi and the United Nations Foundation, 2007.

SHALIZI, Z. Addressing China's Growing Water Shortages and Associated Social and Environmental Consequences. Washington, DC: World Bank, 2006. (Policy research working paper 3895).

SHALIZI, Z.; LECOCQ, F. Economics of Targeted Mitigation Programs in Sectors with Long-Lived Capital Stock. Washington, DC: World Bank, 2009. (Policy research working paper 5063).

SMITH, J. B. et al. Assessing Dangerous Climate Change Through an Update of the

Intergovernmental Panel on Climate Change (IPCC): Reasons for Concern. *Proceedings of the National Academy of Sciences*, v.106, n.11, p.4133-7, 2009.

SMITH, P., et al. Greenhouse Gas Mitigation in Agriculture. *Philosophical Transactions of the Royal Society*, v.363, n.1492, p.789-813, 2008.

SNOUSSI, M. et al. Impacts of Sea-Level Rise on the Moroccan Coastal Zone: Quantifying Coastal Erosion and Flooding in the Tangier Bay. *Geomorphology*, v.107, n.1-2, p.32-40, 2009.

STERN, N. *The Economics of Climate Change*: the Stern Review. Cambridge, UK: Cambridge University Press, 2007.

STERNER, T. Fuel Taxes: an Important Instrument for Climate Policy. *Energy Policy*, v.35, p.3194-202, 2007.

SUTTER, C.; PARRENO, J. C. Does the Current Clean Development Mechanism (CDM) Deliver Its Sustainable Development Claim? An Analysis of Officially Registered CDM Projects. *Climatic Change*, v.84, n.1, p.75-90, 2007.

SWISS RE. World insurance in 2006: Premiums Came Back to "Life". Zurich: Sigma 4/2007, 2007.

TILMAN, D.; HILL, J.; LEHMAN, C. Carbon-Negative Biofuels from Low-Input High-Diversity Grassland Biomass. *Science*, v.314, p.1598-600, 2006.

TOL, R. S. J. Why Worry about Climate Change? A Research Agenda. *Environmental Values*, v.17, n.4, p.437-70, 2008.

TORN, M. S.; HARTE, J. Missing Feedbacks, Asymmetric Uncertainties, and the Underestimation of Future Warming. *Geophysical Research Letters*, v.33, n.10, p. L10703- doi:10.1029/2005GL025540, 2006.

TORRE, A. de la; FAJNZYLBER, P.; NASH, J. *Low Carbon, High Growth*: Latin American Responses to Climate Change. Washington, DC: World Bank, 2008.

TSCHAKERT, P. The Costs of Soil Carbon Sequestration: an Economic Analysis for Small-Scale Farming Systems in Senegal. *Agricultural Systems*, v.81, n.3, p.227-53, 2004.

UNITED NATIONS ENVIRONMENT PROGRAMME (UNEP). *Global Assessment of Soil Degradation*. New York: Unep, 1990.

_____. *Reforming Energy Subsidies*: Opportunities to Contribute to the Climate Change Agenda. Nairobi: Unep Division of Technology, Industry and Economics, 2008.

UNITED NATIONS FRAMEWORK CONVENTION ON CLIMATE CHANGE (UNFCCC). *Investment and Financial Flows to Address Climate Change*: an Update. Bonn: UNFCCC, 2008.

U.S. DEPARTMENT OF ENERGY (DOE). Carbon Dioxide Information Analysis Center (Cdiac). Oak Ridge, TN: DOE, 2009.

VOLUNTARY CARBON STANDARD. Guidance for Agriculture, Forestry and Other Land Use Projects. Washington, DC: VCS Association, 2007.

WALTER, K. M. et al. METHANE BUBBLING from Siberian Thaw Lakes as a Positive Feedback To Climate Warming. *Nature*, v.443, p.71-5, 2006.

WARDLE, D. A.; NILSSON, M.-C.; ZACKRISSON, O. Fire-Derived Charcoal Causes Loss of Forest Humus. *Science*, v.320, n.5876, p.629, 2008.

WESTERMEYER, W. Observing the Climate For Development. Background note for the WDR 2010, 2009.

WISE, M. A. et al. *The Implications of Limiting CO_2 Concentrations for Agriculture, Land Use, Land-Use Change Emissions And Bioenergy.* Richland, WA: Pacific Northwest National Laboratory (PNNL), 2009.

WOLF, A. T. et al. International Basins of the World. *International Journal of Water Resources Development*, v.15, n.4, p.387-427, 1999.

WORLD BANK. *East Asia Environment Monitor 2007*: Adapting to Climate Change. Washington, DC: World Bank, 2007a.

_____.*India Groundwater AAA Midterm Review.* Washington, DC: World Bank, 2007b.

_____. *Making the Most of Scarcity*: Accountability for Better Water Management Results in The Middle East And North Africa. Washington, DC: World Bank, 2007c.

_____. *World Development Report 2008.* Agriculture for Development. Washington, DC: World Bank, 2007d.

_____. *The Caribbean Catastrophe Risk Insurance Facility*: Providing Immediate Funding After Natural Disasters. Washington, DC: World Bank, 2008a.

WORLD BANK. *South Asia Climate Change Strategy.* Washington, DC: World Bank, 2008b.

_____. *World Development Indicators 2008.* Washington, DC: World Bank, 2008c.

_____. *Improving Food Security in Arab Countries.* Washington, DC: World Bank, 2009a.

_____. *Making Development Climate Resilient*: a World Bank Strategy for SubSaharan Africa. Washington, DC: World Bank, 2009b.

_____. *The Economics of Adaptation to Climate Change.* Washington, DC: World Bank, 2009c.

_____.World Bank Urban Strategy. World Bank, Washington, DC, 2009d.

WORLD RESOURCES INSTITUTE (WRI). Climate Analysis Indicators Tool (Cait). Washington, DC, 2008.

XIA, J. et al. Towards Better Water Security in North China. *Water Resources Management*, v.21, n.1, p.233-47, 2007.

YOHE, G. W. et al. Perspectives on Climate Change and Sustainability. In: PARRY, M. L. et al. (Ed.) *Climate Change 2007: Impacts, Adaptation and Vulnerability.* Contribution of Working Group II to the Fourth Assessment Report of the Intergovernmental Panel on Climate Change. Cambridge, UK: Cambridge University Press, 2007.

CAPÍTULO 1

As relações entre mudança climática e desenvolvimento

Em cerca de 2200 a.C., uma mudança nos ventos ocidentais do Mediterrâneo e uma redução na monção indiana causaram 300 anos de baixa pluviosidade e temperaturas mais frias, afetando a agricultura do Mar Egeu ao Rio Indo. Essa mudança no clima prejudicou a construção de pirâmides do Antigo Império do Egito e o império de Sargão o Grande na Mesopotâmia (Weiss; Bradley, 2001). Algumas décadas de baixa pluviosidade foram suficientes para que as cidades ao norte do Eufrates, o celeiro dos acádios, ficassem desertas. Na cidade de Tell Leilan, ao norte do Eufrates, existe um monumento cuja construção foi interrompida pela metade (Ristvet; Weiss, 2000). Com a cidade abandonada, uma grossa camada de poeira trazida pelo vento cobriu as ruínas.

Mesmo a Mesopotâmia meridional, com melhor irrigação, burocracia sofisticada e racionamento bem-elaborado, não conseguiu reagir rápido o suficiente para enfrentar as novas condições. Sem as remessas de grãos alimentados pela chuva do norte e com os canais de irrigação secos e imigrantes das devastadas cidades do norte, o império ruiu (Weiss, 2000).

As sociedades sempre dependeram do clima, mas apenas agora estão compreendendo que o clima depende das ações. Desde a Revolução Industrial, um aumento pronunciado nos gases do efeito estufa transformou o relacionamento entre as pessoas e o meio ambiente. Em outras palavras, não apenas o clima afeta o desenvolvimento, mas este também afeta o clima.

Se não for administrada, a mudança climática reverterá o progresso do desenvolvimento e comprometerá o bem-estar das gerações atuais e futuras. O certo é que a Terra estará mais quente em média, a uma velocidade inédita. Os impactos serão sentidos em toda parte, mas a maior parte do dano ocorrerá nos países em desenvolvimento. Milhões de pessoas de Bangladesh à Flórida sofrerão à medida que o nível do mar se elevar, inundando cidades e contaminando a água doce (Harrington; Walton, 2008; Institute of Water Modelling; Center for Environmental and Geographical Information Services, 2007). A maior variabilidade pluviométrica e as secas mais intensas no semiárido africano serão um obstáculo à melhoria da segurança alimentar e ao combate à desnutrição (Schmidhuber; Tubiello, 2007). O desaparecimento acelerado das geleiras do Himalaia e dos Andes, que regulam o curso de rios, gera eletricidade e fornece água limpa para mais de um bilhão de pessoas em áreas rurais e cidades, porá em risco a subsistência rural e os mercados importantes de alimentos (Mapa 1.1) (Bates et al., 2008).

Mensagens importantes

Os objetivos de desenvolvimento estão ameaçados pela mudança climática, que afeta mais os países e as pessoas pobres. A mudança climática não poderá ser controlada exceto se o crescimento, tanto dos países ricos quanto dos pobres, se tornar menos intensivo com relação ao uso de gases do efeito estufa. Devemos agir agora: as decisões de desenvolvimento dos países aprisionam o mundo numa intensidade de carbono específica e determinam aquecimento futuro. O cenário de referência pode provocar aumentos de temperatura de 5°C ou mais neste século. Devemos agir: postergar a mitigação nos países em desenvolvimento pode duplicar os custos desta, o que certamente acontecerá se não houver mobilização de financiamentos de vulto. Contudo, se a agirmos agora e em parceria, os custos graduais para manter o aquecimento ao redor de 2°C serão modestos e poderão ser justificados em face dos perigos prováveis de uma mudança climática maior.

Mapa 1.1 Mais de um bilhão de pessoas dependem da água das geleiras do Himalaia

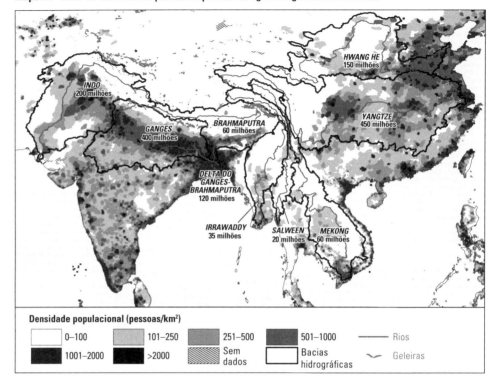

Fontes: Center for International Earth Science Informações Network, http://sedac.CIESIN.columbia.edu/gpw/global.jsp (acesso em 15 de maio de 2009); Armstrong et al., 2005; ESRI 2002; equipe WDR.

Nota: As geleiras dos Himalaias e o platô tibetano regulam a fonte da água durante o ano nas bacias hidrográficas principais que sustentam grandes populações agrícolas e urbanas; a água do degelo fornece entre 3 e 45 por cento do curso do rio para o Ganges e Indo, respectivamente. O armazenamento reduzido como gelo e o gelo condensado resultará em inundações maiores durante meses chuvosos e escassez de água durante os meses mais quentes e mais secos, quando a água é mais necessária para a agricultura. O mapa inclui apenas a localização de geleiras com áreas acima de 1,5 km². Os números indicam quantas pessoas moram em cada bacia hidrográfica.

Em razão disso, é fundamental que haja uma ação decisiva e imediata. Independentemente do debate sobre os custos e benefícios da mitigação de mudança climática, é imprescindível que seja estabelecida uma ação imediata para evitar aumentos descontrolados de temperatura. A passividade diante do irreversível, os impactos potencialmente catastróficos e a incerteza sobre como e com que brevidade eles ocorrerão ensejam ações ousadas. A acentuada inércia no que se refere ao sistema climático, ao meio ambiente construído e ao comportamento de indivíduos e instituições exige que essa ação seja urgente e imediata.

Nos dois últimos séculos, os benefícios do desenvolvimento intensivo em carbono concentraram-se amplamente nos países de alta renda. A iniquidade da distribuição global de emissões passadas e atuais e os danos presentes e futuros é desoladora (Figura 1.1; ver também Figura FA.6 do Foco A e a Visão geral). Entretanto, se os países estiverem dispostos a agir, encontrarão os incentivos econômicos para o acordo global.

A janela de oportunidades para escolher as políticas certas para lidar com a mudança climática e promover o desenvolvimento está se fechando. Quanto mais os países continuarem com as trajetórias de emissões atuais, mais difícil será reverter o curso e alterar as infraestruturas, as economias e os estilos de vida. Os países de alta renda devem enfrentar diretamente a tarefa de contar suas próprias emissões reais, mediante a remodelação de suas construções e sua economia. Precisam também prometer e financiar a transição para o crescimento de baixo carbono em países em desenvolvimento. A aplicação de práticas conhecidas e a introdução de transformações essenciais são fundamentais para enfrentar o desafio que se descortina,

As relações entre mudança climática e desenvolvimento 39

Figura 1.1. Emissões individuais em países de alta renda superam as dos países em desenvolvimento

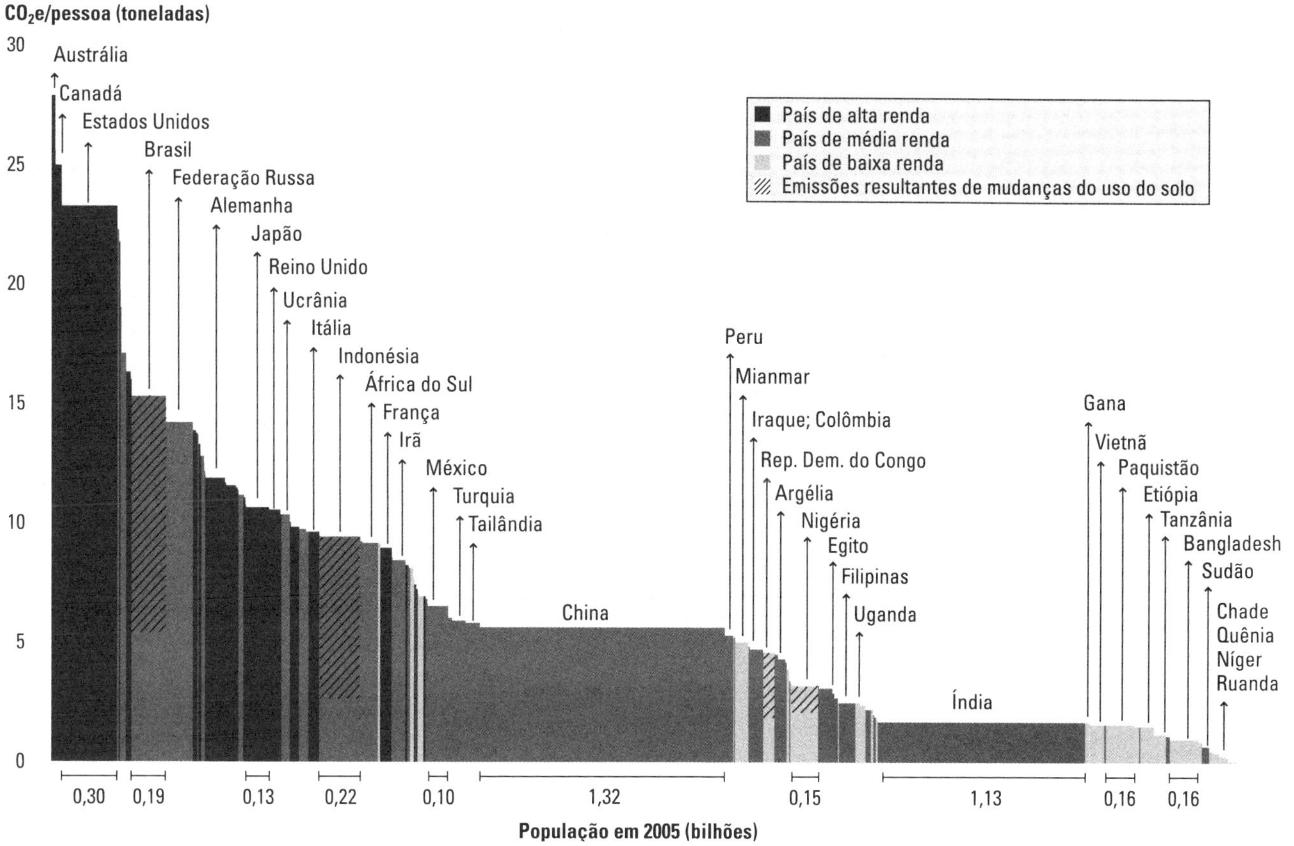

CO_2e/pessoa (toneladas)

[Gráfico de barras mostrando emissões per capita por país, com largura das colunas representando população em 2005 (bilhões). Legenda: País de alta renda; País de média renda; País de baixa renda; Emissões resultantes de mudanças do uso do solo.

Países identificados (da maior para menor emissão per capita): Austrália, Canadá, Estados Unidos, Brasil, Federação Russa, Alemanha, Japão, Reino Unido, Ucrânia, Itália, Indonésia, África do Sul, França, Irã, México, Turquia, Tailândia, China, Peru, Mianmar, Iraque, Colômbia, Rep. Dem. do Congo, Argélia, Nigéria, Egito, Filipinas, Uganda, Índia, Gana, Vietnã, Paquistão, Etiópia, Tanzânia, Bangladesh, Sudão, Chade, Quênia, Níger, Ruanda.

População em 2005 (bilhões): 0,30 | 0,19 | 0,13 | 0,22 | 0,10 | 1,32 | 0,15 | 1,13 | 0,16 | 0,16]

População em 2005 (bilhões)

Fontes: Emissões de gases do efeito estufa em 2005, de WRI (2008), ampliadas com emissões por mudança do uso do solo de Houghton (2009); população de Banco Mundial (2009c).
Nota: A largura de cada coluna ilustra população e a altura, emissões *per capita*, portanto a área representa emissões totais. As emissões *per capita* de Catar (55,5 toneladas de dióxido de carbono equivalente *per capita*), EAU (38,8) e Barein (25,4) – maiores do que altura do eixo y – não são mostradas. Entre os países maiores Brasil, Indonésia, Congo e Nigéria têm emissões baixas relativas a energia, mas emissões significativas de mudança do uso do solo; portanto, a parcela de mudança do uso do solo é indicada por hachuras.

ou seja, gestão de recursos naturais, fornecimento de energia, urbanização, redes de segurança social, transferências financeiras internacionais, inovação tecnológica e governança, tanto em nível internacional quanto nacional.

O principal desafio para grandes áreas do mundo ainda é aumentar as oportunidades materiais e o bem-estar da população sem prejudicar a sustentabilidade do desenvolvimento, ao mesmo tempo que uma grave crise econômica e financeira provoca percalços em todo o mundo. A prioridade imediata é a estabilização dos mercados financeiros e a proteção da economia real, dos mercados de trabalho e dos grupos vulneráveis. O mundo, porém, deve explorar este momento de oportunidades para a cooperação internacional e intervenção doméstica para tratar de vários outros problemas relacionados ao desenvolvimento. Entre eles está a mudança climática, certamente uma prioridade.

A mudança climática não mitigada é incompatível com o desenvolvimento sustentável

O desenvolvimento que seja social, econômica e ambientalmente sustentável é um desafio, mesmo sem aquecimento global. O crescimento econômico é necessário, mas não o suficiente para reduzir a pobreza e aumentar a igualdade de oportunidades. Deixar de preservar o meio ambiente ameaça as realizações econômicas e sociais. Esses pontos não são novos. Depois de mais de vinte anos, a definição mais amplamente usada de desenvolvimento sustentável ainda é a seguinte: "desenvolvimento que atenda às necessidades do presente sem comprometer a habilidade da pauta de gerações futuras de satisfazer suas próprias necessidades" (World Commission on Environment and Development, 1987). Por definição, a mudança climática não mitigada é incompatível com o desenvolvimento sustentável.

A mudança climática ameaça reverter os ganhos de desenvolvimento

Aproximadamente 400 milhões de pessoas sairam da pobreza entre em 1990 e 2005, período da última estimativa (Chen; Ravaillon, 2008), embora a crise financeira global em andamento e o aumento no preço dos alimentos entre 2005 e 2008 tenham revertido alguns desses ganhos (Banco Mundial, 2009a). Desde 1990, as taxas de mortalidade infantil caíram de 106 por mil nascimentos vivos para 83 (Nações Unidas, 2008). Entretanto, quase metade da população dos países em desenvolvimento (48%) ainda vive na pobreza, sobrevivendo com menos de US$ 2 por dia (Chen; Ravaillon, 2008). Quase um quarto, ou seja, 1,6 bilhão, não tem eletricidade (International Energy Agency, 2007), e uma em seis pessoas não tem acesso à água tratada (Nações Unidas, 2008). A cada ano, cerca de 10 milhões de crianças com menos de 5 anos de idade ainda morrem de doenças que podem ser prevenidas e tratadas, como infecções respiratórias, sarampo e diarreia (ibidem).

Nos últimos cinquenta anos, o uso de recursos naturais (entre eles, combustíveis fósseis) trouxe melhorias em termos de bem-estar, mas, quando acompanhado por degradação de recursos em mudança climática, tal uso não é sustentável. Ao ignorar o meio ambiente na busca por crescimento, as pessoas tornaram-se mais vulneráveis a desastres naturais (ver Capítulo 2). Com frequência, os mais pobres dependem diretamente de recursos naturais para sua subsistência. Quase 70% da população mundial extremamente pobre vivem em áreas rurais.

Em 2050, a população mundial atingirá 9 bilhões, exceto se houver mudanças substanciais nas tendências demográficas, e haverá 2,5 milhões a mais de pessoas nos atuais países em desenvolvimento. Maiores populações exercem mais pressão nos ecossistemas e recursos naturais, o que intensifica a competição por terra e água, e aumenta a demanda por energia. A maior fatia do aumento populacional ocorrerá em cidades, o que ajudará a alimentar a degradação de recursos e o consumo individual de energia. Mas ambos poderão ser maiores, juntamente com a vulnerabilidade humana, se a urbanização não for bem-administrada.

A mudança climática impõe um ônus adicional ao desenvolvimento (United Nations Development Programme, 2008). Os impactos já são visíveis, e as mais recentes evidências científicas mostram que o problema piora rapidamente, pois as trajetórias atuais das emissões de gases do efeito estufa (GEE) e o aumento do nível do mar ultrapassam projeções anteriores (International Alliance of Research Universities, 2009). Os contratempos aos sistemas socioeconômicos e naturais já estão ocorrendo – ou seja, muito antes do que anteriormente imaginado (ver Foco A sobre ciência) (Smith et al., 2009). As mudanças na temperatura, as médias de precipitação e um clima mais variável, imprevisível ou mesmo extremo podem alterar os rendimentos, os ganhos, a saúde, a atual segurança física e os caminhos e níveis de desenvolvimento futuro.

A mudança climática afetará vários setores e ambientes produtivos, como agricultura, silvicultura, energia e zonas litorâneas nos países desenvolvidos e em desenvolvimento. As economias em desenvolvimento serão mais afetadas pela mudança climática: em parte, por causa de sua maior exposição a choques climáticos e, em parte, por sua baixa capacidade de adaptação. Nenhum país, entretanto, estará imune. A onda de calor no verão de 2003 matou mais de 70 mil pessoas em doze países europeus (Mapa 1.2). O besouro-do-pinheiro epidêmico nas florestas ocidentais do Canadá, uma consequência parcial de invernos mais amenos, está destruindo o setor madeireiro e ameaçando a subsistência e a saúde de comunidades remotas, o que exige alto investimento por parte do governo para ajuste e prevenção (Patriquin et al., 2005; Patriquin; Wellstead; White, 2007; Pacific Institute for Climate Solutions, 2008). As tentativas de adaptação a ameaças futuras semelhantes em países desenvolvidos e em desenvolvimento terão custos humanos e econômicos reais mesmo quando não puderem eliminar todo o dano direto.

O aquecimento pode ter um grande impacto tanto no nível quanto no crescimento do produto interno bruto (PIB), ao menos em países pobres. Um exame de variações ano a ano na temperatura (relativas à média dos países) revela que anos anormalmente quentes reduzem tanto o nível quanto

Mapa 1.2   Os países ricos também são afetados por clima anômalo: em 2003, uma onda de calor matou mais de 70 mil pessoas na Europa

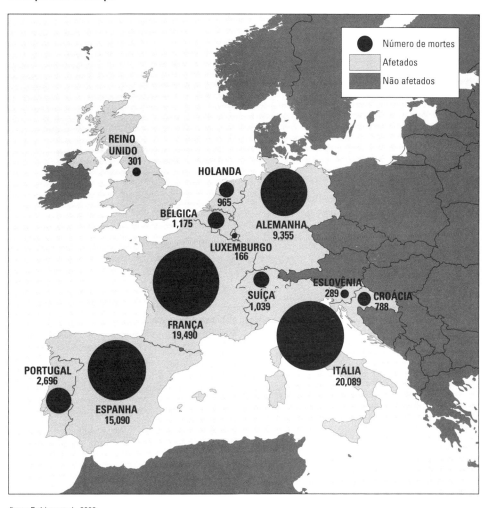

Fonte: Robine et al., 2008.
Nota: As mortes atribuídas à onda de calor são aquelas estimadas como superiores às que ocorreriam na ausência da onda de calor, com base em tendências de mortalidade de linha de base média.

a taxa de crescimento subsequente do PIB em países em desenvolvimento (Dell; Jones; Olken, 2008).[1] Espera-se que anos quentes consecutivos levem à adaptação, diminuindo os impactos econômicos do crescimento, porém os países em desenvolvimento com tendências de aquecimento mais acentuadas apresentam taxas de crescimento menores. Evidência da África subsaariana indica que a variabilidade pluviométrica, cuja projeção é de aumento substancial, também reduz o PIB e aumenta a pobreza (Brown et al., 2009).

A produtividade agrícola é um dos muitos fatores da maior vulnerabilidade dos países em desenvolvimento (ver Capítulo 3, Mapa 3.3). No norte da Europa e na América do Norte, as colheitas e as florestas devem crescer a níveis baixos de aquecimento em fertilização de dióxido de carbono (CO_2) (*Intergovernmental Panel on Climate Change*, 2007b). No entanto, as colheitas de arroz na China e no Japão, um alimento básico global, provavelmente sofrerão declínio, enquanto as colheitas de trigo, milho e arroz na Ásia central e meridional serão muito afetadas. As perspectivas (Cruz et al., 2007) para plantações e rebanhos em terras semiáridas, alimentadas por chuvas na África subsaariana, não são das melhores, mesmo antes que o

---

[1] Observe que esse relacionamento persiste mesmo quando é controlado, porque os países mais pobres tendem, em média, a ser mais quentes.

Mapa 1.3 Provavelmente, a mudança climática aumentará a pobreza em boa parte do Brasil, principalmente em suas regiões menos desenvolvidas

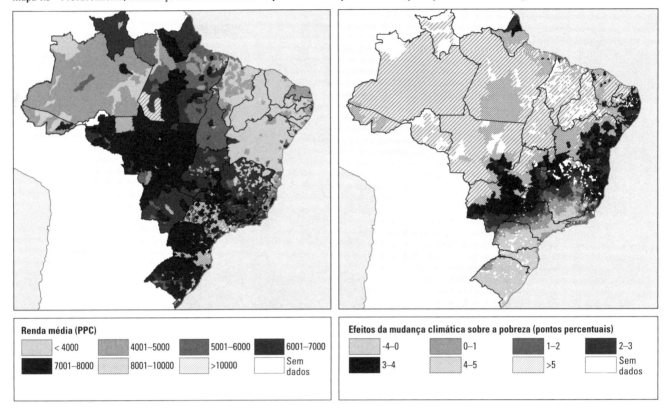

Fontes: Center for International Earth Science Informações Network, http://sedac.ciesin.columbia.edu/gpw/global.jsp. Acesso em: 15 maio 2009; Dell, Jones e Olken 2009; Assunçao e Chein 2008.

Nota: As estimativas do impacto da mudança climática sobre a pobreza para meados do século XXI com base em declínio projetado nas colheitas agrícolas de 18 por cento. A mudança na pobreza é expressa em pontos percentuais; por exemplo, estima-se em 30 por cento o índice de pobreza para o Nordeste (com base em US$ 1 por dia em dados do ano) 2000 poderia subir 4 pontos percentuais para 34 por cento. As estimativas consideram migração interna; os resultados da pobreza de migrantes são contados na municipalidade que os envia.

aquecimento alcance de 2 a 2,5°C acima dos níveis pré-industrialização (Easterling et al., 2007).

Na Índia, a desaceleração no aumento da produtividade de arroz após 1980 (a partir da Revolução Verde de 1960) é atribuída não apenas à queda dos preços de arroz e deterioração da infraestrutura de irrigação, com anteriormente afirmado, mas também a fenômenos climáticos diversos provocados pela poluição local e pelo aquecimento global (Auffhammer; Ramanathan; Vincent, 2006). Uma extrapolação das variações ano a ano passadas no clima e nos resultados agrícolas apresenta uma projeção para os rendimentos das principais plantações da Índia de queda de 4,5% a 9% nas próximas três décadas, mesmo com a previsão de adaptações em curto prazo (Guiteras, 2007). As implicações dessa mudança climática na pobreza e no PIB seriam enormes em razão do projeto de crescimento populacional e da evidência de que um ponto percentual do crescimento do PIB agrícola em países em desenvolvimento aumentaria o consumo do terço mais pobre da população em quatro a seis pontos percentuais (Ligon; Sadoulet, 2007).

Os impactos da mudança climática na saúde somam-se às perdas humanas e econômicas, principalmente em países em desenvolvimento. A Organização Mundial da Saúde estima que a mudança climática tenha causado em 2000 5,5 milhões de anos de vida perdidos ajustados por incapacidade – 84% na África subsaariana e no Sudeste Asiático (Campbell-Lendrum; Corvalan; Pruss-Ustun, 2003). À medida que as temperaturas aumentam, o número de pessoas expostas a malária e dengue cresce, o que onera significativamente os países em desenvolvimento.[2]

---

[2] Entre os vários países e regiões afetados, estão a Colômbia (Vergara, 2009), o Cáucaso (Rabie et al., 2008), Etiópia (Confalonieri et al., 2007) e as ilhas do Pacífico Sul (Potter, 2008).

QUADRO 1.1 *A capacitação das mulheres melhora os resultados de adaptação e mitigação*

Mulheres e homens têm uma percepção diferente da mudança climática. Os impactos e as políticas de mudança climática não são neutros em termos de gênero por causa das diferenças em responsabilidade, vulnerabilidade e capacidade para mitigação em adaptação. Os padrões de vulnerabilidade com base em gênero são moldados pelo valor dos ativos e o direito a estes pelo acesso a serviços financeiros, nível de educação, redes sociais e participação em organizações locais. Em algumas circunstâncias, as mulheres são mais vulneráveis a choques climáticos no tocante à subsistência e segurança física – mas há evidências de que, em contextos em que mulheres e homens têm os mesmos direitos econômicos e sociais, os desastres não fazem nenhuma discriminação. A capacitação e a participação de mulheres no processo de tomada de decisão podem levar a melhores resultados ambientais e de subsistência que beneficiam todos.

A participação das mulheres na gestão de desastres salva vidas
O bem-estar da comunidade antes, durante e depois de eventos climáticos extremos pode ser melhorado com a inclusão das mulheres no preparo para desastres e a posterior recuperação. Ao contrário de outras comunidades em que houve muitas mortes, não existiram relatos de mortes em La Masica, em Honduras, durante o furacão Mitch em 1998. A educação comunitária voltada para o gênero em sistemas de alarme precoce e gestão de perigos proporcionada por uma agência dedicada a desastres seis meses antes do furacão contribuiu para esse fato. Embora homens e mulheres tenham participado das atividades de gestão de perigo, no final as mulheres assumiram a tarefa de monitorar continuamente o sistema de alarme precoce. Sua conscientização de risco e capacidade de gestão maiores permitiram que a prefeitura fizesse a evacuação imediatamente. Outras lições na recuperação após o desastre indicam que colocar uma mulher na chefia de sistemas de destruição de alimentos resulta em menos corrupção e em distribuição de alimentos mais justa.

A participação das mulheres impulsiona a biodiversidade e melhora a gestão de água
Entre 2001 e 2006, em Zamour, na Tunísia, houve um aumento na área vegetal, preservação de biodiversidade e a estabilização de terras erodidas no ecossistema montanhoso – o programa de antidesertificação que convidou as mulheres a compartilhar suas ideias durante consultas incorporou o conhecimento das mulheres locais sobre gestão de água e foi implementado por elas. O projeto avaliou e aplicou métodos inovadores e eficazes de coleta e preservação de água de chuva, com o plantio em bolsões de pedra para reduzir a evaporação de água de irrigação e o plantio de espécies locais de árvores frutíferas para estabilizar terras erodidas.

A participação das mulheres melhora a segurança de alimentos e protege florestas
Na Guatemala, na Nicarágua, em El Salvador e Honduras, as mulheres plantaram 400 mil árvores de noz-dos-maias desde 2001. Além de melhorar a segurança de alimentos, as mulheres e suas famílias podem beneficiar-se de financiamento para a mudança climática, pois a entidade patrocinadora Equilibrium Fund busca oportunidades de troca de carbono com os Estados Unidos e a Europa. No Zimbábue, as mulheres lideram mais da metade dos 800 mil domicílios agrícolas em áreas comunitárias, há ainda grupos femininos que agenciam recursos florestais e projetos de desenvolvimento por meio do plantio de árvores, desenvolvimento de viveiros e posse e gerenciamento de lotes de madeira.

As mulheres representam pelo menos metade dos trabalhadores agrícolas do mundo e ainda são predominantemente responsáveis pela coleta de madeira e água. O potencial de adaptação e mitigação, principalmente nos setores agrícolas e florestais, não pode ser totalmente realizado sem o emprego da experiência feminina na gestão de recursos naturais, inclusive o conhecimento tradicional e a eficiência do uso de recursos.

A participação das mulheres apoia a saúde pública
Na Índia, os povos indígenas conhecem ervas e arbustos medicinais e os aplicam para fins terapêuticos. As mulheres indígenas, como guardiãs da natureza, têm muito conhecimento e podem identificar quase trezentas espécies florestais úteis.

Na América Central, na África do Norte, na Ásia meridional ou na África do Sul, os programas de adaptação e mitigação de mudança climática que levam em conta o gênero mostram resultados mensuráveis: a participação total da mulher na tomada de decisão pode salvar vidas e proteger os recursos naturais frágeis, reduzir os gases do efeito estufa e aumentar a resistência de gerações atuais e futuras. Os mecanismos de financiamento para a prevenção de desastres, adaptação e mitigação ainda serão insuficientes exceto se tiverem a participação total das mulheres, com suas vozes e mãos, nos processos de elaboração, tomada de decisão e implementação.

Fontes: Contribuição de Nilufar Ahmad, com base em Parikh (2008), Lambrou e Laub (2004), Neumayer e Plumper (2007), Smyth (2005), Aguilar (2006), United Nations International Strategy for Disaster Risk Reduction (2007), United Nations Development Programme (2009) e Martin (1996).

A incidência de secas, com projeção de aumento no Sahel e em outros lugares, tem forte correlação com uma epidemia de meningite na África subsaariana (Molesworth et al., 2003). O declínio nas colheitas agrícolas em algumas regiões aumentará a desnutrição, o que reduzirá a resistência da população a doenças. O ônus de doenças diarreicas provocado apenas pela mudança climática deve aumentar em até 5% em 2020 em países com renda *per capita* inferior a US$ 6.000. Temperaturas mais altas serão responsáveis pelo aumento de doenças cardiovasculares, principalmente nos trópicos e países em latitudes mais altas (e de renda mais alta) – mais do que a compensação oferecida por menos mortes relacionadas ao frio (Confalonieri et al., 2007).

Tendências climáticas adversas, variabilidade e choques não fazem discriminação de renda, mas indivíduos e comunidades prósperos podem administrar com maior sucesso os revezes (Mapa 1.3). Quando o furacão Mitch passou por Honduras em 1998, um número maior de domicílios ricos foi mais afetado do que os pobres. No entanto, na proporção, os mais pobres perderam mais: entre os domicílios afetados, os pobres perderam de 15% a 20% de seus ativos, enquanto os ricos perderam apenas 3% (Confalonieri et al., 2007; Morris et al., 2002). Os impactos de longo prazo foram maiores também: todos os domicílios afetados passaram por uma redução na acumulação de ativos, mas a queda foi maior para os domicílios mais pobres (Carter et al., 2007). Os impactos também variaram em gênero (Quadro 1.1): famílias cujo chefe eram homens, com maior acesso a novas acomodações e trabalho, passaram períodos mais curtos em abrigos quando comparados com as famílias chefiadas por mulheres, que demoraram para se recompor e permaneceram nos abrigos por mais tempo (World Bank, 2001).

O ciclo de descida para a pobreza poderia surgir na confluência de mudança climática, degradação ambiental e falhas de mercado e institucionais. O ciclo poderia ser precipitado pelo colapso gradual de um ecossistema costeiro, pluviosidade menos previsível e período de furacões mais fortes (Azariadis; Stachurski, 2005). Enquanto os desastres naturais em larga escala causam choques mais visíveis, choques pequenos, mas repetidos, ou mudanças sutis na distribuição de chuvas durante o ano também podem produzir mudanças abruptas, porém persistentes no bem-estar.

A evidência empírica sobre as armadilhas da pobreza, definidas como consumo permanentemente abaixo de um certo limite, é mista (Lokshin; Ravallion, 2000; Jalan; Ravallion, 2004; Dercon, 2004). Contudo, há evidência crescente de uma recuperação de ativos físicos e crescimento de capital humano mais lento entre os pobres após os desastres. Na Etiópia, a estação com chuva muito reduzida reprimiu o consumo mesmo após um período de quatro a cinco anos (Dercon, 2004). No Brasil, exemplos de seca foram seguidos por uma redução significativa de salários na zona rural no curto prazo, e os salários dos trabalhadores afetados se equipararam aos de seus iguais apenas após cinco anos (Mueller; Osgood, 2007).

Além disso, o acesso limitado a crédito, seguro ou garantias impede que os domicílios pobres façam investimentos produtivos, o que os leva a escolher investimentos com baixo risco e retorno a fim de que possam se prevenir de choques futuros (Azariadis; Stachurski, 2005). Em aldeias por toda a Índia, os agricultores pobres mitigaram o risco climático com o investimento em ativos e tecnologias com baixa sensibilidade à variação pluviométrica e também com baixos retornos médios, o que os mantém presos aos padrões de desigualdade existentes no país (Rosenzweig; Binswanger, 1993).

Choques climáticos podem afetar de maneira permanente a saúde e educação das pessoas. Uma pesquisa na Costa do Marfim, que vincula padrões pluviométricos e investimento na educação infantil, mostra que, em regiões em que há variabilidade climática maior do que normal, as taxas de matrícula em escolas foram reduzidas em 20% tanto para meninos quanto para meninas (Jensen, 2000). Em conjunto com outros choques, os ambientais podem ter efeitos mais duradouros. As pessoas expostas à seca e às lutas civis no Zimbábue, durante a primeira infância (entre 12 e 24 meses de idade), sofrerão uma perda em altura de 3,4 cm, quase um ano menos de escolaridade e quase seis meses de atraso no início da escola. O efeito estimado nos ganhos durante a vida era de 14%, uma grande diferença para alguém tão próximo da linha de pobreza (Alderman; Hoddinott; Kinsey, 2006).

Equilibrar crescimento e avaliar políticas no clima em mudança

Crescimento: mudar as pegadas de carbono e vulnerabilidade. Em 2050, uma grande parcela da população que hoje habita os países em desenvolvimento terá um novo estilo de vida de classe média. Contudo, o planeta não pode sustentar 9 bilhões de pessoas com a pegada de carbono do cidadão médio da classe média atual. As emissões anuais praticamente seriam três vezes maiores. Além disso, nem todo desenvolvimento aumenta a flexibilidade: o crescimento pode não acontecer rápido o bastante e pode criar novas vulnerabilidades mesmo que haja redução em outras. Políticas de mudança climática mal elaboradas podem tornar-se uma ameaça ao desenvolvimento sustentável.

Não é, no entanto, ética e politicamente aceitável negar à população pobre do mundo a oportunidade de ascensão em termos de renda apenas porque os ricos chegaram antes ao topo. Os países em desenvolvimento, atualmente, contribuem com cerca de metade das emissões de gases do efeito estufa anuais, mas abrigam quase 85% da população mundial. A pegada de carbono relativa à energia do cidadão médio de um país de renda média ou baixa é de 1,3 ou 4,5 toneladas de dióxido de carbono equivalente (CO_2e), respectivamente, quando comparadas com as 15,3 toneladas em países de alta renda.[3] Além disso, o maior volume das emissões passadas e, portanto, o volume do estoque existente de gases do efeito estufa na atmosfera são responsabilidade dos países desenvolvidos (World Resources Institute, 2008). A resolução da ameaça da mudança climática ao bem-estar humano não pode, portanto, depender apenas do desenvolvimento inteligente em termos climáticos, ou seja, aumentar a renda e a flexibilidade ao mesmo tempo que reduz as emissões relativas aos aumentos projetados. Exige também prosperidade inteligente em termos climáticos nos países desenvolvidos, com maior flexibilidade e reduções absolutas em emissões.

A evidência demonstra que políticas podem fazer uma grande diferença em como as pegadas de carbono mudam o crescimento da renda (Chomitz; Meisner, 2008). A pegada média de cidadãos em países ricos, inclusive produtores de petróleo e pequenas nações insulares, varia por um fator de 12, assim como a intensidade de energia do PIB,[4] o que sugere que as pegadas de carbono nem sempre aumentam com a renda. As economias em desenvolvimento atuais utilizam muito menos energia *per capita* do que os países desenvolvidos, como os Estados Unidos, com rendas semelhantes, o que mostra o potencial para crescimento de baixo carbono (Marcotullio; Schulz, 2007).

A adaptação e a mitigação precisam ser integradas numa estratégia de desenvolvimento inteligente em termos de clima que aumente a flexibilidade, reduza a ameaça de

Mapa 1.4 Em janeiro de 2008 na China, uma tempestade causou problemas na mobilidade, um pilar de seu crescimento econômico

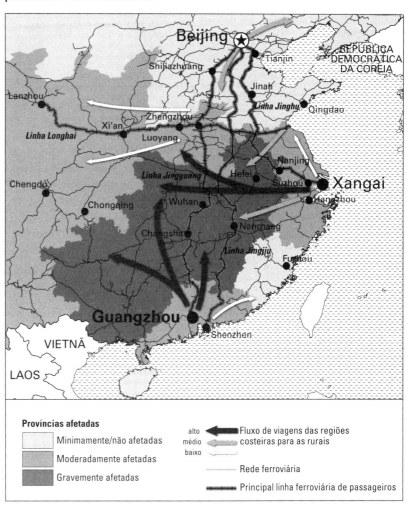

Fontes: ACASIAN 2004; Chan 2008; Huang e Magnoli 2009; Departamento de Agricultura dos Estados Unidos, Serviço Agrícola Estrangeiro, Commodity Intelligence Report, February 1 2008, http://www.pecad.fas.usda.gov/highlights/2008/02/MassiveSnowStorm.htm. Acesso em: 14 julho 2009; Ministério das Comunicações, Governo da República Popular da China, "The Guarantee Measures and Countermeasures for Extreme Snow and Rainfall Weather", February 1 2008. Disponível em: http://www.china.org.cn/e-news/news080201-2.htm. Acesso em: 14 julho 2009).

Nota: A largura das setas reflete as estimativas de tamanho dos fluxos de viagens durante o feriado do Ano-novo chinês com base nos fluxos migratórios reversos de mão de obra. Estima-se que a migração interna total seja entre 130 milhões e 180 milhões de pessoas. A avaliação da gravidade do impacto da tempestade tem por base a precipitação cumulativa no mês de janeiro e notícias e comunicados do governo chinês na época da tempestade.

---

3 Os números incluem todos os gases do efeito estufa, mas não as emissões por mudança do uso do solo. Se forem acrescentadas as estimativas das emissões por mudança do uso do solo emissões, a fatia dos países em desenvolvimento nas emissões globais será próxima de 60%.

4 Cálculos dos autores com base em dados do World Resources Institute (2008). As emissões de gases do efeito estufa (excluindo mudança do uso do solo) *per capita* variam de 4,5 a 55,5 toneladas de CO_2e (de 7 a 27, se forem excluídos os países insulares e produtores de petróleo) entre os países de alta renda. As emissões por US$ 1.000 de saída às taxas de câmbio de mercado variam de 0,15 a 1,72 tonelada em países de alta renda; na medição de saída na paridade do poder aquisitivo, a faixa é de 0,20 a 1,04 tonelada.

DESENVOLVIMENTO E MUDANÇA CLIMÁTICA

Mapa 1.5 A África tem enorme potencial de energia hídrica não dominado, comparado com o potencial menor mas de maior exploração de recursos hídricos nos Estados Unidos

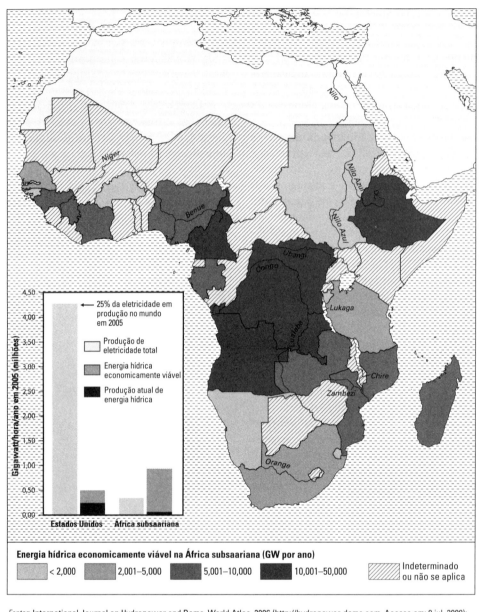

Fontes: International Journal on Hydropower and Dams, World Atlas, 2006 (http://hydropower-dams.com. Acesso em: 9 jul. 2009); IEA Energy Balances of OECD Countries 2008; e IEA Energy Balances of Non-OECD Countries 2007. Disponível em: http://www.oecd.org/document/10/0,3343,en_21571361_33915056_39154634_1_1_1_1,00.html. Acesso em: 9 jul. 2009).

Nota: Os Estados Unidos exploraram 50 por cento de seu potencial hídrico comparado com apenas 7–8 por cento nos países da África subsaariana. A produção total de eletricidade nos Estados Unidos é mostrada em escala.

mais aquecimento e melhore os resultados do desenvolvimento. As medidas de adaptação e mitigação podem fomentar o desenvolvimento e a prosperidade, além de aumentar rendas e gerar melhores instituições. Uma população mais saudável, morando em casas mais bem-construídas e com acesso a empréstimos bancários e seguridade social está em melhor posição para lidar com um clima em mudança e suas consequências. Hoje, faz-se necessária a promoção de políticas de desenvolvimento sólidas e flexíveis que promovam a adaptação, uma vez que as mudanças no clima, já em andamento, aumentarão mesmo em prazo curto.

A disseminação da prosperidade econômica sempre esteve interligada com a adaptação a condições ecológicas em mudança. Mas, à medida que o crescimento alterou o meio ambiente e a mudança ambiental foi acelerada, o crescimento sustentado e as demandas por adaptabilidade exigem maior capacidade de compreensão do meio ambiente, geração de novas tecnologias, práticas adaptativas e maior difusão. Como explicaram os historiadores econômicos, grande parte do potencial criativo da humanidade foi direcionada para a adaptação ao mundo em mudança (Rosenberg, 1971). No entanto, a adaptação não pode lidar com todos os impactos relativos à mudança climática, principalmente à medida que mudanças maiores ocorrem em longo prazo (ver Capítulo 2) (Intergovernmental Panel on Climate Change, 2007a).

Os países não podem sair do perigo com rapidez suficiente para estar no mesmo compasso que a mudança climática. Algumas estratégias de crescimento, independentemente de serem pressionadas por governo ou mercado, também podem se somar à vulnerabilidade, principalmente a exploração excessiva dos recursos naturais. No plano de desenvolvimento soviético, o cultivo de algodão irrigado foi expandido até alcançar regiões com uso excessivo de água, o que ocasionou o desaparecimento do Mar de Aral, ameaçando a subsistência de pescadores, pastores e agricultores (Lipovsky, 1995). A eliminação de manguezais, um amortecedor costeiro natural contra tempestades, para abrir caminho para a criação intensiva de camarões ou a construção de casas aumenta a vulnerabilidade física das povoações costeiras, seja na Guiné, seja na Louisiana.

Choques climáticos podem pressionar uma infraestrutura normalmente adequada ou revelar fraquezas institucionais anteriormente não testadas mesmo em países de rápido crescimento e alta renda. Por exemplo, apesar do crescimento econômico, impressionante por mais de duas décadas e em parte por causa das transições do mercado de trabalho que o acompanharam, milhões de trabalhadores migrantes na China ficaram ilhados durante intensas tempestades de neve, em janeiro de 2008 (Mapa 1.4). O sistema ferroviário entrou em colapso. O retorno para casa para o Ano-novo chinês afetou milhares de pessoas, enquanto as províncias centrais e meridionais foram afetadas pela falta de alimentos e energia. O furacão Katrina expôs os Estados Unidos como um país despreparado e mal equipado, incapaz de, apesar de décadas de prosperidade constante, promover um bom planejamento (e, por extensão, boa adaptação). Isso significa que rendas médias altas não são garantia de proteção para as comunidades mais pobres.

Políticas de mitigação – para o melhor ou para o pior. As políticas de mitigação podem ser exploradas de modo a trazer benefícios econômicos além das reduções de emissões e criar oportunidades locais e regionais. Os biocombustíveis poderiam fazer do Brasil o próximo maior fornecedor de energia do mundo, pois sua produção de etanol mais do que dobrou desde a virada do século.[5] Uma grande parcela do potencial hidrelétrico não explorado está em paí-

Figura 1.2 Biocombustíveis à base de milho nos Estados Unidos aumentam as emissões de CO$_2$ e custos com saúde em relação à gasolina

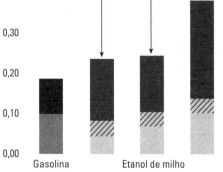

Fonte: Hill et al., 2009.

Nota: Os custos são em dólar por litro de gasolina ou equivalente de gasolina. Os custos com saúde (porção superior das barras) são custos estimados, pois as emissões de matéria particulada, da produção e combustão final de um litro adicional de etanol. Os custos de emissão de gases do efeito estufa (porção inferior das barras) presumem um preço de carbono de US$ 120 a tonelada, com base no preço estimado de captura e armazenamento de carbono. Uma porção (hachura em diagonal na figura) de emissões de gases do efeito estufa associado com a produção de etanol de grãos origina-se da abertura, conversão ou cultivo de solo.

---

5 "Annual Brazilian Ethanol Exports" e "Brazilian Ethanol Production". Disponível em: <http://english.unica.com.br/dadosCotacao/estatistica/>. Acesso em: dez. 2008.

ses em desenvolvimento, principalmente na África subsaariana (Mapa 1.5). O norte da África e o Oriente Médio, por terem exposição à luz solar durante todo o ano, poderiam beneficiar-se da maior demanda europeia por energia solar (ver Capítulo 4, Quadro 4.15) (Ummel; Wheeler, 2008). Porém, em muitos países, a vantagem comparativa na produção de energia renovável ainda não foi totalmente explorada, como mostra a proliferação da produção de energia solar na Europa setentrional, em vez de na África setentrional.

As políticas de mitigação, entretanto, também podem dar errado e reduzir o bem-estar se não forem considerados os efeitos subsidiárias no projeto e na execução. Relativamente à produção de etanol celulósico e gasolina mais limpos, a produção de biocombustíveis à base de milho nos Estados Unidos impõe maiores custos à saúde em decorrência da poluição local e oferece apenas reduções de emissões de CO_2 duvidosas (Figura 1.2) (Hill et al., 2009). Além disso, as políticas de bicombustíveis nos Estados Unidos e na Europa desviaram insumos de alimentos para a produção de combustível, o que contribuirá para aumentos no preço global de alimentos (Mitchell, 2008). Esses aumentos de preço aumentam frequentemente os índices de pobreza (Ivanic; Martin, 2008). O impacto total na pobreza depende da estrutura da economia, uma vez que os produtores ricos se beneficiarão dos preços mais altos, e os compradores líquidos serão prejudicados. Porém, muitos governos em que há superávit de alimentos, como Argentina, Índia e Ucrânia, reagiram com proibições a exportações e outras medidas protecionistas, o que limitou os ganhos dos produtores domésticos, reduziu o fornecimento de grãos e restringiu o escopo para soluções futuras de mercado (Ng; Aksoy 2008; World Bank, 2008).

A inter-relação de comércio e políticas de mitigação não é direta. Sugeriu-se que o teor de carbono das exportações deve ser computado na conta de carbono do país de destino, de modo que os países exportadores não sejam punidos por se especializarem em bens industriais pesados consumidos por outros. Mas, se os importadores instituem um imposto de fronteiras sobre o teor de carbono dos bens para igualar o preço de carbono, os países exportadores ainda serão um pouco onerados pela perda da competitividade (ver Foco C em comércio).

Impostos verdes. Como enfatizado no Capítulo 6, os impostos sobre carbono podem ser o instrumento ideal para o controle das emissões de carbono, porém as mudanças no sistema tributário para incorporar custos ambientais (impostos verdes) podem ser regressivas, o que dependerá da estrutura econômica do país, da qualidade do alvo e da distribuição do bônus. No Reino Unido, o imposto sobre carbono com incidência igual em todos os domicílios seria muito regressivo, igual aos resultados de outros países da OCDE (Cramton; Kerr, 1999). O motivo é que o gasto com energia representa uma fatia maior dos gastos totais para os domicílios pobres do que para os ricos. No entanto, o efeito regressivo poderia ser compensado por um projeto de tarifas escalonadas ou por um programa direcionado com base em mecanismos de políticas sociais existentes (Ekins; Desner, 2004).

Em países em desenvolvimento, os impostos verdes poderiam até mesmo ser progressivos, como sugerido por um recente estudo para a China. A maioria dos domicílios pobres da China encontra-se em áreas rurais e consome produtos que dependem muito menos do carbono do que aqueles consumidos pelos domicílios urbanos, mais ricos. Se as receitas de um imposto de carbono fossem recicladas na economia com base *per capita* igual, o efeito progressivo seria ainda maior (Brenner; Riddle; Boyce, 2007).

Obter apoio político para impostos verdes e garantir que não prejudiquem os pobres não será fácil. A reciclagem de receitas seria fundamental para a América Latina e Europa Ocidental, onde uma parcela significativa dos pobres habita áreas urbanas e seria afetada diretamente pelos impostos verdes. Contudo, essa reciclagem de receita, além dos alvos sugeridos por um estudo na Grã-Bretanha, exigiria compromisso com essa mudança de política, o que é difícil em muitos países em desenvolvimento, nos quais subsídios repressivos para energia e outros serviços de infraestrutura encontram-se politicamente enraizados. Sem a reciclagem de receita, o impacto no preço de carbono ou impostos verdes, mesmo que progressivo, provavelmente prejudicaria os pobres, pois os

> **QUADRO 1.2** *Os fundamentos do desconto dos custos e benefícios da mitigação e de mudança climática*
>
> A avaliação da alocação de recursos durante um período é a base da economia aplicada e do gerenciamento de projeto. Essas avaliações foram amplamente usadas para analisar o problema de custos e benefícios de mitigação da mudança climática. No entanto, permanecem grandes desavenças sobre os valores de parâmetros corretos.
>
> A taxa de desconto social expressa os custos monetários e benefícios ocorridos no futuro em termos de seu valor atual ou seu valor para as decisões de hoje. Por definição então, a ferramenta primária de análise de bem-estar intergeracional – o valor atual líquido esperado – provoca queda na distribuição de bem-estar ao longo do tempo. A determinação do valor apropriado para os elementos da taxa de desconto no contexto de um problema em longo prazo, como a mudança climática, engloba considerações econômicas e éticas profundas (ver Quadro 1.4).
>
> Três fatores determinam a taxa de desconto. O primeiro é o quanto atribuir ao bem-estar a ser desfrutado no futuro, estritamente porque ele demora mais a acontecer. Essa taxa pura de preferência pode ser considerada uma medida de impaciência. O segundo fator é a taxa de crescimento no consumo *per capita*: se o crescimento for rápido, as gerações futuras serão muito mais ricas, reduzindo o valor atribuído hoje às perdas e os danos climáticos futuros, quando comparados com os custos de mitigação suportados hoje. O terceiro fator é o grau de declínio da utilidade marginal de consumo (uma medida do quanto o dólar adicional é aproveitado) à medida que a renda aumenta.[a]
>
> Não há consenso sobre como escolher os valores numéricos para cada um dos três fatores que determinam a taxa de desconto social. Tanto os julgamentos éticos quanto as informações empíricas que tentam avaliar as preferências com base em comportamento passado são usados, por vezes em conjunto. Uma vez que os custos das políticas de mitigação são suportados imediatamente e os benefícios possivelmente maiores de tais políticas (danos evitados) são descartados muito além do futuro, a escolha de parâmetros para a taxa de desconto social influencia fortemente as prescrições para a política climática.
>
> *Fontes*: Stern (2007, 2008), Dasgupta (2008), Roemer (2009) e Sterner e Persson (2008).
>
> a. A utilidade marginal de consumo diminui à medida que a renda cresce porque o dólar adicional de consumo traz mais utilidade para um indivíduo pobre do que para a um com maior hábito de consumo. A profundidade da mudança, conhecida como elasticidade do consumo da utilidade marginal de consumo com relação às mudanças no nível de renda, também mede a tolerância ao risco e à desigualdade.

domicílios pobres gastam aproximadamente 25% de sua renda com eletricidade, água e transporte. É também provável que seja politicamente difícil, pois mesmo o domicílio médio gasta cerca de 10% de sua renda com esses serviços (Benitez et al., 2008).

A renda real dos mais pobres também será reduzida num futuro próximo, à medida que os custos iniciais mais altos de construção de infraestrutura, operação e serviços verdes atingirem o aumento de oferta da economia (Estache, 2009). O imposto verde também teria dois efeitos: direto nos domicílios (causado pelo aumento no preço de energia) e indireto (no gasto total de domicílios como resultado dos custos mais altos de produção e, portanto, preços de bens ao consumidor). Um estudo em Madagascar revelou que os efeitos indiretos representariam 40% de perdas de bem-estar por meio de preços mais altos de alimentos, têxteis e transporte (Andriamihaja; Vecchi, 2007). Apesar do maior consumo direto de serviços de infraestrutura pela classe média, a projeção é de que o quintil mais pobre da população sofra as maiores perdas em termos de renda real.

Em todo o mundo, existe amplo escopo para um projeto de tarifas energéticas e de subsídios que tanto podem aumentar o custo de recuperação quanto direcionar melhor os benefícios para os pobres (Komives et al., 2005). A mudança climática (e as receitas do imposto verde) pode tornar viável e vantajosa a expansão de programas de suporte a renda para países que atualmente dependem do preço de energia e água como parte de sua política social. A maior eficiência de energia reduz os custos para todos, enquanto tecnologias mais verdes podem ser menos caras do que as tradicionais intensivas em carbono. Por exemplo, o uso de fogões a lenha mais modernos na zona rural do México poderia reduzir as emissões em 160 milhões de toneladas de CO_2 nos próximos vinte anos, com ganhos econômicos líquidos (de custos de energia diretos mais baixos e melhor saúde) de US$ 8 a US$ 24 para cada tonelada de emissões de CO_2 evitada (Johnston et al., 2008).

Avaliação de compensações

Enquanto alguns ainda discutem a necessidade de ação para mitigar a mudança climática, permanecem controvérsias sobre o quanto e quando mitigar. Manter as mudanças em temperaturas médias globais abaixo de níveis "perigosos" (ver Foco A sobre ciência) exigiria ações imediatas, globais e,

QUADRO 1.3 Feedbacks *positivos, pontos de virada, limiares e não linearidades em sistemas naturais e socioeconômicos*

Feedbacks positivos no sistema climático

Os *feedbacks* positivos amplificam os efeitos dos gases do efeito estufa. Um desses *feedbacks* positivos é a mudança na reflexividade, ou albedo, na superfície da Terra: superfícies altamente refletoras, como gelo e neve, refletem os raios do aquecimento solar de volta para a atmosfera. No entanto, as temperaturas mais elevadas provocam o derretimento do gelo, e mais energia é absorvida na superfície terrestre, o que leva a mais aquecimento e mais de gelo, à medida que o processo se repete.

Pontos de virada em sistemas naturais

Mesmo mudanças uniformes e moderadas no clima podem levar o sistema natural para um ponto além do qual podem ocorrer mudanças relativamente abruptas, possivelmente aceleradas, irreversíveis e, finalmente, perigosas. Por exemplo, a extinção de florestas regionais pode resultar da combinação de seca, pragas e altas temperaturas, elementos que, combinados, ultrapassam os limites fisiológicos. Um ponto de virada possível que preocupa a todos é o derretimento da camada de gelo que cobre a maior parte da Groenlândia. Além de um certo nível de aquecimento, o degelo do verão não congela no inverno, o que aumenta drasticamente o índice de gelo e eleva o nível do mar em 6 metros.

Limiares em sistemas econômicos

O custo econômico para os impactos diretos pode apresentar também fortes efeitos lineares, já que as infraestruturas e práticas de produção atuais são criadas para que sejam robustas apenas para variações de condições climáticas experimentadas anteriormente. Isso sugere que qualquer aumento nos impactos será conduzido primariamente pelo aumento de concentrações de população e ativos, e não pelo clima, desde que os eventos climáticos permaneçam dentro do envelope das variações passadas. Entretanto, tais impactos poderão ter aumento acentuado se as condições climáticas ultrapassarem constantemente esses limites no futuro.

Não linearidades e efeitos econômicos indiretos

A resposta econômica a esses impactos é, em si, não linear porque estes simultaneamente aumentarão a necessidade de adaptação e potencialmente diminuirão a capacidade adaptativa. Os impactos diretos também podem gerar efeitos indiretos (*feedbacks* macroeconômicos, interrupções nos negócios e interrupções na cadeia de suprimentos) que aumentam mais do que dólar por dólar, em resposta aos danos diretos maiores. Esse efeito é evidente em alguns desastres naturais. Evidência recente na Louisiana mostrou que a economia tem a capacidade de absorver até 50 bilhões de dólares de prejuízo direto com prejuízos indiretos mínimos. Mas os prejuízos indiretos aumentaram rapidamente com os desastres mais destrutivos (Figura). Os prejuízos diretos do furacão Katrina alcançaram 107 bilhões, e os indiretos acrescentaram outros 42 bilhões; um desastre simulado com prejuízos diretos de 200 bilhões de dólares causariam mais 200 bilhões de dólares em prejuízos indiretos.

Fontes: Schmidt (2006), Kriegler et al. (2009), Adams et al. (2009), Hallegatte (2008) e comunicação pessoal de Stephane Hallegatte (maio 2009).

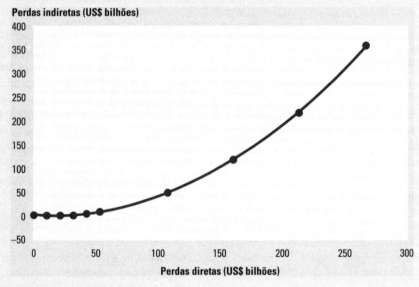

Perdas indiretas aumentam ainda mais acentuadamente com a elevação dos danos diretos: estimativas para Louisiana

Fonte: Dados fornecidos por Hallegate (2008).

portanto, onerosas para reduzir emissões dos níveis projetados de 50% para 80% em 2050.

Grande parte da literatura publicada mostra que a mitigação imediata e significativa torna-se mais forte quando se considera a inércia no sistema climático, ou seja, o aquecimento e seus impactos diretos, que são, até certo ponto, reversíveis. A inércia do meio ambiente construído implicará um custo maior de redução de emissões do futuro se for implementado um capital fixo de emissão mais alta. Além disso, haverá a redução de incertezas e risco de resultados catastróficos associados às temperaturas mais elevadas (Pindyck, 2007; Weitzman, 2009a; Hallegatte; Dumas; Hourcade, 2009).

Qualquer resposta à mudança climática compreende pesar os prós e contras, pontos fracos e fortes, benefícios e custos. A questão é *como* essa avaliação será realizada. A análise custo-benefício é uma ferramenta fundamental para a avaliação de política no contexto inevitável de prioridades concorrentes e escassez de recursos. Entretanto, essa análise pode também facilmente negligenciar bem e serviços ambientais não comerciais. Além disso, a monetarização de custos e benefícios torna-se impossível diante de riscos futuros (e atitudes em relação ao risco) altamente incertos.

As ferramentas adicionais de decisão, que complementam a análise custo-benefício, são necessárias para estabelecer as metas globais e os riscos aceitáveis. Abordagens multidisciplinares podem gerar ideias sobre compensações que não são expressas em termos monetários. Diante da aversão ao risco e da incerteza sobre os riscos climáticos futuros, a abordagem de "janelas toleráveis" pode identificar trajetórias de emissões que permaneçam dentro dos limites de risco aceitável escolhidos e, em seguida, avaliar o custo de fazê-lo (Yohe, 1999; Toth; Mwandosya, 2001). A "tomada de decisão robusta" pode destacar políticas que trabalham com uma vantagem eficaz contra resultados futuros indesejáveis (Lempert; Schlesinger, 2000).

O debate custo-benefício: por que não é apenas a taxa de desconto

O debate econômico sobre análise custo-benefício de política de mudança climática tem sido particularmente ativo desde a publicação do *Relatório Stern sobre a Economia da Mudança Climática* em 2007. O relatório estimava que o custo potencial de mudança climática não mitigada seria muito alto, uma perda anualizada permanente de 5% a 20% do PIB, e exigia a ação decisiva e imediata. As recomendações do relatório contradizem muitos outros modelos que compõem o caso econômico para a mitigação mais gradual na forma de uma "rampa de política climática" (Nordhaus, 2008a).[6]

O debate acadêmico sobre a taxa de desconto apropriado, que orienta boa parte da diferença entre o resultado de Stern e de outros, provavelmente nunca será resolvido (Quadro 1.2).[7] Stern usou uma taxa de desconto muito baixa. Nessa abordagem, normalmente justificada com base em fundamentos éticos, o fato de as gerações futuras serem provavelmente mais ricas é o único fator que torna a avaliação do bem-estar futuro mais baixa do que a de hoje; em todas as outras maneiras, o bem-estar das gerações futuras é tão valioso quanto o da geração atual.[8] Bons argumentos podem ser apresentados a favor tanto das altas quanto das baixas taxas de desconto. Infelizmente, a economia intergeracional do bem-estar não pode ajudar a solucionar o debate, pois coloca mais perguntas do que é capaz de responder (Dasgupta, 2008).

O chamado para a ação rápida e significativa para mitigar as emissões de gases do efeito estufa não depende, no entanto, apenas de uma taxa de desconto baixa. Enquanto seu papel na determinação do peso relativo de custos e benefícios é importante, outros fatores aumentam os benefícios da mitigação (danos evitados) e as maneiras que também fortalecem o caso para mitigação rápida e significativa mesmo com a taxa de desconto mais alta (Heal, 2008; Sterner; Persson, 2008).

Impactos mais amplos. A maioria dos modelos de impactos de mudança climática não é calculada adequadamente na perda de biodiversidade e serviços de ecossistema associados, uma omissão paradoxal que equivale a analisar as compensações entre os bens de consumo e os ambientais, sem incluir estes últimos na função de utilidade do indivíduo (Guesnerie, 2004; Heal, 2005; Hourcade; Ambrosi, 2007). Embora o valor de mercado estimado de serviços ambientais perdidos seja difícil de calcular, já que pode variar entre culturas e sistemas de valores, tais perdas têm um custo. As perdas aumen-

---

6 Sobre os modelos e resultados obtidos, ver, por exemplo, Heal (2008), Fisher et al. (2007), Tol (2005) e Hourcade e Ambrosi (2007).

7 A estimativa de 5% é muito direcionada pela taxa de desconto, mas a margem entre 5% e 20% tem por base a inclusão de impactos de não mercado (saúde e meio ambiente), sensibilidade possivelmente maior do clima aos gases do efeito estufa, e o uso de ponderação de equidade (Stern, 2007; Dasgupta, 2007; Dasgupta, 2008).

8 Sobre isso, ver Dasgupta (2007), Dasgupta (2008) e Quadro 1.4.

tam o preço relativo dos serviços ambientais à medida que estes se tornam relativa e absolutamente mais escassos. A introdução de penas ambientais em um modelo de avaliação integrado padrão aumenta significativamente o custo total da mudança climática não mitigada (Sterner; Persson, 2008). De fato, calcular a perda de biodiversidade em um modelo padrão resulta em forte apelo para uma mitigação mais rápida, mesmo com a taxa de desconto mais elevada.

Dinâmica com modelagem mais precisa: efeitos de limiares e de inércia. A função dano, que vincula mudanças em temperaturas a danos monetizados associados, geralmente é modelado em análises de custo-benefício com crescimento suave. Mas a evidência científica acumulada sugere que os sistemas naturais poderiam exibir respostas não lineares à mudança climática com uma consequência de *feedbacks* positivos, pontos de virada e limiares (ver Quadro 1.3). Os *feedbacks* positivos poderão ocorrer, por exemplo, se o aquecimento causar o derretimento do *permafrost*, o que libera grandes quantidades de metano (um potente gás do efeito estufa) contidas nele, acelerando ainda mais o aquecimento. Os limiares ou pontos de virada são relativamente rápidos, e as mudanças em larga escala em sistemas naturais (ou socioeconômicos) provocam perdas graves e irreversíveis. Quando há *feedbacks* positivos, pontos de virada e limiares, isso significa que deve existir um grande valor para manter bem baixos o passo e a magnitude da mudança climática.[9]

A inércia substancial em sistemas climáticos soma-se à preocupação com *feedbacks* positivos, efeitos lineares e irreversibilidade dos impactos da mudança climática. Cientistas descobriram que o aquecimento causado pelos aumentos na concentração de gases do efeito estufa pode ser amplamente irreversível por mais mil anos após o término das emissões (Solomon et al., 2009). O adiamento da mitigação negligencia a opção por uma trajetória de aquecimento mais baixo: por exemplo, o atraso de mais de dez anos provavelmente impediria a estabilização da atmosfera a menos de 3°C de aquecimento (Mignone et al., 2008). Além disso, o sistema climático continuará mudando durante vários séculos, mesmo após a estabilização das concentrações de gases do efeito estufa (cf. Visão geral). Portanto, apenas a mitigação imediata preserva o valor da opção, ou seja, impede a perda de opções nos resultados da estabilização.

A inércia é também importante no ambiente construído – transporte, energia, habitação e forma urbana (a maneira como as cidades são projetadas). Em resposta a essa inércia, alguns especialistas defendem o adiamento de investimentos em mitigação para que esse processo não fique desnecessariamente atrelado a investimentos de alto custo e a baixo carbono. Ainda segundo esses especialistas, é importante esperar até que haja tecnologia melhor e mais econômica que permita aumentar rapidamente a mitigação e conhecer mais sobre os riscos contra os quais as sociedades precisarão se proteger.

Contudo, na prática não é possível adiar investimentos importantes em infraestrutura e fornecimento de energia sem comprometer o desenvolvimento econômico. Provavelmente, a demanda por energia triplicará em países desenvolvidos entre 2002 e 2030. Além disso, muitas usinas elétricas em países de alta renda foram construídas nas décadas de 1950 e 1960, portanto estão chegando ao fim de sua vida útil, o que significa que muitas novas usinas precisarão ser construídas nos próximos dez a vinte anos, mesmo com demanda constante. Atualmente, as usinas a carvão estão entre as opções mais baratas para muitos países, além de oferecerem segurança energética para aqueles com amplas reservas de carvão. Se todas as usinas movidas a carvão que precisam ser construídas nos próximos 25 anos entrarem em funcionamento, suas emissões de CO_2, durante sua

---

9 Hourcade et al. (2001) exploram a sensibilidade de sete modelos diferentes de avaliação integrada para moldar a função de dano e encontrar as trajetórias de concentração que podem indicar partida significativa das tendências de emissão atuais se ocorrerem danos significativos com aquecimento de 3°C ou 500 partes por milhão (ppm) de concentração de CO_2. De maneira mais geral, esses autores observam que a ação precoce pode ser justificada se for atribuída uma probabilidade não zero a danos que aumentam rapidamente com o aquecimento, de modo que estes cresçam mais rápido do que a taxa em que o desconto corta seu peso.

vida útil, serão iguais a todas as atividades de queima de carvão desde o início da industrialização (Folger, 2006; Auld et al, 2007). Como consequência, a falta de compromissos mais sólidos de redução de emissão pelo setor energético hoje está preso a trajetórias de alta emissão.

Nem sempre é possível modernizar tais investimentos em larga escala. A modernização nem sempre é viável e seu custo pode ser proibitivo. Ainda no exemplo do carvão, a captura e o armazenamento de carbono, uma tecnologia que está sendo desenvolvida para capturar o CO_2 produzido por uma usina que utiliza combustível fóssil e armazená-lo no subsolo, exigem que a usina esteja localizada entre 80 e 160 quilômetros de distância de um local de armazenamento de CO_2 apropriado, do contrário o custo do transporte de carbono passa a proibitivamente alto.[10] Isso não seria um problema para países dotados

---

10 A tecnologia de captura e armazenamento de carbono é descrita no Capítulo 4, Quadro 4.6.

QUADRO 1.4 *Ética e mudança climática*

A complexidade da mudança climática destaca várias questões éticas. Questões de decência e justiça são particularmente importantes, dado o longo intervalo temporal e geográfico das emissões de gases do efeito estufa e seus impactos. Pelo menos três dimensões éticas importantes originam-se no problema de mudança climática: avaliação de impactos, consideração da equidade entre gerações e a distribuição de responsabilidades e custos.

Avaliação de impactos
Várias disciplinas, inclusive a Economia, discutem que o bem-estar deve ser o critério dominante na avaliação de políticas. Porém, mesmo com uma estrutura de "utilitarismo descontado", há grandes desavenças, principalmente sobre que taxa de desconto usar e como agregar bem-estar entre indivíduos no presente e futuro. Um argumento comum é que não há uma razão ética sólida para não valorizar os impactos econômicos e humanos apenas porque estãp previstos para acontecer daqui a 40 ou mesmo 400 anos. Um contra-argumento é que não é justo, para a geração atual, alocar recursos para mitigar mudança climática futura se outros investimentos são considerados de maior retorno, voltando assim ao problema de pesar custos e benefícios de opções alternativas incertas.

Uma discussão recente concentrou-se nos direitos humanos com um critério pertinente para avaliar impactos. Alguns direitos humanos, principalmente os econômicos e sociais, poderiam ser ameaçados pelos impactos da mudança climática e, possivelmente, por algumas reações políticas. Tais direitos compreendem o direito a alimento, água e moradia. Os impactos climáticos podem também ter efeitos diretos e indiretos no exercício e na concretização de direitos civis e políticos. Mas estabelecer causa e efeito é um problema sério e pode limitar o âmbito para a aplicação da lei dos direitos humanos aos litígios internacionais ou domésticos.

Uma vez que as causas da mudança climática são difusas, o vínculo direto entre as emissões de um país e os impactos sofridos em outro são de difícil confirmação no contexto de litígio. Outro obstáculo para a definição de responsabilidade e danos em termos jurídicos é a difusão de emissões e impactos em um período: em alguns casos, a fonte do dano ocorreu durante várias gerações, e os danos sentidos hoje também podem ser refletir nas gerações futuras.

Consideração da equidade entre gerações
A equidade entre gerações integra a avaliação de impactos. O modo como a equidade entre gerações é incorporada em um modelo econômico subjacente traz implicações significativas. Como observado no Quadro 1.2, os atuais critérios padrão de valor descontam custos e benefícios futuros, fazendo ruir a distribuição de bem-estar em um período até o presente. Fórmulas alternativas compreendem maximizar a utilidade da geração atual com a incorporação de suas preocupações e a consideração da incerteza da existência de gerações futuras.

Distribuição de responsabilidades e custos
Provavelmente, a questão mais controversa é quem deve arcar com o ônus de solucionar o problema da mudança climática. Uma resposta ética é o princípio de "o poluidor paga": as responsabilidades devem ser alocadas conforme a contribuição de cada país ou para a mudança climática. Uma versão específica dessa visão é que as emissões históricas cumulativas devem ser consideradas para a definição das responsabilidades. Um contra-argumento mantém que a "ignorância desculpável" garante imunidade aos emissores passados, pois estes não tinham ciência das consequências de suas ações, mas esse argumento tem sido criticado, pois os efeitos negativos potenciais no clima de ação já são compreendidos há algum tempo.

Outra dimensão de responsabilidade refere-se a como as pessoas se beneficiam das emissões passadas de gases do efeito estufa (cf. Visão geral, Figura 3). Embora esses benefícios tenham sido claramente desfrutados pelos países desenvolvidos, que teriam contribuído com a maior parte do CO_2 atmosférico até o presente, os países em desenvolvimento também se beneficiaram da prosperidade resultante. A resposta é ignorar o passado e alocar direitos *per capita* para todas as emissões futuras. Outra ideia é reconhecer que, finalmente, o que é importante não é a distribuição de emissões, mas a distribuição de bem-estar econômico, inclusive os danos da mudança climática e os custos de mitigação. Isso sugere que, no mundo com riqueza igual, a maior responsabilidade para cada um dos custos é delegada aos mais ricos embora essa conclusão não impeça ações de mitigação em países mais pobres com financiamento externo pelos países de alta renda (ver Capítulo 6).

Fontes: Singer (2006), Roemer (2009), Caney (2009) e World Bank (2009b).

de uma abundância de locais de armazenamento potenciais: cerca de 70% das usinas energéticas da China estão perto o suficiente de locais de armazenamento e, portanto, podem ser reformadas a preços razoáveis se e quando a tecnologias tornar-se comercialmente disponível. Não é o caso da Índia, África do Sul ou de vários outros países, onde as reformas serão inviáveis, salvo se usinas estiverem perto dos poucos locais de armazenamento existentes (ver capítulos 4 e 7).

Os países em desenvolvimento, que possuem menor infraestrutura que os desenvolvidos, são mais flexíveis e, potencialmente, poderiam ir direto para tecnologias mais limpas. Os países desenvolvidos devem ser líderes em trazer ao mercado novas tecnologias e compartilhar o conhecimento de suas experiências de uso. A habilidade de mudar trajetórias de emissões depende da disponibilidade de tecnologia apropriada e econômica, e isso só existirá no futuro se houver, no presente, investimento em pesquisa e desenvolvimento (P&D), difusão e aprendizado.

As oportunidades para sair do capital social já existente de alto para baixo carbono ainda não existem (Shalizi; Lecocq, 2009). A substituição do atual sistema por um que contenha mais energia e seja mais econômico não poderá ser realizada no futuro se as atuais tecnologias ainda não estiverem prontas e em escala suficiente para serem econômicas e se as pessoas ainda não tiverem o *know-how* para usá-las (ver Capítulo 7).[11] As tecnologias de mitigação eficazes e econômicas para transformar sistemas energéticos não estarão disponíveis no futuro sem iniciativas de pesquisa e demonstração que movam tecnologias potenciais nas curvas de custo e aprendizado. Para esse fim, os países desenvolvidos precisam estar na liderança do desenvolvimento e da criação de novas tecnologias para comercializar e compartilhar conhecimento de suas experiências de uso.

Responsabilizar-se pelas incertezas. A avaliação econômica das políticas de mudanças climáticas deve considerar as incertezas sobre o tamanho e período dos impactos adversos e sobre o perfil da viabilidade, do custo e tempo dos esforços de mitigação. Uma incerteza fundamental esquecida pela maioria dos modelos econômicos é a possibilidade de grandes efeitos catastróficos relativos à mudança climática (ver Foco A sobre ciência), um tema que está no centro de um debate em andamento (Weitzman, 2007, 2009a, 2009b; Nordhaus, 2009). A probabilidade de distribuição subjacente desses riscos catastróficos é desconhecida e, provavelmente, assim permanecerá. Quase certamente, a mitigação mais regressiva reduzirá sua probabilidade embora seja difícil avaliar o quanto. A possibilidade de uma catástrofe global, mesmo uma com probabilidade muito baixa, aumentaria a disposição da sociedade em pagar por uma mitigação mais agressiva e mais rápida até que possa ajudar a evitar calamidades (Gjerde; Grepperud; Kverndokk, 1999; Kousky et al., 2009).

Mesmo sem considerar esses riscos catastróficos, permanecem incertezas substanciais sobre os impactos ecológicos e econômicos da mudança climática. O ritmo provável e a magnitude final do crescimento são desconhecidos. Uma incerteza refere-se a como as mudanças na variabilidade e os extremos climáticos – e não apenas mudanças na temperatura média – afetarão os sistemas naturais e o bem-estar humano. O conhecimento é limitado quanto à capacidade de adaptação das pessoas aos custos de adaptação e à magnitude de danos residuais inevitáveis. Também é substancial a incerteza sobre a velocidade da descoberta, difusão e adoção de novas tecnologias.

Tais incertezas apenas aumentam com o ritmo e a quantidade de aquecimento – um argumento primordial para a ação imediata e agressiva (Hallegatte; Dumas; Hourcade, 2009). A maior incerteza exige estratégias de adaptação que possam lidar com muitos climas e resultados diferentes. Essas estratégias existem (e serão abordadas a seguir), mas são menos eficientes do que aquelas que poderiam ser criadas com o conhecimento perfeito. Portanto, a incerteza é onerosa. E mais incertezas aumentam os custos.

Sem a inércia e a invencibilidade, a incerteza não importaria tanto, porque as decisões podem ser revertidas e os ajustes seriam mais

---

11 Para uma discussão geral, ver Arthur (1994). Sobre uma aplicação mais específica dos retornos crescentes e a necessidade de investir em inovação na área de eficiência energética, ver Mulder (2005).

suaves e econômicos. Mas a enorme inércia, no sistema climático, no ambiente construído e no comportamento de indivíduos e instituições, faz que seja dispendioso, se não impossível, ajustar na direção de mitigação mais rígida se novas informações ou tecnologias demorarem a ser descobertas. Portanto, a inércia aumenta muito as implicações negativas potenciais de decisões políticas sobre clima sob incertezas. E ainda, a incerteza combinada com a inércia e irreversibilidade pede maior mitigação acauteladora.

A economia do processo de tomada de decisão sob incerteza faz com que a incerteza sobre os efeitos da mudança climática exija mais mitigação do que menos (Pindyck, 2007; Quiggin, 2008). A incerteza é um argumento forte quando se adota uma abordagem repetitiva para alvos, começando com uma postura ambiciosa. Isso não é enfraquecido pela perspectiva de aprendizado (adquirir novas informações que mudem nossa avaliação de incerteza).

Escolhas normativas sobre agregação e valores. As políticas de mudança climática exigem compensações entre ações de curto prazo e benefícios de longo prazo, entre escolhas individuais e consequências globais. Portanto, as decisões sobre política de mudança climática são conduzidas fundamentalmente por escolhas éticas. Na realidade, tais decisões referem-se à preocupação com o bem-estar de terceiros (O'Neill et al., 2006).

Uma abordagem para capturar tais compensações é influir diretamente nos benefícios de bens ambientais de não mercado e sua existência para gerações futuras em modelos de bem-estar econômico.[12] Na prática, a habilidade de quantificar essas compensações tem sido limitada, mas tal estrutura é o ponto de partida para uma melhor avaliação do valor aumentado que as sociedades atribuem ao meio ambiente à medida que a renda aumenta, de compensações possíveis entre o consumo atual e os esforços onerosos para proteger o bem-estar e a existência de gerações futuras (Portney; Weyant, 1999).

Além disso, a maneira como o modelo agrega impactos entre indivíduos ou países com diferentes níveis de renda afeta de maneira significativa o valor das perdas estimadas (Fisher et al., 2007; Hourcade; Ambrosi, 2007; Tol, 2005). Para captar uma dimensão de equidade adicional às preocupações entre gerações expressas na taxa de desconto, podem-se aplicar pesos de modo a refletir que a perda de um dólar significa mais para uma pessoa pobre do que para uma rica. Essa abordagem captura melhor o bem-estar humano (em vez de apenas renda). E uma vez que as pessoas de países pobres estão mais expostas a mudanças climáticas, essa abordagem aumenta significativamente as perdas agregadas estimadas da mudança climática. Em contraste, resumir os danos globais em dólares e expressá-los como uma parcela do PIB global, implicitamente pesando os danos pela contribuição ao resultado total, significa atribuir um peso muito menor às perdas dos pobres.

Os sistemas de valor também desempenham um papel importante nas decisões de política ambiental. Recentemente, a mudança climática surgiu como uma questão de direitos humanos (Quadro 1.4). A maioria das sociedades tem sistemas étnicos ou religiosos que valorizam a natureza e identificam as responsabilidades humanas para a administração da terra e suas riquezas naturais – embora os resultados fiquem veementemente aquém dos ideais defendidos. Na primeira metade do século XVII, o Japão estava a caminho de uma catástrofe ambiental provocada por desmatamento gigantesco. Logo no início de 1700, o país tinha elaborado um sistema de gestão de florestas (Diamond, 2005). Dois motivos foram responsáveis pela decisão do xogunato Tokugawa, o governantes do período: a preocupação com as gerações futuras, resultante das tradições culturais confucianas (Komives et al. 2007; Diamond, 2005), e o desejo de manter o sistema político hereditário. Atualmente, quase 80% do território japonês tem florestas (Diamond, 2005).

Estruturas alternativas para a tomada de decisão

A incerteza, a inércia e a ética apontam para a necessidade de cautela e, portanto, de mitigação mais imediata e ambiciosa, porém o debate analítico continua entre economistas e criadores de políticas. As soluções de análises diferentes de custo-benefício são muito

---

12 Em seu modelo, Sterner e Persson (2008) incluem bens ambientais na função de utilidade.

sensíveis às premissas iniciais, como o cenário de linha de base, as funções de desconto e dano e a taxa de desconto, inclusive presunções implícitas incorporadas às formulações do modelo (Hof; Elzen; Vuuren, 2008) que podem levar aos gargalos no processo de tomada de decisão.

As estruturas alternativas de tomada de decisão que incorporem avaliações mais amplas e custos e benefícios, aversão a risco e as implicações de julgamentos éticos podem sustentar de maneira mais eficaz a tomada de decisão em face das várias lacunas e dos obstáculos de conhecimento. A inclusão de algumas questões de avaliação (valores de opção, serviços de ecossistema, riscos de descontinuidade na análise) mais amplas de custo-benefício é desejável (embora difícil). Contudo, é preciso tornar mais transparentes as consequência normativas para as escolhas políticas e para informar os decisores, com vistas a definir metas e políticas ambientais e de desenvolvimento concretas. Isso pode lhes servir de ajuda para angariar o apoio dos vários e diversos atores que terão experiência com os custos e benefícios do mundo real.

Uma alternativa é a abordagem de janelas toleráveis ou "corrimão de segurança". Escolhe-se uma janela de metas de mitigação, ou uma faixa limitada de segurança, para limitar a mudança de temperatura e a velocidade de mudança para o que é considerado tolerável heuristicamente ou com base em julgamento especializado (Bruckner et al., 1999). A janela é definida pelos limites derivados de vários sistemas sensíveis ao clima. Um deles pode ser determinado pela aversão da sociedade a uma certa perda de PIB, associada a uma certa quantia e índice de mudança de temperatura. O segundo pode ser definido pela aversão da sociedade a conflitos sociais e impactos injustos. Um terceiro seria a preocupação sobre os limiares de crescimento, além dos quais certos sistemas entrariam em colapso (Yohe, 1999).

A abordagem dos corrimões de segurança não exige estimativa monetária dos danos, porque os limites são determinados pelo que é julgado tolerável em cada sistema (por exemplo, pode ser difícil traduzir em números do PIB as pessoas deslocadas após uma seca severa). Os direcionadores do valor das emissões dos corrimões de segurança compreendem análises científicas do potencial para efeitos limiares, bem com julgamentos não monetizados sobre os riscos residuais e vulnerabilidade que permaneceriam sob estratégias de mitigação e adaptação diferentes. Os custos de permanecer dentro dos conjuntos de corrimões propostos devem ser considerados relativamente aos julgamentos que cercam os níveis de segurança climática fornecidos pelos diferentes corrimões. Nesse tipo de base com diversos critérios, as decisões podem promover uma avaliação informada e mais abrangente do que é melhor para definir os corrimões (e sua avaliação pode ser periodicamente revista durante um certo tempo).

Essa abordagem pode ser complementada por técnicas de apoio à decisão, como processo de tomada de decisão sólido, para tratar de incertezas de difícil avaliação (Toth; Mwandosya, 2001). No contexto de propriedades desconhecidas e do futuro altamente incerto, uma estratégia sólida responde à seguinte pergunta: "Quais ações devem ser tomadas, já que não podemos prever o futuro, para reduzir a possibilidade de um resultado indesejável para nível aceitável?" (Lempert; Schlesinger, 2000). No contexto de mudança climática, a política torna-se um problema de eventualidade (ou é a melhor estratégia dada uma variedade de possíveis resultados?), em vez de um problema de otimização tradicional. A base dessa abordagem não é nova, pois Savage (1951, 1954), no início da década de 1950, já havia apontado questões relacionadas à "minimização do desapontamento máximo".

A busca por estratégias sólidas, em vez de ideais, é realizada por meio do que essencialmente equivale a planejamento com base em cenário. Criam-se diferentes cenários, e as opções alternativas de política são comparadas com base em sua solidez, ou seja, a habilidade de evitar o resultado em todos os cenários diferentes. A análise compreende "ações e moldagem" que influenciam a vulnerabilidade futura e "a sinalização", o que indica a necessidade de reavaliação ou mudança de estratégias. A sólida análise de decisões também pode ser realizada com ferramentas quantitativas mais formais, em uma abordagem de modelagem exploratória, por meio de métodos matemáticos para caracterizar decisões e resultados sobre condições de profunda incerteza.

Figura 1.3 Avaliação de perdas de peso morto na participação parcial em um acordo climático

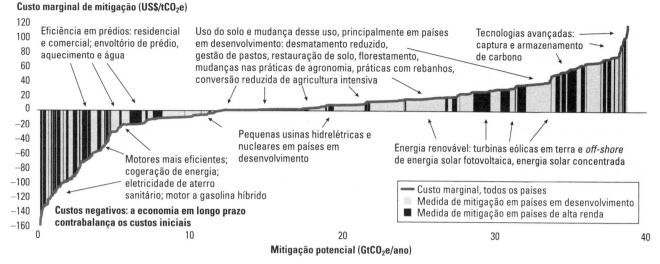

a. Curva de custo de mitigação global de gases do efeito estufa além do cenário de referência em 2030

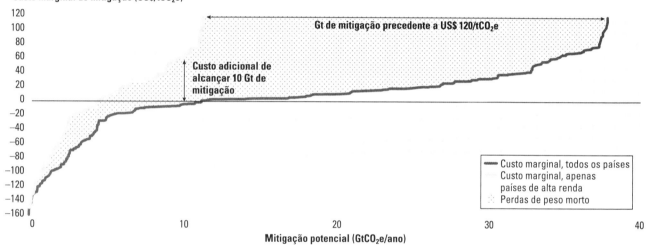

b. Perdas de peso morto apenas de mitigação em países desenvolvidos: curva de custo marginal de participação limitada

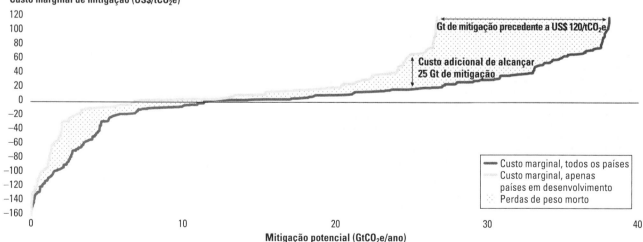

c. Perdas de peso morto apenas de mitigação em países em desenvolvimento: curva de custo marginal de participação limitada

Fonte: McKinsey & Company (2009) com dados detalhados fornecidos pela equipe do WDR 2010.

Nota: As barras em (a) representam várias medidas de mitigação: a largura indica a quantidade de redução de emissão que cada medida alcançaria, e a altura refere-se ao custo da medida por tonelada evitada. Delinear a altura das barras cria uma curva de custo marginal de mitigação. Os painéis (b) e (c) mostram a curva de custo marginal de mitigação se a mitigação ocorrer apenas em países de alta renda (b) ou apenas em países em desenvolvimento (c), além das perdas de peso morto associadas a esses cenários. Tais perdas de peso morto seriam evitadas ou minimizadas por meio de mecanismos financeiros que permitam a separação entre quem paga e quem mitiga e assegurem as medidas mais econômicas de mitigação adotadas.

Em processos de tomada de decisão sólidos, os custos, os benefícios e as compensações climáticas de eficácia são avaliados em todos os cenários. A prescrição de política não é buscar uma política "ideal", no sentido tradicional de maximizar utilidade, que tenha desempenho, em média, melhor do que outras. Pelo contrário, políticas sólidas são aquelas que suportam futuros imprevisíveis de maneira tão robusta. Nessa estrutura, as políticas de médio prazo podem ser compreendidas com uma vantagem em relação ao custo de ajustes de política – dando sustentação, hoje, aos esforços para investir em P&D e infraestrutura com o propósito de manter, no futuro, aberta a opção de baixo carbono (Keller; Yohe; Schlesinger, 2008).

Os custos de retardar o esforço de mitigação

O atual aquecimento global foi causado, em grande parte, pelas emissões dos países ricos (Intergovernmental Panel on Climate Change, 2007a). Os países em desenvolvimento estão certos em se preocupar com as consequências da imposição de limitações a seu conhecimento. Isso serve de sustentação ao argumento, incorporado no princípio das "responsabilidades comuns mas diferenciadas" da Convenção-Quadro das Nações Unidas sobre Mudança do Clima (CQNUMC), que afirma que os países de alta renda devem liderar projetos que visem à redução de emissões em decorrência de sua responsabilidade histórica e também das emissões *per capita* significativamente mais elevadas hoje. Os recursos financeiros e tecnológicos muito maiores dos países desenvolvidos são outro argumento para que assumam a maior parte dos custos de mitigação, independentemente de onde esta ocorre.

No entanto, as reduções realizadas apenas pelos países ricos não serão suficientes para limitar o aquecimento a níveis toleráveis. Embora as emissões passadas e cumulativas *per capita* sejam baixas, principalmente em países de baixa renda e também de renda média,[13] o total anual das emissões de CO_2 nos países de renda média alcançou as dos ricos, e a parcela maior das emissões atuais de mudança de uso do solo vem dos países tropicais.[14] O mais importante, porém, é que as mudanças projetadas do uso de combustível fóssil em países de renda média sugerem que suas emissões de CO_2 continuarão a crescer e ultrapassarão as emissões acumuladas dos países desenvolvidos nas próximas décadas (Wheeler; Ummel, 2007).

A implicação, contida na CQNUMC e no Plano de Ação de Bali,[15] é de que todos os países têm um papel no acordo para reduzir as emissões globais que deve ser proporcional à sua condição de desenvolvimento. Nessa abordagem, os países desenvolvidos assumem a liderança na concretização de metas de redução significativa auxiliando os países em desenvolvimento a lançar as bases para trajetórias de crescimento de baixo carbono e satisfazer às necessidades de adaptação de seus cidadãos. A CQNUMC também conclama os países desenvolvidos a indenizar os países em desenvolvimento pelos custos adicionais de mitigação e adaptação em que possam incorrer.

Um componente fundamental da ação global é o mecanismo global que permite diferir quem promove a mitigação daqueles que pagam (tema do Capítulo 6). As transferências financeiras internacionais negociadas podem habilitar financiamento direto, pelos países de alta renda, de medidas de mitigação assumidas nos países em desenvolvimento. (Nos países em desenvolvimento, a mitigação exige frequentemente reorientar as trajetórias de emissão futuras a níveis mais sustentáveis e não reduzir os níveis de emissões absolutos.) Liberar financiamento em larga escala por parte países de alta renda parece ser um grande desafio. Contudo, se os países de alta renda têm o compromisso de alcançar

---

13 Consultar Visão geral, Figura 3, quanto às emissões cumulativas relativas à fatia de população.

14 Conforme a International Energy Agency (2008), os países fora da Organização para a Cooperação e o Desenvolvimento Econômico (OCDE) alcançaram o mesmo nível anual de emissões relativas à energia que os países da OCDE em 2004 (aproximadamente 13 gigatoneladas de CO_2 por ano). A base de dados do indicador de emissões Cait do World Resource Institute (2008) sugere a mesma conclusão usando a definição do Banco Mundial de países desenvolvidos e em desenvolvimento.

15 O Capítulo 5, Quadro 5.1, descreve detalhadamente o Plano de Ação de Bali.

emissões globais totais mais baixas, é de seu interesse promover o financiamento para que a mitigação significativa ocorra nos países em desenvolvimento. Estimativas de custos de mitigação global geralmente presumem que a mitigação ocorrerá onde ou quando for mais barata. Muitas medidas de baixo custo para reduzir as emissões relativas às trajetórias projetadas estão em países em desenvolvimento. Portanto, os caminhos de mitigação global de custo mais baixo simplesmente implicam que uma grande parcela da mitigação está em países em desenvolvimento – independentemente de quem paga.[16]

Ações retardadas por parte de qualquer país para reduzir de maneira significativa as trajetórias de emissão ensejam custo global mais elevado para qualquer alvo de mitigação escolhido. Por exemplo, retardar ações de mitigação em países em desenvolvimento até 2050 poderia mais do que duplicar o custo total de cumprir uma meta específica, conforme uma estimativa (Edmonds et al., 2008). Outra estimativa sugere que um acordo internacional que contemple apenas os países com níveis de emissões mais altos (ou seja, dois terços das emissões) triplicaria o custo de alcançar uma determinada meta em comparação com a participação total (Nordhaus, 2008b). Isso ocorre porque o encolhimento do conjunto de oportunidades de mitigação disponíveis para alcançar uma meta definida exige não apenas medidas negativas de baixo custo, mas também as de alto custo.

Os países desenvolvidos e em desenvolvimento têm potencial semelhante para medidas de custo negativo (benefício líquido) e de alto custo, porém a faixa média das condições de mitigação de baixo custo está predominantemente nos países em desenvolvimento (muitas delas na agricultura e nas florestas). A exploração de todas as medidas disponíveis será fundamental para alcançar a mitigação substancial. Essa questão é ilustrada pela análise da McKinsey (Figura 1.3a), mas os resultados não são exclusivos para ela. Se os países em desenvolvimento não reduzirem suas trajetórias de emissão, o custo total de qualquer quantidade escolhida de mitigação será muito mais alto (o custo marginal de redução apenas nos países em desenvolvimento, a linha em cinza claro na Figura 1.3b, será sempre maior caso seja considerado o portfólio global de opções, a linha preta na Figura 1.3b). O declínio no potencial de mitigação total e o aumento nos custos de mitigação global derivados de uma abordagem que envolva a mitigação principalmente em países de alta renda não dependem de nenhum modelo específico (cf. Edmonds et al., 2008). Não dependem também de nenhuma diferença entre as oportunidades e os custos entre os países desenvolvidos e em desenvolvimento: se os países desenvolvidos se recusarem a reduzir suas emissões, os custos globais subirão e a quantidade de redução potencial será ignorada (Figura 1.3c).

---

16 Para 2030, estimam-se 65%-70% das reduções de emissões ou 45%-70% do custo de investimento. Durante o século (usando o valor líquido atual para 2100), a parcela de investimentos estimada que deve ocorrer em países em desenvolvimento é de 65%-70%. Consultar Visão geral, nota 47, quanto a fontes.

Figura 1.4 O gasto global com estímulo verde está em alta

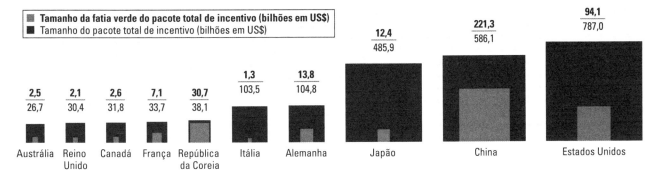

Fonte: Robins, Clover e Singh (2009)

Esses aumentos dos custos de redução global representam perdas puras de peso morto – custos adicionais desperdiçados que resultam em ganhos zero de bem-estar. Muitas vezes, evitar as perdas (os cantos sombreados entre as curvas de custo marginal nas figuras 1.3.b e 1.3c) cria incentivos e espaço para negociar a localização e o financiamento de ações de mitigação, ao mesmo tempo que beneficia os participantes. É muito mais barato para o mundo como um todo alcançar as metas de mitigação determinadas com um portfólio completo de medidas que ocorrem em todos os países. É tão mais econômico que, conquanto países suficientes comprometam-se com o objetivo de mitigação global, todos estarão em melhor posição se os países desenvolvidos acabarem com o custo de financiar medidas ampliadas em países em desenvolvimento hoje.

Os países desenvolvidos têm os meios e incentivos para transferir financiamento suficiente para os países que não fazem parte do Anexo 1 (cf. Edmonds et al., 2008; ver também Capítulo 5, Quadro 5.1) para enriquecê-los um pouco com as transferências recebidas e ampliar imediatamente seus esforços de mitigação, comparados com o retardamento do compromisso por uma década ou mais antes de introduzir suas próprias metas e políticas nacionais. Para uma dada meta de mitigação, cada dólar transferido para esse fim poderia render uma média de US$ 3 em ganhos de bem-estar com a eliminação de perdas de peso morto, os quais podem ser compartilhados conforme os termos negociados. Em outras palavras, a participação de países desenvolvidos no processo de alcançar uma meta global vale muito. O compartilhamento de grandes perdas de peso morto pode formar um incentivo sólido para a participação em um negócio justo. Não é um jogo de soma zero (Hamilton, 2009).

Por conseguinte, é fundamental não subestimar as dificuldades de se alcançar um acordo quanto às metas de emissão global, pois tal acordo sofre de um tipo de "tragédia dos comuns" internacional: todos os países podem se beneficiar da participação global, mas os incentivos unilaterais para a participação são fracos para a maioria deles. Isso ocorre porque nem todos os países gostariam de ter os benefícios gratuitamente, sem se preocupar com os custos (Barret, 2006, 2007). Em geral, os países são pequenos o bastante de modo que, se um decidir se retirar do acordo global, não seria afetado. Contudo, quando aplicado a todos os países, esse raciocínio mina a possibilidade de alcançar um acordo em primeiro lugar (Barret; Stavins, 2003).

De fato, simulações que exploram várias estruturas de coalizão e transferências de recursos internacionais para persuadir os participantes relutantes a permanecer na coalizão revelam a dificuldade em alcançar um consenso estável (um que seja coerente com autointeresse) para executar cortes profundos e incisivos nas emissões globais. Coalizões estáveis e eficazes são possíveis para cortes mais amenos e menos incisivos em emissões globais, mas estes não tratam de maneira suficiente as ameaças à sustentabilidade de maior mudança climática (Carraro; Eykmans; Finus 2009; Carraro, 2009).

Aproveitar o momento: estímulo imediato e transformações de longo prazo

Em 2008, a economia global sofreu um choque drástico provocado por problemas nos mercados habitacionais e financeiros nos Estados Unidos que acabou por atingir vários países. Desde a Grande Depressão, o mundo não passava por uma experiência financeira e econômica desse porte. Os mercados de crédito congelaram, investidores fugiram para a segurança, dezenas de moedas foram realinhadas, e as bolsas tiveram queda acentuada. No pico da volatilidade financeira, o mercado norte-americano de capitais perdeu o US$ 1,3 trilhão em valor em apenas uma sessão (Brinsley; Christie, 2009).

Em todo o mundo, as consequências para os indicadores reais de economia e desenvolvimento são imensas e não param de acontecer. Existem projeções de que a economia global se contraia em 2009. No mundo todo, o desemprego está em alta. Apenas nos Estados Unidos, houve uma perda de quase 5 milhões de postos de trabalho entre dezembro de 2007, quando a recessão começou, e março de 2009 (Bureau of Labor Statistics, 2009). Algumas estimativas sugerem perdas de 32 milhões de postos de trabalho nos países em desenvolvimento (Organização Internacional do Trabalho, 2009). De 53 milhões a 90 milhões de pessoas não escaparão da pobreza, como resultado de 2009 (Banco Mundial, 2009a). A assistência de desenvolvimento oficial, já muito abaixo das metas comprometidas para vários países doadores, provavelmente diminuirá à medida que as finanças públicas nos países desenvolvidos piorarem e a atenção se voltar para as prioridades nacionais.

Algumas regiões estão se tornando mais vulneráveis a desafios futuros por causa da crise econômica: as economias subsaarianas cresceram rapidamente nos primeiros anos do século XXI, porém o colapso no preço de *commodities* e a atividade econômica global serão um teste para essa tendência. Países e comunidades em todo o mundo que dependem de remessas de seus cidadãos que trabalham nos países desenvolvidos foram gravemente afetados com a queda nas transferências financeiras (Ratha; Mohapatra; Xu, 2008). No México, as remessas caíram em US$ 920 milhões em seis meses, até março de 2009 – uma queda de 14%.[17]

A crise financeira apresenta um ônus adicional aos esforços de desenvolvimento e uma distração provável a urgência da mudança climática. A vulnerabilidade individual, comunitária e dos países à ameaça de mudanças climáticas aumentará à medida que o crescimento econômico desacelerar, receitas desaparecerem e assistência encolher. Enquanto o desaquecimento econômico se equiparar a uma desaceleração temporária das emissões, as pessoas permanecerão vulneráveis ao aquecimento já em andamento. Sem esforços conjuntos para dissociar as emissões do crescimento, as emissões novamente acelerarão à medida que a recuperação econômica acontecer.

Em muitos países desenvolvidos e em desenvolvimento, os governos estão respondendo a essa crise com a expansão do gasto público. Em vários planos nacionais e regionais de estímulo, o gasto proposto chega a cifras que varia de US$ 2,4 trilhões a 2,8 trilhões (Robins; Clover; Singh, 2009). Os governos esperam que esse aumento de gastos proteja postos de trabalho com o aumento da demanda efetiva, uma das principais prioridades para impedir a recessão. O Banco Mundial propôs que 0,7% dos pacotes de estímulos dos países de alta renda seja canalizado para um "fundo de vulnerabilidade" a fim de minimizar os custos sociais da crise econômica nos países em desenvolvimento (Zoellick, 2009).

A necessidade do estímulo verde

Apesar do caos econômico, permanece a necessidade de uma ação urgente contra a mudança climática, sobretudo em razão do aumento da pobreza e vulnerabilidade em todo o mundo. Assim, debates públicos recentes concentraram-se na possibilidade de usar pacotes fiscais para exigir uma economia verde, com o propósito de combater a mudança climática e restaurar o crescimento.

Como o declínio econômico e a mudança climática podem ser tratados como estímulo fiscal? A solução para esse problema requer intervenção governamental, pois a mudança climática é criada por uma externalidade em larga escala. E essa crise inédita nos mercados financeiros e na economia real apela para o dispêndio público.

---

17 Banco de México. Disponível em: <http://www.banxico.org.mx/SieInternet/consultarDirectorioInternetAction.do?accion=consultarCuadro&idCuadro=CE99&locale=es>. Acesso em: 15 maio 2009.

"Cuide da terra,
Cuide de suas criaturas.
Não deixe para seus filhos
Um planeta que está morto."

Lakshmi Shree, 12 anos, Índia.

O investimento em política climática pode ser uma maneira eficiente de lidar com a crise econômica no curto prazo. As tecnologias de baixo carbono podem gerar um aumento líquido em postos de trabalho, pois podem depender mais da mão de obra intensiva do que os setores de alto carbono (Fankhauser; Sehlleier; Stern, 2008). Algumas estimativas sugerem que um bilhão de dólares em gastos governamentais com projetos verdes nos Estados Unidos podem criar 30 mil empregos no ano, sete mil a mais do que os gerados pela infraestrutura tradicional (Houser; Mohan; Heilmayr, 2009). Outras estimativas sugerem que gastar 100 bilhões de dólares geraria quase dois milhões de empregos – cerca de metade deles diretamente (Pollin et al., 2008). Contudo, em qualquer estímulo de curto prazo, os ganhos de empregos não podem ser sustentados no longo prazo (Fankhauser; Sehlleier; Stern, 2008).

Gasto verde em todo o mundo
Vários governos incluíram uma parcela de investimentos "verdes" em suas propostas de estímulo, como tecnologias de baixo carbono, eficiência energética, pesquisa e desenvolvimento, e gestão de recursos hídricos e de refugos (Figura 1.4). A República da Coreia dedicará 80,5% de seu plano fiscal a projetos verdes. No pacote de estímulo norte-americano, dos US$ 130 bilhões planejados, cerca de US$ 100 bilhões já foram alocados para investimentos relativos à mudança climática. Em geral, apenas US$ 436 bilhões serão destinados a investimentos verdes como parte do estímulo fiscal em todo mundo, dos quais há uma expectativa que metade seja usada em 2009 (Robins; Clover; Singh, 2009).

A eficiência desses investimentos dependerá da rapidez de sua implementação, como podem ser bem-direcionados para criar postos de trabalho e utilizar recursos subutilizados e o quanto direcionam as economias para uma infraestrutura de baixo carbono, emissões reduzidas e maior capacidade de adaptação (Bowen et al., 2009). Os investimentos em eficiência energética em prédios públicos, por exemplo, são atraentes porque, em geral, estes já estão prontos e exigem muita mão de obra e geram economias em longo prazo para o setor público (Bowen et al., 2009; Houser; Mohan; Heilmayr, 2009). Resultados semelhantes poderão ser obtidos se forem financiadas outras medidas de eficiência energética que reduzam o custo social da energia em prédios privados e também em instalações de água e saneamento, e que produzam melhor fluxo de tráfego.

Em cada país, o portfólio de projetos e investimentos varia de acordo com as condições específicas da economia e as necessidades de criação de trabalho. Por exemplo, a maioria dos pacotes de estímulo na América Latina será gasta em obras públicas, como estradas, com potencial limitado de mitigação (Schwartz; Andres; Dragoiu, 2009). Na República da Coreia, onde é esperada a criação de 960 mil postos de trabalho nos próximos quatro anos, uma grande fatia do investimento – US$ 13,3 bilhões de 36 bilhões de dólares – será alocada para três projetos: recuperação de rios, expansão de transporte de massa e ferrovias, e conservação de energia em aldeias e escolas, programas com projeção para criar 500 mil postos de trabalho (Barbier, 2009). A China destinará US$ 85 bilhões para transporte ferroviário com uma alternativa de baixo carbono para o transporte rodoviário e aéreo, que também pode até ajudar a aliviar os gargalos no transporte. Os outros US$ 70 bilhões serão alocados para uma nova rede elétrica que melhore a eficiência e disponibilidade de eletricidade (ibidem). Nos Estados Unidos, dois projetos relativamente baratos – US$ 6,7 bilhões para a renovação de prédios e federais, e outros US$ 6,2 bilhões para a aclimatação de casas – criarão cerca de 325 mil postos de trabalho por ano.[18]

Na maioria dos países em desenvolvimento, os projetos em pacotes de estímulo não têm o forte componente de redução de emissão, mas podem melhorar a flexibilidade e a mudança climática e criar postos de trabalho. A melhoria de redes de água e saneamento na Colômbia, por exemplo, deve criar 100 mil empregos diretos para cada um bilhão de dólares investidos, ao mesmo tempo que reduz o risco de doenças transmitidas pela água (Schwartz; Andres; Dragoiu, 2009). Tanto os países em desenvolvimento quanto os desenvolvidos devem considerar medidas de adaptação, como a restauração de fundos de riacho e áreas inundadas, que

---

18 Cálculo dos autores, com base em Houser, Mohan e Heilmayr (2009).

podem utilizar muita mão de obra, portanto com redução tanto das vulnerabilidade físicas quanto financeiras de alguns grupos. O desafio seria assegurar que as medidas de adaptação continuem após o encerramento do programa de gastos.

É provável que esses números preliminares mudem com o desenrolar da crise. Não há garantia de que os elementos verdes do estímulo fiscal tenham êxito, seja na geração de trabalho, seja na mudança do conjunto de carbono na economia. E mesmo no melhor cenário, as intervenções fiscais não serão suficientes para eliminar o risco de aprisionamento de carbono e vulnerabilidade climática. Contudo, a oportunidade para dar início a investimentos verdes e lançar as bases para economias de baixo carbono é real e deve ser aproveitada.

Transformações fundamentais em médio e longo prazos

A incorporação sólida de componentes de investimento de baixo carbono e alta flexibilidade em expansões fiscais para combater a crise financeira não será suficiente para impedir os problemas de longo prazo causados pela mudança climática. São necessárias transformações fundamentais em proteção social, financiamento de carbono e pesquisa e desenvolvimento em mercados energéticos e na gestão de terra e água.

Em médio e longo prazos, o desafio é encontrar novos caminhos para alcançar metas idênticas de desenvolvimento sustentável e limite à mudança climática. Alcançar um acordo global equânime e justo seria um passo importante para evitar o pior cenário. Mas isso exige transformar o estilo de vida altamente dependente de carbono dos países ricos (e dos ricos de toda parte) e os caminhos de crescimento dependentes de carbono dos países em desenvolvimento, o que exige mudanças socioeconômicas complementares.

As modificações de normas sociais que recompensam o estilo de vida de baixo carbono podem ser o elemento poderoso de sucesso (ver Capítulo 8). Contudo, as mudanças de comportamento precisam ser combinadas com reforma institucional, financiamento adicional e inovação tecnológica para evitar aumentos irreversíveis e catastróficos na temperatura. Em qualquer caso e em qualquer cenário, uma forte política pública pode ajudar as economias a absorver os choques de impactos climáticos inevitáveis, minimizar as perdas líquidas sociais e garantir o bem-estar daqueles que mais têm a perder.

A resposta à mudança climática poderia gerar impulso para melhorar o processo de desenvolvimento e promover reformas em prol do bem-estar, o que precisa acontecer de qualquer maneira. Por exemplo, os esforços conjuntos para o aumento da eficiência energética e promoção do desenvolvimento poderiam encontrar uma expressão política – e física – em cidades mais verdes e mais resistentes. A melhoria no projeto urbano para promover a eficiência energética, por exemplo, transporte coletivo ou um pedágio urbano, poderia aumentar a segurança física e a qualidade de vida. Isso depende da capacidade de substituição de mecanismos e políticas institucionais inadequados, que ocorre graças a um maior espaço político para a mudança conquistado em face da ameaça do aquecimento global e da maior assistência financeira e técnica internacional.

Os cidadãos terão um papel significativo no debate público e na implementação de soluções. As pesquisas de opinião mostram que, em todo o mundo, as pessoas estão preocupadas com a mudança climática, mesmo com a crise financeira recente (Accenture, 2009), contudo a evidência em tendências recentes nos Estados Unidos é mista (Pew Research Center for People e the Press, 2009). A maioria dos governos também reconhece, pelo menos no discurso, a enormidade do perigo. A comunidade internacional reconheceu o problema como mostra a concessão do Prêmio Nobel da Paz de 2007 para a avaliação científica e comunicação ao público sobre a mudança climática.

O desafio para os tomadores de decisões é garantir que essa conscientização crie o impulso para reforma de instituições e comportamento e sirva às necessidades dos mais vulneráveis (Ravallion, 2008). As crises financeiras da década de 1990 foram fundamentais para a revitalização das redes de segurança na América Latina, trazendo à luz os programas Progresa-Oportunidades, no México, e o Bolsa Família, no Brasil, entre as melhores inovações em política social em décadas.[19]

A crise ruiu a crença em mercados não regulados. Como consequência, espera-se melhor regulamentação, maior intervenção e melhor responsabilidade por parte dos governos. Para lidar com a mudança climática, é necessária a regulamentação adicional de clima em termos inteligentes para induzir abordagens normativas para mitigação e adaptação. As políticas criam uma abertura para a escala e o âmbito das intervenções governamentais necessárias, com o propósito de corrigir a mudança climática – o maior fracasso de mercado na história humana.

Referências bibliográficas

ACCENTURE. *Shifting the Balance from Intention to Action*: Low Carbon, High Opportunity, High Performance. New York: Accenture, 2009.

ADAMS, H. D. et al. Temperature Sensitivity of Drought-Induced Tree Mortality Portends Increased Regional Die-Off Under Global-Change-Type Drought. *Proceedings of the National Academy of Sciences*, v.106, n.17, p.7063-6, 2009.

AGUILAR, L. *Climate Change and Disaster Mitigation*: Gender Makes a Difference. Gland, Switzerland: International Union for Conservation of Nature, 2006.

ALDERMAN, H.; HODDINOTT, J.; KINSEY, B. Long-Term Consequences of Early Childhood Malnutrition. *Oxford Economic Papers*, v.58, n.3, p.450-74, 2006.

ANDRIAMIHAJA, N.; VECCHI, G. An Evaluation of the Welfare Impact of Higher Energy Prices in Madagascar. Working Paper Series 106, World Bank, Africa Region, Washington, DC, 2007.

ARMSTRONG, R. et al. *GLIMS Glacier Database*. Boulder, CO: National Snow and Ice Data Center, 2005.

ARTHUR, W. B. *Increasing Returns and Path-Dependence In The Economy*. Ann Arbor, MI: University of Michigan Press, 1994.

---

19 Esses programas foram pioneiros no uso de transferências com base em incentivo para domicílios pobres, para suplementar renda e incentivar diretamente comportamentos de combate à pobreza. Em contraste com o apoio à renda tradicional, esses programas fornecem dinheiro para domicílios pobres com a condição de que ele seja usado para nutrição e programas de saúde (imunizações, cuidados pré-natal) ou que as crianças frequentem a escola (Fiszbein; Schady, 2009).

ASSUNÇAO, J. J.; CHEIN, F. Climate Change, Agricultural Productivity and Poverty. Background. In: *Low Carbon, High Growth*: Latin America Responses to Climate Change. Washington, DC: World Bank, 2008. (Paper for de La Torre and et al., 2008).

AUFFHAMMER, M.; RAMANATHAN, V.; VINCENT, J. R. Integrated Model Shows that Atmospheric Brown Clouds and Greenhouse Gases Have Reduced Rice Harvests in India. *Proceedings of the National Academy of Sciences*, v.103, n.52, p.19668-72, 2006.

AULD, G. et al. Playing it Forward: Path Dependency, Progressive Incrementalism, and the "Super Wicked" Problem of Global Climate Change. In: INTERNATIONAL STUDIES ASSOCIATION ANNUAL CONVENTION, 2007, Chicago.

AUSTRALIAN CONSORTIUM FOR THE ASIAN SPATIAL INFORMATION AND ANALYSIS NETWORK (ACASIAN). China *Rail Transport Network Database*. Brisbane: Griffith University, 2004.

AZARIADIS, C.; STACHURSKI, J. Poverty Traps. In: AGHION, P.; DURLAUF, S. (Ed.) *Handbook of Economic Growth*. Amsterdam: Elsevier, 2005. v.1.

BARBIER, E. B. *A Global Green New Deal*. Nairobi: United Nations Environment Programme, 2009.

BARRETT, S. The Problem of Averting Global Catastrophe. *Chicago Journal of International Law*, v.6, n.2, p.1-26, 2006.

_____. *Why Cooperate?* The Incentive to Supply Global Public Goods. Oxford, UK: Oxford University Press, 2007.

BARRETT, S.; STAVINS, R. Increasing Participation and Compliance in International Climate Change Agreements. *International Environmental Agreements: Politics, Law and Economics*, v.3, n.4, p.349-76, 2003.

BATES, B. et al. Climate Change and Water. Technical Paper, Intergovernmental Panel on Climate Change, Geneva, 2008.

BENITEZ, D. et al. Assessing the Impact of Climate Change Policies in Infrastructure Service Delivery: a Note on Affordability and Access. Background note for the WDR 2010, 2008.

BOWEN, A. et al. *An Outline of the Case for a "Green" Stimulus*. London: Grantham Research Institute on Climate Change and the Environment and the Centre for Climate Change Economics and Policy, 2009.

BRENNER, M. D.; RIDDLE, M.; BOYCE, J. K. A Chinese Sky Trust? Distributional Impacts of Carbon Charges and Revenue Recycling in China. *Energy Policy*, v.35, n.3, p.1771-84, 2007.

BRINSLEY, J.; CHRISTIE, R. 2009. Paulson to Work Quickly with Congress to Revive Plan (Update 1). Bloomberg, 2009.

BROWN, C., et al. An Empirical Analysis of the Effects of Climate Variables on National Level Economic Growth. Background paper for the WDR 2010, 2009.

BRUCKNER, T. et al. Climate change decision support and the tolerable windows approach. *Environmental Modeling and Assessment*, v.4, p.217-34, 1999.

BUREAU OF LABOR STATISTICS. *Employment Situation Summary*. Washington, DC: Bureau of Labor Statistics, 2009.

CAMPBELL-LENDRUM, D. H.; CORVALAN, C. F.; PRUSS-USTUN, A. How Much Disease Could Climate Change Cause? In: MCMICHAEL, A. J. et al. (Ed.) *Climate Change and Human Health*: Risks and Responses. Geneva: World Health Organization, 2003.

CANEY, S. Ethics and Climate Change. Background Paper for the WDR 2010, 2009.

CARRARO, C.; EYKMANS, J.; FINUS, M. Optimal Transfers and Participation Decisions in International Environmental Agreements. *Review of International Organizations*, v.1, n.4, p.379-96, 2009.

CARTER, M. R. et al. 2007. Poverty Traps and Natural disasters in Ethiopia and Honduras. *World Development*, v.35, n.5, p.835-56, 2007.

CHAN, K. W. Internal Labor Migration in China: Trends, Geographical Distribution and Policies. Paper Presented at the Proceedings of United Nations Expert Group Meeting on Population Distribution, Urbanization, Internal Migration and Development, New York, 2008.

CHEN, S.; RAVAILLON, M. The Developing World is Poorer than we Thought, but no Less Successful in the Fight Against Poverty. Policy Research Working Paper 4703, World Bank, Washington, DC, 2008.

CHOMITZ, K.; MEISNER, C. *A Simple Benchmark for CO_2 Intensity Of Economies*. Washington, DC: Background Note for the World Bank Internal Evaluation Group on Climate Change and the World Bank Group, 2008.

CONFALONIERI, U. et al. Human Health. In: PARRY, M. L. (Ed.) *Climate Change 2007*: Impacts, Adaptation and Vulnerability. Contribution of Working Group II to the Fourth Assessment Report of the Intergovernmental Panel on Climate Change Cambridge, UK: Cambridge University Press, 2007.

CRAMTON, P.; KERR, S. The Distributional Effect of Carbon Regulation: Why Auctioned Carbon Permits Are Attractive and Feasible. In: STERNER, T. (Ed.) *The market and the environment*. Northampton, UK: Edward Elgar Publishing, 1999.

CRUZ, R. V. et al. Asia. In: PARRY, M. L. (Ed.) *Climate change 2007*: impacts, Adaptation and Vulnerability. Contribution of Working Group II to the Fourth Assessment Report of the Intergovernmental Panel on Climate Change. Cambridge, UK: Cambridge University Press, 2007.

DASGUPTA, P. Comments on the Stern Review's Economics of Climate Change. *National Institute Economic Review*, v.199, p.4-7, 2007.

_____. Discounting Climate Change. *Journal of Risk and Uncertainty*, v.37, n.2, p.141-69, 2008.

DELL, M.; JONES, B. F.; OLKEN, B. A. Climate Change and Economic Growth: Evidence from the Last Half Century. Cambridge, MA: National Bureau of Economic Research, 2008. (Working Paper 14132).

_____. Temperature and Income: Reconciling New Cross-Sectional and Panel Estimates. *American Economic Review*, v.99, n.2, p.198-204, 2009.

DERCON, S. Growth and Shocks: Evidence from Rural Ethiopia. *Journal of Development Economics*, v.74, n.2, p.309-29, 2004.

DIAMOND, J. *Collapse*: How Societies Choose to Fail or Succeed. New York: Viking, 2005.

EASTERLING, W. et al. Food, Fibre and Forest Products. In: PARRY, M. L. (Ed.) *Climate Change 2007*: Impacts, Adaptation and Vulnerability. Contribution of working group II to the Fourth Assessment Report of the Intergovernmental Panel on Climate Change. Cambridge, UK: Cambridge University Press, 2007.

EDMONDS, J. et al. Stabilizing CO_2 Concentrations with Incomplete International Cooperation. *Climate Policy*, v.8, n.4, p.355-76, 2008.

EKINS, P.; DRESNER, S. *Green Taxes and Charges*: Reducing Their Impact on Low-Income Households. York, UK: Joseph Rowntree Foundation, 2004.

ENVIRONMENTAL SYSTEMS RESEARCH INSTITUTE (Esri). ESRI Data and Maps. Redlands, CA: Esri, 2002.

ESTACHE, A. How Should the Nexus between Economic and Environmental Regulation Work for Infrastructure Services? Background note for the WDR 2010, 2009.

FANKHAUSER, S.; SEHLLEIER, F.; STERN, N. Climate Change, Innovation and Jobs. *Climate Policy*, v.8, p.421-9, 2008.

FISHER, B. S. et al. Issues Related to Mitigation in the Long-Term Context. In: METZ, B. et al. (Ed.) *Climate Change 2007*: Mitigation. Contribution of Working Group III to the Fourth Assessment Report of the Intergovernmental Panel on Climate Change. Cambridge, UK: Cambridge University Press, 2007.

FISZBEIN, A.; SCHADY, N. *Conditional Cash Transfers*: Reducing Present and Future Poverty. Washington, DC: World Bank, 2009.

FOLGER, T. Can Coal Come Clean? How to Survive the Return of the World's Dirtiest Fossil Fuel." *Discover Magazine*, 2006.

GJERDE, J.; GREPPERUD, S.; KVERNDOKK, S. Optimal climate policy under the possibility of a catastrophe. *Resource and Energy Economics*, v.21, n.3/4, p.289-317, 1999.

GUESNERIE, R. Calcul Economique et Développement Durable. *La Revue Economique*, v.55, n.3, p.363-82, 2004.

GUITERAS, R. *The Impact of Climate Change on Indian Agriculture*. Cambridge, MA: Department of Economics, Massachusetts Institute of Technology, 2007. (Working paper).

HALLEGATTE, S. An Adaptive Regional Input-Output Model and its Application to the Assessment of the Economic Cost of Katrina. *Risk Analysis*, v.28, n.3, p.779-99, 2008.

HALLEGATTE, S.; DUMAS, P.; HOURCADE, J-C. A note on the economic cost of Climate Change and the Rationale to Limit it to 2°C. Background paper for the WDR 2010, 2009.

HAMILTON, K. Delayed Participation in a Global Climate Agreement. Background note for the WDR 2010, 2009.

HARRINGTON, J.; WALTON, T. L. *Climate Change in Coastal Areas in Florida*: Sea Level Rise Estimation and Economic Analysis to Year 2080. Tallahassee, FL: Florida State University, 2008.

HEAL, G. Intertemporal Welfare Economics and the Environment. In: MALER, K.-G.; VINCENT, J. R. (Ed.) *Handbook of Environmental Economics*. Amsterdam: Elsevier, 2005. v.3.

_____. *Climate Economics*: a Meta-Review and Some Suggestions. Cambridge, MA: National Bureau of Economic Research, 2008. (Working paper 13927).

HILL, J. et al. Climate Change and Health Costs of Air Emissions from Biofuels and Gasoline. *Proceedings of the National Academy of Sciences*, v.106, n.6, p.2077-82, 2009.

HOF, A. F.; ELZEN, M. G. J. den; VUUREN, D. P. van. Analyzing the Costs and Benefits of Climate Policy: Value Judgments and Scientific Uncertainties. *Global Environmental Change*, v.18, n.3, p.412-24, 2008.

HOUGHTON, R. A. Emissions of Carbon from Land Management. Background note for the WDR 2010, 2009.

HOURCADE, J.-C.; AMBROSI, P. Quelques leçons d'un essai à risque, l'evaluation des dommages climatiques par Sir Nicholas Stern. *Revue d'Economie Politique*, v.117, n.4, p.33-46, 2007.

HOURCADE, J.-C. et al. Inasud Project Findings on Integrated Assessment of Climate Policies. *Integrated Assessment*, v.2, n.1, p.31-5, 2001.

HOUSER, T.; MOHAN, S.; HEILMAYR, R. *A Green Global Recovery?* Assessing U.S. Economic Stimulus and the Prospects for International Coordination. Washington, DC: World Resources Institute, 2009. (Policy brief PB09-03).

HUANG, Y.; MAGNOLI, A. (Ed.) *Reshaping Economic Geography in East Asia*. Washington, DC: World Bank, 2009.

INSTITUTE OF WATER MODELLING (IWM); CENTER FOR ENVIRONMENTAL AND GEOGRAPHICAL INFORMATION SERVICES (CEGIS). *Investigating the Impact of Relative Sea-Level Rise on Coastal Communities and Their Livelihoods in Bangladesh*. Dhaka: IWM, Cegis, 2007.

INTERGOVERNMENTAL PANEL ON CLIMATE CHANGE (IPCC). 2007a. *Climate Change 2007*: Synthesis Report. Contribution of Working Groups I, II, and II to the Fourth Assessment Report of the Intergovernmental Panel on Climate Change. Geneva: IPCC, 2007a.

_____. Summary for Policymakers. In: PARRY, M. L. et al. (Ed.) *Climate Change 2007*: Impacts, Adaptation and Vulnerability. Contribution of Working Group II to the Fourth Assessment Report of the Intergovernmental Panel on Climate Change. Cambridge, UK: Cambridge University Press, 2007b.

INTERNATIONAL ALLIANCE OF RESEARCH UNIVERSITIES (IARU). Climate Change: Global Risks, Challenges and Decisions. Copenhagen: Earth and Environmental Science, 2009. (IOP Conference Series).

INTERNATIONAL ENERGY AGENCY (IEA). *World Energy Outlook 2007*. Paris: IEA, 2007.

_____. *World Energy Outlook 2008*. Paris: IEA, 2008.

INTERNATIONAL LABOUR ORGANIZATION (ILO). *Global Employment Trends*: January 2009. Geneva: ILO, 2009.

IVANIC, M.; MARTIN, W. *Implications of Higher Global Food Prices for Poverty in Low-Income Countries*. Washington, DC: World Bank, 2008. (Policy research working paper 4594).

JALAN, J.; RAVALLION, M. Household Income Dynamics in Rural China. In: DERCON, S. (ed.) *Insurance Against Poverty*. Oxford, UK: Oxford University Press, 2004.

JENSEN, R. Agricultural Volatility and Investments in Children. *American Economic Review*, v.90, n.2, p.399-404, 2000.

JOHNSON, T. et al. *Mexico Low-Carbon Study*. México: Estudio Para la Disminución de Emisiones de Carbono (Medec). Washington, DC: World Bank, 2008

KLAUS, K.; YOHE, G.; SCHLESINGER, M. Managing the Risks of Climate Thresholds: Uncertainties and Information Needs. *Climatic Change*, v.91, p.5-10, 2008.

KOMIVES, K. et al. *Water, Electricity, and the Poor*: Who Benefits from Utility Subsidies? Washington, DC: World Bank, 2005.

KOMIVES, K. et al. 2007. *Food Coupons and Bald Mountains*: What the History of Resource Scarcity Can Teach Us About Tackling Climate Change. New York: United Nations Development Programme, 2007.

KOUSKY, C. et al. Responding to Threats of Climate Change Catastrophes. Background Paper for the *Economics of Natural Disasters,* Global Facility for Disaser Reduction and Recovery, World Bank, Washington, DC, 2009.

KRIEGLER, E. et al. Imprecise Probability Assessment of Tipping Points in the Climate System." *Proceedings of the National Academy of Sciences*, v.106, n.13, p.5041-6, 2009.

LAMBROU, Y.; LAUB, R. *Gender Perspectives on the Conventions on Biodiversity, Climate Change and Desertification*. Rome: Food and Agriculture Organization, 2004.

LEMPERT, R. J.: SCHLESINGER, M. E. Robust Strategies for Abating Climate Change. *Climatic Change*, v.45, n.3/4, p.387-401, 2000.

LIGON, E.; SADOULET, E. Estimating the Effects of Aggregate Agricultural Growth on the Distribution of Expenditures. Background paper for the WDR 2008, 2007.

LIPOVSKY, I. The Central Asian Cotton Epic. *Central Asian Survey*, v.14, n.4, p.29-542, 1995.

LOKSHIN, M.; RAVALLION, M. *Short-lived Shocks with Long-Lived Impacts?* Household Income Dynamics in a Transition Economy. Washington, DC: World Bank, 2000. (Policy research working paper 2459).

MARCOTULLIO, P. J.; SCHULZ, N. B. Comparison of Energy Transitions in the United States and Developing and Industrializing Economies. *World Development*, v.35, n.10, p.1650-83, 2007.

MARTIN, A. *Forestry*: Gender Makes the Difference. Gland, Switzerland: International Union for Conservation of Nature, 1996.

MCKINSEY & COMPANY. *Pathways to a Low-Carbon Economy:* Version 2 of the Global Greenhouse Gas Abatement Cost Curve. McKinsey & Company, 2009.

MIGNONE, B. K. et al. Atmospheric Stabilization and the Timing of Carbon Mitigation. *Climatic Change*, v.88, n.3/4, p.251-65, 2008.

MITCHELL, D. A Note on Rising Food Prices. Washington, DC: World Bank, 2008. (Policy research working paper 4682).

MOLESWORTH, A. M. et al. Environmental Changes and Meningitis Epidemics in Africa. *Emerging Infectious Diseases*, v.9, n.10, p.1287-93, 2003.

MORRIS, S. et al. Hurricane Mitch and Livelihoods of the Rural Poor in Honduras. *World Development*, v.30, n.1, p.39-60, 2002.

MUELLER, V.; OSGOOD, D. *Long-Term Impacts of Droughts on Labor Markets in Developing Countries*: Evidence from Brazil. New York: Earth Institute at Columbia University, 2007.

MULDER, P. *The Economics of Technology Diffusion and Energy Efficiency*. Cheltenham, UK: Edward Elgar, 2005.

NEUMAYER, E.; PLUMPER, T. The Gendered Nature of Natural Disasters: the Impact of Catastrophic Events on the Gender Gap in Life Expectancy, 1981-2002. *Annals of the Association of American Geographers*, v.97, n.3, p.551-66, 2007.

NG, F.; AKSOY, M. A. *Who Are the Net Food Importing Countries?* Washington, DC: World Bank, 2008. (Policy research working paper 4457).

NORDHAUS, W. *A Question of Balance*: Weighing the Options on Global Warming Policies. New York, CT: Yale University Press, 2008a.

_____. The Role of Universal Participation in Policies to Slow Global Warming. Paper Presented at the Third Atlantic Workshop on Energy and Environmental Economics, A Toxa, Spain, 2008b.

_____. An Analysis of the Dismal Theorem. Cowles Foundation Discussion Paper 1686, New Haven, CT, 2009.

O'NEILL, B. C. et al. Learning and Climate Change. *Climate Policy*, v.6, p.585-9, 2006.

PACIFIC INSTITUTE FOR CLIMATE SOLUTIONS. *Climate Change and Health in British Columbia*. Victoria: University of Victoria, 2008.

PARIKH, J. *Gender and Climate Change*: Key Issues. New Delhi: Integrated Research and Action for Development, 2008.

PATRIQUIN, M.; WELLSTEAD, A. M.; WHITE, W. A. 2007. Beetles, Trees, and People: Regional Economic Impact Sensitivity and Policy Considerations Related to the Mountain Pine Beetle Infestation in British Columbia, Canada. *Forest Policy and Economics*, v.9, n.8, p.938-46, 2007.

PINDYCK, R. Uncertainty in Environmental Economics. *Review of Environmental Economics and Policy*, v.1, n.1, p.45-65, 2007.

POLLIN, R. et al. *Green Recovery*: a Program to Create Good Jobs and Start Building a Low Carbon Economy. Washington, DC: Center for American Progress, 2008.

PORTNEY, P. R.; WEYANT, J. P. *Discounting and Intergenerational Equity*. Washington, DC: Resources for the Future, 1999.

POTTER, S. *The Sting of Climate Change*: Malaria and Dengue Fever in Maritime Southeast Asia and the Pacific Islands. Sydney: Lowy Institute for International Policy, 2008.

QUIGGIN, J. Uncertainty and Climate Policy. *Economic Analysis and Policy*, v.38, n.2, p.203-10, 2008.

RABIE, T. et al. The Health Dimension of Climate Change. Washington, DC: Worls Bank, 2008. (Background paper for FAY, M.; BLOCK, R. I.; EBINGER, J. (Ed.). *Adapting to climate change in Europe and Central Asia*. 2010).

RATHA, D.; MOHAPATRA, S.; XU, Z. *Outlook for Remittance Flows 2008-2010*. Washington, DC: World Bank, 2008.

RAVALLION, M. *Bailing out the World's Poorest*. Washington, DC: World Bank, 2008. (Policy research working paper 4763).

RISTVET, L.; WEISS, H. Imperial Responses to Environmental Dynamics at Late Third Millennium tell Leilan. *Orient-Express*, n.4, p.94-9, 2000.

ROBINE, J.-M. et al. Death toll Exceeded 70,000 in Europe During Summer of 2003. *Comptes Rendus Biologies*, v.331, n.2, p.171-8, 2008.

ROBINS, N.; CLOVER, R.; SINGH, C. *A Climate for Recovery*: the Colour of Stimulus Goes Green. London: HSBC, 2009.

ROEMER, J. The Ethics of Distribution in a Warming Planet. Cowles Foundation Discussion Paper 1693, New Haven, CT, 2009.

ROSENBERG, N. Technology and the Environment: an Economic Exploration. *Technology and Culture*, v.12, n.4, p.543-61, 1971.

ROSENZWEIG, M. R.; BINSWANGER, H. P. Wealth, Weather Risk and the Composition and Profitability of Agricultural Investments. *Economic Journal*, v.103, n.416, p.56-78, 1993.

SAVAGE, L. J. The Theory of Statistical Decision. *Journal of the American Statistical Association*, v.46, n.253, p.55-67, 1951.

_____. *The Foundations of Statistics*. New York: John Wiley & Sons, 1954.

SCHMIDHUBER, J.; TUBIELLO, F. N. Global Food Security Under Climate Change. *Proceedings of the National Academy of Sciences*, v.104, n.50, p.19703-8, 2007.

SCHMIDT, G. Runaway Tipping Points of no Return. *Real Climate*, 2006.

SCHWARTZ, J.; ANDRES, L.; DRAGOIU, G. *Crisis in LAC*: Infrastructure Investment, Employment and the Expectations of Stimulus. Washington, DC: World Bank, LCSSD Economics Unit, 2009.

SHALIZI, Z.; LECOCQ, F. *Economics of Targeted Mitigation Programs in Sectors with Long-Lived Capital Stock*. Washington, DC: World Bank, 2009. (Policy research working paper 5063).

SINGER, P. Ethics and Climate Change: Commentary. *Environmental Values*, v.15, p.415-22, 2006.

SMITH, J. B. et al. Assessing Dangerous Climate Change Through an Update of the Intergovernmental Panel on Climate Change (IPCC) "reasons for concern". *Proceedings of the National Academy of Sciences*, v.106, n.11, p.4133-7, 2009.

SMYTH, I. More than Silence: the Gender Dimensions of Tsunami Fatalities and their Consequences. Paper presented at the WHO Conference on Health Aspects of the Tsunami Disaster in Asia, Phuket, Thailand, 2005.

SOLOMON, S. et al. Irreversible Climate Change due to Carbon Dioxide Emissions. *Proceedings of the National Academy of Sciences*, v.106, n.6, p.1704-9, 2009.

STERN, N. *The Economics of Climate Change*: the Stern Review. Cambridge, UK: Cambridge University Press, 2007.

_____. *Key Elements of a Global Deal on Climate Change*. London: London School of Economics and Political Science, 2008.

STERNER, T.; PERSSON, U. M. An Even Sterner Review: Introducing Relative Prices Into the Discounting Debate. *Review of Environmental Economics and Policy*, v.2, n.1, p.61-76, 2008.

TOL, R. S. J. The Marginal Damage Cost of Carbon Dioxide Emissions: an Assessment of the Uncertainties. *Energy Policy*, v.33, p.2064-74, 2005.

TOTH, F.; MWANDOSYA, M. Decision-Making Frameworks. In: METZ, B. et al. (Ed.) *Climate change 2001*: Mitigation. Contribution of Working Group III to the Third Assessment Report of the Intergovernmental Panel on Climate Change. Cambridge, UK: Cambridge University Press, 2001.

UMMEL, K.; WHEELER, D. *Desert Power*: the Economics of Solar Thermal Electricity for Europe, North Africa, and the Middle East. Washington, DC: Center for Global Development, 2008. (Working Paper 156).

UNITED NATIONS DEVELOPMENT PROGRAMME (UNDP). *Human Development report 2007/2008.* Fighting Climate Change: Human Solidarity in a Divided World. New York: UNDP, 2008.

_____. *Resource Guide on Gender and Climate Change*. New York: UNDP, 2009.

UNITED NATIONS INTERNATIONAL STRATEGY FOR DISASTER RISK REDUCTION (UNISDR). *Gender Perspective: Working Together for Disaster Risk Reduction.* Good Practices and Lessons Learned. Geneva: UNISDR, 2007.

UNITED NATIONS. *The Millennium Development Goals Report 2008*. New York: UN, 2008.

VERGARA, W. Assessing the Potential Consequences of Climate Destabilization in Latin America. Sustainable Development Working Paper 32, World Bank, Latin America and Caribbean Region, Washington, DC, 2009.

WORLD COMMISSION ON ENVIRONMENT AND DEVELOPMENT (WCED). *Our Common Future*. Oxford, UK: WCED, 1987.

WEISS, H. Beyond the Younger Dryas: Collapse as Adaptation to Abrupt Climate Change in Ancient West Asia and the Eastern Mediterranean. In: BAWDEN, G.; REYCRAFT, R. M. (Ed.) *Environmental Disaster and the Archaeology of Human Response*. Albuquerque: Maxwell Museum of Anthropology, 2000.

WEISS, H.; BRADLEY, R. S. What Drives Societal Collapse? *Science*, v.291, p.609-10, 2001.

WEITZMAN, M. A Review of the *Stern Review on the Economics of Climate Change*. *Journal of Economic Literature*, v.45, n.3, p.703-24, 2007.

_____. On Modeling and Interpreting the Economics of Catastrophic Climate Change. *Review of Economics and Statistics*, v.91, n.1, p.1-19, 2009a.

_____. *Reactions to the Nordhaus critique*. Cambridge, MA: Harvard University, 2009b.

WHEELER, D.; UMMEL, K. *Another Inconvenient Truth*: a Carbon-Intensive South Faces Environmental Disaster, no Matter What The North Does. Washington, DC: Center for Global Development, 2007. (Working paper 134).

WORLD BANK. Hurricane Mitch: the Gender Effects of Coping and Crises. Notes of the Development Economics Vice Presidency and Poverty Reduction and Economic Management Network 56, Washington, DC, 2001.

_____. *Double Jeopardy*: Responding to High Food and Fuel Prices. Washington, DC: World Brank, 2008. (Working paper 44951).

_____. *Global Monitoring Report 2009*: a Development Emergency. Washington, DC: World Bank, 2009a.

_____. World Bank Statement to the Tenth Session of the United Nations Human Rights Council. Geneva, 2009b.

_____. *World Development Indicators 2009*. Washington, DC: World Bank, 2009c.

WORLD RESOURCES INSTITUTE (WRI). The Climate Analysis Indicators Tool (CAIT). Washington, DC, 2008.

YOHE, G. W. The Tolerable Windows Approach: Lessons And Limitations. *Climatic Change*, v.41, n.3/4, p.283-95, 1999.

ZOELLICK, R. B. Stimulus Package for the World. *Times*, New York, 22 Jan. 2009.

foco A — A ciência da mudança climática

Não resta mais nenhuma dúvida: o clima está mudando. Existe um consenso científico de que o mundo está se tornando mais quente, fato essencialmente atribuível às atividades humanas. Segundo o Painel Intergovernamental sobre Mudança Climática (Intergovernmental Panel on Climate Change – IPCC, 2007b), em seu quarto relatório de avaliação: "O aquecimento do sistema climático é inquestionável".[1] Durante quase um milhão de anos antes da Revolução Industrial, a concentração de dióxido de carbono (CO_2) na atmosfera variou entre 170 e 280 partes por milhão (ppm). Os níveis atuais estão muito acima desse intervalo – 387 ppm –, maior do que o ponto mais alto, pelo menos dos últimos 800 mil anos, e a velocidade de crescimento estaria acelerada (Raupach et al., 2007). Conforme os cenários de altas emissões, até o final do século XXI as concentrações poderão ultrapassar aquelas sofridas pelo planeta durante dezenas de milhões de anos.

O artigo 2º da Convenção-Quadro das Nações Unidas sobre Mudança Climática estabelece a meta de alcançar uma "estabilização de emissões de gases de efeito estufa a um nível que evitaria interferência antropogênica perigosa no sistema climático".[2] De acordo com essa Convenção, deve-se evitar a interferência "perigosa", ou seja, manter os níveis atuais de emissões de modo a "permitir que os ecossistemas se adaptem naturalmente à mudança climática, garantir que a produção de alimentos não seja ameaçada e possibilitar que o desenvolvimento econômico prossiga de maneira sustentável". Não está claro se é possível atingir totalmente esse objetivo, porque o aquecimento já observado tem sido ligado a aumentos de secas, enchentes, ondas de calor, incêndios florestais e pluviosidade intensa que estão ameaçando os seres humanos e a natureza.

Há evidências convincentes de que a capacidade de as sociedades e os ecossistemas se adaptarem ao aquecimento global é posta à prova para variações de mais de 2°C de aquecimento (Smith et al., 2009). Se o mundo pudesse limitar o aumento da temperatura de causa antropogênica em cerca de 2°C acima do nível pré-industrial, seria possível limitar perdas significativas de gelo na Groenlândia e Antártida ocidental e a subsequente elevação do nível do mar, reduzir a ocorrência de enchentes, secas e incêndios florestais em muitas regiões, limitar o aumento de morte e doenças decorrentes da disseminação de infecções e diarreia e do calor extremo, evitar a extinção de mais de um quarto de todas as espécies conhecidas e impedir o declínio significativo na produção global de alimentos (Parry et al., 2007).

Porém, mesmo a estabilização de temperaturas globais em 2°C acima dos níveis pré-industriais mudaria muito o mundo. Desde a era pré-industrial, a Terra aqueceu em média 0,8°C, e as regiões de latitude alta já estão sofrendo problemas ambientais e culturais; outros impactos serão inevitáveis com a continuação do aquecimento. Um aquecimento de 2°C causará eventos climáticos extremos mais frequentes e mais fortes, além de escassez de água em muitas regiões do mundo, diminuição na produção de alimentos em várias regiões tropicais e ecossistemas danificados, com a maior perda de recifes de coral decorrente de aquecimento e acidificação dos oceanos.

O mundo deve agir rapidamente para alterar as trajetórias das emissões, pois os modelos projetam que, em 2100, a temperatura média global aumentará de 2,5 a 7°C acima dos níveis pré-industriais,[3] o que dependerá da quantidade e velocidade do crescimento da produção de energia, dos limites das fontes de energia de combustíveis fósseis e do ritmo do desenvolvimento de tecnologias sem carbono (ver Capítulo 4). Embora o aumento dessa temperatura pareça modesto se comparado com as variações sazonais, a parte mais inferior desse intervalo equivale a mover Oslo para Madri. A parte superior equivale ao aquecimento que vem ocorrendo desde o pico da última era glacial, que ocasionou o degelo da camada de gelo com dois quilômetros de espessura que cobria a Europa setentrional e a América do Norte (Schneider von Deimling et al., 2006). Para as próximas décadas, as projeções do aumento da temperatura média global são de 0,2 a 0,3°C por década,[4] uma velocidade de mudança que afetará a capacidade de adaptação de espécies e ecossistemas (ver Foco B sobre biodiversidade).

A definição de "interferência antropogênica perigosa" será uma decisão política, não uma determinação cientí-

---

1 O Painel Intergovernamental sobre Mudança Climática (IPCC) foi criado em 1988 como um esforço conjunto da Organização Meteorológica Mundial e do Programa do Meio Ambiente das Nações Unidas para resumir o estado do conhecimento científico sobre mudança climática em uma série de avaliações periódicas importantes. A primeira delas foi concluída em 1990, a segunda em 1995, a terceira em 2001 e a quarta em 2007.

2 Disponível em: <http://unfccc.int/essential_background/convention/background/items/1353.php>. Acesso em: 30 ago. 2009.

3 O aumento de temperaturas nos polos será cerca do dobro da média global.

4 Os aumentos observados foram em média de 0,2°C por década desde 1990, o que nos deu confiança para as projeções futuras. Ver Intergovernmental Panel on Climate Change (2007a, tabela 3.1), que fornece um intervalo de 0,1 a 0,6°C por década, em todos os cenários.

fica. Uma década após o Protocolo de Kyoto, quando adentramos o primeiro período de contabilidade rigorosa das emissões pelos países desenvolvidos, o mundo está negociando o curso de ação para as próximas décadas, que, de modo geral, determinará se nossos filhos herdarão ou não um planeta que se estabilizou em uma temperatura 2°C mais quente ou se traçou uma trajetória de temperaturas mais altas. O termo "perigoso" compreende vários componentes – a magnitude total da mudança, a velocidade desta, o risco de uma mudança repentina ou abrupta e a probabilidade de ultrapassar limiares irreversivelmente perigosos. Espera-se que o determinado como um grau perigoso de mudança climática dependa dos efeitos nos seres humanos e nos sistemas naturais e da capacidade de adaptação destes. Este foco analisa o funcionamento do sistema climático, as mudanças observadas até o presente, o que seria um mundo 2°C mais quente contra um em 5°C, os riscos de ultrapassar limiares irreversíveis e o desafio de limitar o aquecimento a 2°C.

Como funciona o sistema climático

O clima da Terra é determinado pela entrada de energia do sol, pela saída de energia irradiada do planeta e pelas trocas de energia entre atmosfera, terra, oceanos, gelo e seres vivos. A composição da atmosfera é muito importante, pois alguns gases e aerossóis (partículas muito pequenas) afetam o fluxo da

QUADRO FA.1. *O ciclo do carbono*

A quantidade de dióxido de carbono (CO$_2$) na atmosfera é controlada pelos ciclos biogeoquímicos que redistribuem o carbono entre o oceano, a terra, os seres vivos e a atmosfera. Atualmente, a atmosfera contém aproximadamente 824 gigatoneladas (Gt) de carbono. Em 2007, as emissões antropogênicas de carbono totalizaram cerca de 9 Gt de carbono, das quais aproximadamente 7,7 Gt (ou 28,5 Gt de CO$_2$) tiveram origem em combustíveis fósseis, e o restante refere-se às mudanças de cobertura da terra. (Um Gt equivale a um bilhão de toneladas. Para converter as emissões de carbono e fluxos em quantidades de CO$_2$, multiplique a quantidade de carbono por 3,67.)

Atualmente, a concentração atmosférica de CO$_2$ está aumentando a uma taxa de 2 partes por milhão (ppm) por ano, equivalente a um aumento na carga atmosférica de carbono de cerca de 4 Gt por ano (em outras palavras, cerca de metade das emissões de combustíveis fósseis de CO$_2$ ocasiona um aumento em longo prazo na concentração atmosférica). O restante das emissões de CO$_2$ é capturado por "sumidouros de carbono" – o oceano e os ecossistemas terrestres. Os oceanos recebem até cerca de 2 Gt de carbono por ano (a diferença entre 90,6 e 92,2 indicada na figura, mais um pequeno fluxo da terra para o oceano). A absorção líquida de carbono pelos oceanos e sistemas terrestres (fotossíntese menos respiração) e as estimativas de emissões a partir da mudança do uso do solo e da combustão de combustíveis fósseis resultariam em concentrações atmosféricas mais altas dos que as registradas. Ao que parece, atualmente, os ecossistemas terrestres estão absorvendo o excesso. Presume-se que um chamado

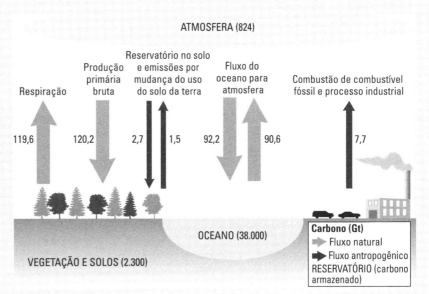

Fonte: Adaptada de IPCC (2007b).

"sumidouro residual" de 2,7 Gt resultaria principalmente de mudanças na cobertura da terra (aumentos líquidos em cobertura florestal a partir de reflorestamento e florestamento maior do que desmatamento) e maior absorção de carbono em razão do melhor crescimento das florestas mundiais em resposta a concentrações de CO$_2$ mais elevadas (conhecido como o efeito de fertilização de CO$_2$).

Os ecossistemas terrestres detêm cerca de 2.300 Gt de carbono – aproximadamente 500 Gt em biomassa acima do solo e cerca de três vezes a quantidade em solos. A redução do desmatamento precisa ser um componente importante na redução do crescimento de emissões. Mesmo com todos os esforços para aumentar o armazenamento de carbono no solo, haverá desafios à medida que o clima muda e aumenta a frequência de incêndios, pragas, secas e problemas pelo calor. Se as emissões de combustíveis fósseis continuarem na trajetória do cenário de referência, poderá haver redução, ou mesmo reversão, dos ecossistemas terrestres, pois eles passarão a ser uma fonte de emissões até o final do século, conforme alguns modelos. Além disso, oceanos mais quentes absorverão CO$_2$ mais devagar, assim, uma fração maior das emissões de combustíveis fósseis permanecerá na atmosfera.

Fontes: Fischlin et al. (2007), Intergovernmental Panel on Climate Change (2000, 2001), Canadell et al. (2007), Houghton (2003), Prentice et al. (2001) e Sabine et al. (2004).

radiação solar que entra e da radiação infravermelha que sai. Vapor d'água, CO_2, metano (CH_4), ozônio (O_3) e óxido nitroso (N_2O) são gases de efeito estufa (GEE) encontrados naturalmente na atmosfera. Eles escapam da superfície quente da Terra e impedem a fuga de energia infravermelha (calor) para o espaço. O efeito de aquecimento criado pelos níveis naturais desses gases é o "efeito do gás de efeito estufa natural". Esse efeito aquece o mundo cerca de 33°C mais do que o normal, mantém a água do mundo em estado líquido e permite a existência de vida do Equador até próximo aos polos.

Os gases liberados a partir das atividades humanas amplificaram ainda mais o efeito do gás de efeito estufa natural. A concentração média global de CO_2 aumentou significativamente desde o início da Revolução Industrial, principalmente nos últimos cinquenta anos. No século XX, a concentração de CO_2 aumentou de cerca de 280 ppm para 387 ppm – quase 40% –, principalmente em razão da queima de com-

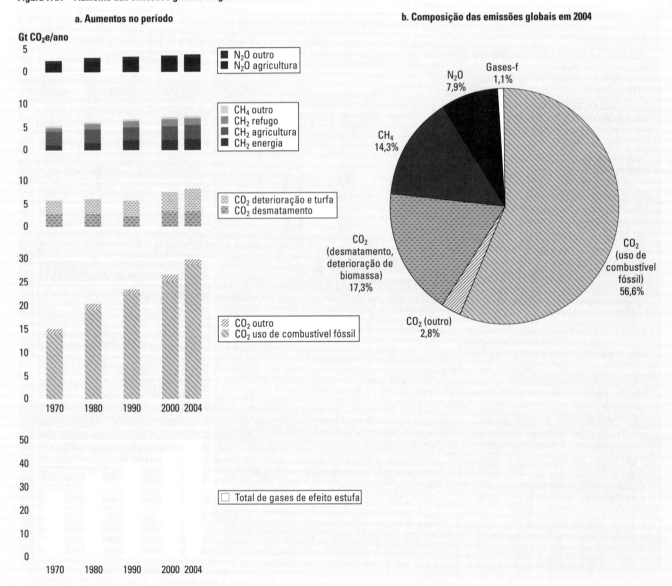

Figura FA.1 Aumento das emissões globais de gases de efeito estufa

Fonte: Reproduzida de Barker et al. (2007).

Nota: Essa figura mostra as fontes e taxas de crescimento de alguns dos gases de efeito estufa de médio a longo prazos. Combustíveis fósseis e mudança do uso do solo têm sido as principais fontes de CO_2, enquanto a energia e a agricultura têm contribuição igual para as emissões de CH_4. O N_2O vem principalmente da agricultura. Outros gases de efeito estufa não incluídos na figura são carbono grafite (fuligem), ozônio troposférico e halocarbonos. As comparações das emissões equivalentes de gases diferentes baseiam-se no uso do Potencial de Aquecimento Global de 100 anos; ver explicação na nota 5.

Figura FA.2 Principais fatores que afetam o clima desde a Revolução Industrial

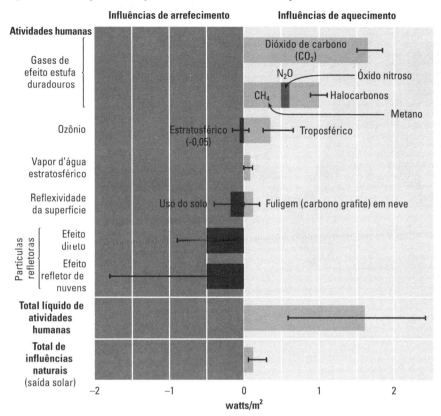

Fonte: Adaptada de Karl, Melillo e Peterson (2009).
Nota: Essa figura exibe a quantidade de influência de aquecimento (barras cinza claro) ou de arrefecimento (barras cinza escuro) que os diferentes fatores tiveram no clima da Terra desde o início da era industrial (de cerca de 1750 até o presente). Os resultados estão em watts por metro quadrado. A parte superior do quadro contém todos os principais fatores provocados por ação humana, enquanto a segunda contém o sol, o único fator natural importante com efeito de longo prazo sobre o clima. O efeito de arrefecimento de cada vulcão também é natural, mas com existência relativamente breve (de 2 a 3 anos), portanto sua influência não foi incluída nessa figura. A parte inferior do quadro mostra que o efeito líquido total (influências de aquecimento menos influências de arrefecimento) das atividades humanas é uma forte influência de aquecimento. As linhas finas em cada barra apresentam uma estimativa da faixa de incerteza.

Figura FA.3 A temperatura média anual global e a concentração de CO_2 continuam a subir, 1880-2007

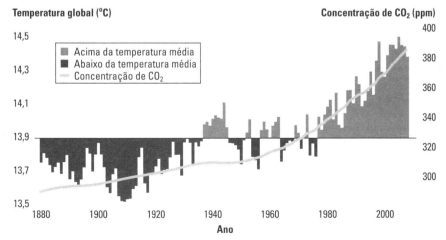

Fonte: Adaptada de Karl, Melillo e Peterson (2009).
Nota: As barras cinza claro indicam temperatura acima da média de 1901-2000; as cinza escuro, temperaturas abaixo da média. A linha mostra o aumento da concentração de CO_2. Enquanto há uma clara tendência de aquecimento global de longo prazo, cada ano em si não mostra um aumento de temperatura relativo ao ano anterior, e alguns anos apresentam mudanças maiores do que outros. Ano após ano, essas flutuações na temperatura são atribuídas a processos naturais, como os efeitos do El Niño, La Niña e erupções vulcânicas.

bustíveis fósseis à base de carbono e, em escala menor, do desmatamento e das mudanças no uso do solo (Quadro FA.1). Atualmente, a combustão de carvão, petróleo e gás natural contribui com 80% do CO_2 emitido em um ano, enquanto a mudança do uso do solo e o desmatamento respondem pelos 20% restantes. Em 1950, as contribuições por parte de combustíveis fósseis e uso do solo eram praticamente iguais; desde então, o uso de energia cresceu em um fator de 18. As concentrações de outros gases que retêm calor, como metano e óxido nitroso, também aumentaram como resultado da combustão de combustíveis fósseis, das atividades agrícolas e industriais e da mudança do uso do solo (Figura FA.1).[5]

---

[5] Segundo as estimativas mais recentes da Organização Meteorológica Mundial, a concentração média de CO_2 em 2008 foi de 387 partes por milhão (ppm). As concentrações de metano e óxido nitroso também aumentaram, alcançando valores de 1.789 e 321 partes por bilhão (ppb), respectivamente. A concentração de dióxido de carbono equivalente (CO_2e) é a quantidade que descreve, para uma dada mistura e quantidade de gases de efeito estufa, a quantia de CO_2 que teria o mesmo potencial para contribuir com o aquecimento global medido em um determinado período. Por exemplo, para a mesma massa de gás, o Potencial de Aquecimento Global (PAG) para o metano em um período de 100 anos é 25, e para o óxido nitroso, 298. Isso quer dizer que as emissões de uma tonelada de metano e óxido nitroso, respectivamente, causariam a mesma influência de aquecimento que as emissões de 25 e 298 de toneladas de dióxido de carbono. Felizmente, a massa de emissão desses gases não é tão grande quanto do CO_2, portanto sua influência no aquecimento é menor. Observe, porém, que, em diferentes períodos, os índices de PAG podem variar: por exemplo, o PAG de médio prazo (20 anos) para o metano é 75, o que indica que, em períodos curtos, as emissões de metano são muito importantes e seu controle pode reduzir o ritmo da mudança climática.

Figura FA.4 Derretimento da manta de gelo da Groenlândia

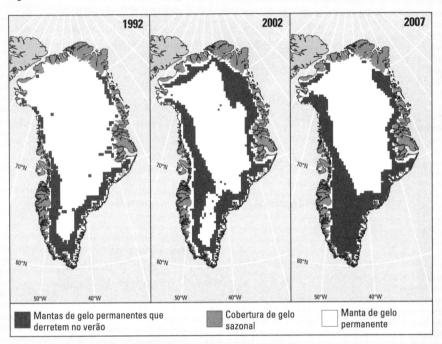

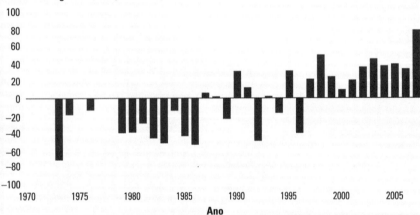

Fontes: Painel superior: adaptado de Acia (2005) e Cooperative Institute for Environmental Sciences (Cires). Disponível em: <http://cires.colorado.edu/steffen/greenland/melt2005/>. Acesso em: jul. 2009. Painel inferior: reproduzido de Mote (2007).

Nota: Nos mapas da Groenlândia, as áreas em cinza-claro mostram a extensão do degelo no verão, que aumentou drasticamente nos últimos anos. Em 2007, houve uma perda de mais de 10% em relação a 2005. O gráfico de barras mostra que, apesar da variação anual na coberta de gelo, há mais de uma década ocorre perda significativa.

Alguns poluentes introduzidos pelos humanos aquecem a Terra e outros a resfriam (Figura FA.2). Alguns têm efeito duradouro, enquanto outros não. Ao reter radiação infravermelha, o dióxido de carbono, o óxido nitroso e os halocarbonos[6] aquecem a Terra, e, como as maiores concentrações desses gases duram séculos, sua influência no aquecimento provoca mudança climática de longo prazo. Entretanto, os efeitos no aquecimento das emissões de metano duram apenas algumas décadas, e os efeitos no clima decorrentes de aerossóis – os quais podem aprisionar o calor, como carbono grafite (fuligem), ou reduzir o calor, como os sulfatos reflexivos[7] – duram apenas de alguns dias a semanas (Forster et al., 2007). Portanto, enquanto uma queda acentuada nas emissões de CO_2 a partir da combustão de carvão nas próximas décadas reduziria o aquecimento em longo prazo, a redução associada no efeito arrefecedor das emissões de enxofre, causada principalmente pela combustão de carvão, levaria provavelmente a um aumento de 0,5°C.

Atualmente, as temperaturas já estão 0,8°C acima dos níveis pré-industriais (Figura FA.3). Não fosse a influência arrefecedora das partículas refletoras (como os aerossóis de sulfatos) e as décadas em que as temperaturas oceânicas demoraram para entrar em equilíbrio com a crescente retenção de radiação infravermelha, a temperatura média mundial, em razão do aumento causado pelas atividades humanas, provavelmente estaria 1°C mais quente do que a presente. Assim, as concentrações de gases de efeito estufa atuais, sozi-

---

6 Os compostos halocarbonos são produtos químicos que contêm átomos de carbono ligados a átomos halógenos (flúor, cloro, bromo ou iodo). Esses compostos tendem a ser muito persistentes e não reativos. Até serem banidos para proteger a camada de ozônio, muitos eram normalmente usados como refrigerantes e para formar materiais isolantes. Uma vez que esses compostos também causam aquecimento global, sua proibição, conforme o Protocolo de Montreal e aditamentos subsequentes, ajudou a limitar o aquecimento global (de fato, mais do que o Protocolo de Kyoto). Os compostos de substituição introduzidos realmente contribuem para o menor aquecimento global e para a manutenção de ozônio, porém o uso mais amplo das substituições poderia exercer uma influência significativa sobre o aquecimento no período, e, portanto, as emissões de tais compostos devem ser reduzidas nas próximas décadas.

7 A remoção natural das partículas de sulfato da atmosfera em algumas semanas após sua formação é também um contribuinte primário da acidificação da precipitação (chuva ácida), que reduz a fertilidade do solo, danifica plantas e prédios, e prejudica a saúde humana.

Mapa FA.1   Variação regional em tendências climáticas globais nos últimos 30 anos

A. Temperatura

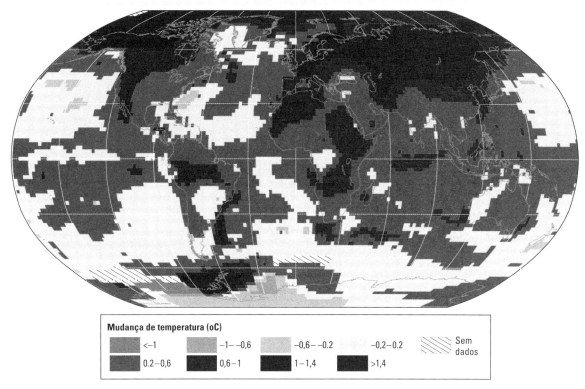

Fonte: Goddard Institute for Space Studies. Disponível em: <http://data.giss.nasa.gov/cgi-bin/gistemp/do_nmap.py?year_last=2009&month_last=07&sat=4&sst=1&type=anoms&mean_gen=07&year1=1990&year2=2008&base1=1951&base2=1980&radius=1200&pol=reg>. Acesso em: jul. 2009.

Nota: O mapa indica aumentos médios em temperaturas (°C) desde 1980 até o presente, quando comparados com aqueles ocorridos nas três décadas anteriores. O aquecimento tem sido maior nas latitudes altas, principalmente no hemisfério norte.

b. Precipitação

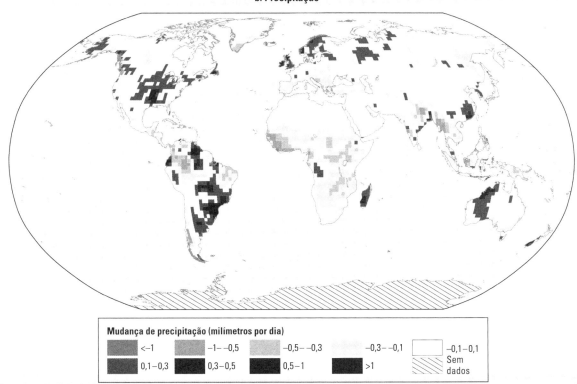

Fonte: Goddard Institute for Space Studies. Disponível em: <http://data.giss.nasa.gov/cgi-bin/precipcru/do_PRCmap.py?type=1&mean_gen=0112&year1=1980&year2=2000&base1=1951&base2=1980>. Acesso em: maio 2009.

Nota: Os tons de cinza mais claros indicam diminuição da precipitação em milímetros por dia; os tons mais escuros indicam aumentos desde 1980 até o presente, quando comparadas com as reduções ocorridas nas três décadas anteriores. As secas têm sido maiores no interior de continentes, enquanto as chuvas são mais intensas em muitas áreas costeiras. A mudança geográfica de distribuição de precipitação traz sérias implicações para a agricultura.

Figura FA.5 Barras "ardentes" mais quentes: avaliação de riscos aumentou de 2001 a 2007

	Avaliação de 2001					Avaliação de 2007				
Riscos para muitos	Grande aumento	Negativo para a maioria das regiões	Negativo líquido em todos os indicadores	Alto	Riscos para muitos	Grande aumento	Negativo para a maioria das regiões	Negativo em todos os indicadores	Alto	
		Negativo para algumas das regiões; positivo para outras	Impactos positivos ou negativos no mercado; a maioria das pessoas adversamente afetadas				Negativo para algumas das regiões; positivo para outras	Impactos positivos ou negativos no mercado; a maioria das pessoas adversamente afetadas		
Riscos para alguns	Aumento			Muito baixo	Riscos para alguns	Aumento			Baixo	
A	B	C	D	E	A	B	C	D	E
Riscos para sistemas únicos e ameaçados	Riscos de eventos climáticos extremos	Distribuição de impactos	Impactos agregados	Riscos de interrupções em larga escala	Riscos para sistemas únicos e ameaçados	Riscos de eventos climáticos extremos	Distribuição de impactos	Impactos agregados	Riscos de interrupções em larga escala

Aumento na temperatura média global acima de aproximadamente 1990 (°C) — Futuro / Passado

Fonte: Smith et al. (2009).

Notas: A figura mostra os riscos da mudança climática, como descrito em 2001 (à esquerda) em comparação com os dados atualizados (direita). As consequências das alterações climáticas são mostradas como barras e os aumentos da temperatura média global (°C) em relação aos níveis de hoje (0 graus e 5 graus). Cada coluna corresponde a um tipo específico de impacto. Por exemplo, "sistemas únicos e ameaçados", tais como prados alpinos ou ecossistemas árticos, são os mais vulneráveis (ilustrados pelo sombreamento da coluna A) e apenas uma pequena mudança na temperatura pode levar a grandes perdas. A mudança de tonalidade representa o aumento progressivo dos níveis de risco do mais claro para o mais escuro. Entre 1900 e 2000 a temperatura média global aumentou em ~ 0,6°C (e quase 0,2°C na década) e já levou a alguns impactos. Desde 2001, o risco de danos avaliados aumentou mesmo para temperaturas de 1°C superiores em relação aos níveis de hoje, ou cerca de 2°C acima dos níveis pré-industriais.

nhas, estão próximas de levar o mundo a um aquecimento de 2°C, nível que pode provocar consequências desastrosas e, por que não, "perigosas" (Adger et al., 2008; Scientific Expert Group on Climate Change, 2007).

As mudanças observadas até o presente, as implicações delas e nossa nova compreensão da ciência

Os efeitos das mudanças no clima ocorridos desde meados do século XIX são particularmente evidentes hoje, quando se constatam as temperaturas médias do ar e do oceano mais elevadas, o degelo em todo o mundo, principalmente no Ártico e na Groenlândia (Figura FA.4), e o aumento no nível do mar. Há menos dias frios, noites frias e geadas, enquanto ondas de calor são mais intensas e frequentes. Tanto as enchentes quanto as secas vêm ocorrendo com mais frequência (Millennium Ecosystem Assessment, 2005).[8]

O interior dos continentes tende a secar, apesar do aumento geral na precipitação total. Em todo o mundo, a precipitação aumentou à medida que o ciclo de água do planeta se acelerou devido a temperaturas mais quentes, ao passo que as regiões do Sahel e Mediterrâneo tiveram secas mais frequentes

---

8 Essas mudanças aparentemente contraditórias são possíveis porque, à medida que a temperatura sobe, tanto a evaporação quanto a capacidade de retenção de água da atmosfera aumentam. Com maior vapor d'água na atmosfera, as chuvas convectivas tornam-se mais intensas, muitas vezes com enchentes.

Ao mesmo tempo, temperaturas mais elevadas provocam a evaporação mais veloz das terras, o que causa esgotamento mais rápido da umidade do solo e início acelerado de secas. Como resultado, uma região específica pode, em épocas diferentes, ter tanto enchentes maiores como secas mais severas.

Figura FA.6 Impactos projetados da mudança climática por região

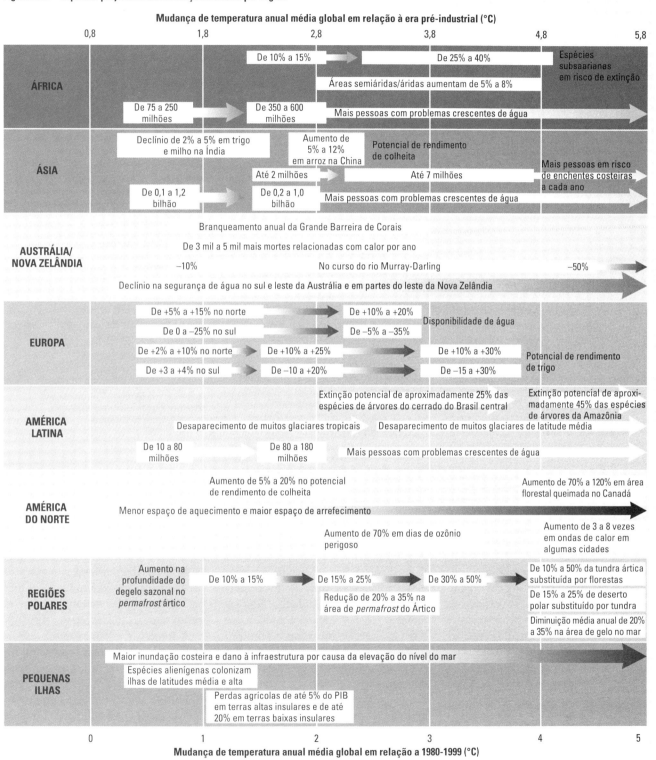

Fonte: Adaptada de Parry et al. (2007).

QUADRO FA.2 Saúde do oceano: recifes de coral e acidificação do oceano

Nas próximas décadas e séculos, os oceanos se tornarão mais ácidos como consequência química direta do aumento da concentração de CO_2 atmosférico. A absorção de aproximadamente um terço das emissões de CO_2 antropogênicas nos últimos 200 anos diminuiu o pH da água do mar de superfície em 0,1 unidade (pH, o grau de acidez ou alcalinidade, é medido em uma escala logarítmica, e o decréscimo de 0,1 em pH representa um aumento de 30% na acidez oceânica). A projeção dos decréscimos de pH nas águas oceânicas de superfície para os próximos 100 anos variam de 0,3 a 0,5 unidade, o que tornaria o oceano mais ácido do que nas últimas dezenas de milhões de anos.[a] Uma das implicações maiores da mudança na acidez dos oceanos envolve muitos organismos e animais marinhos fotossintéticos, como corais, bivalves e algumas espécies de plâncton que formam suas conchas e placas com carbonato de cálcio. O processo de "calcificação" será inibido com a acidez da água. Uma das formas de vida mais abundantes a ser afetada será o plâncton, que forma a base da cadeia alimentar marinha e é uma importante fonte de alimentos para peixes e mamíferos marinhos. Com base em evidência disponível, há uma incerteza significativa se as espécies e os ecossistemas marinhos terão condições de se aclimatar ou evoluir em resposta às rápidas mudanças na química dos oceanos. A pesquisa sobre os impactos de altas concentrações de CO_2 em oceanos ainda está engatinhando.

Entretanto, para os recifes de coral, as consequências adversas já estão se tornando evidentes. Esses recifes estão entre os ecossistemas marinhos mais vulneráveis à mudança climática e à composição atmosférica e estão ameaçados por uma combinação de impactos humanos diretos e mudança climática global. A perda desses recifes afetaria diretamente milhões de pessoas. Recifes de coral, tanto tropicais como de águas profundas, são centros globais de biodiversidade. Eles fornecem anualmente bens e serviços de cerca de US$ 375 bilhões por ano para aproximadamente 500 milhões de pessoas. Cerca de 30 milhões das pessoas mais pobres do mundo dependem diretamente dos ecossistemas dos recifes de coral para obter alimentos.

Esses recifes já estão sendo empurrados para além de seus limites térmicos pelos recentes aumentos de temperatura. As temperaturas mais altas da superfície do mar afetam os corais e provocam seu branqueamento (a perda ou morte da alga simbiótica), que, frequentemente, causa mortalidade em ampla escala. É provável que um "ponto de virada" ecológico seja cruzado se, em muitas áreas, as temperaturas oceânicas aumentarem mais de 2°C acima dos níveis pré-industriais, principalmente à medida que a acidificação oceânica reduzir as concentrações de carbonato, o que inibe a agregação do recife. Com a morte dos corais, macroalgas colonizam os recifes mortos e impedem o crescimento de novos corais. A má administração pode aumentar essa dinâmica, pois a pesca em excesso de peixes de coral herbívoros leva a uma maior superabundância de macroalgas, e a perda de sedimento e nutrientes decorrente do desmatamento e de práticas agrícolas insatisfatórias promove o crescimento de macroalgas, intensificando o dano aos corais.

Fontes: Barange e Perry (2008), Doney (2006), Fabry et al. (2008) e Wilkinson (2008).
[a] Declaração de Mônaco. Disponível em: <http://ioc3.unesco.org/oanet/Symposium2008/MonacoDeclaration.pdf>. Acesso em: maio 2009.

---

e intensas. Precipitações e enchentes maiores passaram a ser comuns, e há evidência de aumento da intensidade de tempestades e ciclones tropicais (Webster et al., 2005).

Esses impactos não estão distribuídos de maneira uniforme pelo mundo (Mapa FA.1). Como esperado, as mudanças de temperatura são maiores nos polos; no Ártico, algumas regiões aqueceram apenas 0,5°C nos últimos 30 anos.[9] Em latitudes baixas, próximas ao Equador, uma fatia maior da energia infravermelha retida vai para a evaporação, o que limita o aquecimento, mas aumenta o vapor de água que cai como chuva mais intensa em tempestades convectivas e ciclones tropicais.

A resiliência de muitos ecossistemas deve provavelmente aumentar nas próximas décadas por causa de uma combinação dos efeitos da mudança climática e outras tensões, como degradação de hábitat, espécies invasoras e poluição de ar e água. Alterações maiores são projetadas em ecossistemas à medida que a mudança climática altera as faixas geográficas de espécies de plantas e animais. A produtividade na agricultura, na silvicultura e nos pesqueiros será afetada, assim como outros serviços ecológicos (Allison et al., 2005). No presente, 20 mil conjuntos de dados mostram uma ampla faixa de espécies em movimento, e as mudanças são em média de seis quilômetros por década em direção aos polos ou seis metros por década montanha acima, como resultado aparente do aumento em temperaturas (Parry et al., 2007). Essas rápidas mudanças estão levando a uma assincronia em muitos relacionamentos predador-caça já definidos; algumas espécies estão chegando muito cedo ou muito tarde às suas fontes de alimento tradicionais.

Nos últimos 20 anos, nossa compreensão da ciência da mudança climática melhorou muito. Em 1995, por exemplo, o IPCC concluiu: "O saldo de evidências sugere uma influência humana perceptível no clima global". Em 2001, o mesmo órgão apontou o seguinte: "Há evidência nova e robusta de que o aquecimento observado nos últimos 50 anos pode ser atribuído a atividades humanas". Seis anos depois, em 2007, indicou (2007a): "O aquecimento do

---

9 O degelo de neve e gelo em latitudes altas leva a uma "amplificação polar" do aumento da temperatura, mediante a substituição de partículas refletoras com terra preta ou água aberta; ambas absorvem calor e criam um retorno positivo de mais calor e degelo.

sistema climático é manifesto. A maior parte do aumento observado em temperaturas médias globais desde meados do século XX muito provavelmente se deve ao aumento observado em concentrações de gás de efeito estufa antropogênico".[10]

Em 2001 e 2007, a comunidade científica resumiu a melhor compreensão dos impactos ou das razões de preocupação da mudança climática em cinco categorias: espécies/ecossistemas únicos ameaçados, eventos extremos, alcance dos impactos, impactos econômicos totais e interrupções em larga escala. Nos gráficos das "brasas ardentes" da Figura FA.5, a intensidade do cinza escuro significa o grau de preocupação quanto ao efeito em questão. A comparação da coluna B nos painéis esquerdo e direito mostra como a mudança nas melhores informações possíveis de 2001 a 2007 moveu a área cinza escuro para mais próximo à linha de zero grau para eventos extremos – ou seja, atualmente, em razão da temperatura média mundial, os eventos extremos já estão aumentando. A comparação das duas colunas E mostra que a ameaça de eventos intermitentes, como mudanças no sistema de distribuição de calor de esteira rolante ou o degelo catastrófico do Ártico que leva a liberações enormes de metano, ficará cada vez maior se o mundo aquecer outros 2°C acima dos níveis de hoje.

Desde a conclusão do quarto relatório de avaliação do IPCC em 2007, novas informações avançaram mais o entendimento científico. Essas informações trazem observações atualizadas de mudanças recentes no clima, melhor atribuição de mudança climática observada a fatores antropogênicos ou naturais, melhor compreensão dos *feedbacks* do ciclo de carbono, novas projeções de mudanças futuras em eventos climáticos extremos e o potencial para mudança catastrófica (Füssel, 2008;

Ramanathan; Feng, 2008). Atualmente, a avaliação de muitos riscos determina que estes são maiores do que se pensava, principalmente os riscos de maior aumento do nível do mar neste século e os aumentos em eventos climáticos extremos.

Mudanças futuras se o aumento de temperatura ultrapassar 2°C

Os impactos físicos da mudança climática futura nos seres humanos e no meio ambiente incluirão tensões e mesmo colapso de ecossistemas, perda de biodiversidade, mudança na época das estações de crescimento, erosão costeira e salinização de aquíferos, degelo de *permafrost*, acidificação de oceanos (Brewer; Peltzer, 2009; McNeil; Matear, 2008; Silverman et al., 2009) e variedades diferentes de pragas e doenças. Esses impactos são mostrados para temperaturas e regiões diferentes do mundo na Figura FA.6.

Os efeitos físicos da mudança climática futura terão impacto diferente na população e no meio ambiente, em aumentos diferentes de temperatura e em regiões diferentes (ver Figura FA.6). Se as temperaturas alcançarem 2°C acima dos níveis do período pré-industrial, a disponibilidade de água será reduzida para índices que variam de 0,4 a 1,7 bilhão de pessoas em latitudes médias e latitudes baixas semi-áridas. A população mais afetada pela falta de água se localiza principalmente na África e na Ásia. Com essas temperaturas mais altas, a maioria dos recifes de coral pode desaparecer (Quadro FA.2) e algumas plantações, principalmente cereais, não crescerão bem nos climas alterados, prevalecentes em regiões de latitude baixa. Cerca de um quarto das espécies de plantas e animais provavelmente está sob maior risco de extinção (ver Foco B) (Parry et al., 2007). As comunidades sofrerão maior estresse com calor, e as áreas costeiras serão alvo de enchentes mais frequentes (Parry et al., 2007, tabela TS3).

E se as temperaturas subissem para 5°C acima dos níveis pré-industriais?

Cerca de mais 3 bilhões de pessoas sofreriam escassez de água, os corais morreriam, cerca de 50% das espécies em todo os mundo seriam extintas, a produtividade das lavouras tanto na zona temperada quanto na tropical declinaria, cerca de 30% dos pântanos costeiros seriam inundados, o mundo teria problemas com vários metros de elevação do nível do mar e haveria um ônus substancial nos sistemas de saúde em decorrência de desnutrição, diarreia e doenças cardiorrespiratórias (Battisti; Naylor, 2009; Lobell; Fiel, 2007). Espera-se que os ecossistemas terrestres deixem de ser "sumidouros" (armazenamento) de carbono e passem a ser uma fonte de carbono; se este for liberado como dióxido de carbono ou metano, ele pode acelerar o aquecimento global (Global Forest Expert Panel on Adaptation of Forests to Climate Change, 2009). Várias pequenas nações insulares e planícies costeiras seriam inundadas por tempestades e elevação do nível do mar à medida que as grandes mantas de gelo derretessem, e o modo de vida tradicional dos povos do Ártico seria perdido com a retração do gelo do mar.

Evidência recente indica que a perda de gelo do mar, o degelo dos cobertores de gelo na Groenlândia e na Antártida, a velocidade de elevação do nível do mar e o degelo do *permafrost* e de glaciares são mais rápidos do que o esperado da conclusão do relatório do IPCC em 2007.[11] Novas análises sugerem que as secas na África ocidental (Shanahan et al., 2009) e a secagem da floresta Amazônica (Phillips et al., 2009) são mais prováveis do que se imaginava (Allan; Soden, 2008).

Enquanto a incerteza científica tem sido citada como um motivo para se esperar por mais evidências antes de ação para controlar a mudança climática, essas surpresas recentes ilus-

---

10 O IPCC usa a expressão "muito provavelmente" para indicar certeza superior a 90%.

11 Cf. US National Snow and Ice Data Center. Disponível em: <http://nsidc.org>. Acesso em: ago. 2009. Ver também Füssel (2008) e Rahmstorf (2007).

Mapa FA.2   Elementos potenciais de virada no sistema climático: distribuição global

Fonte: Adaptado de Lenton et al. (2008).
Nota: Várias características em escala regional do sistema climático têm pontos de virada, ou seja, uma pequena perturbação climática em um ponto vital pode disparar uma mudança abrupta ou irreversível no sistema. Esses pontos de virada podem ocorrer neste século, o que dependerá do ritmo e da magnitude da mudança climática.

Tabela FA.1   Elementos potenciais de virada no sistema climático: gatilhos, prazo e impactos

Elemento de virada	Nível de disparo de aquecimento	Prazo de transição	Principais impactos
Desaparecimento do gelo do mar no verão ártico	+0,5 – 2°C	~10 anos (rápido)	Aquecimento ampliado e mudança de ecossistema
Derretimento da manta de gelo na Groenlândia	+1–2°C	>300 anos (lento)	Elevação do nível do mar de 2 a 7 metros
Derretimento da manta de gelo da Antártica ocidental	+3–5°C	>300 anos (lento)	Elevação do nível do mar de 5 metros
Colapso da circulação termo-halina do Atlântico	+3–5°C	~100 anos (gradual)	Arrefecimento regional na Europa
Persistência do El Niño-oscilação meridional (Enso)	+3 – 6°C	~100 anos (rápido)	Seca no sudeste da Ásia e em outros lugares
Monção do verão indiano	N/D	~1 ano (rápido)	Seca
Saara/Sahel e monção na África ocidental	+3–5°C	~10 anos (gradual)	Maior capacidade
Seca e extinção da floresta amazônica	+3–4°C	~50 anos (gradual)	Perda de biodiversidade e declínio na pluviosidade
Guinada para o norte da floresta boreal	+3–5°C	~50 anos (gradual)	Troca de bioma
Aquecimento da água profunda da Antártica	Não evidente	~100 anos (gradual)	Mudança na circulação do oceano e armazenamento reduzido de carbono
Derretimento da tundra	Em andamento	~100 anos (gradual)	Aquecimento ampliado e troca de bioma
Derretimento de *permafrost*	Em andamento	<100 anos (gradual)	Aquecimento ampliado pela liberação de metano e dióxido de carbono
Liberação de hidratos metano marinhos	Não evidente	de 1.000 a 100.000 anos	Aquecimento ampliado pela liberação de metano

Fonte: Adaptada de Lenton et al. (2008).
Nota: Opiniões especializadas sobre alguns processos climáticos – como a probabilidade de se passar o ponto de virada em um subconjunto desses sistemas, o derretimento da manta de gelo da Antártica ocidental, o derretimento da manta de gelo na Groenlândia, a seca na Amazônia e a circulação oceânica (Krieger et al., 2009) – estimaram em pelo menos 16% a probabilidade de um desses eventos sofrer aquecimento de 2-4°C. A probabilidade seria acima de 50% para uma mudança na temperatura média global acima de 4°C em relação aos níveis do ano 2000. Em muitos casos, esses números são consideravelmente mais altos do que a probabilidade alocada para eventos catastróficos nas avaliações atuais de mudança climática; por exemplo, Stern (2007) presumiu uma perda de 5% a 20% das mantas de gelo, com uma probabilidade 10% de aquecimento de 5°C.

Figura FA.7 Maneiras de limitar o aquecimento a 2°C acima dos níveis pré-industriais

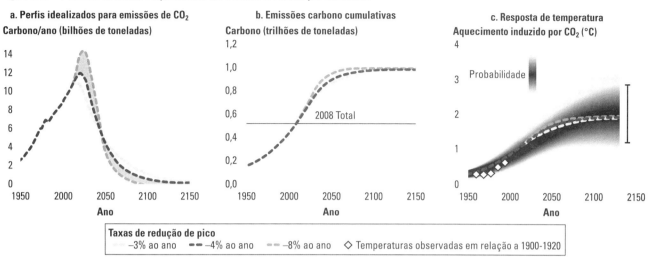

Fonte: Allen et al. (2009a).

Nota: Três trajetórias de emissão de CO_2 idealizadas (Figura FA.7a.), cada uma coerente com o total de emissões cumulativas (b) de 1 trilhão de toneladas de carbono. Cada trajetória resulta na mesma faixa de aumento de temperatura projetado (c) relativamente à incerteza da resposta do sistema climático (sombreamento em cinza e barra de erro), conquanto o total cumulativo não seja afetado. As curvas tracejadas na Figura FA.7a são coerentes com orçamento de 1 trilhão de toneladas, mas quanto mais alto e tardio for o pico de emissões, mais rápido as emissões deverão diminuir para que possam permanecer no mesmo orçamento de emissões cumulativas. Os diamantes na Figura FA.7c indicam temperaturas observadas em relação a 1900-1920. Enquanto 2°C é o resultado mais provável, os aumentos de temperatura de 4° acima dos níveis pré-industriais não devem ser descartados.

tram que a incerteza pode ir para o outro lado também e que os resultados podem ser piores do que o esperado. Como destacam a Visão geral e o Capítulo 1, a existência de incerteza garante uma abordagem cautelosa à mudança climática, em razão do potencial de impactos irreversíveis e da inércia no sistema climático, na receita de infraestrutura e em sistemas socioeconômicos.

Ultrapassagem de limiares?

Esses impactos não capturam por completo a probabilidade e a incerteza de um aumento em eventos extremos, nem definem os limiares de eventos catastróficos irreversíveis. Frequentemente, a mudança climática é caracterizada como um aumento gradual da temperatura média, porém essa representação é inadequada e enganosa em pelo menos duas maneiras.

Primeiro, os registros históricos e paleoclimáticos sugerem que as mudanças projetadas no clima poderiam ocorrer aos saltos, em vez de gradualmente. Como já mencionado, na Groenlândia e Antártida ocidental, as mantas de gelo estão especialmente em risco de aquecimento global, e parece haver mecanismos que poderiam levar a mudanças rápidas e de porte na quantidade de gelo que armazenam (Rignot e Kanagaratnam, 2006; Steffensen et al., 2008). Isso é importante, pois a perda total do gelo atualmente armazenado nas duas mantas finalmente levaria a uma elevação do nível do mar de aproximadamente 12 metros em todo o mundo. Algumas análises indicam que esse processo seguiria lentamente em um mundo em aquecimento, demorando alguns milênios ou mais. Contudo, estudos recentes indicam que, uma vez que essas mantas de gelo que estão, em sua maioria, abaixo do nível do mar e cercadas por água em aquecimento, seria concebível que sua deterioração ocorresse mais rápido, em alguns séculos apenas (Füssel, 2008). O derretimento mais agudo de uma ou das duas mantas de gelo, com as consequentes mudanças na circulação oceânica, é apenas uma das inúmeras possibilidades de pontos de virada no sistema climático de um mundo em aquecimento, no qual as mudanças podem significar superar um ponto sem volta – em que um sistema entraria em um estado diferente, com potencial para que deslocamentos ambientais e sociais graves acompanhem tal índice (Lenton et al., 2008).

Segundo, ninguém vive na temperatura média global. Os impactos na mudança climática terão grandes variações conforme a região e, com frequência, com interação com outras tensões ambientais. Por exemplo, a evaporação e a precipitação estão aumentando e assim continuarão em todo o mundo, mas, com as mudanças na circulação atmosférica, que tem variação regional, alguns lugares serão mais quentes e outros mais secos. Entre as outras consequências prováveis, haverá mudanças nas trajetórias de tempestades, com ciclones tropicais mais intensos e eventos com altíssima pluviosidade, uma linha de neve causando menor área de gelo condensado na primavera, maior encolhimento dos glaciares (United Nations Environment Programme – World Glacier Monitoring Service,

2008), cobertura reduzida de neve de inverno e gelo do mar, evaporação mais rápida da umidade do solo que leva a secas e incêndios mais frequentes e de maior intensidade, menor extensão de *permafrost* e episódios mais frequentes de poluição do ar. Há também probabilidade mundial de deslocamentos de período e padrões das monções e oscilações de oceano-atmosfera (como o El Niño/Oscilação Sul e a Oscilação do Atlântico Norte). O Mapa FA.2 e a Tabela FA.1 apresentam alguns pontos de virada possíveis, sua localização e as temperaturas que podem desencadear mudança além dos impactos prováveis.

Poderíamos ter como objetivo o aquecimento de 2°C e evitar 5°C ou mais?

Muitos estudos concluem que a estabilização de concentrações atmosféricas dos gases de efeito estufa de CO_2 a 450 ppm ou seu equivalente resultaria apenas em uma chance de 40% a 50% de limitar o aumento da temperatura global média em 2°C acima dos níveis pré-industriais (cf. também Visão geral e Capítulo 4). Muitas trajetórias de emissão podem nos colocar nesse patamar, mas todas exigem que o pico das emissões ocorra na próxima década e, em seguida, decline em todo o mundo para metade dos níveis atuais até 2050, com mais reduções das emissões posteriormente. Contudo, para que haja confiança de que uma certa temperatura não será ultrapassada, as reduções das emissões devem ser ainda mais profundas. Como indicado na Figura FA.7c, o "melhor palpite" de uma trajetória a 2°C não pode excluir a possibilidade de alcançar 4°C.

Uma maneira mais incisiva de pensar sobre o problema é em termos de orçamento de emissões. Manter o aquecimento provocado apenas pelo CO_2 em 2°C exigirá limitar as emissões cumulativas de CO_2 em 1 trilhão de toneladas (Tt) de carbono (3,7 Tt CO_2) (Allen et al., 2009b). O mundo já emitiu metade dessa quantia nos dois séculos e meio anteriores. Para o século XXI, a trajetória do cenário de referência liberaria o meio trilhão de toneladas restante em 40 anos, exigindo que gerações futuras vivessem em um mundo em que, essencialmente, não ocorresse emissão de carbono.

O conceito de orçamento cumulativo fornece a conjuntura para pensar em metas para curto e longo prazos. Por exemplo, quanto maiores forem as emissões em 2020, menores deverão ser em 2050 para se enquadrar no mesmo orçamento geral. Se for permitido que as emissões de carbono aumentem mais 20% a 40% antes do início das reduções, o índice de declínio deverá ser entre 4% (a trajetória cinza na Figura FA.7a) e 8% (trajetória escura) a cada ano para manter o orçamento de carbono. A título de comparação, em Kyoto os países ricos concordaram em reduzir as emissões em 5,2% em média com relação aos níveis de 1990 para o período de 2008 a 2012, enquanto as emissões globais totais precisariam diminuir de 4% a 8% anualmente para limitar o aquecimento em aproximadamente 2°C.

O aquecimento causado por outros gases de efeito estufa como metano, carbono grafite e óxido nitroso, que atualmente contribuem para aproximadamente 25% do aquecimento global, significa que será necessário um limite ainda menor de CO_2 para se estar próximo do aquecimento de 2°C de causa antropogênica. Esses gases de efeito estufa responderiam aproximadamente por 125 bilhões dos 500 bilhões de toneladas restantes em nosso orçamento de emissões, ou seja, o dióxido de carbono que pode ser emitido, medido em carbono, é realmente apenas cerca de 375 bilhões de toneladas (Meinshausen et al., 2009). As medidas em curto prazo que reduzem as emissões em 2020 de gases potentes, porém de vida breve, como metano e carbono grafite ou ozônio troposférico, retardam a velocidade do aquecimento. De fato, a redução de carbono grafite em 50% ou ozônio em 70% (Wallack e Ramanathan, 2009) ou a interrupção do desmatamento compensaria cerca de uma década de emissões de combustíveis fósseis e ajudaria a limitar o aquecimento em harmonia com as reduções nas emissões de CO_2. Para realmente reduzir o risco de aquecimento excessivo, será aconselhável também seguir para emissões negativas. Essa meta, ou seja, não ter novas emissões, bem como remover CO_2 da atmosfera, pode ser possível mediante o uso de biomassa para o fornecimento de energia, seguido do sequestro de carbono (ver Capítulo 4).

Referências bibliográficas

ACIA. *Arctic Climate Impact Assessment*. New York: Cambridge University Press, 2005.

ADGER, W. N. et al.. Are There Social Limits to Sdaptation to Climate Change? *Climatic Change*, v.93, n.3/4, p.335-54, 2008.

ALLAN, R. P.; SODEN, B. J. Atmospheric Warming and the Amplification of Precipitation Extremes. *Science*, v.321, n.5895, p.1481-4, 2008.

ALLEN, M. et al. The Exit Strategy. *Nature Reports Climate Change*, v.3, p.56-8, 2009a.

_____. Warming Caused by Cumulative Carbon Emissions towards the Trillionth Tonne. *Nature*, v.458, p.1163-6, 2009b.

ALLISON, E. H. et al. *Effects of Climate Change on the Sustainability of Capture and Enhancement Fisheries Important to the Poor*: Analysis of the Vulnerability and Adaptability of Fisherfolk Living in Poverty. London, UK: Department for International Development (DfID), 2005.

BARANGE, M.; PERRY, R. I. Physical and Ecological Impacts of Climate Change Relevant to Marine and Inland Capture Fisheries and Aquaculture. Paper presented at FAO conference on Climate Change and Fisheries and Aquaculture. Rome, 2008.

BARKER, T. et al. Technical summary. In: METZ, B. et al. (Ed.) *Climate change 2007*: Mitigation. Contribution of Working Group III to the Fourth Assessment Report of the Intergovernmental Panel on Climate Change. Cambridge, UK: Cambridge University Press, 2007.

BATTISTI, D. S.; NAYLOR, R. L. Historical Warnings of Future Food Insecurity with Unprecedented Seasonal Heat. *Science*, v.323, n.5911, p.240-4, 2009.

BREWER, P. G.; PELTZER, E. T. Oceans: Limits to Marine Life. *Science*, v.324, n.5925, p.347-8, 2009.

CANADELL, J. G. et al. Contributions to Accelerating Atmospheric CO_2 Growth from Economic Activity, Carbon Intensity, and Efficiency of Natural Sinks. *Proceedings of the National Academy of Sciences*, v.104, n.47, p.18866-70, 2007.

DONEY, S. C. The Dangers of Ocean Acidification. *Scientific American*, v.294, n.3, p.58-65, 2006.

FABRY, V. J. et al. Impacts of Ocean Acidification on Marine Fauna and Ecosystem Processes. *ICES Journal of Marine Sciences*, v.65, n.3, p.414-32, 2008.

FISCHLIN, A. et al. Ecosystems, Their Properties, Goods and Services. In: PARRY, M. et al. (Ed.) *Climate change 2007*: Impacts, Adaptation and Vulnerability. Contribution of Working Group II to the Fourth Assessment Report of the Intergovernmental Panel on Climate Change. Cambridge, UK: Cambridge University Press, 2007.

FORSTER, P. et al. Changes in Atmospheric Constituents and in Radiative Forcing. In: SOLOMON, S. et al. (Ed.) *Climate Change 2007*: the Physical Science Basis. Contribution of Working Group I to the Fourth Assessment Report of the Intergovernmental Panel on Climate Change. Cambridge, UK: Cambridge University Press, 2007.

FÜSSEL, H. M. 2008. The Risks of Climate Change: a Synthesis of New Scientific Knowledge Since the Finalization of the IPCC Fourth Assessment Report. Background note for the WDR 2010, 2008.

GLOBAL FOREST EXPERT PANEL ON ADAPTATION OF FORESTS TO CLIMATE CHANGE. *Adaptation of Forests and People to Climate Change*: a Global Assessment Report. Vienna: International Union of Forest Research Organizations, 2009.

HOUGHTON, R. A. The Contemporary Carbon Cycle. In: SCHLESINGER, W. H. (Ed.) *Treatise on Geochemistry*. New York: Elsevier, 2003. v.8.

INTERGOVERNMENTAL PANEL ON CLIMATE CHANGE. *Climate change 1995*: Synthesis Report. Contribution of Working Groups I, II, and III to the Second Assessment Report of the Intergovernmental Panel on Climate Change. Geneva: IPCC, 1995.

_____. *IPCC special report*: Methodological and Technological Issues in Technology Transfer – Summary for Policymakers. Cambridge, UK: Cambridge University Press, 2000.

_____. *Climate change 2001*: Synthesis Report. Contribution of Working Groups I, II and III to the Third Assessment Report of the Intergovernmental Panel on Climate Change. Cambridge, UK: Cambridge University Press, 2001.

_____. *Climate change 2007*: Synthesis Report. Contribution of Working Groups I, II and II to the Fourth Assessment Report of the Intergovernmental Panel on Climate Change. Geneva: IPCC, 2007a.

_____. Summary for Policymakers. In: SOLOMON S. et al. (Ed.) *Climate Change 2007*: the Physical Science Basis. Contribution of Working Group I to the Fourth Assessment Report of the Intergovernmental Panel on Climate Change. Cambridge, UK: Cambridge University Press, 2007b.

KARL, T. R.; MELILLO, J. M.; PETERSON, T. C. *Global Climate Change Impacts in the United States*. Washington, DC: U. S. Climate Change Science Program and the Subcommittee on Global Change Research, 2009.

KRIEGLER, E. et al. Imprecise Probability Assessment of Tipping Points in the Climate System. *Proceedings of the National Academy of Sciences*, v.106, n.13, p. 5041-6, 2009.

LENTON, T. M. et al. Tipping Elements in the Earth's Climate System. *Proceedings of the National Academy of Sciences*, v.105, n.6, p.1786-93, 2008.

LOBELL, D. B.; FIELD, C. B. Global Scale Climate-Crop Yield Relationships and the Impacts of Recent Warming. *Environmental Research Letters*, v.2, p.1-7, 2007.

MCNEIL, B. I.; MATEAR, R. J. Southern Ocean Acidification: a Tipping Point at 450-ppm Atmospheric CO_2. *Proceedings of the National Academy of Sciences*, v.105, n.48, p.18860-4, 2008.

MEINSHAUSEN, M. et al. Greenhouse-Gas Emission Targets for Limiting Global Warming to 2°C. *Nature*, v.458, n.7242, p.1158-62, 2009.

MILLENNIUM ECOSYSTEM ASSESSMENT. *Ecosystems and Human Well-Being*: Synthesis Report. Washington, DC: World Resources Institute, 2005.

MOTE, T. L. Greenland Surface Melt Trends 1973–2007: Evidence of a Large Increase in 2007. *Geophysical Research Letters*, v.34, n.22, p.L22507-doi:10.1029/2007GL031976, 2007.

PARRY, M. et al. Technical Summary. In: _____. (Ed.) *Climate Change 2007*: Impacts, Adaptation and Vulnerability. Contribution of Working Group II to the Fourth Assessment Report of the Intergovernmental Panel on Climate Change. Cambridge, UK: Cambridge University Press, 2007.

PHILLIPS, O. L. et al. Drought Sensitivity of the Amazon Rainforest. *Science*, v.323, n.5919, p.1344-7, 2009

PRENTICE, I. C. et al. The Carbon Cycle and Atmospheric Carbon Dioxide. In: HOUGHTON, J. T. et al. (Ed.) *Climate change 2001*: the Scientific Basis. Contribution of Working Group I to the Third Assessment Report of the Intergovernmental Panel on Climate Change. Cambridge, UK: Cambridge University Press, 2001.

RAHMSTORF, S. A Semi-Empirical Approach to Projecting Future Sea-Level Rise. *Science*, v.315, p.368-70, 2007.

RAMANATHAN, V.; FENG, Y. On Avoiding Dangerous Anthropogenic Interference With the Climate System: Formidable Challenges Ahead. *Proceedings of the National Academy of Sciences*, v.105, n.38, p.14245-50, 2008.

RAUPACH, M. R. et al. Global and Regional Drivers of aAccelerating CO_2 emissions. *Proceedings of the National Academy of Sciences*, v.104, n.24, p.10288-93, 2007.

RIGNOT, E.; KANAGARATNAM, P. Changes in the Velocity Structure of the Greenland Ice Sheet. *Science*, v.311, n.5763, p.986-90, 2006.

SABINE, C. L. et al. 2004. Current Status and Past Trends of the Carbon Cycle. In: FIELD, C. B.; RAUPACH, M. R. (Ed.) *The Global Carbon Cycle*: Integrating Humans, Climate, and the Natural World. Washington, DC: Island Press, 2004.

SCHNEIDER VON DEIMLING, T. et al. How Cold Was the Last Glacial Maximum? *Geophysical Research Letters*, v.33, p.L14709, doi:10.1029/2006GL026484, 2006.

SCIENTIFIC EXPERT GROUP ON CLIMATE CHANGE (SEG). *Confronting Climate Change*: Avoiding the Unmanageable and Managing the Unavoidable. Washington, DC: Sigma Xi and the United Nations Foundation, 2007.

SHANAHAN, T. M. et al. Atlantic Forcing of Persistent Drought in West Africa. *Science*, v.324, n.5925, p.377-80, 2009.

SILVERMAN, J. et al. Coral Reefs may Start Dissolving When Atmospheric CO_2 Doubles. *Geophysical Research Letters*, v.36, n.5, p.L05606-doi:10.1029/2008GL036282, 2009.

SMITH, J. B. et al. Assessing Dangerous Climate Change Through an Update of the Intergovernmental Panel on Climate Change (IPCC). Reasons for concern. *Proceedings of the National Academy of Sciences*, v.106, n.11, p.4133-7, 2009.

STEFFENSEN, J. P. et al. High-Resolution Greenland Ice Core Data Show Abrupt Climate Change Happens in Few Years. *Science*, v.321, n.5889, p.680-4, 2008.

STERN, N. *The Economics of Climate Change*: the Stern Review. Cambridge, UK: Cambridge University Press, 2007.

UNITED NATIONS ENVIRONMENT PROGRAMME-WORLD GLACIER MONITORING SERVICE (UNEP-WGMS). *Global Glacier Changes*: Facts and Figures. Chatelaine, Switzerland: Dewa/Grid-Europe, 2008.

WALLACK, J. S.; RAMANATHAN, V. The Other Climate Changers. *Foreign Affairs*, v.5, n.88, p.105-13, 2009.

WEBSTER, P. J. et al. Changes in Tropical Cyclone Number, Duration, and Intensity in a Warming Environment. *Science*, v.309, n.5742, p.1844-6, 2005.

WILKINSON, C. (Ed.) *Status of Coral Reefs of the World 2008*. Townsville: Australian Institute of Marine Science, 2008.

PARTE 1

CAPÍTULO 2

Redução da vulnerabilidade humana: como ajudar a população a se ajudar

Em Bangladesh, as famílias estão decidindo se reconstroem suas casas e sua vida após mais uma enchente – no passado, as enchentes costumavam ser ocasionais, no entanto agora ocorrem com mais frequência – ou se tentam a sorte em Daca, a populosa capital. Nas grandes florestas do sul da Austrália, as famílias estão decidindo se reconstroem suas casas após os incêndios mais devastadores da história, cientes de que ainda estão à mercê da seca mais longa e severa de que se tem notícia. Uma vez que as perdas com eventos climáticos e extremos são inevitáveis, as sociedades, explícita ou implicitamente, escolhem o risco que enfrentam e as estratégias para lidar com ele. Algumas perdas são tão elevadas e a capacidade de lidar tão insuficiente que ocorre interrupção no desenvolvimento. À medida que o clima muda, mais e mais pessoas estão em risco de cair naquilo que se chama "déficit de adaptação".

A redução da vulnerabilidade e a maior resiliência ao clima tradicionalmente têm ficado sob a responsabilidade de domicílios e comunidades (World Resources Institute et al., 2008; Heltberg; Siegel; Jorgensen, 2009) por meio de opções de subsistência, alocações de ativos e preferências locais. A experiência mostra que o processo de tomada de decisão, diversidade e aprendizado social são características essenciais de comunidades flexíveis e resilientes (Tompkins; Adger, 2004) e que as comunidades vulneráveis podem ser agentes eficazes de inovação e adaptação (Enfors; Gordon, 2008). Porém, a mudança climática ameaça sufocar os esforços locais, exigindo mais de estruturas de apoio nacionais e globais.

A vulnerabilidade da população não é estática, e os efeitos da mudança climática amplificam muitas formas de fraqueza humana. Cidades populosas expandem-se em zonas perigosas. Os sistemas naturais são transformados pela agricultura moderna. O desenvolvimento de infraestrutura, represas e estradas criou novas oportunidades e também novos riscos para a população. A mudança climática, superposta nesses processos, traz tensões adicionais para os sistemas naturais, humanos e sociais. A subsistência da população precisa funcionar sob condições que, quase certamente, mudarão, mas não podem ser previstas com certeza.

Independentemente da trajetória de mitigação, as temperaturas e outras mudanças climáticas nas próximas décadas serão muito semelhantes. As temperaturas já estão cerca de 1°C acima do nível pré-industrial, e todos os cenários realistas de mitigação sugerem que se deve esperar mais 1°C em meados do século. O mundo a partir de 2050, contudo,

Mensagens importantes

A mudança climática é inevitável. Ela imporá tensões físicas e emocionais, principalmente nos países pobres. A adaptação exige processos robustos de tomada de decisão, planejamento para um dado período e a consideração de uma ampla gama de cenários climáticos e socioeconômicos. Os países podem reduzir os riscos físicos e financeiros associados com clima variável e extremo. Também podem proteger os mais vulneráveis. Algumas práticas estabelecidas deverão ser ampliadas, como o seguro e a proteção social, e outras terão de ser feitas de maneira diferente – como o planejamento urbano e de infraestrutura. Essas ações de adaptação trariam benefícios mesmo sem mudança climática. Iniciativas promissoras estão surgindo, mas sua aplicação em escala necessária exigirá dinheiro, esforço, engenhosidade e informações.

será muito diferente de hoje, o que dependerá da mitigação. Consideremos duas possibilidades para os filhos e netos dessa geração. No primeiro cenário, o mundo está a caminho de limitar aumentos de temperatura a 2°C-2,5°C acima dos níveis pré-industriais. No segundo, as emissões são mais elevadas, o que gera, finalmente, temperaturas cerca de 5°C ou mais acima dos níveis pré-industriais.[1]

Mesmo na trajetória de temperatura mais baixa, muitos ecossistemas estarão sob tensão cada vez maior, padrões de pragas e doenças continuarão a mudar, e a agricultura exigirá mudanças significativas na prática e no deslocamento da população. Em uma trajetória de temperatura mais elevada, a maioria das tendências negativas será ainda pior, e as poucas tendências positivas, como aumentos na produtividade agrícola em regiões de colheitas mais frias, serão revertidas. A agricultura passará por uma mudança transformacional em práticas e locais, a intensidade das tempestades será mais alta, e o nível do mar provavelmente se elevará acima de um metro (Horton et al., 2008; Parry et al., 2007; Rahmstrof et al., 2007). Enchentes, secas e temperaturas extremas serão muito mais comuns (Allan; Soden, 2008). A última década foi a mais quente historicamente, mas é provável que em 2070 mesmo os anos mais frios serão mais quentes do que hoje. À medida que aumentam as tensões físicas e biológicas originadas da mudança climática, também crescerá a tensão social.

Na trajetória mais alta, o aquecimento poderia desencadear repercussões em sistemas terrestres que dificultariam restringir ainda mais o aumento de temperaturas, independentemente da mitigação. Essas repercussões rapidamente destruiriam ecossistemas, como nas previsões para a Amazônia e as turfeiras boreais (ver Foco A). Os indivíduos nesse mundo de trajetória mais alta presenciariam perdas cada vez mais aceleradas, e os custos repercutiriam por meio de suas sociedades e economias – o que exigiria a adaptação em uma escala nunca vista na história humana. As disputas internacionais devem aumentar relativamente pelos recursos, e a migração para longe das áreas mais afetadas aumentaria (German Advisory Council on Global Change, 2008).

Na trajetória mais baixa, a adaptação será complexa e dispendiosa, e o desenvolvimento do cenário de referência estará longe de ser suficiente. A implementação de políticas mais amplas e mais aceleradas que provem ser bem-sucedidas é tão primordial quanto a adaptação que domina a engenhosidade de indivíduos, instituições e mercados. Na trajetória mais alta, a questão é se o aquecimento pode estar se aproximando ou se já chegou aos níveis aos quais podemos nos adaptar (Adger et al., 2008). Alguns argumentam de maneira convincente que ética, cultura, conhecimento e atitudes com relação ao risco limitam a adaptação humana mais do que os limiares físicos, biológicos ou econômicos (Repetto, 2008). O esforço de adaptação que será exigido das gerações futuras é, portanto, determinado pelo quanto a mudança climática é mitigada de maneira eficaz.

Impactos ambientais graduais implicam limites físicos mais fortes no desenvolvimento futuro. As políticas climáticas em termos inteligentes deverão tratar dos desafios de um ambiente de maior risco e maior complexidade. A prática de desenvolvimento deve ter melhor capacidade de adaptação a linhas de base variáveis, alicerçadas em estratégias sólidas quanto ao conhecimento imperfeito (Lempert; Schlesinger, 2000). As estratégias de plantio devem ser robustas sob condições climáticas mais variáveis, mediante a manutenção da uniformidade no longo prazo nos resultados, em vez de maximizar a produção. Os planejadores das cidades costeiras devem prever desenvolvimentos demográficos e novos riscos decorrentes da elevação das marés ou enchentes. Os profissionais de saúde pública devem se preparar para mudanças surpreendentes em padrões de doenças vinculadas ao clima (Keim, 2008). As informações são fundamentais para estratégias e planejamento com base em risco – essa é a base da boa política e melhor gestão de risco.

---

1 O primeiro é aproximadamente o cenário B1 SRES, no qual o mundo está a caminho para a estabilização dos gases de efeito estufa a 450-550 ppm de CO_2e e, finalmente, uma temperatura de cerca de 2,5°C acima dos níveis pré-industriais, e o segundo no qual as emissões são significativamente maiores, próximas do cenário A1B SRES, que poderia levar à estabilização de cerca de 1.000 ppm, e, finalmente, temperaturas de cerca de 5°C acima dos níveis pré-industriais (Solomon et al., 2007).

A gestão de ecossistemas e de seus serviços será muito importante e mais difícil. Paisagens bem gerenciadas podem modular águas de enchentes. Alagados costeiros intactos podem servir de amortecedor contra danos de tempestades. Mas a gestão de recursos naturais enfrentará um clima em rápida mudança com eventos mais extremos e com ecossistemas sob ameaças maiores que o clima (como mudança do uso do solo e demográfica) (Millennium Ecosystem Assessment, 2005). A gestão de tais riscos físicos é parte de um desenvolvimento inteligente em termos climáticos, um passo essencial para impedir impactos evitáveis sobre os indivíduos.

Contudo, nem todos os impactos físicos são evitáveis, especialmente aqueles vinculados a eventos catastróficos extremos cuja probabilidade é de difícil avaliação sob a mudança climática. A eliminação do risco de eventos mais extremos não é possível, e tentar fazê-lo pode ser extremamente oneroso, dada a incerteza sobre o local e a precisão dos impactos. É fundamental que tanto domicílios quanto governos estejam preparados economicamente. Isso exigirá mecanismos flexíveis de divisão de risco.

Como aborda o Capítulo 1, os pobres têm menor capacidade de gerenciar riscos físicos e financeiros e de tomar decisões de adaptação de longo prazo. A vida deles é mais afetada pelo clima, seja por praticarem a agricultura de subsistência, seja por serem invasores sem-terra em uma planície em zona suburbana. Além dos pobres, outros grupos sociais também sofrem, pois estão desprovidos de direitos, ativos produzidos e voz (Ribot, no prelo). A política social, um complemento fundamental para a gestão de risco físico e financeiro, apresenta muitos mecanismos para ajudar a gerenciar o risco que afeta os mais vulneráveis e para capacitar as comunidades para se tornarem agentes de gestão de mudança climática.

Este capítulo concentra-se nas medidas que ajudarão os indivíduos a lidar com o clima variável hoje e com as mudanças climáticas que ocorrerem nas próximas décadas. Primeiro, ele descreve uma estrutura política com base nas estratégias que são sólidas no tocante à incerteza climática e nas práticas de gestão que são adaptativas em face das condições dinâmicas. Em seguida, examina riscos de gestão físicos, financeiros e sociais.

Gestão adaptativa: a vida com mudança

A mudança climática acrescenta uma fonte adicional de questões desconhecidas a serem geridas por decisores. No mundo real, diariamente, estes tomam decisões sob a influência de incertezas, mesmo na ausência de mudança climática. Os fabricantes investem em instalações de produção flexíveis que podem ser lucrativas por meio de uma gama de volumes de produção para compensar a demanda imprevisível. Os comandantes militares insistem em superioridade numérica acachapante. Os investidores financeiros se protegem contra flutuações nos mercados pela diversificação. É provável que todas essas formas de proteção produzam resultados abaixo do esperado com relação a qualquer expectativa de futuro, mas são importantes em face da incerteza (Lempert; Schlesinger, 2000; Lempert, 2007).

Um conjunto de incertezas sobre demografia, tecnologia, mercados e clima exige políticas e decisões de investimentos com base em conhecimento imperfeito e incompleto. Os tomadores de decisão locais e nacionais deparam-se com incertezas ainda maiores, pois as projeções tendem a perder a precisão em escalas mais refinadas – um problema inerente à redução de modelos não refinados e agregados. Se os parâmetros não podem ser observados e medidos (Lewis, 2007), as estratégias sólidas (ver Capítulo 1) que tratam diretamente da realidade de um mundo com as linhas de base em alteração e perturbações intermitentes (Lempert; Schlesinger, 2000; Lempert; Collins, 2007) são a conjuntura apropriada no contexto de probabilidades desconhecidas.

A aceitação de incerteza como inerente ao problema de mudança climática e à solidez como critério de decisão implica alterar estratégias de tomada de decisão para investimentos duradouros e planejamento de longo prazo. E exige repensar abordagens tradicionais que presumem um modelo determinístico do mundo no qual o futuro é imprevisível.

Primeiro, deve-se dar prioridade a opções de menor risco: opções de investimento e políticas que tragam benefícios mesmo sem a mudança climática. As opções existem em quase todos os domínios, em gestão de terra e água (ver Capítulo 3), no saneamento para reduzir doenças provocadas pela água (controle de vazamento de esgotos), em redução de risco de desastre (evitar zonas de alto risco), em proteção social (dar assistência aos pobres). Contudo, tais opções nem sempre são implementadas, em parte por causa da falta de informação e dos custos de transação, e também em decorrência de falhas cognitivas e políticas (ver Capítulo 8) (Bazerman, 2006).

Segundo, a compra de "margens de segurança" em novos investimentos pode aumentar a resiliência climática, muitas vezes a baixo custo. Por exemplo, o custo marginal da construção de uma represa em posição mais elevada ou da inclusão de grupos adicionais em um esquema de proteção social pode ser baixo (Groves; Lempert, 2007). As margens de segurança respondem não apenas pelos possíveis impactos da mudança climática (eventos mais graves), mas também pela incerteza no desenvolvimento socioeconômico (mudanças em demanda).

Terceiro, as opções de condições reversíveis e flexíveis precisam ser favorecidas, aceitando-se que as decisões possam ser erradas e, portanto, mantendo o custo de sua reversão o mais baixo possível. O planejamento urbano restritivo decorrente de resultados incertos de enchentes pode ser revertido de maneira mais fácil e econômica do que opções de retirada ou de proteção futuras. O seguro apresenta maneiras flexíveis de gerenciar o risco e proteger o investimento necessário quando há incerteza quanto à direção e à magnitude da mudança (Ward et al., 2008). Os agricultores que passam a usar variedades tolerantes à seca (em vez de investir em irrigação) podem usar o seguro para proteger seu investimento sazonal em novas sementes contra uma seca excepcionalmente severa. Quanto às áreas sujeitas a tempestades, uma combinação de sistemas de aviso antecipado, planos de evacuação e seguro de imóveis (possivelmente caros) pode dar maior flexibilidade para salvar vidas e substituir casas do que proteger áreas costeiras inteiras com infraestrutura ou delas retirar sem necessidade a população (Hallegatte, 2009).

Quarto, a institucionalização de planejamento em longo prazo exige análise de cenários futuros e uma avaliação de estratégias considerando a maior variedade de futuros possíveis. Isso leva a revisões periódicas de investimento (e, se necessário, análises) e melhora políticas e práticas por meio de aprendizado repetitivo com resultados. Ampliar o escopo espacial de planejamento é igualmente importante como preparo para as mudanças que possam se propagar em distâncias maiores, como o derretimento de geleiras que altera o fornecimento de água de zonas urbanas a centenas de quilômetros de distância, secas mais disseminadas que afetam o mercado regional de grãos, ou a migração acelerada da zona rural para a zona urbana causada pela degradação ambiental. No entanto, as mudanças estruturais necessárias podem ser difíceis por causa da inércia nas práticas gerenciais existentes (Pahl-Wostl, 2007; Brunner et al., 2005; Tompkins; Adger, 2004; Folke et al., 2002).

A implementação de tais estratégias que ensejem gestão adaptativa envolve o contínuo desenvolvimento de informações, planejamento e projetos flexíveis e sólidos, implementação participativa e monitoramento e avaliação dos resultados. Essa implementação alinha decisões de gestão com a escala de contextos e processos ecológicos e sociais, como bacias hidrográficas e ecorregiões, e pode ser conduzida por sistemas de gestão locais ou comunitários (Cumming; Cumming; Redman, 2006). Enfatiza a gestão baseada em conhecimento científico e local, bem como experimentos com políticas que desenvolvam o consenso, definam aprendizado como um objetivo e melhorem as habilidades de

QUADRO 2.1 *Características da gestão adaptativa*

Gestão adaptativa é uma abordagem que orienta a intervenção em face da incerteza. A ideia principal é que as ações de gestão sejam moldadas por aprendizado claro, com base em experimentos de políticas e em informações científicas e conhecimento técnico novos para melhorar a compreensão, informar decisões futuras, monitorar o resultado de intervenções e desenvolver novas práticas. Essa conjuntura define mecanismos para avaliar cenários alternativos e medidas estruturais e não estruturais, compreender e desafiar premissas e explicitamente considerar incertezas. A gestão adaptativa apresenta um horizonte de longo prazo para planejamento e capacitação, e está alinhada com processos ecológicos na escala espacial apropriada. Ela cria uma conjuntura propícia para a cooperação entre os níveis administrativos, setores e departamentos, e participação mais ampla de partes interessadas (inclusive centros de pesquisas em organizações não governamentais) na solução de problemas e tomada de decisão e legislação adaptável que sustente ação local e responda a novas informações.

Fonte: Adaptado de Raadgever et al. (2008) e Olsson, Folke e Berkes (2004).

tomada decisões em situações de incerteza (Quadro 2.1) (Olsson; Folke; Berkes, 2004; Folke et al., 2005; Dietz; Ostrom; Stern, 2003).

A participação das partes interessadas no planejamento aumenta o apropriamento e a probabilidade de que as ações serão sustentadas (Dietz; Stern, 2008). Tanto Boston quanto Londres têm estratégias para mudança climática. Em Boston, o processo partiu de pesquisas, o que provocou a participação inconstante das partes interessadas. O estudo completo, considerado muito técnico, teve pouco impacto. Londres usou uma abordagem vertical com a participação de muitas partes interessadas. Depois da publicação do *London Warming Report*, a organização com partes interessadas evoluiu para a Climate Change Partnership e prosseguiu com o planejamento de adaptação (Ligeti; Penney; Wieditz, 2007).

Para a adaptação à mudança climática, é essencial o modelo de tomada de decisão com base em risco que favoreça a solidez e o planejamento em longo prazo e estruturas de governança locais, comunitárias e nacionais (Pahl-Wostl, 2007). A pressão cada vez maior sobre recursos escassos (terra, água), combinada com transformações sociodemográficas importantes (crescimento populacional, urbanização e globalização), e o clima em mudança não oferecem muito espaço para riscos não gerenciados. Uma tempestade que atingiu uma cidade litorânea moderna e de crescimento rápido tem o potencial de causar muito mais dano do que no passado, quando a costa era menos populosa e com menos construções. Diante da incerteza que se origina na mudança climática, as estratégias robustas e a gestão adaptativa oferecem a conjuntura apropriada para melhor gerenciar os riscos físicos, financeiros e sociais.

Gestão de riscos físicos: evitar o que pode ser evitado

Quando bem administrados, os sistemas naturais podem reduzir a vulnerabilidade

Mapa 2.1 Em risco: populações e megacidades concentram-se em zonas costeiras de baixa elevação ameaçadas pela elevação do nível do mar e tempestades costeiras

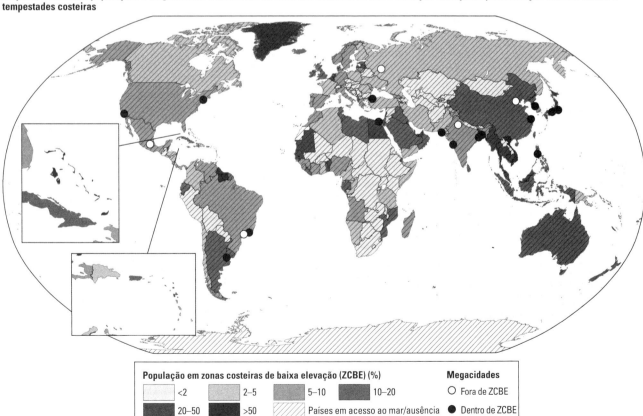

Fonte: United Nations (2008a).

Nota: Em 2007, as megacidades eram Pequim, Bombaim, Buenos Aires, Cairo, Calcutá, Daca, Istambul, Carachi, Los Angeles, Manila, Cidade do México, Moscou, Nova Délhi, Nova York, Osaka, São Paulo, Seul, Xangai e Tóquio. Megacidades são áreas urbanas com mais de 10 milhões de habitantes.

humana a riscos climáticos, proporcionar benefícios de desenvolvimento, reduzir a pobreza, preservar a biodiversidade e favorecer o sequestro de carbono. A adaptação com base em ecossistema, ou seja, manter ou restaurar ecossistemas naturais para reduzir a vulnerabilidade humana, é uma abordagem econômica na redução de riscos climáticos e proporciona vários benefícios (ver Foco B). Por exemplo, as zonas florestadas protegem cursos d'água contra chuvas moderadas de forma mais eficiente do que reservatórios não florestados, mas chuvas mais fortes rapidamente saturam a esponja, de modo que a água se move com maior rapidez sobre o solo (Food and Agriculture Organization; Center for International Forestry Research, 2005). Os alagados com muita vegetação rio abaixo podem ser necessários para proteger melhor os cursos d'água enquanto os sistemas de drenagem natural os carregam. Mas alagados convertidos em agricultura e uso urbano e sistemas de drenagem simplificados inevitavelmente não funcionam, o que leva a enchentes. Uma resposta adequada para a gestão de enchentes é manter a cobertura de reservatórios, gerenciar alagados e canais fluviais e de maneira apropriada, e planejar a infraestrutura em áreas de expansão urbana. Do mesmo modo os manguezais litorâneos protegem contra tempestades, em parte pela absorção de cursos, em parte por manter as habitações humanas atrás de manguezais, longe do mar.

Construção de cidades inteligentes em termos climáticos

Metade da população mundial vive em cidades, uma parcela que aumentará para 70% em 2050 (United Nations, 2008b). Considerando um crescimento populacional urbano de 5 milhões de novos residentes por mês, 95% estarão no mundo em desenvolvimento, onde as pequenas cidades crescem mais rapidamente (United Nations, 2008a). As áreas urbanas concentram pessoas e ativos econômicos, com frequência em áreas sujeitas a perigo como cidades que, historicamente, prosperaram em áreas costeiras e na confluência de rios. De fato, as zonas costeiras de baixa elevação em risco de elevação do nível do mar e vagas abrigam cerca de 600 milhões de pessoas em todo o mundo e 15% das 20 cidades médias do mundo (Mapa 2.1) (Balk; McGranahan; Anderson, 2008).[2]

A mudança climática é apenas um dos muitos fatores que determinam a vulnerabilidade urbana. Para muitas cidades costeiras, a migração aumenta a população exposta à elevação dos níveis do mar, às tempestades e enchentes (McGranahan; Balk; Anderson, 2007), como em Xangai, onde o influxo anual de pessoas excede a taxa de crescimento natural com fator de quatro.[3] Muitas cidades em deltas pluviais estão afundando por causa da extração do lençol freático e em razão do declínio dos depósitos e sedimentos causados por represas rio acima. Há algum tempo, a sedimentação tem sido um problema para cidades costeiras (Nova Orleans, Xangai) e está se tornando uma nova ameaça para Hanói, Jacarta e Manila (Nicholls et al., 2008). O desenvolvimento urbano para o interior aumenta a demanda de água rio acima, e muitos rios, inclusive o Nilo, deixaram de alcançar a sua foz.

A urbanização bem feita pode aumentar a resiliência a riscos derivados do clima. Densidades populacionais mais altas diminuem os custos *per capita* no fornecimento de água tratada encanada, sistema de esgoto, coleta de lixo e outras infraestruturas e serviços públicos. O planejamento urbano robusto limita o desenvolvimento em áreas sujeitas a enchentes e dá acesso fundamental a serviços. O desenvolvimento de infraestrutura (barragens ou diques) pode ser a proteção física para momentos em que se exigirão margens de segurança adicionais onde a mudança climática aumentar o risco. Os sistemas de comunicação, transporte e alerta antecipado e em bom funcionamento são de grande ajuda na evacuação da população, como é o caso de Cuba, onde 800.000 pessoas são rotineiramente evacuadas em 48 horas quando um furacão se aproxima (Simms;

---

2 Zonas costeiras de baixa elevação são definidas como terras costeiras abaixo de dez metros de elevação. Ver Socioeconomic Data e Application Center – Disponível em: <http://sedac.ciesin.columbia.edu/gpw/lecz.jsp>. Acesso em: 8 jan. 2009.

3 Em Xangai, a taxa de migração líquida é de 4% a 8%, comparada com aproximadamente menos 2% atribuíveis a crescimento natural entre 1995 e 2006 (cf. United Nations, 2008a).

QUADRO 2.2 *Planejamento de cidades mais verdes e mais seguras: o exemplo de Curitiba*

Apesar de um aumento de sete vezes na população entre 1950 e 1990, Curitiba, no Brasil, provou ser uma cidade limpa e eficiente, graças à boa administração e cooperação social. A pedra angular do sucesso de Curitiba encontra-se em seu inovador plano diretor, adotado em 1968, e executado pelo Instituto de Pesquisa de Planejamento Urbano de Curitiba (Ippuc). Em vez de usar soluções altamente tecnológicas para a infraestrutura urbana, como metrôs e caras usinas de separação mecânica do lixo, o Ippuc buscou a tecnologia apropriada que é eficaz tanto no custo quanto na aplicação.

A utilização e a mobilidade do solo foram planejadas de uma forma integrada, e a disposição radial (ou axial) da cidade foi projetada para desviar o tráfego da área central (três quartos da população usam o altamente eficiente sistema de ônibus). O centro industrial é construído perto do centro de cidade para minimizar a movimentação dos trabalhadores. As numerosas áreas naturais de preservação estão situadas em torno da área industrial, o que evita possíveis inundações.

Outra parte do sucesso da cidade é sua gestão de resíduos: 90% dos residentes reciclam pelo menos dois terços do lixo. Nas áreas com renda mais baixa, onde a gestão de resíduos convencional é difícil, o programa "Compra do lixo" troca o lixo por passes de ônibus, alimentos e cadernos escolares.

O programa de Curitiba é adotado também por outros países. Em Juarez, no México, por exemplo, o Instituto Municipal de Planejamento está construindo moradias novas e transformando a zona de inundação previamente habitada em um parque da cidade.

Fonte: Roman (2008).

Reid, 2006). Tais medidas podem aumentar a capacidade de a população urbana lidar com choques de curto prazo e adaptar-se à mudança climática no longo prazo (World Bank, 2008a).

As cidades são sistemas dinâmicos e altamente adaptáveis que podem oferecer uma ampla variedade de soluções criativas para os desafios ambientais. Vários países estão buscando novas estratégias de desenvolvimento urbano para difundir a prosperidade regional. A República da Coreia iniciou um ambicioso programa para desenvolver "cidades de inovação" como uma maneira de descentralizar as atividades econômicas do país (Seo, 2009). Vários desses esforços concentram-se na inovação tecnológica e apresentam novas oportunidades para definir cidades futuras que sejam capazes de lidar com os desafios da mudança climática.

QUADRO 2.3 *Adaptação à mudança climática: Alexandria, Casablanca e Túnis*

Alexandria, Casablanca e Túnis, cidades com 3 a 5 milhões de habitantes, avaliam a extensão dos impactos projetados da mudança climática e planejam cenários da adaptação para 2030 com um estudo regional em curso. As respostas antecipadas das cidades à sua vulnerabilidade crescente mostram caminhos desiguais para a adaptação.

Em Alexandria, a construção recente de uma importante estrada costeira com seis pistas agravou a erosão litorânea e aprofundou o perfil do fundo do mar, fazendo que as tempestades atinjam o interior da cidade. As defesas marítimas estão sendo construídas sem estudos ou coordenação da engenharia suficiente entre as instituições responsáveis. Um lago perto da cidade, um receptáculo natural para água de drenagem, está sendo afetado por poluição aguda e pressões imobiliárias para reclamá-lo para fins de construção.

Casablanca respondeu aos episódios urbanos devastadores recentes da inundação com trabalhos para melhorar a administração da bacia hidrográfica rio acima e para alargar os principais canais de drenagem. Os vazamentos na rede de distribuição da água domiciliar foram reparados, economizando o equivalente em água ao consumo de aproximadamente 800.000 pessoas. Mas a gestão da zona litorânea ainda preocupa, em razão das ferramentas limitadas para controlar a construção e reduzir a extração de areia das praias.

Túnis também está tratando de seus riscos de inundação urbana por meio da melhoria de canais da drenagem e controle da construção informal em torno de alguns mananciais. Estão sendo construídos diques para defender as áreas litorâneas mais ameaçadas, e o novo plano diretor conduz o desenvolvimento urbano para longe do mar. Mas o centro da cidade, já abaixo do nível do mar, está em processo de sedimentação, ameaçando o porto e as instalações logísticas, além das usinas geradoras de eletricidade e de tratamento de água. Os principais projetos de reconstrução urbana, se realizados, poderão também aumentar a vulnerabilidade da cidade à elevação dos mares.

A adaptação à mudança climática em Alexandria, Casablanca e Túnis deve ocorrer primeiramente com a melhoria do planejamento urbano, a identificação de cenários de uso do solo e da expansão que minimizariam a vulnerabilidade, tratamento dos pontos fracos dos recursos-chave da infraestrutura, como portos, estradas, pontes e estações de tratamento de água, e a melhora na capacidade das instituições responsáveis em coordenar respostas e controlar emergências. Além disso, o uso eficiente de energia em edifícios e sistemas municipais pode ser consistente com a crescente resiliência à mudança climática ao reduzir emissões de gases de efeito estufa.

Fonte: Bigio (2008).

As tentativas de influenciar os padrões espaciais de áreas urbanas por meio de intervenções de política pública trouxeram, contudo, resultados mistos. A tentativa da República Árabe do Egito de criar cidades-satélites para descongestionar o Cairo nunca atraiu a população projetada. Além disso, pouco se fez para evitar o crescimento populacional no Cairo, sobretudo por causa da falta de políticas de promoção de integração regional (World Bank, 2008g). As políticas bem-sucedidas facilitam a concentração e a

Mapa 2.2 Um desafio complexo: gestão de crescimento urbano e controle de enchentes em um clima em mudança na Ásia e no sudeste asiático

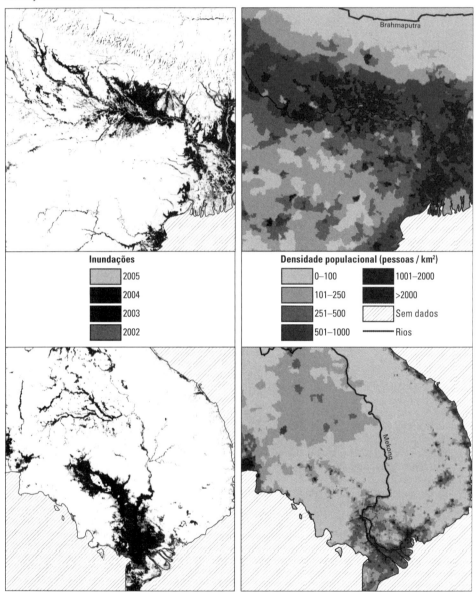

Fontes: Análise da equipe de WDR. Dados da inundação: Darthmouth Flood Observatory (2009). Dados populacionais: Center for International Earth Science Information Network (2005).

Nota: Viver com inundações faz parte das atividades econômicas e culturais das populações do sul e sudeste asiáticos. As zonas sujeitas a inundações de algumas das bacias hidrográficas principais (Ganges, parte superior; Mekong, parte inferior) concentram um grande número de pessoas e expõem a agricultura e centros urbanos ao risco crescente de inundações sazonais. É provável que a mudança climática provoque inundações mais intensas, causadas em parte pelo derretimento das geleiras nas represas na parte superior da região do Himalaia e em parte pelas chuvas mais curtas e mais intensas da monção que, provavelmente, mudarão os padrões da inundação na região. Ao mesmo tempo, os centros urbanos estão invadindo rapidamente os cinturões agrícolas que servem como zonas naturais de retenção de águas de inundação, trazendo nova complexidade ao controle de águas de inundação e à expansão urbana no futuro.

migração durante os primeiros estágios de urbanização, e a conectividade interurbana durante os estágios posteriores. Os investimentos públicos em infraestrutura são mais eficazes quando aumentam a igualdade social (por meio de acesso mais amplo a serviços) e integram o espaço urbano (por meio de sistema de transporte) (ibidem).

Raramente a urbanização é harmoniosa, gerando poluição, bolsões de miséria e deslocamento social. Hoje, as áreas urbanas em países em desenvolvimento abrigam 746 milhões de indivíduos que vivem abaixo da linha de pobreza (um quarto dos pobres do mundo),[4] e os pobres das áreas urbanas têm muitos outros problemas além da baixa renda. Superpopulação, posse incerta, estabelecimentos ilegais situados em áreas sujeitas a deslizamentos e inundações, saneamento insatisfatório, habitação insegura, nutrição inadequada e saúde frágil agravam as vulnerabilidades de 810 milhões de pessoas que vivem em favelas urbanas (United Nations, 2008a).

Essas vulnerabilidades clamam por melhorias detalhadas no planejamento urbano e no desenvolvimento. As agências governamentais, particularmente as locais, podem dar forma à capacidade adaptável de domicílios e de negócios (Quadro 2.2). Mas a ação de organizações comunitárias e não governamentais é igualmente fundamental, sobretudo aquelas que constroem moradias e proporcionam diretamente serviços, como as organizações de favelados (Satterthwaite, 2008). O planejamento e a regulamentação robustos podem identificar zonas de alto risco em áreas urbanas e permitir que os grupos de renda baixa encontrem moradias seguras e disponíveis, como em Ilo, no Peru, onde as autoridades locais acomodaram com segurança um aumento de cinco vezes na população após 1960 (Díaz; Palacios; Miranda, 2005). Entretanto, os investimentos pesados na infraestrutura podem igualmente ser necessários para proteger zonas urbanas, como cidades litorâneas no norte da África, com paredões e aterros (Quadro 2.3).

Nas áreas urbanas, o principal risco é a inundação, causada frequentemente por edifícios, infraestrutura e áreas pavimentadas que impedem a infiltração, o que é agravado por sistemas de drenagem sobrecarregados. Em cidades bem administradas, a inundação raramente é um problema porque a drenagem de superfície é construída no tecido urbano para acomodar água de enchente dos eventos extremos que excedem a capacidade de infraestrutura protetora (ver Quadro 2.3). A manutenção contínua inadequada da gestão de resíduos e drenagem, entretanto, pode rapidamente obstruir os canais de drenagem e causar a inundação local mesmo com precipitação leve; em Georgetown, na Guiana, tal situação provocou 29 inundações locais entre 1990 e 1996 (Pelling, 1997).

---

4 Usando uma linha de pobreza de US$ 2,15 por dia (cf. Ravallion; Chen; Sangraula, 2007).

QUADRO 2.4 *Promovendo sinergias entre a mitigação e a adaptação*

A organização espacial das cidades, ou sua forma urbana, determina o uso de energia e a eficiência. A concentração da população e do consumo tende a aumentar rapidamente durante a fase inicial de urbanização e de desenvolvimento. Algumas áreas urbanas mais densas têm um uso eficaz da energia mais elevado e distâncias mais curtas de deslocamento (ver Capítulo 4, Quadro 4.7). Entretanto, com o aumento populacional, a atividade econômica e a infraestrutura tendem a amplificar os efeitos do clima em cidades. Por exemplo, o espaço verde pode reduzir os efeitos urbanos das ilhas de calor, mas pode igualmente ser vítima de construções. Do mesmo modo, a maior densidade, combinada com a pavimentação de áreas de infiltração, prejudica a drenagem urbana que atenua as enchentes.

O projeto urbano inteligente em termos climáticos pode promover sinergias entre a mitigação e a adaptação. Promover fontes de energia renováveis tende a favorecer a descentralização do abastecimento de energia. Os espaços verdes fornecem proteção e refrigeração, reduzem a necessidade de ar condicionado em edifícios ou que se tenha de deixar a cidade durante ondas de calor. Telhados verdes podem conservar a energia, atenuar a água da chuva e fornecer refrigeração. As sinergias entre a adaptação e a mitigação são relacionadas frequentemente a altura, disposição, espaçamento, materiais, proteção, ventilação e condicionamento de ar do edifício.

Muitos projetos inteligentes em termos climáticos, que mesclam princípios ecológicos, sensibilidades sociais e uso eficaz da energia, são planejados para áreas urbanas na China, como Dongtan, perto de Xangai, mas até agora os planos não saíram do papel.

Fontes: Girardet (2008), Laukkonen et al. (2009), McEvoy, Lindley e Handley (2006), Wang; Yaping (2004), World Bank (2008g) e Yip (2008).

Mapa 2.3 As cidades setentrionais precisam se preparar para o clima mediterrâneo – agora

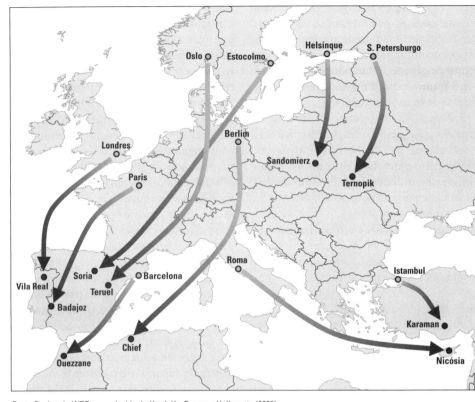

Fonte: Equipe de WDR, reproduzido de Kopf, Ha-Duong e Hallegatte (2008).
Nota: Com o aumento das temperaturas globais, as zonas climáticas se deslocarão para o norte, e, em meados do século XXI, muitas cidades europeias centrais e do norte terão a "sensação" mediterrânea. Essa não é boa notícia e traz implicações importantes: as concessionárias de fornecimento de água terão de ajustar planos de gestão, e os serviços sanitários deverão ser preparados para episódios mais extremos do calor (similares à onda de calor europeia de 2003). Alguns graus de aquecimento podem parecer atraentes em um dia de inverno frio em Oslo (o cenário mostrado no mapa corresponde aproximadamente a um aumento global da temperatura atual de 1,2°C), porém as mudanças necessárias no planejamento, gestão de saúde pública e a infraestrutura urbana são substanciais. Os edifícios que foram projetados e construídos para invernos rigorosos terão de funcionar com um clima mais seco e quente, e o patrimônio histórico pode sofrer danos irreparáveis. Hoje, ainda mais complexa é a construção de edifícios novos, pois o projeto destes precisa ser altamente flexível para se ajustar gradualmente às condições drásticas e diferentes das próximas décadas.

QUADRO 2.5 *Preparação para ondas de calor*

Após as ondas de calor em 2003, o Ministério da Saúde da Espanha e o CatSalut (o serviço sanitário regional catalão) elaboraram um plano de ação detalhado interministerial e de interagências para atenuar os efeitos das ondas futuras de calor na saúde (CatSalut, 2008). Esse plano que incorpora respostas à saúde e às comunicações (em todos os níveis de cuidados com a saúde) é acionado por um sistema de alarme de calor-saúde.

O plano tem três níveis de ação durante o verão:

- O nível 0 começa em 1º de junho com foco na prontidão.
- O nível 1 ocorre durante julho e agosto, com foco em avaliações meteorológicas (inclusive registros diários da temperatura e da umidade), fiscalização da doença, avaliação de ações preventivas e proteção de populações em risco.
- O nível 2 é ativado somente se ocorrerem elevações de temperatura acima do ponto inicial de advertência (35°C nas áreas costeiras e 40°C no interior), quando são iniciadas respostas dos serviços de saúde e sociais e emergência.

O plano de ação e sua resposta ao sistema da saúde têm por base o uso de centros de cuidados de saúde primários (que incluem serviços sociais) na região. Os centros identificam e localizam populações vulneráveis, e reforçam seu alcance para disseminação de informações sobre saúde pública durante o verão. Coletam também dados sobre a saúde para monitorar e avaliar os impactos das ondas de calor na saúde e a eficácia das intervenções.

Ações similares são correntes em outra parte. O País de Gales tem uma estrutura para prontidão e resposta para ondas de calor. Essa estrutura estabelece diretrizes para impedir doenças relacionadas ao calor e tratar delas, opera um sistema de alerta rápido durante os meses do verão e tem mecanismos de comunicação com o serviço meteorológico (Welsh Assembly Government, 2008). A área metropolitana de Xangai tem um sistema de alarme calor-saúde como parte de seu plano de gestão contra vários perigos.[a]

[a]Projeto de demonstração do sistema de alerta rápida contra vários perigos de Xangai. Disponível em: <http://smb.gov.cn/SBQXWebInEnglish/TemplateA/Default/index.aspx>. Acesso em: 13 mar. 2009.

Do mesmo modo, as cidades devem olhar além de suas fronteiras para se preparar para a mudança climática. Muitas cidades andinas reformularam seus mananciais para acomodar o encolhimento e possível desparecimento de geleiras. O derretimento significa que o fornecimento de água na estação seca já não é confiável, e os reservatórios precisarão compensar o armazenamento de água perdido e a função reguladora das geleiras (World Bank, 2008c). Nos deltas do sudeste asiático, os subúrbios espalham-se rapidamente em cidades como Bangcoc e Ho Chi Minh, e invadem campos do arroz, reduzem a capacidade de retenção da água e aumentam o risco de enchentes (Hara; Takeuchi; Okubo, 2005). Esse risco poderá piorar quando as áreas de armazenamento rio acima alcançarem sua capacidade e tiverem que soltar a água. As descargas máximas fluviais nas bacias hidrográficas do sul e sudeste Asiáticos devem aumentar com a mudança climática, o que exige maiores esforços rio acima para proteger centros urbanos rio abaixo (Mapa 2.2) (Bates et al., 2008).

Os governos municipais locais podem promover a redução do risco e o planejamento baseado em risco. Criar uma base de dados de

Mapa 2.4   A mudança climática acelera o retorno da dengue nas Américas

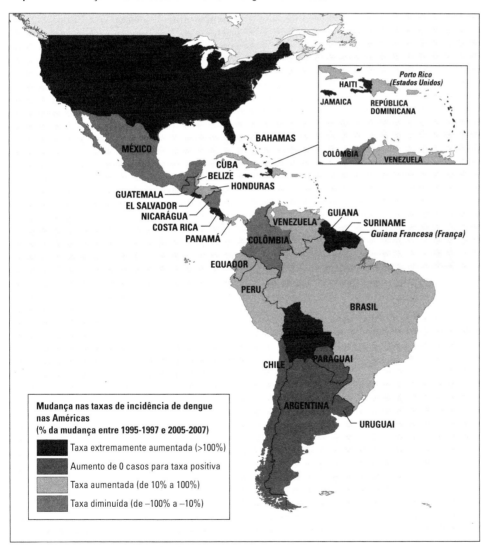

Fonte: Pan American Health Organization (2009).
Nota: As doenças infecciosas e transmitidas por vetor têm se expandido em novas áreas geográficas, em todo o mundo. Nas Américas, a incidência de dengue aumentou em decorrência da maior densidade populacional e do maior número de viagens e comércio internacionais. As alterações na umidade e na temperatura causadas pela mudança climática amplificam essa ameaça e permitem que os vetores da doença (mosquitos) prosperem em locais previamente inoportunos para a doença (cf. Knowlton; Solomon; Rotkin-Ellman, 2009).

informação do risco, desenvolvida em parceria com cidadãos, empresas e autoridades é a primeira etapa na definição das prioridades para a intervenção e dos principais pontos de identificação. Criar diretrizes locais por meio de decretos e legislação municipal pode facilitar a integração, como em cidades sujeitas a inundações e tempestades como Makati, nas Filipinas, onde o Conselho de Coordenação de Desastres planeja a gestão de risco da cidade contra desastres (World Bank, 2008a).

Muitas ações municipais para a promoção do desenvolvimento e da resiliência a eventos e desastres locais sobrepõem-se às medidas para a adaptação, inclusive fornecimento de água e saneamento, cuidados médicos com foco em prevenção e prontidão para desastre (Quadro 2.4). É provável que tais intervenções ocorram no interesse imediato dos responsáveis pelas decisões em contextos urbanos (ver Capítulo 8) (Satterthwaite et al., 2007). É evidentemente mais fácil moldar iniciativas orientadas à adaptação como interesse imediato da cidade, para eliminar entraves políticos para a ação climática (McEvoy; Lindley; Handley, 2006).

A construção de cidades inteligentes em termos climáticos envolverá o uso considerável de tecnologias emergentes. Entretanto, muita da competência técnica disponível em países em desenvolvimento está concentrada no governo central, em que as autoridades locais frequentemente devem usar uma pequena rede de experiência para fazer suas seleções (Laryea-Adjei, 2000). As universidades na área urbana podem desempenhar um importante papel no apoio para cidades que queiram adotar e utilizar práticas inteligentes em termos climáticos, por meio de mudanças no currículo e nos métodos de ensino que permitam aos estudantes passar mais tempo no mundo prático solucionando problemas locais.

Manter a população saudável

As doenças ligadas ao clima, ou seja, desnutrição, diarreia, doenças transmitidas por vetor (especialmente malária), já representam um enorme ônus à saúde em algumas regiões, principalmente na África e no sul da Ásia. A mudança climática aumentará esse ônus, afetando mais os pobres (ver Capítulo 1) (Confalonieri et al., 2007). Estima-se que mais de 150.000 mortes por ano atribuíveis à mudança climática nas últimas décadas sejam apenas a ponta do *iceberg*.[5] Os efeitos indiretos da mudança climática causados por água, saneamento, ecossistemas, produção alimentar e moradia poderiam ser ainda mais altos. As crianças são especialmente suscetíveis a esses efeitos, em que desnutrição e doenças infecciosas (na maior parte, diarreia) integram um ciclo vicioso que gera deficiências cognitivas e de aprendizagem, que afetam de maneira permanente a produtividade futura. Em Gana e no Paquistão, estima-se que os custos

Figura 2.1 O número de pessoas afetadas por desastres relacionados ao clima está aumentando

Número mortes em um período de cinco anos (milhões)

Número pessoas afetadas em um período de cinco anos (bilhões)

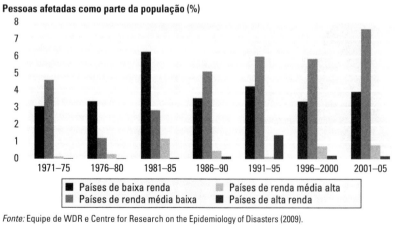
Pessoas afetadas como parte da população (%)

■ Países de baixa renda   ■ Países de renda média alta
■ Países de renda média baixa   ■ Países de alta renda

Fonte: Equipe de WDR e Centre for Research on the Epidemiology of Disasters (2009).

Nota: Nos últimos 40 anos, o número de mortos caiu, mas o de pessoas afetadas dobrou em todas as décadas. (*Pessoas afetadas* são aquelas que exigem o auxílio imediato durante um período de emergência e podem igualmente incluir indivíduos deslocados ou evacuados.) Em países de renda média baixa, quase 8% da população é afetada todos os anos. O aumento não pode ser atribuído somente à mudança climática; boa parte resulta do aumento populacional, da maior exposição da infraestrutura e da informação mais atualizada de desastres. Entretanto, o impacto nas pessoas é real e mostra por que é tão essencial começar a se concentrar no déficit atual de adaptação, ao mesmo tempo que se prevê um futuro climático tenso.

---

[5] Inclui apenas mortalidade principal com causa específica e exclui efeitos indiretos e morbidade (cf. McMichael et al., 2004; Global Humanitarian Forum, 2009).

associados com a desnutrição e a diarreia estejam por volta de 9% do produto interno bruto (PIB) quando se contabilizam as perdas de produtividade em longo prazo em anos mais recentes. Esses custos aumentarão apenas com mudança climática se a adaptação a essas circunstâncias for lenta (World Bank, 2008b).

As recentes ondas de calor, como a que matou aproximadamente 70.000 pessoas na Europa em 2003, mostraram que mesmo os países de alta renda estão vulneráveis (Robine et al., 2008). Provavelmente haverá um aumento nas ondas de calor em termos de frequência e intensidade (Mapa 2.3) (Solomon et al., 2007; Luber; McGeehin, 2008), com ilhas urbanas de calor produzindo temperaturas de 3,5°C a 4,5°C, mais elevadas do que em áreas rurais (Corburn, 2009). Vários países e muitas regiões metropolitanas implementaram sistemas de alerta antecipado de ondas de calor como forma de melhor preparo (Quadro 2.5).

QUADRO 2.6 *Ir contra a corrente e estar à frente dos impactos: o controle de riscos de eventos extremos antes que se transformem em desastres*

Os eventos climáticos extremos e periódicos, como tempestades, inundações, secas e incêndios violentos, caracterizam muitas regiões do mundo e são parte do sistema climático. É provável que a mudança climática mude os padrões de eventos extremos, mas os impactos negativos podem ser reduzidos por meio da gestão sistemática de riscos. As etapas básicas são avaliar, reduzir e mitigar o risco.[a]

Avaliar o risco, uma condição prévia para a gestão de riscos, é a base para a tomada de decisão informada. Focaliza a ação e os recursos. Identificar o risco pertinente é a primeira etapa e, geralmente, não exige técnicas sofisticadas. Os plantadores de arroz na Ásia prontamente indicam seus campos mais propensos a inundações. Os responsáveis pelas reservas de água sabem das dificuldades de controlar as demandas concorrentes para a eletricidade e o fornecimento de água quando os níveis de água são baixos. E as comunidades podem identificar os grupos sociais e os indivíduos que tendem a ser afetados primeiro quando ocorrem eventos climáticos adversos.

A etapa seguinte é quantificar o risco, e há várias abordagens que dependem do escopo de uma avaliação de risco. As comunidades usam técnicas participativas simples baseadas em indicadores prontamente perceptíveis (como o preço de mercado para colheitas básicas durante secas) para provocar a ação em nível domiciliar e da comunidade ou mapeamento de base comunitária para determinar áreas propensas a inundações. As avaliações de risco em nível setorial (agrícola ou hidreletricidade) ou para um país exigem, em geral, uma análise de dados mais sistemática e mais quantitativa (quanto à extensão agrícola ou à hidrologia regional).

A compreensão do risco demanda investimento na capacidade científica, técnica e institucional para observar, registrar, pesquisar, analisar, prever, modelar e mapear perigos naturais e vulnerabilidades. Os sistemas de informação geográfica podem integrar essas fontes de informação e fornecer aos decisores uma ferramenta poderosa para compreender o risco – em nível de agências nacionais e locais. Muitos países de renda baixa e média estão realizando avaliações de risco e sistematicamente reforçando sua capacidade de controle de desastres.[b]

Reduzir o risco exige integrá-lo à estrutura estratégica total do desenvolvimento, uma tarefa mais importante do que nunca como o aumento da densidade populacional e de infraestrutura. Desde o final da década de 1990, tem havido um aumento no reconhecimento da necessidade de tratar de riscos que emanam de perigos naturais em estruturas estratégicas de desenvolvimento em médio prazo, na legislação e em estruturas institucionais, estratégias e políticas setoriais, processos orçamentais, projetos individuais e na monitoração e na avaliação. Integrar exige a análise de como os eventos de perigo potencial poderiam afetar políticas, programas e projetos, e vice-versa.

As iniciativas de desenvolvimento não reduzem necessariamente a vulnerabilidade aos perigos naturais e podem de modo involuntário criar vulnerabilidades novas ou aumentar as existentes. As soluções conjuntas para o desenvolvimento sustentável, a redução de pobreza e o reforço da resiliência aos perigos precisam, portanto, ser abertamente procuradas. A redução do risco de desastre deve promover a resiliência e ajudar as comunidades a se adaptar aos riscos novos e aumentados. Mas mesmo isso não pode ser garantido. Por exemplo, os investimentos no controle estrutural de inundação, projetado de acordo com probabilidades atuais, poderiam provocar perdas futuras por incentivar o desenvolvimento em áreas hoje propensas a inundações, mas deixando-as mais propensas a danos maiores no futuro. Portanto, as previsões sobre mudança climática devem ser consideradas quando da tomada de decisão atual e no planejamento em longo prazo.

Mitigar o risco envolve ações para minimizar impactos durante um evento e seu período imediatamente posterior. Os sistemas de alerta antecipado e de vigilância aproveitaram a tecnologia da informação e os sistemas de comunicação para dar alertas antecipados de eventos extremos. Para que essas informações salvem vidas, as agências da gestão de desastres precisam implementar mecanismos para receber e transmitir a informação às comunidades bem antes do evento. Isso requer o treinamento sistemático de preparo, capacitação, conscientização e coordenação entre entidades nacionais, regionais e locais. Agir de maneira rápida e objetiva após um desastre também é importante, inclusive a proteção social para os mais vulneráveis e uma estratégia para recuperação e reconstrução.

Fonte: Equipe de WDR, Range, Muir-Madeira e Priya (2009) United Nations (2007, 2009), National Research Council of the National Academies (2006) e Benson e Twigg (2007).

[a] Aqui o termo *mitigação* refere-se a evitar perdas em eventos climáticos extremos, por exemplo, com a evacuação de pessoas em uma planície de inundação, por meio de medidas de curto prazo que preveem uma ameaça imediata.

[b] Global Facility for Disaster Reduction and Recovery (Mecanismo Global para Redução e Recuperação de Desastres). Disponível em: <www.gfdrr.org>. Acesso em: 15 maio 2009; Prevenção– disponível em: <www.proventionconsortium.org>, acesso em: 15 maio 2009.

As doenças transmitidas por vetor estão aumentando sua propagação geográfica e reaparecendo na Europa Oriental e Ásia Central (Fay; Block; Ebinger, 2010). A malária já se tornou um problema para as economias nas áreas tropicais (Gallup; Sachs, 2001), pois mata quase 1 milhão de pessoas por ano (a maior parte, crianças), e estima-se que a mudança climática irá expor mais de 90 milhões de pessoas (um aumento de 14%) à doença até 2030, apenas na África (Hay et al. 2006).[6]

---

[6] Essa estimativa responde apenas pela expansão do vetor da doença; o crescimento populacional contribuirá para esse efeito e aumentará a população em risco em 390 milhões de pessoas (ou 60%) relativa à linha de base populacional de 2005.

A dengue expandiu seu alcance geográfico (Mapa 2.4), e espera-se que a mudança climática duplique a taxa de pessoas em risco, de 30% para até 60% da população mundial (ou seja, de 5 a 6 bilhões de pessoas) até 2070 (Hales et al., 2002).[7] Na detecção e no monitoramento de doenças que tendem a epidemias, os sistemas nacionais de saúde precisam melhorar a fiscalização e os mecanismos de notificação de casos (World Health Organization, 2008; Torre; Fajnzylber; Nash, 2008). Atualmente, a fiscalização em várias partes do mundo não prevê a pressão de novas doenças, por exemplo, na África, onde a malária está atingindo os moradores urbanos com a expansão de estabelecimentos em áreas de transmissão (Keiser et al., 2004). Sensoriamento remoto por satélite e biossensores podem melhorar a exatidão e a precisão dos sistemas de vigilância e impedir manifestações da doença com a detecção precoce das mudanças em fatores climáticos (Rogers et al., 2002). Modelos avançados de previsão climática sazonal podem, atualmente, prever épocas máximas para a transmissão da malária e fornecer informações às autoridades regionais africanas, para que possam operar um sistema de alerta rápido e obter um prazo mais longo para fornecer respostas de maneira mais eficaz (World Climate Programme, 2007).

---

[7] Sem mudança climática, apenas 35% da população mundial projetada em 2085 estaria em risco.

Figura 2.2 As inundações estão aumentando, mesmo na África sujeita a seca

Fonte: Análise da equipe de WDR do Centre for Research on the Epidemiology of Disasters (2009).

Nota: Os eventos de inundação estão aumentando em toda parte, particularmente na África, onde novas regiões estão sendo expostas à inundação e com menos tempo de recuperação entre eventos. A informação sobre eventos tem melhorado desde a década de 1970, mas essa não é a causa principal de números maior de inundações informadas, porque a frequência de outros eventos desastrosos na África, como secas e terremotos, não mostrou um aumento similar.

QUADRO 2.7 *Além de econômicos, os dados de satélite e geoinformação são fundamentais para o controle de risco*

O satélite dos dados e da geoinformação frequentemente está disponível de forma gratuita ou a custo baixo; o *software* e as ferramentas para usar tal tecnologia operam em computadores.

Os satélites monitoram a umidade e a vegetação e fornecem informações inestimáveis aos serviços de extensão agrícola. Rastreiam tempestades tropicais e são o alerta antecipado às comunidades costeiras. Com o mapeamento dos impactos da inundação, dão apoio às operações de recuperação e reconstrução. Mapeiam florestas e biomassa e capacitam os habitantes autóctones das florestas por meio de informações. Sensores de alta resolução identificam o avanço urbano em áreas perigosas. Os equipamentos de georreferenciamento usados em pesquisas podem revelar uma informação nova sobre como os domicílios interagem com o ambiente natural. Os sistemas de geoinformação otimizam a gestão de dados, garantem a disponibilidade da informação necessária e são uma ferramenta rápida e econômica para construir a base de conhecimento para a criação informada de políticas e para compreender os padrões de risco onde tais dados e conhecimento atualmente são limitados.

O uso amplo e eficaz de tais serviços e tecnologia em países em desenvolvimento não exige investimentos pesados – investimentos em educação superior, capacitação, centros de pesquisa regionais com enfoque em missão e promoção da empresa privada são os principais elementos.

Fonte: European Space Agency (2002); National Research Council of the National Academies (2007a, 2007b).

A maioria das medidas destinadas a impedir essas doenças não é nova, mas a mudança climática torna ainda mais urgente a execução de abordagens de saúde pública mais conhecidas (World Health Organization, 2005; Frumkin; McMichael, 2008). Interromper o trajeto da transmissão exige melhor gestão da água (drenagem urbana), saneamento e higiene (sistemas de esgoto, estações de saneamento, comportamentos para lavar as mãos) e controle eficaz do vetor para limitar ou erradicar os insetos que transmitem os patógenos da doença.[8]

Tais intervenções exigem ação e gastos públicos intersetoriais coordenados. No tocante a doenças transmitidas pela água, as intervenções devem incluir a agência de saúde, obras públicas e concessionárias (Association of Metropolitan Water Agencies, 2007). A segurança sob controle conjunto para saneamento, higiene e alimentos, combinada com a gestão de saúde e desastres, pode render retornos elevados. Se houver melhoria no desempenho, será conveniente atrair o setor privado. Na década de 1990, a privatização dos serviços de água na Argentina reduziu drasticamente a mortalidade infantil ligada a doenças transmitidas pela água (Galiani; Gertler; Schargrodsky, 2005).

Monitorar e controlar os impactos na saúde pela mudança climática exigirá o uso maior de novas ferramentas para diagnósticos. Os avanços na tecnologia da informação e genômica estão acelerando o projeto de ampla variedade de ferramentas para diagnósticos que podem ajudar a monitorar a propagação das doenças e a emergência de novas. As novas ferramentas de comunicações facilitarão a coleta, a análise e o compartilhamento de informações sobre saúde de maneira oportuna (Richmond, 2008). Contudo, ter tais ferramentas não será suficiente se não houver programas sistemáticos de treinamento de profissionais da saúde. Do mesmo modo, deverão ser introduzidas reformas institucionais de porte para integrar cuidados médicos em outras atividades. As escolas, por exemplo, podem ser centros importantes para o fornecimento de cuidados médicos básicos, assim como fontes de informação médica e de instrução.

Preparo para eventos extremos

Os desastres naturais estão afetando cada vez mais a economia, e o controle disso é essencial para a adaptação à mudança climática. As mortes provocadas por desastres naturais climáticos estão em declínio,[9] porém as perdas econômicas causadas por tempestades, inundações e secas estão aumentando (de aproximadamente US$ 20 bilhões por ano, no princípio da década de 1980, a US$ 70 bilhões, no início da década de 2000, para países de alta renda, e de US$ 10 a US$ 15 bilhões por ano para países de rendas baixa e média) (Hoeppe; Gurenko, 2006). Contudo, esse aumento é explicado pela maior

---

QUADRO 2.8 *Criação de trabalhos capazes de reduzir o risco da inundação*

As chuvas pesadas são comuns na Libéria, contudo os sistemas de drenagem não foram mantidos durante décadas por causa dos anos de negligência e de guerra civil. Como consequência, as inundações provocaram desastres periódicos em ambientes rurais e urbanos. Por falta de recursos, a limpeza do sistema de drenagem não era prioridade para as autoridades ou os cidadãos. A Mercy Corps, uma organização não governamental internacional, sugeriu as opções de dinheiro por trabalho, prontamente adotadas pelas autoridades. Em setembro de 2006, foi lançado em cinco regiões um projeto com um ano de duração para limpar e recuperar os sistemas de drenagem. Isso aumentou significativamente o fluxo da água da chuva e reduziu a inundação e os riscos para a saúde. O projeto também recuperou e melhorou o acesso ao mercado com a limpeza de estradas e a construção de pontes pequenas.

Fonte: Mercy Corps (2008).

---

[8] Processos adequados de saneamento e higiene são bons para a saúde, como demonstra o impacto de melhorias em saneamento na saúde infantil urbana em Salvador, no Brasil, cidade com 2,4 milhões de habitantes. O programa reduziu a prevalência de doenças diarreicas em 22% em toda a cidade em 2003-2004 e em 43% em comunidades de alto risco. As melhorias foram em grande parte atribuídas à nova infraestrutura (Barreto et al., 2007).

[9] Um número cada vez maior de evidências sugere que os dados existentes sobre desastres ignoram os menores eventos, que podem responder por cerca de um quarto das mortes atribuídas a perigos naturais, e que os decisores em muitas municipalidades têm relativamente pouco conhecimento dos riscos apresentados pela mudança climática para a população e infraestrutura de suas cidades (cf. Awuor; Orindi; Adwera, 2008; Bull-Kamanga et al., 2003; Roberts, 2008).

> **QUADRO 2.9** *Parcerias público-privadas para compartilhar riscos climáticos: seguro de rebanhos na Mongólia*
>
> Um conceito importante da gestão de risco climático é o compartilhamento de risco por comunidades, governos e empresas. Na Mongólia, pastores de rebanhos, o governo nacional e as seguradoras desenvolveram um esquema para controlar os riscos financeiros originados por episódios de inverno e primavera muito frios (*dzuds*) que, periodicamente, causam grande mortalidade dos rebanhos. Tais episódios mataram 17% dos rebanhos em 2002 (em algumas áreas, até 100%), com prejuízos de US$ 200 milhões (16% do PIB).
>
> Nesse esquema, os pastores retêm a responsabilidade pelas perdas menores que não afetam a viabilidade de seu negócio ou domicílio e muitas vezes têm arranjos com membros da comunidade para se protegerem contra perdas menores. As perdas maiores (de 10% a 30%) são cobertas pelo seguro comercial dos rebanhos fornecido por seguradores mongóis. Um programa de seguro social criado pelo governo para arcar com os prejuízos associados à mortalidade dos rebanhos prejudicaria tanto os pastores quanto as seguradoras. Essa abordagem estratificada define uma estrutura clara para autosseguro pelos pastores, seguro comercial e seguro social.
>
> Uma inovação importante é o uso do seguro de índice em vez do seguro individual dos rebanhos, que fora ineficaz porque a verificação de prejuízos individuais tende a ser repleta de perigo moral e custos elevados frequentemente proibitivos. Com esse novo tipo de seguro, os pastores são indenizados com base na taxa de mortalidade média dos rebanhos em seu distrito, sem a necessidade de avaliação de perda individual. Isso dá às seguradoras mongóis incentivos para a oferta de seguro comercial aos pastores, que antes relutavam em contratá-lo.
>
> O esquema é vantajoso para todos. Os pastores podem contratar o seguro contra perdas inevitáveis. As seguradoras podem expandir seu negócio nas áreas rurais, reforçando a infraestrutura rural do serviço financeiro. O governo, ao fornecer um seguro social bem estruturado, pode controlar melhor seu risco fiscal. Mesmo que um evento catastrófico exponha o governo a risco potencial significativo, o governo tem a obrigação política de absorver o maior risco no passado. Uma vez que ele cobre resultados catastróficos, o seguro comercial, limitado a níveis de mortalidade moderados, pode ser oferecido a preços razoáveis.
>
> *Fonte:* Mahul; Skees (2007) e Mearns (2004).

exposição do valor econômico por área, em vez de mudanças no clima (United Nations, 2009). O número de pessoas afetadas (que necessitam de assistência humanitária depois de desastres) continua a aumentar, a maior parte nos países da renda baixa média, caraterizados pelo crescimento urbano rápido (Figura 2.1) (United Nations, 2008a). Aproximadamente 90% das perdas econômicas em países em desenvolvimento recaem em domicílios, empresas e governos, e o restante é coberto por seguros ou fundos de doadores.

Salvo se houver redução sistemática nos impactos de desastres, os ganhos com desenvolvimento passados estarão em risco. Assim, o foco se desloca de lidar com os eventos do desastre para a gestão de riscos do desastre e para medidas preventivas em vez de reativas. Na Estrutura de Ação de Hyogo para reduzir os riscos do desastre (a política de 2005 definida pelas Nações Unidas), a recuperação e a reconstrução são projetadas para reduzir os riscos de desastres futuros, estreitando a lacuna entre as pautas humanitárias e de desenvolvimento.[10] O setor privado é primordial nessa estrutura, com soluções financeiras (seguro, avaliações de risco) e técnicas (comunicação, construção, prestação de serviços) (World Economic Forum, 2008).

Com a mudança climática, é imprescindível que haja uma gestão capaz de prevenir eventos climáticos extremos e riscos do desastre que se tornam mais frequentes. Além da prevenção, essa gestão deve estabelecer mecanismos que preparem as pessoas para que elas possam lidar com tais ocorrências (Quadro 2.6) (Milly et al., 2002). Em muitos lugares, os riscos considerados raros estão se tornando mais comuns, como na África, onde o número de inundações tem aumentado rapidamente (Figura 2.2), e no Brasil, onde houve o primeiro furacão Atlântico Sul em 2004.[11]

Gerar a informação sobre onde há probabilidade de ocorrer impactos climáticos extremos do tempo e suas consequências requer dados socioeconômicos (mapas que mostrem a densidade populacional ou os valores de terra), assim como a informação física (registros de precipitação ou de eventos extremos) (Ranger; Muir-Wood; Priya,

---

10 Cf. International Strategy for Disaster Reduction. Disponível em: <http://www.unisdr.org/eng/hfa/hfa.htm>. Acesso em: 12 mar. 2009.

11 Cf. The Nameless Hurricane. Disponível em: <http://science.nasa.gov/headlines/y77/2004apr_hurricane.htm>. Acesso em: 12 mar. 2009.

Figura 2.3 O seguro é limitado no mundo em desenvolvimento

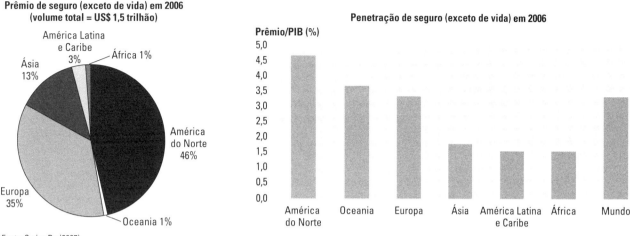

Fonte: Swiss Re (2007).

Nota: O seguro é primariamente um mercado de país desenvolvido, como indicado pela parte regional dos prêmios (esquerda) e a penetração (prêmio como porcentagem do PIB) de seguro que não de vida (direita). O seguro que não de vida inclui propriedade, acidente e responsabilidade (também chamado seguro geral). O seguro de saúde e os produtos do seguro não são definidos como seguro de vida.

2009). Entretanto, no clima em mudança, o passado já não serve como introdução (eventos que eram raros podem se tornar mais frequentes), e a incerteza sobre o clima futuro é um elemento importante em avaliar o risco e as decisões de planejamento. Igualmente importantes são a monitoração e as atualizações periódicas nos dados socioeconômicos para refletir as mudanças no uso do solo e a demografia. A tecnologia da informação de satélite e geográfica fornece meios poderosos para gerar informações físicas socioeconômicos de maneira rápida e econômica (Quadro 2.7; ver também os capítulos 3 e 7).

Muitos países desenvolvidos fornecem mapas detalhados de risco de inundação como um serviço público aos proprietários de casos, negócios e autoridades locais.[12] Desde 1976, o governo chinês elabora e publica mapas de áreas sob risco de inundação que destacam zonas de alto risco para as bacias hidrográficas mais povoadas. Com tais ferramentas, os residentes têm a informação de quando, como e para onde evacuar. Os mapas podem também ser usados para o planejamento de uso do solo e projetos de construções (Lin, 2008). Nas comunidades locais, tais serviços promovem a ação local, como em Bogotá, onde a informação baseada em risco similar para zonas sujeitas a terremotos reforça a resiliência das comunidades (Ghesquiere; Jamin; Mahul, 2006).

Como provavelmente os riscos não serão eliminados, é vital para a proteção da população o preparo para lidar com os eventos extremos. Os sistemas de alerta e os planos-resposta (ou seja, para evacuação em uma emergência) salvam vidas e impedem perdas evitáveis. Fazer que as comunidades estejam preparadas e tenham comunicações de emergência protege seus meios de subsistência. Por exemplo, em Moçambique, as comunidades ribeirinhas do Búzi usam transmissão por rádio para alertar as comunidades rio abaixo sobre inundações (Ferguson, 2005). Mesmo nas comunidades remotas e isoladas, a ação local pode reduzir o risco, criar trabalhos e lidar com a pobreza (Quadro 2.8). Em nível nacional, ter preparo financeiro para prestar auxílio imediato após desastres é fundamental para evitar perdas em longo prazo para as comunidades.

Gestão de riscos financeiros: instrumentos flexíveis para contingências

A política pública cria uma estrutura que define papéis e responsabilidades claras para os setores público e privado, domicílios e

---
12 Um exemplo são os serviços de informações dadas pela Agência de Proteção Ambiental da Escócia. Disponível em: <www.sepa.org.uk/flooding>. Acesso em: 12 mar. 2009.

Mapa 2.5 Os países pequenos e pobres são financeiramente vulneráveis aos eventos climáticos extremos

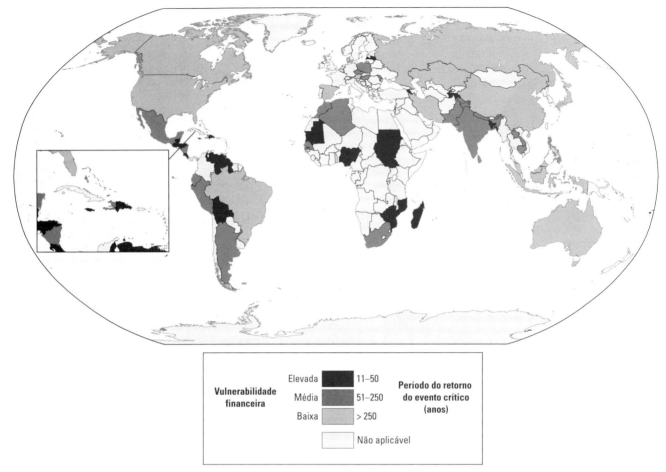

Fonte: Mechler et al. (2009).
Nota: O mapa mostra o grau de vulnerabilidade financeira dos países quanto a inundações e tempestades. Por exemplo, nos países em cinza-escuro, um evento climático severo que exceda a habilidade financeira do setor público de restaurar a infraestrutura danificada e continuar com desenvolvimento previsto é esperado aproximadamente uma vez a cada 11 a 50 anos (uma probabilidade anual de 2% a 10%). A elevada vulnerabilidade financeira de economias pequenas enfatiza a necessidade de que o planejamento de contingência financeira aumente a resiliência dos governos contra desastres futuros. Somente os 74 países mais propensos a desastres que tiveram perdas diretas de pelo menos de 1% do PIB por causa de inundações, tempestades e secas durante os últimos 30 anos foram incluídos na análise.

indivíduos. Primordial para essa estrutura é um espectro de práticas de gestão do risco com responsabilidades estruturadas. Uma seca mais branda que cause perdas pequenas na produção de colheita pode ser controlada por domicílios por meio do compartilhamento do risco informal e comunitário, salvo se ocorrerem várias secas curtas em sequência (ver Capítulo 1). Uma seca mais grave, que ocorre, por exemplo, a cada 10 anos, pode ser controlada por meio dos instrumentos de transferência de risco no setor privado. Mas, para os eventos mais graves e mais amplos, o governo deve atuar como o segurador de último recurso. Precisa desenvolver uma estrutura que permita que as comunidades se ajudem e que o setor privado desempenhe um papel ativo e comercialmente viável, ao mesmo tempo que cria mecanismos para cobrir os custos resultantes dos eventos catastróficos.

Criação de camadas de proteção

O uso e a sustentação de mecanismos do seguro ganharam muita atenção no contexto de adaptação (Linnerooth-Bayer; Mechler, 2006). O seguro pode proteger contra as perdas associadas com os eventos climáticos extremos e controlar os custos que não podem ser cobertos pela assistência internacional, pelos governos ou cidadãos (Mills, 2007). Algumas abordagens novas foram desenvolvidas e testadas, como derivativos baseados em clima e produtos de microsseguro no mercado privado. Criaram-se o seguro de índice climático para pequenas propriedades rurais na Índia – que prevê indenização para centenas de milhares de fazendeiros em caso do déficit severo de precipitação – e o consórcio de seguro comum do Caribe – que rapidamente dá aos governos liquidez após desastres (Manuamorn 2007; Giné; Townsend; Vickery, 2008; World Bank, 2008e).

O seguro, entretanto, não é uma solução infalível – trata-se apenas de um elemento em uma estrutura mais ampla de gestão de riscos que promove a redução do risco e recompensa práticas sadias de gestão de risco (os proprietários recebem um desconto especial se instalarem alarmes contra incêndio). Se a tendência do clima segue uma forma previsível (em direção a condições meteorológicas mais quentes ou mais secas, por exemplo), o seguro não é viável. O seguro é apropriado quando os impactos são aleatórios e raros, ajudando domicílios, empresas e governos a dividir o risco em um período (pagando prêmios regulares, em vez de cobrir os custos plenos imediatamente) e área geográfica (compartilhando o risco com terceiros). Assim, ele não elimina o risco, mas reduz a variação das perdas sofridas por indivíduos no consórcio de seguro.

O seguro contra tempestades, inundações e secas, fornecido a governos ou a indivíduos, é de difícil controle. O risco climático tende a afetar simultaneamente regiões inteiras ou grandes grupos de pessoas; por exemplo, os milhares de criadores de gado na Mongólia viram, em 2002, seus rebanhos serem dizimados quando um verão seco foi seguido por um inverno extremamente frio (Quadro 2.9). Tais eventos covariantes caracterizam muitos riscos climáticos e dificultam o fornecimento de seguro porque os sinistros tendem a se concentrar e a exigir grandes esforços em termos de respaldo de capital e administrativo (Hochrainer et al., 2008). Esse é um motivo por que os riscos climáticos não desfrutam de ampla cobertura por seguro, sobretudo nos países em desenvolvimento. De fato, frequentemente as instituições de microfinanciamento restringem a parcela de empréstimos agrícolas em sua carteira caso os maiores impactos climáticos tornem seus

> **QUADRO 2.10** *Mecanismo de Seguro de Risco contra Desastres do Caribe: seguro contra a interrupção do serviço após desastres*
>
> Entre os muitos desafios que os governos de nações insulares enfrentam após desastres naturais, o mais urgente refere-se ao acesso ao dinheiro para esforços urgentes da recuperação do instrumento a fim de manter os serviços governamentais essenciais. Esse desafio é muito sério para os países caribenhos, cuja flexibilidade econômica é limitada, pois conjuga vulnerabilidade com dívida elevada.
>
> Para os governos caribenhos, o novo Caribbean Catastrophe Risk Insurance Facility (Mecanismo de Seguro de Risco contra Desastres do Caribe) é um instrumento semelhante ao seguro contra interrupção de negócio. Fornece a liquidez em curto prazo se houver perdas catastróficas por furacão ou terremoto.
>
> Existe uma ampla gama de instrumentos para o financiamento de recuperação de longo prazo, mas esse mecanismo preenche uma lacuna ao financiar as necessidades de curto prazo por meio de um seguro paramétrico. Desembolsa os fundos com base na ocorrência de um evento predefinido com uma certa intensidade sem ter que esperar por avaliações de perda no local e confirmações formais. Esse tipo de seguro é geralmente para sinistros de baixo preço, e o pagamento é rápido, pois a medição da força de um evento é quase instantânea. O mecanismo permite que os países participantes associem seus riscos individuais em uma carteira mais bem diversificada e facilita o acesso ao mercado de resseguros, além de dividir os riscos fora da região.
>
> Tais mecanismos de seguro devem integrar uma estratégia financeira detalhada usando um conjunto de instrumentos para cobrir diferentes tipos e probabilidades de eventos.
>
> *Fontes:* Ghesquiere, Jamin e Mahul (2006) e World Bank (2008e).

clientes inadimplentes (Christen; Pearce, 2005).

A provisão de serviços financeiros sempre foi um desafio no processo de desenvolvimento por motivos não relacionados à mudança climática. Em geral, o acesso aos produtos de seguros é muito mais fraco em países em desenvolvimento (Figura 2.3), um fato que se reflete na penetração normalmente mais baixa de serviços financeiros em áreas rurais. A Philippines Crop Insurance Corporation, por exemplo, alcança cerca de apenas 2% dos agricultores, principalmente nas zonas produtivas mais ricas (Llanto; Geron; Almario, 2007). Levar serviços financeiros às populações rurais é complexo e arriscado, porque muitos domicílios rurais não integram a economia monetizada e seus meios de subsistência dependem do clima. Em zonas urbanas, a população é mais concentrada, mas mesmo assim é difícil alcançar os pobres na economia informal.

A mudança climática poderia erodir ainda mais a segurabilidade para risco relacionado ao clima. A mudança climática não verificada impossibilitaria o seguro para muitos riscos climáticos ou encareceria demasiadamente os prêmios. A segurabilidade exige habilidade de identificar e determinar (ou pelo menos estimar parcialmente) a probabilidade de um evento e as perdas associadas para definir prêmios e diversificar o risco entre os indivíduos ou grupos (Kunreuther; Michel-Kerjan, 2007; Tol, 1998). Atender a esses três requisitos possibilita segurar um risco, mas não o torna necessariamente rentável (como na baixa proporção de prêmio-sinistros de muitos programas de seguro agrícola), e os custos da transação de operar um programa do seguro podem ser consideráveis (World Bank, 2005). As incertezas que se originam na mudança climática confundem os processos contábeis que são a base dos mercados de seguro (Mills, 2005; Dlugolecki, 2008; Association of British Insurers, 2004). Diversificar o risco será mais difícil, pois a mudança climática conduz a efeitos mais sincronizados, mais difundidos e sistemáticos em nível global e regional – efeitos que são difíceis de compensar em outras regiões ou segmentos de mercado.

A erosão da segurabilidade indica uma forte confiança nos governos como seguradores de último recurso, um papel que muitos governos assumem implicitamente. Mas a reputação destes não foi estelar nem nos países em desenvolvimento nem nos desenvolvidos. Por exemplo, em 2005, o furacão Katrina levou à falência total o programa do seguro contra inundações dos Estados Unidos, com mais sinistros em um ano do que nos seus 37 anos de existência. Poucos programas de seguros para colheitas com o apoio governamental são financeiramente sustentáveis sem subsídios (Skees, 2001). Ao mesmo tempo, se a magnitude das perdas associadas a eventos catastróficos recentes é uma indicação da impossibilidade de segurar perdas futuras decorrentes de mudança climática, ela sugere um papel mais explícito do setor público para absorver os danos que estão além da capacidade do setor privado.[13]

---

[13] Isso traz questões importantes: regulamentação e códigos para uso do solo são necessários e precisam ser aplicados. Seguro obrigatório pode ser exigido por lei em áreas de alto risco. Há também preocupações com equidade: o que fazer com indivíduos que habitam áreas de alto risco, mas não podem pagar prêmios baseados em risco real?

Figura 2.4   Reversão do deserto com conhecimento indígena, ação de agricultores e aprendizado social

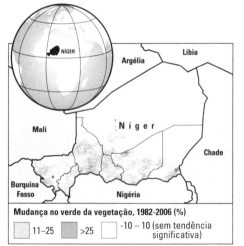

Fonte: World Resources Institute et al. (2008), Botoni e Reij (2009) e Herrmann, Anyamba e Tucker (2005).

Nota: No Níger, os agricultores reverteram a invasão do deserto; as paisagens que foram destruídas na década de 1980 estão, hoje, densas, com árvores, arbustos e plantações. Essa transformação, tão vasta que seus efeitos podem ser observados por satélites, afetou 5 milhões de hectares de terra (o tamanho da Costa Rica), metade da terra cultivada no Níger. As novas oportunidades econômicas criadas pelo reverdecimento beneficiaram milhões de pessoas por meio de maior segurança alimentar e resiliência à seca. A chave desse sucesso foi uma técnica barata conhecida como regeneração natural controlada por agricultor que adapta uma técnica centenária de gestão florestal. Depois do êxito inicial com a reintrodução dessa técnica indígena na década de 1980, os agricultores viram os benefícios e passaram o feito adiante. O efeito de aprendizado social foi realçado pelos doadores que suportam viagens para estudo dos agricultores e troca entre estes. O papel do governo central foi primordial para reformar políticas de posse de terra e políticas florestais.

O seguro não é uma panaceia para a adaptação aos riscos climáticos e não passa de uma estratégia para tratar de alguns dos impactos da mudança climática. Em geral, não é apropriado para impactos de longo prazo e irreversíveis, como a elevação do nível do mar e a desertificação, tendências que conduziriam a perdas maciças para seguradoras e seriam, portanto, não seguráveis. O seguro deve ser considerado também dentro de uma estratégia total da gestão de risco e da adaptação, incluindo a regulamentação do uso sadio do solo e dos códigos de edificação para evitar o comportamento ineficaz, ou má adaptação (como o povoamento continuado em litoral propenso a tempestades), por causa da segurança em um contrato de seguro (Kunreuther; Michel-Kerjan, 2007).

Manter líquidos os governos

O planejamento financeiro prepara os governos para impactos catastróficos do clima e mantém serviços governamentais essenciais no período imediatamente posterior a desastres (Cummins; Mahul, 2009). Acordos financeiros pré-ajustados, como fundos de reserva para desastres, linhas de crédito contingentes e títulos para desastres, permitem que os governos respondam rapidamente, aumentem os programas de proteção social e evitem as perdas de longo prazo que recaem sobre os domicílios e as comunidades quando há desabrigados, desemprego e privações.[14] Nesses casos, os fundos imediatamente incentivam a reabilitação, e o processo de recuperação reduz o efeito de descarrilhamento dos desastres no desenvolvimento.

Muitos países pequenos são financeiramente mais vulneráveis aos eventos catastróficos por causa do valor de perdas referentes a desastres relacionados ao tamanho de sua economia (Mapa 2.5); em Grenada, em 2004, por exemplo, o furacão Ivan causou perdas equivalentes a mais de 200% do PIB (Mechler et al., 2009). Como nem sempre a ajuda externa está prontamente disponível, 16 países caribenhos desenvolveram um esquema financeiro bem estruturado de gestão de risco para dinamizar o financiamento de emergência e minimizar interrupções do serviço. Em operação desde 2007, esse esquema fornece liquidez rápida aos governos castigados por furacões e terremotos destruidores, por meio de acesso inovador aos mercados internacionais de resseguro que podem diversificar e deslocar o risco global (Quadro 2.10).

Mesmo as economias pobres podem controlar riscos climáticos com mais eficácia com o aproveitamento de informações, mercados, bom planejamento e assistência técnica. Com a formação de parcerias com seguradores e instituições financeiras internacionais, os governos podem superar a relutância do setor privado em comprometer o capital e a experiência para o mercado de baixa renda. Em 2008, o Maláui inovou com um contrato de gestão baseado em risco climático para se proteger contra as secas que provocariam escassez na produção nacional de grãos (frequentemente acompanhadas da alta volatilidade de preços das matérias-primas e insegurança de alimento regional). Em troca de um prêmio, uma seguradora internacional comprometeu-se a pagar uma quantia concordada com o governo se houvesse condições de seca grave predefinidas, medida e informada pelo serviço meteorológico do país. A Tesouraria do Banco Mundial atuou como intermediária para o mercado, aumentando a confiança na transação em ambos os lados. Uma vez que os parâmetros do pagamento e da seca foram previamente definidos, o desembolso desse produto financeiro seria rápido, e o governo poderia comprar os grãos futuros no mercado regional de *commodities* para garantir o mais rápido possível, antes que a seca afetasse os mais vulneráveis, o que reduz significativamente os custos da resposta e a dependência de apelos internacionais de ajuda.[15]

Para que essas iniciativas sejam disponíveis e sustentáveis, a redução do risco de desastre precisa ser promovida sistematicamente para minimizar a confiança do governo em tais arranjos financeiros para perdas mais rotineiras. O financiamento contingente tem custos de opção e deve cobrir somente as necessidades financeiras do governo mais

---

14 Sobre um exemplo de instrumentos de mercado para gestão de risco financeiro soberano para desastres naturais no México, ver Cardenas et al. (2007).

15 O Banco Mundial oferece contratos de derivativos com base no clima. Disponível em: <http://go.worldbank.org/9GXG8E4GP1>. Acesso em: 15 maio 2009.

urgentes e a maioria de perdas extremas. Os serviços de extensão agrícola, a aplicação do código de edificação e o planejamento urbano estratégico são alguns exemplos que mostram onde a ação governamental pode reduzir consequências evitáveis e a probabilidade dos resultados mais extremos. Também são importantes os sistemas de alerta rápido que fornecem o aviso antecipado e impedem a perda de vida humana e danos econômicos. Tais sistemas, apoiados pelos governos, podem ter efeitos drásticos, como em Bangladesh, onde reduziram mortes por inundações e tempestades e, consequentemente, a necessidade de o governo financiar as perdas (Government of Bangladesh, 2008).

Gestão de riscos sociais: capacitar as comunidades para que se protejam

A mudança climática não afeta todos igualmente (Bankoff; Frerks; Hillhorst, 2004). Para os domicílios pobres, problemas climáticos brandos podem conduzir a perdas humanas e de capital físico irreversíveis (Dercon, 2004). Os impactos em crianças podem ser duradouros e afetam os ganhos futuros por interromper os processos relacionados à instrução (retirada da escola depois de um choque), à saúde (efeito conjunto de saneamento deficiente e doenças transmitidas pela água ou por vetor) e ao crescimento retardado (Alderman; Hoddinott; Kinsey, 2006; Bartlett, 2008; United Nations Children's Fund, 2008; Ninno; Lundberg, 2005). Nos países em desenvolvimento, as mulheres sofrem os efeitos do clima de maneira desproporcional, pois várias de suas responsabilidades domiciliares (coleta e venda produtos silvestres) são afetadas pelos caprichos do clima (Francis; Amuyunzu-Nyamongo, 2008; Nelson et al., 2002). Os domicílios e as comunidades se adaptam por meio de suas escolhas de meios de subsistência, alocação de ativos e preferências com relação à localização, frequentemente dependendo do conhecimento tradicional para moldar essas decisões (Ensor; Berger, 2009; Goulden et al., 2009; Gaillard, 2007). A população estará mais disposta e também será mais capaz de mudar se puder contar com os sistemas sociais de apoio que compartilhem comunidade, seguro social fornecido pelo governo (como pensões), financiamento e seguro fornecido por empresas privadas e redes de segurança por parte do governo.

Construir as comunidades resilientes

A utilização do conhecimento local e tradicional sobre gestão de risco climático é importante por duas razões (Adger et al., 2005; Orlove; Chiang; Cane, 2000; Srinivasan, 2004; Wilbanks; Kates, 1999). Em primeiro lugar, muitas comunidades, em especial as indígenas, já têm o conhecimento e as estratégias em seu contexto para lidar com riscos climáticos. Os esforços para casar o desenvolvimento e a adaptação ao clima para as comunidades vulneráveis se beneficiarão da maneiras como a população sempre respondeu aos riscos ambientais, como na África, onde as comunidades se adaptaram aos períodos prolongados de seca (Stringer et al., no prelo; Twomlow et al., 2008). Tais estratégias tradicionais de lidar com os riscos e se adaptar a eles, contudo, podem preparar as comunidades somente para alguns riscos percebidos, não para aqueles incertos e, possivelmente, diferentes trazidos pela mudança climática (Nelson; Adger; Brown, 2007). Dessa maneira, as comunidades podem estar bem adaptadas a seu clima, mas teriam menos capacidade de se adaptar à mudança climática (Walker et al., 2006). Em segundo lugar, a natureza local da adaptação significa que as políticas radicais que preveem medidas iguais para todos não são adequadas para atender às diferentes necessidades urbanas e rurais (Gaiha; Imai; Kaushik, 2001; Martin; Prichard, 2009).

Em todo o mundo, podem-se notar as fundações da resiliência da comunidade – a capacidade de reter funções importantes, auto-organizar-se e aprender quando exposta à mudança (Gibbs, 2009). No litoral do Vietnã, as tempestades e a elevação do nível do mar já estão afetando os mecanismos para lidar com elas. Após cortes em muitos serviços estatais no final da década de 1990, as tomadas de decisão locais, crédito e troca substituíram o capital social e a aprendizagem para o planejamento e a infraestrutura do governo. (Nos últimos anos, entretanto, este reconheceu seu papel em apoiar a resiliência da comunidade e o desenvolvimento de infraestrutura, e atualmente promove uma ampla pauta para gestão de riscos de desastre [Adger, 2003].)

QUADRO 2.11 Workfare *na Índia conforme o Indian National Rural Employment Guarantee Act*

Nos últimos anos, a Índia elaborou um programa de garantia de emprego com base em um esquema que foi bem-sucedido no estado de Maharashtra. O programa estabelece, por meio de autosseleção, o direito a até 100 dias de emprego com salário mínimo em lei para cada domicílio voluntário. Os domicílios não precisam comprovar a necessidade, e alguns salários são pagos mesmo se o trabalho não pode ser realizado.

O programa prevê que, no mínimo, um terço do trabalho esteja disponível para as mulheres, além de creche local e seguro médico para acidentes de trabalho. O trabalho deve ser fornecido prontamente e à distância de 5 quilômetros do domicílio sempre que possível. A operação é transparente com listas de trabalhos e de contratantes publicamente disponíveis no *site* do programa, permitindo o que o público supervisione a corrupção e a ineficiência. Desde o início do programa em 2005, 45 milhões domicílios contribuíram com 2 bilhões de dias de trabalho e desempenharam 3 milhões de tarefas.[a]

Com orientação apropriada, o programa pode apoiar o desenvolvimento inteligente em termos climáticos. Funciona em escala e pode direcionar mão de obra significativa para os trabalhos de adaptação apropriados, incluindo conservação de água, proteção da captação e plantações. Fornece fundos para ferramentas e outros artigos necessários para concluir atividades e suporte laboral para projetar e executar os projetos. Assim, pode se transformar em uma peça central ao desenvolvimento da aldeia por meio da criação e manutenção de ativos produtivos e resilientes ao clima.[b]

Fontes:
[a]National Rural Employment Guarantee Act –2005. Disponível em: <http://nrega.nic.in/>. Acesso em: maio 2009.
[b]CSE India – Disponível em: <http://www.cseindia.org/programme/nrml/update_january08.htm>. Acesso em: 15 maio 2009 – e Center for Science and Environment (2007).

No Ártico Ocidental, os inuits, que estão sendo afetados pela diminuição do gelo marítimo e por alterações na distribuição da vida selvagem, ajustaram a sincronização das atividades da subsistência e estão caçando uma variedade maior de espécies. Os inuits estão aumentando a resiliência de suas comunidades, o que significa que agora podem compartilhar alimentos, promover mais trocas e desenvolver novas instituições locais (Berkes; Jolly, 2002). Do mesmo modo, as comunidades indígenas em países em desenvolvimento estão se adaptando à mudança climática, como coleta de água pluvial, plantações e diversificação dos meios de subsistência e mudanças na migração sazonal, para aliviar impactos adversos e beneficiar-se de oportunidades (Macchi, 2008; Tebtebba Foundation, 2008).

Em geral, as comunidades têm melhor conhecimento específico de tempo, local e evento sobre perigos climáticos locais e como estes afetam seus recursos e suas atividades produtivas. As comunidades também têm melhor capacidade para controlar os relacionamentos sociais e ecológicos locais que serão afetados pela mudança climática. E, normalmente, incorrem em custos mais baixos do que atores externos na execução de projetos de desenvolvimento e ambientais (Figura 2.4). Uma revisão recente com mais de 11.000 pesqueiros revelou que a probabilidade do colapso em estoque poderá ser drasticamente reduzida se eles se afastarem dos limites totais da pesca e introduzirem cotas individuais transferíveis com supervisão local (Costello; Gaines; Lynham, 2008). A participação ativa das comunidades locais e das partes interessadas na cogestão de pesca é uma chave para o sucesso (Pomeroy; Pido, 1995).

Além dos benefícios de aumentar a resiliência, a gestão descentralizada de recursos pode ter benefícios sinergísticos para mitigação e adaptação. Por exemplo, a gestão de terras comuns de florestas em regiões tropicais produziu benefícios simultâneos aos meios de subsistência (adaptação) e ganhos com o armazenamento do carbono (mitigação) quando as comunidades locais são donas de suas florestas e têm maior autonomia na tomada de decisão e habilidade de controlar maiores fatias da floresta (Chhatre; Agrawal, no prelo). Em muitos países em desenvolvimento, a gestão descentralizada que se alicerçou em princípios comuns de recursos deu às populações locais a autoridade para controlar florestas, usar seu conhecimento específico sobre tempo, criar normas e instituições apropriadas e trabalhar com as agências governamentais para implementar as normas criadas (Ostrom, 1990; Berkes, 2007; Agrawal; Ostrom, 2001; Larson; Soto, 2008). Aperfeiçoar os direitos à terra dos povos indígenas e a garantia de seu papel na administração resultou em gestão

QUADRO 2.12 *Migração hoje*

As estimativas da migração induzida pela mudança climática são altamente incertas e ambíguas. No curto prazo, é provável que a tensão climática aumente gradualmente os padrões de migração existentes (mapa abaixo, à esquerda), em vez de gerar fluxos inteiramente novos de pessoas. A maioria dos migrantes do mundo move-se dentro de seus próprios países. Por exemplo, há quase tantos migrantes internos apenas na China (aproximadamente 130 milhões) quanto a soma de migrantes internacionais em todos os países (estimados em 175 milhões em 2000). A maioria dos migrantes internos é de emigrantes econômicos, que se deslocam das zonas rurais para as urbanas. Igualmente, há a migração rural-rural significativa, embora mal estimada, que tende a amenizar a oferta e procura em mercados laborais rurais e que serve como uma etapa na trajetória dos migrantes rurais.

A migração internacional é, em sua maior parte, um fenômeno no mundo desenvolvido. Cerca de dois terços dos migrantes internacionais movimentam-se entre os países desenvolvidos. O crescimento de novas chegadas é mais alto nos países desenvolvidos do que naqueles em desenvolvimento, e cerca de metade de todos os migrantes internacionais são mulheres. Metade dos migrantes internacionais origina-se em 20 países. Menos de 10% deles são povos forçados a cruzar uma fronteira internacional por medo de perseguição (a definição dos refugiados). Muitos migrantes forçados, entretanto, enquadram-se na definição de pessoas deslocadas internamente (mapa abaixo, à direita), estimada globalmente em 26 milhões de indivíduos. As rotas e os caminhos intermediários usados pelos migrantes que fogem de conflitos, lutas étnicas e violações de direitos humanos são, com mais frequência, aqueles utilizados por migrantes econômicos. As estatísticas internacionais disponíveis não permitem uma atribuição específica de deslocamento interno por causa da degradação ambiental ou dos desastres naturais, mas é provável que a maioria da migração forçada ligada à mudança climática permaneça interna e regional.

Os fluxos de migração não são aleatórios, mas padronizados. Os fluxos de migrantes que se concentram em torno de lugares onde os migrantes existentes demonstraram que é possível se estabelecer podem ajudar os futuros migrantes a superar as barreiras ao movimento. Esses padrões são explicados, em sua maioria, por barreiras ao movimento e pelas exigências para superá-las. As barreiras são financeiras, como custos de transporte, habitação na chegada e despesas de subsistência, enquanto se buscam novas fontes de renda. As observações sugerem que haja "um caroço migratório", onde o índice de migração de uma comunidade aumenta à medida que a renda se eleva além de um nível necessário para atender às necessidades da subsistência e, novamente, diminui à medida que a lacuna entre rendas do lugar de origem e de destino principal se fecha. O caroço migratório explica por que os mais pobres não migram nem mesmo para distâncias menores.

Fontes: Tuñón (2006), World Bank (2008f), United Nations (2005, 2006), Migration DRC (2007), Haas (2008), Lucas (2005; 2006), Sorensen, Hear e Engberg-Pedersen (2003), Amin (1995), Massey e Espana (1987), Haan (2002), Kolmannskog (2008).

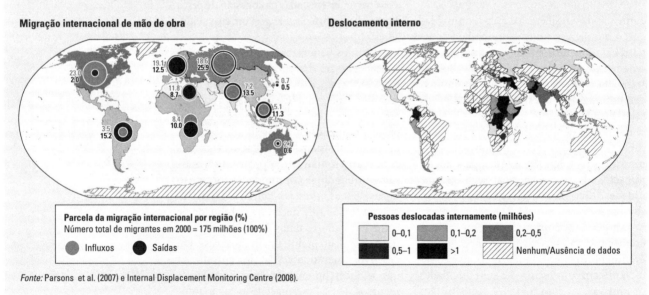

Fonte: Parsons et al. (2007) e Internal Displacement Monitoring Centre (2008).

mais sustentada e rentável, e levou à gestão de florestas e recursos da biodiversidade, como no México e no Brasil (Sobrevila, 2008; White; Martin, 2002).

A adaptação com base em comunidade utiliza o aprendizado social e o processo de troca de conhecimento sobre experiências existentes, e os incorpora a informações técnicas e científicas (Bandura, 1977; Levitt; March, 1988; Ellison; Fudenberg, 1993, 1995). Quando a população migra entre as áreas urbanas e rurais em busca de emprego sazonal ou como consequência dos desastres naturais, seus movimentos seguem os

Mapa 2.6 Migrantes senegaleses se estabelecem em áreas propensas às inundações, em torno da zona urbana de Dacar

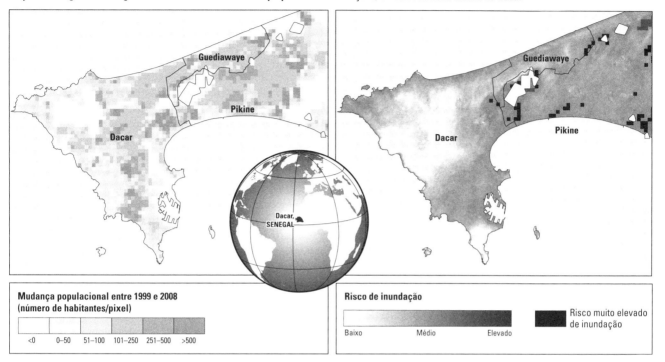

Fonte: Geoville Group (2009).

Nota: O crescimento econômico lento no setor agrícola fez de Dacar o destino de um êxodo do restante do país. Entre 1988 e 2008, 40% dos habitantes novos de Dacar vieram de zonas com potencial elevado da inundação, o que representa um índice duas vezes maior em relação às povoações urbanas (19%) e rurais (23%) de Dacar. Como a expansão urbana sofre de restrições geográficas, o influxo dos migrantes conduziu a uma concentração muito elevada de pessoas em zonas urbanas e periurbanas (no mapa, 16 pixels representam um quilômetro quadrado).

fluxos de movimentos anteriores dos parentes e amigos (Granovetter, 1978; Kanaiaupuni, 2000; Portes; Sensenbrenner, 1993). Quando a população adota tecnologias novas ou mudam padrões da colheita, suas decisões dependem dos fluxos de informação em redes sociais (Buskens; Yamaguchi, 1999; Rogers, 1995). Quando escolhe áreas diferentes para reforçar suas habilidades e instrução, suas decisões são vinculadas às de seus pares (Foskett; Helmsley-Brown, 2001).

O desenvolvimento de comunidades e o aprendizado social baseado em experiência foram um meio importante para lidar com os riscos climáticos no passado, mas podem ser insuficientes para a mudança climática. Consequentemente, as estratégias de adaptação ao clima orientadas à comunidade

"Gostaria de dizer aos líderes mundiais para darem início à consciência educacional e aos esforços de governos locais para capacitar as crianças a proteger e restaurar o meio ambiente. As instituições políticas e sociais devem responder a esses clamores e adaptar estratégias para proteger a saúde pública, principalmente das crianças. Como aluno do ensino básico, acho que essas são as maneiras possíveis de garantir a sobrevivência de nossa Mãe Terra."

– Dave Laurence A. Juntilla, 11 anos, Filipinas

Raisa Kabir, 10 anos, Bangladesh

devem equilibrar os recursos das comunidades (maior capacidade e conhecimento local, reservas potenciais de capital, custos menores) e os déficits (conhecimento científico limitado, espaço estreito para a ação).

As numerosas atividades de adaptação baseadas em comunidade contam com o apoio de uma ampla rede de ONGs e outros intermediários, no entanto elas alcançam apenas uma fração minúscula daquelas em risco. Um desafio urgente é reproduzir seu sucesso em maior escala. Com frequência, esse aperfeiçoamento foi restringido por ligações deficientes e, às vezes, pelas tensões entre partes interessadas e as instituições do governo locais. Questões de autoridade, responsabilidade e financiamento frequentemente impedem a cooperação. O aperfeiçoamento bem-sucedido do desenvolvimento orientado à comunidade exigirá que seus entusiastas e governos pensem no processo além do projeto e da transformação ou da transição para evitar os projetos que param rapidamente quando cessa o financiamento. A capacidade, primordial para o sucesso, inclui motivação e compromisso, que, por sua vez, exigem incentivos apropriados em todos os níveis (Gillespie, 2004). O novo Fundo de Adaptação pode aumentar muito o apoio para o aperfeiçoamento, pois ele será capaz de controlar recursos da ordem de US$ 500 milhões a US$ 1,2 bilhão em 2012 e apoiar diretamente os governos em todos os níveis, ONGs e outras agências intermediárias (World Bank, 2009).

Redes de segurança para os mais vulneráveis

A mudança climática amplificará vulnerabilidades e exporá com mais frequência mais pessoas às ameaças climáticas e por períodos mais longos. Isso exigirá políticas sociais para ajudar os grupos cujos meios de subsistência podem gradualmente erodir com a mudança climática. Os eventos extremos poderão também afetar diretamente domicílios e exigir redes de segurança (assistência social) para impedir a queda econômica dos mais vulneráveis. Episódios prolongados de tensão climática (como é comum em secas) poderão contribuir para o aumento e a volatilidade do preço de matérias-primas, afetando desproporcionalmente os pobres e vulneráveis, como ocorreu na crise alimentar de 2008 (Ivanic; Martin, 2008). O aumento no preço dos alimentos aumenta a pobreza para quem precisa adquiri-los para o sustento de sua família, agravando a nutrição, reduzindo o uso de serviços de saúde e educação e exaurindo os ativos produtivos dos pobres (Grosh et al., 2008). Em áreas do mundo em desenvolvimento, a insegurança alimentar e as flutuações de preços de alimento associadas já representam uma fonte sistemática de risco que aumentará com a mudança climática (Lobell et al., 2008).

Os choques climáticos têm duas características importantes. Primeiro, há a incerteza sobre quem exatamente será afetado e onde. Frequentemente, a população afetada não é identificada até que a crise esteja bem avançada, quando é difícil responder a ela de forma rápida e eficaz. Segundo, o sincronismo dos choques possíveis não é de conhecimento prévio. Os dois aspectos têm implicações para conceituar e projetar políticas sociais em resposta às ameaças climáticas futuras. A proteção social deve ser pensada como um sistema, em vez de intervenções isoladas, e deve ser implementada em épocas sem crise. As redes de segurança devem ter financiamento flexível e metas contingentes, as quais podem ser elevadas para responder de maneira eficaz aos choques episódicos (Kanbur, 2009; Ravallion, 2008).

Para tratar de vulnerabilidades crônicas, um amplo conjunto de instrumentos para redes de segurança fornece a domicílios pobres o dinheiro ou transferências em espécie (Grosh et al., 2008). Usados de maneira eficaz, esses instrumentos têm impacto imediato sobre a redução da desigualdade, representam a primeira melhor abordagem para tratar das implicações do aumento de preço de *commodities* e permitem que os domicílios invistam em seus meios de subsistência futuros e controlem o risco com a redução da incidência de estratégias negativas (como a venda de animais durante secas). As redes de segurança podem ser projetadas de modo a incentivar domicílios a investir no capital humano (instrução, treinamento, nutrição) que aumentam a resiliência em longo prazo.

Em resposta aos choques, as redes de segurança podem ser uma opção de seguro se forem projetadas para evoluir e ser flexíveis. Geralmente, são implementadas em fases; as prioridades vão da provisão imediata do alimento, saneamento e limpeza à recuperação, à reconstrução e, possivelmente, à prevenção de desastres e à mitigação finais. Para cumprir uma função de seguro, as redes de segurança precisam de orçamentos anticíclicos e graduais, com normas para identificar indivíduos com necessidades transitórias, execução flexível que permita a resposta rápida depois de um choque e consenso quanto aos procedimentos básicos e as responsabilidades de organização bem antes da ocorrência de um desastre (Grosh et al., 2008; Alderman; Haque, 2006). Os alertas antecipados fornecidos por previsões e boletins sazonais podem mobilizar redes de segurança antes do tempo e preparar a logística e a entrega de alimento.[16]

As redes de segurança deverão ser reforçadas substancialmente onde existem e desenvolvidas onde faltam. Muitos países de baixa renda não podem ter recursos para transferências permanentes aos pobres, mas as redes de segurança graduais, que são uma forma básica de seguro sem contribuição, podem representar uma proteção social-núcleo que impede a mortalidade e o exaurimento excessivo dos recursos, mesmo nos países pobres onde não são de uso geral (Alderman; Haque, 2006; Vakis, 2006).

Por exemplo, a Productive Safety Net (Rede de Segurança Produtiva) na Etiópia combina o auxílio social permanente (um programa de longo prazo de criação de empregos destinado a 6 milhões domicílios onde há escassez de alimentos) e as redes de segurança graduais que podem ser expandidas rapidamente para atender a milhões de domicílios pobres transitórios durante uma seca severa. Uma inovação importante é o uso de índices baseados em impactos observados no clima para fornecer rapidamente um auxílio mais gradual e mais direcionado às áreas com escassez de alimentos e mecanismos baseados em seguro para acesso a financiamento contingente (Hess; Wiseman; Robertson, 2006).

Os programas de *workfare* podem integrar uma rede de segurança de resposta (Ninno; Subbarao; Milazzo, 2009). Trata-se de programas de trabalhos intensivos em obras públicas que fornecem a renda a uma população-alvo na construção ou manutenção de infraestrutura pública. Esses programas concentram-se em ativos e atividades de alto retorno que podem aumentar a resiliência das comunidades, como armazenamento da água, sistemas de irrigação e barragens. Para que sejam completamente eficazes, precisam, entretanto, de objetivos claros, projetos apropriados e bem concebidos, financiamento previsível, orientação profissional na seleção e execução, e monitoração e avaliação dignas de crédito (Quadro 2.11).

As redes de segurança podem também facilitar a reforma da política energética. Aumentar preços do combustível promove o uso eficaz da energia, ganhos econômicos e economias fiscais, mas traz também riscos políticos e sociais significativos. Essas redes podem proteger os pobres dos preços altos da energia e ajudar a eliminar subsídios à energia de monta, onerosos, regressivos e prejudiciais ao clima (ver Capítulo 1) (Independent Evaluation Group, 2008; Komives et al., 2005). Os subsídios da energia, uma resposta comum aos altos preços de combustível, frequentemente são ineficientes e não têm alvo bem definido, mas nem sempre sua eliminação é simples. Diversos países de renda média (Brasil, China, Colômbia, Índia, Indonésia, Malásia e Turquia) têm usado redes de segurança para facilitar a remoção dos subsídios a combustíveis (World Bank, 2008d). Os pagamentos de transferência de caixa após a remoção devem ter alvo cuidadosamente escolhido para que os pobres sejam compensados razoavelmente – na Indonésia, a reforma mostrou que, mesmo com alvos errados substanciais, quatro decis inferiores da população ainda ganharam durante o período de transferência (World Bank, 2006).

Facilitar a migração em resposta à mudança climática

A migração com frequência passará a ser uma resposta eficaz à mudança climática – e, infelizmente, será a única resposta em alguns casos. As estimativas do número de pessoas em risco de migração, deslocamento e relocação em 2050 variam de 200 milhões a um bilhão (Myers, 2002; Christian Aid, 2007). (Essas estimativas, porém, baseiam-se em avaliações amplas de pessoas expostas a riscos cada vez maiores, em vez de análises de se a

---

16 Cf. Famine Early Warning Systems Network – Disponível em: <www.fews.net>. Acesso em: 15 maio 2009.

exposição as levará a migrar [Barnett; Webber, 2009].) A adaptação e a proteção ao litoral deslocarão impactos do clima e reduzirão a migração (Black, 2001; Anthoff et al., 2006).

Os movimentos de hoje são um guia rudimentar para a geografia dos movimentos em um futuro próximo (Quadro 2.12). É provável que a migração relacionada à mudança climática seja predominante nas áreas rurais, em países em desenvolvimento para cidades. As políticas para facilitar a migração devem considerar que a maioria dos migrantes do mundo se move dentro de seus próprios países e que as rotas de migração usadas por migrantes econômicos e involuntários sobrepõem-se significativamente.

Pouca evidência sugere que a migração causada pela mudança climática provoque ou exagere o conflito, mas isso pode mudar. Os indivíduos que migram por causa das mudanças ambientais provavelmente são carentes, com pouca capacidade de conflito (Gleditsch; Nordås; Salehyan, 2007). Onde a migração coincide com conflito, o relacionamento não pode ser causal (Reuveny, 2007). Do mesmo modo, a ligação entre os conflitos violentos e a escassez do recurso (guerras de água) (Barnaby, 2009) ou degradação foi raramente substanciada (a pobreza e as instituições disfuncionais têm um poder mais explanatório) (Theisen, 2008; Nordås; Gleditsch, 2007). Mas a incerteza sobre as correntes causais não implica que a migração induzida pelo clima futuro não aumentaria o potencial para conflito ao coincidir com a pressão sobre recursos, insegurança alimentar, eventos catastróficos e falta da administração na região receptora (German Advisory Council on Global Change, 2008; Campbell et al., 2007).

O retrato negativo da migração pode fomentar as políticas que procuram reduzir e controlar sua incidência e fazer pouco para tratar das necessidades dos migrantes, quando a migração pode ser a única opção para os afetados pelos perigos do clima. É certo que as políticas criadas para restringir a migração raramente têm êxito, com frequência são derrotistas e aumentam os custos para migrantes e comunidades da origem e do destino (Haas, 2008). Quando se facilita a migração como resposta aos impactos climáticos, é melhor formular as políticas integradas da migração e de desenvolvimento que tratam das necessidades de migrantes voluntários e apoiam suas habilidades empreendedoras e técnicas.

Se possível, as políticas devem desestimular o assentamento de emigrantes em áreas com alta exposição aos perigos climáticos persistentes (Mapa 2.6). Entre 1995 e 2005, três milhões de pessoas se deslocaram em decorrência de tensões sociais na Colômbia, a maior parte para cidades pequenas ou médias. Muitos se mudaram para subúrbios sujeitos a inundações ou deslizamentos ou próximo a lixões, e a falta de instrução e aptidões laborais faz que ganhem apenas 40% do salário mínimo (Bartlett et al., 2009). Como propósito de prever a migração involuntária e o reassentamento, os planos para o futuro devem identificar locais alternativos e aplicar fórmulas da compensação que permitam a relocação dos migrantes e o desenvolvimento de novas fontes de meios de subsistência. Além disso, esses planos devem criar infraestrutura pública e social para a vida comunitária. Tais políticas estão no franco contraste com muitos esforços em curso para tratar das necessidades dos migrantes involuntários e refugiados – em deslocamentos internos ou internacionais.

A experiência recente sugeriu algumas lições para o reassentamento de migrantes. Uma dessas lições refere-se ao envolvimento das comunidades a serem reassentadas no planejamento de movimentação e reconstrução, o que deve depender o menos possível de contratados externos e agências. Os reassentados devem receber um pagamento no mesmo padrão e preço da região receptora e participar do projeto e da construção da infraestrutura no novo local. Para que esse processo ocorra de forma satisfatória, é fundamental que as estruturas de tomada de decisão na comunidade em reassentamento sejam respeitadas.

Antecipar 2050: a que mundo estamos nos referindo?

Um tema recorrente deste livro é que a inércia social, climática e em sistemas biológicos sustenta o argumento para agir agora. Algumas crianças de hoje estarão em posições de liderança em 2050. Em uma trajetória para um mundo 2°C mais quente, elas enfrentarão mudanças drásticas. Entretanto, controlar essas mudanças será mais um de seus muitos desafios. Na trajetória para um mundo 5°C mais quente, a probabilidade será ainda mais desalentadora. Estará claro que os esforços de mitigação de mais meio século foram inadequados. A mudança climática não será simplesmente um de muitos desafios – será o desafio dominante.

Referências bibliográficas

ABI (Association of British Insurers). 2004. *A Changing Climate for Insurance: A Summary Report for Chief Executives and Policymakers.* London: ABI.

ADGER, W. N. 2003. "Social Capital, Collective Action, and Adaptation to Climate Change." *Economic Geography* 79 (4): 387-404.

ADGER, W. N. Social Capital, Collective Action, and Adaptation to Climate Change. *Economic Geography*, v.79, n.4, p.387-404, 2003.

ADGER, W. N. et al. Social-Ecological Resilience to Coastal Disasters. *Science*, v.309, n.5737, p.1036-39, 2005.

_____. Are There Social Limits to Adaptation to Climate Change? *Climatic Change*, v.93, n.3-4, p.335-54, 2008.

AGRAWAL, A.; OSTROM, E. Collective Action, Property Rights, and Decentralization in Resource Use in India and Nepal. *Politics and Society*, v.29, n.4, p.485-514, 2001.

ALDERMAN, H.; HAQUE, T. Countercyclical Safety Nets for the Poor and Vulnerable. *Food Policy*, v.31, n.4, p.372-83, 2006.

ALDERMAN, H.; HODDINOTT, J.; KINSEY, B. Long Term Consequences of Early Childhood Malnutrition. *Oxford Economic Papers*, v.58, n.3, p.450-74, 2006.

ALLAN, R. P.; SODEN, B. J. Atmospheric Warming and the Amplification of Extreme Precipitation Events. *Science*, v.321, p.1481-4, 2008.

AMIN, S. Migrations in Contemporary Africa: a Retrospective View. In: BAKER, J.; AINA, T. A. (Ed.) *The Migration Experience in Africa*. Uppsala: Nordic Africa Institute, 1995.

ANTHOFF, D. et al. Global and Regional Exposure to Large Rises in Sea-Level: a Sensitivity Analysis. Norwich, UK: Tyndall Center for Climate Change, 2006. (Research Working Paper 96).

ASSOCIATION OF METROPOLITAN WATER AGENCIES (AMWA). *Implications of Climate Change for Urban Water Utilities*. Washington, DC: Amwa, 2007.

ASSOCIATION OF BRITISH INSURERS (ABI). *A Changing Climate for Insurance*: a Summary Report for Chief Executives and Policymakers. London: ABI, 2004.

AWUOR, C. B.; ORINDI, V. A.; ADWERA, A. Climate Change and Coastal Cities: the Case of Mombasa, Kenya. *Environment and Urbanization*, v.20, n.1, p.231-42, 2008.

BALK, D.; MCGRANAHAN, G.; ANDERSON, B. Urbanization and Ecosystems: Current Patterns and Future Implications. In: MARTINE, G. et al. (Ed.) *The new Global Frontier*: Urbanization, Poverty and Environment in the 21st Century. London: Earthscan, 2008.

BANDURA, A. *Social Learning Theory*. New York: General Learning Press, 1977.

BANKOFF, G.; FRERKS, G.; HILHORST, D. *Mapping Vulnerability*: Disasters, Development and People. London: Earthscan, 2004.

BARNABY, W. Do Nations Go to War over Water? *Nature*, v.458, p.282-3, 2009.

BARNETT, J.; WEBBER, M. *Accommodating Migration to Promote Adaptation to Climate Change*. Stockholm: Commission on Climate Change and Development, 2009.

BARRETO, M. L. et al. Effect of City-Wide Sanitation Programme on Reduction in Rate of Childhood Diarrhoea in Northeast Brazil: Assessment by Two Cohort Studies. *Lancet*, v.370, p.1622-8, 2007.

BARTLETT, S. Climate Change and Urban Children: Impacts and Implications for Adaptation in Low and Middle Income Countries. *Environment and Urbanization*, v.20, n.2, p.501-19, 2008.

BARTLETT, S. et al. Social Aspects of Climate Change in Low and Middle Income Nations. Paper presented at the Cities and Climate Change: Responding to an Urgent Agenda. World Bank Fifth Urban Research Symposium, Marseille, June 28-30, 2009.

BATES, B. et al. Climate Change and Water. Geneva: Intergovernmental Panel on Climate Change, 2008. (Technical paper).

BAZERMAN, M. H. Climate Change as a Predictable Surprise. *Climatic Change*, v.77, p.179-93, 2006.

BENSON, C; TWIGG, J. *Tools for Main-sStreaming Disaster Risk Reduction*: Guidance Notes for Development Organizations. Geneva: ProVention Consortium, 2007.

BERKES, F. Understanding Uncertainty and Reducing Vulnerability: Lessons from Resilience Thinking. *Natural Hazards*, v.41, n.2, p.283-95, 2007.

BERKES, F.; JOLLY, D. Adapting to Climate Change: Social Ecological Resilience in a Canadian Western Arctic Community. *Ecology and Society*, v.5, n.2, p.18, 2002.

BIGIO, A. G. Concept Note: Adapting to Climate Change in the Coastal Cities of North Africa. Washington, DC: World Bank, Middle East and Northern Africa Region, 2008.

BLACK, R. Environmental Refugees: Myth or rReality? Geneva: United Nations High Commissioner for Refugees, 2001. (New Issues in Refugee Research Working Paper 34).

BOTONI, E.; REIJ, C. La transformation silencieuse de l'environnement et des systèmes de production au sahel: impacts des investissements publics et privés dans la gestion des ressources naturelles. Technical report, Free University Amsterdam and Comitê Permanent Inter-États de Lutte contre la Sécheresse dans le Sahel (CILSS), Ouagadougou, Burkina Faso, 2009.

BRUNNER, R. D. et al. *Adaptive Governance*: Integrating Science, Policy, and Decisions Making. New York: Columbia University Press, 2005.

BULL-KAMANGA, L. et al. Urban Development and the Accumulation of Disaster Risk and Other Life-Threatening Risks in Africa. *Environment and Urbanization*, v.15, n.1, p.193-204, 2003.

BUSKENS, V.; YAMAGUCHI, K. A New Model for Information Diffusion in Heterogeneous Social Networks. *Socio-Logical Methodology*, v.29, n.1, p.281-325, 1999.

CAMPBELL, K. M. et al. *The Age of Consequences*: the Foreign Policy and National Security Implications of Global Climate Change. Washington, DC: Center for a New American Security, Center for Strategic and International Studies, 2007.

CARDENAS, V. et al. Sovereign Financial Disaster Risk Management: the Case of Mexico. *Environmental Hazards*, v.7, n.1, p.40-53, 2007.

CATSALUT. *Action Plan to Prevent the Effects of a Heat Wave on Health*. Barcelona: Generalitat de Catalunya Departament de Salut, 2008.

CENTER FOR INTERNATIONAL EARTH SCIENCE INFORMATION NETWORK (CIESIN). Gridded Population of the World (GPWv3). Palisades, NY: Ciesin, Columbia University, Centro Internacional de Agricultura Tropical, 2005.

CENTRE FOR RESEARCH ON THE EPIDEMIOLOGY OF DISASTERS (CRED). EM-DAT: The International Emergency Disasters Database. Louvain: Cred, Université Catholique de Louvain, École de Santé Publique, 2009.

CENTER FOR SCIENCE AND ENVIRONMENT (CSE). An Ecological Act: a Backgrounder to the National Rural Employment Guarantee Act (NREGA). New Delhi: CSE, 2007.

CHHATRE, A.; AGRAWAL, A. Carbon Storage and Livelihoods Generation Through Improved Governance of Forest Commons. *Science*. (No prelo).

CHRISTEN, R. P.; PEARCE, D. *Managing Risks and Designing Products for Agricultural microfinance*: Feature of an Emerging Model. Washington, DC: CGAP; Rome: Ifad, 2005.

CHRISTIAN AID. *Human Tide*: the Real Migration Crisis. London: Christian Aid, 2007.

CONFALONIERI, U. et al. Human health. In: PARRY, M. L. et al. (Ed.) *Climate Change 2007*: Impacts, Adaptation and Vulnerability. Contribution of Working Group II to the Fourth Assessment Report of the Intergovernmental Panel on Climate Change. Cambridge, UK: Cambridge University Press, 2007.

CORBURN, J. Cities, Climate Change and Urban Heat Island Mitigation: Localising Global Environmental Science. *Urban Studies*, v.46, n.2, p.413-27, 2009.

COSTELLO, C.; GAINES, S. D.; LYNHAM, J. Can Catch Shares Prevent Fisheries Collapse? *Science*, v.321, n.5896, p.1678-81, 2008.

CUMMING, G. S.; CUMMING, D. H. M.; REDMAN, C. L. Scale Mismatches in Social-Ecological Systems: Causes, Consequences, and Solutions. *Ecology and Society*, v.11, n.1, p.14, 2006.

CUMMINS, J. D.; MAHUL, O. *Catastrophe Risk Financing in Developing Countries. Principles for Public Intervention*. Washington, DC: World Bank, 2009.

DARTMOUTH FLOOD OBSERVATORY. Global Active Archive of Large Flood Events. Hanover, NH: Dartmouth College, 2009. Disponível em: <www.dartmouth.edu/~floods>. Acesso em: 19 Jan. 2009.

DERCON, S. *Insurance Against Poverty*. Oxford, UK: Oxford University Press, 2004.

DIAZ PALACIOS, J.; MIRANDA, L. Concertación (Reaching Agreement) and Planning for Sustainable Development in Ilo, Peru. In: BASS, S. et al. (Ed.) *Reducing Poverty and Sustaining the* Environment: the Politics of Local Engagement. London: Earthscan, 2005.

DIETZ, T.; OSTROM, E.; STERN, P. C. The Struggle to Govern the Commons. *Science*, v.302, n.5652, p.1907-12, 2003.

DIETZ, T.; STERN, P. C. (Ed.) *Public Participation in Environmental Assessment and Decision Making*. Washington, DC: National Academies Press, 2008.

DLUGOLECKI, A. Climate Change and the Insurance Sector. *Geneva Papers on Risk and Insurance – Issues and Practice*, v.33, n.1, p.71-90, 2008.

ELLISON, G.; FUDENBERG, D. Rules of Thumb for Social Learning. *Journal of Political Economy*, v.101, n.4, p.612-43, 1993.

_____. Word-of-Mouth Communication and Social Learning. *Quarterly Journal of Economics*, v.110, n.1, p.93-125, 1995.

ENFORS, E. I.; GORDON, L. J. Dealing with Drought: the Challenge of Using Water System Technologies to Break Dryland Poverty Traps. *Global Environmental Change*, v.18, n.4, p.607-16, 2008.

ENSOR, J.; BERGER, R. Community-Based Adaptation and Culture in Theory and Practice. In: ADGER, N.; LORENZONI, I.: O'BRIEN, K. L. (Ed.) *Adapting to Climate Change*: Thresholds, Values, Governance. Cambridge, UK: Cambridge University Press, 2009.

EUROPEAN SPACE AGENCY (ESA). *Sustainable Development: the Space Contribution*: from Rio to Johannesburg – Progress Over the Last 10 Years. Paris: ESA for the Committee on Earth Observation Satellites, 2002.

FANKHAUSER, S.; MARTIN, N.; PRICHARD, S. The Economics of the CDM Levy: Revenue Potential, Tax Incidence, and Distortionary Effects. London School of Economics. (No prelo). (Working Paper).

FAY, M.; BLOCK, R. I.; EBINGER, J. (Ed.) *Adapting to Climate Change in Europe and Central Asia.* Washington, DC: World Bank, 2010.

FERGUSON, N. *Mozambique*: *Disaster Risk Management Along the Rio Búzi*. Case Study on the Background, Concept, and Implementation of Disaster Risk Management in the Context of the GTZ-Programme for Rural Development (Proder). Duren: German Gesellschaft fur Technische Zusammenarbeit, Governance and Democracy Division, 2005.

FOLKE, C. et al. *Resilience and Sustainable Development Building Adaptive Capacity in a World of Transformations.* Stockholm: Environmental Advisory Council to the Swedish Government, 2002.

FOLKE, C. et al. Adaptive Governance of Social-Ecological Systems. *Annual Review of Environment and Resources*, v.30, p.441-73, 2005.

FOOD AND AGRICULTURE ORGANIZATION (FAO); CENTER FOR INTERNATIONAL FORESTRY RESEARCH (CIFOR). Forests and Floods: Drowning in Fiction or Thriving on Facts? Bangkok: FAO Regional Office for Asia and the Pacific Publication 2005/03, 2005.

FOSKETT, N.; HEMSLEY-BROWN, J. *Choosing Futures*: Young People's Decision-Making in Education, Training and Career Markets. London: RoutledgeFalmer, 2001.

FRANCIS, P.; AMUYUNZU-NYAMONGO, M. Bitter Harvest: the Social Costs of State Failure in Rural Kenya. In: MOSER, C.; DANI, A. A. (Ed.) *Assets, Livelihoods, and Social Policy* Washington, DC: World Bank, 2008.

FRUMKIN, H.; MCMICHAEL, A. J. Climate Change and Public Health: Thinking, Communicating, Acting. *American Journal of Preventive Medicine*, v.35, n.5, p.403-10, 2008.

GAIHA, R.; IMAI, K.; KAUSHIK, P. D. On the Targeting and Cost Effectiveness of Anti-Poverty Programmes in Rural India. *Development and Change*, v.32, n.2, p.309-42, 2001.

GAILLARD, J.-C. Resilience of Traditional Societies in Facing Natural Hazards. *Disaster Prevention and Management*, v.16, n.4, p.522-44, 2007.

GALIANI, S.; GERTLER, P.; SCHARGRODSKY, E. Water for Life: The Impact of the Privatization of Water Services on Child Mortality. *Journal of Political Economy*, v.113, n.1, p.83-120, 2005.

GALLUP, J. L.; SACHS, J. D. The Economic Burden of Malaria. *American Journal of Tropical Medicine and Hygiene*, v.64, n.1-2, p.85-96, 2001.

GEOVILLE GROUP. Spatial Analysis of Natural Hazard and Climate Change Risks in Peri-Urban Expansion Areas of Dakar, Senegal. Paper presented at the World Bank Urban Week 2009. Washington, DC, 2009.

GERMAN ADVISORY COUNCIL ON GLOBAL CHANGE (WBGU). *Climate Change as a Security Risk.* London: Earthscan, 2008.

GHESQUIERE, F.; JAMIN, L.; MAHUL, O. Earthquake Vulnerability Reduction Program in Colombia: a Probabilistic Cost-Benefit Analysis. Washington, DC: World Bank, 2006. (Policy Research Working Paper 3939).

GIBBS, M. T. Resilience: What Is It and What Does It Mean for Marine Policymakers? *Marine Policy*, v.33, n.2, p.322-31, 2009.

GILLESPIE, S. Scaling Up Community-Driven Development: a Synthesis of Experience. Washington, DC: Food Consumption and Nutrition Division, International Food Policy

Research Institute, 2004. (FCND Discussion Paper 181).

GINÉ, X.; TOWNSEND, R.; VICKERY, J. Patterns of Rainfall Insurance Participation in Rural India. *World Bank Economic Review*, v.22, n.3, p.539-66, 2008.

GIRARDET, H. *Cities People Planet*: Urban Development and Climate Change. 2.ed. Chichester, UK: John Wiley & Sons, 2008.

GLEDITSCH, N.; NORDÅS, R.; SALEHYAN, I. Climate Change and Conflict: the Migration Link. New York: International Peace Academy, May 2007. (Coping with Crisis Working Paper Series).

GLOBAL HUMANITARIAN FORUM. *The Anatomy of a Silent Crisis*. Geneva: Global Humanitarian Forum, 2009.

GOULDEN, M. et al. Accessing Diversification, Networks and Traditional Resource Management as Adaptations to Climate Extremes. In: ADGER, N.; LORENZONI, I.; O'BRIEN, K. (Ed.) *Adapting to Climate Change*: Thresholds, Values, Governance. Cambridge, UK: Cambridge University Press, 2009.

GOVERNMENT OF BANGLADESH. *Cyclone Sidr in Bangladesh*: Damage, Loss and Needs Assessment for Disaster Recovery and Reconstruction. Dhaka: Government of Bangladesh, World Bank, European Commission, 2008.

GRANOVETTER, M. Threshold Models of Collective Behavior. *American Journal of Sociology*, v.83, n.6, p.1420-43, 1978.

GROSH, M. E. et al. *For Protection and Promotion*: the Design and Implementation of Effective Safety Nets. Washington, DC: World Bank, 2008.

GROVES, D. G.; LEMPERT, R. J. A New Analytic Method for Fnding Policy-Relevant Scenarios. *Global Environmental Change*, v.17, n.1, p.73-85, 2007.

HAAN, A. de. Migration and Livelihoods in Historical Perspectives: A Case Study of Bihar, India. *Journal of Development Studies*, v.38, n.5, p.115-42, 2002.

HAAS, H. de. The Complex Role of Migration in Shifting Rural Livelihoods: A Moroccan Case Study." In: NAERSSEN, T. van; SPAAN, E.; ZOOMERS, A. (Ed.) *Global Migration and Development*. London: Routledge, 2008.

HALES, S. et al. Potential Effect of Population and Climate Changes on Global Distribution of Dengue Fever: an Emperical Model. *Lancet*, v.360, p.830-4, 2002.

HALLEGATTE, S. Strategies to Adapt to an Uncertain Climate Change. *Global Environmental Change*, v.19, n.2, p.240-7, 2009.

HARA, Y.; TAKEUCHI, K.; OKUBO, S. Urbanization Linked With Past Agricultural Landuse Patterns in the Urban Fringe of a Deltaic Asian Mega-City: A Case Study in Bangkok. *Landscape and Urban Planning*, v.73, n.1, p.16-28, 2005.

HAY, S. I. et al. *Population at Malaria Risk in Africa*: 2005, 2015, and 2030. London: Centre for Geographic Medicine, Kemri/Welcome Trust Collaborative Programme, University of Oxford, 2006.

HELTBERG, R.; SIEGEL, P. B.; JORGENSEN, S. L. Addressing Human Vulnerability to Climate Change: Toward a "No-Regrets" approach. *Global Environmental Change*, v.19, n.1, p.89-99, 2009.

HERRMANN, S. M.; ANYAMBA, A.; TUCKER, C. J. Recent Trends in Vegetation Dynamics in the African Sahel and Their Relationship to Climate. *Global Environmental Change*, v.15, n.4, p.394-404, 2005.

HESS, U.; WISEMAN, W.; ROBERTSON, T. *Ethiopia*: Integrated Risk Financing to Protect Livelihoods and Foster Development. Rome: World Food Programme, 2006.

HOCHRAINER, S. et al. Investigating the Impact of Climate Change on the Robustness of Index-Based Microinsurance in Malawi. Washington, DC: World Bank, 2008. (Policy Research Working Paper 4631).

HOEPPE, P.; GURENKO, E. N. Scientific and Economic Rationales for Innovative Climate Insurance Solutions. *Climate Policy*, v.6, p.607-20, 2006.

HORTON, R. et al. Sea Level rise Projections for Current Generation CGCMs Based on the Semi-Empirical Method. *Geophysical Research Letters*, v. 35, p.L02715. DOI:10.1029/2007GL032486, 2008.

INDEPENDENT EVALUATION GROUP (IEG). *Climate Change and the World Bank Group-Phase* I: An Evaluation of World Bank Win-Win Energy Policy Reforms. Washington, DC: IEG Knowledge Programs and Evaluation Capacity Development, 2008.

INTERNAL DISPLACEMENT MONITORING CENTRE (IDMC). *Internal Displacement*: Global Overview of Trends and Developments in 2008. Geneva: IDMC, 2008.

IVANIC, M.; MARTIN, W. Implications of Higher Global Food Prices for Poverty in Low-Income Countries. Washington, DC: World Bank, 2008. (Policy Research Working Paper 4594).

KANAIAUPUNI, S. M. Reframing the Migration Question: An Analysis of Men, Women, and Gender in Mexico. *Social Forces*, v.78, n.4, p.1311-47, 2000.

KANBUR, R. Macro Crises and Targeting Transfers to the Poor. Ithaca, NY: Cornell University, 2009.

KEIM, M. E. Building Human Resilience: the Role of Public Health Preparedness and Response as an Adaptation to Climate Change. *American Journal of Preventive Medicine*, v.35, n.5, p.508-16, 2008.

KEISER, J. et al. Urbanization in Sub-Saharan Africa and Implications for Malaria Control. *American Journal of Tropical Medicine and Hygiene*, v.71, n.S2, p.118-27, 2004.

KNOWLTON, K.; SOLOMON, G.; ROTKIN-ELLMAN, M. Fever Pitch: Mosquito-Borne Dengue Fever Threat Spreading in The Americas. New York: Natural Resources Defense Council, July 2009. (Issue paper).

KOLMANNSKOG, V. O. *Future Floods of Refugees*: A Comment on Climate Change, Conflict and Forced Migration. Oslo: Norwegian Refugee Council, 2008.

KOMIVES, K. et al. *Water, Electricity, and the Poor*: Who Benefits from Utility Subsidies? Washington, DC: World Bank, 2005.

KOPF, S.; HA-DUONG, M.; HALLEGATTE, S. Using Maps of City Analogues to Display and Interpret Climate Change Scenarios and Their Uncertainty. *Natural Hazards and Earth System Science*, v.8, n.4, p.905-18, 2008.

KUNREUTHER, H.; MICHEL-KERJAN, E. Climate Change, Insurability of Large-Scale Disasters and the Emerging Liability Challenge. Cambridge, MA: National Bureau of Economic Research, 2007. (Working Paper 12821).

LARSON, A.; SOTO, F. Decentralization of Natural Resource Governance Regimes. *Annual Review of Environment and Resources*, v.33, p.213-39, 2008.

LARYEA-ADJEI, G. Building Capacity for Urban Management in Ghana: Some Critical Considerations. *Habitat International*, v.24, n.4, p.391-402, 2000.

LAUKKONEN, J. et al. Combining Climate Change Adaptation and Mitigation Measures at the Local Level. *Habitat International*, v.33, n.3, p.287-92, 2009.

LEMPERT, R. J. Creating Constituencies for Long-Term Radical Change. New York: New York University, 2007. (Wagner Research Brief 2).

LEMPERT, R. J.; COLLINS, M. T. Managing the Risk of Uncertain Threshold Responses: Comparison of Robust, Optimum, and Precautionary Approaches. *Risk Analysis*, v.27, n.4, p.1009-26, 2007.

LEMPERT, R. J.; SCHLESINGER, M. E. Robust Strategies for Abating Climate Change. *Climatic Change*, v.45, n.3-4, p.387-401.

LEVITT, B.; MARCH, J. G. Organizational Learning. *Annual Review of Sociology*, v.14, p.319-38, 1988.

LEWIS, M. In Nature's Casino. *New York Times Magazine*, 26 Aug. 2007.

LIGETI, E.; PENNEY, J.; WIEDITZ, I. *Cities Preparing for Climate Change*: A Study of Six Urban Regions. Toronto: The Clean Air Partnership, 2007.

LIN, H. *Proposal Report on Flood Hazard Mapping Project in Taihu Basin.* China: Taihu Basin Authority of Ministry of Water Resources, 2008.

LINNEROOTH-BAYER, J.; MECHLER, R. Insurance for Assisting Adaptation to Climate Change in Developing Countries: A Proposed Strategy. *Climate Policy*, v.6, p.621-36, 2006.

LLANTO, G. M.; GERON, M. P.; ALMARIO, J. Developing Principles for the Regulation of Microinsurance (Philippine Case Study). Makati City: Philippine Institute for Development Studies, 2007. (Discussion Paper 2007-26).

LOBELL, D. B. et al. Prioritizing Climate Change Adaptation Needs for Food Security in 2030. *Science*, v.319, n.5863, p.607-10, 2008.

LUBER, G.; MCGEEHIN, M. Climate Change and Extreme Heat Events. *American Journal of Preventive Medicine*, v.35, n.5, p.429-35, 2008.

LUCAS, R. E. B. *International Migration and Economic Development: Lessons from Low-Income Countries*: Executive Summary. Stockholm: Almkvist & Wiksell International, Expert Group on Development Issues, 2005.

_____. Migration and Economic Development in Africa: A Review of Evidence. *Journal of African Economies*, v.15, n.2, p.337-95, 2006.

MACCHI, M. *Indigenous and Traditional People and Climate Change*: Vulnerability and Adaptation. Gland, Switzerland: International Union for Conservation of Nature, 2008.

MAHUL, O.; SKEES, J. Managing Agricultural Risk at the Country Level: The Case of Index-Based Livestock Insurance in Mongolia. Washington, DC: World Bank, 2007. (Policy Research Working Paper 4325).

MANUAMORN, O. P. Scaling Up Microinsurance: The Case of Weather Insurance for Smallholders in India.

Washington, DC: World Bank, 2007. (Agriculture and Rural Development Discussion Paper 36).

MASSEY, D.; ESPANA, F. The Social Process of Internationl Migration. *Science*, v.237, n.4816, p.733-8, 1987.

MCEVOY, D.; LINDLEY, S.; HANDLEY, J. Adaptation and Mitigation in Urban Areas: Synergies and Conflicts. *Proceedings of the Institution of Civil Engineers*, v.159, n.4, p.185-91, 2006.

MCGRANAHAN, G.; BALK, D.; ANDERSON, B. The Rising Tide: Assessing the Risks of Climate Change and Human Settlements in Low Elevation Coastal Zones. *Environment and Urbanization*, v.19, n.1, p.17-37, 2007.

MCMICHAEL, A. et al. Global Climate Change. In: EZZATI, M, et al. (Ed.) *Comparative Quantification of Health Risks*: Global and Regional Burden of Disease Attributable to Selected Major Risk Factors. Geneva: World Health Organization, 2004. v. 2.

MEARNS, R. Sustaining Livelihoods on Mongolia's Pastoral Commons: Insights from a Participatory Poverty Assessment. *Development and Change*, v.35, n.1, p. 107-39, 2004.

MECHLER, R. et al. Assessing Financial Vulnerability to Climate-Related Natural Hazards. Background Paper for the WDR 2010, 2009.

MERCY CORPS. Reducing Flood Risk Through a Job Creation Scheme. In: GLOBAL NETWORK OF NGOs FOR DISASTER RISK REDUCTION. (Ed.) *Linking Disaster Risk Reduction and Poverty Reduction*: Good Practices and Lessons Learned: 2008. Geneva: United Nations Development Programme and International Strategy for Disaster Reduction (ISDR), 2008.

MIGRATION DRC. Global Migrant Origin Database. Development Research Centre on Migration, Globalisation and Poverty, University of Sussex, Brighton, 2007.

MILLENNIUM ECOSYSTEM ASSESSMENT. *Ecosystems and Human Well-Being*: Synthesis. Washington, DC: World Resources Institute, 2005.

MILLS, E. Insurance in a Climate of Change. *Science*, v.309, n.5737, p.1040-4, 2005.

_____. Synergism Between Climate Change Mitigation and Adaptation: Insurance Perspective. *Mitigation and Adaptation Strategies for Global Change*, v.12, p.809-42, 2007.

MILLY, P. C. D. et al. Increasing Risk of Great Floods in a Changing Climate. *Nature*, v.415, n.6871, p.514-7, 2002.

MYERS, N. Environmental Refugees: a Growing Phenomenon of the 21st Century. *Philosophical Transactions of the Royal Society*, v.B357, n.1420, p.609-13, 2002.

NATIONAL RESEARCH COUNCIL OF THE NATIONAL ACADEMIES (NRC). *Facing Hazards and Disasters.* Understanding Human Dimension. Washington, DC: National Academies Press, 2006.

_____. *Contributions of Land Remote Sensing for Decisions About Food Security and Human Health.* Washington, DC: National Academies Press, 2007a.

_____. *Earth Science and Application from Space*: National Imperatives for the Next Decade and Beyond. Washington, DC: National Academies Press, 2007b.

NELSON, D. R.; ADGER, W. N.; BROWN, K. Adaptation to Environmental Change: Contributions of a Resilience Framework. *Annual Review of Environment and Resources*, v.32, p.395-419, 2007.

NELSON, V. et al. Uncertain Prediction, Invisible Impacts, and the Need to Mainstream Gender in Climate Change Adaptations. *Gender and Development*, v.10, n.2, p.51-9, 2002.

NICHOLLS, R. J. et al. Climate Change and Coastal Vulnerability Assessment: Scenarios for Integrated Assessment. *Sustainability Science*, v.3, n.1, p.89-102, 2008.

NINNO, C. del; LUNDBERG, M. Treading Water: the Long-Term Impact of the 1998 Flood on Nutrition in Bangladesh. *Economics and Human Biology*, v.3, n.1, p.67-96, 2005.

NINNO, C. del; SUBBARAO, K.; MILAZZO, A. How to Make Public Works Work: A Review of The Experiences. Washington, DC: World Bank, 2009. (Discussion Paper 0905, Social Protection and Labor).

NORDÅS, R.; GLEDITSCH, N. Climate Change and Conflict. *Political Geography*, v.26, n.6, p.627-38, 2007.

OLSSON, P.; FOLKE, C.; BERKES, F. Adaptive Comanagement for Building Resilience in Social-Ecological Systems. *Environmental Management*, v.34, n.1, p. 75-90, 2004.

ORLOVE, B. S.; CHIANG, J. H.; CANE, M. A. Forecasting Andean Rainfall and Crop Yield from the Influence of El Nino on Pleiades Visibility. *Nature*, v.403, n.6765, p.68-71, 2000.

OSTROM, E. *Governing the commons*: the Evolution of Institutions for Collective Action. New York: Cambridge University Press, 1990.

PAHL-WOSTL, C. Transitions Toward Adaptive Management of Water Facing Climate and Global Change. *Water Resources Management*, v.21, p.49-62, 2007.

PAN AMERICAN HEALTH ORGANIZATION (PAHO). Dengue. Washington, DC, 2009. Disponível em: <http:// new.paho.org/hq/index.php?option=com_content&task=view&id=264&Itemid=363>. Acesso em: Jul. 2009.

PARRY, M. et al. Technical summary. In: _____. (Ed.) *Climate Change 2007*: Impacts, Adaptation and Vulnerability. Contribution of Working Group II to the Fourth Assessment Report of the Intergovernmental Panel on Climate Change. Cambridge, UK: Cambridge University Press, 2007.

PARSONS, C. R. et al. Quantifying International Migration: A Database of Bilateral Migrant Stocks. Washington, DC: World Bank, 2007. (Policy Research Working Paper 4165).

PELLING, M. What Determines Vulnerability to Floods: A Case Study in Georgetown, Guyana. *Environment and Urbanization*, v.9, n.1, p.203-26, 1997.

POMEROY, R. S.; PIDO, M. D. Initiatives Towards Fisheries Co-Management in the Philippines: The Case of San Miguel Bay. *Marine Policy*, v.19, n.3, p.213-26, 1995.

PORTES, A.; SENSENBRENNER, J. Embeddedness and Immigration: Notes on the Social Determinants of Economic Actions. *American Journal of Sociology*, v.98, n.6, p.13-20, 1993.

RAADGEVER, G. T. et al. Assessing Management Regimes in Transboundary River Basins: Do They Support Adaptive Management. *Ecology and Society*, v.13, n.1, p.14, 2008.

RAHMSTORF, S. et al. Recent Climate Observations Compared to Projections. *Science*, v.316, n.5825, p.709, 2007.

RANGER, N.; MUIR-WOOD, R.; PRIYA, S. Assessing Extreme Climate Hazards and Options for Risk Mitigation and Adaptation in the Developing World. Background Paper for the WDR 2010, 2009.

RAVALLION, M. Bailing Out the World's Poorest. Washington, DC: World Bank, 2008. (Policy Research Working Paper 4763).

RAVALLION, M.; CHEN, S.; SANGRAULA, P. New Evidence on the Urbanization of Poverty. Washington, DC: World Bank, 2007. (Policy Research Working Paper 4199).

REPETTO, R. The Climate Crisis and the Adaptation Myth. Yale School of Forestry and Environmental Studies Working Paper 13, Yale University, New Haven, CT, 2008.

REUVENY, R. Climate Change Induced Migration and Violent Conflict. *Political Geography*, v.26, n.6, p.656-73, 2007.

RIBOT, J. C. Vulnerability Does Not Just Fall from the Sky: Toward Multi-Scale Pro-Poor Climate Policy. In: MEARNS, R.; NORTON, A. (Ed.) *The Social Dimensions of Climate Change*: Equity and Vulnerability in a Warming World. Washington, DC: World Bank. (No prelo).

RICHMOND, T. The Current Status and Future Potential of Personalized Diagnostics: Streamlining a Customized Process. *Biotechnology Annual Review*, v. 14, p.411-22, 2008.

ROBERTS, D. Thinking Globally, Acting Locally: Institutionalizing Climate Change at the Local Government Level in Durban, South Africa. *Environment and Urbanization*, v.20, n.2, p.521-37, 2008.

ROBINE, J.-M. et al. Death Toll Exceeded 70,000 in Europe During the Summer of 2003. *Comptes Rendus Biologies*, v.331, n.2, p.171-8, 2008.

ROGERS, D. et al. Satellite Imagery in the Study and Forecast of Malaria. *Nature*, v.415, n.6872, p.710-5, 2002.

ROGERS, E. *Diffusion of innovations*. New York: Free Press, 1995.

ROMAN, A. Curitiba, Brazil. In: *Encyclopedia of Earth – Environmental Information Coalition*. Washington, DC: National Council for Science and the Environment, 2008.

SATTERTHWAITE, D. The Social and Political Basis for Citizen Action on Urban Poverty Reduction. *Environment and Urbanization*, v.20, n.2, p.307-18, 2008.

SATTERTHWAITE, D. et al. *Adapting to Climate Change in Urban Areas*: The Possibilities and Constraints in Low and Middle Income Countries. London: International Institutte for Environment and Development, 2007.

SEO, J.-K. Balanced National Development Strategies: The Construction of Innovation Cities in Korea. *Land Use Policy*, v.26, n.3, p.649-61, 2009.

SIMMS, A.; REID, H. *Up in Smoke? Latin America and the Caribbean: The Threat from Climate Change to the Environment and Human Development*. London: Working Group on Climate Change and Development, International Institute for Environment and Development, New Economics Foundation, 2006.

SKEES, J. R. The Bad Harvest: Crop Insurance Reform Has Become a Good Idea Gone Awry. *Regulation*, v.24, n.1, p.16-21, 2001.

SOBREVILA, C. *The Role of Indigenous People in Biodiversity Conservation*: The Natural but Often Forgotten Partners. Washington, DC: World Bank, 2008.

SOLOMON, S. et al. Technical Summary. In: _____. (Ed.) *Climate Change 2007: The Physical Science Basis.* Contribution of Working Group I to the Fourth Assessment Report of the Intergovernmental Panel on Climate Change. Cambridge, UK: Cambridge University Press, 2007.

SORENSEN, N.; HEAR N. van; ENGBERG-PEDERSEN, P. Migration, Development and Conflict: State-of-the-Art Overview. In: HEAR, N. van; SORENSEN, N. (Ed.) *The Migration-Development Nexus*. New York, Geneva: United Nations and International Organization for Migration, 2003.

SRINIVASAN, A. Local Knowledge for Facilitating Adaptation to Climate Change in Asia and the Pacific: Policy Implications. Kanagawa, Japan: Institute for Global Environmental Strategies, 2004. (Working Paper 2004-002).

STRINGER, L. C. et al. Adaptations to Cimate Change, Drought and Desertification: Local Insights to Enhance Policy in Southern Africa. *Environmental Science and Policy.* (No prelo).

SWISS RE. World Insurance in 2006: Premiums Came Back to Life. Zurich: Sigma, Apr. 2007.

TEBTEBBA FOUNDATION. *Guide on Climate Change and Indigenous Peoples.* Baguio City, Philippines: Tebtebba Foundation, 2008.

THEISEN, O. M. Blood and Soil? Resource Scarcity and Internal Armed Conflict Revisited. *Journal of Peace Research*, v.45, n.6, p.801-18, 2008.

TOL, R. S. J. Climate Change and Insurance: A Critical Appraisal. *Energy Policy*, v.26, n.3, p.257-62, 1998.

TOMPKINS, E. L.; ADGER, W. N. Does Adaptive Management of Natural Resources Enhance Resilience to Climate Change? *Ecology and Society*, v.9, n.2, p.10, 2004.

TORRE, A. DE LA; FAJNZYLBER, P.; NASH, J. *Low Carbon, High Growth*: Latin American Responses to Climate Change. Washington, DC: World Bank, 2008.

TUNÓN, M. *Internal Labour Migration in China.* Beijing: International Labour Organisation, 2006.

TWOMLOW, S. et al. Building Adaptive Capacity to Cope with Increasing Vulnerability Due to Climatic Change in Africa: a New Approach. *Physics and Chemistry of the Earth*, v.33, n.8-13, p.780-7, 2008.

UNITED NATIONS CHILDREN'S FUND (UNICEF). *Climate Change and Children*: a Human Security Challenge. Florence: Unicef, 2008.

UNITED NATIONS. *Trends in Total Migrant Stock*: The 2005 Revision. New York: United Nations Population Division, Department of Economic and Social Affairs, 2005.

_____. *The State of the World's Refugees*: Human Displacement in the New Mllennium. Oxford, UK: United Nations High Commissioner for Refugees, 2006.

_____. *Drought Risk Reduction Framework and Practices: Contribution to the Implementation of the Hyogo Framework for Action.* Geneva: United Nations International Strategy for Disaster Reduction, 2007.

_____. *State of the World's Cities 2008/9.* Harmonious Cities. London: Earthscan, 2008a.

_____. *World Urbanization Prospects*: the 2007 Revision. New York: United Nations Population Division, Department of Economic and Social Affairs, 2008b.

_____. *2009 Global Assessment Report on Disaster Risk Reduction*: Nisk and Poverty in a Changing Climate. Geneva: United Nations International Strategy for Disaster Reduction, 2009.

VAKIS, R. Complementing Natural Disasters Management: the Role of Social Protection. Washington, DC: World Bank, 2006. (Social Protection Discussion Paper 0543).

WALKER, B. et al. A Handful of Heuristics and Some Propositions for Understanding Resilience in Social-Ecological Systems. *Ecology and Society*, v.11, n.1, p.13, 2006.

WANG, R.; YAPING, Y. E. Eco-Cty Development in China. *Ambio: A Journal of the Human Environment*, v.33, n.6, p.341-2, 2004.

WARD, R. E. T. et al. The Role of Insurers in Promoting Adaptation to the Impacts of Climate Change. *Geneva Papers on Risk and Insurance Issues and Practice*, v.33, n.1, p.133-9, 2008.

WELSH ASSEMBLY GOVERNMENT. *Heatwave Plan for Wales*: a Framework for Preparedness and Response. Cardiff, UK: Welsh Assembly Government Department for Public Health and Health Professions, 2008.

WHITE, A.; MARTIN, A. *Who Owns the World's Forests?* Forest Tenure and Public Forests in Transition. Washington, DC: Forest Trends and Center for International Environmental Law, 2002.

WILBANKS, T. J.; KATES, R. W. Global Change in Local Places: How Scale Matters. *Climatic Change*, v.43, n.3, p.601-28, 1999.

WORLD BANK. *Managing Agricultural Production Risk*: Innovations in Developing Countries. Washington, DC: World Bank, 2005.

_____. *Making the New Indonesia Work for the Poor*. Washington, DC: World Bank, 2006.

_____. *Climate Resilient Cities:* A Primer on Reducing Vulnerabilities to Climate Change Impacts and Strengthening Disaster Risk Management in East Asian Cities. Washington, DC: World Bank, 2008a.

_____. *Environmental Health and Child Survival*: Epidemiology, Economics, Experiences. Washington, DC: World Bank, 2008b.

_____. *Project Appraisal Document*: Regional Adaptation to the Impact of Rapid Glacier Retreat in the Tropical Andes. Washington, DC: World Bank, 2008c.

_____. *Reforming Energy Price Subsidies and Reinforcing Social Protection*: Some Design Issues. Washington, DC: World Bank, 2008d.

_____. *The Caribbean Catastrophe Risk Insurance Facility*: Providing Immediate Funding After Natural Disasters. Washington, DC: World Bank, 2008e.

_____. *World Development Indicators 2008*. Washington, DC: World Bank, 2008f.

_____. *World Development Report 2009*. Reshaping Economic Geography. Washington, DC: World Bank, 2008g.

_____. *Development and Climate Change: A Strategic Framework for the World Bank Group*: Technical Report. Washington, DC: World Bank, 2009.

WORLD CLIMATE PROGRAMME. *Climate Services Crucial for Early Warning of Malaria Epidemics*. Geneva: World Climate Programme, 2007.

WORLD ECONOMIC FORUM. *Building Resilience to Natural Disasters*: a Framework for Private Sector Engagement. Geneva: World Economic Forum, World Bank, United Nations International Strategy for Disaster Reduction, 2008.

WORLD HEALTH ORGANIZATION (WHO). *Health and Climate Change: The Now and How*. A Policy Action Guide. Geneva: WHO, 2005.

_____. *Protecting Health from Climate Change*: World Health Day 2008. Geneva: WHO, 2008.

WORLD RESOURCES INSTITUTE (WRI) et al. *World Resources 2008: Roots of Resilience*: Growing the Wealth of the Poor. Washington, DC: WRI, 2008.

YIP, S. C. T. Planning for Eco-Cities in China: Visions, Approaches and Challenges. Paper Presented at the 44th Isocarp Congress. The Netherlands, 2008.

foco B — Biodiversidade e serviços de ecossistema em um clima em mudança

A Terra sustenta uma complexa rede de três a dez milhões de espécies de plantas e animais (McGinley, 2007) e um número ainda maior de micro-organismos. Pela primeira vez, uma única espécie, a humana, está em posição de conservar ou destruir o próprio funcionamento dessa rede (Vitousek et al, 1999). No dia a dia dos indivíduos, apenas algumas espécies parecem ter importância. Algumas dezenas de espécies fornecem a nutrição mais básica – 20% do consumo de calorias para os seres humanos vem do arroz (Fitzgerald; McCouch; Hall, 2009) e 20% do trigo (Brown, 2002); algumas espécies de gado, aves domésticas e porcos fornecem 70% da proteína animal. Apenas entre 20% da proteína animal derivada de peixe e frutos do mar é uma diversidade de espécies dietéticas consideradas (World Health Organization; Food and Agriculture Organization, 2009). Prevê-se que os seres humanos se apropriem de um terço da energia do sol que é convertida em plantas (Haberl, 1997).

O bem-estar humano, porém, depende de várias espécies cujas interações complexas dentro de ecossistemas em bom funcionamento purificam a água, polinizam flores, decompõem resíduos, mantêm a fertilidade de solo, protegem cursos de água e extremos climáticos e cumprem necessidades sociais e culturais, entre muitos outros (Quadro FB.1). A conclusão da Avaliação de Ecossistemas do Milênio foi que, dos 24 serviços de ecossistema examinados, 15 estão sendo degradados ou usados de maneira não sustentável (Tabela FB.1). Os principais responsáveis pela degradação são a conversão de uso do solo, muitas vezes para agricultura ou aquacultura, nutrientes excessivos e alterações climáticas. Muitas consequências da degradação concentram-se em determinadas regiões em que os pobres são desproporcionalmente afetados porque dependem mais diretamente de serviços de ecossistema (Millennium Ecosystem Assessment, 2005).

Ameaças à biodiversidade e serviços de ecossistema

Durante os últimos dois séculos mais ou menos, a humanidade foi a responsável pelos principais eventos de extinção na Terra. A apropriação de partes importantes do fluxo de energia por meio da rede alimentar e a alteração do tecido da cobertura de terra para favorecer as espécies de maior valor aumentaram a velocidade da extinção de espécies 100 para 1.000 vezes mais do que antes do domínio humano do planeta (Lawton; May, 1995). Nas últimas décadas, os indivíduos se conscientizaram de seu impacto na biodiversidade e das ameaças subsequentes. A maioria dos países tem programas de proteção de biodiversidade de graus variados da eficácia e vários tratados e acordos internacionais de medidas de coordenação para reduzir a velocidade ou parar a perda da biodiversidade.

As alterações climáticas impõem uma ameaça adicional. A biodiversidade da Terra ajustou-se às modificações passadas no clima – e também às modificações rápidas – por meio de uma combinação de migração de espécies extinções e oportunidades para novas espécies. Mas a velocidade da modificação que continuará até aproximadamente o próximo século, independentemente dos esforços de mitigação, é muito maior do que a velocidade passada, exceto em casos de extinções catastróficas, como depois de eventos drásticos com meteoritos. Por exemplo, previu-se que as velocidades da migração de espécies arbóreas durante o vaivém da era glacial mais recente, há aproximadamente 10.000 anos, eram de aproximadamente 0,3-0,5 quilômetro por ano. Isso é só um décimo da velocidade das modificações em zonas climáticas que ocorrerão até o próximo século.[1]

QUADRO FB.1 *O que é biodiversidade? O que são serviços de ecossistema?*

Biodiversidade é a variedade de todas as formas da vida, inclusive genes, populações, espécies e ecossistemas. A biodiversidade sustenta os serviços que os ecossistemas fornecem e tem o valor de usos atuais, usos futuros possíveis (valores de opção) e valor intrínseco.

Muitas vezes, o número de espécies é usado como um indicador da diversidade de uma área embora, a rigor, ele capture apenas a diversidade genética e a complexidade de interações de um ecossistema. Há de 5 a 30 milhões de espécies distintas na Terra; o restante são micro-organismos, e só aproximadamente 1,75 milhão foram formalmente descritos. Dois terços da diversidade estão nos trópicos; descobriu-se um lote de terra de 25 hectares no Equador que abrigava mais espécies de árvores existentes nos Estados Unidos e no Canadá, junto com mais da metade do número de mamíferos e espécies de aves nesses dois países.

Os serviços de ecossistema são os processos de ecossistema ou funções que apresentam valor para indivíduos ou para a sociedade. A Avaliação de Ecossistema do Milênio descreveu cinco categorias principais de serviços de ecossistema: *fornecimento*, como a produção de alimentos e água; *regulamento*, como o controle de clima e doenças; *apoio*, como ciclos nutritivos e polinização de colheita; *cultural*, como benefícios espirituais e recreativos; e *conservação*, como a manutenção de diversidade.

Fonte: Millenium Ecosystem Assessment (2005), Kraft, Valencia e Ackerly (2008) e Gitay et al. (2002).

---

1 England et al. (2004) estimaram o índice médio de retração de glaciares em 0,1 quilômetro por ano cerca de oito mil anos atrás, durante a última era glacial que, finalmente, colocou um limite na velocidade de migração de espécies em direção aos polos.

Tabela FB.1 Avaliação da tendência atual no estado global dos principais serviços fornecidos por ecossistemas

Serviço	Subcategoria	Posição	Nota
Fornecimento de serviços			
Alimentos	Colheitas	↑	Aumento substancial da produção
	Rebanhos	↑	Aumento substancial da produção
	Pesqueiros de captura	↓	Declínio na produção devido à sobrecolheita
	Aquacultura	↑	Aumento substancial da produção
	Alimentos selvagens	↓	Declínio na produção
Fibra	Madeira	+/−	Perda de floresta em alguma regiões, crescimento em outras
	Algodão, cânhamo, seda	+/−	Declínio na produção em algumas fibras, crescimento em outros
	Combustível vegetal	↓	Declínio na produção
Recursos genéticos		↓	Perda por meio de extinção e perda de recursos genéticos em plantas
Bioquímicos, remédios naturais, farmacêuticos		↓	Perda por extinção, sobrecolheita
Água fresca		↓	Uso não sustentável para bebida, indústria e irrigação; o montante da hidroenergia está inalterado, mas represas aumentam a capacidade de usar essa energia
Serviços reguladores			
Regulamentação da qualidade do ar		↓	Declínio na capacidade da atmosfera para autolimpeza
Regulamentação do clima	Global	↑	Globalmente, os ecossistemas foram um sumidouro líquido do carbono desde meados de século
	Regional e local	↓	Preponderância de impactos negativos (por exemplo, as modificações na cobertura de terra podem afetar a temperatura local e a precipitação)
Regulamentação de água		+/−	Varia de acordo com a modificação de ecossistema e posição
Regulamentação de corrosão		↓	Degradação de solo aumentada
Purificação de água e tratamento de resíduos		↓	Declínio na qualidade de água
Regulamentação de doença		+/−	Varia de acordo com a modificação do ecossistema
Regulamentação de pragas		↓	Controle natural degradado por uso de pesticida
Polinização		↓	Declínio global evidente em abundância de polinizadores
Regulamentação de risco natural		↓	Perda de protetores naturais (áreas alagadas, mangues)
Serviços culturais			
Valores espirituais e religiosos		↓	Declínio rápido em bosques e espécies sagrados
Valores estéticos		↓	Declínio em quantidade e qualidade de terras naturais
Recreação e ecoturismo		+/−	Mais áreas acessíveis mas muito degradadas

Fonte: Millenium Ecosystem Assessment (2005).

Algumas espécies migrarão muito rápido para vingar em uma nova posição, mas muitas não conseguirão especialmente nas paisagens fragmentadas de hoje, e muitas outras não sobreviverão ao rearranjo drástico da composição do ecossistema que acompanhará as alterações climáticas (Mapa FB.1). As melhores estimativas de perdas de espécies sugerem que aproximadamente 10% das espécies estão condenadas à extinção para cada 1°C de aumento de temperatura (Convention on Biological Diversity, 2009; Fischlin et al., 2007), com números ainda maiores em perigo do declínio significativo (Foden et al., 2008).

Os esforços para mitigar alterações climáticas por atividades terrestres podem apoiar a manutenção de biodiversidade e serviços de ecossistema ou ameaçá-los ainda mais. Os estoques de carbono dentro e na terra podem ser aumentados por reflorestamento e replantio, e por práticas agrícolas como redução no revolvimento de solo. Essas atividades podem criar paisagens complexas e diversas que sustentam a biodiversidade. Mas as ações de mitigação malplanejadas, como abertura de clareiras em floresta ou terreno arborizado para produzir biocombustíveis, podem ser contraproducentes para ambas as metas. As grandes represas podem trazer diversos benefícios para a irrigação e a produção de energia, mas também ameaçam a biodiversidade por inundação direta e modificações drásticas em cursos de rios e os ecossistemas dependentes.

Mapa FB.1 Enquanto muitas das modificações de ecossistema projetadas estão em áreas boreais e desérticas que não são áreas de pontos de biodiversidade, há áreas ainda de sobreposição e preocupação substanciais

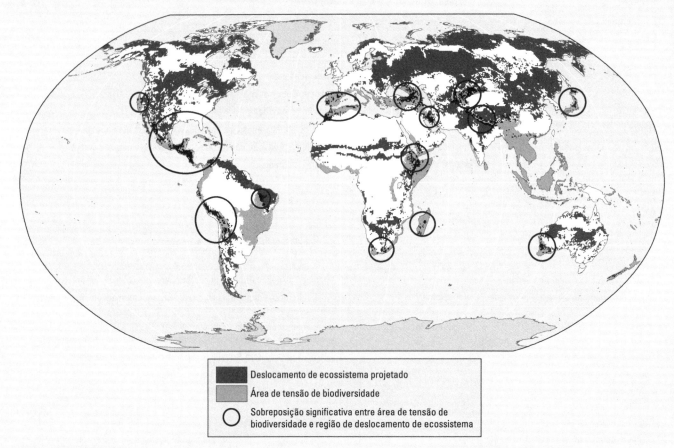

Fonte: Equipe de WDR com base em Myers et al. (2000) e Fischlin et al. (2007).
Nota: O mapa mostra a sobreposição entre regiões das áreas de tensão de biodiversidade com concentrações excepcionais de espécies endêmicas que passam por perda excepcional do hábitat (Conservation International e Myers et al., 2000) e as modificações projetadas em ecossistemas terrestres antes de 2100 em relação ao ano 2000, como apresentado pela Painel Intergovernamental sobre Mudança Climática em Fischlin et al. (2007, figura 4.3a, p.238). As modificações devem ser tomadas apenas como indicativas da variedade de modificações de ecossistema possíveis e incluir lucros ou perdas de cobertura florestal, pasto, arbusto – e terreno arborizado, cobertura herbácea e melhoria de deserto.

O que pode ser feito?

As mudanças em prioridades e gestão ativa e adaptável serão necessárias para manter a biodiversidade em um clima que passa por alterações. Em alguns lugares, a gestão ativa tomará a forma de proteger melhor contra a interferência humana, enquanto, em outros, a conservação pode ter de incluir intervenções em espécies e processos de ecossistema que são mais fortes e mais práticos do que os atuais. Em todos os casos, os valores de biodiversidade devem ser ativamente considerados – em face das alterações climáticas e no contexto de usos concorrentes da terra ou do mar.

Isso requer um processo contínuo para prever como os ecossistemas responderão a um clima que se modifica interagindo com outros modificadores ambientais. Algumas espécies desaparecerão, outras persistirão e algumas migrarão, formando novas combinações de espécies. A capacidade de prever tal modificação sempre será incompleta e longe de ser perfeita, portanto qualquer ação de gestão deve ser dentro de uma estrutura flexível e adaptável.

A perda algumas de espécies é inevitável; algumas deverão ser protegidas em jardins botânicos e zoológicos ou em bancos de sementes. É essencial que as espécies fundamentais na prestação de serviços de ecossistema sejam identificadas e, se necessário, ativamente gerenciadas. A gestão proativa da terra e dos mares sob um clima em mudança é um processo bem novo e maldefinido. O conhecimento relativamente pequeno foi desenvolvido da identificação de respostas de gestão realistas, assim serão necessários o compartilhamento significativo de aprendizagem, melhores práticas e o desenvolvimento capacidade.

Reservas de conservação

Quaisquer extensões ou modificações nas áreas de prioridade de conservação (reservas de conservação) têm de capturar gradiente de altitude, latitude, umidade e solo. As propostas de expansão ou modificação de reservas de conservação podem levar a conflitos quanto a prioridades da alocação de terra e de recursos na gestão de biodiversidade (como dinheiro para aquisição de terra em oposição a da manipulação ativa de hábitat). Há instrumentos poderosos para selecionar a alocação ideal de terras para realizar determinadas metas de conservação que podem equilibrar exigências concorrentes (Bode et al., 2008; Joseph; Maloney; Possingham, 2008; McCarthy; Possingham, 2007).

Entretanto, apenas as áreas protegidas não são a solução para mudança climática. A rede de reserva atual aumentou rapidamente na última década e cobre aproximadamente 12% da área de terra do planeta (United Nations Environment Program-World Conservation Monitoring Center, 2008), mas é ainda inadequada para conservar a biodiversidade. Por causa das pressões demográficas e dos usos de terra concorrentes, as áreas protegidas provavelmente não terão crescimento significativo. Isso significa que as terras que rodeiam e unem áreas com altos valores de conservação e prioridades (a matriz ambiental) e os indivíduos que manejam ou dependem dessas terras serão da importância crescente para o destino das espécies em um clima que se modifica.

Haverá uma maior necessidade de estratégias de conservação de biodiversidade mais flexíveis que levem em conta os interesses de grupos sociais diferentes em estratégias de gestão de biodiversidade. Até o presente, os principais atores na criação de áreas protegidas foram organizações não governamentais e governos centrais. Vários gerentes, proprietários e partes interessadas dessas matrizes de terra e água deverão participar de sociedades de gestão para assegurar a flexibilidade necessária para manter a biodiversidade. Os incentivos e a compensação desses atores podem ser necessários para manter uma matriz que oferece refúgios e corredores para espécies.

Algumas opções incluem pagamentos por serviços ambientais, "serviços bancários de hábitat"[2] e a nova exploração "de aproximações baseadas nos direitos ao acesso de recursos", como usado em algumas indústrias pesqueiras.

Planejamento e gestão de biodiversidade

Um plano de dirigir ativamente a viabilidade de ecossistemas à medida que o clima muda deve ser desenvolvido para todas as terras e águas de conservação e áreas significativas do hábitat. Os elementos são:

- Planos de gestão inteligente em termos climáticos para enfrentar fatores de pressão importantes, como fogo, peste e cargas de nutrientes.
- Procedimentos de decisão e gatilhos para modificar prioridades de gestão por conta da mudança climática. Por exemplo, se uma área de conservação é afetada por dois incêndios num breve período, impossibilitando o restabelecimento e os valores do hábitat prévio, deve-se então implementar um programa que oriente ativamente a transição a uma estrutura de ecossistema alternativo.
- Integração nos planos de direitos, interesses e contribuições de povos indígenas e outros diretamente dependentes dessas terras ou águas.

Tal planejamento proativo é raro até no mundo desenvolvido (Heller; Zavaleta, 2009). O Canadá adotou uma gestão proativa à mudança climática decorrente do rápido aquecimento nas suas regiões setentrionais (Welch, 2005). Outros países estão delineando alguns princípios principais da gestão

---

2 Essa é uma forma de trocar terras com alto valor de conservação. Alguns detentores de tais terras optarão por colocá-las em um banco de hábitat. Se houver necessidade de danificar terra semelhante em outros lugares, como para servidões em rodovias, os proponentes do projeto deverão adquirir do banco os direitos à terra em valor equivalente de conservação.

proativa, como previsão de modificações e direção de biodiversidade regional, inclusive áreas de conservação e a sua paisagem circundante, e estabelecendo prioridades de apoiar criação de decisão à vista da modificação inevitável (Hannah et al., 2002; Hannah; Midgley; Miller, 2002). Mas, em muitas partes da biodiversidade mundial, a gestão básica é ainda inadequada. Em 1999, a União Internacional da Conservação da Natureza determinou que menos de um quarto de áreas protegidas em 10 países em desenvolvimento teve manejo apropriado e que mais de 10% de áreas protegidas já estão completamente degradadas (Dudley; Stolton, 1999).

Conservação baseada na comunidade

Os programas de conservação baseados na comunidade podem ser adotados em uma escala muito maior. Esses programas tentam aprimorar direitos de usuário e administração local de recursos naturais, permitindo que os mais próximos aos recursos naturais, que já compartilham os custos da conservação (como a depredação de colheitas) possam também usufruir de seus benefícios. Mas tais programas não são uma panaceia, e é necessário empregar mais esforço no projeto de programas eficazes.

A participação de comunidade é indispensável para o sucesso da conservação de biodiversidade no mundo em desenvolvimento, mas as histórias de sucesso de longo prazo (como a colheita de ovos de tartaruga-marinha na Costa Rica e no Brasil) são raras (Campbell; Haalboom; Trow, 2007). Certos elementos claramente contribuem para o êxito que alguns programas tiveram regionalmente, como aqueles concentrados na vida selvagem na África do Sul. Esses elementos são governos estáveis, valor de recurso alto (vida selvagem icônica), economias fortes que apoiem o uso de recursos voltado à exportação (inclusive turismo e caça de safári), densidades populacionais baixas, boa governança local e políticas governamentais, que

> **QUADRO FB.2** *Pagamento de serviços de ecossistema e mitigação*
>
> Dois programas de pagamento bem-sucedidos são o projeto de Conservação de Solo da Moldávia e o programa de conservação de pássaro e de proteção de águas no Vale Los Negros, na Bolívia, ambos financiados pelo Fundo de Biocarbono do Banco Mundial. Na Moldávia, 20.000 hectares de terras agrícolas estatais e comuns, em estado de degradação e erosão, serão rearborizados, o que reduz a erosão e fornece produtos florestais para as comunidades locais. Espera-se que o projeto sequestre aproximadamente 2,5 milhões de toneladas de dióxido de carbônico equivalente antes de 2017. Na Bolívia, os agricultores no entorno do Parque Nacional Amboró são pagos para proteger um divisor de águas que contém o hábitat florestal de copas ameaçado de onze espécies de pássaros migratórios, com benefícios tanto para a biodiversidade local como para a distribuição de água na estação seca.
>
> *Fonte:* Unidade de Finanças de Carbono de Banco Mundial.

ofereçam uma rede de segurança social para compensar anos magros. Mesmo quando essas condições são encontradas, os benefícios em alguns países normalmente não se agregam aos pobres (Bandyopadhyay; Tembo, 2009).

Gerenciamento de ecossistemas marinhos

A gestão eficaz do solo apresenta também benefícios de ecossistemas marinhos. A sedimentação e eutroficação causadas pelo deflúvio terrestre reduzem a elasticidade de ecossistemas marinhos como recifes de coral (Smith; Gilmour; Heyward, 2008). O valor econômico de recifes de coral é muitas vezes maior do que o valor da agricultura na terra que os afeta (Gordon, 2007).

Para a indústria pesqueira, os instrumentos principais da gestão de biodiversidade são a gestão de pesqueiros baseada no ecossistema (Food and Agriculture Organization, 2003, 2005; Stiansen et al., 2005), a gestão integrada da zona costeira, inclusive áreas marinhas protegidas (Halpern, 2003; Harmelin-Vivien et al., 2008), e a cooperação internacional obrigatória nos termos da Convenção do Direito do Mar (Lodge et al., 2007). As indústrias pesqueiras são consideradas em crise, culpando-se a má administração do setor. Mas as exigências fundamentais da gestão da indústria pesqueira são conhecidas (Cunningham; Bostock, 2005). As alterações climáticas podem fornecer um ímpeto adicional para implementar reformas, principalmente reduzindo sobrecapacidade de frota de pesca e esforço de pesca a níveis sustentáveis (Organisation for Economic Co-operation and Development, 2008; World Bank, 2008). Uma estratégia de ceifa sustentável de longo prazo deve ser implementada com o propósito de avaliar a exploração de estoque em relação a pontos de referência que levam em conta a incerteza e as alterações climáticas (Beddington; Agnew; Clark, 2007). O desafio primordial deve traduzir metas de política de alto nível para ações operacionais de pesqueiros sustentáveis (Food and Agriculture Organization, 2003, 2005; International Council for the Exploration of the Sea, 2008a, 2008b).

Pagamento de serviços de ecossistema

O pagamento de serviços de ecossistema tem sido considerado um modo eficiente e justo de alcançar vários resultados relacionados à conservação e à prestação de serviços de ecossistema. Os exemplos compreendem o pagamento de administradores de terra rio acima para gerenciar o divisor de águas utilizando modos de proteção aos serviços de ecossistema, como cursos da água limpa, compartilhando lucros de reservas de caça com proprietários de terras do entorno cuja propriedade é danificada pelo caça e, mais recentemente, pagamento a proprietários de terras para aumentar ou manter os estoques de carbono em suas terras. O Quadro FB.2 apresenta exemplos da provisão de vários serviços de sequestro e conservação de carbono.

> **QUADRO FB.3** *Excertos da Declaração de Povos Indígenas sobre Mudança Climática*
>
> "Todas as iniciativas contidas no esquema de Redução das Emissões Causadas pelo Desmatamento e pela Degradação de Florestas (Redd) devem assegurar o reconhecimento e a implementação dos direitos dos povos indígenas, inclusive segurança da posse de terra, reconhecimento do título de terra segundo os caminhos tradicionais, os usos e as leis usuais e múltiplos benefícios de florestas para o clima, os ecossistemas e os povos antes de empreender qualquer ação." (Artigo 5º)
>
> "Conclamamos a consolidação adequada e direta em países desenvolvidos e em desenvolvimento para permitir a participação plena e eficaz dos Povos Indígenas em todos os processos de clima, inclusive a adaptação, mitigação, monitoramento e transferência de tecnologias apropriadas para fomentar nossa emancipação, capacitação e educação.
>
> Conclamamos os órgãos das Nações Unidas relevantes a facilitar e custear a participação educação e capacitação dos jovens e mulheres indígenas, para assegurar a participação em todos os processos internacionais e nacionais relacionados à mudança climática." (Artigo 7º)
>
> "Desejamos compartilhar com a humanidade o nosso Conhecimento Tradicional, as inovações e as práticas relevantes para mudança climática, conquanto nossos direitos fundamentais como guardiões intergerações desse conhecimento sejam amplamente reconhecidos e respeitados. Reiteramos a necessidade urgente da ação coletiva." (Parágrafo conclusivo).
>
> A declaração foi emitida durante a Conferência Global dos Povos Indígenas sobre Mudança Climática, realizada em Anchorage, em 24 de abril de 2009.

Mapa FB.2 As áreas desprotegidas sob alto risco do desmatamento e com altos estoques de carbono devem ser áreas de prioridade para usufruir benefício de um mecanismo REDD

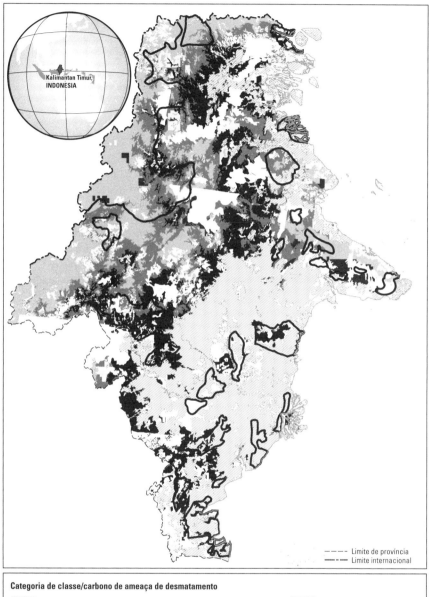

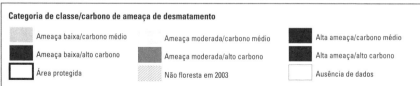

Fontes: Brown et al. (1993) e Harris et al. (2009).
Nota: Um estudo recente sobre a região de Kalimantan Leste na Indonésia usou o Geomod e um banco de dados de estoques de carbono em florestas tropicais da Indonésia para identificar as melhores áreas de atividades de REDD. O mapa resultante identifica áreas com a alta ameaça de desmatamento que também têm altos estoques de carbono. A cobertura das áreas protegidas existentes ou propostas permite que os decisores observem para onde se devem direcionar recursos financeiros e concentrar os esforços de proteção com o propósito de obter os maiores benefícios contemplados por um mecanismo de Redd (a saber, as áreas em preto, alta ameaça/alto carbono – não incluídas nos limites de áreas protegidas já existentes).

A experiência sugere que, como os pagamentos são feitos apenas se um serviço é realizado, os esquemas financiados pelo usuário tendem a ser ajustados às necessidades locais, mais controlados e mais bem-implementados do que programas semelhantes financiados pelo governo (Wunder; Engel; Pagiola, 2008).

Uma oportunidade significativa de pagamentos adicionais de conservação e gestão de terra melhorada pode se originar no esquema de Redução das Emissões Causadas pelo Desmatamento e pela Degradação de Florestas (Redd) contemplado pela Convenção-Quadro das Nações Unidas sobre Mudança Climática. O propósito do esquema de Redd é diminuir as emissões mediante o pagamento a países para reduzir o desmatamento e a degradação. Esses pagamentos podem integrar um mecanismo baseado no mercado conforme um processo de Mecanismo de Desenvolvimento Limpo aprimorado ou podem ser pagamentos de não mercado de um novo mecanismo financeiro que não colide com mecanismos de adesão de emissões. O desafio do esquema de Redd está na sua implementação, discutida mais detalhadamente no Capítulo 6.

O esquema de Redd poderá contribuir de maneira significativa tanto para a conservação da biodiversidade quanto para a mitigação de alterações climáticas se ele for capaz de proteger áreas biologicamente diversas que têm altos estoques de carbono e estão em alto risco de desmatamento. As técnicas para identificar tais áreas estão disponíveis e podem ser usadas para orientar a alocação de recursos financeiros (Mapa FB.2) (Brown et al., 1993; Harris et al., 2009).

Para tratar efetivamente dos impactos em processo de modificação e dos usos concorrentes dos ecossistemas em clima que se modifica, os governos terão de introduzir políticas, medidas e incentivos robustos e apropriados para o local, a fim de modificar comportamentos enraizados, alguns dos quais são já ilegais. Essas ações serão contrárias a algumas preferências de comunidade, portanto o equilíbrio entre a regulamentação apropriada e estímulos é primordial. O esquema de Redd apresenta benefícios potenciais para comunidades indígenas e locais que vivem na floresta, mas faz-se necessário atender a um número de condições para a realização desses benefícios. É pouco provável que os povos indígenas, por exemplo, beneficiem-se do esquema de REDD se a identidade e os direitos deles não forem reconhecidos e se não tiverem direito assegurado a suas terras, aos territórios e aos recursos (Quadro FB.3). A experiência de iniciativas de gestão de recursos naturais baseadas na comunidade mostrou que o envolvimento da população local, inclusive povos indígenas, no monitoramento participativo de recursos naturais pode fornecer informações locais precisas, econômicas e rentáveis sobre biomassa florestal e tendências de recursos naturais.

Adaptação baseada em ecossistema

As medidas de adaptação "complexas", como muros de defesa costeira, margens ribeirinhas e represas para controlar cursos fluviais, representam ameaças presentes à biodiversidade.[3] As metas de adaptação muitas vezes podem ser alcançadas pela melhor gestão de ecossistemas e não por intervenções físicas e de engenharia; por exemplo, os ecossistemas costeiros podem ser mais eficazes como amortecedores contra ondas tempestuosas do que paredes do mar. Outras opções são o represamento de água e a gestão de planícies inundáveis para ajustar cursos de água rio abaixo, e a introdução de agroecossistemas flexíveis ao clima e pastoreio em

---

[3] Esta seção utiliza material em preparo pelo Ad Hoc Technical Expert Group on Biodiversity and Climate Change (Convention On Biological Diversity, 2009) para a Convenção sobre Biodiversidade e Convenção-Quadro das Nações Unidas sobre Mudança Climática.

terra firme para sustentar subsistência robusta.

A adaptação baseada no ecossistema visa aumentar a elasticidade e reduzir a vulnerabilidade da população à mudança climática mediante a conservação, restauração e gestão de ecossistemas. Quando integrado em uma estratégia de adaptação total, o ecossistema pode contribuir de maneira rentável para a adaptação e gerar benefícios sociais.

Além dos benefícios diretos da adaptação, as atividades de adaptação baseadas no ecossistema também podem ter benefícios indiretos na população, biodiversidade e mitigação. Por exemplo, a restauração de manguezais para a proteção de litorânea contra vagalhões também pode aumentar oportunidades na indústria pesqueira e isolar o carbono. As opções de adaptação baseadas no ecossistema são, muitas vezes, mais acessíveis à população rural pobre, às mulheres e a outros grupos vulneráveis do que opções baseadas em infraestrutura e engenharia. Em consonância com abordagens voltadas à comunidade, a adaptação baseada no ecossistema utiliza de maneira eficaz o conhecimento local e as necessidades.

A adaptação baseada no ecossistema pode exigir que se priorizem alguns serviços de ecossistema em detrimento de outros. A utilização de áreas alagadas para proteção costeira pode, por exemplo, exigir a ênfase em acumulação de lodo e estabilização, o que pode prejudicar a vida selvagem e recreação. A estabilização da encosta com arbustos densos é uma adaptação baseada no ecossistema eficaz à intensidade da maior pluviosidade presente na mudança climática. Contudo, nos períodos secos, muitas vezes associados aos modelos pluviométricos cada vez mais variáveis em razão da mudança climática, as encostas podem ser expostas a incêndios que destroem os arbustos e causam prejuízos desastrosos às metas de adaptação. Desse modo, a adaptação baseada no ecossistema deve ser avaliada quanto ao risco e à rentabilidade econômica.

Referências bibliográficas

BANDYOPADHYAY, S.; TEMBO, G. Household Welfare and Natural Resource Management Around National Parks in Zambia. Washington, DC: World Bank, 2009. (Policy Research Working Paper Series 4932).

BEDDINGTON, J. R.; AGNEW, D. J.; Clark, C. W. Current Problems in the Management of Marine Fisheries. *Science*, v.316, n.5832, p.1713-6, 2007.

BODE, M. et al. Cost-Effective Global Conservation Spending is Robust to Taxonomic Group. *Proceedings of the National Academy of Sciences*, v.105, n.17, p.6498-501, 2008.

BROWN, S. et al. Geographical Distribution of Carbon in Biomass and Soils of Tropical Asian Forests. *Geocarto International*, v.4, p.45-59, 1993.

BROWN, T. A. *Genomes*. Oxford: John Wiley & Sons, 2002.

CAMPBELL, L. M.; HAALBOOM, B. J.; TROW, J. Sustainability of Community-Based Conservation: Sea Turtle Egg Harvesting in Ostional (Costa Rica) Ten Years Later. *Environmental Conservation*, v.34, n.2, p.122-31, 2007.

CONVENTION ON BIOLOGICAL DIVERSITY. *Draft Findings of the Ad Hoc Technical Expert Group on Biodiversity and Climate Change*. Montreal: Convention on Biological Diversity, 2009.

CUNNINGHAM, S.; BOSTOCK, T. *Successful Fisheries Management*. Issues, Case Studies and Perspectives. Delft, Netherlands: Eburon Academic Publishers, 2005.

DUDLEY, N.; STOLTON, S. Conversion of Paper Parks to Effective Management: Developing a Target. Paper Presented at the Joint Workshop of the IUCN/WWF Forest Innovations Project and the World Commission on Protected Areas in association with the WWF-World Bank Alliance and the Forests for Life Campaign. Turrialba, Costa Rica, 14 June 1999.

ENGLAND, J. H. et al. Late Wisconsinan Buildup and Wastage of the Innuitian Ice Sheet across Southern Ellesmere Island, Nunavut. *Canadian Journal of Earth Sciences*, v. 41, n.1, p.39-61, 2004.

FISCHLIN, A. et al. Ecosystems, Their Properties, Goods and Services.

In: PARRY, M. et al. (Ed.) *Climate Change 2007*: Impacts, Adaptation and Vulnerability. Contribution of Working Group II to the Fourth Assessment Report of the Intergovernmental Panel on Climate Change. Cambridge, UK: Cambridge University Press, 2007.

FITZGERALD, M. A.; MCCOUCH, S. R.; HALL, R. D. Not Just a Grain of Rice: The Quest for Quality. *Trends in Plant Science*, v.14, n.3, p.133-9, 2009.

FODEN, W. et al. Species Susceptibility to Climate Change Impacts. In: VIE, J.-C.; HILTON-TAYLOR, C.; STUART, S. N. (Ed.) *The 2008 Review of the IUCN Red List of Threatened Species*. Gland, Switzerland: International Union for Conservation of Nature, 2008.

FOOD AND AGRICULTURE ORGANIZATION (FAO). The Ecosystem Approach to Fisheries: Issues, Terminology, Principles, Institutional Foundations, Implementation and Outlook. Rome: FAO, 2003. (Fisheries Technical Paper 443).

_____. *Putting Into Practice the Ecosystem Approach to Fisheries*. Rome: FAO, 2005.

GITAY, H. et al. (Ed.) Climate Change and Biodiversity. Technical Paper of the Intergovernmental Panel on Climate Change, IPCC Secretariat, Geneva, 2002.

GORDON, I. J. Linking Land to Ocean: Feedbacks in the Management of Socio-Ecological Systems in the Great Barrier Reef Catchments. *Hydrobiologia*, v.591, n.1, p.25-33, 2007.

HABERL, H. Human Appropriation of Net Primary Production as an Environmental Indicator: Implications for Sustainable Development. *Ambio*, v.26, n.3, p.143-6, 1997.

HALPERN, B. S. The Impact of Marine Reserves: Do Reserves Work and Does Reserve Size Matter? *Ecological Applications*, v.13, n.1, p.S117-37, 2003.

HANNAH, L.; MIDGLEY, G.; MILLER, D. Climate Change-Integrated Conservation Strategies. *Global Ecology and Biogeography*, v.11, n.6, p.485-95, 2002.

HANNAH, L. et al. Conservation of Biodiversity in a Changing Climate. *Conservation Biology*, v.16, n.1, p.264-68, 2002.

HARMELIN-VIVIEN, M. et al. Gradients of Abundance and Biomass Across Reserve Boundaries in Six Mediterranean Marine Protected Areas: Evidence of Fsh Spillover? *Biological Conservation*, v.141, n.7, p.1829-39, 2008.

HARRIS, N. L. et al. Identifying Optimal Areas for Redd Intervention: East Kalimantan, Indonesia, as a Case Study. *Environmental Research Letters*, v.3, p.035006, doi:10.1088/1748-9326/3/3/035006, 2009.

HELLER, N. E.; ZAVALETA, E. S. Biodiversity Management in the Face of Climate Change: A Review of 22 Years of Recommendations. *Biological Conservation*, v.142, n.1, p. 14-32, 2009.

INTERNATIONAL COUNCIL FOR THE EXPLORATION OF THE SEA (ICES). *Ices Advice Book 9*: Widely Distributed and Migratory Stocks. Copenhagen: Ices Advisory Committee, 2008a.

_____. *Ices Insight Issue n. 45*. Copenhagen: ICES, 2008b.

JOSEPH, L. N.; MALONEY, R. F.; POSSINGHAM, H. P. Optimal Allocation of Resources Among Threatened Species: A Project Prioritization Protocol. *Conservation Biology*, v.23, n.2, p.328-38, 2008.

KRAFT, N. J. B.; VALENCIA, R.; ACKERLY, D. D. Functional Traits and Niche-Based Tree Community Assembly in an Amazonian Forest. *Science*, v.322, n.5901, p.580-82, 2008.

LAWTON, J. H.; MAY, R. M. *Extinction Rates*. Oxford, UK: Oxford University Press, 1995.

LODGE, M. W. et al. *Recommended Best Practices for Regional Fisheries Management Organizations*. London: Chatham House for the Royal Institute of International Affairs, 2007.

MCCARTHY, M. A.; POSSINGHAM, H. P. Active Adaptive Management for Conservation. *Conservation Biology*, v.21, n.4, p.956-63, 2007.

MCGINLEY, M. *Species Richness*. Washington, DC: Encyclopedia of Earth-Environmental Information Coalition, National Council for Science and Environment, 2007.

MILLENNIUM ECOSYSTEM ASSESSMENT. *Ecosystems and Human Well-Being*: Synthesis Report. Washington, DC: World Resources Institute, 2005.

MYERS, N. et al. Biodiversity Hotspots for Conservation Priorities. *Nature*, v.403, p.853-8, 2000.

ORGANISATION FOR ECONOMIC CO-OPERATION AND DEVELOPMENT (OECD). *Recommendation of the Council on the Design and Implementation of Decommissioning Schemes in the Fishing Sector*. Paris: OECD, 2008.

SMITH, L. D.; GILMOUR, J. P.; HEYWARD, A. J. Resilience of Coral Communities on an Isolated System of Reefs Following Catastrophic Mass-Bleaching. *Coral Reefs*, v.27, n.1, p.197-205, 2008.

STIANSEN, J. E. et al. *Status Report on the Barents Sea Ecosystem 2004-2005*. Bergen, Norway: Institute of Marine Research (IMR), 2005.

UNITED NATIONS ENVIRONMENT PROGRAM-WORLD CONSERVATION MONITORING CENTER (UNEP-WCMC). *State of the World's Protected Areas 2007*: An Annual Review of Global Conservation Progress. Cambridge, UK: Unep-WCMC, 2008.

VITOUSEK, P. M. et al. Human Domination of Earth's Ecosystems. *Science*, v.277, n.5325, p.494-9, 1999.

WELCH, D. What Should Protected Area Managers Do in the Face of Climate Change? *The George Wright Forum*, v.22, n.1, p.75-93, 2005.

WORLD BANK. *The Sunken Billions*: The Economic Justification for Fisheries Reform. Washington, DC: World Bank, FAO, 2008.

WORLD HEALTH ORGANIZATION; FOOD AND AGRICULTURE ORGANIZATION. Global and Regional Food Consumption Patterns and Trends. In: *Diet, Nutrition and the Prevention of Chronic Diseases*. Geneva, Rome: WHO, FAO, 2009.

WUNDER, S.; ENGEL, S.; PAGIOLA, S. Taking Stock: A Comparative Analysis of Payments for Environmental Services Programs in Developed and Developing Countries. *Ecological Economics*, v.65, n.4, p.834-52, 2008.

CAPÍTULO 3

Gestão de recursos terrestres e hídricos para alimentar nove bilhões de pessoas e proteger os sistemas naturais

A mudança climática já está afetando os sistemas naturais e controlados (florestas, alagados, recifes de coral, agricultura, pesca) de que as sociedades dependem para o fornecimento de alimentos, combustíveis, fibras e muitos outros serviços. Ela diminuirá a produção agrícola em diversas regiões, o que tornará mais difícil satisfazer as crescentes necessidades mundiais por alimento. Isso acontece no momento em que o planeta se confronta com uma competição intensificada por terra, água, biodiversidade, peixes e outros recursos naturais. Ao mesmo tempo, as sociedades estarão sob pressão para reduzir os 30% de emissões de gases de efeito estufa resultantes da agricultura, do desmatamento, da mudança de uso do solo e degradação florestal.

A fim de satisfazer as demandas competitivas e reduzir a vulnerabilidade à mudança climática, as sociedades precisarão equilibrar o aumento de produção dos seus recursos naturais com a proteção destes. Isso significa gerir a água, o solo, as florestas, a pesca e a biodiversidade de maneira mais eficiente, a fim de obter os produtos e serviços necessários à sociedade sem danificar ainda mais esses recursos (por meio de uso excessivo, poluição ou ocupações).

Os recursos hídricos precisarão ser usados de forma mais eficiente. Para isso, os gestores precisam pensar em grande escala e criar formas flexíveis e eficientes de alocar os recursos hídricos para demandas competitivas de quantidade e qualidade de água para o consumo humano (como energia, agricultura, pesca e consumo urbano) e para ecossistemas saudáveis (como florestas, alagados e oceanos).

Os países também necessitam de maiores produções agrícolas. A taxa de aumento de produção dos principais produtos agrícolas tem diminuído desde a década de 1960. As nações terão que reverter essa tendência para que as necessidades mundiais de alimento sejam atendidas diante da mudança climática. Existem diversos modelos, mas todos demonstram a necessidade de um crescimento acentuado da produtividade (cf. Lotze-Campen et al., 2009). Esse crescimento na produtividade não pode acontecer em detrimento do solo, da água ou da biodiversidade, como ocorreu tantas vezes no passado. Assim, os países terão que acelerar suas pesquisas, aprimorar os serviços de extensão e aperfeiçoar a infraestrutura do mercado para que os alimentos cheguem ao

Mensagens importantes

A mudança climática dificultará a produção suficiente de alimento para a crescente população mundial e modificará o ciclo, a disponibilidade e a qualidade dos recursos hídricos. A fim de evitar a exploração de ecossistemas já exauridos, as sociedades terão que quase duplicar a atual taxa de crescimento da produtividade agrícola, ao mesmo tempo que minimizam os danos ambientais associados. Isso exige esforço e dedicação para implementar práticas conhecidas mas negligenciadas, identificar variedades de cultivos resistentes a choques climáticos, diversificar os meios de subsistência rurais, aperfeiçoar a gestão florestal e investir em sistemas de informação. As nações terão que trabalhar em cooperação para gerir recursos hídricos e de pesca comuns e aprimorar o comércio de alimentos. Acertar nas políticas básicas é importante, mas novas práticas e tecnologias estão emergindo. Incentivos financeiros ajudarão. Alguns países estão redirecionando seus subsídios agrícolas para apoiar ações ambientais, e créditos futuros para o carbono armazenado nas árvores e nos solos poderão beneficiar as metas de preservação e redução de emissões.

consumidor. Porém, eles também deverão fornecer incentivos para que os agricultores reduzam as emissões de carbono resultantes do uso do solo e desmatamento. Além disso, precisam auxiliar os agricultores a se prepararem para condições climáticas incertas, pela diversificação de fontes de renda e das características genéticas das culturas, bem como de uma melhor integração da biodiversidade ao ambiente agrícola.

A execução de práticas ambientais conscientes dependerá de uma melhor gestão da biodiversidade, por meio da integração de hábitats em ambientes agrícolas, proteção dos alagados e manutenção do estoque de água proveniente de aquíferos. Cada vez mais, os países estão empregando técnicas que aumentam a produtividade do solo e da água. Entretanto, essas inovações só renderão frutos se as decisões se basearem em análises intersetoriais concretas, e se os usuários receberem os incentivos adequados, decorrentes de políticas, instituições e condições de mercado.

Muitos recursos naturais cruzam fronteiras territoriais. À medida que a mudança climática torna mais difícil a gestão dos recursos e as populações crescentes aumentam a demanda, os países precisarão cooperar de forma mais intensa entre si, a fim de gerir recursos hídricos, florestas e áreas de pesca comuns. Todos os países se dirigirão com maior frequência ao mercado agrícola internacional e se beneficiarão de diversas medidas, da gestão de estoques até técnicas de obtenção mais competitivas para logística portuária e aduaneira. Essas medidas tornam o comércio de alimentos mais confiável e eficiente.

A mudança climática também aumenta o valor das informações sobre recursos naturais. As informações, tradicionais ou novas, internacionais ou locais, terão elevado valor diante de um clima mais variável e incerto, uma vez que os riscos são maiores, e as decisões, mais complicadas. Informações são a base da gestão de recursos, da produção de alimentos e de melhores relações comerciais. Se as sociedades gerarem informações confiáveis sobre seus recursos e forem capazes de encaminhá-las às pessoas que podem utilizá-las, de autoridades internacionais encarregadas de bacias hidrográficas até agricultores em suas terras, elas poderão fazer escolhas mais informadas.

Muitas dessas soluções, há muito defendidas na literatura sobre recursos naturais, demoraram a ser realizadas. Entretanto, três novos fatores, todos relacionados à mudança climática, poderão oferecer novos incentivos. Em primeiro lugar, é esperado que o preço dos alimentos se eleve, devido ao aumento na demanda e a choques climáticos mais frequentes. Os preços crescentes de alimentos devem estimular inovações que aumentem a produtividade. Em segundo lugar, pode ser possível estender os mercados de carbono, de modo a remunerar agricultores para que armazenem carbono no solo. Essa iniciativa criaria incentivos para a preservação de florestas e adoção de técnicas agrícolas mais sustentáveis. As técnicas ainda não foram comprovadas na escala necessária, mas o potencial é enorme e os benefícios extras para a produtividade agrícola e redução da pobreza são significativos. Se o preço do carbono for alto o suficiente, a redução das emissões globais da agricultura poderia se equiparar às reduções no setor energético (consultar Visão geral, Quadro 8) (Intergovernmental Panel on Climate Change, 2007b). Em terceiro lugar, os países poderiam modificar sua forma de apoio à agricultura. Os países ricos fornecem, anualmente, US$ 258 bilhões para o apoio à agricultura (Organisation for Economic Co-operation and Development, 2008), dos quais mais da metade depende exclusivamente da quantidade de alimento produzido ou de insumo utilizado. Embora seja politicamente difícil, os países estão começando a alterar os termos desses subsídios, a fim de estimular a implementação de práticas ambientais conscientes em larga escala.

Este capítulo discute, incialmente, o que pode ser feito em nível nacional para aumentar a produtividade agrícola e de pesca e, ao mesmo tempo, tornar a preservação dos recursos naturais mais eficiente. A discussão então passa para o que pode ser feito para apoiar esforços nacionais, com destaque para a cooperação internacional e o papel fundamental da informação, nos níveis global e local. Posteriormente, o foco recai sobre como incentivos podem acelerar a implementação de práticas benéficas e auxiliar as sociedades a equilibrar a necessidade de uma maior produção e a proteção mais eficiente dos recursos naturais.

Execução dos fundamentos da gestão de recursos naturais

Uma extensa literatura recomenda o fortalecimento de políticas e condições institucionais que influenciam como as pessoas geram a agricultura, a aquicultura e ecossistemas saudáveis. Diversas medidas podem elevar a produtividade, em todos os setores, ao mesmo tempo que a saúde ecológica no longo prazo é protegida. Nenhuma abordagem funciona sozinha. Todas exigem o apoio de outras para funcionarem de modo eficaz, e qualquer mudança em uma delas pode alterar todo o sistema.

Diversos temas são recorrentes em diferentes setores, climas e classes econômicas.

- *Ferramentas inovadoras de tomada de decisão permitem* que usuários determinem os impactos de diversas ações sobre os recursos naturais.
- *Setores de pesquisa e desenvolvimento* que produzem novas tecnologias e as adaptam às condições locais podem aprimorar a gestão de recursos, assim como os serviços de consultoria auxiliam os usuários a aprender sobre as opções disponíveis.
- *Direitos de propriedade* conferem incentivos aos usuários para proteger ou investir em seus recursos.
- *A valoração de recursos* de um modo que reflita seu valor completo gera incentivos para utilizá-los de forma eficiente.
- *Mercados bem-regulamentados* são importantes para várias funções agrícolas e de recursos naturais. Infraestrutura também é essencial para que os produtores tenham acesso eficaz a esses mercados.
- *Instituições fortes* são importantes para elaboração e reforço de normas.
- *Informação*, em todos os níveis, permite que os usuários e gestores façam melhores escolhas.

Esses fundamentos se aplicam à água, agricultura e pesca, como discutido neste capítulo.

A fim de entendermos como esses fatores afetam os incentivos de uma comunidade em particular, consideremos os agricultores das planícies da bacia hidrográfica do Rio Oum Er Rbia, no Marrocos. Engenheiros projetaram um sistema viável de irrigação por gotejo que permitiria que esses agricultores gerassem uma maior receita da água que recebem (por meio do aumento da produção ou da troca por cultivares de maior valor). Pelo cálculo de economistas, será lucrativo. Especialistas em recursos hídricos calcularam a quantidade de água a ser alocada para esses agricultores sem que as necessidades ambientais sejam negligenciadas. Sociólogos estiveram em contato com os agricultores e descobriram que 80% deles desejam investir nessa tecnologia. Profissionais de *marketing* abordaram o assunto com setores agrícolas interessados em comprar as novas colheitas. O governo está disposto a financiar uma grande parcela. No entanto, mesmo nessa situação, é extremamente difícil fazer as coisas progredirem.

Não é vantajoso investir em canalização nova e melhorada entre a represa e o campo, a não ser que a maioria dos agricultores instale a irrigação por gotejo em suas terras. Os agricultores resistem à ideia de pagar um depósito para o sistema de gotejo até que estejam convencidos de que a nova canalização será, de fato, instalada e a água correrá por ela. Eles também necessitam de informações sobre como utilizar os novos sistemas. A agência de irrigação, acostumada a fornecer orientações aos agricultores, está em processo de contratação de serviços de consultoria de empresas privadas. Ela terá que encontrar, contratar e supervisionar essas empresas, o que exige habilidades bem diferentes. Além disso, os agricultores precisarão confiar nesses novos consultores.

A escolha dos agricultores por determinadas culturas é definida, em parte, por apoios governamentais ao preço do açúcar e do trigo, o que reduz os incentivos para passar a outras culturas de maior valor, como frutas e vegetais. Se acordos comerciais internacionais tornarem mais fácil garantir um mercado confiável para novas culturas, pode ser que os agricultores façam a troca. Porém, sem boas estradas, transporte refrigerado e modernas instalações para empacotamento, as frutas e os vegetais apodrecerão antes de chegarem ao destino.

Se os novos serviços de consultoria forem de qualidade, os agricultores aprenderão a aumentar suas rendas por meio do cultivo de frutas e vegetais para exportação. Os serviços de extensão também os auxiliarão a se organizar e interagir com compradores europeus. Uma infraestrutura nova (estação de pesagem confiável, equipamento de refrigeração) tornará viável assumir o risco da mudança de culturas. Se os agricultores confiam nas informações que recebem sobre os impactos de suas ações sobre o seu aquífero, eles podem se organizar para utilizar a água de forma mais responsável. Se a agência responsável pela bacia hidrográfica, por sua vez, possuir novas ferramentas de planejamento, ela poderá alocar os recursos hídricos de modo mais eficaz, de acordo com as prioridades de cada usuário, inclusive do meio ambiente. No longo prazo, as novas iniciativas que estabelecem preço para o carbono do solo ou mudam a alocação de recursos hídricos podem oferecer incentivos para que os agricultores utilizem técnicas diferentes de manejo do solo. Cada etapa do processo é viável e beneficiará todos os envolvidos no longo prazo. O desafio está na coordenação de todos os esforços em diversas instituições e na perseverança em continuar por longos períodos.

Recursos naturais não podem ser administrados isoladamente, sobretudo com a mudança climática. São necessárias novas maneiras de posicionar a água, a agricultura, as florestas e a pesca em um contexto mais amplo, com uma rede de resultados relacionados. Em algumas comunidades, os agricultores já começaram a diminuir o uso de fertilizantes, a fim de proteger ecossistemas aquáticos, e gestores do setor de pesca estão considerando como o estabelecimento de limites de pesca para uma espécie afeta

Figura 3.1 Mudança climática em uma bacia hidrográfica típica será sentida em todo o ciclo hidrológico

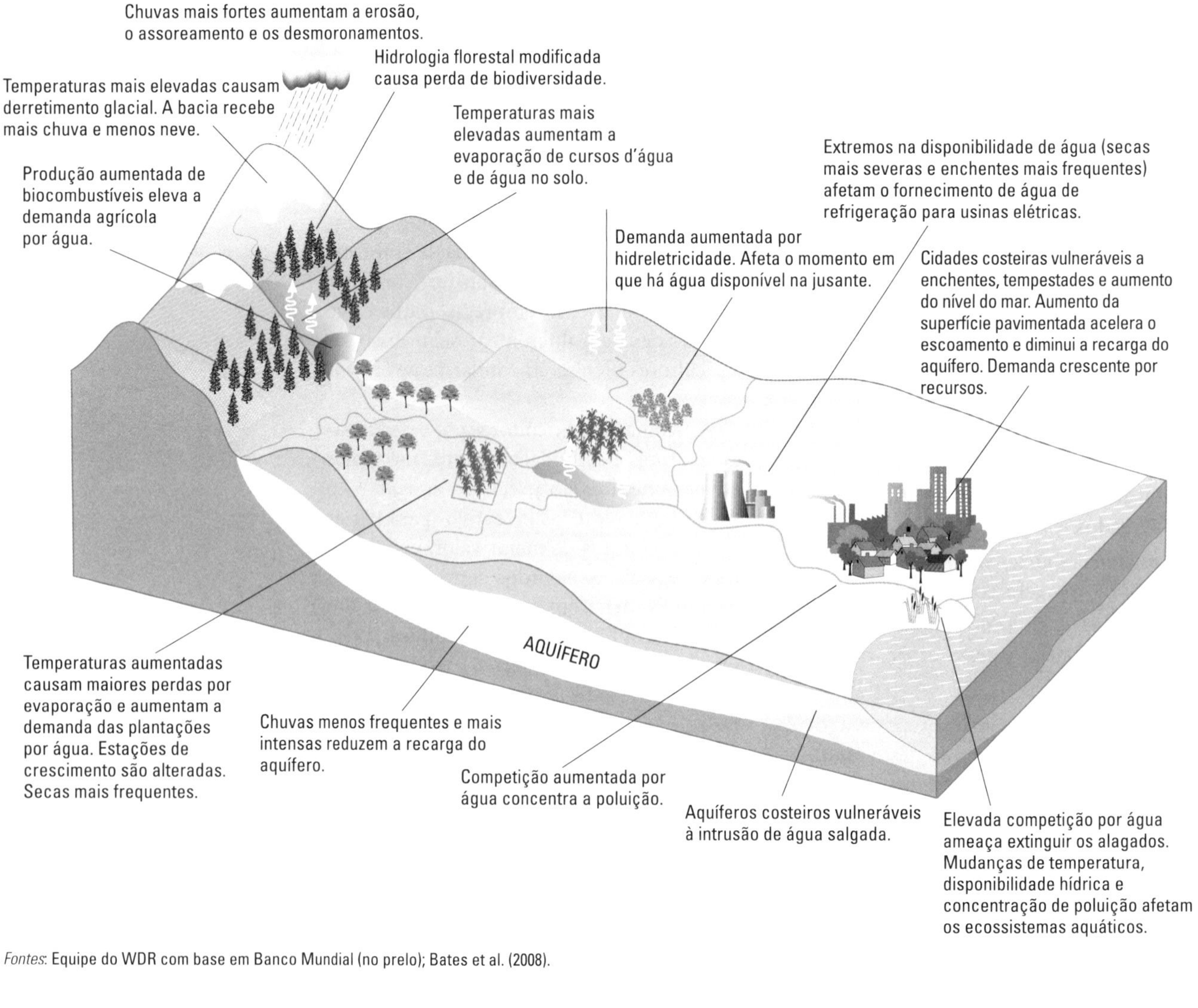

Chuvas mais fortes aumentam a erosão, o assoreamento e os desmoronamentos.

Hidrologia florestal modificada causa perda de biodiversidade.

Temperaturas mais elevadas causam derretimento glacial. A bacia recebe mais chuva e menos neve.

Temperaturas mais elevadas aumentam a evaporação de cursos d'água e de água no solo.

Extremos na disponibilidade de água (secas mais severas e enchentes mais frequentes) afetam o fornecimento de água de refrigeração para usinas elétricas.

Produção aumentada de biocombustíveis eleva a demanda agrícola por água.

Demanda aumentada por hidreletricidade. Afeta o momento em que há água disponível na jusante.

Cidades costeiras vulneráveis a enchentes, tempestades e aumento do nível do mar. Aumento da superfície pavimentada acelera o escoamento e diminui a recarga do aquífero. Demanda crescente por recursos.

AQUÍFERO

Temperaturas aumentadas causam maiores perdas por evaporação e aumentam a demanda das plantações por água. Estações de crescimento são alteradas. Secas mais frequentes.

Chuvas menos frequentes e mais intensas reduzem a recarga do aquífero.

Competição aumentada por água concentra a poluição.

Aquíferos costeiros vulneráveis à intrusão de água salgada.

Elevada competição por água ameaça extinguir os alagados. Mudanças de temperatura, disponibilidade hídrica e concentração de poluição afetam os ecossistemas aquáticos.

Fontes: Equipe do WDR com base em Banco Mundial (no prelo); Bates et al. (2008).

outras. Essas ferramentas de gestão aparecem sob diversos nomes: gestão com base em ecossistemas, gestão integrada da fertilidade do solo, gestão adaptativa, entre outros. Todas elas compartilham aspectos fundamentais: coordenam um maior número de variáveis (ambientes mais vastos, períodos mais longos e aprendizado por meio da experiência) do que as abordagens tradicionais. Elas também enfatizam a necessidade por informações confiáveis sobre o recurso a ser gerido, para garantir que as recomendações sejam precisas, específicas para o local e adaptáveis em condições mutáveis. Ao aumentarem a variabilidade do clima, as mudanças climáticas tornarão as reações dos ecossistemas menos previsíveis. Os gestores de recursos naturais precisarão lidar com essas incertezas com planos robustos, que considerem os possíveis resultados de diversas ações sob diversas condições.

A gestão adaptativa (descrita no Capítulo 2) precisará ser empregada em todos os níveis da gestão de recursos. Cada agricultor pode monitorar sua terra para adaptar o uso de fertilizantes às condições locais de solo, água, clima e culturas, sem causar danos aos ecossistemas. Comunidades rurais podem escolher suas culturas de acordo com a quantidade de água que podem extrair conscientemente ano após ano dos lençóis freáticos e voltar a utilizar o aquífero apenas como um seguro contra secas. Os encarregados pela elaboração de políticas podem utilizar ferramentas robustas de tomada de decisão para firmar acordos internacionais mais resilientes para o compartilhamento de recursos. Este capitulo descreve aspectos específicos da aplicação de novas ferramentas e tecnologias para gerir os recursos hídricos, a agricultura e a pesca, além de defender uma abordagem

Mapa 3.1. Projeções mostram que a disponibilidade de água deverá sofrer mudanças drásticas até meados do século XXI em diversas partes do mundo

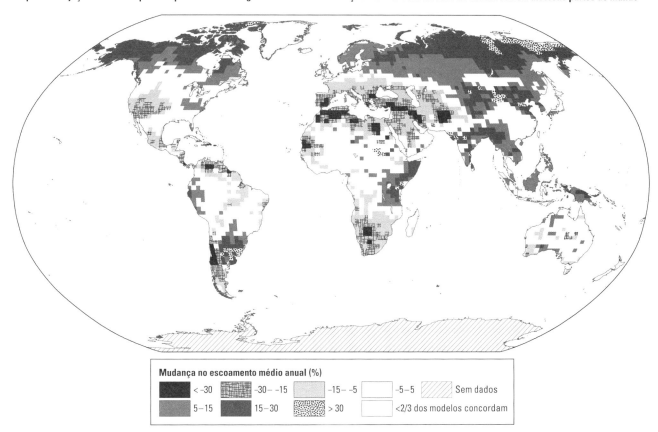

Fontes: Milly et al. (2008) e Milly, Dunne e Vecchia (2005).
Nota: O mapa indica as mudanças percentuais nos valores de escoamento anual (baseadas na mediana de 12 modelos climáticos globais usando o cenário SRES A1B do IPCC) dos anos de 2041-2060 comparadas com 1900-1970. A cor branca denota áreas onde menos de dois terços dos modelos concordaram sobre o aumento ou a diminuição do escoamento. O escoamento é igual à precipitação menos evaporação, mas os valores aqui mostrados são médias anuais, o que pode encobrir a variabilidade sazonal das precipitações, como um aumento em inundações e secas.

Mapa 3.2. O planeta passará por períodos de estiagem mais longos e eventos pluviométricos mais intensos

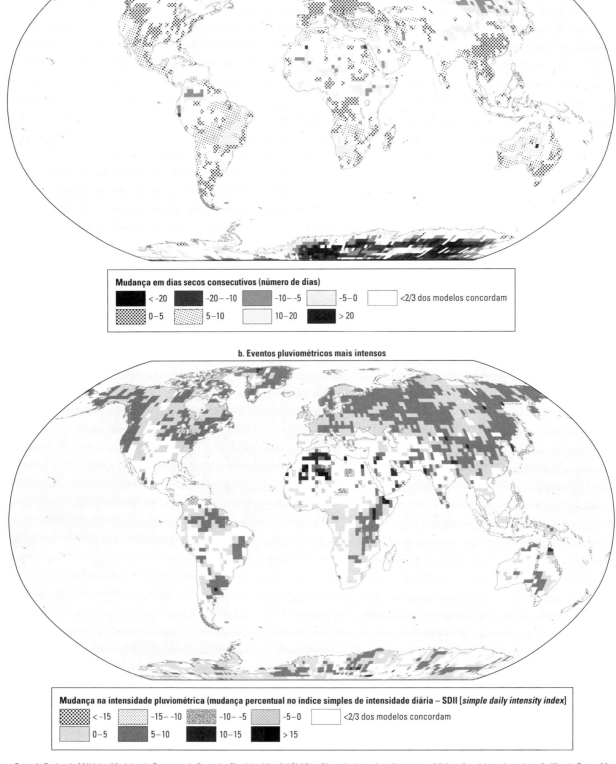

Fonte: Base de Dados de Múltiplos Modelos do Programa de Pesquisa Climática Mundial CMIP3 – Disponível em: <http://www-pcmdi.llnl.gov/ipcc/about_ipcc.php>. Análise do Banco Mundial.

Nota: Os mapas mostram a mudança mediana (baseada em 8 modelos climáticos usando SRES A1B) nos valores anuais em 2030-2049, comparados com 1980-1999. Dia "seco" é definido como aquele com precipitação menor que 1 milímetro, enquanto dia "chuvoso" possui mais que 1 milímetro. A intensidade pluviométrica (SDII ou índice simples de intensidade diária) é a precipitação total anual estimada dividida pelo número de dias "chuvosos". Áreas em branco representam elevada discordância entre modelos (menos de dois terços dos modelos concordam sobre o tipo de mudança).

global do sistema para lidar com a mudança climática nos três setores.

Produzir mais da água e protegê-la melhor

A mudança climática tornará mais difícil gerir a água do planeta

As pessoas sentirão muitos dos efeitos da mudança climática por meio da água. Todo o ciclo hidrológico será afetado (Figura 3.1). Enquanto o planeta como um todo receberá mais precipitações à medida que o aquecimento acelerar o ciclo hidrológico, a evaporação aumentada tornará as condições de seca mais predominantes (Mapa 3.1). A maioria dos lugares receberá precipitações mais intensas e variáveis, geralmente com períodos mais longos de seca entre elas (Mapa 3.2) (Burke; Brown, 2008; Burke; Brown; Christidis, 2006). Os efeitos sobre atividades humanas e sistemas naturais serão globais. Áreas que hoje dependem do derretimento de neve e geleiras terão mais água doce inicialmente, mas o estoque sofrerá queda ao longo do tempo (Milly et al., 2008; Barnett; Adam; Lettenmaier, 2005). As mudanças poderão ser tão repentinas e imprevisíveis que as práticas tradicionais de gestão da água e da agricultura poderão deixar de ser úteis. Isso já é realidade para as comunidades indígenas da Cordilheira Branca, no Peru, onde os agricultores estão se confrontando com mudanças tão rápidas que suas práticas tradicionais estão sendo inutilizadas. O governo e cientistas estão iniciando

Figura 3.2. A água doce fluvial representa uma porção mínima da água disponível no planeta, e a agricultura domina o uso de água

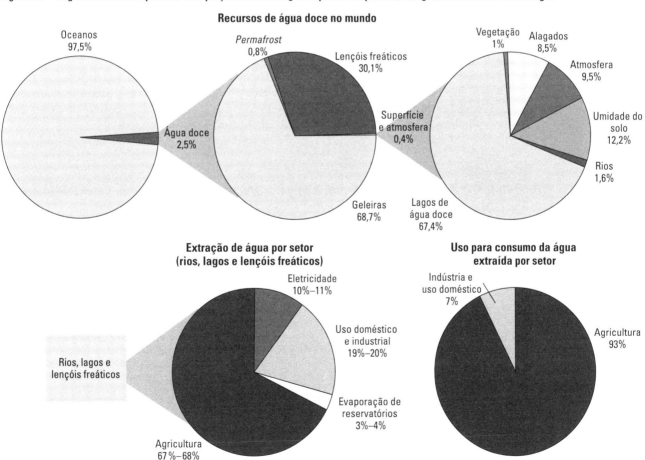

Fonte: Shiklomanov (1999), Shiklomanov e Rodda (2003) e Vassolo e Döll (2005).

Nota: Quando os seres humanos utilizam a água, afetam a quantidade, a porção do ciclo ou a qualidade da água disponível para outros usuários. Geralmente, a água para utilização humana envolve a extração de água de lagos, rios ou lençóis freáticos e o seu consumo, de modo que ela entra novamente na porção atmosférica do ciclo hidrológico ou retorna à bacia hidrográfica. Quando a água é utilizada para irrigação de culturas, o uso é consuntivo, pois ela se torna indisponível para uso em outras partes da bacia. Já a liberação de água de uma represa para a ativação de turbinas hidrelétricas é um uso não consuntivo, uma vez que a água está disponível para usuários na jusante – embora não necessariamente no momento apropriado. Extração por uma cidade para abastecimento municipal é, em geral, não consuntiva, mas, se a água de retorno não for tratada de forma adequada, a qualidade da água na jusante fica comprometida.

trabalhos com eles para descobrir alternativas (de la Torre; Fajnzylber; Nash, 2008).

Conhecimentos crescentes sobre os recursos hídricos do planeta aperfeiçoarão sua gestão. Para gerir bem os recursos hídricos, é essencial saber quanta água está disponível nas bacias e como é utilizada. Pode parecer simples, mas não é. O Relatório de Desenvolvimento Mundial da Água (World Water Development Report – WWDR) da ONU afirma: "Poucos países sabem quanta água está sendo utilizada e com quais propósitos, a quantidade e qualidade da água disponível e que pode ser retirada sem consequências ambientais graves, e quanto está sendo investido em infraestrutura hídrica" (World Water Assessment Programme, 2009). Contabilidade hídrica é um processo complexo. Existem variâncias nas definições e nos métodos, e as confusões são comuns. Por exemplo, o Pacific Institute calcula que, em 2007, os recursos hídricos renováveis da República Árabe do Egito eram de 86,8 quilômetros cúbicos, ao passo que a Earthtrends indica 58 quilômetros cúbicos. Ambos os relatórios citam a mesma fonte de informação. A confusão se origina de diferentes interpretações conceituais (o número maior inclui a reutilização da água dentro do Egito e o número menor não) (Perry et al., no prelo).

O planeta possui uma quantidade fixa de água, que varia em forma e localização ao longo do tempo e espaço (World Water Assessment Programme, 2009). Os seres humanos têm pouco controle sobre a maior parte dela: a água salgada dos oceanos, a água doce das geleiras e a água presente na atmosfera. A maioria dos investimentos se concentra nas águas de rios e lagos, mas a umidade no solo e os lençóis freáticos respondem, juntos, por 98% da água doce disponível no planeta (Figura 3.2) (Worl Bank, no prelo [d]). Muitas pessoas se preocupam com a quantidade de água potável disponível, sem perceber que a agricultura domina o uso de água pelos seres humanos. Uma pessoa bebe, por dia, de 2 a 4 litros de água, mas ingere alimentos cuja produção exige de 2.000 a 5.000 litros de água (ibidem). Essas médias ocultam variações significativas. Em algumas bacias, são os usos industrial e urbano que dominam, e cada vez mais bacias se encontrarão nessa situação, dado o ritmo de crescimento urbano (Molden, 2007).

QUADRO 3.1 *Tomada firme de decisões: mudando a forma como os gestores da água fazem negócios*

Tradicionalmente, as tomadas de decisão sob incertezas se utilizam de distribuições de probabilidade para classificar as várias opções de ação, com base nos dados de risco do passado. No entanto, essa abordagem se torna inadequada quando os decisores não sabem – ou quando há discordância – qual a relação entre ações e consequências, qual a probabilidade de vários tipos de eventos e como os diversos resultados devem ser avaliados. Como mostra o Capítulo 2, a tomada firme de decisões representa uma alternativa. Estratégias robustas são mais bem-executadas do que as alternativas de uma ampla variedade de possíveis circunstâncias futuras. Elas se originam de modelos de simulação em computador que não preveem o futuro, mas apresentam uma gama de futuros possíveis para identificar as estratégias robustas mais adequadas e avaliar seus desempenhos de forma sistemática. Esse processo não escolhe a melhor solução, mas encontra a estratégia de menor vulnerabilidade a uma série de riscos possíveis.

A Agência de Utilidades da região de Inland Empire, no sul da Califórnia, utilizou essa técnica para responder aos efeitos da mudança climática sobre seu plano de gestão de água urbana de longo prazo. Primeiro, a agência obteve projeções climáticas regionais prováveis por meio da combinação dos resultados de 21 modelos climáticos. Em conjunto com um modelo de simulação de gestão da água, centenas de cenários exploraram as suposições sobre futuras mudanças climáticas, a quantidade e disponibilidade de água em lençóis freáticos, desenvolvimento urbano, despesas do programa e custos de importação de água. A agência, então, calculou o valor atual de custos para diversas formas de fornecimento de água sob 200 cenários diferentes. Eles rejeitaram qualquer estratégia que apresentasse custo acima de US$ 3,75 bilhões em 35 anos. A análise de cenários concluiu que os custos seriam inaceitáveis se três fatores ocorressem ao mesmo tempo: quedas consideráveis na precipitação, mudanças importantes no preço de importação de água e reduções na percolação de água nos lençóis freáticos.

A meta do processo é reduzir a vulnerabilidade da agência caso esses três fatores ocorram simultaneamente. A agência identificou novas respostas gerenciais, entre elas o aumento da eficiência do uso da água, maior captação de águas pluviais para o reabastecimento dos lençóis freáticos, reciclagem de água e maior importação de água em anos chuvosos, para possibilitar maior extração de água de lençóis freáticos em anos secos. A agência descobriu que, se todas essas ações fossem realizadas, os custos quase nunca excederiam o limite de US$ 3,75 bilhões.

Fonte: Groves et al. (2008), Groves e Lempert (2007), Groves, Yates e Tebaldi (2008).

A mudança climática reduzirá o estoque de água natural sob a forma de neve e geleiras, o que, por sua vez, afetará o estoque de água no aquífero e exigirá que os gestores projetem e operem os reservatórios de modo diferente. Eles terão que gerir o ciclo da água como um todo. Não será mais possível que eles se concentrem na pequena porção representada por rios e lagos, e deixem que os lençóis freáticos e a umidade no solo sejam administrados por proprietários de terras. Muitas bacias sofrerão demanda elevada, disponibilidade reduzida e variabilidade aumentada, tudo ao mesmo tempo. Os gestores da água nesses locais terão menos chances para manobras se suas decisões não forem firmes e se não considerarem diversos resultados possíveis. Entretanto, existem ferramentas de auxílio à sociedade diante dessas mudanças. Elas englobam de reforma das diretrizes até protocolos de tomada de decisão, de tecnologia de coleta de dados até novos projetos de infraestrutura.

Com os efeitos da mudança climática sobre os padrões hidrológicos, o passado não pode mais ser usado como base para as condições hidrológicas futuras. Assim, como outros gestores de recursos naturais, os engenheiros especializados em recursos hídricos estão desenvolvendo novas ferramentas que consideram os impactos em diversas escalas e períodos, de forma a avaliar dilemas e realizar escolhas firmes para um futuro incerto (Quadro 3.1) (Milly et al., 2008; Ritchie, 2008; Young; McColl, 2005).

A mudança climática tornará a execução e o reforço de políticas acertadas de recursos hídricos ainda mais importantes

A alocação eficiente de água e a limitação do seu consumo a níveis seguros terão importância crescente com a mudança climática. Quando há escassez de água, alguns usuários podem tomar uma grande parte para si, tornando a água indisponível para outros usuários ou causando danos a ecossistemas e aos serviços prestados por eles. Quando o consumo em uma bacia ultrapassa a quantidade de água disponível, os usuários devem usar menos, e a água deve ser compartilhada segundo alguns processos e princípios. Os decisores têm duas opções: podem estabelecer e reforçar quantidades fixas para determinados usuários ou utilizar estratégias de preço para incentivá-los a poupar ou até realizar trocas entre si. De qualquer modo, a elaboração e o reforço de boas práticas exigem informações precisas e instituições fortes.

Alocações quantitativas são as mais comuns e é difícil executá-las bem. A África do Sul possui um dos esquemas mais sofisticados, embora ainda sejam necessários alguns ajustes. Segundo uma lei de 1998, a água é propriedade pública e a posse privada não é permitida.[1] Todos os usuários devem possuir registro e licença para o uso da água e pagar por ela, inclusive águas de rios e lençóis freáticos, extraídas a seu próprio custo. A *redução da vazão* é uma categoria de uso da água, o que significa que proprietários de florestas de plantação devem possuir licença da mesma forma que um irrigador ou empresa de água de uma cidade. Somente as florestas de plantação foram categorizadas, até o momento, como atividade de redução de vazão, mas agricultura de sequeiro e técnicas de colheita com utilização de água poderão ser as próximas. Classificar as atividades florestais como usuárias de água possibilita ao uso do solo competir diretamente com outros usuários. Os únicos direitos garantidos aos recursos hídricos são os de reservas ecológicas e o de garantir que cada pessoa tenha acesso a um mínimo diário de 25 litros para as necessidades humanas básicas (Dye; Versfeld, 2007).

O preço dos recursos hídricos está quase sempre aquém do seu valor, o que reduz o incentivo aos usuários a utilizá-los de maneira eficiente (Bates et al., 2008). A literatura é praticamente unânime em defender a execução de instrumentos econômicos para reduzir a demanda (Molle; Berkoff, 2007). A cobrança por serviços hídricos (irrigação, água potável, coleta e tratamento de esgoto) pode também cobrir os custos de prestação do serviço e manutenção de infraestrutura (Molle; Berkoff, 2007; Organisation for Economic Co-operation and Development, 2009).

---

1 Como administrador público dos recursos hídricos nacionais, o governo nacional, por intermédio do Ministério de Políticas Hídricas, deve garantir que os recursos hídricos sejam protegidos, utilizados, desenvolvidos, preservados, geridos e controlados de modo sustentável e equitativo, para o benefício de todos e em conformidade com seu mandato constitucional (Salman M. A. Salman, equipe do Banco Mundial, comunicação pessoal, jul. 2009).

A função da cobrança para influenciar a demanda varia de acordo com o tipo de uso da água. Para uso municipal, a cobrança tende a ser eficaz na redução da demanda, principalmente se combinada com o alcance dos usuários. Com a alta de preços, muitos estabelecimentos e usuários solucionam vazamentos e utilizam apenas o necessário (Olmstead; Hanemann; Stavins, 2007). Porém, como o consumo urbano representa, em média, apenas 20% das extrações de água, os efeitos sobre o uso global são limitados (Figura 3.2). Além disso, o uso municipal é basicamente não consuntivo, o que significa que o impacto do uso reduzido em cidades contribui pouco para o aumento da disponibilidade em outras partes da bacia.

Para irrigação, um uso consuntivo, a estratégia de cobrança é mais complexa. Em primeiro lugar, é difícil medir a quantidade de água de fato consumida. Em segundo, a experiência mostra que agricultores resistem à redução do consumo até que o preço seja diversas vezes maior do que o custo de prestação do serviço. Porém, muitos países consideram politicamente inaceitável cobrar muito além da quantia necessária para cobrir os custos operacionais. Em terceiro lugar, uma alta muito acentuada do preço da água superficial incentivará agricultores com acesso a aquíferos a passarem a utilizar os lençóis subterrâneos, o que desloca mas não elimina o problema de uso excessivo (Molle; Berkoff, 2007).

Na maioria dos países, o Estado ou outro proprietário dos recursos hídricos cobra as empresas de abastecimento ou agências de irrigação pela água extraída do rio ou aquífero. Essa água é chamada de água bruta. Por diversos motivos técnicos e políticos, poucos países cobram pela água bruta o suficiente para afetar a forma como os recursos são alocados entre os usos em competição (Asad et al., 1999). De fato, nenhum país aloca a água superficial de acordo com preço (Bosworth et al., 2002), embora a Austrália esteja caminhando para um sistema desse tipo.[2] Apesar de estar longe de ser simples, cotas fixas sobre a quantidade combinada de águas superficiais e subterrâneas alocadas para irrigação ou, melhor ainda, sobre a quantidade de água de fato consumida (evapotranspiração) parecem ser mais realistas, em termos políticos e administrativos, do que a cobrança para

---

[2] Ver cronograma E do acordo da Bacia Murray Darling – Disponível em: <http://www.mdbc.gov.au/about/the_mdbc_agreement>.

QUADRO 3.2 *Os perigos do estabelecimento do mercado de direitos sobre o uso da água antes que estruturas institucionais estejam posicionadas*

Uma revisão com base na experiência australiana concluiu que, "com o benefício da retrospectiva e experiência emergentes, torna-se claro que [...] é necessário atender a vários problemas de projeto. O comércio da água terá chances de sucesso inequívoco se, e somente se, os esquemas de alocação e de gestão do uso forem projetados para o comércio e o sistema de governança associado impedir a ocorrência de superalocação. A oposição ao desenvolvimento de mercados sem atenção aos detalhes do projeto é justificada".

As preocupações com o projeto incluem contabilidade (avaliação adequada das águas superficiais e subterrâneas interconectadas, planejamento para mudanças climáticas para condições mais secas e maior consumo por parte das florestas de plantação por causa dos subsídios públicos) e questões institucionais (atribuição de normas e agências separadas para definir direitos, gerir a alocação e controlar o uso da água; sistema que permita que a água não utilizada seja contabilizada de um ano para outro; desenvolvimento de uma indústria própria de corretagem; e garantia de fluxo oportuno de informações a todas as partes interessadas).

Alguns países possuem sistemas informais de comércio de água há muito existentes. Os sistemas que funcionam são, com frequência, aqueles com base em práticas estabelecidas. Agricultores de Bitit, no Marrocos, por exemplo, comercializam água há décadas, segundo regras definidas por práticas estabelecidas. O sistema opera com base em uma lista detalhada, disponível para toda a comunidade, que identifica cada acionista e especifica a quantidade de água a que cada um tem direito, medida em horas de fluxo.

Esquemas que permitem o comércio na ausência de direitos estabelecidos e cumpridos sobre o uso da água podem aumentar a superexploração. Agricultores residentes próximo à cidade de Ta'iz, na República do Iêmen, vendem água de seus lençóis freáticos a caminhões-tanque que abastecem a cidade. Antes da existência desse mercado, o agricultor retirava do aquífero somente a quantidade de água de que suas culturas necessitavam. Ao elevar o preço de uma unidade de água, o comércio aumenta os benefícios de se utilizarem lençóis freáticos. Além disso, uma vez que a extração realizada pelo agricultor em seu poço não é controlada, não há limites para a quantidade que ele pode extrair. Como resultado, o mercado sem regulamentação acelera a depleção do aquífero.

Fontes: Center for Environment and Development in the Arab Region and Europe (2006), World Bank (2007b) e Young e McColl (no prelo).

limitar o uso geral para consumo (Molle; Berkoff, 2007).

Direitos negociáveis sobre o uso da água podem aperfeiçoar a gestão de recursos hídricos em longo prazo, mas não são opções de curto prazo realistas na maioria dos países em desenvolvimento. Direitos negociáveis possuem grande potencial em tornar a alocação de recursos hídricos mais eficiente e compensar indivíduos que renunciam ao uso da água (Rosegrant; Binswanger, 1994). Esquemas formais de direitos negociáveis sobre o uso da água foram implementados na Austrália, no Chile, na África do Sul e no oeste dos Estados Unidos. Na Austrália, as análises indicam que os direitos negociáveis ajudaram os agricultores a suportar secas e impulsionaram inovações e investimentos sem intervenção governamental.

Os detalhes do projeto, entretanto, afetam imensamente o sucesso do empreendimento, e o estabelecimento de instituições necessárias é um processo demorado. Levou décadas para se desenvolver essa capacidade na Austrália, um país com longa história de boa governança, onde consumidores foram educados e acostumados a seguir regras e onde as normas de alocação estavam amplamente instituídas e reforçadas antes do estabelecimento do sistema de direitos (World Bank, 2007b). Países que permitem o comércio da água sem a habilidade institucional de fazer cumprir as cotas atribuídas a cada usuário tendem a aumentar a extração excessiva de maneira considerável (Quadro 3.2).

Ao tornar os recursos hídricos futuros menos previsíveis, a mudança climática torna ainda mais complexa a tarefa de estabelecer direitos negociáveis sobre o uso da água (Bates et al., 2008; Molden, 2007). Mesmo em condições climáticas estáveis, agências sofisticadas da área têm dificuldade em determinar com antecedência a quantidade segura de água que pode ser alocada para os diversos usuários e a quantidade que deve ser reservada para fins ambientais (Young; McColl, 2005). Ao não considerarem determinados usos de forma adequada (como florestas de plantação e vegetação natural) ou as mudanças de comportamento do usuário, os esquemas na Austrália e no Chile concederam direitos para uma quantidade maior de água do que estava de fato disponível. Tiveram, então, que se submeter ao doloroso processo de redesignação ou redução de alocações.[3] Mercados bem-regulados para quantidades fixas de água são uma meta interessante em longo prazo, mas a maioria dos países em desenvolvimento precisa tomar diversas medidas internas essenciais antes de adotar esse sistema (Molden, 2007).

A mudança climática exigirá investimentos em novas tecnologias e aperfeiçoamento do emprego de tecnologias existentes

Armazenamento de água pode ajudar a lidar com a variabilidade aumentada. O armazenamento em rios, lagos, solo e aquíferos é um aspecto fundamental de qualquer estratégia de gestão da variabilidade tanto em secas (armazenamento de água para uso em períodos secos) quanto para inundações (manutenção da capacidade de

---

3 Disponível em: <http://www.environment.gov.au/water/mdb/overallocation.html>. Acesso em: 7 maio 2009.

QUADRO 3.3 *Gestão de recursos hídricos dentro da margem de erro: Tunísia*

A Tunísia é um bom exemplo das demandas sobre os gestores da água em países que se aproximam do limite de seus recursos. Com apenas 400 metros cúbicos de recursos renováveis *per capita*, altamente variáveis e distribuídos de modo desigual no tempo e espaço, a gestão das águas representa um grande desafio para a Tunísia. Ainda assim, ao contrário de seus vizinhos no Magrebe, o país resistiu a secas consecutivas sem racionar a água de agricultores ou recorrer ao abastecimento de cidades por meio de barcaças. Construiu represas com condutos para conectá-las e transportar água para as diversas regiões do país.

À medida que os esquemas mais promissores foram desenvolvidos, o governo construiu infraestruturas adicionais em áreas mais marginais. Rios que fluem para o mar foram represados, mesmo quando a demanda por água na bacia não é intensa. A água armazenada pode ser bombeada através da cordilheira para alcançar a principal bacia do país. Essa nova água aumenta a oferta e diminui a salinidade em áreas onde há maior demanda por água. A Tunísia também realiza o tratamento e a reutilização de um terço do esgoto urbano para agricultura e alagados, além da recarga artificial de aquíferos. Os gestores da água na Tunísia enfrentam agora decisões complexas: eles devem otimizar a quantidade, o ciclo, a qualidade e os custos energéticos da água, demonstrando a importância da capacidade humana para uma gestão tão intensiva dos recursos.

Fonte: Louati (2009).

armazenamento para as cheias). Uma vez que a mudança climática reduzirá o armazenamento natural sob a forma de gelo, neve e em aquíferos (pela redução da recarga), muitos países precisarão de mais formas de armazenamento artificiais.

Especialistas em planejamento hídrico precisarão considerar opções de armazenamento no ambiente como um todo. A água armazenada no solo pode ser utilizada com maior eficiência por meio da gestão da cobertura do solo, em especial pelo aumento de produtividade da agricultura de sequeiro. A gestão dos lençóis freáticos, que já constitui um desafio, será mais importante à medida que as águas superficiais se tornam menos confiáveis. Os lençóis freáticos são um seguro para lidar com abastecimentos públicos e índices pluviométricos erráticos. Por exemplo, na Índia, eles abastecem 60% da agricultura irrigada e 85% da água potável em áreas rurais, bem como metade da água potável recebida por residências em Nova Délhi. Com a gestão adequada, os lençóis freáticos podem continuar a atuar como para-choques naturais. Porém, eles estão longe de serem bem-administrados. Os aquíferos são superexplorados em regiões áridas de todo o mundo. Estima-se que até um quarto da produção agrícola anual da Índia está sob risco devido à depleção dos lençóis freáticos (World Bank, no prelo [b]).

O aperfeiçoamento da gestão de lençóis freáticos exige medidas que aprimorem tanto a oferta (recarga artificial, recarga natural acelerada, barreiras entre aquíferos para retardar o fluxo da água) quanto a demanda. Os lençóis freáticos não podem ser administrados isoladamente: devem ser integrados à regulamentação de águas superficiais (ibidem). Técnicas de aumento da oferta não são simples. Por exemplo, a recarga artificial tem pouca serventia se a água e os locais adequados de armazenamento não estão no mesmo lugar que os aquíferos sobrecarregados – 43% da renda alocada para o programa de US$ 6 bilhões para recarga artificial na Índia deverá ser gasta na recarga de aquíferos que não são superexplorados (ibidem).

As represas terão um papel importante na história da mudança climática e da água. Elas precisarão ser projetadas com flexibilidade estrutural para lidar com potenciais precipitações e mudanças no escoamento de suas bacias. A maior parte dos locais ideais para represas já é explorada, porém existe potencial para construção de novas represas, principalmente na África. Bem-administradas, as represas fornecem eletricidade e protegem contra secas e inundações. Análises abrangentes sobre os impactos econômicos de represas são raras, mas quatro estudos de caso indicam efeitos econômicos positivos diretos e grandes efeitos indiretos, e a população pobre, por vezes, se beneficia de forma desproporcional (Bathia et al., 2008). A represa Assuã Alta, em Assuã, no Egito, por exemplo, gerou benefícios econômicos líquidos anuais equivalentes a 2% do produto interno bruto (PIB) nacional (Strzepek et al., 2004). Ela gerou 8 bilhões de quilowatts-hora de energia, suficientes para abastecer todas as cidades e vilas do país. A represa permitiu a expansão da agricultura e navegação constante durante o ano (incentivando investimentos em cruzeiros no Nilo) e salvou a safra e a infraestrutura do país contra secas e inundações. No entanto, as represas também possuem efeitos negativos bem-conhecidos (World Commission on Dams, 2000),[4] e os conflitos de escolha devem ser avaliados com cautela. A mudança climática torna a identificação de projetos robustos ainda mais valiosa: quando os países enfrentam incertezas até mesmo quanto ao aumento ou à diminuição da pluviosidade, pode ser interessante, em termos financeiros, construir estruturas especificamente projetadas para serem modificadas no futuro. À medida que a complexidade dos sistemas hidráulicos aumenta, os países precisam ainda mais de sólidas análises hidrológicas, operacionais, econômicas e financeiras, bem como de instituições capazes (Quadro 3.3).

Tecnologias não convencionais podem aumentar a disponibilidade de água em algumas regiões de escassez. A oferta de água pode ser aumentada por meio da dessalinização da água do mar ou de águas salobras e reutilização da água de esgoto tratado. A dessalinização, que representava menos de 0,5% de toda a água utilizada em 2004 (World Water Assessment Programme,

---

4 Ver Ritchie (2008) para discussões sobre os impactos da Assuã Alta sobre a fertilidade do solo e sobre o litoral do Delta do Nilo.

2009), hoje está posicionada para se tornar mais amplamente usada.

Avanços técnicos, como filtros eficientes em termos energéticos, estão possibilitando a queda do preço da dessalinização, e esquemas-piloto estão iniciando o abastecimento de usinas de dessalinização com energia renovável.[5] Dependendo da escala da usina e da tecnologia, a água dessalinizada pode ser produzida e entregue às empresas de água por apenas US$ 0,50 por metro cúbico. Esse preço ainda é maior do que o de fontes convencionais onde há água doce disponível (Food and Agriculture Organization, 2004b). Por isso, água dessalinizada geralmente só é interessante para os usos de maior valor, como abastecimento urbano ou *resorts* turísticos.[6] Também tende a ser restrita a regiões litorâneas, visto que a distribuição de água dessalinizada pelo interior encarece o processo (World Water Assessment Programme, 2009).

Não será fácil aumentar a produção de alimentos sem aumentar a utilização de água, mas alguns novos enfoques ajudarão. Gerir os recursos hídricos para satisfazer necessidades futuras também implicará tornar o uso da água mais eficiente, principalmente na agricultura, a qual responde por 70% da retirada de água doce de rios e lençóis freáticos (Figura 3.2) (Molden, 2007).

Parece haver escopo para o aumento do aproveitamento de água em agriculturas de

---

5 Danfoss Group Global – Disponível em: <http://www.danfoss.com/Solutions/Reverse+Osmosis/Case+stories.htm>. Acesso em: 9 maio 2009.

6 A dessalinização também é viável para agricultura de alto valor em algumas partes do mundo, como a Espanha (Gobierno de España, 2009).

Mapa 3.3. A mudança climática pressionará as colheitas agrícolas na maioria dos países até 2050, dadas as práticas agrícolas e variedades de cultivares atuais

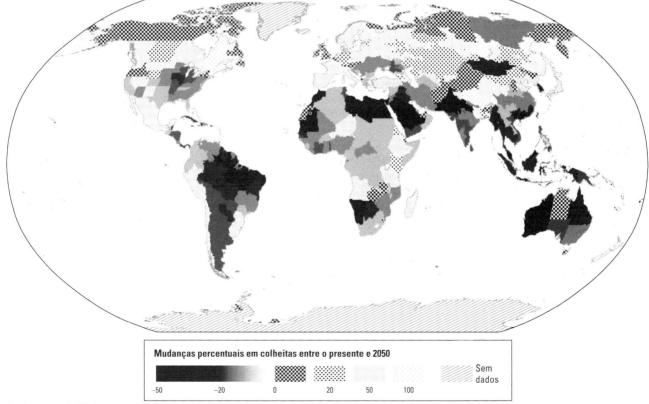

Fonte: Müller et al. (2009).

Nota: A figura mostra a mudança percentual projetada na produção de 11 culturas agrícolas (trigo, arroz, milho, painço, ervilha, beterraba, batata-doce, soja, amendoinzeiro, girassol e canola) de 2046 a 2055, comparada com 1996 a 2005. Os valores são a média de três cenários de emissões por meio de cinco modelos climáticos globais, supondo-se ausência de fertilização por CO_2 (ver nota 9). Em muitas áreas altamente dependentes da agricultura, há projeções de impactos negativos extensos sobre as colheitas.

sequeiro, as quais oferecem subsistência para a maioria da população pobre do planeta, geram mais de metade do valor bruto da safra mundial e respondem por 80% do uso agrícola de água no mundo (ibidem). As opções, descritas na próxima seção, incluem aplicação de coberturas, agricultura de conservação e outras técnicas de retenção de água no solo, de modo que haja menor perda por evaporação e mais água disponível para as plantas. Outras opções envolvem o armazenamento de água da chuva, por vezes denominado colheita de água.

Dentre as várias intervenções para o aumento da produção de sequeiro, algumas (aplicação de coberturas, agricultura de conservação) desviam água que, do contrário, evaporaria e seria improdutiva. Outras (colheita de água, bombeamento de águas subterrâneas) desviam água que, do contrário, estaria disponível para usuários na jusante. Quando há abundância de água, os impactos sobre outros usuários são imperceptíveis, mas, à medida que a água se torna mais escassa, esses impactos passam a ser mais importantes. Mais uma vez, a contabilidade abrangente dos recursos hídricos e o planejamento integrado de terra e água em escalas local, regional e dos mananciais podem tornar essas intervenções produtivas, ao garantirem que os conflitos de escolha sejam avaliados de forma adequada.

Espera-se que a agricultura irrigada produza uma maior parte do total mundial de alimentos no futuro, visto que é mais resiliente à mudança climática em todas as bacias, exceto naquelas com escassez de água (ibidem). A produtividade da lavoura por hectare terá que ser aumentada, pois há pouco escopo para a ampliação da área total sob irrigação. De fato, estima-se que as terras irrigadas registrem um aumento de apenas 9% entre 2000 e 2050 (Rosegrant; Cai; Cline, 2002). A produtividade da água (nesse caso, produção agrícola por unidade de água alocada para irrigação) também precisará aumentar, dadas as crescentes demandas por água em cidades, indústrias e usinas hidrelétricas. Novas tecnologias têm o potencial de aumentar a produtividade da água se combinadas com políticas e instituições fortes.[7]

Obter mais *crop per drop* (alimento por gota d'água) implica uma combinação complexa de investimentos e mudanças institucionais. Diversos países, de Armênia a Zâmbia, estão investindo em novas infraestruturas de transporte eficiente da água do reservatório às lavouras, reduzindo perdas por evaporação. Entretanto, como o exemplo dos agricultores marroquinos descrito anteriormente indica, os investimentos funcionarão somente se as instituições locais distribuírem a água de modo confiável, os agricultores tiverem voz nas decisões tomadas e eles receberem as orientações necessárias sobre como aproveitar ao máximo as novas infraestruturas e avanços tecnológicos. Novas infraestruturas auxiliarão a gestão dos recursos hídricos somente se combinadas com limitações quantitativas estritas no consumo individual de água, tanto para águas subterrâneas quanto superficiais. Do contrário, a crescente rentabilidade da irrigação instigará os agricultores a ampliar suas áreas cultivadas ou duplicar e triplicar a exploração de suas terras, resultando em mais extração de água dos seus poços. Isso é certamente vantajoso para o agricultor, mas não para os outros usuários de água da bacia (De Fraiture; Perry, 2007; Molden, 2007; Ward; Pulido-Velazquez, 2008).

A gestão correta da lavoura pode aumentar a produtividade de água por meio do desenvolvimento de variedades resistentes ao frio, de modo que os alimentos possam ser cultivados no inverno, quando menos água é necessária (Perry et al., no prelo). A cultura de alimentos em estufas ou sob telas de sombreamento também pode reduzir a demanda evaporativa de campos abertos, embora aumente os custos de produção (Moller et al., 2004; Perry et al., no prelo). Quando a plantação morre antes de produzir rendimentos, a água consumida por ela se torna desperdício. Portanto, a adoção mais ampla de variedades tolerantes à seca e ao calor aumentará a disponibilidade de água e a produtividade agrícola (Perry et al., no prelo).

Aplicações planejadas da água alocada para irrigação também podem ser úteis. Se os agricultores não sabem a quantidade exata de água necessária, eles tendem à irrigação excessiva, uma vez que um pouco a mais de água é menos prejudicial às culturas do que pouca água. Por meio do monitoramento do consumo de água e crescimento ao longo da estação de crescimento, os agricultores

---

7 Ver, por exemplo, a referência ao *Indian Financial Express* em 1º de dezembro de 2008, citada em Perry et al. (no prelo).

podem fornecer a quantidade exata de água de que seu cultivo precisa e irrigá-lo apenas quando for realmente necessário. Sistemas de sensoriamento remoto estão começando a permitir que os agricultores descubram as necessidades hídricas dos cultivos com maior precisão, antes mesmo que as culturas mostrem sinais de estresse.[8] No entanto, por causa dos requisitos tecnológicos, agricultura de precisão desse tipo se limita a um pequeno número de agricultores no mundo (Perry et al., no prelo).

Antes mesmo que essa tecnologia se torne amplamente disponível, é possível implementar sistemas simples de automação para auxiliar agricultores menos privilegiados a aumentar a precisão do uso da água alocada para irrigação. Os agricultores marroquinos que se converterem à irrigação de gotejo sob o esquema governamental discutido anteriormente se beneficiarão de uma tecnologia simples que utiliza uma fórmula padrão de irrigação adaptada às condições locais de crescimento. Dependendo das condições meteorológicas na região, o sistema enviará uma mensagem para os telefones celulares dos agricultores para informá-los sobre a quantidade adequada de horas de irrigação para aquele dia. Ao seguirem essas orientações, eles evitarão a irrigação excessiva (World Bank, no prelo [c]).

Aumento de produção agrícola em conjunto com proteção do meio ambiente

A mudança climática pressionará as sociedades a acelerar o crescimento da produtividade agrícola

A mudança climática enfraquecerá o rendimento agrícola. A mudança climática insere diversas pressões conflitantes na produção agrícola. Ela afetará a agricultura de maneira direta, por meio de temperaturas mais elevadas, maiores demandas hídricas por parte das lavouras, precipitações mais variáveis e eventos climáticos extremos, tais como inundações e secas. Aumentará a produção agrícola em alguns países, mas a diminuirá na maioria dos países em desenvolvimento, reduzindo o rendimento médio mundial (Mapa 3.3).

Em latitudes médias a altas, os aumentos locais em temperatura de apenas 1°C-3°C, juntamente com a consequente fertilização por carbono[9] e mudanças na precipitação, podem exercer pequenos impactos benéficos sobre a rentabilidade dos cultivos (Easterling et al., 2007). O posicionamento geográfico do Cazaquistão, da Federação Russa e da Ucrânia inclui eses países na faixa de benefício desses aumentos de temperatura, mas pode ser que eles não sejam capazes de aproveitar a oportunidade ao máximo. Desde a desintegração da União Soviética, esses países removeram, ao todo, 23 milhões de hectares de terra arável da produção, dos quais quase 90% foram utilizados para produção de grãos (European Bank for Reconstruction and Development; Food and Agriculture Organization, 2008). Embora a rentabilidade mundial dos grãos tenha crescido, em média, em torno de 1,5% por ano desde 1991, os rendimentos no Cazaquistão e na Ucrânia caíram e, na Rússia, tiveram um aumento mínimo. Se esses países pretendem beneficiar suas produções agrícolas por meio do aumento de temperatura, eles terão que construir instituições mais fortes e melhores infraestruturas (Fay; Block; Ebinger, 2010). Mesmo se o fizerem, eventos climáticos extremos podem liquidar com a melhoria média das condições: levando-se em consideração a maior probabilidade de eventos climáticos extremos, estima-se que,

---

8 Disponível em: <www.fieldlook.com>. Acesso em: 5 maio 2009.

9 O dióxido de carbono (CO_2) é um iniciador da fotossíntese, o processo pelo qual plantas utilizam a luz solar para a produção de carboidratos. Assim, maiores concentrações de CO_2 terão efeitos positivos sobre muitos cultivos, aumentando a acumulação de biomassa e o rendimento final. Além disso, concentrações mais elevadas de CO_2 reduzem as aberturas estomatais das plantas (os poros pelos quais elas transpiram, ou seja, liberam água), reduzindo assim a perda de água. As chamadas plantas do tipo C3, tais como arroz, trigo, soja, leguminosas, além das árvores, deverão receber mais benefícios do que as plantas do tipo C4, tais como milho, painço e sorgo. Entretanto, experimentos de campo recentes indicam que os testes laboratoriais podem ter exagerado nas previsões de efeitos positivos. Por exemplo, um dos estudos indica que, à concentração de CO_2 de 550 partes por milhão, os aumentos na produtividade seriam de 13% para o trigo (não 31%), 14% para a soja (não 32%) e 0% (não 18%) para plantas do tipo C4 (Cline, 2007). Por esse motivo, os gráficos neste capítulo mostram apenas cultivos sem fertilização por CO_2.

QUADRO 3.4 *Óleo de palmeira, redução das emissões e desmatamento evitado*

As plantações de palmeiras representam a convergência de diversas das questões atuais sobre o uso do solo. O óleo de palmeira é um produto lucrativo que pode ser utilizado na indústria alimentícia e de biocombustíveis, e seu cultivo gera oportunidades para pequenos produtores. Porém, ele transgride florestas tropicais e seus muitos benefícios, como a redução de gases de efeito estufa. O cultivo de óleo de palmeira foi triplicado desde 1961 e cobre hoje 13 milhões de hectares, sendo a maior parte da expansão na Indonésia e na Malásia e metade dela sobre terras recém-desmatadas. Anúncios recentes de novas concessões para produção de óleo de palmeira na Amazônia, Papua Nova Guiné e Madagascar suscitam preocupações de que a tendência deverá continuar.

Pequenos produtores atualmente administram de 35% a 40% das terras para produção de óleo de palmeira na Indonésia e Malásia, que oferecem uma forma rentável de diversificar a subsistência. Entretanto, as nozes da palmeira precisam ser entregues aos moinhos para processamento dentro de 24 horas após a colheita; assim, as propriedades tendem a ser concentrar ao redor de moinhos. Por esse motivo, uma grande proporção da área ao redor dos moinhos é convertida em plantações de palmeiras, sejam elas resultantes de grandes tratos comerciais ou agrupamentos de minifúndios. Determinadas práticas de aproveitamento da topografia, como a criação de cinturões agroflorestais para suavizar a transição entre plantações de palmeiras e porções de floresta, podem tornar o ambiente das plantações menos hostil à biodiversidade, ao mesmo tempo oferecendo uma diversificação ainda maior para o pequeno produtor.

O potencial de redução das emissões do biodiesel proveniente do óleo de palmeira também é questionável. Análises detalhadas do seu ciclo de vida mostram que a redução líquida das emissões de carbono depende da cobertura do solo existente antes da plantação de palmeiras (figura). Foram registradas reduções significativas nas emissões em plantações em solo anteriormente ocupado por pradarias e lavouras, ao passo que as emissões aumentam de modo considerável quando turfeiras são substituídas pela produção de óleo de palmeira.

A expansão do mercado de carbono para incluir a Redução das Emissões oriundas do Desmatamento e da Degradação (Redd) é uma ferramenta importante para equilibrar, de um lado, os valores relativos entre a produção de óleo de palmeira e o desmatamento, e, de outro, a proteção de florestas. Esse equilíbrio será fundamental para a garantia da preservação da biodiversidade e da redução de emissões.

Estudos recentes mostram que a conversão de terras na produção de óleo de palmeira pode ser seis a dez vezes mais lucrativa do que manter a terra e receber créditos de carbono por meio da Redd (caso esse mecanismo fosse limitado ao mercado voluntário). Se os créditos de Redd tivessem o mesmo preço de créditos de carbono comercializados em mercados de conformidade, a lucratividade da conservação da terra seria aumentada de forma drástica, talvez excedendo até os lucros do óleo de palmeira, o que tornaria as conversões menos atrativas. Portanto, se realizada de maneira correta, a REDD pode verdadeiramente reduzir os desmatamentos e, por conseguinte, contribuir para os esforços globais de mitigação.

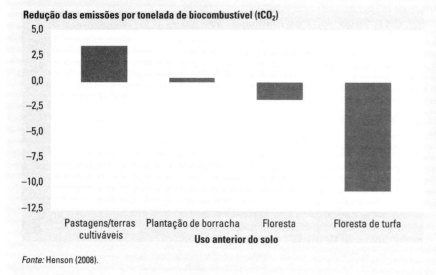

A redução das emissões do biodiesel derivado do óleo de palmeira varia bastante de acordo com o uso anterior do solo no local da plantação de palmeiras

Fonte: Henson (2008).

Fontes: Butler, Koh e Ghazoul (no prelo), Henson (2008), Koh, Levang e Ghazoul (no prelo), Koh e Wilcove (2009) e Venter et al. (2009).

---

até a década de 2070, a quantidade de anos com déficit na produção alimentícia triplicará na Rússia.[10]

Na maioria dos países em desenvolvimento, a mudança climática deverá ter um efeito adverso na agricultura. Em regiões de baixa latitude, mesmo aumentos tênues na temperatura, de 1°C-2°C, diminuirão o rendimento dos principais cereais (Easterling et

---

10 Entende-se por déficit na produção alimentícia a situação em que as condições meteorológicas fazem que a produção potencial anual dos principais cultivos de uma região administrativa seja menor do que 50% do nível de produção médio da região entre 1961 e 1990. A maior probabilidade de ocorrência de déficits em mais de uma região em um determinado ano pode reduzir o potencial de exportação de outras regiões, para compensar pelas deficiências na produção de alimentos, causando preocupações de segurança alimentar (Alcamo et al., 2007).

Figura 3.3   A carne exige uma quantidade de água muito maior do que outros alimentos principais
(litros de água por quilo de produto)

Fonte: Waterfootprint – Disponível em: <https://www.waterfootprint.org>. Acesso em: 15 maio 2009; Gleick (2008).
Nota: Essa figura mostra a quantidade de água, em litros, necessária para produzir um quilo do produto (ou um litro, no caso do leite). O uso de água para produção de carne bovina engloba apenas os sistemas intensivos de produção.

al., 2007). Uma avaliação de diversos estudos estima que, até a década de 2080, a produtividade agrícola mundial sofrerá queda de 3% sob um cenário de alta emissão de carbono com fertilização de CO_2 ou de 16% sem esse cenário (Cline, 2007).[11] A queda estimada para os países em desenvolvimento é ainda maior, com declínio de 9% com fertilização de carbono e 21% sem ela.

Uma análise de 12 regiões de insegurança alimentar, com base nos modelos de cultivo e resultados de 20 modelos climáticos globais, indica que, sem adaptações, a Ásia e a África sofrerão quedas de rendimento particularmente severas até 2030. Essas perdas incluirão alguns dos alimentos essenciais para a segurança alimentar da região, entre eles: trigo no sul da Ásia, arroz no sudeste da Ásia e milho no sul da África (Lobell et al., 2008). É provável que essas projeções subestimem o impacto global, pois os modelos que calculam os efeitos da mudança climática na agricultura lidam, em geral, com mudanças médias e excluem os efeitos de eventos extremos, variabilidade e pragas agrícolas, todos eles com probabilidade de aumento. A mudança climática também tornará algumas terras menos apropriadas para a agricultura, principalmente na África (Schmidhuber; Tubiello, 2007). Um dos estudos calcula que,

até 2080, as terras com severas restrições climáticas ou de solo na África subsaariana terão um aumento de 26 milhões a 61 milhões de hectares.[12] Isso representa 9%-20% das terras cultiváveis da região.[13]

Esforços de atenuação da mudança climática exercerão mais pressão sobre a terra. Além de diminuir o rendimento, a mudança climática pressionará os agricultores e outros gestores da terra a reduzir as emissões de gases

---

[11] Entende-se por cenário de alta emissão o cenário SRES A2 do IPCC, o qual, de diversos modelos, acarreta um aumento médio de temperatura de 3,13°C de 2080 a 2099 em relação a 1980-1999 (Meehl et al., 2007).

[12] Com base em cinco modelos climáticos e no cenário de alta emissão SRES A2 (Fischer et al., 2005).

[13] Cálculos com base em Food and Agriculture Organization (2009c).

Figura 3.4   A produção intensiva de carne bovina é uma grande emissora de gases de efeito estufa

Alimento	Emissões (kg CO₂e)	Equivalente em distância percorrida de carro (km)
Batata	0,24	1,2
Trigo	0,80	4,0
Frango	4,60	22,7
Carne suína	6,40	31,6
Carne bovina	16,00	79,1

Fonte: Williams, Audsley e Sandars (2006).
Nota: Essa figura mostra as emissões de CO_2 equivalente, em quilos, resultantes da produção (em um país industrial) de 1 quilo do produto especificado. O equivalente em distância percorrida de carro expressa o número de quilômetros que um indivíduo precisaria percorrer em um carro a gasolina com média de 11,5 quilômetros por litro para produzir a mesma quantidade de emissões de CO_2e. Por exemplo, tanto produzir 1 quilo de carne bovina quanto dirigir 79,1 quilômetros resultam em 16 quilos de emissões.

Figura 3.5 A produtividade agrícola precisará crescer de forma ainda mais rápida por causa da mudança climática

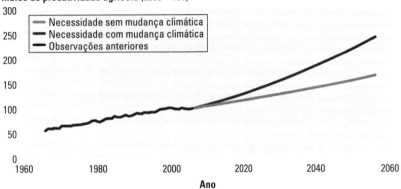

Fonte: Lotze-Campen et al. (2009).

Nota: Essa figura mostra o crescimento anual necessário no índice de produtividade agrícola sob dois cenários. Nesse índice, 100 equivale à produtividade em 2005. As projeções abrangem todos os principais alimentos e rações. A linha verde representa um cenário sem mudança climática, com a população global crescendo até atingir 9 bilhões em 2055; consumo calórico total *per capita* e porção nutricional de calorias provenientes de produtos de origem animal crescendo em proporção ao aumento de renda *per capita* resultante do crescimento econômico; maior liberalização do comércio (duplicando a contribuição do comércio agrícola no total de produção nos próximos 50 anos); lavouras continuando a crescer a taxas históricas de 0,8% ao ano; e ausência de impactos de mudança climática. A linha mais clara representa um cenário com impactos da mudança climática e consequentes respostas sociais (SRES A2 do IPCC): ausência de fertilização por CO_2 e comércio agrícola reduzido aos níveis de 1995 (cerca de 7% do total de produção), pressupondo-se que a instabilidade de preços relacionada à mudança climática cause protecionismo e que as políticas de redução da mudança climática contenham a expansão de lavouras (por causa das atividades de preservação florestal) e aumentem a demanda por bioenergia (atingindo 100 EJ [10^{18} joules] mundialmente em 2055).

Mapa 3.4. Agricultura intensiva no mundo desenvolvido contribuiu para a proliferação de zonas mortas

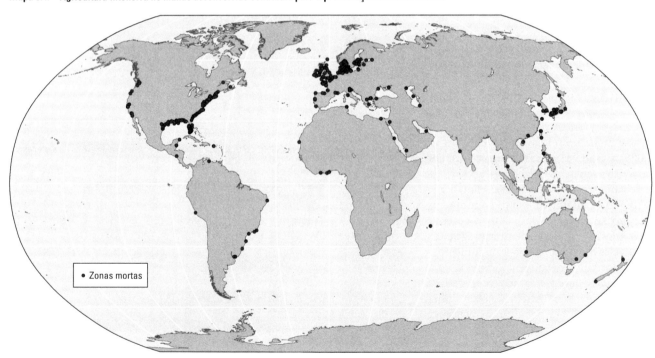

Fonte: Diaz e Rosenberg (2008).

Nota: A agricultura intensiva do mundo desenvolvido ocorre, com frequência, à custa de grandes prejuízos ambientais, como o escoamento de fertilizantes em excesso a regiões litorâneas, gerando zonas mortas. Zonas mortas são zonas de hipóxia extrema, ou seja, áreas onde as concentrações de oxigênio estão abaixo de 0,5 mililitro de oxigênio por litro de água. Essas condições geralmente levam à mortalidade em massa de organismos marinhos, embora tenham sido encontrados, em algumas dessas zonas, organismos capazes de sobreviver com níveis de 0,1 mililitro de oxigênio por litro de água.

de efeito estufa. Em 2004, aproximadamente 14% das emissões de gases de efeito estufa provieram de práticas agrícolas. Esses dados incluem o óxido nitroso de fertilizantes, o metano da pecuária, da produção de arroz e do armazenamento de esterco, e o dióxido de carbono (CO_2) da queima de biomassa, mas excluem as emissões de CO_2 resultantes de práticas de manejo do solo, queimadas em savanas e desmatamento (IntergovernmentalPanel on Climate Change, 2007a). As áreas em desenvolvimento produzem a maior parte dessas emissões de gases de efeito estufa, e a Ásia, a África e a América Latina respondem por 80% do total.

A cada ano, a silvicultura, o uso do solo e as mudanças no uso do solo representam outros 17% das emissões de gases de efeito estufa, três quartos das quais são provenientes do desmatamento de florestas tropicais.[14] O restante é basicamente resultado de drenagem e queima de turfeiras tropicais. Por volta da mesma quantidade de carbono armazenada na floresta Amazônica é armazenada nas turfeiras ao redor do planeta. Ambas equivalem a cerca de 9 anos de emissões globais de combustíveis fósseis. Na Ásia equatorial (Indonésia, Malásia, Papua Nova Guiné), as emissões de queimadas associadas à drenagem e ao desmatamento de turfeiras são comparáveis àquelas resultantes de combustíveis fósseis nesses países (Van der Werf et al., 2008). As emissões relacionadas à produção pecuária são contabilizadas de acordo com diversas categorias de emissão (agricultura, silvicultura, resíduos), e estima-se que, ao todo, elas contribuam com até 18% do total global, basicamente por meio da emissões de metano dos animais, resíduos de esterco e abertura de pastagens (Steinfeld et al., 2006).

O cultivo de biocombustíveis para atenuação da mudança climática acirrará a competição por terra. Estimativas atuais indicam que a produção de culturas energéticas ocupa apenas 1% das terras cultiváveis mundiais, mas as leis sobre biocombustíveis em países desenvolvidos e em desenvolvimento apoiam a expansão da produção.A produção global de etanol aumentou de 18 bilhões de litros por ano em 2000 para 46 bilhões em 2007, enquanto a produção de biodiesel octuplicou para 8 bilhões de litros. Espera-se que a terra alocada para produção de biocombustíveis seja quadruplicada até 2030, e o maior crescimento ocorrerá na América do Norte, que deverá responder por 10% das terras cultiváveis em 2030, e na Europa (15%).[15] As projeções indicam que apenas 0,4% das terras cultiváveis na África e cerca de 3% na Ásia e

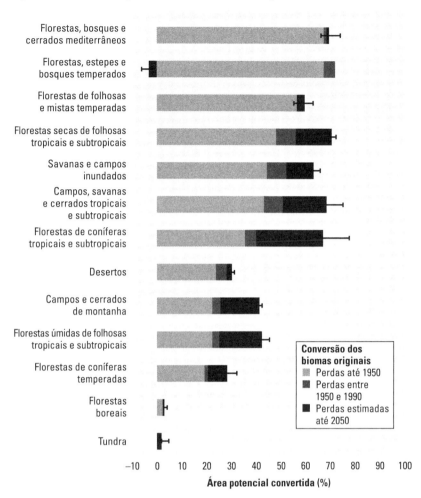

Figura 3.6.   Ecossistemas já extensamente convertidos em agricultura

Fonte: Millennium Ecosystem Assessment (2005).

Nota: As projeções se baseiam em quatro cenários de abordagem mundial aos serviços de ecossistemas e incluem suposições sobre gestão dos ecossistemas, liberalização do comércio, tecnologia e tratamento dos bens públicos.

---

14 As emissões provêm da conversão de solos virgens em cultivos e da erosão do solo.

15 Esses 18% totalizam a contribuição estimada da pecuária às emissões em diversas categorias, tais como uso do solo, mudanças no uso do solo e silvicultura. Estão aí incluídas as emissões de gases de efeito estufa pela pecuária por meio de: mudanças no uso do solo (36%), gestão dos dejetos (31%), emissões diretas dos animais (25%), produção de ração (7%) e processamento e transporte (1%) (Steinfeld et al., 2006).

QUADRO 3.5 *Diversificação de produto e mercado: uma alternativa econômica e ecológica para pequenos agricultores nos trópicos*

Regiões tropicais enfrentam grandes desafios: a pobreza persistente das populações rurais (inclusive indígenas), a degradação de recursos naturais, a perda de biodiversidade e as consequências da mudança climática. A instabilidade de preços dos produtos tropicais no mercado internacional também afeta as economias locais. Muitos agricultores ao redor do mundo possuem seus próprios mecanismos de sobrevivência, mas os esforços para melhoria da subsistência e enfrentamento dos impactos antecipados da mudança climática exigirão instituições inovadoras e métodos criativos de geração de renda e segurança.

Uma estratégia que mostra grande potencial para o desenvolvimento de práticas inteligentes em termos climáticos é a diversificação de produtos agrícolas e agrossilvícolas. Essa estratégia permite que os agricultores garantam sua subsistência e mantenham um fluxo de produtos para venda ou troca no mercado local, independentemente de secas, pragas ou preços baixos no mercado internacional.

Consideremos pequenas plantações de café no México. Em 2001 e 2002, uma queda significativa no preço do café no mercado internacional fez que o preço do café no México ficasse abaixo dos custos de produção. A fim de socorrer os agricultores, o governo estadual de Veracruz aumentou o preço do café produzido na região por meiio da criação da "designação de origem de Veracruz" e do fornecimento de subsídios somente a produtores de café de alta qualidade em áreas a mais de 600 metros acima do nível do mar. Uma vez que essa política prejudicaria milhares de produtores situados nas áreas de menor qualidade, abaixo de 600 metros, o governo solicitou à Universidade Veracruzana alternativas para a monocultura de café.

Conseguiu-se apoio financeiro para a diversificação de terras produtivas das áreas baixas por emio do Fundo Comum para Commodities, das Nações Unidas, com o patrocínio e supervisão da Organização Internacional de Café. Esse programa teve início em dois municípios, com um grupo-piloto de 1.500 agricultores, moradores de comunidades remotas, de 25-100 famílias.

Anteriormente, muitos dos agricultores produziam café em um sistema de múltiplo cultivo, tendo a oportunidade de testar, em cada porção do terreno, diferentes configurações de espécies alternativas, madeireiras e herbáceas, de valor econômico e cultural: cedro espanhol e árvore de mogno de Honduras (para madeira e móveis), a seringueira do Panamá, canela, goiaba (como fruta e medicamento fitoterápico), pinhão-manso (alimento e biocombustível), pimenta da Jamaica, cacau, milho, baunilha, chile, maracujá, juntamente com o café. Todas as árvores, ervas e alimentos eram familiares na região, com exceção da árvore de canela. Existe um mercado vasto em potencial para a canela, que é geralmente importada. Os produtores estão aprendendo agora quais práticas e configurações possuem o melhor potencial de produção nesse novo sistema diversificado.

Uma das cooperativas agrupou diversos produtos agrícolas, com valores de mercado semelhantes mas com exposições diferentes ao clima, pragas e riscos de mercado. Os resultados preliminares mostram que esse agrupamento parece funcionar bem, melhorando a subsistência e aumentando a resiliência das comunidades. A cooperativa foi capaz de vender todos os tipos de produtos, muitos deles a preços mais altos do que antes do projeto. Além disso, nos primeiros dois anos, o projeto introduziu um milhão de árvores madeireiras nativas.

Os moradores locais relatam que as práticas reduziram a erosão e aumentaram a qualidade do solo, de forma a beneficiar o ecossistema adjacente e proteger contra possíveis inundações futuras, relacionadas à mudança climática.

Fonte: Contribuição de Arturo Gomez-Pompa.

---

na América Latina se destinarão à produção de biocombustíveis em 2030 (International Energy Agency, 2006).[16] Sob alguns cenários de redução da mudança climática, as projeções para além de 2030 sugerem que as terras alocadas para a produção de biocombustíveis ultrapassarão a marca de 2 bilhões de hectares em 2100, um número impressionante se considerarmos que os cultivos atuais cobrem "apenas" 1,6 bilhão de hectares. Esses cenários preveem que a maior parte da terra para essa produção de biocombustíveis em larga escala virá da conversão de florestas e pastos naturais (Gurgel; Reilly; Paltsev, 2008).

Se a demanda aumentar rapidamente, os biocombustíveis serão um fator importante nos mercados agrícolas, causando aumento no preço das *commodities*. Boa parte da demanda atual por culturas de biocombustíveis é estimulada por metas e subsídios governamentais e pelo elevado preço do petróleo. Sem apoio artificial, a competitividade dos biocombustíveis ainda é baixa, com exceção do etanol de cana-de-açúcar brasileiro. Também não está claro até que ponto os biocombustíveis reduzem as emissões de gases de efeito estufa, em razão dos combustíveis fósseis utilizados durante a produção e das emissões do desmatamento. Apesar do potencial dos biocombustíveis na redução de emissões de gases de efeito estufa, a economia líquida de carbono da geração atual de biocombustíveis tem sido questionada, levando-se em consideração os processos de produção e as mudanças de uso do solo

---

16 Essa estimativa pressupõe a manutenção das restrições comerciais atuais. Se houver modificação dessas restrições, principalmente aquelas relacionadas à importação de biocombustíveis nos Estados Unidos, poderá ocorrer uma grande transformação regional na produção.

associadas a eles. Além disso, a demanda por terra para biocombustíveis já compete com a preservação da biodiversidade. Portanto, é importante estabelecer parâmetros para a expansão dos biocombustíveis, de modo que outras metas ambientais não sejam comprometidas (Quadro 3.4). Uma contabilidade abrangente do ciclo de vida dos biocombustíveis, que inclui sua contribuição para a redução de emissões, além do uso associado de água e fertilizantes, poderá diminuir o ritmo das conversões de terra.

A segunda geração de biocombustíveis, atualmente em desenvolvimento, inclui algas, pinhão-manso, sorgo sacarino e salgueiro, e poderá diminuir a competição por terras destinadas à produção alimentícia, por meio do uso de menos terras ou terras marginais, embora alguns desses projetos também possam levar à perda de ecossistemas de pradarias e pastagens. As culturas perenes, com raízes mais profundas, tais como a gramínea *switchgrass*, são mais capazes de combater erosão do solo e perda de nutrientes, exigem menos nutrientes e sequestram maiores taxas de carbono do que as atuais culturas de biocombustível (National Research Council, 2007; Tilman; Hill; Lehman, 2006). Porém, a demanda hídrica dessas espécies pode impedir sua produção sustentável em regiões áridas. Mais pesquisas são necessárias para a melhoria de produtividade e de potencial de redução de emissões das gerações futuras de biocombustíveis.

Crescimento populacional, paladares mais carnívoros e mudança climática exigirão aumentos significativos de produtividade agrícola. A quantidade de terra necessária para alimentar a população mundial em 2050 dependerá bastante da quantidade de carne consumida. O consumo de carne é uma forma de obtenção de proteína que exige recursos intensivos: terra para pastagem e grãos para ração. As consequências desses recursos variam segundo o tipo de carne e como ela é produzida. A produção de 1 quilo de carne bovina pode utilizar até 15.000 litros de água, se produzida em confinamentos industriais nos Estados Unidos (Figura 3.3) (Beckett; Oltjen, 1993; Hoekstra; Chapagain, 2007).[17] A produção extensiva de gado de corte na África, por sua vez, exige apenas 146-300 litros por quilo, dependendo do clima (Peden; Tadesse; Mammo, 2004).[18] A produção de carne bovina também é intensiva em termos de gases de efeito estufa, mesmo se comparada à produção de outros tipos de carne, emitindo 16 quilos de CO_2 equivalente (CO_2e)

---

17 Pimentel et al. (2004) estimam 43.000 litros por quilo de carne bovina.
18 Nesse sistema, cada cabeça de gado consome 25 litros de água por dia durante dois anos, para produzir um peso de carcaça de 125 quilos, e consome resíduos de culturas que não exigem quantidades extras de água.

Figura 3.7 Simulação computadorizada de uso integrado do solo na Colômbia

Fonte: Fotografia de Walter Galindo, dos arquivos da Fundação Cipav (Centro para Pesquisas em Sistemas Sustentáveis de Produção Agropecuária), na Colômbia. A fotografia retrata a propriedade "La Sirena", na Cordilheira Central, no vale do Rio Cauca (Arango, 2003).

Nota: A primeira foto mostra a paisagem real. A segunda imagem é o resultado de computação gráfica e mostra como a área seria se a produtividade fosse aumentada com o uso de princípios de ecoagricultura. A elevada produtividade reduziria a pressão de pastejo sobre as encostas, protegendo os mananciais, sequestraria carbono através do florestamento e aumentaria o hábitat para a biodiversidade entre os campos.

para cada quilo de carne produzida (Figura 3.4) (Williams; Audsley; Sandars, 2006).[19]

Apesar das implicações em recursos, a demanda por carne deverá aumentar à medida que a população e a renda crescerem. A maior ingestão de carne beneficiará os consumidores mais pobres que necessitam da proteína e dosmicronutrientes (Randolph et al., 2007; Rivera et al., 2003). Entretanto, até 2050, espera-se que a produção de carne bovina, suína, de aves e de leite no mínimo duplique os níveis encontrados em 2000, para responder à demanda de populações maiores, mais saudáveis e mais urbanas (Delgado et al., 1999; Rosegrant et al., 2001; Rosegrant; Fernandez; Sinha, 2009; Thornton, 2009; World Bank, 2008e).

O planeta precisará satisfazer a crescente demanda por alimentos, fibra e biocombustíveis em condições climáticas mutáveis que reduzem os rendimentos, ao mesmo tempo que os ecossistemas que armazenam carbono e oferecem outros serviços essenciais são preservados. A obtenção de mais terras adequadas à produção agrícola é improvável. Estudos indicam que, em termos globais, a quantidade de terras adequadas à agricultura permanecerá a mesma até 2080,[20] visto que os aumentos de terras adequadas nas latitudes mais altas serão amplamente compensados por perdas nas latitudes mais baixas.

Assim sendo, será preciso que a produtividade agrícola (toneladas por hectare) seja aumentada. Os modelos variam, mas um dos estudos indica que serão necessários crescimentos anuais de 1,8% ao ano até 2055 – quase o dobro do 1% ao ano que seria necessário sob condições comerciais habituais (Figura 3.5) (Lotze-Campen et al., 2009). Isso significa que os rendimentos terão que ser mais do que duplicados em 50 anos. Uma vez que muitos dos principais produtores de alimentos, como a América do Norte, estão se aproximando de seus rendimentos máximos viáveis para os principais cereais (Cassman, 1999; Cassman et al., 2003), uma porção significativa desse crescimento na produtividade precisará ocorrer nos países em desenvolvimento. Isso significa não somente acelerar o crescimento da produtividade, mas também reverter a recente desaceleração: a taxa de crescimento da produtividade de todos os cereais nos países em desenvolvimento caiu de 3,9% ao ano entre 1961 e 1990 para 1,4% ao ano entre 1990 e 2007.[21]

A mudança climática exigirá terras agrícolas altamente produtivas e diversificadas

Ganhos de produtividade não poderão ocorrer em detrimento do solo, dos recursos hídricos e da biodiversidade. Com frequência, a agricultura intensiva causa danos aos sistemas naturais. Em geral, a agricultura altamente produtiva, tal como é praticada em grande parte do mundo desenvolvido, tem como base propriedades especializadas em um determinado alimento ou animal e a utilização intensiva de agroquímicos. Esse tipo de prática pode comprometer a qualidade e quantidade da água. Desde a década de 1960, o escoamento de fertilizantes causou um aumento exponencial do número de "zonas mortas" deficientes em oxigênio nas regiões costeiras: elas correspondem agora a cerca de 245.000 quilômetros quadrados, grande parte nos litorais dos países desenvolvidos (Mapa 3.4) (Diaz; Rosenberg, 2008). Além disso, a irrigação intensiva causa, com frequência, o acúmulo de sal nos solos, reduzindo a fertilidade e limitando a produção de alimentos. A salinização afeta hoje de 20 a 30 milhões dos 260 milhões de hectares de terras irrigadas do mundo (Schoups et al., 2005).

Faz-se essencial uma intensificação agrícola menos nociva ao meio ambiente, especialmente se considerarmos os problemas ambientais associados a um crescimento ainda maior da agricultura. Sem aumento de produtividade agropecuária por hectare, a pressão sobre os recursos do solo

---

19 Algumas outras fontes sugerem emissões mais altas para produção de carne – até 30 quilos de CO_2e por quilo de carne bovina produzida, por exemplo (Carlsson-Kanyama; Gonzales, 2009).

20 Um dos estudos estima que o total de terras agrícolas "boas" e "de primeira qualidade" disponíveis permanecerá praticamente inalterado em 2,6 bilhões e 2 bilhões de hectares, respectivamente, em 2080 comparado com a média durante 1961-1990 (com base no modelo climático HadCM3 do Hadley Centre e presumindo-se cenário de emissões muito altas, SRES A1F1) (Fischer; Shah;Velthuizen, 2002; Parry et al., 2004).

21 Calculado de Food and Agriculture Organization (2009c).

será intensificada à medida que as lavouras e pastagens se ampliarem sob uma produção extensiva. Desde meados do século XX, 680 milhões de hectares, ou 20% das terras de pastagem do mundo, foram degradados (Delgado et al., 1999). As conversões de terras em práticas agrícolas já reduziram a área de diversos ecossistemas de maneira significativa (Figura 3.6).

A Revolução Verde ilustra tanto os enormes benefícios do aumento de produtividade agrícola quanto as desvantagens quando a tecnologia não é apoiada por políticas e investimentos adequados de proteção dos recursos naturais. Novas tecnologias, associadas a investimentos em irrigação e em infraestrutura rural, duplicaram a produção de cereais na Ásia entre 1970 e 1995. O crescimento agrícola e a consequente queda nos preços de alimentos durante esse período levaram à quase duplicação da renda *per capita* real, e a população pobre caiu de cerca de 60% para 30%, mesmo a população tendo crescido 60% (Hazell, 2003). A América Latina também teve ganhos significativos. Na África, no entanto, infraestruturas precárias, altos custos de transporte, deficiência de investimentos em irrigação e políticas de preços e *marketing* que penalizavam os agricultores impediram a adoção de novas tecnologias (Hazell, 2003; Rosegrant; Hazell, 2000). Apesar de seu sucesso no geral, em muitas partes da Ásia, a Revolução Verde foi acompanhada por danos ambientais decorrentes do uso excessivo de fertilizantes, pesticidas e água. Subsídios perversos e políticas de preço e comércio que incentivavam as monoculturas de arroz e trigo e o amplo uso de insumos contribuíram para esses problemas ambientais (Pingali; Rosegrant, 2001).

QUADRO 3.6 *Culturas biotecnológicas poderão ajudar os agricultores a se adaptar à mudança climática*

A seleção convencional e o melhoramento de plantas produziram variedades modernas e altos ganhos em produtividade. No futuro, espera-se que a combinação de melhoramento de plantas e seleção de características desejáveis por meio de técnicas de modificação genética seja a maior contribuidora na produção de cultivares mais adaptados a pragas, secas e outras condições ambientais adversas decorrentes da mudança climática.

Diversas variedades com características geneticamente modificadas têm sido amplamente comercializadas nos últimos 12 anos. Estima-se que 114 milhões de hectares tenham sido cultivados com variedades transgênicas em 2007, a maioria delas com características de resistência a insetos e tolerância a herbicidas. Mais de 90% dessa área de cultivo pertenceu a quatro países apenas: Argentina, Brasil, Canadá e Estados Unidos. Essas tecnologias reduzirão de modo significativo a poluição ambiental, aumentarão a produtividade das lavouras, tornarão os custos de produção menores e reduzirão as emissões de óxido nitroso. Até o presente momento, programas de melhoramento bem-sucedidos produziram variedades de alimentos, como a mandioca e o milho, capazes de resistir a diversas pragas e doenças, além de cultivares de soja, canola, algodão e milho tolerantes a herbicidas. Agricultores que cultivam alimentos geneticamente modificados (GM) para a resistência a insetos puderam reduzir a quantidade de pesticidas usada e o número de ingredientes ativos nos herbicidas aplicados.

Os genes que influenciam o rendimento agrícola de maneira direta e aqueles relacionados à adaptação a vários tipos de estresse já foram identificados e estão sendo avaliados no campo. As novas variedades poderão aprimorar a forma como as culturas suportam ofertas incertas de água e possivelmente aperfeiçoar o modo como elas convertem água. A criação de plantas capazes de sobreviver por períodos de seca mais longos será ainda mais crucial para a adaptação à mudança climática. Experimentos e testes a campo preliminares com alimentos GM sugerem que é possível conseguir progresso sem interferir na produtividade durante períodos úmidos, o que se mostra um conflito de escolhas problemático no caso de variedades tolerantes à seca desenvolvidas por meio do melhoramento tradicional. Milho tolerante a secas está prestes a ser comercializado nos Estados Unidos e está sendo desenvolvido para as condições africanas e asiáticas.

Os alimentos GM, entretanto, são polêmicos, e é preciso lidar com questões de segurança e aceitação pública. As preocupações do público em geral consistem em questões éticas da alteração proposital de material genético, assim como os possíveis riscos à segurança alimentar e ao meio ambiente. Após mais de 10 anos de experiência, não há registros de impactos negativos sobre a saúde humana resultantes de alimentos GM; ainda assim, a aceitação popular é baixa. Entre os riscos ambientais, há a possibilidade de polinização cruzada entre plantas GM e parentes selvagens, gerando ervas daninhas mais resistentes a doenças e permitindo a rápida evolução de novos biótipos de pragas adaptadas às culturas GM. No entanto, evidências científicas e 10 anos de uso comercial mostram que medidas de proteção, quando necessárias, podem prevenir o desenvolvimento de resistência em determinadas pragas e os danos ambientais do cultivo de alimentos transgênicos, tais como a transferência genética aos parentes selvagens. A biodiversidade agrícola pode ser diminuída se um pequeno número de cultivares GM substituir as variedades tradicionais, mas esse risco também está presente no melhoramento convencional. Os impactos sobre a biodiversidade podem ser reduzidos pela introdução de diversas variedades de cada alimento GM, como na Índia, onde existem mais de 110 variedades do algodão Bt (*Bacillus thuringiensis*). Embora o histórico dos alimentos GM seja favorável, é essencial estabelecer sistemas regulatórios de biossegurança, de base científica, para que os riscos e benefícios possam ser avaliados caso a caso, comparando os riscos potenciais com tecnologias alternativas e levando em consideração a característica genética específica e o contexto agroecológico para sua utilização.

Fonte: Benbrook (2001), Food and Agriculture Organization (2005), Gruere, Mehta-Bhatt e Sengupta (2008), James (2000), James (2007, 2008) Normile (2006), Phipps e Park (2002) Rosegrant, Cline e Valmonte-Santos (2007), World Bank (2007c).

QUADRO 3.7 *Biocarvão poderá sequestrar carbono e aumentar a produtividade em grande escala*

Cientistas que investigaram alguns solos com fertilidade atípica da Bacia Amazônica descobriram que o solo havia sido alterado por antigos processos de produção de carvão. Os povos indígenas queimavam biomassa úmida (resíduos de culturas e esterco) a baixas temperaturas e na ausência quase completa de oxigênio. O resultado era um sólido parecido com carvão, de conteúdo carbônico altíssimo, chamado biocarvão. Os cientistas reproduziram, em diversos países, esse processo em instalações industriais modernas.

O biocarvão parece ser altamente estável no solo. Estudos sobre a viabilidade técnica e econômica dessa técnica estão em andamento, e alguns resultados indicam que o biocarvão pode aprisionar carbono no solo por centenas ou até milhares de anos, enquanto outros sugerem que os benefícios são bem menores em alguns tipos de solo. De qualquer maneira, o biocarvão pode sequestrar carbono que, do contrário, seria liberado na atmosfera através de queima ou decomposição.

Assim sendo, o biocarvão pode apresentar alto potencial de redução de carbono. Para se ter ideia da escala, nos Estados Unidos, os resíduos de biomassa agrícola e florestal, além da biomassa que poderia ser cultivada em terras atualmente ociosas, forneceriam material suficiente para o país sequestrar 30% de suas emissões de combustíveis fósseis, utilizando essa técnica. O biocarvão também pode aumentar a fertilidade do solo. Ele se liga a nutrientes e poderia, portanto, ajudar a regenerar terras degradadas e reduzir a necessidade de fertilizantes artificiais, o que diminuiria a poluição de rios e córregos. O potencial existe. Porém, há dois desafios: demonstrar as propriedades químicas e desenvolver mecanismos para o emprego em larga escala.

São necessárias pesquisas em diversas áreas, inclusive metodologias de medição do potencial de sequestro de carbono em longo prazo do biocarvão, análise de riscos ambientais, comportamento do biocarvão em tipos diferentes de solo, viabilidade econômica e os potenciais benefícios em países em desenvolvimento.

Fontes: Lehmann (2007a, 2007b), Sohi et al. (2009), Wardle, Nilsson e Zackrisson (2008) e Wolf (2008).

Práticas agrícolas resilientes ao clima exigem diversificadas fontes de renda, escolhas de produção e materiais genéticos. A mudança climática tornará o planeta menos previsível. Com maior frequência, lavouras não vingarão. Uma maneira de se proteger contra as incertezas é diversificar, em todos os níveis (Quadro 3.5). O primeiro tipo de diversificação se refere às fontes de renda, inclusive fora da agricultura (Reardon et al., 1998). À medida que as propriedades rurais se tornam menores e os preços de insumos se elevam, os agricultores terão que fazê-lo, de qualquer forma. De fato, na maior parte da Ásia, os minifundiários e trabalhadores sem terra recebem, em geral, mais de metade da renda familiar total por meio de fontes não agrícolas (Rosegrant; Hazell, 2000).

A segunda possibilidade de diversificação diz respeito ao aumento dos tipos de produção na propriedade rural. As oportunidades de mercado para a diversificação de cultivos estão em expansão em muitas regiões com intensas práticas agrícolas, como resultado de mercados de exportação mais abertos e das demandas nacionais entusiásticas das economias em franco crescimento, em especial na Ásia e na América Latina (ibidem). Nessas regiões, os agricultores poderão diversificar para pecuária, horticultura e produção agrícola especializada.[22] Em geral, essas atividades garantem altos retornos por unidade de terra e são caracterizadas por trabalho intensivo, o que as faz adequadas aos minifúndios.

O terceiro tipo de diversificação consiste no aumento da variabilidade genética de determinados cultivares. A maioria das variedades de alto rendimento em uso nas propriedades agrícolas mais produtivas foi desenvolvida sob a suposição de que o clima variava dentro de uma margem estável e os cientistas buscavam sementes cada vez mais homogêneas. No entanto, em um clima mutável, os agricultores não podem mais depender de meia dúzia de variedades que funcionam sob um leque restrito de condições ambientais. Eles precisarão que cada lote de sementes contenha material genético capaz de lidar com as mais diversas condições climáticas. A cada ano, algumas plantas florescerão independentemente do clima daquele ano. Ao longo dos anos, a média de produtividade de sementes diversificadas

---

22 Um tipo de produto agrícola especializado são os chamados alimentos funcionais. Esses produtos consistem em alimentos sólidos ou bebidas que influenciam as funções corporais e oferecem benefícios à saúde, bem-estar ou melhora de desempenho que vão além do seu valor nutricional comum. Entre eles, estão os alimentos antioxidantes, tais como guaraná e açaí, "arroz de ouro", enriquecido com vitamina A, batata-doce, laranja, margarina enriquecida com fitosteróis para controle do colesterol e ovos com elevada composição de ácidos graxos ômega 3 para saúde cardiovascular (Kotilainen et al., 2006).

será maior do que a de sementes uniformes, mesmo se os rendimentos em um ano "normal" forem menores.

Experimentos utilizando práticas-padrão de cultivo indicam que, sob concentrações aumentadas de CO_2 e temperaturas mais elevadas (segundo projeções do Painel Intergovernamental sobre Mudança Climática para 2050), variedades mais antigas de trigo e cevada podem crescer mais rapidamente e apresentar vantagem sobre variedades mais contemporâneas introduzidas no final do século XX (Ziska, 2008). Além disso, os parentes selvagens dos cultivares atuais contêm material genético que pode ser útil para tornar as variedades comerciais mais adaptáveis a condições instáveis. Temperaturas e níveis de CO_2 elevados exercem um efeito mais positivo sobre algumas ervas daninhas do que em seus parentes cultivados (Christopher, 2008). O material genético das ervas daninhas pode, portanto, ser usado para o melhoramento de cultivares comerciais, de modo a produzir variedades mais resilientes (Ziska; McClung, 2008).

Terras produtivas podem integrar a biodiversidade. Apesar de as áreas de preservação serem a pedra fundamental da proteção ambiental, elas não serão suficientes para resguardar a biodiversidade diante da mudança climática (ver Foco B sobre bioversidade). A rede mundial de preservação praticamente quadruplicou entre 1970 e 2007 e passou a cobrir aproximadamente 12% das terras do planeta (World Conservation Monitoring Centre, 2008),[23] mas até mesmo isso é insuficiente para a preservação da biodiversidade. A fim de representar de forma adequada as espécies em reservas, ao mesmo tempo determinando uma grande proporção de suas extensões geográficas, a África teria que proteger 10% a mais de suas terras, quase o dobro da proteção atual (Gaston et al., 2008). Por possuírem posição geográfica fixa e, muitas vezes, serem isoladas por causa da destruição de hábitats, as reservas são mal-equipadas para acomodar mudanças de extensão das espécies decorrentes da mudança climática. Um estudo sobre áreas de proteção na África do Sul, no México e na Europa Ocidental estima que de 6% a 20% das espécies podem ser perdidas até 2050 (Hannah et al., 2007). As reservas de terra existentes também se encontram sob ameaça, em razão das pressões econômicas futuras e dos sistemas regulatórios e de cumprimento da lei frequentemente precários. Em 1999, a União Internacional para Conservação da Natureza determinou que menos de um quarto das áreas de proteção de 10 países em desenvolvimento era administrado de maneira adequada e que mais de 10% das áreas de proteção já estavam vastamente degradadas (Dudley; Stolton, 1999). Pelo menos 75% das áreas de preservação florestal constantes do levantamento na África não possuíam financiamentos em longo prazo, mesmo contando com doadores internacionais para 94% desses financiamentos (Struhsaker, Struhasaker; Siex, 2005).

Uma abordagem de uso do solo de escala biogeográfica pode incentivar uma maior biodiversidade fora das áreas de proteção, o que é essencial para comportar mudanças dos ecossistemas, dispersão de espécies e promoção dos serviços ambientais. A esfera da ecoagricultura é um campo promissor (Scherr; McNeely, 2008; McNeely; Scherr, 2003). A ideia é aumentar a produtividade agropecuária e, ao mesmo tempo, preservar a biodiversidade e melhorar as condições ambientais das terras adjacentes. Por meio dos métodos da ecoagricultura, os produtores podem aumentar o rendimento agrícola e reduzir seus custos, diminuir a poluição e criar hábitats para a biodiversidade (Figura 3.7).

Políticas eficazes de preservação da biodiversidade conferem aos produtores fortes incentivos para minimizarem a conversão de áreas naturais em terras agrícolas e para protegerem ou até ampliarem os hábitats de qualidade em suas terras. Outra opção consiste em incentivos para desenvolver corredores e redes ecológicas entre áreas de proteção e outros hábitats. Estudos na América do Norte e na Europa mostram que terras desviadas da produção agrícola convencional (*set-asides*) inevitavelmente aumentam a biodiversidade (van Buskirk; Willi, 2004).

Práticas agrícolas que trabalham em conjunto com a biodiversidade apresentam, com

---

23 Nos oceanos, a parcela total de áreas sob proteção é ainda mais irrisória. Aproximadamente 2,58 milhões de quilômetros quadrados (ou 0,65% dos oceanos do planeta e 1,6% da área marítima total dentro de Zonas Econômicas Exclusivas) são zonas de proteção marinha (Laffoley, 2008).

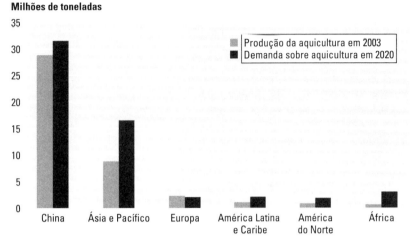

Figura 3.8 A demanda sobre a aquicultura se elevará, principalmente na Ásia e na África

Fonte: De Silva e Soto (2009).

frequência, muitos cobenefícios, tais como a redução da vulnerabilidade a desastres naturais, aumento da produtividade e da renda da propriedade rural e resiliência à mudança climática. Durante o Furacão Mitch, em 1998, as propriedades que empregavam práticas eco-agrícolas sofreram 58%, 70% e 99% menos danos em Honduras, Nicarágua e Guatemala, respectivamente, do que propriedades de técnicas convencionais (McNeely; Scherr, 2008). Na Costa Rica, quebra-ventos e cercas vegetativas impulsionaram a renda dos agricultores, provenientes do pasto e do café, ao mesmo tempo aumentando a diversidade de pássaros (Chan; Daily, 2008). Na Zâmbia, a utilização de árvores leguminosas[24] e culturas de cobertura herbácea em áreas melhoradas de pousio aumentou a fertilidade do solo, suprimiu ervas daninhas e controlou a erosão, quase triplicando a renda líquida anual das propriedades (McNeely; Scherr, 2003). A polinização de abelhas é mais eficaz quando as terras agrícolas se localizam próximo ao seu hábitat natural ou seminatural (Ricketts et al., 2008), uma descoberta importante, uma vez que 87 das 107 principais culturas agrícolas mundiais dependem de polinizadores animais (Klein et al., 2007). Sistemas de cultivo de café à sombra podem proteger a lavoura contra temperaturas e estiagens extremas (Lin; Perfecto; Vandermeer, 2008).

24 Árvores leguminosas possuem nódulos resultantes da simbiose com rizóbios, que fixam nitrogênio atmosférico e, assim, aumentam a carga de nutrientes nas plantas e no solo.

Na Costa Rica, Nicarágua e Colômbia, sistemas silvopastoris, que integram árvores e pastos, estão ampliando a sustentabilidade da produção de gado e diversificando e aumentando a renda dos produtores (World Bank, 2008a). Esses sistemas serão de especial utilidade como adaptação à mudança climática, visto que as árvores retêm sua folhagem na maioria das secas e podem fornecer forragem e sombra, estabilizando a produção de leite e de carne. Elas também podem melhorar a qualidade da água. Produção e rendas agrícolas podem caminhar juntas com a preservação da biodiversidade. De fato, ecossistemas intactos, em muitos casos, geram mais receita do que os convertidos. A gestão de 2,2 milhões de hectares de floresta em Madagáscar custará US$ 97 milhões em 15 anos, se forem considerados os benefícios econômicos perdidos que a ilha teria tido se a terra tivesse sido convertida em agricultura. Porém, os benefícios da floresta bem-administrada (metade dos quais são decorrentes da proteção de mananciais e erosão reduzida do solo) foram avaliados entre US$ 150 milhões e US$ 180 milhões ao longo do mesmo período (ibidem).

Décadas de experiência na área de desenvolvimento mostram a dificuldade, na prática, de proteger hábitats para a biodiversidade. No entanto, novos esquemas estão surgindo para conferir fortes incentivos financeiros aos proprietários de terras para que deixem de converter as terras. Entre eles, estão formas de gerar receita dos serviços que os ecossistemas oferecem à sociedade (ver Foco B), servidões ambientais (pagamentos aos proprietários de terras em atenção especial para deixar de utilizá-las para produção)[25] e direitos negociáveis de desenvolvimento.[26]

25 Dos US$ 6 bilhões gastos a cada ano em reservas e servidões ambientais, um terço ocorre nos países em desenvolvimento (Scherr; McNeely, 2008).
26 Um sistema de zoneamento típico para conservação permite desenvolvimento em algumas áreas e o limita nas áreas de preservação. Direitos de desenvolvimento negociáveis são uma alternativa ao simples zoneamento e permitem permutabilidade entre áreas para o alcance das metas de conservação, além de oferecerem incentivos de conformidade. Alguns proprietários concordam com os limites de desenvolvimento, ou seja, restrições aos seus direitos de propriedade, em troca de

A mudança climática exigirá adoção mais rápida de tecnologias e métodos para aumentar a produtividade, suportar a mudança climática e reduzir emissões

Diversas opções deverão ser buscadas ao mesmo tempo para aumentar a produtividade. Pesquisas e extensão agrícolas foram mal financiadas na última década. A parcela de auxílio oficial ao desenvolvimento da agricultura caiu de 17% em 1980 para 4% em 2007 (World Bank, 2008c), a despeito de estimativas de que são altas as taxas de retorno sobre investimento em pesquisa e extensão agrícola (30%-50%) (Alston et al., 2000; World Bank, 2007c). As despesas públicas em pesquisa e desenvolvimento (P&D) agrícolas em países de baixa e média renda registraram aumentos lentos desde 1980, de US$ 6 bilhões em 1981 para US$ 10 bilhões em 2000 (medidos em 2005 com compra de dólares de energia), e os investimentos privados permanecem como uma pequena parcela (6%) da pesquisa e desenvolvimento agrícolas nesses países (Beintema; Stads, 2008). Será preciso reverter essas tendências se as sociedades quiserem satisfazer as necessidades por alimento.

A recém-concluída Avaliação Integrada de Conhecimento, Ciência e Tecnologia Agrícolas para o Desenvolvimento (Integrated Assessment of Agricultural Knowledge, Science and Tecnology dor Development) mostrou que um desenvolvimento agrícola de sucesso sob mudança climática exigirá uma combinação entre métodos novos e aqueles existentes (IAASTD, 2009). Em primeiro lugar, os países podem explorar o conhecimento tradicional dos agricultores. Esse conhecimento incorpora adaptações locais específicas e opções de gestão de risco de grande riqueza e que podem ser empregadas de forma mais ampla. Em segundo lugar, políticas que propõem mudanças nos preços relativos que os agricultores enfrentam possuem grande potencial para incentivar práticas que auxiliarão o planeta a se adaptar à mudança climática (pelo aumento de produtividade) e atenuá-la (pela redução de emissões agrícolas).

Em terceiro lugar, práticas agrícolas novas ou não convencionais podem aumentar a produtividade e reduzir as emissões de carbono. Os produtores estão começando a adotar a "agricultura de conservação", que envolve cultivo mínimo (em que as sementes são introduzidas com transtorno mínimo do solo, e a cobertura de resíduos na superfície do solo é de, no mínimo, 30%), retenção de resíduos de cultivo e rotação de culturas. Esses métodos de cultivo podem aumentar a produção (Blaise; Majumdar; Tekale, 2005; Govaerts; Sayre; Deckers, 2005; Kosgei et al., 2007; Su et al., 2007), controlar a erosão do solo e o escoamento (Thierfelder; Amezquita; Stahr, 2005; Zhang et al., 2007), aumentar a eficiência da água e da captação de nutrientes (Franzluebbers, 2002), reduzir os custos de produção e, muitas vezes, sequestrar carbono (Govaerts et al., 2009).

Em 2008, 100 milhões de hectares (ou cerca de 6,3% das terras aráveis mundiais) foram manejados com cultivo mínimo, em torno do dobro de hectares de 2001 (Derpsch; Friedrich, 2009). A maior parte ocorreu em países desenvolvidos, uma vez que as técnicas requerem alto uso de equipamentos e não foram modificadas para as condições na Ásia e na África (Derpsch, 2007; Hobbs; Sayre; Gupta, 2008). O cultivo mínimo também torna o controle de ervas daninhas, pragas e doenças mais complexo, de forma a exigir administração adequada (World Bank, 2005).

Todavia, nos cultivos de arroz e trigo da planície dos rios Indo e Ganges, na Índia, os agricultores adotaram aragem zero em 1,6 milhão de hectares em 2005 (Derpsch; Friedrich, 2009; Erenstein; Laxmi, 2008). Em 2007 e 2008, estimou-se que 20%-25% do trigo em dois Estados indianos (Haryana e Punjab) foram cultivados sob cultivo mínimo, correspondendo a 1,26 milhão de hectares (Erenstein, 2009). A produção aumentou em 5%-7% e os custos caíram para US$ 52 por hectare (Erenstein et al., 2008). Aproximadamente 45% das lavouras no Brasil são manejadas utilizando essas práticas (Torre, Fajnzylber; Nash, 2008). O emprego de cultivo mínimo deverá continuar a crescer,

---

pagamentos. Por exemplo, uma lei governamental pode prever que 20% de cada propriedade privada devam ser mantidos como floresta natural. Os proprietários de terra só poderiam desflorestar além do limite de 20% se comprassem de outros proprietários que mantivessem florestadas mais de 20% de suas terras e vendessem os direitos de desenvolvimento desse "excedente", que passaria a ter, de modo irreversível, *status* de reserva florestal (Chomitz, 2004).

QUADRO 3.8 Os decisores políticos do Marrocos enfrentam conflitos de escolha na importação de cereais

Tendo restrições hídricas graves e uma população em crescimento, o Marrocos importa metade dos seus cereais. Mesmo sem mudança climática, para manter as importações de cereais a, no máximo, 50% da demanda sem aumentar o uso de água, o Marrocos teria que realizar algumas melhorias técnicas para alcançar uma combinação de duas opções: 2% a mais de produção por unidade de água alocada para os cereais irrigados ou 1% a mais de produção por unidade de terra em áreas de sequeiro (linha mais escura na figura).

Se acrescentarmos os efeitos das temperaturas mais altas e precipitações reduzidas, a tarefa se torna ainda mais desafiadora: o progresso tecnológico precisará ser 22%-33% mais veloz do que sem a mudança climática, dependendo dos instrumentos de política selecionados (linha cinza escura na figura). Porém, se o país deseja se proteger melhor contra choques climáticos internos à agricultura e contra os choques de preços de mercado e decidir aumentar a parcela do seu consumo que é produzida internamente, de 50% para 60%, será preciso que aumente a eficiência da água em 4% ao ano para a agricultura irrigada ou em 2,2% para áreas de sequeiro, ou qualquer combinação intermediária (linha laranja). Em outras palavras, uma resposta firme à mudança climática pode obrigar o Marrocos a implementar melhorias técnicas de forma 100% a 140% mais rápida do que seria necessário sem a mudança climática. A redução das importações líquidas só seria atingida se o Marrocos obtivesse ganhos internos de eficiência muito mais altos.

Fonte: Word Bank (no prelo [a]).

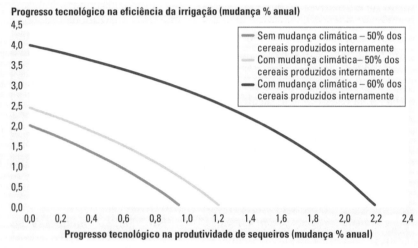

Alcance de autossuficiência de cereais sem aumento do uso da água no Marrocos

especialmente se a técnica se tornar elegível para pagamentos por sequestro de carbono do solo em mercados de conformidade.

A biotecnologia poderia constituir uma abordagem revolucionária da forma como se lida com os conflitos de escolha entre o estresse de recursos hídricos e do solo e a produtividade agrícola. Isso porque ela poderia aumentar a produtividade, ampliar a adaptação de espécies às intempéries, como secas e calor excessivo, reduzir a emissão de gases de efeito estufa, diminuir o emprego de pesticidas e herbicidas e modificar plantas para se tornarem melhores matérias-primas de biocombustível (Quadro 3.6). Contudo, é baixa a probabilidade do uso de melhoramento genético para influenciar a produtividade dos recursos hídricos em curto prazo (Passioura, 2006).

Práticas agrícolas inteligentes em termos climáticos melhoram a subsistência em área rurais e, ao mesmo tempo, trazem redução e adaptação à mudança climática. Novas variedades de alimentos, extensas rotações de culturas (em especial para cultivos perenes), uso reduzido de áreas de pousio, agricultura de conservação, culturas de cobertura e biocarvão podem aumentar o armazenamento de carbono (Quadro 3.7). A drenagem dos arrozais, no mínimo uma vez durante a estação de crescimento, e a aplicação de resíduos de palha de arroz no solo na estação de descanso poderiam reduzir as emissões de metano em 30% (Yan et al., 2009). As emissões de metano da pecuária também podem ser diminuídas por meio do uso de rações de maior qualidade, de estratégias de alimentação mais precisas e melhores práticas de pastejo (Thornton, 2009). Uma melhor gestão da pastagem poderia, por si só, atingir cerca de 30% das reduções potenciais de gases de efeito estufa da agricultura (1,3 gigatonelada de CO_2e ao ano até 2030, em 3 bilhões de hectares ao redor do mundo) (Smith et al., 2009).

À medida que os países intensificam a produção agrícola, os impactos ambientais das práticas de aumento da fertilidade do solo virão à tona (Doraiswamy et al., 2007; Perez et al, 2007; Singh, 2005). O mundo

Mapa 3.5 O comércio mundial de grãos depende da exportação de alguns poucos países

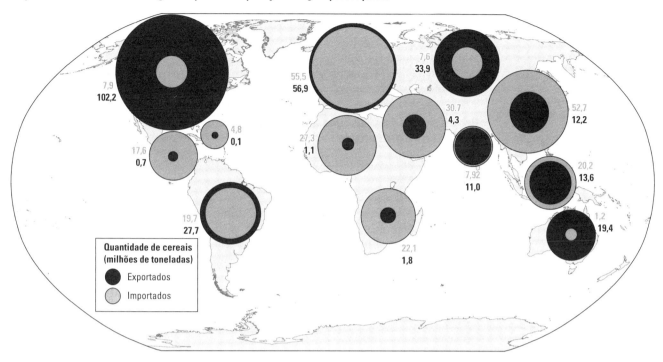

Fonte: Food and Agriculture Organization (2009c).
Nota: Exportações e importações anuais baseadas na média de quatro anos (2002-2006).

desenvolvido e muitos lugares na Ásia e na América Latina poderão diminuir o uso de fertilizantes para reduzir tanto as emissões de gases de efeito estufa quanto o escoamento de nutrientes, que causa danos aos ecossistemas aquáticos. A modificação da taxa e do calendário de aplicações de fertilizantes reduz as emissões de óxido nitroso de micro-organismos do solo. O nitrogênio de liberação lenta[27] aumenta a eficiência (rendimentos por unidade de nitrogênio), mas tem-se mostrado, até o momento, caro demais para muitos dos produtores de países em desenvolvimento (Singh, 2005). Novos inibidores biológicos, que diminuem a volatilização do nitrogênio, podem alcançar muitas das mesmas metas com um custo mais baixo. Eles deverão ter popularidade entre os agricultores, uma vez que não exigem trabalho agrícola extra e também requerem pouca mudança no gerenciamento (ibidem). Se produtores e agricultores receberem incentivos para empregarem as novas tecnologias em fertilizantes e utilizá-los de forma eficiente, muitos países poderão manter o crescimento agrícola mesmo ao reduzir as emissões e a poluição da água.

Na África subsaariana, no entanto, a fertilidade natural do solo é baixa, o que faz que os países não possam evitar o uso de mais fertilizantes inorgânicos. Programas integrados de gestão adaptativa, com monitoramento e testes locais específicos, podem reduzir o risco de fertilização excessiva. Porém, esses programas ainda são raros na maioria dos países em desenvolvimento, por falta de investimentos públicos suficientes em pesquisa, extensão e serviços de informação necessários para sua implementação efetiva – um tema recorrente neste capítulo.

Parte do alcance do aumento necessário em produtividade agrícola nos países em desenvolvimento e de políticas sólidas sobre fertilizantes envolve medidas para tornar os fertilizantes acessíveis aos produtores mais pobres Poulton; Kydd; Dorward, 2006; Dorward et al., 2004; Pender; Mertz, 2006). Envolve também programas mais abrangentes, tais como o programa de Promoção de Insumos Agrícolas no Quênia, que conta com empresas locais e subsidiárias de empresas de sementes internacionais para aperfeiçoar os insumos agrícolas (por meio

---

27 Tais como a introdução profunda de briquetes ou supergrânulos de ureia.

da formulação de fertilizantes feitos de minerais disponíveis na região, do fornecimento de variedades de sementes melhoradas e da distribuição de fertilizantes em áreas rurais) e promover práticas agronômicas sadias (aplicação correta de fertilizantes, gestão do solo e controle eficaz de ervas daninhas e pragas).

Produzir mais e proteger melhor na pesca e na aquicultura

Os ecossistemas marinhos terão que suportar estresses no mínimo tão grandes quanto os enfrentados em terra

Os oceanos absorveram cerca de metade das emissões antropogênicas liberadas desde 1800 (Hofmann; Schellnhuber, 2009; Sabine et al., 2004) e mais de 80% do calor do aquecimento global (Hansen et al., 2005). O resultado é um oceano em aquecimento e acidificação, sofrendo mudanças a um ritmo sem precedentes, com impactos por todo o ambiente aquático (ver Foco A sobre a ciência da mudança climática) (Food and Agriculture Organization, 2009e).

A gestão com base no ecossistema pode ajudar a coordenar uma resposta eficaz dos sistemas de pesca em crise. Mesmo sem mudança climática, entre 25% e 30% dos estoques marinhos de peixe estão superexplorados, em depleção ou se recuperando de depleção, ficando aquém do seu potencial máximo de produtividade. Por volta de 50% dos estoques se encontram sob máxima ou quase máxima exploração e gerando pesca nos limites de sustentabilidade, sem espaço para expansão. A proporção de estoques subexplorados ou em exploração moderada caiu de 40% em meados da década de 1970 para 20% em 2007 (ibidem). É possível obter mais de cada peixe pescado – por exemplo, por meio da redução da pesca não intencional, estimada em um quarto da captura mundial de peixes (Delgado et al., 2003). É provável que o potencial máximo da pesca nos oceanos tenha sido atingido e somente práticas mais sustentáveis possam manter a produtividade no setor (Food and Agriculture Organization, 2009e).

A gestão com base no ecossistema, a qual considera o ecossistema como um todo, e não apenas uma única espécie ou local, e reconhece os seres humanos como elementos integrais do sistema, pode proteger, de forma eficaz, a estrutura, o funcionamento e os principais processos dos ecossistemas costeiros e marinhos (Arkema; Abramson; Dewsbury, 2006). As políticas do setor devem abranger: administração das costas, gestão com base na área local, zonas de proteção marinha, limites sobre a pesca e execução das leis costeiras, de zoneamento, licenciamento e equipamentos. A gestão eficaz dos ecossistemas marinhos também compreende atividades de gestão em terra, a fim de minimizar episódios de eutrofização que causam estresse sobre ecossistemas marinhos, como os recifes de corais em diversas partes do mundo (Smith; Gilmour; Heyward, 2008). O valor econômico de recifes de corais pode ser muito maior do que o da agricultura que causou o problema (Gordon, 2007).

Alguns países em desenvolvimento já possuem histórias de sucesso. Um programa nos recifes de Danajon Bank, nas Filipinas, começou a aumentar a biomassa de peixes acima dos níveis históricos (Armada; White; Christie, 2009). De fato, alguns países em desenvolvimento implementam a gestão com base no ecossistema de forma mais eficaz do que muitos países desenvolvidos (Pitcher et al., 2009). A mudança climática criará novas pressões (um aumento esperado nos preços de alimentos, demanda aumentada por proteína de peixe e a necessidade de proteger os ecossistemas marinhos) que poderão obrigar os governos a implementar reformas há muito preconizadas. Entre elas, estão a limitação da pesca a níveis sustentáveis e a eliminação de subsídios perversos, os quais alimentam a sobrecarga das frotas pesqueiras (Organisation for Economic Co-operation and Development, 2008; World Bank, 2008d). O número de navios de pesca construídos a cada ano corresponde a menos de 10% da quantidade no final dos anos 1980, mas a questão da sobrecarga ainda é um problema (Food and Agriculture Organization, 2009e). O custo total da má governança de estações de pesca marinha foi estimado em US$ 50 bilhões ao ano (World Bank, 2008d). Cotas de pesca com base em direitos podem trazer incentivos individuais e comunitários para práticas sustentáveis. Esses esquemas conferem direitos a diversas formas de acesso dedicado, inclusive pescas comunitárias e imposição de cotas de pesca individuais (Costello; Gaines; Lynham, 2008; Hardin, 1968; Hilborn, 2007a, 2007b).

Mapa 3.6 Países desenvolvidos possuem mais pontos de coleta de dados e séries temporais mais longas de dados de monitoramento de água

Fonte: Dados de distribuição mundial e de cobertura das séries temporais fornecidos pelo Global Runoff Data Center (Centro de Dados Globais de Escoamento).
Nota: O mapa mostra as estações de monitoramento de descargas que fornecem informações sobre os escoamentos de rios.

A aquicultura ajudará a satisfazer a demanda crescente por alimento

Peixes e crustáceos representam hoje cerca de 8% da proteína animal consumida no mundo (Food and Agriculture Organization, 2009c).[28] Com a população mundial crescendo a uma taxa de 78 milhões de pessoas ao ano (United Nations, 2009), a produção de peixes e crustáceos precisa ter um aumento de cerca de 2,2 milhões de toneladas ao ano para manter o consumo anual atual de 29 quilos por pessoa (Food and Agriculture Organization, 2009c – dados de 2003). Se o estoque de peixes para pesca não se recuperar, somente a aquicultura poderá preencher a demanda futura (Food and Agriculture Organization, 2009e).

A aquicultura contribuiu com 46% da oferta mundial de peixes em 2006 (ibidem), com uma média de crescimento anual (7%) que ultrapassou o crescimento populacional das últimas décadas. A produtividade de algumas espécies aumentou de forma exponencial, derrubando os preços e expandindo mercados (World Bank, 2006). Países em desenvolvimento, em especial na região da Ásia e do Pacífico, dominam a produção. De todo o peixe consumido na China, 90% é proveniente de aquicultura (De Silva; Soto, 2009).

Prevê-se o aumento de demanda sobre a aquicultura (Figura 3.8), mas a mudança climática afetará sua estrutura operacional ao redor do mundo. Aumento do nível do mar, tempestades mais severas e intrusão de água salgada nos principais deltas de rios tropicais prejudicarão a aquicultura, que se baseia em espécies com baixa tolerância à salinidade, tais como o bagre do Delta Mekong. Temperaturas mais altas na água de zonas temperadas também podem exceder a faixa ideal de temperatura das espécies cultivadas. Além disso, à medida que as temperaturas aumentam, as doenças que afetam a aquicultura deverão sofrer aumento, tanto em incidência quanto em impacto (ibidem).

Espera-se que a aquicultura cresça a uma taxa de 4,5% ao ano entre 2010 e 2030 (Food and Agriculture Organization, 2004a). Porém, o crescimento sustentável do setor

---

28 Peixes e crustáceos incluem os peixes e animais invertebrados de água salgada e de água doce. A proteína animal total inclui peixes e crustáceos e toda carne de animais terrestres, leite e outros produtos de origem animal – dados de 2003.

Figura 3.9 Técnicas de sensoriamento remoto são empregadas nos vinhedos de Worcester (Cabo Oeste, África do Sul) para medir a produtividade da água

Fonte: WaterWatch – Disponível em: <www.waterwatch.nl>. Acesso em: 1 maio 2009.
Nota: Agricultores cujos cultivos estão dentro dos círculos estão usando mais água por litro de vinho do que os outros. Além da medição da produtividade da água, os governos também podem utilizar essas técnicas para direcionar as atividades de serviços de consultoria e de garantia da execução de leis.

depende da superação de dois obstáculos principais. Em primeiro lugar, o extenso uso de proteínas e óleos de peixe para a produção de farinha de peixe, que acentua a pressão sobre as estações de pesca (Gyllenhammar; Hakanson, 2005). O crescimento da aquicultura precisará vir de espécies que não dependem de alimento derivado de farinha de peixe; hoje, 40% da aquicultura depende de rações industriais, muitas utilizando-se de ecossistemas marinhos e costeiros que já estão sobrecarregados (Deutsch et al., 2007). Rações produzidas a partir de plantas e óleos de sementes são promissoras (Gatlin et al., 2007) e alguns sistemas já substituíram completamente a farinha de peixe por rações à base de plantas na dieta de peixes herbívoros e onívoros, sem comprometer o crescimento ou a produtividade (Tacon; Hasan; Subasinghe, 2006). A ênfase na criação de espécies herbívoras e onívoras, que correspondem atualmente a cerca de 7% do total da produção, é coerente com maior eficiência de recursos (ibidem). A produção de um quilo de salmão ou de camarão, por exemplo, em sistemas de aquicultura exige recursos intensivos: entre 2,5 e 5 quilos de peixe para ração para cada quilo de alimento produzido (Naylor et al., 2000).

Em segundo lugar, a aquicultura pode causar problemas ambientais. A aquicultura costeira foi responsável por 20% a 50% da perda de manguezais ao redor do mundo (Primavera, 1997); perdas mais extensas comprometem a resiliência de ecossistemas ao clima e tornam as populações de áreas costeiras mais vulneráveis a tempestades tropicais. A aquicultura também pode resultar na descarga de resíduos em ecossistemas marinhos, o que contribui para eutrofização em algumas regiões. Novas técnicas de gestão de efluentes, como a recirculação de água (Tal et al., 2009), melhores cálculos de alimentação e policulturas integradas, com a criação simultânea de organismos complementares para reduzir os resíduos (Naylor et al., 2000), podem atenuar os impactos ambientais. O mesmo efeito pode ser conseguido por meio da implementação eficiente de aquicultura em áreas aquáticas subexploradas, como arrozais, canais de irrigação e lagoas sazonais. Esquemas integrados de agricultura e aquicultura promovem a reciclagem de nutrientes, de forma que os resíduos da aquicultura podem se tornar insumos (fertilizantes) na agricultura e vice-versa, otimizando assim o uso de recursos e reduzindo a poluição (Food and Agriculture Organization, 2001; Lightfoot, 1990). Sistemas desse tipo diversificaram a renda e forneceram proteína para famílias de diversas partes da Ásia, da América Latina e da África subsaariana (Delgado et al., 2003).

Construindo acordos internacionais flexíveis

A gestão dos recursos naturais para lidar com a mudança climática requer maior colaboração internacional e também exige um comércio internacional de alimentos mais estável, a fim de que os países estejam mais preparados para enfrentar os choques climáticos e o potencial agrícola reduzido.

Países que possuem cursos de água em comum precisarão entrar em acordo sobre sua gestão

Aproximadamente um quinto dos recursos renováveis de água doce do planeta cruza ou forma fronteiras entre países, e em algumas regiões, em especial nos países em desenvolvimento, o compartilhamento é bem maior. Contudo, somente 1% dessa água é coberta por qualquer tipo de tratado (Food and Agriculture Organization, 2009b). Além disso, uma pequena parcela dos tratados existentes sobre cursos de água internacionais engloba todos os países envolvidos no curso de água em questão.[29] A Convenção das Nações Unidas sobre o Direito dos Usos Não Navegacionais de Cursos de Água Internacionais, que foi adotada pela Assembleia Geral da ONU em 1997, ainda não recebeu ratificações suficientes para entrar em vigor (Salman, 2007).

É essencial que haja cooperação entre países localizados às margens de cursos d'água, para a abordagem de desafios causados pela mudança climática. Essa cooperação só pode ser alcançada por meio de acordos inclusivos que tornam todos os países envolvidos responsáveis pela gestão conjunta e partilha do curso d'água e que abordem a variabilidade aumentada de secas e inundações. Embora os acordos sobre recursos hídricos tenham como base, em geral, a alocação de quantidades fixas de água para cada uma das partes, esse conceito se torna problemático com a mudança climática. Alocações baseadas em porcentagens de volumes de fluxo seriam mais adequadas à variabilidade. Uma abordagem com base na partilha dos benefícios seria ainda melhor: o foco não estaria nos volumes de água, mas nos valores econômicos, sociais, políticos e ambientais provenientes do uso dos recursos hídricos (Qaddumi, 2008).

Os países terão que trabalhar juntos para gerir a pesca de modo mais adequado

O peixe é a mais internacional das *commodities* de alimentos. Um terço da produção mundial de peixes é comercializado internacionalmente, a proporção mais alta entre as *commodities* primárias (Kurien, 2005). Com seus estoques de peixe diminuídos, países europeus, norte-americanos e asiáticos começaram a importar mais peixe de países em desenvolvimento (Food and Agriculture Organization, 2009e). Essa demanda aumentada, juntamente com a capitalização excessiva de algumas frotas de pesca (a frota europeia é 40% maior do que os estoques de peixe podem acomodar), está ampliando a depleção de recursos marinhos ao sul do Mediterrâneo, ao oeste da África e à América do Sul. Além disso, apesar de o comércio internacional de pescados circular muitos bilhões de dólares ao ano, os países em desenvolvimento coletam relativamente pouco em impostos cobrados de frotas estrangeiras operando em suas águas. Mesmo no rico comércio de atum do Pacífico ocidental, pequenas nações insulares em desenvolvimento recebem apenas cerca de 4% do valor do atum pescado (Duda; Sherman, 2002). A mudança climática tornará as condições ainda piores, ao modificar a distribuição dos estoques, alterar as teias alimentares e causar distúrbios à fisiologia de espécies de peixe já sob estresse (Food and Agriculture Organization, 2009d; Sundby; Nakken, 2008). Frotas que enfrentam declínios ainda maiores no estoque podem se aventurar por outras regiões, e novos acordos sobre o compartilhamento de recursos terão que ser negociados.

Para facilitar a adaptação e regulamentar os direitos de pesca, é importante desenvolver regimes internacionais de gestão dos recursos, tanto legais quanto institucionais, bem como sistemas de monitoramento relacionados. Tais acordos podem ser facilitados pelo fortalecimento das organizações

Figura 3.10 Em Andhra Pradesh, na Índia, os agricultores geram seus próprios dados hidrológicos, utilizando aparelhos e aplicativos simples para controlar as extrações dos aquíferos

Fonte: Equipe do Banco Mundial.
Nota: Munido de informação, cada produtor estabelece o limite de água que poderá extrair de modo sustentável a cada estação de crescimento. Uma assistência técnica os ajuda a obter maiores retornos sobre a água utilizada, por meio de melhor gestão da água do solo, mudança de culturas e adoção de cultivares diferentes.

---

29 Por exemplo, a China e o Nepal não participam de um acordo entre Índia e Bangladesh sobre os recursos hídricos da Bacia do Ganges e não recebem nenhuma alocação.

regionais de gestão da pesca (Lodge, 2007). O Programa do Grande Ecossistema Marinho da Corrente de Benguela (Benguela Current's Large Marine Ecosystem – BCLME) é um projeto promissor. Abrangendo a costa oeste de Angola, Namíbia e África do Sul, o ecossistema da Corrente de Benguela é um dos mais produtivos do mundo, mantendo um reservatório de biodiversidade que inclui peixes, aves e mamíferos marinhos. Nesse ecossistema, já há evidências de que a mudança climática está alterando os raios de alcance de algumas espécies comerciais importantes, do trópico para os polos (BCLME Programme, 2007). Essa mudança se relaciona a estresses existentes, associados à pesca excessiva, mineração de diamantes e extração de gás e petróleo. Em 2006, Angola, Namíbia e África do Sul estabeleceram a Comissão da Corrente de Benguela, o primeiro instituto criado para um extenso ecossistema marinho. Os três países se comprometeram com a gestão integrada da pesca, a fim de se adaptarem à mudança climática (Global Environment Facility, 2009).

Comércio mais confiável das commodities *agrícolas auxiliará os países sob condições climáticas extremas e inesperadas*

Mesmo se os agricultores, governos, empresas e gestores da água aumentarem de forma drástica a produtividade do solo e da água, algumas partes do mundo não terão água suficiente para cultivar todos os alimentos a todo o tempo. As decisões sobre a quantidade de alimento a ser importada e a quantidade a ser cultivada internamente possuem implicações na produtividade agrícola e na gestão da água (Quadro 3.8). A busca por autossuficiência quando a concessão de recursos e o potencial de crescimento são desfavoráveis trará altos custos econômicos e ambientais.

Muitos países já importam uma grande parcela dos seus alimentos (a maioria dos países árabes importam, no mínimo, metade das calorias que consomem), e condições cada vez mais severas significam que todos os países precisam se preparar para perdas de colheitas internas (World Bank, 2009). A mudança climática tornará os países áridos de hoje ainda

Figura 3.11 O cenário agrícola inteligente do futuro possibilitaria que os agricultores utilizassem novas técnicas e tecnologias para otimizar a produção e permitiria que os gestores da terra protegessem os sistemas naturais, com os hábitats naturais integrados aos produtivos campos agrícolas

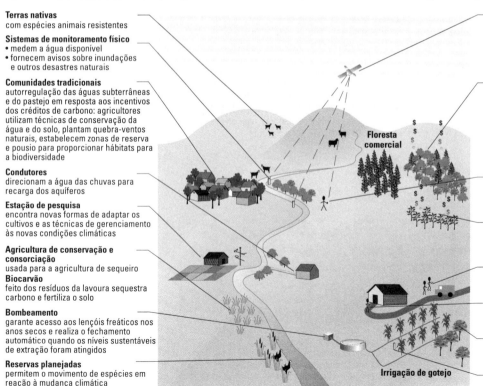

Fonte: Equipe WDR.

Figura 3.12 O cenário agrícola inteligente do futuro utilizaria tecnologias flexíveis para a proteção contra choques climáticos, por meio de infraestruturas naturais e construídas e de mecanismos de mercado

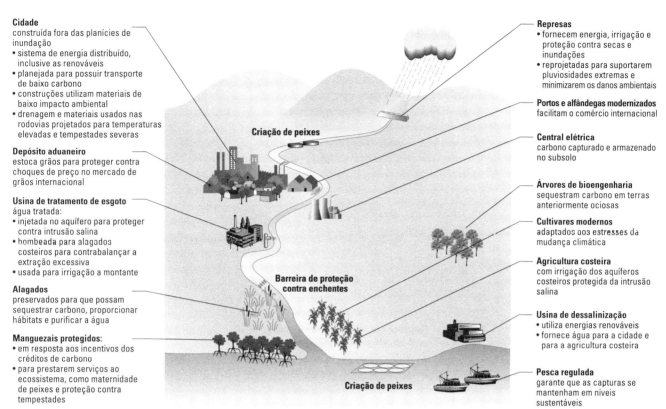

Cidade
construída fora das planícies de inundação
- sistema de energia distribuído, inclusive as renováveis
- planejada para possuir transporte de baixo carbono
- construções utilizam materiais de baixo impacto ambiental
- drenagem e materiais usados nas rodovias projetados para temperaturas elevadas e tempestades severas

Depósito aduaneiro
estoca grãos para proteger contra choques de preço no mercado de grãos internacional

Usina de tratamento de esgoto
água tratada:
- injetada no aquífero para proteger contra intrusão salina
- bombeada para alagados costeiros para contrabalançar a extração excessiva
- usada para irrigação a montante

Alagados
preservados para que possam sequestrar carbono, proporcionar hábitats e purificar a água

Manguezais protegidos:
- em resposta aos incentivos dos créditos de carbono
- para prestarem serviços ao ecossistema, como maternidade de peixes e proteção contra tempestades

Represas
- fornecem energia, irrigação e proteção contra secas e inundações
- reprojetadas para suportarem pluviosidades extremas e minimizarem os danos ambientais

Portos e alfândegas modernizados
facilitam o comércio internacional

Central elétrica
carbono capturado e armazenado no subsolo

Árvores de bioengenharia
sequestram carbono em terras anteriormente ociosas

Cultivares modernos
adaptados aos estresses da mudança climática

Agricultura costeira
com irrigação dos aquíferos costeiros protegida da intrusão salina

Usina de dessalinização
- utiliza energias renováveis
- fornece água para a cidade e para a agricultura costeira

Pesca regulada
garante que as capturas se mantenham em níveis sustentáveis

Fonte: Equipe WDR.

mais secos, agravando a demanda aumentada de populações e rendas em crescimento. Assim, mais pessoas viverão em regiões que importam, de modo constante, grande parte dos seus alimentos todos os anos. Mais pessoas também viverão em países que sofrem choques na agricultura interna, à medida que a mudança climática aumenta a probabilidade e a gravidade de eventos climáticos extremos. Diversos cenários globais preveem um aumento de 10%-40% nas importações líquidas de países em desenvolvimento como resultado da mudança climática (Fischer et al., 2005). O volume do comércio de cereais deverá mais do que duplicar até 2050, e o comércio de produtos à base de carne, mais do que quadruplicar (Rosegrant; Fernandez; Sinha, 2009). A maior parte da dependência aumentada sobre as importações de alimentos acontecerá em países em desenvolvimento (Easterling et al., 2007).

Como demonstrado pela aguda elevação de preços em 2008, o mercado mundial de alimentos é volátil. Por que os preços dispararam? Em primeiro lugar, os mercados de grãos estão afunilados: apenas 18% do trigo mundial e 6% do arroz são exportados. O restante é consumido onde é cultivado (Food and Agriculture Organization, 2008). Além disso, somente alguns poucos países exportam grãos (Mapa 3.5). Em mercados estreitados, pequenas mudanças em oferta ou demanda podem causar um grande impacto nos preços. Em segundo lugar, os estoques mundiais de alimentos se encontravam em um dos níveis mais baixos já registrados. Em terceiro, à medida que o mercado de biocombustíveis cresceu, alguns agricultores deixaram a produção de alimentos, o que contribuiu de maneira significativa para os aumentos de preço dos alimentos.

Quando os países não confiam nos mercados internacionais, eles reagem a altas de preço de maneiras que podem agravar o quadro. Em 2008, muitos países restringiram as exportações ou controlaram os preços, na tentativa de minimizar os efeitos dos preços mais altos em suas populações, entre eles:

Argentina, Índia, Cazaquistão, Paquistão, Rússia, Ucrânia e Vietnã. A Índia proibiu as exportações de arroz e leguminosas, e a Argentina aumentou os impostos sobre a exportação de carne bovina, milho, soja e trigo (Mitchell, 2008).[30]

Proibições de exportações e impostos elevados tornam o mercado internacional menor e mais volátil. Por exemplo, restrições à exportação de arroz na Índia afetam consumidores no Bangladesh de maneira adversa e derrubam os incentivos para os produtores indianos de arroz investirem na agricultura, os quais impulsionam o crescimento em longo prazo. As proibições também estimulam a formação de cartéis, enfraquecem a confiança no comércio e incentivam o protecionismo. Além disso, controles internos de preço podem se provar falhos ao desviarem recursos daqueles que mais precisam e ao reduzirem incentivos aos agricultores para a produção de mais alimento.

Os países podem tomar providências para melhorar o acesso a mercados

Os países podem tomar medidas unilaterais para melhorar seu acesso aos mercados internacionais de alimentos, um passo de especial importância para países pequenos, cujas ações não afetam o mercado, mas que importam uma grande parte dos seus alimentos. Uma das formas mais simples é aperfeiçoar os métodos de compra. Medidas sofisticadas para emissão de propostas de importação de alimentos, tais como propostas e licitações eletrônicas e produtos avançados de crédito e cobertura, podem auxiliar os governos a obter negócios mais vantajosos. Outra opção seria flexibilizar as leis nacionais que proíbem contratos multinacionais, de forma a permitir que países pequenos se aliem e formem economias de escala (World Bank, 2009).

Uma terceira medida é a gestão ativa de estoques. Os países necessitam de sistemas nacionais de estocagens robustos e os mais avançados instrumentos de cobertura de riscos, combinando pequenos suprimentos físicos com suprimentos virtuais obtidos por meio de futuros e opções. Modelos indicam que futuros e opções poderiam ter economizado de 5% a 24% dos US$ 2,7 bilhões, aproximadamente, que o Egito gastou na compra de trigo entre novembro de 2007 e outubro de 2008, quando os preços estavam em ascensão (ibidem). Ações coletivas globais na gestão de estoques também ajudariam a prevenir altas extremas de preços. A criação de uma pequena reserva física de alimentos poderia facilitar uma reação tranquila a emergências alimentares. Uma reserva de alimentos global, coordenada no âmbito internacional, poderia diminuir a pressão sobre o alcance de autossuficiência de grãos. Além disso, uma reserva virtual inovadora poderia prevenir disparos de preço de mercado e mantê-los próximos aos níveis sugeridos por fundamentos de mercado em longo prazo,

---

30 Também no passado, choques climáticos geraram políticas internas de comércio de alimentos restritivas e aumentos exacerbados de preços – ver Battisti e Naylor (2009) para exemplos.

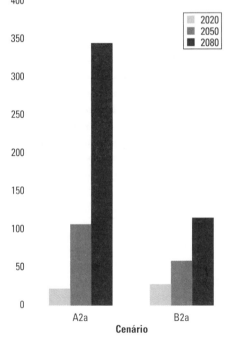

Figura 3.13 Estima-se que os preços mundiais dos cereais aumentem em 50% a 100% até 2050

Fonte: Parry et al. (2004).

Nota: Os cenários de emissão SRES A2 consideram um mundo onde as populações continuam a crescer e as tendências da mudança tecnológica e de crescimento da renda *per capita* variam entre as regiões e são mais lentas do que em outras previsões. Já os cenários do tipo B2 consideram um mundo onde a população mundial cresce a uma taxa menor do que em A2, o desenvolvimento econômico é intermediário e a mudança tecnológica é moderada.

sem colocar em risco as reservas globais coordenadas (Von Braun et al., 2008).

Assegurar-se de que os serviços de transporte sejam à prova de condições meteorológicas também é crucial para garantir acesso ininterrupto aos mercados, principalmente em países como a Etiópia, com grandes variabilidades de pluviosidade. Maiores investimentos para melhoria da logística nas cadeias de abastecimento (rodovias, portos, instalações aduaneiras, mercados atacadistas, básculas e entrepostos) ajudariam a levar mais alimento ao consumidor a preços mais baixos. Porém, também é necessária infraestrutura institucional. Transparência, previsibilidade e honestidade em aduaneiras e entrepostos são tão importantes quanto as instalações em si.

Os países importadores também podem investir em várias porções da cadeia de abastecimento dos países produtores. Também pode ser viável (e até menos arriscado) concentrar-se na infraestrutura da cadeia de abastecimento ou em pesquisa e desenvolvimento agrícolas nos países produtores.

Normas internacionais de regulamentação do comércio continuarão uma importante parte do cenário

A Agenda de Desenvolvimento Doha, da Organização Mundial do Comércio, buscou a eliminação de barreiras comerciais e a melhoria do acesso ao comércio para países em desenvolvimento. Porém, as negociações foram suspensas em 2008. Um estudo concluiu que haveria um prejuízo potencial de, no mínimo, US$ 1,1 trilhão no comércio mundial se os líderes mundiais não concluíssem a Rodada de Doha (Bouet; Laborde, 2008). A conclusão desse acordo seria um importante primeiro passo na melhoria do comércio internacional de alimentos. As principais medidas envolvem abaixar as tarifas eficazes e reduzir a proteção e os subsídios agrícolas por parte dos países desenvolvidos.[31]

---

31 Outras questões exigem uma avaliação caso a caso, como isenção de cortes de tarifas em produtos especiais, como solicitada por países em desenvolvimentos para produtos especificados como importantes para a segurança alimentar, segurança da subsistência e desenvolvimento rural (World Bank, 2007c).

Informações confiáveis são essenciais para a boa gestão dos recursos naturais

Apesar de o retorno sobre investimentos de serviços meteorológicos e climáticos ser altíssimo, eles estão em extrema falta nos países em desenvolvimento

Em geral, a relação custo-benefício econômico de serviços meteorológicos nacionais se encontra na faixa de 1 para 5-10 (World Meteorological Organization, 2000), e uma estimativa de 2006 indica que ela pode ser de 1 para 69 na China (Xiaofeng, 2007). Serviços meteorológicos e climáticos podem amortecer os impactos de eventos extremos até certo ponto (ver capítulos 2 e 7). Segundo a Estratégia Internacional para Redução de Desastres, das Nações Unidas, avisos antecipados de enchentes podem reduzir os danos de inundações em até 35% (United Nations, 2004). Boa parte dos países em desenvolvimento, principalmente na África, necessitam com urgência de sistemas melhores de monitoramento e previsão de mudanças, tanto meteorológicas quanto hidrológicas (Mapa 3.6). De acordo com a Organização Meteorológica Mundial, o continente africano possui apenas uma estação meteorológica por 26.000 quilômetros quadrados, um oitavo do mínimo recomendado.[32] Armazenamento e recuperação de dados também serão importantes, uma vez que são necessários longos registros de dados de alta qualidade para compreender por completo a variabilidade do clima. Muitos bancos de dados climáticos do mundo contêm dados digitais que se estendem até os anos 1940, mas apenas alguns poucos possuem arquivos digitais de todos os dados disponíveis antes desse período (World Meteorological Organization, 2007).

Previsões melhores gerariam tomadas de decisão mais acertadas

Em Bangladesh, as previsões para precipitações se antecipam em apenas um a três dias; previsões para períodos mais longos permitiriam que os produtores modificassem o plantio, a colheita e as aplicações de fertilizantes a tempo, principalmente em áreas de agricultura de sequeiro, onde as crises de

---

32 "Africa's weather stations need 'major effort'", Science and Development Network, 7 Nov. 2006 – Disponível em: <www.SciDev.net>.

Figura 3.14 O emprego de uma taxa de carbono sobre as emissões da agricultura e da mudança de uso do solo estimularia a proteção dos recursos naturais

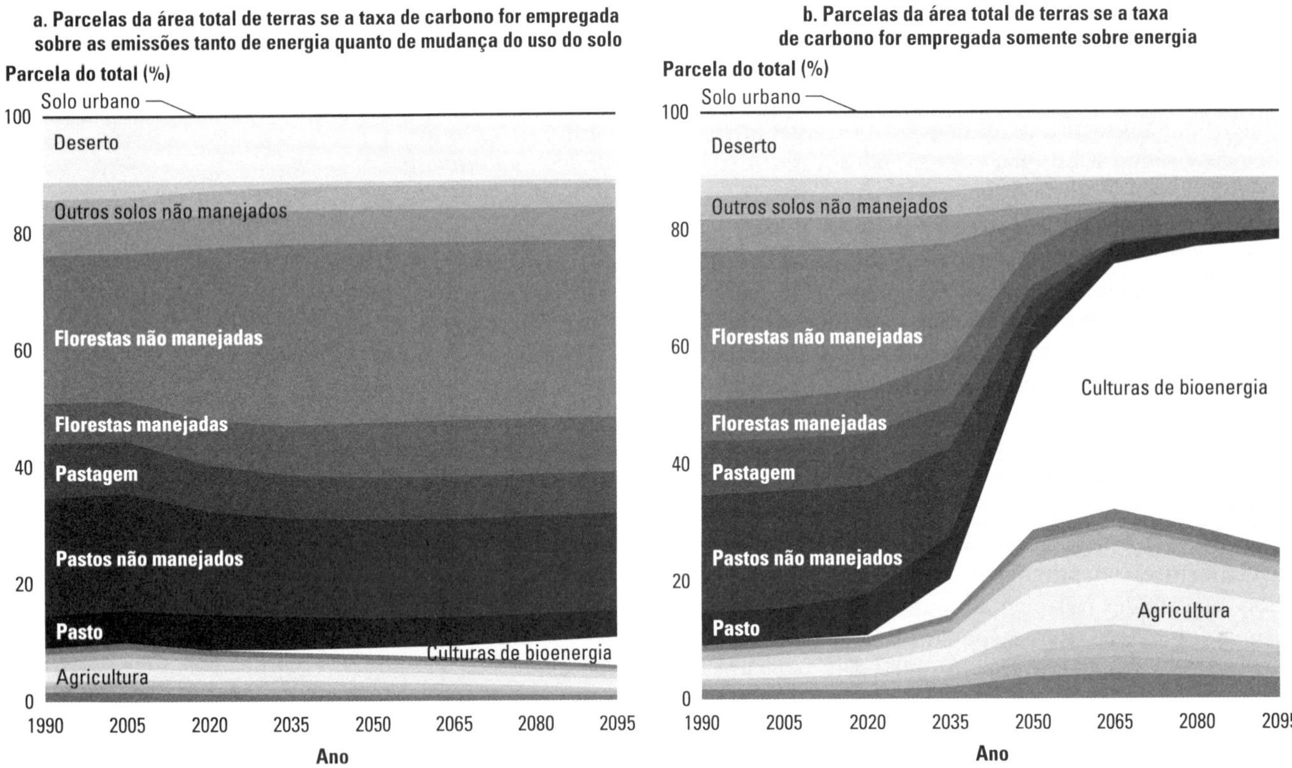

a. Parcelas da área total de terras se a taxa de carbono for empregada sobre as emissões tanto de energia quanto de mudança do uso do solo

b. Parcelas da área total de terras se a taxa de carbono for empregada somente sobre energia

Fonte: Wise et al. (2009).

Nota: Projeções baseadas no Modelo Global de Avaliação Integrada MiniCAM. Ambos os cenários representam trajetórias de alcance de uma concentração de CO_2 de 450 ppm até 2095. Na Figura 3.14a, há taxação de emissões de carbono provenientes de combustíveis fósseis, da indústria e da mudança do uso do solo. Na Figura 3.14b, o mesmo preço é aplicado, porém somente sobre emissões da indústria e de combustíveis fósseis. Quando não há taxação de emissões terrestres, os produtores tendem a invadir hábitats naturais, principalmente em resposta à demanda por biocombustíveis.

alimentos podem durar por muitos meses. Houve melhorias significativas nas previsões climáticas sazonais (como a precipitação e a temperatura sofrem alterações anormais ao longo de alguns meses), em especial nos trópicos e em áreas afetadas pela Oscilação Sul do El Niño (El Niño Southern Oscillation – Enso) (Barnston et al., 2005; Mason, 2008). O início das chuvas de monção na Indonésia e nas Filipinas e o número de dias chuvosos em uma estação em partes da África, do Brasil, da Índia e do sudeste asiático podem agora ser previstos com maior previsão (Moron et al., no prelo; Moron; Robertson; Boer, 2009; Moron; Robertson; Ward, 2006; Moron; Robertson; Ward 2007). Previsões sazonais com base na Oscilação Sul do El Niño na América do Sul, sul da Ásia e África apresentam bom potencial para melhorar a produção agrícola e a segurança alimentar (Sivakumar; Hansen, 2007). Por exemplo, no Zimbábue, quando previsões sazonais foram utilizadas para modificar o calendário ou a variedade dos alimentos cultivados, as agriculturas de subsistência tiveram suas produtividades aumentadas (com variações entre 17% em anos de boa pluviosidade e 3% em anos de baixa pluviosidade) (Patt, Suarez; Gwata, 2005).

Novas tecnologias de sensoriamento remoto e monitoramento constituem uma promessa para a sustentabilidade

Uma das razões pelas quais os decisores públicos têm tido tanta dificuldade em frear a exploração excessiva do solo e da água e de seus ecossistemas associados é que nem os decisores nem os usuários dos recursos possuem informações precisas e oportunas. Eles não possuem informações sobre a quantidade de recursos presentes, quanto estão sendo usados e como suas ações afetarão a disponibilidade no futuro. No entanto, novas tecnologias de sensoriamento remoto estão começando a preencher parte dessa lacuna, fornecendo informações para decisões sobre alocações mais eficientes de recursos hídricos e ajudando a fazer que os limites de água sejam cumpridos.

Uma das funções mais promissoras de sensoriamento remoto é a medição de produtividade dos recursos hídricos (Bastiaanssen, 1998; Menenti, 2000). Quando imagens térmicas de satélites são combinadas com dados de campo sobre os tipos de cultivos e cruzados com mapa de sistemas de informação geográfica, os pesquisadores podem medir a produtividade em qualquer escala geográfica (no país, na bacia ou na propriedade rural). Isso permite que os gestores dos recursos hídricos tomem decisões mais acertadas sobre as alocações de água e direcionem serviços de consultoria aos produtores com menores produtividades de água. Essas informações também orientam importantes decisões de investimento (por exemplo, entre aumentar a produtividade da agricultura de sequeiro ou irrigada). Além disso, podem auxiliar os gestores a medir os resultados reais de investimentos em técnicas de economia de água na irrigação, o que era difícil no passado (Figura 3.9).

Até recentemente, a medição do consumo de águas subterrâneas era difícil e onerosa para todos os países, e simplesmente não era realizada em muitos países em desenvolvimento. Fazer o levantamento de centenas de milhares de poços particulares e instalar e realizar leituras de equipamentos de medição seria oneroso demais. Já as novas tecnologias de sensoriamento remoto podem medir a evaporação e transpiração total de uma área geográfica. É possível estimar o consumo líquido de águas subterrâneas, desde que sejam conhecidos os dados de água superficial aplicada à área em questão através de precipitação e a distribuição de irrigação com águas superficiais.[33] Diversos países estão realizando experimentos com a utilização da informação proveniente das novas tecnologias de sensoriamento remoto para garantir a execução de limites de uso de lençóis freáticos, inclusive aqueles agricultores marroquinos que estão considerando converter em irrigação de gotejo (discutido no início deste capítulo). Entre as opções para a garantia de execução de leis, estão bombas de desligamento automático (quando o produtor excede o limite de evapotranspiração) e sistemas de envio de mensagens de texto simultâneas que avisam os agricultores por celular quando estão prestes a exceder sua cota de água subterrânea e, ao mesmo tempo, alertam inspetores para que monitorem essas propriedades específicas (W. Bastiaansen, "WaterWatch", comunicação pessoal, maio de 2009).

Mapas digitais criados a partir de informações de sensoriamento remoto ajudarão os gestores de recursos em diversos níveis. A utilização de informações do sensoriamento remoto para a elaboração de mapas digitais de todo o solo africano será extremamente útil para a gestão sustentável do solo. Os mapas de solo que existem atualmente são de 10 a 30 anos atrás e, em geral, não são digitalizados, o que os torna inadequados para o embasamento de políticas de fertilidade e erosão do solo. Um consórcio internacional está utilizando as mais recentes tecnologias para preparar um mapa mundial digitalizado, começando pelo continente africano.[34] Imagens de satélite e novos aplicativos permitem agora que os cientistas meçam a vazão, a umidade do solo e o armazenamento de água (lagos, reservatórios, aquíferos, neve e gelo) e prevejam inundações. As imagens e os aplicativos também revelam o rendimento das lavouras, o estresse das plantações, a captação de CO_2, a composição e riqueza das espécies, a cobertura do solo e suas mudanças (tais como desmatamento) e a produtividade primária. Podem até mesmo rastrear a difusão de espécies específicas de plantas invasoras (Bindlish; Crow; Jackson, 2009; Turner et al., 2003). As escalas variam, assim como a frequência de atualizações. Porém, os rápidos avanços estão permitindo aos gestores realizar medições com uma precisão e regularidade impensáveis há apenas alguns anos. Dependendo das condições climáticas e do satélite, os dados podem ser disponibilizados diariamente ou até mesmo a cada 15 minutos.

Pesquisa e desenvolvimento serão necessários para o total aproveitamento dessas novas tecnologias da informação. Existem muitas oportunidades para o emprego de novas tecnologias e sistemas de infor-

---

33 WaterWatch – disponível em: <www.waterwatch.nl>. Acesso em: 9 maio 2009.

34 Disponível em: <http://www.globalsoilmap.net/>. Acesso em: 15 maio 2009.

QUADRO 3.9 *Projetos-piloto para finanças de carbono provenientes da agricultura no Quênia*

Resultados preliminares de dois projetos-piloto no oeste do Quênia indicam que a agricultura de minifúndios pode ser integrada aos fundos de carbono. Um dos projetos envolve sistemas mistos de cultivo em 86.000 hectares, tendo uma associação registrada de 80.000 agricultores como o agregador. O outro, um pequeno projeto de cafeicultura, abrange 7.200 hectares até o momento, e uma cooperativa de produtores com 9.000 membros serve de agregador. O tamanho médio das propriedades de ambos os projetos é pequeno (cerca de 0,3 hectare).

A quantidade de sequestro de carbono é estimada em 516.000 e 30.000 toneladas de CO_2e ao ano, respectivamente.

Entre as atividades de sequestro, estão: cultivo reduzido, culturas de cobertura, gestão de resíduos, compostagem, aplicação de coberturas, adubação verde, aplicação mais direcionada de fertilizantes, queima reduzida de biomassa e agrossilvicultura. Os projetos empregam monitoramento com base em atividades. As estimativas de sequestro de carbono durante 20 anos são derivadas de um modelo chamado RothC. O Fundo de Bio-Carbono do Banco Mundial está realizando compras de créditos de carbono com base em um preço por tonelada estipulado de forma mútua entre o fundo e os criadores do projeto VI Agroforestry e Centro Cooperativo Suíço (Swedish Cooperative Centre), além do Grupo Agroindustrial Ecom. Do total da receita que as comunidades recebem, 80% se destinam à comunidade e 20% ao monitoramento e desenvolvimento de projetos.

Duas lições começam a ficar claras. Primeiro: um bom agregador é essencial, principalmente se ele puder aconselhar sobre práticas agrícolas. Segundo: o método de monitoramento deve ser simples, acessível e transparente para o agricultor. Assim, ele tem a facilidade de consultar uma tabela e determinar o pagamento exato que receberá por cada atividade, o que incentiva a participação.

Fontes: Kaonga e Coleman (2008) e Woelcke e Tennigkeit (2009).

---

mação para gerir as questões dos recursos naturais relacionadas à mudança climática. Os investimentos em dados de satélite como auxílio à gestão de recursos naturais podem compensar em longo prazo. Contudo, o potencial está longe de ser alcançado, em especial nos países mais pobres. Um estudo nos Países Baixos concluiu que investimentos extras em observações de satélite para a gestão da qualidade dos recursos hídricos (eutrofização, proliferação de algas, turbidez), incluindo os custos de capital do satélite, apresentam uma probabilidade de 75% de produzir benefícios financeiros (Bouma; Van der Woerd; Kulik, 2009). Pesquisa e desenvolvimento dessas ferramentas e de suas aplicações em países em desenvolvimento estão, portanto, prontos para investimentos públicos e privados (Unesco, 2007).

Informações mais confiáveis podem capacitar as comunidades e modificar a governança dos recursos naturais

A gestão dos recursos naturais geralmente requer que os governos estabeleçam e garantam a execução de leis, limites e preços. Pressões políticas e socioeconômicas tornam isso muito difícil, principalmente quando as instituições formais são fracas. Quando os usuários dos recursos possuem as informações corretas sobre os impactos de suas ações, entretanto, eles podem se antecipar ao governo e trabalhar juntos para reduzir a exploração excessiva e, com frequência, aumentar suas receitas. Defender as reformas, sob um ponto de vista econômico, pode ajudar, como em um estudo recente, que destacou os custos globais da má governança em estações de pesca marinha (World Bank, 2008d).

A Índia possui diversos exemplos de melhores informações resultando em produção agrícola mais eficiente e ganhos de bem social. No Estado de Madhya Pradesh, uma subsidiária da Companhia de Tabaco Indiana (Indian Tobacco Company – ITC) desenvolveu um sistema chamado eChoupals, para abaixar seus custos de aquisição e melhorar a qualidade da soja que ela recebia dos agricultores. Os eChoupals são quiosques de internet localizados nos vilarejos e administrados por empreendedores locais, que fornecem informações de preço dos futuros da soja para os agricultores e os possibilitam vender seus produtos agrícolas diretamente à ITC, dispensando intermediários e depósitos de mercados atacadistas (*mandis*). Por meio dos eChoupals, a ITC gasta menos por tonelada de produto e os agricultores podem imediatamente saber o preço que receberão, o que diminui os desperdícios e a ineficiência. O período para a recuperação do capital inicial investido em um quiosque é de cerca de quatro a seis anos (Kumar, 2004).

Um projeto patrocinado pela Organização das Nações Unidas para Agricultura e Alimentação em Andhra Pradesh, na Índia, reduziu de forma drástica a exploração excessiva dos aquíferos. Foram utilizadas técnicas de baixa tecnologia e baixo custo para capacitar as comunidades a avaliar o estado dos seus próprios recursos. No lugar de equipamentos caros e especialistas em hidrogeologia, o projeto contratou sociólogos e psicólogos para avaliar qual a melhor maneira de motivar os moradores dos vilarejos a reduzir o consumo de água. Criou "hidrogeólogos de pés descalços" que transmitiam à população local conhecimentos sobre o aquífero que garantia sua subsistência (Figura 3.10). Esses agricultores sem especialização, muitas vezes analfabetos, estão produzindo dados de tamanha qualidade, que eles até os vendem às agências governamentais de hidrogeologia. Por meio do projeto e de sua conscientização sobre os impactos das ações, as normas sociais e informações sobre novas variedades e técnicas de cultivo, os moradores concordaram com a mudança de culturas e adoção de práticas para reduzir as perdas por evaporação.

Contando com quase um milhão de agricultores, o projeto é completamente autorregulado e não há incentivos financeiros ou penalidades por não conformidade. Os vilarejos participantes sofrem poucos esgotamentos, ao passo que os esgotamentos em vilarejos vizinhos continuam a crescer. Para um empreendimento dessa magnitude, os custos são incrivelmente baixos: US$ 2.000 por ano para cada um dos 65 vilarejos (World Bank, 2007a). Possui um grande potencial de reprodução, porém principalmente nos aquíferos formados sobre rochas duras, que se enchem e se esvaziam rapidamente e não possuem vastas camadas inferiores como em outras formações geológicas (World Bank, no prelo [b]).

Essas iniciativas para estimular os usuários a reduzir a exploração excessiva dos recursos naturais podem diminuir a dependência em relação a agências governamentais sobrecarregadas e superar questões mais amplas de governança. Elas também podem ser ferramentas governamentais, em conjunto com as comunidades, para mudar os hábitos dos usuários. A bacia do rio Hai, a mais escassa da China, é de extrema importância para a agricultura. Juntamente com duas outras bacias vizinhas, ela é responsável por metade da produção de trigo do país. Os recursos hídricos dessa bacia se encontram poluídos, os ecossistemas dos alagados estão ameaçados, e os lençóis freáticos, gravemente superexplorados. A cada ano, a bacia utiliza 25% mais água subterrânea do que recebe através de precipitação (World Bank, 2008b).

Nessa mesma bacia, o governo chinês trabalhou com 300.000 agricultores para trazer inovações à gestão da água. Essa iniciativa concentrou-se na redução do consumo total de água, em vez de somente aumentar a produtividade hídrica. Combinou investimentos na infraestrutura da irrigação com serviços de consultoria para ajudar a otimizar a água no solo. Limitou o uso de água do aquífero. Introduziu novas ordens institucionais, tais como a transferência da responsabilidade pela gestão de serviços de irrigação a grupos de agricultores e o aumento da relação custo-recuperação da irrigação com uso de águas superficiais. E ainda, utilizou as mais modernas técnicas de monitoramento, pela medição da produtividade hídrica e do consumo de águas subterrâneas nos níveis dos terrenos, com dados de satélite combinados com serviços agronômicos mais tradicionais. O monitoramento gera informações em tempo real aos produtores e decisores políticos, de forma que eles possam ajustar suas práticas e detectar casos de não conformidade (ibidem).

"Nosso planeta está enfrentando problemas ambientais causados pelo comportamento humano: o corte de árvores, a poluição do ar, o uso de plásticos que não podem ser reutilizados ou reciclados e de produtos químicos na agricultura... O plantio de árvores reduziria o CO_2."

– Netpakaikarn Netwong, Tailândia, 14 anos

Os resultados foram impressionantes. Por meio da adoção de cultivos de maior valor, os agricultores aumentaram suas rendas ao mesmo tempo que reduziram o consumo de água. A produção de alimentos rentáveis triplicou, as rendas dos agricultores cresceram até cinco vezes em diversas áreas e a produção agrícola por unidade de água consumida aumentou em 60%-80%. O uso total de água na região caiu 17%, com a taxa de depleção dos lençóis freáticos em 0,02 metro ao ano (comparada com 0,41 metro ao ano nas áreas fora do projeto).

Em suma, as tecnologias e ferramentas já existem ou estão sendo desenvolvidas para auxiliar os agricultores e outros gestores dos recursos a administrar a água, o solo, as propriedades rurais e a pesca. Em um cenário ideal, as pessoas certas teriam acesso a essas tecnologias e ferramentas. Porém, elas só serão eficazes com infraestruturas e políticas adequadas. Esse cenário ideal está representado de forma pictórica nas figuras 3.11 e 3.12. Muitas das etapas necessárias para o alcance desse cenário ideal foram motivo de frustração para sociedades durante décadas no passado. No entanto, as circunstâncias estão mudando de maneiras que podem acelerar o progresso.

Cobrança por carbono, alimentos e energia pode ser mola de impulso

Este capítulo sugere diversas abordagens inovadoras para auxiliar os países em desenvolvimento a suportar o estresse extra que a mudança climática exercerá sobre os esforços para uma boa gestão do solo e da água. Foi enfatizado, diversas vezes, que as novas tecnologias e investimentos somente renderão frutos em um contexto de instituições fortes e políticas sensatas, ou seja, quando os "fundamentos" estiverem corretos. Mesmo assim, os fundamentos não estão corretos em muitos dos países mais pobres do mundo. Torná-los corretos (construir instituições sólidas, mudar os esquemas de subsídios, alterar a forma como *commodities* valiosas são alocadas) é um processo longo, mesmo na melhor das circunstâncias.

Para agravar os problemas, muitas das sugestões propostas neste capítulo para ajudar os países a aprimorar a gestão do solo e da água diante da mudança climática dependem de que os agricultores, muitos deles extremamente pobres, modifiquem suas práticas. Requerem também que pessoas que operam fora da lei (madeireiros e mineiros ilegais) e aquelas que são influentes e poderosas (inclusive construtores) abandonem práticas que lhes trouxeram enormes lucros. Este capítulo propõe a aceleração de ações que tiveram, quando muito, um lento progresso nas últimas poucas décadas. Será realístico esperar que ocorram mudanças em uma escala suficiente para, de fato, enfrentarmos o desafio com o qual a mudança climática nos confronta?

Três novos fatores podem fornecer o estímulo para a mudança e superar algumas das barreiras que dificultaram essas melhorias no passado. Em primeiro lugar, a mudança climática deverá aumentar o preço da energia, da água e da terra, o que, por conseguinte, aumenta o preço dos alimentos e de outras *commodities* agrícolas. Isso acelerará o ritmo das inovações e da adoção de práticas que aumentam a produtividade. Entretanto, os preços elevados tornarão mais lucrativo superexplorar os recursos e infringir hábitats naturais. Em segundo lugar, a estipulação de um preço sobre o carbono presente no ambiente pode incentivar proprietários de terras a preservar os recursos naturais. Se as dificuldades de implementação puderem ser superadas, isso poderá reduzir os riscos, aos agricultores, de adotarem novas práticas. Pode também oferecer aos proprietários de terras os incentivos certos para protegerem os sistemas naturais. Em terceiro lugar, se os US$ 258 bilhões ao ano em subsídios agrícolas ao redor do mundo fossem, mesmo que parcialmente, redirecionados ao sequestro de carbono e à preservação da biodiversidade, seria possível demonstrar as técnicas e os métodos descritos neste capítulo, na escala necessária.

A elevação dos preços da energia, da água e dos produtos agrícolas pode impulsionar inovações e investimentos de aumento da produtividade

Um conjunto de fatores elevará os preços dos alimentos nas próximas décadas. Entre eles, está a demanda aumentada por alimentos por parte de populações cada vez maiores e com maior poder de compra. Outro fator é a produção aumentada de biocombustíveis, que pode resultar em competição por terras e águas agrícolas. Além disso, com a mudança climática, será mais difícil cultivar alimentos.

Como mostra o Capítulo 4, é esperado que as políticas relacionadas à mudança climática causem aumentos nos preços da energia (Mitchell, 2008).

Eletricidade mais cara significa bombeamento de água mais caro. Nessas circunstâncias, mecanismos eficientes de alocação de água terão sua importância aumentada, assim como os esforços de redução de vazamentos em quaisquer redes de transferência e distribuição de água de manutenção deficiente. Preços mais elevados de energia também tornam mais caro ao governo subsidiar os serviços de água. Isso poderia gerar incentivos para a reforma, há muito necessária, das políticas e investimentos na gestão dos recursos hídricos (Zilberman et al., 2008). Outra questão importante é que, como os fertilizantes são um produto à base de petróleo, os preços mais elevados também incentivarão seu uso mais criterioso.

Os preços dos alimentos deverão ser mais elevados e mais voláteis em longo prazo. Modelos para a Avaliação Integrada de Conhecimento, Ciência e Tecnologia Agrícolas para o Desenvolvimento (IAASTD) estimaram que os preços de milho, arroz, soja e trigo aumentarão em 60%-97% entre 2000 e 2050, sob condições comerciais normais, e os preços da carne bovina, suína e de aves, aumentarão em 31%-39% (Rosegrant; Fernandez; Sinha, 2009). Outras simulações do sistema mundial de alimentos também mostram que a escassez de cereais decorrente do clima aumenta os preços dos alimentos (Parry et al., 1999; Parry; Rosenzweig; Livermore, 2005; Rosenzweig et al., 2001). Os preços dos cereais apresentarão aumento na maioria das estimativas, mesmo se os produtores se adaptarem (Rosenzweig et al., 2001). Até 2080, diferentes cenários estimam que os preços mundiais dos alimentos sofrerão aumentos de cerca de 7%-20% com fertilização por CO_2 e cerca de 40%-350% sem ela (Figura 3.13) (Parry et al., 2004).

A população mais pobre, que gasta até 80% da sua renda em alimentos, deverá ser a mais afetada pela alta de preços. Há riscos de que os preços mais altos decorrentes da mudança climática revertam o progresso em segurança alimentar de diversos países de baixa renda. Embora os resultados dos cenários variem, quase todos concordam que a mudança climática colocará mais pessoas em risco de fome em nações mais pobres, e os maiores aumentos seriam no sul da Ásia e na África (Fischer et al., 2005; Parryet al., 1999, 2004; Parry, 2007; Parry; Rosenzweig; Livermore, 2005; Schmidhuber; Tubiello 2007).

Como no caso da energia, os preços elevados de alimentos afetam profundamente os potenciais ajustes no uso do solo e da água originários da mudança climática. Investimentos na agricultura, no solo e na água se tornam mais lucrativos tanto para os produtores quanto para os setores públicos e privados. Empresas agrícolas privadas, doadores de ajuda internacional, bancos internacionais de desenvolvimento e governos nacionais podem identificar a alta dos preços de forma razoavelmente rápida e agir sobre ela. Porém, o repasse de aumentos nos preços internacionais aos agricultores é falho, como demonstrado pela crise de preços dos alimentos de 2007-2008. Produtores da maior parte da África subsaariana, por exemplo, sentiram os preços mais elevados de alimentos com algum atraso, e o repasse de preços mais altos foi mais lento e incompleto do que na maior parte da Ásia e da América Latina (Dawe, 2008; Robles; Torero, no prelo; Simler, 2009).

Quanto maior a qualidade da infraestrutura rural, mais os produtores se beneficiam dos altos preços internacionais. Os preços elevados de alimentos podem estimular a conversão de terras em agricultura e pecuária, com impactos negativos sobre os ecossistemas. Entretanto, eles podem também induzir novos e significativos investimentos na pesquisa agrícola, no desenvolvimento da irrigação e na infraestrutura rural, para intensificar a produção. A elevação simultânea de preços da energia e dos alimentos também fará que alguns investimentos pesados sejam rentáveis novamente, como grandes represas de variados objetivos, para geração de energia e irrigação. Será importante direcionar os incentivos decorrentes da alta de preços para reformas de políticas e investimentos inovadores que impulsionem a produtividade agrícola e, ao mesmo tempo, mantenham o uso do solo e da água sustentável.

Um valor internacional que pagasse por emissões evitadas e carbono sequestrado na agricultura poderia incentivar a melhor proteção dos sistemas naturais

Sob o Mecanismo de Desenvolvimento Limpo do Protocolo de Kyoto, projetos de sequestro de carbono em solos agrícolas nos países em desenvolvimento não se aplicam à venda de créditos de carbono a investidores nos países desenvolvidos. Do contrário, os incentivos para agricultores e outros usuários da terra mudariam de forma fundamental. Mercados de carbono que cobrissem gases de efeito estufa resultantes de práticas agrícolas e afins poderiam ser um dos mais importantes mecanismos de propulsão do desenvolvimento sustentável em um planeta afetado pela mudança climática. O potencial é imenso: uma das fontes estima 4,6 gigatoneladas de CO_2 ou mais ao ano até 2030, o que corresponde a mais da metade do potencial da silvicultura (7,8 gigatoneladas de CO_2 ao ano) (McKinsey & Company, 2009). A US$ 100 por tonelada de CO_2e, o potencial de redução das emissões da agricultura está em paridade com o da energia (consultar Visão geral, Quadro 8). Modelos mostram que a oferta de créditos de carbono na agricultura e na mudança de uso do solo ajudaria a prevenir a conversão de ecossistemas intactos ("terras não manejadas" na Figura 3.14) para satisfazer a demanda crescente por biocombustíveis.

Embora os mecanismos para preservação do carbono do solo por meio de um preço do carbono ainda não tenham sido desenvolvidos, é grande o potencial de redução das emissões da agricultura. Mesmo na África, onde terras áridas e relativamente pobres em carbono representam 44% do continente, as possibilidades para sequestro de carbono agrícola são vastas (Perez et al., 2007). A média projetada do potencial de mitigação através do continente é de 100 a 400 milhões de toneladas de CO_2e ao ano até 2030 (Smith et al., 2009). Se considerarmos um preço relativamente baixo de US$ 10 por tonelada em 2030, esse fluxo financeiro seria comparável à assistência oficial anual de desenvolvimento da África.[35] Um estudo de pastoreios africanos mostra que mesmo pequenas melhorias na gestão dos recursos naturais poderiam produzir um sequestro adicional de carbono de 0,50 tonelada de carbono por hectare ao ano. Um preço de US$ 10 por tonelada de CO_2 aumentaria suas rendas em 14% (Perez et al., 2007).

O sequestro de carbono na agricultura seria uma reação relativamente barata e eficiente à mudança climática. Estima-se que o custo das reduções na agricultura em 2030 seja quase uma ordem de grandeza a menos do que o do setor silvícola (US$ 1,8 por tonelada de CO_2 equivalente, comparado a US$ 13,5 por tonelada de CO_2 equivalente) (McKinsey & Company, 2009). Uma das razões para isso é que muitas das técnicas agrícolas que aumentam o sequestro de carbono também aumentam os rendimentos e as receitas agrícolas.

Em outras palavras, as técnicas para maior armazenamento de carbono no solo já existem, mas não estão sendo adotadas. A lista de causas é extensa: conhecimentos insuficientes sobre técnicas de gestão apropriadas aos solos tropicais e subtropicais, infraestruturas de extensão falhas para fornecer as inovações disponíveis, ausência de direitos de propriedade para atrair investimentos com custo em curto prazo e retorno em longo prazo, políticas inadequadas de taxação de fertilizantes e infraestrutura de transporte deficiente.

A comunidade mundial poderia seguir quatro passos práticos para a expansão do mercado de carbono. Em primeiro lugar, em vez de tentarem monitorar emissões e captações detalhadas em cada campo, os envolvidos nos mercados de carbono (locais e internacionais) precisam entrar em acordo sobre um sistema de contabilidade simplificado e atuarial que monitore as atividades dos agricultores e calcule, de forma conservadora, o sequestro de carbono associado.[36] Não seria rentável nem viável medir o sequestro de carbono de cada um dos numerosos e dispersos minifúndios dos países em desenvolvimento. Além disso, os métodos são transparentes e permitiriam ao produtor saber com antecedência quais seriam os pagamentos e as penalidades de várias atividades.

Os processos pelos quais os solos captam e emitem carbono são complexos. Eles variam de local para local (até em um mesmo campo) e dependem das propriedades do solo, clima, sistema de cultivo e histórico do uso do solo. Além disso, as mudanças anuais são pequenas em relação aos estoques existentes. O sequestro também se estabiliza rapidamente. O acúmulo de carbono no solo se satura após aproximadamente 15-30 anos, dependendo

---

35 O fluxo de assistência ao desenvolvimento da África de 1996 a 2004 foi de cerca de US$ 1,3 bilhão ao ano (World Bank, 2007c).

36 Os benefícios do sequestro nessas atividades seriam regularmente atualizados com base nas modernas técnicas de medição.

do tipo de agricultura, e as reduções na emissão seriam pequenas após esse período (West; Post, 2002). Ademais, a agricultura de plantio direto em solos argilosos pode resultar na liberação de óxido nitroso, um poderoso gás de efeito estufa. Essas emissões superariam em muito os benefícios do armazenamento de carbono pela adoção das novas técnicas, nos primeiros cinco anos. Portanto, o plantio direto pode não ser uma boa técnica de redução de emissões de gases de efeito estufa em alguns solos (Rochette et al., 2008). É possível, porém, estimar de forma ampla o sequestro de carbono por prática agrícola para zonas climáticas e agroecológicas, com base em dados e modelos existentes. Além disso, técnicas rentáveis de medição de carbono no solo (utilizando *lasers*, radar de penetração no solo e espectroscopia de raios gama) permitem agora medições mais velozes de sequestro de carbono e a atualização de estimativas de modelos em escalas espaciais menores (Johnston et al., 2004). Nesse ínterim, os programas poderiam utilizar estimativas conservadoras de sequestro em diversos tipos de solo e se concentrar em regiões onde há mais certezas sobre os estoques e fluxos de carbono no solo (tais como as áreas agrícolas mais produtivas). Ademais, nenhuma técnica de sequestro de carbono (como a agricultura de conservação) é uma panaceia em todo sistema de cultivo e em todo tipo de solo.

Um modelo de sistema desse tipo pode ser o Programa de Reserva de Conservação, gerenciado pelo Departamento de Agricultura americano em quase 14 milhões de hectares de terra desde 1986 (Sullivan et al., 2004). Esse programa voluntário foi estabelecido, inicialmente, para reduzir a erosão do solo, com o pagamento de proprietários de terras e produtores rurais para deixarem de produzir em lavouras e pastagens altamente erosivas e de sensibilidade ambiental durante 10-15 anos. Ao longo do tempo, o programa ampliou seus objetivos à preservação dos hábitats de animais silvestres e à qualidade da água, e os pagamentos se baseiam em um Índice de Benefícios Ambientais agregado, de acordo com o terreno e com a atividade específica (tais como barreiras de vegetação e zonas de proteção ribeirinhas). Os exatos benefícios ambientais de cada terreno não são medidos diretamente, e sim estimados com base nas atividades – um sistema semelhante, baseado em atividades, poderia se aplicar ao sequestro de carbono na agricultura.[37]

O segundo passo prático diz respeito ao desenvolvimento de "agregadores" – organizações, em geral privadas ou não governamentais, que reduzem os custos de transação das atividades por meio do envolvimento integrado de diversos minifundiários, habitantes de florestas e pastoreios. Sem eles, o mercado tenderá a favorecer os grandes projetos de reflorestamento, uma vez que o solo de cada minifundiário comum dos países em desenvolvimento não é capaz de sequestrar quantidades enormes de carbono. O aumento das escalas espaciais também diminuirá as preocupações em relação à incerteza e à impermanência do estoque de carbono. A adoção de abordagens atuariais, a compilação de uma carteira de projetos e a aplicação de estimativas conservadoras poderiam tornar o sequestro de carbono no solo equivalente às reduções de CO_2 em outros setores (McKinsey & Company, 2009).

Em terceiro lugar, os custos adiantados das práticas de gestão do sequestro de carbono precisam ser avaliados. A adoção de práticas novas é arriscada, principalmente para os produtores pobres (Tschakert, 2004). Os fundos financeiros do carbono são, em geral, entregues somente depois que os agricultores reduziram, de fato, as emissões (como em projetos-piloto no Quênia, descritos no Quadro 3.9). Porém, a promessa de fundos de carbono futuros pode ser usada para realizar pagamentos que reduzam os riscos aos produtores, seja como garantia de empréstimo, seja por meio de pagamentos antecipados por parte dos investidores.

Em quarto lugar, os agricultores precisam conhecer suas opções, o que exigirá melhores serviços de consultoria agrícola nos países em desenvolvimento. Serviços de extensão agrícola são bons investimentos: a taxa média de retorno global é de 85% (Alston et al., 2000). Empresas e organizações que possam medir e verificar os resultados também serão necessárias.

---

[37] Entretanto, no Programa de Reserva de Conservação, os proprietários de terra propõem lances sobre os pagamentos e o governo aceita ou não os lances, o que é bastante diferente de um mercado de comércio de emissões de carbono.

O Chicago Climate Exchange, um subsistema do mercado voluntário, mostra os possíveis benefícios do comércio do sequestro de carbono proveniente de atividades relacionadas ao campo.[38] Ele permite que os emissores recebam créditos de carbono pela prática contínua de agricultura de conservação, plantação de pastagens e gestão de terras nativas. Para o comércio de carbono proveniente da agricultura, exige-se que os membros depositem em uma reserva 20% do total de compensações de carbono conseguidas, para possíveis reversões no futuro. O Exchange mostra que normas simples e técnicas modernas de monitoramento podem superar as barreiras técnicas. Contudo, alguns críticos defendem que a "adicionalidade" não foi avaliada por completo: as reduções líquidas nas emissões podem não ser maiores do que teriam sido na ausência de um mercado.

O mercado voluntário planeja, para o futuro próximo, métodos de sequestro de carbono nos campos e na agricultura. Porém, para que essas medidas se estendam, de fato, nessa direção, o mercado para elas deverá estar ligado ao futuro mercado mundial de conformidade. As economias de escala que o sequestro de carbono no campo promete serão mais facilmente acessadas se não houver divisões entre sequestros na agricultura e na silvicultura.

Como as atividades de sequestro de carbono tendem a exercer um impacto positivo sobre a gestão do solo e da água, bem como sobre a produtividade (Lal, 2005), o aspecto mais importante dos fundos de carbono empregados na gestão do solo poderá ser servir como uma "alavanca" para executar as práticas agrícolas sustentáveis que também possuem muitos outros benefícios. De 1945 a 1990, a degradação do solo na África reduziu a produtividade agrícola em aproximadamente 25% (United Nations Environment Programme, 1990). Além disso, aproximadamente 86% das terras da África subsaariana sofrem com a falta de umidade (Swift; Shepherd, 2007). Mecanismos eficazes de finanças de carbono ajudariam a diminuir a taxa de degradação do solo. Um mercado de carbono de conformidade às práticas corretas do solo possui grande potencial para ajudar a alcançar o equilíbrio necessário entre a intensificação da produção, a proteção dos recursos naturais e o auxílio simultâneo ao desenvolvimento rural em algumas das comunidades mais pobres do mundo. Ainda não existe um mercado com essas características. Questões técnicas relacionadas à verificação, à escala e ao cronograma permanecem sem solução. A Convenção-Quadro das Nações Unidas sobre Mudança do Clima propõe uma abordagem em etapas, começando pela capacitação e pelo apoio financeiro. A primeira etapa seria de demonstração das técnicas, dos métodos de monitoramento e dos mecanismos financeiros. Na segunda etapa, técnicas de carbono do solo seriam incorporadas ao mercado de carbono de conformidade mais amplo (Food and Agriculture Organization, 2009a).

O redirecionamento de subsídios agrícolas pode ser um mecanismo importante de gestão inteligente, em termos climáticos, do solo e da água

Os países-membros da Organização para Cooperação Econômica e Desenvolvimento fornecem US$ 258 bilhões ao ano em apoio aos seus agricultores, o que representa 23% da renda das propriedades rurais (Organisation for Economic Co-operation and Development, 2008). Desse apoio, 60% se baseiam na quantidade de uma *commodity* específica produzida e em vários insumos, sem restrições aos seus usos. Somente 2% se baseiam em serviços não relacionados a *commodities* (tais como a criação de faixas de proteção aos cursos d'água, a proteção de barreiras de vegetação e a preservação de espécies em extinção).

Os imperativos políticos da mudança climática oferecem uma oportunidade de reforma desses esquemas de subsídios, de modo a focá-los mais na mitigação da mudança climática e em medidas de adaptação que beneficiariam o solo, a água e a biodiversidade, assim como aumentariam a produtividade agrícola. Além desses benefícios diretos, a alocação de recursos nessa escala também demonstraria se essas técnicas inteligentes ao clima podem ser aplicadas em larga escala nos países em desenvolvimento, de forma a atrair energia e inventividade empreendedoras que encontrem novas soluções para os problemas técnicos e de monitoramento que surgirão.

A União Europeia já reformou sua Política Agrícola Comum para que todo apoio à renda de agricultores seja dependente do alcance

---

[38] Chicago Climate Exchange – Disponível em: <http://www.chicagoclimatex.com/index.jsf>. Acesso em: 10 fev. 2009.

de padrões agrícolas e ambientais corretos e que todo apoio ao desenvolvimento rural se destine a medidas que melhorem a competitividade, administrem o meio ambiente e a terra, elevem a qualidade de vida e aumentem a diversificação. Pela categoria de apoio ao desenvolvimento rural, os produtores podem ser compensados se prestarem serviços ambientais que ultrapassem os padrões obrigatórios.[39] Essa reforma é uma iniciativa promissora para impulsionar políticas agrícolas e de recursos naturais inteligentes, em termos climáticos e da participação dos agricultores, e a União Europeia poderia servir como uma área de testes para os mecanismos que poderiam ser empregados para a gestão sustentável do solo e da água nos países em desenvolvimento.

Para suportarem os efeitos da mudança climática sobre os recursos naturais e, ao mesmo tempo, reduzir as emissões de gases de efeito estufa, as sociedades precisam produzir mais do solo e da água e proteger melhor seus recursos. Para produzirem mais, precisam aumentar os investimentos na agricultura e na gestão dos recursos hídricos, principalmente em países em desenvolvimento. No caso da agricultura, isso significa investir em rodovias e em pesquisa e desenvolvimento, bem como adotar políticas e instituições melhores. No caso dos recursos hídricos, significa utilizar novas ferramentas para tomadas de decisão e dados mais precisos, fortalecer as políticas e instituições, e investir na infraestrutura. O aumento esperado nos preços da produção agrícola oferecerá aos agricultores e a outros usuários dos recursos um incentivo para inovar e investir. Entretanto, a lucratividade aumentada também incentivará a exploração excessiva dos recursos. A conservação precisa do mesmo aumento em esforços que a produção.

Existe uma série de técnicas, métodos e ferramentas para ajudar os usuários a proteger melhor os recursos naturais. Porém, muitas vezes, esses usuários não recebem os incentivos corretos para empregá-las. Há disparidades no espaço e no tempo. O que é mais vantajoso para um produtor não é o mais vantajoso para o ambiente como um todo e para os mananciais. O que é ideal durante um curto período não é ideal durante décadas. Transformar a forma como as coisas são feitas envolve pedir que os produtores pobres e moradores rurais assumam riscos que eles podem não querer assumir.

Os governos e as organizações públicas podem tomar três tipos de medidas para tornar os incentivos que os usuários dos recursos recebem mais inteligentes ao clima. Primeiro, eles podem fornecer informações para que a população tome decisões informadas e possa endossar os acordos de cooperação. Podem ser informações em alta tecnologia ou aquelas que as próprias comunidades coletam. Em segundo lugar, eles podem estipular um preço para a retenção e o armazenamento de carbono no solo. Realizado da maneira correta, esse esquema pode reduzir os riscos que a adoção de novas práticas representa para os agricultores. Também ajudará os usuários dos recursos a considerar uma faixa de tempo mais ampla em suas decisões. Em terceiro lugar, eles podem redirecionar subsídios agrícolas, em especial em países ricos, a fim de que se estimulem práticas inteligentes, em termos climáticos, de desenvolvimento rural. Esses subsídios podem ser transformados para demonstrarem como as novas técnicas podem ser adotadas em larga escala, assim como podem ser usados para fazer que ações individuais se encaixem melhor às necessidades do ambiente como um todo. Finalmente, eles podem atrair a engenhosidade e a criatividade necessárias para alcançar o delicado equilíbrio entre a alimentação de nove bilhões de pessoas, a redução das emissões de gases de efeito estufa e a proteção dos recursos naturais.

Referências bibliográficas

ALCAMO, J et al. A New Assessment of Climate Change Impacts on Food Production Shortfalls and Water Availability in Russia. *Global Environmental Change*, v.17, n.3-4, p.429-44, 2007.

ALSTON, J. M. et al. *A Meta-Analysis of Rates of Return to Agricultural R&D: Ex Pede Herculem?* Washington, DC: International Food Policy Research Institute, 2000.

ARANGO, H. *Planificación predial participativa, Fundación Centro para la Investigación en Sistemas Sostenibles de Producción Agropecuaria.* Cali, Colombia: Fundación Cipav, Ingeniero Agrícola, 2003.

ARKEMA, K. K.; Abramson, S. C.; Dewsbury, B. M. Marine Ecosystem-Based Management: from Characterization to Implementation.

---

39 Disponível em: <http://ec.europa.eu/agriculture/capreform/infosheets/crocom_en.pdf>. Acesso em: 12 maio 2009.

Ecology and the Environment, v.4, n.10, p.525-32, 2006.

ARMADA, N.; WHITE, A. T.; CHRISTIE, P. Managing Fisheries Resources in Danajon Bank, Bohol, Philippines: An Ecosystem-Based Approach. *Coastal Management*, v.307, n.3-4, p.308-30, 2009.

ASAD, M. et al. Management of Water Resources: Bulk Water Pricing in Brazil. Washington, DC: World Bank, 1999. (Technical Paper 432).

BARNETT, T. P.; ADAM, J. C.; LETTENMAIER, D. P. Potential Impacts of a Warming Climate on Water Availability in Snow-Dominated Regions. *Nature*, v.438, p.303-9, 2005.

BARNSTON, A. G. et al. Improving Seasonal Prediction Practices through Attribution of Climate Variability. *Bulletin of the American Meteorological Society*, v.86, n.1, p.59-72, 2005.

BASTIAANSSEN, W. G. M. *Remote Sensing in Water Resources Management*: The State of the Art. Colombo: International Water Management Institute, 1998.

BATES, B. et al. Climate Change and Water. Geneva: Intergovernmental Panel on Climate Change, 2008. (Technical Paper).

BATTISTI, D. S.; NAYLOR, R. L. Historical Warnings of Future Food Insecurity with Unprecedented Seasonal Heat. *Science*, v.323, n.5911, p.240-4, 2009.

BCLME PROGRAMME. The Changing State of the Benguela Current Large Marine Ecosystem. Paper Presented at the Expert Workshop on Climate Change and Variability and Impacts Thereof in the BCLME Region, May 15. Cape Town: Kirstenbosch Research Centre, 2007.

BECKETT, J. L.; OLTJEN, J. W. Estimation of the Water Requirement for Beef Production in the United States. *Journal of Animal Science*, v.7, n.4, p.818-26, 1993.

BEINTEMA, N. M.; STADS, G.-J. Measuring Agricultural Research Investments: A Revised Global Picture. Agricultural Science and Technology Indicators Background Note. Washington, DC: International Food Policy Research Institute, 2008.

BENBROOK, C. Do GM Crops Mean Less Pesticide Use? *Pesticide Outlook*, v.12, n.5, p.204-7, 2001.

BHATIA, R. et al. *Indirect Economic Impacts of Dams*: Case Studies from India, Egypt and Brazil. New Delhi: Academic Foundation, 2008.

BINDLISH, R.; CROW, W. T.; JACKSON, T. J. Role of Passive Microwave Remote Sensing in Improving Flood Forecasts. *IEEE Geoscience and Remote Sensing Letters*, v.6, n.1, p.112-6, 2009.

BLAISE, D.; MAJUMDAR, G.; TEKALE, K. U. On-Farm Evaluation of Fertilizer Application and Conservation Tillage on Productivity of Cotton and Pigeonpea Strip Intercropping on Rainfed Vertisols of Central India. *Soil and Tillage Research*, v. 84, n.1, p.108-17, 2005.

BOSWORTH, B. et al. *Water Charging in Irrigated Agriculture*: Lessons from the Literature. Wallingford, UK: HR Wallingford Ltd., 2002.

BOUËT, A.; LABORDE, D. The Cost of a Non-Doha. Washington, DC: International Food Policy Research Institute, 2008. (Briefing note).

BOUMA, J. A., WOERD, H. J. van der; KULIK, O. J. Assessing the Value of Information for Water Quality Management in the North Sea. *Journal of Environmental Management*, v.90, n.2, p.1280-8, 2009.

BRAUN, J. von et al. High Food Prices: the What, Who, and How of Proposed Policy Actions. Wasghinton, DC: Policy Brief, International Food Policy Research Institute, 2008.

BURKE, E. J.; BROWN, S. J. Evaluating Uncertainties in the Projection of Future Drought. *Journal of Hydrometeorology*, v.9, n.2, p.292-9, 2008.

BURKE, E. J.; BROWN, S. J.; CHRISTIDIS, N. Modeling the Recent Evolution of Global Drought and Projections for the 21st Century with the Hadley Centre Climate Model. *Journal of Hydrometeorology*, v.7, p.1113-25, 2006.

BUSKIRK, J. van; WILLI, Y. Enhancement of Farmland Biodiversity within Set-Aside Land. *Conservation Biology*, v.18, n.4, p.987-94, 2004.

BUTLER, R. A.; KOH, L. P.; GHAZOUL, J. REDD In the Red: Palm Oil Could Undermine Carbon Payment Schemes. *Conservation Letters*. (No prelo).

CARLSSON-KANYAMA, A.; GONZALES, A. D. Potential Contributions of Food Consumption Patterns to Climate Change. *American Journal of Clinical Nutrition*, v.89, n.5, p.1704S-09S, 2009.

CASSMAN, K. G. Ecological Intensification of Cereal Production Systems: Yield Potential, Soil Quality, and Precision Agriculture. *Proceedings of the National Academy of Sciences*, v.96, n.11, p.5952-9,1999.

CASSMAN, K. G. et al. Meeting Cereal Demand While Protecting Natural Resources and Improving Environmental Quality. *Annual Review of Environment and Resources*, v.28, p.315-58, 2003.

CENTER FOR ENVIRONMENT AND DEVELOPMENT IN THE ARAB REGION AND EUROPE. *Water Conflicts and Conflict Management Mechanisms in the Middle East and North Africa Region*. Cairo: Cedare, 2006.

CHAN, K. M. A.; DAILY, G. C. The Payoff of Conservation Investments in Tropical Countryside. *Proceedings of the National Academy of Sciences*, v.105, n.49, p. 19342-7, 2008.

CHOMITZ, K. M. Transferable Development Rights and Forest Protection: an Exploratory Analysis. *International Regional Science Review*, v.27, n.3, p.348-73, 2004.

CHRISTOPHER, T. Can Weeds Help Solve the Climate Crisis? *New York Times*, 29 June 2008.

CLINE, W. R. *Global Warming and Agriculture*: Impact Estimates by Country. Washington, DC: Center for Global Development and Peterson Institute for International Economics, 2007.

COSTELLO, C.; GAINES, S. D.; LYNHAM, J. Can Catch Shares Prevent Fisheries Collapse? *Science*, v.321, n.5896, p.1678-81, 2008.

DAWE, D. Have Recent Increases in International Cereal Prices Been Transmitted to Domestic Economies? The Experience in Seven Large Asian Countries. Agricultural Rome: Food and Agriculture Organization, Rome, 2008. (Development Economics Division Working Paper 08-03).

DE FRAITURE, C.; PERRY, C. Why Is Agricultural Water Demand Unresponsive at Low Price Ranges? In: MOLLE, F.; BERKOFF, J. (Ed.) *Irrigation Water Pricing*: The Gap between Theory and Practice. Oxfordshire, UK: CAB International, 2007.

DE SILVA, S.; SOTO, D. Climate Change and Aquaculture: Potential Impacts, Adaptation and Mitigation. Rome: Food and Agriculture Organization, 2009. (Technical paper 530).

DELGADO, C. L. et al. Livestock to 2020: The Next Food Revolution. Washington, DC: International Food Policy Research Institute, 1999. (Food, Agriculture, and Environment Discussion Paper 28).

_____. Outlook for fish to 2020: Meeting Global Demand. Washington, DC: International Food Policy Research Institute, 2003.

DERPSCH, R. No-Tillage and Conservation Agriculture: A Progress Report. In: GODDARD, T. et al. (Ed.) *No-Till Farming Systems* Bangkok: World Association of Soil and Water Conservation, 2007.

DERPSCH, R.; FRIEDRICH, T. Global Overview of Conservation Agriculture Adoption. In: WORLD CONGRESS ON CONSERVATION AGRICULTURE, 4, 2009, New Delhi. New Delhi: World Congress on Conservation Agriculture, 2009.

DEUTSCH, L. et al. Feeding Aquaculture Growth through Globalization: Exploitation of Marine Ecosystems for Fishmeal. *Global Environmental Change*, v. 17, n.2, p.238-49, 2007.

DIAZ, R. J.; ROSENBERG, R. Spreading Dead Zones and Consequences for Marine Ecosystems. *Science*, v.321, n.5891, p.926-9, 2008.

DORAISWAMY, P. et al. Modeling Soil Carbon Sequestration in Agricultural Lands of Mali. *Agricultural Systems*, v.94, n.1, p.63-74, 2007.

DORWARD, A. et al. Institutions and Policies for Pro-Poor Agricultural Growth. *Development Policy Review*, v.22, n.6, p.611-22, 2004.

DUDA, A. M.; SHERMAN, K. A New Imperative for Improving Management of Large Marine Ecosystems. *Ocean and Coastal Management*, v.45, p.797-833, 2002.

DUDLEY, N.; STOLTON, S. *Conversion of "Paper Parks" to Effective Management: Developing a Target*. Gland, Switzerland: Report to the WWF-World Bank Alliance from the International Union for the Conservation of Nature and WWF, Forest Innovation Project, 1999.

DYE, P.; VERSFELD, D. Managing the Hydrological Impacts of South African Plantation Forests: an Overview. *Forest Ecology and Management*, v.251, v.1-2, p. 121-8, 2007.

EASTERLING, W. et al. Food, Fibre and Forest Products. In: PARRY, M. (Ed.) *Climate change 2007*: Impacts, Adaptation and Vulnerability. Contribution of Working Group II to the Fourth Assessment Report of the Intergovernmental Panel on Climate Change. Cambridge, UK: Cambridge University Press, 2007.

ERENSTEIN, O. Adoption and Impact of Conservation Agriculture Based Resource Conserving Technologies in South Asia. In: WORLD CONGRESS ON CONSERVATION AGRICULTURE, 4, 2009, New Delhi. New Delhi: WCCA, 2009.

ERENSTEIN, O.; LAXMI, V. Zero Tillage Impacts in India's Rice-Wheat Systems: A Review. *Soil and Tillage Research*, v.100, n.1-2, p.1-14, 2008.

ERENSTEIN, O. et al. On-Farm Impacts of Zero Tillage Wheat in South Asia's Rice-Wheat Systems. *Field Crops Research*, v.105, n.3, p.240-52, 2008.

EUROPEAN BANK FOR RECONSTRUCTION AND DEVELOPMENT; FOOD AND AGRICULTURE ORGANIZATION. Fighting Food Inflation through Sustainable Investment. London: EBRD, FAO, 2008.

FAY, M.; BLOCK, R. I.; EBINGER, J. (Ed.) *Adapting to Climate Change in Europe and Central Asia*. Washington, DC: World Bank, 2010.

FISCHER, G.; SHAH, M.; VELTHUIZEN, H. van. Climate Change and Agricultural Vulnerability. Paper presented at the World Summit on Sustainable Development. Johannesburg, 2002.

FOOD AND AGRICULTURE ORGANIZATION (FAO). Integrated Agriculture-aquaculture. Rome: FAO, 2001. (Fisheries Technical Paper 407).

_____. *The State of World Fisheries and Aquaculture 2004*. Rome: FAO, 2004a.

_____. Water Desalination for Agricultural Applications. Rome: FAO, 2004b. (Land and Water Discussion Paper 5).

_____. *Agricultural Biodiversity in FAO*. Rome: FAO, 2005.

_____. *Food Outlook*: Global Market Analysis. Rome: FAO, 2008.

_____. Anchoring Agriculture within a Copenhagen Agreement: A Policy Brief for UNFCCC Parties by FAO. Rome: FAO, 2009a.

_____. Aquastat. Rome: FAO, 2009b.

_____. FAOSTAT. Rome: FAO, 2009c.

_____. Fisheries and Aquaculture in a Changing Climate. Rome: FAO, 2009d.

FOOD AND AGRICULTURE ORGANIZATION (FAO). *The State of World Fisheries and Aquaculture 2008*. Rome: FAO, 2009e.

FISCHER, G. et al. Socio-Economic and Climate Change Impacts on Agriculture: An Integrated Assessment, 1990-2080. *Philosophical Transactions of the Royal Society B: Biological Sciences*, v.360, p.2067-83, 2005.

FRANZLUEBBERS, A. J. Water Infiltration and Soil Structure Related to Organic Matter and its Stratification with Depth. *Soil and Tillage Research*, v.66, p.197-205, 2002.

FRAPPART, F. et al. Water Volume Change in the Lower Mekong from Satellite Altimetry and Imagery Data. *Geophysical Journal International*, v.167, n.2, p.570-84, 2006.

GASTON, K. J. et al. The Ecological Performance of Protected Areas. *Annual Review of Ecology, Evolution, and Systematics*, v.39, p.93-113, 2008.

GATLIN, D. M. et al. Expanding the Utilization of Sustainable Plant Products in Aquafeeds: A Review. *Aquaculture Research*, v.38, n.6, p.551-79, 2007.

GLEICK, P. *The World's Water 2008-2009*: The Biennial Report on Freshwater Resources. Washington, DC: Island Press, 2008.

GLOBAL ENVIRONMENT FACILITY (GEF). *From Ridge to Reef: Water, Environment, and Community Security*: GEF Action on Transboundary Water Resources. Washington, DC: GEF, 2009.

GOBIERNO DE ESPAÑA. *La desalinización en España*. Madrid: Ministerio de Medio Ambiente y Medio Rural y Marino, 2009.

GORDON, I. J. Linking Land to Ocean: Feedbacks in the Management of Socio-ecological Systems in the Great Barrier Reef Catchments. *Hydrobiologia*, v.591, n.1, p.25-33, 2007.

GOVAERTS, B.; SAYRE, K.; DECKERS, J. Stable High Yields with Zero Tillage and Permanent Bed Planting? *Field Crops Research*, v.94, p.33-42, 2005.

GOVAERTS, B. et al. Conservation Agriculture and Soil Carbon Sequestration: Between Myth and Farmer Reality. *Critical Reviews in Plant Sciences*, v.28, n.3, p. 97-122, 2009.

GROVES, D. G.; LEMPERT, R. J. A New Analytic Method for Finding Policy – Relevant Scenarios. *Global Environmental Change*, v.17, n.1, p.73-85, 2007.

GROVES, D. G.; YATES, D.; TEBALDI, C. Developing and Applying Uncertain Global Climate Change Projections for Regional Water Management Planning. *Water Resources Research*, v.44, n.12, p.1-16, 2008.

GROVES, D. G. et al. Planning for Climate Change in the Inland Empire: Southern California. *Water Resources Impact*, v.10, n.4, p.14-7, 2008.

GRUERE, G. P.; MEHTA-BHATT, P.; SENGUPTA, D. Bt Cotton and Farmer Suicides in India: Reviewing the Evidence. Washington, DC: International Food Policy Research Institute, 2008. (Discussion Paper 00808).

GURGEL, A. C.; REILLY, J. M.; PALTSEV, S. *Potential Land Use Implications of a Global Biofuels Industry*. Cambridge, MA: Massachusetts Institute of Technology Joint Program on the Science and Policy of Global Change, 2008.

GYLLENHAMMAR, A.; HAKANSON, L. Environmental Consequence Analyses of Fish Farm Emissions Related to Different Scales and Exemplified by Data from the Baltic: A Review. *Marine Environmental Research*, v.60, p.211-43, 2005.

HANNAH, L. et al. Protected Areas Needs in a Changing Climate. *Frontiers in Ecology and Evolution*, v.5, n.3, p.131-8, 2007.

HANSEN, J. et al. Earth's Energy Imbalance: Confirmation and Implications. *Science*, v.308, n.5727, p.1431-5, 2005.

HARDIN, G. The Tragedy of the Commons. *Science*, v.162, n.3859, p.1243-8, 1968.

HAZELL, P. B. R. The Green Revolution: Curse or Blessing? In: MOKYR, J. (Ed.) *Oxford Encyclopedia of Economic History*. New York: Oxford University Press, 2003.

HENSON, I. E. The Carbon Cost of Palm Oil Production in Malaysia. *The Planter*, v.84, p.44564, 2008.

HILBORN, R. Defining Success in Fisheries and Conflicts in Objectives. *Marine Policy*, v.31, n.2, p.153-8, 2007a.

_____. Moving to Sustainability by Learning From Successful Fisheries. *Ambio*, v. 36, n.4, p.296-303, 2007b.

HOBBS, P. R.; SAYRE, K.; GUPTA, R. The Role of Conservation Agriculture in Sustainable Agriculture. *Philosophical Transactions of the Royal Society*, v.363, n.1491, p.543-55, 2008.

HOEKSTRA, A. Y.; CHAPAGAIN, A. K. Water Footprints of Nations: Water Use by People as a Function of Their Consumption Pattern. *Water Resources Management*, v.21, n.1, p.35-48, 2007.

HOFMANN, M.; SCHELLNHUBER, H.-J. Oceanic Acidification Affects Marine Carbon Pump and Triggers Extended Marine Oxygen Holes. *Proceedings of the National Academy of Sciences*, v.106, n.9, p.3017-22, 2009.

INTERNATIONAL ASSESSMENT OF AGRICULTURAL KNOWLEDGE, SCIENCE AND TECHNOLOGY FOR DEVELOPMENT (IAASTD). *Summary for Decision Makers of the Global Report*. Washington, DC: IAASTD, 2009.

INTERNATIONAL ENERGY AGENCY (IEA). *World Energy Outlook 2006*. Paris: IEA, 2006.

INTERGOVERNMENTAL PANEL ON CLIMATE CHANGE (IPCC). *Climate Change 2007*: Synthesis Report. Contribution of Working Groups I, II and II to the Fourth Assessment Report of the Intergovernmental Panel on Climate Change. Geneva: IPPC, 2007a.

_____. Summary for Policymakers. In: METZ, B. et al. (Ed.) *Climate Change 2007*: Mitigation. Contribution of Working Group III to the Fourth Assessment Report of the Intergovernmental Panel on Climate Change Cambridge, UK: Cambridge University Press, 2007b.

JAMES, C. *Global Review of Commercialized Transgenic Crops*. Ithaca, NY: International Service for the Acquisition of Agri-Biotech Applications, 2000.

_____. *Global Status of Commercialized Biotech/GM Grops*: 2007. Ithaca, NY: International Service for the Acquisition of Agri-Biotech Applications, 2007.

_____. *Global Status of Commercialized Biotech/GM Grops*: 2008. Ithaca, NY: International Service for the Acquisition of Agri-Biotech Applications, 2008.

JOHNSTON, C. A. et al. Carbon Cycling in Soil. *Frontiers in Ecology and the Environment*, v.2, n.10, p.522-8, 2004.

KAONGA, M. L.; COLEMAN, K. Modeling Soil Organic Carbon Turnover in Improved Fallows in Eastern Zambia Using the RothC-26.3 Model. *Forest Ecology and Management*, v.256, n.5, p.1160-6, 2008.

KLEIN, A. M. et al. Importance of Pollinators in Changing Landscapes for World Crops. *Proceedings of the Royal Society*, v.274, n.1608, p.303-13, 2007.

KOH, L. P.; LEVANG, P.; GHAZOUL, J. Designer Landscapes for Sustainable biofuels. *Trends in Ecology and Evolution*. (No prelo).

KOH, L. P.; WILCOVE, D. S. Is Oil Palm Agriculture Really Destroying Tropical Biodiversity. *Conservation Letters*, v.1, n.2, p.60-4, 2009.

KOSGEI, J. R. et al. The Influence of Tillage on Field Scale Water Fluxes and Maize Yields in Semi-Arid Environments: A Case Study of Potshini Catchment, South Africa. *Physics and Chemistry of the Earth*, Parts A/B/C, v.32, n.15-8, p.1117-26, 2007.

KOTILAINEN, L. et al. Health Enhancing Foods: Opportunities for Strengthening the Sector in Developing Countries. Washington, DC: World Bank, 2006. (Agriculture and Rural Development Discussion paper 30).

KUMAR, R. eChoupals: A Study on the Financial Sustainability of Village Internet Centers in Rural Madhya Pradesh. *Information Technologies and International Development*, v.2, n.1, p.45-73, 2004.

KURIEN, J. International Fish Trade and Food Security: Issues and Perspectives. Paper presented at the 31st Annual Conference of the International Association of Aquatic and Marine Science Libraries, Rome, 2005.

LAFFOLEY, D. d'A. Towards Networks of Marine Protected Areas: The MPA Plan of Action for IUCN's World Commission on Protected Areas. International Union for Conservation of Nature, World Commission on Protected Areas, Gland, Switzerland, 2008.

LAL, R. Enhancing Crop Yields in the Developing Countries through Restoration of the Soil Organic Carbon Pool in Agricultural Lands. *Land Degradation and Development*, v.17, n.2, p.197-209, 2005.

LEHMANN, J. A Handful of Carbon. *Nature*, v.447, p.143-4, 2007a.

_____. Bio-Energy in the Black. *Frontiers in Ecology and the Environment*, v.5, n.7, p.381-7, 2007b.

LIGHTFOOT, C. Integration of Aquaculture and Agriculture: A Route Towards Sustainable Farming Systems. *Naga: The ICLARM Quarterly*, v.13, n.1, p.9-12, 1990.

LIN, B. B.; PERFECTO, I.; VANDERMEER, J. Synergies Between Agricultural Intensification and Climate Change Could Create Surprising Vulnerabilities for Crops. *BioScience*, v.58, n.9, p.847-54, 2008.

LOBELL, D. B. et al. Prioritizing Climate Change Adaptation Needs for Food Security in 2030. *Science*, v.319, n.5863, p.607-10, 2008.

LODGE, M. W. Managing International Fisheries: Improving Fisheries Governance by Strengthening Regional Fisheries Management Organizations. Chatham House Energy, Environment and Development Programme Briefing Paper EEDP BP 07/01, London, 2007.

LOTZE-CAMPEN, H. et al. Competition for Land Between Food, Bioenergy and Conservation. Background note for the WDR 2010, 2009.

LOUATI, M. El H. Tunisia's Experience in Water Resource Mobilization and Management. Background note for the WDR 2010.

MASON, S. J. "Flowering Walnuts in the Wood" and Other Bases for Seasonal Climate Forecasting. In: THOMSON, M. C.; GARCIA-HERRERA, R.; BENISTON, M. (Ed.) *Seasonal Forecasts, Climatic Change and Human Health*: Health and Climate. Amsterdam: Springer Netherlands, 2008.

MCKINSEY & COMPANY. *Pathways to a Low-Carbon Economy*: Version 2 of the Global Greenhouse Gas Abatement Cost Curve. Washington, DC: McKinsey & Company, 2009.

MCNEELY, J. A.; SCHERR, S. J. *Ecoagriculture*: Strategies to Feed the World and Save Biodiversity. Washington, DC: Island Press, 2003.

MEEHL, G. A. et al. Global Climate Projections. In: SOLOMON, S. (Ed.) *Climate Change 2007*: The Physical Science Basis.

Contribution of Working Group I to the Fourth Assessment Report of the Intergovernmental Panel on Climate Change. Cambridge, UK: Cambridge University Press, 2007.

MENENTI, M. Evaporation. In: SCHULTZ, G. A.; ENGMAN, E. T. (Ed.) *Remote Sensing in Hydrology and Water Management* Berlin: Springer-Verlag, 2000.

MILLENNIUM ECOSYSTEM ASSESSMENT. *Ecosystems and Human Well-Being*: Biodiversity Synthesis. Washington, DC: World Resources Institute, 2005.

MILLY, P. C. D. et al. Stationarity Is Dead: Whither Water Management? *Science*, v.319, n.5863, p.573-4, 2008.

MILLY, P. C. D.; DUNNE, K. A.; VECCHIA, A. V. Global Pattern of Trends in Streamflow and Water Availability in a Changing Climate. *Nature*, v.438, n.17, p. 347-50, 2005.

MITCHELL, D. A Note on Rising Food Prices. Washington, DC: World Bank, 2008. (Policy Research Working Paper 4682).

MOLDEN, D. *Water for Food, Water for Life*: A Comprehensive Assessment of Water Management in Agriculture. London: Earthscan and International Water Management Institute, 2007.

MOLLE, F.; BERKOFF, J. *Irrigation Water Pricing*: The Gap between Theory and Practice. Wallingford, UK: CAB International, 2007.

MOLLER, M. et al. Measuring and Predicting Evapotranspiration in an InsectProof Screenhouse. *Agricultural and Forest Meteorology*, v.127, n.12, p.35-51, 2004.

MORON, V. et al. Spatio-Temporal Variability and Predictability of Summer Monsoon Onset over the Philippines. *Climate Dynamics*. (No prelo).

MORON, V.; ROBERTSON, A. W.; BOER, R. Spatial Coherence and Seasonal Predictability of Monsoon Onset over Indonesia. *Journal of Climate*, v.22, n.3, p. 840-50, 2009.

MORON, V.; ROBERTSON, A. W.; WARD, M. N. Seasonal Predictability and Spatial Coherence of Rainfall Characteristics in the Tropical Setting of Senegal. *Monthly Weather Review*, v.134, n.11, p.3248-62, 2006.

_____. Spatial Coherence of Tropical Rainfall at Regional Scale. *Journal of Climate*, v.20, n.21, p.5244-63, 2007.

MÜLLER, C. et al. Climate Change Impacts on Agricultural Yields. Background note for the WDR 2010, 2009.

NATIONAL RESEARCH COUNCIL (NRC). *Water Implications of Biofuels Production in the United States*. Washington, DC: National Academies Press, 2007.

NAYLOR, R. L. et al. Effects of Aquaculture on World Fish Supplies. *Nature*, v.405, n.6790, p.1017-24, 2000.

NORMILE, D. Agricultural Research: Consortium Aims to Supercharge Rice Photosynthesis. *Science*, v.313, n.5786, p.423, 2006.

OLMSTEAD, S.; HANEMANN, W. M.; STAVINS, R. N. Water Demand Under Alternative Price Structures. Cambridge, MA: National Bureau of Economic Research, 2007. (Working Paper 13573).

ORGANISATION FOR ECONOMIC CO-OPERATION AND DEVELOPMENT (OECD). *Agricultural Policies in OECD Countries*: At a Glance 2008. Paris: OECD, 2008.

_____. *Managing Water for All*: An OECD Perspective on Pricing and Financing. Paris: OECD, 2009.

PARRY, M. The Implications of Climate Change for Crop Yields, Global Food Supply and Risk of Hunger. *SAT e-Journal*, v.4, n.1, Open Access e-Journal, International Crops Research Institute for the Semi-Arid Tropics (ICRISAT), 2007. Disponível em: <http://www.icrisat.org/Journal/SpecialProject/sp14.pdf>.

PARRY, M.; ROSENZWEIG, C.; LIVERMORE, M. Climate Change, Global Food Supply and Risk of Hunger. *Philosophical Transactions of the Royal Society B*, v.360, n.1463, p.2125-38, 2005.

PARRY, M. et al. Climate Change and World Food Security: A New Assessment. *Global Environmental Change*, v.9, n.S1, p.S51-S67, 1999.

_____. Effects of Climate Change on Global Food Production Under SRES Emissions and Socio-Economic Scenarios. *Global Environmental Change*, v.14, n.1, p.53-67, 2004.

PASSIOURA, J. Increasing Crop Productivity When Water Is Scarce: From Breeding to Field Management. *Agricultural Water Management*, v.80, n.1-3, p. 176-96, 2006.

PATT, A. G.; SUAREZ, P.; GWATA, C. Effects of Seasonal Climate Forecasts and Participatory Workshops Among Subsistence Farmers in Zimbabwe. *Proceedings of the National Academy of Sciences*, v.102, n.35, p. 12623-8, 2005.

PEDEN, D.; TADESSE, G.; MAMMO, M. Improving the Water Productivity of Livestock: An Opportunity for Poverty Reduction. Paper presented at the Integrated Water and Land Management Research and Capacity Building Priorities for Ethiopia Conference. Addis Ababa, 2004.

PENDER, J.; MERTZ, O. Soil Fertility Sepletion Sub-Saharan Africa: What Is the Role of Organic Agriculture. In: HALBERG, N. et al. (Ed.) *Global Development or Organic Agriculture*: Challenges and Prospects. Wallingford, UK: CAB International, 2006.

PEREZ, C. et al. Can Carbon Sequestration Markets Benefit Low-Income Producers in Semi-Arid Africa? Potentials and Challenges. *Agricultural Systems*, v.94, n.1, p.2-12, 2007.

PERRY, C. et al. Increasing Productivity in Irrigated Agriculture: Agronomic Constraints and Hydrological Realities. *Agricultural Water Management*. (No prelo).

PHIPPS, R.; PARK, J. Environmental Benefits of Genetically Modified Crops: Global and European Perspectives on Their Ability to Reduce Pesticide Use. *Journal of Animal and Feed Science*, v.11, p.1-18, 2002.

PIMENTEL, D. et al. Water Resources: Agricultural and Environmental Issues. *BioScience*, v.54, n.10, p. 909-18, 2004.

PINGALI, P. L.; ROSEGRANT, M. W. Intensive Food Systems in Asia: Can the Degradation Problems Be Reversed? In: LEE, D. R.; BARRETT, C. B. (Ed.) *Tradeoffs or Synergies? Agricultural Intensification, Economic Development and the Environment*. Wallingford, UK: CAB International, 2001.

PITCHER, T. et al. An Evaluation of Progress in Implementing Ecosystem-Based Management of Fisheries in 33 Countries. *Marine Policy*, v.33, n.2, p.223-32, 2009.

POULTON, C.; KYDD, J.; DORWARD, A. Increasing Fertilizer Use in Africa: What Have we Learned? Washington, DC: World Bank, 2006. (Discussion Paper 25).

PRIMAVERA, J. H. Socio-Economic Impacts of Shrimp Culture. *Aquaculture Research*, v.28, p.815-27, 1997.

QADDUMI, H. Practical Approaches to Transboundary Water Benefit Sharing., London: Overseas Development Institute, 2008. (Working Paper 292).

RANDOLPH, T. F. et al. Invited Review: Role of Livestock in Human Nutrition and Health for Poverty Reduction in Developing Countries. *Journal of Animal Science*, v.85, n.11, p.2788-800, 2007.

REARDON, T., et al. Diversification of Household Incomes into Nonfarm Sources: Patterns, Determinants and Effects. Paper presented at the IFPRI/World Bank Conference on Strategies for Stimulating Growth of the Rural Nonfarm Economy in Developing Countries, Airlie House, Virginia, 1998.

RICKETTS, T. H. et al. Landscape Effects on Crop Pollination Services: Are There General Patterns? *Ecology Letters*, v.11, n.5, p.499-515, 2008.

RITCHIE, J. E. Land-Ocean Interactions: Human, Freshwater, Coastal and Ocean Interactions Under Changing Environments. Paper presented at the Hydrology Expert Facility Workshop: Hydrologic Analysis to Inform Bank Policies and Projects: Bridging the Gap, November 24, Washington, DC, 2008.

RIVERA, J. A. et al. The Effect of Micronutrient Deficiencies on Child Growth: A Review of Results from Community-Based Supplementation Trials. *Journal of Nutrition*, v.133, n.11, p.4010S-20S, 2003.

ROBLES, M.; TORERO, M. Understanding the Impact of High Food Prices in Latin America. *Economia*. (No prelo).

ROCHETTE, P. et al. Nitrous Oxide Emissions Respond Differently to No-Till in a Loam and a Heavy Clay Soil. *Soil Science Society of America Journal*, v.72, p.1363-9, 2008.

ROSEGRANT, M. W.; BINSWANGER, H. Markets in Tradable Water Rights: Potential for Efficiency Gains in Developing Country Water Resource Allocation. *World Development*, v.22, n.11, p.1613-25, 1994.

ROSEGRANT, M. W.; CAI, X.; CLINE, S. *World Water and Food to 2025*: Dealing With Scarcity. Washington, DC: International Food Policy Research Institute, 2002.

ROSEGRANT, M. W.; CLINE, S. A.; VALMONTE-SANTOS, R. A. Global Water and Food Security: Emerging Issues." In: BROWN, A. G. (Ed.) *Proceedings of the International Conference on Water for Irrigated Agriculture and the Environment: Finding a Flow for All*. Canberra: ATSE Crawford Fund, 2007.

ROSEGRANT, M. W.; FERNANDEZ, M.; SINHA, A. Looking into the Future for Agriculture and KST. In: MCINTYRE, B. et al. (Ed.) *IAASTD Global Report*. Washington, DC: Island Press, 2009.

ROSEGRANT, M. W.; HAZELL, P. B. R. *Transforming the Rural Asian Economy*: The Unfinished Revolution. New York: Oxford University Press, 2000.

ROSEGRANT, M. W. et al. *Global Food Projections to 2020*: Emerging Trends and Alternative Futures. Washington, DC: International Food Policy Research Institute, 2001

ROSENZWEIG, C. et al. Climate Change and Extreme Weather Events: Implications for Food Production, Plant Diseases and Pests. *Global Change and Human Health*, v.2, n.2, p.90-104, 2001.

SABINE, C. L. et al. The Oceanic Sink for Anthropogenic CO_2. *Science*, v.305, p.367-71, 2004.

SALMAN, S. M. A. The United Nations Watercourses Convention Ten Years Later: Why Has Its Entry into Force Proven Difficult? *Water International*, v.32, n.1, p.1-15, 2007.

SCHERR, S. J.; MCNEELY, J. A. Biodiversity Conservation and Agricultural Sustainability: Towards a New Paradigm of Ecoagriculture Landscapes. *Philosophical Transactions of the Royal Society B*, v.363, p.477-94, 2008.

SCHMIDHUBER, J.; TUBIELLO, F. N. Global Food Security under Climate change. *Proceedings of the National Academy of Sciences*, v.104, n.50, p.19703-8, 2007.

SCHOUPS, G. et al. Sustainability of Irrigated Agriculture in the San Joaquin Valley, California. *Proceedings of the National Academy of Sciences*, v.102, n.43, p.15352-6, 2005.

SHIKLOMANOV, I. A. *World Water Resources*: An Appraisal for the 21st Century. Paris: Unesco International Hydrological Programme, 1999.

SHIKLOMANOV, I. A.; RODDA, J. C. *World Water Resources at the Beginning of the 21st century*. Cambridge, UK: Cambridge University Press, 2003.

SIMLER, K. R. The Impact of Higher Food Prices on Poverty in Uganda. Washington, DC: World Bank, 2009.

SINGH, U. Integrated Nitrogen Fertilization for Intensive and Sustainable Agriculture. *Journal of Crop Improvement*, v.15, n.2, p.259-88, 2005.

SIVAKUMAR, M. V. K.; HANSEN, J. (Ed.) *Climate Prediction and Agriculture*: Advances and Challenges. New York: Springer, 2007.

SMITH, L. D.; GILMOUR, J. P.; HEYWARD, A. J. Resilience of Coral Communities on an Isolated System of Reefs Following Catastrophic Mass-Bleaching. *Coral Reefs*, v.27, n.1, p.197-205, 2008.

SMITH, P. et al. Greenhouse Gas Mitigation in Agriculture. *Philosophical Transactions of the Royal Society B*, v.363, p.789-813, 2009.

SOHI, S. et al. *Biochar, Climate Change, and Soil*: A Review to Guide Future Research. Australia: CSIRO Land and Water Science Report 05/09, 2009.

STEINFELD, H. et al. *Livestock's Long Shadow*: Environmental Issues and Options. Rome: Food and Agriculture Organization, 2006.

STRUHSAKER, T. T.; STRUHSAKER, P. J.; SIEX, K. S. Conserving Africa's Rain Forests: Problems in Protected Areas and Possible Solutions. *Biological Conservation*, v.123, n.1, p.45-54, 2005.

STRZEPEK, K. et al. Determining the Insurance Value of the High Aswan Dam for the Egyptian Economy. Washington, DC: International Food Policy Research Institute, 2004.

SU, Z. et al. Effects of Conservation Tillage Practices on Winter Wheat Water-Use Efficiency and Crop Yield on the Loess Plateau, China. *Agricultural Water Management*, v.87, n.3, p.307-14, 2007.

SULLIVAN, P. et al. *The Conservation Reserve Program*: Economic Implications for Rural America. Washington, DC: United States Department of Agriculture, 2004.

SUNDBY, S.; NAKKEN, O. Spatial Shifts in Spawning Habitats of ArctoNorwegian Cod Related to Multidecadal Climate Oscillations and Cimate Change. *ICES Journal of Marine Sciences*, v.65, n.6, p.953-62, 2008.

SWIFT, M. J.; SHEPHERD, K. D. (Ed.) *Saving Africa's Soils*: Science and Technology for Improved Soil Management in Africa. Nairobi: World Agroforestry Centre, 2007.

TACON, A. G. J.; HASAN, M. R.; SUBASINGHE, R. P. Use of Fishery Resources as Feed Inputs for Aquaculture Development: Trends and Policy. FAO Fisheries Circular 1018, Rome, 2006.

TAL, Y. et al. Environmentally Sustainable Land-Based Marine Aquaculture. *Aquaculture*, v.286, n.1-2, p.28-35, 2009.

THIERFELDER, C.; AMEZQUITA, E.; STAHR, K. Effects of Intensifying Organic Manuring and Tillage Practices on Penetration Resistance and Infiltration Rate. *Soil and Tillage Research*, v.82, n.2, p.211-26, 2005.

THORNTON, P. The Inter-Linkage between apid Growth in Livestock Production, Climate Change, and the Impacts on Water Resources, Land Use, and Reforestation. Background paper for the WDR 2010, 2009.

TILMAN, D.; HILL, J.; LEHMAN, C. Carbon-Negative Biofuels From Low-Input High-Diversity Grassland Biomass. *Science*, v.314, p.1598-600, 2006.

TORRE de la, A.; FAJNZYLBER, P.; NASH, J. *Low Carbon, High Growth*: Latin American Responses to Climate Change. Washington, DC: World Bank, 2008.

TSCHAKERT, P. The Costs of Soil Carbon Sequestration: An Economic Analysis for Small-Scale Farming Systems in Senegal. *Agricultural Systems*, v.81, p.227-53, 2004.

TURNER, W. et al. Remote Sensing for Biodiversity Science and Conservation. *Trends in Ecology and Evolution*, v.18, n.6, p.306-14, 2003.

UNESCO. A Global Perspective on Research and Development. Montreal: Institute for Statistics Fact Sheet 5, Unesco, 2007.

UNITED NATIONS ENVIRONMENT PROGRAMME (UNEP). *Global Assessment of Soil Degradation*. New York: Unep, 1990.

UNITED NATIONS. *Guidelines for Reducing Flood Losses*. Geneva: United Nations Department of Economic and Social Affairs, United Nations International Strategy for Disaster Reduction, and the National Oceanic and Atmosphere Administration, 2004.

_____. *World Population Prospects*: The 2008 Revision. New York: UN Department of Economic and Social Affairs, 2009.

VASSOLO, S.; DÖLL, P. Global-Scale Gridded Estimates of Thermoelectric Power and Manufacturing Water Use. *Water Resources Research*, v.41, p.W04010-doi:10.1029/2004WR003360, 2005.

VENTER, O. et al. Carbon Payments as a Safeguard for Threatened Tropical Mammals. *Conservation Letters*, v.2, p.123-9, 2009.

WARD, F. A.; PULIDO-VELAZQUEZ, M. Water Conservation in Irrigation Can Increase Water Use. *Proceedings of the National Academy of Sciences*, v.105, n.47, p.18215-20, 2008.

WARDLE, D. A.; NILSSON, M-C; ZACKRISSON, O. Fire-Derived Charcoal Causes Loss of Forest Humus. *Science*, v.320, n.5876, p.629, 2008.

WERF, G. R. van der et al. Climate Regulation of Fire Emissions and Deforestation in Equatorial Asia. *Proceedings of the National Academy of Sciences*, v.105, n.51, p.20350-5, 2008.

WEST, P. O.; POST, W. M. Soil Organic Carbon Sequestration Rates by Tillage and Crop

Rotation: A Global Data Analysis. *Soil Science Society of America Journal*, v. 66, p.1930-46, 2002.

WILLIAMS, A. G.; AUDSLEY, E.; SANDARS, D. L. *Determining the Environmental Burdens and Resource Use in the Production of Agricultural and Horticultural Commodities*. London: Department for Environmental Food and Rural Affairs, 2006.

WISE, M. A. et al. Implications of Limiting CO_2 Concentrations for Land Use and Energy. *Science*, v.324, n.5931, p.1183-6, 2009.

WOELCKE, J.; TENNIGKEIT, T. Harvesting Agricultural Carbon in Kenya. *Rural 21*, v.43, n.1, p.26-7, 2009.

WOLF, D. Biochar as a Soil Amendment: A Review of the Environmental Implications. Swansea University School of the Environment and Society, 2008. Disponível em: <http://www.orgprints.org/13268/01/Biochar_as_a_soil_amendment__a_review.pdf>. Acesso em: 15 jul. 2009.

WORLD BANK. *Agriculture Investment Sourcebook*. Washington, DC: World Bank, 2005.

_____. *Aquaculture*: Changing the Face of the Waters: Meeting the Promise and Challenge of Sustainable Aquaculture. Washington, DC: World Bank, 2006.

_____. India Groundwater AAA Mid-term Review. Washington, DC: World Bank, 2007a. (internal document).

_____. *Making the Most of Scarcity*: Accountability for Better Water Management esults in the Middle East and North Africa. Washington, DC: World Bank, 2007b.

_____. *World Development Report 2008*. Agriculture for Development. Washington, DC: World Bank, 2007c.

_____. *Biodiversity, Climate Change and Adaptation*: Nature-Based Solutions from the World Bank Portfolio. Washington, DC: World Bank, 2008a.

_____. *China Water AAA*: Addressing Water Scarcity. Washington, DC: World Bank, 2008b.

_____. *Framework Document for a Global Food Crisis Response Program*. Washington, DC: World Bank, 2008c.

WORLD BANK. *The Sunken Billions*. The Economic Justification for Fisheries Reform. Washington, DC: World Bank and FAO, 2008d.

_____. *World Development Report 2009*. Reshaping Economic Geography. Washington, DC: World Bank, 2008e.

_____. *Improving Food Security in Arab Countries*. Washington, DC: World Bank, 2009.

_____. *Agriculture and Climate Change in Morocco*. Washington, DC: World Bank. (No prelo [a]).

_____. *Deep Wells and Prudence*: Towards Pragmatic Action for Addressing Groundwater Overexploitation in India. Washington, DC: World Bank. (No prelo [b]).

_____. *Projet de modernisation de l'agriculture irriguée dans le bassin de l'Oum Er Rbia. Mission d'évaluation aide mémoire*. Washington, DC: World Bank. (No prelo [c]).

_____. *Water and Climate Change*: Understanding the Risks and Making Climate-Smart Investment Decisions. Washington, DC: World Bank. (No prelo [d]).

WORLD COMMISSION ON DAMS. *Dams and Development*: A New Framework for Decision Making. London, Sterling, VA: Earthscan, 2000.

WORLD CONSERVATION MONITORING CENTRE (UNEP-WCMC). *State of the World's Protected Areas 2007*: An Annual Review of Global Conservation Progress. Cambridge, UK: Unep-WCMC, 2008.

WORLD METEOROLOGICAL ORGANIZATION (WMO). Fifth WMO Longterm Plan 2000-2009: Summary for Decision Makers. Geneva: WMO, 2000.

WORLD METEOROLOGICAL ORGANIZATION (WMO). *Climate Information for Adaptation and Development Needs*. Geneva: WMO, 2007.

WORLD WATER ASSESSMENT PROGRAMME. *The United Nations World Water Development Report 3*: Water in a Changing World. Paris, London: Unesco, Earthscan, 2009.

XIAOFENG, X. *Report on Surveying and Evaluating Benefits of China's Meteorological Service*. Beijing: China Meteorological Administration, 2007.

YAN, X. et al. Global Estimations of the Inventory and Mitigation Potential of Methane Emissions from Rice Cultivation Conducted Using the 2006 Intergovernmental Panel on Climate Change Guidelines. *Global Biogeochemical Cycles*, v.23, p.1-15, 2009.

YOUNG, M.; MCCOLL, J. Defining Tradable Water Entitlements and Allocations: A Robust System. *Canadian Water Resources Journal*, v.30, n.1, p.65-72, 2005.

_____. A Robust Framework for the Allocation of Water in an Ever Changing World. In: BJORNLUND, H. (Ed.) *Incentives and Instruments for Sustainable Irrigation*. Southampton: WIT Press. (No prelo).

ZHANG, G. S. et al. Relationship Between Soil Structure and Runoff/Soil Loss after 24 years of Conservation Tillage. *Soil and Tillage Research*, v.92, p.122-8, 2007.

ZILBERMAN, D. et al. Rising Energy Prices and the Economics of Water in Agriculture. *Water Policy*, v.10, p.11-21, 2008.

ZISKA, L. H. Three-year Field Evaluation of Early and Late 20th Century Spring Wheat Cultivars to Projected Increases in Atmospheric Carbon Dioxide. *Field Crop Research*, v.108, n.1, p.54-9, 2008.

ZISKA, L. H.; MCCLUNG, A. Differential Response of Cultivated and Weedy (Red) Rice to Recent and Projected Increases in Atmospheric Carbon Dioxide. *Agronomy Journal*, v.100, n,5, p.1259-63, 2008.

CAPÍTULO 4

Gerando energia para o desenvolvimento sem comprometer o clima

Com a economia global posicionada para quadruplicar em meados do século, as emissões de dióxido de carbono (CO_2) relativas à energia, em tendências atuais, mais do que duplicariam, colocando o mundo em uma trajetória de potencial catastrófico que poderia conduzir a temperaturas mais do que 5 °C superiores às das épocas pré-industriais. Essa trajetória não é inevitável. Com a ação global posicionada para adotar as políticas corretas e tecnologias de baixo carbono, existem meios para o deslocamento para uma trajetória mais sustentável que limite o aquecimento ao redor de 2 °C. No processo, há uma oportunidade de se produzirem benefícios enormes para o desenvolvimento econômico e social mediante economia de energia, melhor saúde pública, melhor segurança energética e criação de empregos.

Uma trajetória energética sustentável exige a ação imediata de todos os países para serem muito mais eficientes em termos energéticos e conseguirem uma intensidade de carbono significativamente mais baixa. A trajetória exige um deslocamento drástico na mistura de energia de combustíveis fósseis para energia renovável e, possivelmente, energia nuclear, junto com o uso difundido da captura e armazenamento de carbono (CAC). Isso, por sua vez, exige reduções de custo de monta e difusão maior de tecnologias de energia renováveis, salvaguardas para a contenção de resíduos e para a proliferação das armas nucleares, bem como grandes avanços nas tecnologias de baterias para captura e armazenamento do carbono. Exige também alterações fundamentais no desenvolvimento econômico e estilo de vida. Se apenas uma dessas exigências não for cumprida, poderá ser impossível manter os aumentos da temperatura perto de 2°C acima dos níveis pré-industriais.

A fim de limitar o aquecimento em 2°C, o pico das emissões globais não deveria ocorrer até 2020 e então cair em 50%-80% dos níveis de hoje até 2050, com outras reduções até 2100 e além. Retardar as ações em 10 anos impossibilitaria alcançar esse objetivo. A inércia em estoques importantes da energia significa que os investimentos durante a próxima década determinarão as emissões até 2050 e além. Os atrasos aprisionariam o mundo na infraestrutura de alto carbono, o que, mais tarde, exigiria modernização dispendiosa e o descarte prematuro de estoques existentes.

Os governos não devem usar a crise financeira atual como desculpa para retardar as ações de mudança climática. É provável que a crise futura do clima seja mais prejudicial à

Mensagens importantes

A resolução do problema da mudança climática exige a ação imediata em todos os países e uma transformação fundamental de sistemas de energia – melhoria significativa no uso eficaz da energia, deslocamento drástico para a energia renovável e, possivelmente, energia nuclear, além do uso difundido de tecnologias avançadas para captura e armazenamento das emissões de carbono. Os países desenvolvidos devem liderar e cortar drasticamente suas próprias emissões em 80% até 2050, introduzir tecnologias novas no mercado e ajudar a financiar a transição dos países em desenvolvimento para trajetórias da energia limpa. Os países em desenvolvimento devem agir agora para que não fiquem presos na infraestrutura de alto carbono. Muitas mudanças, como remover sinais de preços distorcidos e aumentar a eficiência energética, são boas tanto para o desenvolvimento quanto para o meio ambiente.

economia mundial. A crise econômica pode atrasar o crescimento do cenário habitual nas emissões em alguns anos, mas é improvável que mude fundamentalmente essa trajetória em longo prazo. Em vez disso, a crise oferece oportunidades para que os governos direcionem os pacotes de investimento para a energia eficiente e limpa de modo a atender à meta dupla de revitalizar o crescimento econômico e abrandar a mudança climática (Quadro 4.1).

Os governos podem adotar políticas domésticas inteligentes em termos climáticos para desenvolver tecnologias de baixo carbono existentes enquanto um acordo global sobre o clima é negociado. O uso eficaz da energia é a maior e menos dispendiosa fonte de reduções de emissão e é justificada inteiramente por benefícios de desenvolvimento e pelas economias futuras de energia. O potencial é enorme no lado do abastecimento de energia (como na queima de carvão, óleo e gás, e a produção, transmissão e distribuição da eletricidade) e no lado de demanda (uso da energia nos edifícios, transporte e manufatura). Mas o fato de que tanto potencial para uma maior eficiência energética permanece inutilizado sugere que sua realização não seja fácil. Alcançar economias de energia significativas exige aumentos de preços e a remoção de subsídios sobre combustível fóssil, assim como uma estratégia focada em abordar as falhas de mercado entre outras barreiras por meio de regulamentações eficazes, incentivos financeiros, reformas institucionais e mecanismos de financiamento.

A segunda maior fonte de reduções de emissão potenciais vem do uso de combustíveis de baixa emissão para a produção de eletricidade – particularmente, energia renovável. Muitas dessas tecnologias já estão disponíveis comercialmente, beneficiam o desenvolvimento e poderiam ser empregadas sob a estrutura correta de políticas. Aumentá-las exige a colocação de um preço sobre o carbono e a oferta de incentivos financeiros para empregar tecnologias de baixo carbono ao mesmo tempo em que a distribuição em larga escala ajudará a reduzir seus custos e torná-las mais competitivas.

Mas, para esse ganha-ganha, bom para o desenvolvimento e a mudança climática, não basta simplesmente permanecer em uma trajetória 2°C. As tecnologias avançadas ainda não comprovadas, como captura e armazenamento do carbono, são necessárias com urgência e em larga escala. Acelerar sua disponibilidade e uso difundido exigirá ampliação da pesquisa, desenvolvimento e demonstração, assim como o compartilhamento e transferência de tecnologia.

Um mecanismo em nível econômico, baseado em mercado, como o programa de limite e troca de licença ou um imposto sobre o carbono (ver Capítulo 6), é essencial para desencadear o investimento robusto e inovação do setor privado para alcançar cortes profundos em emissões a baixo custo. Nos governos, fazem-se necessárias abordagens coordenadas e integradas para alcançar economias de baixo carbono enquanto se minimizam os riscos de interrupções sociais e econômicas.

Os países desenvolvidos devem assumir a liderança no compromisso com cortes profundos em emissões, preço de carbono e desenvolvimento de tecnologias avançadas. Essa é a maneira mais adequada de provocar o desenvolvimento das tecnologias necessárias e de assegurar sua disponibilidade a preços competitivos. Mas, a menos que os países em desenvolvimento também comecem a transformar seus sistemas de energia enquanto crescem, limitar o aquecimento próximo de 2°C acima dos níveis

---

QUADRO 4.1 *A crise financeira oferece uma oportunidade para a energia eficiente e limpa*

A crise financeira traz desafios e oportunidades para energia limpa. Os preços de combustível fóssil em queda brusca desestimulam a conservação de energia e tornam a energia renovável menos competitiva. O fraco ambiente macroeconômico e o crédito apertado foram responsáveis pela menor demanda e redução do investimento. A energia renovável é fortemente prejudicada por seu alto custo (a energia renovável é caracterizada por altos custos de implementação mas baixos custos operacionais e do combustível). No último trimestre de 2008, os investimentos em energia limpa foram reduzidos em mais da metade de seu pico no final de 2007.[a]

A crise financeira, contudo, não deve ser uma desculpa para retardar a ação para a mudança climática, pois traz oportunidades de mudança para uma economia de baixo carbono (ver Capítulo 1). Em primeiro lugar, os investimentos do pacote de estímulo à eficiência energética, energia renovável e transporte público podem criar postos de trabalho e capacidade produtiva na economia.[b] Em segundo lugar, a queda nos preços da energia é uma oportunidade única para implementar programas para eliminar subsídios ao combustível fóssil em economias emergentes e adotar impostos sobre o combustível em economias avançadas de maneiras política e socialmente aceitáveis.

Fonte: Equipe de WDR com base em:
[a] World Economic Forum (2009).
[b] Bowen et al. (2009).

pré-industriais não será factível. Essa transformação exige transferências de recursos financeiros substanciais e de tecnologias de baixo carbono dos países desenvolvidos para aqueles em desenvolvimento.

As trajetórias da mitigação da energia e a combinação de políticas e tecnologias necessárias para alcançá-la diferem entre países de renda alta, média e baixa, dependendo de suas estruturas econômicas, dotações de recursos e capacidades institucionais e técnicas. Uma dúzia de países de renda alta e média responde por dois terços das emissões globais relativas à energia, e suas reduções de emissão são essenciais para evitar a mudança climática perigosa. Este capítulo analisa as trajetórias de mitigaçao e os desafios enfrentados por alguns desses países. Apresenta também uma carteira dos instrumentos de política e de tecnologias de energia limpa que podem ser usados para seguir a trajetória de 2°C.

Equilíbrio de objetivos concorrentes

As políticas energéticas têm de equilibrar quatro objetivos competitivos – sustentar o crescimento econômico, aumentar o acesso à energia para os pobres do mundo, aprimorar a segurança energética e melhorar o meio ambiente. A queima de combustível fóssil produz em torno de 70% das emissões de gases de efeito estufa (Intergovernmental Panel on Climate Change, 2007) e é a fonte principal de poluição do ar local nociva. Várias opções ganha-ganha podem mitigar a mudança climática e diminuir a poluição do ar local com a diminuição da queima de combustível fóssil (Quadro 4.2). Outras opções apresentam as trocas que precisam ser avaliadas. Por exemplo, os sulfatos emitidos quando o carvão é queimado prejudicam a saúde humana e causam chuva ácida, mas igualmente têm efeitos arrefecedores locais que contrabalançam o aquecimento.

Os países em desenvolvimento precisam de energia confiável e disponível para crescer e estender o serviço a 1,6 bilhão de pessoas sem eletricidade e aos 2,6 bilhões sem combustível de cozimento limpo. O acesso crescente a serviços de eletricidade e combustíveis de cozimento limpos em muitos países em desenvolvimento de renda baixa, em particular no sul da Ásia e na África subsaariana, adicionaria menos de 2% às emissões de CO_2 globais.[1] Substituir os combustíveis tradicionais de biomassa usados para cozimento e aquecimento por energias modernas pode, ainda, reduzir as emissões do carbono grafite, um contribuinte importante para o aquecimento global,[2] melhorar a saúde das mulheres e crianças expostas a altos níveis de poluição do ar interna de biomassa tradicional e reduzir o desmatamento e a degradação do solo (ver Capítulo 7, Quadro 7.10) (Scientific Expert Group on Climate Change, 2007).

O abastecimento de energia também enfrenta desafios da adaptação. É provável que as temperaturas em elevação aumentem a demanda por refrigeração e reduzam a demanda por aquecimento (Wilbanks et al., 2008). A maior demanda por sistemas de refrigeração pressionam as redes elétricas, como na onda de calor europeia em 2007. Os extremos climáticos foram responsáveis por 13% da variação na produtividade de energia em países em desenvolvimento em 2005 (McKinsey & Company, 2009b). Padrões de precipitação incertos ou em mudança afetam a confiabilidade da energia hidráulica. E secas

---

1 Estimativas do autor. Ver Socolow (2006). Estimativas baseadas em consumo de eletricidade de 100 quilowatts-hora por mês para um domicílio pobre com média de sete pessoas, equivalente a 170 quilowatts-hora por pessoa/ano. A eletricidade é fornecida à média mundial de intensidade de carbono de 590 gramas de CO_2 por quilowatt-hora para 1,6 bilhão de pessoas, equivalente a 160 milhões de toneladas de CO_2. Socolow (2006) presumiu que o fornecimento de 35 quilos de combustível para cozimento limpo (gás liquefeito de petróleo) para uma das 2,6 bilhões de habitantes do mundo emitiria 275 milhões de toneladas de CO_2. Assim, um total de 435 milhões de toneladas de CO_2 para apenas 2% das emissões correntes globais de 26.000 milhões de toneladas de CO_2.

2 O carbono grafite, que é formado pela combustão incompleta de combustíveis fósseis, contribui para o aquecimento global ao absorver calor na atmosfera e, quando depositado em gelo, pela redução de seu poder de reflexão e degelo acelerado. Ao contrário do CO_2, o carbono grafite permanece na atmosfera por apenas alguns dias ou semanas, portanto a redução dessas emissões terá impactos quase imediatos na mitigação. Além disso, o carbono grafite é um poluente do ar importante e uma das principais causas de doenças e morte prematura em muitos países em desenvolvimento.

QUADRO 4.2   A energia eficiente e limpa pode ser boa para o desenvolvimento

A avaliação dos cobenefícios do uso eficaz da energia e de energia limpa para o desenvolvimento – mais economia de energia, menos poluição do ar local, maior segurança energética, mais emprego na indústria local e maior competitividade com produtividade mais elevada – pode justificar parte dos custo de mitigação e aumentar a atração das políticas verdes. As economias de energia poderiam substituir uma parte significativa dos custos de mitigação (International Energy Agency, 2008b; McKinsey & Company, 2009a). As ações necessárias para as 450 partes por milhão (ppm) de concentrações de CO_2e associadas com a manutenção do aquecimento em 2°C poderiam reduzir a poluição do ar local (dióxido de enxofre e óxidos de nitrogênio) em 20% a 35% em relação ao cenário habitual em 2030 (International Energy Agency, 2008c). Em 2006, o setor de energia renovável criou 2,3 milhões de postos de trabalho em todo o mundo (diretos ou indiretos), e o uso eficaz da energia gerou 8 milhões de postos de trabalhos nos Estados Unidos (Environmental and Energy Study Institute, 2008). Os programas de eficiência energética e inovação tecnológica na Califórnia nos últimos 35 anos aumentaram o produto bruto do Estado (Roland-Holst, 2008).

Muitos países, desenvolvidos e em desenvolvimento, estão definindo políticas para tecnologias de energia limpa (ver tabela). Muitas dessas iniciativas são orientadas para benefícios de desenvolvimento domésticos, mas podem também reduzir substancialmente as emissões de CO_2. A meta do governo chinês de diminuir em 20% a intensidade energética de 2005 a 2010 reduziria as emissões de CO_2 anuais em 1,5 bilhão de toneladas em 2010, a meta mais ambiciosa em termos de redução de emissão no mundo, cinco vezes a redução de 300 milhões de toneladas do Protocolo de Kyoto para a União Europeia e oito vezes a redução de 175 milhões de toneladas da meta de redução de emissão da Califórnia (Lin, 2007).

Muitos países têm planos ou propostas nacionais para energia e mudança climática

País	Mudança climática	Energia renovável	Eficiência energética	Transporte
União Europeia	Redução de emissão de 20% de 1990 a 2020 (de 30% se outros países se comprometerem com reduções substanciais). Redução de 80% de 1990 a 2050.	20% de combinação de energia primária em 2020.	20% de economia em energia do caso de referência em 2020.	10% de combustível de transporte para biocombustível em 2020.
Estados Unidos	Redução de emissão aos níveis de 1990 em 2020. Redução de 80% de 1990 a 2050.	25% de eletricidade em 2025.		Aumento na economia padrão de combustível para 14,8 quilômetros por litro em 2016.
Canadá	Redução de 20% de 2006 a 2020.			
Austrália	Redução de 15% de 2000 a 2020.			
China	Plano Nacional de Ação sobre Mudança Climática e Documento de Políticas e Ações para Mudança Climática, um grupo importante sobre conservação de energia e redução de emissões criado e presidido pelo primeiro-ministro.	15% de energia primária em 2020.	20% de redução em intensidade de energia de 2005 a 2010.	Economia padrão de 14,8 quilômetros por litro já alcançada. Plano para ser líder mundial em veículos elétricos. Está em andamento a construção em massa de metrôs.
Índia	Plano Nacional de Ação sobre Mudança Climática: emissões *per capita* não ultrapassam a dos países desenvolvidos, um conselho consultivo criado e presidido pelo primeiro-ministro.	23 gigawatts de capacidade renovável em 2012.	10 gigawatts de economia de energia em 2012.	Política de transporte urbano: aumento de investimento em transporte público.
África do Sul	Cenário de mitigação de longo prazo: pico de emissões em 2020 a 2025, platô por uma década e, depois, declínio em termos absolutos.	4% da combinação de energia em 2013.	12% de melhoria em eficiência energética em 2015.	Plano para ser líder mundial em veículos elétricos e expansão de linhas de ônibus.
México	50% de emissão de redução de 2002 a 2050. Estratégia nacional sobre mudança climática: comissão interministerial sobre mudança climática criada para coordenação.	8% da combinação de energia em 2012.	Padrões de eficiência, cogeração.	Aumento de investimento em transporte público.
Brasil	Plano nacional sobre mudança climática: redução do desmatamento em 70% em 2018.	10% da combinação de energia em 2030.	103 terawatt-horas de economia de energia em 2030.	Líder mundial em produção de etanol.

Fonte: Government of China (2008), Government of India (2008), Government of Mexico (2008), Brazil Interministerial Committee on Climate Change (2008), Pew Center (2008a, 2008b) e Project Catalyst (2009).

Nota: Algumas dessa metas representam compromissos formais, enquanto outras ainda estão em discussão.

e ondas de calor que afetam a disponibilidade e a temperatura da água prejudicam a produção energética térmica e nuclear (Ebinger et al., 2008), porque as usinas exigem quantidades substanciais de água refrigerada – como no caso falta de energia na França durante a onda de calor em 2007.

O desafio é, então, proporcionar serviços de energia confiáveis e disponíveis para o crescimento econômico e a prosperidade, sem comprometer o clima. Os países de renda baixa atualmente respondem por 3% da demanda de energia global e de emissões relativas a energia. Enquanto sua demanda de energia aumenta com o aumento de renda, as projeções são de que as emissões permaneçam uma fatia pequena das emissões globais em 2050. Contudo, os países de renda média, muitos com economias de expansão e grande parte com indústria pesada, enfrentam necessidades de energia enormes. E os países desenvolvidos exigem quantidades enormes de energia para manter seu estilo de vida atual.

As escolhas de energia de baixo carbono podem melhorar substancialmente a segurança energética mediante a redução da volatilidade de preço ou a exposição às interrupções de energia.[3] A eficiência energética pode reduzir a demanda de energia, e a energia renovável diversifica a combinação de energia e reduz a exposição a choques no preço de combustíveis.[4]

Entretanto, o carvão, o combustível fóssil mais intensivo em carbono, é abundante próximo a muitas áreas de crescimento rápido e fornece abastecimento de energia barato e seguro. As recentes flutuações no preço do petróleo e a incerteza sobre o abastecimento de gás estão levando a um maior interesse em novas fábricas a carvão em muitos países (desenvolvidos e em desenvolvimento). Reduzir a dependência em importações de óleo e gás voltando-se para a produção do carvão-para-líquido e do carvão-para-gás aumentaria substancialmente emissões de CO_2. O consumo global de carvão cresceu mais rápido do que o consumo de qualquer outro combustível

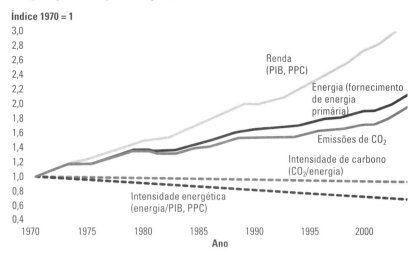

Figura 4.1 A história por trás da duplicação de emissões: as melhorias em energia e intensidade do carbono não foram o bastante para compensar o aumento da demanda de energia impulsionado pela elevação de renda

Fonte: Intergovernmental Panel on Climate Change (2007).
Nota: O PIB é avaliado mediante paridade de dólares e poder de compra.

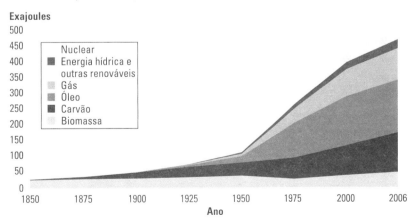

Figura 4.2 Combinação de energia primária (1850-2006). O consumo de energia de 1850 a 1950 cresceu 1,5% ao ano, conduzido principalmente pelo carvão. De 1950 a 2006, cresceu 2,7% ao ano, conduzido pelo óleo e o gás natural

Fonte: Equipe de WDR, com base em dados de Grübler (2008) (dados para 1850-2000) e de International Energy Agency (2008c) (dados em 2006).
Nota: para garantir a consistência das duas séries de dados, o método de substituição é usado para converter energia hídrica em equivalente de energia primária – presumindo-se a quantidade de energia para gerar uma quantidade igual de eletricidade em centrais energéticas térmicas convencionais com eficiência de geração média de 38,6%.

---

3 O significado e a importância da segurança energética variam de acordo com cada país, dependendo de sua renda, do consumo de energia, dos recursos energéticos e dos parceiros comerciais. Para muitos países, a dependência em importações de óleo e gás natural é uma fonte de vulnerabilidade econômica e pode levar a tensões internacionais. Os países mais pobres (com renda *per capita* de US$ 300 ou menos) são particularmente vulneráveis às flutuações no preço do combustível, com um decréscimo médio de 1,5% no PIB no preço de um barril de óleo (World Bank, 2009a).

4 Aumentar em 20% os preços do combustível eleva em 16% os custos de geração de gás e em 6% os de carvão, enquanto deixa praticamente intocada a energia renovável (cf. World Economic Forum, 2009).

desde 2000, apresentando um dilema descomunal entre crescimento econômico, segurança energética e mudança climática.

Ante tais desafios e objetivos de competência, o mercado sozinho não produzirá a energia eficiente e limpa no tempo e na escala exigidos para impedir a mudança climática perigosa. É preciso colocar um preço na poluição. Conseguir o progresso necessário no uso eficaz de energia exige incentivos de preço, regulamentos e reformas institucionais. E os riscos e a escala dos investimentos em tecnologias não comprovadas pedem apoio público substancial.

Romper o hábito de alto carbono

As emissões de carbono de energia são determinadas pela combinação de consumo total de energia e de sua intensidade do carbono (definidos como as unidades de CO_2 produzidas por uma unidade de energia consumida).

Figura 4.3 Apesar do baixo consumo e das emissões de energia *per capita*, os países em desenvolvimento dominarão o crescimento futuro no consumo de energia total e nas emissões de CO_2

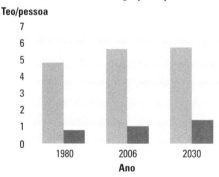

a. Consumo de energia *per capita*

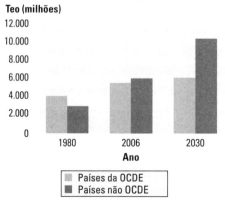

b. Consumo de energia total

Fonte: Equipe de WDR, com base em dados da International Energy Agency (2008c).

Nota: Teo = toneladas de equivalente de óleo.

O consumo de energia aumenta com a renda e a população, mas com grande variação, dependendo da estrutura econômica (fabricação e mineração utilizam mais energia do que agricultura e serviços), do clima (que afeta a necessidade para aquecer ou refrigerar) e das políticas (os países com preços de energia mais elevados e regulamentos mais rígidos são mais eficientes em termos energéticos). Do mesmo modo, a intensidade de carbono da energia varia de acordo com os recursos domésticos de energia (se um país é rico em carvão ou potencial hídrico) e das políticas. Assim, as alavancas de políticas para uma trajetória de crescimento de baixo carbono incluem a diminuição da intensidade energética (definida como a energia consumida por dólar do PIB), aumento do uso eficaz de energia e alterações no estilo de vida e de consumo – e redução da intensidade do carbono da energia com a mudança para combustíveis de baixo carbono, como a energia renovável.

A duplicação do consumo de energia desde os anos 1970, em conjunto com a intensidade quase constante do carbono, conduziram à duplicação das emissões (Figura 4.1). A intensidade energética melhorou, mas muito aquém do necessário para compensar a triplicação na renda mundial. E a intensidade do carbono permaneceu relativamente constante porque os avanços na produção de uma energia mais limpa foram contrabalançados em grande parte por um aumento maciço no uso de combustíveis fósseis. Os combustíveis fósseis dominam o abastecimento de energia global, respondendo por mais de 80% da mistura da energia primária (Figura 4.2) (International Energy Agency, 2008b).

Os países desenvolvidos são responsáveis por aproximadamente dois terços do CO_2 cumulativo relativo à energia presente na atmosfera (World Resources Institute, 2008).[5] Eles também consomem cinco vezes mais energia *per capita*, em média, do que os países em desenvolvimento. Mas estes já respondem por 52% de emissões anuais relativas à energia, e seu consumo de energia está aumentando rapidamente – 90% dos aumentos projetados no consumo de energia global, no uso de carvão e em emissões de CO_2 relativas à energia nos próximos 20

[5] Ver também apresentação de emissões históricas em "Visão geral".

Figura 4.4 Emissões de gases de efeito estufa por setor: mundo e países de renda alta, média e baixa

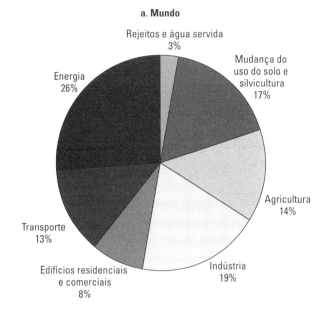

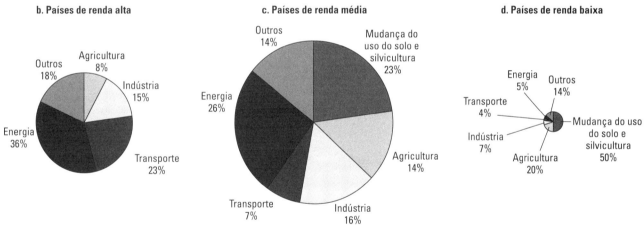

Fonte: Equipe de WDR, com base em dados de Barker et al. 2007 (Figura 4a) e World Resources Institute (2008) (figuras 4b, c e d).
Nota: A parcela das emissões globais setoriais na Figura 4.4a são para 2004. A parcela das emissões setoriais em países de renda alta, média e baixa nas figuras 4.4b, c e d baseia-se em emissões dos setores da energia e da agricultura em 2005 e das mudanças do uso do solo e silvicultura em 2000. O tamanho de cada fatia representa as contribuições das emissões de gases de efeito estufa, incluindo emissões das mudanças do uso do solo dos países renda alta, média e baixa; as parcelas respectivas são 35%, 58% e 7%. Observando somente as emissões de CO_2 de energia, as parcelas respectivas são 49%, 49% e 2%. Na Figura 4.4a, as emissões do consumo de eletricidade nos edifícios são incluídas com as do setor energético. A Figura 4.4b não inclui emissões da mudança do uso do solo e da silvicultura porque foram insignificantes em países de alta renda.

anos ocorrerão, provavelmente, nos países em desenvolvimento (International Energy Agency, 2008c). As projeções sugerem que, uma vez que uma parte tão grande da população global está em países em desenvolvimento, ela usará 70% de energia mais por ano do que países desenvolvidos em 2030, mesmo que seu uso de energia *per capita* permaneça baixo (Figura 4.3).

Globalmente, a geração de energia é a principal fonte de emissões de gases de efeito estufa (26%), seguida por indústria (19%), transporte (13%) e edifícios (8%) (Intergovernmental Panel on Climate Change, 2007), mudança do uso do solo, agricultura e resíduos, que compõem o saldo (Figura 4.4). O retrato varia, entretanto, entre os grupos de renda. As emissões dos países de alta renda são dominadas pela energia e pelo transporte, enquanto a mudança de uso do solo e a agricultura são as fontes principais da emissão em países de baixa renda. Em países de renda média, energia, indústria e mudança do uso do solo são os maiores contribuintes – mas as emissões de mudança de uso do solo concentram-se em poucos países (Brasil e Indonésia

Figura 4.5 Aumento da propriedade de carro com renda, mas preço, transporte público, planejamento urbano e densidade urbana podem conter o uso de carros

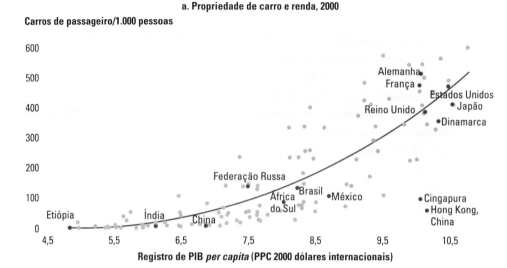

Fonte: Schipper (2007) e World Bank (2009c).
Nota: na Figura 4.5b, os dados são da Alemanha Ocidental até 1992 e para toda a Alemanha unificada de 1993 em diante. Observe a similaridade nos índices de propriedade de carro entre Estados Unidos, Japão, França e Alemanha (painel a) e a grande variação na distância percorrida (painel b).

respondem pela metade das emissões globais de mudança do uso do solo). É muito provável que a energia continue a ser a fonte maior, mas espera-se que as emissões aumentem mais rápido no transporte e na indústria.

Como principais centros da produção e concentrações de pessoas, em todo o mundo as cidades consomem mais de dois terços da energia global e produzem mais de 70% de emissões de CO_2. Os próximos 20 anos assistirão a um crescimento urbano inédito – de 3 bilhões a 5 bilhões de pessoas, na maior parte dos países em desenvolvimento (United Nations, 2007). De agora até 2050, os estoques de construção provavelmente dobrarão (International Energy Agency, 2008b), com a maioria de construções novas em países em desenvolvimento. Se as cidades se espalharem em vez de sofrerem densificação, a demanda por transporte aumentará de maneira que dicilmente poderão ser bem servidas por transporte público.

Os índices de propriedade de carro aumentam rapidamente com o aumento da renda. Em tendências atuais, 2,3 bilhões de carros serão adicionados entre 2005 e 2050, mais de

Gerando energia para o desenvolvimento sem comprometer o clima

Figura 4.6 Para onde o mundo precisa ir: emissões de CO_2 relativas à energia *per capita*

Emissões de CO_2 *per capita* (toneladas)

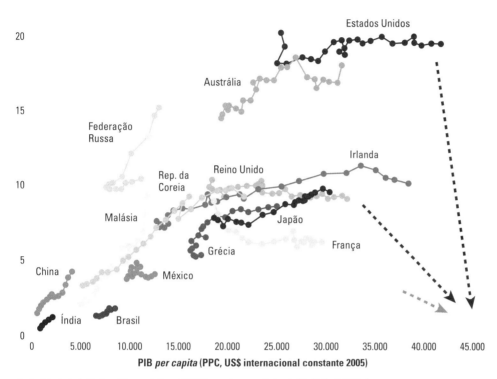

Fonte: Adaptada de National Research Council (2008), com base em dados do World Bank (2008e).
Nota: As emissões e o PIB *per capita* são de 1980 a 2005.

Figura 4.7 Somente em metade dos modelos da energia é possível alcançar as reduções de emissão necessárias para permanecer próximo de 450 ppm de CO_2e (2°C)

As mudanças nas emissões de CO_2 em 2050 relativamente a 2000 (%)

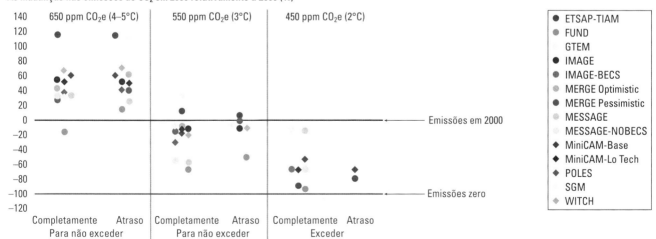

Fonte: Clarke et al. (no prelo).
Nota: cada ponto representa a redução de emissões que um modelo particular associa com um alvo de concentração – 450, 550, 650 partes por milhão do CO_2 equivalente (CO_2e) – em 2050. O número de pontos em cada coluna indica quanto dos 14 modelos e variantes poderiam encontrar um caminho que conduza a um dado resultado da concentração. "Exceder" descreve uma trajetória de mitigação que permita que as concentrações excedam seu objetivo antes de retornar a seu objetivo para 2100, enquanto "para não exceder" indica que a concentração não deve ser excedida em momento algum. "Completamente" refere-se à participação plena de todos os países, de modo que as reduções de emissão sejam alcançadas onde e sempre que forem mais rentáveis. "Atraso" indica que os países de alta renda devem começar a diminuir em 2012; Brasil, China, Índia e Federação Russa devem começar a diminuir em 2030; e o restante do mundo, em 2050.

Tabela 4.1   O que seria necessário para alcançar concentração de 450 ppm de CO_2e para manter o aquecimento próximo a 2°C – exemplo de cenário

	Para não exceder	Exceder
Participação imediata	1. Participação imediata de todas as regiões. 2. Reduções drásticas de 70% de emissões em 2020. 3. Transformação substancial do sistema de energia em 2020, incluindo a construção de 500 reatores nucleares novo e a captura de 20 bilhões de toneladas de CO_2. 4. Preço de carbono de US$ 100/tCO_2 globalmente em 2020. 5. Imposto sobre emissões do uso do solo iniciando em 2020.	1. Participação imediata de todas as regiões. 2. Construção de 126 reatores nucleares novos e captura de quase um bilhão de toneladas de CO_2 em 2020. 3. Emissões globais negativas até o fim do século. Dessa forma, exige-se amplo emprego de CAC com base em biomassa. 4. Os preços do carbono sobem para a US$ 775/tCO_2 em 2095. 5. Possível sem um imposto sobre emissões do uso do solo, mas conduziria a uma triplicação de impostos sobre carbono e a um aumento substancial no custo de cumprir a meta.
Participação atrasada		1. Reduções de emissões drásticas para as Não Partes do Anexo I (países em desenvolvimento) no momento de sua participação. 2. Emissões negativas nas Partes do Anexo I (de alta renda) em 2050 e emissões globais negativas para o fim do século. Dessa forma, exige-se amplo emprego de CAC com base em biomassa. 3. Os preços do carbono começam em US$ 50/tCO_2 e sobem para US$ 2.000/tCO_2. 4. Resulta em vazamento significativo de carbono, porque a produção agrícola é terceirizada para as regiões não participantes, o que implica aumento substancial nas emissões por mudança do uso do solo naquelas regiões.

Fonte: Clarke et al. (no prelo).

Nota: é quase impossível alcançar a meta de manter as emissões em até 450 ppm de CO_2e sempre. Se for permitido que as concentrações excedam 450 ppm de CO2e antes de 2100, manter o aquecimento próximo a 2°C ainda traz enormes desafios, como destaca a coluna direita. As Partes do Anexo I são economias da OCDE e em transição que se comprometeram a reduzir emissões conforme o Protocolo de Kyoto. As Não Partes do Anexo I não assumiram compromisso de reduzir emissões.

80% em países em desenvolvimento (Chamon; Mauro; Okawa, 2008). Se, no entanto, houver políticas corretas, esses índices não se traduzirão em aumento similar no uso do carro (Figura 4.5) (Schipper, 2007). Uma vez que o uso do carro aumenta a demanda de energia e as emissões do transporte, as políticas de fixação do preço (como pedágios rodoviários e preço alto para estacionamento), a infraestrutura de transporte público e a forma urbana podem fazer uma diferença grande.

Os países em desenvolvimento podem aprender com a Europa e a Ásia desenvolvida para dissociar a propriedade do uso do carro. Motoristas europeus e japoneses transitam 30%-60% menos quilômetros no veículo do que os norte-americanos com renda e propriedade de carro comparáveis. Hong Kong, na China, tem um terço de propriedade de carros que Nova York, a cidade norte-americana com a mais baixa relação de carros *per capita* (Lam; Tam, 2002).[6] Como? Com uma combinação de densidade urbana elevada, impostos sobre combustível e políticas de elevadas taxas sobre carro, e infraestrutura de transporte público consolidada. Do mesmo modo, a Europa tem quatro vezes a rota de transporte público por 1.000 pessoas que os Estados Unidos (Kenworthy, 2003). Mas, em muitos países em desenvolvimento, o transporte público não seguiu o crescimento urbano, e o movimento para a propriedade de carro individual está causando problemas crônicos e crescentes de congestionamento.

A infraestrutura de transporte também afeta os padrões de assentamento, com um volume alto de estradas que facilitam os assentamentos de baixa densidade e uma distribuição urbana que não é facilmente servidas pelos sistemas de transporte público de massa. Os assentamentos de baixa densidade dificultam a adoção de aquecimento distrital com eficiência energética para prédios.[7]

Para onde o mundo precisa ir: transformação rumo a um futuro de energia sustentável

Conseguir crescimento e prosperidade sustentáveis e justos exige que os países de alto rendimento reduzam significativamente suas emissões – e suas emissões *per capita* (setas

---

6 Cf. 2000 U. S. Census – Disponível em: <http://en.wikipedia.org/wiki/List_of_U.S._cities_with_most_households_without_a_car>, acesso em: maio 2009.

7 O aquecimento distrital distribui aquecimento para imóveis residenciais e comerciais e é fornecido em um local centralizado por centrais de cogeração eficientes ou caldeiras de aquecimento grande porte.

pretas na Figura 4.6). Esse processo depende também de os países em desenvolvimento evitarem a trajetória intensiva em termos de carbono, seguida por países desenvolvidos como Austrália ou Estados Unidos, adotando, de preferência, uma trajetória de crescimento de baixo carbono (seta cinza). Portanto, dos países desenvolvidos, exigem-se mudanças fundamentais no estilo de vida, e daqueles em desenvolvimento que saltem para novos modelos de desenvolvimento.

Alcançar esses objetivos exige reconciliar o que é adequado para impedir a mudança climática perigosa com o que é tecnicamente realizável a custos aceitáveis. Limitar o aquecimento a não muito mais do que 2°C acima das temperaturas pré-industriais significa que as emissões globais devem alcançar novo pico até 2020, declinando em seguida em 50%-80% para os níveis atuais em 2050, com talvez as mesmas emissões negativas exigidas para 2100.[8] É um empreendimento ambicioso: somente cerca de metade dos modelos da energia revistos é praticável (Figura 4.7), e, mesmo assim, a maioria exige que todos os países comecem a agir imediatamente.

Mais especificamente, permanecer próximo de um aquecimento 2°C requer que as concentrações de gás estufa na atmosfera se estabilizem em não mais de 450 partes por milhão (ppm) de CO_2 equivalente (CO_2e).[9] As concentrações atuais de gases de efeito estufa já estão em 387 ppm de CO_2e e estão aumentando em aproximadamente 2 ppm por ano (Tans, 2009). Assim, não haverá muito espaço para o crescimento das emissões para que o aquecimento se estabilize em torno de 2°C. A maioria de modelos supõe que alcançar 450 ppm de CO_2e exigirá exceder a concentração por algumas décadas e, então, o retorno a 450 ppm de CO_2e até o final do século (Tabela 4.1). As reduções mais rápidas de emissões de gases de efeito estufa

[8] Podem-se alcançar emissões carbono negativas mediante o sequestro de carbono em ecossistemas terrestres (por exemplo, pelo plantio de mais florestas) e também por captura e armazenamento de carbono para energia produzida de biomassa.

[9] Uma concentração de 450 ppm gases de efeito estufa traduz-se em uma chance de 40%-50% de temperaturas não ultrapassarem 2°C acima das temperaturas pré-industriais (Schaeffer et al., 2008; Hare; Meinshausen, 2006).

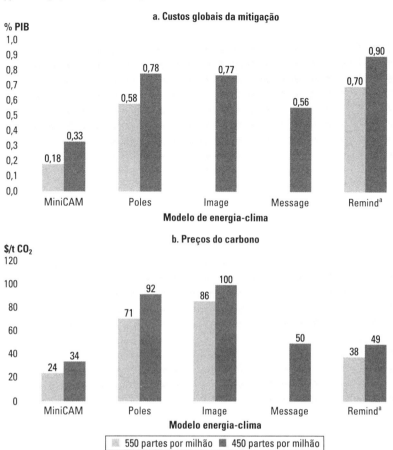

Figura 4.8 Estimativas de custos da mitigação e de preços globais do carbono para 450 e 500 ppm de CO_2e (2°C e 3°C) em 2030, com base em cinco modelos

Fonte: Equipe de WDR, com base em dados de Knopf et al. (no prelo), Rao et al. (2008) e Calvin et al. (no prelo).

Nota: Esse gráfico compara custos da mitigação e preços do carbono de cinco modelos globais: MiniCAM, Image, Message, Poles e Remind (ver nota 11 para as suposições e a metodologia do modelo). Os modelos MiniCAM, Poles, Image e Message reportam custos de redução para a transformação de sistemas de energia relativamente à linha de base como um por cento do PIB em 2030, onde o PIB é exógeno.

[a] Os custos da mitigação de Remind são dados como os custos macroeconômicos expressados em perdas do PIB em 2030 relativas à linha de base, onde o PIB é endógeno.

Tabela 4.2 O investimento precisa limitar o aquecimento a 2°C (450 ppm de CO_2e) em 2030
(US$ bilhões em 2005 constante)

Região	IEA	McKinsey	Message	Remind
Global	846	1013	571	424
Países em desenvolvimento	565	563	264	384
América do Norte		175	112	
União Europeia		129	92	
China		263	49	
Índia		75	43	

Fonte: International Energy Agency (2008b); Knopf et al. (no prelo); Riahi, Grübler e Nakićenović (2007); International Institute for Applied Systems Analysis (2009) e dados adicionais fornecidos por V. Krey; McKinsey & Company (2009a) com detalhes adicionais dos dados fornecida por McKinsey (J. Dinkel).

QUADRO 4.3 *Um mundo de 450 ppm de CO_2e (2°C mais quente) exige uma mudança fundamental no sistema global de energia*

Para este relatório, a equipe examinou cinco modelos globais de energia-clima que diferem em metodologia, suposições sobre a linha de base, condição da tecnologia, índices de aprendizado, custos e inclusão de gases de estufa (além do CO_2). A consecução de uma trajetória de 450 ppm de CO_2e depende das características da linha de base. Alguns modelos de avaliação integrados não alcançam uma trajetória de 450 ppm de CO_2e de uma linha de base intensiva em combustível fóssil e crescimento elevado de energia.

Vários modelos podem alcançar 450 ppm de CO_2e a custos moderados, mas cada um segue caminhos de emissões e estratégias de mitigação diferentes (Knopf et al., no prelo; Rao et al., 2008). Caminhos de energia diferentes apresentam compensações entre reduções emissão em curto ou a médio prazos (2005-2050) e em longo prazo (2050-2100). Uma redução de emissão modesta antes de 2050 exige cortes mais profundos em emissão em longo prazo por meio do amplo uso de captura e armazenamento de carbono baseado em biomassa (Riahi; Grübler; Nakićenović, 2007; International Institute for Applied Systems Analysis, 2009). Essas diferenças em metodologias e modelos de suposições também resultam em variar necessidades de investimento em curto prazo (2030), como mostra a Tabela 4.2. Os modelos variam também significativamente na combinação de energia de agora até 2050 (ver figura na página seguinte), embora a conclusão total não varie. A implicação da política é que é necessário um conjunto de opções da tecnologia que varie no país e com o tempo – as estratégias menos dispendiosas que dependem de um amplo leque de tecnologias de energia.

Combinação global da energia para 450 ppm de CO_2e

A trajetória de 450 ppm de CO_2e exige uma revolução global em termos de energia – grandes reduções na demanda de energia total e mudanças significativas na matriz de energia. Para isso, os modelos globais clima-energia pedem medidas ambiciosas de eficiência energética que reduzam drasticamente a demanda de energia global de cerca de 900 exajoules em 2050 no cenário de referência para 650-750 exajoules – um corte de 17% a 28%.

A maioria de modelos projeta que atualmente os combustíveis fósseis precisariam cair de 80% do abastecimento de energia para 50%-60% em 2050. O uso futuro de combustíveis fósseis (particularmente carvão e gás) em um mundo restrito ao carbono depende do uso amplo da captura e armazenamento de carbono (CAC), que deveria ser instalado em 80% a 90% das usinas a carvão em 2050, supondo-se que a tecnologia de captura e armazenamento se torne técnica e economicamente viável para aplicações em grande escala nas próximas uma ou duas décadas (tabela abaixo) (International Energy Agency, 2008b; Calvin et al., no prelo; Riahi; Grübler; Nakićenović, 2007; International Institute for Applied Systems Analysis, 2009; van Vuuren et al., no prelo; Weyant et al., 2009).

Essa redução significativa no uso do combustível fóssil precisaria ser compensada por energias renováveis e nucleares. O maior aumento seria em energia renovável, que iria dos 13% atuais (principalmente combustível de biomassa tradicional e recursos hídricos) para cerca de 30% a 40% em 2050, dominada por biomassa moderna, com e sem captura e armazenamento de carbono, com o restante vindo de energia solar, hídrica e geotérmica (ver figura). A energia nuclear também precisaria de um impulso – dos 5% atuais para cerca de 8%-15% em 2050 (ibidem).

A magnitude do esforço exigido é substancial: outras 17.000 turbinas eólicas (cada uma produzindo 4 megawatt), 215 milhões de medidores de metros quadrados de células solares fotovoltaicas, 80 usinas energéticas solares concentradas (cada uma produzindo 250 megawatts) e 32 centrais nucleares (cada uma produzindo 1.000 megawatts) por ano durante os próximos 40 anos em comparação à linha de base (International Energy Agency, 2008b). O setor energético precisaria ser quase descarbonizado, seguido pelos setores industriais e construção (tabela acima).

Reduzir pela metade emissões relativas a energia em 2050 exige a descarbonização profunda do setor energético

Setor	% estimada do carbono que deve ser removidas pelo setor, 2005-2050	
	IEA	MiniCAM
Energético	−71	−87
Construção	−41	−50
Transporte	−30	+47
Indústria	−21	−71
Total	−50	−50

Fonte: Equipe de WDR, com base em dados de International Energy Agency (2008b) e Calvin et al. (no prelo).

O *mix* de energia para alcançar 450 ppm de CO_2e pode variar, mas devemos empregar todas as opções

Tipo de energia	*Mix* atual de energia Global	*Mix* de energia em 2050 Global	Estados Unidos	União Europeia	China	Índia
		% do total				
Carvão sem CAC	26	1–2	0–1	0–2	3–5	2–3
Carvão com CAC	0	1–13	1–12	2–9	0–25	3–26
Óleo	34	16–21	20–26	11–23	18–20	18–19
Gás sem CAC	21	19–21	20–21	20–22	9–13	5–9
Gás com CAC	0	8–16	6–21	7–31	1–29	3–8
Nuclear	6	8	8–10	10–11	8–12	9–11
Biomassa sem CAC	10	12–21	10–18	10–11	9–14	16–30
Biomassa com CAC	0	2–8	1–7	3–9	1–12	2–12
Renováveis de não biomassa	3	8–14	7–12	7–12	10–13	5–19
Total (exajoules por ano)	493	665–775	87–121	70–80	130–139	66–68

Fonte: Equipe de WDR, com base em dados de Riahi, Grübler e Nakićenović (2007), International Institute for Applied Systems Analysis (2009), Calvin et al. (no prelo) e International Energy Agency (2008b).

(continua)

450 ppm de CO₂e exigem uma mudança fundamental no *mix* global de energia primária

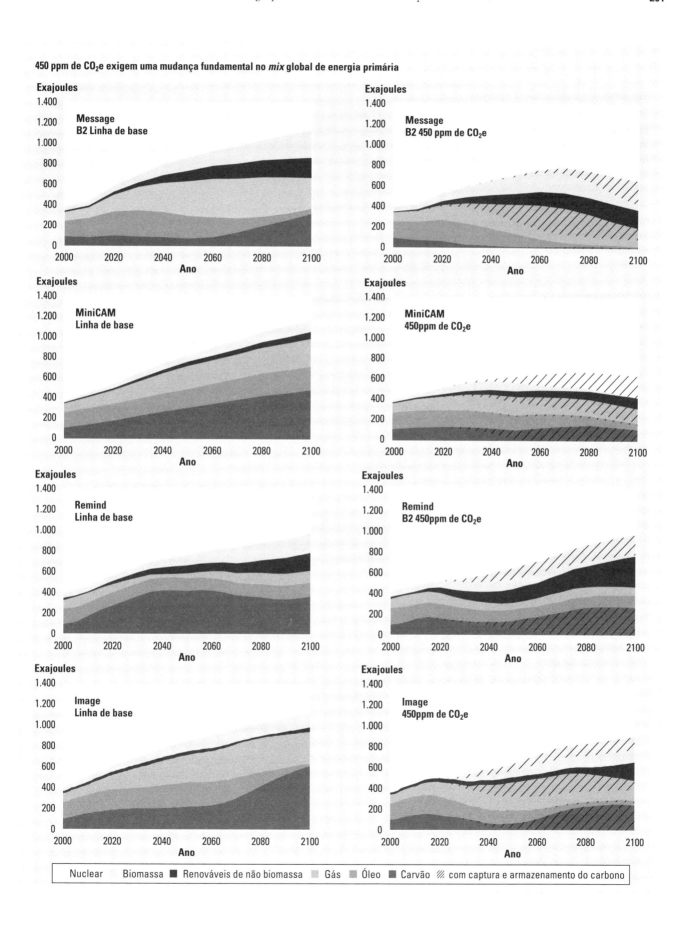

QUADRO 4.4 *Mix de energia regional para 450 ppm de CO_2e (para limitar o aquecimento a 2°C)*

É importante que os idealizadores de política nacional compreendam as implicações de uma trajetória de 450 ppm de CO_2e para seus sistemas energéticos. A maioria de modelos de avaliação integrados segue uma abordagem de "menor custo", na qual as reduções de emissão ocorrem onde e sempre forem menos dispendiosas em todos os setores e em todos os países.[a] Contudo, no país em que as medidas da mitigação são tomadas, ele não necessariamente arca com os custos (ver Capítulo 6). A finalidade deste capítulo não é defender uma abordagem específica que compartilhe ou aloque reduções de emissão entre países, esse é um assunto para a negociação.

Estados Unidos, União Europeia e China atualmente respondem por quase 60% das emissões totais do mundo. A Índia contribui atualmente com apenas 4% de emissões globais apesar de representar 18% da população do mundo, mas sua fatia deve aumentar para 12% em 2050 na ausência de políticas da mitigação. Assim, as contribuições desses países para reduções de emissão globais serão essenciais para estabilizar o clima.

Estados Unidos e União Europeia
O uso eficaz de energia poderia reduzir a demanda de energia total em países desenvolvidos em 20% em 2050 com relação ao cenário habitual. Isso exigiria um declínio anual em intensidade energética de 1,5% a 2% nas próximas quatro décadas, continuando a tendência atual das duas décadas passadas. Para alcançarem 450 ppm de CO_2e, os Estados Unidos e a União Europeia precisarão reduzir significativamente o consumo de petróleo em 2050, um desafio substancial, porque atualmente consomem quase a metade da produção de petróleo global. Precisarão reduzir drasticamente também o uso de carvão – tarefa hercúlea para os Estados Unidos, o segundo maior produtor e consumidor de carvão do mundo – e utilizar amplamente a captura e o armazenamento de carbono.

Os Estados Unidos e a União Europeia têm os recursos para concretizar essas medidas e superar os desafios. Ambos têm o potencial de energia renovável abundante. Alguns modelos projetam que a captura e o armazenamento do carbono teriam que ser instalados para 80% a 90% cento das usinas de carvão e gás e 40% de usinas da biomassa nos Estados Unidos em 2050 (ver tabela inferior do Quadro 4.3). Esse é potencial factível dada a capacidade de armazenamento estimado do CO_2. Mas dobrar a parte do gás natural na mistura europeia da energia primária de 24% atuais para 50% em 2050, como pressupõem alguns cenários de 450 ppm de CO_2e, pode aumentar os riscos da segurança energética, principalmente por causa da recente interrupção do abastecimento na Europa. O cenário de 450 ppm de CO_2e exige um investimento anual adicional de US$ 110 bilhões a US$ 175 bilhões para os Estados Unidos (de 0,8% a 1% do PIB) e de US$ 90 bilhões a US$ 130 bilhões para a União Europeia (de 0,6% a 0,9% do PIB) em 2030 (ver Tabela 4.2).

China
Reduzir significativamente os níveis atuais de emissões é um objetivo descomunal para China, o maior produtor e consumidor de carvão do mundo. A China depende do carvão para atender 70% de suas necessidades de energia comercial (comparadas com 24% nos Estados Unidos e 16% em Europa). Para alcançar os 450 ppm de CO_2e, a demanda de energia primária total terá que ser 20% a 30% inferior ao nível do cenário de referência projetado para 2050. A intensidade energética terá que reduzir em 3,1% ao ano durante as próximas quatro décadas.

Impressiona o fato de que o PIB chinês quadruplicou de 1980 a 2000, enquanto o consumo de energia apenas dobrou. Após 2000, entretanto, a tendência inverteu, mesmo que a intensidade energética continuasse a cair dentro dos subsetores industriais. A razão principal: um forte aumento por parte da indústria pesada, conduzida pela forte demanda de produção doméstica e para exportação.[b] A China produz 35% do aço, 50% do cimento e 28% do alumínio mundial. Esse estágio do desenvolvimento, quando as indústrias de uso intensivo de energia dominam a economia, apresenta grandes desafios para dissociar as emissões do crescimento.

Na última década, a China aumentou a eficiência energética média das fábricas alimentadas por carvão de 15% para uma média de 34%. Uma política que exija o fechamento de pequenas fábricas alimentadas por carvão e sua substituição por outras maiores e mais eficientes nos últimos dois anos reduz as emissões de CO_2 anuais em 60 milhões de toneladas. A maioria das novas fábricas alimentadas por carvão é equipada com tecnologias de última geração supercríticas e ultracríticas.[c]

Apesar desses avanços, a China ainda terá que reduzir muito a parte do carvão na mistura da energia primária para alcançar 450 ppm de CO_2e (ver tabela inferior do Quadro 4.3). A energia renovável poderá atender até 40% da demanda total de energia em 2050. Diversos cenários contemplam programas nucleares extremamente ambiciosos, em que a China construiria centrais energéticas nucleares três vezes mais rápido do que a França já conseguiu e, em 2050, capacidade nuclear sete vezes maior do que a atual da França. Dada a limitada reserva de gás da China, aumentar a porcentagem atual do gás na mistura da energia primária de 2,5% para 40% em 2050, como supõem alguns modelos, é um problema.

Com grandes reservas domésticas, o carvão provavelmente permanecerá uma fonte de energia importante na China por décadas. A captura e o armazenamento do carbono são essenciais para o crescimento econômico da China em um mundo com restrição ao carbono. Alguns cenários de 450 ppm de CO_2e projetam que a captura e o armazenamento do carbono teriam que ser instalados em 85% a 95% das usinas a carvão na China em 2050 – mais do que pode ser alcançado pelas projeções atuais de capacidade de armazenamento economicamente disponível, que é de 3 gigatoneladas de CO_2 em um raio de 100 quilômetros das fontes da emissão. Mas maior avaliação do local, a descoberta tecnológica e a definição do preço futuro do carbono poderiam mudar essa situação. O cenário de 450 ppm de CO_2e exigirá um investimento anual adicional para China de US$ 30 bilhões a US$ 260 bilhões (de 0,5% a 2,6% do PIB) até 2030.

Índia e outros países em desenvolvimento
A Índia enfrenta desafios enormes para alterar substancialmente sua trajetória de emissões dado seu potencial limitado para recursos de energia alternativa e locais de armazenamento do carbono. Como a China, a Índia é altamente dependente do carvão (que responde por 53% de sua demanda por energia comercial). Para alcançar 450 ppm de CO_2e, seria necessária uma verdadeira revolução energética. O total da demanda por energia primária teria que declinar relativamente às projeções do cenário de referência em cerca de 15% a 20% em 2050 e intensidade energética em 2,5% por ano de agora até 2050, dobrando os esforços da década passada. Existe grande potencial, entretanto, com a melhora do uso eficaz de energia e redução das perdas de 29% na transmissão e distribuição, a um nível próximo perto da média mundial de 9%. Embora a eficiência das fábricas a carvão na Índia tenha melhorado nos últimos anos, a eficiência média ainda é baixa, 29%, e quase todas as fábricas a carvão são subcrítica.

Como na China, a parte do carvão na mistura da energia primária de Índia teria de ser reduzida drasticamente para alcançar 450 ppm de CO_2e. O potencial para energia hídrica (150 gigawatts) e energia eólica em terra firme (65 gigawatts) é grande em termos absolutos, mas pequeno com relação às necessidades de energia futuras (12% no *mix* de energia em 2050 no cenário de 450 ppm de CO_2e). Há possibilidades consideráveis não limitadas com a importação de gás natural e a energia hídrica dos países vizinhos, mas ainda há as dificuldade em definir os acordos sobre o comércio de energia entre os países. Para que a energia solar desempenhe um grande papel, os custos teriam de passar por redução significativa. Alguns modelos sugerem que a Índia precisa utilizar biomassa para o fornecimento de 30% de sua energia primária em 2050 no cenário de 450 ppm de CO_2e. Mas isso pode exceder o potencial sustentável de biomassa na Índia porque a produção da biomassa compete com a agricultura e as florestas por terra e água.

A Índia tem limitações quanto à existência de locais economicamente disponíveis para armazenamento de carbono; sua capacidade de armazenamento total é menos de 5 gigatoneladas do CO_2, o bastante para armazenar somente três anos de carbono se 90% de usinas a carvão forem equipadas para captura e armazenamento de carbono em 2050, como projetam alguns cenários de 450 ppm de CO_2e. As avaliações locais e outras descobertas tecnológicas poderiam mudar essa projeção. O cenário de 450 ppm de CO_2e exige um investimento anual adicional de US$ 40 bilhões a US$ 75 bilhões para a Índia (de 1,2% a 2,2% do PIB) em 2030.

A África subsaariana (com exclusão da África do Sul) contribui atualmente com 1,5% para emissões globais anuais de CO_2 relativas a energia, uma quantidade projetada a ser de apenas 2% a 3% em 2050. A prioridade máxima é oferecer serviços de energia modernos aos pobres, o que aumentará ligeiramente as emissões de gases de efeito estufa globais. Contudo, a revolução global da energia limpa é relevante para os países de baixa renda, que podem saltar para a geração seguinte de tecnologias. A energia limpa tem um grande papel no acesso crescente à energia, e buscar o uso eficaz da energia é uma solução econômica em curto prazo para a falta de energia.

De acordo com o modelo clima-energia, nos cenários de 450 ppm de CO_2e, a maioria dos países em desenvolvimento precisaria impulsionar sua produção de energia renovável. A contribuição da África, América Latina e Ásia seria adotar biomassa moderna. A América Latina e a África têm recursos hídricos substanciais e não limitados, embora a quantidade possa ser afetada por um ciclo hidrológico menos confiável resultante da mudança climática.

Esses países também precisariam de um impulso de monta no gás natural.

Fontes: Calvin et al. (no prelo), Chikkatur (2008), Dahowski et al. (2009), Torre, Fajnzylber e Nash (2008), Dooley et al. (2006), German Advisory Council on Global Change (2008), Government of India Planning Commission (2006), Holloway et al. (2008), International Energy Agency (2008b, 2008c), International Institute for Applied Systems Analysis (2009), Lin et al. (2006), McKinsey & Company (2009a), Riahi, Grübler e Nakićenović (2007), Wang e Watson (2009), Weber et al. (2008), World Bank (2008c) e Zhang (2008)

[a] Baseiam-se em um mercado global integrado de carbono e não consideram a divisão do ônus da carga explícita entre países. Na realidade, isso é improvável. A divisão do ônus é discutida no Capítulo 1, e a implicação da participação retardada por Não Partes do Anexo I, no Capítulo 6. Examinamos também modelos dos países em desenvolvimento (China e Índia), mas não há informações públicas disponíveis para cenários de 450 ppm de CO_2e.

[b] A produção de exportações respondeu por cerca de um terço das emissões de China em 2005 (Weber et al., 2008).

[c] As usinas supercríticas e ultrassupercríticas usam temperaturas e pressões de vapor mais elevadas para obter eficiência mais elevada de 38% a 40% e de 40% a 42%, respectivamente, comparada com as grandes centrais energéticas subcríticas com eficiência média de 35% a 38%.

---

de vida breve, como o metano e carbono grafite, poderiam reduzir o excesso, mas não o evitariam (Rao et al., 2008). Além disso, as trajetórias de 450 ppm de CO_2e dependem de captura e armazenamento de carbono baseado em biomassa[10] para emissões negativas (Weyant et al., 2009; Kmopf et al., no prelo; Rao et al., 2008; Calvin et al., no prelo). Contudo, dada a competição por terra e água para a produção alimentar e o armazenamento do carbono (ver Capítulo 3), as fontes de biomassa sustentáveis serão um problema (German Advisory Council on Global Change, 2008; Wise et al., 2009). Restringir o aquecimento a 2°C exigiria mudanças fundamentais na composição de energia global (ver quadros 4.3 e 4.4; a nota 11 traz detalhes do modelo).[11]

---

10 A biomassa obtida de plantas pode ser combustível neutro em carbono, pois o carbono é absorvido da atmosfera carbono atmosfera à medida que as plantas crescem e, então, liberado quando as plantas são queimadas como combustível. A captura e o armazenamento de carbono baseados em biomassa podem resultar em "emissões negativas" de carbono emitidas pela combustão de biomassa.

11 Estes cinco modelos (Message, MiniCAM, Remind, Image e IEA ETP) são os principais modelos climáticos mundiais da Europa e dos Estados Unidos, com um equilíbrio de abordagens de cima para baixo e de baixo para cima, e diferentes caminhos de mitigação. O Message, densenvolvido pelo International Institute for Applied Systems Analysis (Iiasa), adota o sistema de modelagem Message, que compreende o modelo Message de otimização de engenharia de sistemas energéticos e o Macro, modelo de equilíbrio macroeconômico de cima para baixo, além do modelo Dima de gestão florestal e a estrutura AEZ-BLS de modelagem agrícola. Essa análise considera dois cenários B2, pois são intermediários entre A2 (um caso de alto crescimento populacional) e B1 (um "melhor caso" plausível para alcançar baixas emissões na ausência de políticas climáticas vigorosas), caracterizado pela taxas de mudança de "dinâmica de referência" (Riahi; Grübler; Nakićenović, 2007; Rao et al., 2008). O MiniCAM, desenvolvido no Pacific

Figura 4.9 Ações globais são essenciais para limitar o aquecimento a 2°C (450 ppm) ou a 3°C (550 ppm). Os países desenvolvidos sozinhos não poderiam colocar o mundo em uma trajetória 2°C ou 3°C, mesmo se reduzissem suas emissões a zero em 2050

Fonte: Adaptada de International Energy Agency (2008b) e Calvin et al. (no prelo).

Nota: Se as emissões relativas a energia dos países desenvolvidos (cinza escuro) fossem reduzidas a zero, as emissões dos países em desenvolvimento (cinza claro), conforme o cenário de referência, ainda excederiam os níveis globais da emissão exigidos para alcançar os cenários de 550 ppm de CO₂e e 450 ppm de CO₂e (hachuras) em 2050.

Estima-se que os custos da mitigação para alcançar 450 ppm de CO_2e sejam de 0,3 a 0,9% do PIB global em 2030, supondo-se que todas as ações da mitigação ocorram onde e quando forem mais econômicas (Figura 4.8).[12] Essa estimativa se compara às despesas totais atuais de 7,5% do PIB no setor energético. Além disso, os custos da inércia – dos danos causados pelo maior aquecimento – podem exceder e muito esse custo da mitigação (ver a discussão sobre a análise de custo-benefício de política climática no Capítulo 1).

Alcançar 450 ppm de CO_2e exige a adoção de tecnologias com custos marginais de US$ 35 a US$ 100 por tonelada de CO_2 em 2030, para um investimento da mitigação anual global de US$ 425 bilhões a US$ 1 trilhão em 2030 (Tabela 4.2) (Riahi; Grübler; Nakićenović, 2007; International Institute for Applied Systems Analysis, 2009; Knopf et al., no prelo; International Energy Agency, 2008c). A economia futura de energia finalmente compensaria uma parte substancial do investimento inicial (International Energy Agency, 2008b; McKinsey & Company, 2009a). Porém, seria necessário que boa parte desse investimento fosse feita nos próximos 10 anos em países em desenvolvimento com

Tabela 4.3 Circunstâncias diferentes do país exigem abordagem sob medida

Países	Tecnologias e políticas de baixo carbono
Países de renda baixa	Expandir o acesso à energia com opções da rede e fora da rede.
	Utilizar o uso eficaz de energia e energia renovável sempre que forem de custo mais baixo.
	Remover os subsídios sobre combustível fóssil.
	Adotar um preço de recuperação de custo.
	Pular para a geração distribuída, onde não existe infraestrutura de rede.
Países de renda média	Aumentar a eficiência energética e energia renovável.
	Integrar abordagens de transporte urbano para uso de baixo carbono.
	Remover os subsídios do combustível fóssil.
	Adotar um preço de recuperação de custo que inclua externalidades locais.
	Promover pesquisa, desenvolvimento e demonstração em novas tecnologias.
Países de alta renda	Promover cortes profundos em emissões domésticas.
	Adotar um preço sobre o carbono: comércio e troca ou imposto sobre carbono.
	Remover os subsídios do combustível fóssil.
	Promover pesquisa, desenvolvimento e demonstração em novas tecnologias.
	Mudar o estilo de vida de alto consumo de energia.
	Fornecer financiamento e tecnologias de baixo carbono aos países em desenvolvimento.

Fonte: Equipe de WDR.

Northwest National Laboratory, combina um modelo de energia-economia-agrícola-uso do solo global detalhado com uma suíte de modelos associados de ciclo de gás, clima e degelo (Edmonds et al., 2008). O Remind, desenvolvido pelo Potsdam Institute for Climate Impact Research, é um modelo de crescimento ideal que combina um modelo macroeconômico de cima para baixo com um modelo de energia de baixo para cima, que visa à maximização do bem-estar (Leimbach et al., no prelo). O Image, desenvolvido pela Agência de Avaliação Ambiental da Holanda, é um modelo de avaliação integrado que inclui o modelo de energia Timer 2 combinado com o modelo de política climática Fair-SiMCaP (Bouwman; Kram; Goldewijk, 2006). O quinto modelo é o Energy Technology Perspective da IEA, um modelo de otimização linear baseado no modelo de energia Markal (International Energy Agency, 2008b).

12 Os custos de mitigação incluem custos de investimento de capital adicional, de operação e manutenção e de combustível, comparados com a linha de base (Rao et al., 2008; Knopf et al., no prelo; Calvin e at., no prelo; Riahi; Grübler; Nakićenović, 2007; International Institute for Applied Systems Analysis, 2009).

QUADRO 4.5 *As tecnologias de energia renováveis têm enorme potencial, mas enfrentam restrições*

Biomassa

A biomassa moderna como combustível para energia, aquecimento e o transporte, tem o potencial mais elevado de mitigação de todas as fontes de energia renovável (International Energy Agency, 2008b). Ela deriva da agricultura e dos resíduos florestais, assim como de culturas energéticas não alimentares. O desafio maior em usar resíduos da biomassa é confiabilidade em longo prazo da produção energética a custos razoáveis; os problemas principais são os limites logísticos e os custos de coleta do combustível. As culturas energéticas não alimentares, se não controladas corretamente, competirão com a produção alimentar e poderão ter impacto indesejável nos preços dos alimentos (ver Capítulo 3). A produção de biomassa é igualmente sensível aos impactos físicos de um clima em mudança.

As projeções do futuro papel da biomassa são provavelmente superestimadas, dados os limites à fonte sustentável de biomassa, a menos que as tecnologias inovadoras aumentem substancialmente a produtividade. As projeções de modelos clima-energia indicam que o uso de biomassa poderia aumentar quase quatro vezes mais, em torno de 150-200 exajoules, quase um quarto da energia primária do mundo em 2050 (International Energy Agency, 2008b; Riahi, Grübler e Nakićenović, 2007; International Institute for Applied Systems Analysis, 2009; Knopf et al., no prelo). Entretanto, o potencial técnico sustentável máximo de recursos da biomassa (resíduos e culturas energéticas não alimentares) sem interromper os recursos alimentares e florestais variará de 80 a 170 exajoules por ano até 2050 (German Advisory Council on Global Change, 2008; Rokityanskiy et al., 2006; Wise et al., 2009), e somente uma parte disso é realística e economicamente praticável. Além disso, alguns modelos climáticos dependem de captura e armazenamento do carbono baseado em biomassa, uma tecnologia não comprovada, para alcançar emissões negativas e comprar algum tempo na primeira metade do século (Riahi, Grübler e Nakićenović, 2007; International Institute for Applied Systems Analysis, 2009).

Alguns biocombustíveis líquidos, como etanol de milho, principalmente para o transporte, podem agravar e não melhorar as emissões de carbono em uma base do ciclo de vida. Os biocombustíveis de segunda geração, baseados em matéria-prima lenho-celulósica, como palha, bagaço, grama de vegetação e madeira, prometem produção sustentável de alto resultado e emitem baixos níveis de gás de efeito estufa, mas estão ainda no estágio de P&D.

Solar

A energia solar, a fonte de energia mais abundante na Terra, é o setor energético renovável que mais cresce. A energia solar segue duas tecnologias: sistemas fotovoltaicos e energia solar concentrada. Os sistemas solares fotovoltaicos convertem a energia solar diretamente em eletricidade. A energia solar concentrada usa espelhos para focalizar a luz solar em um líquido de transferência que gere o vapor para impulsionar uma turbina convencional. A energia solar concentrada é muito mais econômica e oferece grande potencial para produzir energia de carga base, em larga escala para substituir centrais energéticas fósseis. Essa tecnologia, porém, requer água para arrefecer a turbina – uma restrição em desertos, onde as usinas solares tendem a ser instaladas. Assim, a expansão é limitada pela geografia (porque a energia solar concentrada somente pode usar raios solares diretos) e pela falta da infraestrutura de transmissão e altas necessidades de investimento. A energia fotovoltaica depende menos da posição, é de construção mais rápida e apropriada para aplicações de geração distribuída e está fora da rede. Os aquecedores solares de água solares reduzem substancialmente o uso de gás ou eletricidade para aquecer água nos edifícios. A China domina o mercado global de aquecedores solares de água, produzindo mais de 60% da capacidade global.

Em valores atuais, a energia solar concentrada teria custos mais competitivos com o carvão, entre US$ 60 a US$ 90 por tonelada de CO_2 (International Energy Agency, 2008b; Yates; Heller; Yeun, 2009). Mas, com aprendizado e economias de escala, a energia solar concentrada poderia ter custo competitivo com carvão em menos de 10 anos, e a capacidade instalada global poderia chegar a 45-50 gigawatts em 2020 (Yates; Heller; Yeun, 2009).. Do mesmo modo, a energia solar fotovoltaica tem um índice de aprendizado de redução de custo de 15% a 20%, a cada duplicação da capacidade instalada (Neij, 2007). Uma vez que a capacidade global é pequena, as reduções de custo potenciais com o aprendizado são substanciais.

Energia eólica, hídrica e geotérmica

As energias eólica, hídrica e geotérmica são limitadas por recursos e locais apropriados. A energia eólica cresceu 25% por ano nos últimos cinco anos, com capacidade instalada de 120 gigawatts em 2008. Na Europa, em 2008, a energia eólica foi a mais instalada em comparação a qualquer outro tipo de tecnologia geradora de eletricidade. No entanto, a mudança climática pode afetar os recursos eólicos, com maior velocidade e padrões de variabilidade maiores (Pryor; Barthelmie; Kjellsttom, 2005).

A hidroenergia é a principal fonte renovável de eletricidade mundial, respondendo por 16% da potência mundial. Seu potencial é limitado pela disponibilidade dos locais apropriados (potencial economicamente explorável global de 6 milhões de gigawatt-horas por ano) (International Energy Agency, 2008b), grandes exigências de capital, longos períodos de desenvolvimento, questões sociais e ambientais e variabilidade do clima (principalmente recursos hídricos). Mais de 90% do potencial economicamente praticável inexplorado está em países em desenvolvimento, principalmente na África subsaariana, sul e leste da Ásia e América Latina (World Bank, 2008b). A África explora somente 8% de seu potencial de hidroenergia.

Para muitos países na África e no sul da Ásia, o comércio regional de hidroenergia poderia representar energia de baixo custo com zero emissão de carbono. Mas a falta de vontade e confiança políticas e as preocupações sobre a segurança energética restringem esse comércio. E a maior variabilidade do clima afetará o ciclo hidrológico. A seca ou o degelo poderiam tornar as fontes de hidroenergia pouco confiáveis em algumas regiões. Não obstante, após duas décadas da estagnação, a hidronergia está em expansão, particularmente na Ásia. Contudo, com a crise financeira atual, está mais difícil obter financiamento para atender às grandes demandas de capital

A energia geotérmica pode fornecer energia, aquecimento e refrigeração. Atende 26% das necessidades de eletricidade da Islândia e 87% de sua demanda de aquecimento em edifícios. Mas essa fonte de energia exige compromissos financeiros importantes em pesquisa geológica inicial e na perfuração onerosa de poços geotérmicos.

Redes e medidores inteligentes

Com o uso de comunicações digitais nos dois sentidos entre centrais energéticas e usuários, as redes inteligentes podem equilibrar a oferta e demanda em tempo real, diminuir picos de demanda e ter a participação ativa dos consumidores na produção e no consumo de eletricidade. Com o aumento da parcela de geração dos recursos renováveis variáveis, como o vento e aumentos solares, uma rede inteligente pode lidar melhor com flutuações de energia (Worldwatch Institute, 2009). Ela pode permitir que os veículos elétricos armazenem energia quando necessário ou a vendam de volta à rede. Os medidores inteligentes podem se comunicar com os consumidores, que podem então reduzir custos mudando aparelhos ou períodos de uso.

limites financeiros. E a remoção dos obstáculos para reformar e direcionar o capital para investimentos de baixo carbono onde e quando forem necessários será complexa.

Uma opção menos complexa seria ter como meta uma concentração mais elevada – por exemplo, 550 ppm de CO_2e. Essa concentração está associada a uma probabilidade de 50% de o aquecimento ultrapassar 3°C e com um risco mais elevado de danos dos impactos da mudança climática, mas prevê um tempo um pouco maior para novo pico das emissões (2030). Estas precisariam retornar aos níveis de hoje em 2050 e continuar a cair substancialmente após. Os custos de mitigação de 550 ppm de CO_2e são um pouco mais baixos,

Figura 4.10 A lacuna em emissões entre para onde se dirige o mundo e para onde precisa ir é enorme, mas um leque de tecnologias de energia limpa pode ajudar o mundo a permanecer em 450 ppm de CO_2e (2°C)

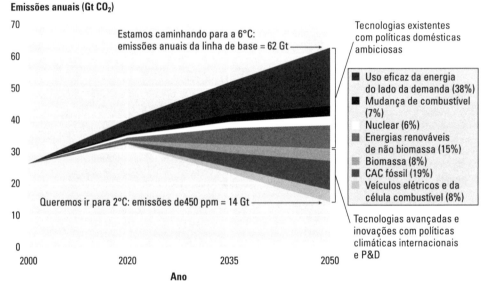

a. Emissões de CO_2 do setor energético: análise de fatia para o Cenário Azul da IEA (450 ppm de CO_2e)

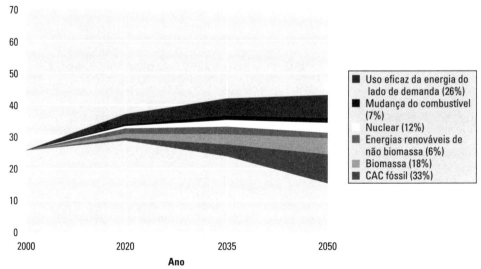

b. Emissões de CO_2 do setor energético: análise de fatia para Message B_2 (450 ppm de CO_2e)

Fonte: Equipe de WDR, com base em dados de Riahi, Grübler e Nakic enovic (2007), International Institute for Applied Systems Analysis (2009) e International Energy Agency (2008b).

Nota: A mudança do combustível está indo do carvão para gás. As energias renováveis de não biomassa são energia solar, eólica, hídrica e geotérmica. A CAC fóssil compreende combustíveis fósseis com captura e armazenamento de carbono. Quando o potencial exato da mitigação de cada fatia puder variar sob modelos diferentes dependendo da linha de base, as conclusões totais permaneceraão as mesmas.

Figura 4.11   O objetivo é empurrar tecnologias de baixo carbono de conceito não comprovado para uso amplo e reduções de emissão mais elevada

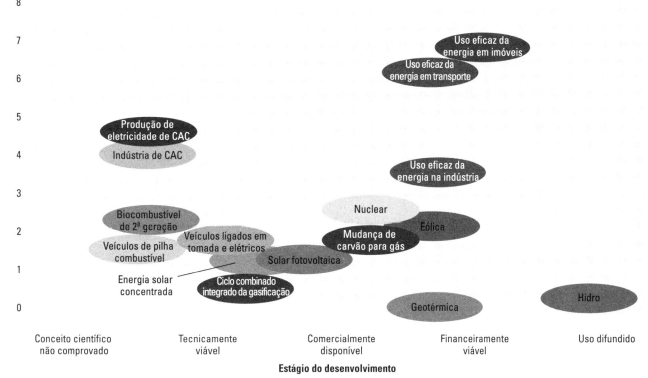

Fonte: Equipe de WDR, com base em dados do World Bank (2008a) e da International Energy Agency (2008a) (potencial da mitigação do Cenário Azul da IEA em 2050).
Nota: A Tabela 4.4 apresenta definições detalhadas do estágio do desenvolvimento de tecnologia. Um dado grupo tecnológico pode progredir por estágios diferentes ao mesmo tempo, mas em diferentes países e em escalas diferentes. A eólica, por exemplo, já compete em termos de custo com as centrais elétricas e de gás na maior parte dos Estados Unidos (Wiser; Bolinger, 2008). Entretanto, na China e Índia, a eólica pode ser econômica, mas não é financeiramente viável em comparação às centrais a carvão. Assim, para que as tecnologias limpas sejam adotadas em mais lugares e em maior escala, devem se mover de cima para baixo na Tabela 4.4.

Tabela 4.4   Instrumentos da política sob medida para a maturidade das tecnologias

Nível de maturidade	Condição	Problemas a serem tratados antes de ir para o estágio seguinte	Sustentação de política
Tecnicamente viável	A ciência básica é provada e testada em laboratório ou em escala limitada. Algumas barreiras técnicas e de custo permanecem.	Desenvolvimento e demonstração para provar a viabilidade operacional em escala e minimizar custos. Interiorizar externalidades globais.	Políticas de desenvolvimento de tecnologia: P&D público e privado substancial e demonstração em grande escala. Interiorizar externalidades globais com o imposto sobre carbono ou limite e comércio. Transferência de tecnologia.
Comercial e economicamente viável	A tecnologia está disponível em fornecedores comerciais. Os custos projetados são bem-compreendidos. A tecnologia é economicamente viável, justificada por benefícios de desenvolvimento do país. Mas ainda não pode competir com os combustíveis fósseis sem subsídio e/ou a internalização de externalidade local.	Nivelamento do campo de ação entre a energia limpa e combustíveis fósseis.	Políticas domésticas para uma disputa justa: Remover os subsídios sobre combustível fóssil e interiorizar externalidades locais. Oferecer incentivos financeiros para tecnologias de energia limpa.
Financeiramente viável	A tecnologia é financeiramente viável para os investidores do projeto – competitiva em termos de custo com combustíveis fósseis ou com retornos financeiros elevados e o período de reembolso curto para opções da demanda.	Falhas de mercado e barreiras impedem a adoção acelerada em todo o mercado.	Regulamentos com incentivos financeiros para remover as falhas e as barreiras de mercado. Apoio para que os mecanismos de realização e os programas do financiamento expandam a adoção. Educação do consumidor.
Amplo	A tecnologia está sendo adotada amplamente em todo o mercado.		

Fonte: Equipe de WDR.

de 0,2 a 0,7% do PIB global em 2030 (Figura 4.8a), e exigem a adoção de tecnologias com custos marginais de até US$ 25 a US$ 75 por tonelada de CO_2 em 2030 (Figura 4.8b), para investimentos adicionais anuais de cerca de US$ 220 bilhões ao ano durante os próximos 20 anos (Knopf et al., no prelo; Calvin et al., no prelo; International Energy Agency, 2008c). Alcançar esse objetivo mais modesto ainda exigiria reformas de políticas ainda mais abrangentes

Ação – imediata e global

Retardar as ações globais por mais de 10 anos impossibilitaria a estabilização em 450 ppm de CO_2e (Raio et al., 2008; International Energy Agency, 2008b; Mignone et al., 2008).[13] Há pouca flexibilidade no tempo em que as emissões estão em pico. Para alcançar 450 ppm de CO_2e, as emissões globais de CO_2 relativas a energia deverão ter pico de 28 a 32 gigatoneladas em 2020 de 26 gigatoneladas em 2005, e cair para 12 a 15 gigatoneladas até 2050 (International Energy Agency, 2008b, 2008c; Riahi; Grübler; Nakićenović, 2007; International Institute for Applied Systems Analysis, 2009; Calvin et al., no prelo). Essa trajetória requer o corte anual de emissões de 2% a 3% de 2020 para a frente. Se as emissões aumentarem durante 10 anos além de 2020, elas teriam que ser reduzidas em 4% a 5% ao ano. Entretanto, as emissões aumentaram 3% ao ano de 2000 a 2006, e, assim, a maioria dos países está seguindo uma trajetória de alto carbono, em que as emissões de CO_2 globais totais ultrapassam as piores hipóteses projetadas pelo Painel Intergovernamental sobre Mudança Climática (IPCC) (Raupach et al., 2007).

As adições de novas centrais energéticas, edifícios, estradas e ferrovias durante a próxima década travarão na tecnologia e determinarão a maior parte emissões até 2050 e além. Por quê? Porque capital energético tem longa vida – pode levar décadas para recuperar o custo de centrais energéticas, um século para que se transforme em infraestrutura urbana (Shalizi; Lecocq, 2009). Retardar a ação aumentaria substancialmente os custos futuros de mitigação, aprisionando eficazmente o mundo na infraestrutura intensiva de carbono por décadas. Mesmo as tecnologias existentes de energia limpa econômicas levarão décadas para penetrar inteiramente no setor energético. E dados os longos prazos de execução para o desenvolvimento de tecnologia nova, empregar tecnologias avançadas em larga escala a partir de 2030 exige ação ambiciosa hoje.

Além disso, retardar a ação levaria à adaptação dispendiosa, e depois adaptar a capacidade existente, seja em centrais energéticas, seja em edifícios, seria muito mais oneroso que construir infraestrutura nova, eficiente e de baixo carbono. O mesmo se aplica à reforma antecipada e forçada do capital energético ineficiente. As economias de energia justificam frequentemente os investimentos iniciais mais elevados em capital novo, mas são menos prováveis de cobrir a reposição prematura do estoque. Mesmo o preço elevado do CO_2 pode ser insuficiente para mudar esse quadro (Philibert, 2007).

Para evitar esse aprisionamento, a escala e a taxa de urbanização apresentam uma oportunidade ímpar, particularmente para países em desenvolvimento, de hoje tomar decisões importantes sobre a construção de cidades de baixo carbono com projetos urbanos compactos, bom transporte público, edifícios eficientes e veículos limpos.

Uma característica benéfica da inércia na infraestrutura da energia é que introduzir tecnologias eficientes de baixo carbono em novas infraestrutura oferece uma oportunidade de seguir uma trajetória de baixo carbono. Os países em desenvolvimento instalarão pelo menos a metade de estoques importantes de energia de longa duração de agora a 2020 (McKinsey & Company, 2009b). Por exemplo, a metade do estoque das construções na China em 2015 terá sido construída entre 2000 e 2015 (World Bank, 2001). Há poucas oportunidades nos países desenvolvidos, onde as construções residenciais tendem a ser reduzidas gradualmente – 60% do estoque previsto da construção residencial na França em 2050 já foram construídos. Esse fato restringe o potencial para reduções no aquecimento e na demanda por refrigeração, o que exige a modernização e a substituição da estrutura do imóvel. Na próxima década, porém, há algumas oportunidades abundantes tanto nos países desenvolvidos quanto

---

13 Isso se aplica na ausência de uma tecnologia de geoengenharia efetiva e aceitável (ver discussão no Capítulo 3).

QUADRO 4.6 *Tecnologias avançadas*

A ***captura e o armazenamento de carbono (CAC)*** podem reduzir emissões dos combustíveis fósseis em 85% a 95% e são fundamentais em desempenhar um papel importante para os combustíveis fósseis em um mundo restrito a carbono. Esse processo envolve três etapas principais:

- Captura do CO_2 de grandes fontes estacionárias, como centrais energéticas ou outros processos industriais, antes ou depois da combustão.
- Transporte por tubulações para os locais de armazenamento.
- Armazenamento por meio da injeção do CO_2 em locais geológicos, como: campos de óleo e gás esgotados para melhorar a recuperação do óleo e do gás, os leitos de carvão para melhorar a recuperação do metano do leito de carvão, formações salinas profundas e oceanos.

Atualmente, o CAC compete com carvão convencional apenas no preço de US$ 50 a US$ 90 por tonelada de CO_2 (International Energy Agency, 2008b). Ainda no estágio de P&D, é uma tecnologia imatura. O número de locais geológicos economicamente disponíveis perto das fontes de emissão de carbono varia muito de um país a outro. As oportunidades iniciais para redução de custos estão em campos petrolíferos esgotados e em locais melhorados para recuperação do óleo, mas o armazenamento em aquíferos salinos profundos seria necessário também para cortes profundos de emissão. O CAC reduz também significativamente a eficiência das centrais energéticas e tem potencial de vazamento.

A prioridade em curto prazo deve ser incentivar projetos de demonstração em larga escala para reduzir custos e melhorar a confiabilidade. Quatro projetos de demonstração em larga escala estão em operação em Sleipner (Noruega), Weyburn (Estados Unidos-Canadá), Salah (Argélia) e Snohvit (Noruega), na maior parte da gaseificação do gás ou carvão. Juntos, esses projetos capturam 4 milhões de toneladas de CO_2 por ano. A trajetória de 450 ppm de CO_2e exige 30 centrais de demonstração em larga escala em 2020 (ibidem). A captura de CO_2 das centrais energéticas de baixa eficiência não é economicamente viável, portanto centrais energéticas novas devem ser construídas com tecnologias altamente eficientes para mais tarde serem adaptadas para CAC. Devem ser criadas estruturas jurídicas e reguladoras para a injeção do CO_2 e atribuir responsabilidades em longo prazo. A União Europeia adotou uma diretriz para o armazenamento geológico de CO_2, e os Estados Unidos propõem normas para CAC. As avaliações detalhadas de locais de armazenamento potenciais do carbono são igualmente necessárias, principalmente em países em desenvolvimento. Sem um esforço internacional maciço, resolver toda a cadeia de questões técnicas, jurídicas, institucionais, financeiras e ambientais poderia levar uma década ou mais antes do aumento de seu uso.

Os ***veículos híbridos*** são a uma opção potencial em curto prazo como meio da transição aos veículos elétricos plenos (ibidem). Combinam baterias com motor a combustão interna menores que permitem que trafeguem metade do tempo com eletricidade fornecida pela rede por recarregamento noturno. Ao funcionarem com eletricidade gerada por energia renovável, emitem-se 65% menos CO_2 do que um carro a gasolina (National Resources Defense Council, 2007). Entretanto, aumentam o consumo de eletricidade, e as reduções líquidas de emissão dependem da fonte da eletricidade. As melhorias e as reduções de custo significativas na tecnologia de armazenamento da energia são necessárias. Os veículos elétricos são movidos unicamente a baterias, mas exigem a capacidade muito maior da bateria do que híbrido e são mais caros.

---

naqueles em desenvolvimento para construir centrais energéticas novas com tecnologias de energia limpa, evitando, desse modo, ficar preso ainda mais a combustíveis altamente dependentes de carbono.

Pelos motivos definidos no Plano de Ação de Bali, que está servindo de base para as negociações atuais conforme a Convenção-Quadro das Nações Unidas sobre Mudança Climática, os países desenvolvidos devem assumir a liderança no corte de emissões (ver Capítulo 5). Os países desenvolvidos sozinhos, contudo, não poderiam colocar o mundo em uma trajetória 2°C, mesmo se pudessem reduzir suas emissões a zero (Figura 4.9). Em 2050, 8 bilhões dos 9 bilhões dos habitantes do planeta estarão no que hoje são os países em desenvolvimento, produzindo 70% das emissões globais projetadas (International Energy Agency, 2008b; Calvin et al., no prelo; Riahi, Grübler e Nakićenović 2007; International Institute for Applied Systems Analysis, 2009). Os países desenvolvidos projetados podem, entretanto, prestar ajuda econômica e transferências de tecnologia de baixo carbono aos países em desenvolvimento, enquanto buscam tecnologias avançadas de baixo carbono e demonstram que o crescimento de baixo carbono é viável (Tabela 4.3).

Atuação em todas as frentes técnicas e de política

Quais mudanças fundamentais precisam ser feitas no sistema energético para reduzir a diferença entre para onde o mundo é direcionado e para onde precisa ir? A resposta está em um leque de tecnologias de energia eficiente e limpa para reduzir a intensidade energética e mudar para combustíveis de baixo carbono. Em tendências atuais, as emissões globais de CO_2 relativas a energia aumentarão de 26 gigatoneladas em 2005 para 43 a 62 gigatoneladas em 2050 (International Energy Agency, 2008b; Calvin et al., no prelo; Riahi; Grübler; Nakićenović, 2007; International Institute for Applied Systems

QUADRO 4.7 *O papel da política urbana em conseguir cobenefícios de mitigação e desenvolvimento*

Frequentemente, a urbanização é mencionada como um importante gerador de crescimento das emissões globais (Dodman, 2009), mas é mais bem compreendida com geradora importante de desenvolvimento (World Bank, 2008f). Assim, é um elo fundamental entre política climática e desenvolvimento. A maioria de emissões ocorre nas cidades precisamente porque este é o lugar onde há a maior parte da produção e do consumo. A concentração elevada de população e atividade econômica nas cidades pode realmente aumentar a eficiência – se houver as políticas corretas. Vários fatores clamam por uma pauta climática urbana.

Em primeiro lugar, algumas cidades mais densas são mais eficientes em termos de energia e emissão (por exemplo, no setor de transporte; ver figura abaixo), e políticas locais são essenciais para incentivar a densificação (World Bank, 2009b). Em segundo lugar, a influência forte e persistente da infraestrutura em decisões residenciais e comerciais de longo prazo reduz o potencial de resposta a variações de preço. O planejamento complementar e a regulamentação do uso do solo são, portanto, necessários. Em terceiro lugar, a interdependência dos sistemas que constituem a forma urbana – ruas e linhas de trânsito público, serviços de água, águas residuais e energia e construções residenciais, comerciais e industriais – e que não são mudados facilmente, uma vez que os padrões iniciais são definidos, aumenta a urgência de projetar cidades de baixa emissão em países com urbanização rápida.

Como discutido no Capítulo 8, as cidades já estão se transformando em uma fonte de impulso político e promoverão ações da mitigação em nível internacional ao mesmo tempo que implementam as iniciativas localmente. Ao contrário da ideia geral de que a tomada de decisão local se concentra em questões locais, mais de 900 cidades dos Estados Unidos comprometeram-se em atender às metas do Protocolo de Kyoto ou ultrapassá-las, para reduzir as emissões de gases de efeito estufa (U.S. Conference of Mayors Climate Change Protection Agreement), enquanto o Grupo de Liderança Climáticas de Cidades C40, cujo objetivo é promover a ação para combater a mudança, abarca as principais cidades de todos os continentes.[a]

As cidades têm a habilidade única de responder a uma questão global como a mudança climática em nível local concreto. Muitas delas legislaram para limitar o uso de sacos de plástico, copos descartáveis ou água engarrafada. Essas iniciativas podem ser importantes como mensagem social, mas seu impacto ambiental tem sido mínimo até agora. Esforços mais profundos de maior impacto, como pedágio urbano, incentivos para construção verde, apoio para o projeto urbano que exija menos dependência do automóvel e a incorporação de preço do carbono em impostos sobre o solo e diretos de desenvolvimento, finalmente exigirão um impulso cultural mais detalhado para superar preferências enraizadas de estilo de vida (ou aspiracionais) de alto carbono. Felizmente, muitas medidas promovidas pelas cidades, necessárias para a mitigação, trazem benefícios para a adaptação à mudança climática, que reduzirá as compensações.

Fonte: Equipe de WDR.

[a] Disponível em: <http://www.c40cities.org/>. Além disso, United Cities and Local Governments e International Council for Local Environmental Initiatives têm uma definição comum que requer uma voz maior para cidades no processo de negociação da UNFCCC.

As emissões do transporte são muito mais baixas em cidades mais densas

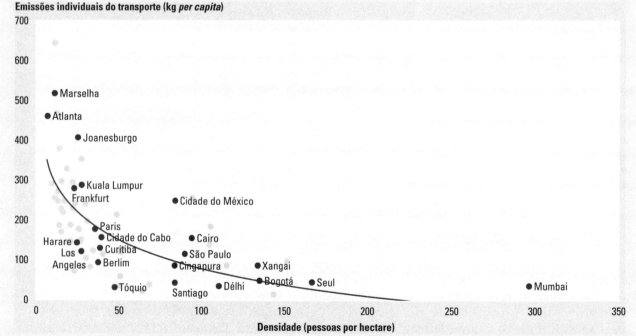

Fonte: Banco Mundial (2009b).

Nota: A figura não corrige a renda porque uma regressão de emissões do transporte na densidade e na renda revela que a densidade, e não a renda, é um fator-chave. Os dados são de 1995.

Analysis, 2009).[14] No entanto, uma trajetória de 450 ppm de CO_2e exige que as emissões da energia sejam reduzidas para 12 a 15 gigatoneladas, uma lacuna de mitigação de 28 a 48 gigatoneladas em 2050 (Figura 4.10). Os modelos dependem de quatro tecnologias para fechar essa lacuna – uso eficaz da energia (a fatia maior), seguido por energia renovável, captura e armazenamento do carbono e nuclear (International Energy Agency, 2008b; Riahi; Grübler; Nakićenović, 2007; International Institute for Applied Systems Analysis, 2009; InterAcademy Council 2007).[15]

É necessário um leque dessas tecnologias para promover os cortes profundos em emissão exigidos pela trajetória de 450 ppm de CO_2e com pouca despesa, porque cada um tem restrições físicas e econômicas, embora variem conforme o país. O uso eficaz de energia enfrenta barreiras e falhas de mercado. A energia eólica, hídrica e geotérmica é limitada pela disponibilidade de locais apropriados; a biomassa é restrita pela competição por terra e água de alimentos e florestas (ver Capítulo 3); e a solar é ainda cara (Quadro 4.5). A energia nuclear levanta questões sobre a proliferação de armas, gestão de resíduos e segurança do reator. As tecnologias de captura e de armazenamento do carbono para centrais energéticas ainda não foram comercialmente comprovadas, têm custos elevados e podem ser limitadas pela disponibilidade de locais de armazenamento em alguns países.

A análise de sensibilidade para a incorporação das restrições a essas tecnologias sugere que não é possível alcançar 450 ppm de CO_2e sem a utilização em larga escala de eficiência energética, energia renovável e captura e armazenamento de carbono (Knopf et al., no prelo; Rao et al., 2008), e que reduzir o papel da energia nuclear exigiria aumentos substanciais na captura e no armazenamento de carbono baseados em combustível fóssil e renovável (Rao et al., 2008; Calvin et al., no prelo; Knopf et al., no prelo). Entre as incertezas importantes, estão a disponibilidade de captura e armazenamento de carbono e o desenvolvimento de biocombustíveis de segunda geração. Com as tecnologias conhecidas de hoje, o espaço para a flexibilidade no leque tecnológico é limitado.

Historicamente, entretanto, a inovação e as descobertas tecnológicas reduziram os custos de superar obstáculos técnicos enormes, com a ação de políticas eficaz e oportuna – um desafio importante para o mundo atual. A chuva ácida e o exaurimento do ozônio estratosférico são dois dos muitos exemplos que demonstram que as estimativas dos custos da proteção ambiental baseados na tecnologia existente antes da regulamentação são drasticamente exageradas (Barrett, 2003; Burtraw et al., 2005).

As políticas de desenvolvimento inteligentes em termos climáticos precisam ser sob medida para maturidade de cada tecnologia e contexto nacional, e podem acelerar o desenvolvimento e a distribuição dessas tecnologias (Figura 4.11 e Tabela 4.4).

Eficiência energética. Em curto prazo, a fonte maior e mais barata de redução de emissão é o aumento da eficiência energética tanto na oferta quanto na demanda de em energia, indústria, construções e transporte. As tecnologias já estabelecidas oferecem reduções em curto prazo nas emissões de gases de efeito estufa com a captura de emissões de metano[16] das minas de carvão, refugos sólidos municipais e queima de gás, e a redução de emissões de carbono grafite de combustíveis de biomassa tradicional. Essas tecnologias podem também reforçar a segurança da mina de carvão e melhorar a saúde pública com a redução da poluição do ar (Scientific Expert Group on Climate Change, 2007). Várias medidas de eficiência energética são financeiramente viáveis para investidores, mas não totalmente concretizadas. A concretização dessas medidas econômicas requerem regulamentos como normas e códigos de eficiência – combina-

---

14 O tamanho das reduções de emissões necessárias é altamente dependente dos cenários de linha de base, que variam muito entre os diferentes modelos.

15 Deve-se observar que as mudanças do uso do solo e as reduções de metano são também fundamentais em setores de não energia (ver Capítulo 3) para alcançar a trajetória de 450 ppm de CO_2e, principalmente para ganhar tempo no curto prazo para o desenvolvimento de tecnologia.

16 Uma molécula de metano, um dos principais componentes do gás natural, tem 21 vezes mais potencial de aquecimento global do que uma molécula de CO_2.

QUADRO 4.8 *A eficiência energética enfrenta muitas barreiras e falhas de mercado e não mercado*

- *Energia baixa ou subvalorizada.* Os baixos preços da energia minam os incentivos para conservar a energia.
- *Falhas regulatórias.* Os consumidores que recebem aquecimento sem medição não têm incentivo para ajustar temperaturas, e a falta de um preço fixado para o serviço público pode recompensar a ineficiência.
- *Uma falta do defensor institucional e capacidade institucional fraca.* As medidas de eficiência energética são fragmentadas. Sem um defensor institucional para coordenar e promover o uso eficaz da energia, não é prioridade de ninguém. Além disso, há poucos provedores de serviços da eficiência energética e sua capacidade não será estabelecida de um dia para outro.
- *Incentivos ausentes ou malcolocados.* As concessionárias de serviços públicos têm lucro gerando e vendendo mais eletricidade, não conservando energia. Para a maioria de consumidores, o custo de energia é pequeno em relação a outras despesas. Como são os inquilinos que normalmente pagam as contas da energia, os proprietários praticamente não têm incentivo para gastar em aparelhos ou na isolação eficientes.
- *Preferências do consumidor.* As decisões do consumidor para comprar veículos são baseadas geralmente no tamanho, na velocidade e na aparência, não na eficiência.
- *Custo iniciais mais altos.* Muitos produtos eficientes têm custos iniciais mais altos. Em geral, os consumidores individuais exigem tempos muito curtos de reembolso e estão pouco dispostos a arcar com custos iniciais mais altos. Além de preferências, os clientes de baixa renda não têm recursos para produtos eficientes.
- *Barreiras ao financiamento e custos elevados da transação.* Muitos projetos da eficiência energética têm dificuldade para obter financiamento. Em geral, as instituições financeiras não têm familiaridade ou interesse no uso eficaz de energia, por causa do pequeno tamanho do negócio, dos custos elevados de transação e dos riscos elevados. A muitas empresas de serviços da energia falta garantia.
- *Produtos não disponíveis.* Alguns equipamentos eficientes estão prontamente disponíveis em países de renda alta e média, mas não nos de renda baixa, onde as tarifas de importação elevadas reduzem a disponibilidade.
- *Consciência e informações limitadas.* Os consumidores têm informações limitadas quanto a custos, benefícios e tecnologias da eficiência energética. As empresas estão pouco dispostas a pagar por auditorias de energia que os informariam sobre economias potenciais.

Fonte: Equipe de WDR.

dos com incentivos financeiros, reformas institucionais, mecanismos de financiamento e educação – para corrigir falhas e barreiras de mercado.

Tecnologias de baixo carbono existentes do lado da oferta. Em curto ou médio prazos, os combustíveis com emissão baixa ou zero para o setor energético – energia renovável e energia nuclear – estarão comercialmente disponíveis e poderão ser mais utilizados sob uma política e estrutura regulatória corretas. As redes inteligentes e robustas podem melhorar a confiabilidade de redes elétricas e minimizar a parte negativa da confiança na energia renovável variável e na geração distribuída (ver Quadro 4.5). A mudança de combustível do carvão para o gás natural também apresenta grandes riscos ao potencial da mitigação, mas aumenta os riscos de segurança energética para os países importadores de gás. A maioria de tecnologias de energia renováveis é economicamente viável, mas ainda não é financeiramente viável, portanto faz-se necessária alguma forma de subsídio (para interiorizar as externalidades) para que seu custo seja competitivo com os combustíveis fósseis. Adotar essas tecnologias em escala maior exigirá que os preços do combustível fóssil reflitam o custo de produção pleno e externalidades, mais incentivos financeiros para adotar tecnologias de baixo carbono.

Tecnologias avançadas. Quando as tecnologias comercialmente disponíveis puderem fornecer uma parte substancial da redução necessária em curto ou médio prazos (International Energy Agency, 2008b; McKinsey & Company, 2009b), limitar o aquecimento a 2°C exigirá o desenvolvimento e emprego de tecnologias (captura e de do carbono na energia e na indústria, biocombustíveis de segunda geração e veículos elétricos) em escala inédita e acelerada (Quadro 4.6). Políticas que estabeleçam um preço adequado sobre o carbono são essenciais, como são os esforços internacionais para transferir tecnologias de baixo carbono aos países em desenvolvimento. Dado o prazo de execução longo para o desenvolvimento de tecnologia e a data antecipada de redução de emissão exigida para limitar os aumentos da temperatura a 2°C, os governos precisam aumentar os esforços de pesquisa, desenvolvimento e demonstração hoje para acelerar a inovação e emprego de tecnologias avançadas. Os países desenvolvidos precisarão assumir a liderança para concretizar essas tecnologias.

Faz-se necessária uma abordagem de sistemas integrada para assegurar políticas compatíveis para reduções de emissão em todo o setor e em nível econômico. Os mecanismos baseados em mercado, tais como o sistema de limite e comércio de carbono ou um imposto sobre carbono (ver Capítulo 6), incentivam o setor privado a investir nas tecnologias de menor custo e de baixo carbono para promover cortes profundos nas emissões.

As abordagens integradas urbanas e de transporte combinam planejamento urbano, transporte público, edifícios eficientes em termos de energia, geração distribuída das fontes renováveis e veículos limpos (Quadro 4.7). As experiências pioneiras na América Latina de transporte rápido – faixas do ônibus exclusivas, pré-pagamento de passagens e conexões intermodais eficientes – são exemplos de transformação (de la Torre et al., 2008). As mudanças modais para transporte de massa trazem grandes cobenefícios para o desenvolvimento de economia no tráfego, menos congestionamentos e melhora a saúde pública com redução da poluição do ar local.

As mudanças em comportamentos e estilos de vida para chegar a sociedades de baixo carbono exigirão um esforço educacional de consenso durante muitos anos. Mas com a redução de deslocamentos, aquecimento, refrigeração e o uso de aparelhos e do transporte público, a mudança de estilo de vida poderia gerar redução nas emissões anuais de CO_2 em 3,5 a 5,0 gigatoneladas em 2030 – 8% da redução necessária (ver Capítulo 8) (Mckinsey & Company, 2009a).

Os governos não têm de esperar um acordo climático global – podem adotar políticas energéticas domésticas eficientes e limpas agora, justificadas pelo desenvolvimento e por cobenefícios financeiros. Tais medidas domésticas de ganha-ganha podem ser de grande ajuda para diminuir a lacuna da mitigação,[17] mas devem ser suplementadas por acordos internacionais sobre o clima para diminuir a lacuna restante.

Economia com uso eficaz da energia

Em todo o mundo, cada dólar adicional investido no uso eficaz de energia evita mais de dois dólares no investimento no lado da fonte, e as recompensas são mesmo mais elevadas nos países em desenvolvimento (Bosseboeuf et al., 2007). Portanto, o uso eficaz de energia (*nega*watts) deve ser considerado no mesmo nível que medidas do lado de fornecimento tradicionais (megawatt) no planejamento do recurso de energia. O uso eficaz da energia reduz contas da energia para consumidores, aumenta a concorrência das indústrias e cria postos de trabalho. O uso eficaz da energia é essencial para a trajetória de 2°C, porque ganha tempo retardando a necessidade de construir a capacidade adicional quando as tecnologias de energia limpa avançadas forem desenvolvidas e introduzidas no mercado.

Os edifícios consomem quase 40% da energia final do mundo (International Energy Agency, 2008b; Worldwatch Institute, 2009), cerca de metade para aquecimento interno e de água, e o restante para acionar aparelhos elétricos, como iluminação, condicionamento de ar e refrigeração (United Nations Environment Programme, 2003). As oportunidades para melhorar o uso eficaz de energia estão no envoltório do

---

QUADRO 4.9 *Apenas o preço do carbono não é suficiente*

Apenas o preço do carbono não pode garantir a utilização em larga escala de energia eficiente e limpa, porque não pode superar por completo as falhas e as barreiras de não mercado à inovação e à difusão de tecnologias de baixo carbono (Economic and Technology Advancement Advisory Committee, 2008).

Em primeiro lugar, o preço trata apenas de uma entre muitas barreiras. Outros, como a falta de capacidade e de financiamento institucionais, obstruem a provisão de serviços que economizem energia.

Em segundo lugar, a elasticidade de preço da demanda de energia é alta em longo prazo, portanto, em geral, é um tanto inelástica em curto prazo, porque as pessoas têm poucas opções em curto prazo para reduzir suas necessidades de transporte e uso de energia domiciliar em resposta às mudanças no preço do combustível. Os preços de combustível para automóveis apresentam elasticidade histórica em curto prazo, variando apenas de -0,2 a -0,4 (Chamon; Mauro; Okawa, 2008), com uma resposta muito menor de -0,03 a -0,08 nos últimos anos (Hughes; Knittel; Sperling, 2008), mas com uma elasticidade de longo prazo que varia entre –0,6 e -1,1.

Em terceiro lugar, a elasticidade de baixo preço em adotar várias medidas da eficiência energética pode igualmente ser um resultado de custos de oportunidade elevados em países em desenvolvimento de rápido crescimento como a China. Um retorno de 20% para uma medida da eficiência é atraente, mas os investidores não podem investir em eficiência se outros investimentos com riscos equivalentes têm retornos mais elevados.

Assim, as políticas robustas de preço são importantes mas não suficientes. Precisam ser combinadas com os regulamentos para corrigir falhas do mercado, remover barreiras de mercado e não mercado, e promover o desenvolvimento de tecnologia limpa.

---

17 O Estudo de Baixo Carbono do México identificou que quase metade do potencial total para redução de emissões são intervenções com benefícios líquidos benéficos (Johnson et al., 2008).

edifício (telhado, paredes, janelas, portas e isolamento), no aquecimento do espaço e de água, e nos aparelhos. Os edifícios apresentam uma das opções de mitigação com melhor custo-benefício, com mais de 90% do potencial de mitigação realizável com um preço do CO_2 inferior a US$ 20 por tonelada (Intergovernmental Panel on Climate Change, 2007). Estudos revelaram que as tecnologias existentes da eficiência energética podem, de maneira rentável, reduzir de 30% a 40% do uso de energia em edifícios novos, quando avaliado com base em ciclo de vida (Brown; Southworth; Stovall, 2005; Burton et al., 2008).[18]

A maioria desses estudos teve por base os dados de países de alta renda, no entanto o potencial para economia com eficiência energética em países em desenvolvimento pode

---

[18] Uma análise abrangente da experiência empírica baseada em 146 prédios verdes em 10 países concluiu que os prédios verdes custam em média 2% a mais para construir do que os convencionais e poderiam reduzir o uso de energia em torno de 33% (Kats, 2008).

Tabela 4.5 Intervenções da política para eficiência energética, energia renovável e transporte

Área de política	Intervenções de gestão em eficiência energética e do lado da demanda	Intervenções em energia renovável	Barreiras tratadas
Em toda a economia	Remoção de subsídios de combustível fóssil Imposto (imposto sobre combustível ou carbono) Limites quantitativos (limite e comércio)		Externalidades ambientais não incluídas no preço Distorções regressivas ou de aumento de demanda dos subsídios para combustíveis fósseis
Regulamentos	Alvos de eficiência energética em toda a economia Obrigações de eficiência energética Normas para aparelhos Código de edificação Metas de desempenho energético da indústria Padrões de economia de combustível	Compra obrigatória e acesso aberto e justo à rede Normas eficientes de portfólio Normas para combustíveis de baixo carbono Normas tecnológicas Interdisciplinaridade dos regulamentos	Falta de estrutura jurídica para produtores independentes de energia renovável Falta do acesso da transmissão pela energia renovável Falta de incentivos e incentivos mal utilizados para economia Mentalidade orientada pela oferta Exigências obscuras de multidisciplinaridade
Incentivos financeiros	Incentivos fiscais Subsídios de capital Lucros dissociados de vendas Descontos ao consumidor Tarifas por tempo de uso Impostos sobre combustível Pedágios urbanos Impostos baseados no tamanho do motor Seguro ou imposto em distância percorrida pelo veículo Impostos sobre picapes, SUV	Tarifa *feed-in*, medição líquida Certificados verdes Preço em tempo real Incentivos fiscais Subsídios de capital	Altos custos de capital Normas para preços desfavoráveis Falta dos incentivos para economia por parte de concessionárias e consumidores
Arranjos institucionais	Concessão de serviços públicos Agências dedicadas à eficiência energética Corporação ou órgão independente Empresas de serviços da energia (energy service companies – Esco)	Concessão de serviços públicos Produtores independentes de energia	Atores descentralizados em demasia
Mecanismos de financiamento	Financiamento de empréstimo e garantias de empréstimo parciais Esco Programa de gestão de eficiência energética por concessionárias do lado da demanda, inclusive o fundo do benefício de sistema	Fundo do benefício de sistema Gestão de riscos e financiamento em longo prazo Empréstimos a concessionárias	Alto custo de capital e discrepância com empréstimos em curto prazo Falta de garantia por parte das Esco e negócio de pequeno porte Riscos elevados percebidos Alto custo de transação Falta da experiência e conhecimento
Promoção e educação	Rotulagem Instalação de medidores Educação do consumidor	Educação sobre os benefícios da energia renovável	Falta de informação e conscientização Perda de confortos

Fonte: Equipe de WDR.

QUADRO 4.10 *Programas de eficiência energética e energia renovável da Califórnia*

Líder em eficiência energética nos Estados Unidos, a Califórnia manteve fixo seu consumo de eletricidade *per capita* nos últimos 30 anos, substancialmente abaixo da média nacional do país (figura, painel a). Estima-se que as normas para aparelhos e os códigos de edificação, ao lado de incentivos financeiros para programas gestão de serviço público do lado de demanda, sejam responsáveis por um quarto da diferença (figura, painel b). A Califórnia dissociou os lucros do serviço público das vendas em 1982 e, recentemente, foi mais além ao "dissociar mais" – as concessionárias recebem dinheiro adicional se atenderem às metas de economia ou se as ultrapassarem.

O programa de eficiência energética do Estado tem um orçamento anual de US$ 800 milhões, coletado de sobretaxas na tarifa na eletricidade e usado para compra de serviço público, gestão do lado de demanda e pesquisa e desenvolvimento. O custo médio do programa é de aproximadamente 3 centavos por quilowatt-hora, muito menor do que o custo de fornecimento (figura, painel c). Para promover a energia renovável, o Estado está implementando padrões para a carteira de renováveis para aumentar a fatia de energia renovável na produção de eletricidade para 20% em 2010.

Em junho de 2005, a Califórnia foi o primeiro Estado norte-americano a promulgar um decreto sobre mudança climática, definindo uma meta para redução dos gases de efeito estufa aos níveis de 2000 em 2010, aos níveis de 1990 em 2020 e a 80% abaixo dos níveis de 1990 em 2050. A projeção é que a eficiência energética contribua com 50% dessa redução.

Fonte: California Energy Commission (2007a), Rosenfeld (2007), Rogers, Messenger e Bender (2005) e Sudarshan e Sweeney (no prelo).

O consumo de eletricidade per capita na Califórnia permaneceu fixo nos últimos 30 anos, graças sobretudo à gestão do lado da demanda e aos padrões de eficiência. O custo da eficiência energética é muito mais baixo do que o do fornecimento de eletricidade

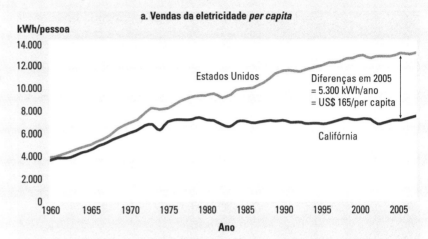

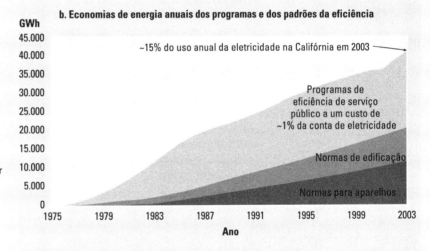

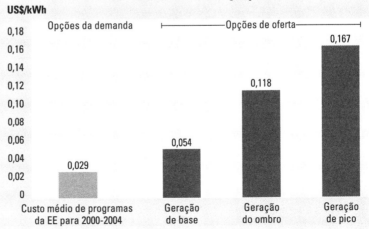

ser maior devido à baixa linha de base. Por exemplo, a tecnologia atual de aquecimento de espaço usada em edifícios chineses consome de 50% a 100% mais energia do que aquela usada na em Europa Ocidental. Tornar as construções na China mais eficientes em termos de energia adicionaria 10% aos custos de construção, mas economizaria mais de 50% dos custos de energia (Shalizi; Lecocq, 2009). As inovações tecnológicas como materiais de construção avançados podem aumentar mais as economias potenciais de energia (ver Capítulo 7). Os projetos de emissão zero integrados ao imóvel, que combinem medidas da eficiência energética com energia e calor locais de energia solar e de biomassa, são técnica e economicamente praticáveis – e os custos estão diminuindo (Brown; Southworth; Stovall, 2005).

A manufatura responde por um terço do uso de energia global, e o potencial para economias de energia na indústria é particularmente grande em países em desenvolvimento. As oportunidades principais são a melhoria da eficiência do equipamento de uso intensivo de energia, como os motores e as caldeiras, e de indústrias de uso intensivo de energia, como ferro, aço, cimento, produtos químicos e petroquímicos. Uma das medidas com melhor custo-benefício é combinar calor e energias. As tecnologias e as melhores práticas existentes poderiam reduzir o consumo de energia no setor industrial em 20% a 25%, o que ajudaria a diminuir as pegadas do carbono sem sacrificar o crescimento (International Energy Agency, 2008b). No México, a cogeração nas refinarias de Pemex, a gigante estatal petrolífera, poderia fornecer mais de 6% da capacidade de energia instalada do país com custo negativo de mitigação (ou seja, a venda da eletricidade e do calor previamente desperdiçados geraria receita suficiente a mais do que deslocar os investimentos exigidos) (Johnson et al., 2008).

Melhorar a eficácia do combustível de veículos – por exemplo, mudar para carros híbridos – é o meio com melhor custo-benefício para cortar emissões no setor de transporte em médio prazo. O aprimoramento dos sistemas de transmissão (por exemplo, reduzir o tamanho motor a combustão interna convencional) e a promoção de outras alterações de projeto, como peso mais baixo do veículo, melhor transmissão e os sistemas partida-para com freio regenerativo, podem também melhorar a eficácia do combustível.

Além disso, o planejamento urbano inteligente – projeto urbano mais denso, mais compacto em termos de espaço e de uso misto que permita o crescimento próximo ao centro de cidades e dos corredores do trânsito para evitar o alastramento urbano – pode reduzir substancialmente a demanda de energia e as emissões de CO_2. Reduz os quilômetros percorridos e possibilita depender de sistemas de energia distritais e integrados para o aquecimento (Brown; Southwort; Stovall, 2005; Economic and Technology Advancement Advisory Committee, 2008). No México, por exemplo, espera-se que o desenvolvimento urbano adensado reduza emissões totais em 117 milhões de toneladas de CO_2e de 2009 a 2030, com a adição de benefícios sociais e ambientais (Johnson et al. 2008).

Barreiras e falhas de mercado e não mercado

O grande potencial não utilizado para o uso mais eficaz de energia demonstra que a economia de energia barata não é fácil. As medidas fragmentadas e em escala reduzida da eficiência energética, envolvendo várias partes interessadas e dezenas de milhões de responsáveis pelas decisões individuais, são fundamentalmente mais complexas do que opções em grande escala, do lado do fornecedor. Os

---

QUADRO 4.11 *Experiência do Grupo Banco Mundial com financiamento de eficiência energética*

O Banco Mundial e a Corporação Financeira Internacional (CFI) financiaram vários projetos intermediários financeiros da eficiência energética, principalmente na Europa Oriental e no leste da Ásia. A CFI foi pioneira no uso de um mecanismo de garantia por meio dos bancos domésticos selecionados com o Fundo de Garantia de Eficiência Energética da Hungria. Um Mecanismo Ambiental Global de US$ 17 milhões foi usado para garantir empréstimos no valor de US$ 93 milhões para investimentos em eficiência energética. Não foi preciso usar as garantias, o que deu confiança aos bancos locais e familiaridade com os empréstimos para eficiência energética.

Uma das lições principais da experiência é a importância da assistência técnica, particularmente no início, para aumentar a consciência do uso eficaz da energia, promover treinamento e serviços de consultoria aos bancos no desenvolvimento de mecanismos financeiros e capacitar os colaboradores do projeto. Na Bulgária, os custos de transação para fomentar a capacidade institucional tanto para as instituições financeiras quanto concessionárias de energia – do conceito do projeto ao fechamento financeiro – representam cerca de 10% de custos totais do projeto no início e espera-se que sejam reduzidos mais tarde, ao redor 5% a 6%.

Fonte: Equipe de WDR e Taylor et al. (2008).

investimentos em eficiência energética precisam de capital inicial, mas as economias futuras são menos reais, tornando tal investimento arriscado se comparado com os negócios baseados em ativos do abastecimento de energia. Há várias falhas e barreiras de mercado, assim como barreiras de não mercado, para a eficiência energética, e lidar com elas exige políticas e intervenções que implicam custos adicionais (Quadro 4.8). Outra questão interesse é o efeito ricochete: adquirir o equipamento eficiente reduz contas da energia, portanto os consumidores tendem a aumentar o consumo de energia, erodindo algumas reduções de energia. Mas, empiricamente, a repercussão é de pequena a moderada, com efeitos em longo prazo de 10% a 30% para o transporte pessoal e aquecimento e refrigeração de espaço (Sorrell, 2008), e estes podem ser abrandados com sinais do preço.

O preço deve refletir o custo verdadeiro

Muitos países canalizam subsídios públicos, implícitos e explícitos, para os combustíveis fósseis, distorcendo decisões de investimento para a energia limpa. Estima-se que subsídios de energia nos 20 países em desenvolvimento com maior índice de subvenção sejam de cerca de US$ 310 bilhões ao ano, ao redor de 0,7% do PIB mundial em 2007 (International Energy Agency, 2008c). A parte de leão dos subsídios reduz artificialmente os preços de combustíveis fósseis, fornecendo desincentivos para a economia de energia e tornando

---

QUADRO 4.12 *Dificuldades na comparação de custos da tecnologia energética: uma questão de suposições*

A comparação de custos de tecnologias de energia diferentes é complicada. Uma abordagem frequentemente usada para comparar tecnologias de geração de eletricidade baseia-se em custos por quilowatt-hora. Em geral, usa-se um método de nivelação de custos para comparar os custos econômicos de ciclo de vida de alternativas energéticas com os mesmos serviços de energia. Em primeiro lugar, os custos principais são calculados usando um método simples de fator de recuperação de capital.[a] Este método divide o custo de capital em vários pagamentos iguais – um custo de capital anualizado – durante a vida do equipamento. Em seguida, os custos de capital anualizados são adicionados à operação e à manutenção anuais (custos de O&M) e os custos de combustível são utilizados para obter os custos nivelados. Portanto, os custos de capital, O&M, combustível, a taxa de desconto e um fator de capacidade são as principais causas determinantes de custos nivelados.

Na realidade, os custos são específicos ao tempo e lugar. Os custos de energia renovável têm ligação próxima aos recursos e lugares locais. Custos com vento, por exemplo, variam muito e dependem dos recursos eólicos específicos ao lugar. Os custos de mão de obra e o tempo de construção são igualmente fatores-chave, particularmente para combustível fóssil e centrais nucleares. As fábricas a carvão chinesas, por exemplo, custam aproximadamente de um terço da metade dos preços de fábricas semelhantes internacionais. O longo prazo de construção das centrais nucleares contribui para os custos elevados nos Estados Unidos.

Em segundo lugar, a avaliação comparativa sensata e integrada de tecnologias de energia diferentes compara todos os atributos econômicos ao longo do ciclo de combustível primário para uma unidade de benefícios energéticos. A comparação entre os custos de energia renovável com combustível fóssil e nuclear deve considerar todos os serviços diferentes que proporcionam (energia de base ou intermitente). De um lado, as tecnologias de energia eólica, solar e hídrica produzem resultados variáveis, embora estes possam ser melhorados de várias maneiras, geralmente com custo adicional. De outro lado, as tecnologias de energia solar e eólica podem, em geral, ser licenciadas e construídas em tempo bem menor do que as usinas de combustível fóssil ou nuclear de grande porte.

Em terceiro lugar, as externalidades, como os custos ambientais e os valores da diversificação da carteira, devem ser incorporadas quando se comparam os custos de combustível fóssil e energia limpa. Um preço do carbono fará grande diferença no levantamento de custos de combustíveis fósseis. A volatilidade do preço do combustível fóssil cria externalidades negativas adicionais. Um aumento de 20% no preço de combustível eleva os custos da geração em 16% para o gás e 6% para o carvão, deixando praticamente intocada a energia renovável. Adicionar fontes de energia renováveis fornece o valor da diversificação da carteira porque se protege contra a volatilidade de preços e fontes de combustível fóssil. Incluir esse valor na diversificação da carteira na avaliação das energias renováveis torna esse mecanismo mais atrativo (World Economic Forum, 2009).

Quando se trata de tecnologias novas, o potencial para a redução de custo deve igualmente ser calculado. A análise dinâmica dos custos futuros de tecnologias novas depende das suposições feitas sobre a taxa de aprendizado – as reduções de custo associadas à duplicação da capacidade. O custo da energia eólica caiu quase 80% nos últimos 20 anos. As descobertas e as economias de escala da tecnologia podem conduzir a reduções de custo mais rápidas, um fenômeno que, esperam alguns especialistas, levará a reduções drásticas, em curto prazo, no preço das células solares (Deutsche Bank Advisors, 2008 – reduções projetadas de custo fotovoltaico).

Em análise financeira, as diferenças no contexto institucional (financiamento público ou privado) e as políticas governamentais (impostos e regulamentos) são frequentemente o fator decisivo. As diferenças em custos do financiamento são particularmente importantes para as tecnologias mais dispendiosas como eólica, solar e nuclear. Um estudo na Califórnia mostra que o custo de uma usina de energia eólicas varia muito mais do que o custo de uma usina de ciclo de gás combinado, com os termos diferentes de financiamento para as concessionárias do setor privado ("comerciante"), de propriedade do investidor ou públicas (California Energy Commission, 2007b).

[a] Fator de recuperação de capital = $[i(1+i)^n]/[(1+i)^n - 1]$, em que i é a taxa de desconto, e n, a vida ou o período de recuperação de capital dos sistemas.

a energia limpa menos atraente financeiramente (Stern, 2007).[19]

A remoção dos subsídios do combustível fóssil reduziria a demanda por energia, incentivaria a fonte da energia limpa e reduziria as emissões de CO_2. A prova mais concludente mostra que os preços da energia mais elevados induzem um demanda substancialmente mais baixa (World Bank, 2008a). Se a Europa tivesse adotado a política dos Estados Unidos de baixos impostos sobre o combustível, o consumo de combustível seria duas vezes maior do que é atualmente (Sterner, 2007). A remoção dos subsídios do combustível fóssil na energia e indústria poderia reduzir as emissões globais de CO_2 em até 6% ao ano e as adicionaria ao PIB global (United Nations Environment Programme, 2008).

Entretanto, a remoção desses subsídios não é tarefa simples – exige vontade política forte. Os subsídios do combustível são frequentemente justificados como a proteção dos pobres, mesmo que a maioria dos subsídios se destine aos consumidores mais ricos. Como abordado nos capítulos 1 e 2, a proteção social eficaz direcionada a grupos de renda baixa, em conjunto com a remoção em fase de subsídios do combustível fóssil, pode tornar a reforma política social viável e aceitável. É importante também aumentar a transparência no setor da energia, exigindo que empresas de serviços compartilhem informações-chave, de modo que os governos e outras partes interessadas possam tomar decisões mais adequadas e promover avaliações sobre a remoção dos subsídios.

Os preços da energia devem refletir o custo de produção e incorporar externalidades ambientais locais e globais. A poluição urbana do ar pela combustão de combustível fóssil aumenta os riscos à saúde e causa mortes prematuras. Doenças do trato respiratório inferior causadas pela poluição do ar são a principal causa de mortalidade em países de renda baixa e contribuem significativamente para ônus global da doença (Ezzati et al., 2004). Na China, uma redução de 15% nos gases de efeito abaixo do cenário de referência em 2020 levaria de 125.000 a 185.000 menos mortes prematuras anualmente em decorrência da poluição emitida pela produção de eletricidade e pelo uso de energia em domicílios (Wang; Smith, 1999). Dar um preço à poluição do ar local pode ser muito eficaz quando se pretende reduzir os custos relacionados à saúde.

O preço do carbono, por meio de um imposto sobre carbono ou sistema de limite e comércio (ver Capítulo 6), é fundamental para aumentar as tecnologias de energia limpa avançadas e nivelar o campo de ação com combustíveis fóssil.[20] Esse imposto

---

[19] Uma pequena parcela de subsídios sustenta tecnologias de energia limpa, como US$ 10 bilhões por ano para renováveis.

[20] Um imposto sobre carbono de US$ 50 por tonelada traduz-se em um imposto sobre energia a carvão de 4,5 centavos por quilowatt-hora ou um imposto sobre petróleo de 45 centavos por galão (12 centavos por litro).

QUADRO 4.13 *A Dinamarca apoia o crescimento econômico ao cortar emissões*

Entre 1990 e 2006, o PIB da Dinamarca cresceu aproximadamente 2,3% ao ano, mais do que a média europeia de 2%. Esse país reduziu também as emissões de carbono em 5%.

As políticas sadias dissociaram as emissões do crescimento. A Dinamarca, com outros países escandinavos, implementou o primeiro imposto de carbono sobre combustíveis fósseis do mundo, no começo dos anos 1990. Ao mesmo tempo, o país adotou uma escala das políticas para promover o uso de energia sustentável. Hoje, aproximadamente 25% da geração de eletricidade da Dinamarca e 15% do consumo de energia primária vêm da energia renovável, principalmente eólica e biomassa, com a meta de aumentar o uso de energia renovável para pelo menos 30% em 2025. A associação nórdica de energia, com mais de 50% de energia hidráulicas, fornece a flexibilidade de exportar o excesso da produção de energia eólica e importar energias hídricas norueguesas durante períodos de baixos recursos eólicos. Vestas, a principal companhia eólica, emprega 15.000 pessoas e responde por um quarto do mercado global de turbinas eólicas. Em 15 anos, as exportações dinamarquesas de tecnologia renovável alcançaram US$ 10,5 bilhões.

Além disso, com sua baixa intensidade em energia de carbono, a Dinamarca tem a mais baixa intensidade energética na Europa, um resultado de códigos de edificação e de aparelhos rígidos e acordos voluntários para economia de energia na indústria. As distribuições de energia e calor com base em redes de calor distritais fornecem 60% do aquecimento de inverno do país, com mais de 80% provenientes de calor anteriormente desperdiçado na produção de eletricidade.

Fonte: Equipe de WDR, com base no World Resources Institute (2008). Cf. também documento sobre o *mix* da energia da Dinamarca – disponível em: <http://ec.europa.eu/energy/energy_policy/doc/factsheets/mix/mix_dk_en.pdf>. Acesso em: 27 ago. 2009.

> **QUADRO 4.14** *Leis sobre* feed-in, *incentivos fiscais e padrões de carteira de renováveis na Alemanha, China e nos Estados Unidos*
>
> Os países em desenvolvimento respondem por 40% da capacidade de energia renovável global. Em 2007, 60 países, incluindo 23 em desenvolvimento, apresentaram políticas de energia renovável (REN 21, 2008). Os três países com a maior capacidade instalada de energia renovável nova são Alemanha, China e Estados Unidos.
>
> **Lei sobre *feed-in* na Alemanha**
> No começo da década de 1990, praticamente não existia, na Alemanha, o setor de energia renovável. Hoje o país é um conhecido líder mundial em energia renovável; esse setor vale bilhões de dólares e criou 250.000 novos postos de trabalho (Federal Ministry for the Environment, 2008). O governo aprovou uma Lei sobre *Feed-in* de Eletricidade em 1990, exigindo que as concessionárias comprassem eletricidade gerada por todas as tecnologias renováveis a preço fixo. Em 2000, a Lei sobre Energia Renovável alemã definiu as tarifas para *feed-in* para várias categorias de energia renovável por 20 anos, com base em seus custos de geração e capacidade de geração. Para incentivar reduções de custo e inovação, os preços serão reduzidos com o tempo com base em uma fórmula predeterminada. A lei também distribuiu os custos graduais entre energias eólica e convencional entre todos os consumidores de serviços públicos no país (Beck; Martinot, 2008).
>
> **Lei sobre energia renovável de China e concessão eólica**
> A China foi um dos primeiros países em desenvolvimento a aprovar uma lei sobre energia renovável, e, hoje, sua capacidade de energia renovável é a maior do mundo, respondendo por 8% do fornecimento dede sua energia e 17% de eletricidade (REN 21, 2008). A lei definiu as tarifas *feed-in* para energia de biomassa, mas as tarifas das energias eólicas são definidas por um processo de concessão. As concessões eólicas foram introduzidas pelo governo em 2003 para aumentar a capacidade eólica e reduzir os custos. As ofertas vencedoras para as rodadas iniciais estavam abaixo dos custos médios e desanimaram tanto os desenvolvedores quando os fabricantes domésticos. As melhorias no esquema da concessão e as tarifas *feed-in* provinciais colocaram a China em segundo lugar em termos de capacidade eólica instalada em 2008. A meta do governo de 30 gigawatts de energia eólica para 2020 provavelmente será alcançada antes do tempo. A indústria eólica de transformação doméstica foi impulsionada pela exigência do governo de 70% de conteúdo local e de novos modelos de transferência de tecnologia para contratar e adquirir institutos de projeto internacionais.
>
> **Incentivos fiscais federais para produção e padrões da carteira de renováveis nos Estados Unidos**
> A concessão de incentivos fiscais federais para produzir a eletricidade de energia renovável trouxe aumentos significativos de capacidade, mas a incerteza de sua prorrogação a cada ano produziu altos e baixos no desenvolvimento de energia eólica nos Estados Unidos. Atualmente, 25 Estados têm padrões para a carteira de renováveis. Como consequência, em 2007, a energia eólica foi responsável por 35% da nova capacidade de geração, e o país conta com a maior capacidade eólica instalada do mundo (Wiser; Bolinger, 2008).

poderá gerar incentivos e reduz riscos para investimentos privados e inovações em tecnologias de energia eficiente e limpa em maior escala (ver Capítulo 7) (Philibert, 2007). Os países desenvolvido devem liderar no preço do carbono. Os interesses legítimos incluem a proteção aos pobres contra os altos preços da energia e a compensação das indústrias perdedoras, particularmente em países em desenvolvimento. As redes de segurança sociais e o apoio de renda não distorcido, possivelmente com uso das receitas geradas pelo imposto sobre carbono ou leilão de licença do carbono, podem ajudar (ver capítulos 1 e 2).

Apenas a política de preço não é suficiente; as políticas de eficiência energética são igualmente fundamentais

Apenas as políticas de preço de carbono não serão suficientes para assegurar o desenvolvimento e a distribuição em ampla escala do uso de eficiência energética e tecnologias de baixo carbono (Quadro 4.9). A eficiência energética enfrenta barreiras distintas em setores diferentes. Para a energia, sobre a qual um pequeno número de responsáveis pelas decisões determina se as medidas de eficiência energética serão adotadas, provavelmente os incentivos financeiros serão eficazes. Para o transporte, os edifícios, a indústria – em que a adoção é uma função das preferências e exige a ação próxima por muitos indivíduos descentralizados –, a demanda de energia é menos responsiva aos sinais do preço, e os regulamentos tendem a ser mais eficazes. Vários instrumentos da política podem repetir os sucessos comprovados de remoção de barreiras à eficiência energética.

Regulamentos. As metas de intensidade energética, os padrões de aparelhos, os códigos de edificação, as metas de desempenho da indústria (consumo de energia por unidade de saída) e os padrões de eficiência de combustível em nível econômico estão entre as medidas com melhor custo-benefício. Mais de 35 países têm metas nacionais da eficiência energética. A França e o Reino Unido foram mais além em suas obrigações da eficiência energética obrigando as empresas energéticas a cumprir cotas de poupança de energia. No Japão, os padrões de desempenho de eficiência energética exigem que as concessionárias de serviços públicos alcancem economias da eletricidade iguais a uma porcentagem do conjunto de suas vendas da linha de base ou carga (World Business Council for Sustainable Development, 2008). Brasil, China e Índia têm leis da eficiência energética, mas, como em todos os contextos, a eficácia depende da aplicação. Outras opções incluem a retirada obrigatória em fase das lâmpadas incandescentes.

Cumprir os padrões da eficiência pode evitar ou adiar a adição de capacidade nova da central energética e a redução de preços de consumo. E as metas de desempenho industriais da energia podem fomentar a inovação e aumentar a concorrência. Para as construções novas na Europa, as economias de energia cumulativas dos códigos de edificação são aproximadamente 60% para aquelas construídas antes do primeiro choque de petróleo na década de 1970 (World Energy Council, 2008). Os padrões de eficiência de refrigeração nos Estados Unidos economizaram 150 gigawatts na demanda de energia de pico nos últimos 30 anos, mais do que a capacidade instalada do programa nuclear norte-americano (Goldstein, 2007). Os padrões de eficiência e programas de rótulos custam aproximadamente 1,5 centavo de dólar por quilowatt-hora, muito menos do que qualquer opção de fornecimento de energia (Meyers; McMahon; McNeil, 2005). Nos Estados Unidos, o preço médio dos refrigeradores caiu mais da metade desde a década de 1970, enquanto sua eficiência aumentou 75% (Goldstein, 2007).

Incentivos financeiros. Em muitos países em desenvolvimento, a aplicação fraca dos regulamentos é um problema, pois precisam ser suplementados com incentivos financeiros para consumidores e produtores. Os consumidores de baixa renda são mais sensíveis aos custos iniciais mais elevados de produtos eficientes. Os incentivos financeiros para compensar esses custos iniciais, como descontos ao consumidor e hipotecas eficientes em termos de energia,[21] podem mudar o comportamento do consumidor, aumentar a disponibilidade e superar barreiras à entrada do mercado por produtores novos e eficientes. Além disso, os regulamentos são igualmente vulneráveis a efeitos de ricochete, portanto as políticas de preço são necessárias para desestimular o consumo. Os impostos sobre combustível provaram ser um recurso com melhor custo-benefício para reduzir a demanda de energia para transporte, junto com pedágios urbanos e impostos sobre seguro ou veículos com base em quilômetro rodado e impostos mais altos sobre picapes e utilitários esportivos (Tabela 4.5).

A administração das concessionárias de serviço público do lado da demanda produziu grande economia de energia, o que resultou de um processo que dissociou os lucros da concessão da venda de eletricidade para que a empresa pudesse economizar. As agências reguladoras preveem demanda e permitem que as concessionárias cobrem um preço para que estas possam recuperar os custos e obter um retorno fixo com base na previsão. Se a demanda estiver abaixo do esperado, a agência reguladora permitirá a elevação do preço para que a concessionária lucre; se for mais alta, a agência reguladora cortará os preços para devolver o excesso aos consumidores (Quadro 4.10).

Figura 4.12 A energia solar fotovoltaica está se tornando barata graças a P&D e maior demanda esperada da produção em larga escala

Fonte: Adaptada de Nemet (2006).

Nota: A redução de custo é expressa em dólares de 2002. As barras mostram a parcela da redução no custo energia solar fotovoltaica de 1979 a 2001, conforme fatores diferentes, como o tamanho da usina (determinado pela demanda prevista) e eficiência melhorada (que é conduzida pela inovação de P&D). A categoria "outro" inclui reduções no preço do silicone de entrada (12%) e vários fatores bem menores (que incluem as quantidades reduzidas de silicone necessárias para uma dada saída da energia e taxas mais baixas de produtos rejeitados por erro de fabricação).

---

21 Uma hipoteca eficiente em termos de energia permite que tomadores de empréstimos tenham direito a uma hipoteca maior que inclua as economias de energia obtidas de medidas de eficiência energética em casa.

Reforma institucional. Um defensor institucional, como uma agência dedicada à eficiência energética, é essencial para coordenar as várias partes interessadas e promover e controlar programas da eficiência energética. Mais de 50 países, desenvolvidos e em desenvolvimento, têm uma agência nacional de eficiência energética. Pode ser uma agência governamental com foco em energia limpa ou uso eficaz da energia (o mais comum), como o Departamento de Desenvolvimento de Energia Alternativa e Eficiência na Tailândia, ou uma corporação ou um órgão independente, como a Corporação Coreana de Gestão Energética. Para alcançar resultados bem-sucedidos, exigem recursos adequados, habilidade para atrair várias partes interessadas, independência na

QUADRO 4.15 *Energia solar concentrada no Oriente Médio e norte da África*

A Usina Solar Mediterrânea geraria 20 gigawatts de energia solar concentrada e outra capacidade de energia renovável em 2020 para atender às necessidades de energia nos países norte-africanos e levantinos, e exportar energia para Europa. Essa usina ambiciosa podia derrubar os custos de energia solar concentrada o bastante para torná-la competitiva com combustíveis fósseis. A energia solar concentrada em menos de 1% de área do deserto do Saara (ver mapa abaixo) atenderia às necessidades totais de energia da Europa.

O financiamento dessa iniciativa solar será um desafio e tanto, mas trará excelente oportunidade para uma parceria entre os países em desenvolvimento e desenvolvidos para aumentar a energia renovável em favor da Europa e do norte da África.

Em primeiro lugar, a demanda por eletricidade verde e as tarifas *feed-in* atraentes da energia renovável na Europa podem melhorar significativamente a viabilidade financeira da energia solar concentrada.

Em segundo lugar, fundos bilaterais e multilaterais – como o Mecanismo de Meio Ambiente Global e o Fundo de Tecnologia Limpa – seriam necessários para subsídios ao investimento, financiamento concessionário e melhor receita para cobrir os custos incrementais da energia solar concentrada, particularmente para a porção que atende à demanda de mercados domésticos no Oriente Médio e norte da África.

Em terceiro lugar, um programa bem-sucedido também requer ação política dos governos da região, com a criação de um ambiente de possibilidade para a energia renovável e remoção dos subsídios sobre os combustíveis fósseis.

Fonte: Equipe de WDR.

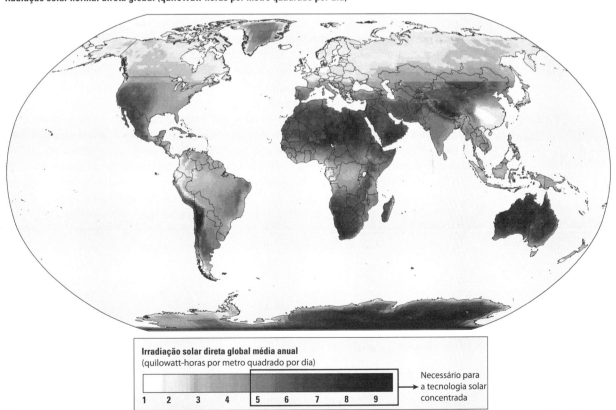

Radiação solar normal direta global (quilowatt-horas por metro quadrado por dia)

Fonte: United Nations Environmental Program, Solar and Wind Energy Resource Assessment – disponível em: <http://swera.unep.net/index.php?id=metainfo&rowid=277&metaid=386>. Acesso em: 21 jul. 2009.

tomada de decisão e monitoramento convincente de resultados (Energy Sector Management Assistance Program, 2008).

As empresas de serviços da energia (Esco) proporcionam serviços da eficiência energética como auditoria, recomendações de medidas de poupança de energia e financiamento aos clientes, e também são agregadoras de projeto. A maioria das Esco teve dificuldade em obter o financiamento adequado dos bancos comerciais por causa dos fracos demonstrativos financeiros e dos riscos mais elevados percebidos de empréstimos dependentes de receitas de economia de energia. Políticas, financiamento e apoio técnico dos governos e dos bancos de desenvolvimento internacionais podem reforçar as Esco e popularizar seu modelo comercial. Na China, por exemplo, após uma década de capacitação com apoio do Banco Mundial, o setor Esco passou de três companhias em 1997 para mais de 400 e em 2007 contava com mais de US$ 1 bilhão em contratos de desempenho de energia (World Bank, 2008d).

Mecanismos de financiamento. O desenvolvimento e a operação de serviços de eficiência energética para investimento em eficiência energética são, sobretudo, questões institucionais. A falta do capital doméstico raramente é um problema, mas os sistemas de organização e institucionais inadequados para o desenvolvimento de projetos e acesso aos fundos podem ser uma barreira ao financiamento. Os três mecanismos de financiamento principais para projetos da eficiência energética são Esco, programas de gestão de demanda de serviço público e financiamento de empréstimo e esquemas de garantia parcial de empréstimo que operam nos bancos comerciais, como agências especializadas, ou como crédito rotativo (Taylor et al., 2008).

O empréstimo por meio dos bancos comerciais locais é a melhor perspectiva para a sustentabilidade do programa e impacto máximo. As instituições financeiras internacionais apoiam programas de risco com garantia parcial para mitigar os riscos de projetos de eficiência energética para bancos comerciais, aumentando a confiança dos bancos em fomentar financiamento da eficiência energética (Quadro 4.11). Os créditos rotativos dedicados são outra abordagem comum, principalmente nos países onde o investimento no uso eficaz da energia está nas fases iniciais e os bancos não estão prontos para fornecer financiamento (World Bank, 2008b). Essa abordagem é transitória, e a sustentabilidade, uma questão importante.

A gestão de serviço público do lado de demanda é geralmente financiada por meio de um fundo do benefício de sistema (financiado por um acréscimo da tarifa em quilowatt-horas a todos os consumidores da eletricidade), que é mais sustentável do que orçamentos governamentais. Administrados por concessionárias ou agências dedicadas à eficiência energética, os fundos cobrem custos graduais de migração dos combustíveis fósseis para energia renovável, os descontos ao consumidor, empréstimos concessionários, pesquisa e desenvolvimento, educação do consumidor e auxílio ao consumidor de baixa renda.

Compras públicas. A compra no atacado de produtos com eficácia energética pode reduzir substancialmente os custos, atrair contratos e empréstimos de banco maiores e reduzir os custos da transação. Em Uganda e no Vietnã, a compra de mais de 1 milhão de lâmpadas fluorescentes compactas em cada país reduziu bem o custo das lâmpadas e melhorou a qualidade do produto por meio

"Se nada for feito, perderemos nosso amado planeta. É nossa responsabilidade coletiva encontrar soluções altruístas e rápido, antes que seja muito tarde para reverter o dano causado todos os dias."

– Maria Kassabian, 10 anos, Nigéria.

de especificações técnicas e de garantia; uma vez instaladas, cortam a demanda de pico em 30 megawatts.[22] A compra pública por meio de agências governamentais, geralmente um dos maiores consumidores de energia em uma economia, pode reduzir custos e demonstrar o compromisso e a liderança do governo em eficiência energética. Mas deve haver mandatos, incentivos e normas da compra e cotação (Energy Sector Management Assistance Program, 2009).

Educação do consumidor. A educação do consumidor pode ocasionar mudanças no estilo de vida e escolhas mais informadas, como rótulos de eficiência energética e maior uso de medidores da eletricidade e calor, principalmente medidores inteligentes. As campanhas de conscientização do consumidor são mais eficazes em conjunto com regulamentos e incentivos financeiros. Com base na experiência no campo da saúde pública, as intervenções para mudar comportamentos são necessárias em vários níveis – político, físico, no meio ambiente (projeto de cidades com locais para pedestres e edifícios verdes), sociocultural (meios de comunicações), interpessoal (contatos face a face) e individual (ver Capítulo 8) (Armel, 2008).

Aumento das tecnologias existentes de baixo carbono

A energia renovável poderia contribuir com cerca de 50% para o *mix* de energia em 2050 (International Energy Agency, 2008b; Riahi; Grübler; Nakićenović 2007; International Institute for Applied Systems Analysis, 2009). Com a redução dos custos de energia renovável nas últimas duas décadas, as energias eólica, geotérmica e hídrica já competem em termos de custos com os combustíveis fósseis.[23] A energia solar ainda é cara, mas espera-se que os custos declinem rapidamente ao longo da curva de aprendizado nos próximos anos (Quadro 4.12). Com preços

---

22 Cada lâmpada custa cerca de US$ 1 em programas de compra de alto volume, em vez de US$ 3 a US$ 5, mais outro dólar para os custos de transação para distribuição, conscientização, promoção, monitoramento, verificação e testes.
23 Os custos de energia eólica, geotérmica e hídrica variam muito e dependem dos recursos e locais.

crescentes do combustível fóssil, a lacuna do custo está se fechando. As energias de biomassa e hídrica podem fornecer a energia de base, mas aquelas dos tipos solar, geotérmica e eólica são intermitentes.

Uma parcela grande de recursos intermitentes no sistema de rede pode afetar a confiabilidade, mas há várias maneiras de tratá-la – por meio de energia hídrica ou armazenamento bombeado, gestão de carga, instalações de armazenamento de energia, interconexão com outros países e por redes inteligentes (International Energy Agency, 2008a). Redes inteligentes podem melhorar a confiabilidade de redes da eletricidade ao incorporarem energia renovável variável e geração distribuída. As linhas de alta tensão de corrente contínua podem possibilitar a transmissão de longo alcance com baixas perdas, o que reduz o problema comum das fontes de energia renováveis situadas longe dos centros do consumo. Uma redução de custo e outras melhorias do desempenho do armazenamento de energia serão necessárias para a distribuição em grande escala de energias solar e eólica e veículos elétricos. Assim, quando o valor necessário para a energia renovável for amplo, a transformação será factível. Por exemplo, o vento já responde por 20% da produção dinamarquesa de energia (Quadro 4.13).

Políticas energéticas renováveis: incentivos e regulamentos financeiros

Preço transparente, competitivo e estável por meio de compromissos de compra de energia de longo prazo foi a maneira mais eficaz de atrair investidores em energia renovável, e a possibilidade da estrutura jurídica e reguladora pode assegurar o acesso justo e aberto à rede para os produtores independentes de energia. Duas políticas principais e obrigatórias para a produção de eletricidade renovável estão ocorrendo no mundo inteiro: leis sobre *feed-in* que estabelecem um preço fixo e padrões para carteira de renováveis, que determinam uma meta para a parcela de energia renovável (Quadro 4.14) (Energy Sector Management Assistance Program, 2006).

As leis sobre *feed-in* exigem compras obrigatórias de energia renovável a preço fixo. Na Alemanha, Espanha, Quênia e África do Sul, essa leis ensejam as maiores taxas de penetração de mercado em um curto período. São consideradas mais desejáveis por investidores por causa da certeza do preço e simplicidade administrativa e porque são propícias para criar indústrias de transformação locais. Três métodos são usados geralmente para definir os preços para tarifas de *feed-in*: custos evitados na produção de eletricidade convencional, custos de energia renovável mais retornos razoáveis e preços de médio varejo (a medição líquida permite que os consumidores vendam a eletricidade adicional gerada em sua casa ou empresas, geralmente com placas solares fotovoltaicas, à rede a preços de mercado de varejo). O risco principal está em definir preços altos ou baixos demais, de modo que as tarifas *feed-in* precisam de ajuste periódico.

Os *padrões de carteira de renováveis* exigem que as concessionárias, em uma dada região, atendam a uma parcela mínima de energia ou a um nível de capacidade instalada de energia renovável, como em muitos Estados dos Estados Unidos, do Reino Unido e em Estados indianos. A meta é alcançada quando as concessionárias geram sua própria energia, compram energia de outros produtores, vendem diretamente de terceiros a seus clientes ou compram certificados comercializáveis da energia renovável. Mas, a menos que haja metas ou licitações separadas da tecnologia, aos padrões de carteira de renováveis falta a certeza do preço, e a tendência é favorecer os atores tradicionais do setor e as tecnologias de baixo custo.[24] Seu projeto e sua administração também são mais complexos do que as leis de *feed-in*.

Uma abordagem alternativa para alcançar alvos de energia renovável é a concorrência, na qual os produtores se propõem a fornecer uma quantidade fixa de energia renovável, e o menor preço obtém o contrato, como é feito na China e na Irlanda. A licitação é eficaz em reduzir custos, mas um risco principal foi que alguns licitantes ofereceram preços mais baixos, e as obrigações sem sempre se concretizaram.

Há vários incentivos financeiros para fomentar investimentos energéticos renováveis: reduzir custos iniciais de monta por meio de subsídios, diminuir os custos de capital e operacionais por meio de incentivos fiscais para investimento ou produção, melhorar os fluxos de receitas com créditos do carbono e dar apoio financeiro com empréstimos e garantias concessionários. Os incentivos baseados na produção são geralmente preferíveis aos incentivos baseados em investimento para energia renovável ligada à rede (World Bank, 2006). Os incentivos de investimento por quilowatt da capacidade instalada não são necessariamente incentivos para gerar eletricidade ou manter o desempenho das centrais. Mas os incentivos de produção quilowatt-hora da energia promovem o resultado desejado – gerar a eletricidade a partir de energia renovável. Todos os custos incrementais de energia renovável com relação aos combustíveis fósseis podem ser repassados aos consumidores ou financiados por meio de um sistema de cobrança de benefícios, imposto sobre carbono uso de combustível fóssil ou um fundo dedicado de orçamentos ou doadores governamentais.

Energia nuclear e gás natural

A energia nuclear é uma opção importante para a mitigação da mudança climática, mas apresenta quatro problemas: custos mais elevados do que usinas a carvão (Massachusetts Institute of Tecnology, 2003; Keystone Center, 2007), riscos de proliferação de armas nucleares, incertezas sobre a gestão de resíduos e preocupações públicas sobre a segurança de reator. As proteções internacionais atuais são inadequadas para atender aos desafios da segurança de uso nuclear maior (Massachusetts Institute of Tecnology, 2003). Entretanto, a próxima geração de projetos de reatores nucleares terá características de segurança mais aprimorada e será mais econômica do que os reatores atualmente em operação.

A energia nuclear exige capital e pessoal altamente treinado, com os prazos de execução longos da operação, o que diminui seu potencial para reduzir emissões de carbono em curto prazo. Planejar, licenciar e construir uma única central nuclear demora normalmente uma década ou mais. E por causa da escassez de pedidos nas últimas décadas, o mundo limitou a capacidade de fabricação de muitos dos componentes vitais das centrais nucleares, e reconstruir essa capacidade

---

[24] Por exemplo, os padrões da carteira de renováveis tendem a favorecer energia eólica, mas não incentivam a solar.

levará pelo menos uma década (Worldwatch Institute, 2008; International Energy Agency, 2008b).

O gás natural é o combustível fóssil menos intensivo em carbono para a produção de eletricidade e uso residencial e industrial. Há um grande potencial na redução de emissões de carbono com a substituição do carvão por gás natural em curto prazo. Alguns cenários de 2°C projetam que a parte do gás natural no *mix* energia primária aumentará dos atuais 21% para 27% a 37% em 2050 (Calvin et al., no prelo; Riahi; Grübler; Nakićenović, 2007; International Institute for Applied Systems Analysis, 2009). Mas os custos de energia gerada por gás natural dependem dos preços de gás, que sofreram altas temporárias nos últimos anos. E, como o óleo, mais de 70% das reservas de gás do mundo estão no Oriente Médio e na Eurásia. A segurança do abastecimento de gás é uma questão para países importadores. Portanto, a diversificação energética e as preocupações com a segurança do fornecimento poderiam limitar a parcela de gás natural no *mix* global da energia para menos do que indicado em alguns modelos clima-energia (Riahi; Grübler; Nakićenović, 2007; International Institute for Applied Systems Analysis, 2009).

Acelerar inovação e tecnologias avançadas

O aceleramento da inovação e as tecnologias avançadas exigem preço adequado para o carbono, investimento maciço em pesquisa, desenvolvimento e demonstração, e cooperação global inédita (ver Capítulo 7). Combinar o impulso tecnológico (aumentando a pesquisa e o desenvolvimento, por exemplo) com a atração da demanda (para aumentar economias de escala) é fundamental para reduzir substancialmente o custo de tecnologias avançadas (Figura 4.12).

A tecnologia de geração de energia em escala de centrais requer políticas e abordagens diferentes daquelas para tecnologias em escala reduzida. É provável que seja necessário um Projeto Manhattan internacional para a primeira, como na captura e no armazenamento de carbono em escala grande o bastante para permitir reduções de custo substanciais, porque a tecnologia se move ao longo da curva de aprendizagem. Em geral, os desenvolvedores – concessionárias ou produtores independentes de energia – têm recursos e capacidade suficientes. Mas os subsídios adequados do preço e do investimento de carbono são necessários para superar a barreira de alto custo. Em comparação, as tecnologias de energia limpa descentralizada de menor escala exigem que "mil flores floresçam" para tratar das necessidades de muitos atores locais pequenos, com capital inicial e de risco, e, em países em desenvolvimento, serviços de consultoria para desenvolvimento de negócios.

Para alcançar a trajetória de 2°C, é preciso um caminho tecnológico diferente para os países em desenvolvimento. Projeta-se que o crescimento de energia e emissões seja maior nos países em desenvolvimento, mas os desenvolvidos atraem muito mais investimento em tecnologia de energia limpa. Tradicionalmente, as novas tecnologias são produzidas, primeiro, nas economias desenvolvidas, depois, por apresentações comerciais, em países em desenvolvimento, como no caso da energia eólica (Gibbins; Chalmers, 2008). Mas, para que haja pico de emissões em 10 anos e se mantenha a trajetória de 2°C, tanto os países desenvolvidos quanto aqueles em desenvolvimento precisariam introduzir agora e paralelamente demonstrações de tecnologias avançadas em ampla escala. Felizmente, esse padrão está correndo com o advento rápido da pesquisa e do desenvolvimento no Brasil, na China, na Índia e em outros líderes da tecnologia no mundo em desenvolvimento. Os fabricantes de células solares mais baratas, iluminação eficiente e etanol estão em países em desenvolvimento.

Uma das barreiras principais que os países em desenvolvimento enfrentam é o custo gradual elevado de desenvolver e demonstrar tecnologias avançadas de energia limpa. É essencial que os países desenvolvidos aumentem substancialmente a ajuda econômica e as transferências de tecnologias de baixo carbono aos países em desenvolvimento por meio de mecanismos como um fundo global da tecnologia. Os países desenvolvidos também devem assumir a liderança em incentivar descobertas tecnológicas (ver Capítulo 7). A Usina Solar Mediterrânea é um exemplo da cooperação entre países em desenvolvimento e desenvolvidos e na demonstração e no emprego em larga escala de energia solar concentrada (Quadro 4.15).

As políticas devem ser integradas

Os instrumentos da política precisam ser coordenados e integrados para complementação mútua e redução de conflitos. Uma redução nas emissões no transporte, por exemplo, exige a integração de uma abordagem tripla. Em ordem de dificuldade, estão transformando os veículos (combustível eficiente, bateria e carros elétricos), os combustíveis (etanol da cana-de-açúcar, biocombustíveis da segunda geração e hidrogênio) e a mobilidade de transformação (planejamento urbano e transporte público) (Sperling; Gordon, 2008). As políticas de biocombustíveis precisam coordenar as políticas energéticas e de transporte com as políticas agrícolas, florestais e do uso do solo para controlar as demandas concorrentes por água e terra (ver Capítulo 3). Se as culturas energéticas não alimentares retirarem a terra destinada à agricultura em nações pobres, o "remédio" das intervenções necessárias poderá ser pior do que a "doença", pois a mitigação poderá aumentar a vulnerabilidade aos impactos climáticos (Weyant et al., 2009). O emprego em larga escala de carros movidos a bateria e elétricos aumentaria substancialmente a demanda por energia, ameaçando as emissões mais baixas antecipadas pela tecnologia, a menos que a rede tivesse uma parcela maior de fontes de energia de baixo carbono. As políticas de incentivo para energia renovável, se não forem elaboradas corretamente, poderão desestimular a produção de calor eficiente para calor e energia combinados.

As políticas, as estratégias e os arranjos institucionais também têm que estar alinhados nos setores. As iniciativas intersetoriais são geralmente de difícil execução por causa dos arranjos institucionais fragmentados e dos incentivos fracos. É fundamental encontrar um defensor para prosseguir com a pauta; por exemplo, os governos locais podem ser um bom ponto de partida para reduções de emissão nas cidades, particularmente em imóveis e mudança para transporte modal. É também importante alinhar políticas e estratégias nos governos nacionais, provinciais e locais (ver Capítulo 8).

Em suma, as soluções tecnológicas e políticas de baixo carbono têm capacidade para colocar o mundo em uma trajetória 2°C, mas é necessária uma transformação fundamental para descarbonizar o setor da energia. Isso exige a ação imediata e cooperação e compromisso globais dos países em desenvolvimento e desenvolvidos. Há políticas vantajosas para as duas partes que os governos podem adotar agora, inclusive reformas reguladoras e institucionais, incentivos financeiros e mecanismos de financiamento para aumentar as tecnologias de baixo carbono existentes, principalmente nas áreas de eficiência energética e energia renovável.

O preço adequado do carbono e maior desenvolvimento de tecnologia são essenciais para acelerar o desenvolvimento e o emprego de tecnologias avançadas de baixo carbono. Os países desenvolvidos devem assumir a liderança em demonstrar seu compromisso com mudança significativa em casa e fornecer também financiamento e tecnologias de baixo carbono para os países em desenvolvimento. Estes exigem deslocamentos de paradigma no desenvolvimento de modelos inteligentes em termos climáticos. Essas mudanças de transformação já contam com os meios técnicos e econômicos, mas é imprescindível que haja vontade política consistente e cooperação global inédita.

Referências bibliográficas

ARMEL, K. C. Behavior, Energy and Climate Change: A Solutions-Oriented Approach." Paper presented at the Energy Forum, Stanford University, Palo Alto, CA, 2008.

BARKER, T, I. et al. Technical Summary. In: METZ, B. et al. (Ed.) *Climate change 2007: mitigation.* Contribution of Working Group III to the Fourth Assessment Report of the Intergovernmental Panel on Climate Change. Cambridge, UK: Cambridge University Press, 2007.

BARRETT, S. *Environment and Statecraft*: The Strategy of Environmental Treaty-Making. Oxford, UK: Oxford University Press, 2003.

BECK, F; MARTINOT, E. Renewable Energy Policies and Barriers. In: CLEVELAND, C. J. (Ed.) *Encyclopedia of Energy*. Amsterdam: Elsevier, 2004.

BOSSEBOEUF, D. et al. *Evaluation of Energy Efficiency in the EU-15*: Indicators and Policies. Paris: Ademe, Ieea, 2007.

BOUWMAN, A. F.; KRAM, T.; GOLDEWIJK, K. K. *Integrated Modelling of Global Environmental Change*: An Overview of Image 2.4. Bilthoven: Netherlands Environmental Assessment Agency, 2006.

BOWEN, A. et al. *An Outline of the Case for a "Green" Stimulus*. London: Grantham

Research Institute on Climate Change and the Environment, Centre for Climate Change Economics and Policy, 2009.

BRAZIL INTERMINISTERIAL COMMITTEE ON CLIMATE CHANGE. *National Plan on Climate Change.* Brasilia: Government of Brazil, 2008.

BROWN, M. A.; SOUTHWORTH, F.; STOVALL, T. K. *Towards a Climate-Friendly Built Environment.* Arlington, VA: Pew Center on Global Climate Change, 2005.

BURTON, R. et al. How America Can Look Within to Achieve Energy Security and Reduce Global Warming. *Reviews of Modern Physics*, v.80, n.4, p.S1-S109, 2008.

BURTRAW, D. et al. Economics of Pollution Trading for SO_2 and NO_x. Washington, DC: Resources for the Future, 2005. (Discussion Paper 05-05).

CALIFORNIA ENERGY COMMISSION. 2007 Integrated Energy Policy Report. Sacramento, CA: California Energy Commission, 2007a.

_____. Comparative Costs of California Central Station Electricity Generation Technologies. Sacramento, CA: California Energy Commission, 2007b.

CALVIN, K et al. Limiting Climate Change to 450 ppm CO_2 Equivalent in the 21st Century. *Energy Economics.* (No prelo).

CHAMON, M.; MAURO, P.; OKAWA, Y. Cars: Mass Car Ownership in the Emerging Market Giants. *Economic Policy*, v.23, n.54, p.243-96, 2008.

CHIKKATUR, A. *Policies for Advanced Coal Technologies in India (and China).* Cambridge, MA: Kennedy School of Government, Harvard University, 2008.

CLARKE, L. et al. International Climate Policy Architectures: Overview of the EMF 22 International Scenarios. *Energy Economics.* (No prelo)

DAHOWSKI, R. T. et al. A Preliminary Cost Curve Assessment of Carbon Dioxide Capture and Storage Potential in China. *Energy Procedia*, v.1, n.1, p.2849-56, 2009.

DEUTSCHE BANK ADVISORS. *Investing in Climate Change 2009*: Necessity and Opportunity in Turbulent Times. Frankfurt: Deutsche Bank Group, 2008.

DODMAN, D. Blaming Cities for Climate Change? An Analysis of Urban Greenhouse Gas Emissions Inventories. *Environment and Urbanization*, v.21, n.1, p.185-201, 2009.

DOOLEY, J. J. et al. *Carbon Dioxide Capture and Geologic Storage*: A Core Element of a Global Energy Technology Strategy to Address Climate Change – A Technology Report from the Second Phase of the Global Energy Technology Strategy Program (GTSP). College Park, MD: Battelle, Joint Global Change Research Institute, 2006.

EBINGER, J. et al. Europe and Central Asia Region: How Resilient is the Energy Sector to Climate Change? Background paper for Fay, Block, and Ebinger, 2010, World Bank, Washington, DC, 2008.

ECONOMIC AND TECHNOLOGY ADVANCEMENT ADVISORY COMMITTEE (ETAAC). *Technologies and Policies to Consider for Reducing Greenhouse Gas Emissions in California.* Sacramento, CA: Etaac, 2008.

EDMONDS, J. et al. Stabilizing CO_2 Concentrations with Incomplete International Cooperation. *Climate Policy*, v.8, n.4, p.355-76, 2008.

ENERGY SECTOR MANAGEMENT ASSISTANCE PROGRAM (ESMAP). *Proceedings of the International Grid-Connected Renewable Energy Policy Forum.* Washington, DC: World Bank, 2006.

_____. *An Analytical Compendium of Institutional Frameworks for Energy Efficiency Implementation.* Washington, DC: World Bank, 2008.

_____. *Public Procurement of Energy Efficiency Services.* Washington, DC: World Bank, 2009.

ENVIRONMENTAL AND ENERGY STUDY INSTITUTE (EESI). *Jobs from Renewable Energy and Energy Efficiency.* Washington, DC: Eesi, 2008.

EZZATI, M. et al. (Ed.) *Climate Change. Comparative Quantification of Health Risks*: Global and Regional Burden of Disease Due to Selected Major Risk Factors. Geneva: World Health Organization, 2004. v.2.

FEDERAL MINISTRY FOR THE ENVIRONMENT; NATURE CONSERVATION AND NUCLEAR SAFETY. *Renewable Energy Sources in Figures*: National and International Development. Berlin: Federal Ministry for the Environment, Nature Conservation and Nuclear Safety, 2008.

GERMAN ADVISORY COUNCIL ON GLOBAL CHANGE. *World in Transition*: Future Bioenergy and Sustainable Land Use. London: Earthscan, 2008.

GIBBINS, J.; CHALMERS, H. Preparing for Global Rollout: A "Developed Country First" Demonstration Programme for Rapid CCS Deployment. *Energy Policy*, v.36, n.2, p.501-7, 2008.

GOLDSTEIN, D. B. *Saving Energy, Growing Jobs*: How Environmental Protection Promotes Economic Growth, Profitability, Innovation, and Competition. Berkeley, CA: Bay Tree Publishing, 2007.

GOVERNMENT OF CHINA. *China's Policies and Actions for Addressing Climate Change.* Beijing: Information Office of the State Council of the People's Republic of China, 2008.

GOVERNMENT OF INDIA. *India National Action Plan on Climate Change.* New Delhi: Prime Minister's Council on Climate Change, 2008.

GOVERNMENT OF INDIA PLANNING COMMISSION. *Integrated Energy Policy*: Report of the Expert Committee. New Delhi: Government of India, 2006.

GOVERNMENT OF MEXICO. *National Strategy on Climate Change.* Mexico City: Mexico Inter-secretarial Commission on Climate Change, 2008.

GRÜBLER, A. Energy transitions. In: CLEVELAND, C. J. (Ed.) *Encyclopedia of Earth.* Washington, DC: Environmental Information Coalition, National Council for Science and Environment, 2008.

HARE, B.; MEINSHAUSEN, M. How Much Warming Are We Committed to and How Much Can Be Avoided? *Climatic Change*, v.75, n.1-2, p.111-49, 2006.

HOLLOWAY S. et al. An Assessment of the CO_2 Storage Potential of the Indian Subcontinent. *Energy Procedia*, v.1, n.1, p.2607-13, 2008.

HUGHES, J. E.; KNITTEL, C. R.; SPERLING, D. Evidence of a shift in the short-run price elasticity of gasoline demand. *Energy Journal*, v.29, n.1, p.113-34, 2008.

INTERACADEMY COUNCIL (IAC). *Lighting the Way*: Toward a Sustainable Energy Future. Netherlands: IAC Secretariat, 2007.

INTERGOVERNMENTAL PANEL ON CLIMATE CHANGE (IPCC). Summary for Policymakers. In: METZ, B. et al. (Ed.) *Climate Change 2007: Mitigation.* Contribution of Working Group III to the Fourth Assessment Report of the Intergovernmental Panel on Climate Change. Cambridge, UK: Cambridge University Press, 2007.

INTERNATIONAL ENERGY AGENCY (IEA). *Renewables for Heating and Cooling: Untapped Potential.* Paris: IEA, Renewable Energy Technology Development, 2007.

_____. *Empowering Variable Renewables*: Options for Flexible Electricity Systems. Paris: IEA, 2008a.

_____. *Energy Technology Perspective 2008*: Scenarios and Strategies to 2050. Paris: IEA, 2008b.

_____. *World Energy Outlook 2008.* Paris: IEA, 2008c.

INTERNATIONAL INSTITUTE FOR APPLIED SYSTEMS ANALYSIS (IIASA). GGI Scenario Database. Laxenburg, Austria: Iiasa, 2009.

JOHNSON, T. et al. Mexico Low-Carbon Study – México: estúdio para la disminución de emisiones de carbono (Medec). Washington, DC: World Bank, 2008.

KATS, G. *Greening Buildings and Communities: Costs and Benefits.* London: Good Energies, 2008.

KENWORTHY, J. Transport Energy Use and Greenhouse Gases in Urban Passenger Transport Systems: A Study of 84 Global Cities. Paper presented at the third International Conference of the Regional Government Network for Sustainable Development, Fre-mantle, Australia, 2003.

KEYSTONE CENTER. *Nuclear Power Joint Fact-Finding.* Keystone, CO: The Keystone Center, 2007.

KNOPF, B. et al. The Economics of Low Stabilisation: Implications for Technological Change and Policy. In: HULME, M.; NEUFELDT, H. (Ed.) *Making Climate Change Work for Us.* Cambridge, UK: Cambridge University Press. (No prelo).

LAM, W H. K; TAM, M.-L. Reliability of Territory-Wide Car Ownership Estimates in Hong Kong. *Journal of Transport Geography*, v.10, n.1, p.51-60, 2002.

LEIMBACH, M. et al. Mitigation Costs in a Globalized World. *Environmental Modeling and Assessment.* (No prelo).

LIN, J. *Energy in China*: Myths, Reality, and Challenges. San Francisco, CA: Energy Foundation, 2007.

LIN, J. et al. *Achieving China's Target for Energy Intensity Reduction in 2010:* An Exploration of Recent Trends and Possible Future Scenarios. Berkeley, CA: Lawrence Berkeley National Laboratories, University of California-Berkeley, 2006.

MASSACHUSETTS INSTITUTE OF TECHNOLOGY (MIT). *The Future of Nuclear Power*: An Interdisciplinary MIT Study. Cambridge, MA: MIT Press, 2003.

MCKINSEY & COMPANY. *Pathways to a Low-Carbon Economy*: Version 2 of the Global Greenhouse Gas Abatement Cost Curve. McKinsey & Company, 2009a.

_____. Promoting Energy Efficiency in the Developing World. *McKinsey Quarterly*, Feb. 2009b.

MEYERS, S.; MCMAHON, J.; MCNEIL, M. *Realized and Prospective Impacts of U.S. Energy Efficiency Standards for Residential Appliances*: 2004 Update. Berkeley, CA: Lawrence Berkeley National Laboratory, University of California-Berkeley, 2005.

MIGNONE, B. K et al. Atmospheric Stabilization and the Timing of Carbon

Mitigation. *Climatic Change*, v.88, n.3-4, p.251-65, 2008.

NATIONAL RESEARCH COUNCIL (NRC). *The National Academies Summit on America's Energy Future*: Summary of a Meeting. Washington, DC: National Academies Press, 2008.

NATIONAL RESOURCES DEFENSE COUNCIL (NRDC). *The Next Generation of Hybrid Cars*: Plug-In Hybrids Can Help Reduce Global Warming and Slash Oil Dependency. Washington, DC: NRDC, 2007.

NEIJ, L. Cost Development of Future Technologies for Power Generation: A Study Based on Experience Curves and Complementary Bottom-Up Assessments. *Energy Policy*, v.36, n.6, p.2200-11, 2007.

NEMET, G. Beyond the Learning Curve: Factors Influencing Cost Reductions in Photovoltaics. *Energy Policy*, v.34, n.17, p.3218-32, 2006.

PEW CENTER. Climate Change Mitigation Measures in India. International Brief 2, Washington, DC, 2008a.

_____. Climate Change Mitigation Measures in South Africa. Pew Center on Global Climate Change International Brief 3, Arlington, VA, 2008b.

PHILIBERT, C. *Technology Penetration and Capital Stock Turnover*: Lessons from IEA Scenario Analysis. Paris: Organisation for Economic Co-operation and Development and International Energy Agency, 2007.

PROJECT CATALYST. *Towards a Global Climate Agreement*: Project Catalyst. Climate Works Foundation, 2009. (Synthesis briefing paper).

PRYOR, S.; BARTHELMIE, R.; KJELLSTROM, E. Potential Climate Change Impacts on Wind Energy Resources in Northern Europe: Analyses Using a Regional Climate Model. *Climate Dynamics*, v.25, n.7-8, p.815-35, 2005.

RAO, S. et al. *Image and Message Scenarios Limiting GHG Concentration to Low Levels*. Laxenburg, Austria: International Institute for Applied Systems Analysis, 2008.

RAUPACH, M. R. et al. GLOBAL AND REGIONAL DRIVERS OF ACCELERATING CO_2 emissions. *Proceedings of the National Academy of Sciences*, v.104, n.24, p.10288-93, 2007.

REN 21. *Renewables 2007 Global Status Report*. Paris, Washington: Renewable Energy Policy Network for the 21st Century Secretariat and Worldwatch Institute, 2008.

RIAHI, K.; GRÜBLER, A.; NAKIĆENOVIĆ, N. Scenarios of Long-Term Socio-Economic and Environmental Development under Climate Stabilization. *Technological Forecasting and Social Change*, v.74, n.7, p.887-935, 2007.

ROGERS, C.; MESSENGER, M.; BENDER, S. *Funding and Savings for Energy Efficiency Programs for Program Years 2000 Through 2004*. Sacramento, CA: California Energy Commission, 2005.

ROKITYANSKIY, D. et al. Geographically Explicit Global Modeling of Land-Use Change, Carbon Sequestration, and Biomass Supply. *Technological Forecasting and Social Change*, v.74, n.7, p.1057-82, 2006.

ROLAND-HOIST, D. *Energy Efficiency, Innovation, and Job Creation in California*. Berkeley, CA: Center for Energy, Resources, and Economic Sustainability, University of California-Berkeley, 2008.

ROSENFELD, A. H. California's Success in Energy Efficiency and Climate Change: Past and Future. Paper presented at the Électricité de France, Paris, 2007.

SCHAEFFER, M. et al. Near-Linear Cost Increase to Reduce Climate-Change Risk. *Proceedings of the National Academy of Sciences*, v.105, n.52, p.20621-6, 2008.

SCHIPPER, L. *Automobile fuel, economy and CO_2* Emissions in Industrialized Countries: Troubling Trends Through 2005/6. Washington, DC: Embarq, the World Resources Institute Center for Sustainable Transport, 2007.

SCIENTIFIC EXPERT GROUP ON CLIMATE CHANGE (SEG). *Confronting Climate Change*: Avoiding the Unmanageable and Managing the Unavoidable. Washington, DC: Sigma Xi and United Nations Foundation, 2007.

SHALIZI, Z.; LECOCQ, F. Economics of Targeted Mitigation Programs in Sectors with Long-Lived Capital Stock. Washington, DC: World Bank, 2009. (Policy Research Working Paper 5063).

SOCOLOW, R. Stabilization Wedges: Mitigation Tools for the Next Half-Century. Paper presented at the World Bank Energy Week, Washington, DC, 2006.

SORRELL, S. The Rebound Effect: Mechanisms, Evidence and Policy Implications. Paper presented at the Electricity Policy Workshop, Toronto, 2008.

SPERLING, D.; GORDON, D. *Two Billion Cars: Driving Towards Sustainability*. New York: Oxford University Press, 2008.

STERN, N. *The Economics of Climate Change*: The Stern Review. Cambridge, UK: Cambridge University Press, 2007.

STERNER, T. Fuel Taxes: An Important Instrument for Climate Policy. *Energy Policy*, v.35, p.3194-202, 2007.

SUDARSHAN, A.; SWEENEY, J. Deconstructing the "Rosenfeld Curve". *Energy Journal*. (No prelo).

TANS, P. Trends in Atmospheric Carbon Dioxide. Boulder, CO: National Oceanic and Atmospheric Administration, 2009.

TAYLOR, R. P. et al. *Financing Energy Efficiency*: Lessons from Brazil, China, India and Beyond. Washington, DC: World Bank, 2008.

TORRE, A. de la; FAJNZYLBER, P.; NASH, J. *Low Carbon, High Growth*: Latin American Responses to Climate Change. Washington, DC: World Bank, 2008.

UNITED NATIONS. *State of the World Population 2007*: Unleashing the Potential of Urban Growth. New York: United Nations Population Fund, 2007.

UNITED NATIONS ENVIRONMENT PROGRAMME (UNEP). Energy and Cities: Sustainable Building and Construction. Paper presented at the Unep Governing Council Side Event, Osaka, 2003.

_____. *Reforming Energy Subsidies*: Opportunities to Contribute to the Climate Change Agenda. Nairobi: Unep Division of Technology, Industry and Economics, 2008.

VUUREN, D. P. van et al. Exploring Scenarios that Keep Greenhouse Gas Radiative Forcing Below 3 W/m^2 in 2100 in the Image Model. *Energy Economics*. (No prelo).

WANG, T.; WATSON, J. *China's Energy Transition*: Pathways for Low Carbon Development. Falmer and Brighton, UK: Sussex Energy Group and Tyndall Centre for Climate Change Research, 2009.

WANG, X.; SMITH, K. R. Near-Term Benefits of Greenhouse Gas Reduction: Health Impacts in China. *Environmental Science and Technology*, v.33, n.18, p.3056-61, 1999.

WEBER, C. L. et al. The Contribution of Chinese Exports to Climate Change. *Energy Policy*, v.36, n.9, p.3572-7, 2008.

WEYANT, J. et al. *Report of 2.6 Versus 2.9 watts/m^2 RCPP Evaluation Panel*. Geneva: Intergovernmental Panel on Climate Change, 2009.

WILBANKS, T. J. et al. *Effects of Climate Change on Energy Production and Use in the United States*. Washington, DC: U. S. Climate Change Science Program, 2008.

WISE, M. A. et al. The 2000 Billion Ton Carbon Gorilla: Implication of Terrestrial Carbon Emissions for a LCS. Paper presented at the Japan Low-Carbon Society Scenarios Toward 2050 Project Symposium, Tokyo, 2009.

WISER, R.; BOLINGER, M. *Annual Report on U. S. Wind Power Installation, Cost, and Performance Trends*: 2007. Washington, DC: U. S. Department of Energy, Energy Efficiency and Renewable Energy, 2008.

WORLD BANK. *China: Opportunities to Improve Energy Efficiency in Buildings*. Washington, DC: World Bank Asia Alternative Energy Programme and Energy & Mining Unit, East Asia and Pacific Region, 2001.

_____. *Renewable Energy Toolkit*: A Resource for Renewable Energy Development. Wahington, DC: World Bank, 2006.

_____. *An Evaluation of World Bank Win-Win Energy Policy Reforms*. Washington,DC: World Bank, 2008a.

_____. *Energy Efficiency in Eastern Europe and Central Asia*. Washington, DC: World Bank, 2008b.

_____. *South Asia Climate Change Strategy*. Washington, DC: World Bank, 2008c.

_____. *The Development of China's Esco Industry, 2004-2007*. Washington, DC: World Bank, 2008d.

_____. *World Development Indicators 2008*. Washington, DC: World Bank, 2008e.

_____. *World Development Report 2009*: Reshaping Economic Geography. Washington, DC: World Bank, 2008f.

_____. *Energizing Climate-Friendly Development*: World Bank Group Progress on Renewable Energy and Energy Efficiency in Fiscal 2008. Washington, DC: World Bank, 2009a.

_____. *World Bank Urban Strategy*. Washington, DC: World Bank, 2009b.

_____. *World Development Indicators 2009*. Washington, DC: World Bank, 2009c.

WORLD BUSINESS COUNCIL FOR SUSTAINABLE DEVELOPMENT (WBCSD). *Power to Change*: A Business Contribution to a Low Carbon Economy. Geneva: WBCSD, 2008.

WORLD ECONOMIC FORUM. *Green Investing*: Towards a Clean Energy Infrastructure. Geneva: World Economic Forum, 2009.

WORLD ENERGY COUNCIL. *Energy Efficiency Policies Around the World*: Review and Evaluation. London: World Energy Council, 2008.

WORLD RESOURCES INSTITUTE (WRI). Climate Analysis Indicators Tool (Cait). Washington, DC, 2008.

WORLDWATCH INSTITUTE. *State of the World 2008*: Innovations for a Sustainable Economy. New York: WW Norton & Company, 2008.

_____. *State of the World 2009*: Into a Warming World. New York: WW Norton & Company, 2009.

YATES, M.; HELLER, M.; YEUNG, L. *Solar Thermal*: Not Just Smoke and Mirrors. New York: Merrill Lynch, 2009.

ZHANG, X. *Observations on Energy Technology Research, Development and Deployment in China*. Beijing: Tsinghua University Institute of Energy, Environment and Economy, 2008.

PARTE 2

CAPÍTULO 5

A integração do desenvolvimento no regime climático global

As duas décadas passadas assistiram à criação e à evolução de um regime internacional do clima, cujos principais pilares são a Convenção-Quadro das Nações Unidas sobre Mudança Climática (United Nations Framework Convention on Climate Change – UNFCCC) e o Protocolo de Kyoto (Quadro 5.1). Kyoto definiu os limites internacionais obrigatórios para as emissões de gases de efeito estufa pelos países desenvolvidos. Criou um mercado do carbono para conduzir o investimento privado e diminuir o custo das reduções de emissões. E alertou os países a elaborar estratégias nacionais para enfrentar as mudanças climáticas.

O regime global existente, no entanto, tem limitações importantes, pois deixou de impor um limite substancial às emissões que aumentaram 25% desde as negociações em Kyoto.[1] Ele introduziu apenas suporte muito limitado aos países em desenvolvimento.

Até o momento, o Mecanismo de Desenvolvimento Limpo (Clean Development Mechanism – CDM) trouxe poucas mudanças transformacionais para as estratégias de desenvolvimento totais nos países (ver Capítulo 6 sobre os pontos fortes e fracos do CDM). O Fundo Global para o Meio Ambiente investiu US$ 2,7 bilhões em projetos referentes ao clima,[2] muito abaixo da verba necessária. Até agora, o regime global não conseguiu fazer que os países cooperassem em pesquisa e desenvolvimento ou mobilizassem financiamento significativo para transferência de tecnologia e implantação necessárias para o desenvolvimento com baixa taxa de emissão de carbono (ver Capítulo 7). Com exceção de incentivar os países pobres a preparar Programas de Ação Nacional para Adaptação, pouco realizou em termos de sustentação concreta para esforços de adaptação. O Fundo de Adaptação, que começou lentamente, deixa muito a desejar em termos das necessidades projetadas (ver Capítulo 6).

Em 2007, o Plano de Ação de Bali abriu negociações para conseguir um "resultado de consenso" durante a sessão da UNFCCC em Copenhague, em 2009. Essas negociações são uma oportunidade para reforçar o regime climático e sanar seus defeitos.

---

1 As emissões relacionadas com energia aumentaram 24% entre 1997 (quando o Protocolo de Kyoto foi assinado) e 2006; ver base de dados CDIAC (U. S. Department of Energy, 2009).

2 O Fundo Global para o Meio Ambiente (Global Environment Facility – GEF) gerencia projetos e investimentos por meio de várias organizações multilaterais, além de funcionar como o mecanismo financeiro para convenções internacionais sobre o meio ambiente, como a UNFCCC. O GEF fornece US$ 17,2 bilhões em cofinanciamento; ver Global Environment Facility (2009).

Mensagens importantes

Um problema global na escala de mudança climática exige coordenação internacional. Não obstante, a execução depende das ações nos países. Consequentemente, um regime internacional eficaz para assuntos climáticos deve integrar os interesses do desenvolvimento, livrando-se da dicotomia do ambiente contra equidade. Uma estrutura multidisciplinar para a ação climática, com objetivos ou políticas diferentes para países desenvolvidos e em desenvolvimento, pode ser uma maneira de prosseguir; essa estrutura precisaria considerar o processo para a definição e medição do sucesso. O regime internacional para assuntos climáticos igualmente deverá suportar a integração da adaptação ao desenvolvimento.

QUADRO 5.1 O regime climático hoje

A **Convenção-Quadro das Nações Unidas sobre Mudança Climática (UNFCCC)**, que foi adotada em 1992 e passou a vigorar em 1994, definiu um objetivo final de estabilizar concentrações atmosféricas de gases de efeito estufa a níveis que impediriam a interferência humana "perigosa" com o sistema climático. Dividiu países em três grupos principais com tipos diferentes de compromissos.

As partes do Anexo I incluem os países industrializados que eram membros da Organização para a Cooperação e o Desenvolvimento Econômico (OCDE) em 1992, mais países com economias na transição (os partidos de EIT), inclusive a Federação Russa, os países bálticos e diversos países da Europa Central e Oriental. Eles se comprometeram a adotar políticas e medidas de mudança climática com a meta de reduzir suas emissões de gases de efeito estufa aos níveis de 1990 até o ano 2000.

As partes do Anexo II consistem nos membros do OCDE do Anexo I, mas não as partes de EIT. Eles devem dar recursos financeiros para permitir que os países em desenvolvimento empenhem-se na redução de emissões conforme a UNFCCC e ajudá-los a se adaptar aos efeitos adversos da mudança climática. Além disso, têm que "tomar todas as medidas praticáveis" para promover o desenvolvimento e a transferência de tecnologias favoráveis ao meio ambiente às partes de EIT e aos países em desenvolvimento.

As não partes do Anexo 1 são, em sua maioria, países em desenvolvimento. Assumem obrigações gerais de formular e executar programas nacionais de mitigação e adaptação.

O órgão decisor final da convenção é sua Conferência das Partes, que se reúne anualmente e revê a implementação da convenção, adota decisões para desenvolver as normas e negocia novos compromissos substantivos.

O **Protocolo de Kyoto** suplementa e reforça a convenção. Adotado em 1997, passou a vigorar em fevereiro de 2005 e em 14 de janeiro de 2009 contava com 184 partes.

O fulcro do protocolo são as metas de emissões legalmente obrigatórias para as partes do Anexo I, que têm metas individuais de emissões, decididas em Kyoto após intensa negociação.

Além das metas de emissões para as partes do Anexo I, o Protocolo de Kyoto contém um conjunto de compromissos gerais (que espelham aqueles da UNFCCC) que se aplica a todas as partes, como:

- tomar medidas para melhorar a qualidade de dados das emissões;
- criar programas nacionais de mitigação e adaptação;
- promover a transferência de tecnologia favorável ao meio ambiente;
- cooperar na pesquisa científica e em redes internacionais de observação do clima;
- apoiar a educação, o treinamento, a conscientização pública e as iniciativas de capacitação.

O protocolo introduziu três mecanismos inovadores – implementação conjunta, mecanismo de desenvolvimento limpo e comércio de emissões[a] –, criados para impulsionar a rentabilidade da mudança climática e mitigação, com a adoção de novas formas – mais econômicas no exterior do que em casa – de as partes cortarem emissões ou melhorarem sumidouros do carbono.

O **Plano de Ação de Bali**, adotado em 2007 pelas partes à UNFCCC, lançou um processo detalhado para permitir a execução plena, eficaz e sustentada da convenção com a ação cooperativa em longo prazo, agora, até e além de 2012, a fim de alcançar um resultado de consenso na sessão da UNFCCC em Copenhague, em dezembro de 2009.

O Plano de Ação de Bali concentrou as negociações em quatro blocos básicos principais: mitigação, adaptação, tecnologia e financiamento. As partes igualmente concordaram que as negociações devem tratar de uma visão compartilhada para a ação cooperativa em longo prazo, incluindo um objetivo global para reduções de emissões.

Fonte: Reproduzido de UNFCCC (2005), decisão 1/CP.13 da UNFCCC – disponível em: <http://unfccc.int/resource/docs/2007/cop13/eng/06a01.pdf>, acesso em: 6 jul. 2009.

[a] As partes com compromissos conforme o Protocolo de Kyoto aceitaram metas para limitar ou reduzir emissões. A implementação conjunta permite que um país com uma meta execute projetos para alcançar seu próprio objetivo, mas realizados em outros países que também têm metas. O mecanismo de desenvolvimento limpo (CDM) permite que um país com compromissos implemente um projeto de redução da emissão nos países em desenvolvimento que não têm metas. O comércio de emissões permite que os países que têm unidades da emissão as poupem, ou seja, as emissões são permitidas mas não usadas, e vendam essa capacidade excedente aos países que superaram suas metas. (Adaptado de <http://unfccc.int/kyoto_protocol/mechanisms/items/1673.php>, acesso em: 5 ago. 2009.)

A construção do regime climático: transcendendo as tensões entre o clima e o desenvolvimento[3]

Se devemos tratar da mudança climática significativa, a única opção é integrar preocupações com desenvolvimento e mudança climática. O problema do clima origina-se da evolução conjunta do crescimento econômico e das emissões de gases de efeito estufa. Um regime eficaz deve, assim, oferecer os incentivos para reconsiderar trajetórias de industrialização e para desatar as amarras que limitaram o desenvolvimento ao carbono. Entretanto, por razões éticas e práticas, repensar o problema deve incluir aspirações e a criação de um regime climático justo.

Até recentemente, a mudança climática não era considerada uma oportunidade de repensar o desenvolvimento industrial. O debate do clima foi isolado do processo predominante de tomada de decisão quanto a financiamento, investimento, tecnologia e mudança institucional. Já se passou muito tempo e o prazo já acabou. A conscientização da mudança climática entre líderes e o público alcançou o nível de haver uma prontidão para

---

3 Esta seção foi extraída de Dubash (2009).

integrar a mudança climática no processo de tomada de decisão sobre desenvolvimento.

Transformar essa prontidão em um regime eficaz de clima exige, ao mesmo tempo, tratar dos vários objetivos que envolvem lucro, clima e desenvolvimento social e econômico. Seria ingenuidade sugerir que não houvesse tensão entre esses objetivos. Certamente, a própria percepção das trocas pode ser uma barreira política poderosa à integração de mudança climática e desenvolvimento. As diferenças nas percepções e as estruturas conceituais em países de alta renda e países em desenvolvimento são um empecilho à discussão expressiva sobre como a ação climática pode ser integrada com desenvolvimento. Muitas dessas tensões emergem ao longo das linhas norte-sul.

Para assegurar um regime climático que fale aos interesses do desenvolvimento, é útil identificar e acoplar perspectivas de oposição e procurar superá-las. Este capítulo discute quatro pontos de tensão entre uma perspectiva de clima e uma de desenvolvimento: ambiente e lucro; divisão do ônus e ação precoce oportunista; um resultado previsível de clima e um processo de desenvolvimento imprevisível; e condicionalidade em financiamento e em posse. Esses pontos da tensão são caracterizações que usam amplos gestos para trazer à tona os desacordos e sua solução possível, sabendo que, na prática, as posições de cada país, ao norte e ao sul, têm mais nuances do que as descritas aqui. A segunda parte do capítulo explora abordagens alternativas para a integração dos países em desenvolvimento na arquitetura internacional.

Mitigação de mudança climática: meio ambiente e lucro

Desde o início, o regime climático enquadrou tanto o lucro quanto os objetivos ambientais como elementos centrais. Com o tempo, a articulação desses objetivos, entretanto, transformou suas complementaridades em oposição, e o progresso de negociações do clima chegou a um beco sem saída. Cada vez mais, o lucro e o meio ambiente têm sido vistos como modos de pensar concorrentes sobre o problema, e os países por trás dessas posições encontram-se dispostos de maneira previsível ao longo das linhas norte-sul.

Durante boa parte das duas últimas décadas, a mudança climática foi interpretada principalmente como um problema ambiental. Essa perspectiva nasce diretamente da ciência subjacente: os gases de efeito estufa estão se acumulando na atmosfera e interferindo no clima por causa do aumento das emissões antropogênicas, combinadas com os limites da capacidade de o oceano e a biosfera absorverem os gases de efeito estufa. Desse ponto de vista, o problema enseja ação coletiva global, e o instrumento preferido são compromissos negociados para reduções absolutas nas emissões.

Esse foco estrito no meio ambiente forçou a ascensão de uma perspectiva concorrente que interpretasse a mudança climática como essencialmente um problema do lucro. Os partidários dessa posição concordam que há certos limites ambientais, mas veem como problema o fato de os países ricos ocuparem desproporcionalmente o espaço ecológico finito disponível. Nessa ótica, os princípios de alocação baseada no lucro, como aqueles concentrados em emissões *per capita* e históricas, devem fornecer a base de um regime justo do clima.

A justiça e os objetivos ambientais polarizaram o debate. Os países de alta renda discutem que os países recém-industrializados já são grandes emissores e contribuirão cada vez mais para as emissões no futuro – daí a necessidade para a redução total das emissões.[4] As economias em industrialização e em desenvolvimento veem um regime baseado em reduções absolutas negociadas que aprisiona emissões desiguais perpetuamente, uma situação que não seria viável para elas. As preocupações passaram a ter destaque pela evidência de que as emissões de muitos países de alta renda aumentaram nas duas últimas décadas, desde o início de negociações sobre o clima. Com o aumento da urgência de encontrar uma solução, muitos países em desenvolvimento, principalmente os grandes com rápida industrialização, temem que a atenção e a responsabilidade para mitigar emissões cada vez mais recairão sobre eles. A noção "de emissores principais", incluindo os países grandes com rápida industrialização, como originadores principais do problema alimenta essa percepção.

Um regime climático global eficaz e legítimo terá que encontrar uma maneira de

---

4 A redução de emissões absolutas compreende um declínio líquido nas emissões relativas aos níveis atuais, em vez de um deslocamento em trajetória de emissão projetada.

superar essas estruturas opostas – e falar para as duas perspectivas. De início, as negociações globais precisam ser abordadas sob uma ótica pluralista. Dado o histórico de política enraizada e o cerne da verdade em cada um, nem a estrutura ambiental nem a da justiça do problema climático podem, na prática, ser um guia absoluto para as negociações, mesmo que ambas sejam essenciais. As abordagens híbridas procuram reposicionar as discussões dentro de uma estrutura de desenvolvimento e poderiam ampliar o debate. Uma corrente procura reformular o problema em torno do direito ao desenvolvimento, em vez do direito de emitir e identificar a "responsabilidade" e a "capacidade" do país em agir sobre a mudança climática (Baer; Athanasiou; Kartha, 2007; ver também Quadro 5. 2). Outra corrente de pensamento sugere a articulação "de políticas e de medidas de desenvolvimento sustentável" (isto é, medidas para colocar um país em uma trajetória de baixo carbono que sejam inteiramente compatíveis com as prioridades domésticas de desenvolvimento) pelos países em desenvolvimento, combinado com as reduções absolutas pelos países de alta renda (Baumert; Winkler, 2005). Enquanto os pontos específicos de cada proposta puderem ser debatidos, o regime climático estará bem servido por uma política de pragmatismo construída em torno da integração cuidadosa do clima e do desenvolvimento.

Para que os países em desenvolvimento acreditem que a integração do clima e desenvolvimento não se trata de um terreno escorregadio para a mitigação da responsabilidade sendo imposta a eles, será necessário ter a barreira de um princípio de justiça no regime global. Um exemplo pode ser um objetivo em longo prazo de emissões *per capita* nos países que convergem para uma faixa; esse princípio poderia servir como uma bússola moral e um meio de assegurar que o regime não aprisione um futuro de emissões extremamente injustas. Além disso, quando os aspectos específicos puderem ser debatidos, um regime legítimo do clima precisará se ancorar em alguma forma de justiça.

Dada a responsabilidade histórica do norte para com os estoques dos gases de efeito estufa, já corroborados por declarações incisivas na Convenção-Quadro, é difícil imaginar um regime global eficaz que não seja conduzido pela ação precoce e mitigação robusta pelo mundo desenvolvido. A combinação de ação precoce pelo norte, um princípio de justiça sólido e um espírito do pluralismo nas negociações poderia fornecer a base para transcender a dicotomia do meio ambiente-justiça que prejudicou as negociações globais sobre o clima.

Divisão do ônus e ação precoce oportunista

As interpretações ambientais e da justiça referentes ao clima compartilham uma premissa comum: o desafio da divisão do ônus. A linguagem de divisão do ônus sugere que a mitigação do clima irá impor custos consideráveis às economias nacionais. Uma vez que a infraestrutura atual e a produção econômica são construídas na suposição do carbono gratuito, construir economias e as sociedades em torno do carbono caro onera consideravelmente os ajustes. A difícil política norte-sul em torno do clima é bem próxima à premissa de divisão do ônus, pois as interpretações sobre meio ambiente e justiça do problema implicam maneiras muito distintas de compartilhar um ônus e, consequentemente, custos políticos diferentes.

Quanto ao reconhecimento de como a divisão do ônus contribui para uma política enraizada, os defensores da mitigação precoce do clima procuraram desenvolver uma contranarrativa dela como uma oportunidade a ser aproveitada, em vez de um ônus a ser dividido. Eles afirmam que o histórico da regulamentação ambiental está repleto de exemplos das respostas à regulamentação que provaram ser menos onerosas do que se temia – a chuva ácida e o exaurimento do ozônio são dois exemplos bem conhecidos (Burtraw et al., 2005; Barrett, 2006). Mesmo que a mitigação do clima imponha custos no agregado, há vantagens relativas para os pioneiros em tecnologias da mitigação. Eles estarão em posição de capturar os novos mercados que surgirem, enquanto o preço do carbono é definido. Muitas oportunidades da mitigação do clima, principalmente uso eficaz da energia, podem ser colhidas a custo econômico negativo e trazer outros benefícios para o desenvolvimento. Em médio prazo, o primeiro permite que as sociedades cultivem os *feedbacks* positivos entre instituições, mercados e tecnologia, enquanto suas economias são reorientadas em torno de um futuro de baixo carbono. Em sua variante mais forte, a narrativa da oportunidade é de apreender a vantagem em ser o primeiro na mitigação do clima, independentemente do que outros países fazem.

É importante, no entanto, não exagerar essa narrativa. Conceitualmente, a firmeza da tecedura entre o clima e o desenvolvimento industrial sugere que os custos do ajuste provavelmente serão substanciais – e que comparações passadas como a chuva ácida e o exaurimento de ozônio são de relevância limitada. Nem o estoque do capital industrial construído em torno do carbono gratuito, nem a dependência em doações dos combustíveis fósseis podem simplesmente ser eliminados por um passe de mágica. Os céticos observarão que, até agora, a narrativa da oportunidade do clima não foi alcançada porque não houve ações concretas por parte de nenhum país de alta renda para permitir que países em desenvolvimento concretizassem essa oportunidade.

Além disso, mesmo que os países acreditem na língua da oportunidade, provavelmente atuarão de maneira estratégica, mantendo uma posição pública com base na divisão do ônus na carga que compartilham para ganhar uma negociação, mesmo que, em particular, procurem capturar oportunidades disponíveis. Assim, é pouco provável que a captura de oportunidade derrube por completo a divisão de ônus como uma narrativa dominante em curto prazo – ela fornece apenas uma abertura limitada para mudar a política enraizada da mudança climática.

É importante, entretanto, que essa abertura limitada esteja conquistada. A perspectiva de um raio de esperança de oportunidade econômica à nuvem climática fazer pender o equilíbrio político para se começar com a tarefa árdua de conduzir as economias e as sociedades um futuro de baixo carbono. Não é fácil tentar vender a ideia sem a perspectiva de um lado positivo. E começar é importante, porque cria grupos com um interesse em um futuro de baixo carbono, iniciando o processo de experimentação, e aumenta os custos para quem for deixado para trás, o que gera um efeito da tração. O fato de a linguagem da captura de oportunidades não ser irrefutável não nega seu potencial de se opor à divisão de ônus, como o construto destacado no debate climático (Quadro 5.2).

Resultado previsível do clima e processo imprevisível de desenvolvimento

A divisão do ônus está ligada ao enquadramento do problema climático ao meio ambiente, do qual surge a necessidade de definir metas absolutas de redução para evitar a mudança climática catastrófica. Com base nas recomendações do Painel Intergovernamental sobre Mudança Climática (IPCC), alguns países e defensores insistiram em um objetivo global de restringir a elevação de temperatura global em não mais do que 2°C, o que exigirá a diminuição de emissões globais em pelo menos por 50% (o limite mais baixo da escala do IPCC é de 50%-85%) em 2050 em relação aos níveis de 1990.[5] Em resposta, diversos países de alta renda submeteram propostas-alvo nacionais de redução (para 2050 e, em alguns casos, para os anos intermediários).[6] A ideia subjacente é medir e avaliar o progresso para enfrentar o desafio do clima.

Um objetivo global é particularmente útil como uma maneira de avaliar as ofertas do compromisso do mundo de alta renda contra a magnitude do desafio. Mas, como discutido no Capítulo 4, a aritmética simples sugere que um objetivo global traz igualmente implicações para países em desenvolvimento; a lacuna nas reduções entre a meta global e a soma de alvos dos países de alta renda deverá ser atendida pelos países em desenvolvimento. Por conseguinte, vários desses países resistem a essa abordagem como um subterfúgio para forçar compromissos por parte do mundo em desenvolvimento ou insistem em um exame simultâneo de uma estrutura de alocação.[7] Essa resistência tem sua origem menos na oposição ao objetivo global e mais em um sentido

---

5 Ver Foco A sobre ciência e discussão no Capítulo 4.
6 Proposta da UE à UNFCCC – disponível em: <http://unfccc.int/files/kyoto_protocol/application/pdf/ecredd191108.pdf>, acesso em: 5 ago. 2009.
7 Propostas da Índia e da China à UNFCCC – disponível em: <http://unfccc.int/files/kyoto_protocol/application/pdf/indiasharedvisionv2.pdf> e <http:// unfccc.int/files/kyoto_protocol/application/pdf/china240409b.pdf>. Acesso em: 6 jul. 2009. Quanto à perspectiva da sociedade civil, ver Third World Network, "Understanding the European Commission's Climate Communication" – disponível em: <http://www.twnside.org.sg/title2/climate/info.service/2009/climate.change.20090301.htm>. Acesso em: 8 jul. 2009.

QUADRO 5.2 *Algumas propostas para a partilha do ônus*

Contração e convergência
A abordagem de contração e convergência atribui a cada ser humano um direito igual às emissões de gases de efeito estufa. Todos os países seguiriam dessa maneira para as mesmas emissões *per capita*. As emissões totais seriam contraídas com o decorrer do tempo, e as *per capita* convergiriam em um único número. O valor real da convergência, a trajetória para a convergência e o tempo para ser alcançada seriam negociáveis.

Direitos de Emissão de Gases de Efeito Estufa por Nível de Desenvolvimento
O esquema de Direitos de Emissão de Gases de Efeito Estufa por Nível de Desenvolvimento discute que não se espera que quem lute contra a pobreza concentre seus recursos limitados para evitar a mudança climática. Em vez disso, argumenta que os países mais ricos, com maior capacidade de pagar e maior responsabilidade pelo estoque existente das emissões, assumam a maior parte dos custos de um programa global de mitigação e adaptação.

A novidade da abordagem dos Direitos de Emissão de Gases de Efeito Estufa por Nível de Desenvolvimento é que ela define e calcula as obrigações nacionais com base em renda individual e não nacional. A capacidade de um país (recursos a pagar sem sacrificar necessidades) e a responsabilidade (a contribuição para o problema do clima) são assim determinadas pela quantidade de renda nacional ou de emissões acima "de um limiar de desenvolvimento". Estimam-se aproximadamente US$ 20 por pessoa por dia (US$ 7.500 por pessoa por ano), presumindo-se emissões proporcionais à renda. O índice da capacidade e responsabilidade do esquema de Direitos de Emissão de Gases de Efeito Estufa por Nível de Desenvolvimento atribuiria aos Estados Unidos 29% das reduções de emissões globais necessárias em 2020 para a estabilização em 2°C, 23% à União Europeia e 10% à China. A parcela da Índia nas reduções de emissões globais seria ao redor de 1%.

Proposta do Brasil: responsabilidade histórica
Em 1997, nas negociações que conduziram ao Protocolo de Kyoto, o governo brasileiro propôs que "a responsabilidade histórica" fosse usada como base para repartir o ônus da mitigação entre os países do Anexo I (os países com metas firmes). A proposta procurou tratar da "relação entre as emissões dos gases de efeito estufa pelas partes num período e o efeito de tais emissões em termos da mudança climática, como medido pelo aumento da temperatura média da superfície global". A característica notável da proposta era o método usado para distribuir os ônus da redução de emissão entre os países, de acordo com quais metas da emissão de um país do Anexo I devem ser definidas com base na responsabilidade relativa desse país para a elevação de temperatura global.

A proposta incluiu "um modelo de proposta de política" para determinar metas de emissão para os países e sugeriu a necessidade de "modelo climático com medidas acordadas" para estimar a contribuição de um país para o aumento da temperatura global.

Orçamento de carbono
De acordo com um grupo de pesquisa da Academia Chinesa de Ciências Sociais:

- Os direitos de emissão de gases de efeito estufa são um direito humano que assegura a sobrevivência e o desenvolvimento. A igualdade significa assegurar a igualdade entre indivíduos, não entre nações.
- O ponto fundamental em promover a igualdade entre indivíduos é assegurar os direitos da geração atual. O controle do crescimento populacional é uma opção da política para promover o desenvolvimento sustentável e retardar a mudança climática.
- Dada a riqueza acumulada durante o desenvolvimento, que foi acompanhado das emissões de gases de efeito estufa, a igualdade hoje compreende o lucro obtido no desenvolvimento histórico, atual e futuro.
- Dar a prioridade às necessidades básicas significa que a alocação dos direitos de emissão deve refletir diferenças em ambientes naturais.

Se forem consideradas apenas as emissões de CO_2 dos combustíveis fósseis, e se elas tiverem outro pico em 2015 e caírem 50% aos níveis de 2005 em 2050, o orçamento de carbono anual *per capita* de 1900 a 2050 será de 2,33 toneladas de CO_2. As alocações iniciais do orçamento de carbono para cada país devem ser proporcionais à população do ano-base, com ajustes para fatores naturais, tais como clima, geografia e recursos naturais.

Aos países em desenvolvimento, apesar de com frequência estarem historicamente abaixo do orçamento e, assim, terem o direito de crescer e criar emissões, nada resta a não ser transferir seus orçamentos de carbono para as nações desenvolvidas a fim cobrir os excessos históricos destas e assegurar necessidades básicas do futuro.

Esse débito histórico atinge cerca de 460 gigatoneladas de CO_2. Ao custo atual de US$ 13 por tonelada, o valor desse débito seria de US$ 59 trilhões – muito mais do que é fornecido atualmente aos países em desenvolvimento em ajuda econômica para combater a mudança climática.

As altas emissões *per capita* continuadas nos países de alta renda podiam, em parte, ser deslocadas pelo mercado do carbono. É provável, porém, que os impostos progressivos do carbono sejam necessários, com o excesso transferido à seguinte rodada dos comprometidos.

Fontes: Meyer (2001) e Baer, Athanasiou e Kartha (2007). Brasil: proposta do governo brasileiro à UNFCCC em 1997 – disponível em: <http:// unfccc.int/cop3/resource/docs/1997/agbm/misc01a3.htm>. Acesso em: 7 jul. 2009. Orçamento de carbono: reproduzido de Jiahua e Ying (2008).

---

de que a linguagem da previsibilidade provará ser um terreno escorregadio para a tradução de todas as ações nas reduções de emissões absolutas, conduzindo a um limite implícito em emissões do país em desenvolvimento.

O desafio climático apresenta-se bem diferente se visto pela lente do desenvolvimento. Com base em uma história intelectual rica e complexa, uma corrente recente de pensamento concentra-se nas instituições e na inércia institucional do desenvolvimento (Capítulo 8). Nessa perspectiva, as "regras formais do jogo" e as normas informais, incluindo aquelas incorporadas à cultura, são as causas determinantes de incentivos econômicos, da transformação institucional, da inovação tecnológica e da mudança social. A política é primordial nesse processo porque os atores diferentes organizam-se para mudar as instituições e transformar incentivos. Do mesmo modo, também são os mapas mentais que os atores podem trazer para a sua participação em processos de desenvolvimento. Três ideias fundamentais são relevantes aqui. Primeiramente, o desenvolvimento é um processo de mudança, conduzido de baixo para cima. Em segundo, a história e os padrões passados das instituições importam bastante, e os moldes comuns são de uso limitado – não há tamanho único. Em terceiro lugar, essa caracterização da mudança aplica-se igualmente aos países de alta renda, mesmo que o desafio das instituições imperfeitas e incompletas pareça menos desanimador e as políticas de cima para baixo e os sinais de preço sejam considerados os principais direcionadores da mudança.

Nessa perspectiva, a tarefa do desenvolvimento com baixa taxa de emissão de carbono nos países em desenvolvimento é um processo a longo prazo, menos favorável à condução a partir de cima, em razão de metas e prazos, do que nos países de alta renda. Em vez disso, as mudanças no sentido do desenvolvimento com baixa taxa de emissão de carbono podem ser ocasionadas apenas pela interiorização desse objetivo nos processos de desenvolvimento maiores que já contam com a participação das burocracias, os empreendedores, a sociedade civil e os cidadãos. Ou seja, o clima tem que ser integrado com o desenvolvimento. Um exemplo dessa abordagem pode ser repensar o planejamento urbano em um futuro de baixa emissão de carbono, assegurando o posicionamento de trabalho e residência de modo a reduzir a necessidade de transporte, com projetos de edifícios mais sustentáveis e planejamento de soluções de transporte público (ver Capítulo 4). Isso contrasta com uma abordagem de breve duração atrelada a metas, que pode enfatizar carros mais econômicos em termos de combustível nas infraestruturas urbanas existentes.

Como destacado no Capítulo 4, ambas as abordagens são necessárias: uma para dar resultados em curto prazo e outra para permitir a transformação necessária em longo prazo. As duas perspectivas são, assim, complementares. Uma perspectiva orientada pelo clima pode gerar várias prescrições de política em curto prazo, que podem, em medida substancial, ser executadas nos países com ajuste mínimo, enquanto, ao mesmo tempo, rendem benefícios de desenvolvimento. Muitos deles estão no âmbito do uso eficaz da energia, como códigos de edificação melhorados, padrões do dispositivo e semelhantes.[8] Essas abordagens podem se encaixar em um processo em longo prazo que vise repensar o desenvolvimento pelo prisma climático.

A preocupação com o curto prazo e o previsível não deve, contudo, desalojar a ou excluir transformações em longo prazo, mais fundamentais para o desenvolvimento de baixo carbono. E há os riscos de que uma avaliação extremamente entusiasmada de esforços de um país em desenvolvimento para uma meta global em longo prazo o fará. Como descrito anteriormente, muitas medidas transformacionais não estão sujeitas ao planejamento de cima para baixo e não estão sujeitas à previsão e à medida fácil. Certamente, uma insistência sobre a medida e a previsibilidade incentivarão somente medidas modestas para minimizar riscos de não adesão. Além disso, toda a sugestão de uma meta implícita alcançada pela subtração de emissões de países de alta renda de uma meta global incentiva o jogo estratégico; nessas circunstâncias, os países têm um incentivo para persuadir a comunidade internacional, que pouco pode fazer em nível doméstico e somente a custo elevado.

A reconciliação dessas duas perspectivas pode demandar uma abordagem aninhada dupla de curto a médio prazos, pelo menos até 2020. Consoante com o princípio da UNFCCC de "terra comum mas de responsabilidade diferenciada", os países de alta renda poderiam concordar em priorizar a previsibilidade da mitigação direcionada à mitigação do carbono para oferecer alguma garantia de que o mundo está na trajetória para enfrentar o desafio do clima. Aqui, as metas de curto e médio prazos para 2020 e 2030 são tão significativas quanto uma meta para 2050, porque as reduções de carbono são mais úteis agora do que posteriormente e porque podem ganhar a confiança do mundo em desenvolvimento. Os países em desenvolvimento poderiam seguir uma segunda trajetória, discutida mais adiante neste capítulo, que define prioridades para reorientar suas

---

[8] Por exemplo, o McKinsey Global Institute (2008) sugere que a ação concentrada em seis áreas de políticas resulta em aproximadamente 40% do potencial de redução identificado em sua abordagem de custo-curva.

economias e sociedades para o desenvolvimento com baixa taxa de emissão de carbono.

A título de esclarecimento, essas abordagens não precisam e não devem comprometer os padrões de vida, mas devem explorar de maneira ousada os benefícios do desenvolvimento para o clima. Abrigados nessa meta de longo prazo, os países em desenvolvimento poderiam concordar com as medidas "de melhor prática" em curto prazo, principalmente para o uso eficaz de energia, que trazem benefícios para o desenvolvimento e para o clima. Concordar em buscar essas medidas traria um certo grau de confiança de que alguns ganhos climáticos previsíveis ocorrerão em curto prazo.

O problema do financiamento – condicionalidade e posse

As tensões antecedentes estão muito próximas à introdução problemática de ações de financiamento do clima. Há um amplo consenso de que os países de alta renda transferirão alguns fundos ao mundo em desenvolvimento para ajudar especificamente com a adaptação – e para fornecer o financiamento separado para a mitigação. Mas as perguntas permanecem sobre quanto financiamento estará disponível, sua fonte, como seu gasto será controlado e em que base será monitorado; essas questões são discutidas aqui.

Há uma expectativa dos governos dos países de alta renda que todos os fundos fornecidos sejam bem direcionados para a mitigação do clima ou para a adaptação e as reduções reais e mensuráveis do produto (nas emissões ou na vulnerabilidade). Para esse fim, preveem ter de ignorar esses fundos, particularmente no clima fiscal apertado presente, em que os círculos eleitorais domésticos podem ter pouco apetite para emitir o dinheiro no exterior. Isso é especialmente verdadeiro para o financiamento da mitigação. Certamente, muitos países de alta renda consideram que os fundos públicos desempenham um papel limitado no financiamento de apoio do clima no mundo em desenvolvimento, em vez de prever que uma proporção maior de fundos seja aproveitada por meio dos mecanismos do mercado.

Os países em desenvolvimento consideram esses fundos inteiramente diferentes, ou seja, pagando para ajudá-los a definir e contribuir para mitigação de um problema que não lhes cabe. Por conseguinte, evitam todos os matizes de assistência e resistem fortemente a quaisquer mecanismos da condicionalidade. Pelo contrário, preveem o uso desses fundos como um guia para as prioridades do país receptor.

Os elementos em ambas as posições parecem razoáveis. Há bons argumentos para não considerar transferências de fundos relacionados ao clima sob guarda-chuva de assistência, em decorrência da responsabilidade do país de alta renda por uma parte substancial do problema climático. Contudo, parece politicamente difícil que países de alta renda assinem um cheque em branco sem nenhum mecanismo da prestação de contas para os fundos. Uma maneira seria concentrar-se no que o passado ensina sobre a condicionalidade como uma ferramenta.

Em parte, as posições dos países em desenvolvimento no debate climático são moldadas pelo histórico tenso da condicionalidade de debates sobre o desenvolvimento. A sociedade civil e outros atores passaram a considerar a condicionalidade como um instrumento que solapou a democracia e introduziu à força reformas impopulares. Como as circunstâncias impostas não provaram ser eficazes em ajudar os governos a encetar reformas politicamente difíceis, a condicionalidade em uma década deu lugar ao conceito quase oposto de "posse" de tomador de empréstimo de uma pauta de reformas, como condição prévia para políticas de empréstimos para reforma (Dollar; Pritchett, 1998). A lição para a mudança climática parece ser que – mesmo em bases puramente pragmáticas, colocando de lado os princípios vinculados à responsabilidade pelo problema – a condicionalidade não é simplesmente uma ferramenta eficaz para fazer que os governos tomem as medidas com pouco apoio doméstico.

Felizmente, há uma maneira mais produtiva de conceituar como os fundos do clima podem ser usados. Uma primeira etapa exige a reorientação da atenção na implementação de ações predeterminadas por um doador para a organização do investimento em torno de um processo para incentivar o desenvolvimento do país receptor e a posse de uma pauta de desenvolvimento de baixo carbono. Isso se assemelha à abordagem da estratégia da redução da pobreza discutida no Capítulo 6, por meio da qual os doadores alinham-se em torno de uma estratégia projetada e de propriedade do governo destinatário. Tal abordagem coloca ênfase no mecanismo da administração para que doadores e receptores do fundo examinem e vigiem coletivamente o financiamento climático.

Uma segunda etapa é para que o financiamento da mitigação apoie o desenvolvimento de baixo carbono e ações de mitigação bem específicas nos países em desenvolvimento que servem duplamente para mitigação climática e ganhos de desenvolvimento. Como discutido anteriormente, muitas medidas da eficiência energética seriam boas candidatas para um consenso fácil.

Chegar a um consenso de apoio ao desenvolvimento com baixa taxa de emissão de carbono é algo mais amorfo e desafiador. Mas a lição da condicionalidade é que a trajetória para o desenvolvimento com baixa taxa de emissão de carbono deve ser desenvolvida por meio de um processo que construa uma posse considerável do país receptor. Os esforços de vários governos, como México e África do Sul, entre outros, para desenvolver uma estratégia da mitigação do carbono em longo prazo, como uma base para identificar as ações concretas e procurar um modelo internacional de apoio, são interessantes. O restante deste capítulo discute a ideia para desenvolver essas abordagens alternativas.

Opções para ações de integração do país em desenvolvimento na arquitetura global

Os países em desenvolvimento precisam ser persuadidos de que há uma trajetória praticável para a integração de mudança climática e desenvolvimento se forem começar rapidamente a transição para uma trajetória de desenvolvimento com baixa de emissão de carbono. Se o regime climático internacional promover uma ação mais forte por países em desenvolvimento, deverá incorporar as abordagens novas apropriadas às suas circunstâncias. Qualquer esforço de mitigação necessário para os países em desenvolvimento deve ser alicerçado em "um claro entendimento do contexto econômico e governamental e em suas prioridades de desenvolvimento" (Heller; Shukla, 2003). O regime futuro deve ser projetado de maneira que reconheça seus esforços para reduzir as emissões ao conseguir seus objetivos de desenvolvimento.

Até o presente, o veículo preliminar para a ação da mitigação dentro do regime foram metas de emissão para toda a economia presas a níveis de emissão históricos com base anual, como no Protocolo de Kyoto. Tal abordagem com base em resultado (focada no "resultado" de emissão) segue o objetivo central de conseguir e manter um nível tolerável de concentrações dos gases de efeito estufa na atmosfera (ibidem). As metas fixas de emissão em toda a economia têm duas vantagens: fornecem a certeza sobre o resultado ambiental (presumindo-se que sejam encontrados) e dão aos países flexibilidade considerável para que eles possam escolher os meios mais apropriados, com melhor eficiência de custo na execução. Essa abordagem direcionada por meta é apropriada para os países desenvolvidos.

Uma abordagem centrada no clima, entretanto, é vista como problemática para países em desenvolvimento, pelo menos nessa etapa do regime climático. Muitos países em desenvolvimento veem um limite em emissões totais como um fator limitador ao crescimento econômico. Após demonstrar seu sucesso competitivo, os países temem que a pauta climática os detenha. Esses interesses originam-se no fato de que as principais forças motrizes do crescimento das emissões nos países em desenvolvimento são os imperativos do desenvolvimento de energias e crescimento econômico. E como uma matéria prática, a definição de uma meta de emissão de carbono em toda a economia e a adesão a ela requerem a habilidade de medir com exatidão e projetar com confiança emissões na economia de um país, uma capacidade que atualmente falta a muitos países em desenvolvimento.

Portanto, contar com a participação maior dos países em desenvolvimento no regime climático pode exigir abordagens alternativas mais apropriadas às suas circunstâncias. Essas abordagens poderiam aproveitar os tipos de ação e de estratégia que já estão sendo desenvolvidos ou executados em nível nacional. Ao contrário das metas de emissão, em geral, essas ações podem ser caraterizadas como "baseadas em políticas", concentrando-se nas atividades que geram emissões e não nelas mesmas. Para alcançar o uso eficaz da energia, um país poderia introduzir um padrão ou um incentivo para deslocar o comportamento ou a tecnologia. Um resultado seria a redução das emissões de gases de efeito estufa, mas a política também produziria os benefícios mais estreitamente relacionados aos objetivos do desenvolvimento núcleo de um país, como maior disponibilidade de energia e acesso. Dependendo de suas circunstâncias,

> **QUADRO 5.3** *As abordagens multifuncionais têm bom resultado em termos de eficácia e lucro*
>
> A modelagem recente do Joint Global Change Research Institute do Battelle Memorial Institute, em colaboração com o Pew (Center on Global Climate Change), indica que uma estrutura climática "multifuncional integrada", na qual os países desenvolvidos assumem metas de emissão em toda a economia e os países em desenvolvimento assumem políticas sem metas, pode produzir reduções de emissões globais coerentes em meados do século, alcançando concentrações atmosféricas de gases de efeito estufa de 450 ppm de CO_2 em 2100.[a]
>
> Nos cenários de política global, as regiões desenvolvidas reduzem suas emissões em 20% abaixo dos níveis de 2005 em 2020 e 80% abaixo em 2050; as regiões em desenvolvimento adotam uma escala das políticas no setor energético, de transporte, industrial e de construção civil, tais como metas de intensidade de carbono, padrões de eficiência e metas de energia renovável.
>
> As políticas específicas e sua rigidez variam conforme as regiões dos países em desenvolvimento. O "crédito embasado em política" concede créditos de emissões comercializáveis às regiões em desenvolvimento para uma parcela das reduções que suas políticas conseguem (começando com 50% em 2020 e declinando até zerar em 2050).
>
> A análise mostra reduções de emissões globais em 2050 quase tão íngremes quanto aquelas em uma trajetória "eficiente" idealizada de 450 ppm, em que a troca global completa de emissões alcança reduções onde e quando forem mais econômicas. Globalmente, os custos até 2050 são mais elevados do que no caso eficiente, enfatizando a importância de seguir para a cobertura completa das emissões e da troca global completa em meados do século. Mesmo com essa perda em eficiência, os custos permanecerão abaixo de 2% do produto interno bruto (PIB) global em 2050. Além disso, a abordagem de crédito com base em política redistribui custos globais, de modo que os custos, como parcela do PIB, sejam significativamente mais baixos em regiões em desenvolvimento. Nos primeiros anos, a receita da venda de créditos das emissões excede os custos domésticos da mitigação em algumas regiões em desenvolvimento, o que produz ganhos econômicos líquidos.
>
> *Fonte:* Calvin et al. (2009).
>
> [a] O modelo não examina especificamente aumentos da temperatura. Porém, 450 ppm de CO_2 correspondem às concentrações de aproximadamente 550 ppm de CO_2e (uma medida de todos os gases de efeito estufa, e não apenas de CO_2) e, portanto, aos aumentos possíveis da temperatura ao redor 3°C. Quando da impressão deste livro, esse exercício não tinha sido realizado para 450 ppm de CO_2e, que corresponde a uma probabilidade de que 40% a 50% do aquecimento permaneça abaixo do 2°C.

os países poderiam propor conjuntos diferentes de políticas ou ações que tratem dos objetivos de desenvolvimento, como crescimento econômico, segurança energética e mobilidade melhorada, e que, ao mesmo tempo, tragam cobenefício de emissões reduzidas.

Uma questão importante, entretanto, refere-se a como reconciliar essa abordagem com a urgência dada no Capítulo 4 – a noção de que, a menos que a mitigação seja imediata e global, não será possível manter o aquecimento próximo a 2°C. A análise nova, apresentada a seguir, em estruturas multifuncionais e o impacto dos compromissos avançados sugerem que seria possível haver uma abordagem flexível.

Uma estrutura multifuncional integrada do clima

Para melhor integrar as preocupações com desenvolvimento nos esforços da mudança climática, o regime climático global deve ser mais flexível e abrigar circunstâncias e estratégias nacionais diferentes, especialmente para esforços da mitigação. O Protocolo de Kyoto estabelece um único tipo de compromisso da mitigação – um limite obrigatório, absoluto de emissões. Isso é seguro do ponto de vista da eficácia ambiental e da eficiência econômica, mas como matéria política e prática é uma trajetória improvável para países em desenvolvimento nessa fase.

Um regime mais flexível que integre abordagens diferentes por países diferentes pode ser conceituado como uma estrutura "multifuncional integrada" (Bodansky; Diringer, 2007). Muitos regimes internacionais apresentam as caraterísticas de tal abordagem. Por exemplo, o regime de comércio multilateral inclui os acordos aceitos por todos os membros da Organização Mundial do Comércio e acordos multilaterais entre agrupamentos menores dos membros. O regime Transporte Transfronteiriço a Longa Distância da Poluição do Ar da Europa e a Convenção Internacional para a Prevenção da Poluição dos Navios compreendem os acordos nucleares que determinam termos comuns e os anexos que estabelecem obrigações diferenciais. As experiências nessas arenas trazem lições valiosas para os criadores de políticas climáticas, mas o regime climático exige uma arquitetura distinta que combine um conjunto original de imperativos políticos e da política.

Em geral, um regime climático multifuncional poderia incluir pelo menos duas funções distintas de mitigação:

- *Função da meta.* Para países desenvolvidos e outros países que podem ser preparados para empreender tais compromissos, a função da meta estabeleceria objetivos de emissão obrigatórios, absolutos e em toda a economia que substituiriam aqueles definidos no período de compromisso inicial do Protocolo de Kyoto. Os países com tais metas teriam acesso total aos mecanismos internacionais de troca de emissões do acordo.

- *Função com base em política.* Nessa função, os outros países concordariam em assumir as políticas e as ações de condução nacional para a redução ou o crescimento das emissões. Tais políticas poderiam ser embasadas por setor no nível econômico e incluir, por exemplo, padrões da eficiência energética, metas de energia renovável, medidas fiscais e políticas de uso do solo. Os países poderiam propor políticas individuais ou estratégias de desenvolvimento com baixa emissão de carbono detalhadas que identifiquem setores e políticas da prioridade e o apoio necessários para sua execução.

A modelagem recente de tais estruturas híbridas sugere que as abordagens multifuncionais apresentam bom resultado na eficácia e no lucro ambientais e que as perdas de eficiência podem promover compensações razoáveis para se conseguir a participação ampla nas políticas que alinham os países coletivamente quanto às concentrações de gases de efeito estufa de 450 partes por milhão (ppm) de CO_2 ou de 550 ppm de CO_2e (Quadro 5.3).

Outro modelo também mostrou de forma convincente que uma estrutura multifuncional poderá ser muito eficaz se trouxer alguma certeza sobre quando um país pode se comprometer com um acordo obrigatório (Blanford; Richels; Rutherford, 2008; Richels; Blanford; Rutherford, no prelo). De fato, isso reduz o custo para um país aderir a um acordo obrigatório no futuro, porque dispersa a transição durante um período mais longo, e os investidores podem incluir eventuais alterações de política em suas escolhas de investimento, um processo que reduz a quantidade de recursos atrelados ou as remodelações caras que restariam a um país.

Além das trajetórias de mitigação, um acordo detalhado deveria incluir:

- Uma trajetória da adaptação para ajudar os países vulneráveis com planejamento e execução da adaptação.
- Elementos para cortes em termos de tecnologia, finanças e apoio da capacitação para países em desenvolvimento.
- Meios para medir, relatar e verificar ações de mitigação e apoio para ações de mitigação de países em desenvolvimento, conforme o Plano de Ação de Bali.

O Capítulo 4 mostrou que seria quase impossível permanecer próximo a 2°C de aquecimento com participação retardada dos países em desenvolvimento. Pelo contrário, as estruturas multifuncionais permitem a ação precoce, mas destacam opções ganha-ganha. Os modelos e as abordagens discutidos aqui sugerem que as abordagens multifuncionais e as políticas progressistas e previsíveis são valiosas para reconciliar a necessidade de ação urgente e a prioridade que devem ser concedidas para que haja desenvolvimento e redução da pobreza.

Uma trajetória de mitigação baseada em política

Para reconhecer e promover esforços de um país em desenvolvimento em termos de mitigação, o principal elemento necessário no regime climático é uma categoria nova de ação da mitigação que é larga e flexível o bastante para incorporar uma grande variedade de ações. Muitos países em desenvolvimento começaram a identificar as políticas e as ações potenciais existentes em nível nacional que, embora não conduzidas exclusiva ou primeiramente por preocupações com a mudança climática, contribuem para os esforços de mitigação climática. Enquanto essas políticas e ações surgem em contextos nacionais, elas refletem de maneira inerente circunstâncias nacionais de um país e seus objetivos e prioridades do desenvolvimento. De fato, muitas dessas políticas são conduzidas por objetivos do desenvolvimento, como acesso à energia e segurança desta, melhor qualidade do ar, melhores serviços de transporte e silvicultura sustentável, sendo a mitigação um cobenefício fortuito.

Um mecanismo que permita a integração de tais políticas de âmbito nacional conduzidas na estrutura internacional oferece quatro vantagens aos países em desenvolvimento. Primeiro, permite que eles contribuam para o esforço do clima nas maneiras que, por sua própria determinação, são compatíveis com suas agendas do desenvolvimento. Em segundo, permite que cada país tome a dianteira com um pacote nacionalmente criado para suas próprias circunstâncias, capacidades e potencial da mitigação. Em terceiro lugar, se acopladas a um mecanismo robusto da sustentação, as políticas podem ser dimensionadas ou niveladas de modo a proporcionar uma ação mais incisiva para sustentação mais forte. Em quarto, ao mesmo tempo que fornece um caminho livre para esforços mais sólidos de mitigação por parte dos países em desenvolvimento, não os vincula aos limites de emissão determinados, que tais países percebem como restrições impróprias para seu crescimento e desenvolvimento.

O caso para uma trajetória com base em política foi apresentado na literatura acadêmica de maneiras diferentes. Uma formulação, chamada de "políticas e medidas de desenvolvimento sustentável" (sustainable development policies and measures – SD-PAM), prevê garantias voluntárias por parte dos países em desenvolvimento (Winkler et al., 2002). Outra proposta descreve "os compromissos com base em políticas", nos quais o teor da política pode ser idêntico àquele sob uma abordagem SD-PAM, mas que se refletiria na estrutura internacional mais como um compromisso do que uma ação voluntária (Lewis; Diringer, 2007). Desde a adoção do Plano de Ação de Bali, os governos apresentaram propostas que tratam de vários aspectos de como uma abordagem com base em políticas poderia ser implementada em um acordo climático futuro.[9]

Na formação de uma nova trajetória com base em políticas como parte de uma estrutura internacional de desenvolvimento climático, os governos precisariam considerar diversas questões afins, como:

- O processo para que os países apresentem políticas e ações e façam que estas sejam refletidas na estrutura internacional.
- O caráter jurídico dessas políticas e ações.
- As ligações a outros mecanismos que trazem incentivos e apoio para sua execução.
- Os padrões e os mecanismos para medir, relatar e verificar as políticas e as ações e seu apoio.

Processo para introdução de ações de políticas. Para que haja reconhecimento das ações da política do país no arcabouço internacional, os governos precisariam estabelecer um processo para apresentá-las e, possivelmente, para que as outras partes as considerem e aceitem. Nas negociações, algumas partes propõem a criação de um "registro" para que os países registrem ações da mitigação adequadas a seu país que planejam ou se proponham a executar.[10]

Uma questão fundamental é se o processo de apresentar ações ocorre durante as negociações de um novo acordo ou se destas resulta. Estas seriam preferíveis para a maioria dos países em desenvolvimento. Nesse cenário, um acordo novo estabeleceria metas de emissão obrigatórias para os países desenvolvidos, mecanismos de apoio para esforços de mitigação e adaptação do país em desenvolvimento, e um processo para que os países em desenvolvimento definam suas ações de mitigação. Contudo, os países desenvolvidos relutariam em participar de metas de emissão obrigatórias, salvo se os principais países em desenvolvimento estejam preparados para indicar, ao mesmo tempo, quais ações empreenderão. Nesse caso, o processo de especificação das ações seria preparado como parte do processo de negociação, com o objetivo de atingir as metas detalhadas de integração obrigatórias do acordo para os países desenvolvidos e as ações de políticas especificadas para os países em desenvolvimento.

Nesses casos, as partes necessitam também considerar se o processo deve ser completamente aberto, com os países livres para propor qualquer tipo de política ou de ação, ou limitado de uma certa maneira. Uma opção proposta nas negociações é um menu, ou "caixa de ferramentas", de ações de mitigação em que países em desenvolvimento farão suas escolhas.[11] O menu identificaria amplas categorias de ação, e as partes seriam convidadas a propor políticas ou planos de ação detalhados nas categorias que escolhessem. Em termos de consistência ou de

---

[9] Ver, por exemplo, propostas da África do Sul para a UNFCCC – disponível em: http://unfccc.int/files/meetings/dialogue/application/pdf/work- ing_paper_18_south_africa.pdf> – e República da Coreia – Disponível em: <http://unfccc.int/resource/docs/2006/smsn/parties/009.pdf>. Acesso em: jun. 2009.

[10] Propostas da África do Sul e República da Coreia à UNFCCC – Disponível em: <http://unfccc.int/resource/docs/2006/smsn/parties/009.pdf>. Acesso em: jun. 2009.

[11] Proposta da África do Sul à UNFCCC – disponível em: <http://unfccc.int/files/meetings/dialogue/application/pdf/working_paper_18_south_ africa.pdf>. Acesso em: jun. 2009.

comparabilidade, seria recomendável criar algum tipo de modelo a ser seguido pelos países na descrição de suas ações de mitigação.

Outra consideração importante é quantificar os impactos esperados das emissões nas ações de mitigação. Embora os países que adotaram uma trajetória com base em políticas não estejam comprometidos com os resultados específicos da emissão, outras partes desejarão conhecer os impactos de suas ações em suas emissões futuras. No mínimo os países devem estar preparados para oferecer tais projeções. A depender do tipo de processo definido, as projeções da emissão também deveriam ser preparadas ou verificadas por um órgão intergovernamental ou por uma terceira parte independente.

Caráter jurídico. O Plano de Ação de Bali distingue "compromissos ou ações de mitigação adequadas à realidade nacional" por parte dos países desenvolvidos de "ações de mitigação nacionalmente apropriadas" por parte dos países em desenvolvimento, ou seja, as ações dos países em desenvolvimento não devem ter a forma de compromissos juridicamente obrigatórios. Certamente, as propostas apresentadas pelos países em desenvolvimento nas negociações pós-Bali, inclusive propostas para um registro de ações de países em desenvolvimento, enfatizam a natureza voluntária dessas ações.

O Plano de Ação de Bali, no entanto, não impossibilita expressamente compromissos por parte dos países em desenvolvimento, ao contrário do Mandato de Berlim de 1995 que moldou as negociações que serviram de base para o Protocolo de Kyoto. Na rodada de negociações atual, alguns países desenvolvidos assumiram a posição de que as ações por parte de alguns países em desenvolvimento devem ser obrigatórias.[12] Entretanto, os países em desenvolvimento relutaram em assumir compromissos obrigatórios, pelo menos nessa fase.

---

12 Por exemplo, em suas propostas à UNFCCC, os Estados Unidos e a União Europeia indicam que os principais países em desenvolvimento devem se comprometer com a formulação e o envio de estratégias de baixo carbono à UNFCCC. Ver UNFCCC/AWGLCA/2009/MISC.4 – disponível em: <http://unfccc.int/resource/docs/2009/awglca6/eng/misc04p02.pdf>, acesso em: 5 ago. 2009.

Vínculos para o apoio. Os esforços resolutos dos países em desenvolvimento serão praticáveis somente com apoio internacional mais forte. Certamente, conforme o Plano de Ação de Bali, as ações de mitigação dos países em desenvolvimento devem "ser apoiadas e possibilitadas pela tecnologia, pelo financiamento e pela capacitação". Os mecanismos potenciais para gerar tal apoio são discutidos a seguir. Se coubesse às partes definir uma trajetória com base em políticas de mitigação para países em desenvolvimento, uma pergunta pertinente seria: "Como as ações, conforme essa trajetória, seriam vinculadas aos fluxos de apoio específicos?".

Todo o processo para permitir que os países proponham ações poderia, ainda, identificar meios e níveis de sustentação para elas. Por exemplo, ao lançar uma ação proposta em um registro de ação de mitigação, um país poderia indicar o tipo e o nível de apoio necessário para executá-la. Ou um país poderia especificar o nível de esforço necessário para realizar suas ações e um de mais alto nível de esforço que estivesse preparado para empreender com o apoio. Ou o lançamento de uma ação no registro poderia iniciar uma revisão por um órgão designado, usando critérios de consenso, para avaliar a necessidade de apoio e considerando as circunstâncias e capacidades de um país. Todas essas abordagens poderiam conduzir a uma determinação de apoio proporcional à ação proposta.

Medição, informação e verificação. Em Bali, as partes concordaram que os esforços de mitigação de países desenvolvidos e em desenvolvimento – assim como o apoio para os esforços de um país em desenvolvimento – devem ser "mensuráveis, informáveis e passíveis de verificação" (*measurable, reportable and verifiable* – MRV). As abordagens eficazes de MRV podem estabelecer e manter confiança das partes nos esforços respectivos de cada um e no regime total. Para serem praticáveis, os termos e os mecanismos de MRV devem equilibrar a necessidade de transparência e a responsabilidade em relação aos interesses tradicionais das partes quanto à soberania.

As exigências de informação para os países em desenvolvimento sob o regime existente são bem mínimas – as "comunicações" (que incluem inventários da emissão) são submetidas sem frequência e não são sujeitas a revisão. Em um acordo futuro, o mecanismo de MRV de ações do país em desenvolvimento quanto a uma trajetória com base em políticas de mitigação provavelmente exigiria uma abordagem mais rigorosa. Em primeiro lugar, as partes devem considerar que as ações são sujeitas a medição e verificação. Alguns países em desenvolvimento consideraram que o mecanismo de MRV deveria ser aplicado somente às ações para as quais estão recebendo apoio. Uma segunda questão é se a verificação é realizada pelo país, por um organismo internacional ou por terceiros. Em alguns regimes internacionais, as partes verificam suas próprias ações segundo os sistemas nacionais que devem estar em conformidade com as diretrizes internacionais. Em outros, equipes especializadas analisam o que é enviado pelas partes (quanto às comunicações e aos inventários nacionais de emissões enviados pelos países desenvolvidos, conforme a UNFCCC e o Protocolo de Kyoto).

A terceira é a métrica a ser empregada, independentemente dos meios da verificação. Um raciocínio para uma trajetória com base em políticas é que ela permite que as partes busquem os tipos de ação mais apropriados às suas circunstâncias e aos objetivos do desenvolvimento. Contudo, essa diversidade apresenta desafios para o mecanismo de MRV, porque é necessária uma métrica diferente para medir e verificar tipos diferentes de ação (padrões da eficiência, metas de energia renovável, impostos sobre carbono). Por sua vez, a maneira como o mecanismo de MRV é estruturado dependerá muito de como as ações são definidas. A necessidade de que estas sejam mensuráveis e passíveis de verificação poderia influenciar muito a maneira como as partes escolhem como defini-las. De algum modo, limitar os tipos de ações permissíveis em uma trajetória com base em políticas, como a criação de impostos internacionais sobre carbono ou um leilão das cotas de missão, facilitaria a verificação do mecanismo de MRV.

A medida e a verificação do apoio a um país em desenvolvimento dependerão muito também dos tipos e dos mecanismos específicos do apoio. Se um acordo novo for reconhecer a sustentação fornecida por meio de canais bilaterais, serão necessários critérios precisos para determinar que fluxos são "relativos ao clima" e "novos e adicionais". De maneira geral, o apoio gerado por meio de um instrumento multilateral, como um imposto internacional sobre carbono ou um leilão de cotas internacionais da emissão, seria mais facilmente verificável.

Apoio para esforços de mitigação nos países em desenvolvimento

A habilidade dos países em desenvolvimento de desenvolver e executar ações de mitigação de maneira eficaz dependerá em parte da disponibilidade do apoio adequado e previsível da comunidade internacional. As áreas gerais de apoio são finanças, tecnologia e construção de capacidade, além de: análise de potenciais de mitigação para identificar oportunidades de redução dos gases de efeito estufa com os cobenefícios mais econômicos e mais onerosos, com o desenvolvimento e a implementação de políticas da mitigação de gases de efeito estufa; difusão e emprego das melhores tecnologias disponíveis; medição e verificação de ações de mitigação; e benefícios associados ao desenvolvimento sustentável.

O apoio adequado exigirá um leque de mecanismos para gerar e canalizar recursos públicos de maneira que otimizem o investimento privado, que, em qualquer cenário, será a maioria dos fluxos disponíveis para uma transição de baixo carbono (ver Capítulo 6). O regime climático tem duas amplas formas de apoio – financiamento público e mecanismos com base em mercado –, e ambos devem ser substancialmente aumentados em um acordo futuro.

Financiamento público

Um novo esforço multilateral deve aumentar o financiamento público no apoio aos países em desenvolvimento. Entre as questões básicas, estão as fontes, os critérios e os instrumentos de financiamento, os vínculos com investimento privado e o controle e a administração de todos os mecanismos novos de financiamento (discutidos extensivamente no Capítulo 6). Esta seção destaca alguns resultados.

De acordo com o regime climático, a maioria dos fundos dependeu da garantia de países doadores, o que resultou em fluxos inadequados e imprevisíveis. Diversas propostas agora sob discussão poderiam produzir algumas fontes de financiamento mais confiáveis. Entre elas, os compromissos do financiamento alicerçado em critérios de avaliação de consenso, um imposto sobre o transporte aéreo internacional ou sobre outras atividades geradoras de gases de efeito estufa, ou um leilão de uma parcela de cotas internacionais de emissão dos países desenvolvidos. Uma outra opção – pressionada por países em desenvolvimento na Conferência sobre Mudança Climática da ONU realizada em Poznan, na Polônia, em dezembro de 2008 – é uma extensão do imposto existente sobre transações do CDM para outros mecanismos com base em flexibilidade de mercado do Protocolo de Kyoto (comércio internacional de emissões e implementação conjunta) (Akanle et al., 2008).[13]

Qualquer fundo novo poderia empregar vários instrumentos do financiamento, inclusive verbas, concessão de empréstimos, garantias de empréstimo ou outros da mitigação do risco, dependendo dos tipos de atividade a serem apoiadas. Para a tecnologia, as opções são pagamentos para o acesso e o uso da propriedade intelectual e do conhecimento tecnológico associado. Os critérios principais na seleção de atividades para o financiamento seriam a redução de emissão projetada por dólar investido, a contribuição de um projeto para metas de desenvolvimento sustentável de um país anfitrião ou a sua habilidade de otimizar o financiamento de carbono ou outro investimento privado.

Mecanismos com base em mercado

O Mecanismo de Desenvolvimento Limpo do Protocolo de Kyoto gerou fluxos substanciais para energias limpas e outros projetos de redução dos gases de efeito estufa nos países em desenvolvimento. Embora o CDM tenha apresentado êxito, do mesmo modo a experiência destacou muitos interesses e áreas para melhoria potencial (Capítulo 6). Além da reforma do modelo original do CDM, as partes começaram também a considerar abordagens alternativas ao crédito de emissões de modo a oferecer incentivos para investimento e redução de emissão em uma escala maior.

Em sua concepção inicial e no emprego presente, o CDM gera crédito de emissão a partir de projetos individuais propostos e certificados caso a caso. Do ponto de vista mais geral, essa abordagem com base em projeto exclui muitas estratégias com maior potencial de mitigação e impõe custos elevados de transação e ônus administrativos, o que limita significativamente o potencial de o CDM transformar tendências de emissão de longo prazo. Em uma tentativa inicial de tratar dessas preocupações, as partes interessadas criaram um CDM "programático", capaz de agregar atividades múltiplas no espaço e no tempo como um único projeto. Mas as reduções de emissões são medidas ainda com base em atividades discretas.

Os modelos alternativos agora em discussão compreendem crédito setorial ou com base em política. Ao permitir a geração de créditos com base em políticas ou em outros programas amplos, tais abordagens ajudariam a conduzir e apoiar esforços em maior escala de redução de emissão. Do ponto de vista setorial, por exemplo, as emissões seriam medidas por meio de todo o setor, e um país poderia ganhar créditos para todas as reduções abaixo de uma linha de base definida para as emissões. (Essa abordagem é descrita às vezes como "crédito setorial sem perda", porque um país não enfrenta consequências se as emissões estiverem acima da linha de base definida.) A linha de base poderia ser definida como um cenário de referência, recompensando qualquer desvio dos níveis projetados da emissão. Ou poderia estar abaixo do cenário de referência, o que exigiria que um país promovesse sozinho reduções para qualificar os créditos. Contudo, dadas as incertezas em todas as projeções de emissões futuras, a definição do cenário de referência é um tanto subjetiva e potencialmente controversa.

O crédito com base em políticas prevê que seria possível a um país ganhar créditos para as reduções verificáveis obtidas por meio da implementação de políticas de mitigação reconhecidas no regime climático ou pela ação de distribuição da tecnologia. Essa abordagem coaduna-se bem com a noção de uma trajetória de mitigação com base em política, pois introduz e implementa um incentivo com base em mercado para que os países desenvolvam, proponham e implementem políticas de mitigação alinhadas com suas metas de desenvolvimento. Poderiam ser definidas metodologias para quantificar as reduções a partir dos tipos diferentes de abordagens da política. Atribuir aos países todas as reduções geradas por suas ações de

---

13 Ver informações sobre os mecanismos de flexibilidade do Protocolo de Kyoto – disponíveis em: <http://unfccc.int/kyoto_protocol/mechanisms/items/1673.php>, acesso em: 8 jul. 2009.

políticas ocasionaria uma fonte de créditos excessiva; os países desenvolvidos puderam igualmente se opor a partir da premissa de que os países em desenvolvimento arcam com parte do custo de suas ações de políticas. O tratamento dessas preocupações se por meio da emissão de créditos somente após se obter um grau de redução ou desconto de créditos (por exemplo, mediante a emissão de uma tonelada de crédito para duas toneladas reduzidas).

Promoção dos esforços internacionais para integrar a adaptação ao desenvolvimento inteligente em termos climáticos

O apoio internacional mais forte para a adaptação é uma questão de necessidade, porque os impactos do clima já se fazem sentir e porque os pobres que contribuem menos para o problema enfrentam os riscos mais graves. Contudo, os esforços da adaptação devem ir além da estrutura do clima. Como sugerem os capítulos 2 e 3, os interesses e as prioridades da adaptação devem ser integrados em todo o espectro do planejamento econômico e da tomada de decisão do desenvolvimento nacional e internacional. O papel do regime climático internacional, em particular, reside em catalisar o apoio internacional e facilitar os esforços nacionais da adaptação. Aqui, o foco está em como a adaptação pode ser mais bem promovida e facilitada sob o regime climático internacional.

Esforços de adaptação sob o regime climático atual

Conforme a UNFCCC, todas as partes comprometem-se em implantar medidas de adaptação nacionais e cooperar no preparo para os impactos da mudança climática. Os países menos desenvolvidos devem receber consideração especial por causa de suas necessidades especiais em lidar com os efeitos adversos da mudança climática.[14] Os países menos desenvolvidos contam com o incentivo e o apoio da UNFCCC para o preparo de Programa Nacional de Ação para Adaptação que identifique as atividades prioritárias que atendam às suas necessidades urgentes e imediatas de se adaptar à mudança climática (ver Capítulo 8). Até o presente, 41 países menos desenvolvidos apresentaram programas de ação nacional.[15] O Programa de Trabalho de Nairóbi de cinco anos, adotado em 2005, visa ajudar esses países a melhorar sua compreensão e avaliação dos impactos da mudança climática e a tomar decisões consistentes quanto às ações práticas e medidas de adaptação.[16]

O financiamento atual para a adaptação sob o processo da UNFCCC dá-se principalmente por meio da prioridade estratégica do Fundo Global para o Meio Ambiente sobre Iniciativas da Adaptação; o financiamento adicional virá do Fundo de Adaptação da UNFCCC quando este estiver inteiramente operacional.

O esforço internacional até o presente trouxe poucas informações e capacitação, mas ainda precisa facilitar a implementação significativa no âmbito doméstico, o acesso à tecnologia ou a criação de instituições

---

14 Artigo 4.1 da UNFCCC.
15 Secretaria da UNFCCC – Disponível em: <http://unfccc.int/cooperation_support/least_developed_countries_portal/submitted_napas/items/4585.php>. Acesso em: 5 ago. 2009.
16 Decisão 2/CP.11 da UNFCCC.

"Vamos fazer um esforço conjunto... Agora, antes que seja tarde demais para salvar nossa Mãe Terra."

Sonia R. Bhayani, Quênia, 8 anos

Tewanat Saypan, Tailândia, 12 anos

nacionais para levar adiante a pauta de adaptação. O esforço é restrito pelo financiamento limitado (ver Capítulo 6) e pela participação restrita de agências nacionais de planejamento e desenvolvimento. O processo da UNFCCC tradicionalmente contou com agências ambientais; seu foco na mudança climática não pode facilmente conduzir a um esforço detalhado e multissetorial que trate da adaptação.

O fortalecimento da ação na adaptação sob a UNFCCC

O trabalho pelo processo de desenvolvimento nacional é essencial para incentivar o planejamento antecipado, com o propósito de reforçar a resiliência climática e desencorajar os investimentos que aumentem a vulnerabilidade do clima. O processo da UNFCCC pode complementar e facilitar esse processo no que se refere aos aspectos apontados a seguir.

- *Apoio às estratégias abrangentes nacionais de adaptação em países vulneráveis.* Essas estratégias criariam estruturas para a ação e reforçariam as capacidades nacionais. Aproveitariam os programas nacionais de ação para adaptação que tenham como meta prioridades urgentes, mapeamento dos planos detalhados de longo prazo que identifiquem os riscos climáticos, capacidades de adaptação existentes e necessárias, e políticas e medidas nacionais para integrar por completo a gestão de risco climático no processo de tomada de decisão sobre desenvolvimento. Além de organizar os esforços de adaptação nacionais, as estratégias poderiam servir como uma base para visão ao auxílio na implementação por meio do regime climático ou de outros canais.

- *A troca de experiências e melhores práticas, e coordenação de abordagens programáticas como apoio a sistemas nacionais, regionais e internacionais para a adaptação e resiliência* (Scientific Expert Group on Climate Change, 2007). Esse esforço serviria de orientação aos países para que estes possam avaliar a vulnerabilidade e conduzir a melhor forma de integrar atividades de adaptação no planejamento e as políticas de desenvolvimento setorial e nacional, assim como seria muito importante no que se refere à tecnologia de acesso para a adaptação. A participação universal na UNFCCC é um fórum original para países, organizações e entidades privadas para a troca de experiências e aprendizado mútuo. É essencial para o sucesso atrair as agências nacionais de desenvolvimento para que participem desse processo. Além de útil para difundir informações, o processo da UNFCCC pode ser usado para a criação de centros regionais de excelência para servirem de catalisadores das atividades locais, nacionais e regionais. Os impactos diretos da mudança climática são sentidos localmente, e as medidas da resposta devem ser adaptadas às circunstâncias locais. Os centros regionais, com apoio internacional, podem promover capacitação, atividades de pesquisa coordenadas e troca de experiências e melhores práticas.

- *Financiamento confiável para auxiliar os países na execução das medidas prioritárias identificadas em suas estratégias nacionais de adaptação.* O financiamento para a adaptação depende muito do financiamento público (ver Capítulo 6). Encontrar fontes adicionais de financiamento para a adaptação e agregá-las ao financiamento existente para o desenvolvimento é essencial para a adaptação eficaz. Os fundos poderiam vir de doadores, de impostos sobre CDM e da receita de impostos ou do leilão das cotas de emissão. Também é importante a definição de critérios para alocar fundos e criar acordos institucionais para seu controle (ver Capítulo 6). A alocação e o uso eficiente e justo do financiamento interessam a todos, pois o uso indevido dos recursos pode minar o apoio público para toda a pauta climática.

Seria necessário um novo órgão sob os auspícios da UNFCCC com a função de orientar as partes, avaliar as estratégias nacionais da adaptação e desenvolver critérios para a alocação de recursos. Tal órgão deveria trabalhar em parceria com outras agências de desenvolvimento internacionais e ter bastante independência para avaliar com credibilidade as estratégias e a alocação de recursos nacionais.

Como mencionado anteriormente neste capítulo, o regime atual da UNFCCC não inclui provisões adequadas para a adaptação. O Plano de Ação de Bali é uma grande oportunidade de dinamizar o processo da adaptação e de mobilizar o financiamento adequado para suportar a adaptação.

Referências bibliográficas

AKANLE, T. et al. *Summary of the Fourteenth Conference of Parties to the UN Famework Convention on Climate Change and Fourth Meeting of Parties to the Kyoto Protocol*. New York: International Institute for Sustainable Development, 2008.

BAER, P.; ATHANASIOU, T.; KARTHA, S. *The Right to Development in Climate Constrained World*: The Greenhouse Development Rights Framework. Berlin: Heinrich Böll Foundation, Christian Aid, EcoEquity, Stockholm Environment Institute, 2007.

BARRETT, S. Managing the Global Commons. In: *Expert Paper Series Two: Global Commons*. Stockholm: Secretariat of the International Task Force on Global Public Goods, 2006.

BAUMERT, K.; WINKLER, H. Sustainable Development Policies and Measures and International Climate Agreements. In: BRADLEY, R; BAUMERT, K. (Ed.) *Growing in the Greenhouse*: Protecting the Climate by Putting Development First. Washington, DC: World Resources Institute, 2005.

BLANFORD, G. J.; RICHELS, R. G.; RUTHERFORD, T. F. Revised Emissions Growth Projections for China: Why Post-Kyoto Climate Policy Must Look East. Cambridge, MA: Harvard Project on International Climate Agreements, 2008. Kennedy School Discussion Paper 08-06.

BODANSKY, D.; DIRINGER, E. *Towards an Integrated Multi-Track Framework*. Arlington, VA: Pew Center on Global Climate Change, 2007.

BURTRAW, D. et al. Economics of Pollution Trading for SO_2 ad NO_x. Washington, DC: Resources for The Future, 2005. Discussion Paper 05-05.

CALVIN, K. et al. *Modeling Post-2012 Climate Policy Scenarios*. Arlington, VA: Pew Center on Global Climate Change, 2009.

DEPARTMENT OF ENERGY (DOE). Carbon Dioxide Information Analysis Center (CDIAC). Oak Ridge, TN: U. S. Department of Energy, 2009.

DOLLAR, D.; PRITCHETT, L. *Assessing Aid*: What Works, What Doesn't and Why. Oxford, UK: Oxford University Press, 1998.

DUBASH, N. Climate Change Through a Development Lens. Background paper for the WDR 2010, 2009.

GLOBAL ENVIRONMENT FACILITY (GEF). Focal Area: Climate Change. Fact Sheet, GEF, Washington, DC, 2009.

HELLER, T.; SHUKLA, P. R. Development and Climate Change: Engaging Developing Countries. In: ALDY, J. E. et al. *Beyond Kyoto*: Advancing the International Effort Against Climate Change. Arlington, VA: Pew Center on Global Climate Change, 2003.

JIAHUA, P.; YING, C. Towards a Global Climate Regime. *China Dialogue*, 2008 Dec. 10. Disponível em: <http://www.chinadialogue.net/article/show/single/en/2616>.

LEWIS, J.; DIRINGER, E. Policy-Based Commitments in a Post-2012 Framework. Arlington, VA: Pew Center on Global Climate Change, 2007. Working Paper.

MCKINSEY GLOBAL INSTITUTE. *The Carbon Productivity Challenge*: Curbing Climate Change and Sustaining Economic Growth. McKinsey & Company, 2008.

MEYER, A. *Contraction and Convergence*: The Global Solution to Climate Change. Totnes, Devon: Green Books on Behalf of the Schumacher Society, 2001.

RICHELS, R. G.; BLANFORD, G. J.; RUTHERFORD, T. F. International Climate Policy: A Second Best Solution for a Second Best World? *Climate Change Letters*.

SCIENTIFIC EXPERT GROUP ON CLIMATE CHANGE (SEG). *Confronting Climate Change*: Avoiding the Unmanageable and Managing the Unavoidable. Washington, DC: Sigma Xi, The United Nations Foundation, 2007.

UNITED NATIONS FRAMEWORK CONVENTION ON CLIMATE CHANGE (UNFCCC). *Caring for Climate*: A Guide to the Climate Change Convention and the Kyoto Protocol. Bonn: UNFCCC, 2005.

WINKLER, H. et al. Sustainable Development to Tackle Climate Change. In: BAUMERT, A. et al. *Building on the Kyoto Protocol*: Options for Protecting the Climate. Washington, DC: World Resources Institute, 2002.

foco C — *Comércio e mudança climática*

A interação entre os regimes de comércio internacional e de mudança climática potencialmente traz implicações para os países em desenvolvimento. Há razões positivas para explorar as sinergias benéficas entre os dois regimes e para alinhar políticas que possam estimular a produção, o comércio e o investimento em opções de tecnologia mais limpa, porém tem havido foco excessivo em usar medidas comerciais como sanções nas negociações sobre o clima global.

Este foco em sanções deriva principalmente de preocupações com a competitividade em países que estão na corrida para reduzir as emissões de gases de efeito estufa e cumprir as metas do Protocolo de Kyoto para 2012 e depois. Essas preocupações levaram a propostas para ajustes de tarifas ou impostos sobre importação para compensar qualquer pacto adverso e restringir as emissões de dióxido de carbono (CO_2). Há também uma preocupação com a "fuga" de indústrias que dependem de carbono para países que não estão implementando o Protocolo de Kyoto.

O objetivo amplo de melhorar o bem-estar humano atual e futuro é compartilhado tanto pelo regime de comércio global quanto pelo regime climático. Assim como a Organização Mundial do Comércio (OMC) reconhece a importância de procurar "proteger e preservar o meio ambiente",[1] o Protocolo de Kyoto afirma que as partes devem "empenhar-se em implementar políticas e medidas (...) de maneira tal que minimizem o efeito adverso no comércio internacional". A Convenção-Quadro das Nações Unidas sobre Mudança Climática (UNFCCC) é redigida em linguagem semelhante, e o Comunicado de Doha especificamente afirma que "o uso objetivo de manter e proteger o sistema de comércio multilateral, aberto e não discriminatório, e agir pela proteção do meio ambiente e pela promoção do desenvolvimento sustentável pode e deve contar com apoio mútuo" (World Bank, 2008). Os dois tratados, assim, reconhecem e respeitam o mandato de cada um.

Tanto a pauta climática quanto a comercial, no entanto, evoluíram de maneira muito independente através dos anos, apesar de seus objetivos de apoio mútuo e potencial para sinergia. Enquanto a implementação do Protocolo de Kyoto pode ter trazido à tona alguns conflitos entre crescimento econômico e proteção ambiental, os objetivos dele também apresentam a oportunidade para alinhar políticas de desenvolvimento e energia de forma que possam estimular a produção, o comércio e o investimento em opções de tecnologia mais limpa.

As recentes tentativas de combinar as duas pautas foi recebida com grande grau de ceticismo. Quando os ministros do Comércio reuniram-se em 2007 na Conferência das Partes da UNFCCC, em Bali, compartilhavam a ideia ampla de que os regimes comerciais e climáticos poderiam escorar-se em várias áreas e observaram que haveria tensão entre eles, principalmente em negociações sobre os compromissos climáticos pós-Kyoto depois de 2012.

A percepção geral de um país em desenvolvimento é que qualquer discussão sobre questões de mudança climática (e, de maneira mais geral, questões ambientais) e negociações comerciais finalmente levaria a um "protecionismo verde" por parte dos países de alta renda, o que seria prejudicial às suas perspectivas de crescimento. Eles resistiram às tentativas de incluir questões climáticas no comércio afirmando que as questões de mudança climática pertencem primariamente à UNFCCC, sob a qual devem ser negociadas. Mesmo na OMC tem havido uma relutância geral em ampliar o mandato climático na ausência de uma diretriz da UNFCCC. É interessante notar que, apesar de toda retórica, um número crescente de acordos comerciais regionais (muitos dos quais incluem países em desenvolvimento) apresenta provisões ambientais sofisticadas. Contudo, há pouca evidência sobre o fato de que tenham contribuído de maneira significativa para alcançar resultados ambientais positivos (Gallagher, 2004). Além disso, os acordos comerciais regionais podem ter valor limitado no tocante a questões ambientais e que exigem soluções globais, como a mudança climática.

Novos fatos

A proposta de sanções comerciais punitivas como apoio à ação climática doméstica ainda é proeminente e ganha terreno em meio à crise financeira atual. Todos os projetos de lei de energia e ação climática apresentados no Congresso dos Estados Unidos preveem sanções comerciais ou tarifas (ou instrumentos equivalentes) sobre certos produtos daqueles países que não impuseram controles sobre as emissões de carbono geradas por automóveis. Do mesmo modo, os planos da Comissão Europeia para endurecer o regime de redução de gases de efeito estufa também reconhecem o risco, e a nova legislação europeia colocaria as empresas em desvantagem competitiva em

---

[1] Preâmbulo para o Acordo de Marrakesh que criou a OMC em 1995.

QUADRO FC.1 A tributação do carbono virtual

O carbono deveria ser tributado onde é emitido ou onde os bens são consumidos com base em seu carbono "incorporado" ou "virtual" – a quantidade de carbono emitido na produção e entrega do bem? Vários países exportadores importantes discutem quem seria penalizado pela tributação do carbono no ponto emissão, quando, de fato, a maior parte desse carbono é emitida na produção de bens para exportação – bens que são desfrutados por consumidores em outros países. Com base na análise de fluxo de carbono ou em uma tabela de entrada e saída multirregional, a figura mostra que a China e a Rússia são países exportadores líquidos de carbono, enquanto a União Europeia, os Estados Unidos e o Japão são importadores líquidos.

No entanto, os países que impõem tributos sobre carbono estarão preocupados com a competitividade e os efeitos da fuga de carbono – se outros países não seguirem o exemplo – e poderão tributar importações de carbono virtual para igualar o comércio. A tabela mostra os índices de tarifa efetivos, além das tarifas existentes, que os países enfrentariam se um imposto de US$ 50 por tonelada de CO_2 incidisse sobre o teor de carbono virtual de bens e serviços.

O preço do carbono a US$ 50 por tonelada está alinhado com experiência recente – no Esquema Europeu de Comércio de Emissões, os alvarás de emissão alcançaram € 35 em 2008. Portanto, a tabela sugere que as alíquotas da tarifa de carbono enfrentadas pelos países em desenvolvimento poderiam ser significativas se os países seguissem esse caminho.

A imposição unilateral de tarifas sobre carbono virtual claramente seria uma fonte de atrito comercial, prejudicando o sistema de comércio internacional que já está sob pressão em decorrência da crise financeira. A abertura das portas para tributos alfandegários para o clima poderia levar a uma proliferação de medidas comerciais que lidam com outras áreas, nas quais o campo competitivo é visto como irregular. A medição precisa do carbono virtual seria altamente complexa e sujeita a disputas, e, além disso, as tarifas sobre o carbono virtual poderiam onerar os países de baixa renda que pouco contribuíram para o problema da mudança climática.

Fonte: Atkinson et al. (2009).

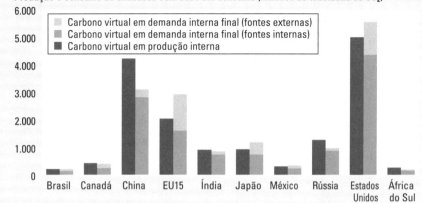

Produção e consumo de emissões com base em consumo (milhões de toneladas de CO_2)

Fonte: Atkinson et al. (2009).

Nota: A altura da barra em cinza escuro mede as emissões totais da produção de bens e serviços; a barra em cinza médio representa quanto carbono é emitido internamente para sustentar a demanda interna final (carbono virtual de fontes internas); a barra em cinza mais claro representa quanto carbono é emitido no exterior para sustentar a demanda interna final (carbono virtual de fontes externas). Se a altura da barra em cinza escuro for maior do que a soma das duas outras barras, o país é exportador líquido de carbono virtual.

Tarifa média na importação de bens e serviços se o carbono virtual for tributado em US$ 50 por tonelada de CO_2 (%)

		Países importadores										
		Brasil	Canadá	China	EU15	Índia	Japão	México	Rússia	Estados Unidos	África do Sul	Média
Países exportadores	Brasil	0,0	3,4	3,2	3,2	2,8	4,0	2,7	2,6	3,0	2,9	3,1
	Canadá	4,5	0,0	3,4	3,4	3,7	3,2	2,8	2,8	2,6	3,0	2,8
	China	12,1	10,5	0,0	10,5	13,4	10,4	9,9	10,0	10,3	11,1	10,5
	EU15	1,6	1,1	1,1	0,0	1,3	1,2	1,1	1,1	1,2	1,2	1,2
	Índia	8,3	7,8	9,2	7,7	0,0	6,8	8,1	8,7	7,9	5,3	7,8
	Japão	1,4	1,3	1,5	1,4	1,6	0,0	1,4	1,4	1,2	1,3	1,4
	México	3,5	2,1	4,2	4,0	10,8	4,0	0,0	4,1	1,7	3,5	2,1
	Rússia	18,0	14,3	12,4	11,8	12,8	11,3	14,7	0,0	10,4	15,9	11,7
	Estados Unidos	3,3	3,0	3,1	3,1	3,3	3,0	2,8	2,8	0,0	3,2	3,0
	África do Sul	15,9	10,1	10,6	9,8	11,5	11,4	16,6	7,9	8,9	0,0	10,1
	Média	3,7	2,9	2,2	5,0	4,5	4,8	3,3	2,6	3,0	2,9	

Fonte: Atkinson et al. (2009).

Nota: A última coluna é a tarifa média ponderada por comércio incidente sobre o país exportador; a última coluna refere-se à tarifa média ponderada por comércio aplicada pelo país importador.

comparação àquelas em países menos rígidos, em termos de legislação de proteção climática.

A questão da imposição de medidas alfandegárias com base ambiental tem sido muito discutida na literatura econômica e jurídica. A OMC e outros acordos comerciais preveem "exceções" para medidas comerciais que, de outro modo, infringiriam as normas de livre comércio, mas que podem ser justificadas como necessárias ou relativas ao esforço para proteger o meio ambiente ou preservar recursos naturais exauríveis conquanto sejam "não discriminatórias" e "menos restritivas ao comércio".[2] Com frequência, as medidas comerciais são justificadas como mecanismo para garantir a adesão a acordos ambientais multilaterais (AAM). De fato, os AAM, como a Convenção sobre o Comércio Internacional sobre Espécies Ameaçadas de Extinção e a Convenção de Basileia, usam restrições comerciais como um meio para alcançar seus objetivos e que são aceitas por todas as partes desses acordos. Contudo, no caso da mudança climática, uma questão particularmente delicada da avaliação da compatibilidade das medidas comerciais com a política de mudança climática pode surgir da aplicação de medidas unilaterais baseadas em políticas nacionais ou normas de produtos, de acordo os métodos de processos e produção ou ambos. Outra questão com relação a "ajustes em impostos alfandegários" que tem recebido pouca atenção é o que ocorreria à receita gerada. Se ela fosse devolvida ao país que é tributado, poderia gerar uma economia política muito diferente do que se permanecesse no país tributador.

Especialistas em legislação, no entanto, permanecem divididos quanto ao fato de os custos sobre o carbono incorporado serem compatíveis com os regulamentos do comércio internacional, pois a OMC até o presente não se manifestou de maneira clara sobre o assunto. Entretanto, as propostas recentes tiveram indicações significativas para o comércio e fabricantes dos países desenvolvidos (Quadro FC.1).

Muitos países de alta renda também expressaram preocupação quanto à eficácia do plano que isenta os países em desenvolvimento dos índices de emissões, pois as indústrias altamente dependentes de carbono deslocariam suas operações para os países isentos. A fuga de carbono, como esse deslocamento é chamado, não apenas solaparia os benefícios ambientais do Protocolo de Kyoto, mas também afetaria a competitividade das indústrias dos países de renda elevada. Para indústrias altamente dependentes de energia, cimento e produtos químicos, a competitividade internacional é uma preocupação. Essa questão faz paralelo com o debate sobre os "portos seguros" de poluição que dominou a literatura comercial e ambiental da década de 1990.

Um recente estudo do Banco Mundial examinou a evidência para a relocação de indústrias altamente dependentes de carbono atribuída a políticas climáticas mais rígidas, sobretudo em países de alta renda. Um dos atores que influenciam as operações dos setores dependentes de energia geralmente é o preço relativo da energia em adição ao uso da terra e de mão de obra. O estudo utilizou razões de importação, exportação e produção altamente dependentes de energia em países de alta renda e naqueles de renda baixa e média, como substituto para qualquer deslocamento em padrões de produção e de comércio (Figura FC.1) (World Bank, 2008). As razões de importação e exportação mostram uma tendência crescente para países de alta renda e uma tendência decrescente para aqueles de renda baixa e média. Embora não seja conclusivo, esse estudo parece sugerir que já está ocorrendo a relocação de algumas indústrias dependentes de energia em países que não enfrentam um limite em suas emissões de gases de efeito estufa. Contudo, a proporção ainda é menor que 1 para países de alta renda e maior que 1 para as economias em desenvolvimento, o que sugere que os países de alta renda continuam a ser exportadores líquidos, e aqueles em desenvolvimento, importadores líquidos de produtos altamente dependentes de energia.

Do mesmo modo, em alguns países de alta renda, algumas empresas estão adotando "rótulos de carbono" como

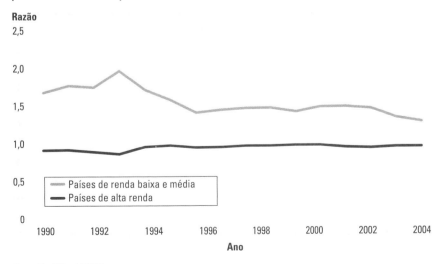

Figura FC.1 Razão importação-exportação de produtos com alta dependência em energia em países de alta renda e naqueles de renda baixa e média

Fonte: World Bank (2008).

---

2 Ver artigo XX (b) e (g) do Acordo Geral sobre Tarifas e Comércio de 1947 (World Trade Organization, 1986).

mecanismo para mitigação de mudança climática. Um rótulo de carbono compreende a medição das emissões de carbono a partir da produção de produtos ou serviços e a transmissão dessa informação aos consumidores e decisores em empresas. É possível que esquemas bem elaborados possam criar incentivos para que a produção em partes diferentes da cadeia de suprimento seja transferida para locais de baixa emissão. Assim, o rótulo de carbono poderia ser um instrumento que permitisse aos consumidores exercer seu desejo de juntar-se à batalha contra a mudança climática usando suas preferências de compra.

A desvantagem é que o rótulo de carbono talvez tenha impacto o significativo nas importações dos países de baixa renda (Brenton; Edwards-Jones; Jensen, 2009). Há temores de que os países de baixa renda passem por maiores dificuldades para exportar em um mundo restrito pelo clima, onde as emissões de carbono precisam ser medidas e onde haja certificação que permita a participação no comércio com rótulo. Em geral, as exportações de países de baixa renda dependem de transporte de longa distância e são produzidas por empresas relativamente pequenas e propriedades rurais mínimas, que terão dificuldade de participar de esquemas complexos de rótulo de carbono.

Há uma lacuna significativa de conhecimento a ser preenchida com relação ao estudo científico das emissões de carbono em todas as cadeias de suprimento internacionais, o que certamente inclui os países de baixa renda. O pequeno número de estudos existentes sugere que os padrões de emissão são altamente complexos; um dos resultados refere-se ao fato de que a localização geográfica é apenas um substituto sofrível para emissões, pois as condições de produção favoráveis podem ser mais compensadas pela desvantagem no transporte. Por exemplo, as rosas produzidas no Quênia e transportadas de avião para venda na Europa são associadas a emissões de carbono mais baixas do que as rosas produzidas na Holanda.

O projeto e a implementação de rótulos de carbono também deverão considerar vários desafios complexos e técnicos (ibidem). Primeiro, se forem utilizados dados secundários de produtores em países ricos para estimar as emissões de carbono nos produtores em países de baixa renda, não será possível capturar o fato de que as tecnologias em uso em países ricos e em países de baixa renda são substancialmente diferentes. Uma segunda questão técnica refere-se a como os fatores de emissão devem ser calculados, ou seja, a quantidade de carbono emitida durante partes específicas da manufatura e o uso de produto. Uma terceira questão é a escolha do sistema de fronteiras que define o quanto os processos já estão incluídos na avaliação das emissões de gases de efeito estufa. As estimativas da pegada de carbono de um sistema, produto e atividades também dependerão de onde se define o sistema de fronteiras.

A pauta positiva

Outra área em que o comércio e o clima ultimamente se sobrepuseram refere-se à transferência de tecnologia. Dadas as limitações do Mecanismo de Desenvolvimento Limpo na implantação do tipo e magnitude da transferência de tecnologia necessária para lidar com emissões de carbono cada vez maiores no mundo em desenvolvimento (ver Capítulo 6), sugere-se que normas mais amplas de comércio e investimento seriam um modo de acelerar a transferência de tecnologia (Brewer, 2007). Desde o início, a liberalização comercial de bens e serviços ambientais está na pauta da rodada de Doha da OMC. Os membros da OMC concordam que a liberalização de bens ambientais deveria se voltar para a proteção ambiental. Entretanto, pouco foi alcançado graças às diferentes percepções dos países de alta renda e em desenvolvimento sobre quais bens devem ser liberalizados e como fazer isso.

Já há iniciativas, inclusive por parte do Banco Mundial (World Bank, 2008), para prosseguir com essas negociações mediante a identificação bens e serviços favoráveis ao clima que atualmente enfrentam barreiras tarifárias e não tarifárias no comércio e fazer da remoção dessas barreiras uma prioridade por meio de negociações na OMC. Esse esforço provou ser difícil, pois os membros da OMC ainda precisam estabelecer um acordo sobre a definição do que é "favorável ao clima" que contribua para os objetivos de políticas climáticas e gere uma distribuição equilibrada de benefícios comerciais entre os integrantes. Duas áreas específicas de controvérsias são as tecnologias de "duplo uso", que podem ser usadas para reduzir as emissões, além de atender às necessidades do cliente e dos produtores agrícolas, que estão atolados em negociações muito conflitantes em Doha.

A outra questão geralmente despercebida é o grande potencial para comércio entre os países em desenvolvimento (comércio Sul-Sul) em tecnologia limpa. Tradicionalmente, os países em desenvolvimento são importadores de tecnologias limpas, enquanto aqueles de alta renda são exportadores. Contudo, com o resultado e melhores investimentos em clima e grande base de consumidores, os países em desenvolvimento estão cada vez mais se tornando atores importantes na fabricação de tecnologias limpas (ibidem). Um desenvolvimento importante no mercado global de energia eólica é o surgimento da China como um ator importante, tanto na fabricação quanto no investimento em capacidade de energia eólica adicional. Outros países em desenvolvimento despontaram como fabricantes de tecnologias de energia renovável. A capacidade de fabricação de painéis solares na Índia aumentou muito nos últimos quatro anos, enquanto o Brasil continua a ser o líder mundial na produção de biocombustíveis. Esses avanços conclamam liberalização do comércio bilateral de tecnologias limpas que poderia também facilitar de maneira positiva a transferência de tecnologia Sul-Sul no futuro.

O caminho a seguir em comércio e mudança climática

Em geral, os países relutam em aproximar os regimes comercial e climático por medo de ver um subjugar o outro. Isso não é bom, pois o comércio em tecnologias de energia limpa oferece potencialmente uma oportunidade econômica para os países em desenvolvimento que estão surgindo como produtores e exportadores importantes dessas tecnologias.

O progresso no regime comercial é possível mesmo em temas complexos. O sucesso do compromisso de tecnologia da informação da OMC em 1997 sugere que a implementação de qualquer acordo sobre bens e tecnologias favoráveis ao clima certamente deverá seguir uma abordagem gradual, de modo a permitir que países em desenvolvimento sejam capazes de lidar com a liberalização da implementação, aumentando inclusive a eficiência e a administração alfandegárias e a harmonização da classificação alfandegária para produtos favoráveis ao clima. Isso deveria contar com o apoio de um pacote de medidas de assistência financeira e técnica. Postergar a ação sobre a pauta comercial e climática até a outra demorada rodada de negociações da OMC, além da de Doha, é arriscado, pois sempre há o perigo iminente de que as sanções comerciais relativas ao clima, do tipo proposto nos Estados Unidos e na União Europeia, possam se tornar uma realidade.

Se as medidas comerciais forem profundas o suficiente, os países em desenvolvimento poderão usar a negociações comerciais e climáticas para contra-atacar ou adaptar-se às novas políticas e aos padrões definidos pelos principais parceiros comerciais, de modo a manter o acesso a seus mercados. Em qualquer caso, os países em desenvolvimento precisarão se capacitar melhor para responder a esses fatos. Além disso, a necessidade de pressão pela transferência financeira e tecnológica como parte de qualquer acordo global de comércio e mudança climática não estaria muito enfatizada.

Embora possa haver muitos benefícios em aproximar os regimes comerciais e climáticos, não se deve subestimar o regime de comércio internacional a partir de ações como imposição unilateral de tarifas alfandegárias sobre produtos de carbono, pois o ônus recairá de maneira desproporcional sobre os países em desenvolvimento. Assim, é de interesse dos países em desenvolvimento assegurar que a busca de objetivos climáticos globais seja compatível com a preservação de um sistema comercial multilateral, justo, aberto e alicerçado em normas como a base para seu crescimento e desenvolvimento. Os países desenvolvidos também têm um interesse primordial no sistema de comércio multilateral e uma responsabilidade maior em assegurar que o sistema seja mantido.

Referências bibliográficas

ATKINSON, G. et al. Trade in "Virtual Carbon": Empirical Results and Implications for Policy. Background paper for the WDR 2010, 2009.

BRENTON, P.; EDWARDS-JONES, G.; JENSEN, M. 2009. Carbon Labeling and Low Income Country Exports: an Issues Paper. *Development Policy Review*, v.27, n.3, p.243-67, 2009.

BREWER, T. L. Climate Change Technology Transfer: International Trade and Investment Policy Issues in the G8+5 Countries. Paper prepared for the G8+5 Climate Change Dialogue. Washington, DC: Georgetown University, 2007.

GALLAGHER, K. P. *Free Trade and the Environment*: Mexico, NAfta and Beyond. Palo Alto, CA: Stanford University Press, 2004.

WORLD BANK. *International Trade and Climate Change*: Economic, Legal and Institutional Perspectives. Washington, DC: World Bank, 2008.

WORLD TRADE ORGANIZATION (WTO). Text of the general agreement on tariffs and trade 1947. Geneva: WTO, 1986.

CAPÍTULO 6

Geração dos fundos necessários para mitigação e adaptação

Os países desenvolvidos precisam assumir a liderança do combate à mudança climática, mas a mitigação não será efetiva nem eficiente sem esforços de redução em países em desenvolvimento. Essas são as duas mensagens principais dos capítulos anteriores, entretanto existe uma terceira dimensão crítica para superar o desafio climático: equidade. Uma abordagem equitativa para limitar as emissões globais de gases de efeito estufa precisa reconhecer que os países em desenvolvimento têm necessidades legítimas de desenvolvimento, que seu desenvolvimento pode ser prejudicado pela mudança climática e que eles têm contribuído pouco, historicamente, para o problema.

Fluxos de finanças climáticas, tanto transferências fiscais quanto transações no mercado, dos países desenvolvidos para os países em desenvolvimento representam a principal forma de conciliar a equidade com a eficácia e a eficiência ao lidar com o problema climático. Os fluxos financeiros podem ajudar os países em desenvolvimento a reduzir suas emissões de gases de efeito estufa e adaptar-se aos efeitos da mudança climática. Além disso, haverá necessidades de financiamento relacionadas ao desenvolvimento e à difusão das novas tecnologias. Mitigação, adaptação e implantação de tecnologias precisam ocorrer de forma a permitir que os países em desenvolvimento continuem seu crescimento e reduzam a pobreza. É por isso que fluxos financeiros adicionais para países em desenvolvimento são tão importantes.

O financiamento necessário para mitigação, adaptação e tecnologia é imenso. Nos países em desenvolvimento, a mitigação pode custar de US$ 140 bilhões a US$ 175 bilhões países em desenvolvimento por ano pelos próximos 20 anos (com necessidades associadas de financiamento de US$ 265 bilhões a US$ 565 bilhões); no período de 2010 a 2050 os investimentos em adaptação podem ter média de US$ 30 bilhões a US$ 100 bilhões por ano (em números arredondados). Esses valores podem ser comparados com a assistência atual ao desenvolvimento, de cerca de US$ 100 bilhões por ano. Ademais, os esforços para levantar fundos para mitigação e adaptação são lamentavelmente inadequados, representando menos de 5% das necessidades projetadas.

Ao mesmo tempo, os instrumentos de financiamento existentes têm limites e ineficiências claros. As contribuições do governo de países de alta renda são afetadas pela fragmentação e pelos caprichos dos ciclos político e fiscal. Apesar de todo seu sucesso, o Mecanismo de Desenvolvimento Limpo (MDL), a principal fonte de fundos para mitigação até o momento para os países em desenvolvimento, apresenta deficiências no

Mensagens importantes

As finanças climáticas proporcionam os meios para conciliar equidade com eficácia e eficiência em ações para redução das emissões e adaptação à mudança climática. Mas os níveis atuais estão muito abaixo das necessidades estimadas – o total das finanças climáticas para países em desenvolvimento é hoje de US$ 10 bilhões por ano, comparado com requisitos anuais projetados até 2030 de US$ 30 bilhões a US$ 100 bilhões para adaptação e US$ 140 bilhões a US$ 175 bilhões (com requisitos associados de financiamento de US$ 265 bilhões a US$ 565 bilhões) para mitigação. Para fechar a lacuna, é necessário reformar os mercados de carbono existentes e explorar novas fontes, incluindo a tributação do carbono. A formação do preço do carbono transformará as finanças climáticas nacionais, mas serão necessárias transferências financeiras internacionais e comercialização de direitos de emissão para que o crescimento e a redução da pobreza nos países em desenvolvimento não sejam inibidos em um país com restrições de carbono.

projeto e limites operacionais e administrativos. O escopo para aumentar o financiamento para adaptação por meio do MDL, hoje a principal fonte de renda para o Fundo de Adaptação, também é limitado.

Assim, novas fontes de finanças precisarão ser exploradas. Os governos precisarão intervir, mas será igualmente importante desenvolver mecanismos de financiamento novos e inovadores e alavancar o financiamento privado. O setor privado terá um papel-chave no financiamento da mitigação, por meio de mercados de carbono e instrumentos relacionados. Mas os fluxos oficiais e outros financiamentos internacionais serão um complemento importante para gerar capacidade, corrigir imperfeições do mercado e visar áreas desprezadas pelo mercado. As finanças privadas também serão importantes para a adaptação, porque agentes privados – casas e empresas – carregarão boa parte da carga da adaptação. Todavia, a boa adaptação tem relação muito próxima com o bom desenvolvimento, e aqueles com maior necessidade de assistência para adaptação são os pobres e aqueles em desvantagem no mundo em desenvolvimento. Isso significa que as finanças públicas terão um papel-chave.

Além da arrecadação de novos fundos, será essencial usar os recursos disponíveis com maior eficiência, o que exige a exploração de sinergias com fluxos financeiros existentes, incluindo assistência para o desenvolvimento, e a coordenação da implementação. A escala das lacunas de financiamento, a diversidade de necessidades e as diferenças nas circunstâncias nacionais requerem uma ampla variedade de instrumentos. As preocupações com eficácia e eficiência significam que as finanças para mudança climática devem ser arrecadadas e gastas de maneira coerente.

As necessidades de financiamento estão vinculadas ao escopo e ao momento de qualquer acordo internacional sobre mudança climática. O tamanho da conta de adaptação dependerá diretamente da eficácia do acordo. Para mitigação, o Capítulo 1 mostra que o atraso na implementação de reduções de emissão, seja em países desenvolvidos seja em desenvolvimento, carrega o risco de aumentar muito o custo da limitação do aquecimento global. O capítulo da visão geral mostra que, em uma trajetória global de custo mínimo para a estabilização climática, uma grande parcela (65% ou mais)[1] da mitigação necessária ocorreria em países em desenvolvimento. O custo da limitação do aquecimento global poderá, assim, ser substancialmente reduzido se os países de alta renda oferecerem incentivos financeiros suficientes para os países em desenvolvimento migrarem para trajetórias de carbono reduzido. Como enfatizado em outros capítulos, no entanto, as finanças precisam ser combinadas ao acesso à tecnologia e à geração de capacidade se os países em desenvolvimento quiserem migrar para uma

---

[1] Para mais detalhes, consultar Visão geral.

Tabela 6.1 Instrumentos existentes para financiamento climático

Tipo de instrumento	Mitigação	Adaptação	Pesquisa, desenvolvimento e difusão
Mecanismos de mercado para reduzir os custos de ações climáticas e criar incentivos.	Comércio de emissões (MDL, IC, voluntário), certificados de energia renovável comercializável, instrumento de débito (títulos).	Seguro (grupos, índices, derivativos climáticos, títulos de catástrofe), pagamento por serviços ao ecossistema, instrumentos de débito (títulos).	
Recursos para subsídios e finanças para concessão (tributos e contribuições incluindo assistência oficial para desenvolvimento e filantropia) para criar pilotos de novas ferramentas, aumentar a escala e catalisar ações, e atuar como contribuição inicial para alavancar o setor privado.	GEF, CTF, UN-Redd, FIP, FCPF.	Fundo de Adaptação, GEF, LDCF, SCCF, PPCR e outros fundos bilaterais e multilaterais.	GEF, GEF/Fundo da Terra IFC, Geeref.
Outros instrumentos		Incentivos fiscais (benefícios tributários sobre investimento, empréstimos subsidiados, impostos ou subsídios direcionados, créditos para exportação), normas e padrões (incluindo etiquetas), prêmios de incentivo e compromissos de mercado adiantados e acordos de comércio e tecnologia.	

Fonte: Equipe do WDR.
Nota: MDL = Mecanismo de Desenvolvimento Limpo; CTF = Fundo de Tecnologia Limpa; FCPF = Mecanismo de Parceria do Carbono Florestal; FIP = Programa de Investimento Florestal; Geeref = Fundo Mundial para a Eficiência Energética e as Energias Renováveis (União Europeia); GEF = Mecanismo Global para o Meio Ambiente; IFC = International Finance Corporation; IC = Implementação Conjunta; LDCF = Fundo para os Países Menos Desenvolvidos (UNFCCC/GEF); PPCR = Programa-Piloto para Resiliência do Clima; SCCF = Fundo Especial para as Mudanças Climáticas (UNFCCC/GEF); UN-Redd = Programa Colaborativo das Nações Unidas para Redução de Emissão do Desmatamento e Degradação Florestal.

trajetória de desenvolvimento com menor emissão de carbono.

Este capítulo trata da elevação das finanças em nível suficiente para reduzir as emissões e lidar com os impactos de mudanças inevitáveis. Ele avalia as lacunas entre as necessidades projetadas para as finanças de mitigação e adaptação e as fontes de financiamento disponíveis até 2012. Aborda as ineficiências nos instrumentos de financiamento climático existentes e discute possíveis fontes de financiamento, além daquelas atualmente disponíveis (Tabela 6.1). E apresenta modelos para aumentar a eficácia dos esquemas existentes, principalmente do Mecanismo de Desenvolvimento Limpo, e para alocação de financiamento para adaptação. O foco é sempre nas necessidades de financiamento em países em desenvolvimento, onde as questões de eficácia, eficiência e equidade sempre andam juntas.

A lacuna de financiamento

Lidar com a mudança climática com sucesso custará trilhões. Quantos, depende da ambição da resposta global, de como é estruturada, como as medidas são programadas, com que eficiência são implementadas, onde ocorre a mitigação e como o dinheiro é arrecadado. A comunidade internacional, governos nacionais, governos locais, empresas e domicílios arcarão com os custos.

A necessidade por financiamento

De acordo com o Painel Intergovernamental sobre Mudança Climática (IPCC), que analisou as estimativas de custo em sua quarta avaliação, o custo para cortar as emissões globais de gases de efeito estufa em 50% até 2050 poderia ficar entre 1% e 3% do PIB (Barker et al., 2007). Esse é o corte mínimo que a maioria dos cientistas acredita ser necessário para uma probabilidade razoável de limitar o aquecimento global a cerca de 2°C acima das temperaturas pré-industriais (consultar Visão geral).

Os custos de mitigação, entretanto, são sensíveis às escolhas políticas. Eles aumentam drasticamente com o rigor da meta de redução de emissões e com a certeza de atingi-la (Figura 6.1). Os custos globais de mitigação serão maiores também se o mundo se desviar de sua trajetória de redução de emissões com custo mínimo. Conforme explicado nos capítulos anteriores, não incluir os países em desenvolvimento no esforço inicial de

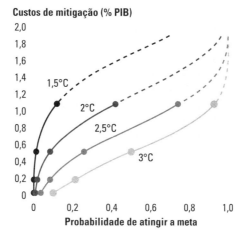

Figura 6.1 O custo anual de mitigação aumenta com o rigor e a certeza da meta de temperatura

Fonte: Schaeffer et al. (2008).

mitigação causaria um aumento significativo nos custos globais (uma consideração que levou ao estabelecimento do Mecanismo de Desenvolvimento Limpo do Protocolo de Kyoto). Da mesma forma, não considerar todas as oportunidades de mitigação causaria um aumento acentuado nos custos gerais.

Também é importante distinguir entre custos de mitigação (os custos incrementais de um projeto de baixo carbono ao longo de sua vida útil) e aa necessidades de investimento incremental (os requisitos adicionais de financiamento criados como resultado do projeto). Como muitos investimentos limpos possuem altos custos diretos de capital, seguidos posteriormente por economias nos custos operacionais, os requisitos para financiamento incremental tendem a ser maiores que os custos de toda a vida útil relatados em modelos de mitigação. A diferença seria um fator de até três (Tabela 6.2). Para países em desenvolvimento com restrições fiscais, esses altos custos diretos de capital podem ser um desestímulo significativo para o investimento em tecnologias de baixo carbono.

A Tabela 6.2 traz os custos incrementais e os requisitos de financiamento associados para os esforços de mitigação necessários para estabilizar as concentrações atmosféricas de CO_2e (todos os gases de efeito estufa somados e expressos em termos de seu dióxido de carbono equivalente) em 450 partes por milhão (ppm) ao longo da próxima década, assim como os investimentos em adaptação que, estima-se, serão necessários em 2030. Tendo em mente a meta de

Tabela 6.2   Financiamento climático anual estimado necessário em países em desenvolvimento
US$ bilhões de 2005

Fonte da estimativa	2010-2020	2030	
Custos de mitigação			
McKinsey & Company		175	
Pacific Northwest National Laboratory (PNNL)		139	
Necessidades de financiamento para mitigação	**2010-2020**	**2030**	
International Institute for Applied Systems Analysis (Iiasa)	63–165	264	
Perspectivas para tecnologia energética da Agência Internacional de Energia (IEA)	565[a]		
McKinsey & Company	300	563	
Instituto Potsdam de Pesquisas sobre o Impacto Climático (PIK)		384	
Custos de adaptação	**2010-2015**	**2030**	**Medidas incluídas**
Curto prazo			
Banco Mundial	9–41		Custo de assistência para desenvolvimento resistente às variações climáticas, investimento externo e doméstico
Stern Review	4–37		Custo de assistência para desenvolvimento resistente às variações climáticas, investimento externo e doméstico
Programa das Nações Unidas para o Desenvolvimento	83–105		As mesmas do Banco Mundial, mais o custo de adaptação das Estratégias de Redução da Pobreza e fortalecimento da resposta a desastres
Oxfam	>50		As mesmas do Banco Mundial, mais o custo do Plano Nacional de Ação para a Adaptação e de projetos de organizações não governamentais
Médio prazo			
Convenção-Quadro das Nações Unidas sobre Mudança Climática (UNFCCC)		28–67	Custo em 2030 em agricultura, silvicultura, água, saúde, proteção costeira e infraestrutura
Project Catalyst		15–37	Custo em 2030 para geração de capacidade, pesquisa, gerenciamento de desastres e setores da UNFCCC (países mais vulneráveis e apenas setor público)
Banco Mundial (Eacc)		75–100	Média dos custos anuais de adaptação de 2010 a 2050 em agricultura, silvicultura, áreas de pesca, infraestrutura, gestão de recursos hídricos e setores de zonas costeiras, incluindo os impactos na saúde, serviços de ecossistema e os efeitos de eventos de clima extremo

Fonte: Para mitigação, International Institute for Applied Systems Analysis (2009) e dados adicionais fornecidos por V. Krey; International Energy Agency (2008); McKinsey & Company (2009) e dados adicionais fornecidos por McKinsey (J. Dinkel) para 2030, usando uma taxa de conversão de dólar para euro de US$ 1,25 para € 1,00; valores do PNNL de Edmonds et al. (2008) e dados adicionais fornecidos por J. Edmonds e L. Clarke; valores PIK de Knopf et al. (no prelo) e dados adicionais fornecidos por B. Knopf; para adaptação, todos os valores de Agrawala e Fankhauser (2008), com exceção da Economia de Adaptação às Alterações Climáticas (Economics of Adaptation to Climate Change – Eacc) do Banco Mundial, do World Bank (2009); e Project Catalyst (2009).

Nota: As estimativas são para estabilização dos gases do efeito estufa a 450 ppm de CO_2e, que forneceria uma chance de 40%–50% de manter o aquecimento abaixo de 2°C até 2100.

[a] Os valores da IEA são médias anuais até 2050.

450 ppm, os custos para mitigação em países em desenvolvimento variam de US$ 140 bilhões a US$ 175 bilhões por ano até 2030, com necessidades de financiamento associadas de US$ 265 bilhões a US$ 565 bilhões por ano. Para adaptação, as estimativas mais comparáveis são os valores para médio prazo produzidos pela Convenção-Quadro das Nações Unidas sobre Mudança Climática (UNFCCC) e pelo Banco Mundial, que variam de US$ 30 bilhões a US$ 100 bilhões.

Muitas das necessidades de adaptação identificadas, mas não todas, exigiriam gastos públicos. De acordo com o secretariado da UNFCCC (2008a), o financiamento privado cobriria cerca de um quarto do investimento identificado, embora essa estimativa dificilmente capture todo o investimento privado em adaptação.

Esses números dão uma indicação geral do custo de adaptação, mas não são particularmente precisos nem plenamente abrangentes. A maioria derivou de regras práticas, dominadas pelo custo da infraestrutura futura resistente às variações climáticas. Eles subestimam a diversidade das prováveis respostas

QUADRO 6.1 *Avaliação dos custos de adaptação à mudança climática em países em desenvolvimento*

Um estudo do Banco Mundial publicado em 2009 sobre a economia da adaptação à mudança climática oferece as estimativas mais recentes e abrangentes dos custos de adaptação em países em desenvolvimento, abordando estudos de casos nacionais e estimativas globais dos custos de adaptação. Os principais elementos do projeto do estudo incluem:

Cobertura. Os setores estudados compreendem agricultura, silvicultura, áreas de pesca, infraestrutura, gestão de recursos hídricos e zonas costeiras, incluindo os impactos na saúde e serviços de ecossistema e os efeitos de eventos de clima extremo. A infraestrutura desmembra-se em transporte, energia, água e saneamento, comunicações e infraestrutura urbana e social.

Linha de base. As estimativas não incluem o "déficit de adaptação" existente – extensão na qual os países estão adaptados de maneira incompleta ou inferior à ideal à variabilidade climática existente.

Nível de adaptação. Para a maioria dos setores, o estudo estima o custo da restauração do bem-estar ao nível que existiria sem a mudança climática.

Incerteza. Para capturar os extremos dos possíveis resultados climáticos, o estudo usa resultados de modelos de circulação geral que vão das projeções climáticas mais úmidas às mais secas, sob o cenário A2 do IPCC de possíveis trajetórias socioeconômicas e de emissões.

Com base nesses elementos do projeto, o estudo chega a estimativas básicas do custo global de adaptação à mudança climática em países em desenvolvimento de US$ 75 bilhões a US$ 100 bilhões por ano, em média, de 2010 a 2050.[a]

Fonte: World Bank (2009).
[a] Expressos em dólares constantes de 2005.

de adaptação e ignoram mudanças de comportamento, inovação, práticas operacionais ou locais de atividade econômica. Ignoram também a necessidade de adaptação a impactos não provenientes do mercado, como aqueles sobre a saúde humana e os ecossistemas naturais. Algumas das opções omitidas poderiam reduzir a conta da adaptação (por exemplo, ao tornarem óbvia a necessidade de investimentos estruturais caros); outras a aumentariam.[2] As estimativas também não consideram danos residuais além da adaptação efetiva. Uma tentativa recente para incluir esses fatores complexos na medição dos custos para adaptação é relatada no Quadro 6.1.

As estimativas do custo para adaptação também ignoram as relações próximas entre adaptação e desenvolvimento. Embora poucos estudos sejam claros nesse ponto, eles medem o gasto extra para acomodar a mudança climática acima; além disso, de qualquer forma seria gasto em investimentos sensíveis às variações climáticas, tais como os que acomodam as consequências do crescimento da renda e da população ou que corrigem um déficit de adaptação existente. Mas, na prática, a distinção entre financiamento para adaptação e financiamento para desenvolvimento não é simples. Investimentos em educação, saúde, saneamento e segurança para subsistência, por exemplo, constituem bom desenvolvimento. Eles ajudam ainda a reduzir a vulnerabilidade socioeconômica para fatores de estresse climáticos e não climáticos. Em curto prazo, certamente a assistência para o desenvolvimento provavelmente se tornará um complemento importante para sanar déficits de adaptação, reduzir riscos climáticos e aumentar a produtividade econômica. Mas também será necessário novo financiamento para a adaptação.

Finanças para mitigação disponíveis até o momento

Nas próximas décadas, trilhões de dólares serão gastos para atualizar e ampliar a infraestrutura mundial para energia e transportes. Esses investimentos maciços representam uma oportunidade de alterar decisivamente a economia global para uma trajetória de baixo carbono, mas poderão também aumentar o risco de um bloqueio no alto carbono se a oportunidade for perdida. Conforme demonstrado nos capítulos anteriores, novos investimentos em infraestrutura precisam ser direcionados para resultados de baixo carbono.

Serão necessários fluxos públicos e privados para financiar esses investimentos. Muitos instrumentos já existem (Tabela 6.1). Todos terão um papel como catalisadores da ação climática: mobilização de recursos adicionais, reorientação de fluxos públicos

---

2 Agrawala e Fankhauser (2008) analisam a literatura do custo de adaptação, e Klein e Persson (2008) discutem o elo entre adaptação e desenvolvimento. Parry et al. (2009) criticam a estimativa de custos de adaptação da UNFCCC, sugerindo que os custos reais podem ser duas a três vezes maiores.

e privados para investimentos de baixo carbono e resistentes às variações climáticas e apoio à pesquisa, desenvolvimento e implantação de tecnologias favoráveis ao clima.

O setor público fornecerá capital principalmente para grandes projetos de infraestrutura, mas uma grande parte do investimento para criação de uma economia de baixo carbono – de máquinas com eficiência energética a carros mais limpos e energia renovável – virá do setor privado. Atualmente, os governos são responsáveis por menos de 15% dos investimentos econômicos globais, embora controlem amplamente os investimentos subjacentes em infraestrutura que afetam as oportunidades para produtos com eficiência energética.

Existem várias maneiras de estimular o investimento privado em mitigação,[3] mas o instrumento de mercado de maior destaque, envolvendo países em desenvolvimento, tem sido o Mecanismo de Desenvolvimento Limpo, que desencadeou, até o momento, mais de 4.000 projetos de redução de emissão reconhecidos. Outros mecanismos semelhantes, como a Implementação Conjunta (o mecanismo equivalente para países industrializados) e os mercados voluntários de carbono, são importantes para algumas regiões (países de transição) e setores (silvicultura), apesar de muito menores. Com o MDL, as atividades de redução de emissão em países em desenvolvimento podem gerar "créditos de carbono", medidos contra uma linha de base acordada e conferida por uma entidade independente sob a égide da UNFCCC, e comercializá-los no mercado de carbono. Por exemplo, uma concessionária de energia europeia pode adquirir reduções de emissão (por meio de compra direta ou apoio financeiro) de uma fábrica de aço na China que esteja embarcando em um projeto de eficiência energética.

A receita financeira que o MDL gera é modesta com relação ao valor que precisará ser arrecadado para mitigação. Mas ela constitui, até o momento, a maior fonte de finanças para mitigação para países em desenvolvimento. Entre 2001, quando os projetos do primeiro ano do MDL puderam ser registrados, e 2012, o fim do período do compromisso de Kyoto, espera-se que o MDL

Tabela 6.3 Fornecimento potencial regional do MDL e receitas de carbono (até 2012)

Por região	Milhões de reduções de emissão certificadas[a]	Milhões de dólares	Percentual do total
Leste Asiático e Pacífico	871	10.453	58
China	786	9.431	52
Malásia	36	437	2
Indonésia	21	252	2
Europa e Ásia Central	10	119	1
América Latina e Caribe	230	2.758	15
Brasil	102	1.225	7
México	41	486	3
Chile	21	258	1
Argentina	20	238	1
Oriente Médio e Norte da África	15	182	1
Sul da Ásia	250	3.004	17
Índia	231	2.777	16
África subsaariana	39	464	3
Nigéria	16	191	1
Países desenvolvidos	85	1.019	6
Por renda			
Baixa renda	46	551	3
Nigéria	16	191	1
Renda média inferior	1.127	13.524	75
China	786	9.431	53
Índia	231	2.777	16
Indonésia	21	252	2
Renda média superior	242	2.906	16
Brasil	102	1.225	7
México	41	486	3
Malásia	36	437	2
Chile	21	258	1
Argentina	20	238	1
Alta renda	85	1.019	6
República da Coreia	54	653	4
Total	**1.500**	**18.000**	**100**

Fonte: United Nations Environment Programme (2008).
Nota: os volumes incluem projetos retirados e rejeitados.
[a] Um milhão de reduções de emissão certificadas = 1 milhão de toneladas de CO_2e.

---

3 Além dos mercados de carbono, esquemas de certificados verdes e brancos comercializáveis (visando, respectivamente, à expansão de fontes de energia renovável ou à melhoria na eficiência energética por meio de medidas de controle do tamanho da demanda) são outros exemplos de mecanismos de mercado com possíveis benefícios para a mitigação. Outros instrumentos incluem incentivos financeiros (impostos ou subsídios, apoio aos preços, benefícios fiscais em investimentos ou empréstimos subsidiados) e outras políticas e medidas (normas, etiquetas).

Figura 6.2 A lacuna é grande: financiamento anual estimado para o clima para uma trajetória de 2°C em comparação com os recursos atuais

Fonte: Para valores de 2030, ver Tabela 6.2; para valores de 2008-2012, ver texto.

Tabela 6.4 Novos fundos bilaterais e multilaterais para o clima

Fundo	Valor total (milhões de dólares)	Período
Financiamento da UNFCCC		
Strategic Priority on Adaptation	50 (A)	GEF 3-GEF 4
Fundo para os Países Menos Desenvolvidos	172 (A)	A partir de outubro de 2008
Special Climate Change Fund	91 (A)	A partir de outubro de 2008
Fundo de Adaptação	300-600 (A)	2008-2012
Iniciativas bilaterais		
Parceria Cool Earth (Japão)	10.000 (A+M)	2008-2012
ETF-IW (Reino Unido)	1.182 (A+M)	2008-2012
Iniciativa Climática e Florestal (Noruega)	2.250	
Fundo PNUD-Espanha para Alcance dos Objetivos de Desenvolvimento do Milênio	22 (A)/92 (M)	2007-2010
Agac (Comissão Europeia)	84 (A)/76 (M)	2008-2010
International Climate Initiative (Alemanha)	200 (A)/564 (M)	2008-2012
IFCI (Austrália)	160 (M)	2007-2012
Iniciativas multilaterais		
GFDRR	15 (A) (de US$ 83 milhões prometidos)	2007-2008
UN-Redd	35 (M)	
Carbon Partnership Facility (Banco Mundial)	500 (M) (140 destinados)	
Mecanismo de Parceria do Carbono Florestal (Banco Mundial)	385 (M) (160 destinados)	2008-2020
Fundos de Investimentos Climáticos, inclui	6.200 (A+M)	2009-2012
Fundo de Tecnologia Limpa	4.800 (M)	
Strategic Climate Fund, incluindo	1.400 (A+M)	
Programa de Investimento Florestal	350 (M)	
Expansão da energia renovável	200 (M)	
Programa-Piloto para Resiliência do Clima	600 (A)	

Fonte: United Nations Framework Convention on Climate Change (2008a) mais atualizações dos autores.
Nota: Para várias iniciativas bilaterais, parte dos fundos será distribuída por meio de iniciativas multilaterais (por exemplo, algumas promessas para os Fundos de Investimentos Climáticos ou o Mecanismo de Parceria do Carbono Florestal). Com isso, ocorrem contagens em duplicidade e é difícil criar uma imagem precisa dos futuros recursos para mudança climática nos países em desenvolvimento. Os Fundos de Investimentos Climáticos são gerenciados pelo Banco Mundial e implementados por todos os bancos de desenvolvimento multilateral. Todos os dados para os Fundos de Investimentos Climáticos se referem a julho de 2009 – US$ 250 milhões do Strategic Climate Fund não estavam alocados à época, e o fundo para expansão da energia renovável exigirá promessas mínimas de US$ 250 milhões antes que entre em operação. A = financiamento destinado à adaptação; M = financiamento destinado à mitigação; ETF-IW = Environmental Transformation Fund-International Window; Agac = Aliança Global contra as Alterações Climáticas; IFCI = International Forest Carbon Initiative; UN-Redd = Programa Colaborativo das Nações Unidas para Redução de Emissão do Desmatamento e Degradação Florestal; GFDRR = Fundo Global para Redução de Desastres e Recuperação. As promessas para a Iniciativa Climática e Florestal (Noruega) representavam US$ 430 milhões em junho de 2009.

produza 1,5 bilhão de toneladas de dióxido de carbono equivalente (CO_2e) em reduções de emissão, muito por meio de energia renovável, eficiência energética e mudança de combustível. Isso poderia gerar US$ 18 bilhões (de US$ 15 bilhões a US$ 24 bilhões) em receitas diretas de carbono para países em desenvolvimento, dependendo do preço do carbono (Tabela 6.3).[4] Além disso, cada dólar

---

[4] O benefício financeiro para os países anfitriões é menor que o tamanho geral do mercado do MDL por duas razões. Em primeiro lugar, uma vasta maioria das transações do MDL no mercado primário é de acordos de compra com pagamento na entrega das reduções de emissão. Dependendo do desempenho do projeto, a quantidade e o cronograma da entrega de carbono podem se mostrar bem diferentes. Os desenvolvedores de projeto tendem a vender créditos repassados com um desconto que reflete esses riscos de entrega. Em segundo lugar, os créditos do MDL são comprados e vendidos várias vezes em um mercado secundário, até chegarem ao usuário final. Os intermediários financeiros ativos no mercado secundário que aceitam o risco da entrega são compensados com um preço de venda maior se o risco não se materializar. Esse comércio não eleva diretamente as reduções de emissão, ao contrário das transações no mercado principal. O mercado secundário do MDL continuou a crescer em 2008, com transações superiores a US$ 26 bilhões (um aumento de cinco vezes com relação a 2007). Entretanto, o mercado principal de MDL

de receita de carbono alavanca US$ 4,60 em investimento e, possivelmente, até US$ 9,00 para alguns projetos de energia renovável. Estima-se que cerca de US$ 95 bilhões em investimentos em energia limpa se beneficiaram do MDL no período de 2002-2008.

Em comparação, a assistência oficial de desenvolvimento para mitigação foi de cerca de US$ 19 bilhões no período de 2002-2007,[5] e o investimento em energia sustentável em países em desenvolvimento totalizou aproximadamente US$ 80 bilhões no período de 2002-2008 (United Nations Environment Programme, 2009).[6]

Doadores e instituições financeiros internacionais estão estabelecendo novos veículos de financiamento para ampliar seu apoio para investimento de baixo carbono na preparação para 2012 (Tabela 6.4). O financiamento total com essas iniciativas totaliza US$ 19 bilhões até 2012, embora esse valor combine financiamento para mitigação e adaptação.

A inadequação atual do financiamento para mitigação é óbvia (Figura 6.2). Combinando-se os fundos doados da Tabela 6.4 (e contando-os como se fossem destinados apenas à mitigação) com o financiamento projetado do MDL para 2012, tem-se um financiamento para mitigação de cerca de US$ 37 bilhões até 2012, ou menos de US$ 8 bilhões por ano. Esses valores são muito menores que os custos de mitigação estimados em países em desenvolvimento, de US$ 140 bilhões a US$ 175 bilhões por ano em 2030, e ainda menores que os requisitos de financiamento associados (de US$ 265 bilhões a US$ 565 bilhões).

Finanças para adaptação disponíveis até o momento

O financiamento para adaptação começou a fluir apenas recentemente. A principal fonte existente de financiamento para adaptação são os doadores internacionais, canalizados por meio de órgãos bilaterais ou de instituições multilaterais como o Mecanismo Global para o Meio Ambiente (Global Environment Facility – GEF) e o Banco Mundial.

O estabelecimento do Fundo de Adaptação em dezembro de 2007, um mecanismo de financiamento com sua própria fonte independente de fundos, foi um importante desenvolvimento. Sua principal fonte de recursos é o tributo de 2% sobre o MDL, uma nova fonte de financiamento (discutida em mais detalhes mais à frente) que pode arrecadar de US$ 300 milhões a US$ 600 milhões em médio prazo, dependendo do preço do carbono (ver Tabela 6.4 e nota 5).

Excluindo-se o financiamento privado, projeta-se uma arrecadação de US$ 2,2 bilhões a US$ 2,5 bilhões de hoje a 2012, dependendo de quanto o Fundo de Adaptação arrecadar. O financiamento potencial para adaptação disponível no momento é inferior a US$ 1 bilhão por ano, contra requisitos de financiamento de US$ 30 a US$ 100 bilhões por ano, em médio prazo (ver Tabela 6.2). A Figura 6.2 compara as finanças climáticas anuais disponíveis entre 2008-2012 (para mitigação e adaptação, cerca de US$ 10 bilhões por ano) com as necessidades de financiamento projetadas para médio prazo.

Ineficiências nos instrumentos de finanças climáticas existentes

A ineficiência pode tornar ainda mais caro o que já foi projetado para ser um empreendimento grande e caro. É, então, um caso óbvio para se assegurar que as finanças climáticas sejam geradas e gastas com eficiência. Três aspectos da eficiência das finanças climáticas são considerados abaixo: a fragmentação das finanças climáticas em várias fontes de financiamento, as limitações dos mercados de compensação de emissões de carbono para mitigação e os possíveis custos de tributação de reduções certificadas de emissões (RCE) para financiar o Fundo de Adaptação.

---

declinou em valor pela primeira vez, para US$ 7,2 bilhões (uma queda de 12% com relação aos níveis de 2007), sob o peso da crise econômica e entre a prolongada incerteza com relação à continuidade do mercado após 2012 (cf. Capoor; Ambrosi, 2009).

5 OECD/DAC, Marcador do Rio para mudança climática – disponível em: <http://www.oecd.org/document/11/0,3343,en_2649_34469_11396811_1_1_1_1,00.html>. Acesso em: maio 2009.

6 As estimativas de investimentos em energia limpa que se beneficiam do MDL tendem a ser mais altas que os investimentos reais em energia sustentável em países em desenvolvimento, porque muitos projetos do MDL estão em estágio inicial (não operacional ou comissionado ou em fechamento financeiro) quando as reduções certificadas de emissões são negociadas.

Fragmentação das finanças climáticas

Existe um risco de proliferação, ilustrado na Tabela 6.4, de fundos climáticos com finalidades especiais. Uma fragmentação desse tipo ameaça reduzir a eficiência geral das finanças climáticas porque, conforme os custos da transação aumentam, aumenta a lacuna de propriedade do país recebedor, e o alinhamento com os objetivos de desenvolvimento do país se torna mais difícil. Cada nova fonte de financiamento, seja para desenvolvimento, seja para mudança climática, carrega consigo um conjunto de custos. Eles incluem custos de transação (que aumentam com o número de fontes de financiamento), alocação ineficiente (principalmente se os fundos forem definidos de forma restrita) e limitações na expansão. A atual fragmentação e o baixo nível de recursos destacam a importância das negociações contínuas sobre uma arquitetura de financiamento climático adequada para a mobilização de recursos em escala e realização eficiente em uma grande variedade de canais e instrumentos.

Embora não haja um paralelo exato entre as finanças climáticas e a ajuda ao desenvolvimento, algumas das lições da literatura sobre eficiência da ajuda são altamente relevantes para as finanças climáticas. A preocupação com relação aos efeitos negativos da fragmentação da ajuda foi um dos principais impulsionadores da Declaração de Paris sobre Eficácia da Ajuda. Nessa declaração, mais recentemente reafirmada na Agenda de Ação de Acra, tanto doadores quanto recebedores da ajuda se comprometeram a incorporar os principais dogmas de propriedade, alinhamento, harmonização, orientação para resultados e responsabilidade mútua em suas atividades de desenvolvimento.

A Declaração de Paris levanta questões importantes para financiamento de investimentos climáticos em países em desenvolvimento, muitas das quais são amplamente aceitas e refletidas em documentos de negociação, tais como o Plano de Ação de Bali:[7]

- *Propriedade*. Criar um consenso de que a mudança climática é um problema de desenvolvimento, um dogma central desse relatório, será importante para desenvolver a propriedade de um país. Essa visão consensual deve, depois, ser incorporada às estratégias de desenvolvimento do país.

- *Alinhamento*. Assegurar o alinhamento entre as ações climáticas e as prioridades do país é o segundo passo crítico para aumentar a eficácia das finanças climáticas. A transição do nível de projeto para o nível de setor e de programa pode facilitar esse processo. A previsibilidade e a sustentabilidade do financiamento são outro aspecto-chave do alinhamento. Programas de ação climática intermitentes, orientados pela volatilidade financeira, reduzirão a eficácia geral.

- *Harmonização*. Na medida em que vários fundos climáticos têm finalidades divergentes, essa fragmentação das finanças climáticas representa um grande desafio para a harmonização de diferentes fontes de financiamento e a exploração de sinergias entre o financiamento para adaptação, mitigação e desenvolvimento.

- *Resultados*. A pauta de resultados para a ação climática não é substancialmente diferente da de outros domínios de desenvolvimento. Projetar e implementar indicadores de resultados significativos será crucial para manter o apoio público às finanças climáticas e desenvolver a propriedade do país para a ação climática.

- *Responsabilidade mútua*. O pequeno progresso com relação às metas de Kyoto por parte de muitos países desenvolvidos destaca sua responsabilidade pela ação climática. Uma parte essencial de qualquer acordo global sobre mudança climática deve ser uma estrutura que responsabilize os países de alta renda pela mudança em direção a suas próprias metas de emissão e pelo fornecimento de financiamentos climáticos, além de responsabilizar os países em desenvolvimento por ações climáticas e pelo uso dos financiamentos climáticos, conforme estabelecido no Plano de Ação de Bali. Além do fornecimento de recursos, o monitoramento e os relatórios dos fluxos de financiamentos climáticos e a confirmação dos resultados são um tópico central das negociações climáticas em andamento.

---

7 Ver Decisão 1/CP.13 tomada na 13ª Conferência das partes da UNFCCC em Bali, em dezembro de 2007 – disponível em: <http://unfccc.int/resource/docs/2007/cop13/eng/06a01.pdf#page=3>. Acesso em: 3 jul. 2009.

QUADRO 6.2 *Avaliação dos benefícios secundários do MDL*

O Mecanismo de Desenvolvimento Limpo produz três categorias amplas de possíveis benefícios secundários para o país hospedeiro (além do fluxo financeiro da venda dos créditos de carbono): a transferência e a disseminação de tecnologias, a contribuição para o emprego e o crescimento econômico, e a contribuição para o desenvolvimento sustentável do ponto de vista ambiental e social.

A extensão na qual os projetos contribuem para esses três objetivos pode ser medida pelos documentos de desenvolvimento do projeto, que podem ser pesquisados com palavras-chave associadas a diferentes benefícios secundários. Essa abordagem foi utilizada por Haites, Maosheng e Seres (2006) para avaliar os benefícios da transferência de tecnologia do MDL, e por Watson e Fankhauser (2009) para avaliar as contribuições para o crescimento econômico e o desenvolvimento sustentável.

Haites, Maosheng e Seres (2006) descobriram que apenas cerca de um terço dos projetos do MDL declara transferir tecnologia por meio do fornecimento de equipamentos, conhecimento ou ambos.

Uma análise mais profunda revela que são, predominantemente, projetos que envolvem patrocinadores estrangeiros. Apenas um quarto dos projetos desenvolvidos unilateralmente pelo país hospedeiro declara transferir tecnologia. A transferência de tecnologia também está associada a projetos maiores. Embora apenas um terço dos projetos transfira tecnologia, eles representam dois terços das reduções de emissão. Projetos explicitamente identificados e processados como projetos "pequenos" causam transferência de tecnologia em apenas 26% dos casos.

A transferência de tecnologia, entretanto, é um conceito difícil de definir. Para mitigação, ela tende a ser não tanto tecnologia exclusiva que é compartilhada, mas conhecimento operacional e gerencial sobre como executar um determinado processo. Um estudo de Dechezleprêtre et al. (2009), que procurou especificamente pela transferência de tecnologias protegidas por patentes, descobriu que o Protocolo de Kyoto não acelerou os fluxos de tecnologia, embora possa ter estimulado a inovação de modo mais geral.

Watson e Fankhauser (2009) constataram que 96% dos projetos declaram contribuir com a sustentabilidade ambiental e social, mas que a maioria dessas alegações se relaciona com contribuições para o crescimento econômico e o emprego em particular. Mais de 80% dos projetos declaram algum impacto sobre o emprego, e 23% contribuem para uma melhor subsistência. Existem benefícios relativamente menores para o emprego advindos de projetos de gases industriais (redução de hidrofluorcarbono, perfluorcarbono e óxido nitroso – 18%) e de mudança de combustíveis fósseis (43%) que com outros setores, onde pelo menos 65% dos projetos declaram benefícios para o emprego.

Aplicando uma definição mais restrita e tradicional de desenvolvimento sustentável, 67% dos projetos alegam benefícios de treinamento ou educação (incluindo capital humano), 24% reduzem a poluição ou produzem benefícios ambientais secundários (aumento do capital natural) e 50% trazem benefícios para infraestrutura ou tecnologia (aumento do capital produzido pelo homem).

Além das fontes de financiamento, uma questão importante é quais investimentos os fundos climáticos devem financiar e quais são as modalidades de financiamento associadas. Embora alguns investimentos climáticos se destinem a projetos individuais – usinas de energia de baixo carbono, por exemplo –, pode-se aumentar a eficiência, em muitos casos, ao mudar para o nível de setor ou programa. Para adaptação, o financiamento no nível de país deve, na maioria dos casos, ser misturado com financiamento geral para desenvolvimento, não usado para projetos de adaptação específicos.

De maneira mais geral, em vez de serem excessivamente prescritivas, as finanças climáticas poderiam simular a abordagem da estratégia para redução da pobreza hoje implementada em muitos países de baixa renda. Isso implica vincular os recursos para ajuda destinados a reduzir a pobreza a uma estratégia para redução da pobreza preparada pelo país recebedor. Com base em uma análise de pobreza e uma definição das prioridades do país, validadas por processos que contam com a participação da sociedade civil, a estratégia se torna a base para um orçamento amplo, apoiado por doadores, para financiar um programa de ação que visa reduzir a pobreza. Os projetos individuais se tornam a exceção, não a regra. Se os países integrarem a ação climática em suas estratégias de desenvolvimento, uma abordagem semelhante para as finanças climáticas será viável.

Ineficiências do Mecanismo de Desenvolvimento Limpo

O principal instrumento para catalisar a mitigação em países em desenvolvimento é o MDL. Ele cresceu além das expectativas iniciais, demonstrando a capacidade dos mercados de estimular as reduções de emissão; proporciona aprendizado essencial, aumenta a conscientização e gera capacidade. Mas o MDL contém algumas ineficiências inerentes, levantando questões sobre o processo geral e sua eficiência como instrumento de financiamento:

Integridade ambiental questionável. O sucesso do MDL em longo prazo pode ser avaliado por sua contribuição para reduzir mensuravelmente as emissões de gases de efeito estufa. Para não diluir a eficácia ambiental do Protocolo de KYoto, as reduções de emissão do MDL precisam se somar às emissões que teriam ocorrido em razão de outras causas. A extensão da contribuição proporcionada pelo MDL tem sido debatida vigorosamente.[8] A contribuição de projetos individuais é difícil de ser comprovada e ainda mais difícil de validar, porque o ponto de referência é, por definição, uma realidade contrafactual que nunca pode ser discutida sem controvérsias nem comprovada conclusivamente. Como os debates iniciais e as preocupações com contribuição continuam a contaminar o processo do MDL, é tempo de explorar abordagens alternativas mais simples para demonstrar as contribuições. Abordagens como a fixação de referências e uma lista positiva e específica de atividades desejadas devem ser exploradas mais detalhadamente para otimizar a preparação e o monitoramento do projeto. Revisitar as contribuições não apenas resolverá as principais ineficiências em uma operação de MDL, como também ajudará a aumentar a credibilidade do mecanismo.

Contribuição insuficiente para o desenvolvimento sustentável. O MDL foi criado com dois objetivos: a mitigação global da mudança climática e o desenvolvimento sustentável dos países em desenvolvimento. Entretanto, ele tem sido mais eficaz em reduzir os custos de mitigação que em promover o desenvolvimento sustentável (Olsen, 2007; Sutter; Parreno, 2007; Olsen; Fenhann, 2008; Nussbaumer, 2009). Considera-se que um projeto contribui para o desenvolvimento sustentável se as autoridades nacionais o assinarem, reconhecendo uma grande variedade de cobenefícios locais alinhados com suas prioridades de desenvolvimento (Quadro 6.2). Embora muitos críticos aceitem essa definição ampla (Cosbey et al., 2005; Brown et al., 2004; Michaelowa; Umamaheswaran, 2006), algumas organizações não governamentais têm encontrado falhas tanto na aceitação de certos tipos de projetos (como energia hidrelétrica, planta-

[8] Michaelowa e Pallav (2007) e Schneider (2007), por exemplo, alegam que vários projetos teriam ocorrido de qualquer forma. No entanto, organizações de negócios reclamam de um teste de adicionalidade excessivamente rígido (International Emissions Trading Association, 2008; United Nations Framework Convention on Climate Change, 2007).

ções de dendê e destruição de gases industriais) quanto em sua implementação. Uma análise mais detalhada no fluxo do projeto de MDL sugere que o tratamento do desenvolvimento sustentável nos documentos dos projetos é incompleto e desigual e que os desenvolvedores do projeto demonstram uma preocupação ou compreensão apenas rudimentar do conceito.

Controle fraco e operação ineficiente. O MDL é único ao regular um mercado dominado por agentes privados por meio de uma diretoria executiva – essencialmente, um comitê das Nações Unidas – que aprova os métodos de cálculo e os projetos que criam os recursos subjacentes do mercado. A credibilidade do MDL depende muito da robustez de sua estrutura regulatória e da confiança do setor privado nas oportunidades que o mecanismo oferece (Streck; Chagas, 2007; Meijer, 2007; Streck; Lin 2008). Aumentam as queixas sobre a contínua falta de transparência e a previsibilidade das decisões da diretoria (International emissions Trading Association, 2005; Stehr, 2008). Ao mesmo tempo, a arquitetura do MDL começou a demonstrar algumas fraquezas que são sinais de que ele está sendo vítima do sucesso. Tem havido muitas queixas sobre atrasos de um ano inteiro na aprovação de metodologias (International Emissions Trading Association, 2008) e de um ou dois anos na avaliação de projetos (Michaelowa; Pallay, 2007; International Emissions Trading Association, 2008). Existem restrições importantes

Tabela 6.5 A incidência tributária de um tributo de adaptação sobre o Mecanismo de Desenvolvimento Limpo (2020)
milhões de dólares

Alíquota	Receita arrecadada	Perda de excedente	Ônus para os países em desenvolvimento
2%			
Demanda restrita e baixa oferta	996	1	249
Demanda irrestrita e alta oferta	2.003	7	1.257
10%			
Demanda restrita e baixa oferta	4.946	20	869
Demanda irrestrita e alta oferta	10.069	126	6.962

Fonte: Fankhauser, Martin e Prichard (no prelo).

Nota: Sob a demanda irrestrita, as regiões podem comprar até 20% de suas metas por meio de créditos; há comércio completamente livre no cenário de demanda irrestrita. No cenário de baixa oferta, o MDL atua nos mesmos setores e regiões do que no presente. No cenário de alta oferta, o comércio de carbono é ampliado em escopo regional e setorial, incluindo créditos de Redução das Emissões causadas pelo Desmatamento e pela Degradação de florestas (embora, como notado, essas últimas emissões não se encontram atualmente no MDL). O volume total do mercado (excluindo transações secundárias) é em torno de US$ 50 bilhões no caso de demanda restrita e baixa oferta, e cerca de US$ 100 bilhões no caso de demanda irrestrita e alta oferta.

QUADRO 6.3 *Impostos sobre carbono e limite e comércio*

Os principais instrumentos de mercado usados para mitigação climática são a tributação do carbono e os esquemas de limite e comércio. Ao evitarem cotas fixas ou padrões tecnológicos (os instrumentos regulatórios normalmente empregados pelos governos), esses instrumentos deixam empresas e domicílios livres para encontrar a maneira mais barata de atingir uma meta climática.

Uma tributação sobre o carbono é um instrumento de preço, que opera normalmente tributando o teor de carbono nas saídas de carbono, criando um incentivo para a mudança para combustíveis com menor emissão de carbono ou para o uso mais eficiente do combustível. No entanto, como os governos não têm informações perfeitas sobre os custos da mudança de combustível ou a maior eficiência energética, existe a incerteza correspondente com relação à redução que realmente ocorrerá para um determinado nível de tributação. Se um governo tem um limite de emissão determinado por um acordo global, pode ser necessário ajustar a alíquota constantemente para manter as emissões dentro do limite.

Em um regime de limite e comércio, os governos emitem alvarás de emissão que representam um direito legal para emissão de carbono. Esses alvarás são livremente negociados entre os participantes do regime. Como empresas e setores têm diferentes custos marginais de mudança de combustível ou eficiência energética, existe potencial para ganho com a comercialização. Por exemplo, se uma empresa tem um alto custo marginal de mitigação enquanto outra tem um custo muito menor, a empresa com menor custo pode vender um alvará a um preço superior ao seu custo marginal de mitigação, reduzir suas emissões de acordo e lucrar. Enquanto o preço do alvará for menor que o custo marginal de mitigação do comprador, o negócio também será lucrativo para o comprador. Como o regime de limite e comércio é um instrumento quantitativo, existe uma grande certeza de que um país se manterá dentro de seu limite (supondo-se que a execução seja eficiente), mas pode haver uma incerteza correspondente com relação ao nível e à estabilidade dos preços do alvará.

Os dois importantes diferem em modos importantes:

Eficiência
Por causa das informações imperfeitas com relação aos custos de mitigação, existe um risco de que qualquer instrumento de mercado reduza demais as emissões, ou não reduza o suficiente, resultando em excesso de custos ou excesso de danos. Um famoso resultado de Weitzman demonstra que a escolha do instrumento com incerteza depende da inclinação das funções de danos e redução de custos. O que isso significa, no caso da mudança climática, não é claro, considerando-se que a forma da função dos danos é altamente incerta. Contudo, como os gases de efeito estufa são poluentes cumulativos, muitos argumentam que, em curto prazo, os danos por tonelada marginal possivelmente serão constantes, o que favoreceria a tributação.

Volatilidade de preços
Embora um regime de limite e comércio crie certeza com relação à quantidade de emissões, pode causar incerteza quanto ao preço. Se houver uma alteração no ciclo de negócios ou nos preços relativos de combustíveis de baixo carbono e de alto carbono, por exemplo, os preços dos alvarás serão diretamente afetados. A volatilidade de preços não apenas dificulta o planejamento de estratégias de redução, mas também reduz o incentivo para o investimento em pesquisa e desenvolvimento de novas tecnologias de redução. A criação de bancos e empréstimos de abonos são dois mecanismos simples que podem ajudar a refrear a volatilidade dos preços.

Reciclagem de receita
Uma tributação sobre o carbono é uma fonte direta de receita fiscal, e os governos têm a opção de usar a tributação para financiar despesas ou reciclar as receitas, reduzindo ou eliminando outros tributos. Na medida em que a reciclagem aumenta a eficiência geral do sistema tributário, existe um "duplo dividendo", mas não haverá garantia de duplo dividendo se a tributação sobre o carbono, em si, exacerbar as ineficiências existentes no sistema tributário. Se os alvarás de emissão forem leiloados pelo governo, também se tornarão uma fonte de receita fiscal.

Economia política
Como o mundo tem um orçamento fixo de carbono para qualquer meta climática escolhida, a certeza associada a um instrumento quantitativo pode ser atrativa para alguns grupos. E ninguém, empresas ou pessoas, gosta de impostos. Pode parecer que essa linha de raciocínio favorece o regime de limite e comércio, mas a aversão aos impostos também significa que as empresas resistirão ao leilão de alvarás e poderão, ao contrário, fazer *lobby* para a alocação de alvarás gratuitos. Em geral, o processo de alocação de alvarás, se não for realizado por meio de leilão, gerará uma procura por locações e um comportamento potencialmente corrupto.

Eficiência administrativa
O custo da administração da política climática e o capital institucional e humano necessários são considerações particularmente importantes em países em desenvolvimento. Uma tributação sobre o teor de carbono dos combustíveis possivelmente terá custo-benefício alto, porque poderia pegar carona em sistemas administrativos existentes para incidência de impostos sobre a circulação de combustíveis. No entanto, a definição de um mercado para leilão e comercialização de alvarás pode ser altamente complexa. Seria necessário um regulador para monitorar o exercício do poder de mercado pelos participantes. Além disso, um sistema de alvarás exigiria monitoramento e execução no nível de emissores individuais, enquanto o monitoramento da tributação do carbono poderia ser muito mais barato no nível dos distribuidores de combustível.

A tributação do carbono e o regime de limite e comércio não são, necessariamente, mutuamente exclusivos. A União Europeia optou pela comercialização das emissões para tratar das emissões de grandes fontes (serviços públicos, produção de calor, instalações industriais com consumo intensivo de energia e aviação, a ser implementada em 2011), cobrindo cerca de 40% das emissões da UE. Outros instrumentos (incluindo tributação de carbono em vários países da Europa) visam às emissões de outros setores, principalmente residencial e de serviços, transportes, gerenciamento de resíduos e agricultura. Em contraste, na Austrália e nos Estados Unidos, o regime de limite e comércio está emergindo como o instrumento principal para regular emissões de gases de efeito estufa em toda a economia (com o acompanhamento de um conjunto de políticas e medidas, como padrões para o portfólio de energias renováveis).

Fontes: Bovenberg e Goulder (1996), Weitzman (1974), Aldy, Ley e Parry (2008) e Newell e Pizer (2000).

---

para o crescimento contínuo do MDL como instrumento-chave para o apoio aos esforços de mitigação em países em desenvolvimento.

Escopo limitado. Os projetos do MDL não são distribuídos igualmente. Da receita sobre a venda de compensações, 75% provêm do Brasil, da China e Índia (ver Tabela 6.3). O MDL tem, basicamente, passado ao largo de países de baixa renda, que têm recebido apenas 3% da receita de carbono, um terço disso para três projetos de queima de gás na Nigéria. Existe uma concentração semelhante em setores, com boa parte da ação de redução concentrada em um número relativamente pequeno de projetos de gás industriais. O MDL não apoiou nenhuma das eficiências aumentadas nos ambientes construídos e domésticos ou nos sistemas de transporte, que produzem 30% das emissões globais de carbono (Barker et al., 2007) e são as fontes de emissão de carbono que crescem mais rapidamente nos mercados emergentes (Sperling; Salon, 2002). O MDL também não apoiou formas sustentáveis de subsistência nem acesso facilitado à energia para as populações pobres rurais e periurbanas (Figueres; Newcombe, 2007). A exclusão de emissões causadas por desmatamento do MDL deixa de explorar a maior fonte de emissões de muitos países tropicais em desenvolvimento tropicais (Eliasch, 2008).

Incentivos fracos, reforçados pela incerteza com relação à continuidade do mercado. O MDL não levou os países em desenvolvimento para trajetórias de desenvolvimento com baixo carbono (Figueres; Haites; Hoyt, 2005; Wara, 2007; Wara; Victor, 2008). O incentivo do MDL tem sido muito fraco para promover a transformação necessária na economia, sem a qual as intensidades de carbono nos países em desenvolvimento continuarão a aumentar (Sterk, 2008). A estrutura de abordagem e a falta de alavancagem do projeto do MDL o restringiram a um número relativamente pequeno de projetos. A incerteza com relação à continuidade do mercado de compensação de emissões de carbono após 2012 também está causando um efeito de resfriamento sobre as transações.

O custo da eficiência do financiamento da adaptação

Uma importante fonte de financiamento de adaptação e receita do Fundo de Adaptação é um imposto de 2% sobre o MDL, tributo este que poderia ser ampliado de modo a cobrir outros esquemas de troca, como a implementação conjunta. Trata-se de um caminho promissor para levantar recursos financeiros para o Fundo de Adaptação, que oferece adicionalidade clara, entretanto traz algumas questões econômicas básicas. Talvez a objeção importante seja que o tributo sobre o MDL incide sobre emissões boas (financiamento de mitigação) em vez de ruins (emissões). De modo mais geral, o tributo levanta duas dúvidas básicas:

• Qual é o escopo para obter financiamento para adaptação adicional por

---

QUADRO 6.4 *Envolvimento do Ministério da Fazenda da Indonésia com as questões da mudança climática*

O Ministério da Fazenda da Indonésia reconheceu que a mitigação e a adaptação à mudança climática exigem gestão macroeconômica, planos de política fiscal, alternativas para elevação da receita, mercados de seguro e opções de investimento em longo prazo. Priorizando o desenvolvimento, a Indonésia está tentando equilibrar os objetivos econômicos, sociais e ambientais. O país poderia se beneficiar do investimento em desenvolvimento com tecnologia ecológica para traçar uma trajetória de crescimento mais limpa e eficiente. Os benefícios incluiriam possíveis pagamentos de mercados de carbono para as reduções de emissão obtidas de uma trajetória energética mais limpa ou de reduções da taxa anual de desmatamento. O Ministério da Fazenda terá um papel crucial no financiamento, desenvolvimento e implementação de políticas e programas para a mudança climática. Para mobilizar o financiamento necessário, a Indonésia prevê uma variedade de mecanismos unidos a políticas nacionais integradas, uma forte estrutura favorável e incentivos de longo prazo para atrair investimentos.

A vantagem comparativa do Ministério da Fazenda está na consideração das decisões de alocação e incentivo, que afetam toda a economia. Ao gerenciar as oportunidades de financiamento do clima, o ministério reconhece a importância da confiança de investidores e doadores em suas abordagens e instituições. Ao reconhecer que os fundos doados – sejam concessões ou empréstimos em condições favoráveis – sempre serão pequenos com relação ao investimento privado em desenvolvimento do setor energético, infraestrutura e moradia, a Indonésia continuará a precisar de políticas e incentivos sólidos para atrair e alavancar o investimento privado rumo ao desenvolvimento sustentável e a resultados de baixo carbono.

A Indonésia já tomou providências para racionalizar os preços da energia, reduzindo os subsídios aos combustíveis fósseis em 2005 e 2008, para reduzir o desmatamento por meio de programas aprimorados de execução e monitoramento e oferecer incentivos para importação e instalação de equipamentos de controle da poluição por meio de brechas fiscais. Os ministérios da Fazenda e do Planejamento do Desenvolvimento estabeleceram um plano nacional e prioridades orçamentárias pata integrar a mudança climática ao processo de desenvolvimento nacional. O Ministério da Fazenda está examinando políticas fiscais e financeiras para estimular investimentos ecológicos, passar a opções energéticas de baixo carbono, incluindo renováveis e geotérmica, e aumentar os incentivos fiscais para o setor florestal.

Fonte: Ministry of Finance (Indonesia) (2008).

meio de tributação e qual é a perda em eficiência econômica (ou perda de excedente, em jargão econômico) associada com o tributo?
- Como a carga tributária é distribuída entre os vendedores (países em desenvolvimento) e os compradores (países desenvolvidos)?

A análise com base no modelo Glocaf do governo britânico mostra que a habilidade de um esquema de troca de carbono ampliado para obter receita de adaptação adicional dependerá do tipo de acordo climático global alcançado (cf. Fankhauser; Martin; Prichard, no prelo). As receitas terão variação conforme a demanda esperada, principalmente se esta for restringida por restrições suplementares para a promoção de reduções e, em escala menor, sobre a oferta esperada, inclusive se um regime futuro englobar créditos de desmatamento evitado e de outros setores e regiões que atualmente produzem pouca troca de carbono.

As receitas também dependerão da alíquota do tributo. Com relação à alíquota atual de 2%, há uma expectativa de que a arrecadação seja de US$ 2 bilhões por ano em 2020 se a demanda não for restringida, e menos da metade desse valor se houver restrições na compra de créditos (Tabela 6.5). Para arrecadar US$ 10 bilhões por ano, a alíquota deveria aumentar 10% e todas as restrições suplementares deveriam ser abolidas. Mesmo com essa alíquota, o custo econômico do imposto seria bem menor, principalmente com relação aos ganhos gerais do comércio.

Como ocorre com todos os impostos, o custo da alíquota é compartilhado entre os compradores e vendedores de créditos, dependendo de sua receptividade às mudanças de preços (as elasticidades de preço de oferta e demanda). Nos cenários em que a demanda é restringida, os compradores não respondem bem ao tributo, e boa parte do ônus tributário é, então, repassada para eles. Mas essa resposta muda se os limites sobre a demanda são eliminados. Nesse ponto, a incidência do imposto vai decididamente contra os países em desenvolvimento, que devem arcar com mais de dois terços da carga tributária para manter o preço de seus créditos competitivos, ou seja, os países em desenvolvimento teriam a maior parcela da contribuição ao Fundo de Adaptação (pela renúncia às receitas do mercado de carbono).

Em vez de transferir fundos de países desenvolvidos para aqueles em desenvolvimento, o tributo sobre o MDL transferiria recursos dos maiores países anfitriões do MDL (Brasil, China, Índia – ver Tabela 6.3) para os países vulneráveis que teriam direito de receber financiamento para adaptação.

Aumento da escala de financiamento à mudança climática

Para fechar a lacuna de financiamento, as fontes de financiamento devem ser diversificadas e os instrumentos existentes devem ser reformados para aumentar sua eficiência e permitir o escalonamento. Esta seção destaca alguns dos principais desafios a esse respeito:

- O domínio de novas fontes de receita para apoiar a adaptação e mitigação por parte de governos nacionais, organizações internacionais e mecanismos de financiamento especiais, como o Fundo de Adaptação.
- O aumento da eficiência dos mercados de carbono com a reforma do MDL como veículo fundamental para promover o financiamento privado de mitigação.
- Ampliação do desempenho com base em incentivos para uso do solo, mudança de uso da terra e silvicultura para alterar o equilíbrio entre financiamento privado e público nessa área importante.
- Otimização do financiamento do setor privado para adaptação.

Os países precisarão considerar ainda a estrutura fiscal para a ação climática. A ação governamental sobre a mitigação climática e adaptação pode ter consequências fiscais importantes para receitas, subsídios e fluxos de financiamento internacional. Os elementos principais dessa estrutura incluem os seguintes itens.

Escolha do instrumento de mitigação. A tributação ou alvarás comercializáveis serão instrumentos mais eficientes que a regulação, e cada um pode gerar uma receita fiscal significativa (presumindo-se que os alvarás sejam leiloados pelo governo). O Quadro 6.3 destaca as principais características das tributações de carbono com relação às abordagens de limite e comércio.

Neutralidade fiscal. Os países têm a opção de usar as receitas fiscais do carbono para

Tabela 6.6 Possíveis fontes de financiamento para mitigação e adaptação

Proposta	Fonte de financiamento	Nota	Financiamento anual (bilhões de dólares)
Grupo de 77 e China	0,25%-0,5% do produto interno bruto das Partes do Anexo I	Calculada para o produto interno bruto de 2007	201-402
Suíça	US$ 2 por tonelada de CO_2, com isenção fiscal básica de 1,5 t de CO_2e por habitante	Anualmente (com base em projeções para 2012)	18,4
Noruega	2% do leilão de AAU	Anualmente	15-25
México	Contribuições baseadas no PIB, gases de efeito estufa e população e possivelmente alvarás para leilão em países desenvolvidos	Anualmente, aumentando com o crescimento do PIB e das emissões	10
União Europeia	Tributo contínuo de 2% sobre a parcela de renda proveniente do MDL	Variando de demanda baixa a alta em 2020	0,2-0,68
Bangladesh, Paquistão	Tributo de 3%-5% sobre a parcela de renda proveniente do MDL	Variando de demanda baixa a alta em 2020	0,3-1,7
Colômbia, países menos desenvolvidos	Tributo de 2% sobre a parcela de renda proveniente da implementação Conjunta e comércio de emissões	Anualmente, após 2012	0,03-2,25
Países menos desenvolvidos	Tributação sobre viagens aéreas internacionais (Iatal)	Anualmente	4-10
Países menos desenvolvidos	Tributação sobre combustíveis de navio (Imers)	Anualmente	4-15
Tuvalu	Leilão de abonos para aviação internacional e emissões marítimas	Anualmente	28

Fonte: United Nations Framework Convention on Climate Change (2008a).
Nota: AAU = *assigned amount unit* (unidade de quantidade atribuída); Iatal = *international air travel adaptation levy* (tributo para adaptação sobre viagens aéreas internacionais); Imers = *international maritime emissions reduction scheme* (esquema para redução de emissões marítimas internacionais). As Partes do Anexo I incluem os países de alta renda membros da OCDE em 1992, mais os países com economias em transição. Os países do Anexo I se comprometeram, especificamente, com o objetivo do retorno individual ou conjunto.

reduzir outros impostos distorcivos, que poderiam trazer grandes consequências de crescimento e bem-estar. Mas a Fazenda de países em desenvolvimento normalmente tem uma base de receita fraca, que pode reduzir os incentivos para a completa neutralidade fiscal.

Simplicidade e custo administrativo. As tributações de carbono, por incidirem no teor de carbono dos combustíveis, oferecem a simplicidade de se somar aos regimes existentes de circulação de combustível. Sistemas de limite e comércio podem acarretar grandes custos administrativos para a alocação de alvarás e garantia da conformidade.

Impactos na distribuição. Qualquer instrumento de preços para mitigação terá consequências na distribuição para diferentes grupos de renda, dependendo da intensidade de carbono de seu consumo e do emprego em setores que encolhem como resultado dos impostos ou limites de carbono; poderá ser necessário compensar as ações fiscais se os domicílios de baixa renda forem desproporcionalmente afetados.

Coerência de políticas. Esquemas de subsídio existentes, principalmente em energia e agricultura, podem contrariar ações para mitigação e adaptação à mudança climática. Subsídios sobre mercadorias que se tornarão mais escassas por causa da mudança climática, como a água, também podem ter efeitos perversos.

O Quadro 6.4 destaca os esforços do Ministério da Fazenda da Indonésia para incorporar as questões climáticas à política macroeconômica geral e fiscal.

Geração de novas fontes de financiamento para adaptação e mitigação

Instituições públicas – governos federais, organizações internacionais e os mecanismos oficiais de financiamento da UNFCCC – estão entre os principais agentes do desenvolvimento inteligente em termos climáticos. Até agora, elas dependem quase exclusivamente de receitas governamentais para financiar suas atividades. Mas é improvável que os custos da mudança climática, que estão crescendo até dezenas ou centenas de bilhões de dólares por ano, possam ser cobertos predominantemente com contribuições do governo. Embora fundos adicionais estejam a caminho, a experiência com a assistência ao desenvolvimento sugere que há restrições no valor das doações tradicionais que podem ser elevadas. Ademais, existe uma preocupação dos países em desenvolvimento de que os países desenvolvidos não possam contribuir plenamente com a assistência ao desenvolvimento existente.

Outras fontes de financiamento, portanto, precisarão ser exploradas; existem várias propostas, principalmente para adaptação. Elas incluem:

Tributação do carbono com coordenação internacional. Propostas para uma tributação do carbono com administração nacional e cobrança global têm o atrativo de uma base tributária ampla e uma receita com fluxo razoavelmente seguro. Além disso, ao contrário do tributo do MDL, o imposto seria voltado para as emissões, não para as reduções de emissão. No lugar de impor uma perda de excedentes, o imposto teria um efeito corretivo desejável e benéfico. A maior desvantagem é que o imposto com coordenação internacional poderia afetar a autoridade tributária de governos soberanos. Pode ser difícil conseguir um consenso internacional para essa opção.

Imposto sobre as emissões de transporte internacional. Um imposto com foco mais restrito no transporte internacional aéreo ou marítimo teria a vantagem de visar a dois setores que, até o momento, não estiveram sujeitos à regulação de carbono e cujas emissões aumentam rapidamente. A natureza internacional do setor pode tornar um imposto mais palatável para os ministros da Fazenda, e a base tributária seria grande o bastante para levantar quantias consideráveis. Mas o controle global dos setores é complexo, com poder considerável nas mãos de órgãos internacionais, como a Organização Marítima Internacional. Assim, os obstáculos para implementar tal imposto podem ser consideráveis.

Leilão de unidades de quantidade atribuída. Os compromissos para redução de emissões dos membros do Protocolo de Kyoto são expressos em unidades de quantidade atribuída (*assigned amount units* – AAU), que representam a quantidade de carbono que um país tem permissão para emitir. Uma abordagem inovadora, lançada originalmente pela Noruega, separaria uma fração da alocação de AAU de cada país e a leiloaria pelo maior lance, com a receita revertida para adaptação.

Receitas domésticas de leilão. As receitas revertidas do leilão se baseiam no pressuposto de que a maioria dos países desenvolvidos logo terá esquemas abrangentes de limite e comércio e que a maioria dos alvarás emitidos de acordo com esses esquemas iria a leilão, em lugar de ser entregue gratuitamente. Com esquemas já em funcionamento ou em consideração em praticamente todos os países desenvolvidos, essa é uma expectativa razoável. Mas as receitas revertidas do leilão invadiriam a autonomia fiscal de governos nacionais tanto quanto uma tributação de carbono com coordenação internacional e podem, portanto, ser igualmente difíceis de implementar.

Cada uma dessas opções tem suas vantagens e desvantagens.[9] O que é importante é que as opções escolhidas ofereçam um fluxo seguro, regular e previsível de receitas de tamanho suficiente. Isso sugere que o financiamento terá que vir de uma combinação de fontes. A Tabela 6.6 apresenta uma variedade de possíveis fontes de financiamento propostas por países desenvolvidos e em desenvolvimento.

Em curto prazo, esforços internacionais podem trazer algum ímpeto para superar a crise econômica atual e dar o pontapé inicial na economia por meio de estímulos fiscais (ver Capítulo 1) (Barbier, 2009; Bowen et al., 2009). Mundialmente, muito mais de US$ 2 trilhões foram comprometidos em vários pacotes fiscais, destacando-se o pacote dos Estados Unidos, no valor de US$ 800 bilhões, e o plano da China, de US$ 600 bilhões. Por volta de 18% disso, ou cerca de US$ 400 bilhões, é investimento verde em eficiência energética e energia renovável e, no caso do plano chinês, adaptação.[10] Implementados ao longo dos próximos 12 a 18 meses, esses investimentos poderiam fazer muito para mudar o mundo em direção a um futuro de baixo carbono. Ao mesmo tempo, os pacotes são, por sua natureza, direcionados para o estímulo da atividade doméstica. Seu efeito sobre as finanças climáticas internacionais dos países em desenvolvimento será, na melhor das hipóteses, indireto.

---

9 Para mais informações, ver Müller (2008).
10 Cf. Robins, Clover e Magness (2009), conforme discutido no Capítulo 1.

É preciso mais que financiamento: soluções de mercado são essenciais, mas são necessárias ferramentas adicionais de política

Com mais iniciativas nacionais ou regionais explorando o comércio de emissões, o mercado de carbono provavelmente será importante na catalisação e no apoio financeiro à transformação necessária dos padrões de investimento e estilos de vida. Pela compra de compensações em países em desenvolvimento, os sistemas de limite e comércio podem financiar investimentos de baixo carbono em países em desenvolvimento. Os mercados de carbono também proporcionam um ímpeto essencial para encontrar soluções eficientes para o problema climático.

Com relação ao futuro, a estabilização das temperaturas exigirá um esforço global para mitigação. Nesse ponto, o carbono terá um preço mundial e será comercializado, tributado ou regulado em todos os países. Quando houver um preço eficiente de carbono em vigor, as forças do mercado direcionarão a maioria das decisões de consumo e investimento para as opções de baixo carbono. Com a cobertura global, muitas das complicações que afetam o atual mercado de carbono – adicionalidade, vazamento, competitividade, escala – diminuirão. Elas têm enorme importância atualmente, e a necessidade de uma transição suave para um mercado de carbono finalmente global não pode ser esquecida ao abordá-las. Mas algumas falhas de mercado permanecerão, e os governos precisam intervir para corrigi-las.

Decisões que ajudem a emergência de um preço de carbono previsível e adequado em longo prazo são necessárias para mitigação efetiva, mas, como demonstrado no Capítulo 4, não são suficientes. Algumas atividades, como as arriscadas melhorias em pesquisa, desenvolvimento ou eficiência energética, são atrapalhadas por falhas no mercado ou na regulamentação. Outras, como o planejamento urbano, não são diretamente sensíveis aos preços. Os setores florestal e agrícola apresentam potencial importante adicional para redução de emissões e sequestro em países em desenvolvimento, mas são complexos demais, com questões sociais intrincadas, para depender exclusivamente de incentivos de mercado. Muitas ações climáticas exigirão intervenções complementares nas finanças e políticas, para, por exemplo, superar barreiras de eficiência energética, reduzir os riscos percebidos, aprofundar os mercados financeiro e de capital domésticos e acelerar a difusão de tecnologias ecológicas.

Aumento da escala e da eficiência dos mercados de carbono

A ausência de continuidade no mercado além de 2012 é o maior risco para a dinâmica do atual mercado de carbono. Ainda existem incertezas consideráveis com relação à própria existência de um mercado global de carbono a partir de 2012, com questões relacionadas à ambição dos objetivos de mitigação, à demanda resultante por créditos de carbono, ao grau de vinculação dos diferentes regimes de comércio, bem como ao papel para compensações por meio dos vários regimes existentes e futuros. Definir uma meta de mitigação global para 2050, apoiada por metas intermediárias (a serem determinadas por meio do processo da UNFCCC), forneceria, em longo prazo, sinais de preço do carbono e segurança para o setor privado, quando as decisões de investimento importantes, com impacto duradouro sobre as trajetórias de emissão, forem tomadas nos anos vindouros.

A próxima fase na construção de um mercado global de carbono deve colocar os países desenvolvidos em uma trajetória de baixo carbono e fornecer os recursos financeiros e outros necessários para facilitar a transição dos países em desenvolvimento para uma trajetória de desenvolvimento de baixo carbono. Um dos principais desafios para um acordo climático é definir uma estrutura que apoie e promova essa transformação e facilite a transição para um sistema mais abrangente, onde mais países assumam metas de redução

Tabela 6.7 Iniciativas nacionais e multilaterais para reduzir o desmatamento e a degradação

Iniciativa	Financiamento total estimado (milhões de dólares)	Período
International Forest Carbon Initiative (Austrália)	160	2007-2012
Iniciativa Climática e Florestal (Noruega)	2.250	2008-2012
Mecanismo de Parceria do Carbono Florestal (Banco Mundial)	300	2008-2018
Programa de Investimento Florestal (parte dos Fundos de Investimentos Climáticos)	350	2009-2012
Programa UN-Redd	35	2008-2012
Fundo Amazônia	1.000	2008-2015
Congo Basin Forest Fund	200	Incerteza

Fonte: United Nations Framework Convention on Climate Change (2008b).
Nota: Os nomes entre parênteses correspondem aos países ou às instituições que patrocinaram a proposta.

QUADRO 6.5 *Conservação do carbono no solo cultivado*

O potencial para mitigação no setor agrícola pode ser significativo, estimado em cerca de 6 gigatoneladas de dióxido de carbono equivalente (CO_2e) por ano até 2030, sendo o sequestro de carbono no solo o principal mecanismo. Muitas oportunidades de mitigação (incluindo gestão de terra cultivável, gestão de pastos, gestão de solos orgânicos, restauração de terras degradadas e gestão de criações) utilizam tecnologias atuais e podem ser implementadas imediatamente. Além disso, essas opções têm também custo competitivo: supondo-se um preço inferior a US$ 20 por tonelada de CO_2e, o potencial econômico global para mitigação no setor agrícola será de cerca de 2 gigatoneladas de CO_2e por ano até 2030.

A ampliação do escopo dos mercados de carbono para incluir o carbono do solo agrícola permitiria mais de uma função para o financiamento de carbono em práticas sólidas de gestão da terra. O sequestro de carbono na agricultura pode ajudar a aumentar a produtividade agrícola e melhorar a capacidade de adaptação dos agricultores à mudança climática. Uma quantidade maior de carbono no solo melhora a estrutura do solo, com redução correspondente na erosão do solo e na depleção de nutrientes. Solos com estoques maiores de carbono retêm melhor a água, melhorando assim a resistência de sistemas agrícolas à seca. Esses impactos biofísicos positivos do sequestro de carbono no solo causam diretamente o aumento da produção agrícola, de forragem e plantação e a produtividade da terra. No entanto, as questões de monitoramento e confirmação do maior armazenamento e a permanência do sequestro de carbono precisam ser resolvidas.

Fonte: Intergovernmental panel on Climate Change (2007).

---

de emissões. Conforme discutido no Capítulo 5, pode ser contemplado um processo de incorporação gradual, com transições em direção a medidas mais rigorosas, dependendo da responsabilidade e da capacidade: adoção de políticas ecológicas (uma fase que muitos países em desenvolvimento já alcançaram), limitação do crescimento das emissões e definição de metas para redução de emissões. Para apoiar esse progresso gradual, foram propostos vários modelos usando financiamento de carbono.[11]

Entretanto, a demanda dos países do Anexo I, por compensações internacionais, provavelmente continuará por algum tempo em níveis muito inferiores aos que seriam necessários para recompensar todas as conquistas de mitigação em países em desenvolvimento, mantendo simultaneamente um preço de carbono suficientemente alto. Definir metas mais ambiciosas para os países do Anexo I[12] criará o incentivo para uma maior cooperação com os países em desenvolvimento no escalonamento da mitigação, considerando que uma fonte confiável de compensações possa ser construída em escala.

A preocupação com relação à eficácia e à eficiência do MDL levou a uma ampla gama de propostas sobre como melhorar, expandir ou evoluir o mecanismo. De modo geral, elas poderiam ser organizadas em duas linhas de sugestões. Uma visaria à otimização do MDL para torná-lo mais adequado para um mercado em crescimento dominado pelo setor privado, aumentando a eficiência e o controle durante o ciclo do projeto, bem como reduzindo os custos de transação. Outra linha visaria ao escalonamento do impacto da transformação do MDL e do financiamento de carbono além do escopo limitado de uma abordagem de projeto, tendo em mente as trajetórias de investimento e afetando as tendências de emissão.

Provavelmente não é realista obter algo mais que mudanças incrementais no MDL até 2012. Alguns praticantes clamam por grandes melhorias. Mas muitos países ainda estão aprendendo a usar o instrumento, e seus primeiros projetos apenas começaram a entrar no fluxo há alguns meses. Outros se concentram no acordo e nas ferramentas para escalonar a mitigação após 2012. Existe pouco ou nenhum espaço político para revisões imediatas importantes no MDL antes de 2012, um ponto enfatizado por países em desenvolvimento que argumentaram que a maioria dessas revisões exigiria um aditamento do Protocolo de Kyoto. Assim, para organizar as etapas em uma possível evolução, pode ser útil distinguir dois níveis de melhorias ou alterações ao MDL atual, que

---

11 Estes incluem modelos nos quais as reduções de emissão seriam recompensadas com relação a setores específicos ou que são desenvolvidos em várias formas de metas, tais como intensidade ou redução de emissão absoluta ou relativa. Os créditos ocorreriam apenas em nível nacional ou envolveriam atividades do projeto. Os créditos poderiam se basear em uma alocação inicial de abonos (limite e comércio) ou retrospectiva (concessão inicial e crédito). E seriam vinculados ou separados dos mercados de carbono existentes. Os mecanismos que desenvolvem o comércio de emissões podem estar direta ou indiretamente vinculados a outros mercados de carbono e podem criar créditos com fusão total, parcial ou sem fusão com os mercados de carbono existentes.

12 Se atingidas, as reduções totais de várias propostas de países de alta renda reduziriam as emissões agregadas apenas 10% a 15% abaixo das dos níveis de emissão de 1990, em 2020. São muito inferiores às reduções de 25% a 40% abaixo dos níveis de 1990 que foram indicadas pelo IPCC no mesmo cronograma para 2020 (cf. Howes, 2009).

enfim resultaria em dois mecanismos financeiros, operando em paralelo e complementados por um mecanismo que não seja de mercado, financiado por fontes públicas.

Um MDL baseado em atividade. Existe um caso para continuar a operar o MDL atual, baseado em atividade, dentro de suas regras existentes, com algumas melhorias desejadas. No sistema atual, a linha de base e a adicionalidade são determinadas para a atividade específica do projeto; as regras buscam diferenciar e recompensar esforços individuais que são melhores que a norma (em vez de promover uma norma melhor). A maioria das instalações médias a grandes de pequenos países pode ser enviadas efetivamente como projetos individuais do MDL, e microtecnologias como lâmpadas e fogões agora têm a opção de serem registradas como programas organizados de atividades pelo MDL atual (reduzindo, assim, os custos de transação por meio de agregação). A maioria dos países pequenos ou menos desenvolvidos tem demandas mais urgentes para capacidade institucional escassa que o desenvolvimento de esquemas complexos de prestação de contas de gases de efeito estufa. Isso significa que, para alguns países em desenvolvimento, talvez para a maioria, não há necessidade de outro conjunto de regras para suprir seu potencial de mitigação no mercado.

As principais melhorias administrativas visariam, por exemplo, melhorar a qualidade, a relevância e a uniformidade dos fluxos de informação dentro da comunidade do MDL; o envolvimento de uma equipe profissional trabalhando em tempo integral para a diretoria do MDL e a consideração de como torná-la mais representativa dos praticantes; e aumento da prestação de contas do processo, possivelmente incluindo um mecanismo que ofereça uma oportunidade para que os participantes do projeto apelem das decisões da diretoria. Em paralelo, os países precisariam criar um ambiente comercial que conduza a investimentos de baixo carbono em geral.

Um mecanismo de mercado que muda tendências. Esse novo mecanismo tentaria reduzir as tendências de emissão em longo prazo de maneira muito mais abrangente. Estabelecido dentro ou fora do MDL atual, apoiaria a sanção de alterações de políticas que colocariam os países em desenvolvimento em uma trajetória de baixo carbono. Reconheceria e promoveria reduções de emissão obtidas pela adoção de políticas ou programas específicos, que levariam a reduções de emissão em múltiplas fontes. Um MDL programático poderia ser um primeiro passo em direção a um mecanismo de mercado com alteração de tendências, permitindo a agregação de ilimitadas atividades semelhantes resultantes da implementação de uma política ao longo do tempo e do espaço. As propostas de apoio a uma mudança de setor podem ser classificadas em dois grupos amplos: aquelas oriundas de um acordo entre as indústrias que operam no mesmo setor, mas estão localizadas em países diferentes, e as que evoluem da decisão de um governo federal para implementação de uma política ou programa específico.

Pensou-se muito sobre como o MDL e o financiamento de carbono poderiam apoiar políticas ecológicas em países em desenvolvimento. Todas as opções propostas consideram um mecanismo para que o financiamento de carbono recompense os resultados mensuráveis de uma política (em emissões reduzidas). As variantes dizem respeito à política e ao compromisso do país para com um acordo internacional (obrigatório ou flexível), à escala geográfica (regional ou nacional) ou ao escopo setorial (setorial ou intersetorial). Dentre essas opções, as metas sem perdas do setor, pelas quais um país poderia vender créditos de carbono para reduções de emissão abaixo de uma meta acordada (que seria inferior aos níveis normais) sem ser penalizado por não atingir a meta, têm atraído muito interesse. Esse mecanismo seria adaptado para países em desenvolvimento que precisam escalonar significativamente os investimentos no setor privado, além do alcance do MDL em sua forma atual, em linha com suas prioridades de desenvolvimento sustentável.

Criação de incentivos financeiros para Redd

Uma preocupação especial para países em desenvolvimento é a falta de incentivos financeiros para Redução das Emissões causadas pelo Desmatamento e pela Degradação florestal (Redd). Em 2005, quase um quarto das emissões em países em desenvolvimento veio de mudanças no uso da terra e silvicultura, de forma que é uma exclusão importante (World Resources Institute, 2008; Houghton, 2009). Mas o uso da terra, as mudanças no uso da terra e a silvicultura sempre foram problemáticos e controversos nas negociações climáticas. Houve grande oposição à sua inclusão no Protocolo de Kyoto. Como resultado, apenas o florestamento e o reflorestamento puderam fazer parte do MDL, mas o Esquema de Comércio de Emissões da União Europeia os exclui.

A atenção inicial à atividade de Redd se concentrou nos países onde ocorre desmatamento (Tabela 6.7). Entretanto, alguns países altamente florestados apresentam pouco desmatamento e buscam apoio para gerir e conservar suas florestas de maneira sustentável, especialmente se as atividades de Redd em outros países deslocarem a expansão agrícola e madeireira para além das fronteiras nacionais (vazamento). Outros países já têm políticas e medidas para levar a gestão sustentável às suas florestas e buscam o reconhecimento de seus esforços na redução de emissões por meio de soluções de mercado relacionadas com pagamentos por serviços ambientais. Conforme discutido no Capítulo 3, a conservação do carbono no solo (Quadro 6.5) por meio de mecanismos baseados em desempenho também está ganhando força, mas as discussões estão em um estágio menos avançado que para Redd.

O sistema de Redd toca em muitos grupos e outras metas sociais, normalmente com uma mistura de potencial positivo e efeitos negativos. Ele forneceria uma nova fonte de receita para povos indígenas, mas estes estão corretamente preocupados porque os mecanismos de Redd podem ser usados para ameaçar seus direitos de acesso e seu uso de terras tradicionais. O sistema de Redd pode oferecer recursos para levar maior proteção a áreas de grande valor para a biodiversidade, mas também poderia deslocar a exploração madeireira e o desmatamento para além de fronteiras internacionais, para áreas de alta biodiversidade (outro exemplo de vazamento).

É senso comum que, antes que os países florestados possam receber incentivos financeiros para Redd, precisam estabelecer blocos de construção nas áreas de política, jurídica, institucional e técnica – conhecidos como preparação para Redd. Os principais componentes da preparação para Redd devem ser desenvolvidos em nível nacional (não no nível do projeto) para responder às causas sistêmicas de desmatamento e degradação florestal e para conter o vazamento.

O Mecanismo de Parceria do Carbono Florestal (Forest Carbon Partnership Facility – FCPF) foi projetado para ajudar os países florestados de regiões tropicais e subtropicais a se preparar para Redd e iniciativas-piloto baseadas em desempenho. No FCPF, a preparação para Redd consiste em uma estratégia e uma estrutura para implementação desse sistema, um cenário nacional de referência para emissões causadas por desmatamento e degradação florestal e um sistema nacional de monitoramento, reporte e verificação. O UN-Redd, uma iniciativa conjunta do Programa das Nações Unidas para o Desenvolvimento, do Programa das Nações Unidas para o Desenvolvimento e do Programa das Nações Unidas para o Meio Ambiente, é um programa similar.

Em sua estratégia de Redd nacional, um país avalia seu uso da terra e política florestal até o momento, identificando os impulsores do desmatamento e da degradação florestal. Em seguida, concebe opções estratégicas para resolver esses impulsores e avalia essas opções do ponto de vista do custo-benefício, da justiça e da sustentabilidade. Depois, é feita uma avaliação das providências legais e institucionais necessárias para implementar a estratégia de Redd, incluindo o órgão (ou órgãos) responsável por coordenar esse sistema em nível nacional, promovê-lo e levantar fundos; criam-se mecanismos de compartilhamento dos benefícios para os fluxos financeiros esperados de Redd e um registro nacional de carbono para gerenciar as atividades desse sistema (tanto as reduções de emissão geradas quanto os fluxos de receita correspondentes). Além disso, o país avalia a criação de investimento e capacidade necessária para implementar a estratégia, além dos impactos ambientais e sociais das várias opções de estratégia e implementação (os benefícios, os riscos e as medidas para mitigação dos riscos).

Países preparados para Redd precisam desenvolver um cenário nacional de referência. O cenário deve incluir uma parte retrospectiva, calculando uma média histórica recente de emissões, e pode incluir também um componente futuro, prevendo futuras emissões com base nas tendências de crescimento econômico e planos de desenvolvimento nacional.

Um sistema nacional de monitoramento, reporte e verificação (MRV) é essencial para um sistema de pagamentos baseados em desempenho. O sistema MRV pode incluir os impactos dos pagamentos sobre a biodiversidade e a subsistência, bem como sobre os níveis de carbono. As funções da tecnologia de sensoriamento remoto e de medições de solo devem ser definidas como parte desse sistema. A experiência de iniciativas de gestão de recursos naturais baseadas na comunidade demonstrou que o envolvimento do povo local, incluindo os povos indígenas, no monitoramento participativo dos recursos naturais também pode fornecer informações precisas, eficazes em termos de custo e localizadas sobre as tendências referentes à biomassa florestal e aos recursos naturais (Danielsen et al., 2009). Os estoques de recursos naturais, o compartilhamento dos benefícios e os efeitos sociais e ecológicos mais amplos dos esquemas de Redd podem ser monitorados pelas comunidades locais. Abordagens participativas têm o potencial de melhorar muito o controle e a gestão de esquemas de Redd.

Antes que comecem os pagamentos de larga escala baseados em desempenho por Redd, a maioria dos países florestados precisará adotar reformas políticas e assegurar programas de investimento. Podem ser necessários investimentos para criar capacidade institucional, melhorar o controle e a informação florestal, escalonar a conservação e a gestão sustentável de florestas e aliviar a pressão sobre as florestas por meio de, digamos, realocação de atividades de agronegócio para longe de florestas ou melhoria da produtividade agrícola. Para auxiliar os países nessas atividades, várias iniciativas foram lançadas ou estão em projeto (ver Tabela 6.7). Além disso, o Banco Mundial propôs um programa para investimento florestal nos Fundos de Investimentos Climáticos; o Prince's Rainforest Project e a Coalition for Rainforest Nations propuseram recentemente que instituições financeiras emitam títulos para levantar recursos significativos para ajudar os países florestados a financiar a conservação florestal e os programas de desenvolvimento. Esse exemplo ilustra como é necessária uma variedade de instrumentos para direcionar uma transformação de comportamentos e decisões de investimento: uma combinação de financiamento antecipado (financiamento para concessão e inovação) e incentivos baseados em desempenho é necessária para promover reformas políticas, criar capacidade e realizar programas de investimento. O exemplo também destaca o papel crucial do financiamento público como catalisador da ação climática.

Otimização do financiamento privado para adaptação

Comparado à mitigação, em que a ênfase tem sido no financiamento privado de mercados de carbono, o financiamento para adaptação tem forte foco nos fluxos oficiais. Isso não é surpresa, considerando-se que a adaptação está intimamente ligada ao bom desenvolvimento e que muitas medidas de adaptação são bens públicos – por exemplo, a proteção de zonas costeiras (um bem público local) e o fornecimento de informações climáticas oportunas (um bem público nacional).

QUADRO 6.6 *Alocação de financiamento para desenvolvimento de concessões*

A fórmula de alocação da International Development Association (IDA) oferece um modelo possível para alocar financiamento de concessão de uma maneira transparente e empírica. Esse modelo em evolução da alocação de recursos, com 10 anos de refinamento progressivo, alocou cerca de US$ 10 bilhões em financiamentos de concessão por ano para os países mais pobres do mundo.

A fórmula de fórmula da IDA é composta por três índices básicos, um de necessidade de financiamento de concessão, um de *capacidade de absorção* e um de *desempenho do governo central*. Com relação à necessidade, o critério básico é o nível médio de pobreza em cada país, ponderado para favorecer os países mais pobres, vezes o número de pessoas do país. A capacidade de absorção é medida pelo desempenho do portfólio do Banco Mundial – atrasos no pagamento e cancelamentos de empréstimos ou créditos são indicadores claros de má capacidade de absorver o financiamento adicional. Com base nos resultados da literatura de eficiência na ajuda, a fórmula é ponderada em favor de países com o melhor controle, porque as evidências sugerem que esses países traduzem com maior sucesso os recursos para ajuda em crescimento econômico.

O desempenho do governo central, por sua vez, tem dois subíndices: *qualidade das políticas e instituições macroeconômicas, estruturais e sociais*, e *qualidade do controle*, derivada das Avaliações das Políticas dos Países e Instituições do Banco Mundial.

A fórmula confere peso de 68% ao controle, 24% às políticas macroeconômicas, sociais e estruturais, e 8% à capacidade de absorção. A composição desses valores é então multiplicada pelo número de pessoas no país, ponderado pela renda média da população (para capturar a necessidade), resultando na classificação final que orienta a alocação de financiamentos de concessão.

Como essa fórmula pode penalizar alguns dos países mais necessitados, uma parte do fornecimento anual de financiamentos é alocada fora dos principais: cada país recebe uma alocação mínima; os países que estão saindo de conflitos e com instituições extremamente frágeis estão recebendo assistência adicional; os abonos são feitos em caso de desastres naturais. Além disso, o financiamento da IDA é limitado para países "mistos", que têm acesso a financiamento comercial.

Fonte: International Development Association (2007) e Burnside e Dollar (2000).

Apesar da ênfase no financiamento público, grande parte do fardo da adaptação recairá sobre indivíduos e empresas. Seguro contra perigos climáticos, por exemplo, é oferecido principalmente pelo setor privado. Da mesma forma, a tarefa de tornar o capital social do mundo – residências privadas, edifícios industriais e maquinário – imune ao clima recairá predominantemente sobre os proprietários privados, embora o Estado precise oferecer proteção contra enchentes e alívio em caso de desastre. Empresas privadas também possuem ou operam parte da infraestrutura pública que precisará ser adaptada para um mundo mais quente – portos marítimos, usinas elétricas e sistemas de água e esgoto.

Para os governos, o desafio de envolver o setor privado no financiamento da adaptação é triplo: fazer que os agentes privados se adaptem, dividir o custo da adaptação da infraestrutura pública e alavancar o financiamento privado para custear os investimentos de adaptação dedicados.

Fazer que os agentes privados se adaptem com eficiência. A maioria das decisões de consumo e negócios é afetada, direta ou indiretamente, por fatores climáticos – das roupas que as pessoas usam às decisões que agricultores tomam com relação à plantação e à forma como os prédios são projetados. As pessoas estão acostumadas a tomar essas decisões implícitas de adaptação. O papel principal dos governos será oferecer um ambiente econômico que facilite essas decisões. Ele pode tomar a forma de incentivos econômicos (brechas fiscais para investimentos em adaptação, impostos sobre propriedade diferenciados por risco, prêmios diferenciados de seguro), regulamentação (planejamento de zonas, códigos para construção) ou simplesmente educação e melhor informação (previsões de tempo de longo prazo, serviços de expansão agrícola).

Essas medidas acarretam um custo econômico, como a obediência a regulamentos mais rígidos de construção, o uso de diferentes variedades de sementes ou o pagamento de prêmios mais altos de seguro. Esse custo será arcado pela economia e disseminado pelos setores quando os produtores repassarem os custos mais altos para seus clientes e os esquemas de seguro ajudarem a concentrar os riscos. Haverá pouca necessidade de definir um financiamento dedicado para a adaptação, exceto talvez para atender aos custos administrativos do governo ou proteger grupos vulneráveis dos efeitos negativos de uma política.

Divisão do custo da adaptação da infraestrutura pública. Uma grande parte do custo da adaptação pública envolve tornar a infraestrutura de transporte, as redes de transmissão elétrica, os sistemas de água e as redes de comunicação de um país imunes ao clima. Sejam esses serviços prestados por empresas públicas, privadas ou públicas comercializadas, a conta precisará ser paga pelos contribuintes (domésticos, ou estrangeiros se for fornecida assistência para adaptação) ou pelos usuários (por meio de tarifas mais altas).

Para os prestadores de serviço de infraestrutura, a mudança climática (e a política climática) se tornará outro fator de risco a ser considerado, juntamente com outros riscos regulatórios, comerciais e macroeconômicos (Vagliasindi, 2008). Seria aconselhável, portanto, criar responsabilidade para a adaptação no regime regulatório tão cedo e da maneira previsível quanto possível. A maior incerteza física também requer o desenvolvimento de maior flexibilidade no sistema regulatório, porque a regulamentação anterior está mal-adequada a situações com mudanças imprevisíveis. Abordagens novas e inovadoras à regulamentação oferecem alternativas promissoras. Um bom exemplo é o modelo adotado pela agência reguladora de energia do Reino Unido, que pode atuar como auditora e deixar as decisões referentes aos investimentos para os principais agentes do governo e do setor privado (Pollitt, 2008).

Alavancagem do financiamento privado para custear os investimentos de adaptação dedicados. Por motivos diversos, o escopo para a participação privada na infraestrutura de adaptação dedicada é provavelmente limitado. Considerando-se que os investimentos dedicados para adaptação normalmente não geram receitas comerciais para operadores privados, elas precisam ser remuneradas pela carteira pública. Isso cria uma responsabilidade semelhante a débito para o governo, que precisa ser registrada nas contas públicas. O argumento da eficiência também não parece convincente (Agrawala; Fankhauser, 2008). Estruturas de adaptação, como defesas

QUADRO 6.7 *Vulnerabilidade climática* versus *capacidade social*

A figura demonstra graficamente um índice composto de impacto físico (tomado como função da sensibilidade climática e da exposição à mudança climática e derivado de vários estudos de impacto global) com relação a um índice composto de capacidade social (derivado de vários indicadores socioeconômicos).

Capacidade social e vulnerabilidade, medidas por impactos projetados, são índices compostos dos indicadores descritos na tabela apresentada a seguir.

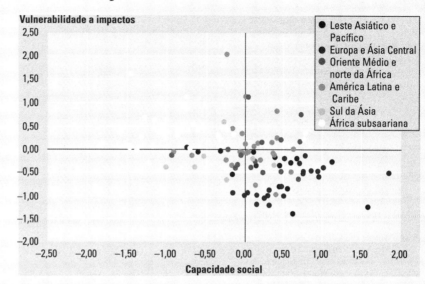

	Indicador	Métrica	Fonte	Suposições
Impacto	Elevação do nível do mar	Percentual da população afetada por 1 metro de elevação	Dasgupta et al. (2007)	Presume-se que países sem saída para o mar não sofram impacto.
	Agricultura	Perda percentual de produção em 2050, cenário SRES A2b do IPCC	Parry et al. (2004)	Redução na produção representa redução do bem-estar para o país. Aumentos de produção causados pela mudança climática representam aumento do bem-estar. Adaptação presente das fazendas.
	Saúde	Percentual de óbitos adicionais em 2050	Bosello, Roson e Tol (2006)	Óbitos adicionais representativos de todos os impactos na saúde causados pela mudança climática.
	Desastre	Percentual da população morta por desastres (conjunto de dados históricos)	Centre for Research on the Epidemiology of Disasters (2008)	Padrões atuais de desastres para representar futuras áreas em risco.
Capacidade social	Alfabetização	Percentual da população, com >15 anos, alfabetizada (1991-2005)	World Bank (2007c)	Quanto maior a taxa de alfabetização, maior a capacidade social.
	Razão de dependência de idade	Razão entre população dependente e população que trabalha (2006)	World Bank (2007c)	Quanto menor a razão de dependência de idade, maior a capacidade social.
	Taxa de conclusão do ensino primário (mulheres)	Percentual da população feminina a completar o ensino primário (1991-2006)	World Bank (2007c)	Quanto mais alta a taxa de conclusão, maior a capacidade social.
	Gini	Coeficiente de Gini (último ano disponível)	World Bank (2007c)	Quanto menor a desigualdade, maior a capacidade social.
	Crédito doméstico para o setor privado	Crédito doméstico para o setor privado, como percentual do PIB (1998-2006)	World Bank (2007c)	Quanto maior o investimento, maior a capacidade social.
	Controle	Voz e prestação de contas do World Governance Indicator (WGI)	Kaufman, Kraay e Mastruzzi (2008)	Quanto maior a classificação do WGI, maior a capacidade social.

contra enchentes, são razoavelmente baratas e simples de operar e oferecem escopo pequeno para ganhos de eficiência operacional por um gestor privado. Pode haver maior escopo para ganhos de eficiência na fase de construção e projeto, mas estes podem ser capturados igualmente bem por meio de mecanismos de aquisição adequados.

De maneira mais geral, os fluxos privados têm representado uma pequena parcela das necessidades gerais de financiamento de infraestrutura de países em desenvolvimento

QUADRO 6.8 *Vulnerabilidade climática* versus *capacidade de adaptação*

A figura apresenta o índice de impacto contra uma medida do desempenho do país (capacidade combinada do governo central e capacidade de absorver financiamento) derivada da fórmula de alocação da International Development Association.

A capacidade de adaptação é um índice composto dos indicadores descritos na tabela apresentada a seguir, calculado pela seguinte fórmula:

Desempenho do país = 0,24*média (CPIAa, CPIAb e CPIAc) + 0,68*CPIAd + 0,08*ARPP, em que CPIA = Avaliações das Políticas dos Países e Instituições e ARPP = Relatório Anual sobre Desempenho de Portfólio.

Fontes: Valores da CPIA disponíveis em: <http://go.worldbank.org/S2THWI1X60>. Para obter detalhes sobre o cálculo da classificação da CPIA, ver World Bank (2007b). As classificação do ARPP são divulgadas em World Bank (2007a).

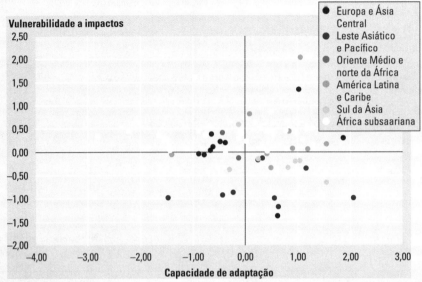

	Indicador	Métrica (ano)	Fonte	Suposições
Capacidade de adaptação	Gestão econômica	CPIAa (2007)	Banco Mundial	Quanto maior o desempenho do país, maior a capacidade de adaptação.
	Políticas estruturais	CPIAb (2007)	Banco Mundial	
	Políticas para inclusão e igualdade social	CPIAc (2007)	Banco Mundial	
	Gestão e instituições do setor público (controle)	CPIAd (2007)	Banco Mundial	
	Capacidade de absorver financiamento	ARPP (2007) Portfólio do Banco Mundial em risco (com desconto de idade)	Banco Mundial	

e, provavelmente, vão continuar modestos por toda a duração da atual crise financeira.[13] Por isso e pelos motivos apontados anteriormente, os especialistas em infraestrutura alertam para que não se espere muito das parcerias público-privadas para elevar os financiamentos relacionados à mudança climática (Estache, 2008).

---

13 Compromissos de investimento por meio de parcerias público-privadas responderam por 0,3%-0,4% do PIB dos países em desenvolvimento no período 2005-2007 (banco de dados da participação privada em infraestrutura, http://ppi.worldbank.org/). Em contrapartida, estima-se que as necessidades de investimento em infraestrutura variem de 2% a 7% do PIB, com países em rápido crescimento, como a China e o Vietnã, investindo mais de 7% do PIB por ano (Estache; Fay, 2007).

Garantia do uso transparente, eficiente e equitativo dos fundos

Por mais sucesso que possam ter as tentativas de arrecadas fundos adicionais, as finanças climáticas podem ser escassas. Assim, os fundos precisam ser usados com eficiência e alocados de forma transparente e igualitária.

Pelo lado da mitigação, a alocação de fundos será dominada por considerações relacionadas à eficiência. A mitigação é um bem público global, e seus benefícios são os mesmos, não importando onde ocorra a redução (embora a alocação de custos de mitigação levante questões de equidade). Com a estrutura correta em vigor – essencialmente, um mercado de carbono que permita a exploração de oportunidades de redução em uma escala global, protegendo os interesses do país anfitrião –, uma combinação de mercados de carbono, outros sistemas baseados em desempenho e fundos públicos destinados a nichos negligenciados pelo mercado podem alocar capital de maneira justa e eficiente.

A alocação de financiamento para adaptação, por sua vez, levanta questões importantes de justiça e eficiência. Ao contrário da alocação para mitigação, a alocação de recursos para adaptação tem fortes implicações na distribuição. O dinheiro gasto na proteção de pequenos Estados-ilhas não está mais à disposição de agricultores africanos. A questão sobre como classificar o financiamento da adaptação ainda está em debate; a controvérsia se estende para como alocar esse financiamento. Os países em desenvolvimento estão inclinados a ver o financiamento da adaptação como compensação por danos, invocando um princípio global de que o poluidor deve pagar. Do ponto de vista do país em desenvolvimento, portanto, a questão referente a como o financiamento para adaptação é usado está além das perspectivas dos países de alta renda. Mas esses últimos países sentem, de maneira intensa, que os escassos recursos financeiros deveriam ser usados com eficiência, seja qual for a justificativa ou a proveniência dos fundos.

Pode-se certamente argumentar que a alocação e o uso eficiente e igualitário do financiamento para adaptação são do interesse de todos. O desperdício no uso de recursos pode minar o apoio público a toda a agenda climática. Isso torna imprescindível a alocação transparente, eficiente e igualitária do financiamento para adaptação. Como exemplo de como instituições de desenvolvimento têm tratado a alocação de financiamentos, considere a abordagem da International Development Association (IDA), que desenvolve um índice combinando a necessidade de financiamento, a capacidade de absorção do governo e o desempenho do governo central (Quadro 6.6). A abordagem da IDA tem seus defeitos. Como a fórmula é uniforme, ela, independentemente do país, impõe de forma essencial o mesmo modelo de desenvolvimento para todos os países (Kanbur, 2005). Isso já é problemático para questões padronizadas de desenvolvimento e pode ser ainda mais para a mudança climática, em que se sabe muito menos sobre o modelo de adaptação correto. Ainda assim, uma abordagem empírica à alocação de financiamentos para adaptação que aborde essas preocupações serve a, pelo menos, três propósitos: reduz os custos de transação se o lobby e as negociações não fizerem parte do processo de alocação, pode apoiar a agenda de resultados com um processo de alocação baseado em medições empíricas e pode apoiar a prestação de contas mútua por meio das transparências nas alocações.

A medida da necessidade de financiamento deve estar intimamente ligada ao conceito de vulnerabilidade climática. Da forma como foi concebida pelo IPCC, a vulnerabilidade é uma função da capacidade de adaptação, da sensibilidade aos fatores climáticos e da exposição à mudança climática (Füssel, 2007). A medida da necessidade de financiamento pode, assim, ser um índice ponderado pela população da sensibilidade e da exposição, talvez também com um peso de pobreza. Principalmente para países grandes, a distribuição de impactos e diferenças de vulnerabilidade entre as localidades também precisa ser levada em consideração.

O desempenho do governo central e a capacidade de absorção para fluxos de financiamento determinam claramente a capacidade de adaptação de um país, mas não são os fatores críticos do desempenho na adaptação climática. O que pode ser chamado de "capacidade social" pareceria importante na determinação da gravidade dos impactos climáticos locais, incluindo fatores como inequidade (coeficiente de Gini), profundidade dos mercados financeiros, razão de

"O gelo está derretendo por causa da elevação da temperatura. O menino está sentado, triste. Um pássaro caiu – outra vítima do ar poluído. Flores crescem ao lado da lata de lixo. Elas morrem antes que o menino possa levá-las para o pássaro. Para reverter esses fenômenos, meu apelo para os líderes mundiais é manter a natureza limpa, usar energia solar e eólica e melhorar as tecnologias."

– Shant Hakobyan, 12 anos, Armênia

dependência, taxa de alfabetização de adultos e educação feminina.

Em suma, um índice de alocação para financiamento da adaptação consistiria nos seguintes fatores:

Índice de alocação = **Desempenho do governo central**
× **capacidade de absorção**
× **falta de capacidade social**
× sensibilidade climática
× exposição à mudança climática
× peso da população
× peso da pobreza

Na verdade, a determinação desse índice apresenta vários desafios. As informações sobre a vulnerabilidade dos países em desenvolvimento ainda são incompletas. As dificuldades surgem das trajetórias complicadas, e normalmente indefinidas, que traduzem possíveis impactos, também incertos, sobre a vulnerabilidade. Compor a incerteza da ligação entre os impactos ambientais e socioeconômicos é a incerteza adicional inerente aos cenários climáticos futuros. Os modelos se baseiam em um número limitado de previsões socioeconômicas definidas, e cada modelo apresenta um leque de possíveis alterações. Assim, a maioria dos estudos relacionados a cenários climáticos futuros se concentra nos impactos esperados nos setores ou se relaciona a resultados específicos, tais como as alterações na saúde ou as perdas causadas pela elevação do nível do mar. Poucos estudos tentaram traduzir esses resultados em uma avaliação da vulnerabilidade local.[14]

Como nas alocações da IDA, existe o risco de que um índice de alocação para adaptação climática penalize países pobres com alta sensibilidade e exposição ao clima, mas com instituições muito fracas. Se houver busca por uma fórmula para alocação, os abonos para países extremamente frágeis devem ser parte da estrutura geral de alocação.

O Quadro 6.7 traz algumas tentativas de primeiro passo para a definição de um índice de vulnerabilidade, plotando um índice composto de impactos físicos projetados contra um índice composto de capacidade social. Os resultados desse exercício estilizado são meramente indicativos, mas sugerem que os países com maior vulnerabilidade estão predominantemente na África subsaariana.[15] O Quadro 6.8 difunde o mesmo índice de impacto projetado contra uma medida do desempenho do país (capacidade combinada do governo central e capacidade de absorver financiamentos) derivado da fórmula de alocação da IDA. Mais uma vez, a África Subsaariana exibe a combinação de altos impactos projetados e baixa capacidade de adaptação.

Correspondência entre necessidades de financiamento e fontes de fundos

Combater a mudança climática é um imenso desafio socioeconômico, tecnológico, institucional e político. Particularmente para países em desenvolvimento, é também um desafio de financiamento. Perto de 2030, as necessidades incrementais de investimento para mitigação nos países em desenvolvimento será de US$ 140 bilhões a US$ 175 bilhões (com requisitos de financiamento associados de US$ 265 bilhões a US$ 565 bilhões) por ano. As necessidades de financiamento para adaptação, àquela época, poderão ser de US$ 30 bilhões a US$ 100 bilhões por ano. Esse financiamento se soma às necessidades iniciais de financiamento para desenvolvimento, que continuam essenciais e ajudarão, em parte, a eliminar lacunas de adaptação existentes.

Por meio do crescimento, os atuais fluxos financeiros relacionados ao clima para países em desenvolvimento cobrem apenas uma fração ínfima das necessidades estimadas. Nenhuma fonte sozinha fornecerá tanta receita adicional, de forma que será necessária uma combinação de fontes de financiamento. Para adaptação, o financiamento deve vir do atual tributo para adaptação do MDL, que

---

14 Os estudos de impacto e vulnerabilidade incluem, por exemplo, Bättig, Wild e Imboden (2007), Deressa, Hassan e Ringler (2008), Diffenbaugh et al. (2007) e Giorgi (2006). Outros estudos se concentraram nas perdas setoriais ou vulnerabilidades específicas de estudo de caso/país: ver Dasgupta et al. (2007) sobre zonas costeiras; Parry et al. (1999, 2004) sobre alterações nas produções agrícolas mundiais; Arnell (2004) e Alcamo e Henrichs (2002) para alterações na disponibilidade da água; Tol, Ebi e Yohe (2006) e Bosello, Roson e Tol (2006) para saúde.

15 Nos quadros 6.7 e 6.8, os índices compostos são calculados transformando-se os indicadores em escore z e depois calculando uma média não ponderada dos escores resultantes.

poderá arrecadar cerca de US$ 2 bilhões por ano em 2020 se estendido para um conjunto mais amplo de transações de carbono. Propostas como a venda de AAU, um tributo sobre as emissões do transporte internacional e um imposto global sobre o carbono poderiam arrecadar cerca de US$ 15 bilhões por ano.

Para mitigação em nível nacional, a maioria do financiamento precisará vir do setor privado. Entretanto, a política pública precisará criar um ambiente comercial que conduza a investimentos em baixo carbono, incluindo um mercado de carbono – mas não se limitando a este – ampliado, eficiente e bem regulado. Pode ser necessário um financiamento público complementar – muito provavelmente de transferências fiscais – para superar as barreiras ao investimento (como as relacionadas aos riscos) e atingir áreas que o setor privado possivelmente negligenciará. Também são necessárias metas rígidas de emissão – inicialmente em países de alta renda, depois para muitos outros – para criar demanda suficiente para compensações e para sustentar o preço do carbono.

Como a maioria dos países tem limites de emissão com base em um acordo climático internacional, os mercados podem gerar, de forma autônoma, boa parte do financiamento nacional necessário para mitigação, já que decisões de consumo e produção respondem aos preços do carbono, seja por meio de impostos, seja pelo regime de limite e comércio. No entanto, os mercados nacionais de carbono não vão gerar automaticamente fluxos de financiamento. Os fluxos de financiamento para mitigação para os países em desenvolvimento podem vir de fluxos fiscais, de vinculação com esquemas nacionais de comércio de emissões ou, possivelmente, de AAU de comércio. São possíveis, assim, várias formas de fluxos de países desenvolvidos para países em desenvolvimento. Mas esses fluxos são essenciais para assegurar que uma solução efetiva e eficiente para o problema climático seja também uma solução equitativa.

Referências bibliográficas

AGRAWALA, S.; FANKHAUSER, S. *Economic Aspects of Adaptation to Climate Change*: Costs, Benefits and Policy Instruments. Paris: Organisation for Economic Co-operation and Development, 2008.

ALCAMO, J.; HENRICHS, T. Critical Regions: A Model-based Estimation of World Water Resources Sensitive to Global Changes. *Aquatic Sciences*, v.64, n.4, p.352-62, 2002.

ALDY, J. E.; LEY, E.; PARRY, I. *A Tax-Based Approach to Slowing Global Climate Change*. Washington, DC: Resources for the Future, 2008.

ARNELL, N. W. Climate Change and Global Water Resources: SRES Emissions and Socio-Economic Scenarios. *Global Environmental Change*, v.14, n.1, p.31-52, 2004.

BÄTTIG, M. B.; WILD, M.; IMBODEN, D. M. A Climate Change Index: Where Climate Change May Be Prominent in the 21st Century. *Geophysical Research Letters*, v.34, n.1, p.1-4, 2007.

BARBIER, E. B. *A Global Green New Deal*. Geneva: United Nations Environment Programme, 2009.

BARKER, T. et al. Technical summary. In: METZ, B. (Ed.) *Climate Change 2007: Mitigation*. Contribution of Working Group III to the Fourth Assessment Report of the Intergovernmental Panel on Climate Change. Cambridge, UK: Cambridge University Press, 2007.

BOSELLO, F.; ROSON, R.; TOL, R. S. J. Economy Wide Estimates of the Implications of Climate Change: Human Health. *Ecological Economics*, v.58, n.3, p.579-91, 2006.

BOVENBERG, A. L.; GOULDER, L. Optimal Environmental Taxation in the Presence of Other Taxes: General Equilibrium Analyses. *American Economic Review*, v.86, n.4, p.985-1000, 1996.

BOWEN, A. et al. *An Outline of the Case for a "Green" Stimulus*. London: Grantham Research Institute on Climate Change and the Environment and the Centre for Climate Change Economics and Policy, 2009.

BROWN, K. et al. How do CDM Projects Contribute to Sustainable Development? Tyndall Centre for Climate Change Research Technical Report 16, Norwich, UK, 2004.

BURNSIDE, C.; DOLLAR, D. Aid, Policies and Growth. *American Economic Review*, v.90, n.4, p.847-68, 2000.

CAPOOR, K.; AMBROSI, P. *State and Trends of the Carbon Market 2009*. Washington, DC: World Bank, 2009.

CENTRE FOR RESEARCH ON THE EPIDEMIOLOGY OF DISASTERS (CRED). EM-DAT: The International Emergency Disasters Database. Louvain: Université Catholique de Louvain, École de Santé publique, 2008.

COSBEY, A. et al. *Realizing the Development Dividend: Making the CDM Work for Developing Countries*. Winnipeg: International Institute for Sustainable Development, 2005.

DANIELSEN, F. et al. Local Participation in Natural Resource Monitoring: a Characterization of Approaches. *Conservation Biology*, v.23, n.1, p.31-42, 2009.

DASGUPTA, S. et al. The Impact of Sea Level Rise on Developing Countries: A Comparative Analysis. Washington, DC: World Bank, 2007. (Policy Research Working Paper 4136).

DECHEZLEPRÊTRE, A. et al. *Invention and Transfer of Climate Change Mitigation Technologies on a Global Scale: A Study Drawing on Patent Data*. Paris: Cerna, 2008.

DERESSA, T.; HASSAN, R. M.; RINGLER, C. Measuring Ethiopian Farmers' Vulnerability to Climate Change Across Regional States. Washington, DC: International Food Policy Research Institute, 2008. (Discussion paper 00806).

DIFFENBAUGH, N. S. et al. Indicators of 21st Century Socioclimatic Exposure. *Proceedings of the National Academy of Sciences*, v.104, n.51, p.20195-8, 2007.

EDMONDS, J. et al. Stabilizing CO_2 Concentrations with Incomplete International Cooperation. *Climate Policy*, v.8, n.4, p.355-76, 2008.

ELIASCH, J. *Climate Change: Financing Global Forests*: The Eliasch Review. London: Earthscan, 2008.

ESTACHE, A. *Public-Private Partnerships for Climate Change Investments*: Learning from the Infrastructure PPP experience. Brussels: European Center for Advanced Research in Economics and Statistics, 2008.

ESTACHE, A.; FAY, M. Current Debates on Infrastructure Policy. Washington, DC: World Bank, 2007. (Policy Research Working Paper 4410).

FANKHAUSER, S.; MARTIN, N.; PRICHARD, S. The Economics of the CDM Levy: Revenue Potential, Tax Incidence, and Distortionary Effects. London School of Economics. (No prelo). (Working Paper).

FIGUERES, C.; HAITES, E.; HOYT, E. *Programmatic CDM Project Activities*: Eligibility, Methodological Requirements and Implementation. Washington, DC: World Bank Carbon Finance Business Unit, 2005.

FIGUERES, C.; NEWCOMBE, K. Evolution of the CDM: Toward 2012 and Beyond. London, UK: Climate Change Capital, 2007.

FÜSSEL, H. M. Vulnerability: A Generally Applicable Conceptual Framework for Climate Change Research. *Global Environmental Change*, v.17, n.2, p.155-67, 2007.

GIORGI, F. Climate Change Hot-Spots. *Geophysical Research Letters*, v.33, n.8, p.L08707-doi:10.1029/2006GL025734, 2006.

HAITES, E.; MAOSHENG, D.; SERES, S. Technology Transfer by CDM Projects. *Climate Policy*, v.6, p.327-44, 2006.

HOUGHTON, R. A. 2009. Emissions of Carbon from Land Management. Background note for the WDR 2010, 2009.

HOWES, S. *Finding a Way Forward*: Three Critical Issues for a Post-Kyoto Global agreement on Climate Change. Canberra: Crawford School of Economics and Government, Australian National University, 2009.

INTERGOVERNMENTAL PANEL ON CLIMATE CHANGE (IPCC). *Climate Change 2007: mitigation.* Contribution of Working Group III to the Fourth Assessment Report of the Intergovernmental Panel on Climate Change. Cambridge, UK: Cambridge University Press, 2007.

INTERNATIONAL DEVELOPMENT ASSOCIATION (IDA). *IDA's Performance Based Allocation System*: Simplification of the Formula and Other Outstanding Issues. Washington, DC, 2007.

INTERNATIONAL EMISSIONS TRADING ASSOCIATION (IETA). Strengthening the *CDM*: Position Paper for COP 11 and COP/MoP 1. Geneva: Ieta, 2005.

_____. *State of the CDM 2008*: Facilitating a Smooth Transition into a Mature Environmental Financing Mechanism. Geneva: Ieta, 2008.

INTERNATIONAL ENERGY AGENCY (IEA). *Energy Technology Perspective 2008*: Scenarios and Strategies to 2050. Paris: IEA, 2008.

INTERNATIONAL INSTITUTE FOR APPLIED SYSTEMS ANALYSIS (IIASA). GGI Scenario Database. Laxenburg, Austria: Iiasa, 2009.

KANBUR, R. Reforming the Formula: A Modest Proposal for Introducing Development Outcomes in IDA Allocation Procedures. London: Centre for Economic Policy Research, 2005. (Discussion Paper 4971).

KAUFMAN, D.; KRAAY, A.; MASTRUZZI, M. *World Governance Indicators 2008*. Washington, DC: World Bank, 2008.

KLEIN, R. J. T.; PERSSON, A. Financing Adaptation to Climate Change: Issues and Priorities. Brussels: Centre for European Policy Studies, 2008. (European Climate Platform Report 8).

KNOPF, B. et al. The Economics of Low Stabilisation: Implications for Technological Change and Policy. In: HULME, M.; NEUFELDT, H. (Ed.) *Making Climate Change Work for Us*. Cambridge, UK: Cambridge University Press. (No prelo).

MCKINSEY & COMPANY. *Pathways to a Low-Carbon Economy*: Version 2 of the Global Greenhouse Gas Abatement Cost Curve. McKinsey & Company, 2009.

MEIJER, E. The International Institutions of the Clean Development Mechanism Brought Before National Courts: Limiting Jurisdictional Immunity to Achieve Access to Justice. *NYU Journal of International Law and Politics*, v.39, n.4, p.873-928, 2007.

MICHAELOWA, A.; PALLAV, P. *Additionality Determination of Indian CDM Projects*. Can Indian CDM Project Developers Outwit the CDM Executive Board? Zurich: University of Zurich, 2007.

MICHAELOWA, A.; UMAMAHESWARAN, K. Additionality and Sustainable Development Issues Regarding CDM Projects in Energy Efficiency Sector. Hamburg: HWWA, 2006. (Discussion Paper 346).

MINISTRY OF FINANCE (INDONESIA). *Climate Change and Fiscal Policy Issues*: 2008 Initiatives. Jakarta: Working Group on Fiscal Policy for Climate Change, 2008.

MÜLLER, B. International Adaptation Fnance: The Need for an Innovative and Strategic Approach. Oxford, UK: Oxford Institute for Energy Studies, Oxford, UK, 2008. (Economic Working Paper 42).

NEWELL, R. G.; PIZER, W. A. Regulating Stock Externalities Under Uncertainty. Washington, DC: Resources for the Future, 2000. (Working Paper 99-10).

NUSSBAUMER, P. On the Contribution of Labelled Certified Emission Reductions to Sustainable Development: A Multi-Criteria

Evaluation of CDM Projects. *Energy Policy*, v.37, n.1, p.91-101, 2009.

OLSEN, K. H. The Clean Development Mechanism's Contribution to Sustainable Development: A Review of the Literature. *Climatic Change*, v.84, n.1, p.59-73, 2007.

OLSEN, K. H.; FENHANN, J. Sustainable Development Benefits of Clean Development Mechanism Projects. A New Methodology for Sustainability Assessment Based on Text Analysis of the Project Design Documents Submitted for Validation. *Energy Policy*, v.36, n.8, p.2819-30, 2008.

PARRY, M. et al. Climate Change and World Food Security: A New Assessment. *Global Environmental Change*, v.9 , n.S1, p.S51-S67, 1999.

_____. Effects of Climate Change on Global Food Production Under SRES Emissions and Socio-Economic Scenarios. *Global Environmental Change*, v.14, n.1, p.53-67, 2004.

_____. *Assessing the Costs of Adaptation to Climate Change: A Review of the UNFCCC and Other Recent Estimates.* London: International Institute for Environment and Development, Grantham Institute for Climate Change, 2009.

POLLITT, M. The Arguments for and Against Ownership Unbundling of Energy Transmission Networks. *Energy Policy*, v.36, n.2, p.704-13, 2008.

PROJECT CATALYST. *Adaptation to Climate Change*: Potential Costs and Choices for a Global Agreement. London: Climate Works and European Climate Foundation, 2009.

ROBINS, N.; CLOVER, R.; MAGNESS, J. *The Green Rebound*: Clean Energy to Become an Important Component of Global Recovery Plans. London: HSBC, 2009.

SCHAEFFER, M. et al. Near-Linear Cost Increase to Reduce Climate Change Risk. *Proceedings of the National Academy of Sciences*, v.105, n.52, p.20621-6, 2008.

SCHNEIDER, L. *Is the CDM Fulfilling Its Environmental and Sustainable Development Objective?* An Evaluation of the CDM and Options for Improvement. Berlin: Institute for Applied Ecology, 2007.

SPERLING, D.; SALON, D. *Transportation in Developing Countries*: An Overview of Greenhouse Gas Reduction Strategies. Arlington, VA: Pew Center on Global Climate Change, 2002.

STEHR, H. J. Does the CDM Need and Institutional Reform? In: OLSEN, K. H.; FENHANN, J. (Ed.) *A reformed CDM*: Including New Mechanisms for Sustainable Dvelopment. Roskilde, Denmark: United Nations Environment Programme, 2008. (Risoe Centre Perspective Series 2008).

STERK, W. From Clean Development Mechanism to Sectoral Crediting Approaches: Way Forward or Wrong Turn? Wuppertal, Germany: Wuppertal Institute for Climate, Environment and Energy, 2008. (Jiko Policy Paper 1/2008).

STRECK, C.; CHAGAS, T. B. The Future of the CDM in a Post-Kyoto World. *Carbon & Climate Law Review*, v.1, n.1, p.53-63, 2007.

STRECK, C.; LIN, J. Making Markets Work: A Review of CDM Performance and the Need for Reform. *European Journal of International Law*, v.19, n.2, p.409-42, 2008.

SUTTER, C.; PARRENO, J. C. Does the Current Clean Development Mechanism (CDM) Deliver its Sustainable Development Claim? An Analysis of Officially Registered CDM Projects. *Climatic Change*, v.84, n.1, p.75-90, 2007.

TOL, R. S. J.; EBI, K. L.; YOHE, G. W. Infectious Disease, Development, and Climate Change: A Scenario Analysis. *Environment and Development Economics*, v.12, p.687-706, 2006.

UNITED NATIONS ENVIRONMENT PROGRAMME (UNEP). Unep Risoe CDM/JI Pipeline Analysis and Database. Roskilde, Denmark: Unep, 2008.

_____. *Global Trends in Sustainable Energy Investment 2009*: Analysis of Trends and Issues in the Financing of Renewable Energy and Energy Efficiency. Paris: Unep, New Energy Finance, 2009.

UNITED NATIONS FRAMEWORK CONVENTION ON CLIMATE CHANGE (UNFCCC). *Call for Input on Non-Binding Best-Practice Examples on the Demonstration of Additionality to Assist the Development of PDDs, Particularly for SSC Project Activities.* Bonn: UNFCCC, 2007

_____. *Investment and Financial Flows to Address Climate Change*: An Update. Bonn: UNFCCC, 2008a.

_____. *Mechanisms to Manage Financial Risk from Direct Impacts of Climate Change.* Bonn: UNFCCC, 2008b.

VAGLIASINDI, M. Climate Change Uncertainty, Regulation and Private Participation in Infrastructure. Background note for the WDR 2010, 2008.

WARA, M. Is the Global Carbon Market Working? *Nature*, v.445, p.595-6, 2007.

WARA, M.; VICTOR, D. A Realistic Policy on International Carbon Markets. Stanford, CA: Stanford University, 2008. (Working Paper 74, Program on Energy and Sustainable Development).

WATSON, C.; FANKHAUSER, S. The Clean Development Mechanism: Too Flexible to Produce Sustainable Development Benefits? Background paper for the WDR 2010, 2009.

WEITZMAN, M. L. Prices vs. Quantities. *Review of Economic Studies*, v.41, n.4, p.477-91, 1974.

WORLD BANK. Annual Report on Portfolio Performance, Fiscal Year 2006. Washington, DC: Quality Assurance Group, World Bank, 2007a.

_____. Country Policy and Institutional Assessments 2007: Assessment Questionnaire. Washington, DC: Operations Policy and Country Services, World Bank, 2007b.

_____. *World Development Indicators 2007*. Washington, DC: World Bank, 2007c.

_____. *The Economics of Adaptation to Climate Change.* Washington, DC: World Bank, 2009.

WORLD RESOURCES INSTITUTE (WRI). Climate Analysis Indicators Tool (Cait). Washington, DC: WRI, 2008.

CAPÍTULO 7

Aceleração da inovação e da difusão tecnológica

Os moinhos de vento pontilhavam as paisagens da Europa, fornecendo energia para as atividades agrícolas, muito antes da descoberta da eletricidade. Graças às forças de inovação e difusão tecnológica, o vento hoje está impulsionando os primeiros estágios do que pode vir a ser uma verdadeira revolução energética. Entre 1996 e 2008, a capacidade eólica global instalada aumentou em vinte vezes, chegando a 120 gigawatts, deslocando uma quantidade estimada de 158 milhões de toneladas de dióxido de carbono (CO_2) por ano e criando cerca de 400.000 empregos (Figura 7.1).[1] Muito desse crescimento pode ser atribuído aos incentivos governamentais e às pesquisas com financiamento público e privado, reduzindo o custo da tecnologia eólica e aumentando sua eficiência.

Embora a maior parte da capacidade instalada esteja na Europa e nos Estados Unidos, o padrão está mudando. Em 2008, a Índia e a China instalaram uma capacidade eólica maior que qualquer outro país, com exceção dos Estados Unidos, e, juntas, abrigam cerca de 20% da capacidade mundial. A Suzlon, empresa indiana, é um dos principais fabricantes de turbinas eólicas do mundo, empregando 13.000 pessoas em toda a Ásia. Assim, o impulsionamento da tecnologia eólica está definindo um precedente inicial para o desenvolvimento inteligente em termos climáticos. Os avanços complementares, como as informações geoespaciais sobre os recursos eólicos globais, estão tornando mais fáceis as decisões quanto à localização (Mapa 7.1).

---

1 Cf. Global Wind Energy Council – Disponível em: <http://www.gwec.net/fileadmin/documents/PressReleases/PR_stats_annex_table_2nd_feb_final_final.pdf>. Acesso em: abr. 2009.

Mensagens principais

Para cumprir os objetivos de mudança climática e desenvolvimento, é necessário intensificar significativamente os esforços internacionais para a difusão de tecnologias existentes e o desenvolvimento e a implementação de novas. O investimento público e privado, atualmente de dezenas de bilhões de dólares por ano, precisa ser bastante reforçado até várias centenas de bilhões de dólares anuais. Políticas de "impulso tecnológico" baseadas no aumento dos investimentos públicos em P&D não serão suficientes. Elas precisam ser combinadas com políticas de "influência do mercado" que criem incentivos para os setores público e privado. Esses incentivos devem visar ao empreendedorismo, à colaboração e à descoberta de soluções inovadoras em locais improváveis. A difusão de tecnologia inteligente em termos climáticos exige muito mais que o envio de equipamentos prontos para uso para países em desenvolvimento. Requer o desenvolvimento de uma capacidade de absorção e a melhoria da capacidade de identificação, adoção, adaptação, melhoria e implementação das tecnologias mais adequadas pelos setores público e privado.

Figura 7.1 A capacidade eólica global acumulada instalada decolou na última década

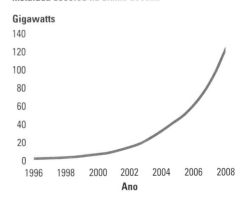

Fonte: Global Wind Energy Council (2009).

Mapa 7.1 Avanços no mapeamento eólico abrem novas oportunidades

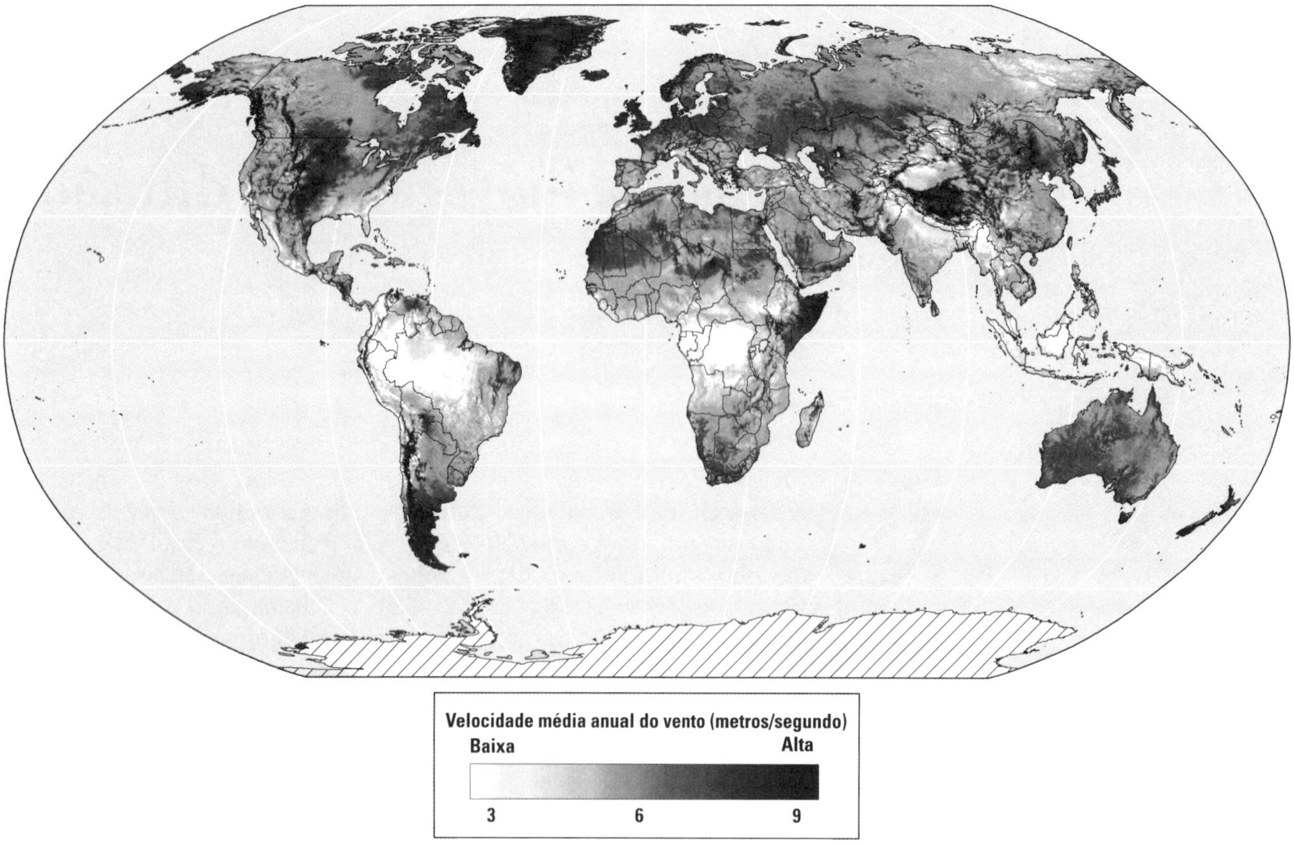

Fonte: Dados fornecidos por 3 Tier Inc.
Nota: Esse mapa refere-se à média anual da velocidade dos ventos com resolução de 5 quilômetros, com a média medida a uma altura de 80 metros (a altura de alguns moinhos de vento) pela massa de terra do mundo.

A inovação tecnológica e os ajustes institucionais que a acompanham são cruciais para gerenciar a mudança climática a um custo razoável. O fortalecimento da inovação nacional e da capacidade tecnológica pode vir a ser um poderoso catalisador para o desenvolvimento (Metcalfe; Ramlogan, 2008). As economias de alta renda, as maiores emissoras do mundo, podem substituir suas tecnologias de alta emissão de carbono por alternativas inteligentes em termos climáticos, ao mesmo tempo que investem pesado em inovações revolucionárias para o futuro. Os países de renda média podem assegurar que seus investimentos os levem na direção de um crescimento com baixo carbono e que suas empresas colham os benefícios de tecnologias existentes para competir globalmente. Os países de baixa renda podem assegurar que tenham a capacidade tecnológica para se adaptarem à mudança climática, identificando, avaliando, adotando e aprimorando as tecnologias existentes com conhecimento local. Como destacado no Capítulo 8, serão necessárias alterações significativas no comportamento humano e organizacional para colher os benefícios das mudanças tecnológicas, além de políticas de amparo para reduzir a vulnerabilidade e gerenciar os recursos naturais.

Ainda assim, os esforços globais atuais para inovar e difundir tecnologias inteligentes em termos climáticos estão muito aquém do necessário para mitigação e adaptação significativas nas décadas futuras. Falta investimento em pesquisa, desenvolvimento, demonstração e implantação (*research, development, demonstration e deployment* – RDD&D). Além disso, a crise financeira está reduzindo os gastos privados em tecnologias inteligentes com relação ao clima, atrasando sua difusão. Para mobilizar tecnologia e promover a inovação em uma escala adequada, os países precisarão não apenas cooperar e unir seus recursos, mas também desenvolver políticas locais que promovam uma infraestrutura de conhecimento e um ambiente comercial de amparo. A maioria dos países em desenvolvimento, em especial os países de renda baixa, possui mercados pequenos que, considerados individualmente, não são atrativos para empreendedores que desejam introduzir novas tecnologias. Mas países contíguos podem atingir uma massa crítica por meio de uma maior integração econômica regional.

A cooperação internacional precisa ser ampliada para fornecer mais financiamentos e formular instrumentos de política que estimulem a demanda por inovações inteligentes quanto ao clima, em vez de concentrar-se apenas nos subsídios para pesquisa. A harmonização internacional dos incentivos regulatórios (como a definição do preço do carbono) pode ter um efeito multiplicador sobre o investimento ao criar economias de escala e impulsionar na direção de tecnologias inteligentes em termos climáticos. Os preços e subsídios para aquisição de inovações podem gerar demanda e estimular a criatividade. E, quando as prioridades de pesquisa coincidem com altos custos, RDD&D podem expandir os limites técnicos. O conceito de transferência de tecnologia precisa ser ampliado para incluir a capacidade de o país absorver as tecnologias existentes. Nesse contexto, um tratado climático internacional com foco em sistemas ou subsistemas tecnológicos específicos representa uma oportunidade única. O agrupamento por meio de disposições de rateio de custos e transferência de tecnologia poderia facilitar um acordo.

Políticas locais complementares podem garantir que a tecnologia seja selecionada, adaptada e absorvida com eficiência. Mas identificar, avaliar e integrar tecnologias externas acarreta custos de aprendizado geralmente menosprezados, assim como sua modificação e seu aprimoramento. Assim, a infraestrutura de conhecimento de universidades, institutos de pesquisa e empresas precisa ser apoiada para gerar tal capacidade.

Este capítulo é dedicado à análise de sistemas nos quais a tecnologia foi prejudicada ou teve êxito e à abundância de políticas e fatores que atuaram como barreiras ou catalisadores, sugerindo o que pode ser conquistado se políticas selecionadas forem combinadas e ampliadas. Descreve, primeiramente, a importância da tecnologia para a redução das emissões de gases de efeito estufa, as ferramentas necessárias para estimular a adaptação à mudança climática e o papel de ambas para a criação de economias competitivas. Em seguida, avalia as lacunas entre invenção, inovação e ampla difusão no mercado. Examina, depois, como as políticas internacionais e locais podem preencher essa lacuna.

Ferramentas, tecnologias e instituições corretas podem colocar ao nosso alcance um mundo inteligente com relação ao clima

Para impedir que as temperaturas globais se elevem mais que 2°C, as emissões globais de gases de efeito estufa precisam diminuir entre 50% e 80% nas próximas décadas. Em curto prazo, as emissões podem ser radicalmente reduzidas acelerando-se a implantação de tecnologias de mitigação existentes em países com altas emissões.

Entretanto, atingir os objetivos mais ambiciosos de emissão em médio prazo exigirá tecnologias revolucionárias. Modelos demonstram que quatro áreas principais da tecnologia podem estar no centro de uma solução: eficiência energética, captura e armazenamento de carbono, fontes renováveis avançadas, incluindo energia eólica, solar e proveniente de biomassa, e energia nuclear (ver Capítulo 4) (Edmonds et al., 2007; Stern, 2007; World Bank, 2008a). Todas as quatro precisam de mais pesquisa, desenvolvimento e demonstração (RD&D) para determinar se podem ser rapidamente instaladas no mercado sem consequências adversas.

Apesar das grandes promessas, as estratégias para redução das emissões em curto e médio prazos enfrentam desafios importantes. Tecnologias para o usuário final que aumentem a eficiência e usem fontes de baixa emissão podem refrear a demanda total por energia, mas exigem mudança de comportamento das pessoas e empresas (ver Capítulo 8). A captura e o armazenamento de carbono podem ter papel importante se locais geologicamente apropriados forem identificados próximos a centrais elétricas e se os governos providenciarem recursos e políticas para

QUADRO 7.1   Geoengenharia do mundo a partir da mudança climática

Dado o ritmo da mudança climática, as propostas atuais para mitigação e adaptação podem não ser suficientes para evitar impactos consideráveis. Assim, possíveis opções de geoengenharia estão recebendo atenção crescente. A geoengenharia pode ser definida como ações ou intervenções executadas com a finalidade principal de limitar as causas da mudança climática ou os impactos resultantes. Essas ações incluem os mecanismos que podem aumentar a absorção ou o sequestro de dióxido de carbono (CO_2) pelos oceanos ou pela vegetação, defletir ou refletir a luz solar incidente ou armazenar o CO_2 produzido pelo uso da energia em reservatórios. Como esse último aspecto é discutido no Capítulo 4, este quadro concentra-se nas duas outras classes de opções.

Alternativas possíveis para sequestro adicional de dióxido de carbono incluem práticas de gestão terrestre que aumentam o carbono mantido nos solos ou nas árvores, conforme abordado no Capítulo 3. Também pode ser possível estimular o crescimento de fitoplâncton e a florescência de algas nos oceanos por meio da adição de nutrientes necessários, como ferro ou ureia. Durante a fotossíntese, essas minúsculas plantas absorvem dióxido de carbono da superfície das águas. A eficiência dessas abordagens aprimoradas dependerá do que acontece com o CO_2 em longo prazo. Se for integrado aos produtos residuais dos animais que comem o plâncton e se depositar no fundo do mar, o CO_2 será essencialmente removido do sistema por milênios. Pesquisas recentes, porém, demonstram que as quantificações anteriores da capacidade de remoção do carbono podem ter sido muito superestimadas. Além disso, são necessários mais experimentos relacionados à duração do sequestro, assim como os possíveis impactos toxicológicos dos aumentos súbitos de ferro e ureia sobre os ecossistemas marinhos. Se estudos adicionais confirmarem seu potencial, essa será uma opção de geoengenharia que pode ser iniciada rapidamente e em escala relevante.

Trazer água fria e rica em nutrientes para a superfície do oceano também poderia estimular o aumento da produtividade marinha e possivelmente remover o CO_2 da superfície da água. Tal resfriamento também seria benéfico para os corais, que são muito sensíveis às temperaturas mais altas. Finalmente, o resfriamento da superfície da água poderia ainda diminuir a intensidade dos furacões. A pesquisa inicial para uma bomba acionada por ondas para levar água fria para a superfície sugere que a abordagem pode funcionar, mas ainda são necessárias muito mais pesquisa e investigação.

Outras opções de geoengenharia para remover gases de efeito estufa incluem a remoção dos gases da atmosfera com uma solução para adsorção do CO_2 (e posteriormente o sequestro do carbono capturado abaixo da superfície da terra ou no fundo do oceano) ou o uso de *laser* para destruir moléculas de halocarbonos duradouras, mais conhecidos como os culpados pela extinção do ozônio mas também poderosos gases de efeito estufa (ver Foco A sobre ciência). Essas opções ainda estão em estágio experimental e inicial.

Existem várias abordagens para refletir a luz solar incidente. Algumas podem ser direcionadas para regiões específicas, para impedir o contínuo degelo do Mar Ártico ou do lençol de gelo da Groenlândia, por exemplo. Uma abordagem seria injetar aerossóis de sulfato na atmosfera, que se mostraram um método eficiente para resfriamento – a erupção do Monte Pinatubo, em 1991, resultou no resfriamento da terra em quase 1°C por cerca de um ano. Para manter esse tipo de resfriamento, no entanto, seria preciso liberar um fluxo constante ou injeções regulares de aerossol. Além disso, os aerossóis de sulfato podem exacerbar a depleção do ozônio, aumentar a chuva ácida e causar efeitos negativos à saúde.

Como alternativa, bruma marítima pode ser vaporizada no céu a partir de uma frota de embarcações automatizadas, "branqueando" e aumentando a refletividade das nuvens marinhas baixas que cobrem um quarto dos oceanos do mundo. Uma distribuição desigual das nuvens, no entanto, poderia criar pontos quentes e frios regionais e secas a favor do vento, a partir das embarcações responsáveis pelo borrifo. O aumento da refletividade das superfícies em terra também poderia ajudar. Fazer telhados e pavimentos brancos ou em cores claras poderia ajudar a reduzir o aquecimento global, ao conservar energia e refletir a luz do sol de volta para o espaço. Seria o equivalente a retirar todos os carros do mundo de circulação por 11 anos.

Outra proposta seria instalar um disco defletor solar entre o Sol e a Terra. Um disco de aproximadamente 1.400 quilômetros de diâmetro poderia reduzir a radiação solar em aproximadamente 1%, quase o equivalente à força radiativa de emissões projetadas para o século XXI. Mas a análise mostra que a abordagem com melhor custo-benefício para a implementação dessa estratégia é uma instalação para fabricação do defletor na Lua, o que certamente não é uma tarefa simples. Ideias semelhantes usando vários espelhos (tais como 55.000 espelhos solares em órbita, cada um com cerca de 10 quilômetros quadrados) foram discutidas. Porém, quando cada um dos espelhos em órbita passasse entre o Sol e a Terra, haveria um eclipse do Sol, causando tremulação da luz deste na superfície da Terra.

Existem até mesmo propostas de geoengenharia mais relacionadas à modificação climática, como a tentativa de empurrar tempestades tropicais para o mar, longe de assentamentos humanos, reduzindo os danos. Embora a pesquisa sobre essas ideias ainda esteja em estágios muito iniciais, os mais novos modelos climáticos estão conseguindo analisar a possível eficiência dessas propostas, algo impossível quando da primeira tentativa de modificação de furacões, várias décadas atrás.

Embora seja possível a realização de geoengenharia por uma nação, todos os países seriam afetados por isso. Por esse motivo, é essencial iniciar discussões sobre assuntos de controle relacionados à geoengenharia. Experimentos custeados por investidores no apoio de fertilização com ferro já levantaram questões sobre qual entidade ou instituição internacional tem a jurisdição. Questões sobre o uso da geoengenharia para limitar a intensidade de ciclones tropicais ou do aquecimento do Ártico aumentariam a complexidade. Assim, além da pesquisa internacional científica sobre as possíveis abordagens e seus impactos, a pesquisa social, ética, legal e econômica deve ser apoiada para explorar quais medidas de geoengenharia estão ou não dentro dos limites da aceitação internacional.

Fontes: Connor (2009) e MacCracken (2009). Ver também: American Meteorological Association – disponível em: <http://www.ametsoc.org/policy/2009geoengineeringclimate_amsstatement.html>. Acesso em: 27 jul. 2009; Atmocean Inc. – disponível em: <http://www.atmocean.com/>. Acesso em: 27 jul. 2009; "Geo-engineering: every silver lining has a cloud", *Economist,* 29 jan. 2009; U. S. Energy Secretary Steven Chu – disponível em: <http://www.youtube.com/watch?v=5wDIkKroOUQ>.

permitir o sequestro em longo prazo.[2] Biotecnologia e biocombustíveis apresentam grande potencial para mitigação das emissões de carbono, mas com demanda crescente do uso da terra (ver Capítulo 3). Energias eólica e solar (fotovoltaica e solar térmica) podem se expandir mais rapidamente se o armazenamento e a transmissão da energia melhorarem. Uma nova geração de usinas nucleares poderia ser instalada extensivamente em todo o mundo, mas teria que superar restrições institucionais, questões de segurança e proliferação, e a resistência pública em alguns países. Além disso, existem propostas de que as opções de geoengenharia não apenas reduziriam as taxas de emissão, mas também os impactos da mudança climática (Quadro 7.1).

O papel da tecnologia e da inovação na adaptação tem sido muito menos estudado que na mitigação, mas fica claro que as condições climáticas futuras serão fundamentalmente diferentes das atuais. Responder às mudanças fora da experiência histórica exigirá maior coordenação institucional em uma escala regional, novas ferramentas de planejamento e a capacidade de responder a várias pressões ambientais ocorrendo concomitantemente com a mudança climática. São necessários investimentos maiores para compreender as vulnerabilidades, conduzir avaliações iterativas e desenvolver estratégias para ajudar as sociedades a lidar com um clima em transformação (Scientific Expert Group on Climate Change, 2007).[3]

A integração das considerações climáticas às estratégias de desenvolvimento promoverá o pensamento na adaptação (Heller; Zavaleta, 2009). O Capítulo 2 discute como a mudança climática exigirá o desenvolvimento de uma infraestrutura física apropriada e a proteção da saúde humana. O Capítulo 3 ilustra como a adaptação exigirá novas maneiras de gerir os recursos naturais. Promover a diversificação – de sistemas energéticos, culturas agrícolas e atividades econômicas, por exemplo – também pode ajudar as comunidades a lidar com as condições em transformação rápida. A inovação será um ingrediente necessário para todas essas atividades.

A pesquisa também será necessária para compreender os efeitos da mudança climática e as diferentes opções de adaptação em países específicos. Essa pesquisa deve caracterizar os efeitos de vários problemas sobre sistemas naturais e socioeconômicos, a vulnerabilidade e a preservação da biodiversidade e alterações na circulação atmosférica e oceânica. Deve ainda produzir novas ferramentas de monitoramento, novas estratégias para aprimorar a resiliência e melhor planejamento de contingências. É necessária, portanto, a capacidade científica em nível nacional.

A capacidade de enfrentar a mitigação e a adaptação ajudarão a desenvolver economias fortes e competitivas

Muitas tecnologias avançadas, como as de informação e comunicação, podem ajudar especificamente com a mudança climática, embora sejam genéricas o suficiente para uso em uma ampla variedade de áreas de aprimoramento da produtividade. Sensores são valiosos na automação industrial, mas também ajudam os gerenciadores de resíduos a limitar a poluição. Os telefones celulares têm ajudado a responder a desastres iminentes, como na vila costeira de Nallavadu, na Índia, durante o *tsunami* de 2004 (Hulse, 2007), e também podem aumentar a produtividade das empresas. Em partes de Benin, Senegal e Zâmbia, os computadores celulares são usados para disseminar informações sobre o preço de alimentos e inovações em técnicas agrícolas (Commonwealth Secretariat, 2007).

A exploração das oportunidades tecnológicas que surgem das preocupações com a mudança climática também pode criar oportunidades para liderança tecnológica e uma nova vantagem competitiva. A China, por exemplo, ainda não se firmou no crescimento com uso intensivo de carbono e tem

---

2 Modelos de avaliação mais integrados demonstram uma demanda para não mais que 600 gigatoneladas de carbono (2.200 gigatoneladas de dióxido de carbono) de capacidade de armazenamento ao longo deste século. Estimativas publicadas definem a potencial capacidade de armazenamento geológico global em cerca de 3.000 gigatoneladas de carbono (11.000 gigatoneladas de dióxido de carbono) (Dooley; Dahowski; Davidson, 2007).

3 Em Scientific Expert Group on Climate Change (2007), ver, especialmente, o apêndice B, "Sectoral Toolkit for Integrating Adaptation into Planning/Management and Technology/R&D".

potencial enorme (e economicamente atrativo) para deixar para trás tecnologias antigas e ineficientes. Ao contrário dos países desenvolvidos, uma grande parcela do capital social residencial e industrial da China, para a próxima década, ainda precisa ser construído. Ao usar tecnologias existentes, como os sistemas para otimização de motores (bombas e compressores), a China pode reduzir em 20% sua demanda industrial por energia em 2020, aumentando a produtividade (McKinsey Global Institute, 2007).

A recessão global atual pode oferecer uma plataforma para inovação e crescimento inteligente em termos climáticos. As crises impulsionam a inovação por causarem um foco urgente nos recursos para mobilização de recursos e eliminam barreiras que normalmente ficam no caminho da inovação (Leadbeater et al., 2008). E o custo da oportunidade de pesquisa e desenvolvimento (P&D), um investimento de longo prazo, é menor durante uma crise econômica (Aghion et al., 2005). No início dos anos 1990, a recuperação da Finlândia de uma grave recessão econômica foi creditada em grande parte à sua reestruturação em uma economia baseada em inovação, na qual o aumento drástico nos gastos do governo com pesquisa e desenvolvimento abriu caminho para o setor privado. O mesmo objetivo pode ser atingido com P&D inteligente em termos climáticos.

Com altas taxas de retorno, a pesquisa e desenvolvimento representa oportunidades inexploradas para o crescimento econômico. A maioria das medições das taxas de retorno em P&D varia entre 20% e 50%, muito maiores que as dos investimentos em capital (Salter; Martin, 2001). As estimativas mostram também que países em desenvolvimento podem investir mais que o dobro do que investem hoje (Ferranti et al., 2003). Ainda assim, a experiência demonstra que P&D é pró-cíclica, crescendo e declinando com crescimentos e quedas, e a tendência das empresas é ter uma visão de curto alcance durante as recessões, limitando seus investimentos em inovação, mesmo se esta não for a melhor estratégia (Barlevy, 2007). Os pacotes de estímulo desenvolvidos por muitos países como reação à recessão oferecem uma oportunidade para novos investimentos em inovações inteligentes em termos climáticos (ver Capítulo 1) (Robins et al., 2009).

A recessão global atual também proporciona oportunidades para a reestruturação econômica em países de alta renda, que estão presos a estilos de vida com alta emissão de carbono. Superar a inércia tecnológica e a missão institucional nesses países continua sendo um dos obstáculos mais críticos à transição para uma economia com baixa emissão de carbono (Berkhout, 2002). Inércia e missão são, em si, atributos de sistemas tecnoeconômicos existentes e não podem ser eliminados por meio de processos diplomáticos. Sua remoção acarretará mudanças reais nas estruturas econômicas. Políticas inteligentes em termos climáticos precisam incluir mecanismos para identificar quem resiste às perdas e minimizar os deslocamentos socioeconômicos.

Embora as inovações inteligentes em termos climáticos se concentrem principalmente nos países de renda alta, os países em desenvolvimento estão começando a fazer contribuições importantes. Em 2007, os países em desenvolvimento representavam 23% (US$ 26 bilhões) dos novos investimentos em eficiência energética e energia renovável, o que significa um aumento de 13% em relação a 2004 (United Nations Environment Programme, 2008a). Desses investimentos,

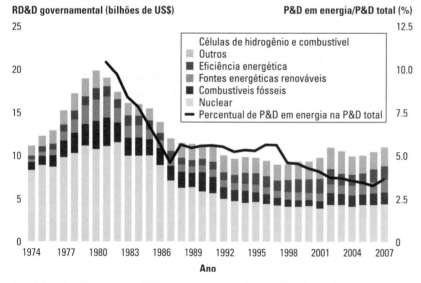

Figura 7.2 Orçamentos governamentais para RD&D em energia estão próximos ao mínimo, com dominância da nuclear

Fonte: International Energy Agency (2008a), International Energy Agency (IEA) – disponível em: <http://www.iea.org/Textbase/stats/rd.asp>, acesso em: 2 abr. 2009; Organisation for Economic Co-operation and Development (OCDE) – disponível em: http://www.oecd.org/statsportal. Acesso: em 2 abr. 2009.

Nota: Calculou-se RD&D com base em preços e taxas de câmbio de 2007. Os valores do eixo à esquerda representam RD&D (ou seja, incluindo demonstração além de pesquisa e desenvolvimento), como é comum no setor energético. No entanto, como existem totais intersetoriais apenas para P&D, o eixo da direita inclui apenas P&D.

82% se concentraram em três países: Brasil, China e Índia. O desenvolvedor e fabricante de carros elétricos com maior vendagem do mundo é um grupo indiano, Reva Electric Car Company. Por ser pioneiro, penetrou no mercado de fabricantes de veículos, inclusive em países de alta renda (Gentleman, 2006; Maini, 2005; Nagrath, 2008).

Os países-membros do Briics (Brasil, Rússia, Índia, Indonésia, China e África do Sul) eram responsáveis por apenas 6,5% das patentes de energia renovável em todo o mundo em 2005,[4] mas estão rapidamente se equiparando a países de renda alta, com um crescimento do volume anual de patentes mais de duas vezes maior que o da União Europeia e dos Estados Unidos. E estão desenvolvendo uma vantagem em tecnologias de energia renovável, com cerca de 0,7% de suas patentes pedidas nesse setor de 2003 a 2005, em comparação com menos de 0,3% nos Estados Unidos. Em 2005, a China ficou em sétimo lugar em patentes de energia renovável em geral, atrás apenas do Japão em invenções geotérmicas e de cimento, duas fontes importantes e possíveis de redução das emissões (Organisation for Economic Co-operation and Development, 2008; Dechezleprêtre et al., 2008).

Todos os países precisarão apresentar seus esforços para difundir tecnologias inteligentes em termos climáticos e criar outras novas

Nem o financiamento público nem o privado para pesquisa, desenvolvimento e implantação relacionados à energia são remotamente próximos às quantidades necessárias para a transição de um mundo inteligente em termos climáticos. Os orçamentos globais dos governos para RD&D referente à energia declinaram desde o início dos anos 1980, reduzindo-se à metade de 1980 a 2007 (Figura 7.2). A parcela referente à energia no orçamento de pesquisa e desenvolvimento dos governos (não incluindo demonstração) também caiu, de 11% em 1985 para menos de 4% em 2007 (a linha na Figura 7.2), densamente concentrada em energia nuclear.

---

4 O número de patentes é normalmente usado como medida da atividade inventiva, mas existem desvantagens na comparação das patentes entre países, porque certos tipos de invenção são menos adequados para patente que outros.

Figura 7.3 O gasto anual com P&D em energia e mudança climática é mínimo se comparado aos subsídios

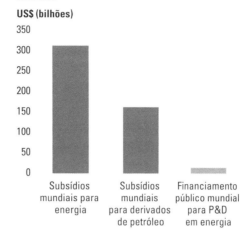

Fonte: International Energy Agency (2008a, 2008b) – disponível em: <http://www.iea.org/Textbase/stats/rd.asp>, acesso em: 2 abr. 2009.

Nota: As estimativas de subsídio global se baseiam nos subsídios apresentados apenas para os 20 países não participantes da OCDE com maior subsídio (os subsídios para energia em países da OCDE são mínimos).

As comparações com subsídios públicos para energia ou produtos petrolíferos são ainda mais nítidas (Figura 7.3). Mas clamores recentes para aumentos em pesquisa e desenvolvimento energético para US$ 100 bilhões a US$ 700 bilhões por ano são viáveis (International Energy Agency, 2008a; Scientific Expert Group on Climate Change, 2007; Stern, 2007; Nemet; Kammen, 2007; Davis; Owens, 2003; President's Committee of Advisors on Science and Technology, 1999). O Japão já está assumindo a liderança,

Figura 7.4 O ritmo de invenção é irregular entre as tecnologias de baixo carbono

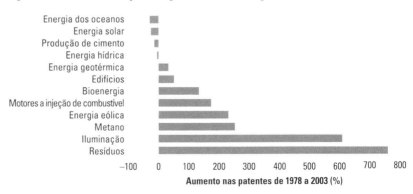

Fonte: Dechezleprêtre et al. (2008).

Tabela 7.1 Acordos tecnológicos internacionais específicos para a mudança climática

Tipos de acordo	Subcategoria	Acordos existentes	Possível impacto	Risco	Implementação	Meta
Harmonização legislativa e regulatória	Mandatos para implantação de tecnologia e desempenho	Muito poucos (principalmente na UE)	Impacto alto	Escolhas tecnológicas erradas feitas pelo governo	Difícil	Tecnologias energéticas com fortes efeitos de bloqueio (transporte) e altamente descentralizadas (eficiência energética)
Compartilhamento e coordenação do conhecimento	Troca de conhecimentos e coordenação de pesquisa	Muitos (como a Agência Internacional de Energia)	Impacto baixo	Nenhum grande risco	Fácil	Todos os setores
	Padrões voluntários e etiquetas	Vários (EnergyStar, ISO 14001)	Impacto baixo	Adoção limitada de padrões e etiquetas pelo setor privado	Fácil	Produtos industriais e para consumo; sistemas de comunicação
Inovação com divisão de custos	Instrumentos de "impulso tecnológico" subsidiados	Muito poucos (Iter)	Impacto alto	Incerteza dos resultados das pesquisas	Difícil	RD&D pré-competitiva com importantes economias de escala (captura e armazenamento de carbono, energia eólica *offshore* de águas profundas)
	Instrumentos "influenciados pelo mercado" e baseados em recompensas	Muito poucos (Prêmio Ansari X)	Impacto médio	Compensação e esforço necessário podem resultar em níveis inadequados de inovação	Moderada	Problemas específicos de média escala; soluções para o mercado dos países em desenvolvimento; soluções que não exijam P&D fundamental
	Instrumentos para preenchimento de lacunas	Muito poucos (Clean Technology Investment Fund de Catar-Reino Unido)	Impacto alto	Financiamento continua não utilizado em razão da falta de continuidade dos acordos	Moderada	Tecnologias nos estágios de demonstração e implantação
Transferência de tecnologia	Transferência de tecnologia	Vários (Mecanismo de Desenvolvimento Limpo, Mecanismo Global para o Meio Ambiente)	Impacto alto	Baixa capacidade de absorção dos países receptores	Moderada	Tecnologias estabelecidas (eólica, eficiência energética), específicas por região (agricultura) e para o setor público (alertas precoces, proteção da costa)

Fontes: Davis e Davis (2004), Coninck et al. (2007), Justus e Philibert (2005), Newell e Wilson (2005), Philibert (2004) e World Bank (2008a).

gastando 0,08% do PIB em RD&D de energia pública, muito mais que a média de 0,03% do grupo de países de renda alta e de renda média-alta, membros da Agência Internacional de Energia.[5]

Em razão de um pico de alta recente, os gastos privados com RD&D em energia, de US$ 40 bilhões a US$ 60 bilhões ao ano, excederam em muito os gastos públicos. Mesmo assim, 0,5% de receita continua representando uma ordem de magnitude inferior aos 8% de receita investidos em RD&D no setor eletrônico e aos 15% no setor farmacêutico (International Energy Agency, 2008a).

O progresso em algumas tecnologias tem sido muito lento. Embora as patentes na área de energia renovável tenham crescido rapidamente desde meados dos anos 1990, representaram menos de 0,4% de todas as patentes em 2005, com apenas 700 pedidos (Organisation for Economic Co-operation

---
[5] Com base nas estatísticas de RD&D da IEA (Agência Internacional de Energia), incluindo países da IEA de renda alta e média alta, excetuando-se Austrália, Bélgica, Espanha, Grécia, Luxemburgo, Polônia, República Eslovaca e República Tcheca.

QUADRO 7.2 *A inovação é um processo confuso e pode ser promovida apenas por políticas que abordam várias partes de um sistema complexo*

Na maioria dos países, a política do governo ainda é direcionada por uma visão de inovação linear e antiquada, que considera a ocorrência da inovação em quatro estágios consecutivos.

- Pesquisa e desenvolvimento: para encontrar soluções para problemas técnicos específicos e aplicá-las a novas tecnologias.
- Projetos de demonstração: para adaptar ainda mais a tecnologia e demonstrar seu funcionamento em escala maior e aplicações práticas.
- Implantação: depois que as barreiras técnicas fundamentais sejam resolvidas e o potencial comercial de uma tecnologia fique aparente.
- Difusão: quando a tecnologia se torna competitiva no mercado.

A experiência, no entanto, mostra que o processo de inovação é muito mais complexo. A maioria das inovações fracassa em um estágio ou outro. O *feedback* dos fabricantes no estágio de implantação, ou dos revendedores e consumidores no estágio de difusão, retorna aos estágios iniciais, modificando completamente o curso de inovação, criando ideias e produtos novos e inesperados, às vezes a custos imprevistos. Às vezes, inovações revolucionárias são direcionadas não por P&D, mas por novos modelos de negócio que reúnem tecnologias existentes. E as curvas de aprendizagem, nas quais os custos unitários diminuem como função da produção acumulada ou de RDD&D acumulado, não são bem compreendidas.

Então, qual é a importância para a política? A visão linear dá a falsa impressão de que a inovação pode ser gerenciada apenas com o fornecimento de mais insumos de pesquisa (impulso tecnológico) e com a criação de demanda de mercado (influência do mercado). Embora ambos os tipos de política sejam extremamente importantes, eles ignoram as contribuições das várias interações entre os agentes envolvidos nos diferentes estágios de inovação: empresas, consumidores, governos, universidades e outros. Parcerias, com aprendizado pela compra ou venda de tecnologia, e aprendizado por meio de imitação têm papéis críticos. Igualmente críticas são as forças que acionam a difusão. A compatibilidade, os benefícios vistos e os custos de aprendizagem do uso de um novo produto são, todos, fatores-chave para a inovação. Políticas eficazes devem ver a inovação como parte de um sistema e encontrar maneiras de estimular todas essas facetas do processo de inovação, especialmente onde houver lacunas de mercado.

Fontes: Tidd (2006) e World Bank (2008a).

---

and Development, 2008). O maior crescimento nas patentes de tecnologias de baixa emissão de carbono se concentrou nas áreas de resíduos, iluminação, metano e energia eólica, mas o aprimoramento de muitas outras tecnologias promissoras, como energia solar, oceânica e geotérmica, tem sido mais limitado (Figura 7.4), com pouco do progresso necessário para promover reduções de custos.

Países em desenvolvimento ainda estão atrasados em inovação para adaptação. Embora seja mais econômico adotar tecnologias externas que reinventá-las, não existem, em alguns casos, soluções tecnológicas para problemas locais.[6] Assim, a inovação não é relevante apenas para economias de renda alta. Os avanços na biotecnologia, por exemplo, oferecem potencial para adaptação a eventos climáticos (secas, ondas de calor, pestes e doenças) que afetam a agricultura e silvicultura. Mas as patentes dos países em desenvolvimento ainda representam uma fração insignificante das patentes globais de biotecnologia (Organisation for Economic Co-operation and Development, 2008). Dessa forma, é difícil desenvolver respostas agrícolas e de saúde à mudança climática específicas para cada local. Além disso, existe pouco investimento em P&D agrícola em países em desenvolvimento, apesar do crescimento

Figura 7.5 **A política afeta todos os elos da cadeia de inovação**

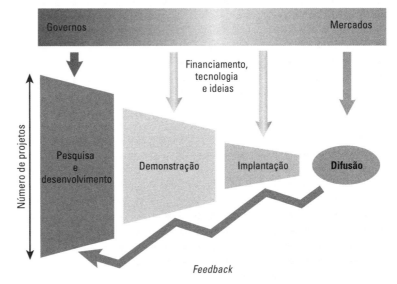

Fonte: Adaptada de International Energy Agency (2008a).

---

6 Por exemplo, métodos de plantio e cultura geralmente precisam ser adaptados às condições climáticas, tecnológicas e de solo locais.

QUADRO 7.3 *Monitoramento inovador: criação de um serviço climático global e de um "sistema de sistemas"*

A demanda por dados e informações sustentáveis e confiáveis sobre tendências, eventos incomuns e previsões de longo alcance nunca foi tão grande quanto atualmente. Várias entidades públicas e privadas de setores diversos, como transportes, seguros, energia, água, agricultura e pesca, têm incorporado cada vez mais as informações climáticas aos seus planejamentos. Essas previsões se tornaram um componente crítico de suas estratégias de adaptação.

Uma empresa de serviços climáticos globais (SCG) poderia fornecer as informações climáticas das quais a sociedade precisa para melhor planejar e antecipar condições climáticas com prazos de meses a décadas. Tal empresa aprimoraria os sistemas de observação existentes, mas deve ir muito além deles. Forneceria também informações para ajudar a responder a questões sobre a infraestrutura urbana adequada para lidar com o século de eventos de precipitação intensa e picos de tempestade que ocorrerão com magnitude e frequência maiores, ajudar os agricultores com relação às culturas e ao gerenciamento de água mais apropriados durante as secas, monitorar a mudança de estoques e fluxos de carbono nas florestas e nos solos, e avaliar a eficácia das estratégias de resposta a desastres sob condições climáticas em transformação.

Uma empresa de SCG exigirá parcerias inovadoras entre governos, setor privado e outras instituições, e seu projeto será bastante crítico. Começando com as observações e a capacidade de criação de modelos atuais, é preciso desenvolver um projeto conectado, *multi-hub-and-spoke*, no qual os serviços globais são destinados a prestadores de serviços regionais, que, por sua vez, fornecem as informações aos prestadores locais. Com isso, elimina-se a exigência de que cada comunidade desenvolva informações muito sofisticadas por si só.

Desenvolvimento dos componentes de uma empresa de SCG

Algumas das informações necessárias para se desenvolver um SCG são fornecidas pelos Centros Nacionais de Serviços Meteorológicos e Hidrológicos dos Estados Unidos e, cada vez mais, pelas contribuições do Global Climate Observing System, por meio de vários órgãos do governo e de instituições não governamentais. Além disso, várias outras instituições, como os World Data Centers e o International Research Institute, fornecem regularmente dados e produtos relacionados ao clima, incluindo previsões mensais e anuais.

Existem ainda alguns exemplos de novos serviços climáticos regionais. Um deles é o Pacific Climate Information System (PaCIS), que oferece uma estrutura regional para integrar observações climáticas contínuas e futuras, serviços de previsão operacional e projeções climáticas. O PaCIS facilita a reunião de recursos e experiência e a identificação de prioridades regionais. Uma das maiores prioridades para esse esforço é a criação de um portal na internet que facilitará o acesso a dados climáticos, produtos e serviços desenvolvidos pela U. S. National Oceanic and Atmospheric Administration e por seus parceiros da região do Pacífico.

Outro exemplo é a formação de centros climáticos regionais que a Organização Meteorológica Mundial (OMM) formalmente busca definir e estabelecer desde 1999. A OMM tem se mostrado sensível à ideia de que as responsabilidades dos centros regionais não devem duplicar nem substituir as de órgãos existentes, mas sim apoiar cinco áreas principais: atividades operacionais, incluindo a interpretação dos resultados dos centros de previsão globais; esforços de coordenação que fortaleçam a colaboração em redes de observação, comunicação e computação; serviços de dados envolvendo o fornecimento, o arquivamento e a garantia da qualidade dos dados; criação de treinamento e capacidade; e pesquisas sobre a variabilidade e a previsibilidade do clima e seus impactos sobre uma região.

Integração de serviços climáticos com outros sistemas de monitoramento inovadores

Desenvolver um sistema abrangente e integrado para monitorar as mudanças ambientais em todo o planeta está além das possibilidades de qualquer país, assim como a análise da profusão de dados que geraria. É por isso que o Group on Earth Observation (GEO), uma parceria voluntária de governos e organizações internacionais, desenvolveu o conceito do Sistema de Sistemas de Observação Global da Terra (Global Earth Observation System of Systems – Geoss). Ao fornecer os mecanismos institucionais para assegurar a coordenação, o fortalecimento e a suplementação dos sistemas existentes para observação global da Terra, o Geoss apoia criadores de políticas, gerentes de recursos, pesquisadores científicos e um amplo espectro de tomadores de decisão em nove áreas: mitigação de riscos de desastres, adaptação à mudança climática, gestão integrada de recursos hídricos, gestão de recursos marinhos, conservação da biodiversidade, agricultura e silvicultura sustentáveis, saúde pública, distribuição de recursos energéticos e monitoramento do clima. As informações são combinadas a partir de boias oceânicas, estações hidrológicas e meteorológicas, satélites de sensoriamento remoto e portais de monitoramento da Terra na internet.

Alguns progressos iniciais:

- Em 2007, China e Brasil lançaram, em conjunto, um satélite para obtenção de imagens da Terra e se comprometeram a distribuir os dados da observação para a África.
- Os Estados Unidos recentemente tornaram públicos 40 anos de dados do maior arquivo de imagens de sensoriamento remoto do mundo.
- Um sistema regional de visualização e monitoramento para América Central e México, o Servir, é o maior repositório de acesso livre para dados ambientais, imagens de satélite, documentos, metadados e aplicações *on-line* de mapeamento. O nó regional do Servir na África, em Nairóbi, prevê enchentes em áreas de alto risco e surtos da febre de Rift Valley.
- O GEO está começando a medir estoques e emissões de carbono relacionados às florestas por meio de modelos integrados, monitoramento *in situ* e sensoriamento remoto.

Fontes: Global Earth Observation System of Systems – disponível em: <http://www.epa.gov/geoss>, acesso em: jan. 2009; Group on Earth Observations – disponível em: <http://www.earthobservations.org>. Acesso em: jan. 2009; International Research Institute for Climate and Society (2006); nota de Tom Karl, National Oceanic and Atmospheric Administration, National Climatic Data Center, 2009; Pacific Region Integrated Climatology Information Products – disponível em: <http://www.pricip.org/>. Acesso em: 29 maio 2009; Rogers (2009); Westermeyer (2009).

desde 1981. As economias de alta renda continuam a representar mais de 73% dos investimentos em P&D global em agricultura. Em países em desenvolvimento, o setor público faz 93% dos investimentos em P&D agrícola, em comparação com 47% nos países de alta renda. Mas as organizações do setor público geralmente são menos eficazes na comercialização dos resultados da pesquisa que o setor privado (Beintema; Stads, 2008).

Colaboração internacional e divisão de custos podem alavancar os esforços locais para promover a inovação

A cooperação para impulsionar a mudança tecnológica inclui harmonização regulatória, troca e coordenação de conhecimento, divisão de custos e transferência tecnológica (Tabela 7.1). Alguns esforços estão em andamento, enquanto outras oportunidades permanecem inexploradas.

Por causa da variedade de tecnologias necessárias e de seu estágio de desenvolvimento e da ampla variação de sua taxa de adoção global, todas essas abordagens à cooperação serão necessárias. Além disso, tecnologias inteligentes em termos climáticos não podem ser produzidas por meio de esforços fragmentados. A inovação precisa ser vista como um sistema de vários atores e tecnologias, caminhos de dependência e processos de aprendizado em interação, não apenas como um produto de P&D (Quadro 7.2) (Carlsson, 2006; Freeman, 1987; Lundvall, 1992; Nelson, 1996; Organisation for Economic Co-operation and Development, 1997). Subsídios para pesquisa, desenvolvimento, demonstração e implantação devem ser combinados com incentivos de mercado para que as empresas inovem e movam as tecnologias ao longo da cadeia de inovação (Figura 7.5) (President's Committee of Advisors on Science and Technology, 1999). E a inovação deve se basear em fluxos de conhecimento entre os setores e nos avanços em tecnologias amplas como as de informação e comunicação e biotecnologia.

A harmonização regulatória entre países forma a estrutura básica de qualquer acordo sobre tecnologias inteligentes em termos climáticos

Incentivos harmonizados com grande alcance geográfico podem criar grupos grandes de investidores e mercados para inovações inteligentes em termos climáticos. A definição do preço do carbono, padrões para o portfólio renovável que regulem a parcela de energia provinda de fontes renováveis e mandatos de desempenho como os padrões para economia de combustível para automóveis (ver Capítulo 4) são procedimentos econômicos que podem promover o desenvolvimento e a difusão de tecnologias com baixa emissão de carbono. Vários países, por exemplo, adotaram medidas para eliminar progressivamente as lâmpadas incandescentes porque hoje existem tecnologias mais eficientes como as lâmpadas fluorescentes e os diodos emissores de luz (LED). Harmonizadas em escala global, essas regulamentações podem direcionar o mercado para produtos com baixa emissão de carbono, da mesma forma que a harmonização dos padrões de comunicação GSM para telefones celulares criou uma massa crítica para o mercado de telefones celulares na Europa nos anos 1990.

Compartilhamento de conhecimento e acordos de coordenação são complementos úteis

Os acordos de conhecimento podem resolver falhas de mercado e sistemas com relação à inovação e difusão. Esses acordos coordenam pautas de pesquisa nacionais, sistemas de troca de informações e padrões e esquemas de identificação voluntários. Os acordos de coordenação de pesquisas incluem muitos dos 42 acordos tecnológicos da Agência Internacional de Energia, nos quais os países financiam e implementam suas contribuições individuais para diferentes projetos específicos para o setor, que variam de células combustíveis avançadas a veículos elétricos.[7] Esses acordos podem evitar a duplicidade de investimentos entre países. Eles permitem que os países decidam conjuntamente quem trabalha em quê, assegurando assim que nenhuma tecnologia importante seja ignorada, particularmente aquelas relevantes para países em desenvolvimento (tais como biocombustíveis de matérias-primas de países em desenvolvimento e geração de energia com menor capacidade). Os sistemas de

---

7 Cf. IEA – Disponível em: <http://www.iea.org/Textbase/techno/index.asp>. Acesso em: 15 dez. 2008.

> **QUADRO 7.4** *Iter: um início prolongado para a divisão de custos de P&D*
>
> O Iter é um projeto internacional de pesquisa e desenvolvimento para demonstrar a viabilidade científica e técnica da fusão nuclear para geração de eletricidade sem produzir os resíduos radioativos associados à fissão nuclear. Os parceiros no projeto são China, Estados Unidos, Federação Russa, Índia, Japão, República da Coreia e União Europeia.
>
> O Iter foi proposto em 1986, e finalizou-se o projeto de suas instalações em 1990. O cronograma inicial previa a construção de um reator experimental a partir de 1997, mas isso foi adiado por negociações sobre projeto experimental, divisão de custo, local do projeto, local da construção e definição do pessoal. Vários países abandonaram o Iter, alguns voltaram depois, e outros retiraram temporariamente seu financiamento.
>
> O Iter demonstra as dificuldades na negociação de um projeto de pesquisa de mais de US$ 12 bilhões com resultados incertos. O financiamento para construção foi finalmente aprovado em 2006. Espera-se que o Iter esteja operando em 20 anos, desde que a construção seja concluída por volta de 2017.
>
> *Fonte:* Disponível em: <http://www.iter.org>. Acesso em: 12 dez. 2008.
> *Nota:* A sigla Iter significava, originalmente, International Thermonuclear Experimental Reactors (Reatores Termonucleares Experimentais Internacionais), mas hoje se adota apenas Iter.

troca de informação incluem o Global Earth Observation System of Systems, que fornecerá dados de vários sistemas de observação e medição (Quadro 7.3). Exemplos de destaque da coordenação internacional em etiquetas são os acordos do programa Energy Star, pelo qual os órgãos governamentais de vários países unificam certos esquemas voluntários de identificação de eficiência energética, fornecendo um único conjunto de qualificações de eficiência energética.[8]

Os Painéis de Avaliação Econômica e Tecnológica do Protocolo de Montreal oferecem um modelo para um acordo tecnológico sobre a mudança climática, nesse caso os efeitos do esgotamento do ozônio. Os painéis reuniram governos, empresas, especialistas acadêmicos e organizações não governamentais para estabelecer a viabilidade técnica de tecnologias específicas e cronogramas para a eliminação gradual da produção e do uso de clorofluorcarbonos e outros produtos químicos que esgotam o ozônio. Os painéis demonstraram que os acordos de coordenação tecnológica funcionam melhor quando vinculados a mandatos de emissão, que oferecem incentivos para que a indústria participe (Milford; Ducther; Barker, 2008; Stern, 2007). Um desafio para a replicação desse modelo para mudança climática é que seria necessário um grande número de painéis para lidar com a ampla variedade de tecnologias que afetam a mudança climática. Uma abordagem mais viável seria inicialmente limitar essa abordagem para vários setores estratégicos.

A "nova abordagem" da União Europeia com relação à padronização também oferece um modelo para a harmonização de padrões inteligentes em termos climáticos. As mercadorias comercializadas dentro da UE devem cumprir regras de segurança básica, saúde pública, proteção do consumidor e proteção ambiental. A UE enfrentou essas questões primeiramente exigindo que os estados-membros harmonizassem a legislação contendo especificações técnicas detalhadas. Mas essa abordagem causou entraves no Conselho Europeu, dificultando a atualização da legislação para refletir o progresso tecnológico. Em 1985, a "Nova abordagem" foi projetada para resolver esse problema. As mercadorias classificadas de acordo com a "nova abordagem" devem simplesmente cumprir com muitos "requisitos essenciais" amplos e tecnologicamente neutros inseridos na legislação que deve ser adotada por todos os estados-membros da UE. Para atender aos requisitos da "nova abordagem", os produtos podem cumprir padrões europeus padronizados, desenvolvidos por um dos três órgãos regionais de padronização voluntária. Neles, comitês técnicos representando uma combinação de indústria, governo, academia e consumidores de diferentes países da UE firmam acordos consensuais sobre os padrões. Os comitês técnicos são abertos a qualquer parte interessada de qualquer estado-membro da UE que deseje participar. Uma abordagem semelhante poderia harmonizar regulamentações amplas e inteligentes com relação ao clima entre vários países, por meio de um tratado climático amparado por padrões voluntários desenvolvidos separadamente por intermédio de um processo consensual aberto (Guasch et al., 2007).

Padrões voluntários, etiquetas e coordenação de pesquisas são formas de cooperação tecnológica de baixo custo, mas é difícil avaliar se geram investimentos adicionais em tecnologia (Coninck et al., 2007). É improvável que, sozinhos, possam resolver

---
[8] Informação disponível em: <http://www.energystar.gov/>, acesso em: 15 dez. 2008.

QUADRO 7.5 *Tecnologias relacionadas ao aumento da escala de captura e armazenamento de carbono exigem esforços internacionais*

Para que a captura e o armazenamento de carbono cheguem a um quinto das reduções de emissão necessárias para limitar as concentrações atmosféricas a, por exemplo, 550 partes por milhão, a tecnologia precisa avançar dos 3,7 milhões de toneladas de carbono sequestradas hoje[a] para mais de 255 milhões de toneladas até 2020 e pelo menos 22 bilhões de toneladas até o final do século, ou aproximadamente a mesma quantidade das emissões globais atuais, a partir do uso energético atual (gráfico ao lado). A construção de cada instalação para captura e armazenamento custa de US$ 1,5 a US$ 2,5 bilhões, e a implementação das 20-30 necessárias até 2020 para provar a viabilidade comercial da tecnologia seria proibitiva para um único país. Existem apenas quatro projetos comerciais completos para captura e armazenamento de carbono, e sua capacidade de armazenamento é de uma a duas ordens de magnitude menor que a capacidade que uma planta de 1.000 megawatts precisaria ao longo de sua vida útil operacional esperada.

Fontes: Edmonds et al. (2007) e International Energy Agency (2006, 2008b).

[a] Para converter toneladas de carbono em CO_2, multiplique por 3,67.

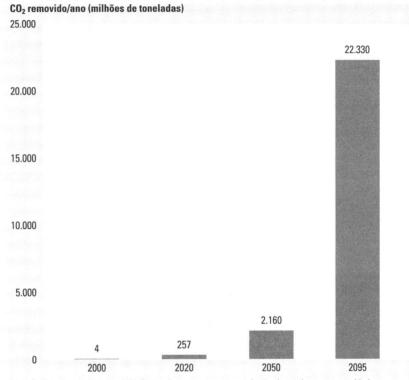

Nota: Dados observados para 2000. Para todos os outros anos, projeções baseadas nas necessidades para limitar a concentração de gases de efeito estufa a 550 ppm.

as enormes necessidades de investimento, urgência e aprendizado prático fundamentais para tecnologias como captura e armazenamento de carbono.

Os acordos para divisão de custos apresentarão os maiores retornos em potencial se puderem superar as barreiras para implementação

Os acordos de divisão de custos podem ser acordos de "impulso tecnológico", nos quais o desenvolvimento conjunto de tecnologias promissoras é subsidiado por vários países (a seta vertical escura da extrema-esquerda, na Figura 7.5) antes que se saiba se terão êxito. Ou podem ser acordos com "influência do mercado", nos quais o financiamento, conjunto entre vários países, recompensa tecnologias que demonstraram potencial comercial, fornecendo sinais do mercado por meio de ciclos de *feedback*. Os acordos também fecham as lacunas entre pesquisa e mercado na cadeia de inovação.

Fechando acordos. Apenas alguns poucos programas internacionais de divisão de custos suportam inovações relacionadas à mudança climática, entre eles o reator de fusão Iter de US$ 12 bilhões (Quadro 7.4) e vários acordos tecnológicos coordenados pela Agência Internacional de Energia, com orçamentos de vários milhões de dólares. Outro modelo de parceria de institutos de pesquisa é o Instituto Interamericano para Pesquisa em Mudanças Globais, uma organização intergovernamental apoiada por 19 países das Américas e voltada para a troca de informações científicas entre cientistas e elaboradores de políticas. A missão do centro é estimular uma abordagem regional, não nacional.

Existe potencial para expandir acordos de pesquisa com custos divididos para projetos

> **QUADRO 7.6** *O refrigerador supereficiente: um programa pioneiro e avançado de compromisso de mercado?*
>
> Em 1991, com o Super-Efficient Refrigerator Program, um consórcio de serviços de utilidade pública concordou em reunir mais de US$ 30 milhões para recompensar um fabricante que produzisse e comercializasse um refrigerador sem clorofluorcarbonos que atacassem o ozônio e que usasse 25% menos energia que a exigida pela legislação existente. O vencedor receberia um prêmio fixo por cada unidade vendida, até o teto definido pelo valor do fundo. A empresa Whirlpool superou os requisitos de desempenho e ganhou o prêmio e publicidade nacional. No entanto, por causa da baixa aceitação no mercado, a empresa não conseguiu vender refrigeradores em número suficiente para reivindicar o prêmio integral. Apesar disso, a competição possivelmente produziu transferências, com fabricantes concorrentes projetando suas próprias linhas de refrigeradores eficientes.
>
> *Fontes:* Davis e Davis (2004) e Newell e Wilson (2005).

fundamentais de pesquisa e demonstração, nos quais as despesas e a incerteza são grandes. Os consórcios de pesquisa também se ajustam bem à condução de pesquisas de longo prazo com economias de escala e de aprendizado, tais como captura e armazenamento de carbono (Quadro 7.5), células fotovoltaicas de terceira geração, energia eólica *offshore* de águas profundas, biocombustíveis de segunda geração e tecnologias de monitoramento do clima. O escopo para cooperação é mais restrito para tecnologias mais próximas da comercialização, quando os direitos de propriedade intelectual se tornam mais problemáticos e cada país pode desejar uma vantagem estratégica.

Acordos de divisão de custos podem se concentrar em algumas áreas de alta prioridade e ser negociados por meio de instituições internacionais centralizadas com estruturas para negociação existentes. O projeto Iter demonstra que acordos de divisão de custos de larga escala são difíceis de implementar quando os países podem voltar atrás em seu compromisso ou discordar da implementação. Para garantir a sustentabilidade do financiamento para esses acordos, serão necessários incentivos adicionais, como as retiradas de sanções ou compromissos contratuais de cada parte para aumentar seu financiamento (até um teto) quando novas partes se unem à iniciativa, de modo a desestimular participação sem pagamento e acordos de divisão de custos fixos em um tratado climático (Coninck et al., 2007). A maior parcela dos esforços tecnológicos pode ser arcada por países de alta renda. Mas, para serem eficientes, os acordos colaborativos de pesquisa devem subsidiar o envolvimento de países em desenvolvimento, em especial daqueles de renda média em crescimento rápido, que precisam produzir rapidamente a capacidade tecnológica que será essencial para seu desenvolvimento inteligente em termos climáticos em longo prazo. O setor privado também deve ser incluído nas parcerias de pesquisa, para garantir que as tecnologias possam depois ser difundidas pelo mercado.

Acordos influenciados pelo mercado e baseados em recompensas. Muitas inovações revolucionárias vêm de locais improváveis que podem ser facilmente ignorados por programas de concessão de financiamento. Em 1993, Shuji Nakamura, um engenheiro autônomo que trabalhava sozinho e com orçamento limitado em uma empresa no interior do Japão, surpreendeu a comunidade científica com os primeiros diodos emissores de luz azul bem-sucedidos. Esse foi o primeiro passo para a criação dos atuais diodos emissores de luz branca de alta eficiência.[9] Muitos dos principais inovadores do mundo, incluindo a gigante dos computadores Dell, gastam muito menos em P&D, em percentual de vendas, que seus pares no setor (Jaruzelski; Dehoff; Bordia, 2006). Mas

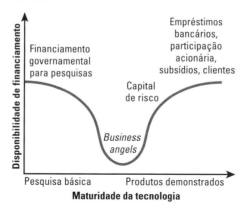

Figura 7.6 O "vale da morte" entre a pesquisa e o mercado

Fonte: Equipe do WDR.

---

9 Cf. The Millennium Technology Prize – disponível em: <http://www.millenniumprize.fi>. Acesso em: 16 fev. 2009.

eles têm uma capacidade única de definir o horizonte para tecnologias de alto potencial e ideias, de colaborar com terceiros e P&D, e de trazer novas tecnologias para o mercado (Chesbrough, 2003). É provável que algumas das tecnologias inteligentes em termos climáticos mais promissoras virão de setores não tipicamente associados com a mudança climática. Polímeros superabsorventes de água, por exemplo, podem ter papel importante na promoção do reflorestamento de terras secas e em outros sistemas degradados ao manterem a água no solo. Mas muito do interesse nessa tecnologia se concentra nos fabricantes de produtos como fraldas. Da mesma forma, produtores de materiais repelentes de água poderiam fabricar roupas que exigissem menos lavagens, com reduções significativas no uso de água e energia.

Instrumentos financeiros que recompensem o risco, em vez de escolherem vencedores desde o princípio, representam uma tremenda oportunidade inexplorada. Soluções para problemas tecnológicos podem vir de avanços rápidos em locais inesperados ou de novos modelos de negócios que programas tradicionais de subsídio à P&D podem facilmente ignorar. Novos instrumentos de financiamento global dão aos mercados a flexibilidade para encontrar soluções inovadoras.

Prêmios de incentivo e compromissos de mercado adiantados são incentivos para influência no mercado para recompensar inovações que atinjam metas tecnológicas predeterminadas em um concurso. Prêmios de incentivo envolvem uma recompensa conhecida, e aqueles de compromissos de mercado adiantados são compromissos financeiros para subsidiar compras futuras de um produto ou serviço até preços e volumes predeterminados. Embora não haja exemplos de prêmios inteligentes em termos climáticos com financiamento internacional, outras iniciativas públicas e privadas recentes têm conquistado interesse crescente. O Prêmio Ansari X, no valor de US$ 10 milhões, foi estabelecido em meados dos anos 1990 para estimular os voos espaciais não governamentais. O concurso estimulou US$ 100 milhões de investimentos privados em pesquisa para 26 equipes, alavancando 10 vezes o investimento do prêmio, antes que o vencedor fosse anunciado em 2004 (Newell; Wilson, 2005).[10] Em março de 2008 a X-Prize Foundation e um parceiro comercial anunciaram um novo concurso internacional com prêmio de US$ 10 milhões para projeto, construção e colocação no mercado de veículos com baixo consumo de combustível. Cento e onze equipes de 14 países se inscreveram no concurso.[11]

Compromissos de mercado adiantados, que estimulam a inovação ao garantirem uma demanda mínima de mercado para reduzir a incerteza, promoveram tecnologias inteligentes em termos climáticos por meio da Agência de Proteção Ambiental dos Estados Unidos, em parceria com grupos filantrópicos e serviços de utilidade pública (Quadro 7.6). Uma iniciativa internacional mais recente é um programa-piloto para vacinas pneumocócicas desenvolvidas pela Gavi Alliance e pelo Banco Mundial.[12] Em 2007, doadores prometeram US$ 1,5 bilhão em compromissos de mercado adiantados para o piloto. As vacinas são compradas com fundos dos doadores e com financiamentos menores dos países que as recebem, caso atendam a objetivos de desempenho especificados. Ainda é muito cedo para julgar o provável sucesso (World Bank, 2008a).

Incentivos para influência do mercado podem complementar, mas não substituem os incentivos para impulso tecnológico. Os incentivos para influência do mercado podem multiplicar os recursos financeiros públicos e promover a concorrência para o desenvolvimento de provas de conceito e protótipos funcionais. Existem poucas barreiras para a participação. Como o financiamento não é concedido para credenciais de pesquisa antigas, pequenas organizações e organizações de países em desenvolvimento podem competir. Mas esses incentivos não conseguem reduzir o risco a um ponto em que os investidores privados estariam dispostos a financiar pesquisas em larga escala ou em um estágio muito inicial.

---

10 Cf. X Prize Foundation – Disponível em: <http://www.xprize.org/>. Acesso em: 15 dez. 2008.

11 Cf. Progressive Automotive X Prize – Disponível em: <http://www.progressiveautoxprize.org/>. Acesso em: 19 abr. 2009.

12 A pneumonia é a principal causa infecciosa de mortalidade infantil em todo o mundo (World Bank, 2008a).

Prêmios e compromissos de mercado adiantados oferecem bom potencial para financiamentos multilaterais. Como os prêmios não implicam comercialização, podem ser oferecidos para solucionar problemas de pesquisa pré-comercial nessas tecnologias, como armazenamento de baterias ou células fotovoltaicas. Organizações privadas e públicas em busca de soluções tecnológicas podem criar concursos para determinados prêmios em dinheiro em um mercado tecnológico global. O Grupo do Banco Mundial está explorando concursos com prêmios para inovações de tecnologia limpa em estágio inicial apoiadas pelo novo Fundo da Terra, lançado pelo Mecanismo Global para o Meio Ambiente e pela International Finance Corporation.

Compromissos de mercado adiantados podem ser úteis quando os custos de aprendizagem para a implantação são proibitivos, quando não há usuários dispostos a pagar o prêmio inicial pela tecnologia ou quando o mercado é muito pequeno ou arriscado. Eles não incluem apenas a geração e o uso de energia, mas também as tecnologias para adaptação (como os tratamentos para malária e variedades agrícolas resistentes à seca). Quando o lado da demanda do mercado é fragmentado (governos individuais), os recursos financeiros são limitados (particularmente para países em desenvolvimento), e o tamanho em potencial do mercado é indefinido (por incerteza de políticas de longo prazo) (ibidem).

Acordos para preencher as lacunas de comercialização. Um grande obstáculo para a inovação é o "vale da morte", a falta de financiamento para colocar a pesquisa aplicada no mercado (Figura 7.6). Os governos normalmente estão dispostos a financiar P&D para tecnologias não comprovadas, e o setor privado está disposto a financiar tecnologias que foram demonstradas no mercado – a coluna de P&D da Figura 7.3 –, mas existe pouco financiamento para tecnologias nos estágios de demonstração e implantação (Branscomb; Auerswald, 2002). Os governos costumam relutar em financiar empreendimentos em estágio inicial por medo de distorcer o mercado, e os investidores privados os consideram arriscados demais, com exceção de um número limitado de investidores independentes chamados de *business angels* e de algumas corporações. Investidores de risco, que normalmente financiam apenas empresas com tecnologias demonstradas, não foram capazes de implementar mais que 73% do capital disponível no setor de tecnologia limpa em 2006 porque poucas empresas desse setor sobreviveram ao vale da morte (DB Advisors, 2008).

Falta também financiamento de capital de risco para muitos tipos de tecnologias inteligentes em termos climáticos. É improvável que os investidores sejam atraídos para segmentos de mercado envolvendo tecnologias energéticas com risco particularmente altos e grande demanda de capital, onde os custos para demonstração podem ser expressivos. E espera-se que a crise financeira atual retarde o capital de risco corporativo, dado o alto custo da dívida (United Nations Environment Programme, 2008a). Além disso, a maior parte da indústria global de capital de risco está em uns poucos países desenvolvidos, longe de oportunidades em vários países de renda média e rápido crescimento (Nemet; Kammen, 2007).

Os programas para comercialização de tecnologia também podem apoiar conexões com possíveis usuários de tecnologias inteligentes em termos climáticos, sobretudo para pequenas empresas nas quais geralmente ocorrem as inovações revolucionárias, mas que enfrentam as maiores restrições financeiras e de acesso ao mercado. Para comercializar ideias que atendam às suas necessidades tecnológicas, a Agência de Proteção Ambiental

---

QUADRO 7.7 *Uma promessa de inovação para adaptação da costa*

As regiões costeiras de Bangladesh esperam maior frequência nas tempestades e inundações pela maré como resultado da mudança climática. A Universidade do Alabama, em Birmingham, está trabalhando com pesquisadores de Bangladesh em fundações e esquadrias para casas feitas com material leve e composto, que se dobram – mas não quebram – em um furacão e que podem flutuar quando a maré subir com uma tempestade costeira. Fibras de juta, uma das plantas comuns em Bangladesh, são entrelaçadas com plásticos reciclados para formar um material de construção ultraforte. A juta não requer fertilizante, pesticidas nem irrigação, é biodegradável, barata e já é amplamente usada para produzir tecidos, cordas e outros produtos em Bangladesh. Arquitetos estão ajudando a incorporar a tecnologia em projetos de casas locais. Os pesquisadores de Bangladesh contribuirão com sua experiência para a fabricação em massa de produtos à base de juta.

Fontes: Universidade do Alabama, em Birmingham – disponível em: http://main.uab.edu/Sites/MediaRelations/articles/55613/. Acesso em: 17 fev. 2009; entrevista com o professor Nassim Uddin, da Universidade do Alabama, em 4 de março de 2009.

dos Estados Unidos oferece financiamento para pequenas empresas por meio do Small Business Innovation Research Program.[13] O Programa Passerelle do governo francês oferece cofinanciamento para grandes empresas dispostas a investir em projetos de inovação de potencial interesse em pequenas empresas.[14] Outros programas oferecem subsídios especiais para projetos colaborativos que estimulem a transmissão tecnológica.

Como a lacuna entre a pesquisa e o mercado é particularmente grande em países em desenvolvimento e muitas soluções para problemas locais podem vir de outros países, financiamentos multilaterais especiais podem amparar projetos de pesquisa que incluam países em desenvolvimento participantes. Esses financiamentos podem criar incentivos para a condução de pesquisas relevantes às necessidades do país em desenvolvimento, como culturas resistentes à seca. Os esforços multilaterais também podem promover financiamentos de capital de risco inteligente, em termos climáticos, em países de alta renda e em vários países de renda média com crescimento rápido que tenham a massa crítica de atividade inovadora e infraestrutura financeira para atrair investidores de capital de risco. Este último grupo inclui China e Índia. Em Israel, na República da Coreia, em Taiwan e na China, o governo forneceu o capital de risco, atuando como principal investidor e atraindo outros fundos (Goldberg et al., 2006). Essas estratégias podem oferecer o "vale da vida" necessário para promover tecnologias nascentes a níveis em que possam lançar raízes na economia global.

---

13 Cf. National Center for Environmental Research – disponível em: <http://www.epa.gov/ncer/sbir/>. Acesso em: abr. 2009.
14 Cf. Passerelles Pacte PME – Disponível em: <http://www.oseo.fr/a_la_une/actualites/passerelles_pacte_pme>. Acesso em: 30 nov. 2008.

Tabela 7.2 Prioridades em política nacional para inovação

Países	Políticas principais
Renda baixa	Investimento em aptidões de engenharia, projeto e gerenciamento
	Aumento do financiamento para instituições voltadas a pesquisa, desenvolvimento, demonstração e difusão de adaptação
	Aumento dos vínculos entre as instituições acadêmicas e de pesquisa, o setor privado e os órgãos públicos de planejamento
	Introdução de subsídios para adoção de tecnologias de adaptação
	Aprimoramento do ambiente de negócios
	Importação de conhecimento e tecnologia externos sempre que possível
Renda média	Introdução de padrões inteligentes em termos climáticos
	Criação de incentivos para importação de tecnologias de mitigação e, em países de rápida industrialização, criação de condições para produção local em longo prazo
	Criação de incentivos para capital de risco inteligente em termos climáticos em países de rápida industrialização com densidade crítica de inovação (como China e Índia)
	Aprimoramento do ambiente de negócios
	Fortalecimento do regime de direitos de propriedade intelectual
	Facilitação do investimento direto externo e inteligente em termos climáticos
	Aumento dos vínculos entre as instituições acadêmicas e de pesquisa, o setor privado e os órgãos públicos de planejamento
Renda alta	Introdução de padrões de desempenho e formação de preços do carbono inteligentes em termos climáticos
	Aumento da inovação e difusão da mitigação e da adaptação por meio de subsídios, prêmios, incentivos de capital de risco e políticas para estimular a colaboração entre empresas e outras fontes e usuários de inovação inteligente em termos climáticos
	Auxílio aos países em desenvolvimento para aprimoramento de sua capacidade de absorção e inovação tecnológica
	Apoio às transferências de conhecimento e tecnologias para países em desenvolvimento
	Apoio à participação de países de renda média em projetos de longo prazo de RDD&D em energia
	Compartilhamento de dados relacionados à mudança climática com países em desenvolvimento
Todos os países	Remoção das barreiras comerciais para tecnologias inteligentes em termos climáticos
	Remoção dos subsídios a tecnologias de alto carbono
	Redefinição de instituições baseadas em conhecimento, especialmente universidades, como locais de difusão das práticas de baixo carbono

Fonte: Equipe do WDR.

A escala e o escopo dos esforços internacionais estão muito aquém do desafio

A transferência de tecnologia compreende os amplos processos para amparar os fluxos de informação, conhecimento, experiência e equipamentos para governos, empresas, instituições filantrópicas e instituições de pesquisa e educação. A absorção de tecnologias externas depende de muito mais que o financiamento de equipamentos físicos e licenças tecnológicas. Requer a construção de uma capacidade nacional para identificar, compreender, usar e replicar as tecnologias úteis. Conforme discutido a seguir, as políticas internacionais podem trabalhar lado a lado com os esforços nacionais para aprimorar as instituições nacionais e criar um ambiente que permita a transferência tecnológica.

Organizações internacionais. Muitas organizações internacionais que lidam com desafios ambientais se concentram principalmente na missão, incluindo a Organização Mundial da Saúde, a Organização das Nações Unidas para a Alimentação e a Agricultura, e o Programa do Meio Ambiente das Nações Unidas. Mas essas entidades podem ser estimuladas a melhorar coletivamente a adequação e a coerência das instituições existentes para que abordem a mudança climática.

Da mesma forma, existem muitos acordos internacionais para resolver determinados problemas ambientais, mas, como são operacionalizados, devem se reforçar mutuamente.[15] Esses acordos devem ser avaliados em termos de metas e meios para que possam atingir esses objetivos em relação à sua capacidade de apoiar mitigação e adaptação da magnitude esperada em um mundo de 2°C, 5°C ou acima disso.

Mecanismos de financiamento. O Mecanismo de Desenvolvimento Limpo (MDL), o principal canal de financiamento de investimentos em tecnologias de baixo carbono nos países em desenvolvimento, alavancou capital público e privado para financiar mais de 4.000 projetos de baixo carbono. Mas a maioria de seus projetos não envolve transferência de conhecimento ou de equipamentos do exterior (Brewer, 2008; Coninck; Haake; Linden, 2007; Dechezleprêtre; Glachant; Meniérè, 2007) (o Capítulo 6 aborda os limites de expansão do MDL para acelerar as transferências de tecnologia).

O Mecanismo Global para o Meio Ambiente (Global Environment Facility – GEF) é hoje o maior financiador de projetos que promovem a proteção ambiental e apoiam as metas nacionais de desenvolvimento sustentável. O GEF, braço financeiro do UNFCCC, oferece apoio para avaliações das necessidades tecnológicas para mais de 130 países. A maior parte dos financiamentos de mitigação do GEF entre 1998 e 2006, cerca de US$ 250 milhões por ano, foi direcionada para a remoção de barreiras à difusão de tecnologias eficientes energeticamente (Doornbosch; Gielen; Koutstaal, 2008).[16] Os

Figura 7.7 Matrículas em engenharia continuam baixas em muitos países em desenvolvimento

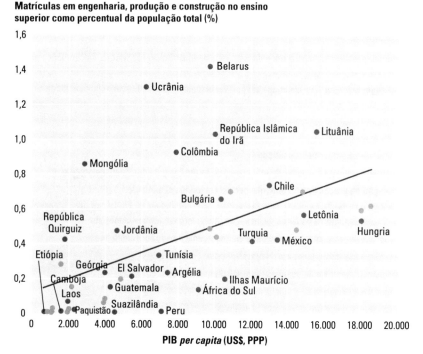

Fonte: Equipe do WDR com base no Instituto de Estatística da Unesco – disponível em: <http://stats.uis.unesco.org/unesco/ReportFolders/ReportFolders.aspx>, acesso em: 30 ago. 2009.

---

15 Entre as convenções de estruturação pertinentes, estão aquelas sobre mudança climática (Convenção-Quadro das Nações Unidas sobre Mudança Climática, ou UNFCCC), biodiversidade (Convenção sobre Biodiversidade), desertificação (Convention to Combat Desertification), a Convenção de Ramsar sobre áreas úmidas de importância internacional e o Tratado Internacional sobre Recursos Genéticos Vegetais para a Agricultura e Alimentação.

16 Cf. Mecanismo Global para o Meio Ambiente – disponível em: <http://www.gefweb.org/>. Acesso em: 4 dez. 2008.

esforços de adaptação do GEF se concentram no desenvolvimento de capacidade para identificar as necessidades urgentes e imediatas de países menos desenvolvidos. Entretanto, o impacto é limitado em razão de seu modesto orçamento de adaptação proposto: US$ 500 milhões para o período 2010-2014 (Global Environment Facility, 2008, 2009).

O novo Mecanismo de Parceria do Carbono fornecerá assistência adicional para países em desenvolvimento ao apoiar investimentos grandes e arriscados em energia limpa e infraestrutura com bom potencial para redução de emissões em longo prazo.[17] O Fundo de Tecnologia Limpa, uma iniciativa de US$ 5,2 bilhões de vários doadores estabelecida em 2008, é outro esforço para fornecer financiamento para demonstração, implantação e transferência de tecnologias de baixo carbono com juros baixos. Em 2009, República Árabe do Egito, México e Turquia serão os primeiros países a se beneficiar de um financiamento combinado de US$ 1 bilhão desse fundo.

O Protocolo de Montreal demonstra como conseguir financiamento multilateral sustentável ao tornar o financiamento de custos incrementais de atualização tecnológica uma obrigação de um tratado ambiental. O Fundo Multilateral para Implementação do Protocolo de Montreal proporcionou aos países em desenvolvimento incentivos para estes seguirem o protocolo ao comprometerem fundos para custos incrementais de conformidade (Barrett, 2006). Em troca, os países em desenvolvimento concordaram em eliminar gradualmente substâncias que esgotam o ozônio. O fundo concedeu subsídios ou empréstimos para cobrir os custos de conversão de instalações, treinamento, pessoal e licenciamento de tecnologias. Embora o protocolo seja considerado um modelo bem-sucedido de difusão tecnológica, as fontes de emissões de gases de efeito estufa apresentam ordens de magnitude maiores que a dos clorofluorcarbonos, e muitas tecnologias para redução dos gases de efeito estufa não estão disponíveis comercialmente. Um fundo de mudança climática semelhante ao Fundo Multilateral precisaria ser expandido adequadamente (Coninck et al., 2007).

Recursos financeiros e tecnológicos. Conforme enfatizado no Capítulo 6, é necessário um financiamento substancialmente maior para países em desenvolvimento. As estimativas para investimentos adicionais necessários para mitigação e adaptação variam de US$ 170 bilhões a 765 bilhões anualmente até 2030. Entretanto, apenas as transferências financeiras não serão suficientes. A aquisição de tecnologia, longe de ser fácil, é um processo longo, caro, arriscado e cheio de falhas do mercado. As tecnologias de

---

17 Cf. The World Bank Carbon Finance Unit – disponível em: <http://wbcarbonfinance.org/>, acesso em: 4 dez. 2008.

QUADRO 7.8 *Universidades precisam ser inovadoras: o caso da África*

A maioria da assistência por meio de doações para a África não resolve a necessidade de explorar o fundo de conhecimento existente no mundo para desenvolvimento em longo prazo. As matrículas em cursos superiores na África têm média próxima a 5%, em comparação com os números típicos de mais de 50% em economias desenvolvidas. O desafio, porém, não é apenas aumentar o acesso a universidades africanas, mas também fazê-las funcionar como motores de desenvolvimento.

Existem oportunidades para que as universidades forjem vínculos mais fortes com o setor privado, treinem graduandos para carreiras profissionais e difundam o conhecimento na economia. Como modelo, os Estados Unidos têm longa tradição de universidades agrícolas que, desde o século XIX, trabalham diretamente com suas comunidades para difundir o conhecimento agrícola. A tarefa futura requer mudança qualitativa nas metas, funções e na estrutura da universidade. Como parte desse processo, serão necessárias reformas fundamentais no projeto de currículo, ensino, localização, seleção de alunos e gestão da universidade.

O treinamento se tornará mais interdisciplinar para abordar os problemas interligados que transcendem os limites das disciplinas tradicionais. A Stellenbosch University da África do Sul oferece um exemplo brilhante de como ajustar os currículos às necessidades de organizações de P&D. Foi a primeira universidade do mundo a projetar e lançar um microssatélite avançado como parte de seu treinamento. A finalidade do programa era desenvolver competência em novas tecnologias dos campos de sensoriamento remoto, controle de espaçonaves e ciências da terra. A Makerere University de Uganda tem novas abordagens de ensino que permitem que os alunos solucionem problemas de saúde pública em suas comunidades, como parte de seu treinamento. Abordagens semelhantes podem ser aditadas por alunos de outros campos técnicos, tais como desenvolvimento e manutenção de infraestrutura.

Fontes: Juma (2008); universidades agrícolas – disponível em: <https://www.aplu.org/NetCommunity/Page.aspx?pid=183>; universidades do programa Sea Grant – disponível em: <http://www.seagrant.noaa.gov/>. Acesso em: 31 ago. 2009.

QUADRO 7.9 *Cgiar: um modelo para mudança climática?*

O Consultative Group on International Agricultural Research (Cgiar) é uma parceria estratégica de 64 membros de países em desenvolvimento, países industrializados, fundações e organizações internacionais, incluindo o Banco Mundial. Fundado em 1971 em resposta à preocupação disseminada de que muitos países em desenvolvimento corriam perigo de sucumbir à fome, o Cgiar contribuiu significativamente para ganhos na produtividade agrícola, por meio de variedades de cultura aprimoradas, e teve papel importante na promoção da Revolução Verde. Ao longo do tempo, o mandato do Cgiar foi ampliado para incluir assuntos políticos e institucionais, conservação da biodiversidade e gerenciamento dos recursos naturais, além de áreas de pesca, florestas, solo e água.

O Cgiar apoia a pesquisa agrícola ao assistir 15 centros de pesquisa, instituições independentes com sua própria equipe e estruturas de controle, principalmente em países em desenvolvimento, e ao realizar programas de desafio. Esses programas são parcerias de pesquisa diversificadas e independentes, projetadas para confrontar questões globais ou regionais de importância vital, tais como a conservação e a melhoria dos recursos genéticos, escassez de água, deficiência de micronutrientes e mudança climática. Em 2008, o Cgiar implementou uma análise independente de seu controle, trabalho científico e parcerias. A análise concluiu que a pesquisa do Cgiar produziu altos retornos de modo geral desde seu início, com benefícios excedendo em muito os custos. O benefício das variedades de cultura com maior produção e estabilidade, produzidas pelos centros e por seus parceiros nacionais, é estimado em mais de US$ 10 bilhões anuais, atribuíveis em grande parte a culturas de primeira necessidade como trigo, arroz e milho. A pesquisa sobre o gerenciamento de recursos naturais também demonstra benefícios substanciais e altos retornos do investimento. Contudo, o impacto desses esforços tem variado geograficamente por causa de fatores complexos, tais como ação coletiva local, serviços de extensão ou atribuição de direitos de propriedade. A análise considerou o Cgiar "uma das parcerias para desenvolvimento mais inovadoras do mundo", graças às suas atividades de pesquisa multidisciplinares e à sua variedade de colaborações. Mas também se descobriu que o Cgiar perdeu o foco em suas vantagens comparativas e que seu crescente mandato diluiu seu impacto. Ao mesmo tempo, preços voláteis dos alimentos, padrões de clima mais extremos, aumento na demanda global por alimentos e aumento no estresse dos recursos naturais estão desafiando o Cgiar como nunca antes.

Em dezembro de 2008, o Cgiar adotou um novo modelo de negócios. A reforma implica uma abordagem programática que se concentrará em um número limitado de "megaprogramas" estratégicos sobre assuntos importantes. As reformas também enfatizam a definição e o gerenciamento de uma pauta de pesquisa orientada por resultados, responsabilidades claras, controle e programas otimizados e parcerias mais fortes. As mudanças devem fortalecer o Cgiar, de modo que possa abordar com maior eficiência muitas questões globais complexas, incluindo mudança climática, mas ainda é muito cedo para medir seu sucesso.

Fontes: Consultative Group on International Agricultural Research – disponível em: <http://www.cgiar.org/>. Acesso em: 5 mar. 2009 –, Cgiar Independent Review Panel (2008), Cgiar Science Council (2008) e Banco Mundial (2008a).

---

adaptação dependem de aptidões técnicas e conhecimento nativo, porque envolvem o desenvolvimento de sistemas adequados às necessidades locais (Quadro 7.7).

Mesmo quando a tecnologia pode ser importada, ela envolve um processo de busca, conhecimento técnico prévio e aptidões e recursos necessários para ser usada com eficiência. Essa capacidade se baseia em várias formas de conhecimento, muitas das quais são tácitas e não podem ser facilmente codificadas ou transferidas. Projetos energéticos de larga escala que podem ser contratados junto a empresas estrangeiras, por exemplo, requerem capacidade local para que os criadores de políticas avaliem seus méritos para operação e manutenção. A União Europeia está desenvolvendo leis para gerenciar os riscos associados à captura e ao armazenamento do carbono,[18] mas poucos países têm capacidade técnica para desenvolver tal legislação, outra barreira para a implantação da tecnologia.

O financiamento multilateral pode ter um impacto maior sobre a transferência e a absorção de tecnologia ao ampliar seu escopo da transferência de tecnologia física e codificada para o aprimoramento das capacidades de absorção humana e organizacional em países em desenvolvimento. A absorção de tecnologia refere-se ao aprendizado: aprendizado ao investir em tecnologias externas, aprendizado por meio de treinamento e educação, aprendizado pela interação e colaboração com outros dentro e fora de seu país e aprendizado por meio de P&D. O financiamento multilateral pode apoiar a transferência de tecnologia de três formas: subsidiando investimentos em tecnologias locais ou externas em países em desenvolvimento, subsidiando o envolvimento de países em desenvolvimento nos tipos de acordos de troca, coordenação e divisão de custos abordados anteriormente, e apoiando infraestruturas nacionais de conhecimento e setores privados, conforme discutido na próxima seção.

---

18 Cf. CCS in Europe – disponível em: <http://ec.europa.eu/environment/climat/ccs/work_en.htm>. Acesso em: 2 jul. 2009.

Programas, políticas e instituições públicas acionam a inovação e aceleram sua difusão

A inovação é o resultado de um sistema complexo que se baseia na capacidade individual de uma vastidão de fatores, que variam de governos, universidades e institutos de pesquisa a empresas, consumidores e instituições filantrópicas. O fortalecimento da capacidade desse conjunto diversificado de atores, e como esses atores interagem, é uma tarefa difícil mas necessária para se lidar com desenvolvimento e mudança climática. A Tabela 7.2 descreve as principais prioridades das políticas para estimular a inovação em países de diferentes níveis de renda.

Aptidões e conhecimento constituem um pilar importante para a criação de uma economia inteligente em termos climáticos. A educação básica oferece a fundação de qualquer processo para absorção de tecnologia e reduz a injustiça econômica, mas um grupo suficientemente grande de engenheiros e pesquisadores qualificados também é essencial. Engenheiros, especialmente em falta em países de baixa renda, têm um papel na implementação de tecnologias com contexto específico para a adaptação e são essenciais para esforços de reconstrução depois de desastres naturais (Figura 7.7). Bangladesh, particularmente propensa a furacões e elevação do nível do mar, é um exemplo extremo: estudantes universitários matriculados em engenharia representavam meros 0,04% em 2006, comparados com 0,43% na República Quirguiz, um país com um PIB *per capita* muito semelhante.[19] Igualmente importantes são as aptidões de gerenciamento e empreendedorismo que canalizam o conhecimento técnico em aplicações práticas no setor privado. No setor público, as aptidões são necessárias em uma ampla variedade de áreas, incluindo regulamentação de serviços públicos, comunicações, planejamento urbano e desenvolvimento de políticas climáticas.

19 Cf. Instituto de Estatística da Unesco – Disponível em: <http://www.uis.unesco.org>. Acesso em: 18 jan. 2009.

Figura 7.8 As *e-bikes* estão hoje entre as opções de viagem mais baratas e mais limpas da China

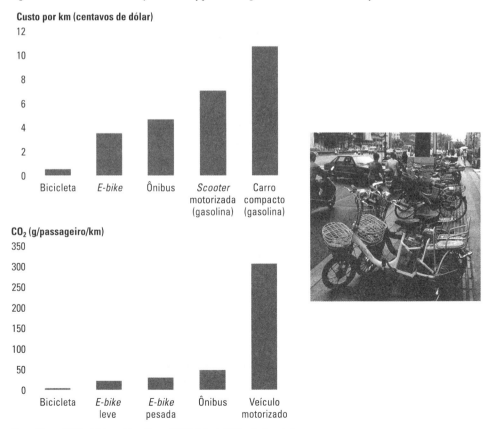

Fonte: Cherry (2007) e Weinert, Ma e Cherry (2007). Foto da Wikipedia Foundation.

Nota: As emissões das *e-bikes* se referem ao ciclo de vida completo que, nesse caso, inclui produção, produção de energia e uso. Para as bicicletas normais, foram incluídas apenas as emissões de produção.

Aptidões e conhecimento podem ser adquiridos investindo-se em instituições e programas que formam a infraestrutura de conhecimento de um país. Instituições como universidades, escolas, institutos de treinamento, instituições de P&D e laboratórios e serviços tecnológicos como expansão agrícola e incubação de empresas (Lundvall, 2007) podem apoiar os setores público e privado para que estes usem tecnologias inteligentes em termos climáticos e tomem decisões com base científica comprovada.

Outro pilar para a construção de economia inteligente é criar incentivos para que o setor privado invista em tecnologias inteligentes em termos climáticos. Isso acarreta não apenas incentivos regulatórios, mas também permite um ambiente emparelhado com os programas públicos de apoio à inovação comercial e à absorção de tecnologias.

Infraestrutura de conhecimento é uma chave para criar e adaptar sistemas locais de mitigação e adaptação

Os institutos de pesquisa podem ajudar o governo de países em desenvolvimento a se preparar melhor para as consequências da mudança climática. Na Indonésia e na Tailândia, por exemplo, utilizam-se satélites da Nasa para monitorar as características ambientais que afetam a transmissão da malária no sudeste da Ásia, como os padrões pluviométricos e as condições da vegetação.[20] Os institutos de pesquisa podem trabalhar em parceria com os órgãos do governo e com empresas privadas terceirizadas para identificar e projetar tecnologias adequadas à adaptação da costa, além de sua implementação, operação e manutenção. Esses institutos podem ajudar a conceber estratégias de adaptação para agricultores ao combinar o conhecimento local com testes científicos de sistemas agroflorestais alternativos ou apoiar a gestão florestal ao combinar o conhecimento dos nativos para conservação florestal com material de plantio geneticamente superior (Intergovernmental Panel on Climate Change, 2000). Podem ainda ajudar as empresas a aumentar a eficiência energética de seus processos por meio de consultoria, testes, solução de problemas e treinamento.

Em países de renda média, as instituições de pesquisa também podem solucionar desafios de mitigação de maior prazo. Dominar as tecnologias energéticas que serão úteis envolve um processo de aprendizado que pode levar décadas. A agricultura e a saúde dependem da biotecnologia para desenvolverem novas tecnologias e da ciência climática para fins de planejamento. O desenvolvimento de redes inteligentes para distribuição nacional de eletricidade depende do domínio de tecnologias de comunicações integradas, sensoriamento e medição.

Mesmo depois de investir em pesquisa e instituições acadêmicas, muitos governos perceberam um desenvolvimento mínimo nas contribuições (Goldman; Ergas, 1997; World Bank, 2007a). Os motivos são: a pesquisa normalmente não é determinada pela demanda, e existem poucos vínculos entre os institutos de pesquisa, as universidades, o setor privado e as comunidades nas quais operam (Quadro 7.8) (Juma, 2006). Além disso, as universidades de muitos países em desenvolvimento historicamente se concentraram em ensinar, conduzindo poucas pesquisas.

Alterar o equilíbrio do financiamento governamental em favor de um financiamento competitivo para pesquisa, em vez de financiamento institucional garantido, pode ajudar muito a aumentar a eficiência das instituições públicas de pesquisa. No Equador, o Programa para a Modernização dos Serviços Agrícolas do governo financia um programa de subsídios à pesquisa que apoia o trabalho estratégico em inovações para abrir novos mercados de exportação, ao controlar as moscas das frutas, reduzindo os custos de produção para novos produtos de exportação, e ao controlar doenças e pestes em culturas tradicionais de exportação. O programa introduziu uma nova cultura de pesquisa e atraiu novas organizações para o sistema de pesquisa. Os requisitos para cofinanciamento ajudaram a aumentar o financiamento nacional para pesquisas em 92% (World Bank, 2005). Reformas institucionais que deem ao setor privado mais força no controle de instituições de pesquisa e recompensem a transferência de conhecimento e tecnologia para clientes externos também podem ajudar (Watkins; Ehst, 2008). Em alguns casos, "instituições de intermediação" (*bridging institutions*), como incubadoras de empresas, podem facilitar a transmissão de conhecimento a partir de instituições de pesquisa. Em 2007, havia 283 empresas de tecnologia limpa em incubação em todo o mundo (antes mesmo de incluir a

---

20 Cf. Humanitarian Practice Network – Disponível em: <http://www.odihpn.org/report.asp?id=2522>. Acesso em: 14 jan. 2009 – e Kiang (2006).

China), duas vezes mais que em 2005 (United Nations Environment Programme, 2008a).

Países de alta renda podem apoiar o desenvolvimento global e a difusão de sistemas inteligentes em termos climáticos ao ajudarem a desenvolver a capacidade e firmar parcerias com instituições de pesquisa em países em desenvolvimento. Um exemplo é o International Research Institute for Climate and Society da Universidade da Columbia, nos Estados Unidos, que colabora com instituições locais da África, da Ásia e da América Latina.

Outro exemplo é o Consultative Group on International Agricultural Research (Cgiar). Estrutura de instituições de pesquisa global,

Figura 7.9 Países de renda média estão atraindo investimentos das cinco principais empresas de equipamentos eólicos, mas os fracos direitos de propriedade intelectual restringem as transferências de tecnologia e a capacidade de P&D

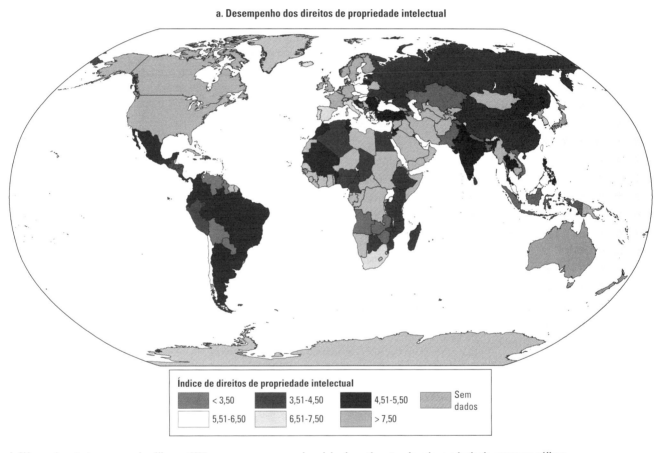

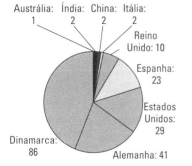

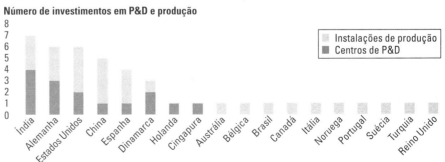

Fontes: Dados publicados de patentes dos bancos de dados de pedidos de patente dos Estados Unidos, do Japão, da Europa e dos bancos de dados internacionais, relatórios anuais e *sites* da Vestas, General Electric, Gamesa, Enercon e Suzlon (acessados em 4 de março de 2009). Ver também Dedigama (2009).

Nota: A classificação de DPI de um país reflete sua classificação de acordo com um índice de DPI baseado na força de suas políticas de proteção à propriedade intelectual e em seu cumprimento.

descentralizada, cooperativa e financiada por doadores, o Cgiar já trata de vários tópicos relevantes à adaptação climática (Quadro 7.9). Uma abordagem semelhante pode ser usada para outras tecnologias climáticas. As lições do Cgiar sugerem que centros de pesquisa regionais podem ser custeados, em países em desenvolvimento, para focar um número limitado de tópicos bem definidos e específicos da região, tais como biomassa, bioenergia, edifícios com eficiência energética, mitigação de metano e gestão florestal.

As instituições de conhecimento podem ajudar a informar e coordenar políticas, principalmente aquelas de adaptação específicas para o contexto. Conforme as adaptações para a mudança climática começam a ser consideradas nos processos de criação de políticas, passa a ser importante compartilhar soluções e experiências (Huq; Reid; Murray, 2003). Quando planejadores, gerentes e criadores de políticas começam a reconhecer como suas decisões individuais podem se combinar para reduzir a vulnerabilidade à mudança climática, existe uma imensa oportunidade para melhorar a coordenação entre setores para aumentar o uso de recursos e compartilhar essas informações valiosas com outras nações, regiões e localidades (ver gerenciamento baseado em ecossistemas no Capítulo 3). É fundamental estabelecer e gerenciar uma "central" que processe e torne disponíveis histórias de adaptação bem-sucedidas. Opções de todo o mundo ajudarão as comunidades que enfrentam decisões de adaptação (Scientific Expert Group on Climate Change, 2007).

Formação de preço e regulamentação de carbono para mobilizar o setor privado

Conforme discutido no Capítulo 4, a determinação do preço do carbono é essencial para catalisar inovações direcionadas pelo mercado e a adoção de tecnologias de mitigação (Schneider; Goulder, 1997; Popp, 2006). Com a alteração dos preços relativos, as empresas provavelmente responderão com novos tipos de investimento tecnológico para economizar no fator que se tornar mais caro (Hicks, 1932). Existem fortes evidências de que a determinação de preços pode induzir a mudança tecnológica (Hayami; Ruttan, 1970, 1985; Ruttan, 1997; Jaffe; Newell; Stavins, 2003; Popp, 2002). Um estudo descobriu que, se os preços de energia tivessem permanecido até 1993 nos níveis que tinham em 1973, a eficiência energética de condicionadores de ar seria 16% menor nos Estados Unidos (Newell; Jaffe; Stavins, 1999).

A regulamentação e sua implementação adequada também podem induzir à inovação. Os padrões de desempenho para emissões ou eficiência energética podem induzir à mudança tecnológica quase que da mesma maneira que a determinação de preços do carbono, porque podem ser associados a preços implícitos com os quais as empresas deparam quando emitem poluentes (Jaffe; Newell; Stavins, 2003). Nos Estados Unidos, a atividade para patentes de tecnologia referente às emissões de dióxido de enxofre (SO_2) começou a aumentar apenas no final dos anos 1960, antecipando novos padrões nacionais para controle de SO_2. De 1975 a 1995, os avanços tecnológicos reduziram os custos de capital para reduzir pela metade o SO_2 das emissões de centrais elétricas. A parcela de SO_2 removido cresceu de menos de 75% para mais de 95% (Taylor; Rubin; Hounshell, 2005). A regulamentação também oferece às empresas nichos de mercado para desenvolver novas tecnologias e permite que os países ganhem uma vantagem competitiva. A proibição de motocicletas a gasolina em várias áreas urbanas da China em 2004, que coincidiu com avanços técnicos em tecnologias de motores e baterias elétricas, urbanização mais rápida, preços mais altos da gasolina e aumento no poder de compra, impulsionou o mercado de bicicletas elétricas de meras 40.000 em 1998 para 21 milhões em 2008. As *e-bikes* são hoje mais baratas e mais limpas que outros meios motorizados de transporte, incluindo ônibus (Figura 7.8). A China está exportando esses veículos de baixa emissão de carbono para países desenvolvidos (Weinert; Ma; Cherry, 2007; Climate Group, 2008; Hang; Chen, 2008; Whelan, 2007).

Entretanto, a regulamentação, em si, pode ter suas desvantagens. Ao contrário dos sinais de preço, as regulamentações podem limitar a flexibilidade das empresas, especialmente quando são específicas em termos tecnológicos. Podem também resultar em opções de mitigação mais caras para a sociedade. Mas são um complemento necessário para a determinação de preço do carbono (ver Capítulo 4). Estudos analisaram os efeitos comparativos das regulamentações ambientais e os incentivos de mercado sobre a inovação: a visão geral é que a combinação de diferentes instrumentos de política pode ser mais eficiente, desde que seu desenvolvimento e sua aplicação sejam previsíveis para as partes interessadas (Bernauer et al., 2006).

Um ambiente favorável às empresas proporciona a estrutura básica para a difusão e a inovação de tecnologias inteligentes em termos climáticos

Os mercados precisam funcionar adequadamente para garantir que as empresas não enfrentem riscos desnecessários, tenham acesso a informações, operem dentro de uma estrutura legal bem definida e tenham o apoio das instituições de mercado. É fundamental ainda garantir a posse da terra, documentar os direitos à terra, fortalecer os mercados de locação e venda de terra e ampliar o acesso a serviços financeiros que possam criar incentivos para a transferência de tecnologia para pequenos proprietários rurais (ver Capítulo 3) (World Bank, 2007b). Mas um ambiente favorável aos negócios precisa reconhecer os direitos básicos de grupos vulneráveis, particularmente de povos indígenas, altamente dependentes dos recursos naturais e da terra. Muitos deles perderam as terras, vivem em pequenas porções de terra ou não têm a posse garantida (Chavez; Tauli-Corpuz, 2008).

Reduzir as barreiras de entrada para empresas e oferecer um mercado de trabalho flexível representa um apoio às empresas de tecnologia recém-criadas, que podem trazer inovações revolucionárias, e aos agronegócios, que podem criar novos tipos de fertilizantes ou sementes aos agricultores (World Bank, 2008b; Scarpetta; Tressel, 2004). O caso do milheto híbrido na Índia demonstra que a liberalização do mercado no final dos anos 1980 aumentou não apenas o papel das empresas privadas no desenvolvimento e na distribuição de sementes, como também as taxas de inovação (Matuschke; Qaim, 2008). A estabilidade macroeconômica é outro pilar do ambiente favorável, juntamente com um bom funcionamento do setor financeiro. Serviços básicos de infraestrutura, tais como energia contínua e suprimento de água, também são indispensáveis.

Eliminar barreiras tarifárias e não tarifárias sobre tecnologias de energia limpa, tais como carvão mais limpo, energia eólica, células fotovoltaicas solares e iluminação eficiente em termos energéticos, poderia aumentar seu volume comercializado em 14% nos 18 países em desenvolvimento que emitem altos níveis de gases de efeito estufa.[21] Barreiras comerciais que incidem sobre importações, como cotas, regras de origem ou especificações de código alfandegário obscuras, podem impedir a transferência de tecnologias inteligentes em termos climáticos, aumentando seu preço doméstico e tornando seu custo inviável. No Egito, as tarifas médias sobre painéis fotovoltaicos são de 32%, 10 vezes mais que os 3% de tarifa impostos aos membros de alta renda da Organização para Cooperação e Desenvolvimento Econômico (OCDE). Na Nigéria, usuários em potencial de painéis fotovoltaicos deparam com barreiras não tarifárias de 70%, além de uma tarifa de 20% (World Bank, 2008c). Os biocombustíveis são alvo de tarifas particularmente pesadas. As tarifas sobre o etanol e algumas matérias-primas para biodiesel, incluindo impostos de importação e exportação sobre o etanol brasileiro, totalizaram US$ 6 bilhões em 2006. Os subsídios dos países da OCDE aos seus produtores de biocombustíveis chegaram a US$ 11 bilhões em 2006. Como resultado, não são feitos investimentos onde a tecnologia apresenta maior custo-benefício. O Brasil, o maior produtor de etanol de baixo custo do mundo, viu um modesto aumento de 6% em sua produção de etanol entre 2004 e 2005, enquanto os Estados Unidos e a Alemanha observaram aumentos na produção de 20% e 60%, respectivamente, protegidos por tarifas de mais de 25% nos Estados Unidos e mais de 50% na UE (Steenblik, 2007). A remoção dessas tarifas e subsídios provavelmente teria realocado a produção para os produtores de biocombustível mais eficientes (International Monetary Fund, 2008).

Um clima atrativo para investimentos estrangeiros diretos (IED) é essencial para acelerar a transferência e a absorção de tecnologia (Goldberg et al., 2008). Em 2007, os IED responderam por 12,6% da formação total de capital bruto fixo em eletricidade, gás e água em países em desenvolvimento, três vezes o valor da ajuda multilateral e bilateral (Brewer, 2008). As corporações transnacionais baseadas em países de renda

---

21 Esses países são África do Sul, Argentina, Bangladesh, Brasil, Cazaquistão, Chile, China, Colômbia, Filipinas, Índia, Indonésia, Malásia, México, Nigéria, Egito, Venezuela, Tailândia e Zâmbia (World Bank, 2008c).

QUADRO 7.10 *Projetos melhores de fogões de biomassa podem reduzir a fuligem, trazendo importantes benefícios para a saúde humana e para a mitigação*

Cerca de dois bilhões de pessoas em países em desenvolvimento dependem da biomassa para aquecimento e culinária. Fogões de biomassa rudimentares, em áreas rurais da América Central e na África, na Índia e na China, liberam CO_2 juntamente com carbono preto (minúsculas partículas de carbono na forma de fuligem) e produtos de combustão incompleta (monóxido de carbono, compostos nitrogenados, metano e compostos orgânicos voláteis). Esses produtos representam um risco sério à saúde. Considera-se que a inalação de fumaça dentro de casa, proveniente da queima de biomassa sólida, contribui para a morte de 1,6 milhão de pessoas por ano em todo o mundo, cerca de um milhão dessas crianças com menos de 5 anos de idade.

Estudos recentes sugerem que o poder do carbono preto como promotor da mudança climática pode ser duas vezes maior que o anteriormente estimado pelo Painel Intergovernamental sobre Mudança Climática. Novas análises indicam que o carbono preto pode ter contribuído com mais de 70% do aquecimento do Ártico desde 1976 e pode ser um fator importante na retração das geleiras do Himalaia.

Considerando-se que o combustível sólido doméstico usado em fogões nos países em desenvolvimento é responsável por 18% das emissões de carbono preto, novas tecnologias de fogões que aumentem a combustão e, assim, reduzam a fuligem e as emissões de outros gases podem trazer benefícios não apenas para a saúde humana, mas também para a mitigação.

Muitos financiamentos têm sido destinados a apoiar o uso de fogões de gás liquefeito de petróleo (GLP) como uma alternativa mais limpa aos fogões de biomassa, principalmente subsidiando o GLP, mas isso se provou ineficiente para a ampla difusão da tecnologia em países em desenvolvimento. Mesmo com subsídios, a maioria da população pobre não pode pagar pelo combustível. Programas públicos para introduzir melhores fogões de biomassa, ao longo das duas últimas décadas, produziram resultados variados. Na Índia, o governo subsidiou 50% do custo de 8 milhões de fogões que distribuiu. Inicialmente, o programa encontrou algumas dificuldades porque o projeto do fogão não era adequado para os utensílios e alimentos usados pela população, mas, nos últimos cinco anos, o governo lançou novas pesquisas para corrigir esses problemas. Fogões melhorados estão ganhando terreno em outros países. Na China, o governo reconheceu que o sucesso dependeu de satisfazer às necessidades das pessoas, e que isso não teria sido possível por meio de uma abordagem vertical guiada pelo fornecimento. O governo chinês restringiu seu papel à pesquisa, ao treinamento técnico, à definição de padrões de produção e à redução dos entraves burocráticos para a produção e a difusão de novos fogões. O setor empresarial se mobilizou para a distribuição local.

Dado o recente progresso tecnológico em fogões de biomassa, seu impacto na saúde e seu recém-revelado impacto na mudança climática, é adequado aumentar maciçamente sua escala e comercializar fogões de biomassa de alta qualidade. Os fogões mais eficientes serão economicamente viáveis para os pobres, adaptáveis às necessidades da culinária local, duráveis e atrativos para os consumidores. O Projeto Surya, um programa-piloto de avaliação, vai realizar a avaliação mais abrangente e rigorosa até o momento sobre a eficácia dos fogões aprimorados com relação ao aquecimento climático e à saúde das pessoas. O projeto apoiará a introdução de novos modelos de fogão em 15.000 lares, em três diferentes regiões da Índia.

Mulher cozinha com seu fogão Envirofit G-3300

Foto: Envirofit India.

Ao monitorar os poluentes com tecnologias de sensores de vanguarda, medir o aquecimento solar do ar e combinar esses dados com medições de satélites da Nasa, a equipe do projeto espera observar um "buraco de carbono preto", a ausência das partículas normais de carbono na atmosfera sobre as áreas de intervenção, além de medir seu efeito sobre as temperaturas regionais e a saúde das pessoas. O estudo também aumenta a compreensão de como os futuros programas de fogões podem corresponder às necessidades e aos comportamentos das residências.

Fontes: Bond et al. (2004), Columbia Earthscape – disponível em: <http://www.earthscape.org/r1/kad09/>. Acesso em: 14 maio 2009 –, Forster et al. (2007), Hendriksen, Ruzibuka e Rutagambwa (2007), Projeto Surya – Disponível em: <http://www-ramanathan.ucsd.edu/ProjectSurya.html>. Acesso em: 31 ago. 2009 –, Ramanathan e Carmichael (2008), Ramanathan, Rehman e Ramanathan (2009), Shindell e Faluvegi (2009), Smith, Rogers e Cowlin (2005), United Nations Environment Programme (2008b) e Watkins e Ehst (2008).

---

alta investiram maciçamente na produção de células fotovoltaicas na Índia (BP Solar), etanol no Brasil (Archer Daniels Midland e Cargill) e energia eólica na China (Gamesa e Vestas). A China possuía apenas um laboratório de P&D estrangeiro em 1993 e 700 em 2005 (United Nations Conference on Trade and Development, 2005). A General Electric, líder mundial em geração de energia e produtos para eficiência, abriu centros de P&D globais na Índia e na China em 2000, centros que hoje empregam milhares de pesquisadores. A Figura 7.9 destaca as oportunidades geradas pela globalização da P&D e produção de equipamentos para energia eólica em países com renda média.

Desenvolver uma capacidade local de produção pode ajudar esses países a assegurar sua absorção de tecnologias inteligentes em termos climáticos em longo prazo e a competir nos mercados globais, baixando os preços e aumentando o desempenho. Isso ocorrerá mais rapidamente por meio de licenciamento ou IED.

Para facilitar a transferência de tecnologias inteligentes em termos climáticos, países de renda média podem permitir que empresas estrangeiras estabeleçam subsidiárias integrais, em vez de exigir *joint ventures* ou licenciamento. Eles também podem criar uma base de fornecedores locais e parceiros em potencial para empresas com investimento externo, investindo em treinamento e desenvolvimento de capacidade (Maskus, 2004; Hoekman; Maskus; Saggi, 2004; Lewis, 2007). E podem assegurar que seus direitos de propriedade intelectual protejam adequadamente a transferência e a P&D de tecnologia externa.

Quando percebem que o cumprimento dos direitos de propriedade intelectual (DPI) é fraco (ver Figura 7.9), as empresas estrangeiras podem não se dispor a licenciar suas tecnologias mais sofisticadas, por medo que os concorrentes a usem. Essa é a situação para equipamentos eólicos na China (Barton, 2007). Um cumprimento fraco dos DPI também desestimula subsidiárias estrangeiras a aumentar a escala de suas atividades de P&D e os investidores estrangeiros a investir em empresas locais promissoras (Branstetter; Fisman; Foley, 2005; Deloitte, 2007). Apesar de seus investimentos em fabricação e P&D local, subsidiárias estrangeiras de produtores globais de equipamentos eólicos registram muito poucas patentes no Brasil, na China, na Índia ou na Turquia. Esses países têm regimes de DPI fracos que podem desencorajar a ampliação de P&D (Dedigama, 2009).

Os DPI também poderão dificultar a inovação se uma patente bloquear outras invenções úteis com um escopo amplo demais. Os críticos consideram que algumas reivindicações de patentes relacionadas a produtos e processos de biologia sintética com promessa para biocombustíveis sintéticos são tão amplas que os cientistas temem impedir o progresso científico nos campos relacionados (International Centre for Trade and Sustainable Development, 2008). Os DPI fortes também poderão dificultar a transferência de tecnologia se as empresas se recusarem a licenciar sua tecnologia para manter a força no mercado.

Não existem evidências de que DPI excessivamente restritivos representem uma grande barreira para a transferência da capacidade de produção de energia renovável para países de renda média, mas existe o medo de que venham a ser algum dia. Brasil, China e Índia se uniram ao grupo de líderes mundiais do setor de fotovoltaicos, energia eólica e biocombustíveis para adquirir tecnologias licenciadas. As questões de DPI podem se tornar mais que uma barreira para a transferência de tecnologia, conforme há aceleração da atividade de patentes em fotovoltaicos e biocombustíveis, e à medida que a consolidação de fornecedores de equipamentos no setor eólico continua (Barton, 2007; Lewis, 2007; International Centre for Trade and Sustainable Development, 2008).

Em países de baixa renda, os DPI não parecem ser uma barreira para a instalação de tecnologias inteligentes em termos climáticos. Mas DPI previsíveis e claramente definidos ainda podem estimular a transferência de tecnologia do exterior. Nesses países, o licenciamento e a construção de versões locais de uma tecnologia não são uma opção realista, dada a capacidade limitada da produção

"Por meio de minhas pinturas, eu gostaria de transmitir para todas as pessoas, inclusive os líderes mundiais, minha esperança de interromper o aquecimento global, promovendo o uso de nosso sol, porque ele é poderoso, limpo e praticamente infinito... Se quisermos, poderemos transformá-lo em nossa fonte de energia diária. Os governos e as empresas devem apoiar o uso da energia solar, e os cientistas devem encontrar a melhor maneira para que as pessoas possam usá-la facilmente em suas casas, aparelhos, máquinas, fábricas e veículos."

– Laura Paulina Tercero Araiza, 10 anos, México

doméstica (Hoekman; Maskus; Saggi, 2004). A absorção de tecnologias energéticas ocorre, de forma geral, por meio de importações de equipamentos. Para adaptação climática, os direitos de patente e de variedade de plantas mantidos em países desenvolvidos são raramente um problema em países pequenos e de renda baixa. Uma patente registrada em um determinado país pode ser protegida apenas naquele mercado. Empresas estrangeiras não registram sua propriedade intelectual em muitos países de baixa renda porque estes não representam mercados atrativos nem possíveis concorrentes. Países mais pobres, assim, podem decidir usar um gene ou uma ferramenta do exterior (World Bank, 2007b).

Países de alta renda podem assegurar que a consolidação excessiva da indústria em setores inteligentes em termos climáticos não reduza os incentivos para licenciamento de tecnologia para países em desenvolvimento. Eles podem assegurar também que políticas nacionais não impeçam empresas estrangeiras de licenciar pesquisa com financiamento público para tecnologias inteligentes em termos climáticos de importância global. Em muitos países, as universidades não têm permissão para licenciar tecnologias financiadas pelo governo federal para empresas estrangeiras (Barton, 2007). Outras propostas incluem compras de patentes e a transferência de DPI inteligentes em termos climáticos para domínio público por organizações internacionais.

Os países de alta renda também podem assegurar que as preocupações relacionadas a DPI e transferência e inovação de tecnologias inteligentes em termos climáticos sejam consideradas em tratados internacionais como os da Organização Mundial do Comércio (OMC). O acordo da OMC sobre os Aspectos do Direito de Propriedade Intelectual Relacionados ao Comércio (Adpic) estabelece os padrões legais mínimos de proteção para membros da OMC. Mas o acordo Adpic também considera que as patentes não devem ser abusivas. Especificamente, reconhece que elas não devem impedir que a tecnologia atenda às necessidades urgentes de países em desenvolvimento. Na verdade, o acordo Adpic inclui disposições para permitir que países em desenvolvimento explorem invenções patenteadas sem o consentimento do detentor do DPI (International Centre for Trade and Sustainable Development, 2008). A OMC e seus membros podem limitar abusos na proteção de DPI se assegurarem que o acordo Adpic proponha exceções para tecnologias de mitigação e adaptação.

De maneira geral, no entanto, o impacto de DPI sobre a transferência de tecnologia pode ser exagerado, em comparação com outros custos, como gerenciamento e treinamento, e barreiras, como capacidade limitada de absorção. O desenvolvimento de competência em engenharia pode ajudar muito a aprimorar a capacidade de absorção de países em desenvolvimento.

O financiamento público pode ajudar as empresas a superar falhas no mercado relacionadas à inovação e à difusão tecnológica

Existe um limite para o aumento dos investimentos em tecnologia e inovações de baixo carbono causados pelos preços e padrões de emissão de carbono. Novas tecnologias nem sempre são adotadas com rapidez, mesmo quando se tornam economicamente atrativas para usuários em potencial (ver Quadro 4.5 do Capítulo 4). A aceleração da mudança tecnológica requer a suplementação do preço do carbono e regulamentações com financiamento público para explorar um amplo portfólio de opções tecnológicas (Baker; Shittu, 2006; Jaffe; Newell; Stavins, 2003; Schneider; Goulder, 1997; Popp, 2006). Falhas conhecidas do mercado, que causam falta de investimento privado em inovação e difusão, há décadas têm sido a base para as políticas de financiamento público (Nelson, 1959; Arrow, 1962).

Em países de renda média com capacidade industrial, o amparo financeiro pode ir para o desenvolvimento local, a produção e a exportação de sistemas inteligentes em termos climáticos. As políticas de financiamento público podem definir amplamente a inovação para incluir a adaptação, o aprimoramento e o desenvolvimento de produtos, processos e serviços novos para uma empresa, independentemente de serem novos para seus mercados. Elas levam em consideração os efeitos de transferência de P&D para o desenvolvimento da capacidade de absorção de tecnologia (Cohen; Levinthal, 2009). A Technology Development Foundation da Turquia, por exemplo, oferece empréstimos de até US$ 1 milhão, sem juros, para empresas que adotam ou desenvolvem sistemas para eficiência energética, energia renovável ou produção mais limpa.[22] Em países pequenos de baixa renda, nos quais há ainda mais barreiras de mercado para a absorção de tecnologia, o suporte financeiro público pode financiar seletivamente a absorção de tecnologia nessas empresas, juntamente com a consultoria técnica e o treinamento relacionados.

Os programas de difusão tecnológica com financiamento público preenchem lacunas em informação e conhecimento entre empresas, agricultores e órgãos públicos. Os programas mais eficientes respondem à demanda real, abordam várias barreiras e incluem instituições da comunidade desde o início. Isso cria adesão local, desenvolve sustentabilidade e garante que os programas sejam compatíveis com as metas locais de desenvolvimento (Intergovernmental Panel on Climate Change, 2000). Na África do Sul, o projeto Clean Production Demonstration para acabamento de metais teve sucesso precisamente porque abordava uma grande variedade de questões em paralelo – da falta de informação sobre as vantagens de tecnologias mais limpas à falta de legislação ou de seu cumprimento. O projeto, direcionado pela demanda, conseguiu a adesão de todas as partes interessadas – uma grande variedade de proprietários, gerentes, funcionários, consultores, reguladores e fornecedores de empresas – e combinou campanhas de conscientização, treinamento, consultoria técnica e assistência financeira (Koefoed; Buckley, 2008). Na China, a estratégia do governo para aprimorar e difundir a tecnologia de fogão de biomassa teve sucesso semelhante porque reconheceu a natureza de inovação dos sistemas e foi amplamente direcionada pela demanda (Quadro 7.10).

Conforme já descrito no Capítulo 4, as aquisições governamentais são outro instrumento para influenciar o mercado que podem criar nichos para tecnologias inteligentes em termos climáticos, mas dependem de um bom controle e de um ambiente institucional sólido. As preferências para compras públicas podem estimular a inovação e a adoção de tecnologia inteligente em termos climáticos quando o governo é um cliente importante em áreas como gerenciamento de águas residuais, construção e equipamentos e serviços de transporte. A Alemanha e a Suécia já incluem critérios "verdes" em mais de 60% de suas licitações (Bouwer et al., 2006).

Para evitar uma mudança climática incontrolável, lidar com seus impactos inevitáveis sobre a sociedade e cumprir os objetivos globais de desenvolvimento, é necessário intensificar significativamente os esforços internacionais para a difusão de tecnologias existentes e a implementação de novas. Para iniciativas ambiciosas e de alta prioridade, como a captura e o armazenamento de carbono, os países podem reunir seus recursos, dividir os riscos e compartilhar os benefícios de conhecimento da RDD&D conjunta. Eles podem criar novos mecanismos globais para financiamento. Políticas de "impulso tecnológico" baseadas no aumento dos investimentos públicos em P&D não serão suficientes para atingir nossos objetivos tecnológicos. Elas precisam ser combinadas com políticas de "influência do mercado" que criem incentivos para os setores público e privado, estimulem o empreendedorismo, a colaboração e a descoberta de soluções inovadoras em locais improváveis.

O mundo deve assegurar que os avanços tecnológicos cheguem rapidamente aos países com menor capacidade, embora com maior necessidade de adotá-los. A difusão de tecnologia inteligente em termos climáticos exigirá muito mais que o envio de equipamentos prontos para uso aos países em desenvolvimento. Especificamente, exigirá o desenvolvimento de uma capacidade de absorção tecnológica – a capacidade de identificação, adoção, adaptação, melhoria e implementação das tecnologias mais adequadas pelos setores público e privado. Exigirá também a criação de ambientes que facilitem a transferência de tecnologias de mitigação e adaptação de um país para outro por meio de canais de comércio e investimento.

Referências bibliográficas

AGHION, P. et al. Volatility and Growth: Credit Constraints and Productivity-Enhancing Investments. Department of Economics Working Paper 05-15. , Cambridge, MA: Massachusetts Institute of Technology, 2005.

ARROW, K. J. Economic Welfare and the Allocation of Resources for Invention. In: NELSON, R. (Ed.) *The Rate and Direction of Inventive Activity*: Economic and Social Factors. Princeton, NJ: Princeton University Press, 1962.

---

22 Cf. Technology Development Foundation of Turkey – Disponível em: <http://www.ttgv.org.tr/en/page.php?id=35>. Acesso em: 5 mar. 2009.

BAKER, E.; SHITTU, E. Profit-Maximizing R&D in Response to a Random Carbon Tax. *Resource and Energy Economics*, v.28, n.2, p.160-80, 2006.

BARLEVY, G. On the Cyclicality of Research and Development. *American Economic Review*, v.97, n.4, p.1131-64, 2007.

BARRETT, S. Managing the Global Commons. In: *Expert Paper Series Two*: Global Commons. Stockholm: Secretariat of the International Task Force on Global Public Goods, 2006.

BARTON, J. H. Intellectual Property and Access to Clean Energy Technologies in Developing Countries: an Analysis Of Solar Photovoltaic, Biofuels and Wind Technologies. Trade and Sustainable Energy Series Issue Paper 2, International Centre for Trade and Sustainable Development, Geneva, 2007.

BEINTEMA, N. M.; STADS, G. J. Measuring agricultural research investments: a revised global picture. Agricultural and Technology Indicators Background Note. Washington, DC: International Food Policy Research Institute, 2008.

BERKHOUT, F. Technological Regimes, Path Dependency and the Environment. *Global Environmental Change*, v.12, n.1, p.1-4, 2002.

BERNAUER, T. et al. Explaining Green Innovation. Zurich: Center for Comparative and International Studies, 2006. (Working paper 17).

BOND, T. C. et al. A Technology-Based Global Inventory of Black and Organic Carbon Emissions from Combustion. *Journal of Geophysical Research*, v.109, p. D14203– doi:10.1029/2003JD003697, 2004.

BOUWER, M. et al. *Green Public Procurement in Europe 2006* – Conclusions and Recommendations. Haarlem: Virage Milieu & Management, 2006.

BRANSCOMB, L. M.; AUERSWALD, P. E. Between Invention and Innovation: *an Analysis of Funding for Early-Stage Technology Development*. Gaithersburg, MD: National Institute of Standards and Technology, 2002.

BRANSTETTER, L.; FISMAN, R.; FOLEY, C. F. Do Stronger Intellectual Property Rights Increase International Technology Transfer? Empirical Evidence from U. S. Firm-Level Data. Cambridge, MA: National Bureau of Economic Research, 2005. (Working paper 11516).

BREWER, T. L. International Energy Technology Transfer for Climate Change Mitigation: What, Who, How, Why, When, Where, How Much ... and the Implications for International Institutional Architecture. Venice: CESifo, 2008. (Working paper 2048).

CARLSSON, B. Internationalization of Innovation Systems: a Survey of the Literature. *Research Policy*, v.35, n.1, p.56-67, 2006.

CGIAR INDEPENDENT REVIEW PANEL. *Bringing Together the Best of Science and the Best of Development: Independent Review of the Cgiar System:* report to the Executive Council. Washington, DC: Consultative Group on International Agricultural Research, 2008.

CGIAR SCIENCE COUNCIL. *Report of the First External Review of the Generation Challenge Program*. Rome: Consultative Group on International Agricultural Research, 2008.

CHAVEZ, R.; TAULI-CORPUZ, V. *Guide on Climate Change and Indigenous Peoples*. Baguio City, Philippines: Tebtebba Foundation, 2008.

CHERRY, C. R. *Electric two-Wheelers in China*: Analysis of Environmental, Safety, and Mobility Impacts. Berkeley, 2007. Thesis (Ph.D) – University of California.

CHESBROUGH, H. W. *Open Innovation*: the New Imperative for Creating and Profiting from Technology. Boston, MA: Harvard Business School Press, 2003.

CLIMATE GROUP. *China's Clean Revolution*. London: Climate Group, 2008.

COHEN, W. M.; LEVINTHAL, D. A. Innovation and Learning: the Two Faces of R&D. *Economic Journal*, v.99, n.397, p.569-96, 2009.

COMMONWEALTH SECRETARIAT. *Commonwealth Ministers Reference Book 2007*. London: Henley Media Group, 2007.

CONINCK, H. C. de; HAAKE, F.; LINDEN, N. J. Van der. *Technology Transfer in the Clean Development Mechanism*. Petten, The Netherlands: Energy Research Centre of the Netherlands, 2007.

CONINCK, H. C. de et al. *International Technology-Oriented Agreements to Address climate change*. Washington, DC: Resources for the Future, 2007.

CONNOR, S. Climate Guru: "Paint Roofs White". *New Zealand Herald*, 28 May 2009

DAVIS, G.; OWENS, B. Optimizing the Level of Renewable Electric R&D Expenditures Using Real Option Analysis. *Energy Policy*, v.31, n.15, p.1589-608, 2003.

DAVIS, L.; DAVIS, J. How Effective are Prizes as Incentives to Innovation? Evidence from Three 20th Century Contests. Paper Presented at the Danish Research Unit for Industrial Dynamics Summer Conference on Industrial Dynamics, Innovation and Development. Elsinore, Denmark, 2004.

DB ADVISORS. Investing in Climate Change 2009 Necessity and Opportunity in Turbulent Times. Frankfurt: Global Team, DB Advisors, Deutsche Bank Group, 2008.

DECHEZLEPRÊTRE, A.; GLACHANT, M.; MENIÉRÈ, Y. The Clean Development Mechanism and the International Diffusion of technologies: an empirical study. Milan: Fondazione Eni Enrico Mattei, 2007. (Working paper 2007.105).

DECHEZLEPRÊTRE, A. et al. *Invention and Transfer of Climate Change Mitigation*

Technologies on a Global Scale: a Study Drawing on Patent Data. Paris: Cerna, 2008.

DEDIGAMA, A. C. *International Property Rights Index (IPRI)*: 2009 Report. Washington, DC: Property Rights Alliance, 2009.

DELOITTE. *Global Trends in Venture Capital 2007 Survey*. New York: Deloitte Touche Tohmatsu, 2007.

DOOLEY, J. J.; DAHOWSKI, R. T.; DAVIDSON, C. CCS: a Key to Addressing Climate Change. In: *Fundamentals of the Global Oil and Gas Industry 2007.* London: Petroleum Economist, 2007.

DOORNBOSCH, R.; GIELEN, D.; KOUTSTAAL, P. *Mobilising Investments in Low-Emissions Technologies on the Scale Needed to Reduce the Risks of Climate Change*. Paris: OECD Round Table on Sustainable Development, 2008.

EDMONDS, J. et al. *Global Energy Technology Strategy Addressing Climate Change*: Phase 2 Findings from an International Public-Private Sponsored Research Program. Washington, DC: Battelle Pacific Northwest Laboratories, 2007.

FERRANTI, D. M. de et al. *Closing the Gap in Education and Technology*. Washington, DC: World Bank, 2003.

FORSTER, P. et al. Changes in Atmospheric Constituents and in Radiative Forcing. In: SOLOMON, S. et al. (Ed.) *Climate Change 2007*: the Physical Science Basis. Contribution of Working Group I to the Fourth Assessment Report of the Intergovernmental Panel on Climate Change. Cambridge, UK: Cambridge University Press, 2007.

FREEMAN, C. *Technology Policy and Economic Performance*: Lessons from Japan. London: Pinter, 1987.

GENTLEMAN, A. Bangalore Turning into a Power in Electric Cars. *International Herald Tribune*, 14 Aug. 2006.

GLOBAL ENVIRONMENT FACILITY (GEF). *Transfer of Environmentally Sound Technologies*: the GEF Experience. Washington, DC: GEF, 2008.

_____. *Draft Adaptation to Climate Change Programming Strategy*. Washington, DC: GEF, 2009.

GLOBAL WIND ENERGY COUNCIL. *Global Wind 2008 Report*. Brussels: Global Wind Energy Council, 2009.

GOLDBERG, I. et al. Public Financial Support for Commercial Innovation. Europe and Central Asia Chief Economist's Regional Working Paper 1, World Bank, Washington, DC, 2006.

_____. *Globalization and Technology Absorption in Europe and Central Asia*. Washington, DC: World Bank, 2008.

GOLDMAN, M.; ERGAS, H. Technology Institutions and Policies: Their Role in Developing Technological Capability in Industry. Washington, DC: World Bank, 1997. (Technical paper 383).

GUASCH, J. L. et al. *Quality Systems and Standards for A Competitive Edge*. Washington, DC: World Bank, 2007.

HANG, C. C.; CHEN, J. Disruptive Innovation: an Appropriate Innovation Approach for Developing Countries. ETM Internal Report 1/08. National University of Singapore, Division of Engineering and Technology Management, Singapore, 2008.

HAYAMI, Y.; RUTTAN, V. W. Factor Prices and Technical Change in Agricultural Development: The United States and Japan. *Journal of Political Economy*, v.78, p.1115-41, 1970.

_____. *Agricultural Development*: an International Perspective. Baltimore: John Hopkins University Press, 1985.

HELLER, N. E.; ZAVALETA, E. S. Biodiversity Management in the Face of Climate Change: a Review of 22 years of Recommendations. *Biological Conservation*, v.142, n.1, p. 14-32, 2009.

HENDRIKSEN, G.; RUZIBUKA, R.; RUTAGAMBWA, T. *Capacity Building for Science, Technology and Innovation for Sustainable Development and Poverty Reduction*. Washington, DC: World Bank, 2007.

HICKS, J. R. *The Theory of Wages*. London: Macmillan, 1932.

HOEKMAN, B. M.; MASKUS, K. E.; SAGGI, K. Transfer of Technology to Developing Countries: Unilateral and Multilateral Policy Options. Washington, DC: World Bank, 2004. (Policy research working paper 3332).

HULSE, J. H. *Sustainable Development at Risk*: Ignoring the Past. Ottawa: Foundation Books, IDRC, 2007.

HUQ, S.; REID, H.; MURRAY, L. Mainstreaming Adaptation to Climate Change in Least Developed Countries. Working Paper 1: Country by Country Vulnerability to Climate Change, International Institute for Environment and Development, London, 2003.

INTERGOVERNMENTAL PANEL ON CLIMATE CHANGE (IPCC). *Special Report: Methodological and Technological Issues in Technology Transfer*: Summary for Policymakers. Cambridge, UK: Cambridge University Press, 2000.

INTERNATIONAL CENTRE FOR TRADE AND SUSTAINABLE DEVELOPMENT (ICTSD). Climate Change, Technology Transfer and Intellectual Property Rights. Paper Presented at the Trade and Climate Change Seminar. Copenhagen, 2008.

INTERNATIONAL ENERGY AGENCY (IEA). *Energy Technology Perspectives:* in Support of the G8 Plan of Action. Scenarios and Strategies to 2050. Paris: IEA, 2006.

_____. *Energy Technology Perspective 2008*: Scenarios and Strategies to 2050. Paris: IEA, 2008a.

_____. *World Energy Outlook 2008*. Paris: IEA, 2008b.

INTERNATIONAL MONETARY FUND (IMF). *Fuel and Food Price Subsidies*: Issues and Reform Options. Washington, DC: IMF, 2008.

INTERNATIONAL RESEARCH INSTITUTE FOR CLIMATE AND SOCIETY (IRI). A Gap Analysis for the Implementation of the Global Climate Observing System Programme in Africa. Palisades, NY: IRI, 2006. (Technical report IRI-TR/06/1).

JAFFE, A.; NEWELL, R. G.; STAVINS, R. N. Technological Change and the Environment. In: MALER, K. G.; VINCENT, J. R. (Ed.) *Handbook of Environmental Economics*. Amsterdam: Elsevier, 2003. v.1.

JARUZELSKI, B.; DEHOFF, K.; BORDIA, R. *Smart Spenders:* the Global Innovation 1000. McLean, VA: Booz Allen Hamilton, 2006.

JUMA, C. *Reinventing African Economies: Technological Innovation and the Sustainability Transition*: 6th John Pesek Colloquium on Sustainable Agriculture. Ames, IA: Iowa State University, 2006.

_____. Agricultural Innovation and Economic Growth in Africa: Renewing International Cooperation. *International Journal of Technology and Globalisation*, v.4, n.3, p.256-75, 2008.

JUSTUS, D.; PHILIBERT, C. *International Energy Technology Collaboration and Climate Change Mitigation*. Paris: OECD, IEA, 2005.

KIANG, R. *Malaria Modeling and Surveillance Verification And Validation Report, part 1*: Assessing Malaria Risks in Thailand Provinces Using Meteorological and Environmental Parameters. Greenbelt, MD: Nasa Goddard Space Flight Center, 2006.

KOEFOED, M.; BUCKLEY, C. Clean Technology Transfer: a Case Study from the South African Metal Finishing Industry 2000-2005. *Journal of Cleaner Production*, v.16S1, p.S78-S84, 2008.

LEADBEATER, C. et al. *Making Innovation Flourish*. Birmingham, UK: National Endowment for Science, Technology, and the Arts, 2008.

LEWIS, J. I. Technology Aquisition and Innovation in the Developing World: Wind Turbine Development in China and India. *Studies in Comparative International Development*, v.42, p.208-32, 2007.

LUNDVALL, B. A. (Ed.) *National Systems of Innovation*: towards a Theory of Innovation and Interactive Learning. London: Pinter, 1992.

_____. National Innovation-Systems: Analytical Concept and Development Tool. *Industry and Innovation*, v.14, n.1, p.95-119, 2007.

MACCRACKEN, M. Beyond Mitigation: Potential Options for Counter-Balancing the Climatic and Environmental Consequences of the Rising Concentrations of Greenhouse Gases. Washington, DC: World Bank, 2009. (Policy Research Working Paper Series 4938).

MAINI, C. Development of a Globally Competitive Electric Vehicle In India. *Journal of the Indian Insitute of Science*, v.85, p.83-95, 2005.

MASKUS, K. E. Encouraging International Technology Transfer. Project on Intellectual Property Rights and Sustainable Development 7, United Nations Conference on Trade and Development and International Centre for Trade and Sustainable Development, Chavanod, France, 2005.

MATUSCHKE, I.; QAIM, M. 2008. Seed Market Privatisation and Farmers' Access to Crop Technologies: the Case of Hybrid Pearl Millet Adoption in India. *Journal of Agricultural Economics*, v.59, n.3, p.498-515, 2008.

MCKINSEY GLOBAL INSTITUTE. *Leapfrogging to Higher Productivity in China*. McKinsey & Company, 2007.

METCALFE, S.; RAMLOGAN, R. Innovation Systems and the Competitive Process in Developing Economies. *Quarterly Review of Economics and Finance*, v.48, n.2, p.433-46, 2008.

MILFORD, L.; DUCTHER, D.; BARKER, T. *How Distributed and Open Innovation Could Accelerate Technology Development and Deployment*. Montpelier, VT: Clean Energy Group, 2008.

NAGRATH, S. Gee whiz, it's a Reva! The Diminutive Indian Electric Car is a Hit on the Streets of London. *Businessworld*, 19 Dec. 2008.

NELSON, R. R. The Simple Economics of Basic Scientific Research. *Journal of Political Economy*, v.67, p.297-306, 1959.

NELSON, R. R. *National Innovation Systems*. New York: Oxford University Press, 1996.

NEMET, G.; KAMMEN, D. M. U. S. Energy Research and Development: declining Investment, Increasing Need, and the Feasibility of Expansion. *Energy Policy*, v.35, p.746-55, 2007.

NEWELL, R. G.; JAFFE, A. B.; STAVINS, R. N. The Induced Innovation Hypothesis and Energy-Saving Technological Change. *Quarterly Journal of Economics*, v.114, p.941-75, 1999.

NEWELL, R. G.; WILSON, N. E. Technology Prizes for Climate Change Mitigation. Washington, DC: Resources for the Future, 2005. (Discussion paper 05-33).

ORGANISATION FOR ECONOMIC CO-OPERATION AND DEVELOPMENT (OECD). *National Innovation Systems*. Paris: OECD, 1997.

_____. *Compendium on Patent Statistics 2008*. Paris: OECD, 2008.

PHILIBERT, C. *International Energy Technology Collaboration and Climate Change Mitigation*. Paris: Organisation for Economic Co-operation and Development and International Energy Agency, 2004.

POPP, D. Induced Innovation and Energy Prices. *American Economic Review*, v.92, n.1, p. 160-80, 2002.

_____. R&D Subsidies and Climate Policy: is There a Free Lunch? *Climatic Change*, v.77, p. 311-41, 2006.

PRESIDENT'S COMMITTEE OF ADVISORS ON SCIENCE AND TECHNOLOGY (PCAST). *Powerful Partnerships*: The Federal Role in International Cooperation on Energy Innovation. Washington, DC: PCAST, 1999.

RAMANATHAN, N.; REHMAN, I. H.; RAMANATHAN, V. Project Surya: Mitigation of Global and Regional Climate Change: Buying the Planet Time by Reducing Black Carbon, Methane and Ozone. Background note for the WDR 2010, 2009.

RAMANATHAN, V.; CARMICHAEL, G. Global and Regional Climate Changes due to Black Carbon. *Nature Geoscience*, v.1, p.221-7, 2008.

ROBINS, N.; CLOVER, R.; SINGH, C. *A Climate for Recovery*: the Colour of Stimulus Goes Green. London, UK: HSBC, 2009.

ROGERS, D. Environmental Information Services and Development. Background note for the WDR 2010, 2009.

RUTTAN, V. W. Induced Innovation, Evolutionary Theory and Path Dependence: Sources of technical change. *Economic Journal*, v.107, n.444, p.1520-9, 1997.

SALTER, A. J.; MARTIN, B. R. The Economic Benefits of Publicly Funded Basic Research: a Critical Review. *Research Policy*, v.30, n.3, p.509-32, 2001.

SCARPETTA, S.; TRESSEL, T. Boosting Productivity Via Innovation and Adoption of New Technologies: Any Role for Labor Market Institutions? Washington, DC: World Bank, 2004. (Policy research working paper 3273.)

SCHNEIDER, S. H.; GOULDER, L. H. Achieving Low-Cost Emissions Targets. *Nature*, v. 389, n.6646, p.13-4, 1997.

SCIENTIFIC EXPERT GROUP ON CLIMATE CHANGE (SEG). *Confronting Climate Change*: Avoiding the Unmanageable and Managing the Unavoidable. Washington, DC: Sigma Xi, United Nations Foundation, 2007.

SHINDELL, D.; FALUVEGI, G. Climate Response to Regional Radiative Forcing During the Twentieth Century. *Nature Geoscience*, v.2, p.294-300, 2009.

SMITH, K. R.; ROGERS, J.; COWLIN, S. C. Household Fuels and Ill-Health in Developing Countries: what Improvements Can Be Brought by LP Gas? Paper Presented at 18th World LP Gas Foum, Sept. 14-16, Shanghai, 2005.

STEENBLIK, R. (Ed.) *Biofuels: at What Cost?* Government Support for Ethanol and Biodiesel in Selected OECD Countries. Geneva: International Institute for Sustainable Development, Global Subsidies Initiative, 2007.

STERN, N. *The Economics of Climate Change*: the Stern Review. Cambridge, UK: Cambridge University Press, 2007.

TAYLOR, M. R.; RUBIN, E. S.; HOUNSHELL, D. A. Control of SO_2 Emissions from Power Plants: a Case of Induced Technological Innovation in the U. S. *Technological Forecasting and Social Change*, v.72, n.6, p.697-718, 2005.

TIDD, J. *Innovation models*. London: Imperial College London, 2006.

UNITED NATIONS CONFERENCE ON TRADE AND DEVELOPMENT (UNCTAD). *World Investment Report 2005*: Transnational Corporations and the Internationalization of R&D. New York: United Nations, 2005.

UNITED NATIONS ENVIRONMENT PROGRAMME (UNEP). *Global Trends in Sustainable Energy Investments*. Paris: Unep Sustainable Energy Finance Initiative, 2008a.

_____. *Reforming Energy Subsidies*: Opportunities to Contribute to the Climate Change Agenda. Nairobi: Unep Division of Technology, Industry and Economics, 2008b.

WATKINS, A.; EHST, M. (Ed.) *Science, Technology and Innovation Capacity Building for Sustainable Growth and Poverty Reduction*. Washington, DC: World Bank, 2008.

WEINERT, J.; MA, C.; CHERRY, C. The Transition to Electric Bikes in China: History and Key Reasons for Rapid Growth. *Transportation*, v.34, n.3, p.301-18, 2007.

WESTERMEYER, W. Observing the Climate for Development. Background note for the WDR 2010, 2009.

WHELAN, C. Electric Bikes are Taking Off. *New York Times*, 14 Mar. 2007. Disponível em: <http://www.time.com/time/world/article/0,8599,1904334,00.html>. Acesso em: 5 jul. 2009.

WORLD BANK. *Agricultural Investment Sourcebook*. Washington, DC: World Bank, 2005.

_____. *Building Knowledge Economies*: Advanced Strategies for Development. Washington, DC: World Bank Institute, 2007a.

_____. *World Development Report 2008*: Agriculture for Development. Washington, DC: World Bank, 2007b.

_____. Accelerating Clean Technology Research, Development and Deployment: Lessons from Nonenergy Sector. Washington, DC: World Bank, 2008a. (Working paper 138).

_____. *Doing Business 2008 Report*. Washington, DC: World Bank, 2008b.

_____. *International Trade and Climate Change*: Economic, Legal and Institutional Perspectives. Washington, DC: World Bank, 2008c.

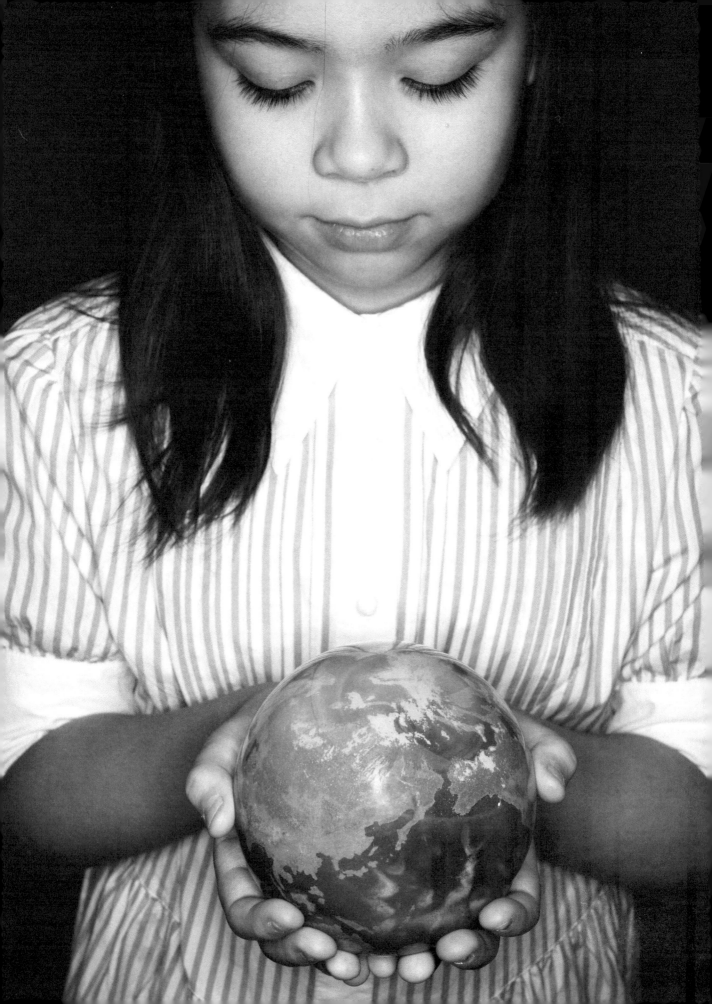

CAPÍTULO 8

Superação da inércia institucional e comportamental

Muitas das políticas para lidar com a mitigação e adaptação já são conhecidas. Direitos de propriedade seguros, tecnologias eficientes em termos energéticos, ecotributos com base no mercado e licenças negociáveis, todos foram testados e analisados durante décadas. Sua implementação, no entanto, ainda se mostra difícil. O sucesso desses elementos depende não só de novas finanças e novas tecnologias, mas também de fatores políticos, econômicos e sociais complexos e de contextos específicos: as chamadas, em geral, instituições – as regras formais e informais que influenciam a elaboração, a implementação e os resultados das políticas (North, 1990).

Valores, normas e ordens organizacionais podem dificultar a mudança de políticas. As experiências estruturam as ações atuais e futuras. Padrões de comportamento individuais e organizacionais são difíceis de mudar mesmo diante dos novos desafios. As tradições políticas também restringem as escolhas regulamentares. Citemos alguns exemplos. A maioria dos países ainda guia suas políticas e instituições regulatórias pela necessidade de garantir o fornecimento de energia, não para administrar a demanda. A criação de taxas de poluição em economias que não consideram a poluição um mal público gerará resistência dos criadores de políticas e do público em geral. Ademais, interesses econômicos podem entravar a implantação de tecnologias eficientes em termos energéticos (Soderholm, 2001).

Esses exemplos revelam uma outra dimensão da urgência do combate à mudança climática. Além da inércia do clima, da tecnologia e dos estoques de capital, as políticas precisam superar a inércia institucional. As instituições tendem a ser aderentes: uma vez estabelecidas e aceitas, elas podem limitar a mudança em políticas e escolhas futuras (Sehring, 2006).

A inércia institucional possui três implicações sobre as políticas de desenvolvimento de atitudes inteligentes em termos climáticos. Primeiro, mudanças institucionais devem ser uma prioridade. O sucesso dependerá da remodelação da estrutura institucional que apoia as intervenções. Segundo, a reforma institucional compensa. Lidar com as determinantes institucionais das políticas climáticas pode garantir a eficácia e sustentabilidade das intervenções, otimizar o impacto de finanças e tecnologias, e render recompensas extras de desenvolvimento. Terceiro, a mudança institucional é viável. Aumentar a inclusão feminina, reconhecer os direitos dos povos indígenas, reformar os direitos de propriedade e definir incentivos

Mensagens importantes

O alcance de resultados sobre os desafios climáticos exige que se vá além da mobilização internacional das finanças e das tecnologias e se combatam as barreiras políticas, organizacionais e psicológicas das ações em relação à mudança climática. Essas barreiras se originam na forma como as pessoas pensam sobre o problema climático, na maneira como o trabalho burocrático acontece e nos interesses que definem as ações políticas. A mudança nas políticas depende da alteração de incentivos políticos e até mesmo de responsabilidades organizacionais. Requer também o *marketing* ativo das políticas climáticas, tocando em normas e comportamentos sociais, a fim de traduzir as preocupações públicas em entendimento, e este em ação – a começar de casa.

individuais pode exigir muito, mas não é impossível. Muitas dessas mudanças podem ser alcançadas sem descobertas tecnológicas ou financiamentos adicionais. Mais do que isso: muitas dessas intervenções se encontram sob domínio de políticas nacionais ou até locais – não há necessidade de um acordo climático mundial para aumentar a liberdade de imprensa, por exemplo, ou a voz da sociedade civil (Foa, 2009).

Este capítulo discute os fatores determinantes comportamentais, organizacionais e políticos da inércia institucional que atrasa o desenvolvimento de atitudes inteligentes em termos climáticos. Ele mostra como essas forças afetam a implementação de novas políticas e dificultam seu sucesso tanto em países desenvolvidos quanto em desenvolvimento. Além disso, defende que, para se superar a inércia, é preciso reconsiderar o escopo e a qualidade da função governamental. Comecemos pela mente humana.

O domínio da mudança de comportamento individual

Compreender os desencadeadores do comportamento humano é essencial para as políticas de desenvolvimento de atitudes inteligentes em termos climáticos. Em primeiro lugar, uma miríade de atos individuais de consumo forma a base da mudança climática. Como consumidor, cada indivíduo carrega uma incrível capacidade de mitigação.

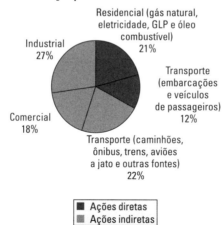

Figura 8.1 As ações diretas de consumidores nos Estados Unidos produzem até um terço das emissões totais de CO_2 do país

Fonte: Energy Information Administration (2009) e Environmental Protection Agency (2009).

Nota: GLP = gás liquefeito de petróleo.

Uma grande parcela das emissões em países desenvolvidos é resultado direto de decisões individuais (sobre viagens, calefação, compra de alimentos). Nos Estados Unidos, os lares respondem por aproximadamente 33% das emissões de dióxido de carbono (CO_2) do país – mais do que a indústria nacional e qualquer outro país, com exceção da China (figuras 8.1 e 8.2) (Gardner; Stern, 2008). Se forem adotadas por completo, as medidas existentes de eficiência para residências e automóveis podem resultar em economia de energia de quase 30% – 10% do consumo total dos Estados Unidos (ibidem). Em segundo lugar, os grandes processos de mudança em organizações e sistemas políticos são comandados por pessoas. Grande parte da ação governamental, em especial em países democráticos, resulta de pressões dos cidadãos e eleitores. Em terceiro lugar, ao elaborarem e implementarem políticas, os decisores públicos empregam os mesmos processos mentais que qualquer outro indivíduo.

Historicamente, o debate sobre a mudança de comportamentos individuais se concentrou em mecanismos de mercado. Uma cobrança mais adequada da energia e dos recursos em escassez pode afastar os indivíduos do consumo com alta intensidade de carbono e incentivá-los a preservar hábitats ameaçados e gerir melhor os ecossistemas. Contudo, os estímulos do consumo individual e coletivo vão além dos preços. Diversas tecnologias econômicas e eficientes em termos energéticos estiveram disponíveis durante anos. Investimentos "sem minimização do desapontamento máximo", como melhoria da insulação de construções, resolução de vazamentos de água e limitação da construção em áreas sujeitas a enchentes geram benefícios que vão além da mitigação e adaptação climáticas. Então, por que não foram adotados? Simplesmente porque preocupação não significa entendimento, e entendimento não leva, necessariamente, à ação.

Preocupação não significa entendimento

Na última década, a conscientização sobre a mudança climática cresceu, mas não foi traduzida em ações individuais generalizadas (Bannon et al., 2007; Leiserowitz, 2007; Brechin, 2008; Sternman; Sweeney, 2007). Ao contrário, as viagens de avião e o uso de automóveis e eletrodomésticos tiveram um aumento global (Institute for Public Policy Research, 2008; Retallack; Lawrence; Lockwood, 2007).

O que explica essa separação entre percepção e ação? Preocupar-se com a mudança climática não significa, necessariamente, compreender suas causas e dinâmicas, ou as reações necessárias. Enquetes mostram que o público em geral admite ainda estar confuso sobre as causas e soluções para a mudança climática (Wimberly, 2008; Accenture, 2009). Essa lacuna nas atitudes das pessoas é, em parte, resultado de como a ciência da mudança climática é comunicada e de como nossas mentes interpretam (ou interpretam mal) as dinâmicas climáticas (Quadro 8.1) (Norgaard, 2006; Jacques; Dunlap; Freeman, 2008).

Os modelos convencionais de déficit de informação pressupõem que, quando as pessoas sabem mais, elas agem de forma diferente (Bulkeley, 2000). As pessoas estão expostas hoje a uma imensidão de informações sobre as causas, as dinâmicas e os efeitos da mudança climática. Essas informações certamente aumentaram a preocupação, mas não levaram à ação (Kellstedt; Zahran; Vedlitz, 2008). Por quê? Isso acontece porque a informação pode gerar uma sensação enganosa de "capacitação", que se transforma em impotência ambivalente quando confrontada com mensagens mais "realistas". O reforço da urgência, ao se enfatizar que a natureza e a escala dos problemas são sem precedentes, pode resultar em paralisia (Immerwahr, 1999). Do mesmo modo, ressaltar o aspecto da multiplicidade de atores da mitigação e adaptação, lembrando que a solução não depende de um só setor, causa um sentimento geral de falta de poder e de capacidade (Krosnick et al., 2006). Isso pode explicar por que,

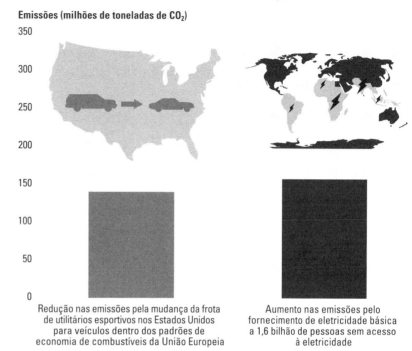

Figura 8.2 Pequenos ajustes locais para grandes benefícios globais: a mudança de utilitários esportivos para veículos econômicos somente nos Estados Unidos praticamente compensaria as emissões da geração de energia para 1,6 bilhão a mais de pessoas

Emissões (milhões de toneladas de CO_2)

Redução nas emissões pela mudança da frota de utilitários esportivos nos Estados Unidos para veículos dentro dos padrões de economia de combustíveis da União Europeia

Aumento nas emissões pelo fornecimento de eletricidade básica a 1,6 bilhão de pessoas sem acesso à eletricidade

Fonte: Cálculos da equipe do WDR com base no BTS 2008.

Nota: As estimativas se baseiam nos 40 milhões de veículos utilitários esportivos nos Estados Unidos, percorrendo um total de 770 bilhões de quilômetros (presumindo 19.000 quilômetros por veículo) ao ano. Com uma eficiência média de 28 quilômetros por galão (3,78 l), a frota de utilitários consome 27 bilhões de galões de gasolina a cada ano, com a emissão de 2,42 kg de carbono por galão. A mudança para veículos econômicos com a mesma eficiência média dos novos carros vendidos na União Europeia (72 quilômetros por galão; ver International Council on Clean Transportation, 2007) resultaria em uma redução de 142 milhões de toneladas de CO_2 (39 milhões de toneladas de carbono) ao ano. A estimativa do consumo de eletricidade nos lares pobres de países em desenvolvimento se baseia em 170 quilowatts-hora por pessoa ao ano, presumindo-se que a eletricidade seja fornecida à média mundial atual de intensidade de carbono de 160 gramas de carbono por quilowatt-hora, o que resulta em 160 milhões de toneladas de CO_2 (44 milhões de toneladas de carbono). O tamanho do símbolo de eletricidade no mapa mundial corresponde à quantidade de pessoas sem acesso à eletricidade.

QUADRO 8.1 *Comunicação falha sobre a necessidade de ação*

A cobertura midiática da mudança climática pode ter o efeito contraproducente de imobilizar as pessoas. Uma análise linguística das comunicações da mídia e de grupos ambientais sobre a mudança climática constatou que, quanto mais as pessoas são bombardeadas com textos e imagens dos efeitos devastadores da mudança climática, maior a probabilidade de se desligarem e se distraírem. Retratar a mudança climática como um "clima assustador" pode gerar reações perigosas, uma vez que as pessoas tendem a perceber os eventos meteorológicos como algo fora do controle humano. Não se pode preveni-los ou mudá-los. Só é possível se preparar para eles, adaptar-se a eles ou se mudar para longe deles. O enfoque nas largas escalas e na longa linha de tempo da mudança climática também incentiva as pessoas a pensar: "não há nada que possamos fazer" ou "nada acontecerá enquanto eu estiver vivo".

Destacar as largas escalas da mudança climática e, ao mesmo tempo, dizer às pessoas que elas podem solucioná-la por meio de pequenas ações (como mudar uma lâmpada) cria uma incoerência que mina a credibilidade das mensagens e leva as pessoas a pensar que a ação não faz diferença. Da mesma forma, as manchetes típicas sobre aquecimento global, delineando as evidências científicas, enfatizando as graves consequências da falta de ação e incitando medidas imediatas, podem levar as pessoas a pensar que ações preventivas são inúteis.

Fonte: Retallack, S. – disponível em: <www.opendemocracy.net/globalizationclimate_change_debate/ankelohe_3550.jsp>. Acesso em: 17 jul. 2008.

Figura 8.3 A disposição individual em responder à mudança climática varia entre os países e nem sempre se traduz em ações concretas

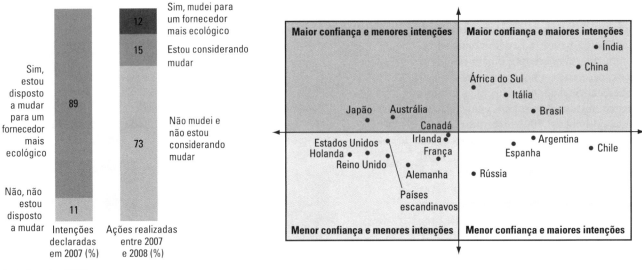

a. De modo global, as intenções individuais de ação ainda não se traduzem em ações concretas

b. Em mercados emergentes, as pessoas têm mais confiança de que a mudança climática será resolvida e de que haverá maiores intenções de ação

Fonte: Accenture (2009).

Nota: A Pesquisa sobre Mudança Climática da Accenture, realizada em 2009, contou com uma amostra de 10.733 indivíduos em 22 países desenvolvidos e emergentes. A amostra é representativa da população em geral nos países desenvolvidos e de populações urbanas nos países em desenvolvimento. Painel a: entrevistados foram perguntados sobre sua disposição em mudar para um fornecedor de energia com maior consciência ecológica, que oferecesse serviços que ajudassem a reduzir a emissão de carbono. As intenções não se traduziram em ação, visto que a maioria dos entrevistados permaneceu com seu antigo fornecedor de energia. Painel b: com base no questionário, os países foram classificados segundo dois critérios: confiança e intenção. "Confiança" foi uma medida do otimismo do indivíduo em relação à capacidade individual, dos políticos e dos fornecedores de energia em encontrar uma solução. Em geral, os entrevistados de países emergentes foram mais otimistas em relação à capacidade da humanidade de agir para solucionar a mudança climática global.

em países desenvolvidos, onde há mais acesso às informações sobre a mudança climática, as pessoas estão menos otimistas em relação a uma possível solução (Figura 8.3).

A fim de gerar ação, a conscientização precisa ser fundamentada em informações claras e de fontes confiáveis. A forma como a ciência da mudança climática é comunicada ao público pode complicar as coisas. Debates científicos evoluem por meio de testes e verificações cruzadas entre teoria e constatações. A cobertura da imprensa, por sua vez, pode variar de um extremo ao outro, gerando mais confusão para a população, que pode passar a perceber o debate não como resultado de progressos científicos, mas como a disseminação de opiniões contraditórias (Boykoff; Mansfield, 2008). Ademais, a necessidade da mídia de apresentar histórias sob todos os ângulos concede um espaço desproporcional para indivíduos contrários à ciência climática, sem conhecimento ou prestígio científico (Oreskes, 2004; Krosnick, 2008).

Em sua busca por histórias de impacto, a mídia tende a fugir das formulações cautelosas usadas pela comunidade científica ao expressar incerteza. O leitor, então, se confronta com mensagens sem prudência científica e com fortes apelos, as quais podem ser mais tarde refutadas por outras afirmações, igualmente fortes, o que compromete a credibilidade da fonte de informações. Além de confundir o público (e os decisores políticos) sobre as causas, os impactos e as possíveis soluções, enquadramentos diferentes podem hostilizar os indivíduos e gerar um sentimento de culpa e até mesmo de difamação ao representar o problema do consumo como um problema dos consumidores (Miller, 2008). Isso pode levar as pessoas a rejeitar a mensagem, em vez de agir em sua causa.

Outra barreira para a transformação de preocupação em entendimento diz respeito à forma como a mente percebe o problema. As dinâmicas da mudança climática exigem o máximo da nossa capacidade mental de diversas maneiras (Bostrom et al., 1994). Pesquisas psicológicas mostram que as pessoas têm dificuldade de lidar com problemas que possuem múltiplas causas (Bazerman, 2006). A simplificação de problemas pela adoção de explicações com base em uma única causa, por sua vez, leva à busca por soluções individuais e ao enfoque em tecnologias (geralmente inexistentes) que resolvem tudo ao mesmo tempo. A inércia que afeta a nossa reação pode ser associada a um baixo entendimento das relações entre estoques e fluxos que caracterizam a concentração, a remoção e a estabilização dos gases de efeito estufa. A ideia de que mesmo a redução mais drástica e repentina nas emissões não prevenirá a continuação do aquecimento, nem eliminará a necessidade de adaptação em curto e médio prazos, é difícil de ser absorvida, e, sem explicações detalhadas, simplesmente não conseguimos entendê-la (Quadro 8.2) (Sternman; Sweeney, 2007).

Entendimento não leva, necessariamente, à ação

O conhecimento é mediado por sistemas de valores que são definidos por fatores psicológicos, culturais e econômicos, e determinam se agimos ou não. A ideia, mais uma vez, não é que sejamos irracionais, mas precisamos compreender melhor como tomamos decisões. Nossa evolução como espécie moldou a maneira como nosso cérebro funciona. Somos extremamente competentes em agir contra ameaças que possam ser associadas a um rosto ou que sejam inesperadas, dramáticas e imediatas, que apresentem relações claras com a morte, que desafiem nossa moral, provocando reações viscerais, ou ainda que evoquem experiências pessoais recentes (Ornstein; Ehrlich, 2000; Weber, 2006). O ritmo lento da mudança climática e a natureza intangível, inalcançável e estatística dos seus riscos simplesmente não nos movem (Quadro 8.3).

QUADRO 8.2 *A incompreensão sobre as dinâmicas da mudança climática estimula a complacência*

O apoio às políticas de controle das emissões de gases de efeito estufa é prejudicado pela baixa compreensão pública sobre as dinâmicas da mudança climática. Pesquisas mostram que a maioria das pessoas não entende o conceito básico de estoque e fluxo do problema: elas acreditam que, se as emissões forem estabilizadas em torno das taxas atuais, as concentrações de gases de efeito estufa na atmosfera se estabilizarão e a mudança climática será interrompida. Porém, o fluxo das emissões é mais bem comparado com o fluxo de água em uma banheira: sempre que a entrada for maior que a saída, o nível de água na banheira se elevará. Se as emissões excederem as quantidades que podem ser absorvidas pelos sistemas aquáticos e terrestres, as concentrações de gases de efeito estufa aumentarão. Mesmo para aqueles que consideram a mudança climática uma prioridade, a incompreensão do processo de estoque e fluxo favorece posturas de "esperar para ver", de modo a limitar a pressão pública e a vontade política para a implantação de políticas ativas de estabilização do clima. Esses equívocos podem ser corrigidos por meio de estratégias de comunicação que utilizem analogias, como a da banheira.

Fontes: Sternman e Sweeney (2007) e Moxnes e Saysel (2009).

QUADRO 8.3 *Como a percepção de riscos pode afundar as políticas: gestão de risco de inundações*

O impulso para lidar com riscos está fundamentalmente relacionado à percepção da gravidade e da probabilidade dos impactos.

A percepção de probabilidades e os métodos que as pessoas tendem a utilizar para estimá-las podem ser enganosos. Por exemplo, as pessoas avaliam a probabilidade de que um evento ocorra em um determinado local com base na semelhança desse local com outras partes onde tais eventos normalmente ocorrem (Tversky; Kahneman, 1974). A memória recente e vívida de eventos também as leva a superestimar sua probabilidade. Observou-se que, com frequência, as pessoas superestimam a probabilidade de eventos de pouco prováveis e subestimam a probabilidade de eventos muito prováveis. As pessoas têm mais medo de viajar de avião do que de carro, embora o risco de um acidente de carro fatal seja muito maior. Da mesma forma, desastres naturais raros, como *tsunamis*, geram mais preocupação do que eventos mais frequentes, como grandes tempestades (Kahneman; Tversky, 1979).

Esses padrões comportamentais foram identificados em agricultores e decisores políticos em Moçambique, após as inundações de 2000 e durante o programa subsequente de reassentamento implementado pelo governo. Os agricultores, mais do que os decisores, se mostraram inclinados ao *status quo*: para eles, as ações de adaptação aos fatores climáticos devem ser, com frequência, ponderadas em relação aos riscos de resultados negativos. A decisão de se deslocar para uma área mais segura, em terras mais altas, por exemplo, envolve o risco de perder a subsistência e a comunidade. A decisão de adotar um cultivo resistente à seca pode acarretar em uma colheita pobre se as chuvas forem abundantes. Agricultores que desejam evitar a responsabilidade pessoal por resultados negativos tendem a evitar fazer novas escolhas. Entretanto, os decisores políticos podem ganhar créditos pessoais ao evitarem um resultado negativo, porém somente se eles tomarem medidas visíveis (por exemplo, ajudando os agricultores a sobreviver durante o reassentamento).

As diversas partes envolvidas enxergam as probabilidades de formas diferentes. Em Maputo, os decisores políticos tendem a associar a planície de inundação do Rio Limpopo somente ao risco de inundação. Para os moradores da região, no entanto, a vida na planície de inundação se define por diversos outros fatores além dos riscos climáticos. Em relação aos agricultores locais, esses decisores possuem uma propensão a superestimar os riscos relacionados ao clima. A menos que as análises e comunicações de risco sejam incluídas de maneira adequada, as amplas diferenças em percepção de riscos podem impedir a elaboração e a implementação bem-sucedidas de políticas.

Fonte: Patt e Schröter (2008).

A economia comportamental mostra que aspectos da tomada de decisão humana sob situações de incerteza restringem nosso instinto natural de adaptação (Repetto, 2008). Possuímos uma tendência a subestimar probabilidades cumulativas (a soma das probabilidades de que um evento ocorra em um espaço de tempo), o que explica a contínua construção de casas em áreas propensas a incêndios, enchentes e terremotos. As pessoas privilegiam o *status quo* e preferem somente fazer pequenos ajustes adicionais a ele. Elas não sabem como agir quando a medição das realizações é difícil, como na preparação para desastres, em que não há contrafatores claros. Somos decisores "míopes": desconsideramos eventos futuros e atribuímos prioridades mais altas a problemas mais próximos em tempo e espaço. Por exemplo, o público tende a ser mais mobilizado por problemas ambientais visíveis (como a poluição do ar) e menos mobilizado por aqueles menos visíveis (como a extinção de espécies). As pessoas classificam a mudança climática abaixo de outras questões ambientais que consideram mais próximas (Figura 8.4) (Moser; Dilling, 2007; Nisbet; Myers, 2007).

Mesmo se as pessoas fossem, de fato, totalmente racionais, o conhecimento não levaria, necessariamente, à ação. Seu "conjunto finito de preocupações" poderia impedir que elas agissem em relação a informações existentes, por priorizarem necessidades básicas, como segurança, abrigo e coisas do gênero (Maslow, 1970). Elas também avaliam os custos financeiros e não financeiros das decisões. Os custos não financeiros de agir sobre informações que desafiam sistemas centrais de valores (como a mobilização para limitação dos padrões de consumo ou para reassentamento ou migração) podem ser altos. De fato, o simples ato de interpretar e mediar informações adicionais é oneroso. Os custos de transação podem ser significativos para uma família que tem que decidir entre continuar construindo em uma área propensa a inundações ou ir para um local oficial em que tem que elaborar e reforçar códigos de construção em áreas ribeirinhas. Além disso, a mitigação (e, com frequência, também a adaptação) se apresenta como a tragédia do homem comum, exigindo ação coletiva. Indivíduos racionais e egoístas enfrentam desincentivos estruturais para colaborar com a solução desses problemas (Olson, 1965; Hardin, 1968; Ostrom, 2009). Nesses casos, é preciso que as compensações sejam claras, o que não é o caso dos impactos e das respostas da mudança climática (Irwin, 2009).

O entendimento das barreiras à mudança comportamental também requer ir além das explicações psicológicas, que têm o indivíduo como unidade de análise, e abranger as formas como os fatores sociais influenciam as percepções, decisões e ações. As pessoas possuem uma tendência natural a resistir e negar informações que contradigam seus valores culturais ou crenças ideológicas. Isso inclui informações que desafiam a noção de pertencimento e identidade, assim como de direitos de liberdade e consumo. A noção de necessidade e as prioridades que se originam dela são construídas por fatores sociais e culturais (Winter; Koger, 2004). Isso pode explicar por que a consciência sobre problemas ambientais normalmente aumenta com a riqueza, mas a preocupação sobre a mudança climática não (Figura 8.5) (Sandvik, 2008).

Figura 8.4 A mudança climática ainda não é prioridade

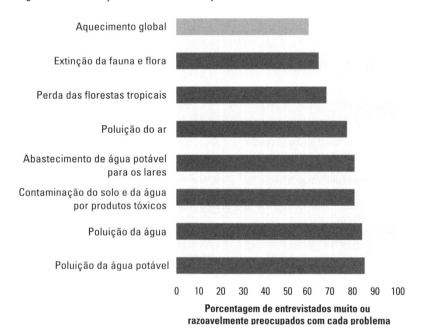

Fonte: Enquete do Grupo Gallup – disponível em: <www.gallup.com/poll/106660/Little-Increase-Americans-Global-Warming-Worries.aspx>, acesso em: 6 mar. 2009.

Nota: Fez-se a seguinte proposta aos entrevistados: "Tenho aqui uma lista de problemas ambientais. Quero que me diga, para cada um deles, se você se preocupa muito, razoavelmente, só um pouco ou nem um pouco". Os resultados se baseiam em entrevistas realizadas pelo telefone entre 5 e 8 de março de 2009. A amostra compreendeu 1.012 cidadãos norte-americanos acima de 18 anos.

indivíduos (e nações) com rendas mais altas (e emissões de dióxido de carbono mais elevadas) podem desconsiderar o aquecimento global para evitarem os custos potenciais de soluções que exigem níveis de consumo mais baixos e mudanças do estilo de vida (O'Connor et al., 2002; Kellstedt; Zahran; Vedlitz, 2008; Norgaard, 2006; Moser; Dilling, 2007; Dunlap, 1998).

As pessoas também constroem e reconstroem informações para torná-las menos incômodas, gerando estratégias de negação socialmente organizadas, que definem como as sociedades e os governos interpretam a mudança climática e respondem a ela (Norgaard, 2009). A evolução de narrativas padrão sobre a mudança climática ilustra isso. O enfoque nas emissões de países, em vez da emissão *per capita*, pode levar os habitantes de países que não são os maiores emissores a minimizar sua responsabilidade e racionalizar sua falta de ação. Convocações enérgicas para a necessidade de uma reação internacional tendem a diminuir a importância do fato de que serão necessárias, em todo caso, ações internas. Ademais, a incerteza sobre as dinâmicas e os impactos pode ser supervalorizada a fim de justificar falta de ação.

Essas formas de negação não são abstratas, tampouco se restringem às políticas climáticas. Processos semelhantes acontecem em várias instâncias da tomada de decisão cotidiana, e lidar com eles faz parte da solução de desafios de desenvolvimento cruciais, tais como reduzir a disseminação do vírus HIV ou a incidência de doenças comuns relacionadas à água e ao saneamento básico. Em vez de uma aberração, a negação precisa ser considerada uma estratégia de defesa empregada por indivíduos e comunidades diante de eventos incômodos e incontroláveis. A resistência a mudanças nunca é simplesmente resultado de ignorância, e sim uma decorrência das percepções, das necessidades e dos desejos individuais, baseados em valores materiais e culturais.

Estímulo à mudança comportamental

Os criadores de políticas precisam estar cientes dessas barreiras à ação e tratar das opções de políticas de acordo com elas. Três áreas de políticas são relevantes nesse contexto: comunicações, medidas institucionais e normas sociais.

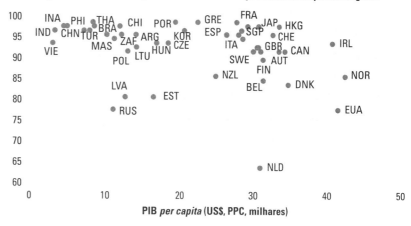

Figura 8.5 A preocupação com a mudança climática diminui à medida que a riqueza aumenta

Porcentagem de entrevistados que consideram a mudança climática um problema grave

Fonte: Sandvik (2008).

Nota: A preocupação sobre o aquecimento global é expressa em pontos percentuais, com base nos entrevistados que consideram a mudança climática um problema grave. Foi extraída de uma pesquisa mundial realizada na internet pela ACNielsen em 2007 sobre as atitudes dos consumidores em relação ao aquecimento global. Perguntou-se aos entrevistados de 46 países diferentes, em uma escala de 1 a 5, o quanto consideravam o aquecimento global um problema grave. A população-base compôs-se de entrevistados que haviam ouvido ou lido sobre aquecimento global

QUADRO 8.4 *Engajamento de ponta a ponta da comunidade pela redução do risco de deslizamentos de terra no Caribe*

Uma nova forma de reduzir, de modo real, o risco de deslizamentos de terra em comunidades vulneráveis foi introduzido pelo programa MoSSaiC, destinado à melhoria da gestão de encostas em comunidades do leste do Caribe. O MoSSaiC identifica e implementa métodos econômicos e focados na comunidade de redução do risco de deslizamento de terra, nos quais os moradores indicam áreas de drenagem problemática antes de avaliarem opções para a redução do risco por meio da gestão da água superficial.

As atividades? Administrar a água superficial em todas as suas formas (reservatórios de água, água cinzenta e escoamento superficial de águas pluviais), a partir do monitoramento das condições de águas subterrâneas rasas e da construção de sistemas de drenagem de baixo custo. Todo o trabalho é licitado entre empreiteiros locais. Esse envolvimento da comunidade de ponta a ponta incentiva a participação no planejamento, na execução e na manutenção da gestão de águas superficiais em encostas de alto risco. Gera um programa de propriedade da comunidade, e não uma imposição do governo ou da agência pública.

O programa MoSSaiC diminuiu os riscos de deslizamento por meio de ofertas de emprego e da conscientização, e conduziu a disseminação do programa para outras comunidades de modo participativo. Ele mostra que mudar a visão de comunidades sobre a redução de perigos pode aumentar as percepções sobre os riscos climáticos. Estabelece também um ciclo de *feedback* entre os investimentos e retornos do projeto, com mais de 80% dos financiamentos sendo gastos na comunidade, o que, por sua vez, permite que as comunidades e o governo determinem ligações claras entre a percepção de riscos, os investimentos e os resultados tangíveis.

Fonte: Anderson e Holcombe (2007).

QUADRO 8.5 *A comunicação da mudança climática*

O enfoque dado a uma determinada questão (palavras, metáforas, histórias e imagens utilizadas para transmitir essa informação) é fator determinante das ações. Enfoques desencadeiam visões de mundo profundamente arraigadas, suposições difundidas e modelos culturais que influenciam a percepção da mensagem e a sua subsequente aceitação ou rejeição. Se os fatos não se encaixam no enfoque, os fatos são rejeitados, não o enfoque.

Com base nessa compreensão, é possível decidir se uma determinada causa será mais bem servida por meio da repetição ou do rompimento com o discurso dominante, ou ainda pelo reenquadramento da causa, fazendo uso de conceitos, linguagens e imagens diferentes, de forma a provocar uma maneira diferente de pensar e facilitar escolhas alternativas. O emprego dessa abordagem na comunicação da mudança climática pode ocorrer sob diversas formas:

- Posicionar a questão no contexto de valores maiores, tais como responsabilidade, empreendedorismo, competência, visão e inventividade.
- Caracterizar as ações de mitigação como representativas de uma nova forma de pensamento, novas tecnologias, planejamento antecipado, discernimento, visão ampla, equilíbrio, eficiência e cuidado prudente.
- Simplificar modelos, analogias e metáforas, de modo a ajudar o público a entender como o aquecimento global ocorre – um gancho conceitual que descomplica a informação e estimula o raciocínio correto (no lugar de "gases de efeito estufa", "armadilhas de calor").
- Redirecionar o foco das comunicações para ressaltar as causas antropológicas do problema e as soluções disponíveis, sugerindo que os seres humanos podem e devem agir imediatamente para prevenir o problema.
- Evocar a existência e a eficácia das soluções de forma aberta.

Fonte: Lorenzoni, Nicholson-Cole e Whitmarsh (2007).

Da informação à comunicação. A informação, a educação e a conscientização do público, da forma como são feitas hoje, se mostram, na melhor das hipóteses, incapazes de mobilizar as pessoas à ação e, na pior das hipóteses, são contraproducentes. Isso significa que precisamos de um método diferente de fornecer informações sobre a mudança climática (Ward, 2008). Em primeiro lugar, a abordagem movida à informação deve mudar para uma abordagem centrada no público. Os cientistas e a imprensa precisam trabalhar juntos para aumentar a notabilidade de suas mensagens. Em segundo lugar, como em outras áreas de políticas, tais como a prevenção da Aids, essa mudança deve implicar uma abordagem de *marketing* da comunicação, em que o indivíduo não é considerado um mero receptor passivo da informação, mas um agente ativo tanto nas causas como nas soluções (Quadro 8.4).

Campanhas de comunicação bem elaboradas, que se dirigem aos indivíduos como membros de uma comunidade local, e não como membros impotentes de um grupo grande demais para ser administrado, podem motivá-los a agir. Esse tratamento pode ajudar a tornar um fenômeno de proporções globais mais pessoal, relevante e imediato, acentuando o poder da atuação local e individual. É importante diminuir o *marketing* verde enganoso nos âmbitos corporativos e governamentais, o qual é uma lacuna entre firmar acordos públicos sobre a realidade da mudança climática e não fazer nada para solucioná-la, pois ele causa confusões e reações negativas por parte do público (Quadro 8.5).

Uma questão controversa envolve a viabilidade e a necessidade de uma compreensão pública profunda sobre questões altamente complexas, como a da mudança climática, para que haja uma elaboração eficaz de políticas. A resposta é não, ou pelo menos nem sempre. Grande parte da elaboração de políticas se baseia em tecnicismos totalmente ignorados pelo público. Poucas pessoas entendem os pormenores das políticas comerciais que afetam os preços dos alimentos que elas compram ou produzem e vendem. Em geral, quando a adesão é necessária, ela é incentivada por outros meios.

Entretanto, considerar a informação e a conscientização pública desnecessárias seria um erro. Trabalhos recentes revelam que a informação é fundamental para o público apoiar medidas onerosas. Os benefícios de fornecer informações mais precisas sobre as decisões de consumo da população (por meio de etiquetas de carbono ou medidores inteligentes, por exemplo) foram, há muito, comprovados. Uma pesquisa realizada nos Estados Unidos constatou que um dos principais fatores responsáveis pela percepção negativa do público sobre os esquemas de limitação e comércio de emissões não é o receio de custos extras, mas o pouco conhecimento sobre sua eficácia, o que diminui a confiança neles (Krosnick, 2008). Da mesma forma, a oposição a impostos ambientais parece regredir, uma vez que o público entende, de fato, que eles não são apenas uma forma de levantar fundos, mas de mudar o comportamento (Kallbekken; Kroll; Cherry, 2008).

Medidas institucionais. Além da comunicação, um fator-chave para políticas climáticas é a elaboração de intervenções que levam em consideração as restrições sociais e psicológicas da ação positiva. Intervenções de adaptação eficazes devem reduzir os custos de transação para que os indivíduos tomem decisões e aumentar o acesso às informações disponíveis. Isso requer que as estratégias de adaptação sejam moldadas pelas percepções de risco, pela vulnerabilidade e pela capacidade da comunidade (ver Quadro 8.5). Nesse contexto, pode ser útil institucionalizar autoavaliações participativas sobre o nível local e nacional de preparo, planejamento de adaptação e mitigação contra desastres.

Combater a tendência humana a menosprezar o valor do futuro é outra área que pode ser trabalhada. Embora o menosprezo pelo futuro seja uma propensão inerente ao ser humano, esse sentimento varia segundo características sociais e pressões externas. Evidências de agricultores no Peru mostram que aqueles com menor acesso a créditos e seguros e menos direitos de propriedade possuem maiores índices de menosprezo, e que os índices mais acentuados aumentam o estímulo ao desmatamento (Swallow et al., 2007). Reformas institucionais para aumentar o acesso a créditos e direitos de propriedade podem influenciar os processos comportamentais internos que geram menosprezo, assim como pode a educação (Quadro 8.6).

As intervenções que dependem de indivíduos e empresas que enfrentam custos antecipados com benefícios somente em longo prazo (como os provenientes de investimentos em eficiência energética) devem considerar a concessão de compensações imediatas, sob forma de abatimento de impostos ou de subsídios. Garantir a determinados atores uma noção de direção das políticas em longo prazo também é interessante. Uma pesquisa internacional com líderes de empresas, realizada em 2007, constatou que 81% dos entrevistados acreditavam que o governo precisa oferecer sinais mais claros das políticas de longo prazo, a fim de que as empresas tenham incentivo para mudar e planejar os investimentos (Clifford Chance, 2007) – algumas formas para o governo sinalizar a direção em longo prazo serão discutidas a seguir.

As políticas climáticas também devem levar em consideração a tendência dos indivíduos de favorecer resultados locais, visíveis e de alcance pessoal. Ações de mitigação geram benefícios globais e difusos, o que significa que os benefícios diretos de medidas de adaptação podem não ter evidência imediata, dependendo do tipo de evento climático em questão e do ritmo das mudanças. O público em geral pode considerar esses benefícios distantes e incertos. É função das instituições comunicar de forma clara os benefícios e cobenefícios diretos tanto da adaptação quanto da mitigação, destacando especialmente aqueles relacionados à saúde, um assunto que move as pessoas.

QUADRO 8.6 *Introduzindo educação ambiental no currículo escolar*

A educação pode ajudar a estimular mudanças comportamentais. Nas Filipinas, o presidente transformou em lei o Ato Nacional de Educação e Conscientização Ambiental, de 2008, que defende a integração do tema da mudança climática nos currículos escolares de todos os níveis. No Líbano, a reforma educacional de 1998 incorporou estudos ambientais, inclusive da mudança climática, nas aulas de geografia, ciências e estudos cívicos. Em 2006, a Agência de Proteção Ambiental dos Estados Unidos criou um recurso educacional com base na mudança climática para estudantes do ensino médio, que lhes permite calcular inventários de emissões. Em 2007, províncias canadenses se comprometeram a incluir a mudança climática no currículo escolar. Pela Terceira Comunicação Nacional sobre Mudança Climática da Austrália, o governo australiano oferece apoio e desenvolve materiais para promover a educação sobre a mudança climática, tais como um *kit* escolar elaborado pelo Ministério do Meio Ambiente.

A introdução da educação sobre a mudança climática no currículo escolar é um primeiro passo. Tão importante quanto isso é o desenvolvimento de um novo quadro de profissionais para lidar com os problemas complexos apresentados pela mudança climática (ver Capítulo 7). Por fim, cidadãos bem informados são essenciais para facilitar as alterações. Pesquisas mostram que os estudantes e o público em geral possuem concepções incorretas sobre diversos aspectos da mudança climática, do efeito estufa e da destruição da camada de ozônio (Gautier; Deutsch; Rebich, 2006). Para atenuar essa deficiência, a população precisa ser informada sobre a mudança climática de maneira precisa e sistemática.

Fontes: Hungerford e Volk (1990) e Kastens e Turrin (2006).

Ferramentas de custo/benefício mais favoráveis podem incentivar criadores de políticas públicos e privados a agir de modo mais decisivo. As estimativas de custos e benefícios de projetos de eficiência energética, com frequência, não incluem cobenefícios não energéticos. Entre eles, estão benefícios à saúde pública pela maior pureza da água e do ar, o possível maior conforto de ocupantes de edifícios e maior produtividade do trabalho (Romm; Ervin, 1996). A mudança de energia fóssil para renovável pode gerar empregos (Roland-Holst, 2008). Estudos de caso no setor de manufatura concluem que esses benefícios podem ser significativos e, por vezes, equivalentes ao valor da economia energética em si (Laitner; Finman, 2000). Assim, o período de retorno sobre o investimento pode ser reduzido de maneira substancial, o que aumenta os incentivos para investir. De modo semelhante, a receita dos fundos de reserva de taxas de carbono ou energia pode aumentar a visibilidade dos benefícios da mitigação. Embora os fundos de reserva fiscais sejam considerados economicamente ineficientes, eles podem aumentar a aceitação política das novas taxas, uma vez que o público vê claramente o destino da verba.

Normas sociais. As normas sociais constituem os padrões de comportamento aprovados pela maioria, os parâmetros que as pessoas usam para avaliar a adequação de sua própria conduta. O uso de normas sociais para moldar a ação humana alcança resultados desejáveis em termos sociais, geralmente a um custo baixo. A ideia básica é que os indivíduos desejam agir de um modo socialmente aceitável e tendem a seguir a liderança de outros, em especial se estiverem em grande número e forem percebidos como semelhantes.

As normas sociais têm um impacto especialmente grande sob condições de incerteza (Cialdini; Goldstein, 2004; Griskevicius, 2007). Quando buscam pistas sobre como devem se comportar, as pessoas confiam no que as outras fazem. Os apelos por comportamentos a favor do meio ambiente baseados em normas sociais são superiores à persuasão tradicional. Não jogar lixo no chão é um exemplo disso.

Um exemplo relacionado ao clima foi um experimento psicológico realizado com residentes da Califórnia para testar o impacto das normas sociais sobre o consumo de energia (Corner, 2008). O dado de consumo energético residencial médio foi comunicado, por meio da conta de energia, a um grupo de residências com alto consumo de energia e a dois grupos de residências com baixo consumo de energia. Esse dado estabelece a norma social. Um dos grupos de baixo consumo recebeu retorno positivo por sua conta de energia (uma carinha feliz) para expressar aprovação por suas boas práticas. As residências de alto consumo receberam um retorno negativo (uma carinha triste) para expressar reprovação. O resultado: residências com alto consumo energético reduziram o consumo e as de baixo consumo energético mantiveram o nível abaixo da média. O terceiro grupo (residências com baixo consumo energético, expostas ao dado da norma social, mas sem receber retorno sobre seu comportamento) aumentou o consumo para alcançar a média. As agências de utilidade pública ávidas por reduzir o uso de energia adotaram o método em dez das principais áreas metropolitanas dos Estados Unidos, inclusive Chicago e Seattle.

Aproveitar o poder das normas sociais envolve aumentar a visibilidade do comportamento e suas implicações. A maioria das ações e decisões individuais que influenciam o consumo energético hoje é invisível para o público e mesmo para círculos restritos de amigos e familiares. Em casos assim, a ação humana não se beneficia de padrões de reciprocidade, pressão de pares e comportamento coletivo que normalmente estão presentes em casos mais visíveis de mudança comportamental e conformidade, como a adesão às leis de trânsito.

Pesquisas sobre cooperação levam à mesma conclusão. A menos que estejam disponíveis informações sobre o comportamento de outros membros da sociedade, as pessoas tendem a não cooperar (Irwin, 2009). Os agricultores em uma bacia hidrográfica devem receber informações não apenas sobre o seu uso da água, mas também se estão acima ou abaixo do padrão estabelecido por outros agricultores. Moradores de áreas propensas a inundações podem ser estimulados a adotar medidas de proteção por meio da exposição da rápida implantação dessas medidas por outros membros da comunidade. De modo inverso, os apelos que ressaltam quantas pessoas ainda não adotaram medidas básicas de eficiência energética tendem a resultar em uma adoção ainda menor das medidas, e não maior.

As normas sociais podem complementar os métodos e as medidas de políticas públicas tradicionais, tais como regulação, taxação e cobrança. Pensar em comportamento coletivo pode melhorar o impacto dessas medidas, abrindo oportunidades para a combinação de diferentes instrumentos. Entretanto, algumas políticas baseadas em incentivos econômicos podem causar mais danos do que ajudar, ao enfraquecerem o efeito das normas sociais. Estabelecer cobranças para a poluição ou emissões pode causar a impressão de que não há problema em poluir, desde que se pague por isso. Da mesma maneira, regulamentações mal reforçadas ou percepções de que as regras formais podem ser eludidas podem favorecer comportamentos egoístas e enfraquecer a cooperação (ibidem).

Apelos mais radicais por normas sociais se concentram em parâmetros alternativos de progresso, como a ênfase na mudança em direção a noções de bem-estar dissociadas do consumo (Layard, 2005). Além disso, a oposição política a instrumentos como os impostos verdes pode ser superada por meio de esquemas de desconto – na Suécia, por exemplo, taxas muito altas sobre emissões de óxido de nitrogênio de produtores de energia foram politicamente aceitáveis, pois outras taxas eram descontadas de forma integral dos produtores, dependendo da quantidade de eletricidade produzida (Sterner, 2003).

Esse tipo de medida não é, obviamente, suficiente para garantir o sucesso das políticas climáticas. Porém, ela pode ser necessária. O estímulo à mudança comportamental em relação à mitigação e à adaptação vai além do fornecimento de informações adicionais, apoio financeiro e tecnologias. As medidas tradicionais podem ser complementadas por intervenções alternativas, muitas vezes a baixo custo. Em vez de simplesmente tratar esses fatores sociais e psicológicos que comandam o comportamento como barreiras à adaptação e à mitigação, os criadores de políticas podem utilizá-los para elaborar políticas mais eficazes e sustentáveis.

A volta do Estado

Nos últimos 30 anos, a função do Estado foi diminuída em vários dos principais setores em atuação na mudança climática, tais como a pesquisa energética. O recuo da intervenção direta ocorreu com uma mudança de "governo" para "governança" e uma ênfase no papel do Estado de conduzir e capacitar o setor privado (World Bank, 1992, 1997, 2002). Essa tendência geral esconde um cenário complexo. A Europa do século XX passou por várias formas e graus de capitalismo de Estado. A ascensão de economias do leste asiático, inclusive a China, demonstrou a proeminência do Estado em "governar o mercado" para alcançar o exemplo mais bem-sucedido de desenvolvimento acelerado (Wade, 1990). Mais recentemente, a crise econômica de 2008 revelou as armadilhas da falta de regulamentação e de mercados sem controle e renovou a ênfase em trazer o Estado de volta.

A mudança climática exige intervenções públicas para lidar com as diversas falhas de mercado que a alimentam: falhas de preço, de pesquisa e desenvolvimento tecnológico e de coordenação da ação coletiva, seja ela mundial, nacional ou local (Stern, 2006). Como provedores de bens públicos e reparadores de externalidades, espera-se que os governos lidem com essas falhas de mercado. Há, porém, outros impulsionadores específicos da intervenção governamental.

Em primeiro lugar, o papel do setor privado na resolução da mudança climática é crucial, mas concentrar-se de forma excessiva nele seria insensato. Apesar do entusiasmo, nos anos 1980 e 1990, pela contribuição do setor privado em projetos de grande investimento, a participação desse setor na infraestrutura permaneceu limitada. Embora a maior parte do investimento adicional e financiamento necessário para a mitigação e adaptação à mudança climática deva vir do setor privado, as políticas e os incentivos governamentais serão fundamentais (Haites, 2008). Ademais, provedores de energia e companhias elétricas são geralmente órgãos privados relacionados ao governo ou de propriedade deste. Mudar a composição das empresas de geração de energia pode exigir subsídios e investimentos de capital fixo antecipados. As empresas privadas certamente possuem incentivos para participar dos atraentes retornos sobre investimentos em eficiência energética, mas, como discutido no Capítulo 4, as barreiras de mercado deverão exigir ação governamental. Nos casos em que os altos custos da tecnologia (veículos de baixa emissão e geração de eletricidade solar, por exemplo) restringem a oferta e a demanda, poderá ser necessária uma série de incentivos governamentais para expandir os mercados.

Em segundo lugar, tanto a mitigação quanto a adaptação deverão aumentar os gastos públicos. Leiloar licenças de emissão ou taxar o carbono gera receita. Manter as despesas estáveis exigiria que o governo realizasse descontos totais em impostos ou reciclasse completamente as receitas. No entanto, essa neutralidade fiscal pode ser considerada um luxo em países em busca de verba para financiar novos investimentos públicos para adaptação e infraestrutura energética, ao mesmo tempo que controlam seus déficits fiscais. Como o Capítulo 7 destacou, os governos precisam ampliar sua já significativa função na pesquisa, no desenvolvimento e na demonstração de tecnologias. Os governos podem mudar os incentivos por meio de subsídios a investimentos com amplos benefícios sociais e de baixa oferta no mercado (como pesquisa e desenvolvimento de energias arriscadas) ou por taxação e controle de ações que causam danos sociais.

Em terceiro lugar, a maior frequência e gravidade de eventos climáticos extremos exercerão pressão sobre os governos para aumentarem seu papel de segurador. Como mencionado no Capítulo 2, o mercado de seguros pode atuar somente até certo ponto na cobertura de riscos climáticos. Os sistemas de seguro de países desenvolvidos já estão em seu limite por lidarem com os perigos crescentes nos Estados Unidos e nas costas do Japão, em ilhas de média a alta renda do Caribe e nas planícies de inundação do norte da Europa. A mudança climática deverá exacerbar os problemas de segurabilidade e exigir uma renegociação da divisão entre sistemas de seguro privados e públicos. Os governos enfrentarão pressão para se tornarem os seguradores de último recurso para uma parte maior da população e para um maior número de danos. Paralelamente a isso, eles precisarão lidar com os perigos morais que induzem as pessoas a fazer más escolhas por causa de seguros.

Em quarto lugar, os governos terão que fazer mais como plataformas de conhecimento e aprendizado, principalmente em relação à adaptação (Janicke, 2001). Como exposto no Capítulo 7, isso exigirá mais investimentos em pesquisa e desenvolvimento e mercados mais efetivos para as inovações tecnológicas. Também exigirá a transformação dos serviços meteorológicos em serviços climáticos, supervisionando a distribuição de informações em diversos níveis e utilizando os sistemas e as organizações internacionais como arenas para o intercâmbio de políticas, de modo que os governos aprendam uns com os outros e adaptem as políticas para as circunstâncias locais.

Em quinto lugar, como repositórios primários de legitimidade política, será esperado dos governos que comandem o setor privado, facilitem a ação comunitária e estabeleçam a descentralização ideal para as ações e tomadas de decisão da adaptação e mitigação. Além da função de direção, será esperada dos governos uma atuação como "garantidor": aquele que assegura que os objetivos e as metas serão atingidos por meio de uma nova ênfase na regulamentação, na taxação, no planejamento em longo prazo e na comunicação (Giddens, 2008).

Nada disso significa que o tamanho do Estado precise ser expandido – o tamanho

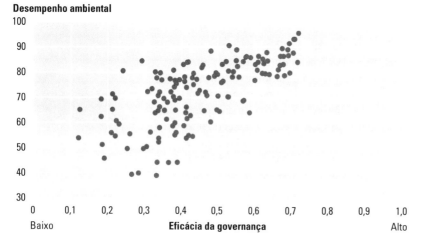

Figura 8.6 A governança eficaz caminha lado a lado com o bom desempenho ambiental

Fontes: Kaufman, Kraay e Mastruzzi (2007) e Esty et al. (2008).

Nota: O desempenho ambiental é medido a partir de um índice de desempenho ambiental (http://epi.yale.edu/). A eficácia da governança varia de 0 a 1 e é calculada a partir do log das transformações no indicador de eficácia da governança, proveniente do banco de dados dos Indicadores de Governança Mundial (World Governance Indicators – WGI) de 212 países entre 1996-2007. Ela engloba as opiniões de um grande número de entrevistados, entre eles cidadãos, empreendedores e especialistas, em países de alta renda e em desenvolvimento.

do governo nem sempre está associado à melhor provisão de bens públicos (Bernauuer; Koubi, 2006). Significa, sim, reconhecer, como apontado no Capítulo 2, que os desafios extras da mudança climática aumentarão os custos de falhas governamentais. Enfrentar esses desafios exigirá uma ampliação dos objetivos e cronogramas do governo e a intensificação da qualidade, do escopo e dos tipos de suas intervenções.

Rumo a governos atentos ao clima

Os governos precisarão rever a forma como operam se desejarem enfrentar o desafio climático com sucesso. À medida que o foco muda da identificação de causas e impactos da mudança climática para a elaboração de respostas, as configurações governamentais precisarão ser reorganizadas (Meadowcroft, 2009).

Na maioria dos países, o controle das políticas de mudança climática não se concentra em uma única agência governamental: os mandatos, as responsabilidades e as comissões relevantes ao tema são distribuídos por meio de diversos ministérios. Ainda assim, poucos governos possuem uma agência capaz de garantir a execução de orçamentos de carbono. Além disso, o período de tempo dos impactos climáticos e das respostas necessárias ultrapassa em muito o mandato de qualquer governo eleito. Os sistemas burocráticos não aprendem com rapidez (Birkland, 2006). Em razão da novidade da mudança climática como domínio da política pública e da urgência de ação, os criadores de políticas precisam se preparar para um certo grau de fracasso – e aprender com ele. Esses problemas foram identificados na literatura como os principais causadores da falta de ação em organizações (Bazerman, 2006).

A eficácia governamental será crucial para alavancar o impacto do financiamento à adaptação. Como apontado no Capítulo 6, a maior parte das atividades de adaptação realizadas hoje é implementada com base em projetos isolados e desconexos. A fragmentação de financiamentos para a adaptação compromete a integração e a intensificação de processos de planejamento e desenvolvimento, aumenta os custos de transação para investidores e receptores, e desvia o tempo e a atenção de políticos e membros do governo de prioridades internas para administrar

---

QUADRO 8.7 *O caminho da China e da Índia em direção à reforma institucional para ação climática*

A China é um exemplo de como a responsabilidade pelas políticas climáticas se deslocou das margens ao centro da atividade governamental. O governo estabeleceu instituições especiais para lidar com a mudança climática, pela primeira vez, em 1990. Em 1998, em reconhecimento à relevância e natureza intersetorial do tema, criou o Comitê Nacional de Coordenação sobre Mudança Climática.

Em 2007, o comitê se transformou no Grupo de Liderança Nacional para Mudança Climática. Dirigido pelo premiê chinês, o grupo de liderança coordena estratégias, políticas e medidas de 28 unidades-membros espalhadas pelas agências governamentais. Durante a reforma governamental de 2008, o gabinete central do grupo de liderança foi posicionado na Comissão de Desenvolvimento e Reforma Nacional, que realiza o trabalho geral em mudança climática, apoiada por um comitê de especialistas que prestam consultoria científica para tomadas de decisão mais informadas.

A Índia é outro exemplo entre países em desenvolvimento. O Conselho de Mudança Climática do país é dirigido pelo primeiro-ministro. Ele desenvolveu o Plano de Ação Nacional sobre Mudança Climática e é responsável por monitorar sua implementação. O plano engloba oito missões nacionais que perpassam os ministérios setoriais, uma vez que incluem: energia solar, eficiência energética aumentada, hábitats sustentáveis, conservação de água, sustentabilidade do ecossistema do Himalaia, criação de uma Índia "verde", agricultura sustentável e estabelecimento de uma plataforma de conhecimento estratégico para a mudança climática. A visão do Plano de Ação Nacional é uma mudança gradual de combustíveis fósseis para formas alternativas de combustíveis e fontes renováveis de energia.

Medidas de reforma institucional semelhantes já foram adotadas por diversos outros países, desenvolvidos e em desenvolvimento.

Fonte: Equipe WDR.

---

atividades relacionadas à ajuda. As dezenas de bilhões de dólares necessários para a adaptação podem exercer pressão extra sobre a capacidade de absorção, já limitada, dos países em desenvolvimento. Muitos dos países em desenvolvimento que mais necessitam de medidas de adaptação são aqueles com menor capacidade de gerenciar e absorver financiamentos. Quando a capacidade do receptor de gerir financiamentos é baixa, os investidores exercem controle mais rígido sobre a verba e sobre as modalidades de projeto, o que distende ainda mais os sistemas do país e leva a um ciclo vicioso de menores capacidades, deficiências fiscais e fragmentações (Organisation for Economic Co-operation and Development, 2003).

Aprimoramento da capacidade do governo central

Quando os líderes políticos possuem um interesse ativo e direcionam a mentalidade dos membros do governo, da opinião pública e de partes externas envolvidas, os países

> **QUADRO 8.8** *Planos de Ação Nacionais para Adaptação*
>
> Os Planos de Ação Nacionais para Adaptação (Napa), os mais proeminentes esforços nacionais de países menos desenvolvidos para identificação de áreas para adaptação à mudança climática, têm sido alvo de três críticas. Em primeiro lugar, os Napa implementam projetos semelhantes em países diferentes, sem considerar suas necessidades específicas de adaptação. Em segundo lugar, muitos projetos de adaptação se confundem com projetos comuns de desenvolvimento. Em terceiro, os Napa não envolvem os principais ministérios e decisores políticos do país ou não prestam atenção suficiente aos requerimentos subnacionais ou de instituições locais.
>
> À luz dessas críticas, a equipe do Relatório de Desenvolvimento Mundial patrocinou duas reuniões com altos executivos do Napa em países asiáticos e africanos: uma em Bancoc, em outubro de 2008, e uma em Joanesburgo, em novembro de 2008. As reuniões revelaram um cenário mais complicado e indicaram que algumas das críticas podem estar deslocadas.
>
> Embora as necessidades e os projetos de adaptação possam parecer semelhantes quando visualizados coletivamente, variam de maneira substancial entre os países, dependendo das ameaças e dos perigos climáticos identificados como mais relevantes. As instruções padrão do Napa explicam algumas das semelhanças na linguagem utilizada para defender os projetos identificados como as necessidades de adaptação mais urgentes. O predomínio de projetos nos setores agrícola, de recursos naturais e de gestão de desastres reflete o fato de que os impactos da mudança climática serão sentidos primeiro em áreas relacionadas a bens primários e à gestão de desastres. Por fim, os Napa foram preparados com recursos financeiros limitados, de modo que o planejamento não poderia se estender além do nível nacional ou por diversos ministérios e decisores políticos.
>
> Há, porém, um outro lado das críticas: a forma como os países menos desenvolvidos encaram os Napa que eles elaboraram.
>
> - *Pouco apoio financeiro*: o custo total dos projetos identificados como urgentes nos 38 relatórios do Napa não chegam a US$ 2 bilhões. Apesar do baixo custo, pouco apoio financeiro tem sido direcionado a ele, o que gera preocupações válidas sobre a assistência de doadores e o aumento da lacuna de confiança.
> - *Infraestrutura deficiente*: os arranjos institucionais para adaptação precisam ser mais permanentes e mais bem conectados aos diversos ministérios, com o apoio dos ministérios da Fazenda e do Planejamento, e com conexões mais sólidas com os estados e municípios. Um órgão exclusivo pode executar o planejamento, mas a implementação deve ser realizada por meio de estruturas governamentais e institucionais já existentes, visto que muitos projetos são setoriais.
> - *Baixa capacidade*: a capacidade de planejamento e implementação de medidas de adaptação continua a ser muito baixa na maioria dos países menos desenvolvidos. São necessárias melhorias na capacidade técnica, no conhecimento, no treinamento, no equipamento e na modelagem – o que pode ser obtido com a ajuda de especialistas nas universidades e na sociedade civil.
>
> *Fonte:* Equipe WDR.

progridem. De modo inverso, quando os líderes deixam de agir, os países ficam atrasados. Não há surpresa nisso. Os decisores políticos são indivíduos, o que significa que as falhas no modo como os indivíduos tomam decisões afetam o funcionamento das organizações, inclusive os governos (Bazerman, 2006). Todavia, liderança não é somente uma questão individual, mas também institucional, e diz respeito à forma como a coordenação e a responsabilidade pelas políticas climáticas são organizadas (Figura 8.6).

Responsabilização pelas políticas climáticas. Na maioria dos países, a mudança climática ainda é domínio apenas do Ministério do Meio Ambiente. Porém, as políticas climáticas se estendem a domínios que transcendem a barreira da proteção ambiental e abrangem comércio, energia, transporte e políticas fiscais. As agências ambientais são, em geral, mais fracas do que os departamentos da fazenda, do comércio ou do desenvolvimento econômico. Elas tendem a possuir menos recursos e a ser representadas nos gabinetes por políticos novatos.

Embora não haja uma única fórmula para a designação da incumbência pelo clima, a reestruturação da responsabilidade é essencial (Quadro 8.7). Uma consolidação burocrática, com base em independência orçamentária, pessoal especializado e autoridade para propor e reforçar leis, concentra a autoridade e evita a difusão de responsabilidade que pode levar à falta de ação. A criação de agências no nível ministerial (dirigidas por membros experientes do gabinete ministerial) ou a inclusão de políticas climáticas na pauta de agências importantes já existentes são sinais da tendência à consolidação burocrática.

Facilitação da integração e coordenação entre agências. A consolidação burocrática, embora importante, pode não ser suficiente. A mera criação de uma agência separada pode, inclusive, ser contraproducente. A fim de alcançar uma coerência política por todo o governo, é preciso integrar o planejamento climático por meio de toda a administração. Aqui, o desafio é a típica compartimentalização do governo e a tendência de tratar problemas multidimensionais em nichos organizacionais. Uma estratégia de integração é estabelecer setores climáticos em cada ministério ou agência, complementados por planos setoriais nacionais e locais de mitigação e adaptação. Além da revisão de seus mandatos, as agências públicas relevantes (tais como as envolvidas em saúde pública, energia, planejamento florestal e do uso do solo e gestão de recursos naturais) podem coordenar seus trabalhos sob a liderança de uma agência central de mudança climática. Para o alcance desse tipo de coordenação, é provável que seja preciso repensar a função de serviços hidrometeorológicos (ver Capítulo 7).

A criação de órgãos de coordenação (um comitê secretarial sobre mudança climática, um comitê conectando explicitamente a questão climática a uma área problemática crítica já identificada, como energia, ou um comitê de coordenação intragovernamental presidido pela agência central) pode integrar todos os membros do governo envolvidos no tema da mudança climática. A coordenação das políticas climáticas também pode ser da alçada do presidente ou primeiro-ministro – pela criação, por exemplo, de uma consultoria dentro de seu gabinete.

Tanto na integração quanto na coordenação, é importante concentrar atenção especial na elaboração de políticas e estratégias setoriais. Como mostra o Capítulo 4, as políticas energéticas de diversos países enfatizam preços e reforma de mercado, introduzindo a competição ao setor energético e desenvolvendo instituições regulatórias para garantir preços baixos e uma oferta estável aos consumidores (Doern; Gattinger, 2003). Até muito recentemente, a mitigação não era nem mesmo uma preocupação secundária das políticas energéticas. À medida que a mudança climática se torna mais importante na pauta política, os mandatos de agências energéticas e as políticas e estratégias que as orientam serão atualizadas, de forma a incluir a eficiência energética e as estratégias de baixo carbono como responsabilidades centrais.

A coordenação de atividades de adaptação pode ser aumentada por meio de planos estratégicos. Consideremos, por exemplo, os Planos de Ação Nacionais para Adaptação (National Adaptation Programs of Action – Napa) de países menos desenvolvidos. Criados como um exercício técnico de estabelecimento de prioridades, os Napa determinam os impactos específicos sobre cada país e elaboram respostas moldadas à realidade local, envolvendo diversas agências e níveis governamentais, além de amplas circunscrições de organizações e atores da sociedade civil. Dessa maneira, eles garantem a estrutura institucional necessária para posicionar a adaptação no centro das prioridades do governo. Para consolidar suas funções estratégicas, porém, eles precisarão de maior atenção das partes internas e externas envolvidas (Quadro 8.8).

Reforço da responsabilidade governamental. Os governos podem deixar de agir sobre questões específicas das políticas se os termos de responsabilidades não forem claros, seja pela natureza da questão, seja por falhas institucionais. Tomemos como exemplo as respostas a desastres naturais. A menos que o país seja afetado com regularidade por eventos meteorológicos graves, a prevenção e a reação a desastres passam ignoradas pelas

---

QUADRO 8.9 *Aumento da responsabilidade governamental pela mudança climática no Reino Unido*

Ao reestruturar e estabelecer os mecanismos institucionais para ação climática, o Reino Unido também implantou medidas que aumentam a responsabilidade do governo pela obtenção de resultados. O Reino Unido:

- Aprovou um projeto de lei que estabeleceu uma base regulamentar para as metas oficiais das emissões de CO_2 do país em curto, médio e longo prazos, por meio de orçamentos de carbono com duração de cinco anos que definem níveis anuais de emissões permitidas. Três orçamentos (que cobrem 15 anos) serão ativados a qualquer momento, apresentando uma perspectiva de médio prazo para o acompanhamento das emissões de carbono por toda a economia.
- Designou uma agência de liderança para a mudança climática: o Departamento de Energia e Mudança Climática.
- Formalizou, por meio do Acordo 27 do Setor Público, a obrigatoriedade de prestação de contas do Departamento de Energia e Mudança Climática ao Tesouro Nacional, para diversos objetivos das políticas, além de definir metas para medir o desempenho de suas implementações. Entre as metas, estão etapas específicas para a redução das emissões totais do país, o aumento da extração sustentável de água e a redução da intensidade de CO_2 da economia britânica.
- Estabeleceu um comitê sobre mudança climática que atua como um órgão consultivo especializado e independente, que assessora o governo nas formas de alcançar as metas. O comitê elabora um relatório anual para o Parlamento, que requer uma resposta formal do governo. A cada cinco anos, o comitê fornece uma avaliação abrangente do progresso geral do país em direção às metas de longo prazo.

Fonte: Equipe WDR.

QUADRO 8.10   O federalismo ecológico e as políticas de mudança climática

As jurisdições subnacionais de regimes federalistas têm sido, há muito, reconhecidas como laboratórios para experimentação e reforma de políticas (Osborne, 1988). Governos estaduais, municipais e locais tiveram diferentes graus de sucesso no que diz respeito à eficiência e à eficácia de políticas de "federalismo ecológico" – políticas ambientais em que os governos subnacionais tomam a liderança (Oats; Portney, 2003).

Entre os argumentos em apoio ao federalismo ecológico, estão a habilidade das administrações em níveis mais baixos de adaptar as políticas aos seus recursos e aspectos demográficos específicos, bem como a oportunidade de impulsionar políticas nacionais em progresso lento por meio de experimentações e aprendizados subnacionais inovadores (Lutsey; Sperling, 2008). Os críticos, por sua vez, citam os riscos de vazamento de carbono e o incentivo às empresas para mudarem para jurisdições menos restritivas. Esse processo é, com frequência, denominado "corrida para o fundo", uma vez que reduz a qualidade ambiental e não fornece bens e serviços públicos suficientes (Kunce; Shogren, 2005).

Contudo, para a política climática, o federalismo ecológico tem apresentado resultados promissores. Um dos exemplos

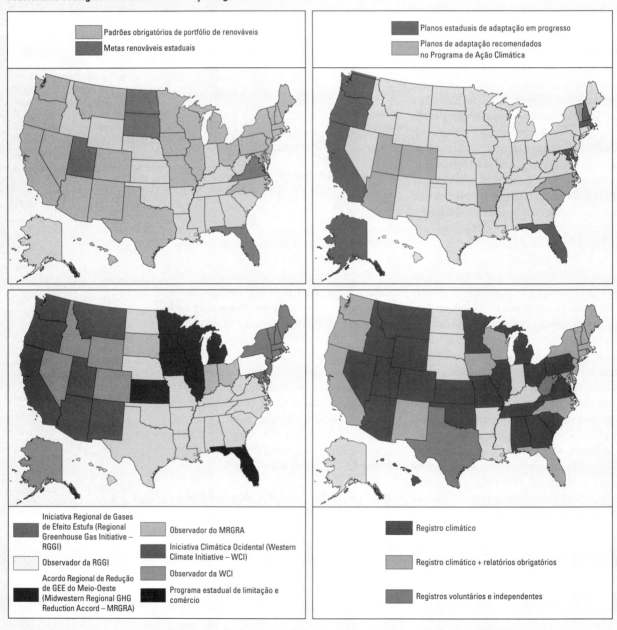

(continua)

QUADRO 8.10 *continuação*

mais claros é o dos Estados Unidos (veja os mapas da página anterior). Apesar da decisão do governo nacional em não ratificar o Protocolo de Kyoto, e na ausência de uma política federal dominante de mudança climática, os governos subnacionais tomaram a liderança (Rabe, 2002). Diversas regiões possuem programas de registro e monitoramento de gases de efeito estufa, assim como metas de redução das emissões. Além disso, mais doze estados elaboraram e implementaram planos de mitigação e adaptação ou instituíram padrões de portfólio de renováveis e metas de redução. As cidades também iniciaram amplos programas de planejamento e auditoria em mudança climática, definindo suas próprias metas de redução de emissões.

Essas ações geram reduções significativas, o que faz alguns afirmarem que os esforços levaram a uma corrida para o topo (Rabe, 2006). Se seis estados com metas firmes de redução alcançarem suas marcas para 2020, as emissões nacionais dos Estados Unidos poderão se estabilizar nos níveis de 2010 até 2020 (Lutsey; Sperling, 2008).

Fonte: As ações dos Estados são monitoradas pelo Centro Pew para Mudança Climática Global – Disponível em: <www.pewclimate.org>.

---

frestas da pauta governamental. As autoridades consideram improvável que elas sejam escrutinadas, compensadas ou penalizadas por ações que o público nem sabe que seus governos são encarregados de tomar (evitar desastres). Se a relação entre esforço e resultado não é clara para o público, os governos têm poucos incentivos claros para agir.

A responsabilidade governamental por políticas climáticas pode ser aumentada por meio de maior prestação de contas das agências associadas aos ministérios centrais (tais como o Ministério da Fazenda ou o presidente) e fazendo que todo o governo preste mais contas às estruturas parlamentares, à população e a órgãos autônomos (Quadro 8.9). Os órgãos parlamentares podem realizar audiências, monitorar o desempenho, educar a população e exigir que o governo produza relatórios regulares sobre os objetivos, as políticas e as conquistas relacionadas ao clima. Introduzir os objetivos e as metas das políticas climáticas na lei pode ser uma poderosa ferramenta para aumentar a responsabilidade do governo – além de garantir a continuidade da ação após o fim dos curtos mandatos. Um órgão consultivo especializado e independente pode assessorar o governo e reportar às entidades parlamentares.

Otimização da ação governamental local

Os governos locais e regionais podem oferecer um espaço político e administrativo mais próximo às fontes de emissões e aos impactos da mudança climática. Encarregados de implementar e articular políticas nacionais, eles possuem funções políticas, regulatórias e de planejamento em setores importantes para mitigação (transporte, construção, prestação de serviços públicos, defesa de interesses locais) e adaptação (proteção social, redução de riscos de desastres, gestão de recursos naturais). Por estarem mais próximos do cidadão, os governos subnacionais podem aumentar a conscientização pública e mobilizar atores não associados ao Estado. E por estarem na encruzilhada entre o governo e o público, eles se tornam o espaço onde a responsabilidade governamental por respostas adequadas é desempenhada (Alber; Kern, 2008).

Provavelmente por essas razões, as autoridades locais com frequência se antecipam ao governo nacional na tomada de ações relacionadas ao clima. Como discutido no Capítulo 2, os níveis local e regional são, muitas vezes, mais adequados para a elaboração e implementação de medidas de adaptação na agricultura, na infraestrutura, no planejamento e na gestão dos recursos hídricos. Os governos locais podem, também, liderar a mitigação. Estados de ambas as costas dos Estados Unidos desenvolveram estratégias e metas de propriedade local, que depois se fundiram para formar mercados-piloto regionais de carbono (Quadro 8.10). Cidades em todo o mundo possuem seus próprios planos de ação e estratégias climáticas, adotando as metas do Protocolo de Kyoto para compensar a falta de ação dos governos nacionais e se tornando membros ativos de iniciativas metropolitanas nacionais e transnacionais, tais como a rede C40, que une as maiores cidades do mundo comprometidas em combater a mudança climática.

Figura 8.7 As democracias se saem melhor na produção de políticas climáticas do que nos seus resultados

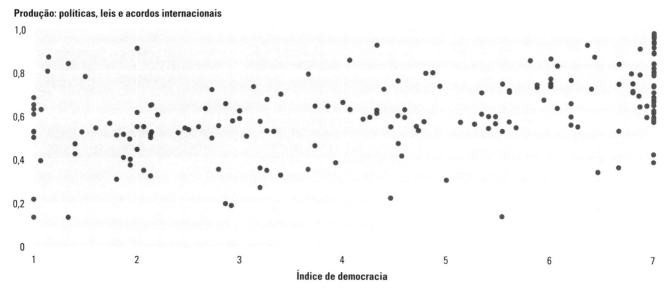

Fonte: Bättig e Bernauer (2009).
Nota: A produção representa o índice de comportamento cooperativo nas políticas de mudança climática e abrange a ratificação de acordos, produção de relatórios e financiamentos – varia de 0 a 1, e os valores mais altos indicam maior cooperação. O resultado representa o índice de comportamento cooperativo nas políticas de mudança climática e abrange tendências e níveis de emissão – varia de 0 a 1, e os valores mais altos indicam maior cooperação. O Índice de Direitos Políticos, da Freedom House, é uma medida de democracia que engloba o grau de liberdade no processo eleitoral, o pluralismo, a participação política e o funcionamento do governo. Em termos numéricos, a Freedom House classifica os direitos políticos de 1 a 7, e o 1 representa maior liberdade, e 7, menor liberdade. Entretanto, nessa figura, a escala dos dados originais foi invertida, e valores mais altos indicam maior nível de democracia. Os dados se referem às médias de 1990-2005. A figura mostra que há uma relação positiva entre produção e nível de democracia, como representado pelo índice de direitos políticos da Freedom House: países democráticos possuem, em geral, melhor produção. Entretanto, não foi encontrada relação significativa entre nível de democracia e resultados climáticos, sob a forma de redução das emissões (utilizando-se as reduções de 2003, em comparação com 1990).

A relevância dos governos locais exige sua inclusão nas políticas climáticas. A descentralização das políticas climáticas tem vantagens e desvantagens, e seu nível e escopo ideais dependem do contexto (Estache, 2008). Os governos locais sofrem as mesmas limitações que os centrais, embora, em geral, de forma mais grave. No nível local, as políticas climáticas são, em geral, de competência de órgãos ambientais com problemas de integração e coordenação. Os governos subnacionais geralmente enfrentam lacunas de recurso e capacitação, e possuem menor poder fiscal, o que os impede de empregar taxas ambientais. Apesar da sua proximidade do cidadão, os governos locais, em muitos casos, não possuem a mesma legitimidade dos governos nacionais, em razão da baixa afluência às urnas nas eleições locais e dos fracos mandatos eleitorais ou da baixa capacidade de realização. Todos esses fatores tornam a descentralização da política climática mais complicada.

A fim de aumentar a colaboração vertical, os governos nacionais podem tomar medidas de capacitação, provisão e autoridade. Medidas de capacitação incluem a transmissão de conhecimento e de boas práticas. Algumas medidas interessantes envolvem iniciativas de *benchmarking*, ligadas a competições e premiações para as autoridades locais com melhor desempenho – o índice de competitividade entre províncias do Vietnã é um bom exemplo desse tipo de *benchmarking* subnacional. Entre as medidas de provisão, estão acordos com o setor público que se baseiam em desempenho e direcionam financiamentos não só de acordo com o número de habitantes e cobertura geográfica da autoridade, mas também com o alcance de metas. As medidas de autoridade podem consistir em leis nacionais que exigem que os governos locais elaborem planos estratégicos em setores relevantes ou esquemas de regulação que obriguem membros do governo local a prestar contas ao governo central, como no planejamento do uso do solo.

Pensando politicamente sobre a política climática

A definição da elaboração e dos resultados de toda política pública são a força, a densidade e extensão da sociedade civil; a cultura burocrática e leis orçamentárias; os fatores que guiam a articulação e a organização dos interesses políticos (Kunkel; Jacob; Busch, 2006). Os combustíveis fósseis, além de impulsionarem as economias de países desenvolvidos e em desenvolvimento, alimentam alguns dos interesses especiais que orientam suas políticas. Em muitos países em desenvolvimento, o carbono não é apenas desprovido de preço, mas subsidiado (ver Capítulo 4). Ao final de 2007, aproximadamente um quinto dos países estava subsidiando gasolina, e pouco mais de um terço, diesel. Mais de dois terços dos países renda baixa e média-baixa estavam subsidiando querosene (International Monetary Fund, 2008). Os países com setores energéticos extensos baseados em combustíveis fósseis e economias de alto consumo energético claramente enfrentam uma enorme resistência à mudança (Kunkel; Jacob; Busch, 2006). O resultado é que as fontes e os fatores das emissões de carbono em todo o mundo estão, com frequência, presos à legitimidade política dos governos.

Todo sistema político possui vantagens e desvantagens no combate à mudança climática. Tomemos como exemplo a democracia. Evidências mostram que as democracias apresentam maior desempenho em relação a autocracias no que se refere a políticas ambientais (Congleton, 1992, 1996). A liberdade política melhora o desempenho ambiental, especialmente em nações mais pobres (Barrett; Graddy, 2000). Uma maior liberdade civil se associa a melhor qualidade do ar e da água, com níveis reduzidos de dióxido de enxofre e outras partículas no ar, e níveis mais baixos de coliformes e oxigênio dissolvido na água (Torras; Boyce, 1998). As democracias aceitam mais os regimes e tratados ambientais internacionais, ratificam-nos mais rapidamente e possuem um histórico em solucionar problemas mundiais comuns, como a destruição da camada de ozônio (Congleton, 2001; Schneider; Leifeld; Malang, 2008).

As democracias costumam se sair melhor na produção de políticas (assinatura de compromissos internacionais) do que no resultado de políticas (a real redução de emissões, por exemplo), como ocorre com o Protocolo de Kyoto (Rowell, 1996; Vaughn-Switzer, 1997). Como acontece com os consumidores e eleitores, as democracias reagem melhor

---

QUADRO 8.11 *Apoio para o limite e comércio de carbono*

A União Europeia criou, recentemente, um sistema de comércio de emissões para cumprir com suas obrigações no Protocolo de Kyoto. De forma geral, o sistema possui diversos aspectos positivos. Uma peculiaridade é que os países da UE são obrigados a aplicar o princípio da anterioridade aos créditos e entregá-los livremente a empresas, mesmo com as enormes rendas em potencial associadas a eles e os ganhos econômicos claros de leilões de créditos. Em parte por causa desse princípio da anterioridade e do claro reconhecimento das receitas associadas a ele, o mecanismo de alocações é programado para durar períodos de apenas cinco anos.

A alocação por curtos períodos evita a entrega excessiva de riquezas por meio da criação e aquisição de rendas. Porém, os enormes golpes de sorte sobre grandes poluidores geraram atenção da imprensa e tornaram o público cético. O sistema de cinco anos também gerou incentivos perversos para comportamentos estratégicos que influenciavam a regra de alocação seguinte, o que foi protestado por empresas com intenção de se iniciarem na indústria.

Fonte: Equipe WDR.

em se comprometer a solucionar o problema do que em, de fato, solucioná-lo – como a lacuna na atitude do consumidor, há uma lacuna entre palavra e ação no comportamento governamental (Figura 8.7) (Bättig; Bernauer, 2009). Há diversas razões para isso. Apesar da crescente preocupação pública em relação à mudança climática, os políticos permanecem receosos da reação do eleitorado, pressupondo que terão menos apoio a suas ações climáticas assim que as políticas afetarem os eleitores de maneira pessoal, por meio de custos diretos e visíveis (impostos sobre carbono e energia, aumentos de preços, perdas de empregos) (Compston; Bailey, 2008). Isso pode explicar por que é mais difícil alcançar reduções nas emissões a partir de restrições que afetam escolhas individuais. Sob uma perspectiva política, é mais difícil interferir nas escolhas pessoais de mobilidade do que se dirigir às usinas energéticas (Bättig; Bernauer, 2009).

A ação climática enfrenta uma "proximidade do limite" em termos políticos. A tendência das pessoas em lidar primeiro com as preocupações diretas e visíveis se traduz em uma imparcialidade política que favorece a solução de problemas ambientais locais (infraestrutura sanitária, qualidade da água e do ar, riscos relacionados à poluição tóxica e proteção dos hábitats locais) em detrimento de questões transfronteiriças (perda de biodiversidade, pesca excessiva, mudança climática) (ibidem). A proximidade do limite também tem uma dimensão temporal. Os problemas que se estendem muito pela linha de tempo, principalmente os relacionados a bens públicos, são de difícil resolução. A mudança climática não é exceção (Sprinz, 2008). Problemas intergeracionais exigem estruturas políticas de longo prazo, em desacordo com os mandatos governamentais e ciclos eleitorais.

Quando questões políticas são deixadas sem um público para defendê-las, as visões limitadas podem gerar incentivos perversos. A gestão de riscos de desastres é um exemplo de como medidas padrão de adaptação podem fracassar porque o público (o eleitor) deixa, com frequência, de pensar de forma preventiva. Assim, decisores públicos negligenciam a prevenção e a preparação para desastres porque essas questões não ganham voto. E a descoberta de que a remediação de desastres proporciona maiores recompensas políticas do que a preparação fecha o ciclo de perigo moral. Isso está longe de ser pura teoria. Parte do motivo pelo qual os custos de desastres aumentaram de forma drástica é o fato de que os governos perceberam que o auxílio a grupos e áreas atingidas por eventos meteorológicos graves gera enormes benefícios eleitorais (Schmidtlein; Finch; Cutter, 2008; Garrett; Sobel 2002). Esse pensamento vai de encontro à mudança de políticas e reforça as más políticas. Os seguros governamentais sobre os cultivos diminuem os incentivos para agricultores evitarem danos climáticos. A remediação de desastres leva os cidadãos e os governos locais a considerar as compensações como um direito, em vez de tomar medidas preventivas (Birkland, 2006).

As reformas climáticas dependem do apoio político. Em geral, toda mudança de política encontra resistências, principalmente se envolve custos visíveis para atores importantes e diversos. A política climática é um exemplo perfeito, uma vez que seus custos serão claramente visíveis a vários grupos econômicos e à população em geral. A construção do apoio público às políticas climáticas pode ser realizada por diversas vias.

Criar intervenções com as quais um número máximo de atores políticos (importantes) pode concordar

Elaborar políticas que geram benefícios conjuntos. Os países que acatam e implementam deveres ambientais internacionais tendem a fazê-lo por causa dos incentivos locais: poluição do ar, degradação da qualidade da água e outras ameaças ambientais diretas e visíveis (Dolsak, 2001). As pessoas contribuem com os bens públicos mais facilmente quando veem benefícios diretos. A busca ativa por metas e benefícios que se sobrepõem deve ser central em políticas climáticas politicamente sustentáveis (Agrawala; Fankhauser, 2008). Nem todas as políticas de desenvolvimento de uma inteligência climática são específicas para o clima, e uma série de ações pode superar os conflitos de escolha (ou percebidos como tal) entre desenvolvimento econômico e ação climática. O desafio é estruturar a ação climática de acordo com metas e cobenefícios locais, privados e de curto prazo, tais

QUADRO 8.12 *O setor privado está modificando práticas mesmo sem legislação nacional*

Mesmo em países sem uma legislação abrangente sobre mudança climática, atores do setor privado intensificaram suas ações para reduzir a emissão de gases de efeito estufa. Um número crescente de empresas tem elaborado padrões voluntários de metas e relatórios de emissões. Em 2008, 57 resoluções de acionistas relacionadas ao clima – um recorde – foram levadas às salas de reuniões dos Estados Unidos, o dobro do número cinco anos antes. O apoio às medidas apresentou uma média de mais de 23% entre os acionistas – outro recorde histórico.

Empresas com altas emissões de carbono também se reuniram para discutir estratégias para a mitigação da mudança climática. No início de 2009, a Parceria Americana pela Ação Climática, uma aliança entre mais de vinte grandes empresas emissoras de gases de efeito estufa e diversas organizações não governamentais, propôs um plano unificado de ação legislativa federal que firma o propósito de uma redução de 80% dos níveis de emissões de 2005 até 2050. A Business Roundtable, grupo formado por altos executivos dos Estados Unidos, planejou maneiras de aumentar a conservação, a eficiência e a produção energética interna até 2025. O Fórum Internacional de Líderes Empresariais Príncipe de Gales, uma organização independente que apoia mais de 100 empresas de liderança mundial, lançou o Programa Negócios e Meio Ambiente, em reconhecimento ao impacto da mudança climática nas operações e responsabilidades corporativas.

Esses estímulos estão impulsionando indústrias inteiras a alterar suas práticas.

Em março de 2009, a Associação de Seguradoras dos Estados Unidos implementou um requerimento inédito que determina que todas as seguradoras devem avaliar os riscos associados à mudança climática que possam se apresentar às empresas seguradas e divulgar seus planos para a gestão desses riscos. Eles abrangem tanto riscos diretos dos impactos da mudança climática quanto riscos indiretos de iniciativas de políticas para mitigação da mudança climática. Do mesmo modo, a indústria de investimentos financeiros está se mobilizando para aumentar a divulgação de riscos climáticos em empresas de comércio público e, ao mesmo tempo, promover investimentos inteligentes ao clima.

Fonte: Equipe WDR.

---

como segurança e eficiência energética, saúde pública e redução da poluição e dos riscos de desastres.

Focar os grupos relevantes. Os cobenefícios das políticas climáticas podem convencer interesses pessoais opostos. Tomemos como exemplo o trabalho. Nas situações em que o efeito da política climática sobre o emprego é negativo em curto prazo, deve-se deixar clara a realização de recompensas para o trabalho organizado. Os sindicatos podem ser convencidos por meio da demonstração de que economias de baixo carbono são mais intensas em trabalho do que as convencionais; como a economia de energia pode ser transformada em despesas maiores e mais intensas em trabalho; como os investimentos na criação e implantação de tecnologias gerarão empregos; e como as receitas provenientes da taxação de energia podem compensar os impostos sobre o trabalho, aumentando a demanda por trabalhadores. É importante avaliar cuidadosamente se as políticas são percebidas como indevidamente favoráveis a um ou outro grupo. O apoio às políticas climáticas é grande entre grupos que enxergam a economia de baixo carbono como uma oportunidade de negócio, mas indústrias tradicionais permanecem contrárias. Aplicar o princípio da anterioridade às licenças de emissão é citado, com frequência, como uma medida estratégica para conseguir a adesão em longo prazo de empresas, mas o esquema também gera resistência pública (Quadro 8.11).

Confiar em instrumentos e processos de consenso. A obtenção de acordo prévio, com as principais partes envolvidas, sobre medidas específicas pode reduzir danos políticos. Além da identificação de benefícios conjuntos, as políticas de consenso envolvem o estabelecimento de sistemas de consulta e esquemas voluntários que vinculam os principais atores (como grupos industriais) aos princípios da política climática. Sistemas políticos de consulta parecem ser mais eficazes em políticas ambientais (Compston; Bailey, 2008).

Aumentar a aceitação pública das reformas

Buscar equidade, justiça e inclusão. A aversão de decisores à iniquidade é produto tanto da ética quanto da política, visto que os resultados da redistribuição geralmente levam a recompensas políticas ou sanções por parte dos eleitores. É mais provável que o público aceite mudanças na política se forem vistas como o enfrentamento de um problema grave e se seus custos e benefícios forem percebidos como distribuídos de modo equitativo. Isso requer a elaboração de políticas climáticas progressivas e equitativas, com medidas transparentes de compensação para os mais pobres. Políticas fiscais ecológicas podem ser progressivas e desempenhar um importante papel de equidade (Ekins; Dresner, 2004). A reciclagem de receitas decorrentes de taxas de carbono ou licenças leiloadas pode oferecer apoio aos cortes de impostos e promover estímulo econômico. A criação de um fundo de reserva para a receita gerada a partir de taxas e licenças de carbono para esquemas de proteção social pode aumentar a aceitação de reformas de cobrança de energia. Em diversos países europeus, as receitas provenientes de cobranças sobre poluentes atmosféricos, lixos químicos e produtos tóxicos são abatidas de impostos de renda e contribuições à seguridade social.

Liderar com base em exemplos. Os criadores de políticas podem estabelecer normas sociais pela mudança do comportamento governamental. Tornar o governo mais ecologicamente correto pode desempenhar um importante papel comunicativo, além de proporcionar benefícios imediatos na redução de emissões e no estímulo à pesquisa e investimentos em novas tecnologias. Onde for viável, o governo também pode revisar instrumentos tais como acordos públicos para o apoio aos objetivos ecológicos.

Aprender com os desastres naturais relacionados ao clima. Desastres podem oferecer "oportunidades de foco" que geram mudanças rápidas de políticas, embora o intervalo de oportunidade seja geralmente curto (Birkland, 2006). A onda de calor na Europa em 2003, o Furacão Katrina em 2005 e os incêndios florestais na Austrália em 2009 acentuaram a atenção à mudança climática. Esses eventos podem proporcionar abertura para o governo tomar medidas que seriam impopulares em tempos normais (Compston; Bailey, 2008). A reconstrução pós-desastre também oferece a oportunidade de modificar práticas anteriores e fundar comunidades e sociedades mais resilientes.

Aumentar a aceitação de políticas. Ações governamentais rápidas e repentinas podem contornar grupos que preferem manter o *status quo* e criar uma sensação de inevitabilidade, se o impulso for mantido (Kerr, 2006). Entretanto, uma abordagem gradativa pode aumentar a aceitação de políticas, uma vez que, em geral, mudanças graduais de políticas geram menos atenção e resistência. Isso poderia explicar por que grandes economias têm se mostrado lentas em iniciar a redução de emissões. Pequenas mudanças e acréscimos estabelecem a plataforma de implementação de mudanças posteriores maiores. Nesse cenário, a previsibilidade (obtida pelo estabelecimento da orientação em longo prazo das políticas governamentais) permite às partes envolvidas, dentro e fora do governo, identificar os incentivos de que eles precisam para reorientar suas atividades ("A major setback for clean air", 2008).

Aprimorar a comunicação. Estratégias de comunicação bem feitas não só podem ajudar a mudar comportamentos, mas também mobilizar apoio político para reformas.

"Já pensou em emigrar para fora do planeta? Para a Lua, Marte ou Vênus? Mas nosso planeta Terra é conhecido como o mais bonito de todos... Eu ainda prefiro morar neste lindo lugar, com pássaros cantando por todos os lados, o aroma das flores no ar, verdes colinas e geleiras azuis. Então, por favor, vamos todos começar a trabalhar juntos para preservar a beleza da Mãe Terra. Juntem-se a mim, agora, para fazer um mundo melhor."

Giselle Lau Ching Yue, 9 anos, China

Campanhas de informação pública têm sido vitais para o sucesso de reformas de subsídios, mesmo quando os grupos que recebem os subsídios são mais bem organizados e mais poderosos do que os beneficiários da reforma (consumidores e contribuintes). A comunicação deve se concentrar em preencher lacunas de conhecimento e se dirigir a oposições de reforma que podem ter uma base racional. Por exemplo, a desmistificação de algumas percepções infundadas sobre aspectos negativos das políticas climáticas pode reduzir a incerteza e a oposição. Pesquisas mostram que o receio de "correr para o fundo" e perder competitividade é exagerado e que o investimento em novas tecnologias verdes pode impulsionar o desenvolvimento de mercados de bens e serviços ambientais (Janicke, 2001). Da mesma forma, a ênfase no fato de que as taxas ambientais não são apenas uma fonte de renda para o Estado, mas um elemento primordial para a mudança de comportamento, é essencial para o aumento da aceitação pública.

Lidar com as deficiências estruturais de sistemas políticos

Reforçar o pluralismo político. Interesses pessoais, incluindo o receio de que políticas climáticas causem danos aos negócios ou à indústria, podem contribuir para a limitação do escopo e impacto de políticas climáticas. Entre as medidas para reduzir a atividade de grupos de interesse destinada a aprisionar ou sabotar políticas climáticas, está o reforço do pluralismo político. Isso pode apresentar impactos variados na mudança de políticas. Um número elevado de atores de veto pode ocasionar paralisia das políticas (Tsebelis, 2002). O pluralismo político, por sua vez, reduz o *lobby* a portas fechadas e a corrupção, uma vez que confere acesso e voz a interesses compensatórios (Dolsak, 2001). Os interesses ambientais oprimiram os interesses corporativos com a intenção de reduzir o rigor de políticas ambientais em segurança alimentar, padrões de portfólios de renováveis e regulamentação de resíduos (Vogel, 2005; Bernauer; Caduff, 2004; Bernauer, 2003).

Pluralismo político pode também fomentar coalizões de interesses ambientais para a mudança.

Promover a transparência. O esclarecimento do custo da energia e de seus componentes (produção, importação, distribuição de subsídios e taxas) pode aumentar o apoio à reforma de mercados de energia. Na política de mitigação, uma das grandes vantagens da divulgação transparente dos custos da energia é que o custo adicional de carbono é colocado em termos relativos. A transparência tem tido serventia especial no aumento da conscientização pública sobre os custos de subsídios energéticos, na avaliação de conflitos de escolha e na identificação de ganhadores e perdedores. Alguns países possuem sistemas de relatórios de subsídios para aumentar a compreensão do público sobre seus custos e benefícios (International Monetary Fund, 2008).

Dificultar a reversão de políticas. Ao dificultarem a reversão de políticas, arranjos institucionais e políticos podem ajudar a evitar que ações climáticas vigentes sejam revertidas à fase de elaboração. Esses arranjos podem ocorrer sob a forma de emendas constitucionais e leis de mudança climática (Kydland; Prescott, 1977; Sprinz, 2008). Eles também podem incluir a criação de instituições independentes que visualizam o cenário em longo prazo, do mesmo modo que instituições monetárias controlam a inflação.

O desenvolvimento de atitudes inteligentes em termos climáticos começa em casa

A busca por respostas adequadas à mudança climática tem se concentrado, há muito, na necessidade de uma aliança entre todos os países: um acordo mundial. Embora seja importante, o acordo mundial é apenas parte da solução. A mudança climática é, sem dúvida, um fracasso global de mercado, porém um fracasso articulado segundo causas e efeitos definidos localmente e mediado por circunstâncias específicas de cada contexto.

Isso significa que as políticas climáticas, tanto para mitigação quanto para adaptação, possuem fatores determinantes locais. Um estudo sobre a adoção de padrões de portfólio de renováveis nos estados norte-americanos mostra que o liberalismo político, o potencial energético renovável e as concentrações locais de poluentes atmosféricos aumentam a probabilidade de um Estado adotar os padrões. Já a intensidade das emissões de carbono tende a reduzir essa probabilidade (Matisoff, 2008). Regimes internacionais influenciam as políticas internas, mas o contrário também é verdadeiro. O comportamento de cada país em delinear, adotar e implementar um acordo climático depende de incentivos internos. As normas políticas, as estruturas institucionais e os interesses pessoais influenciam a tradução de preceitos internacionais em diálogos e políticas internas, ao mesmo tempo que moldam o sistema internacional pelo estímulo a ações nacionais (Davenport, 2008; Kunkel; Jacob; Busch, 2006; Dolsak, 2001; Cass, 2005). A riqueza de um país, suas matrizes energéticas e suas preferências econômicas (tais como a propensão a respostas com base no mercado ou no Estado) definem a política de mitigação. Aos aspectos econômicos e administrativos, somam-se as considerações culturais e políticas, para a escolha entre taxação ou sistema de limite e comércio. Por causa da ausência de um mecanismo internacional de sanções, os incentivos para o alcance de metas e compromissos globais precisam ser encontrados internamente, com base em benefícios locais concentrados, tais como ar mais puro, transferência de tecnologia e segurança energética.

A ação climática já está em andamento. Os países demonstraram diferentes níveis de comprometimento e desempenho na redução das emissões. Países pequenos, que, em teoria, teriam incentivos para agir livremente, dadas suas irrisórias contribuições à redução global de emissões, têm tomado mais medidas agressivas, até agora, do que os grandes atores. Em alguns países, medidas subnacionais e respostas criadas internamente já estão afetando as políticas nacionais e o posicionamento de países no cenário mundial. O setor privado, por sua vez, está mostrando que práticas antigas podem dar lugar a novas visões (Quadro 8.12).

A reversão da inércia institucional que restringe as políticas climáticas exige mudanças fundamentais na interpretação de informações e na tomada de decisões. Uma série de ações pode ser tomada internamente por governos nacionais e subnacionais, bem como pelo setor privado, pela imprensa e pela comunidade científica. Embora o estabelecimento de um regime climático internacional eficaz seja uma preocupação justificada, ele não deve gerar uma atitude de "esperar para ver", a qual só contribui para a inércia e restringe as respostas.

Referências bibliográficas

A MAJOR SETBACK for Clean Air. *New York Times*, July 16, 2008.

ACCENTURE. *Shifting the Balance from Intention to action*: low carbon, high Opportunity, High Performance. New York: Accenture, 2009.

AGRAWALA, S.; FANKHAUSER, S. *Economic Aspects of Adaptation to Climate Change*: Costs, Benefits and Policy Instruments. Paris: Organisation for Economic Cooperation and Development, 2008.

ALBER, G.; KERN, K. Governing Climate Change in Cities: Modes of Urban Climate Governance in Multi-Level Systems. Paper Presented at the OECD Conference on Competitive Cities and Climate Change, Milan, 2008.

ANDERSON, M. G.; HOLCOMBE, E. A. Reducing Landslide risk in poor housing areas of the Caribbean: developing a new government-community Partnership Model. *Journal of International Development*, v.19, p.205-21, 2007.

BANNON, B. et al. "Americans" Evaluations of Policies to Reduce Greenhouse Gas Emissions. Palo Alto, CA: Stanford University, 2007. (Technical paper.)

BARRETT, S.; GRADDY, K. Freedom, Growth and the Environment. *Environment and Development Economics*, v.5, n.4, p.433-56, 2000.

BÄTTIG, M. B.; BERNAUER, T. National Institutions and Global Public Goods: Are Democracies More Cooperative in Climate Change Policy? *International Organization*, v.63, n.2, p.1-28, 2009.

BAZERMAN, M. Climate Change as a Predictable Surprise. *Climatic Change*, v.77, p.179-93, 2006.

BERNAUER, T. *Genes, Trade, and Regulation*: the Seeds of Conflict in Food Biotechnology. Princeton, NJ: Princeton University Press, 2003.

BERNAUER, T.; CADUFF, L. In Whose Interest? Pressure Group Politics, Economic Competition and Environmental Regulation. *Journal of Public Policy*, v.24, n.1, p.99-126, 2004.

BERNAUER, T.; KOUBI, V. States as Providers of Public Goods: How Does Government Size Affect Environmental Quality? Zurich: Center for Comparative and International Studies, 2006. (Working paper 14.)

BIRKLAND, T. A. *Lessons from Disaster*: Policy Change After Catastrophic Events. Washington, DC: Georgetown University Press, 2006.

BOSTROM, A. et al. What Do People Know about Global Climate Change? Mental Models. *Risk Analysis*, v.14, n.6, p.959-70, 1994

BOYKOFF, M.; MANSFIELD, M. Ye Olde hot aire: Reporting on Human Contributions to Climate Change in the U. K. Tabloid Press. *Environmental Research Letters*, v.3, p.1-8, 2008.

BRECHIN, S. R. Ostriches and Change: a Response to Global Warming and Sociology. *Current Sociology*, v.56, n.3, p.467-74, 2008.

BULKELEY, H. Common Knowledge? Public Understanding of Climate Change in Newcastle, Australia. *Public Understanding of Science*, v.9, p.313-33, 2000.

BUREAU OF TRANSPORTATION STATISTICS (BTS). *Key Transportation Indicators November 2008*. Washington, DC: U. S. Department of Transportation, 2008.

CASS, L. Measuring the Domestic Salience of International Environmental Norms: Climate Change Norms in German, British, and American Climate Policy Debates. Paper Presented at the International Studies Association, Honolulu, 2005.

CIALDINI, R. B.; GOLDSTEIN, N. J. Social Influence: Compliance and Conformity. *Annual Review Psychology*, v.55, p.591-621, 2004.

CLIFFORD CHANCE. *Climate Change*: a Business Response to a Global Issue. London: Clifford Chance, 2007.

COMPSTON, H.; BAILEY, I. *Turning Down the Heat*: the Politics of Climate Policy in Affluent Democracies. Basingstoke, UK: Palgrave Macmillan, 2008.

CONGLETON, R. D. Political Regimes and Pollution Control. *Review of Economics and Statistics*, v.74, p.412-21, 1992.

_____. *The Political Economy of Environmental Protection*. Ann Arbor, MI: University of Michigan Press, 1996.

_____. Governing the Global Environmental Commons: the Political Economy of International Environmental Treaties and Institutions. In: SCHULZE, G. G.; URSPRUNG, H. W. (Ed.) *Globalization and the Environment*. New York: Oxford University Press, 2001.

CORNER, A. Barack Obama's Hopes of Change Are All in the Mind. *The Guardian*, Nov. 27, 2008.

DAVENPORT, D. The International Dimension of Climate Policy. In: COMPSTON, H.; BAILEY, I. (Ed.) *Turning Down the Heat*: the Politics of Climate Policy in Affluent Democracies. Basingstoke, UK: Palgrave Macmillan, 2008.

DOERN, G. B.; GATTINGER, M. *Power Switch*: Energy Regulatory Governance in the 21st Century. Toronto: University of Toronto Press, 2003.

DOLSAK, N. Mitigating Global Climate Change: Why Are Some Countries More Committed Than Others? *Policy Studies Journal*, v.29, n.3, p.414-36, 2001.

DUNLAP, R. E. Lay Perceptions of Global Risk: public views of global warming in cross-National Context. *International Sociology*, v.13, p.473-98, 1998.

EKINS, P.; DRESNER, S. *Green Taxes and Charges*: Reducing their Impact on Low-Income Households. York, UK: Joseph Rowntree Foundation, 2004.

ENERGY INFORMATION ADMINISTRATION (EIA). *Annual Energy Outlook 2009*. Washington, DC: EIA, 2009.

ENVIRONMENTAL PROTECTION AGENCY (EPA). *Draft inventory of U. S. Greenhouse Gas Emissions and Sinks*: 1990-2007. Washington, DC: EPA, 2009.

ESTACHE, A. Decentralized Environmental Policy In Developing Countries. Washington, DC: World Bank, 2008.

ESTY, D. C. et al. *Environmental Performance Index*. New Haven, CT: Yale Center for Environmental Law and Policy, 2008.

FOA, R. Social and Governance Dimensions of Climate Change: Implications for Policy. Washington, DC: World Bank, 2009. (Policy Pesearch Working Paper 4939).

GARDNER, G. T.; STERN, P. C. The Short List: The Most Effective Actions U.S. Households Can Take to Curb Climate Change. *Environment Magazine*, 2008.

GARRETT, T. A.; SOBEL, R. S. The Political Economy of Fema Disaster Payments. Federal Reserve Bank of St. Louis, 2002. (Working paper 2002-01 2B).

GAUTIER, C.; DEUTSCH, K.; REBICH, S. Misconceptions about the Greenhouse Effect. *Journal of Geoscience Education*, v.54, n.3, p.386-95, 2006.

GIDDENS, A. *The Politics of Climate Change*: National Responses to the Challenge of Global Warming. Cambridge, UK: Polity Press, 2008.

GRISKEVICIUS, V. The Constructive, Destructive, and Reconstructive Power of Social Norms. *Psychological Science*, v.18, n.5, p.429-34, 2007.

HAITES, E. Investment and Financial Flows Needed to Address Climate Change. Breaking the Climate Deadlock Briefing Paper, The Climate Group, London, 2008.

HARDIN, G. The Tragedy of the Commons. *Science*, v.162, p.1243-8, 1968.

HUNGERFORD, H.; VOLK, T. Changing Learner Behavior Through Environmental Education. *Journal of Environmental Education*, v.21, p.8-21, 1990.

IMMERWAHR, J. *Waiting for a Signal*: Public Attitudes toward Global Warming, the Environment and Geophysical Research. New York: Public Agenda, 1999.

INSTITUTE FOR PUBLIC POLICY RESEARCH (IPPR). *Engagement and Political Space for Policies on Climate Change*. London: IPPR, 2008.

INTERNATIONAL COUNCIL ON CLEAN TRANSPORTATION (ICCT). *Passenger Vehicle Greenhouse Gas and Fuel Economy Standard*: a Global Update. Washington, DC: San Francisco: ICCT, 2007.

INTERNATIONAL MONETARY FUND (IMF). *Fuel and Food Price Subsidies*: Issues and Reform Options. Washington, DC: IMF, 2008.

IRWIN, T. Implications for Climate Change Policy of Research on Cooperation in Social Dilemma. Washington, DC: World Bank, 2008. (Policy research working paper 5006.)

JACQUES, P.; DUNLAP, R.; FREEMAN, M. The Organisation of Denial: Conservative Think Tanks And Environmental Skepticism. *Environmental Politics*, v.17, n.3, p.349-85, 2008.

JANICKE, M. No Withering Away of the Nation State: Ten Theses on Environmental policy. In: BIERMANN, F.; BROHM, R.; DINGWERT, K. (Ed.) *Global Environmental Change and the Nation State*: Proceedings of the 2001 Berlin Conference on the Human Dimensions of Global Environmental Change. Berlin: Potsdam Institute for Climate Impact Research, 2001.

KAHNEMAN, D.; TVERSKY, A. Prospect Theory: an Analysis of Decision Under Risk. *Econometrica*, v.47, p.263-91, 1979.

KALLBEKKEN, S.; KROLL, S.; CHERRY, T. L. Do You Not Like Pigou, or Do You Not Understand Him? Tax Aversion and Earmarking in the Lab. Paper presented at the Oslo Seminars in Behavioral and Experimental Economics, Department of Economics, University of Oslo, 2008.

KASTENS, K. A.; TURRIN, M. To What Extent Should Human/Environment Interactions Be Included in Science Education? *Journal of Geoscience Education*, v.54, n.3, p.422-36, 2006.

KAUFMAN, D.; KRAAY, A.;MASTRUZZI, M. *World Governance Indicators 2007*. Washington, DC: World Bank, 2007.

KELLSTEDT, P.; ZAHRAN, S.; VEDLITZ, A. Personal Efficacy, the Information Environment, and Attitudes toward Global Warming and Climate Change in the United States. *Risk Analysis*, v.28, n.1, p.113-26, 2008.

KERR, S. The Political Economy of Structural Reform in Natural Resource Use: Observations from New Zealand. Paper presented at the National Economic Research Organizations Meeting, Paris, 2006.

KROSNICK, J. The American Public's Views of Global Climate Change and Potential Amelioration Strategies. World Development Report 2010 Seminar Series, presentation. Washington, DC: World Bank, 2008.

KROSNICK, J. et al. The Origins and Consequences of Democratic Citizen's Policy Agendas: a Study of Popular Concern about Global Warming. *Climate Change*, v.77, p.7-43, 2006.

KUNCE, M.; SHOGREN, J. F. On Interjurisdictional Competition and Environmental Federalism. *Journal of Environmental Economics and Management*, v.50, p.212-24, 2005.

Kunkel, N.; Jacob, K.; Busch, P.-O. Climate Policies: (the Feasibility of) a Statistical Analysis Of Their Determinants. Paper Presented at the Human Dimensions of Global Environmental Change, Berlin, 2006.

KYDLAND, F. E.; PRESCOTT, E. C. Rules Rather than Siscretion: the Inconsistency of Optimal Plan. *Journal of Political Economy*, v.85, n.3, p.473-91, 1977.

LAITNER, J.; FINMAN, H. *Productivity Benefits from Industrial Energy Efficiency Investments*. Washington, DC: EPA Office of the Atmospheric Programs, 2000.

LAYARD, R. *Happiness*: Lessons from a New Science. London: Penguin, 2005.

LEISEROWITZ, A. Public Perception, Opinion and Understanding of Climate Change: Current Patterns, Trends and Limitations. Occasional Paper for the *Human Development Report 2007/2008*, United Nations Development Programme, New York, 2007.

LORENZONI, I.; NICHOLSON-COLE, S.; WHITMARSH, L. Barriers Perceived to Engaging with Climate Change among the UK Public and Their Policy Implications.

Global Environmental Change, v.17, p.445-59, 2007.

LUTSEY, N.; SPERLING, D. America's Bottom-up Climate Change Mitigation Policy. *Energy Policy*, v.36, p.673-85, 2008.

MASLOW, A. H. *Motivation and Personality*. New York: Harper & Row, 1970.

MATISOFF, D. C. The Adoption of State Climate Change Policies and Renewable Portfolio Standards. *Review of Policy Research*, v.25, p.527-46, 2008.

MEADOWCROFT, J. Climate Change Governance. Washington, DC: World Bank, 2009. (Policy research working paper 4941.)

MILLER, D. What's Wrong with Consumption? London: University College London, 2008.

MOSER, S. C.; DILLING, L. *Creating a Climate for Change*: Communicating Climate Change and Facilitating Social Change. New York: Cambridge University Press, 2007.

MOXNES, E.; SAYSEL, A. K. Misperceptions of Global Climate Change: Information Policies. *Climatic Change*, v.93, n.1-2, p.15-37, 2009.

NISBET, M. C.; MYERS, T. Twenty Years of Public Opinion about Global Warming. *Public Opinion Quarterly*, v.71, n.3, p.444-70, 2007.

NORGAARD, K. M. People Want to Protect Themselves a Little Bit: Emotions, Denial, and Social Movement Nonparticipation. *Sociological Inquiry*, v.76, p.372-96, 2006.

_____. Cognitive and Behavioral Challenges in Responding to Climate Change. Washington, DC: World Bank, 2009. (Policy research working paper 4940).

NORTH, D. C. *Institutions, Institutional Change and Economic Performance*. Cambridge, UK: Cambridge University Press, 1990.

OATS, W. E.; PORTNEY, P. R. The Political Economy of Environmental Policy. In: MALER, K. G.; VINCENT, J. R. (Ed.) *Handbook of Environmental Economics*. Amsterdam: Elsevier Science B.V., 2003.

O'CONNOR, R. et al. Who Wants to Reduce Greenhouse Gas Emissions? *Social Science Quarterly*, v.83, n.1, p.1-17, 2002.

OLSON, M. *The Logic of Collective Action*. Cambridge, MA: Harvard University Press, 1965.

ORESKES, N. Beyond the Ivory Tower: the Scientific Consensus on Climate Change. *Science*, v.306, n.5702, p.1686, 2004.

ORGANISATION FOR ECONOMIC CO-OPERATION AND DEVELOPMENT (OECD). *Harmonizing Donor Practices for Effective aid Delivery*. Paris: OECD, 2003.

ORNSTEIN, R.; EHRLICH, P. *New World, New Mind*: Moving toward Conscious Evolution. Cambridge, MA: Malor Books, 2000.

OSBORNE, D. *Laboratories of Democracy*: a New Breed of Governor Creates Models for National Growth. Boston: Harvard Business School Press, 1988.

OSTROM, E. A Polycentric Approach for Coping with Climate Change. Background Paper for the WDR 2010, 2009.

PATT, A. G.; SCHRÖTER, D. Climate Risk Perception and Challenges for Policy Implementation: Evidence from Stakeholders in Mozambique. *Global Environmental Change*, v.18, p.458-67, 2008.

RABE, B. G. *Greenhouse and Statehouse*: the Evolving State Government Role in Climate Change. Arlington, VA: Pew Center on Global Climate Change, 2002.

RABE, B. G. *Race to the Top*: the Expanding Role of U.S. State Renewable Portfolio Standards. Arlington, VA: Pew Center on Global Climate Change, 2006.

REPETTO, R. The Climate Crisis and the Adaptation Myth. Yale School of Forestry and Environmental Studies Working Paper 13, Yale University, New Haven, CT, 2008.

RETALLACK, S.; LAWRENCE, T.; LOCKWOOD, M. *Positive Energy*: Harnessing People Power to Prevent Climate Change. London: Institute for Public Policy Research, 2007.

ROLAND-HOLST, D. *Energy Efficiency, Innovation, and Job Creation in California*. Berkeley, CA: Center for Energy, Resources, and Economic Sustainability, University of California at Berkeley, 2008.

ROMM, J. J.; ERVIN, C. A. How Energy Policies Affect Public Health. *Public Health Reports*, v.111, n.5, p.390-9, 1996.

ROWELL, A. *Green Backlash*: Global Subversion of the Environmental Movement. London: Routledge, 1996.

SANDVIK, H. Public Concern over Global Warming Correlates Negatively with National Wealth. *Climatic Change*, v.90, n.3, p.333-41, 2008.

SCHMIDTLEIN, M. C.; FINCH, C.; CUTTER, S. L. Disaster Declarations and Major Hazard Occurrences in the United States. *Professional Geographer*, v.60, n.1, p.1-14, 2008.

SCHNEIDER, V.; LEIFELD, P.; MALANG, T. Coping with Creeping Catastrophes: the Capacity of National Political Systems in the Perception, Communication and Solution of Slow-moving and Long-term Policy

Problems. Paper presented at the Berlin Conference on the Human Dimensions of Global Environmental Change: "Long-Term Policies: Governing Social-Ecological Change", Berlin, Feb. 22-23, 2008.

SEHRING, J. The Politics of Water Institutional Reform: a Comparative Analysis of Kyrgyzstan and Tajikistan. Paper presented at the Berlin Conference on the Human Dimensions of Global Environmental Change: "Resource Policies: Effectiveness, Efficiency and Equity", Berlin, Nov. 17-18, 2006.

SODERHOLM, P. Environmental Policy in Transition Economies: will Pollution Charges Work? *Journal of Environment Development*, v.10, n.4, p.365-90, 2001.

SPRINZ, D. F. Responding to Long-term Policy Challenges: Sugar Daddies, Airbus Solution or Liability? *Ökologisches Wirtschaften*, v.2, p.16-9, 2008.

STERN, N. *The Economics of Climate Change*: the Stern Review. Cambridge, UK: Cambridge University Press, 2006.

STERNER, T. *Policy Instruments for Environmental and Natural Resources Management*. Washington, DC: Resources for the Future, 2003.

STERNMAN, J. D.; SWEENEY, L. B. Understanding Public Complacency about Climate Change: Adults' Mental Models of Climate Change Violate Conservation of Matter. *Climatic Change*, v.80, p.3-4, p.213-38, 2007.

SWALLOW, B. et al. *Opportunities for Avoided Deforestation with Sustainable Benefits*. Nairobi: ASB Partnership for the Tropical Forest Margins, 2007.

TORRAS, M.; BOYCE, J. K. Income, Inequality and Pollution: a Reassessment of the Environmental Kuznets Curve. *Ecological Economics*, v.25, n.2, p.147-60, 1998.

TSEBELIS, G. *Veto Players*: How Political Institutions Work. Princeton, NJ: Princeton University Press, 2002.

TVERSKY, A.; KAHNEMAN, D. Judgment under Uncertainty: Heuristics and Biases. *Science*, v.211, p.1124-31, 1974.

VAUGHN-SWITZER, J. *Environmental Politics*. London: St. Martin's Press, 1997.

VOGEL, D. *The Market for Virtue*: the Potential and Limits of Corporate Social Responsibility. Washington, DC: Brookings Institution Press, 2005.

WADE, R. *Governing the Market*. Princeton, NJ: Princeton University Press, 1990.

WARD, B. *Communicating on Climate Change*: an Essential Resource for Journalists, Scientists, and Educators. Narragansett, RI: Metcalf Institute for Marine and Environmental Reporting, University of Rhode Island Graduate School of Oceanography, 2008.

WEBER, E. U. Experience-based and Description-Based Perceptions of Long-Term Risk: Why Global Warming Does Not Sare Us (yet). *Climatic Change*, v.77, p.103-20, 2006.

WIMBERLY, J. *Climate Change and Consumers*: the Challenge Ahead. Washington, DC: EcoAlign, 2008.

WINTER, D. D.; KOGER, S. M. *The Psychology of Environmental Problems*. Mahwah, NJ: Lawrence Erlbaum Associates, 2004.

WORLD BANK. *World development report 1992*. Development and the Environment. New York: Oxford University Press, 1992.

_____. *World Development Report 1997*. The State in a Changing World. Washington, DC: World Bank, 1997.

_____. *World Development Report 2002*. Building Institutions for Markets. Washington, DC: World Bank, 2002.

Nota bibliográfica

Muitas pessoas de dentro e fora do Banco Mundial colaboraram com a equipe. Agradecemos aos valiosos comentários, orientações e contribuições de Shardul Agrawala, Montek Singh Ahluwalia, Nilufar Ahmad, Kulsum Ahmed, Sadiq Ahmed, Ahmad Ahsan, Ulrika Åkesson, Mehdi Akhlaghi, Mozaharul Alam, Vahid Alavian, Harold Alderman, Sara Amiri, David Anderson, Simon Anderson, Ken Andrasko, Juliano Assunçao, Giles Atkinson, Varadan Atur, Jessica Ayers, Abdulhamid Azad, Sushenjit Bandyopadhyay, Ian Bannon, Ellysar Baroudy, Rhona Barr, Scott Barrett, Wim Bastiaanssen, Daniel Benitez, Craig Bennett, Anthony Bigio, Yvan Biot, Jeppe Bjerg, Brian Blankespoor, Melinda Bohannon, Jan Bojo, Benoît Bosquet, Aziz Bouzaher, Richard Bradley, Milan Brahmbhatt, Carter Brandon, Gernot Brodnig, Marjory-Anne Bromhead, Andrew Burns, Anil Cabraal, Duncan Callaway, Simon Caney, Karan Capoor, Jean-Christophe Carret, Rafaello Cervigni, Rita E. Cestti, Muyeye Chambwera, Vandana Chandra, David Chapman, Joelle Chassard, Flávia Chein Feres, Ashwini Chhatre, Kenneth Chomitz, David A. Cieslikowski, Hugh Compston, Luis Constantino, Jonathan Coony, Charles Cormier, Christophe Crepin, Richard Damania, Stephen Danyo, Michael Davis, Melissa Dell, Shantayanan Devarajan, Charles E. Di Leva, William J. Dick, Simeon Djankov, Carola Donner, Diletta Doretti, Krystel Dossou, Navroz Dubash, Hari Bansha Dulal, Mark Dutz, Jane Olga Ebinger, M. Willem van Eeghen, Nada Eissa, Siri Eriksen, Antonio Estache, James Warren Evans, Mandy Ewing, Pablo Fajnzylber, Charles Feinstein, Gene Feldman, Erick C. M. Fernandes, Daryl Fields, Christiana Figueres, Cyprian F. Fisiy, Ariel Fiszbein, Richard Fix, Paolo Frankl, Vicente Fretes Cibils, Alan Gelb, Francis Ghesquiere, Dolf Gielen, Indermit S. Gill, Habiba Gitay, Barry Gold, Itzhak Goldberg, Jan von der Goltz, Bernard E. Gomez, Arturo Gomez Pompas, Christophe de Gouvello, Chandrasekar Govindarajalu, Margaret Grosh, Michael Grubb, Arnulf Grübler, José Luis Guasch, Eugene Gurenko, Stéphane Hallegatte, Tracy Hart, Marea Eleni Hatziolos, Johannes Heister, Rasmus Heltberg, Fernando L. Hernandez, Jason Hill, Ron Hoffer, Daniel Hoornweg, Chris Hope, Nicholas Howard, Rafael de Hoyos, Veronika Huber, Vijay Iyer, Michael Friis Jensen, Peter Johansen, Todd Johnson, Torkil Jonch-Clausen, Benjamin F. Jones, Ben Jones, Frauke Jungbluth, John David Kabasa, Ravi Kanbur, Tom Karl, Benjamin S. Karmorh, George Kasali, Roy Katayama, Andrzej Kedziora, Michael Keen, Kieran Kelleher, Claudia Kemfert, Karin E. Kemper, Qaiser Khan, Euster Kibona, Richard Klein, Masami Kojima, Auguste Tano Kouamé, Jarl Krausing, Holger A. Kray, Alice Kuegler, Norman Kuring, Yevgeny Kuznetsov, Christina Lakatos, Julian A. Lampietti, Perpetua Latasi, Judith Layzer, Danny Leipziger, Robert Lempert, Darius Lilaoonwala, James A. Listorti, Feng Liu, Bertrand Loiseau, Laszlo Lovei, Magda Lovei, Susanna Lundstrom, Kathleen Mackinnon, Marília Magalhães, Olivier Mahul, Ton Manders, McKinsey & Company (Jeremy Oppenheim, Jens Dinkel, Per-Anders Enkvist e Biniam Gebre), Marília Telma Manjate, Michael Mann, Sergio Margulis, Will Martin, Ursula Martinez, Michel Matera, J. M. Mauskar, Siobhan McInerney-Lankford, Robin Mearns, Malte Meinshausen, Abel Mejía, Stephen Mink, Rogerio de Miranda, Lucio Monari, Paul Moreno López, Roger Morier, Richard Moss, Valerie Müller, Robert Muir-Wood, Enrique Murgueitio Restrepo, Siobhan Murray, Everhart Nangoma, Mudit Narain, John Nash, Vikram Nehru, Dan Nepstad, Michele de Nevers, Ken Newcombe, Brian Ngo, Carlo del Ninno, Andy Norton, Frank Nutter, Erika Odendaal, Ellen Olafsen, Ben Olken, Sanjay Pahuja, Alessandro Palmieri, Gajanand Pathmanathan, Nicolas Perrin, Chris Perry, Djordjija Petkoski, Tanyathon Phetmanee, Henry Pollack, Joanna Post, Neeraj Prasad, Tovondriaka Rakotobe, Nithya Ramanathan, V. Ramanathan, Nicola Ranger, Dilip Ratha, Keywan Riahi, Richard Richels, Brian Ricketts, Jeff Ritchie, Konrad von Ritter, David Rogers, Mattia Romani, Joyashree Roy, Eduardo Paes Saboia, Claudia Sadoff, Salman Salman, Jamil Salmi, Klas Sandler, Apurva Sanghi, Shyam Saran, Ashok Sarkar, John Scanlon, Hartwig Schäfer, Imme Scholz, Sebastian Scholz, Claudia Sepúlveda, Diwesh Sharan, Bernard Sheahan, Susan Shen, Xiaoyu Shi, Jas Singh, Emmanuel Skoufias, Leopold Some, Richard Spencer, Frank Sperling, Sir Nicholas Stern, Thomas Sterner, Andre Stochniol, Rachel Strader, Charlotte Streck, Ashok Subramanian, Vivek Suri, Joanna Syroka, Mark Tadross, Patrice Talla Takoukam, Robert P. Taylor, Dipti Thapa, Augusto de la

Torre, Jorge E. Uquillas Rodas, Maria Vagliasindi, Hector Valdes, Rowena A. Valmonte-Santos, Trond Vedeld, Victor Vergara, Walter Vergara, Tamsin Vernon, Juergen Voegele, Paul Waide, Alfred Jay Watkins, Kevin Watkins, Charlene Watson, Sam Wedderburn, Bill Westermeyer, David Wheeler, Johannes Woelcke, Henning Wuester, Winston Yu, Shahid Yusuf, N. Robert Zagha, Sumaya Ahmed Zakieldeen e Jürgen Zattler.

Somos gratos às pessoas em vários lugares do mundo que participaram de consultas e e nos forneceram informações. Além disso, agradecemos blogueiros convidados e membros do público que comentaram em nosso blog, "Development in a Changing Climate".

Outra valiosa ajuda nos foi dada por Gytis Kanchas, Polly Means, Nacer Mohamed Megherbi, Swati Mishra, Prianka Nandy, Rosita Najmi e Kaye Schultz. Anita Gordon, Merrell J. Tuck-Primdahl e Kavita Watsa ajudaram a equipe com consultas e divulgação.

Apesar dos esforços para compilar uma lista exaustiva, alguns nomes de pessoas que nos ajudaram podem ter sido inadvertidamente omitidos. A equipe pede desculpas por quaisquer erros e reitera a sua gratidão a todos que contribuíram para este relatório.

Este relatório baseia-se em uma ampla gama de documentos do Banco Mundial e em numerosas fontes externas. Documentos de apoio comissionados para o relatório estão disponíveis tanto na World Wide Web www.worldbank.org/wdr2010 ou no Gabinete do Relatório do Desenvolvimento Mundial. As opiniões expressas nestes documentos não são necessariamente os do Banco Mundial ou do presente relatório.

Documentos de referência

ATKINSON, Giles; HAMILTON, Kirk; RUTA, Giovanni e VAN DER MENSBRUGGHE, Dominique. "Trade in 'Virtual Carbon': Empirical Results and Implications for Policy."

BARNETT, Jon e WEBBER, Michael. "Accommodating Migration to Promote Adaptation to Climate Change."

BENITEZ, Daniel; FUENTES NIEVA, Ricardo; SEREBRISKY, Tomas e WODON, Quentin. "Assessing the Impact of Climate Change Policies in Infrastructure Service Delivery: A Note on Affordability and Access."

BROWN, Casey; MEEKS, Robyn; GHILE, Yonas e HUNU, Kenneth. "An Empirical Analysis of the Effects of Climate Variables on National Level Economic Growth."

CANEY, Simon. "Ethics and Climate Change."

DUBASH, Navroz. "Climate Change Through a Development Lens."

FIGUERES, Christiana e STRECK, Charlotte. "Great Expectations: Enhanced Financial Mechanisms for Post-2012 Mitigation."

FOA, Roberto. "Social and Governance Dimensions of Climate Change: Implications for Policy."

HALLEGATTE, Stéphane; DUMAS Patrice e HOURCADE, Jean-Charles. "A note on the economic cost of climate change and the rationale to limit it below 2°K."

HOURCADE, Jean-Charles Nadaud e Franck. "Long-run Energy Forecasting in Retrospect."

IRWIN, Tim. "Implications for Climate-change Policy of Research on Cooperation in Social Dilemmas."

LIVERANI, Andrea. "Climate Change and Individual Behavior: Considerations for Policy."

MACCRACKEN, Mike. "Beyond Mitigation: Potential Options for Counter-Balancing the Climatic and Environmental Consequences of the Rising Concentrations of Greenhouse Gases."

MEADOWCROFT, James. "Climate Change Governance."

MECHLER, Reinhard; HOCHRAINER, Stefan; PFLUG Georg; WILLIGES, Keith e LOTSCH, Alexander. "Assessing Financial Vulnerability to Climate-Related Natural Hazards."

NORGAARD, Kari. "Cognitive and Behavioral Challenges in Responding to Climate Change."

OSTROM, Elinor. "A Polycentric Approach for Coping with Climate Change."

RANGER, Nicol; MUIR-WOOD, Robert e PRIYA, Satya. "Assessing Extreme Climate Hazards and Options for Risk Mitigation and Adaptation in the Developing World."

SHALIZI, Zmarak e LECOCQ, Franck. "Climate Change and the Economics of Targeted Mitigation in Sectors with Long-lived Capital Stock."

STRAND, Jon. "'Revenue Management' Effects of Climate Policy-Related Financial Flows."

THORNTON, Philip. "The Inter-linkages between Rapid Growth in Livestock Production, Climate Change e the Impacts on Water Resources, Land Use e Deforestation."

WATSON, Charlene e FANKHAUSER, Samuel. "The Clean Development Mechanism: Too Flexible to Produce Sustainable Development Benefits?"

Notas de referências

BENITEZ, Daniel e Natsuko Toba. "Transactional Costs and Marginal Abatement Costs." "Review of Energy Efficiency Policies." "Promoting Energy Efficiency: Issues and Lessons Learned."

BERINGER, Tim e LUCHT, Wolfgang. "Second Generation Bioenergy Potential."

ESTACHE, Antonio. "Public Private Partnerships for Climate Change Investments: Learning from the Infrastructure PPP Experience."

_____. "What Do We Know Collectively about the Need to Deal with Climate Change?"

_____. "How Should the Nexus between Economic and Environmental Regulation Work for Infrastructure Services?"

FÜSSEL, Hans-Martin. "Review and Quantitative Analysis of Indices of Climate Change Exposure, Adaptive Capacity, Sensitivity, and Impacts."

_____. "The Risks of Climate Change: A Synthesis of New Scientific Knowledge Since the Finalization of the IPCC Fourth Assessment Report."

GERTEN, Dieter e ROST, Stefanie. "Climate Change Impacts on Agricultural Water Stress and Impact Mitigation Potential."

HABERL, Helmut; ERB, Karl-Heinz, KRAUSMANN, Fridolin, GAUBE, Veronika; GINGRICH, Simone e PLUTZAR, Christof. "Quantification of the Intensity of Global Human Use of Ecosystems for Biomass Production."

HAMILTON, Kirk. "Delayed Participation in a Global Climate Agreement."

HARRIS, Nancy; HAGEN, Stephen; GRIMLAND, Sean; SALAS, William; SAATCHI, Sassan e BROWN, Sandra. "Improvement in Estimates of Land-Based Emissions."

HEYDER, Ursula. "Ecosystem Integrity Change as Measured by Biome Change."

HOORNWEG, Daniel; BHADA Perinaz; FREIRE Mila e DAVE, Rutu. "An Urban Focus—Cities and Climate Change."

HOUGHTON, Richard. "Emissions of Carbon from Land Management."

IMAM, Bisher. "Waters of the World."

LOTZE-CAMPEN, Hermann; POPP Alexander; DIETRICH, Jan Philipp e KRAUSE, Michael. "Competition for Land between Food, Bioenergy, and Conservation."

LOUATI, Mohamed El Hedi. "Tunisia's Experience in Water Resource Mobilization and Management."

MEINZEN-DICK, Ruth. "Community Action and Property Rights in Land and Water Management."

MÜLLER, Christoph; BONDEAU, Alberte; POPP, Alexander; WAHA, Katharina e FADER Marianela. "Climate Change Impacts on Agricultural Yields."

RABIE, Tamer e AHMED Kulsum. "Climate Change and Human Health."

RAMANATHAN, N., REHMAN, I. H. e RAMANATHAN, V. "Project Surya: Mitigation of Global and Regional Climate Change: Buying the Planet Time by Reducing Black Carbon, Methane, and Ozone."

ROGERS, David. "Environmental Information Services and Development."

VAGLIASINDI, Maria. "Climate Change Uncertainty, Regulation and Private Participation in Infrastructure."

WESTERMEYER, William. "Observing the Climate for Development."

Glossário

Adaptação inadequada: Atividades ou ações que aumentam a vulnerabilidade à mudança climática.

Adaptação: Ajuste nos sistemas natural e humano em resposta a um estímulo climático real ou previsto ou a seus efeitos, o qual modera o prejuízo ou explora oportunidades benéficas. Podem-se distinguir vários tipos de adaptação, inclusive participativa e reativa, autônoma e planejada, pública e privada.

Adicionalidade: Refere-se ao ato de verificar se as compensações de emissão de carbono geradas por um projeto são acompanhadas de reduções adicionais àquelas que, caso contrário, ocorreriam sem o incentivo financeiro e técnico do MDL. As emissões da atividade, tais como teriam sido na ausência do projeto do MDL, constituem a linha básica em relação à qual se mede a adicionalidade. A criação e venda de compensações provenientes de um projeto do MDL sem adicionalidade poderão levar a um aumento de emissões na atmosfera relativo às emissões liberadas se o comprador potencial da compensação reduzir diretamente suas emissões por conta própria.

Água virtual: Volume de água direta ou indiretamente consumido na produção de um bem ou serviço.

Antropogênico: Causado diretamente por ação humana. Por exemplo, queimar combustíveis fósseis para produzir energia leva a emissões de gases de efeito estufa (GEE) antropogênicos, ao passo que a deterioração natural da vegetação leva a emissões não antropogênicas.

Aprendizado social: É o processo mediante o qual as pessoas aprendem novo comportamento por meio de reforço aberto ou punição ou observando outros atores sociais no meio ambiente. Se as pessoas observarem resultados positivos e desejados para outros que exibem um determinado comportamento, estarão mais inclinadas a seguir tal modelo, bem como a imitar e adotar esse comportamento.

Avaliação de riscos: Metodologia padronizada que consiste em identificação, quantificação, redução e mitigação de riscos.

Avaliação integrada: Método de análise que combina resultados e modelos das ciências físicas, biológicas, econômicas e sociais, e as interações entre esses componentes em uma estrutura coerente, a fim de projetar as consequências da mudança climática e as respostas de políticas relacionadas a ela.

Bem público: Um bem cujo consumo não é exclusivo (sendo, portanto, impossível impedir que alguém goze do benefício) e não rival (de forma que o gozo do benefício por parte do indivíduo não diminua a quantidade de benefícios disponíveis a outros). A mitigação da mudança climática é um exemplo de um bem público, uma vez que seria impossível impedir que um indivíduo ou Estado gozem do benefício de um clima estabilizado, o que não diminui a capacidade de outros de se beneficiarem deste.

Biocombustível: Combustível produzido de matéria orgânica ou de óleos combustíveis provenientes de plantas. Exemplos de biocombustível são: álcool, substância líquida escura derivada do processo de fabricação de papel, madeira e óleo de soja. *Biocombustíveis de segunda geração*: produtos como etanol e biodiesel derivados de material lenhoso por meio de processos químicos ou biológicos.

Biodiversidade: A diversidade é a variedade de todas as formas de vida, incluindo genes, populações, espécies e ecossistemas.

Cap and trade **(limite e comércio):** Uma abordagem para controlar emissões poluentes que combina mercado e regulamentação. O limite global de emissões (*cap*) é estabelecido por um período específico. As partes individuais recebem alvarás (por meio de subsídio ou leilão) dando-lhes o direito legal de emitir poluição até o volume determinado nos alvarás. As partes têm a liberdade de comerciar alvarás de emissão, e o comércio produzirá lucros se partes diferentes tiverem diferentes reduções de custos da poluição marginal.

Capacidade de adaptação: A capacidade de um sistema de ajustar-se à mudança climática (incluindo variabilidade e extremos climáticos), a fim de aproveitar as oportunidades, moderar prejuízos potenciais ou enfrentar as consequências.

Capacidade de vencer dificuldades: Capacidade de pessoas, organizações e sistemas que utilizam aptidões e recursos disponíveis para enfrentar e gerenciar condições adversas, emergências ou desastres. Refere-se à capacidade de curto prazo em resposta a um evento, ao passo que a capacidade adaptativa diz respeito à capacidade de longo prazo de produzir mudanças sistemáticas para reduzir o impacto da mudança climática.

Captação do carbono: Ações que perpetuam um determinado nível de emissões de carbono. Por exemplo, a expansão de vias e rodovias tende a captar emissões de carbono provenientes de combustíveis fósseis durante décadas, salvo se houver políticas de compensação para limitar o uso de combustíveis ou controlar o uso de veículos.

Captura e armazenamento do carbono (CAC): Um processo que consiste na separação do CO_2 de fontes industriais e relacionadas com energia, transporte para um local de depósito e isolamento de longo prazo com relação à atmosfera.

Células fotovoltaicas (PV) solares: O campo da tecnologia e de pesquisas relacionado com a conversão da luz solar, incluindo radiação ultravioleta, diretamente em eletricidade; a tecnologia aplicada à criação e ao uso de células solares que constituem painéis solares.

Cenários SRES: Um conjunto de descrições ou trama de possíveis futuros usados na modelagem correlata à mudança climática desenvolvido pelo IPCC. Os cenários são usados para projetar futuras emissões com base em suposições sobre mudanças na demografia, na tecnologia e no desenvolvimento social. Quatro famílias de cenários constituem o conjunto dos cenários SRES: A1, A2, B1 e B2. O A1 representa um mundo futuro de crescimento econômico muito rápido, população global que atinge o ponto de pico em meado do século e declina a seguir, bem como uma rápida introdução de tecnologias novas e mais eficientes. Já A2 representa um mundo heterogêneo com aumento contínuo na população global e crescimento econômico regionalmente orientado que é mais fragmentado e mais lento do que em outras tramas. Por sua vez, B1 representa um mundo convergente com a mesma população global como na trama A1, mas com rápidas mudanças nas estruturas econômicas no sentido de uma economia de serviço e informação, reduções em intensidade do material e introdução de tecnologias limpas e com recursos eficientes. Finalmente, B2 representa um mundo em que se enfatizam soluções locais à sustentabilidade econômica, social e ambiental, com aumento demográfico contínuo (inferior ao A2) e desenvolvimento econômico intermediário.

Coeficiente Gini: Uma medida comumente usada de desigualdade da renda ou distribuição da riqueza, variando de 0 (igualdade perfeita) a 1.

Convenção-Quadro das Nações Unidas sobre Mudança Climática (UNFCCC): Convenção aprovada em maio de 1992 com o objetivo último de "estabilização de concentrações de gases de efeito estufa na atmosfera em um nível que impeça uma interferência antropogênica perigosa com o sistema climático".

Custos de transação: Custos associados ao intercâmbio de bens ou serviços adicionais ao custo monetário ou preço do bem ou serviço. Entre os exemplos figuram os custos de pesquisa e informação ou os custos de policiamento e execução da lei.

Degradação florestal: A redução na biomassa florestal por meio de colheita ou práticas de uso do solo sustentáveis, inclusive corte de madeira, incêndio e outras perturbações antropogênicas.

Derivativos climáticos: Instrumentos financeiros para reduzir o risco associado a condições climáticas adversas mediante, por exemplo, pagamentos associados a um evento atmosférico específico (tal como um mês de agosto inusitadamente frio ou quente).

Dióxido de carbono (CO_2): Gás que ocorre naturalmente, também subproduto da queima de combustíveis fósseis (depósitos de carbono fóssil, tais como petróleo, gás e carvão), bem como da queima de biomassa, de mudanças no uso do solo e outros processos industriais. É o principal gás de efeito estufa antropogênico que afeta o equilíbrio radioativo da terra. Trata-se do gás de referência. Com base neste, outros gases de efeito estufa são medidos e, portanto, têm um Potencial de Aquecimento Global de 1.

Dióxido de carbono equivalente (CO_2e): Uma forma de expressar a quantidade de uma mescla de diferentes gases de efeito estufa. Montantes iguais de diferentes gases de efeito estufa produzem diferentes contribuições para o aquecimento global; por exemplo, uma emissão de metano na atmosfera tem cerca de 20 vezes o efeito de aquecimento que a mesma emissão de dióxido de carbono. O CO_2 expressa a quantidade de uma mescla de gases de efeito estufa em termos da quantidade de CO_2 que produziria o mesmo volume de aquecimento que uma mescla de gases. Ambas as emissões (fluxos) e concentrações (estoques) de gases de efeito estufa podem ser expressas em CO_2e. O volume de gases de efeito estufa também pode ser expresso em termos de seu equivalente em carbono, multiplicando-se o volume de CO_2e ou 12/44.

Direitos de propriedade intelectual (IPR): Direitos de propriedade jurídica sobre criações artísticas ou comerciais da mente, incluindo patentes sobre novas tecnologias e os respectivos campos do direito.

Estacionariedade: A ideia de que os sistemas naturais flutuam em um invólucro imutável de variabilidade, limitado pelo alcance de experiências anteriores.

Evapotranspiração: Parte importante do ciclo de recursos hídricos, é o processo combinado de evaporação da superfície da Terra (de fontes como o solo e volumes de água) e transpiração da vegetação (perda da água como vapor de plantas, principalmente por meio de suas folhas).

***Feedback* positivo:** Quando uma variável em um sistema provoca mudanças em uma segunda variável, a qual, por sua vez, afeta a variável original; um *feedback* positivo intensifica o efeito inicial, e um negativo reduz o efeito.

Fertilização do carbono: A melhoria do cultivo de plantas como resultado da concentração de maior volume de dióxido de carbono (CO_2) atmosférico. Dependendo do respectivo mecanismo de fotossíntese, certos tipos de plantas são mais sensíveis a mudanças na concentração atmosférica.

Florestamento: Plantar uma nova floresta em terra que nunca foi arborizada ou não passou por arborização recente.

Função de dano: No contexto da mudança climática, é a relação entre mudanças no clima e reduções na produção ou no consumo ou perdas de ativos (incluindo potencialmente ecossistemas ou saúde humana).

Fundo de Adaptação: O Fundo de Adaptação foi criado para financiar projetos e programas de adaptação específicos nos países em desenvolvimento que fazem parte do Protocolo de Kyoto. Esse Fundo é financiado com uma parcela da renda proveniente do Mecanismo de Desenvolvimento Limpo (MDL) e recebe fundos de outras fontes.

Ganha-ganha: Neste relatório, essa expressão refere-se a medidas benéficas para adaptação e mitigação (e desenvolvimento).

Gás de efeito estufa (GEE): Quaisquer gases atmosféricos que causam a mudança climática retendo o calor do sol na atmosfera da

Terra e produzindo o efeito estufa. Os gases do efeito estufa mais comuns são dióxido de carbono (CO_2), metano (CH_4), óxido nitroso (N_2O), ozônio (O_3) e vapor d'água (H_2O).

Geoengenharia: É a engenharia de grande escala de nosso meio ambiente para combater ou neutralizar os efeitos da mudança climática. As medidas propostas compreendem injeção de partículas na atmosfera superior para refletir a luz solar e fertilizar os oceanos com ferro a fim de aumentar a absorção de CO_2 por parte das algas.

Gestão adaptável: Um processo sistemático para melhorar continuamente as políticas e práticas de gestão provenientes de lições aprendidas de resultados de políticas e práticas utilizadas anteriormente por meio de um enfoque explicitamente experimental.

Imposto verde: Imposto que visa aumentar a qualidade ambiental, tributando ações que prejudicam o meio ambiente.

Impulso tecnológico: A alocação de recursos de pesquisa e desenvolvimento motivados em grande parte pelo interesse científico inerente e não pela demanda do mercado.

Incerteza: Expressão do grau em que um valor (tal como a situação futura do sistema climático) é desconhecido. A incerteza pode resultar da falta de informação ou do desacordo a respeito do que é conhecido ou até mesmo conhecível. Pode assumir muitos tipos de fontes, de erros quantificáveis nos dados a projeções de incertezas do comportamento humano. Portanto, a incerteza pode ser representada por medidas quantitativas (por exemplo, uma série de valores calculados por vários modelos) ou por declarações qualitativas (por exemplo, refletindo um julgamento abalizado). No entanto, em economia, a incerteza refere-se à incerteza knightiana, não comensurável. Não há contraste para o risco, no qual a ocorrência de certos eventos é associada a uma distribuição de probabilidade conhecível.

Influência do mercado: A alocação de recursos para pesquisa e desenvolvimento (P&D) com base na demanda do mercado de produtos e serviços, em vez de basear-se em interesses científicos ou em políticas públicas verticais.

Inovação: A criação, assimilação ou exploração de um bem ou serviço, processo ou método novos ou melhorados de forma significativa.

Instituições: Estruturas e mecanismos de ordem social e cooperação que regem o comportamento de um conjunto de indivíduos.

Intensidade de carbono: Tipicamente, o volume de emissões de carbono em toda a economia ou CO_2 por unidade do PIB, ou seja, a intensidade do carbono do PIB. Pode também referir-se ao carbono emitido por dólar da produção bruta ou por dólar do valor agregado por uma determinada firma ou setor. Também usado para descrever o montante do carbono emitido por unidade de energia ou de combustíveis consumidos, ou seja, a intensidade de carbono da energia, a qual depende das fontes de energia, mescla de combustíveis e eficiência das tecnologias. A intensidade do carbono do PIB é simplesmente o produto da média de intensidade de carbono em toda a economia da energia e da intensidade energética do PIB.

Limiar: No contexto da mudança climática, o nível acima no qual ocorre a mudança repentina ou rápida.

Mecanismo de Desenvolvimento Limpo (MDL): Mecanismo do Protocolo de Kyoto por meio do qual os países desenvolvidos podem financiar projetos de redução ou remoção de emissões de gases de efeito estufa nos países em desenvolvimento e, portanto, receber créditos por isso, podendo solicitar limites obrigatórios sobre as próprias emissões. O MDL permite a realização de projetos de redução de emissões de gases de efeito estufa nos países signatários, mas não dispõe de metas de emissão nos termos do Protocolo de Kyoto.

Mitigação: Intervenção humana para reduzir as emissões ou aumentar os reservatórios de gases de efeito estufa.

Normas sociais: Valores implícitos ou explícitos, convicções e normas adotadas por um grupo para autorregular o comportamento por meio da pressão de iguais; o marco usado pelos indivíduos para avaliar o que é comportamento aceitável ou inaceitável.

Painel Intergovernamental sobre Mudança Climática (IPCC): Criado em 1988 pela Organização Meteorológica Mundial e pelo Programa das Nações Unidas para o Meio Ambiente, o IPCC pesquisa as publicações científicas e técnicas em âmbito mundial e publica relatórios sobre avaliações amplamente reconhecidas como as fontes de informação mais confiáveis existentes sobre mudança climática. O IPCC também prepara metodologias e responde a solicitações específicas de órgãos subsidiários da Convenção-Quadro das Nações Unidas sobre Mudança Climática (UNFCCC). O IPCC é independente da UNFCCC.

Partes do Anexo I: Incluem os países industrializados membros da Organização para a Cooperação Econômica e Desenvolvimento (OCDE) em 1992, mais os países com economias em transição (Partes da EIT), incluindo a Federação Russa, os Estados bálticos e vários Estados da Europa Central e Oriental. Comprometeram-se a limitar as emissões de gases de estufa. Não Partes do Anexo I: grupo de países principalmente em desenvolvimento sem tais compromissos, os quais, ao contrário, reconheceram obrigações gerais para formular e implementar programas nacionais sobre mitigação adaptação.

Pegada de carbono: O volume de emissões de carbono associado a uma determinada atividade ou a todas as atividades de uma pessoa ou organização. A pegada de carbono pode ser medida de muitas formas e pode incluir emissões indiretas geradas em toda a cadeia de produção de insumos em uma atividade.

Perda de peso morto: Custo que não produz benefícios.

Período de retorno: O tempo médio entre ocorrências de um determinado evento.

Pesquisa, desenvolvimento, demonstração e implantação (RDD&D): Pesquisa, desenvolvimento, demonstração e im-plantação (RDD&D) de novos métodos, tecnologias, equipamento e produtos.

Plano de Ação de Bali: Plano bienal lançado na Conferência de 2007 das Nações Unidas sobre Mudança Climática, realizada em Bali, na Indonésia, para negociar uma ação de cooperação de longo prazo sobre mudança climática além de 2010, bem como chegar a um acordo sobre resultados na Dinamarca, em 2009. Esse plano tem quatro pilares: mitigação, adaptação, financiamento e tecnologia.

Princípio do poluidor pagador: Princípio da lei sobre meio ambiente segundo o qual o poluidor deve arcar com o custo da poluição. Portanto, o poluidor é responsável pelo custo de medidas destinadas a prevenir e controlar a poluição.

Princípio preventivo: Um princípio segundo o qual, na ausência de certeza científica de que prejuízo grave ou irreversível não ocorreria como resultado de uma ação ou política, o ônus da prova recai sobre aqueles que favorecem a ação ou política. O artigo 3º da Convenção-Quadro das Nações Unidas sobre Mudança Climática (UNFCCC) estipula que as partes devem adotar medidas de precaução para prever, evitar ou minimizar as causas da mudança climática e mitigar seus efeitos negativos. Quando surgirem ameaças de danos sérios ou irreversíveis, a falta de plena certeza científica não deve ser usada como razão para postergar essas medidas, levando em conta que as políticas e medidas adotadas para enfrentar a mudança climática devem ser eficazes em função dos custos, de modo a assegurar benefícios mundiais ao menor custo possível.

Programas Nacionais de Adaptação à Ação (Napa): Documentos preparados pelos países menos desenvolvidos (LDC) que identificam as atividades destinadas a atender a necessidades urgentes e imediatas de adaptação à mudança climática.

Projeto que inclui necessidade de agir apesar das incertezas (*no regrets project*): No contexto da mudança climática, trata-se de um projeto que gera benefícios sociais e/ou econômicos líquidos, independentemente de o projeto afetar o clima ou vice-versa.

Proteção social: O conjunto de intervenções públicas destinadas a apoiar os membros mais pobres e mais vulneráveis da sociedade, bem como ajudar os indivíduos, famílias e comunidades a gerenciar o risco – por exemplo, programas de seguro contra desemprego, renda complementar e serviços sociais.

Protocolo de Kyoto: Acordo no âmbito da Convenção-Quadro das Nações Unidas sobre Mudança Climática (UNFCCC), aprovado em 1997 em Kyoto, no Japão, pelas partes na UNFCCC. Contém compromissos juridicamente obrigatórios para reduzir emissões de gases de efeito estufa por parte dos países desenvolvidos.

Redes de proteção: Mecanismos destinados a proteger as pessoas contra o impacto de choques, tais como inundações, seca, desemprego, doença ou morte do principal provedor do domicílio.

Redimensionamento: Método que tira informação de escala local a regional (de 10 a 100 km) de modelos de projeção climática de escala maior (200+ km) ou análises de dados. O redimensionamento dinâmico utiliza modelos de alta resolução para aplicação em uma determinada região dentro de um modelo global de grande escala; o redimensionamento estatístico usa relações estatísticas que vinculam variáveis atmosféricas de grande escala com variáveis climáticas locais ou regionais.

Redução das Emissões causadas pelo Desmatamento e pela Degradação Florestal (Redd): A Redd refere-se a um conjunto de ações destinadas a reduzir nas terras cobertas de florestas as emissões de gases de efeito estufa. Os incentivos financeiros da Redd são potencialmente parte da resposta de política à mudança climática.

Redução/ver mitigação.

Reflorestamento: Plantação de florestas em terras anteriormente cobertas de florestas, mas convertidas para outro uso.

Reservatório de carbono: Qualquer processo, atividade ou mecanismo que remova o dióxido de carbono da atmosfera. As florestas e outros tipos de vegetação são considerados reservatórios porque removem o dióxido de carbono por meio da fotossíntese.

Resiliência: A capacidade de um sistema social ou ecológico de absorver distúrbios, retendo a mesma estrutura básica e modos de funcionamento; a capacidade de auto-organização; e a capacidade de adaptar-se ao estresse e à mudança.

Resseguro: A transferência de uma parcela dos riscos do seguro principal para uma camada secundária de seguradores (resseguradores); essencialmente é um "seguro para seguradores".

Seguro relacionado com o índice climático: Seguro no qual a indenização (ou o pagamento) se baseia na implementação de valores pré-acordados de um índice de um parâmetro climático específico, medido em um determinado período e uma determinada estação climática. Esse seguro pode ser estruturado para proteger contra implementações do índice que sejam tão altas ou tão baixas que venham a causar perdas de cultivos. A indenização é calculada com base em uma importância pré-acordada por unidade do índice (por exemplo, US$/milímetro de pluviosidade).

Sensibilidade climática: A mudança na temperatura média global da superfície em resposta à duplicação da concentração atmosférica de CO_2e. Um parâmetro-chave para transformar as emissões previstas em projeções de aquecimento e, portanto, de impactos.

Sequestro: No contexto climático, é o processo de remover o carbono da atmosfera e depositá-lo em reservatórios, tais como novas florestas, carbono do solo ou depósito subterrâneo. *Sequestro biológico*: a remoção do CO_2 da atmosfera e depósito em matéria orgânica por meio de mudança do uso da terra, florestamento, reflorestamento, depósito do carbono em aterros sanitários e práticas que melhorem o carbono do solo na agricultura.

Serviços do ecossistema: Processos ou funções do ecossistema com valor para os indivíduos ou sociedade, como provisão de alimentos, purificação da água e oportunidades de lazer.

Sistema de alerta antecipado: Mecanismo que produz e divulga informação de alerta oportuno e significativo para capacitar indivíduos, comunidades e organizações ameaçados por um perigo a se preparar e agir de forma apropriada e com tempo suficiente para reduzir a possibilidade de dano ou perda.

Suplementariedade: O Protocolo de Kyoto estipula que o comércio de emissões e as atividades de implementação conjunta devem complementar políticas domésticas (por exemplo, impostos sobre energia, padrões de eficiência de combustíveis) adotadas pelos países desenvolvidos para reduzir as emissões de gases de efeito estufa. Em certas definições de suplementariedade propostas, os países desenvolvidos precisarão alcançar uma determinada parcela de suas metas internas de redução, o que é matéria de negociação e esclarecimento pelas partes.

Taxa de desconto: A taxa pela qual os indivíduos ou as empresas compensam o consumo ou bem-estar atual *versus* futuro, geralmente expressa como porcentagem.

Tomada firme de decisões: Diante da incerteza, escolher não a medida ou política que seria a melhor no mundo futuro mais provável, mas a que seria aceitável em uma diversidade de possíveis futuros. Esse processo inclui avaliar opções para minimizar o desapontamento previsto em uma diversidade de modelos, suposições e perda de funções, em vez de maximizar retornos em um único futuro provável.

Transferência de tecnologia: O processo de intercâmbio de aptidões, conhecimentos, tecnologias e métodos de fabricação para assegurar que os desenvolvimentos científicos e tecnológicos sejam acessíveis a uma ampla série de usuários.

Unidades de quantidade atribuída (AAU): O volume total de gases de efeito estufa – medidos em toneladas de CO_2e – que se permite a cada país do Anexo 1 emitir na primeira fase do Protocolo de Kyoto.

Uso destrutivo da água: A água removida de suprimentos disponíveis sem retorno ao sistema de recursos hídricos (por exemplo, água usada na fabricação, agricultura e preparação de alimentos que não é devolvida a um córrego, rio ou usina de tratamento da água).

Uso do solo, mudança de uso do solo e de florestas (LULUCF): Conjunto de atividades, incluindo o uso do solo por parte do ser humano, mudança no uso do solo e atividades florestais que provocam tanto emissões como remoção da atmosfera de gases de efeito estufa. Categoria usada para reportar inventários de gases de efeito estufa.

Vazamento: No contexto da mudança climática, é o processo pelo qual as emissões fora de uma área do projeto de mitigação aumentam como resultado de atividades de redução de emissões dentro da área do projeto, reduzindo assim a eficiência do projeto.

Vulnerabilidade (também vulnerabilidade climática)**:** O grau em que um sistema é suscetível a efeitos adversos da mudança climática e não tem condições de enfrentá-los, incluindo variabilidade e extremos climáticos. A vulnerabilidade é uma função do caráter, da magnitude e do ritmo da mudança climática e variabilidade a que o sistema está exposto, bem como a sensibilidade e capacidade de adaptação do sistema.

Indicadores selecionados

Tabela A1   Emissões relativas a energia e intensidade de carbono
Tabela A2   Emissões baseadas no solo
Tabela A3   Fornecimento total primário de energia
Tabela A4   Desastres naturais
Tabela A5   Solo, água e agricultura
Tabela A6   Riqueza das nações
Tabela A7   Inovação, pesquisa e desenvolvimento
Definições e notas
Símbolos e agregados

Indicadores selecionados de desenvolvimento mundial para 2010

Origem de dados e metodologia
Classificação das economias e das medições resumidas
Tabela 1   Indicadores-chave de desempenho
Tabela 2   Pobreza
Tabela 3   Objetivos de Desenvolvimento do Milênio: erradicação da pobreza e melhoria de vida
Tabela 4   Atividade econômica
Tabela 5   Comércio, assistência e investimento
Tabela 6   Indicadores-chave para outras economias
Notas técnicas
Métodos estatísticos
Método Atlas do Banco Mundial

Tabela A1 Emissões relativas a energia e intensidade de carbono

	Emissões de dióxido de carbono (CO₂)					Emissões não CO₂ (CH₄, N₂O)			Intensidade de carbono				
	Total anual		Mudança	Per capita		Parcela do total mundial anual	Emissões cumulativas desde 1850	Total anual		Energia		Renda	
	Toneladas (milhões)		%	Toneladas		%	Toneladas (bilhões)	Toneladas de CO₂ equivalente (milhões)		Toneladas de CO₂ por tonelada de óleo equivalente		Toneladas de CO₂ por milhar de US$ do PIB	
	1990	2005	1990–2005ª	1990	2005	2005	1850–2005	1990	2005	1990	2005	1990	2005
Argélia	68	91	33,3	2,7	2,8	0,34	2,8	9,6	15,5	2,86	2,63	0,44	0,39
Argentina	105	142	35,3	3,2	3,7	0,54	5,6	10,0	19,1	2,28	2,24	0,43	0,34
Austrália	260	377	45,0	15,2	18,5	1,42	12,5	27,5	38,8	2,97	3,12	0,65	0,58
Áustria	58	77	33,6	7,5	9,4	0,29	4,3	1,4	1,4	2,31	2,27	0,28	0,28
Bielo-Rússia	108	61	–43,8	10,6	6,2	0,23	4,0	2,9	3,3	2,55	2,26	1,65	0,73
Bélgica	109	112	2,7	10,9	10,7	0,42	10,4	2,8	2,4	2,19	1,81	0,44	0,34
Brasil	195	334	70,8	1,3	1,8	1,26	8,8	10,9	14,7	1,40	1,54	0,18	0,21
Bulgária	75	46	–38,7	8,6	6,0	0,17	3,0	6,0	4,8	2,61	2,30	1,13	0,64
Canadá	433	552	27,5	15,6	17,1	2,08	23,8	41,0	57,8	2,07	2,02	0,58	0,49
Chile	32	59	81,7	2,5	3,6	0,22	1,8	2,4	3,4	2,30	1,99	0,37	0,30
China	2.211	5.060	128,9	1,9	3,9	19,06	94,3	192,9	218,7	2,56	2,94	1,77	0,95
Colômbia	45	61	34,0	1,4	1,4	0,23	2,2	5,1	7,1	1,83	2,12	0,26	0,23
República Tcheca	154	118	–23,3	14,9	11,5	0,44	10,7[b]	10,9	7,2	3,14	2,61	0,92	0,57
Dinamarca	51	48	–5,9	9,9	8,8	0,18	3,4	0,9	1,6	2,84	2,43	0,39	0,26
Egito, Rep. Árabe do	81	149	83,3	1,5	2,0	0,56	3,2	8,5	16,0	2,54	2,43	0,45	0,45
Finlândia	55	55	0,7	11,0	10,6	0,21	2,3	1,4	1,8	1,92	1,61	0,47	0,35
França	355	388	9,3	6,3	6,4	1,46	31,7	16,3	13,2	1,56	1,41	0,25	0,21
Alemanha	968	814	–15,9	12,2	9,9	3,06	117,8[c]	47,8	28,9	2,72	2,36	0,49	0,32
Grécia	71	96	35,6	6,9	8,6	0,36	2,6	4,6	5,8	3,18	3,08	0,34	0,29
Hungria	71	58	–18,3	6,8	5,7	0,22	4,1	6,0	5,4	2,47	2,07	0,55	0,34
Índia	597	1.149	92,6	0,7	1,1	4,33	28,6	53,1	89,2	1,87	2,14	0,58	0,47
Indonésia	151	349	131,7	0,8	1,6	1,31	6,8	41,2	58,8	1,46	1,98	0,41	0,49
Irã, Rep. Islâmica do	178	431	142,3	3,3	6,2	1,62	8,6	24,4	64,9	2,58	2,73	0,52	0,67
Iraque	61	99	62,0	3,3	3,5	0,37	2,2	4,1	3,3	3,21	3,31	..	..
Irlanda	31	44	41,7	8,8	10,5	0,16	1,6	1,3	1,8	3,00	2,89	0,50	0,28
Israel	34	60	78,3	7,2	8,6	0,23	1,5	0,2	0,4	2,77	2,83	0,41	0,38
Itália	398	454	14,0	7,0	7,7	1,71	17,9	16,8	18,5	2,69	2,44	0,30	0,28
Japão	1.058	1.214	14,8	8,6	9,5	4,57	46,1	10,0	7,1	2,38	2,30	0,33	0,31
Cazaquistão	233	155	–33,6	14,3	10,2	0,58	9,9[d]	28,8	13,2	3,17	2,73	2,01	1,17
Coreia, Rep. Dem. da	114	73	–35,5	5,6	3,1	0,28	5,9[e]	26,9	27,3	3,43	3,42	..	..
Coreia, Rep. da	227	449	97,6	5,3	9,3	1,69	9,0[e]	6,6	7,7	2,43	2,11	0,50	0,44
Kuwait	27	76	184,0	12,7	30,1	0,29	1,6	5,4	9,1	3,36	2,71	..	0,67
Líbia	37	47	28,8	8,4	7,9	0,18	1,3	..	..	3,16	2,65	..	0,63
Malásia	52	138	163,9	2,9	5,4	0,52	2,7[e]	..	..	2,24	2,09	0,43	0,46
México	293	393	33,9	3,5	3,8	1,48	12,5	47,9	86,1	2,38	2,22	0,38	0,33
Marrocos	20	41	111,2	0,8	1,4	0,16	0,9	..	..	2,72	3,08	0,29	0,39
Holanda	158	183	15,6	10,6	11,2	0,69	8,3	3,3	2,6	2,36	2,22	0,41	0,32
Nigéria	68	97	43,0	0,7	0,7	0,36	2,3	25,8	66,2	0,95	0,92	0,49	0,39
Noruega	30	38	27,9	7,0	8,2	0,14	1,9	0,9	1,7	1,39	1,15	0,22	0,17
Paquistão	61	118	94,1	0,6	0,8	0,45	2,4[e]	7,5	12,5	1,40	1,55	0,34	0,35
Filipinas	36	77	113,1	0,6	0,9	0,29	1,9	3,6	2,6	1,38	1,76	0,24	0,31
Polônia	349	296	–15,3	9,2	7,8	1,11	22,6	23,5	20,9	3,50	3,19	1,14	0,57
Portugal	40	63	59,1	4,0	6,0	0,24	1,7	1,1	1,7	2,30	2,32	0,26	0,30
Catar	14	44	202,1	30,8	54,6	0,16	0,9	..	..	2,21	2,71	..	0,77
Romênia	167	91	–45,5	7,2	4,2	0,34	6,9	24,5	13,2	2,67	2,37	0,91	0,45
Federação Russa	2.194	1.544	–29,6	14,8	10,8	5,81	92,5[d]	406,4	206,4	2,50	2,35	1,17	0,91
Arábia Saudita	169	320	89,6	10,3	13,8	1,21	7,4	2,3	3,9	2,75	2,28	0,54	0,65
Sérvia	59	50	–14,3	7,8	6,8	0,19	..	..	..	3,02	3,13	..	0,78
Cingapura	29	43	49,7	9,5	10,1	0,16	1,4	0,2	0,8	2,16	1,39	0,39	0,23
República da Eslováquia	57	38	–32,8	10,8	7,1	0,14	3,2[b]	1,7	1,6	2,67	2,03	0,86	0,45
África do Sul	255	331	29,9	7,2	7,1	1,25	14,1	10,6	12,5	2,79	2,59	0,93	0,83
Espanha	208	342	64,7	5,3	7,9	1,29	10,0	5,3	6,6	2,28	2,36	0,27	0,29
Suécia	53	51	–4,5	6,2	5,7	0,19	4,1	2,1	2,2	1,12	0,98	0,25	0,18
Suíça	41	45	9,0	6,2	6,1	0,17	2,4	0,7	0,6	1,67	1,67	0,18	0,17
República Árabe Síria	32	48	51,6	2,5	2,6	0,18	1,2	..	..	2,72	2,62	0,85	0,64
Tailândia	79	214	172,6	1,4	3,4	0,81	3,9	13,0	19,2	1,79	2,13	0,35	0,48
Turquia	129	219	70,3	2,3	3,0	0,82	5,3	26,1	56,6	2,43	2,56	0,31	0,29
Turquemenistão	47	42	–11,3	12,8	8,6	0,16	2,1[d]	19,7	46,4	2,38	2,51	..	..
Ucrânia	681	297	–56,4	13,1	6,3	1,12	22,6[d]	139,7	118,4	2,68	2,07	1,63	1,13
Emirados Árabes Unidos	52	112	114,1	28,0	27,3	0,42	2,2	20,1	40,0	2,26	2,45	0,60	0,57
Reino Unido	558	533	–4,4	9,7	8,8	2,01	68,1	36,9	27,0	2,63	2,27	0,42	0,28
Estados Unidos	4.874	5.841	19,9	19,5	19,7	22,00	324,9	298,8	242,8	2,53	2,49	0,61	0,47
Uzbequistão	120	110	–8,4	5,9	4,2	0,41	6,9[d]	28,1	40,3	2,59	2,34	2,93	2,10
Venezuela, R. B. de	112	150	33,4	5,7	5,6	0,56	5,3	30,5	46,3	2,56	2,48	0,59	0,57
Vietnã	17	81	376,5	0,3	1,0	0,31	1,5[e]	3,5	4,9	0,70	1,58	0,28	0,45
Mundo	20.693t	26.544t	28,3w	4,0w	4,2w	100,00w	1.169,1s	1.861,0t	1.978,9t	2,39w	2,35w	0,57w	0,47w
Baixa renda	549	707	28,9	0,7	0,6	2,66	24,0	115,5	256,4	1,38	1,26	0,46	0,38
Média renda	9.150	12.631	38,0	2,6	3,0	47,59	395,1	1.168,3	1.279,4	2,41	2,49	0,80	0,61
Alta renda	10.999	13.207	20,1	11,8	12,7	49,75	750,1	577,2	557,1	2,44	2,32	0,47	0,39
União Europeia 15	3.122	3.271	4,8	8,6	8,5	12,32	284,8	142,1	115,7	2,36	2,11	0,36	0,28
OCDE	11.121	12.946	16,4	10,7	11,1	48,77	764,7	644,6	651,4	2,46	2,33	0,47	0,37

[a] Indica mudança de porcentagem emissões de CO₂ entre 1990 e 2005.
[b] A parcela das emissões cumulativas para a República Tcheca e República da Eslováquia antes de 1992 foi calculada com base em sua parcela do total de emissões combinadas durante 1992-2006.
[c] A parcela das emissões cumulativas para a Alemanha antes de 1991 foi calculada com base no total para a República Democrática da Alemanha e a República Federal da Alemanha, e combinadas com as emissões para a Alemanha entre 1991 e 2006.
[d] A parcela de emissões cumulativas para Bielo-Rússia, Federação Russa, Cazaquistão, Turquemenistão, Ucrânia e Uzbequistão antes de 1992 foi calculada com base na parcela de emissões combinadas dos países da ex-União Soviética durante 1992-2006.
[e] As emissões para a República Democrática da Coreia e a República da Coreia baseiam-se em dados para a Coreia Unida antes de 1950. As emissões para o Paquistão e Bangladesh baseiam-se em dados para o Paquistão Oriental e Ocidental antes de 1971. Emissões para a Malásia incluem a parcela das emissões da Malásia da Federação Malaia. As emissões para o Vietnã incluem as emissões para a República Democrática do Vietnã e a República do Vietnã do Sul.

Indicadores selecionados 363

Tabela A2 Emissões baseadas no solo
Tabela A2a Emissões de CO_2 por desmatamento

	Média anual				
	Emissões totais		Per capita		Parcela média total
	Toneladas (milhões)	Classificação	Toneladas	Classificação	%
	1990–2005[a]	1990–2005[a]	1990–2005[a]	1990–2005[a]	1990–2005[a]
Argentina	33	25	0,9	48	0,6
Bolívia	139	7	15,2	1	2,5
Brasil	1.830	1	9,8	5	32,4
Camboja	84	10	6,0	13	1,5
Camarões	70	12	3,9	18	1,2
Canadá	70	12	2,2	29	1,2
China	57	18	0,0	83	1,0
Congo, Dem. Rep. do	176	4	3,0	24	3,1
Equador	84	10	6,5	12	1,5
Guatemala	62	16	4,9	17	1,1
Honduras	48	20	7,0	10	0,8
Indonésia	1.459	2	6,6	11	25,9
Malásia	139	7	5,4	15	2,5
México	40	23	0,4	63	0,7
Mianmar	158	5	3,3	20	2,8
Nigéria	158	5	1,1	40	2,8
Papua-Nova Guiné	44	21	7,2	8	0,8
Peru	70	12	2,6	27	1,2
Filipinas	70	12	0,8	50	1,2
Federação Russa	58	17	0,4	61	1,0
Tanzânia	51	19	1,3	35	0,9
Turquia	34	24	0,5	58	0,6
Venezuela, R. B. de	187	3	7,0	9	3,3
Zâmbia	106	9	9,3	6	1,9
Zimbábue	40	22	3,1	22	0,7

[a] Os dados são uma média para o período de 1990-2005.

Tabela A2b Emissões de não CO_2 (metano (CH_4), óxido nitroso (N_2O)) da agricultura

	Total anual		Parcela do total	Per capita			
	Toneladas de CO_2 equivalente (milhões)		%	Toneladas de CO_2 equivalente		Classificação	
	1990	2005	2005	1990	2005	1990	2005
Argentina	114	139	2,3	3,5	3,6	6	7
Austrália	97	110	1,8	5,7	5,4	4	4
Bangladesh	60	80	1,3	0,5	0,5	77	70
Bolívia	22	46	0,8	3,3	5,0	7	5
Brasil	426	591	9,7	2,9	3,2	8	8
Canadá	57	73	1,2	2,1	2,3	15	10
China	905	1.113	18,3	0,8	0,9	62	48
Colômbia	61	89	1,5	1,8	2,1	19	11
Congo, Dem. Rep. do	36	75	1,2	0,9	1,3	53	21
Etiópia	39	55	0,9	0,8	0,7	60	58
França	110	103	1,7	1,9	1,7	18	15
Alemanha	110	84	1,4	1,4	1,0	32	37
Índia	330	403	6,6	0,4	0,4	84	83
Indonésia	106	132	2,2	0,6	0,6	73	66
México	67	77	1,3	0,8	0,7	61	57
Mianmar	50	78	1,3	1,2	1,6	38	16
Nigéria	75	115	1,9	0,8	0,8	63	52
Paquistão	58	79	1,3	0,5	0,5	76	73
Federação Russa	222	118	1,9	1,5	0,8	25	50
Tailândia	79	89	1,5	1,4	1,4	27	18
Turquia	80	76	1,3	1,4	1,1	29	31
Reino Unido	54	48	0,8	0,9	0,8	57	54
Estados Unidos	427	442	7,3	1,7	1,5	20	17
Venezuela, R. B. de	47	52	0,9	2,4	1,9	11	12
Vietnã	48	65	1,1	0,7	0,8	67	55

Tabela A3 Fornecimento total primário de energia

	Total anual Toneladas de óleo equivalentes (milhões) 1990	Total anual Toneladas de óleo equivalentes (milhões) 2006	Carvão % of total 2006	Gás natural % of total 2006	Óleo % of total 2006	Hidráulica, solar, eólica e geotérmica % of total 2006	Biomassa e refugos % of total 2006	Div. energia nuclear % do total 2006	Per capita quilowatts-hora 2006	Per capita % mudança 1990–2006[a]	Índice de eletrificação % da população 2000–2006[b]
Albânia	2,7	2,3	1,1	0,6	66,8	19,1	10,1	0,0	961	84,0	..
Argélia	23,9	36,7	1,9	65,2	32,6	0,1	0,2	0,0	870	60,6	98
Angola	6,3	10,3	0,0	6,4	27,5	2,2	63,9	0,0	153	155,5	15
Argentina	46,1	69,1	1,1	49,3	38,0	4,7	3,7	2,9	2.620	100,7	95
Armênia	7,9	2,6	0,0	53,1	15,2	6,1	0,0	26,6	1.612	−40,7	..
Austrália	87,7	122,5	43,9	19,1	31,6	1,3	4,1	0,0	11.309	34,6	100
Áustria	25,1	34,2	11,8	21,8	42,0	9,6	13,1	0,0	8.090	32,5	100
Azerbaijão	26,1	14,1	0,0	63,5	34,4	1,5	0,0	0,0	2.514	−2,7	..
Barein	4,8	8,8	0,0	75,4	24,6	0,0	0,0	0,0	12.627	92,1	99
Bangladesh	12,8	25,0	1,4	46,6	17,8	0,5	33,7	0,0	146	221,2	32
Bielo-Rússia	42,3	28,6	0,1	60,3	31,5	0,0	4,9	0,0	3.322	−24,2	..
Bélgica	49,7	61,0	7,8	24,6	40,1	0,1	5,9	19,9	8.688	36,2	100
Benin	1,7	2,8	0,0	0,0	37,1	0,0	61,1	0,0	69	104,5	22
Bolívia	2,8	5,8	0,0	27,5	55,5	3,2	13,8	0,0	485	76,9	64
Bósnia-Herzegóvina	7,0	5,4	62,4	5,9	22,3	9,3	3,4	0,0	2.295	−24,6	..
Botsuana	1,3	2,0	32,5	0,0	36,6	0,0	23,2	0,0	1.419	96,0	39
Brasil	140,0	224,1	5,7	7,8	40,2	13,4	29,6	1,6	2.060	41,5	97
Brunei Darussalam	1,8	2,8	0,0	73,1	26,9	0,0	0,0	0,0	8.173	87,7	99
Bulgária	28,8	20,7	34,1	14,0	24,7	1,9	3,9	24,6	4.315	−9,3	..
Camboja	0,0	5,0	0,0	0,0	28,4	0,1	71,3	0,0	88	..	20
Camarões	5,0	7,1	0,0	0,0	16,3	4,5	79,2	0,0	186	−3,1	47
Canadá	209,5	269,7	10,2	29,5	35,3	11,4	4,7	9,5	16.766	3,8	100
Chile	14,1	29,8	13,3	21,9	38,3	9,9	15,9	0,0	3.207	157,3	99
China	863,2	1.878,7	64,2	2,5	18,3	2,2	12,0	0,8	2.040	299,1	99
Hong Kong, China	10,7	18,2	38,6	13,2	44,9	0,0	0,3	0,0	5.883	40,8	..
Colômbia	24,7	30,2	8,2	20,3	45,0	12,2	14,9	0,0	923	11,6	86
Congo, Rep. Dem. do	11,9	17,5	1,5	0,0	3,1	3,9	92,4	0,0	96	−19,9	6
Congo, Rep. do	0,8	1,2	0,0	1,6	35,2	2,7	57,5	0,0	155	−8,2	20
Costa Rica	2,0	4,6	0,9	0,0	47,6	35,8	15,5	0,0	1.801	65,7	99
Costa do Marfim	4,4	7,3	0,0	18,8	16,9	1,8	63,8	0,0	182	21,3	..
Croácia	9,1	9,0	7,0	26,2	51,5	5,8	4,1	0,0	3.635	21,5	..
Cuba	16,8	10,6	0,2	8,3	79,5	0,1	11,9	0,0	1.231	1,6	96
Chipre	1,6	2,6	1,4	0,0	96,4	1,7	0,5	0,0	5.746	78,9	..
República Tcheca	49,0	46,1	45,2	16,4	21,4	0,5	4,0	14,8	6.511	16,6	..
Dinamarca	17,9	20,9	26,2	21,7	39,4	2,6	12,9	0,0	6.864	15,5	100
República Dominicana	4,1	7,8	6,4	3,5	70,4	1,5	18,0	0,0	1.309	242,1	93
Equador	6,1	11,2	0,0	5,0	83,2	5,5	5,2	0,0	759	58,5	90
Egito, Rep. Árabe do	32,0	62,5	1,4	44,4	50,0	1,9	2,3	0,0	1.382	100,2	98
El Salvador	2,5	4,7	0,0	0,0	44,0	24,4	31,6	0,0	721	95,9	80
Eritreia	..	0,7	0,0	0,0	26,9	0,0	73,1	0,0	49	..	20
Estônia	9,6	4,9	57,0	16,5	15,1	0,2	10,7	0,0	5.890	0,0	..
Etiópia	15,0	22,3	0,0	0,0	8,8	1,3	90,0	0,0	38	91,5	15
Finlândia	28,7	37,4	13,7	10,4	28,2	2,7	20,4	15,9	17.178	37,6	100
França	227,6	272,7	4,8	14,5	33,3	1,9	4,4	43,0	7.585	26,9	100
Gabão	1,2	1,8	0,0	5,8	33,4	4,5	56,4	0,0	1.083	13,9	48
Geórgia	12,3	3,3	0,3	41,3	23,5	14,0	19,3	0,0	1.549	−42,1	..
Alemanha	355,6	348,6	23,6	22,8	35,4	1,4	4,6	12,5	7.175	8,0	100
Gana	5,3	9,5	0,0	0,0	31,7	5,1	63,3	0,0	304	−1,1	49
Grécia	22,2	31,1	27,0	8,8	57,3	2,5	3,3	0,0	5.372	69,0	100
Guatemala	4,5	8,2	4,8	0,0	39,7	4,0	51,6	0,0	529	136,8	79
Haiti	1,6	2,6	0,0	0,0	23,3	0,9	75,8	0,0	37	−36,2	36
Honduras	2,4	4,3	2,7	0,0	50,6	5,1	41,5	0,0	642	72,2	62
Hungria	28,6	27,6	11,1	41,5	27,6	0,4	4,3	12,8	3.883	13,2	..
Islândia	2,2	4,3	1,8	0,0	22,9	75,3	0,1	0,0	31.306	94,0	100
Índia	319,9	565,8	39,4	5,5	24,1	1,9	28,3	0,9	503	82,3	56
Indonésia	102,8	179,1	15,5	18,6	33,0	3,7	29,2	0,0	530	228,3	54
Irã, Rep. Islâmica do	68,8	170,9	0,7	51,5	46,3	0,9	0,5	0,0	2.290	134,9	97
Iraque	19,1	32,0	0,0	8,9	90,5	0,1	0,1	0,0	1.161	−7,6	15
Irlanda	10,3	15,5	11,0	26,0	54,8	1,3	1,4	0,0	6.500	72,1	100
Israel	12,1	21,3	36,0	8,8	52,4	3,4	0,0	0,0	6.893	65,1	97
Itália	148,1	184,2	9,1	37,6	44,1	4,6	2,6	0,0	5.762	39,0	100
Jamaica	2,9	4,6	0,5	0,0	88,7	0,3	10,5	0,0	2.450	178,8	87
Japão	443,9	527,6	21,3	14,7	45,6	2,1	1,3	15,0	8.220	26,7	100
Jordânia	3,5	7,2	0,0	28,0	70,0	1,4	0,0	0,0	1.904	81,2	100
Cazaquistão	73,6	61,4	49,3	30,6	18,8	1,1	0,0	0,0	4.293	−27,3	..
Quênia	11,2	17,9	0,4	0,0	20,2	5,9	73,6	0,0	145	16,3	14
Coreia, Rep. Dem.da	33,2	21,7	86,9	0,0	3,3	5,0	4,8	0,0	797	−36,1	22
Coreia, Rep. da	93,4	216,5	24,3	13,3	43,2	0,2	1,1	17,9	8.063	239,8	100
Kuwait	8,0	25,3	0,0	38,3	61,7	0,0	0,0	0,0	16.314	101,2	100
República Quirguiz	7,6	2,8	18,3	22,9	20,8	45,5	0,1	0,0	2.015	−12,9	..
Letônia	7,9	4,6	1,8	30,5	31,9	5,1	25,9	0,0	2.876	−15,1	..
Líbano	2,3	4,8	2,8	0,0	91,5	1,4	2,7	0,0	2.142	354,9	100
Líbia	11,5	17,8	0,0	29,4	69,7	0,0	0,9	0,0	3.688	130,1	97
Lituânia	16,2	8,5	3,1	28,7	30,3	0,4	8,8	27,0	3.232	−19,7	..
Luxemburgo	3,5	4,7	2,3	26,2	63,3	0,4	1,3	0,0	16.402	20,1	100

Indicadores selecionados

	Fornecimento total primário de energia						Consumo de eletricidade			
	Total anual	Divisão de combustíveis fósseis TPES % of total			Divisão de energia renovável em TPES % of total		Divisão de energia nuclear em TPES	Per capita		Índice de eletrificação
	Toneladas de óleo equivalentes (milhões)	Carvão	Gás natural	Óleo	Hidráulica, solar, eólica e geotérmica	Biomassa e refugos	% do total	quilowatts-hora	% mudança	% da população
	1990	2006	2006	2006	2006	2006	2006	2006	2006	1990–2006[a]	2000–2006[b]
Macedônia	2,7	2,8	45,4	2,4	35,0	5,5	6,0	0,0	3.496	25,3	..
Malásia	23,3	68,3	12,0	44,4	38,8	0,9	4,1	0,0	3.388	187,5	98
Malta	0,8	0,9	0,0	0,0	100,0	0,0	0,0	0,0	4.975	79,1	..
México	123,0	177,4	4,9	27,4	56,8	4,8	4,6	1,6	1.993	50,3	..
Moldávia	9,9	3,4	2,5	66,7	19,4	0,2	2,2	0,0	1.516	–44,4	..
Mongólia	3,4	2,8	71,7	0,0	24,0	0,0	3,8	0,0	1.297	–19,1	65
Marrocos	7,2	14,0	27,8	3,4	63,3	1,1	3,2	0,0	685	85,8	85
Moçambique	6,0	8,8	0,0	0,3	6,6	14,4	81,6	0,0	461	1.040,4	6
Mianmar	10,7	14,3	0,8	12,4	12,7	2,0	72,1	0,0	93	104,5	11
Namíbia	..	1,5	1,9	0,0	65,4	8,8	12,7	0,0	1.545	..	34
Nepal	5,8	9,4	2,7	0,0	8,6	2,4	86,2	0,0	80	129,2	33
Holanda	67,1	80,1	9,7	42,7	40,4	0,3	3,3	1,1	7.057	35,2	100
Antilhas Holandesas	1,5	1,7	0,0	0,0	100,0	0,0	0,0	0,0	5.651	59,2	..
Nova Zelândia	13,8	17,5	11,9	18,7	39,4	24,0	6,0	0,0	9.746	14,5	100
Nicarágua	2,1	3,5	0,0	0,0	39,0	8,7	52,2	0,0	426	44,7	69
Nigéria	70,9	105,1	0,0	8,6	11,2	0,6	79,6	0,0	116	32,6	46
Noruega	21,4	26,1	2,7	18,2	34,0	39,6	5,1	0,0	24.295	4,0	100
Omã	4,6	15,4	0,0	67,6	32,4	0,0	0,0	0,0	4.457	107,3	96
Paquistão	43,4	79,3	5,4	31,6	23,9	3,5	34,9	0,8	480	73,6	54
Panamá	1,5	2,8	0,0	0,0	71,7	11,1	17,4	0,0	1.506	76,4	85
Paraguai	3,1	4,0	0,0	0,0	30,5	116,5	52,0	0,0	900	78,4	86
Peru	10,0	13,6	5,9	12,3	50,3	14,0	17,4	0,0	899	64,1	72
Filipinas	26,2	43,0	13,4	5,8	31,8	22,9	26,1	0,0	578	60,7	81
Polônia	99,9	97,7	58,5	12,7	24,1	0,2	5,5	0,0	3.586	9,3	..
Portugal	17,2	25,4	13,0	14,3	53,8	5,1	11,9	0,0	4.799	89,0	100
Catar	6,5	18,1	0,0	82,2	17,8	0,0	0,0	0,0	17.188	75,7	71
Romênia	62,5	40,1	23,5	36,4	25,3	4,0	8,1	3,7	2.401	–17,9	..
Federação Russa	878,9	676,2	15,7	53,0	20,6	2,3	1,1	6,1	6.122	–8,3	..
Arábia Saudita	61,3	146,1	0,0	36,7	63,3	0,0	0,0	0,0	7.079	77,8	97
Senegal	1,8	3,0	3,4	0,3	55,7	0,7	39,6	0,0	150	52,3	33
Sérvia	19,5	17,1	51,0	11,7	27,5	5,5	4,7	0,0	4.026	13,9	..
Cingapura	13,4	30,7	0,0	20,9	79,0	0,0	0,0	0,0	8.363	72,1	100
República da Eslováquia	21,3	18,7	23,9	28,8	18,3	2,1	2,6	25,4	5.136	–7,3	..
Eslovênia	5,6	7,3	20,3	12,4	36,5	4,3	6,5	19,9	7.123	39,9	..
África do Sul	91,2	129,8	71,7	2,9	12,4	0,3	10,5	2,4	4.810	8,5	70
Espanha	91,2	144,6	12,4	21,5	49,0	3,0	3,6	10,8	6.213	76,3	100
Sri Lanka	5,5	9,4	0,7	0,0	40,7	4,2	54,3	0,0	400	159,5	66
Sudão	10,7	17,7	0,0	0,0	21,8	0,7	77,5	0,0	95	91,5	30
Suécia	47,6	51,3	4,7	1,7	28,5	10,5	18,4	34,0	15.230	–3,8	100
Suíça	24,8	28,2	0,6	9,6	46,0	10,1	7,2	25,8	8.279	11,7	100
República Árabe Síria	11,7	18,9	0,0	27,0	71,2	1,8	0,0	0,0	1.466	117,6	90
Tajiquistão	5,6	3,6	1,3	13,4	44,7	39,1	0,0	0,0	2.241	–33,0	..
Tanzânia	9,8	20,8	0,2	1,5	6,6	0,6	91,0	0,0	59	15,0	11
Tailândia	43,9	103,4	12,1	25,8	44,4	0,7	16,6	0,0	2.080	181,4	99
Togo	1,3	2,4	0,0	0,0	13,4	0,3	84,5	0,0	98	12,6	17
Trinidad e Tobago	6,0	14,3	0,0	87,7	12,1	0,0	0,2	0,0	5.008	87,0	99
Tunísia	5,1	8,7	0,0	39,4	47,2	0,1	13,3	0,0	1.221	91,2	99
Turquia	52,9	94,0	28,1	27,6	33,4	5,5	5,5	0,0	2.053	130,2	..
Turquemenistão	19,6	17,3	0,0	71,3	29,4	0,0	0,0	0,0	2.123	–7,4	..
Ucrânia	253,8	137,4	29,1	42,4	10,8	0,8	0,4	17,1	3.400	–29,0	..
Emirados Árabes Unidos	23,2	46,9	0,0	72,0	28,0	0,0	0,0	0,0	14.569	66,2	92
Reino Unido	212,3	231,1	17,9	35,1	36,3	0,3	1,7	8,5	6.192	15,6	100
Estados Unidos	1.926,3	2.320,7	23,7	21,6	40,4	1,6	3,4	9,2	13.515	15,6	100
Uruguai	2,3	3,2	0,1	3,2	64,6	9,7	14,9	0,0	2.042	63,9	95
Uzbequistão	46,4	48,5	2,2	85,8	10,9	1,1	0,0	0,0	1.691	–29,1	..
Venezuela, R. B. de	43,9	62,2	0,1	37,6	50,6	11,0	0,9	0,0	3.175	28,9	99
Vietnã	24,3	52,3	16,8	9,5	23,4	3,9	46,4	0,0	598	511,2	84
Iêmen, Rep. do	2,6	7,1	0,0	0,0	98,9	0,0	1,1	0,0	190	58,9	36
Zâmbia	5,5	7,3	1,4	0,0	9,7	11,0	78,2	0,0	730	–3,2	19
Zimbábue	9,4	9,6	22,2	0,0	7,1	5,0	63,3	0,0	900	4,5	34
Mundo	8.637,3t	11.525,2t	26,6w	21,0w	35,7w	2,8w	9,8w	6,3w	2.750w	29,6w	..
Baixa renda	400,2	575,5	7,3	19,1	7,8	3,1	53,8	0,1	311	18,7	..
Média renda	3.797,2	5.348,7	35,8	19,2	29,9	3,2	12,3	2,0	1.647	58,2	..
Alta renda	4.479,4	5.659,1	13,9	22,9	43,7	2,5	3,4	11,0	9.675	27,5	..
União Europeia 15	1.324,2	1.542,8	20,5	24,5	40,9	2,4	5,0	15,1	7.058	25,5	..
OCDE	4.521,8	5.537,4	20,5	21,9	39,7	2,8	3,8	11,1	8.413	24,4	..

[a] Indica porcentagem de mudança em valor de variáveis em um dado período.

[b] Os dados são para o ano mais recente disponível.

Tabela A4 Desastres naturais

	Mortalidade Secas	Mortalidade Enchentes e tempestades	Pessoas afetadas Secas	Pessoas afetadas Enchentes e tempestades	Parcela da população	Perdas econômicas Secas	Perdas econômicas Enchentes e tempestades	Número de pessoas	Litoral	População em zonas costeiras de baixa elevação	Área em zonas costeiras de baixa elevação
	Número de pessoas	Número de pessoas	Número de pessoas (milhares)	Número de pessoas (milhares)	%	US$ (milhares)	US$ (milhares)	% do PIB	Quilômetros	%	%
	1971–2008[a]	1971–2008[a]	1971–2008[a]	1971–2008[a]	1971–2008[a]	1971–2008[a]	1971–2008[a]	1961–2008[b]	2008	2000	2000
Angola	2	7	69	18	2,2	0	263	..	1.600	5,3	0,3
Argentina	0	13	0	355	1,1	3.158	229.348	0,8	4.989	10,9	1,9
Austrália	0	10	186	108	4,8	262.447	390.461	3,2	25.760	12,1	1,6
Bahamas	0	1	0	1	0,2	0	67.116	9,8	3.542	87,6	93,2
Bangladesh	0	5.673	658	8.751	9,1	0	445.576	9,8	580	45,6	40,0
Belize	0	2	0	8	3,6	0	14.862	200,2	386	40,3	15,6
Benin	0	3	58	56	5,3	17	214	..	121	21,0	1,6
Bolívia	0	22	92	62	2,4	25.411	43.050	18,7	0	0,0	0,0
Brasil	1	102	993	384	1,4	124.289	157.849	1,2	7.491	6,7	1,4
Camboja	0	30	172	251	5,8	3.632	8.634	9,2	443	23,9	7,4
Chade	0	8	62	18	6,0	2.184	30	..	0	0,0	0,0
China	93	1.304	9.642	53.460	5,2	522.350	4.791.624	2,9	14.500	11,4	2,0
Costa Rica	0	5	0	39	1,0	632	19.668	2,4	1.290	2,4	3,5
Cuba	0	6	22	331	3,1	4.819	287.436	..	3.735	13,3	21,1
República Tcheca	0[c]	2[c]	0[c]	8[c]	0,1[c]	0[c]	122.263[c]	3,2	0	0,0	0,0
Djibuti	0	6	26	18	8,5	0	151	..	314	40,6	1,9
Dominica	0	1	0	3	3,5	0	7.412	100,8	148	6,7	4,5
República Dominicana	0	75	0	111	1,6	0	71.240	36,4	1.288	3,3	4,7
Equador	0	21	1	43	0,5	0	40.972	3,3	2.237	14,0	3,2
Etiópia	10.536	51	1.361	59	6,6	2.411	424	..	0	0,0	0,0
Fiji	0	8	8	26	4,8	789	18.078	17,1	1.129	17,6	10,6
Geórgia	0	3	18	1	0,8	5.263	15.259	26,8	310	6,2	2,2
Gana	0	7	329	94	8,1	3	882	4,5	539	3,7	1,0
Granada	0	1	0	2	1,6	0	23.803	205,1	121	6,4	6,5
Guatemala	1	73	5	24	0,2	632	48.434	3,9	400	1,4	2,1
Guiana	0	1	16	12	5,7	763	16.692	56,3	459	54,6	3,7
Haiti	0	225	55	131	2,8	0	21.707	62,6	1.771	9,2	5,1
Honduras	0	621	19	109	2,9	447	130.421	72,9	820	4,6	5,6
Índia	8	2.489	25.294	22.314	7,2	61.608	1.055.375	2,5	7.000	6,3	2,5
Indonésia	35	182	121	206	0,3	4.216	62.572	9,3	54.716	19,6	9,3
Irã, Rep. Islâmica do	0	102	974	101	4,8	86.842	202.133	3,5	2.440	2,1	1,6
Itália	0	8	0	2	0,1	21.053	597.289	2,7	7.600	9,3	6,3
Jamaica	0	7	0	56	2,4	158	68.304	26,1	1.022	7,9	6,9
Jordânia	0	1	9	0	0,2	0	26	7,5	26	0,0	0,0
Quênia	5	23	960	56	9,7	39	588	..	536	0,9	0,4
Coreia, Rep. Dem. da	0	49	0	314	1,4	0	622.156	..	2.495	10,2	3,8
Coreia, Rep. da	0	116	0	76	0,2	0	391.754	1,2	2.413	6,2	5,0
Lao RPD	0	5	112	123	6,3	26	8.657	22,8	0	0,0	0,0
Líbano	0	1	0	3	0,1	0	4.342	2,8	225	13,7	1,6
Madagáscar	5	54	74	231	3,6	0	55.337	14,8	4.828	5,5	2,7
Maláui	13	16	518	50	12,3	0	837	,,	0	0,0	0,0
Malásia	0	12	0	15	0,1	0	28.039	0,9	4.675	23,5	6,2
Ilhas Maurício	0	1	0	26	2,9	4.605	16.352	21,3	177	9,4	6,1
Mongólia	0	5	12	53	3,7	0	2.376	145,3	0	0,0	0,0
Moçambique	2.633	65	455	328	13,8	1.316	22.846	9,9	2.470	11,8	3,2
Nepal	0	137	121	87	2,0	263	25.804	24,6	0	0,0	0,0
Nicarágua	0	105	15	53	1,4	474	46.256	27,7	910	2,1	6,2
Níger	0	3	335	10	13,2	0	295	..	0	0,0	0,0
Paquistão	4	273	58	1.163	1,3	6.500	120.942	10,5	1.046	2,9	2,8
Peru	0	55	87	75	0,7	7.526	1.916	5,2	2.414	1,8	0,5
Filipinas	0	743	172	2.743	4,5	1.696	164.362	11,0	36.289	17,7	7,7
Porto Rico	0	15	0	5	0,1	53	82.789	3,2	501	18,4	10,8
Federação Russa	0[c]	32[c]	26[c]	58[c]	0,1[c]	0[c]	147.461[c]	6,9	37.653	2,4	1,7
Samoa	0	1	0	7	4,6	0	13.858	248,4	403	23,6	8,4
Senegal	0	6	199	18	11,3	9.863	1.168	13,6	531	31,5	7,5
África do Sul	0	34	460	22	1,1	26.316	50.502	0,7	2.798	1,0	0,1
Espanha	0	22	158	21	2,5	280.526	245.471	2,4	4.964	7,7	1,3
Sri Lanka	0	45	165	282	3,1	0	12.049	3,7	1.340	11,8	8,3
Sta. Lúcia	0	2	0	2	1,9	0	29.731	365,0	158	4,3	4,1
Sudão	3.947	19	611	155	6,0	0	14.505	1,1	853	0,6	0,1
Suazilândia	13	1	43	24	18,3	46	1.426	10,7	0	0,0	0,0
Tajiquistão	0[c]	39[c]	100[c]	19[c]	2,9[c]	1.500[c]	12.037[c]	15,7	0	0,0	0,0
Tanzânia	0	15	210	22	2,0	0	179	..	1.424	2,3	0,3
Tailândia	0	95	618	929	2,2	11.166	132.709	..	3.219	26,3	6,9
Tunísia	0	8	1	7	0,1	0	8.889	7,8	1.148	14,8	3,3
Estados Unidos	0	272	0	672	0,1	187.763	12.104.146	1,0	19.924	8,1	2,6
Vanuatu	0	3	0	6	4,4	0	5.395	139,9	2.528	4,5	7,4
Venezuela, R. B. de	0	801	0	20	0,1	0	84.697	3,3	2.800	6,8	3,6
Vietnã	0	393	161	1.749	3,0	17.082	157.603	..	3.444	55,1	20,2
Zimbábue	0	4	365	9	10,7	67.105	7.308	29,3	0	0,0	0,0

[a] Indica valores médios anuais para variáveis no período de 1971-2008.

[b] Indica perda por evento no período de 1961-2008.

[c] Dados anteriores a 1990 têm por base as informações de desastres detalhadas na Iugoslávia, Tchecoslováquia e União Soviética.

Tabela A5 Solo, água e agricultura

	Terra arável	Parcela de terra irrigada	Produção de aquacultura	Mudança na temperatura	Mudança na duração de onda de calor	Precipitação	Intensidade de precipitação	Resultado agrícola	Rendimento agrícola
	hectares (milhões)	% terra cultivável	US$ (milhões)	°C	número de dias	% mudança	% mudança	% mudança	% mudança
	2005	2003	2007	2000–2050	2000–2050	2000–2050[a]	2000–2050[a]	2000–2080[a]	2000–2050[a]
Argélia	7,5	6,9	0,9	1,9	22,2	−4,9	7,2	−36,0	−6,7
Argentina	28,5	..	16,7	1,2	5,9	0,7	3,5	−11,1	−13,8
Austrália	49,4	5,0	478,8	1,5	10,9	−1,4	2,1	−26,6	−16,4
Bangladesh	8,0	56,1	1.522,6	1,4	8,7	1,4	5,4	−21,7	8,9
Bielo-Rússia	5,5	2,0	1,8	1,7	28,8	2,7	4,9	..	29,6
Bolívia	3,1	4,1	2,0	1,6	16,4	−0,9	2,5	..	−13,7
Brasil	59,0	4,4	598,0	1,5	13,5	−2,0	3,0	−16,9	−16,1
Bulgária	3,2	16,6	18,2	1,7	27,2	−4,3	3,0	..	−7,0
Burkina Fasso	4,8	0,5	0,9	1,4	5,7	0,3	0,0	−24,3	−4,4
Camboja	3,7	7,0	7,6	1,2	4,0	3,3	1,7	−27,1	−19,3
Camarões	6,0	0,4	0,8	1,3	2,0	0,9	3,0	−20,0	−6,6
Canadá	45,7	1,5	788,2	2,1	28,2	8,5	4,9	−2,2	19,5
Chile	2,0	81,0	5.314,5	1,2	4,9	−3,5	1,2	−24,4	47,7
China	143,3	35,6	44.935,2	1,7	16,1	4,5	5,4	−7,2	8,4
Colômbia	2,0	24,0	277,2	1,4	4,0	1,2	2,4	−23,2	−3,3
Congo, Rep. Dem. do	6,7	0,1	7,4	1,4	2,0	0,8	3,1	−14,7	−7,0
Costa do Marfim	3,5	1,1	2,2	1,3	1,9	−0,3	−0,2	−14,3	−12,9
Cuba	3,7	19,5	35,0	1,1	2,0	−12,0	−0,9	−39,3	−18,1
República Tcheca	3,0	0,7	49,5	1,7	20,3	0,3	4,6	..	14,3
Dinamarca	2,2	9,0	11,4	1,4	11,0	5,0	5,8	..	16,1
Egito, Rep. Árabe do	3,0	100,0	1.192,6	1,6	14,7	−7,0	−1,6	11,3	−27,9
Etiópia	13,1	2,5	..	1,4	3,1	2,4	5,0	−31,3	0,5
Finlândia	2,2	2,9	63,8	2,1	29,6	5,6	4,4	..	15,7
França	18,5	13,3	757,2	1,5	12,3	−3,5	3,2	−6,7	−2,6
Alemanha	11,9	4,0	191,1	1,5	14,8	2,4	5,0	−2,9	9,5
Gana	4,2	0,5	2,5	1,3	1,3	−1,0	0,8	−14,0	−10,1
Grécia	2,6	37,9	533,3	1,7	16,0	−10,9	1,8	−7,8	−3,5
Hungria	4,6	3,1	4,6	1,9	25,0	−1,3	6,5	..	−10,8
Índia	159,7	32,9	4.383,5	1,6	10,8	1,9	2,7	−38,1	−12,2
Indonésia	23,0	12,4	2.854,9	1,2	0,4	1,8	2,5	−17,9	−17,7
Irã, Rep. Islâmica do	16,5	47,0	451,1	1,8	19,9	−15,6	4,2	−28,9	−7,3
Iraque	5,8	58,6	35,8	1,8	22,3	−13,3	6,1	−41,4	−18,5
Itália	7,7	25,8	757,4	1,5	12,3	−7,0	4,6	−7,4	−2,7
Japão	4,4	35,1	4.279,9	1,4	4,0	0,5	3,8	−5,7	0,6
Cazaquistão	22,4	15,7	0,9	1,8	28,5	5,6	5,0	11,4	7,7
Quênia	5,3	1,8	6,3	1,2	2,5	7,5	8,0	−5,5	6,1
Coreia, Rep. Dem.da	2,8	50,3	32,6	1,7	10,0	6,0	7,0	−7,3	−0,7
Madagascar	3,0	30,6	47,5	1,2	2,1	−4,1	1,1	−26,2	−0,5
Maláui	2,6	2,2	3,6	1,4	7,5	−0,1	2,4	−31,3	−3,0
Mali	4,8	4,9	0,6	1,7	16,1	8,4	3,8	−35,6	−9,6
México	25,0	22,8	535,5	1,6	16,8	−7,2	1,6	−35,4	−0,5
Marrocos	8,5	15,4	6,9	2,1	21,1	−16,8	5,3	−39,0	−25,2
Moçambique	4,4	2,6	4,6	1,3	5,9	−2,7	1,4	−21,7	−10,4
Mianmar	10,1	17,0	1.862,4	1,3	8,6	1,9	3,7	−39,3	−15,4
Nepal	2,4	47,1	43,7	1,7	21,8	3,6	4,9	−17,3	−10,6
Níger	14,5	0,5	0,9	1,6	16,1	5,6	2,5	−34,1	−1,7
Nigéria	32,0	0,8	24,8	1,3	4,1	0,6	1,1	−18,5	−9,9
Paquistão	21,3	82,0	214,2	1,8	19,8	−3,0	3,5	−30,4	−32,9
Peru	3,7	27,8	271,8	1,5	5,0	1,2	3,3	−30,6	0,6
Filipinas	5,7	14,5	1.371,4	1,2	1,3	2,1	1,7	−23,4	−14,3
Polônia	12,1	..	15,0	1,7	21,6	1,8	4,4	−4,7	16,7
Romênia	9,3	5,8	22,5	1,7	28,9	−4,2	5,3	−6,6	−8,1
Federação Russa	121,8	3,7	326,1	2,2	29,5	8,8	5,5	−7,7	11,0
Arábia Saudita	3,5	42,7	186,4	1,8	13,9	−10,5	1,8	−21,9	−28,3
Senegal	2,6	4,8	0,2	1,6	6,0	−1,9	3,1	−51,9	−19,3
África do Sul	14,8	9,5	33,3	1,5	9,5	−4,5	1,4	−33,4	−5,2
Espanha	13,7	20,3	384,2	1,6	15,2	−11,9	0,9	−8,9	−1,3
Sudão	19,4	10,2	3,8	1,6	9,5	−0,6	−0,1	−56,1	−7,0
Suécia	2,7	4,3	21,4	1,8	22,0	5,1	5,3	..	19,8
República Árabe Síria	4,9	24,3	24,8	1,7	23,4	−13,6	3,7	−27,0	−4,5
Tanzânia	9,2	1,8	0,1	1,3	2,3	4,4	6,0	−24,2	−2,0
Tailândia	14,2	28,2	2.432,8	1,2	8,1	2,7	2,2	−26,2	−15,9
Togo	2,5	0,3	12,0	1,3	1,5	−2,0	−0,5	..	−14,0
Turquia	23,8	20,0	64,6	1,7	24,3	−10,2	1,0	−16,2	−1,0
Uganda	5,4	0,1	115,7	1,3	1,7	3,4	6,6	−16,8	−5,0
Ucrânia	32,5	6,6	76,9	1,7	28,5	−0,7	4,0	−5,2	−7,4
Reino Unido	5,7	3,0	927,9	1,1	5,1	2,5	3,7	−3,9	3,2
Estados Unidos	174,4	12,5	944,6	1,8	24,4	2,7	4,0	−5,9	−1,7
Uzbequistão	4,7	84,9	2,4	1,7	21,5	−0,1	3,4	−12,1	−2,8
Venezuela, R. B. de	2,7	16,9	65,8	1,6	10,3	−6,4	1,1	−31,9	−9,8
Vietnã	6,6	33,7	4.544,8	1,2	7,3	3,6	1,7	−15,1	−11,4
Zâmbia	5,3	2,9	8,7	1,5	8,1	0,6	3,9	−39,6	1,3
Zimbábue	3,2	5,2	5,1	1,5	12,3	−3,7	4,8	−37,9	−10,6

[a] Indica porcentagem de mudança em valor de variáveis em um dado período.

Tabela A6 Riqueza das nações

	Riqueza total US$ per capita 2000	Capital produzido e terreno urbano US$ per capita 2000	Capital intangível US$ per capita 2000	Capital natural US$ per capita 2000	Pastagens US$ per capita 2000	Terra cultivável US$ per capita 2000	Áreas protegidas US$ per capita 2000	Recursos florestais de não madeira US$ per capita 2000	Recursos de madeira US$ per capita 2000	Ativos do subsolo US$ per capita 2000
Argélia	18.491	8.709	–3.418	13.200	426	859	161	16	68	11.670
Argentina	139.232	19.111	109.809	10.312	2.754	3.632	350	219	105	3.253
Austrália	371.031	58.179	288.686	24.167	5.590	4.365	1.421	551	748	11.491
Áustria	493.080	73.118	412.789	7.174	2.008	1.298	2.410	144	829	485
Bangladesh	6.000	817	4.221	961	52	810	9	2	4	83
Bélgica	451.714	60.561	388.123	3.030	2.161	575	0	20	254	20
Bolívia	18.141	2.110	11.248	4.783	541	1.550	232	1.426	100	934
Brasil	86.922	9.643	70.528	6.752	1.311	1.998	402	724	609	1.708
Bulgária	25.256	5.303	16.505	3.448	1.108	1.650	217	102	126	244
Burkina Faso	5.087	821	3.047	1.219	191	547	100	142	239	0
Camarões	10.753	1.749	4.271	4.733	179	2.748	187	357	348	914
Canadá	324.979	54.226	235.982	34.771	1.631	2.829	5.756	1.264	4.724	18.566
Chade	4.458	289	2.307	1.861	316	787	80	366	311	0
Chile	77.726	10.688	56.094	10.944	1.001	2.443	1.095	231	986	5.188
China	9.387	2.956	4.208	2.223	146	1.404	27	29	106	511
Colômbia	44.660	4.872	33.241	6.547	978	1.911	253	266	134	3.006
Costa do Marfim	14.243	997	10.125	3.121	72	2.568	11	102	367	2
República Dominicana	33.410	5.723	24.511	3.176	386	1.980	461	37	27	286
Equador	33.745	2.841	17.788	13.117	1.065	5.263	1.057	193	335	5.205
Egito, Rep. Árabe do	21.879	3.897	14.734	3.249	0	1.705	0	0	0	1.544
Etiópia	1.965	177	992	796	197	353	167	16	63	0
França	468.024	57.814	403.874	6.335	2.091	2.747	1.026	77	307	87
Alemanha	496.447	68.678	423.323	4.445	1.586	1.176	1.113	39	263	269
Gana	10.365	686	8.343	1.336	43	855	7	76	290	65
Grécia	236.972	28.973	203.445	4.554	573	3.424	57	101	82	318
Guatemala	30.480	3.098	24.411	2.971	218	1.697	181	57	517	301
Haiti	8.235	601	6.840	793	112	668	3	3	8	0
Hungria	77.072	15.480	56.645	4.947	1.131	2.721	366	42	152	536
Índia	6.820	1.154	3.738	1.928	192	1.340	122	14	59	201
Indonésia	13.869	2.382	8.015	3.472	50	1.245	167	115	346	1.549
Irã, Rep. Islâmica do	24.023	3.336	6.581	14.105	611	1.989	109	26	0	11.370
Itália	372.666	51.943	316.045	4.678	1.083	2.639	543	51	0	361
Japão	493.241	150.258	341.470	1.513	316	710	364	56	38	28
Quênia	6.609	868	4.374	1.368	529	361	113	129	235	1
Coreia, Rep. da	141.282	31.399	107.864	2.020	275	1.241	441	30	0	33
Madagáscar	5.020	395	2.944	1.681	345	955	36	171	174	0
Maláui	5.200	542	3.873	785	45	474	26	56	184	0
Malásia	46.687	13.065	24.520	9.103	24	1.369	161	188	438	6.922
Mali	5.241	621	2.463	2.157	295	1.420	44	276	121	0
México	61.872	18.959	34.420	8.493	721	1.195	176	128	199	6.075
Marrocos	22.965	3.435	17.926	1.604	453	993	7	24	22	106
Moçambique	4.232	478	2.695	1.059	57	261	9	392	340	0
Nepal	3.802	609	1.964	1.229	111	767	81	38	233	0
Holanda	421.389	62.428	352.222	6.739	3.090	1.035	527	7	27	2.053
Níger	3.695	286	1.434	1.975	187	1.598	152	28	9	1
Nigéria	2.748	667	–1.959	4.040	78	1.022	6	24	270	2.639
Paquistão	7.871	975	5.529	1.368	448	549	94	4	7	265
Peru	39.046	5.562	29.908	3.575	341	1.480	98	570	153	934
Filipinas	19.351	2.673	15.129	1.549	45	1.308	59	17	90	30
Portugal	207.477	31.011	172.837	3.629	934	1.724	385	107	438	41
Romênia	29.113	8.495	16.110	4.508	1.154	1.602	175	65	290	1.222
Federação Russa	38.709	15.593	5.900	17.217	1.342	1.262	1.317	1.228	292	11.777
Ruanda	5.670	549	3.055	2.066	98	1.849	27	9	81	2
Senegal	10.167	975	7.920	1.272	196	608	78	147	238	4
África do Sul	59.629	7.270	48.959	3.400	637	1.238	51	46	310	1.118
Espanha	261.205	39.531	217.300	4.374	971	2.806	360	105	81	50
Sri Lanka	14.731	2.710	11.204	817	84	485	166	24	58	0
Suécia	513.424	58.331	447.143	7.950	1.676	1.120	1.549	908	2.434	263
República Árabe Síria	10.419	3.292	–1.598	8.725	730	1.255	0	6	0	6.734
Tailândia	35.854	7.624	24.294	3.936	96	2.370	855	55	92	469
Tunísia	36.537	6.270	26.328	3.939	736	1.546	8	12	27	1.610
Turquia	47.859	8.580	35.774	3.504	861	2.270	86	34	64	190
Reino Unido	408.753	55.239	346.347	7.167	1.291	583	495	14	44	4.739
Estados Unidos	512.612	79.851	418.009	14.752	1.665	2.752	1.651	238	1.341	7.106
Venezuela, R. B. de	45.196	13.627	4.342	27.227	581	1.086	1.793	464	0	23.302
Zâmbia	6.564	694	4.091	1.779	98	477	78	716	276	134
Zimbábue	9.612	1.377	6.704	1.531	258	350	70	341	211	301
Mundo	95.860	16.850	74.998	4.011	536	1.496	322	104	252	1.302
Baixa renda	7.532	1.174	4.434	1.925	189	1.143	111	48	109	325
Média renda	27.616	5.347	18.773	3.426	407	1.583	129	120	169	1.089
Alta renda (OCDE)	439.063	76.193	353.339	9.531	1.552	2.008	1.215	183	747	3.825

Tabela A7 Inovação, pesquisa e desenvolvimento

	Gasto com pesquisa e desenvolvimento	Pesquisadores em P&D	Famílias de patentes da tríade	Índice de economia de conhecimento	Disponibilidade das tecnologias mais recentes	Absorção de tecnologia em nível firme
	% do PIB	por milhões de pessoas	por milhões de pessoas	Índice	Índice	Índice
	2005–2006[a]	2005–2006[a]	2005	2008	2008–2009[a]	2007–2009[a]
Áustria	2,4	3.473	39,7	8,9	6,2	6,2
Bélgica	1,9	3.188	34,4	8,7	6,1	5,5
Canadá	2,0	..	24,0	9,2	6,2	5,6
China	1,3	..	0,3	4,4	4,2	5,1
República Tcheca	1,4	2.371	..	7,8	5,1	5,4
Dinamarca	2,5	5.202	42,2	9,6	6,5	6,2
Estônia	0,9	2.478	..	8,3	5,8	5,5
Finlândia	3,5	7.545	53,0	9,4	6,6	6,1
França	2,1	3.353	39,4	8,5	6,2	5,6
Alemanha	2,5	3.359	76,4	8,9	6,2	6,0
Grécia	0,5	1.744	..	7,4	4,7	4,4
Hungria	0,9	1.574	4,1	7,9	4,7	4,7
Islândia	2,8	7.287	..	8,9	6,7	6,6
Índia	..	..	0,1	3,1	5,2	5,5
Irlanda	1,3	2.797	15,0	8,9	5,5	5,5
Israel	4,5	..	60,3	8,2	6,1	6,0
Itália	1,1	1.407	12,3	7,9	4,7	4,6
Japão	3,3	5.512	117,2	8,6	6,2	6,3
Coreia, Rep. da	3,0	3.756	58,4	7,7	5,8	5,8
Kuwait	..	74	..	6,0	5,4	5,5
Letônia	0,8	2.230	..	7,7	5,0	5,0
Luxemburgo	1,6	4.877	50,5	8,7	5,7	5,5
Macedônia	0,2	547	..	5,3	3,6	3,4
Holanda	1,7	2.477	66,9	9,3	6,2	5,5
Nova Zelândia	1,2	4.207	15,3	8,9	..	5,5
Noruega	1,5	4.668	25,6	9,3	6,4	6,1
Polônia	0,1	1.627	..	7,4	4,4	4,7
Portugal	..	2.007	..	7,5	5,7	5,4
Federação Russa	1,1	3.227	0,4	5,4	3,9	4,1
Cingapura	2,4	5.497	24,3	8,2	6,2	6,0
República da Eslováquia	0,5	2.027	..	7,3	5,1	5,4
Eslovênia	1,5	2.627	..	8,3	5,1	4,9
África do Sul	0,9	361	0,6	5,6	5,4	5,5
Espanha	1,1	2.528	4,5	8,2	5,2	5,0
Suécia	3,9	6.095	81,0	9,5	6,6	6,2
Suíça	..	..	107,6	9,2	6,4	6,2
Tunísia	1,0	1.450	..	4,7	5,4	5,4
Ucrânia	1,0	..	..	5,8	4,2	4,5
Reino Unido	1,8	2.995	27,4	9,1	6,2	5,6
Estados Unidos	2,6	4.651	53,1	9,1	6,5	6,3

Nota: Os 40 países exibidos na tabela foram escolhidos com base na disponibilidade de dados para pelo menos quatro em seis variáveis.

[a] Os dados são para o ano mais recente disponível.

Definições e notas

Tabela A1 Emissões relativas a energia e intensidade de carbono

Coluna	Indicador	Notas
	Emissões de dióxido de carbono	
1, 2	total anual (milhões toneladas)	Emissões de CO_2 totais do setor energético, inclusive eletricidade e produção de calor, manufatura e construção, queima de gás, transporte e outros setores do World Resources Institute (2008). Não estão incluídas as emissões de processos industriais (principalmente produção de cimento) que respondem por aproximadamente 4% do total de emissões de CO_2 relativas a energia. As emissões de CO_2 anuais em 2005 foram usadas para truncar a tabela de 65 economias responsáveis por 96% das emissões de CO_2 globais anuais no setor energético. Agregados com base na lista completa com 210 países.
2, 3	mudança (%)	Mudança de porcentagem em emissões de CO_2 relativas a energia entre 1990 (ano-base) e 2005.
4, 5	per capita (toneladas)	Emissões anuais divididas pela população semestral (World Bank, 2009) expressa em toneladas de CO_2 por pessoa.
6	parcela do total mundial (%)	Parcela do total mundial de emissões de CO_2 atribuídas a um dado país, grupo de renda ou região.
7	cumulativa desde 1850 (bilhões de toneladas)	Emissões de CO_2 cumulativas entre 1850 e 2005 do U. S. Department of Energy (2009). As fontes de emissões incluem combustão de combustíveis sólidos, líquidos e gasosos, como também produção de cimento e queima de gás. A título de uniformidade histórica, foram usados dados de produção de combustível em vez de consumo de combustível. As emissões de CO_2 não incluem emissões de refugos, agricultura, mudança do uso do solo e combustíveis de navio usados no transporte internacional. As emissões cumulativas têm por base a disponibilidade de dados – a cobertura de dados para a maioria dos 25 maiores emissores começa em 1850, e para os países menores e as nações insulares, entre 1900 e 1950.
8, 9	O total anual de emissões de não CO_2 (milhões de toneladas de CO_2 equivalente)	Total de emissões de metano (CH_4) e óxido nitroso (N_2O) em CO_2 equivalente do setor energético com base no World Resources Institute (2008). Esse indicador inclui emissões da combustão de biomassa, sistemas de óleo e gás natural, mineração de carvão e outras fontes estacionários e móveis. O CO_2 equivalente expressa a quantidade da mistura de gases de efeito estufa em termos de quantidade de CO_2 que produziria a mesma quantidade de aquecimento que a mistura de gases (ver Glossário).
10, 11	Intensidade de carbono de energia (toneladas de CO_2 por tonelada de equivalente em óleo)	A proporção de emissões de dióxido de carbono para produção de energia mede o índice verde de produção de energia e é expressa em toneladas de CO_2 (World Resources Institute, 2008) por tonelada de equivalentes de óleo (International Energy Agency, 2008a, 2008b).
12, 13	Intensidade de carbono de renda (toneladas de CO_2 por mil PPP US$ do PIB)	A proporção de emissões de dióxido de carbono para o produto interno bruto é um indicador do índice verde da economia, que é expresso em toneladas de CO_2 por 1.000 PPP dólares do PIB. As emissões são do World Resources Institute (2008), e os dados do PIB são do World Bank (2009).

Tabela A2 Emissões baseadas no solo
Tabela A2.a Emissões de CO_2 pelo desmatamento

Coluna	Indicador	Notas
1, 2	Média anual de emissões de CO_2 (milhões toneladas) e classificação	Estimativas de emissão de CO_2 em decorrência do desmatamento baseiam-se em Houghton (2009) e derivam de estimativas de cobertura de floresta tropical conforme o UN Forest Resources Assessment de 2005 (Food and Agriculture Organization, 2005). As estimativas de emissões de CO_2 pelo desmatamento variam com o tempo e são também resultado de dados incertos: há uma variação entre as estimativas de índices de desmatamento e estimativas de armazenamento de carbono nas florestas convertidas para outros usos. Para explicar as tendências ano a ano e a medição de incerteza, os números informados aqui são usados com base em emissões médias anuais entre 1990 e 2005. Os 25 maiores contribuintes para emissões de CO_2 pelo desmatamento em 2005, mostrados na tabela, respondem por aproximadamente 95% do total mundial. Estima-se que o desmatamento líquido de países de alta renda seja próximo de zero ou um pouco negativo. A classificação baseia-se na emissão média anual para o período de 1990-2005.
3, 4	Emissões de CO_2 (toneladas) per capita e classificação	As emissões médias anuais pelo desmatamento divididas pela população semestral são expressas em toneladas de CO_2 por pessoa. Os números de população são do World Bank (2009). A classificação das emissões per capita baseia-se em 186 países (ver Capítulo 1, Figura 1.1).
5	Parcela média do total mundial (%)	Parcela das emissões de CO_2 com base nas emissões médias anuais entre 1990 e 2005, com percentual das emissões globais devido ao desmatamento.

Indicadores selecionados

Tabela A2.b Emissões de CO₂ de carbono da agricultura

Coluna	Indicador	Notas
1, 2	Emissões anuais (milhões de toneladas de CO₂ equivalente)	Emissões totais de metano e óxido nitroso do setor agrícola medidas em CO₂ equivalente do World Resources Institute (2008). O CO₂ equivalente expressa a quantidade da mistura de gases de efeito estufa em termos de quantidade de CO₂ que produziria a mesma quantidade de aquecimento que a mistura de gases (ver Glossário). As emissões do setor agrícola resultam primariamente de cultivo de arroz, solos agrícolas, gerenciamento de esterco e fermentação entérica (arroto) do rebanho. Coerente com as categorias do IPCC para fontes e sumidouros de carbono, o CO₂ associado à combustão de combustível no setor agrícola foi incluído no setor energético, não agrícola. Os 25 maiores contribuintes para as emissões agrícolas mostradas na tabela respondem por aproximadamente 70% do total global.
3	Parcela do total mundial (%)	Parcela das emissões totais mundiais do setor agrícola atribuídas a um dado país ou região.
4–7	Emissões *per capita* (milhões toneladas de CO₂ equivalente) e classificação	Emissões anuais do setor agrícola divididas pela população semestral em 1990 e 2005 (World Bank, 2009) expressas em toneladas de CO₂ equivalente por pessoa. A classificação de emissões *per capita* baseia-se no conjunto completo de mais de 200 países.

Tabela A3 Fornecimento total primário de energia

Coluna	Indicador	Notas
1, 2	Total anual de fornecimento primário de energia (milhões de toneladas de equivalentes de óleo)	Fornecimento total primário de energia (TPES) é uma medida comercial de consumo de energia. O TPES é a soma de produção, importações e mudanças em estoque nacionais, menos exportações e combustíveis marítimos internacionais. Uma parcela menor de combustíveis fósseis e uma parcela maior de fontes renováveis em TPES indicam a trajetória dos países para uma economia verde. Os dados para 135 países do OCDE e não OCDE de International Energy Agency (2008a, 2008b), respectivamente.
3–5	Parcela de combustíveis fósseis em TPES (%)	Parcela da energia primária total derivada de combustíveis fósseis, inclusive carvão, óleo e gás natural. Parcela de carvão inclui carvão e produtos de carvão (International Energy Agency, 2008a, 2008b). Parcela de óleo inclui óleo cru, gás natural líquido, matéria-prima e produtos de petróleo. Parcela de gás natural inclui apenas gás natural.
6, 7	Parcela de energia renovável em TPES (%)	Parcela do total de energia derivada de energia hídrica, solar, eólica, geotérmica, biomassa e de resíduos (International Energy Agency, 2008a, 2008b). A biomassa, também conhecida como combustível tradicional, é composta de materiais de origem animal e vegetal (madeira, refugos vegetais, etanol, matérias/resíduos de origem animal e lixívias de sulfito). Os refugos compreendem lixo municipal (resíduos produzidos por residências, comércio e serviços públicos que são coletados pelas autoridades municipais para disposição em uma central para fins de produção de calor e/ou energia) e resíduos industriais.
8	Parcela do nuclear em TPES (%)	Parcela do total energia derivada de energia nuclear (International Energy Agency, 2008a, 2008b).
9, 10	Consumo de eletricidade *per capita* (quilowatts-horas)	O consumo de eletricidade *per capita* mede os quilowatts-horas (kWh) médios de energia elétrica gerada por pessoa num dado país ou região da Internatiinal Energy Agency (2008c, 2008d). Compreende usinas elétricas particulares e públicas, e usinas de energia e calor combinadas, além da produção de energia nuclear e hidráulica (exclui produção por armazenagem bombeada), geotérmica, hidráulica, eólica, solar e outras renováveis. Não está incluída eletricidade produzida por calor de processos químicos. O consumo de eletricidade iguala-se à soma de produção e importações menos exportações e perdas de distribuição.
11	Taxa de eletrificação (%)	A parcela da população com acesso à eletricidade 2000 e 2006 da International Energy Agency (2002, 2006).

Tabela A4 Desastres naturais

Coluna	Indicador	Notas
1, 2	Mortalidade (número de indivíduos)	O número confirmado de pessoas desaparecidas ou com morte presumida (números oficiais quando disponíveis) durante um evento de desastre (inclui secas, inundações e tempestades), com base no Center for Research on the Epidemiology of Disasters (2009). Os números são médias anuais para o período de 1971-2008.
3–5	Pessoas afetadas (milhares de pessoas)	Pessoas feridas, desabrigadas e que exigem o auxílio imediato durante um desastre (inclui secas, inundações e tempestades); também incluem remoção ou evacuação de pessoas com base no Center for Research on the Epidemiology of Disasters (2009). Os números são médias anuais para o período de 1971-2008.
6, 7	Perdas econômicas (milhares US$)	Estimativa de dano causado pelo evento do desastre (em US$), com base no Center for Research on the Epidemiology of Disasters (2009) (2009). Os números referem-se aos danos médios anuais para o período de 1971-2008.
8	Maior perda por evento (% do PIB)	Estimativas de dano total causado pela única perda maior decorrente um evento lento ou rápido desde o começo entre 1961 e 2008 (Mechler et al., 2009). A tabela lista as economias que tiveram pelo menos uma perda por evento superior a 0,8% do PIB durante esse período. O tipo do evento inclui secas, inundações, tempestades, ondas de frio e incêndios florestais. A maior perda por evento é definida como a perda total de um evento expresso em US$ (Center for Research on the Epidemiology of Disasters, 2009) dividido pelo PIB total (World Bank, 2009).
9	Costa (quilômetros)	O comprimento total do limite entre a área de terra (que inclui ilhas) e o mar (Central Intelligence Agency, 2009).
10	População em zonas costeiras de baixa elevação (%)	Parcela da população total que habita zonas costeiras de baixa elevação (definidas como áreas de terra contíguas com a costa e dez metros ou menos de elevação) (Ciesin, 2006).
11	Área em zonas costeiras de baixa elevação (%)	Parcela da área total zonas costeiras de baixa elevação (definidas como áreas de terra contíguas com a costa e dez metros ou menos de elevação) (Ciesin, 2006).

Tabela A5 Solo, água e impactos projetados da mudança climática por região

Coluna	Indicador	Notas
1	Terra arável (milhões de hectares)	A terra arável é adequada para o cultivo das colheitas que são replantadas após cada colheita, como trigo, milho e arroz (World Bank, 2009).
2	Parcela de terra irrigada (% terra cultivável)	Parcela do total terra cultivável sob irrigação (World Bank, 2009).
3	Produção de aquacultura (milhões US$)	A produção de aquacultura inclui criação de organismos aquáticos como peixe, moluscos, crustáceos e plantas aquáticas em água salobra, água doce e ambiente marinho; tanto em terras no interior quanto em áreas marinhas. A produção de aquacultura refere-se especificamente ao resultado de atividades de aquacultura projetadas para colheita final para consumo. Dados da Food and Agriculture Organization (2009).
4–7	Impactos físicos projetados	Impactos físicos projetados de mudança climática em meados do século XXI. Os indicadores selecionados incluem mudança na temperatura anual média, na precipitação e na intensidade da precipitação, e na duração da onda de calor. Essas estimativas das projeções representam um conjunto de 19 modelos de circulação gerais usados para a Quarta Avaliação do IPCC (2007). As mudanças são estimadas para o futuro do período de 2030-2049 relativo a 1980-1999. Os indicadores são médias especialmente ponderadas para cada país.
8, 9	Impactos projetados na agricultura	Mudança de porcentagem no resultado agrícola (definida como rendimento por hectare) entre 2000 e 2080, com base "em estimativas preferidas" (Cline, 2007). Os impactos no rendimento agrícola são definidos como uma mudança de porcentagem média nas colheitas entre 2000 e 2050 para trigo, arroz, milho, painço, ervilha, beterraba, batata-doce, soja, amendoim, girassol e canola, com base em Müller et al. (2009).

Tabela A6 Riqueza das nações

Coluna	Indicador	Notas
1	Riqueza total (US$ per capita)	A riqueza agregada que as nações produziram no passado, refletindo o valor de todos os bens, recursos, serviços, inclusive naturais e produzidos, e capital intangível. As subcategorias do capital natural incluem floresta, solo, os recursos agrícolas, que são indicativos da dependência de um país nos recursos naturais e na vulnerabilidade à mudança climática. Todos os indicadores são expressos em valor em US$ obtido pela divisão do valor total pela população semestral (World Bank, 2005).
2	Capital produzido (US$ per capita)	Capital produzido compreende maquinário, equipamentos e estruturas, e terras urbanas.
3	Capital intangível (US$ per capita)	Capital intangível inclui a mão de obra em geral, capital humano, capital social e outros fatores, como a qualidade das instituições. Calcula-se como residual, a diferença entre a riqueza total e a soma de produto e capital natural.
4	Capital natural (US$ per capita)	Capital natural engloba recursos energéticos (petróleo, gás natural, antracito e linhito), minerais (bauxita, cobre, ouro, ferro, chumbo, níquel, fosfato, prata, latão e zinco), de madeira, florestais de não madeira, terras cultiváveis, pastos e áreas protegidas.
5	Pastagens (US$ per capita)	Capital natural associado a pastos reflete o valor anual dos pastos para a produção de bens. Presume-se que o retorno a pastos seja de 45% do valor de saída, que tem por base a produção de carne bovina, ovina, leite e lã, avaliados a preços internacionais.
6	Terra cultivável (US$ per capita)	O capital natural associado a terras cultiváveis reflete o valor da produção agrícola com base na terra cultivável disponível. O retorno sobre a terra cultivável é calculado como a diferença entre o valor das colheitas e os custos de produção específicos para colheitas.
7	Áreas protegidas (US$ per capita)	O capital natural associado com áreas protegidas reflete o valor anual dos benefícios associados às áreas protegidas, inclusive o valor recreacional, turismo e outros valores de existência.
8	Recursos florestais de não madeira (US$ per capita)	Os recursos florestais de não madeira incluem pequenos produtos florestais, caça, recreação e proteção de águas. Os benefícios anuais foram derivados da premissa de que um terço da área florestal em cada país é acessível com benefícios que variam de US$ 190 por hectare em países desenvolvidos a US$ 145 por hectare em países em desenvolvimento.
9	Recursos de madeira (US$ per capita)	Recursos de madeira são baseados em produção de coníferas e não coníferas (madeira bruta em toras). Uma vez que os valores de mercado são usados para estimar o valor da madeira em pé, deve-se fazer uma distinção entre as florestas disponíveis e as não disponíveis para o fornecimento de madeira. A área de floresta disponível para fornecimento de madeira é definida como presente a 50 quilômetros de uma infraestrutura.
10	Ativos do subsolo (US$ per capita)	Ativos do subsolo são reservas comprovadas de minérios localizadas na superfície da Terra ou abaixo que são economicamente exploráveis, conforme a tecnologia atual e preços relativos.

Tabela A7 Inovação, pesquisa e desenvolvimento

Coluna	Indicador	Notas
1	Gasto com pesquisa e desenvolvimento (% do PIB)	Gastos para pesquisa e desenvolvimento (P&D) são gastos reais e de capital (tanto público quanto privado) em trabalho criativo realizado de forma sistemática para ampliar o conhecimento, inclusive o conhecimento da humanidade, da cultura e da sociedade, bem como a utilização de conhecimentos para novos usos. Pesquisa e desenvolvimento cobre pesquisa básica, pesquisa aplicada e desenvolvimento experimental. Parcela de gastos com P&D é o total de gastos com P&D dividido pelo PIB para um dado ano. Dados do Banco Mundial.
2	Pesquisadores em P&D (por milhões de pessoas)	O número de pesquisadores em P&D em milhões de pessoas é expresso como um número para milhões de pessoas.
3	Famílias de patentes da tríade (por milhões de pessoas)	Definidas como um conjunto de patentes, para uma única invenção, concedidas pelo Escritório Europeu de Patentes, o Escritório de Patentes do Japão e o Escritório de Patentes e Marcas dos Estados Unidos. É um bom indicador do número de patentes solicitadas e de patentes per capita (Organisation for Economic Cooperation and Development, 2008).
4	Índice de economia do conhecimento	Índice de economia de conhecimento (knowledge economy index – KEI) (World Bank, 2008) é um índice agregado com base na metodologia de Avaliação de Conhecimento (Knowledge Assessment Methodology – KAM) de 2008 do Banco mundial e representa o preparo geral de um país ou região para a economia de conhecimento. O KEI é produzido como uma média simples de quatro subíndices que representam os quatro pilares a seguir da economia de conhecimento: 1. incentivo econômico e regime institucional, 2. educação e treinamento, 3. inovação tecnológica e adoção, e 4. infraestrutura de tecnologias de informação e comunicações.
5	Disponibilidade das tecnologias mais recentes	Índice que define a disponibilidade das tecnologias mais recentes em um país. O índice varia entre 1 (tecnologias não amplamente disponíveis e usadas) e 7 (tecnologias amplamente disponíveis e usadas). Sobre a lista completa de países, ver World Economic Forum (2009).
6	Absorção de tecnologia em nível firme	Índice que define a capacidade de um país de absorver novas tecnologias. Varia entre 1 (não tem capacidade para absorver tecnologia) e 7 (ambicioso em absorver novas tecnologias). Sobre a lista completa de países, ver World Economic Forum (2009).

Símbolos e agregados

.. Indica que os dados não estão disponíveis ou que os agregados não podem ser calculados por falta de dados nos anos mostrados.

0 ou 0,0 Indica zero ou menos do que a metade da unidade mostrada.

Medidas agregadas para regiões e grupos de rendas são calculadas por adição simples quando são expressas em níveis. Índices e razões agregados são computados como médias ponderadas.

As medidas resumidas ou são totais (indicados por **t** se os agregados incluírem estimativas para dados faltantes e países que não fornecem informações ou por um **s** para somas simples de dados disponíveis), médias ponderadas (**w**) ou valores médios (**m**) calculados para grupos de economia. Dados para os países excluídos das tabelas principais foram incluídos quando do cálculo das medidas resumidas.

Referências bibliográficas

CENTRAL INTELLIGENCE AGENCY (CIA). The World Factbook 2009. Washington, DC: Central Intelligence Agency, 2009. Disponível em: https://www.cia.gov/library/publications/the-world-factbook/index.html. Acesso: jul. 2009.

CENTRE FOR RESEARCH ON THE EPIDEMIOLOGY OF DISASTERS (CRED). EM-DAT: The OFDA/CRED International Emergency Disaster Database. Brussels, Belgium: Centre for Research on the Epidemiology of Disasters (CRED), Université Catholique de Louvain – Ecole de Santé Publique, 2008.

CIESIN. Low Elevation Coastal Zone (LECZ) Urban-Rural Estimates, Global Rural-Urban Mapping Project (GRUMP), Alpha Version. Palisades, NY: Socioeconomic Data and Applications Center (SEDAC), Columbia University, 2006. Disponível em: http://sedac.ciesin.columbia.edu/gpw/lecz. Acesso: jul. 2009.

CLINE, W. R. *Global Warming and Agriculture:* Impact Estimates by Country. Washington, DC: Center for Global Development and Peterson Institute for International Economics, 2007.

FOOD AND AGRICULTURE ORGANIZATION (FAO). Global Aquaculture Production 1950-2007. Rome, Italy: UN Food and Agriculture Organization Fisheries and Aquaculture Department, 2009. Disponível em: http://www.fao.org/fishery/statistics/global-aquaculture-production/query/en. Acesso: jul. 2009.

HOUGHTON, R. A. Emissions of Carbon from Land Management. Background note for the WDR 2010, 2009.

INTERNATIONAL ENERGY AGENCY (IEA). *World Energy Outlook 2002.* Paris: IEA, 2002.

_____. *World Energy Outlook 2006.* Paris: IEA, 2006.

_____. *Energy Balances of Non-OECD Countries* – 2008 Edition. Paris: IEA, 2008a.

_____. *Energy Balances of OECD Countries* – 2008 Edition. Paris: IEA, 2008b.

_____. *Energy Statistics of Non-OECD Countries* – 2008 Edition. Paris: IEA, 2008c.

_____. *Energy Statistics of OECD Countries* – 2008 Edition. Paris: IEA, 2008d.

MECHLER, R., et al. Assessing the Financial Vulnerability to Climate-Related Natural Hazards. Background paper for the WDR 2010, 2009.

MÜLLER, C. et al. Climate Change Impacts on Agricultural Yields. Background note for the WDR 2010, 2009.

ORGANISATION FOR ECONOMIC COOPERATION AND DEVELOPMENT (OECD). *Compendium of Patent Statistics 2008.* Paris: Organisation for Economic Cooperation and Development, 2008.

_____. OECD Science and Technology Database - Main Science and Technology Indicators. Paris: Organisation for Economic Cooperation and Development, 2009. Disponível em: http://www.sourceoecd.org. Acesso: jul. 2009.

U.S. DEPARTMENT OF ENERGY (DOE). Carbon Dioxide Information Analysis Center (CDIAC). Oak Ridge, TN: DOE, 2009.

WORLD BANK. *Where is the Wealth of Nations?* Measuring Capital for the 21st Century. Washington, DC: World Bank, 2005.

_____. Knowledge Assessment Methodology - Knowledge Economy Index (KEI). Washington, DC: World Bank, 2008. Disponível em: http://info.worldbank.org/etools/kam2/KAM_page5.asp. Acesso: ago. 2009.

_____. *World Development Indicators 2009.* Washington, DC: World Bank, 2009.

WORLD ECONOMIC FORUM. *Global Information Technology Report 2008-2009.* Geneva, Switzerland: World Economic Forum, 2009.

WORLD RESOURCE INSTITUTE (WRI). Climate Analysis Indicators Tool (CAIT). Washington, DC: World Resources Institute, 2008.

Indicadores selecionados de desenvolvimento mundial para 2010

Na edição deste ano, os dados do desenvolvimento são apresentados em seis tabelas que contêm dados socioeconômicos comparativos para mais de 130 economias para o ano mais recente, para as quais há dados disponíveis, e, para alguns indicadores, por um por ano antes. Uma tabela adicional apresenta indicadores básicos para 78 economias com dados escassos ou com populações inferiores a 3 milhões.

Os indicadores apresentados são uma seleção de mais de 800 incluídos em *Indicadores de Desenvolvimento Mundial (WDI) de 2009*. Publicados anualmente, os WDI refletem uma ideia detalhada do processo de desenvolvimento. As seis seções de WDI reconhecem a contribuição de uma ampla gama de fatores: avanços nos Objetivos do Desenvolvimento do Milênio e o desenvolvimento de capital humano, a sustentabilidade ambiental, o desempenho macroeconômico, o desenvolvimento do setor privado e o clima de investimento, e os elos globais que influenciam o ambiente externo para o desenvolvimento. Observe que a tabela de pobreza deste ano (Tabela 2) inclui estimativas da pobreza usando as linhas de pobreza internacionais de US$ 1,25 e US$ 2 por dia que se baseiam nas novas estimativas da paridade de poder de compra (PPC) em relação a 2005.

Os *Indicadores de Desenvolvimento Mundial* são complementados por uma base de dados separada, publicada com acesso a mais de 800 indicadores da série cronológica para 227 economias e regiões. Essa base de dados está disponível por meio de assinatura eletrônica (*WDI Online*) ou como CD-ROM.

Origens de dados e metodologia

Os dados socioeconômicos e ambientais apresentados aqui são selecionados com base em diversas fontes: dados preliminares coletados pelo Banco Mundial, publicações estatísticas do país-membro, institutos de pesquisa e organizações internacionais, como as Nações Unidas (ONU) e suas agências especializadas, o Fundo Monetário Internacional (FMI) e a Organização para a Cooperação e o Desenvolvimento Econômico (OCDE) (ver uma lista completa em "Fontes de dados" após o item "Notas técnicas"). Embora os padrões internacionais de cobertura, definição e classificação se apliquem à maioria das estatísticas relatadas por países e agências internacionais, há diferenças inevitáveis na oportunidade e confiabilidade originadas em diferenças de capacidades e recursos dedicados ao levantamento de dados e à compilação básicos. Para alguns tópicos, as fontes de dados concorrentes exigem a revisão por integrantes do Banco Mundial, de modo a garantir que sejam apresentados os dados mais confiáveis disponíveis. Em alguns casos, nos quais os dados disponíveis são julgados demasiado fracos para fornecer medidas confiáveis dos níveis e das tendências ou não aderem adequadamente aos padrões internacionais, os dados não são mostrados.

Os dados apresentados são geralmente compatíveis com os aqueles dos *Indicadores de Desenvolvimento Mundial de 2009*. Entretanto, os dados foram revisados e atualizados onde quer que a informação nova se tornou disponível. As diferenças podem igualmente refletir revisões às séries históricas e mudanças na metodologia. Assim, os dados de épocas diferentes podem ser publicados em edições diferentes nas publicações do Banco Mundial. Recomenda-se aos leitores não compilar a série dos dados das publicações diferentes ou das edições diferentes da mesma publicação. Os dados consistentes da série cronológica estão disponíveis no CD-ROM *Indicadores de Desenvolvimento Mundial de 2009* e no *WDI Online*.

Todos os números em dólar estão em dólares norte-americanos, exceto se indicados de outra maneira. O item "Notas técnicas" descreve os vários métodos usados para a conversão de moedas nacionais.

Uma vez que o propósito primeiro do Banco Mundial é prestar consultoria sobre empréstimo e políticas a seus membros com renda baixa e média, as questões cobertas nas tabelas concentram-se principalmente nessas economias. Onde disponíveis, as informações nas economias de renda alta são igualmente fornecidas a título de comparação. Os leitores podem desejar consultar publicações estatísticas nacionais e publicações da OCDE e da União Europeia (UE) para mais informações sobre economias de alta renda.

Classificação das economias e das medições resumidas

As medições resumidas na parte inferior da maioria das tabelas compreendem as economias classificadas pela renda *per capita* e pela região. A renda nacional bruta (RNB) *per capita* é usada para determinar as seguintes classificações da renda: renda baixa, US$ 975 ou menos em 2008; renda média, de U$ 976 a US$ 11.905; e renda alta, US$ 11.906 ou mais. Há uma divisão adicional em RNB *per capita* de US$ 3.855 entre as economias de renda baixa média e as de renda média alta. A classificação das economias com base em renda *per capita* é anual, portanto a composição do país dos grupos de renda pode mudar anualmente. Quando essas mudanças na classificação são feitas com base nas estimativas mais recentes, os agregados baseados nas novas classificações de renda são recalculados para todos os períodos passados, de modo a garantir a manutenção de uma cronologia coerente. Apresentada no final deste volume, a tabela sobre classificação das economias contém uma lista de economias em cada grupo (que inclui aqueles com populações inferiores a 3 milhões).

As medições resumidas são totais (indicadas por **t** se os agregados incluem estimativas para dados faltantes e países sem informação ou por um **s** para somas simples dos dados disponíveis), médias ponderadas (**w**) ou valores médios (**m**) calculados para grupos de economias. Os dados para os países excluídos das tabelas principais (aqueles apresentados na Tabela 6) foram incluídos nas medições resumidas, onde os dados estão disponíveis, ou por suposição de que sigam tendência de países informantes. Isso dá uma medida agregada mais consistente que padroniza a cobertura do país para cada período mostrado. Onde as informações faltantes respondem a um terço ou mais da estimativa total, a medida do grupo é relatada como não disponível. A seção sobre "Métodos estatísticos" em "Notas técnicas" traz informações adicionais sobre os métodos da agregação. Os pesos usados na elaboração dos agregados são listados em "Notas técnicas" para cada tabela.

Terminologia e cobertura do país

O termo *país* não implica a independência política, mas pode se referir a todo o território sobre o qual as autoridades forneceram estatísticas sociais ou econômicas separadas. Os dados são mostrados para economias constituídas em 2008, e os dados históricos são revisados para refletir arranjos políticos atuais. Em todas as tabelas, as exceções são anotadas. Salvo se observado de outra maneira, os dados para China não incluem informações de Hong Kong, Macau ou Taiwan. Os dados para Indonésia incluem Timor-Leste até 1999, salvo se observado de outra maneira. Montenegro declarou a independência da Sérvia e Montenegro em 3 de junho de 2006. Quando disponíveis, os dados para cada país são mostrados separados. Entretanto, alguns indicadores para Sérvia continuam a incluir dados para Montenegro com 2005, o quais constam em notas de rodapé nas tabelas. Além disso, os dados para a maioria dos indicadores de 1999 em diante para Sérvia excluem dados para Kosovo, que, em 1999, se transformou em território sob a administração internacional, conforme a Resolução 1.244 do Conselho de Segurança da ONU (1999); todas as exceções são anotadas.

Notas técnicas

Uma vez que a qualidade dos dados e as comparações internacionais são frequentemente problemáticas, os leitores devem consultar as *"Notas técnicas",* a tabela sobre classificação das economias por região e por renda, e as notas de rodapé nas tabelas. Os *Indicadores de Desenvolvimento Mundial de 2009* contêm documentação mais completa.

Símbolos

.. significa que os dados não estão disponíveis ou que os agregados não podem ser calculados por falta de dados nos anos mostrados.

0 ou **0.0** significa zero ou pequeno bastante de modo que o número seria arredondado para zero nas casas decimais exibidas.

/ nas datas, como em 2003/2004, significa o período, geralmente 12 meses, em dois anos civis e se refere um ano de colheita, um ano de pesquisa ou um exercício orçamentário.

US$ significa dólares norte-americanos atuais, salvo se informado de outra maneira.

\> significa mais do que.

< significa menos do que.

Convenções da apresentação de dados

- Um espaço em branco significa não aplicável ou, para um agregado, não analiticamente significativo.
- Um bilhão são 1.000 milhões.
- Um trilhão são 1.000 bilhões.
- Os números em itálico referem-se aos anos ou aos períodos diferentes daqueles especificados ou às taxa de crescimento calculadas para menos do que o período cheio específico.
- Os dados para os anos que sejam mais de três anos da escala mostrada constam como nota de rodapé.

Os leitores podem encontrar mais informações no WDI 2009 e os pedidos podem ser feitos *on-line*, por telefone ou fax, como se segue:

Para mais informações e para solicitar *on-line*: http://www.worldbank.org/data/wdi2009/index.htm.

Por telefone: 1-800-645-7247 ou 703-661-1580; ou por fax: 703-661-1501.

Por correio: The World Bank, P. O. Box 960, Herndon, VA 20172-0960, USA.

Classificação de economias por região e por renda, 2010

Ásia Oriental e Pacífico		América Latina e Caribe		Sul da Ásia		Alta renda OCDE
Samoa Americana	UMC	Argentina	UMC	Afeganistão	LIC	Austrália
Camboja	LIC	Belize	LMC	Bangladesh	LIC	Áustria
China	LMC	Bolívia	LMC	Butão	LMC	Bélgica
Fiji	UMC	Brasil	UMC	Índia	LMC	Canadá
Indonésia	LMC	Chile	UMC	Maldivas	LMC	República Tcheca
Kiribati	LMC	Colômbia	UMC	Nepal	LIC	Dinamarca
Coreia, Rep. Dem. Pop.	LIC	Costa Rica	UMC	Paquistão	LMC	Finlândia
Lao RPD	LIC	Cuba	UMC	Sri Lanka	LMC	França
Malásia	UMC	Dominica	UMC			Alemanha
Ilhas Marshall	LMC	República Dominicana	UMC	**África subsaariana**		Grécia
Micronésia, Estados		Equador	LMC	Angola	LMC	Hungria
Federados da	LMC	El Salvador	LMC	Benin	LIC	Islândia
Mongólia	LIC	Granada	UMC	Botsuana	UMC	Irlanda
Mianmar	UMC	Guatemala	LMC	Burkina Faso	LIC	Itália
Palau	LMC	Guiana	LMC	Burundi	LIC	Japão
Papua-Nova Guiné	LMC	Haiti	LIC	Camarões	LMC	Coreia, Rep. da
Filipinas	LMC	Honduras	LMC	Cabo Verde	LMC	Luxemburgo
Samoa	LMC	Jamaica	UMC	República Centro-Africana	LIC	Holanda
Ilhas Salomão	LMC	México	UMC	Chade	LIC	Nova Zelândia
Tailândia	LMC	Nicarágua	LMC	Ilhas Comores	LIC	Noruega
Timor-Leste	LMC	Panamá	UMC	Congo, Rep. Dem. do	LIC	Portugal
Tonga	LMC	Paraguai	LMC	Congo, Rep. do	LMC	República da Eslováquia
Vanuatu	LIC	Peru	UMC	Costa do Marfim	LMC	Espanha
Vietnã		St. Kitts e Nevis	UMC	Eritreia	LIC	Suécia
		Sta. Lúcia	UMC	Etiópia	LIC	Suíça
Europa e Ásia Central		São Vicente e Grenadines	UMC	Gabão	UMC	Reino Unido
Albânia	LMC	Suriname	UMC	Gâmbia	LIC	Estados Unidos
Armênia	LMC	Uruguai	UMC	Gana	LIC	
Azerbaijão	UMC	Venezuela, R. B. de	UMC	Guiné	LIC	**Outros alta renda**
Bielo-Rússia	UMC			Guiné-Bissau	LIC	Andorra
Bósnia-Herzegóvina	UMC	**Oriente Médio e Norte da África**		Quênia	LIC	Antígua e Barbuda
Bulgária	LMC	Argélia	UMC	Lesoto	LMC	Aruba
Geórgia	UMC	Djibuti	LMC	Libéria	LIC	Bahamas
Cazaquistão	LMC	Egito, Rep. Árabe do	LMC	Madagáscar	LIC	Barein
Kosovo	LIC	Irã, Rep. Islâmica do	LMC	Maláui	LIC	Barbados
República Quirguiz	UMC	Iraque	LMC	Mali	LIC	Bermudas
Letônia	UMC	Jordânia	LMC	Mauritânia	LIC	Brunei Darussalam
Lituânia	UMC	Líbano	UMC	Ilhas Maurício	UMC	Ilhas Cayman
Macedônia	LMC	Líbia	UMC	Ilha Mayotte	UMC	Channel Islands
Moldávia	UMC	Marrocos	LMC	Moçambique	LIC	Croácia
Montenegro	UMC	Rep. Árabe Síria	LMC	Namíbia	UMC	Chipre
Polônia	UMC	Tunísia	LMC	Níger	LIC	Guiné Equatorial
Romênia	UMC	Margem Ocidental e Gaza	LMC	Nigéria	LMC	Estônia
Federação Russa	UMC	Iêmen, República do	LIC	Ruanda	LIC	Ilhas Feroé
Sérvia	LIC			São Tomé e Príncipe	LMC	Polinésia Francesa
Tajiquistão	UMC			Senegal	LIC	Groenlândia
Turquia	LMC			Ilhas Seychelles	UMC	Guam
Turquemenistão	LMC			Serra Leoa	LIC	Hong Kong, China
Ucrânia	LIC			Somália	LIC	Ilha de Man
Uzbequistão				África do Sul	UMC	Israel
				Sudão	LMC	Kuwait
				Suazilândia	LMC	Liechtenstein
				Tanzânia	LIC	Macau, China
				Togo	LIC	Malta
				Uganda	LIC	Mônaco
				Zâmbia	LIC	Antilhas Holandesas
				Zimbábue	LIC	Nova Caledônia
						Ilhas Marianas do Norte
						Omã
						Porto Rico
						Catar
						São Marino
						Arábia Saudita
						Cingapura
						Eslovênia
						Taiwan, China
						Trinidad e Tobago
						Emirados Árabes Unidos
						Ilhas Virgens (EUA)

Esta tabela classifica todas as economias participantes do Banco Mundial e todas as outras economias com população superior a 30.000 habitantes. As economias estão divididas em grupos de renda conforme a RNB de 2008 em US$ *per capita*, calculada conforme o método Atlas do Banco Mundial. Os grupos de baixa renda (LIC), US$975 ou menos; renda média inferior (LMC), US$976–3.855; renda média superior (UMC), US$3.856–11.905; e alta renda, US$11.906 ou mais.
Fonte: Dados do Banco Mundial.

Tabela 1 Indicadores-chave de desempenho

	\multicolumn{4}{c	}{População}	\multicolumn{2}{c	}{Renda nacional bruta (RNB)[a]}	\multicolumn{2}{c	}{Renda nacional bruta PPP (RNB)[b]}	Crescimento do produto interno bruto em US$ per capita % 2007–08	\multicolumn{2}{c	}{Expectativa de vida no nascimento}	Índice de analfabetismo adulto % com mais de 15 anos 2007
	Milhões 2008	Taxa anual média do crescimento demográfico 2000–08	Densidade demográfica por m² 2008	Composição etária da população % de idades 0–14 2008	US$ bilhões 2008	US$ per capita 2008	US$ bilhões 2008	US$ per capita 2008		Idade homens 2007	Idade mulheres 2007	
Afeganistão	..	..	..	..	9,8	..[c]	30,6[d]	..	..	..	..	..
Albânia	3	0,3	115	24	12,1	3.840	25,0	7.950	5,6	73	80	99
Argélia	34	1,5	14	28	146,4	4.260	272,8[d]	7.940[d]	1,5	71	74	75
Angola	18	2,9	14	45	62,1	3.450	90,5	5.020	11,8	45	49	..
Argentina	40	1,0	15	25	287,2	7.200	559,2	14.020	6,0	72	79	98
Armênia	3	0,0	109	21	10,3	3.350	19,4	6.310	6,6	70	77	99
Austrália	21	1,4	3	19	862,5	40.350	727,5	34.040	1,9	79	84	..
Áustria	8	0,5	101	15	386,0	46.260	314,5	37.680	1,5	77	83	..
Azerbaijão	9	0,9	105	25	33,2	3.830	67,4	7.770	9,6	64	71	100
Bangladesh	160	1,6	1.229	32	82,6	520	230,6	1.440	4,7	65	67	53
Bielo-Rússia	10	−0,4	47	15	52,1	5.380	117,6	12.150	10,2	65	76	100
Bélgica	11	0,5	354	17	474,5	44.330	372,1	34.760	0,4	77	83	..
Benin	9	3,3	78	43	6,0	690	12,7	1.460	1,8	60	62	41
Bolívia	10	1,9	9	37	14,1	1.460	40,1	4.140	4,3	63	68	91
Bósnia-Herzegóvina	4	0,3	74	16	17,0	4.510	32,5	8.620	6,2	72	78	..
Brasil	192	1,2	23	26	1.411,2	7.350	1.932,9	10.070	4,1	69	76	90
Bulgária	8	−0,7	70	13	41,8	5.490	91,1	11.950	6,5	69	76	98
Burkina Faso	15	3,1	56	46	7,3	480	17,6	1.160	1,5	51	54	29
Burundi	8	2,8	314	39	1,1	140	3,1	380	1,4	49	52	..
Camboja	15	1,7	83	34	8,9	600	26,8	1.820	3,4	57	62	76
Camarões	19	2,2	41	41	21,8	1.150	41,3	2.180	1,9	50	51	..
Canadá	33	1,0	4	17	1.390,0	41.730	1.206,5	36.220	−0,6	78	83	..
República Centro-Africana	4	1,7	7	41	1,8	410	3,2	730	0,9	43	46	..
Chade	11	3,4	9	46	5,9	530	12,9	1.160	−3,1	49	52	32
Chile	17	1,0	22	23	157,5	9.400	222,4	13.270	2,2	75	82	97
China	1.326	0,6	142	21	3.899,3	2.940	7.984,0	6.020	8,4	71	75	93
Hong Kong, China	7	0,6	6.696	13	219,3	31.420	306,8	43.960	1,6	79	85	..
Colômbia	45	1,4	40	30	207,4	4.660	379,1	8.510	1,3	69	77	93
Congo, Rep. Dem. do	64	3,0	28	47	9,8	150	18,4	290	3,2	45	48	..
Congo, Rep. do	4	2,2	11	41	7,1	1.970	11,2	3.090	3,7	53	55	..
Costa Rica	5	1,8	89	26	27,5	6.060	49,6[d]	10.950[d]	1,5	76	81	96
Costa do Marfim	21	2,2	65	41	20,3	980	32,6	1.580	−0,1	56	59	..
Croácia	4	0,0	79	15	60,2	13.570	81,7	18.420	2,4	72	79	99
República Tcheca	10	0,2	135	14	173,2	16.600	237,6	22.790	2,3	74	80	..
Dinamarca	5	0,4	130	18	325,1	59.130	205,0	37.280	−1,8	76	81	..
República Dominicana	10	1,5	203	32	43,2	4.390	77,6[d]	7.890[d]	4,1	69	75	89
Equador	13	1,1	49	31	49,1	3.640	104,7	7.760	5,4	72	78	84
Egito, Rep. Árabe do	82	1,9	82	32	146,9	1.800	445,4	5.460	5,1	68	72	66
El Salvador	6	0,4	296	33	21,4	3.480	40,9[d]	6.670[d]	2,1	67	76	82
Eritreia	5	3,8	49	42	1,5	300	3,1[d]	630[d]	−1,2	56	60	..
Etiópia	81	2,6	81	44	22,7	280	70,2	870	8,5	54	56	..
Finlândia	5	0,3	17	17	255,7	48.120	189,5	35.660	0,4	76	83	..
França	62	0,7	113	18	2.702,2[e]	42.250[e]	2.134,4	34.400	−0,2	78	85	..
Geórgia	4	−1,0	63	17	10,8	2.470	21,2	4.850	2,8	67	75	..
Alemanha	82	0,0	236	14	3.485,7	42.440	2.952,4	35.940	1,5	77	82	..
Gana	23	2,2	103	39	15,7	670	33,4	1.430	4,0	56	57	65
Grécia	11	0,4	87	14	322,0	28.650	320,0	28.470	2,5	77	82	97
Guatemala	14	2,5	126	42	36,6	2.680	64,2[d]	4.690[d]	1,5	67	74	73
Guiné	10	2,0	40	43	3,7	390	11,7	1.190	6,0	56	60	..
Haiti	10	1,6	355	37	6,5	660	11,5[d]	1.180[d]	−0,5	59	63	..
Honduras	7	1,9	65	38	13,0	1.800	28,0[d]	3.870[d]	2,2	67	74	84
Hungria	10	−0,2	112	15	128,6	12.810	178,6	17.790	0,8	69	77	99
Índia	1.140	1,4	383	32	1.215,5	1.070	3.374,9	2.960	5,7	63	66	66
Indonésia	228	1,3	126	27	458,2	2.010	875,1	3.830	4,9	69	73	92
Irã, Rep. Islâmica do	72	1,5	44	24	251,5	3.540	769,7[f]	10.840	4,2	69	73	82
Iraque	..	..	..	..	..	..	..	..	..	..	..	..
Irlanda	4	2,0	65	21	221,2	49.590	166,6	37.350	−4,4	77	82	..
Israel	7	1,9	338	28	180,5	24.700	200,6	27.450	2,3	79	83	..
Itália	60	0,6	204	14	2.109,1	35.240	1.810,6	30.250	−1,8	79	84	99
Japão	128	0,1	350	13	4.879,2	38.210	4.497,7	35.220	−0,7	79	86	..
Jordânia	6	2,6	67	35	19,5	3.310	32,7	5.530	2,3	71	74	91
Cazaquistão	16	0,6	6	24	96,2	6.140	152,0	9.690	1,9	61	72	100
Quênia	39	2,6	68	43	29,5	770	60,9	1.580	0,9	53	55	..
Coreia, Rep. da	49	0,4	492	17	1.046,3	21.530	1.366,9	28.120	1,9	76	82	..
República Quirguiz	5	1,0	28	30	3,9	740	11,3	2.130	6,2	64	72	99
Lao RPD	6	1,7	27	38	4,7	750	12,8	2.060	5,6	63	66	73
Líbano	4	1,2	405	26	26,3	6.350	45,0	10.880	6,9	70	74	90
Libéria	4	3,7	39	43	0,6	170	1,1	300	2,4	57	59	56
Líbia	6	2,0	4	30	72,7	11.590	98,1[d]	15.630[d]	5,0	72	77	87
Lituânia	3	−0,5	54	15	39,9	11.870	61,1	18.210	3,6	65	77	100
Madagáscar	19	2,8	33	43	7,8	410	19,9	1.040	4,1	59	62	..
Maláui	14	2,6	152	46	4,1	290	11,9	830	7,0	48	48	72
Malásia	27	1,9	82	30	188,1	6.970	370,8	13.740	2,9	72	77	92
Mali	13	3,0	10	44	7,4	580	13,9	1.090	1,9	52	57	26
Mauritânia	3	2,8	3	40	2,6	840	6,3	2.000	−0,6	62	66	56

Indicadores selecionados de desenvolvimento mundial para 2010

Tabela 1 Indicadores-chave de desempenho

	População Milhões 2008	Taxa anual média do crescimento demográfico 2000–08	Densidade demográfica por m² 2008	Composição etária da população % de idades 0–14 2008	Renda nacional bruta (RNB)[a] US$ bilhões 2008	US$ per capita 2008	Renda nacional bruta PPP (RNB)[b] US$ bilhões 2008	US$ per capita 2008	Crescimento do produto interno bruto em US$ per capita % 2007–08	Expectativa de vida no nascimento Idade homens 2007	Idade mulheres 2007	Índice de analfabetismo adulto % com mais de 15 anos 2007
México	106	1,0	55	29	1.061,4	9.980	1.517,2	14.270	0,8	73	77	93
Moldávia	4	-1,5	111	17	5,3[g]	1.470[g]	11,7	3.210	8,2	65	72	99
Marrocos	31	1,2	70	29	80,5	2.580	135,3	4.330	4,6	69	73	56
Moçambique	22	2,2	28	44	8,1	370	16,7	770	4,5	42	42	44
Mianmar	49	0,9	75	27	..	..[c]	63,1[d]	1.290[d]	11,7	59	65	..
Nepal	29	2,0	200	37	11,5	400	32,1	1.120	3,6	63	64	57
Holanda	16	0,4	485	18	824,6	50.150	685,1	41.670	1,7	78	82	..
Nova Zelândia	4	1,3	16	21	119,3	27.940	107,1	25.090	-2,5	78	82	..
Nicarágua	6	1,3	47	36	6,1	1.080	14,9[d]	2.620[d]	2,2	70	76	78
Níger	15	3,5	12	50	4,8	330	10,0	680	6,0	58	56	29
Nigéria	151	2,4	166	43	175,6	1.160	293,1	1.940	3,0	46	47	72
Noruega	5	0,8	16	19	415,3	87.070	279,0	58.500	0,7	78	83	..
Paquistão	166	2,3	215	37	162,9	980	448,8	2.700	3,7	65	66	54
Panamá	3	1,8	46	30	21,0	6.180	39,5[d]	11.650	7,5	73	78	93
Papua-Nova Guiné	6	2,3	14	40	6,5	1.010	12,9[d]	2.000	3,7	55	60	58
Paraguai	6	1,9	16	34	13,6	2.180	30,0	4.820	1,0	70	74	95
Peru	29	1,3	23	31	115,0	3.990	230,0	7.980	8,6	71	76	90
Filipinas	90	1,9	303	34	170,4	1.890	352,4	3.900	2,0	70	74	93
Polônia	38	-0,1	124	15	453,0	11.880	659,7	17.310	4,8	71	80	99
Portugal	11	0,5	116	15	218,4	20.560	234,6	22.080	-0,2	75	82	95
Romênia	22	-0,5	94	15	170,6	7.930	290,3	13.500	9,4	69	76	98
Federação Russa	142	-0,4	9	15	1.364,5	9.620	2.216,3	15.630	7,5	62	74	100
Ruanda	10	2,5	394	42	4,0	410	9,9	1.010	8,2	48	52	..
Arábia Saudita	25	2,2	11	33	374,3	15.500	554,4	22.950	2,1	71	75	85
Senegal	12	2,6	63	44	11,8	970	21,5	1.760	-0,2	54	57	42
Sérvia	7	-0,3	83	18	41,9	5.710	81,9	11.150	6,1	71	76	..
Serra Leoa	6	3,4	78	43	1,8	320	4,2	750	2,4	46	49	38
Cingapura	5	2,3	7.024	17	168,2	34.760	232,0	47.940	-4,1	78	83	94
República da Eslováquia	5	0,0	112	16	78,6	14.540	115,2	21.300	6,2	71	78	..
Somália	9	3,0	14	45	..	..[c]	..	..	..	47	49	..
África do Sul	49	1,3	40	31	283,3	5.820	476,2	9.780	1,3	49	52	88
Espanha	46	1,5	91	15	1.456,5	31.960	1.418,7	31.130	-0,3	78	84	98
Sri Lanka	20	0,9	310	24	35,9	1.790	89,9	4.480	5,8	69	76	91
Sudão	41	2,1	17	40	46,5	1.130	79,8	1.930	5,9	56	60	..
Suécia	9	0,5	22	17	469,7	50.940	352,0	38.180	-1,0	79	83	..
Suíça	8	0,8	191	16	498,5	65.330	354,5	46.460	0,5	79	84	..
Rep. Árabe Síria	21	3,1	116	35	44,4	2.090	92,4	4.350	1,6	72	76	83
Tajiquistão	7	1,3	49	38	4,1	600	12,7	1.860	6,2	64	69	100
Tanzânia	42	2,7	48	45	18,4[h]	440[h]	52,1	1.230	4,4	55	56	72
Tailândia	67	1,0	132	22	191,7	2.840	403,4	5.990	2,0	66	72	94
Togo	6	2,6	119	40	2,6	400	5,3	820	-1,4	61	64	..
Tunísia	10	1,0	66	24	34,0	3.290	73,0	7.070	4,1	72	76	78
Turquia	74	1,3	96	27	690,7	9.340	1.017,6	13.770	2,5	69	74	89
Turquemenistão	5	1,4	11	30	14,3	2.840	31,2[d]	6.210[d]	8,4	59	68	100
Uganda	32	3,2	161	49	13,3	420	36,1	1.140	6,0	52	53	74
Ucrânia	46	-0,8	80	14	148,6	3.210	333,5	7.210	2,7	63	74	100
Emirados Árabes Unidos	4	4,0	54	19	..	..[i]	..	..	5,7	77	81	90
Reino Unido	61	0,5	254	18	2.787,2	45.390	2.218,2	36.130	0,1	77	82	..
Estados Unidos	304	0,9	33	20	14.466,1	47.580	14.282,7	46.970	0,2	75	81	..
Uruguai	3	0,1	19	23	27,5	8.260	41,8	12.540	8,6	72	80	98
Uzbequistão	27	1,3	64	30	24,7	910	72,6[d]	2.660[d]	7,2	64	70	..
Venezuela, R. B. de	28	1,7	32	30	257,8	9.230	358,6	12.830	3,1	71	77	95
Vietnã	86	1,3	278	27	77,0	890	232,9	2.700	4,7	72	76	..
Margem Ocidental e Gaza	4	3,4	638	45	..	..[f]	..	..	..	72	75	94
Iêmen, República do	23	3,0	44	44	21,9	950	50,9	2.210	0,9	61	64	59
Zâmbia	13	2,3	17	46	12,0	950	15,5	1.230	3,4	45	46	71
Zimbábue	12	0,0	32	40	..	..	..	..	..	43	44	91
Mundo	6.692s	1,2w	52w	27w	57.637,5t	8.613w	69.309,0t	10.357w	0,8w	67w	71w	84w
Baixa renda	973	2,1	52	38	509,6	524	1.368,8	1.407	4,1	57	60	64
Média renda	4.651	1,1	60	27	15.159,6	3.260	28.619,5	6.154	5,0	67	71	83
Renda média inferior	3.702	1,2	119	28	7.691,9	2.078	17.001,7	4.592	6,3	66	70	81
Renda média superior	948	0,8	21	25	7.471,9	7.878	11.663,5	12.297	3,8	68	75	93
Renda baixa e média	5.624	1,3	59	29	15.683,1	2.789	29.971,3	5.330	4,9	65	69	81
Ásia Oriental e Pacífico	1.931	0,8	122	23	5.080,5	2.631	10.425,9	5.398	7,2	70	74	93
Europa e Ásia Central	441	0,1	19	19	3.274,0	7.418	5.393,2	12.219	5,2	65	74	98
América Latina e Caribe	565	1,2	28	29	3.833,0	6.780	5.827,4	10.309	3,2	70	76	91
Oriente Médio e Norte da África	325	1,9	38	31	1.052,9	3.242	2.330,6	7.308	3,9	68	72	73
Sul da Ásia	1.543	1,6	323	33	1.521,6	986	4.217,6	2.734	5,3	63	66	63
África subsaariana	818	2,5	35	43	885,3	1.082	1.628,3	1.991	2,5	51	53	62
Renda alta	1.069	0,7	32	18	42.041,4	39.345	39.686,3	37.141	0,0	77	82	99

a. Calculado usando Método Atlas do Banco Mundial. b. PPA é a paridade do poder aquisitivo; ver Notas técnicas. c. Estimado em ser de baixa renda (US$975 ou menos). d. A estimativa baseia-se em regressão; outras são extrapoladas das estimativas de benchmark do Programa Internacional de Comparação. e. As estimativas de RNB e RNB *per capita* incluem os departamentos ultramarinos da Guiana Francesa, Guadalupe, Martinica e Reunião. f. Estimado como renda média inferior (US$976 a US$3.855). g. Os dados excluem a Transnístria. h. Os dados referem-se à Tanzânia apenas. i. Estimado como de alta renda (US$11.906 ou mais).

Tabela 2. Pobreza

	Limiar de pobreza nacional					Limiar de pobreza internacional						
	População abaixo do limiar de pobreza nacional					População abaixo de US$1,25 por dia %	Lacuna de pobreza US$1,25 por dia. %	População abaixo de US$2 por dia %		População abaixo de US$1,25 por dia %	Lacuna de pobreza US$1,25 por dia %	População abaixo de US$2 por dia %
	Ano	Nacional %	Ano	Nacional %	Ano				Ano			
Afeganistão	2007	42,0	..	..	..	..	..	..	..	..	..	..
Albânia	2002	25,4	2005	18,5	2002[a]	<2,0	<0,5	8,7	2005[a]	<2,0	<0,5	7,8
Argélia	1988	12,2	1995	22,6	1988[a]	6,6	1,8	23,8	1995[a]	6,8	1,4	23,6
Angola									2000[a]	54,3	29,9	70,2
Argentina	1998	28,8[b]	2002	53,0[b]	2002[b,c]	9,9	2,9	19,7	2005[b,c]	4,5	1,0	11,3
Armênia	1998–99	55,1	2001	50,9	2002[a]	15,0	3,1	46,7	2003[a]	10,6	1,9	43,4
Austrália	..	..	..	..	..	..	..	..	..	..	..	..
Áustria	..	..	..	..	..	..	..	..	..	..	..	..
Azerbaijão	1995	68,1	2001	49,6	2001[a]	6,3	1,1	27,1	2005[a]	<2	<0,5	<2,0
Bangladesh	2000	48,9	2005	40,0	2000[a]	57,8[d]	17,3[d]	85,4[d]	2005[a]	49,6[d]	13,1[d]	81,3[d]
Bielo-Rússia	2002	30,5	2004	17,4	2002[a]	<2,0	<0,5	<2,0	2005[a]	<2,0	<0,5	<2,0
Bélgica	..	..	..	..	..	..	..	..	..	..	..	..
Benin	1999	29,0	2003	39,0	..	..	..	..	2003[a]	47,3	15,7	75,3
Bolívia	1999	62,0	2002	64,6	2002[c]	22,8	12,4	34,2	2005[a]	19,6	9,7	30,3
Bósnia-Herzegóvina	2001–02	19,5			2001[a]	<2,0	<0,5	<2,0	2004[a]	<2,0	<0,5	<2,0
Brasil	1998	22,0	2002–03	21,5	2005[c]	7,8	1,6	18,3	2007[c]	5,2	1,3	12,7
Bulgária	1997	36,0	2001	12,8	2001[a]	2,6	<0,5	7,8	2003[a]	<2,0	<0,5	<2,0
Burkina Faso	1998	54,6	2003	46,4	1998[a]	70,0	30,2	87,6	2003[a]	56,5	20,3	81,2
Burundi	1998	68,0			1998[a]	86,4	47,3	95,4	2006[a]	81,3	36,4	93,4
Camboja	1994	47,0	2004	35,0	1993–94[a,e]	48,6	13,8	77,8	2004[a]	40,2	11,3	68,2
Camarões	1996	53,3	2001	40,2	1996[a]	51,5	18,9	74,4	2001[a]	32,8	10,2	57,7
Canadá	..	..	..	..	..	..	..	..	..	..	..	..
República Centro-Africana					1993[a]	82,8	57,0	90,7	2003[a]	62,4	28,3	81,9
Chade	1995–96	43,4							2002–03[a]	61,9	25,6	83,3
Chile	1996	19,9	1998	17,0	2003[c]	<2,0	<0,5	5,3	2006[c]	<2,0	<0,5	2,4
China	1998	4,6	2004	2,8	2002[a]	28,4[f]	8,7[f]	51,1[f]	2005[a]	15,9[f]	4,0[f]	36,3[f]
Hong Kong, China	..	..	..	..	..	..	..	..	..	..	..	..
Colômbia	1995	60,0	1999	64,0	2003[c]	15,4	6,1	26,3	2006[c]	16,0	5,7	27,9
Congo, Rep. Dem. do	2004–05	71,3							2005–06[a]	59,2	25,3	79,5
Congo, Rep. do	2005	42,3							2005[a]	54,1	22,8	74,4
Costa Rica	1989	31,7	2004	23,9	2003[c]	5,6	2,4	11,5	2005[c]	2,4	<0,5	8,6
Costa do Marfim	..	..	..	..	1998[a]	24,1	6,7	49,1	2002[a]	23,3	6,8	46,8
Croácia	2002	11,2	2004	11,1	2001[a]	<2,0	<0,5	<2,0	2005[a]	<2,0	<0,5	<2,0
República Tcheca	..	..	..	..	1993[c]	<2,0	<0,5	<2,0	1996[c]	<2,0	<0,5	<2,0
Dinamarca	..	..	..	..	..	..	..	..	..	..	..	..
República Dominicana	2000	27,7	2004	42,2	2003[c]	6,1	1,5	16,3	2005[c]	5,0	0,9	15,1
Equador	1998	46,0	2001	45,2	2005[c]	9,8	3,2	20,4	2007[c]	4,7	1,2	12,8
Egito, Rep. Árabe do	1995–96	22,9	1999–2000	16,7	1999–2000[a]	<2,0	<0,5	19,3	2004–05[a]	<2,0	<0,5	18,4
El Salvador	1995	50,6	2002	37,2	2003[c]	14,3	6,7	25,3	2005[c]	11,0	4,8	20,5
Eritreia	1993–94	53,0										
Etiópia	1995–96	45,5	1999–2000	44,2	1999–2000[a]	55,6	16,2	86,4	2005[a]	39,0	9,6	77,5
Finlândia	..	..	..	..	..	..	..	..	..	..	..	..
França	..	..	..	..	..	..	..	..	..	..	..	..
Geórgia	2002	52,1	2003	54,5	2002[a]	15,1	4,7	34,2	2005[a]	13,4	4,4	30,4
Alemanha	..	..	..	..	..	..	..	..	..	..	..	..
Gana	1998–99	39,5	2005–06	28,5	1998–99[a]	39,1	14,4	63,3	2006[a]	30,0	10,5	53,6
Grécia	..	..	..	..	..	..	..	..	..	..	..	..
Guatemala	1989	57,9	2000	56,2	2002[c]	16,9	6,5	29,8	2006[c]	11,7	3,5	24,3
Guiné	1994	40,0			1994[a]	36,8	11,5	63,8	2002–03[a]	70,1	32,2	87,2
Haiti	1987	65,0	1995	66,0[g]	..	..	..	..	2001[c]	54,9	28,2	72,1
Honduras	1998–99	52,5	2004	50,7	2005[c]	22,2	10,2	34,8	2006[c]	18,2	8,2	29,7
Hungria	1993	14,5	1997	17,3	2002[a]	<2,0	<0,5	<2,0	2004[a]	<2,0	<0,5	<2,0
Índia	1993–94	36,0	1999–2000	28,6	1993–94[a]	49,4[f]	14,4[f]	81,7[f]	2004–05[a]	41,6[f]	10,8[f]	75,6[f]
Indonésia	1996	17,6	2005	16,0								
Irã, Rep. Islâmica do	..	..	..	..	1998[a]	<2,0	<0,5	8,3	2005[a]	<2,0	<0,5	8,0
Iraque	..	..	..	..	..	..	..	..	..	..	..	..
Irlanda	..	..	..	..	..	..	..	..	..	..	..	..
Israel	..	..	..	..	..	..	..	..	..	..	..	..
Itália	..	..	..	..	..	..	..	..	..	..	..	..
Japão	..	..	..	..	..	..	..	..	..	..	..	..
Jordânia	1997	21,3	2002	14,2	2002–03[a]	<2,0	<0,5	11,0	2006[a]	<2,0	<0,5	3,5
Cazaquistão	2001	17,6	2002	15,4	2002[a]	5,2	0,9	21,5	2003[a]	3,1	<0,5	17,2
Quênia	1994	40,0	1997	52,0	1997[a]	19,6	4,6	42,7	2005–06[a]	19,7	6,1	39,9
Coreia, Rep. da	..	..	..	..	..	..	..	..	..	..	..	..
República Quirguiz	2003	49,9	2005	43,1	2002[a]	34,0	8,8	66,6	2004[a]	21,8	4,4	51,9
Laos	1997–98	38,6	2002–03	33,0	1997–98[a]	49,3[d]	14,9[d]	79,9[d]	2002–03[a]	44,0[d]	12,1[d]	76,8[d]
Líbano	..	..	..	..	..	..	..	..	..	..	..	..
Libéria	..	..	..	..	..	..	..	..	2007[a]	83,7	40,8	94,8
Líbia	..	..	..	..	..	..	..	..	..	..	..	..
Lituânia	..	..	..	..	2002[a]	<2,0	<0,5	<2,0	2004[a]	<2,0	<0,5	<2,0
Madagáscar	1997	73,3	1999	71,3	2001[a]	76,3	41,4	88,7	2005[a]	67,8	26,5	89,6
Maláui	1990–91	54,0	1997–98	65,3	1997–98[a]	83,1	46,0	93,5	2004–05[a,h]	73,9	32,3	90,4
Malásia	1989	15,5			1997[c]	<2,0	<0,5	6,8	2004–05[c]	<2,0	<0,5	7,8
Mali	1998	63,8			2001[a]	61,2	25,8	82,0	2006[a]	51,4	18,8	77,1
Mauritânia	1996	50,0	2000	46,3	1995–96[a]	23,4	7,1	48,3	2000[a]	21,2	5,7	44,1
México	2002	20,3	2004	17,6	2004[a]	2,8	1,4	7,0	2006[a]	<2,0	<0,5	4,8
Moldávia	2001	62,4	2002	48,5	2002[a]	17,1	4,0	40,3	2004[a]	8,1	1,7	28,9
Marrocos	1990–91	13,1	1998–99	19,0	2000[a]	6,3	0,9	24,3	2007[a]	2,5	0,5	14,0
Moçambique	1996–97	69,4	2002–03	54,1	1996–97[a]	81,3	42,0	92,9	2002–03[a]	74,7	35,4	90,0
Mianmar	..	..	..	..	..	..	..	..	..	..	..	..

Tabela 2. Pobreza

	Limiar de pobreza nacional				Limiar de pobreza internacional						
	População abaixo do limiar de pobreza nacional				População abaixo de US$1,25 por dia %	Lacuna de pobreza US$1,25 por dia. %	População abaixo de US$2 por dia %		População abaixo de US$1,25 por dia %	Lacuna de pobreza US$1,25 por dia %	População abaixo de US$2 por dia %
	Ano	Nacional %	Ano	Nacional %	Ano				Ano			
Nepal	1995–96	41,8	2003–04	30,9	1995–96[a]	68,4	26,7	88,1	2003–04[a]	55,1	19,7	77,6
Holanda	..	..	..	..	..	..	..	..	..	..	..	..
Nova Zelândia	..	..	..	..	..	..	..	..	..	..	..	..
Nicarágua	1998	47,9	2001	45,8	2001[c]	19,4	6,7	37,5	2005[c]	15,8	5,2	31,8
Níger	1989–93	63,0			1994[a]	78,2	38,6	91,5	2005[a]	65,9	28,1	85,6
Nigéria	1985	43,0	1992–93	34,1	1996–97[a]	68,5	32,1	86,4	2003–04[a]	64,4	29,6	83,9
Noruega	..	..	..	..	..	..	..	..	..	..	..	..
Paquistão	1993	28,6	1998–99	32,6	2001–02[a]	35,9	7,9	73,9	2004–05[a]	22,6	4,4	60,3
Panamá	1997	37,3			2004[c]	9,2	2,7	18,0	2006[c]	9,5	3,1	17,8
Papua-Nova Guiné	1996	37,5							1996[a]	35,8	12,3	57,4
Paraguai	1990	20,5[i]			2005[c]	9,3	3,4	18,4	2007[c]	6,5	2,7	14,2
Peru	2001	54,3	2004	53,1	2005[c]	8,2	2,0	19,4	2006[c]	7,9	1,9	18,5
Filipinas	1994	32,1	1997	25,1	2003[a]	22,0	5,5	43,8	2006[a]	22,6	5,5	45,0
Polônia	1996	14,6	2001	14,8	2002[a]	<2,0	<0,5	<2,0	2005[a]	<2,0	<0,5	<2,0
Portugal	..	..	..	..	..	..	..	..	..	..	..	..
Romênia	1995	25,4	2002	28,9	2002[a]	2,9	0,8	13,0	2005[a]	<2,0	<0,5	3,4
Federação Russa	1998	31,4	2002	19,6	2002[a]	<2,0	<0,5	3,7	2005[a]	<2,0	<0,5	<2,0
Ruanda	1993	51,2	1999–2000	60,3	1984–85[a]	63,3	19,7	88,4	2000[a]	76,6	38,2	90,3
Arábia Saudita	..	..	..	..	..	..	..	..	..	..	..	..
Senegal	1992	33,4			2001[a]	44,2	14,3	71,3	2005[a]	33,5	10,8	60,3
Sérvia	..	..	..	..	..	..	..	..	..	..	..	..
Serra Leoa	1989	82,8	2003–04	70,2	1989–90[a]	62,8	44,8	75,0	2002–03[a]	53,4	20,3	76,1
Cingapura	..	..	..	..	..	..	..	..	..	..	..	..
Rep. da Eslováquia	2004	16,8			1992[c]	<2,0	<0,5	<2,0	1996[c]	<2,0	<0,5	<2,0
Somália	..	..	..	..	..	..	..	..	..	..	..	..
África do Sul	..	..	..	..	1995[a]	21,4	5,2	39,9	2000[a]	26,2	8,2	42,9
Espanha	..	..	..	..	..	..	..	..	..	..	..	..
Sri Lanka	1995–96	25,0	2002	22,7	1995–96[a]	16,3	3,0	46,7	2002[a]	14,0	2,6	39,7
Sudão	..	..	..	..	..	..	..	..	..	..	..	..
Suécia	..	..	..	..	..	..	..	..	..	..	..	..
Suíça	..	..	..	..	..	..	..	..	..	..	..	..
Rep. Árabe Síria	..	..	..	..	..	..	..	..	..	..	..	..
Tajiquistão	1999	74,9	2003	44,4	2003[a]	36,3	10,3	68,8	2004[a]	21,5	5,1	50,8
Tanzânia	1991	38,6	2000–01	35,7	1991–92[a]	72,6	29,7	91,3	2000–01[a]	88,5	46,8	96,6
Tailândia	1994	9,8	1998	13,6	2002[a]	<2,0	<0,5	15,1	2004[a]	<2,0	<0,5	11,5
Togo	1987–89	32,3							2006[a]	38,7	11,4	69,3
Tunísia	1990	7,4	1995	7,6	1995[a]	6,5	1,3	20,4	2000[a]	2,6	<0,5	12,8
Turquia	1994	28,3	2002	27,0	2002[a]	2,0	<0,5	9,6	2005[a]	2,7	0,9	9,0
Turquemenistão	..	..	..	..	1993[c]	63,5	25,8	85,7	1998[a]	24,8	7,0	49,6
Uganda	1999–2000	33,8	2002–03	37,7	2002[a]	57,4	22,7	79,8	2005[a]	51,5	19,1	75,6
Ucrânia	2000	31,5	2003	19,5	2002[a]	<2,0	<0,5	3,4	2005[a]	<2,0	<0,5	<2,0
Emirados Árabes Unidos	..	..	..	..	..	..	..	..	..	..	..	..
Reino Unido	..	..	..	..	..	..	..	..	..	..	..	..
Estados Unidos	..	..	..	..	..	..	..	..	..	..	..	..
Uruguai	1994	20,2[b]	1998	24,7[b]	2005[b,c]	<2,0	<0,5	4,5	2006[b,c]	<2,0	<0,5	4,2
Uzbequistão	2000–01	31,5	2003	27,2	2002[a]	42,3	12,4	75,6	2003[a]	46,3	15,0	76,7
Venezuela, R. B. de	1989	31,3	1997–99	52,0	2003[c]	18,4	8,8	31,7	2006[c]	3,5	1,2	10,2
Vietnã	1998	37,4	2002	28,9	2004[a]	24,2	5,1	52,5	2006[a]	21,5	4,6	48,4
Margem Ocidental e Gaza	..	..	..	..	..	..	..	..	..	..	..	..
Iêmen, República do	1998	41,8			1998[a]	12,9	3,0	36,3	2005[a]	17,5	4,2	46,6
Zâmbia	1998	72,9	2004	68,0	2002–03[a]	64,6	27,1	85,1	2004–05[a]	64,3	32,8	81,5
Zimbábue	1990–91	25,8	1995–96	34,9								

a. Base de gastos b. Cobre áreas urbanas apenas. c. Base de renda. d. Ajustados pela informação do índice de preço ao consumidor especial. e. Devido a preocupações com segurança, a pesquisa cobriu apenas 56% das aldeias rurais e 65% da população rural. f. Média ponderada de estimativas rurais e urbanas. g. Cobre área urbana apenas. h. Devido a mudanças no projeto da pesquisa, a pesquisa mais recente não é estritamente comparável com a anterior. i. A pesquisa cobre a área urbana de Assunção.

Tabela 3 Objetivos de Desenvolvimento do Milênio: erradicação da pobreza e melhora das condições de vida

	Erradicação da pobreza extrema e da fome			Alcance da educação primária para todos	Promoção da igualdade de gênero	Redução da mortalidade infantil	Melhora da saúde materna	Combate à HIV/Aids e outras doenças		Garantia da sustentabilidade ambiental		Criação de uma parceria global para desenvolvimento
	Parcela do quintil mais pobre no consumo ou renda nacional % 1990–2007[b]	Emprego vulnerável % de emprego 2007	Predominância da desnutrição infantil, % de crianças abaixo de 5 anos 2000–07[b]	Índice preliminar de conclusão % 2007	Razão entre a matrícula de meninas e meninos em escolas primária e secundária % 2007	Índice de mortalidade abaixo de 5 anos por 1.000 2007	Taxa de mortalidade materna por 100.000 nascimentos com vida 2005	Predominância do HIV em % da população idades 15–49 2007	Incidência da tuberculose por 100.000 pessoas 2007	Emissões de dióxido de carbono per capita toneladas 2005	Acesso a melhor saneamento % da população 2006	Usuários da Internet por 100 pessoas 2008
Afeganistão	..	..	32,9	38	58	257	1.800	..	168	..	30	1,9
Albânia	7,8[c]	..	17,0	96	97	15	92	..	17	1,1	97	15,1
Argélia	6,9[c]	..	10,2	95	99	37	180	0,1	57	4,2	94	10,3
Angola	2,0[c]	..	27,5	..	..	158	1.400	2,1	287	0,5	50	3,1
Argentina	3,4[d,e]	20[f]	2,3	99	104	16	77	0,5	31	3,9	91	28,1
Armênia	8,6[c]	..	4,2	98	104	24	76	0,1	72	1,4	91	5,6
Austrália	5,9[e]	9	..	..	97	6	4	0,2	6	18,1	100	55,7
Áustria	8,6[e]	9	..	102	97	4	4	0,2	12	8,9	100	59,3
Azerbaijão	13,3[c]	53	14,0	113	97	39	82	0,2	77	4,4	80	10,8
Bangladesh	9,4[c]	85	39,2	56	107	61	570	..	223	0,3	36	0,3
Bielo-Rússia	8,8[c]	..	1,3	92	101	13	18	0,2	61	6,5	93	29,0
Bélgica	8,5[e]	10	..	86	98	5	8	0,2	12	9,8	..	65,9
Benin	6,9[c]	..	21,5	64	73	123	840	1,2	91	0,3	30	1,8
Bolívia	1,8[c]	..	5,9	98	99	57	290	0,2	155	1,0	43	10,5
Bósnia-Herzegóvina	6,9[c]	..	1,6	..	99	14	3	<0,1	51	6,9	95	34,7
Brasil	3,0[e]	27	2,2	106	103	22	110	0,6	48	1,7	77	35,5
Bulgária	8,7[c]	8	1,6	98	97	12	11	..	39	5,7	99	30,9
Burkina Fasso	7,0[c]	..	35,2	37[g]	84[g]	191	700	1,6	226	0,1	13	0,9
Burundi	9,0[c]	..	38,9	39	90	180	1.100	2,0	367	0,0	41	0,8
Camboja	7,1[c]	..	28,4	85	90	91	540	0,8	495	0,0	28	0,5
Camarões	5,6[c]	..	15,1	55	85	148	1.000	5,1	192	0,2	51	3,0
Canadá	7,2[e]	10[f]	..	96	99	6	7	0,4	5	16,6	100	72,8
República Centro-Africana	5,2[c]	..	21,8	30[g]	..	172	980	6,3	345	0,1	31	0,4
Chade	6,3[c]	..	33,9	30	64	209	1.500	3,5	299	0,0	9	1,2
Chile	4,1[e]	25	0,6	95	99	9	16	0,3	12	4,1	94	32,6
China	5,7[c]	..	6,8	101	100	22	45	0,1[h]	98	4,3	65	22,5
Hong Kong, China	5,3[e]	7	..	102	98	..	..	..	62	5,7	..	59,1
Colômbia	2,3[e]	41	5,1	107	104	20	130	0,6	35	1,4	78	38,4
Congo, Rep. Dem. do	5,5[c]	..	33,6	51	73	161	1.100	..	392	0,0	31	0,5
Congo, Rep. do	5,0[c]	..	11,8	72	91	125	740	3,5	403	0,6	20	4,3
Costa Rica	4,2[e]	20	..	91	102	11	30	0,4	11	1,7	96	33,6
Costa do Marfim	5,0[c]	..	16,7	45	..	127	810	3,9	420	0,5	24	3,2
Croácia	8,7[c]	16	..	101	102	6	7	<0,1	40	5,2	99	50,6
República Tcheca	10,2[e]	12	2,1	93	101	4	4	..	9	11,7	99	48,3
Dinamarca	8,3[e]	..	..	101	102	4	3	0,2	8	8,5	100	84,2
República Dominicana	4,0[e]	43	4,2	91[g]	103[g]	38	150	1,1	69	2,0	79	26,0
Equador	3,4[e]	34[f]	6,2	106	100	22	210	0,3	101	2,2	84	9,7
Egito, Rep. Árabe do	9,0[c]	25	5,4	98	95	36	130	..	21	2,2	66	15,4
El Salvador	3,3[e]	36	6,1	91	101	24	170	0,8	40	1,1	86	12,5
Eritreia	..	..	34,5	46	78	70	450	1,3	95	0,2	5	3,0
Etiópia	9,3[c]	52[f]	34,6	46	83	119	720	2,1	378	0,1	11	0,4
Finlândia	9,6[e]	..	..	98	102	4	7	0,1	6	10,1	100	78,8
França	7,2[e]	6	..	..	100	4	8	0,4	14	6,2	..	51,2
Geórgia	5,4[c]	62	..	92	98	30	66	0,1	84	1,1	93	8,2
Alemanha	8,5[e]	..	..	103	99	4	4	0,1	6	9,5	100	76,1
Gana	5,2[c]	..	13,91	78[g]	95[g]	115	560	1,9	203	0,3	10	4,3
Grécia	6,7[e]	28	..	101	97	4	3	0,2	18	8,6	98	32,3
Guatemala	3,4[e]	..	17,7	77	93	39	290	0,8	63	0,9	84	10,1
Guiné	5,8[c]	..	22,5	64	76	150	910	1,6	287	0,1	19	0,9
Haiti	2,5[c]	..	18,9	..	..	76	670	2,2	306	0,2	19	10,4
Honduras	2,5[e]	..	8,6	89	106	24	280	0,7	59	1,1	66	9,1
Hungria	8,6[c]	7	..	92	99	7	6	0,1	17	5,6	100	54,8
Índia	8,1[c]	..	43.5	86	91	72	450	0,3	168	1,3	28	7,2
Indonésia	7,1[c]	63	24.4	105	98	31	420	0,2	228	1,9	52	11,1
Irã, Rep. Islâmica do	6,4[c]	43	..	105	105	33	140	0,2	22	6,5	..	32,0
Iraque	..	..	7,1	75	78	44	300	..	56	..	76	0,9
Irlanda	7,4[e]	11	..	97	103	4	1	0,2	13	10,2	..	63,5
Israel	5,7[e]	7	..	102	101	5	4	0,1	8	9,2	..	27,9
Itália	6,5[e]	22	..	102	99	4	3	0,4	7	7,7	..	48,6
Japão	10,6[e]	11	..	..	100	4	6	..	21	9,6	100	69,0
Jordânia	7,2[c]	..	3,6	102	102	24	62	..	7	3,8	85	25,4
Cazaquistão	7,4[c]	..	4,9	104[g]	99[g]	32	140	0,1	129	11,9	97	12,3
Quênia	4,7[c]	..	16,5	93	95	121	560	..	353	0,3	42	8,7
Coreia, Rep. da	7,9[e]	25	..	102	96	5	14	<0,1	90	9,4	..	77,1
República Quirguiz	8,1[c]	47	2,7	95	100	38	150	0,1	121	1,1	93	14,3
Laos	8,5[c]	..	36,4	77	86	70	660	0,2	151	0,2	48	1,6
Líbano	..	..	..	83[g]	103[g]	29	150	0,1	19	4,2	..	38,3
Libéria	6,4[c]	..	20,4	55[g]	..	133	1.200	1,7	277	0,1	32	0,6
Líbia	..	..	..	..	105	18	97	..	17	9,5	97	4,7
Lituânia	6,8[c]	..	..	95	100	8	11	0,1	68	4,1	..	52,9
Madagáscar	6,2[c]	86	36,8	62	96	112	510	0,1	251	0,2	12	1,7
Maláui	7,0[c]	..	18,4	55	100	111	1.100	11,9	346	0,1	60	2,2
Malásia	6,4[e]	22	..	96	104	11	62	0,5	103	9,3	94	62,6
Mali	6,5[c]	..	27,9	52	76	196	970	1,5	319	0,0	45	1,0
Mauritânia	6,2[c]	..	30,4	59	103	119	820	0,8	318	0,6	24	1,4

Tabela 3 Objetivos de Desenvolvimento do Milênio: erradicação da pobreza e melhora das condições de vida

	Erradicação da pobreza extrema e da fome			Alcance da educação primária para todos	Promoção da igualdade de gênero	Redução da mortalidade infantil	Melhora da saúde materna	Combate à HIV/Aids e outras doenças		Garantia da sustentabilidade ambiental		Criação de uma parceria global para desenvolvimento
	Parcela do quintil mais pobre no consumo ou renda nacional % 1990–2007[b]	Emprego vulnerável % de emprego 2007	Predominância da desnutrição infantil, % de crianças abaixo de 5 anos 2000–07[b]	Índice preliminar de conclusão % 2007	Razão entre a matrícula de meninas e meninos em escolas primária e secundária % 2007	Índice de mortalidade abaixo de 5 anos por 1.000 2007	Taxa de mortalidade materna por 100.000 nascimentos com vida 2005	Predominância do HIV em % da população idades 15–49 2007	Incidência da tuberculose por 100.000 pessoas 2007	Emissões de dióxido de carbono per capita toneladas 2005	Acesso a melhor saneamento % da população 2006	Usuários da Internet por 100 pessoas 2008
México	4,6[c]	29	3,4	105	99	35	60	0,3	20	4,1	81	21,9
Moldávia	7,3[c]	32	3,2	93	102	18	22	0,4	141	2,1	79	19,1
Marrocos	6,5[c]	52	9,9	83	88	34	240	0,1	92	1,6	72	33,0
Moçambique	5,4[c]	..	21,2	46	85	168	520	12,5	431	0,1	31	1,6
Mianmar	..	..	29,6	..	..	103	380	0,7	171	0,2	82	0,1
Nepal	6,1[c]	..	38,8	78[g]	98[g]	55	830	0,5	173	0,1	27	1,4
Holanda	7,6[e]	..	..	..	98	5	6	0,2	8	7,7	100	86,8
Nova Zelândia	6,4[e]	12	..	..	102	6	9	0,1	7	7,2	..	69,2
Nicarágua	3,8[e]	45	7,8	74	103	35	170	0,2	49	0,7	48	2,8
Níger	5,9[c]	..	39,9	40	71	176	1.800	0,8	174	0,1	7	0,5
Nigéria	5,1[c]	..	27,2	72	84	189	1.100	3,1	311	0,8	30	7,3
Noruega	9,6[e]	6	..	97	99	4	7	0,1	6	11,4	..	84,8
Paquistão	9,1[c]	62	31,3	63	80	90	320	0,1	181	0,9	58	11,1
Panamá	2,5[e]	28	..	99	101	23	130	1,0	47	1,8	74	22,9
Papua-Nova Guiné	4,5[c]	..	..	..	..	65	470	1,5	250	0,7	45	1,8
Paraguai	3,4[e]	47	..	95	99	29	150	0,6	58	0,7	70	8,7
Peru	3,9[e]	40[f]	5,2	104	102	20	240	0,5	126	1,3	72	24,7
Filipinas	5,6[c]	45	20,7	94	102	28	230	..	290	0,9	78	6,0
Polônia	7,3[c]	19	..	96	99	7	8	0,1	25	7,9	..	44,0
Portugal	5,8[e]	18	..	104	101	4	11	0,5	30	5,9	99	41,9
Romênia	8,2[c]	32	3,5	120	99	15	24	0,1	115	4,1	72	23,9
Federação Russa	6,4[c]	6	..	93	98	15	28	1,1	110	10,5	87	21,1
Ruanda	5,3[c]	..	18,0	35	100	181	1.300	2,8	397	0,1	23	3,1
Arábia Saudita	..	..	..	93	94	25	18	..	46	16,5	99	29,2
Senegal	6,2[c]	..	14,5	50	94	114	980	1,0	272	0,4	28	8,4
Sérvia	8,3[c,j]	23	1,8	..	102	8	..	0,1	32	6,5[j]	92	32,1
Serra Leoa	6,1[c]	..	28,3	81	86	262	2.100	1,7	574	0,2	11	0,3
Cingapura	5,0[e]	10	3,3	..	..	3	14	0,2	27	13,2	100	67,7
República da Eslováquia	8,8[e]	10	..	94	100	8	6	<0,1	17	6,8	100	51,3
Somália	..	..	32,8	..	..	142	1.400	0,5	249	0,1	23	1,1
África do Sul	3,1[c]	3	..	84	100	59	400	18,1	948	8,7	59	8,6
Espanha	7,0[e]	12	..	99	103	4	4	0,5	30	7,9	100	57,4
Sri Lanka	6,8[c]	41[f]	22,8	104	..	21	58	..	60	0,6	86	5,7
Sudão	..	..	38,4	50	88	109	450	1,4	243	0,3	35	9,2
Suécia	9,1[e]	..	..	95	99	3	3	0,1	6	5,4	100	79,7
Suíça	7,6[e]	10	..	88	97	5	5	0,6	6	5,5	100	75,2
Rep. Árabe Síria	..	..	..	114	96	17	130	..	24	3,6	92	16,8
Tajiquistão	7,7[c]	..	14,9	95	89	67	170	0,3	231	0,8	92	7,2
Tanzânia	7,3[c]	88[f]	16,7	112[g]	..	116	950	6,2	297	0,1	33	1,2
Tailândia	6,1[c]	53	7,0	101	104[g]	7	110	1,4	142	4,1	96	20,0
Togo	7,6[c]	..	..	57	75	100	510	3,3	429	0,2	12	5,4
Tunísia	5,9[c]	..	..	100	104	21	100	0,1	26	2,2	85	27,1
Turquia	5,2[c]	36	3,5	97	90	23	44	..	30	3,5	88	33,1
Turquemenistão	6,0[c]	..	..	..	..	50	130	<0,1	68	8,6	..	1,4
Uganda	6,1	..	19,0	54	98	130	550	5,4	330	0,1	33	7,9
Ucrânia	9,0[c]	..	4,1	101	100	24	18	1,6	102	6,9	93	22,4
Emirados Árabes Unidos	..	..	..	105	101	8	37	..	16	30,1	97	86,1
Reino Unido	6,1[e]	..	..	..	102	6	8	0,2	15	9,1	..	79,4
Estados Unidos	5,4[e]	..	1,3	96	100	8	11	0,6	4	19,5	100	72,4
Uruguai	4,5[e]	25	6,0	104	98	14	20	0,6	22	1,7	100	40,2
Uzbequistão	7,1[c]	..	4,4	97	98	41	24	0,1	113	4,3	96	8,8
Venezuela, R. B. de	4,9[e]	30	..	95[g]	102[g]	19	57	..	34	5,6	..	25,6
Vietnã	7,1[c]	..	20,2	..	..	15	150	0,5	171	1,2	65	21,0
Margem Ocidental e Gaza	..	36	..	83	104	27	..	..	20	..	80	9,6
Iêmen, República do	7,2[c]	..	..	60	66	73	430	..	76	1,0	46	1,4
Zâmbia	3,6[c]	..	23,3	88	96	170	830	15,2	506	0,2	52	5,5
Zimbábue	4,6[c]	..	14,0	..	97	90	880	15,3	782	0,9	46	11,4
Mundo	..w		23,1w	87w	95w	68w	400w	0,8w	139w	4,5w, k	60w	21,3w
Baixa renda			27,8	65	91	120	790	2,3	275	0,5	38	3,7
Média renda			22,7	91	96	58	320	0,6	138	3,1	58	14,7
Renda média inferior			25,8	90	94	65	370	0,4	147	2,6	52	11,7
Renda média superior		24	..	98	100	25	110	1,5	105	5,1	82	26,6
Renda baixa e média			24,0	86	95	74	440	0,9	162	2,7	55	12,8
Ásia Oriental e Pacífico			12,6	100	100	27	150	0,2	136	3,6	66	23,3
Europa & Ásia Central		19	..	98	97	23	45	0,6	84	7,0	89	23,4
América Latina e Caribe		31	4,5	97	101	26	130	0,5	50	2,5	78	26,6
Oriente Médio e Norte da África		37	..	91	93	38	200	0,1	41	3,6	74	24,2
Sul da Ásia			40,9	79	90	78	500	0,3	174	1,1	33	6,6
África subsaariana			26,5	63	88	146	900	5,0	369	0,9	31	4,5
Alta renda			..	98	99	7	10	0,3	16	12,6	100	67,1

a. Dados da União Internacional de Telecomunicações (ITU), base de dados do Relatório de Desenvolvimento Mundial de Telecomunicações. Cite a ITU para uso destes dados por terceiros. b. Os dados são para o ano mais recente disponível. c. Refere-se às parcelas de gastos da população por percentil da população classificada por gasto *per capita*. d. Dados urbanos. e. Refere-se às parcelas de gastos da população por percentil da população classificada por renda per capita. f. Cobertura limitada. g. Os dados são para 2008. h. Inclui Hong Kong, China. i. Inclui Montenegro. j. Inclui Kosovo e Montenegro. k. Inclui emissões não alocadas a países específicos.

Tabela 4 Atividade econômica

	Produto interno bruto		Produtividade agrícola valor agregado agrícola por trabalhador 2000 US$		Valor agregado como % do PIB			Gasto final com consumo domiciliar % do PIB 2008	Gasto final com consumo governamental % do PIB 2008	Formação do capital bruto % do PIB 2008	Balança externa de bens e serviço % do PIB 2008	Deflator implícito do PIB médio anual % de crescimento 2000-0
	Milhões de dólares 2008	Índice de crescimento anual médio 2000-08	1990-92	2003-05	Agrícola 2008	Setorial 2008	Serviços 2008					
Afeganistão	10.170	..	..	..	37	25	38	98	11	31	-39	7,1
Albânia	12.295	5,4	778	1.449	21	20	59	85	10	32	-27	3,5
Argélia	173.882	4,3	1.911	2.225	9	69	23	22	7	37	35	9,4
Angola	83.383	13,7	165	174	10	86	4	37	..ᵃ	12	50	48,1
Argentina	328.385	5,3	6.767	10.072	9	34	57	59	13	24	4	12,8
Armênia	11.917	12,4	1.476ᵇ	3.692	18	45	37	75	12	38	-25	4,6
Austrália	1.015.217	3,3	20.839	29.908	..	..	..	55	18	29	-2	3,8
Áustria	416.380	2,1	12.048	21.920	2	31	67	54	18	21	7	1,8
Azerbaijão	46.259	18,1	1.084ᵇ	1.143	6	71	23	25	10	23	42	10,9
Bangladesh	78.992	5,9	254	338	19	29	52	79	5	24	-8	4,8
Bielo-Rússia	60.302	8,6	1.977ᵇ	3.153	9	39	53	54	16	35	-6	25,5
Bélgica	497.586	2,0	..	39.243	1	24	75	52	22	22	3	2,0
Benin	6.680	3,9	326	519	..	..	..	..	..	..	..	3,3
Bolívia	16.674	4,1	670	773	14	42	44	61	12	16	12	7,0
Bósnia-Herzegóvina	18.452	5,5	..	8.270	..	..	..	85	22	23	-30	3,8
Brasil	1.612.539	3,6	1.507	3.119	7	28	65	61	20	19	0	8,1
Bulgária	49.900	5,8	2.500	7.159	7	31	61	70	16	37	-23	5,6
Burkina Fasso	7.948	5,6	110	173	33	22	44	75	22	18	-15	2,4
Burundi	1.163	2,9	108	70	..	..	..	91	29	16	-36	9,6
Camboja	9.574	9,7	..	314	32	27	41	83	3	21	-8	4,7
Camarões	23.396	3,5	389	648	20	33	48	68	13	19	1	2,2
Canadá	1.400.091	2,5	28.243	44.133	..	..	..	56	19	23	3	2,0
República Centro-Africana	1.970	0,6	287	381	53	14	32	95	3	10	-9	2,2
Chade	8.361	10,4	173	215	23	42	35	69	6	15	10	8,3
Chile	169.458	4,4	3.573	5.309	4	47	49	55	10	21	14	6,6
China	4.326.187	10,4	258	407	11	49	40	37	14	43	7	4,3
Hong Kong, China	215.355	5,2	..	..	0	8	92	60	8	20	11	-1,7
Colômbia	242.268	4,9	3.080	2.749	9	34	57	64	13	24	-1	6,9
Congo, Rep. Dem. do	11.588	5,5	184	149	41	27	31	82	11	17	-10	28,3
Congo, Rep. do	10.699	4,0	..	..	5	60	35	29	14	27	30	7,0
Costa Rica	29.834	5,5	3.143	4.506	7	29	64	69	13	27	-10	10,2
Costa do Marfim	23.414	0,6	598	795	24	25	51	77	8	10	5	3,4
Croácia	69.333	4,6	5.425ᵇ	11.354	6	28	65	59	19	31	-8	3,8
República Tcheca	216.485	4,6	..	5.521	2	38	60	48	20	27	5	2,2
Dinamarca	342.672	1,7	15.190	38.441	1	26	73	50	26	23	1	2,3
República Dominicana	45.790	5,4	1.924	3.305	11	28	61	81	6	20	-7	15,0
Equador	52.572	5,0	1.686	1.676	7	36	57	67	12	24	-3	9,5
Egito, Rep. Árabe do	162.818	4,7	1.528	2.072	14	36	50	72	11	24	-7	7,8
El Salvador	22.115	2,9	1.633	1.638	13	28	58	98	9	15	-22	3,7
Eritreia	1.654	1,3	..	71	24	19	56	86	31	11	-28	18,0
Etiópia	26.487	8,2	..	158	43	13	45	85	11	21	-17	8,7
Finlândia	271.282	3,0	18.818	31.276	3	32	65	52	21	22	5	1,1
França	2.853.062	1,7	22.234	44.080	2	21	77	57	23	22	-2	2,1
Geórgia	12.793	8,1	2.443ᵇ	1.791	10	24	66	76	21	31	-28	7,3
Alemanha	3.652.824	1,2	13.724	25.657	1	30	69	57	18	18	7	1,1
Gana	16.123	5,6	293	320	32	26	42	81	14	32	-26	18,7
Grécia	356.796	4,2	7.536	8.818	4	23	73	71	17	26	-13	3,3
Guatemala	38.977	3,9	2.120	2.623	11	28	62	90	4	24	-18	5,2
Guiné	4.266	3,1	142	190	8	35	58	85	5	13	-2	20,2
Haiti	6.953	0,5	..	..	..	..	..	98	..ᵃ	26	-23	16,7
Honduras	14.077	5,3	1.193	1.483	13	27	61	83	14	30	-28	6,5
Hungria	154.668	3,6	4.122	6.922	4	29	66	67	9	22	1	5,0
Índia	1.217.490	7,9	324	392	18	29	53	56	11	39	-6	4,6
Indonésia	514.389	5,2	484	583	14	48	37	63	8	28	1	10,9
Irã, Rep. Islâmica do	385.143	6,0	1.954	2.561	10	45	45	45	14	31	10	17,9
Iraque	..	..	..	1.756	..	..	..	..	..	..	..	..
Irlanda	281.776	5,0	..	17.107	2	35	63	46	16	27	11	2,9
Israel	199.498	3,5	..	..	..	..	..	58	25	19	-2	1,1
Itália	2.293.008	0,9	11.528	23.967	2	27	71	59	20	21	0	2,6
Japão	4.909.272	1,6	20.445	35.668	1	30	68	57	18	24	1	-1,2
Jordânia	20.013	6,7	1.892	1.360	4	32	64	108	18	19	-45	4,2
Cazaquistão	132.229	9,5	1.795ᵇ	1.557	6	42	52	35	10	35	20	15,1
Quênia	34.507	4,6	334	333	21	13	65	79	11	25	-14	6,5
Coreia, Rep. da	929.121	4,5	..	11.451	3	37	60	55	15	31	-1	2,2
República Quirguiz	4.420	4,4	675ᵇ	979	34	19	48	101	18	26	-45	6,8
Laos	5.431	6,9	360	459	40	31	29	69	8	38	-15	9,4
Líbano	28.660	4,0	..	29.950	5	22	73	91	14	20	-25	2,2
Libéria	870	-1,1	..	..	54	19	27	116	15	20	-51	10,5
Líbia	99.926	4,1	..	..	..	..	..	..	..	..	..	22,2
Lituânia	47.341	7,7	..	3.790	4	33	63	66	18	27	-11	4,0
Madagáscar	8.970	3,8	186	174	25	17	57	85	5	36	-25	11,5
Maláui	4.269	4,2	72	116	34	21	45	85	11	32	-28	19,3
Malásia	194.927	5,5	386	525	10	48	42	46	12	22	20	4,4
Mali	8.740	5,2	208	241	37	24	39	76	11	23	-10	4,2
Mauritânia	2.858	5,1	574	356	13	47	41	61	20	26	-7	11,3

Tabela 4   Atividade econômica

	Produto interno bruto		Produtividade agrícola valor agregado agrícola por trabalhador 2000 US$		Valor agregado como % do PIB			Gasto final com consumo domiciliar % do PIB 2008	Gasto final com consumo governamental % do PIB 2008	Formação do capital bruto % do PIB 2008	Balança externa de bens e serviço % do PIB 2008	Deflator implícito do PIB médio anual % de crescimento 2000-0
	Milhões de dólares 2008	Índice de crescimento anual médio 2000-08	1990-92	2003-05	Agrícola 2008	Setorial 2008	Serviços 2008					
México	1.085.951	2,7	2.256	2.793	4	37	59	66	10	26	-2	8,2
Moldávia	6.048	6,3	1.286[b]	816	11	15	74	97	19	37	-53	11,6
Marrocos	86.329	5,0	1.430	1.746	16	20	64	61	16	33	-9	1,6
Moçambique	9.735	8,0	107	148	28	26	46	75	12	23	-10	8,1
Mianmar	..	..	..	..	..	..	..	..	..	..	..	..
Nepal	12.615	3,5	191	207	34	17	50	79	10	32	-21	6,2
Holanda	860.336	1,8	24.914	42.049	*2*	*24*	*74*	*47*	*25*	*20*	*8*	2,2
Nova Zelândia	130.693	3,0	19.155	27.189	..	..	..	*60*	*19*	*23*	*-1*	3,0
Nicarágua	6.592	3,5	..	2.071	19	30	51	*90*	*12*	*32*	*-34*	8,5
Níger	5.354	4,4	152	157[b]	..	..	..	..	..	..	..	2,6
Nigéria	212.080	6,6	..	..	31	41	28	..	..	..	13	17,0
Noruega	449.996	2,5	19.500	37.039	*1*	*43*	*56*	*42*	*20*	*23*	*16*	4,7
Paquistão	168.276	5,8	594	696	20	27	53	80	9	22	-10	7,3
Panamá	23.088	6,6	2.363	3.904	6	17	76	65	11	23	1	2,2
Papua-Nova Guiné	8.168	2,8	500	595	33	48	19	44	10	19	27	7,3
Paraguai	15.977	3,7	1.596	2.052	23	20	57	69	9	20	3	10,5
Peru	127.434	6,0	930	1.481	7	38	55	61	9	27	2	3,5
Filipinas	166.909	5,1	905	1.075	15	32	53	77	10	15	-2	5,2
Polônia	526.966	4,4	1.502[b]	2.182	4	30	65	66	15	23	-3	2,6
Portugal	242.689	0,9	4.642	6.220	*3*	*24*	*73*	*65*	*20*	*22*	*-7*	2,9
Romênia	200.071	6,3	2.196	4.646	8	34	58	73	11	26	-10	17,0
Federação Russa	1.607.816	6,8	1.825[b]	2.519	5	38	57	45	19	25	11	16,5
Ruanda	4.457	6,7	167	182	35	12	53	90	9	21	-19	10,0
Arábia Saudita	467.601	4,1	7.875	15.780	2	70	27	26	20	19	35	8,9
Senegal	13.209	4,4	225	215	15	23	62	82	10	30	-22	2,9
Sérvia	50.061	5,7	..	..	*13*	*28*	*59*	84	17	23	-24	17,2
Serra Leoa	1.953	10,3	..	..	43	24	33	80	13	20	-12	9,3
Cingapura	181.948	5,8	22.695	40.419	0	28	72	39	11	31	19	1,5
República da Eslováquia	94.957	6,3	..	5.026	4	41	55	54	16	28	1	3,7
Somália	..	..	..	..	..	..	..	..	..	..	..	..
África do Sul	276.764	4,3	1.786	2.495	3	31	66	61	20	22	-4	7,1
Espanha	1.604.174	3,3	9.511	18.619	*3*	*30*	*67*	*57*	*18*	*31*	*-7*	3,9
Sri Lanka	40.714	5,5	679	702	13	29	57	70	16	27	-13	10,6
Sudão	58.443	7,4	414	667	26	34	40	59	16	24	1	9,9
Suécia	480.021	2,8	22.533	35.378	*2*	*29*	*70*	*47*	*26*	*20*	*8*	1,7
Suíça	488.470	1,9	19.884	23.588	*1*	*28*	*71*	*59*	*11*	*22*	*8*	1,0
Rep. Árabe Síria	55.204	4,4	2.344	3.261	20	35	45	75	12	14	0	8,4
Tajiquistão	5.134	8,6	346[b]	409	18	23	59	114	8	20	-42	21,0
Tanzânia[c]	20.490	6,8	238	295	*45*	*17*	*37*	*73*	*16*	*17*	*-6*	9,4
Tailândia	260.693	5,2	497	624	*12*	*46*	*43*	*51*	*13*	*28*	*8*	2,4
Togo	2.823	2,5	312	347	..	..	..	..	16	..	-27	1,1
Tunísia	40.180	4,9	2.422	2.700	10	28	62	65	14	25	-3	2,9
Turquia	794.228	5,9	1.770	1.846	10	28	62	71	13	22	-5	16,9
Turquemenistão	18.269	14,5	1.222[b]	..	..	..	..	..	..	..	11	12,2
Uganda	14.529	7,5	155	175	23	26	52	82	12	24	-18	5,1
Ucrânia	180.355	7,2	1.195[b]	1.702	8	37	55	64	17	25	-6	15,7
Emirados Árabes Unidos	163.296	7,7	10.454	25.841	*2*	*59*	*39*	*45*	*10*	*21*	*24*	7,7
Reino Unido	2.645.593	2,5	22.664	26.942	*1*	*23*	*76*	*63*	*22*	*19*	*-4*	2,7
Estados Unidos	14.204.322	2,5	20.793	42.744	*1*	*22*	*77*	*70*	*16*	*20*	*-6*	2,6
Uruguai	32.186	3,8	6.304	8.797	11	27	63	69	12	23	-4	8,2
Uzbequistão	27.918	6,6	1.272[b]	1.800	23	33	43	55	16	19	10	25,5
Venezuela, R. B. de	313.799	5,2	4.483	6.331	..	..	..	53	10	23	14	26,3
Vietnã	90.705	7,7	214	305	*20*	*42*	*38*	*66*	*6*	*42*	*-13*	7,8
Margem Ocidental e Gaza	..	-0,9	..	..	..	..	..	..	..	..	..	3,4
Iêmen, República do	26.576	3,9	271	328[b]	..	..	..	..	..	..	..	13,6
Zâmbia	14.314	5,3	159	204	21	46	33	66	9	22	3	17,1
Zimbábue	..	-5,7	240	222	..	..	..	..	..	..	..	232,0
Mundo	60.587.016t	3,2w	731w	908w	*3*w	*28*w	*69*w	*61*w	*17*w	*22*w	*0*w	..
Baixa renda	568.504	5,8	222	268	25	29	46	75	9	27	-11	..
Média renda	16.826.866	6,4	470	650	10	37	53	56	14	30	1	..
Renda média inferior	8.377.130	8,3	359	499	14	41	45	50	13	36	1	..
Renda média superior	8.445.380	4,6	1.998	2.721	6	33	61	61	15	23	1	..
Renda baixa e média	17.408.313	6,4	432	577	11	37	53	57	14	29	1	..
Ásia Oriental e Pacífico	5.658.322	9,1	295	438	12	48	41	42	13	39	6	..
Europa & Ásia Central	3.860.600	6,3	1.749	2.076	7	34	60	60	15	24	0	..
América Latina e Caribe	4.247.077	3,9	2.125	3.044	6	32	62	63	14	23	0	..
Oriente Médio e Norte da África	1.117.198	4,7	1.583	2.204	12	41	48	57	12	28	3	..
Sul da Ásia	1.531.499	7,4	335	406	18	29	53	61	11	36	-7	..
África subsaariana	987.120	5,2	263	279	14	32	54	67	16	23	-3	..
Alta renda	43.189.942	2,3	15.906	25.500	*1*	*26*	*73*	*62*	*18*	*21*	*-1*	..

a. Dados gerais sobre a despesa de consumo final do governo não estão disponíveis separadamente, pois eles são incluídos na despesa de consumo doméstico final. b. Os dados para os três anos não estão disponíveis. c. Os dados referem-se apenas a Tanzânia continental.

Tabela 5 Comércio, assistência e investimento

	Exportação Bens US$ milhões 2008	Importação Bens US$ milhões 2008	Exportação de manufaturados % das exportações totais de mercadorias 2007	Exportação de alta tecnologia % das exportações totais de mercadorias 2007	Saldo em conta corrente milhões de dólares 2008	Influxo líquido de investimento externo direto US$ milhões 2007	Assistência líquida oficial de desenvolvimento US$ per capita 2007	Dívida externa Total US$% milhões 2007	Valor atual % de RNB 2007	Crédito doméstico fornecido pelo setor bancário % do PIB 2008	Migração líquida milhares 2000–05
Afeganistão	680	3.350	..	..	..	288	..	2.041	18^d	0	..
Albânia	1.353	5.230	70	12	−1.924	477	97	2.776	22	68	−100
Argélia	78.233	39.156	1	2	..	1.665	12	5.541	4	−12	−140
Angola	66.300	21.100	..	..	9.402	−893	14	12.738	32	10	175
Argentina	70.588	57.413	31	7	7.588	6.462	2	127.758	63	24	−100
Armênia	1.069	4.412	56	2	−1.356	699	114	2.888	38	17	−100
Austrália	187.428	200.272	19	14	−44.040	39.596	..	..	..	151	641
Áustria	182.158	184.247	82	11	14.269	30.717	..	..	..	129	220
Azerbaijão	31.500	7.200	6	4	16.454	−4.749	26	3.021	14	17	−100
Bangladesh	15.369	23.860	91	..	857	653	10	22.033	22	60	−700
Bielo-Rússia	32.902	39.483	53	3	−5.050	1.785	9	9.470	25	31	20
Bélgica	476.953	469.889	78	7^c	−12.015	72.195	..	..	..	115	196
Benin	1.050	1.990	9	0	−217	48	56	857	12^d	15	99
Bolívia	6.370	4.987	7	5	1.800	204	50	4.947	24^d	48	−100
Bósnia-Herzegóvina	5.064	12.282	61	3	−2.765	2.111	117	6.479	42	59	62
Brasil	197.942	182.810	47	12	−28.191	34.585	2	237.472	25	102	−229
Bulgária	23.124	38.256	55	6	−12.577	8.974	..	32.968	100	67	−41
Burkina Faso	620	1.800	..	..	..	600	63	1.461	14^d	16	100
Burundi	56	403	21	4	−116	1	59	1.456	97^d	35	192
Camboja	4.290	6.510	..	..	−1.060	867	46	3.761	46	16	10
Camarões	4.350	4.360	3	3	−547	433	104	3.162	5^d	6	−12
Canadá	456.420	418.336	53	14	27.281	111.772	..	..	..	191	1.089
República Centro-Africana	185	310	36	0	..	27	41	973	48^d	18	−45
Chade	4.800	1.700	..	..	..	603	33	1.797	19^d	−3	219
Chile	67.788	61.901	10	7	−3.440	14.457	7	58.649	45	83	30
China	1.428.488	1.133.040	93	30	426.107	138.413	1	373.635	13	126	−2.058
Hong Kong, China	370.242^e	392.962	68^e	19	30.637	54.365	..	..	..	125	113
Colômbia	37.626	39.669	39	3	−6.761	9.040	17	44.976	28	43	−120
Congo, Rep. Dem. do	3.950	4.100	..	..	..	720	20	12.283	111^d	5	−237
Congo, Rep. do	9.050	2.850	..	..	−2.181	4.289	36	5.156	93^d	−19	4
Costa Rica	9.675	15.374	63	45	−1.578	1.896	12	7.846	35	54	84
Costa do Marfim	10.100	7.150	18	32	−146	427	8	13.938	67^d	20	−339
Croácia	14.112	30.728	68	9	−6.397	4.916	37	48.584	109	75	−13
República Tcheca	146.934	141.882	90	14	−6.631	9.294	..	..	..	58	67
Dinamarca	117.174	112.296	66	17	6.938	11.858	..	..	..	210	46
República Dominicana	6.910	16.400	..	..	−2.068	1.698	13	10.342	33	39	−148
Equador	18.511	18.686	8	7	1.598	183	16	17.525	50	18	−400
Egito, Rep. Árabe do	25.483	48.382	19	0	412	11.578	14	30.444	25	78	−291
El Salvador	4.549	9.755	55	4	−1.119	1.526	14	8.809	50	45	−340
Eritreia	20	530	..	..	..	−3	32	875	41^d	125	229
Etiópia	1.500	7.600	13	3	−828	223	31	2.634	8^d	47	−340
Finlândia	96.714	91.045	81	21	10.121	11.568	..	..	..	88	33
França	608.684	707.720	79	19	−52.911	159.463	..	..	..	126	761
Geórgia	1.498	6.058	45	7	−2.851	1.728	87	2.292	20	33	−309
Alemanha	1.465.215	1.206.213	83	14	243.289	51.543	..	..	..	126	930
Gana	5.650	10.400	11	1	−2.151	970	50	4.479	22^d	33	12
Grécia	25.311	77.970	52	8	−51.313	1.959	..	..	..	109	154
Guatemala	7.765	14.545	50	3	−1.697	724	34	6.260	21	37	−300
Guiné	1.300	1.600	..	..	−456	111	23	3.268	64^d	..	−425
Haiti	490	2.148	..	..	−80	75	73	1.598	20^d	23	−140
Honduras	6.130	9.990	29	1	−1.225	816	65	3.260	21^d	50	−150
Hungria	107.904	107.864	81	25	−12.980	37.231	..	..	..	81	70
Índia	179.073	291.598	64	5	−9.415	22.950	1	220.956	20	70	−1.540
Indonésia	139.281	126.177	42	11	606	6.928	4	140.783	43	37	−1.000
Irã, Rep. Islâmica do	116.350	57.230	10	6	..	755	1	20.577	8	51	−993
Iraque	59.800	31.200	0	0	2.681	383	..	..	..	..	..
Irlanda	124.158	82.774	84	28	−12.686	26.085	..	..	..	194	230
Israel	60.825	67.410	76	8	1.596	9.664	..	..	..	81	115
Itália	539.727	556.311	84	7	−78.029	40.040	..	..	..	133	1.750
Japão	782.337	761.984	90	19	156.634	22.180	..	..	..	293	82
Jordânia	7.790	16.888	76	1	−2.776	1.835	88	8.368	54	122	104
Cazaquistão	71.184	37.889	13	23	6.978	10.189	13	96.133	131	34	−200
Quênia	4.972	11.074	37	5	−1.102	728	34	7.355	26	35	25
Coreia, Rep. da	422.007	435.275	89	33	−6.350	1.579	..	..	..	113	−65
República Quirguiz	1.642	4.058	35	2	−631	208	52	2.401	43^d	14	−75
Laos	1.080	1.390	..	..	107	324	65	3.337	84	7	−115
Líbano	4.454	16.754	..	..	−1.395	2.845	229	24.634	111	177	100
Libéria	262	865	..	..	−211	132	192	2.475	978^d	161	62
Líbia	63.050	11.500	..	..	28.454	4.689	3	..	..	−47	14
Lituânia	23.728	30.811	64	11	−5.692	2.017	..	..	..	64	−36
Madagáscar	1.345	4.040	57	1	..	997	48	1.661	21^d	9	−5
Maláui	790	1.700	11	2	..	55	53	870	9^d	16	−30
Malásia	199.516	156.896	71	52	28.931	8.456	8	53.717	34	115	150
Mali	1.650	2.550	3	7	−581	360	82	2.018	16^d	13	−134
Mauritânia	1.750	1.750	0	..	..	153	117	1.704	85^d	..	30
México	291.807	323.151	72	17	−15.957	24.686	1	178.108	20	37	−2.702

Tabela 5 Comércio, assistência e investimento

	Bens Exportação US$ milhões 2008	Bens Importação US$ milhões 2008	Exportação de manufaturados % das exportações totais de mercadorias 2007	Exportação de alta tecnologia % das exportações totais de mercadorias 2007	Saldo em conta corrente milhões de dólares 2008	Influxo líquido de investimento externo direto US$ milhões 2007	Assistência líquida oficial de desenvolvimento US$ per capita 2007	Dívida externa Total US$% milhões 2007	Dívida externa Valor atual % de RNB 2007	Crédito doméstico fornecido pelo setor bancário % do PIB 2008	Migração líquida milhares 2000–05
Moldávia	1.597	4.899	32	5	−1.009	493	73	3.203	72	40	−320
Marrocos	20.065	41.699	65	9	−122	2.807	35	20.255	29	98	−550
Moçambique	2.600	4.100	6	2	−975	427	83	3.105	15[d]	14	−20
Mianmar	6.900	4.290	..	..	802	428	4	7.373	46	..	−1.000
Nepal	1.100	3.570	..	..	6	6	21	3.645	22[d]	53	−100
Holanda	633.974	573.924	60	26	65.391	123.609	..	..	..	198	110
Nova Zelândia	30.586	34.366	25	10	−11.317	2.753	..	..	..	151	103
Nicarágua	1.489	4.287	10	4	−1.475	382	149	3.390	31[d]	66	−206
Níger	820	1.450	6	14	−314	27	38	972	12[d]	6	−29
Nigéria	81.900	41.700	1	8	21.972	6.087	14	8.934	6	26	−170
Noruega	167.941	89.070	18	18	83.497	3.788	..	..	..	..	84
Paquistão	20.375	42.326	79	1	−8.295	5.333	14	40.680	25	46	−1.239
Panamá	1.180	9.050	11	0	−2.792	1.907	−40	9.862	70	86	8
Papua-Nova Guiné	5.700	3.550	..	..	..	96	50	2.245	42	26	0
Paraguai	4.434	10.180	14	6	−345	196	18	3.570	35	22	−45
Peru	31.529	29.981	12	2	1.505	5.343	9	32.154	42	19	−525
Filipinas	49.025	59.170	51	54	4.227	2.928	7	65.845	51	46	−900
Polônia	167.944	203.925	80	4	−29.029	22.959	..	195.374	53	60	−200
Portugal	55.861	89.753	74	9	−29.599	5.534	..	..	..	185	291
Romênia	49.546	82.707	80	4	−24.642	9.492	..	85.380	67	41	−270
Federação Russa	471.763	291.971	17	7	102.331	55.073	..	370.172	39	27	964
Ruanda	250	1.110	5	16	−147	67	75	496	8[d]	..	6
Arábia Saudita	328.930	111.870	9	1	95.080	−8.069	−5	..	..	10	285
Senegal	2.390	5.702	36	4	−1.311	78	71	2.588	21[d]	25	−100
Sérvia	10.973	22.999	66	4	−15.989	3.110	113	26.280	86	38	−339
Serra Leoa	220	560	..	..	−181	94	99	348	10[d]	14	336
Cingapura	338.176[e]	319.780	76[e]	46	39.106	24.137	..	..	..	84	139
República da Eslováquia	70.967	73.321	87	5	−4.103	3.363	..	..	..	54	10
Somália	..	..	..	..	..	141	44	2.944	..	..	−200
África do Sul	80.781	99.480	51[f]	6	−20.981	5.746	17	43.380	19	88	700
Espanha	268.108	402.302	75	5	−154.184	60.122	..	..	..	213	2.504
Sri Lanka	8.370	14.008	70	2	−3.775	603	29	14.020	42	43	−442
Sudão	12.450	9.200	0	1	−3.268	2.426	52	19.126	93[d]	17	−532
Suécia	183.975	166.971	77	16	40.317	12.286	..	..	..	136	186
Suíça	200.387	183.491	91	22	41.214	49.730	..	..	..	185	200
Rep. Árabe Síria	14.300	18.320	32	1	920	600	4	..	..	37	300
Tajiquistão	1.406	3.270	..	..	−495	360	33	1.228	30	28	−345
Tanzânia	2.870	6.954	17	1	−1.856	647	68	5.063	15[d,g]	17	−345
Tailândia	177.844	178.655	76	27	15.755	9.498	−5	63.067	29	136	1.411
Togo	790	1.540	62	0	−340	69	19	1.968	80[d]	25	−4
Tunísia	19.319	24.612	70	5	−904	1.620	30	20.231	65	73	−81
Turquia	131.975	201.960	81	0	−41.685	22.195	11	251.477	47	51	−71
Turquemenistão	10.780	4.680	..	..	..	804	6	743	7	..	−25
Uganda	2.180	4.800	21	11	−1.088	484	56	1.611	9[d]	12	−5
Ucrânia	67.049	84.032	74	4	−12.933	9.891	9	73.600	66	82	−173
Emirados Árabes Unidos	231.550	158.900	3	1	..	..	..	..	..	67	577
Reino Unido	457.983	631.913	74	20	−78.765	197.766	..	..	..	215	948
Estados Unidos	1.300.532	2.165.982	77	28	−673.261	237.541	..	..	..	220	5.676
Uruguai	5.949	8.933	30	3	−1.119	879	10	12.363	69	33	−104
Uzbequistão	10.360	5.260	..	..	..	262	6	3.876	20	..	−400
Venezuela, R. B. de	93.542	49.635	5	3	39.202	646	3	43.148	26	20	40
Vietnã	62.906	80.416	51	6	−6.992	6.700	29	24.222	35	95	−200
Margem Ocidental e Gaza	..	..	..	..	..	..	504	..	..	..	11
Iêmen, República do	9.270	9.300	1	1	−1.508	917	10	5.926	23	11	−100
Zâmbia	5.093	5.070	13	2	−505	984	85	2.789	7[d]	19	−82
Zimbábue	2.150	2.900	48	3	..	69	37	5.293	121	..	−700
Mundo	16.129.607t	16.300.527t	72w	18w	..	2.139.338s	16w	..s		158w	..w[h]
Baixa renda	167.308	239.464	44	4	..	19.975	37	156.551		46	−3.728
Média renda	4.905.095	4.547.215	61	19	..	501.721	9	3.260.910		74	−14.512
Renda média inferior	2.627.173	2.376.905	71	23	..	232.806	9	1.228.986		98	−11.119
Renda média superior	2.276.454	2.164.216	52	13	..	268.916	9	2.031.924		53	−3.393
Renda baixa e média	5.072.412	4.786.667	60	19	..	521.696	19	3.417.461		74	−18.240
Ásia Oriental e Pacífico	2.081.208	1.762.013	77	31	..	175.340	4	741.471		117	−3.722
Europa & Ásia Central	1.141.248	1.146.612	45	6	..	151.521	13	1.214.038		42	−2.138
América Latina e Caribe	873.299	896.683	54	12	..	107.270	12	825.697		62	−5.738
Oriente Médio e Norte da África	418.183	315.621	16	4	..	28.905	55	136.448		48	−1.850
Sul da Ásia	225.882	380.660	66	5	..	29.926	7	304.713		69	−3.181
África subsaariana	336.637	296.944	30	8	..	28.734	44	195.094		41	−1.611
Alta renda	11.060.159	11.522.679	75	18	..	1.617.642	0	..		191	18.091

a. A distinção entre ajuda oficial, para países da Parte II da lista do Comitê de Ajuda ao Desenvolvimento (DAC da Organização para Cooperação e Desenvolvimento Econômico e a ajuda oficial para desenvolvimento foi deixada de lado em 2005. Os agregados regionais incluem dados para economias não listadas na tabela. Os totais mundiais e por grupo de renda incluem ajuda não alocada por país ou região. b. Total para o período de cinco anos. c. Inclui Luxemburgo. d. Os dados são para análise de sustentabilidade de débito para países de baixa renda. e. Inclui reexportações f. Dados sobre as exportações e importações totais referem-se apenas à África do Sul. Dados sobre as parcelas de exportação de commodities referem-se à South African Customs Union (Botsuana, Namíbia e África do Sul). g. RNB refere-se apenas à Tanzânia interna. h. Total mundial computador pela ONU é de soma zero, mas porque os agregados mostrados aqui referem-se às definições do Banco Mundial, os totais regionais e de grupo de renda não são iguais a zero.

DESENVOLVIMENTO E MUDANÇA CLIMÁTICA

Tabela 6 Indicadores-chave para outras economias

	População Milhares 2008	Porcentagem de crescimento anual médio 2000–08	densidade populacional por m² 2008	Composição etária da população % de idades 0–14 2008	Renda nacional bruta (RNB)[a] US$ milhões 2008	Per capita dólares 2008	PPP renda nacional bruta (RNB)[b] US$ milhões 2008	Per capita dólares 2008	Produto interno bruto em US$ per capita % crescimento 2007–08	Expectativa de vida no nascimento Idade homens 2007	Idade mulheres 2007	Índice de alfabetização adulta % com mais de 15 anos 2007
Samoa Americana	66	1,7	331	..	..	..[d]	..	..	..	..	..	..
Andorra	84	3,7[c]	178	..	..	..[e]	..	..	..	..	..	..
Antígua e Barbuda	86	1,3	194	..	1.165	13.620	1.760[f]	20.570[f]	1,6	..	..	..
Aruba	105	1,9	586	20	..	..[e]	..	..	..	72	77	98
Bahamas	335	1,3	33	26	..	..[e]	..	..	−0,2	71	76	..
Barein	767	2,1	1.080	27	..	..[e]	..	..	..	74	77	89
Barbados	255	0,2	594	18	..	..[e]	..	..	..	74	80	..
Belize	311	2,7	14	36	1.186	3.820	1.875[f]	6.040[f]	0,9	73	79	..
Bermudas	64	0,4	1.284	..	..	..[e]	..	..	4,3	76	82	..
Butão	687	2,5	15	31	1.302	1.900	3.349	4.880	12,0	64	68	53
Botsuana	1.905	1,2	3	34	12.328	6.470	24.964	13.100	−2,2	50	51	83
Brunei Darussalam	397	2,2	75	27	10.211	26.740	19.540	50.200	−1,3	75	80	95
Cabo Verde	499	1,6	124	37	1.561	3.130	1.720	3.450	4,5	68	74	84
Ilhas Cayman	54	3,7	209	..	..	..[e]	..	..	..	..	..	99
Channel Islands	149	0,2	787	16	10.241	68.640	..	..	5,7	77	81	..
Ilhas Comores	644	2,2	346	38[g]	483	750	754	1.170	−1,4	63	67	75
Cuba	11.247	0,1	102	18	..	..[d]	..	..	..	76	80	100
Chipre	864	1,2	93	18	19.617[h]	22.950[h]	20.549	24.040	3,3	77	82	98
Djibuti	848	1,9	37	37	957	1.130	1.972	2.330	2,1	54	56	..
Dominica	73	0,3	98	..	349	4.770	607[f]	8.300[f]	2,9	..	..	..
Guiné Equatorial	659	2,8	24	41	9.875	14.980	14.305	21.700	8,4	49	51	..
Estônia	1.341	−0,3	32	15	19.131	14.270	25.848	19.280	−3,6	67	79	100
Ilhas Feroé	49	0,7	35	..	..	..[e]	..	..	..	77	81	..
Fiji	839	0,6	46	32	3.300	3.930	3.578	4.270	−0,3	67	71	..
Polinésia Francesa	266	1,5	73	26	..	..[e]	..	..	..	72	77	..
Gabão	1.448	2,0	6	37	10.490	7.240	17.766	12.270	0,2	59	62	86
Gâmbia	1.660	3,0	166	42	653	390	2.130	1.280	3,0	54	57	..
Groenlândia	57	0,1	0[i]	..	..	..[e]	..	..	..	..	..	..
Granada	106	0,6	310	28	603	5.710	850[f]	8.060[f]	2,2	67	70	..
Guam	175	1,5	325	28	..	..[e]	..	..	..	73	78	..
Guiné-Bissau	1.575	2,4	56	43	386	250	832	530	0,5	46	49	..
Guiana	763	0,1	4	30	1.081	1.420	1.916[f]	2.510[f]	3,1	64	70	..
Islândia	317	1,5	3	21	12.702	40.070	7.993	25.220	−1,6	79	83	..
Ilha de Man	81	0,6	141	..	3.516	43.710	..	..	7,3	..	..	..
Jamaica	2.689	0,5	248	30	13.098	4.870	19.785[f]	7.360[f]	−1,8	70	75	86
Kiribati	97	1,7	119	..	193	2.000	353[f]	3.660[f]	1,8	59	63	..
Coreia, Rep. Dem. Pop.	23.858	0,5	198	22	..	..[j]	..	..	..	65	69	..
Kosovo	..	..	..	..	..	..[k]	..	..	..	..	..	..
Kuwait	2.728	2,7	153	23	99.865	38.420	136.748	52.610	3,7	76	80	94
Letônia	2.266	−0,6	36	14	26.883	11.860	37.943	16.740	−4,2	66	77	100
Lesoto	2.017	0,8	66	39	2.179	1.080	4.033	2.000	3,4	43	42	..
Liechtenstein	36	1,1	222	..	..	..[e]	..	..	..	..	..	..
Luxemburgo	488	1,4	188	18	41.406	84.890	31.372	64.320	−2,5	76	82	..
Macau, China	526	2,2	18.659	13	18.142	35.360	26.811	52.260	10,4	79	83	94
Macedônia	2.038	0,2	80	18	8.432	4.140	20.266	9.950	5,0	72	77	97
Maldivas	310	1,6	1.035	29	1.126	3.630	1.639	5.280	4,0	68	69	97
Malta	411	0,7	1.286	16	6.825	16.680	9.192	22.460	3,1	77	82	92
Marshall Islands	60	1,9	331	..	195	3.270	..	..	−0,8	..	..	..
Ilhas Maurício	1.269	0,8	625	23	8.122	6.400	15.841	12.480	4,7	69	76	87
Ilha Mayotte	191	2,9l	511	40	..	..[d]	..	..	..	..	..	..
Micronésia, Estados Federados da	111	0,5	159	37	260	2.340	334[f]	3.000[f]	−1,3	68	69	..
Mônaco	33	0,3[c]	16.821	..	..	..[e]	..	..	..	..	..	..
Mongólia	2.632	1,2	2	27	4.411	1.680	9.158	3.480	7,9	64	70	97
Montenegro	622	−0,7	45	20	4.008	6.440	8.661	13.920	6,9	72	76	..
Namíbia	2.114	1,5	3	37	8.880	4.200	13.248	6.270	1,0	52	53	88
Antilhas Holandesas	194	0,9	242	21	..	..[e]	..	..	..	71	79	96
Nova Caledônia	246	1,8	13	26	..	..[e]	..	..	..	72	80	96
Ilhas Marianas do Norte	85	2,3[c]	186	..	..	..[e]	..	..	..	..	..	..
Omã	2.785	1,8	9	32	32.755	12.270	55.126	20.650	5,1	74	77	84
Palau	20	0,7	44	..	175	8.650	..	..	−1,6	66	72	..
Porto Rico	3.954	0,4	446	21	..	..[e]	..	..	..	74	83	..
Catar	1.281	9,1	116	16	..	..[e]	..	..	..	75	77	93
Samoa	182	0,6	64	40	504	2.780	789[f]	4.340[f]	−3,6	69	75	99
São Marino	31	1,3[m]	517	..	1.430	46.770	..	..	3,1	79	85	..
São Tomé e Príncipe	161	1,7	168	41	164	1.020	286	1.780	3,9	64	67	88

Tabela 6 Indicadores-chave para outras economias

	Milhares 2008	População Porcentagem de crescimento anual médio 2000–08	densidade populacional por m² 2008	Composição etária da população % de idades 0–14 2008	Renda nacional bruta (RNB)[a] US$ milhões 2008	Per capita dólares 2008	PPP renda nacional bruta (RNB)[b] US$ milhões 2008	Per capita dólares 2008	Produto interno bruto em US$ per capita % crescimento 2007–08	Expectativa de vida no nascimento Idade homens 2007	Idade mulheres 2007	Índice de alfabetização adulta % com mais de 15 anos 2007
Ilhas Seychelles	86	0,8	188	..	889	10.290	1.707[f]	19.770[f]	1,3	69	78	..
Eslovênia	2.039	0,3	101	14	48.973	24.010	54.875	26.910	2,5	74	82	100
Ilhas Salomão	507	2,5	18	39	598	1.180	1.309[f]	2.580[f]	4,9	63	64	..
St. Kitts e Nevis	49	1,3	189	..	539	10.960	746[f]	15.170[f]	8,8	..	..	..
Sta. Lúcia	170	1,1	279	27	940	5.530	1.561[f]	9.190[f]	1,1	73	76	..
São Vicente e Grenadinas	109	0,1	280	27	561	5.140	957[f]	8.770[f]	0,9	69	74	..
Suriname	515	1,2	3	29	2.570	4.990	3.674[f]	7.130[f]	6,0	65	73	90
Suazilândia	1.168	1,0	68	40	2.945	2.520	5.852	5.010	1,1	46	45	..
Timor-Leste	1.098	3,7	74	45	2.706	2.460	5.150[f]	4.690[f]	9,6	60	62	..
Tonga	104	0,6	144	37	265	2.560	402[f]	3.880[f]	0,7	69	75	99
Trinidad e Tobago	1.338	0,4	261	21	22.123	16.540	32.033[f]	23.950[f]	3,0	68	72	99
Vanuatu	231	2,5	19	39	539	2.330	910[f]	3.940[f]	4,2	68	72	78
Ilhas Virgens (EUA)	110	0,1	314	21	..[e]	..	..	..	..	76	82	..

a. Calculado usando o Método Atlas do Banco Mundial. b. PPA é paridade de poder aquisitivo; ver notas técnicas. c. Os dados são para 2003-07. d. Estima-se a ser médio superior ($3.856–$11.905). e. Estimado como de alta renda (US$11.906 ou mais). f. A estimativa baseia-se em regressão; outras são extrapoladas das estimativas de benchmark do Programa Internacional de Comparação. g. Inclui Ilha Mayotte. h. Exclui o lado turco-cipriota. i. Menos de 0,5. j. Os grupos de baixa renda, US$975 ou menos. Estimativa de renda média inferior, US$976–3.855. Os dados são para 2002-07. m. Os dados são para 2004-07.

Notas técnicas

Estas notas técnicas discutem as fontes e os métodos usados para compilar os indicadores incluídos nesta edição de Indicadores Selecionados de Desenvolvimento Mundial. As notas seguem a ordem em que os indicadores aparecem nas tabelas.

Fontes

Os dados publicados nos Indicadores Selecionados de Desenvolvimento Mundial foram extraídos dos *Indicadores de Desenvolvimento Mundial de 2009*. Sempre que possível, entretanto, as revisões informadas desde a data de fechamento desta edição foram incorporadas. Além disso, as estimativas recentemente liberadas de população e da RNB *per capita* para 2008 são incluídas nas tabelas 1 e 6.

O Banco Mundial emprega várias fontes para as estatísticas publicadas nos *Indicadores de Desenvolvimento Mundial*. Os dados sobre dívida externa para países em desenvolvimento são relatados diretamente ao Banco Mundial, por meio do Sistema de Informação de Devedores, pelos próprios países-membros em desenvolvimento. Outros dados são retirados principalmente das Nações Unidas e de suas agências especializadas, do FMI e dos relatórios de países ao Banco Mundial. As estimativas de funcionários do banco são usadas igualmente para melhorar a atualidade ou a uniformidade. Para a maioria de países, as estimativas dos clientes nacionais são obtidas dos governos por meio das missões econômicas do Banco Mundial no país-membro. Em alguns casos, elas são ajustadas por funcionários para assegurar a conformidade com definições e conceitos internacionais. A maioria dos dados sociais das fontes nacionais é selecionada nos arquivos administrativos regulares, em pesquisas especiais ou recenseamentos periódicos.

Consulte os *Indicadores de Desenvolvimento Mundial de 2009* que apresenta notas mais detalhadas sobre os dados.

Uniformidade e confiabilidade de dados

Procurou-se padronizar o melhor possível os dados, sem que se pudesse garantir a comparabilidade total, e deve-se ter cuidado na interpretação dos indicadores. Muitos fatores afetam a disponibilidade, a comparabilidade e a confiabilidade de dados: os sistemas estatísticos em muitas economias ainda são ainda fracos, os métodos estatísticos, a cobertura, as práticas e as definições diferem muito, e as comparações entre países e períodos envolvem os problemas técnicos e conceituais complexos que não podem ser resolvidos sem ambiguidade. A cobertura dos dados não pode estar completa em razão de circunstâncias especiais ou para as economias que enfrentam problemas (como aqueles originados em conflitos) que afetam a coleta e a informação dos dados. Por isso, embora os dados sejam selecionados de fontes provavelmente muito competentes, devem ser interpretados somente enquanto indiquem tendências e caracterizem diferenças importantes entre economias, em vez de oferecer medidas quantitativas precisas para aquelas diferenças. As discrepâncias nos dados apresentados em edições diferentes refletem atualizações por países, assim como revisões às séries históricas e mudanças na metodologia. Assim, recomenda-se aos leitores não comparar a série dos dados entre edições ou entre edições diferentes de publicações do Banco Mundial. As séries cronológicas uniformes estão disponíveis no CD-ROM *Indicadores de Desenvolvimento Mundial de 2009* e no *WDI Online*.

Razões e taxas de crescimento

Para facilitar a consulta, as tabelas em geral mostram as razões e taxas de crescimento em vez dos valores subjacentes simples. O CR-ROM *Indicadores de Desenvolvimento Mundial de 2009* contém os valores em seu formato original. Exceto se observado de outra maneira, as taxa de crescimento são computadas usando o método da regressão dos mínimos quadrados (ver item "Métodos estatísticos"). Uma vez que esse método considera todas as observações disponíveis durante um período, as taxas resultantes de crescimento refletem as tendências gerais que não são influenciadas por valores excepcionais de modo inapropriado. Os indicadores econômicos de preço constante são usados no cálculo da taxa de crescimento de modo a excluir os efeitos da inflação. Os dados em itálico referem-se a um período de um ano que não aquele específico no cabeçalho da coluna – até dois anos antes ou depois para indicadores econômicos e até três anos para indicadores sociais, pois os últimos tendem a ser coletados com menos regularidade e passam por mudanças menos drásticas em breves períodos.

Série de preço constante

O crescimento de uma economia é medido pelo aumento em valor agregado produzido pelos indivíduos e pelas empresas atuantes nessa economia. Assim, a medição do crescimento real exige estimativas do PIB e seus componentes avaliados em preços constantes. O Banco Mundial coleta a série dos clientes nacionais de preço constante em moedas nacionais e registra no ano-base do país de origem. Para obter a série comparável de dados do preço constante, o Banco Mundial reescalona o PIB e o valor agregado de origem industrial para um ano de referência comum, 2000 na versão atual dos *Indicadores de Desenvolvimento Mundial*. Esse processo causa uma discrepância entre o PIB reescalonado e a soma dos componentes reescalonados. A alocação de discrepância causaria distorções na taxa de crescimento, e, portanto, esta não é alocada.

Medidas resumidas

As medidas resumidas para regiões e grupos de renda, apresentadas ao final da maioria de tabelas, são calculadas pela adição simples quando expressas em níveis. As taxas de crescimento e as relações agregadas são computadas geralmente como médias ponderadas. As medidas resumidas para indicadores sociais são ponderadas por população ou pelos subgrupos de população, à exceção da mortalidade infantil, que é ponderada pelo número de nascimentos. Para mais informações, ver as notas sobre indicadores específicos.

Para as medidas resumidas que cobrem muitos anos, os cálculos são baseados em um grupo uniforme de economias, de modo que a composição do agregado não mude com o tempo. As medidas do grupo são compiladas somente se os dados disponíveis para um dado ano respondem por menos dois terços do grupo completo, como definidas pelo ano-base de 2000. Contanto que esse critério seja seguido, as economias para as quais faltam dados devem se comportar como aquelas que fornecem estimativas. Os leitores devem ter em mente que as medidas resumidas são estimativas de agregados representativos para cada tópico e que nada significativo pode ser deduzido sobre o comportamento em nível do país a partir dos indicadores do grupo. Além disso, o processo da avaliação pode conduzir às discrepâncias entre subgrupo e totais gerais.

Tabela 1. Indicadores-chave de desempenho

A **população** tem por base a definição de fato, que conta todos os residentes, não obstante a sua condição jurídica ou cidadania, à exceção dos refugiados que estão temporariamente no país do asilo que, em geral, são considerados parte da população do país de origem. Os valores mostrados são estimativas semestrais. (Eurostat, Divisão de População das Nações Unidas e Banco Mundial.)

A **taxa anual média do crescimento demográfico** é a taxa de mudança exponencial para o período (ver item "Métodos estatísticos"). (Eurostat, Divisão de População das Nações Unidas e Banco Mundial.)

A **densidade demográfica** é população semestral dividida pela área de terra em *quilômetros quadrados*. A área de terra é área total de um país, com exclusão da área sob corpos da água interior. (Eurostat, Divisão de População das Nações Unidas e Banco Mundial.)

A **composição etária da população – de 0 a 14 anos –** refere-se à porcentagem da população total com idade de 0 a 14 anos. (Eurostat, Divisão de População das Nações Unidas e Banco Mundial.)

A **renda nacional bruta** (RNB) é a medida mais ampla da renda nacional. Mede o valor agregado total das fontes domésticas e estrangeiras reivindicadas por residentes. A RNB compreende o PIB mais os recebimentos líquidos da renda primária das fontes estrangeiras. Os dados são convertidos em moeda nacional em paridade com o dólar norte-americano atual, usando o método Atlas do Banco Mundial. Isso envolve usar uma média de três anos das taxas de câmbio para alisar os efeitos de flutuações transitórias da taxa de câmbio (o item "Métodos estatísticos" realiza um exame mais detalhado do método Atlas). (Banco Mundial.)

A **RNB *per capita*** é RNB dividida pela população do semestre. É convertido em dólares norte-americanos atuais pelo método Atlas. O Banco Mundial usa a RNB *per capita* em dólares norte-americanos para classificar economias com propósitos analíticos e para determinar o empréstimo da elegibilidade. (Banco Mundial.)

A **renda nacional bruta PPC**, a RNB convertida em dólares internacionais usando fatores de conversão da paridade de poder de compra (PPC), é incluída. Uma vez que as taxas de câmbio não refletem sempre diferenças em níveis dos preços entre países, essa tabela converte RNB e estimativas de RNB *per capita* em dólares internacionais, usando os índices de PPC. Esses índices fornecem uma medida padrão que permite a comparação de níveis reais de despesa entre países, assim como os índices de preços convencionais permitem a comparação de valores reais em um período. Os fatores de conversão do PPC usados aqui são derivados das pesquisas de preço arredondadas em 2005 para 146 países conduzidas pelo Programa de Comparação Internacional. Para países do OCDE, os dados originam-se da rodada mais recente de pesquisas, concluída em 2005. As estimativas para os países não incluídos nas pesquisas são derivadas dos modelos estatísticos usando dados disponíveis. Mais informações sobre Programa de Comparação Internacional de 2005 encontram-se em www.worldbank.org/data/icp. (Banco Mundial, Eurostat/OCDE.)

O **RNB PPC *per capita*** é o RNB PPC dividido pela população do semestre. (Banco Mundial, Eurostat/OCDE.)

O **crescimento do produto interno bruto *per capita*** é baseado no PIB medido em preços constantes. O crescimento no PIB é considerado uma medida ampla do crescimento de uma economia. O PIB em preços constantes pode ser estimado ao se medir a quantidade total de produtos e serviços produzidos em um período, mediante avaliação em relação a um conjunto acordado de preços de ano-base e subtraindo o custo de insumos intermediários, também em preços constantes. O item "Métodos estatísticos" contém detalhes sobre a taxa de crescimento dos mínimos quadrados. (Banco Mundial, Eurostat/OCDE.)

A **expectativa de vida no nascimento** é o número dos anos que um recém-nascido viveria se os padrões da mortalidade prevalecentes em seu nascimento permanecessem os mesmos ao longo de sua vida. Os dados são apresentados forma separada para homens e mulheres. (Eurostat, Divisão de População das Nações Unidas, Banco Mundial.)

O **índice de analfabetismo adulto** é a porcentagem das pessoas com mais de 15 anos de idade quem podem, com compreensão, ler e escrever uma declaração breve e simples sobre sua vida diária. Na prática, a instrução é difícil de medir. A estimativa do nível de instrução que usa tal definição exige medidas do recenseamento ou da pesquisa sob circunstâncias controladas. Muitos países estimam o número de indivíduos alfabetizados com base em dados autorrelatados. Alguns usam dados educacionais em substituição, mas aplicam medidas diferentes do comparecimento à escola ou nível de conclusão. Os dados precisam ser usados com cuidado, pois a definição e as metodologias do levantamento de dados diferem entre os países. (Instituto de Estatísticas da Unesco.)

Tabela 2. Pobreza

O Banco Mundial prepara periodicamente avaliações da pobreza dos países em que tem um programa ativo, em colaboração próxima com as instituições nacionais, outras agências de desenvolvimento e grupos da sociedade civil, incluindo organizações de pessoas pobres. As avaliações da pobreza relatam a extensão e as causas da pobreza e propõem estratégias para reduzi-la. A partir de 1992, o Banco Mundial conduziu aproximadamente 200 avaliações de pobreza que são a fonte principal das estimativas sobre pobreza que usam os limiares de pobreza nacionais apresentados na tabela. Os países relatam avaliações similares como parte de suas estratégias de redução da pobreza.

O Banco Mundial também produz estimativas da pobreza, usando limiares de pobreza internacionais para monitorar o progresso global na redução da pobreza. As primeiras estimativas globais da pobreza para países em desenvolvimento foram produzidas para o "World development report 1990: poverty using household survey data for 22 countries" ("Relatório de desenvolvimento mundial de 1990: pobreza usando dados do exame do agregado familiar para 22 países") (Ravallion; Datt; van der Walle, 1991). Desde então, houve uma expansão considerável no número de países que promovem pesquisas sobre renda e gasto doméstico.

Limiares de pobreza nacionais e internacionais. Os limiares de pobreza nacionais são usados para fazer estimativas de pobreza consistentes com as circunstâncias econômicas e sociais específicas do país e não para fins de comparações internacionais dos índices de pobreza. O ajuste de limiares de pobreza nacionais reflete percepções locais do nível de consumo ou da renda necessária para não configurar pobreza. O limite percebido entre pobres e não pobres sobe com o salário médio de um país e, assim, não fornece uma medida uniforme para comparação dos índices de pobreza através dos países. Não obstante, as estimativas nacionais da pobreza são claramente a medida apropriada para a definição de políticas nacionais para a redução da pobreza e o monitoramento de seus resultados.

As comparações internacionais de estimativas da pobreza envolvem problemas conceituais e práticos. Os países têm definições diferentes da pobreza, e comparações consistentes entre os países podem ser difíceis. Os limiares de pobreza locais tendem a ter o poder de compra mais alto nos países ricos, onde são usados padrões mais generosos, do que em países pobres. Os limiares de pobreza internacionais tentam a manter o valor real do limiar de pobreza constante através dos países, como nas comparações em um período independente do salário médio dos países.

Desde o "Relatório de desenvolvimento mundial de 1990", o Banco Mundial procurou aplicar um padrão comum para a medição da pobreza extrema, ancorada em que a pobreza significa nos países mais pobres do mundo. O bem-estar dos indivíduos que vivem em países diferentes pode ser medido em uma escala comum mediante o ajuste de diferenças no poder de compra das moedas. O padrão utilizado de um dólar por dia, valor medido em preços internacionais de 1985 e ajustado à moeda local usando PPC, foi escolhido para o "Relatório de desenvolvimento mundial de 1990" porque era típico dos limiares de pobreza em países de renda baixa naquela época. Mais tarde, a linha de US$ 1 por dia foi revista para US$ 1,08 por dia, medido em preços internacionais de 1993. Mais recentemente, os limiares de pobreza internacionais foram revistos com base nos dados novos dos PPC compilados pela rodada de 2005 do Programa de Comparação Internacional, junto com dados de um conjunto ampliado de pesquisa sobre renda e gasto domiciliar. O novo limiar de pobreza extrema é definido como US$ 1,25 por dia, em termos de PPC, que representa a média dos limiares de pobreza encontrados nos 15 países mais pobres classificados por consumo *per capita*. O novo limiar de pobreza mantém o mesmo padrão para o limiar de pobreza extrema, ou seja, a linha de pobreza típica dos países mais pobres do mundo, mas atualiza-a com informações mais recentes sobre o custo de vida nos países em desenvolvimento.

Qualidade e disponibilidade de estimativas de pobreza de dados de pesquisa. As estimativas de pobreza são derivadas de pesquisas realizadas para coletar, entre outros dados, informações sobre renda ou consumo de uma amostra domiciliar. Para serem úteis para as estimativas de pobreza, as pesquisas devem ser nacionalmente representativas e conter informações suficientes para computar uma estimativa detalhada do consumo ou da renda total domiciliar (inclusive o consumo ou a renda de produção própria), das quais é possível elaborar uma distribuição ponderada de consumo ou renda por pessoa. Nos últimos 20 anos, houve uma expansão considerável no número de países que realizam pesquisas, bem como em sua frequência. A qualidade dos dados passou por considerável melhoria. A base de dados de monitoramento da pobreza do Banco Mundial atualmente contém mais de 600 pesquisas que representam 115 países em desenvolvimento. Mais de 1,2 milhão de domicílios aleatórios foram entrevistados nesses exames, representando 96% da população dos países em desenvolvimento.

Edições da medida usando dados da pesquisa. Além da frequência e do senso de oportunidade de dados do exame, surgem outras questões relativas à medição de padrões de vida domiciliares. Um relaciona-se à escolha da renda ou do consumo como um indicador do bem-estar. Em geral, é mais difícil medir renda com precisão, e o consumo se aproxima da noção do padrão de vida. A renda também pode variar em um período mesmo que o padrão de vida não se altere. Mas os dados de consumo nem sempre estão disponíveis: as estimativas mais recentes relatadas aqui usam o consumo para aproximadamente dois terços dos países. Outra questão é que mesmo pesquisas semelhantes não podem ser estritamente comparáveis por causa das diferenças no número de bens de consumo que elas identificam, uma diferença da extensão do período no qual os respondentes devem recordar suas despesas ou diferenças na qualidade e no treinamento dos enumeradores. Quem não responde de forma seletiva é igualmente causa de preocupação em algumas pesquisas.

As comparações dos países em níveis diferentes de desenvolvimento também são um problema potencial por causa das diferenças na importância relativa do consumo de bens de não mercado. O valor de mercado local de todo o consumo em espécie (que inclui ter a produção, de importância particular em economias rurais subdesenvolvidas) deve ser incluído na despesa de consumo total, mas talvez não. Atualmente, tornou-se rotina as pesquisas incluírem valores imputados para o consumo em espécie da produção da propriedade agrícola. O lucro da produção de bens não destinados à venda deve ser incluído na renda, mas nem sempre isso ocorre (tais omissões eram um problema nas pesquisas antes da década de 1980). Hoje, a maioria de dados da pesquisa inclui avaliações para o consumo ou a renda de própria produção, embora variem os métodos da avaliação.

Definições

Ano é o ano em que os dados subjacentes foram coletados.

População abaixo do limiar de pobreza nacional. Nacional é a porcentagem da população que vive abaixo do limiar de pobreza nacional. As estimativas nacionais baseiam-se em estimativas ponderadas de população do subgrupo das pesquisas domiciliares. (Banco Mundial.)

População abaixo de US$ 1,25 por dia e **população abaixo de US$ 2 por dia** são as porcentagens da população que vive com menos de US$ 1,25 e US$ 2 por dia, a preços internacionais de 2005. Em consequência das revisões nas taxas de câmbio do PPC, os índices de pobreza para cada país não podem ser comparados com os índices de pobreza relatados em edições anteriores. (Banco Mundial.)

Lacuna de pobreza é a defasagem média do limiar de pobreza (considerando os não pobres como tendo o déficit zero), expresso como uma porcentagem do limiar de pobreza. Essa medida reflete a profundidade da pobreza e sua incidência. (Banco Mundial.)

Tabela 3. Objetivos de Desenvolvimento do Milênio: erradicação da pobreza e melhoria de vida

Parcela do quintil mais pobre no consumo ou renda nacional é a parcela dos 20% mais pobres da população em termos de consumo ou, em alguns casos, de renda. Trata-se de uma medida distribucional. Os países com distribuições mais desiguais do consumo (ou da renda) têm uma taxa mais elevada de pobreza para um dado salário médio. Os dados são nacionalmente representativos da pesquisa domiciliar. Os dados de distribuição não são estritamente comparáveis entre os países, e, portanto, as pesquisas subjacentes do agregado familiar diferem no método e tipo de dados coletados. A equipe de funcionários do Banco Mundial empenhou-se para assegurar que os dados fossem o mais comparáveis possível. Na medida do possível, usou-se o consumo em vez da renda. (Banco Mundial.)

Emprego vulnerável refere-se à soma de trabalhadores domésticos sem paga e autônomos como uma porcentagem do emprego total. A proporção de trabalhadores domésticos sem paga e de autônomos no emprego total deriva das informações para a condição de emprego. Cada grupo de condição enfrenta riscos econômicos diferentes, e os trabalhadores sem paga e autônomos são os mais vulneráveis e, consequentemente, com mais probabilidade de empobrecer. Eles têm a menor probabilidade de ter contrato de trabalho formal, desfrutar de proteção social e das redes de segurança para se proteger contra choques econômicos, e, frequentemente, são incapazes do gerar poupança suficiente para compensar os choques. (Organização Internacional do Trabalho.)

Predominância de desnutrição infantil é a porcentagem das crianças abaixo de 5 anos cujo peso para a idade é inferior a menos dois desvios padrão da média para as idades da população da referência internacional, 0-59 meses. A tabela apresenta dados para os novos padrões do crescimento infantil publicados pela Organização Mundial de Saúde em 2006. As estimativas de desnutrição infantil são extraídas de dados de pesquisa nacional. A proporção de crianças abaixo do peso é o indicador mais comum de desnutrição. Estar abaixo do peso, mesmo minimamente, aumenta o risco de morte e inibe o desenvolvimento cognitivo das crianças. Além disso, perpetua o problema de uma geração para outra, porque as mulheres subnutridas têm probabilidade maior de ter bebês com baixo peso no nascimento. (OMS.)

Índice preliminar da conclusão é a porcentagem dos estudantes que terminam o último ano da escola primária. É calculada tomando-se o número total de estudantes no último nível da escola primária, menos o número de reprovados nesse nível escolar, pelo número total de crianças da idade oficial de graduação. O índice preliminar da conclusão reflete o ciclo preliminar definido pela Classificação Padrão Internacional de Instrução (International Standard Classification of Education – Isced), variando de três ou quatro anos de educação primária (em um número muito pequeno de países) aos cinco ou seis anos (a maioria de países) e sete (em um pequeno número de países). Uma vez que os currículos e os padrões para a conclusão da escola variam conforme o país, um índice elevado de conclusão do primário não significa necessariamente altos níveis da aprendizagem do estudante. (Instituto de Estatísticas da Unesco.)

Razão entre a matrícula de meninas e meninos em escola primária e secundária é a razão do índice de matrícula de meninas em escola primária e secundária em relação ao índice de meninos.

A eliminação de disparidades do gênero na instrução ajudaria a aumentar a condição e a capacitação feminina. Esse indicador é uma medida imperfeita da acessibilidade relativa da educação para meninas. Os dados do registro da escola são informados ao Instituto de Estatísticas da Unesco por autoridades de educação nacionais. A educação primária fornece às crianças leitura, escrita e habilidades básicas de matemática, além de uma compreensão elementar de assuntos como história, geografia, ciências naturais, ciências sociais, arte e música. A instrução secundária conclui a instrução primária que começou no nível preliminar e visa criar os alicerces para aprendizagem por toda a vida e o desenvolvimento humano pela oferta de mais temas ou habilitação profissional. (Instituto de Estatísticas da Unesco.)

Índice de mortalidade abaixo de 5 anos é a probabilidade por 1.000 que um bebê recém-nascido morrerá antes de alcançar 5 anos de idade, se sujeito às taxas atuais de mortalidade específicas à idade. As fontes principais de dados da mortalidade são sistemas de registro e estimativas diretas ou indiretas baseadas em pesquisas ou em recenseamentos. A fim de comparar as estimativas de mortalidade abaixo de 5 anos entre países e períodos e para garantir a uniformidade entre estimativas por agências diferentes, a Unicef e o Banco Mundial desenvolveram e adotaram um método estatístico que utiliza todas as informações disponíveis para reconciliar diferenças. O método enquadra-se em uma linha de regressão ao relacionamento entre índices de mortalidade e suas datas de referência usando quadrados mínimos ponderados. (Inter-agency Group for Child Mortality Estimation.)

Taxa de mortalidade materna é o número de mulheres que morrem de causas relacionadas à gravidez durante a gravidez e o parto por 100.000 nascimentos vivos. Os valores são estimativas modeladas, as quais se baseiam em um exercício da OMS, do Fundo das Nações Unidas para a Infância (Unicef), Fundo de População das Nações Unidas (Fnup) e Banco Mundial. Para países com sistemas de registro completos com bom sistema de informações da causa da morte, os dados são usados como relatado. Para países com dados nacionais, seja do sistema de registro completo, seja de pesquisas domiciliares, a mortalidade materna relatada foi em geral ajustada por um fator de contagem a menor e de erro de classificação. Para países sem dados nacionais empíricos (aproximadamente 35%, a mortalidade materna foi estimada com um modelo de regressão que utilizou informações socioeconômicas, incluindo a fertilidade, os assistentes do nascimento e o PIB. (OMS, Unicef, Fnup, Banco Mundial.)

Predominância do HIV é a porcentagem de indivíduos com idades entre 15 e 49 anos que são contaminados pelo HIV. As taxas adultas da predominância do HIV refletem a taxa de infecção pelo vírus na população de cada país. Entretanto, as baixas taxas nacionais de predominância podem ser muito enganadoras. Com frequência, disfarçam as epidemias sérias que são concentradas inicialmente em determinadas localidades ou entre grupos específicos da população e ameaçam afetar a população em geral. Em muitas partes do mundo em desenvolvimento, a maioria de infecções novas acomete adultos jovens, sobretudo mulheres vulneráveis. (Programa Conjunto das Nações Unidas sobre HIV/Aids [Unaids] e OMS.)

Incidência da tuberculose é o número estimado de casos novos de tuberculose (pulmonar, positivo da mancha e extrapulmonar). A tuberculose é uma das principais causas de morte por um único agente infeccioso entre adultos nos países em desenvolvimento. Nos países de alta renda, a tuberculose ressurgiu, em parte, em consequência dos casos entre imigrantes. As estimativas da incidência da tuberculose na tabela baseiam-se em uma aproximação na qual os casos relatados são ajustados usando a razão de notificações de casos notificados em relação à parcela estimada de casos à parte detectados pelos painéis de 80 epidemiólogos reunidos pela Organização Mundial da Saúde. (OMS.)

Emissões de dióxido de carbono são aquelas provenientes da queima de combustíveis fósseis e da fabricação de cimento, e incluem o dióxido de carbono produzido durante o consumo de combustíveis sólidos, líquidos e queima de gás e de alargamento do gás dividido pela população semestral. (Centro de Análise de Informações sobre Dióxido de Carbono, Banco Mundial.)

Acesso a melhor saneamento refere-se à porcentagem da população com menos acesso adequado às instalações para eliminação de dejetos (particulares ou compartilhadas, mas não públicas), as quais podem impedir de maneira eficaz o contato de seres humanos, animais e insetos com os dejetos (as instalações não precisam incluir o tratamento de efluvios inócuos). As instalações melhoradas variam de simples latrina, porém protegidas, a privadas com descarga ligadas à rede de esgoto. Para serem eficazes, as instalações devem ser corretamente construídas e receber manutenção. (OMS e Unicef.)

Usuários da internet são indivíduos com acesso à rede mundial. (Divisão Internacional das Telecomunicações.)

Tabela 4. Atividade econômica

Produto interno bruto é o valor agregado bruto, a preços de compradores, por todos os produtores residentes na economia mais todos os impostos e menos quaisquer subsídios não incluídos no valor dos produtos. É calculado sem a dedução da depreciação de recursos fabricados ou o exaurimento ou a degradação de recursos naturais. O valor agregado é o resultado líquido de um setor após a adição de todas as saídas acima e a subtração de entradas intermediárias. A origem industrial do valor agregado é determinada pela International Standard Industrial Classification (Isic) – revisão 3. Como convenção, o Banco Mundial usa o dólar norte-americano e aplica a taxa de câmbio oficial média relatada pelo FMI para ano mostrado. Um fator de conversão alternativo é aplicado se for decidido que a taxa de câmbio oficial diverge por uma margem excepcionalmente grande da taxa aplicada eficazmente às transações em divisas estrangeiras e em produtos comercializados. (Banco Mundial, OCDE, Nações Unidas.)

Índice de crescimento anual médio do produto interno bruto é calculado com base nos dados do PIB de preço constante em moeda local. (Banco Mundial, OCDE, Nações Unidas.)

Produtividade agrícola é a razão do valor agregado agrícola, medida em dólares norte-americanos de 2000, ao número de trabalhadores na agricultura. A produtividade agrícola é medida pelo valor agregado por unidade de entrada. O valor agregado agrícola inclui o valor da silvicultura e pesca. Assim, as interpretações da produtividade de terra devem ser feitas com cuidado. (FAO.)

Valor agregado é o resultado líquido de um setor após a adição acima de todas as saídas e a subtração de entradas intermediárias. A origem industrial do valor agregado é determinada pela Isic – revisão 3. (Banco Mundial.)

Valor agregado agrícola corresponde às divisões da Isic 1-5 e inclui silvicultura e pesca. (Banco Mundial.)

Valor agregado setorial compreende mineração, manufatura, construção, eletricidade, água e gás (Isic – divisões 10-45). (Banco Mundial, OCDE, Nações Unidas.)

Valor agregado de serviços corresponde à Isic – divisões 50-99. (Banco Mundial, OCDE, Nações Unidas.)

Gasto final com consumo domiciliar é o valor de mercado de todo os produtos e serviços, inclusive os produtos duráveis (como carros, máquinas de lavar e computadores), comprados por domicílios. Exclui compras de moradias, mas inclui o aluguel pago por moradias habitadas pelo proprietário. Inclui também pagamentos e taxas aos governos para obter licenças e alvarás. O gasto com consumo domiciliar inclui as despesas das instituições sem fins lucrativos que atendem a domicílios, mesmo quando relatado em separado pelo país. Na prática, o gasto com consumo domiciliar pode incluir qualquer discrepância estatística no uso dos recursos relacionados à fonte dos recursos. (Banco Mundial, OCDE.)

Gasto final com consumo governamental inclui todas as despesas atuais do governo para compras do produtos e serviços (inclusive a remuneração de funcionários). Do mesmo modo, inclui a maioria de despesas com defesa nacional e segurança, mas exclui as despesas militares do governo, que integram a formação do capital do governo. (Banco Mundial, OCDE.)

Formação de capital bruto são as despesas em adições a imobilizados da economia mais as mudanças líquidas em nível de estoques e de objetos de valor. Os imobilizados incluem melhorias (cercas, valas, dreno e assim por diante), equipamentos, maquinário e compras de equipamento e a construção de edifícios, estradas, estradas de ferro e assemelhados, inclusive edifícios comerciais e industriais, escritórios, escolas, hospitais e habitações particulares. Os inventários são estoques de bens detidos por empresas para atender às flutuações temporárias ou inesperadas na produção ou vendas e "obras em andamento". De acordo com o SNA (1993), as aquisições líquidas dos objetos de valor são consideradas igualmente formação de capital. (Banco Mundial, OCDE.)

Balança externa de bens e serviços são as exportações de produtos e serviços menos as importações destes. O comércio de produtos e serviços compreende todas as transações entre residentes de um país e o resto do mundo, o que envolve uma mudança na posse da mercadoria, dos bens enviados para o processamento e reparos, de ouro não monetário e dos serviços. (Banco Mundial, OCDE.)

O **deflator implícito do PIB** reflete mudanças nos preços para todas as categorias da demanda final, como o consumo governamental, a formação de capital e o comércio internacional, assim como o componente principal, consumo final privado. É derivado como razão de preço do PIB corrente ao constante. O deflator do PIB pode também ser calculado explicitamente como um índice de preços de Paasche, no qual os pesos são as quantidades do período atual de saída. (Os indicadores nacionais de conta para a maioria de países em desenvolvimento são coletados das organizações estatísticas nacionais e dos bancos centrais pelas missões visitantes e residentes do Banco Mundial. Os dados para economias de renda alta provêm da OCDE.)

Tabela 5. Comércio, assistência e finanças

Os bens de exportação mostram o valor dos bens fornecidos livre a bordo (*free on board* – FOB) para o resto do mundo. Esse valor é avaliado em dólares norte-americanos.

Os **bens de importação** mostram o valor do CIF dos bens (o custo dos bens que incluem o seguro e o frete) comprados do resto do mundo. Esse valor é avaliado em dólares norte-americanos. (Os dados no comércio de bens são provenientes da Organização Mundial do Comércio (OMC) em seu relatório anual.)

As **exportações de manufaturados** compreendem os produtos contidos na Standard Industrial Trade Classification (Sitc) seções 5 (produtos químicos), 6 (manufatura básica), 7 (maquinário e transporte de equipamento) e 8 (bens manufaturados variados), com exclusão da divisão 68 (base de dados estatísticos da Divisão de Estatísticas das Nações Unidas do Comércio de Commodities).

Exportações alta tecnologia referem-se produtos com intensidade elevada de P&D. Incluem produtos de alta tecnologia como aeroespacial, computadores, fármacos, instrumentos científicos e maquinário elétrico (base de dados estatísticos da Divisão de Estatísticas das Nações Unidas do Comércio de Commodities).

Saldo em conta corrente é a soma das exportações líquidas de produtos e serviços, do rendimento líquido e de transferências líquidas atuais (FMI).

Influxos líquidos de investimento externo direto (FDI) são influxos líquidos de investimento para a aquisição de interesse de gestão duradouro um interesse (10% ou mais do capital votante) em uma empresa atuando em uma economia que não a do investidor. Referem-se à soma do capital social, do reinvestimento de receitas e de outros capitais em longo e curto prazos, segundo as indicações da balança de pagamento. (As informações no FDI têm por base os dados da balança de pagamento relatados pelo FMI, suplementados por estimativas de equipe de funcionários do Banco Mundial que utilizam os dados informados pela Conferência das Nações Unidas sobre Comércio e Desenvolvimento e por fontes nacionais oficiais.)

Assistência líquida oficial de desenvolvimento (ODA) de membros de alta renda da OCDE é a fonte principal de financiamento externo oficial para países em desenvolvimento, mas a ODA é também desembolsada por alguns países doadores importantes que não são membros do DAC da OCDE. O DAC tem três critérios para a ODA: empreendido pelo setor oficial, promove o desenvolvimento econômico ou o bem-estar como objetivo principal e fornecido em termos concessionários, com um elemento da concessão de pelo menos 25% sobre empréstimos (calculados a uma taxa de desconto de 10%).

A assistência oficial de desenvolvimento compreende as concessões e os empréstimos, líquido de reembolsos, que atendem à definição do DAC da ODA e são feitos aos países e aos territórios que constam da lista do DAC como recebedores de assistência. A nova lista de receptores do DAC é organizada conforme critérios com base em necessidade mais objetivos do que seus antecessores e inclui todos os países de renda baixa a média, exceto os que são membros do G8 ou da União Europeia (que incluem países com uma data confirmada para a admissão à UE). (DAC OCDE.)

Dívida externa total é débito devido aos não residentes repagáveis em moeda estrangeira, bens ou serviços. É a soma da dívida pública, garantida e dívida privada não garantida de longo prazo, uso de crédito do FMI e dívida de curto prazo. A dívida de curto prazo compreende todas as dívidas com vencimento original de um ano ou menos e juros em mora sobre dívida de longo prazo. (Banco Mundial.)

Valor atual da dívida externa é a soma da dívida externa de curto prazo mais a soma descontada dos pagamentos totais do serviço de pagamentos da dívida pública devidos a dívidas públicas, de garantia pública, e dívida privada não garantida de longo prazo para a duração de empréstimos existentes. (Os dados sobre a dívida externa originam-se principalmente dos relatórios ao Banco Mundial por meio de seu Debtor Reporting System para países-membros que receberam empréstimos do Banco Internacional para a Reconstrução e o Desenvolvimento (Bird) ou créditos da Associação Internacional de Desenvolvimento (AID), com informações adicionais dos arquivos do Banco Mundial, FMI, Banco Africano de Desenvolvimento e Fundo Africano de Desenvolvimento, Banco Asiático de Desenvolvimento e Fundo Asiático de Desenvolvimento e Banco Interamericano de Desenvolvimento. As tabelas resumidas da dívida externa dos países em desenvolvimento são publicadas anualmente em *Global Development Finance* do Banco Mundial.)

Crédito doméstico fornecido pelo setor bancário inclui todo o crédito aos vários setores em uma base bruta, à exceção do crédito ao governo central, que é líquido. O setor bancário engloba autoridades monetárias, bancos de depósito e outras instituições de operação bancária para os quais há dados disponíveis (inclusive as instituições que não aceitam depósitos transferíveis, mas incorrem em responsabilidades como depósitos a prazo e poupança). Outras instituições podem ser instituições de poupança e crédito imobiliário e associações financiadoras de construções e empréstimos. (Os dados são de *International Finance Statistics* do FMI.)

Migração líquida é o total líquido de migrantes durante o período. É o número total de imigrantes menos o número total de emigrantes, incluindo cidadãos e estrangeiros. Os dados são estimativas de cinco anos. (Os dados são de *World population prospects: the 2008 revision*, da Divisão de População das Nações Unidas.)

Tabela 6. Indicadores-chave para outras economias
Ver "Notas técnicas" para Tabela 1. Indicadores-chave de desenvolvimento.

Métodos estatísticos

Esta seção descreve o cálculo da taxa de crescimento dos mínimos quadrados, da taxa de crescimento exponencial (do valor limite) e do método Atlas do Banco Mundial para calcular o fator de conversão usado para estimar a RNB e a RNB *per capita* em dólares norte-americanos.

Taxa de crescimento dos mínimos quadrados

A taxa de crescimento dos mínimos quadrados será usada onde houver uma série suficientemente duradoura para permitir um cálculo confiável. Nenhuma taxa de crescimento será calculada se houver mais da metade das observações em um período.

Estima-se que taxa de crescimento dos mínimos quadrados, r, enquadre-se em uma linha de tendência de regressão linear aos valores anuais logarítmicos da variável no período relevante. A equação de regressão toma a forma de

$$\ln X_t = a + bt$$

que é equivalente à transformação logarítmica da equação de crescimento composta

$$X_t = X_0 (1 + r)^t$$

Nessa equação, X é a variável, t é o tempo, e $a = \log X_0$ e $b = \ln(1 + r)$ são os parâmetros a serem estimados. Se b^* é a estimativa dos mínimos quadrados de b, a taxa média de crescimento anual, r, é obtida como $[\exp(b^*) - 1]$ e multiplicada por 100 para expressá-la como uma porcentagem.

A taxa de crescimento calculada é uma taxa média que seja representativa das observações disponíveis durante todo o período. Não combina necessariamente com a taxa de crescimento real entre dois períodos.

Taxa de crescimento exponencial

A taxa de crescimento entre dois pontos no tempo para determinados dados demográficos, principalmente a força laboral e população, é calculada a partir da equação

$$r = \ln(p_n/p_1)/n$$

em que p_n e p_1 são as últimas e primeiras observações no período; n, o número dos anos no período; e ln, o operador do logaritmo natural. Essa taxa de crescimento baseia-se em um modelo de um contínuo exponencial entre dois pontos no tempo. Não considera os valores intermediários da série. Observe também que a taxa de crescimento exponencial não corresponde à taxa de mudança anual medida em um intervalo de um ano que seja dado por

$$(p_n - p_{n-1})/p_{n-1}$$

Método Atlas do Banco Mundial

Ao calcular a RNB e a RNB *per capita* em dólares norte--americanos, para determinados fins operacionais, o Banco Mundial usa o fator de conversão Atlas. A finalidade do fator de conversão Atlas é reduzir o impacto de flutuações da taxa de câmbio na comparação de rendas entre países O fator de conversão Atlas para qualquer ano é a média da taxa de câmbio de um país (ou do fator de conversão alternativo) para este ano e as taxas de câmbio para os dois anos anteriores, ajustados para a diferença entre a taxa de inflação no país e a do Japão, do Reino Unido, dos Estados Unidos e da área do euro. A taxa de inflação de um país é medida pela mudança em seu índice deflator do PIB. A taxa de inflação para Japão, Reino Unido, Estados Unidos e área do euro, representando a inflação internacional, é medida pela mudança no deflator de direitos especiais de saque (*special drawing right* – SDR). (Os SDR são uma unidade de conta do FMI.) O deflator de SDR é calculado como uma média ponderada dos deflatores do PIB desses países em termos de SDR; os pesos são a quantidade de moeda de cada país em uma unidade de SDR. Os pesos variam com o tempo porque a composição de SDR e as taxas de câmbio relativas para cada moeda mudam. O deflator de SDR é calculado, primeiramente, em termos de SDR e depois convertido em dólares norte-americanos, usando SDR como fator de conversão Atlas do dólar. O fator de conversão Atlas é aplicado então à RNB de um país. A RNB resultante em dólares norte-americanos é dividida pela população semestral para derivar a RNB *per capita*.

Quando as taxas de câmbio oficiais são consideradas não confiáveis ou não representativas da taxa de câmbio eficaz durante um período, utiliza-se uma estimativa alternativa da taxa de câmbio na fórmula Atlas (ver a seguir).

As seguintes fórmulas descrevem o cálculo do fator de conversão Atlas para o ano t:

$$e_t^* = \frac{1}{3}\left[e_{t-2}\left(\frac{p_t}{p_{t-2}}\bigg/\frac{p_t^{s\$}}{p_{t-2}^{s\$}}\right) + e_{t-1}\left(\frac{p_t}{p_{t-1}}\bigg/\frac{p_t^{s\$}}{p_{t-1}^{s\$}}\right) + e_t\right]$$

e o cálculo de RNB *per capita* em dólares norte-americanos para o ano *t*:

$$Y_t^\$ = (Y_t/N_t)/e_t^*$$

em que e_t^* é o fator de conversão Atlas (moeda nacional para dólares norte-americanos) para o ano *t*; e_t, a média anual da taxa de câmbio (moeda nacional para dólares norte-americanos) para o ano *t*; p_t, o deflator de PIB para o ano *t*; $p_t^{S\$}$, o deflator de RNB em termos de dólares norte-americanos para o ano *t*; $Y_t^\$$, a RNB Atlas *per capita* em dólares norte--americanos no ano *t*; Y_t, RNB atual (moeda local) para o ano *t*; N_t, a população semestral para o ano *t*.

Fatores alternativos de conversão

O Banco Mundial avalia sistematicamente a conveniência de taxas de câmbio oficiais como fatores de conversão. Um fator alternativo de conversão é usado quando a taxa de câmbio oficial é julgada para divergir de uma margem excepcionalmente grande da taxa aplicada eficazmente às transações domésticas de divisas estrangeiras e de produtos trocados. Isso se aplica somente a um pequeno número de países, segundo as indicações da tabela preliminar da documentação dos dados nos *Indicadores de Desenvolvimento Mundial de 2009*. Os fatores alternativos de conversão são usados na metodologia do Atlas e em outra parte nos Indicadores Selecionados de Desenvolvimento Mundial como fatores de conversão de único-por ano.

Índice remissivo

Quadros, figuras, mapas, notas e tabelas são indicadas pelas letras q, f, m, n e t, seguidos do número da página.

A

AAU. *Ver* Unidades de quantidade atribuída
Abordagem "baseada em atividade" nas reduções de emissões, 25q
Abordagem de "janelas toleráveis", 51
Abordagem multifuncional com base em política, 242-243, 243-246
   processo para introdução ações de política, 244-245
Abordagens híbridas, 236
Abordagens integradas. *Ver também* Estrutura multifuncional climática
   adaptação inteligente em termos climáticos, 248-250
   considerações climáticas em estratégias de desenvolvimento, 291-292
   eficiência energética, 226
   integrando ações de país em desenvolvimento na arquitetura global, 241-242
   uso do solo, 152q, 153f, 157-158, 158n24
Abrigo, direito a, 53q
Academia Chinesa de Ciências Sociais, 238q
Ação coletiva, 14-18, 168. *Ver também* Cooperação (ação) internacional
Aclimatação de casas, 62
Ações de mitigação, 12-22, 190-191
   abordagem multidisciplinar. *Ver* Estrutura multifuncional climática
   ação coletiva e, 14, 22, 24
   "ações de sinalização", 56-58
   "ações e moldagem", 56
   agir agora e, 5-6, 10f, 12-14, 37, 114, 189, 208-209
      em todas as frentes técnicas e de política, 209-213
   ampliar o alcance geográfico, 90
   biodiversidade, em apoio à, 124-126
   cooperação internacional em, 16
   crescimento econômico e, 47-48
   definido, 1
   estratégias de longo prazo, 63-64, 74, 91, 237-240, 273, 274n11, 340
   gestão de adaptação e, 14f, 18-22, 89. *Ver também* Gestão adaptativa
   gestão de risco e, 13q, 15-17
   inércia, efeitos da, 11f, 12-14, 30, 38, 52-54, 189
   inovação e novas tecnologias. *Ver* Inovação e novas tecnologias
   menu ou "caixa de ferramentas" de, 244
   pacotes de recuperação fiscal inclusive iniciativas verdes, 30, 30n36, 59f, 60-64
   para países em desenvolvimento, 9t, 12, 14, 245, 246-248

   promovendo sinergias entre a mitigação e a adaptação, 95q, 98
   trajetória de mitigação baseada em política, 243-246
Acordo de Proteção contra Mudanças Climáticas, 21q
Acordos ambientais multilaterais (AAM), 253
Aerossóis. *Ver* Gases de efeito estufa
África. *Ver também países e regiões específicos*
   aquicultura em, 158f
   consequências desproporcionais da mudança climática em, 77f, 175
   declínio agrícola na produtividade devido à mudança climática em, 5m, 7, 147, 154
   doenças em, 98, 100
   inundação em, 100f, 103
   matrícula em curso superior em, 305q
      áreas protegidas para biodiversidade em, 157-158
      carbono do solo em, 25q
      energia hídrica em, 46m, 47-48
      falta de água como resultado de mudança climática em, 79
      mitigação de gases de efeito estufa, 1-2
      previsão meteorológica em, 169
      programas de conservação de vida selvagem em, 127
   produção de biocombustível em, 153
   produção de carne bovina em, 153
   represas em, 144
   seca em, 108
África, Norte da. *Ver* Oriente Médio e norte da África
África do Sul
   alocações de água em, 141, 141n1, 164f
   áreas de proteção para biodiversidade em, 157
   curso superior e colaboração com P&D em, 305q
   direitos negociáveis sobre o uso da água em, 143
   estratégia da mitigação do carbono em, 241
   leis sobre *feed-in* em, 223
   projeto Clean Production Demonstration, 315
   reduções de emissões em, 192q
África Ocidental, secas na, 79
África Subsaariana. *Ver também países específicos*
   anos de vida ajustados à incapacidade, perda de, 42
   aquacultura em, 164
   consequências desproporcionais da mudança climática em, 6q, 41, 282
   cozinhar com combustíveis limpos em, 191
   energia hídrica em, 46m, 48
   epidemia de meningite em, 43
   potencial de rendimento de colheita, 149
   preço de alimentos em, 175

recessão e, 60-61
uso de fertilizante em, 161
Agência de Proteção Ambiental dos Estados Unidos, 301, 329q
Agência de Utilidades da região de Inland Empire (Califórnia), 140q
Agência Internacional de Energia (IEA), 294, 294n5, 297, 299
Agenda de Desenvolvimento Doha, 169, 251, 254
Agir agora. *Ver* Ações de mitigação
Agregadores, papel de, 25q, 177
Agricultura, 133-139, 147-162. *Ver também* Recursos alimentares; Sistemas de irrigação
    aceleração da produtividade, 147-154, 150f
        sem sacrificar o solo, a água e a biodiversidade, 154-155
        zonas mortas, proliferação causada por, 150m, 154
    agricultores tropicais e diversificação de produto/mercado, 152q
    "agricultura de conservação", 159
    biocombustíveis. *Ver* Biocombustíveis
    capacitação de mulheres em, 43q
    comércio em *commodities* agrícolas, 161m, 166-168
    cooperação internacional em, 16-17
    culturas biotecnológicas, 155q, 160
    diminuição na produtividade por causa da mudança climática, 5m, 7-8, 17n24, 41-42, 78, 79, 133, 145m, 147-149, 154, 166-168
    ecoagricultura, 153f, 157
    ecossistemas convertidos para, 151f, 154
    escolha de culturas, fatores em, 135
    exigências agrícolas resilientes ao clima, 156-157
    gestão adaptativa de, 14f, 17q, 20-22, 25q
    inércia em comportamento de agricultor, 13
    inovação tecnológica em, 17q, 20-22, 155, 159-160, 166-167f, 174, 297
    métodos de revolvimento mínimos, 159-160, 176
    mitigação da mudança climática, efeito de, 149-153
    modificação genética de culturas, 155b
    mundo em 2050 e após, 87-88
    práticas promissoras em, 17q
    seguro para colheita, 89-91, 104-105, 332
    sequestro de carbono e, 175-178
    subsídios de países mais ricos, 134, 178
    uso da água e. *Ver* Recursos hídricos
    uso de fertilizante. *Ver* Fertilizante
    variedades de cultivares e diversificação, 19q, 152q, 155b, 156-157
"agricultura de conservação", 159
Água bruta, 142
Água potável, 140-141, 143-144. *Ver também* Recursos hídricos
Água reciclada, 22
Ajuste dos inuit à mudança climática, 108-109
Alagados
    amortecedor contra danos de tempestades, 19q, 89, 129
    impacto da mudança climática em, 6q, 78
    mundo em 2050 e após, 87-88
    recursos hídricos, 143q
    restauração, 62
Alemanha
    energia renovável em, 20
    leis sobre *feed-in* em, 209q, 223
    produção de biocombustível em, 311

provisionamento de governo verde em, 315
Alertas
    aviso antecipado de enchentes, 169
    sistemas de alarme de calor-saúde, 95, 96q, 99
    sistemas de alerta antecipado em, 92, 99, 100q
Alexandria, riscos de enchente e exposição a tempestades, 93q
Alimento por trabalho (Bangladesh), 13q
Alocação de menor custo e mitigação global, 14n21
Ambiente empresarial
    permitir inovação, 311-314
    programas voluntários, 341q
América Central, agricultura em, 21
América do Norte. *Ver também* Canadá; Estados Unidos
    áreas protegidas para biodiversidade em, 157
    impacto da mudança climática em, 77f
    produção de biocombustível em, 151
    produtividade agrícola em, 41, 154
América Latina e Caribe. *Ver também países específicos*
    aquicultura em, 164
    capacitação de mulheres em, 43q
    consequências desproporcionais da mudança climática em, 6q, 77f
    consórcio de seguro conjunto do Caribe, 105
    impostos verdes em, 48
    inovação agrícola em, 17q, 20-21, 155, 156
    Mecanismo de Seguro de Risco contra Desastres no Caribe, 16, 105b, 107
    mitigação de gases de efeito estufa, 2
    pacotes de estímulo e gastos verdes em, 62
    planejamento urbano em, 93
    preço de alimentos em, 175
    produção de biocombustível em, 151-153
    recorrência de dengue em, 97m
    redução de risco de deslizamento no Caribe, 327f
    trânsito público em, 213
Análise custo-benefício, 10, 11, 49-55, 49q, 330
    estruturas alternativas para tomada de decisão para, 55-58
    serviços de previsão meteorológica, 169
Anos de vida perdidos ajustados à incapacidade, 42
Antártico. *Ver* Regiões polares
Aprendizado social, 106f, 110-111
Aquecimento ártico. *Ver* Regiões polares
Aquicultura, 158f, 162-164
Argentina
    controles de exportação em, 46, 167-168
    privatização de serviços de água em, 101
Armazenamento e acesso a alimentos, 168
Árvores. *Ver também* Silvicultura
    migração de espécies, 124
    uso integrado do solo em, 152q, 157-158, 158n24
Árvores de noz-dos-maias plantadas na América Latina, 43q
Ásia. *Ver países e regiões específicos*
    aquicultura em, 158f, 163
    falta de água como resultado de mudança climática em, 79
    impacto da mudança climática em, 77f
    inovação agrícola em, 17q, 155
    potencial de rendimento de colheita, 149
    preço de alimentos em, 175
    produção de biocombustível em, 151

produção de cereais em, 155
queimadas, emissões de, 151
uso de carro em, 198
Ásia Central. *Ver* Europa e Ásia Central
Ásia Oriental e Pacífico. *Ver também países específicos*
anos de vida perdidos ajustados à incapacidade, 42
aquicultura em, 163
consequências desproporcionais da mudança climática em, 6q
Assistência ao desenvolvimento. *Ver* Financiamento
Atividade de redução de vazão, 141
Ato Nacional de Educação e Conscientização Ambiental (Filipinas), 329q
Atraso em agir. *Ver* Inércia, efeitos da
Atraso na mitigação. *Ver* Inércia
Aumento da escala
desenvolvimento voltado para a comunidade, 112
financiamento de mudança climática, 270-280
tecnologias de baixo carbono, 190, 211, 212, 219, 220
Austrália
cidades que incentivam a eficiência energética em, 21q
direitos sobre água comercializáveis em, 142-143, 142q
educação climática em escolas em, 329q
gases de efeito estufa em, 2
impacto da mudança climática em, 77f
preço da água em, 142
reduções de emissões em, 192q
Avaliação Integrada de Conhecimento, Ciência e Tecnologia Agrícolas para o Desenvolvimento (IAASTD), 159, 175

B

Bacia do Ganges, 165n29
Banco Mundial
como intermediário para a gestão de risco baseada no clima no Malauí, 107
concurso com prêmios para inovações de tecnologia limpa, 302
custos de adaptação e necessidades financeiras, 9, 259, 11, 259, 261q
financiamento de eficiência energética, 216q
Fundo de Biocarbono, 128q
"fundo de vulnerabilidade", criação do, 61
liberalização comercial para bens favoráveis ao clima, 254
Mecanismo de Parceria do Carbono Florestal, 29
programa de vacinação, 301
programa para investimento florestal, 277
relocação de indústrias altamente dependentes de carbono, 253
Bangladesh
consequências desproporcionais da mudança climática em, 6q
educação em engenharia em, 307
políticas de proteção social em, 13q, 17
proteções contra os efeitos da mudança climática, 7q, 302q
sistemas de alerta antecipado em, 108, 168
Base de dados de emissão Caiti do World Resource Institute, 58n14
Benin, uso de telefonia celular para disseminar informações, 291
Besouro-do-pinheiro epidêmico, 40
Biocarvão, 17q, 156q, 160
Biocombustíveis
Brasil como principal produtor de, 254, 311
expansão da produtividade de, 151, 162, 174-175, 152n16 (grande transformação regional na produção)
integração de, 226
melhorias de eficiência energética em, 20
produção com base em milho, custos de, 48, 47f
segunda geração, 153, 205q, 211, 300
tarifas sobre, 311
Biodiesel, 148q, 311
Biodiversidade
áreas protegidas para, 157-158, 153f
atividades para proteger e manter, 125-127
concorrência de biocombustíveis, 153
conservação baseada na comunidade, 127
Convenção sobre o Comércio Internacional sobre Espécies Ameaçadas de Extinção, 253
impacto da mudança climática em, 79, 92
marinho, 128
modelos econômicos e, 51
modificação genética de culturas, 155q
mudanças em pontos de biodiversidade e outros, 124, 126m
necessidades na produção de alimentos e, 21
participação das mulheres e, 43q
planejamento e gestão, 127, 134
reservas de conservação, 126-127, 158n26 (áreas de preservação)
Biomassa, 151, 191, 193f, 200q, 203n10, 205q, 211, 223
Bolívia, proteção de ecossistema em, 128q
Bolsa Escola-Bolsa Família (Brasil), 63, 64n19
Brasil
aragem zero em, 17q, 159
biocombustíveis em, 47, 254, 312
Bolsa Escola-Bolsa Família, 63, 74n19
cultivo de óleo de palmeira em, 148q
furacão em, 16, 102
gás de efeito estufa emissões de mudança de uso do solo em, 195
inovação e tecnologias avançadas em, 225, 311
inundações em, 102
investimento em eficiência energética em, 292-293
leis sobre eficiência energética em, 220
nas negociações de Kyoto, 238q
órgão para mudança climática em, 24
planejamento urbano e infraestrutura em, 93q
pobreza em, 42f
povos indígenas e gestão florestal em, 109-110
previsão meteorológica em, 170
receitas para MDL, 262t, 268
reduções de emissões em, 192q
seca em, 44
Bulgária e financiamento para eficiência energética, 216q

C

CAC. *Ver* Tecnologia de captura e armazenamento de carbono (CAC)
Cairo e planejamento urbano, 94
Califórnia
gestão de recursos hídricos em, 140q
programas de eficiência energética e energia renovável em, 19, 192q, 215q, 330
Campanha das Cidades em Prol da Proteção do Clima, 21q
Canadá

educação climática em escolas em, 329q
gestão de biodiversidade em, 127
reduções de emissões em, 192q
setor madeireiro em, 40
Canela, 152q
Capacidade social e vulnerabilidade medidas por impactos projetados, 279q, 281
Capacitação
de comunidades para autoproteção, 108-114
de mulheres, 43q
Capital físico, 19q
Capital natural, 19q
Carbono do solo, 17q, 21, 25q, 29, 136, 176-178, 274q
Caribe. *Ver* América Latina e Caribe
"caroço migratório", 110q
Carros elétricos (veículos), 26, 209q, 223, 226, 293
Carros híbridos. *Ver* Veículos
Casablanca, riscos de inundação em, 93q
Cazaquistão
controles de exportação em, 167
efeito de mudança climática em, 147
Centros Nacionais de Serviços Meteorológicos e Hidrológicos dos Estados Unidos, 296q
Cereais e grãos
comércio de grãos, 160q, 161m, 167
experimentos em, 157
preço de, 167, 168, 168f
produtividade, 154, 155
CGIAR. *Ver* Consultative Group on International Agricultural Research
Chicago Climate Exchange (Chicago Climate Exchange), 25q, 178
Chile, direitos sobre água comercializáveis em, 143
China
alocação água no Ganges, 165n29
aquicultura em, 163
cidades que incentivam a eficiência energética em, 21q
colapso no transporte devido à tempestade em janeiro de 2008 em, 45m, 47
combustível limpo para cozimento em, 312q, 315
consequências desproporcionais da mudança climática em, 6q
construção civil em, 208
diminuição de colheita causada por mudança climática, 41
emissões de dióxido de carbono em, 13, 192q
energia eólica em, 219q, 254, 287
gestão e monitoramento de água em, 172-174
impostos verdes em, 48
informações sobre enchentes em, 103
inovação e novas tecnologias em, 26, 225, 291-292, 303, 312, 314
investimento em eficiência energética em, 292
leis sobre eficiência energética em, 219-220
licitação competitiva em energia renovável em, 224
migração em, 110q
órgão para mudança climática em, 24, 333q
pacotes de estímulo e gasto verde em, 59f, 62
patentes de energia renovável em, 293
receitas para MDL, 262t, 268
redução em gás de efeito estufa e mortes prematuras, 218
reduções de emissões em, 192q, 291-292
reduções na demanda por energia em, 202q, 238q

reforma institucional para mudança climática em, 333q
regulamentação governamental em, 331
setor Esco em, 222
sistemas de previsão meteorológica em, 169
tecnologia de captura e armazenamento de carbono em, 53-54
transporte por *e-bikes* em, 307f, 310
Choques climáticos, 40, 44, 47, 112, 168n30
Chuva ácida, 74n7, 191, 211, 236
Ciclo de carbono, 71q, 147n9
Ciclo de descida, efeito de choques de desastres em, 44
Ciclo hidrológico, 136f, 139
Ciclones tropicais. *Ver* Tempestades, intensidade de
Ciclones. *Ver* Tempestades, intensidade de
Cidade de Makati, Filipinas, e gestão de risco de desastres, 98
Cidades. *Ver também* Resposta do governo local à mudança climática em locais em risco em zonas costeiras. *Ver* Zonas costeiras em risco
"cidades de inovação" (República da Coreia), 93
consumo de água em, 142
consumo de energia em, 194
crescimento populacional em, 42, 92, 196
melhoria de projeto urbano, 63, 92-98, 93q, 108
cobenefícios de mitigação e desenvolvimento, 210q
planejamento urbano inteligente, 216
promovendo sinergias entre a mitigação e a adaptação, 95q, 109
migração para, 92, 110q
mundo em 2050 e após, 87-88
Protocolo de Kyoto e, 21q, 210q
resposta à mudança climática, 21q, 23, 92-98, 93q, 96q, 96m
Ciência da mudança climática, 70-82
Climate Change Partnership (Londres), 91
Coalizão para as Florestas Tropicais, 25q
Cobenefícios
MDL, 266q
mitigação urbana e desenvolvimento, 210q
projeto de políticas e, 340-341
Coleta de água, 109
Colômbia
migração em, 114
pacotes de estímulo e gastos verdes em, 62
uso integrado do solo em, 153f, 158
Combustíveis fósseis, 3, 23, 71q, 151, 194, 200q, 339. *Ver também* Consumo de carvão
Comércio
acordos ambientais multilaterais (AAM) e, 253
comércio de carbono agrícola, 176
comércio de *commodities* agrícolas, 161m, 166-168
liberalização para bens favoráveis ao clima, 254
mudança climática e, 251-255
políticas de mitigação e, 47-48
regulamentação, 169
rótulos de carbono, efeito em, 253-254
tarifas de carbono virtual, 252q
transferência de tecnologia e, 254, 311
Comissão Europeia, 4-5n9 (European Commission), 251, 263t
Companhia de Tabaco Indiana (Indian Tobacco Company - ITC), 172

Compartilhamento de conhecimento, 294t, 297-299, 307. *Ver também* Informações
Compensações para aquecimento e dióxido de carbono, 10-11, 8q, 45, 151, 200, 201q
Competição e novas tecnologias, 291-293, 301
Comportamento de indivíduos. *Ver* Comportamento individual
Comportamento individual (pessoas), 14, 23, 105-106, 106f, 212, 322-331, 323f
    compreensão *versus* ação, 325-327, 325q
    estímulo à mudança comportamental, 327-330
    normas sociais e, 330-331
    preocupação *versus* compreensão, 322-325, 323q, 324f
    "proximidade do limite" e, 339
    tecnologias para uso final e, 289
Compostos halocarbono, 74n6
Compras públicas de produtos eficientes em termos energéticos, 222-223, 223n22
Comunicação da mudança climática, 323q, 328-329, 328q, 342-343
Concentração de dióxido de carbono (CO_2), 4f, 6, 71q, 72. *Ver também* Gases de efeito estufa
    cidades reduzem suas pegadas de carbono, 21q
    crescimento econômico e mudar pegadas de carbono, 44-46, 45n3
    da queima de biomassa, 151
    do consumo de carvão, 193
    efeitos longo prazo de, 11f, 12, 82
    perda de consumo relativa a não aquecimento, 8q
    tecnologias de baixo carbono. *Ver* Tecnologias de baixo carbono
Condicionalidade e posições de países em desenvolvimento, 240-241
Condições meteorológicas e transporte, 168-169
Conferência Global dos Povos Indígenas sobre Mudança Climática, 128q
Conferência sobre Mudança Climática da ONU (2008), 247
Conflitos e migração, 114
Congresso Científico Internacional sobre Mudança Climática (2009), 4n9
Conscientização sobre mudança climática, 23-24, 76-79, 322-325, 323f, 324f
Conservação baseada na comunidade, 127
Conservação do carbono no solo. *Ver* Carbono do solo
Conservação e extinção de espécies, 7, 21, 124-128. *Ver também* Biodiversidade
Consultative Group on International Agricultural Research (Cgiar), 306q, 309
Consumidores e eficiência energética, 322-331, 322f, 323f. *Ver* Comportamento individual
    incentivos financeiros, 220, 220n21
    iniciativas educacionais, 211-212, 214t, 223
    rotulagem de carbono, 253-254, 328
Consumo de carvão, 13, 52, 73, 191, 193f. *Ver* Combustíveis fósseis
Convenção das Nações Unidas sobre o Direito dos Usos Não Navegacionais de Cursos de Água Internacionais, 164-165
Convenção de Basileia, 253
Convenção Internacional para a Prevenção da Poluição dos Navios, 242
Convenção sobre o Comércio Internacional sobre Espécies Ameaçadas de Extinção, 253

Convenção-Quadro das Nações Unidas sobre Mudança Climática (UNFCCC), 3, 21q, 233. *Ver também* Plano de Ação de Bali; Mecanismo de Desenvolvimento Limpo (MDL)
    Artigo 2º, 1n2, 70
    conteúdo de, 234q, 251
    custos de adaptação e necessidades de financiamento, 260
    efeitos de adaptação conforme, 248-250
    esquema Redd, 129
    estados Unidos e União Soviética sobre compromissos dos países em desenvolvimento, 245n12
    indenização em países em desenvolvimento, 58
    mercado de carbono e, 176
    negociações sobre o acordo global sobre o clima e, 27, 30
    proposta para um novo órgão para assumir o papel de liderança, 249
    reconciliação com o Protocolo de Kyoto, 251
    "responsabilidades comuns mas diferenciadas" em, 58, 239
    responsabilidade sobre mudança do uso do solo e silvicultura, 25q
Cooperação (ação) internacional, 24-27, 164-169
    compartilhamento de conhecimento e acordos de coordenação, 297-299
    em segurança alimentar e hídrica, 17-18, 164-169
    importância de, 17, 24, 288-289
    inovação e novas tecnologias, 26-27, 288-289, 297-306
    lições de eficácia de ajuda e acordos internacionais, 27, 27n35
    mundo em 2050 e após, 87-88
    pescados, 165
    "tragédia dos comuns" e, 60
    tratados, necessidade de, 17
Cooperação global. *Ver* cooperação internacional
Coordenação intragovernamental, 335
Copenhague, incentivo à eficiência energética em, 21q
Cordilheira Blanca no Peru e gestão de águas, 139
Coreia, República da
    capital de risco em, 303
    "cidades de inovação", 93
    Corporação Coreana de Gestão Energética, 221
    gasto verde em, 59f, 62-63
Corporação Financeira Internacional (FIC), 216q, 302
Corrimões de segurança e metas de mitigação, 56
Costa do Marfim, (condições climáticas e educação), 44
Costa Rica, políticas agrícolas protegem a biodiversidade em, 158
Crédito rotativo, 222
Créditos
    créditos de carbono, 28-29, 176, 262
    desenvolvimento de crédito baseado em política, 246
    incentivos fiscais para energia renovável, 219q
Créditos de carbono, 28-29, 176-178, 262
Crescimento econômico, 1, 2n4, 7b, 9, 30, 37-64
    capacitação de mulheres e, 43q
    compensações, avaliação de, 49-58
    desenvolvimento sustentável, 39-49
    economia com uso eficaz da energia, 213-223
    escolhas normativas sobre agregação e valores, 55
    estruturas alternativas para a tomada de decisão, 55-58
    ganhos de toda uma vida, efeito de choques de desastres em, 45
    gasto verde, 62-63
    impostos verdes, 48-49
    incertezas, responsáveis por, 54-55, 89

inércia e, 52, 58-60
pacotes de recuperação fiscal inclusive iniciativas verdes, 30, 30n36, 60-64, 190q
perdas causadas por desastres naturais, 101-102
políticas de mudança climática, 44-49
políticas energéticas e, 191
populacional, 42, 92, 194
regime climático internacional, 233-241
reversão devida à mudança climática, 39-44
Criação de empregos. *Ver também* Pacotes de estímulo e gastos verdes
alimento por trabalho (Bangladesh), 13q
no setor de energia renovável, 192q
programas *Workfare*, 13q, 109q, 113
risco da inundação, criando trabalhos reduzir, 101q, 103
Crianças
consequências desproporcionais da mudança climática em, 108
taxas de mortalidade, 40, 98, 101
Crise financeira, 4, 4n8, 61
como desculpa para retardar ação, 189-190, 190q, 288
pacotes de recuperação fiscal para tornar a economia mais verde, 30, 30n36, 61-62, 59f, 190q, 292
Cuba, evacuação por causa de furacões em, 92
Culturas biotecnológicas, 155q, 160
Curitiba, Brasil, e planejamento e infraestrutura urbana, 93q
Custo da eficiência do financiamento da adaptação, 269-271
Custos. *Ver* Custos de mitigação
Custos de mitigação, 9t, 14, 259
ação das comunidades e, 109
alocação de fundos, 280-282
alocação de menor custo e mitigação global, 14n21
benefícios de energia eficiente e limpa, 192q
como barreiras para mitigação, 212q, 216-217
comparação de custos, problemas em, 217q
custos de retardar, 57f, 58-60, 208
custos iniciais, necessidades para, 212q, 220, 224
de metas em uso de energia, 195, 199f, 199t, 208, 204n12
economias de anúncios de país sobre a data de instituir políticas de mitigação, 3n7
efeito ricochete, 217, 220
equidade na distribuição de, 14, 15n22, 53q
fatores com aumento provável, 259-261, 259f, 260t
finanças climáticas, 27-30, 103-104, 257. *Ver também* Países em desenvolvimento, assistência para mudança climática em
impactos mais amplos de perdas ambientais, 51-52
incentivos para energia renovável, 223-224
larga escala de, 190
mecanismos de financiamento, 211-212, 214t, 216q, 222, 240-241, 261-264, 262n3. *Ver também* Financiamento
opções flexíveis em, 89-91, 103-104
Custos de transição para reduzir as emissões de carbono, 9-10

D

Dechezleprêtre, A., 266q
Declaração de Paris sobre Eficácia da Ajuda, 28, 265
Democracias, 322, 338f, 339
den Elzen, M. G. J., 8q
Desastres. *Ver* desastres naturais; *tipos de desastres específicos (por exemplo, enchentes)*

desenvolvimento inteligente em termos climáticos em nível local, 343-344
Desastres naturais. *Ver também tipos específicos de desastres*
como momentos de ensino, 342
compensações como um direito depois de, 340
programas de gestão de riscos em desastre, 24, 99q
resposta rápida em tempos de, 13q
vulnerabilidade a, 40, 41, 98f, 101-103, 101n9
Desenvolvimento. *Ver* Crescimento econômico
Desenvolvimento sustentável à luz da mudança climática, 38, 39-49, 241. *Ver também* Crescimento econômico
benefícios do MDL, 266q
contribuição insuficiente para, 267
ecossistemas marinhos, 162
práticas agrícolas, 154n20, 156, 176
transformação para energia sustentável, 198-213
Deslocamentos de ecossistemas, 7
Desmatamento. *Ver também* Redução das Emissões Causadas pelo Desmatamento e pela Degradação de Florestas (REDD)
agricultura e, 20-21
iniciativas nacionais e multilaterais para, 273t, 277
mudança climática e, 25q, 71q, 73
no Japão, 55
redução de, 29, 71q
Desnutrição, 98
Dessalinização, 22, 144-145, 145n6
Diarreia, 40, 70, 79, 98-99, 101n8
Diferenças de gênero em experiência de mudança climática, 43q
Dinamarca
cidades que incentivam a eficiência energética em, 21q
crescimento econômico enquanto corta emissões em, 218q
Direito do Mar, 128
Direitos de Emissão de Gases de Efeito Estufa, 238q
Direitos de propriedade intelectual, 300, 309f, 313-314. *Ver também* Patentes
Direitos de propriedade, 135
Direitos humanos, 53q, 55
Direitos negociáveis de desenvolvimento, 154n21, 158
Direitos negociáveis sobre o uso da água em, 142q, 143
Disponibilidade na redução de mudança climática, 10-12, 193
Diversificação de produtos, 19q, 152q, 156-157
Divisão de custos acordo tecnológico inovação, 289, 294t, 297-301
Divisão do ônus e ação precoce oportunista, 236-237, 238q
Doenças cardiovasculares, 43
Doenças transmitidas, 40, 62, 97m, 98-101. *Ver doenças específicas*
Doenças transmitidas por água, 101
Doenças transmitidas por vetor, 98, 100
Doenças. *Ver* Doenças transmissíveis; *doenças específicas*

E

eChoupals (Índia), 172
Economia da mudança climática, 8q, 10-12. *Ver também* financiamento; custos de mitigação
Ecossistemas
abordagem de "corrimão de segurança" e, 56
adaptação baseada em, 5, 10, 23, 70, 92, 130
ameaças a, 16, 70, 78, 79
ciclo de carbono e, 71q, 79
crescimento populacional e, 42

ecossistemas marinhos, 78q, 162
incerteza em respostas de, 41, 137
modelos econômicos e, 49
mundo em 2050 e após, 87-88
países em desenvolvimento e, 7
proteção de, 22
resiliência de, 78
uso agrícola de, 151f, 155
Ecossistemas marinhos, 78q, 128, 162, 164. *Ver* Pesqueiros
Educação
    absorção de tecnologia e, 306, 308
    choques climáticos e, 43-44, 342
    educação climática em escolas, 329q
    educação do consumidor em eficiência energética, 212, 214t, 223, 226
    em engenharia, 304f, 307
    informações sobre saneamento, ensino de, 101
    infraestrutura de inovação e conhecimento, 305q, 308-310
    práticas inteligentes em termos climáticos, ensino de, 98, 211
Efeito ricochete, 217, 220
Efeitos de limiares, 50q, 52-54
Eficácia da superfície terrestre, mudanças na, 50b
Eficiência energética do lado da demanda, 223
Egito
    alimentos, acesso a mercados em, 168
    financiamento para inovação, 305
    história antiga e mudança ambiental, 37
    planejamento urbano ao redor do Cairo, 94
    recursos hídricos, 140, 144
    tarifas sobre tecnologia de energia limpa, 311
El Salvador, capacitação de mulheres em, 43q
Eletricidade. *Ver* Energia
Emissões de metano. *Ver* Gases de efeito estufa
Emissões industriais, 195, 213, 253, 291
Emissões negativas, 82, 199, 199n8203, 205q
Empresa de serviços climáticos globais (SCG), 296q
Empresas de serviços da energia (Esco), 222
Energia, 189-226. *Ver também* Energia renovável; *tipos específicos*
    comparação de custos, problemas em, 217q
    duplicação de consumo, 193f, 194-198
    eficiência, 190, 191, 21-212, 219-223
        barreiras e falhas de mercado e não mercado, 212q, 213q, 216-217
        benefícios de desenvolvimento de eficiência energética, 192q
        compras públicas, 222-223
        economias de, 213-223
        educação do consumidor, 214t, 222, 223
        em áreas urbanas, 95q
        financiamento, 212, 214t, 216q, 222
        incentivos financeiros, 212, 214t, 220, 223-224
        programas da Califórnia, 19, 192q, 215q
        reforma institucional, 212, 214t, 221-222
        regulamentos, 211, 214t, 219-220, 297
    energia nuclear, 224-225
    gás natural, 224-225
    gestão adaptativa de, 14f, 18-20, 80f, 189
    inovação e novas tecnologias, 20, 212-213, 225. *Itambém*
        inovação e novas tecnologias; energia renovável
    integração de políticas, 226

leis sobre *feed-in*, 219q, 223-224
meio ambiente e, 191-198. *Ver também* Índices de emissões; Gases de efeito estufa; *posições a partir de "carbono"*
modelos de energia globais para permanecer em um mundo com aquecimento de mais 2°C, 200-201q, 203-204n11
objetivos concorrentes em políticas energéticas, 191-198
preço, 193, 217-219, 193n4
    disparos em, 168
    preços de eletricidade Estados Unidos *versus* Europa, 18-19, 18n26, 220
    redes de segurança para proteger os pobres contra altos preços de energia, 113
redução global em demanda, 200-201q
segurança como meta de políticas energéticas, 191, 193n3
subsídios, 18-19, 18n27, 48-49, 217-219
tipos usados (1850-2006), 193f, 194
Energia eólica, 21q, 205q, 211, 217q, 218q, 219q, 225, 254, 287f, 288m, 289, 291, 295, 300, 309f
Energia geotérmica, 205q, 211, 223
Energia nuclear, 189, 211, 212, 224, 289, 293
Energia renovável. *Ver também tipos específicos (por exemplo, energias hidráulica e eólica)*
    acordos de longo prazo, 18-20
    ampla escala de, 219
    choque de preço de combustível e, 191
    consumo (1850-2006), 215b
    criação de empregos de, 192q
    esquemas de certificados verdes e brancos comercializáveis, 262n3
    fraquezas institucionais em países de rápido crescimento, 47
    incentivos e regulamentos financeiros, 223-224
    incentivos fiscais, 219q
    intervenções políticas para, 214t
    leis sobre *feed-in* (tarifa de suprimento), 19-20, 219q, 223-224
    licitação, 224
    padrões de portfólio de renováveis, 224, 224n24, 268q, 297
    patentes para, 293-295
    Programas da Califórnia, 215q
    redução das emissões de, 190, 205b, 212
    subsídios para, 224
Energia solar, 13n19, 16f, 20, 21q, 48, 205q, 220f, 221q, 223-225, 295
Engenharia, necessidade de educação em, 304f, 307
Epidemia. *Ver* Doenças transmissíveis
Equidade
    aceitação pública de reformas e, 341-342
    em abordagens multidisciplinares, 242q
    em negócios globais, 14, 14n21, 26, 29, 53q
    entre gerações, 53q
    escolhas normativas sobre agregação e valores, 55
    meio ambiente e, 235-236, 257
Equidade entre gerações, 53q
Erupção do Monte Pinatubo (1991), 290q
Ervas daninhas, 157, 158, 159, 162
Esco. *Ver* empresas de serviços da energia
Escolas. *Ver* educação
Escolhas normativas sobre agregação e valores, 55
Espanha

dessalinização na, 145n6
energia renovável em, 20
leis sobre *feed-in* em, 223
preparo para ondas de calor, 96q
Esquemas de certificados verdes e brancos comercializáveis, 262n3
Estabilização da encosta, 130
Estacionaridade, 22
Estados Unidos
  Acordo de Proteção contra Mudanças Climáticas em, 21q
  desemprego em, 60
  direitos negociáveis sobre o uso da água em, 143
  educação agrícola em, 305q
  educação climática em escolas em, 329q
  energia eólica em, 289
  gasto verde como parte do pacote de estímulo, 59f, 62
  incentivos fiscais em energia renovável em, 219q
  preços de combustíveis, comparados aos Estados Unidos, 18-20, 18n26, 212
  preços de energia em, 18-20, 18n26
  produção de biocombustível em, 47-48, 47f, 311
  Programa de Reserva de Conservação, 177
  Protocolo de Kyoto, não participação em, 14, 21q
  recessão em, 60
  reduções de emissões em, 192q
  reduções na demanda por energia em, 202q
  serviços públicos e conservação de energia em, 24
Estratégia de mudança climática de Boston, 91
Estratégia Internacional para Redução de Desastres (ONU), 169
Estratégias de longo prazo. *Ver* Ações de mitigação
Estratégias de tomada de decisão, 89-91
Estratégias robustas, 22, 55-58, 88, 91, 140b, 137
Estrutura de Ação de Hyogo (ONU), 102
Estrutura multifuncional climática, 27, 242-243, 242q
  função com base em política, 242-246
  meta pretendida, 242-243
Etanol. *Ver* biocombustíveis
Ética, 53q, 55-54, 155q
Etiópia
  Rede de Proteção Produtiva em, 113
  redução pluviométrica em, 44
Europa e Ásia Central. *Ver também países específicos*
  consequências desproporcionais da mudança climática em, 6q
  diminuição de colheita por causa da mudança climática, 41
  doenças transmitidas por vetor em, 100
  financiamento para eficiência energética em, 216q
  gás natural em, 224
  impostos verdes em, 48
Europa. *Ver também países e regiões específicos*
  áreas de preservação para biodiversidade em, 157, 158
  impacto da mudança climática em, 77f
  onda de calor
    como causa de morte em (2003), 40, 41m
    demanda de energia devida a (2007), 191
  preços de energia em, 18-19, 18n25, 218
  produção de biocombustível em, 47-48
  produtividade de cultura em, 41
  tecnologia eólica em, 287
  Transporte Transfronteiriço a Longa Distância da Poluição do Ar, 242

uso do carro em, 198
Exaurimento de ozônio, 211, 237, 290q, 297, 305
Execução do código de edificações, 16, 104, 214t, 219, 278
Experiências de homens em mudança climática, 43q
Exportações. *Ver* Comércio
Extensão agrícola (da agricultura), 20-21, 25q, 100q, 105, 159, 177, 308

F

Fankhauser, S., 266q
Favorável ao clima, 254
Fazendas e agricultores. *Ver* Agricultura
Federalismo verde, 336-337q
Feedbacks positivos no sistema climático, 50b, 52
Ferramenta de indicadores de análise climática, 2n6
Fertilizante, 17q, 136, 137, 151, 153, 161, 169
Filipinas
  educação climática em escolas em, 329q
  gestão de ecossistema marinho em, 162
  gestão de risco em desastre urbano, 98
  previsão meteorológica em, 170
Finanças climáticas. *Ver* Financiamento
Financiamento, 27-30, 257-283. *Ver também* Países em desenvolvimento
  alavancando financiamento privado, 278-280, 310-311
  aumento da escala de financiamento à mudança climática, 270-280
  coerência de política, 269q, 271
  condicionalidade e, 240-241
  créditos rotativos, 222
  efeitos da recessão em. *Ver* Crise financeira
  financiamento de infraestrutura do setor privado, 29, 278
  financiamento público, 246-247, 314-315, 333
  fluxo do setor privado e público, 261-264, 283
  fórmulas de alocação, 277q, 280-282
  fragmentação das finanças climáticas, 263t, 265-266
  Fundo de Adaptação. *Ver* Fundo de Adaptação conforme o Protocolo de Kyoto
  "fundo de vulnerabilidade", criação do Banco Mundial, 61
  fundos de reserva para desastres, 107
  gestão de serviços públicos do lado de demanda, financiamento de, 222-223
  impactos na distribuição, 271
  ineficiências nos instrumentos de financiamento, 264-270. *Ver também* Mecanismo de Desenvolvimento Limpo (MDL)
  inovação e novas tecnologias, 304-305, 308
  instrumentos existentes para financiamento climático, 258t, 261-264, 262n3
  lacuna em, 259-264, 260t, 263t
    para inovação e novas tecnologias, 292f, 293-295
  leilão, 29, 272
  lições de financiamento de ajuda, 27, 27n35 (ver a palavra monitoraaram com dois a)
  MDL. Mecanismo de Desenvolvimento Limpo
  necessidade de, 259-261, 260t
  necessidades futuras de financiamento e fontes de fundos, 282-283
  neutralidade fiscal, 270-271, 332
  novas fontes para, 257-258, 263t, 270-271, 271t

novos fundos bilaterais e multilaterais para o clima, 263t
pauta de resultados para, 265
questões de alinhamento e, 265
    questões de harmonização e, 265
questões de propriedade e, 265
responsabilidade mútua e, 265
simplicidade e custo administrativo, 271
soluções de mercado e, 273
uso transparente, eficiente e equitativo dos fundos, 280-282
Financiamento de emergência, 107
Financiamento privado. *Ver* Financiamento
Floresta amazônica, 17q, 79, 151
Florestas tropicais, 25b, 79, 87, 326f
Fogões (cozimento limpo), 49, 191, 273, 312q, 315
Fome
    alimento por trabalho (Bangladesh), 13q
    como prioridade de desenvolvimento, 1
    desnutrição, 98-99
    impacto da mudança climática em, 8, 175
    programa de alimentação grupo vulnerável (Bangladesh), 13q
Fornecimento de serviços, 124q, 125t
Fórum Internacional de Líderes Empresariais Príncipe de Gales, 341q
França
    construção residencial em, 208
    cotas de eficiência energética, 219
    em onda de calor (2007), 193
    programa de pesquisa de Passerelle, 303
Fuga de carbono, 253
Fundo
    Comum para *Commodities* da ONU, 152q
    da Terra, 302
    de Adaptação conforme o Protocolo de Kyoto, 28, 112, 233, 248, 258, 264, 269-270
    de Equilíbrio, 43q
    de Garantia de Eficiência Energética da Hungria, 216q
    de Tecnologia Limpa, 26, 221q, 305
    Multilateral para a Implementação do Protocolo de Montreal, 27, 305
Fundos de Investimentos Climáticos, 277
Furacão Ivan, 16, 107
Furacão Katrina, 47, 50q, 106
Furacão Mitch, 21, 43q, 44, 158
Furacões, 16, 44, 92, 102, 107, 302q, 307

G

Gana, doenças em, 98
Gás e óleo. *Ver* Energia
Gás natural, 212, 224-225
Gases de efeito estufa. *Ver também* Concentração de dióxido de carbono; Protocolo de Kyoto
    "efeito do gás de efeito estufa natural", 72
    aumentar emissões (1970-2004), 71-73, 72f
    benefícios passados de, 53q
    custos de transição para emissões mais baixas, 9-10
    diretrizes para medição quando em relação à terra, 25q
    eficiência energética e, 211-212
    fonte de, 195f, 196
    metas de longo prazo para, 82
    metas para, 197f, 198f, 199, 203, 204, 206, 208
    morte prematuras de, 218
    mudança de uso do solo, 176, 195, 275
    parcela de emissões, 199
        histórico e 2005, 3f
        por setor, 195f
    potencial de reter radiação, 2n5 (aparece calor), 74-76
    produção de carne bovina e, 149f, 143, 151n15
    tipos de, 70-74, 72f
    usos agrícolas, reduzir emissões de, 149-153, 160
Gasto verde, 59f, 62-63
    em provisionamento de governo, 315
    pacotes de recuperação incluindo, 30, 30n36 (parece pacote de incentivo), 61-62 (pacote de estímulos)
Gavi Alliance, 301
GEF. *Ver* Mecanismo Global para o Meio Ambiente
Geleiras, derretimento de, 6q, 7, 38m, 37, 38m, 78, 79, 90, 97, 125n1, 139
General Electric, 312
Genômica, 19q, 101
Geoengenharia, 290q, 291
Georgetown, Guiana e inundações, 95
Gestão adaptativa, 18-22, 14f, 89-91
    adaptação baseada em ecossistema, 6-7, 9, 44, 92, 130
    capacidade de adaptação, 281, 280q
    características de, 90q
    custo da eficiência do financiamento da adaptação, 269-271
    custos e financiamento, 257, 259-264, 260t, 261q. *Ver também* Financiamento
        alocação de fundos, 281-282, 277q
        financiamento privado, 277-278
        financiamento público, 333
    em energia, 18-20, 14f, 80f, 189
    em uso do solo e da água, 14f, 17b, 20-22, 25q
    financiamento privado para, 277-278
    inovação e novas tecnologias para, 19q, 23-30, 288, 289, 291. *Ver também* Inovação e novas tecnologias
    mundo em 2050 e após, 87-88
    necessidade de, 45, 63-62, 137, 159-162
    papel das instituições no conhecimento, 310
    promovendo sinergias entre a mitigação e a adaptação, 95b, 109
    resiliência da comunidade e, 108
    UNFCCC e, 248-250
Gestão de mudança. *Ver* Gestão adaptativa
Gestão de recursos naturais, 135-139. *Ver também* Agricultura; Pesqueiros; Silvicultura
Gestão de resíduos
    aquicultura e, 163
    em áreas urbanas, 93q, 94, 143q
Gestão de risco, 13q, 15-16
    avaliar o risco, 99q
    compartilhamento de risco, pelas comunidades, 102q
    controle de risco em desastre, 24, 43q, 99q, 102
    gestão de risco de inundações, 325q
    informações críticas para o mundo de 2050 e após, 87-88
    mitigar o risco, 99q
    urbano, 95
Gestão de risco baseada no clima, 107-108
Global Earth Observation System, 296q, 298
Golfo do México, 6q

Governo inteligente em termos climáticos, 322, 332f
    tecnologias inteligente em termos climáticos, 23, 98, 293-297, 301. *Ver também* Inovação e novas tecnologias; Tecnologias de baixo carbono
Governo regional. *Ver* Resposta do governo local à mudança climática
Granada e o furacão Ivan, 16, 107
Grão. *Ver* Cereais e grãos
Group on Earth Observation, 296q
Grupo de Liderança Climáticas de Cidades C40 (*Cities Climate Leadership Group*), 21q, 210q
Guatemala, capacitação de mulheres em, 43q
Guiana e inundação, 95

H

Haites, E., 266q
Híbridos, 209q
Hidrelétrica (hidráulica) em, 47-48, 191, 205q, 211, 223
História antiga e mudança ambiental, 37
Hof, A. F., 8q
Holanda (Países Baixos)
    dados por satélite, uso de, 172
    proteções contra os efeitos da mudança climática, 7q
Honduras
    capacitação de mulheres em, 43q
    dano por furacão (1998) em, 43q, 44
Hong Kong, propriedade de carros em, 198

I

IAASTD. Avaliação Integrada de Conhecimento, Ciência e Tecnologia Agrícolas para o Desenvolvimento
IDA. *Ver* International Development Association
IEA. *Ver* Agência Internacional de Energia
IFC. *Ver* Corporação Financeira Internacional
"ignorância desculpável", 53q
Ilhas pequenas, impacto da mudança climática, 77f
Ilo, Peru, e planejamento urbano, 95
Iluminação, eficiência energética em, 295, 311
Imagens por satélite, uso de, 100q, 100, 103, 171, 172, 173, 296q, 308
Impostos
    "ajustes em impostos alfandegários", 253, 255
    descontos, 332
    fundo de reserva para receitas, 330, 342
    imposto sobre carbono, 47, 170f, 213, 218-219, 218n20, 224, 252q, 268q, 269, 270, 278
    impostos sobre combustível, 220
    impostos verdes, 48, 331
    incentivos fiscais para energia renovável, 219q
    MDL, 267t, 269-270, 282-283
    sobre emissões de transporte internacional, 272, 283
    sobre reduções certificadas de emissões, 28-29
Impostos verdes, 48-49, 331
Incentivos
    para energia renovável, 223-224
    para financiamento privado, 277, 305, 307-308
    para países em desenvolvimento para trajetórias de carbono reduzido, 258
    para usuários de recursos, 179

Incentivos financeiros. *Ver* Incentivos
Incentivos para influência do mercado, 300-302, 314-315
Incertezas, 50, 54-56, 89, 106, 261q
Índia
    agricultura em
        aragem zero em, 17q, 159
        desenvolvimento de semente, 311
        diminuição de colheita por causa da mudança climática, 42-44
        eChoupals e cultura de soja, 172
        inequalidade e risco climático, 44
        modificação genética de culturas, 155q
    controles de exportação em, 48, 167-168
    energia eólica em, 287
    energia solar, 254
    gestão de recursos hídricos em, 22, 144, 165f, 172
    inovação e novas tecnologias em, 26, 225, 303, 312, 313
    investimento em eficiência energética em, 293
    leis sobre eficiência energética em, 220
    órgão para mudança climática em, 24, 333q
    políticas de proteção social em, 13q
    previsão meteorológica em, 170
    receitas para MDL, 262t, 268
    reduções de emissões em, 192q
    reduções na demanda por energia em, 202-203q, 238q
    reforma institucional para mudança climática, 333q
    resposta a desastre em, 291
    seguro relacionado com o índice climático, 105
    taxas de emissões em, 26
    Workfare em, 109q
Indian National Rural Employment Guarantee Act (Índia), 109q
Índices de emissões. *Ver também* Gases de efeito estufa; *posições a partir de "carbono"*
    aumento (1997-2006), 233n1, 259
    corrimões de segurança e metas de mitigação, 56
    defensores de uma redução mais gradual, 8q, 10-11
    efeito da inércia em, 12, 81. *Ver também* Inércia, efeitos da
    em cidades, 210q
    emissões negativas, 82, 199, 199n8, 203, 205q
    estrutura multidisciplinar para acordos internacionais, 24
    mudança do hábito do alto carbono, 192q, 193f, 194-196, 198t, 204
    objetivos de emissões em médio prazo, 239, 289, 335q
    países de alta renda, 3, 3f, 38, 39f, 192q
    países em desenvolvimento e, 1, 2f, 3f, 38, 39f
    rótulos de carbono e, 253-254
Indonésia
    cultivo de óleo de palmeira em, 149q
    gás de efeito estufa emissões de mudança de uso do solo em, 195-196
    mercado de carbono florestal em, 25q
    Ministério das Finanças sobre questões de mudança climática, 269q
    monitoramento ambiental em, 308
    pagamentos de transferência de caixa, 113
    previsão meteorológica em, 170
Inércia, efeitos da
    crise financeira como desculpa para, 189-190, 190b
    custos do atraso, 52, 58-60

sobre desenvolvimento tecnológico, 292
sobre gerações futuras, 11f, 12-14, 53q, 82
sobre negociações climáticas, 30
sobre reforma de políticas, 321
sobre sistema climático, 38, 50-51
Informação geográfica, uso de, 99q, 100q, 103
Informações
    cooperação internacional em compartilhar, 16, 294t, 297-299, 307
    críticas para o mundo de 2050 e após, 87-88
    imagens por satélite. *Ver* Imagens por satélite, uso de
    informações geográficas, uso de, 99q, 100, 100q
    informações sanitárias, ensino de, 98
    monitoramento de inovação, 296q
    para mudança de comportamento individual, 328-329
    sensoriamento remoto. *Ver* Tecnologias de sensoriamento remoto
    sobre eficiência energética, 212q
    sobre gestão de recursos e produção de alimentos, 135, 136, 137, 169-170
    sobre gestão de recursos hídricos, 22, 23, 140, 164f, 170-172
    sobre normas sociais, 330-331
Infraestrutura, 12-14, 13n19, 19q
    atraso na esperança de custos mais baixos, 52
    de conhecimento, 308-310
    gestão de alimentos e agricultura, 169, 172-174
    planejamento urbano e, 92
    privada, 29, 278-280
Inovação e novas tecnologias, 287-315
    acesso a, 289-297
    acordos de divisão (rateio) de custos, 289, 294t, 297-303
    acordos influenciados pelo mercado e baseados em recompensas, 300-302, 315
    acordos internacionais que incentivam, 26-27, 294t, 297-306
    acordos para pesquisa, 299-300
    agricultura e, 17q, 20-22, 155, 159-162, 166-167f, 295
    ambiente favorável às empresas, 311-314
    captura e armazenamento de carbono. *Ver* Tecnologia de captura e armazenamento de carbono (CAC)
    comparação de custos, suposições em, 217q
    compartilhamento de conhecimento e acordos de coordenação, 294t, 297-299
    competição e, 291-293
    complexidade de, efeito em política, 295q, 295f
    emissões de baixo carbono e, 2, 3, 212
    financiamento público para, 314-315
    geoengenharia, 290q
    inércia e, 13
    informações sanitárias e ferramentas de diagnóstico, 98
    infraestrutura de conhecimento e, 305q, 308
    lacuna em orçamento para desenvolvimento e difusão de, 292f, 293-297
    lacuna em termos de mitigação e adaptação significativas, 289
    mecanismos de financiamento, 304-305
    mobilização do setor privado e, 300, 310-31
    modelos de energia, 20, 211, 212-213, 225
    monitoramento, 296q
    organizações internacionais, 304
    países em desenvolvimento e, 24, 54, 25, 289, 292, 295

    para adaptação da costa, 302q
    para adaptação, 19q, 23-30, 288, 289, 291
    planejamento urbano e, 92
    prêmio como estímulo, 301
    prioridades em política nacional para, 303t, 307-315
    questões de harmonização e, 297
    recursos financeiros e tecnológicos, 305-306
    recursos hídricos, 17q, 20-23, 143-146, 165, 165f
    transferência de tecnologia, 254, 266q, 289, 294t, 304, 311-314
Inovação tecnológica. *Ver* Inovação e novas tecnologias
Instituições de microfinanciamento, 105
Instituto de Pesquisa Planejamento Urbano de Curitiba (Ippuc), 93q
Instituto Interamericano para Pesquisa em Mudanças Globais, 299
Inteligente em termos climáticos, 23-24, 45, 89, 95q, 190, 207f, 207t, 211, 292
International Development Association (IDA), 277q, 281
International Research Institute for Climate and Society da Universidade da Columbia, 309
International Scientific Steering Committee (2005), 4-5n9
Inundações (enchentes), 7, 7b, 16, 70. *Ver também* Programas de gestão de risco em desastre
    avisos antecipados de, 169
    criando trabalhos para reduzir o risco de, 101q, 101-103
    em áreas baixas, 19q
    em Bangladesh, 13q
    gestão de risco, 325q
    informações de risco e mapas sobre, 100q, 101
    mais frequência de, 76
    mundo em 2050 e após, 87-88
    na África, 100f, 102
    no Brasil, 102
    no sul/sudeste da Ásia, 94m, 98
    planejamento urbano e, 92-95, 93m, 102-103
Investidores de risco, 300f, 302
Investimentos diretos estrangeiros (IED), 311-313
Investimentos em energia. *Ver* Custos de mitigação
IPCC. *Ver* Painel Intergovernamental sobre Mudança Climática
Irlanda, licitação competitiva em energia renovável em, 224
Irrigação, 17q, 21, 135, 141, 145-147, 154-155
Israel e capital de risco, 303
Iter, 298q, 299-300

J

Japão
    desmatamento em, 55
    diminuição de colheita por causa da mudança climática, 40
    uso do carro em, 198
Joint Global Change Research Institute do Battelle Memorial Institute, 242q
Joint Global Change Research Institute do Battelle Memorial Institute, 242q

L

Lado da demanda
    eficiência energética, 211-212
    esquemas de certificados verdes e brancos comercializáveis, 262n3
    gestão de serviços públicos do lado de demanda, financiamento de, 222

Lâmpadas incandescentes, 220, 297
Lei de 1998 sobre água (África do Sul), 141
Leilão, 29-30, 272, 283
Leis para eficiência energética, 219-220, 219q, 223-224. *Ver também* Regulamentos
Lençol freático, 143-144, 171. *Ver também* Recursos hídricos
Líbano, educação climática em escolas em, 329q
Libéria e inundação, 101q
Lições obtidas
    da eficácia da ajuda e acordos internacionais, 27, 27n35
    de desastres naturais, 342
Louisiana. *Ver* Furacão Katrina
Luxemburgo e gases de efeito estufa, 2

M

Madagascar
    cultivo de óleo de palmeira em, 148q
    florestas em, 158
    impostos verdes em, 49
Malária, 42, 98, 100, 302, 308
Malásia, cultivo de óleo de palmeira em, 148q
Malauí e gestão de risco baseada no clima, 107
Maldivas, consequências desproporcionais da mudança climática em, 6q
Mandato de Berlim (1995), 245
Manguezais, 47, 92, 130, 164
Manta de gelo da Groenlândia, 50q, 70, 74f, 76, 79, 81
Maosheng, D., 266q
Mapas digitais, uso de, 171
Mar de Aral, 6q, 47
Margens de segurança em novos investimentos, 92
Marrocos
    gestão de recursos hídricos pelos marroquinos, 142q, 146, 147, 171
    importações de cereais em, 160q
    irrigação na bacia hidrográfica Oum Er-Rbia, 135
Mayors Climate Change Protection Agreement, 210q
McKinsey & Company, 11, 176
McKinsey Global Institute, 239n8, 292
MDL. *Ver* Mecanismo de Desenvolvimento Limpo
Mecanismo de Desenvolvimento Limpo (MDL), 25q, 26, 28-30, 246-248, 254
    avaliação de cobenefícios de, 266q
    baseado em atividade, 275
    deficiências de, 233, 257, 268-269, 274
        contribuição insuficiente para o desenvolvimento sustentável, 267
        escopo limitado, 268-269, 274, 304
        governança fraca, 267
        integridade ambiental questionável, 266-267
        ponto fraco do incentivo, 29
    financiamento baixo carbono, 304
    florestamento e reflorestamento, cobertura de, 276
    mecanismo de mercado de mudança de tendência, 275
    melhorias administrativas para, 275
    mudanças em, 273-275
    potencial regional do, e receitas de carbono, 262-264, 262t, 263n4
    projetos de sequestro de carbono do solo agrícola, 175-176
    serviços do ecossistema, 128
    tributação sobre, 267t, 269-270, 281
Mecanismo de Parceria do Carbono Florestal (Banco Mundial), 29, 276
Mecanismo de seguro contra riscos de catástrofes no Caribe (*Caribbean Catastrophe Risk Insurance Facility*), 16, 105q, 107
Mecanismo Global para o Meio Ambiente (GEF), 26, 216q (aparece Mecanismo Ambiental Global), 221q (Mecanismo de Meio Ambiente Global), 233 (Fundo Global para o Meio Ambiente), 233n2, 264, 302
    iniciativas de Prioridade Estratégica em Adaptação, 248
    inovação financiamento, 304
Mecanismos com base em mercado, 247-248. *Ver também* Mecanismo de Desenvolvimento Limpo (MDL)
Melhores práticas, compartilhamento de, 16
Meningite, 43
"mensuráveis, informáveis e passíveis de verificação" (MRV), 245-246, 277
Mercado de resseguro, 16, 107
Mercados de carbono (preços), 134, 170f, 172q, 175-178, 273, 297, 310-31
Mercy Corps, 101q
Mesa-redonda de negócios, 341q
Mesopotâmia e mudança ambiental, 37
"metas sem perdas do setor", 29
México
    áreas de preservação para biodiversidade em, 157
    desenvolvimento urbano em, 216
    energia e capacidade energética em, 216
    estratégia de mitigação de carbono em, 241
    Estudo de Baixo Carbono, 213n17
    financiamento para inovação, 305
    fogões a lenha em, 49
    instrumentos de mercado para gestão de risco financeiro, 107n14
    órgão para mudança climática em, 24
    povos indígenas e gestão florestal em, 109-110
    produção de café em, 152q
    Progresa-Oportunidades, 63
    reduções de emissões em, 192q
Migração
    assentamento em áreas vulneráveis, 109, 111m
    de espécies, 124
    em resposta à mudança climática, 88, 113-114, 110q, 111m
    migração urbana, 90, 95, 110q
    reassentamento, 114, 326
Millennium Ecosystem Assessment, 76, 89, 124, 124b, 125t
Missões de enxofre. *Ver* Gases de efeito estufa
Mix de energia regional para limitar o aquecimento a 2°C, 202-203b
Moçambique
    gestão de risco de inundações, 325q
    preparo para eventos extremos em, 103
Modelo de avaliação integrada (Fair), 8q
Modelo energia-clima Image, 201q, 203-204n11
Modelo energia-clima Message, 201q, 203n11
Modelo energia-clima MiniCAM, 201q, 203-204n11
Modelo energia-clima Remind, 201b, 203n11

Modelo Page, usado para a Revisão Stern da Mudança Climática, 9n12
Modelo Rice, 9n12
Modernizar, 53
Modificação genética de culturas, 155q
Modificação meteorológica, 296q
Monções, 82
Mortalidade infantil, 40. *Ver também* Morte
Mortalidade. *Ver* Morte
Morte
    desastres naturais como causa de, 101, 101n9 (ver a palavra decisores)
    índices de mortalidade infantil, 40, 98, 101
    mortes prematuras por gases de efeito estufa, 218
    mudança climática responsável por, 98f, 101
    onda de calor (2003) como causa de mortes na Europa, 40, 41m
MoSSaiC, 327q
MRV. *Ver* "mensuráveis, informáveis e passíveis de verificação"
Mudança climática perigosa, 4n9 (aparece mudança climática arriscada) 15, 49-50, 70
Mudança climática. *Ver* Temperatura
    ameaça global de, 7-8, 76f, 79-81
    aumento de riqueza, efeito da preocupação sobre, 327f
    ciência de, 70-82
    comunicar sobre, 323q, 327-329, 328q, 342-343
    conscientização de, 23-24, 76-79, 322-325, 323f, 324f, 326f
    economia de, 8q, 10-12
    efeito do desenvolvimento e alívio de pobreza, 1, 2n4, 9-10, 39
    federalismo verde e, 336-337q
    mudanças de temperatura, 75m, 78
    necessidade de ação imediata, 4, 5, 12-14. *Ver* Ações de mitigação
    principais fatores que afetam desde a Revolução Industrial, 72-73, 73f
    taxa de mudança, 1, 11f, 40, 70, 72, 76-79
    ultrapassagem de limiares de catástrofe irreversível, 81-82
Mudanças socioeconômicas, 63, 89-91
Mulheres
    capacitação de, 43q
    consequências desproporcionais da mudança climática em, 108

N

Nações Unidas
    Convenção sobre o Direito dos Usos Não Navegacionais de Cursos de Água Internacionais, 164-165
    Estratégia Internacional para Redução de Desastres, 169
    Estrutura de Ação de Hyogo, 102
    Relatório de Desenvolvimento Mundial da Água, 140
Nakamura, Shuji, 300
Não linearidades e efeitos econômicos indiretos, 50q
Neutralidade
    fiscal, 270-271, 332
    políticas e comportamentos neutros em carbono, 21q
    requisitos tecnologicamente neutros, 298
Nicarágua
    capacitação de mulheres em, 43b
    uso do solo integrado em, 158
Níger, agricultura em, 106f
Nigéria, tarifas sobre tecnologia de energia limpa, 311
Nilo, 92, 144

Nitrogênio de liberação controlada, 17q
Nitrogênio de liberação controlada, 17q
Níveis do mar, elevação em
    aquicultura e, 163
    efeitos visíveis, 7, 7n10, 40, 76
    lacuna de temperatura e efeito final, 12
    mundo em 2050 e após, 87-88
    previsões de, 37, 70, 79
Nordhaus, William, 8q, 11n15
Normas sociais, 330-331
Nova Zelândia, impacto da mudança climática em, 77f
Novas tecnologias. *Ver* Inovação e novas tecnologias

O

Objetivos de emissões em médio prazo, 289, 335q
Oceanos. *Ver também* Níveis do mar, elevação em
    absorção de carbono por, 6q, 71q, 78q, 162, 290q
    áreas preservadas em, 21, 157n23
    cidades costeiras em risco, 91-93, 91m
    impacto da mudança climática em, 6b, 7, 12, 71
Óleo de palmeira, 148q
Óleo e gás. *Ver* Energia
Ondas de calor
    como consequência da mudança climática, 70
    impacto de, 19q, 40, 41m
    produção de energia térmica e nuclear e, 191-193
    sistemas de alerta de calor relativo à saúde, 96q, 99
ONG (organizações não governamentais), 112
Opções de dinheiro por trabalho, 101q
Opções flexíveis na tomada de decisão, 89-91, 103
Opinião pública sobre mudança climática, 63
Organização das Nações Unidas para Agricultura e Alimentação (Redd), 172, 276, 304
Organização Internacional de Café, 152q
Organização Meteorológica Mundial, 81n9, 70, 73n5, 169, 296q
Organização Mundial da Saúde, 42, 304
Organização Mundial do Comércio, 27, 169, 242, 251, 314
Órgão para mudança climática, designação de, 24, 333b
Órgãos de extensão agrícola, 22, 25b, 100b, 107, 159, 177, 308
Oriente Médio e Norte da África. *Ver também países específicos*
    cidades litorâneas na África do Norte, 95
    consequências desproporcionais da mudança climática em, 6q
    energia solar em, 48, 221q
    gás natural em, 225
    importação de alimentos em, 168
    potencial hidrelétrico em, 48
Oscilação do Atlântico Norte, 82
Oscilação Sul do El Niño (Enso), 82, 170

P

Pacific Climate Information System, 296q
Pacific Institute, 40, 140
Pacotes de estímulo e gastos verdes, 30, 30n36 (aparece incentivo em vez de estímulo), 59f, 62, 190q
Padrões de eficiência de refrigerador, 220, 300b
Padrões voluntários, 298, 341q
Pagamentos de transferência de caixa, 113
Painel Intergovernamental sobre a Mudança Climática (IPCC), 6, 70, 208

criação e finalidade de, 70n1
custos redução de emissões, 259
diretrizes para medição de gases de efeito estufa em relação ao solo, 25q
parcela de mitigação global dos países em desenvolvimento, 14n21
projeção pelo pior cenário, 208
Quarto Relatório de Avaliação, 6, 70, 79
sobre aquecimento observado, 78, 237
sobre carbono grafite, 312q
sobre mudança climática arriscada, 4n9
sobre vulnerabilidade, 281
País de Gales e preparo para ondas de calor, 96q
Paisagens ecoagrícolas, 19q, 21, 25q
Países árabes. *Ver* Oriente Médio e norte da África
Países BRIICS, 293
Países da OCDE
    subsídios agrícolas de, 178-179
    subsídios para produtores de biocombustível em, 311
    tarifas sobre tecnologia de energia limpa, 311
Países de alta renda
    ajuda a países em desenvolvimento, 15, 38, 257-283. *Ver também* Países em desenvolvimento, assistência para mudança climática em
    tratamento do Plano de Ação de Bali, 245
    pegada de carbono em, 26, 44-45, 45n3
    preço de carbono em, 219
    críticas de isentar os países em desenvolvimento de padrões de emissões, 253
    índices de emissões em, 1, 2, 2f, 3f, 38, 39f, 45, 485n4
    fontes de emissões em, 194, 195f
    políticas energéticas de, 191
    impacto da mudança climática em, 7q, 9
    inovação e novas tecnologias em, 225, 289, 297, 302, 303t, 311
    migração para, 110q
    reduzir emissões em, 2, 3f, 26, 38, 44, 58, 191, 241
        em estrutura multifuncional climática, 27, 242-243
        metas rígidas, 280n13, 283
        objetivos vinculantes, 241, 243
    relocação de indústrias altamente dependentes de carbono de, 253
    pacotes de estímulo e gasto verde em, 59f, 62
    plantio direto em, 17q
Países de renda baixa. *Ver* Países em desenvolvimento
Países de renda média
    avaliação de riscos em, 99q
    demanda de energia de, 193
    emissões em, 2f, 58, 58n14
    fontes de emissões em, 195f
    inovação e novas tecnologias em, 288-289, 303, 303t, 309f
        financiamento para, 314
    mudança de renda em, 1
    papel das instituições no, 308
    pegada de carbono em, 44, 45n3
    subsídios para energia em, 113
Países desenvolvidos. *Ver* Países de alta renda
Países em desenvolvimento
    agricultura em, 20, 159, 174
    assistência para mudança climática em, 2-3, 24, 257-285. *Ver também* Financiamento

apoio para esforços de mitigação, 243, 245
    durante desastres, 16
    para estratégias de adaptação nacionais, 249
    para promoção de controle de emissões, 38, 58-60, 209, 225
    quantidade de financiamento, 257
    tecnologia. *Ver* Inovação e novas tecnologias
avaliação de riscos em, 99q
consequências desproporcionais da mudança climática em, 5m, 6q, 8, 9n12, 38, 40, 58
cozimento limpo em, 191
crescimento econômico, 41, 41n1
crescimento populacional, 40
custos de mitigação para, 9t, 14, 57f, 58, 59
demanda por energia em, 52, 193, 194f, 194-198, 211, 226
desastre e comunicação de emergência em, 100q
disponibilidade de seguro em, 102, 103f
em estrutura multifuncional climática, 27, 242-243
energia disponível, 191
energia hidrelétrica em, 47-48
equipamento eficiente em termos energéticos não disponível em, 212q
estilo de vida de classe média em, 44
fontes da emissão em, 195, 195f
gestão de biodiversidade em, 127
gestão de ecossistema marinho em, 162
gestão de florestas em, 109
índices de emissões em, 1, 2f, 3f, 38, 39f, 151
inovação e novas tecnologias em, 21, 47, 54, 225, 289, 295, 301, 303t, 314
insegurança alimentar em, 112, 169n31
integrando na arquitetura global, 241-246
para promoção de controle de emissões, 38, 58-60, 209, 225
pegada de carbono em, 44, 45n3
propostas de estímulo e investimentos verdes em, 62
Protocolo de Kyoto e, 242
questões de equidade para. *Ver* Equidade
reservas e servidões ambientais em, 158n25
rótulos de carbono, efeito em, 253-254
subsídios para energia em, 18-19, 48-49
tecnologias de baixo carbono, 2, 237-240, 241
tecnologias inteligente em termos climáticos em, 23
transformação de energia em, 191, 198, 213, 223, 226, 239
tratamento do Plano de Ação de Bali, 245
Países tropicais
    agricultores e diversificação de produto/mercado, 152q
    emissões em uso do solo em, 58, 58n14
Papel da parte interessada. *Ver* Projeto e implementação participativos
Papel do Estado, 331-339
Papua-Nova Guiné, cultivo de óleo de palmeira em, 148q
Paquistão
    controles de exportação em, 167
    doenças em, 98
Parceria Americana pela Ação Climática, 341q
Parcerias público-privadas para compartilhar riscos climáticos, 102q, 107-108
Participação da comunidade. *Ver* Projeto e implementação participativos
Patentes, 293, 293n4, 294-297, 309f, 310, 313-314

Peru
    desconto para agricultores em, 329
    planejamento urbano em, 95
    povos indígenas e gestão hídrica em, 139
Pesqueiros
    aquicultura, 158f, 163-164
    biodiversidade e, 21
    cooperação internacional, 165-166
    gestão de, 109, 128
    impacto da mudança climática em, 19q, 127, 129
    na demanda pela produção de alimentos e, 78, 162-164
Pesquisa, desenvolvimento e implantação (RD&D), 2-3. *Ver também* Inovação e novas tecnologias
    acordos internacionais para pesquisa, 304
    diminuindo a lacuna de comercialização ("vale da morte"), 300f, 302
    fundos de reserva para desastres, 107
    gestão de recursos naturais, 135, 172
        gasto privado em, 293-297
    inércia e, 12, 289
    institutos de pesquisa, papel no, 307-308
    na agricultura, 159, 295
    orçamentos governamentais para, 292f, 293, 293f
    reserva para alimentos, 168
    resiliência
        agricultura que é resiliente ao clima, 156-157
        cidades e, 92
        construir comunidades resilientes, 108-112
        crescimento econômico e, 7b, 9, 47
        formulação de políticas e, 22
        redução de risco de desastre e, 99b
    sumidouros residuais, 71b
Pew Center on Global Climate Change, 242q
Planejamento urbano. *Ver* Cidades
Plano de Ação de Bali (UNFCCC)
    apoio a países em desenvolvimento por países desenvolvidos, 244
    conteúdo de, 233-234, 234q
    estrutura de responsabilidade, 265
    "mensuráveis, informáveis e passíveis de verificação" (MRV), 243, 245-246
    sobre o custo de retardar a mitigação, 58
    tratamento dos países em desenvolvimento em relação aos países desenvolvidos, 27, 209, 244
Plano de desenvolvimento soviético, 47
Planos de Ação Nacionais para Adaptação (Pana), 233, 248, 249, 334, 335q
Planos de evacuação, 90, 92
Plantio direto em, 17b, 154, 17017q, 177
Pobreza. *Ver também* Países em desenvolvimento
    efeito da mudança climática em, 42, 42f, 44, 92, 112, 175
    energia políticas para aumentar acesso de pobres, 191
    impostos verdes, 48
    mudança no índice global de, 1, 40
    pobres urbanos, 95
    pobreza extrema, definida, 1n1
Polinização por abelhas, 158
Política Agrícola Comum (UE), 178-179
Política interna, 23-24, 289. *Ver também* Resposta do governo local à mudança climática

Políticas adaptativas para enfrentar um ambiente complexo, 22, 23-24
    democracias e, 322, 338f, 339-340
    federalismo ecológico e, 336-337q
    migração e, 114
    planejamento urbano e, 92
    política doméstica, 22, 288-289
    política energética, 209-213, 214t
    política fiscal, 269q, 270-271
    prontidão para tratar da mudança climática, 235
    reforma institucional, 221-222
Políticas de mudança climática, 339-343
Políticas e medidas de desenvolvimento sustentável (SD-PAM), 244
Poluição do ar
    como consequência da mudança climática, 81
    demanda de energia e, 81
    impacto de energia limpa em, 192q
    preço de, 212
    tecnologias avançadas para redução de, 212
Pontos de virada, 50q, 52-54, 78q, 79m, 80t
Povos indígenas e conhecimento, 106f, 109-110, 127, 128q, 130, 137
Precipitação
    aumento em, 7, 76, 76n8, 81, 147
    efeitos visíveis, 7, 40
    implicações sobre a pobreza, 42
    melhor gestão da água em, 21
    mudança climática em, 74, 75m, 138m
    previsão meteorológica de, 169
Preço, 135, 174-179
    água, 141, 174-179
    alimentos, 155, 160, 168f, 168n30
    biocombustíveis, 153
    carbono, 134, 175-178
    energia, 174, 191, 193n4, 212q, 216-217
    inovação estimulada por preços mais altos, 169-171
Prédios públicos e eficiência energética, 62
Prêmio Ansari X, 301
Prêmio Nobel da Paz (2007), 63
Prêmios de incentivo à inovação, 301-302
"premissas de Nordhaus", 8b
"premissas de Stern", 8q
Preparo para emergências, 96q, 101-103, 292
Prince's Rainforest Project e a Coalition for Rainforest Nations, 277
Principal Fórum de Economia sobre Energia e Clima (reunião em julho de 2009), 4-5n9
Princípio do "o poluidor paga", 53q
Processos de tomada de decisão. *Ver também* Análise custo-benefício; Informações
    estruturas alternativas para, 55-58
    gestão adaptativa de, 14f, 22, 63-64, 91
    gestão de recursos naturais, 135
    opções reversíveis e flexíveis, 89-91, 103
    participação das mulheres, 43q
    precisão meteorológica e, 169
    sobre disponibilidade de água, 171
Produção de café, 152q, 158

Produção de carne bovina, 149f, 153-154
Produção de carne, 149f, 151-153, 151n15, 153n18
Produtividade de arroz, 42, 151, 159
Produto interno bruto (PIB). *Ver* Crescimento econômico
Programa
    das Nações Unidas para o Desenvolvimento, 276
    de alimentação grupo vulnerável (Bangladesh), 13q
    de garantia de emprego (Bangladesh), 13q
    de pesquisa de Passerelle (França), 303
    de Promoção de Insumos Agrícolas (Quênia), 161
    de Reserva de Conservação, 177
    de Trabalho de Nairóbi, 248
    de vacinas da Gavi Alliance e o Banco Mundial, 301
    Energy Star, 298
Programa-piloto em agricultura, 25q
Programas de gestão de risco em desastre, 16, 43q, 98, 99q
Programas de relocação, 7b, 113-114. *Ver também* Migração
Programas Workfare, 109q, 113
Progresa-Oportunidades (México), 63
Projeto Conservação de Solo da Moldávia, 128q
Projeto e implementação participativos, 22, 90, 108-112
Projeto Surya, 312q
Projetos "prontos para", 13q, 62
Propriedade de automóvel. *Ver* Veículos
Proteção social políticas, 13q, 16-17, 90, 112-113
Proteções contra os efeitos da mudança climática, 7q, 14-17, 103-107
Protocolo de Kyoto, 7. *Ver também* Mecanismo de Desenvolvimento Limpo (MDL)
    ausência de participação dos Estados Unidos em, 14, 21q
    cidades e, 21q, 210q
    compromisso com mitigação de, 242-243
    conteúdo de, 234q, 251
    fuga de carbono e, 253
    Fundo de Adaptação, 28, 112, 233, 248, 258
    limites das emissões de gás de efeito estufa, 233, 251
    reconciliação com a UNFCCC, 251
    reduções nas riquezas dos países, 82
    revisões da, 274
    uso do solo, mudança de uso do solo e de florestas, 276
Protocolo de Montreal, 27, 74n6, 298, 305
Provisionamento de governo verde em, 315

Q

Queimadas, emissões de, 151
Quênia
    financiamento de carbono agrícola em, 172q, 177
    leis sobre *feed-in* em, 223
    programa de Promoção de Insumos Agrícolas em, 161
    projeto-piloto de carbono do solo em, 25q
Questões de harmonização, 265, 289, 294t, 297-298

R

RD&D. *Ver* Pesquisa, desenvolvimento e implantação
Reciclagem de receita, 48, 268b, 342
Recifes de coral, 70, 78q, 79, 128, 133, 162
Recursos alimentares. *Ver também* Agricultura; Pesqueiros; Fome; Uso da terra
    alimentos funcionais, 156n22
    aquicultura e, 158f, 163-164
    cooperação internacional em, 16-17, 164-169
    crise alimentar (2008), 112, 167, 175
    deficiência na produção de alimento, 154, 148n10 (aparece produção alimentícia)
    direito a alimentos, 53q
    gestão adaptativa de, 14f, 20-22
    gestão de água e, 145-147
    métodos de compra, 168
    preço, 135, 168f, 168n30, 174-179
    produção de biocombustível e, 47-48
    reservas globais para, 168
    suprimentos, 168
Recursos hídricos, 139-147. *Ver também* Oceanos; Rios e bacias hidrográficas
    água bruta, 142
    armazenamento, 141-143
    aumento de temperatura, efeito sobre, 79
    ciclo hidrológico, 136f, 139-140
    cidades construídas em áreas urbanas, demanda por, 92
    cooperação internacional em compartilhar, 17-18, 164-165
    direito à água, 53q
    direitos negociáveis sobre o uso da água, 135, 142q, 143
    efeito da mudança climática em, 139-140, 137m
    escassez de água, 6b, 141, 146
    gestão adaptativa de, 14f, 16, 17b, 141-142
    gestão eficiente de, 133
    informações sobre gestão hídrica, 17, 18, 140-141, 164f, 169-171
    inovação e tecnologias não convencionais para, 17q, 20-22, 143-145, 165f
    monitoramento e previsão de, 163m, 165f, 170, 171-174
    preço, 140, 174-178
    privatização e controle de doenças, 101
    produção de alimentos e, 145-146
    sistemas de drenagem, 101q
    subsídios de países mais ricos, 178-179
    tecnologias de sensoriamento remoto, 17q, 147, 164f, 170-171, 305q
Rede de Segurança Produtiva (Etiópia), 113
Redes de segurança para os mais vulneráveis, 112-113. *Ver também* Proteção social políticas
Redes e medidores inteligentes, 205q, 223, 328
Redução das Emissões causadas pelo Desmatamento e pela Degradação de Florestas (Redd), 25b, 128b, 129-130, 129m, 148b
    criando incentivos financeiros para, 275-277
Refugiados, 110b, 114. *Ver também* Migração
Região do Pacífico. *Ver* Ásia Oriental e Pacífico
Regime climático internacional, 233-250. *Ver também* Estrutura multifuncional climática
    divisão do ônus e ação precoce oportunista, 236-237, 238q
    esforços de adaptação, 248-250
    estrutura multifuncional integrada do clima, 242-243, 242q
    financiamento público, 246-247
    financiamento, 240-241
    mecanismos com base em mercado, 247-248
    meio ambiente e lucro, 235-236
    resultado previsível do clima e processo imprevisível de desenvolvimento, 237-240

tensões entre o clima e o desenvolvimento, 233-241
Regime climático. *Ver* Regime climático internacional
Regiões polares, impacto da mudança climática, 70, 74f, 76, 77f, 78, 78n9, 79, 108-109
Regulamentos
   comércio, 169
   efeito negativo na inovação, 310
   eficiência energética, 214t, 222, 263, 289, 340-341
   energia renovável, 223-224
   nichos de mercado criados por, 310
Reino Unido
   cotas de eficiência energética, 219
   imposto sobre carbono em, 48
   órgão para mudança climática em, 24
   responsabilidade governamental para mudança climática em, 335q
Relatório da Agência Ambiental Europeia (EEA) sobre subsídios energéticos, 18-19n28
Relatório de Desenvolvimento Mundial da Água (ONU), 140
Relatório Stern sobre a Ecnomia da Mudança Climática, 51
Relocação de indústrias altamente dependentes de carbono de, 253
Remessas, 61
Represa de Assuã (Egito), 144
Represas, 22, 87, 92, 125, 130, 144, 175
República da Coreia. *Ver* Coreia, República da
República do Iêmen, direitos negociáveis sobre o uso da água em, 142q
Reservas de conservação, 126-127
Responsabilidade civil para mudança climática, 53q
Responsabilidade governamental, 265, 335-336, 335q
Responsabilidade mútua, 265
Resposta do governo local à mudança climática, 21q, 24, 331-339. *Ver também* Cidades
Resposta governamental à mudança climática, 24, 29, 331-339, 332f. *Ver* Cooperação internacional
   como segurador de último recurso, 104, 106, 332
   controle fraco, 267
   coordenação intragovernamental, 335
   financiamento. *Ver* Financiamento
   governo inteligente em termos climáticos, 332f, 333
   incentivos para usuários dos recursos, 179
   liquidez para, 105-107
   papel de liderança, 333-334, 342
   parcerias público-privadas para compartilhar riscos climáticos, 102q, 107
   responsabilidade, 334, 335q
Resposta rápida em tempos de desastre, 13b
Reva Electric Car Company, 293
Revisão Stern da Mudança Climática, 9n12
Revolução Verde, 155, 306q
Rios e bacias hidrográficas. *Ver também* Enchentes; Recursos hídricos
   água doce em, 17, 139f, 140
   cidades em, 91m, 92-98
   cooperação entre países, 17-18, 164-165, 165n29
   efeitos da mudança climática em, 135, 136f
   monitoramento hidrológico, 163m, 169
Riscos catastróficos, 54-55, 89
Rizhao, China, incentivo para eficiência energética em, 21b

Rótulos de carbono, 253-254
Rstratégia de mudança climática de Londres, 24, 91
Rússia
   controles de exportação em, 167-168
   efeito da mudança climática na agricultura em, 147-148

S

Sanções comerciais com base ambiental, 251, 255
Saúde
   adaptação de sistema, 19q, 88, 98-101, 101n8
   capacitação de mulheres e, 43q
   choques climáticos e, 44
   doenças. *Ver* Doenças transmissíveis; *doenças específicas*
   programa de vacinas da Gavi Alliance e o Banco Mundial, 301
   redução da poluição do ar e, 211, 213
Secas, 7, 43, 79. *Ver também* Programas de gestão de risco em desastre
   comunidades adaptando-se a, 108
   gestão de risco baseado no clima no Maláui e, 107-108
   maior frequência de, 76, 79, 136-138, 137-138m
   milho tolerante à seca, 155q
   mundo em 2050 e após, 87-88
   produção de energia térmica e nuclear e, 191
Seguro, 16-17, 89-91, 103-107, 103f, 105q, 332. *Ver também* "seguro climático"
   seguro de rebanhos, 102q
   seguro para colheita, 278
"seguro climático", 8q, 11, 11n16, 104-105
Seguro contra inundações, 105
Seguro de rebanhos na Mongólia, 102q, 105
Senegal
   migrantes de, 111m
   uso de telefonia celular para disseminar informações em, 291
Sequestro de carbono, 172q, 175-178, 176n36, 274q, 290q
Seres, S., 266q
"serviços bancários de hábitat", 127
Serviços culturais, 124q, 125t
Serviços de consultoria, 135
Serviços do ecossistema, 124-130, 124q, 125t
   pagamento para, 128-130, 128q
Serviços reguladores, 124b, 125t
Servidões ambientais de conservação, 158, 158n25
Servir, 296q
Setor de construção civil e emissões de CO_2, 2n4, 208, 198n7, 214, 214n18, 277, 292
Setor madeireiro, 40, 152q
Silvicultura
   carbono, 25q, 27. *Ver também* Desmatamento
   emissões de gás de efeito estufa de, 149-151, 275
   gestão pelos comuns de, 108
   mudança climática e, 78
   setor madeireiro no Canadá, 40
   uso da água e, 141
Sindicatos, 341
Sistema climático, trabalhando com, 70-76
Sistema de limite de comércio em carbono, 212-213, 218, 268q, 271, 272, 339q
Sistemas de alerta antecipado em, 92, 98-99, 99q, 103, 108
Sistemas de previsão meteorológica, 169

Sistemas de transporte público, 196-198, 213
Sistemas de valores, 51-52
Small Business Innovation Research Program, 303
"sinalização", 56
Soja, 168
Stellenbosch University, 305q
Stern, Nicholas, 8q
Suécia
    descontos fiscais em, 331
    provisionamento de governo verde em, 315
Suíça e gases de efeito estufa, 2
Sul/sudeste da Ásia. *Ver também* Países específicos
    anos de vida ajustados à incapacidade, perda de, 41
    consequências desproporcionais da mudança climática em, 6q, 175
    cozinhar com combustíveis limpos em, 191
    declínio agrícola na produtividade devido à mudança climática em, 5m, 8, 8n11, 41
    doenças em, 98-100
    inundações em, 94m, 95
    previsão meteorológica em, 170
    recursos hídricos, 95
Sumidouros de carbono, 71q, 79
Super-Efficient Refrigerator Program, 300q
Suzlon (fabricantes de turbina eólica), 287
Sydney, Austrália, incentivo à eficiência energética em, 21q

T

Tailândia
    Departamento de Desenvolvimento de Energia Alternativa e Eficiência, 219
    monitoramento ambiental em, 308
Taiwan e capital de risco, 303
Tarifa *feed-in* (tarifa de suprimento), 20, 214t, 219q, 221q, 224
Tarifas de carbono virtual, 252q
Taxa de desconto em análise custo-benefício, 49q, 51n7, 53q, 55-56,
Technology Development Foundation da Turquia, 314
Técnicas agrícolas de precisão, 17b
Tecnologia de captura e armazenamento de carbono (CAC), 20, 53, 134, 189, 203, 209q, 211, 225, 289, 291n2, 299-300, 299q,
Tecnologia e energia limpas, 25-26, 209, 191n1, 217-218n1
    potencial para comércio para, 254, 264n6
    prêmios e compromissos para, 302
    tarifas sobre, 311
Tecnologias alternativas. *Ver* Inovação e novas tecnologias
Tecnologias avançadas. *Ver* Inovação e novas tecnologias
Tecnologias de baixo carbono
    abordagem sob medida para circunstâncias de países diferentes, 204t
    condição de, 207f, 207t, 293f
    estoques de construção e, 208
    lado da oferta, 212
    larga escala de, 190, 211, 212, 219, 223
    necessidades de investimento, 190
    política integrada e, 226
    processo de longo prazo em países em desenvolvimento, 237-240, 273, 24n12

propício a políticas de financiamento, 283
Tecnologias de sensoriamento remoto, 17q, 22, 100, 147, 164f, 170-171, 277, 296q, 305q
Telemedicina, 19q
Temperatura
    efeito da falha em, 76-79
    impacto de mudanças em, 74, 75m
    inovação e nova tecnologia em, 225, 295
    lacuna para cobrir os custos de, 23f, 26
    manter a mudança para aquecimento de 2°C , 4-5n9, 6, 7, 12, 10f, 12, 70, 79-81
    média global, 70, 73f, 81
    mudança de energia necessária para, 15f, 18-20, 80f, 191, 198, 208-211
    mudança global necessária para, 199n9, 200-201q, 204f, 206f
    mudança regional necessária para, 202-203q
    mundo em 2050 e após, 87-88
Temperatura média global, 70, 73f, 81
Tempestades, intensidade de. *Ver também* Programas de gestão de risco em desastre
    aquicultura e, 163
    efeitos visíveis, 7, 76
    modificação meteorológica e, 290q
    mundo em 2050 e após, 87-88
    previsões de, 7, 74, 78, 79
Tensões Norte-Sul, 235-236
Trabalho organizado, 340
"tragédia dos comuns", 60
Transferência de tecnologia, 254, 266q, 289, 294t, 304, 306, 311-313
Transferência de tecnologia, Sul-Sul, 254
Trânsito de massa. *Ver* sistemas de transporte público
Transparência, 245, 267, 343
Transporte por *e-bike*, 307f, 310
Transporte Transfronteiriço a Longa Distância da Poluição do Ar, 242
Transporte. *Ver também* Veículos
    à prova de condições meteorológicas, 168-169
    e-bikes, 307f, 311
    emissões de, 196
        impostos sobre emissões de transporte internacional, 272, 283
    financiamento à prova do clima de, 278
    gestão adaptativa de, 14f
    trânsito (transporte público), 198, 210
Tratados. *Ver* Cooperação internacional
Túnis
    programa antidesertificação em, 43q
    riscos de enchentes, 93q
Tunísia e gestão hídrica, 143q
Turfeiras, 151
Turquia
    financiamento para inovação, 305
    Technology Development Foundation, 314

U

Ucrânia
    controles de exportação em, 48, 167
    efeito da mudança climática em, 148

Uganda
    educação sanitária em, 305q
    provisionamento em massa de, 222
UNFCCC. *Ver* Convenção-Quadro das Nações Unidas sobre Mudança Climática
União Europeia
    Esquema de Comércio de Emissões, 276, 339q
    "Nova abordagem" para harmonização, 298
    Política Agrícola Comum, 178-179
    preços de combustíveis, comparados aos Estados Unidos, 18-19, 18n25, 218
    reduções de emissões em, 192q
    reduções na demanda por energia em, 202q, 238q
União Internacional para Conservação da Natureza, 127, 157
Unidades de quantidade atribuída (AAU), 29-30, 272, 283
United Nations Environment Programme, 292, 309
Universidade do Alabama em Birmingham, 302q
Universidade Makerere, 305q
Universidades. *Ver* Educação
UN-Redd, 276
Usina Solar Mediterrânea, 221q, 225
Uso de telefonia celular para disseminar informações, 291
Uso do solo
    áreas de preservação, 153, 157-158, 158n25
    decisões sobre, 13
    ecoagricultura, 153f, 157
    emissões de gás de efeito estufa de mudança de, 151-152, 194, 211n15, 275-276
    gestão adaptativa de, 14f, 20-22, 25q
    iniciativas nacionais e multilaterais para reduzir degradação, 273t, 275-276
    mudança climática e, 25q, 58, 58n14, 73
Uso eficiente de energia. *Ver* Energia
"utilitarismo descontado", 53q

V

Veículos
    baixo consumo de combustível, 301
    híbridos e elétricos, 209q, 212, 216, 226, 292
    preferência do consumidor, 212b
    propriedade e taxas de uso de carros, 196, 196f
    redução das emissões pela mudança de, 323f
Veículos. *Ver* Transporte
Vietnã
    autodependências comunitárias em, 108
    benchmarking em, 339
    consequências desproporcionais da mudança climática em, 6q
    controles de exportação em, 167
    provisionamento em massa em, 222
Vulnerabilidade, 87-111
    capacitação de comunidades para autoproteção, 108-114
    de pequenos países, 104m, 107
    doenças transmissíveis, 98-101. *Ver também doenças específicas*
    "fundo de vulnerabilidade", criação do Banco Mundial, 61
    gestão de adaptação, 41, 89-91. *Ver também* Gestão adaptativa
    iniciativas governamentais para gestão de risco, 107-108
    mundo em 2050 e após, 87-88, 88n1
    necessidades de financiamento relativas a, 281
    para desastres naturais, 40, 41, 101, 98f
    redes de segurança para os mais vulneráveis, 112-113
    vulnerabilidade climática
        capacidade de adaptação *versus*, 280b, 281
        capacidade social *versus*, 279b, 281
    vulnerabilidade urbana, 91-98, 91m
Vulnerabilidade de países pequenos, 104m, 107
Vuuren, D. P. van, 8b

W

Watson, C., 266q
Whirlpool, 300q

X

Xangai
    migração para, 92, 112n32
    preparo para ondas de calor em, 96q
X-Prize Foundation, 301

Z

Zâmbia
    políticas agrícolas protegem a biodiversidade em, 158
    uso de telefonia celular para disseminar informações em, 291
Zimbábue
    capacitação de mulheres em, 43q
    efeitos de choques climáticos em saúde e educação em, 44
    previsão meteorológica em, 170
Zonas costeiras em risco, 91m, 92-98, 92n2, 93q, 164, 302q
Zoneamento para conservação, 158n26

A caminho da zona de perigo

A atividade humana está aquecendo o planeta. No último milênio a temperatura média da Terra variou em uma escala de menos de 0,7°C (cor cinza mais claro); entretanto, as emissões de gases do efeito estufa resultantes da ação humana produziram um aumento drástico nas temperaturas globais ao longo do século passado (em preto). O aumento das emissões previsto para os próximos 100 anos (em cinza mais escuro) poderá aquecer o planeta em 5°C em comparação ao período pré-industrial. Um aumento de temperatura como esse nunca foi experimentado pela humanidade e seus impactos físicos poderão impor graves limitações ao desenvolvimento. Somente com ações imediatas e ambiciosas para reduzir as emissões de gases do efeito de estufa é possível evitar o perigo do aquecimento global.

A evolução da temperatura global ao longo dos últimos 1000 anos é baseada em uma série de estimativas (por exemplo, a análise dos anéis das árvores ou amostragem de núcleos de gelo), que definem a variação da temperatura no longo prazo. A partir do século XIX, com o desenvolvimento de modernas técnicas de observações meteorológicas, foi possível determinar a temperatura global com mais exatidão; dados dos últimos 150 anos ou mais documentaram um aumento de cerca de 1°C na temperatura global desde o período pré-industrial. Modelos climáticos globais, que estimam cenários diferentes para o clima da Terra, preveem uma variedade de possíveis temperaturas globais para este século. Essas estimativas mostram que mesmo os esforços mais agressivos de mitigação podem induzir um aquecimento de 2°C ou mais (nível já considerado perigoso), e a maioria dos modelos prevê um aquecimento de 3°C ou até mesmo 5°C ou mais (embora esses valores mais altos sejam incertos).

Os três globos que aparecem na capa são compostos de dados coletados por satélites durante os meses de verão entre 1998 e 2007. As cores do mar representam a concentração de clorofila, que mede a distribuição global da flora oceânica (fitoplâncton). O azul escuro representa áreas de baixa concentração de clorofila, enquanto verde, amarelo e vermelho indicam um aumento gradativo da concentração. As cores nos continentes representam a vegetação – branco, marrom e castanho simbolizam a cobertura mínima vegetal; os tons de verde, que ocorrem do mais claro para o mais escuro, indicam uma vegetação cada vez mais densa. Os processos biológicos na terra e no mar têm um papel crucial na regulação da temperatura do planeta e do ciclo do carbono. Por isso as informações apresentadas nestes globos são fundamentais para gerir os limitados recursos naturais em um mundo que está se tornando cada vez mais populoso.

Fontes:

JONES, P. D.; MANN, M. E. Climate Over Past Millennia. *Reviews of Geophysics* 42(2): 2004. doi:10.1029/2003RG000143.

JONES, P. D., PARKER, D. E.; OSBORN T. J.; BRIFFA, K. R. Global and Hemispheric Temperature Anomalies – Land and Marine Instrumental Records. In *Trends: A Compendium of Data on Global Change*. Carbon Dioxide Information Analysis Center, Oak Ridge National Laboratory, U.S. Department of Energy, Oak Ridge, TN, 2009. doi: 10.3334/CDIAC/cli.002

IPCC (Intergovernmental Panel on Climate Change). 2007. Climate Change: Synthesis Report. Contribution of Working Groups I, II and III to the Fourth Assessment Report of the Intergovernmental Panel on Climate Change. Genebra: IPCC, 2007.

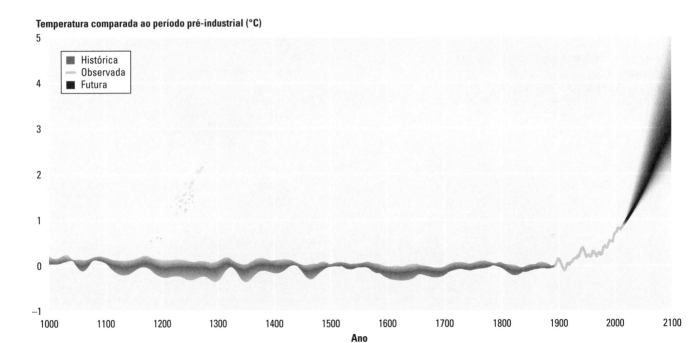